JACOBI, CARL GUSTA

Gesammelte Werke

Tome 3

Reiner

Berlin 1882 - 1891

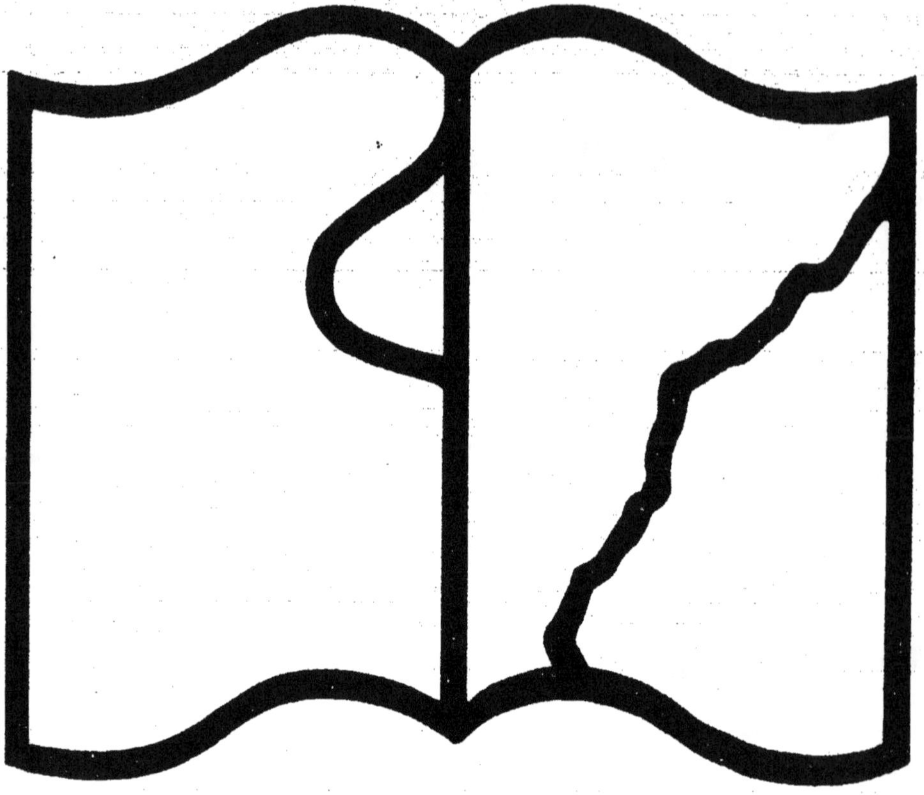

Symbole applicable
pour tout, ou partie
des documents microfilmés

Texte détérioré — reliure défectueuse

NF Z 43-120-11

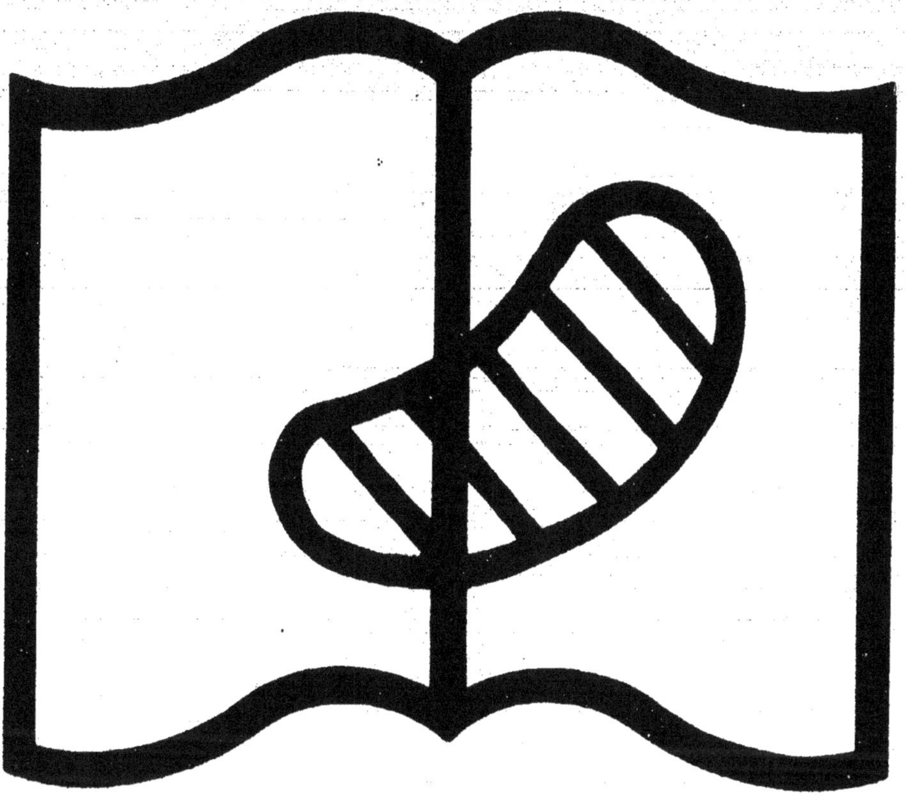

Symbole applicable
pour tout, ou partie
des documents microfilmés

Original illisible

NF Z 43-120-10

C. G. J. JACOBI'S

GESAMMELTE WERKE.

HERAUSGEGEBEN AUF VERANLASSUNG DER KÖNIGLICH PREUSSISCHEN AKADEMIE DER WISSENSCHAFTEN.

DRITTER BAND.

HERAUSGEGEBEN

VON

K. WEIERSTRASS.

BERLIN.
DRUCK UND VERLAG VON GEORG REIMER.
1884.

C. G. J. JACOBI'S

GESAMMELTE WERKE.

DRITTER BAND.

INHALTSVERZEICHNISS DES DRITTEN BANDES.

NACHLASS.

Vorwort.

In diesem Bande, an dessen Herausgabe sich die Herren Baltzer, Kortum, Mertens, Netto, Wangerin mit dankenswerthester Bereitwilligkeit betheiligt haben, finden sich die sämmtlichen algebraischen und die auf die Transformation vielfacher Integrale sich beziehenden Abhandlungen Jacobi's vereinigt. Die letzteren sollten nach dem ursprünglichen Plane einen besonderen Band bilden; es erschien mir aber zweckmässiger, sie von den ersteren nicht zu trennen, weil in allen die algebraischen Untersuchungen, welche sie enthalten, die Hauptsache ausmachen.

Berlin, im September 1884.

Weierstrass.

DISQUISITIONES ANALYTICÆ
DE
FRACTIONIBUS SIMPLICIBUS

DISSERTATIO INAUGURALIS

QUAM

AMPLISSIMO PHILOSOPHORUM ORDINI

PRO

SUMMIS IN PHILOSOPHIA HONORIBUS

IN

UNIVERSITATE LITTERARIA BEROLINENSI RITE ADIPISCENDIS

EXHIBUIT AUCTOR

CAROLUS GUSTAVUS JACOBUS JACOBI
POTISDAMENSIS

BEROLINI
MDCCCXXV

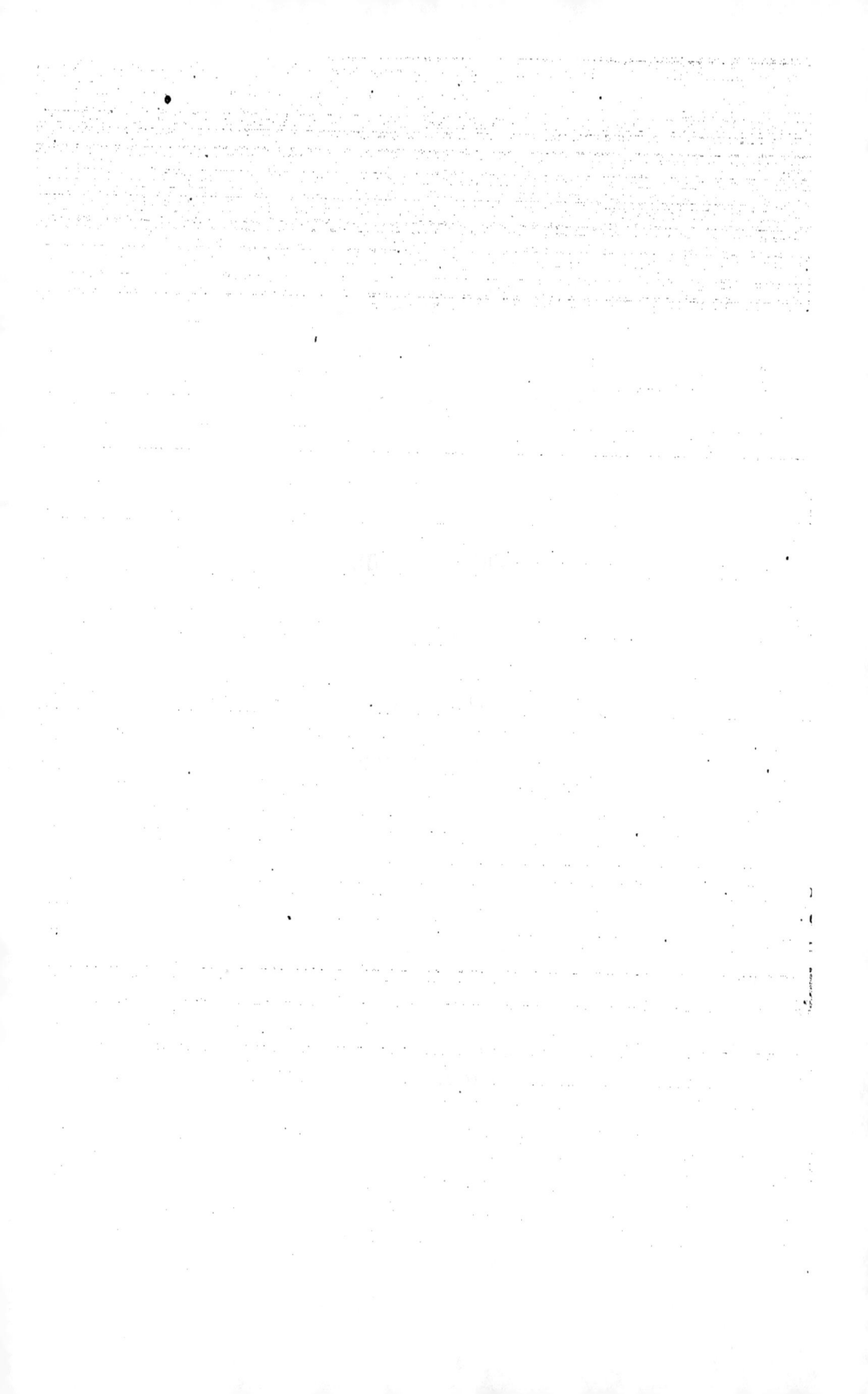

DISQUISITIONES ANALYTICÆ DE FRACTIONIBUS SIMPLICIBUS.

Sectio I.

Demonstratur theorema ab Ill°. Lagrange sine demonstratione propositum.

1.

Mirum videri possit, et fortasse temerarium, si quis in materia inde a primis recentioris Analyseos temporibus a plurimis mathematicis tractata, quam igitur iure optimo decantatam dicere licet, vel novi quid velit afferre, vel ita rem attingere, ut ne acta egisse videatur. Iam vero fractionum simplicium theoriam ita fere decantatam esse vel inde patet, quod mathematici omnes, qui de serierum recurrentium theoria, omnes, qui de calculi integralis elementis egerunt, etiam de illis agere debuerunt. Sane nos quoque ista turba deterruisset, nisi casu in manus incidisset commentatio Illi. Lagrange, quae in Actis Academiae nostrae Berolinensis a. 1792—1793 legitur. Ibi enim, dum ille formulas quasdam in Actis eiusdem Academiae a. 1775 ab ipso exhibitas retractat, curiosam movit quaestionem de eiusmodi fractionum simplicium expressione investiganda, quae etsi denominatorum fractionum simplicium vel duo vel plures inter se aequales evadant, immutata maneret, ita ut ad speciem absurdi, quae istis casibus subnascitur, declinandam, non opus sit ad analyticam confugere transformationem. Ipse eiusmodi expressionem in medium profert, quam ut directa quadam methodo demonstrent, invitat geometras, cum ipse formulae propositae non addiderit demonstrationem. Unde in his quoque non ita omnia absoluta esse videbantur. Quod autem dico, hoc est.

2.

Propositam aliquam fractionem

$$\frac{f(x)}{(x-\alpha_1)(x-\alpha_2)(x-\alpha_3)\ldots(x-\alpha_n)},$$

designante $f(x)$ functionem elementi x integram rationalem*) huiusmodi schematis

$$Ax^{n-1}+Bx^{n-2}+Cx^{n-3}+\cdots+P,$$

notum est in has resolvi posse fractiones simplices

$$\frac{f(\alpha_1)}{(x-\alpha_1)(\alpha_1-\alpha_2)(\alpha_1-\alpha_3)\ldots(\alpha_1-\alpha_n)}$$
$$+\frac{f(\alpha_2)}{(x-\alpha_2)(\alpha_2-\alpha_1)(\alpha_2-\alpha_3)\ldots(\alpha_2-\alpha_n)}$$
$$+\frac{f(\alpha_3)}{(x-\alpha_3)(\alpha_3-\alpha_1)(\alpha_3-\alpha_2)\ldots(\alpha_3-\alpha_n)}$$
$$\vdots$$
$$+\frac{f(\alpha_n)}{(x-\alpha_n)(\alpha_n-\alpha_1)(\alpha_n-\alpha_2)\ldots(\alpha_n-\alpha_{n-1})}.\text{**)}$$

Quia, posito denominatore

$$(x-\alpha_1)(x-\alpha_2)(x-\alpha_3)\ldots(x-\alpha_n)=\varphi(x),$$

facile patet, fore

$$(\alpha_1-\alpha_2)(\alpha_1-\alpha_3)\ldots(\alpha_1-\alpha_n)=\varphi'(\alpha_1)\text{***)}$$
$$(\alpha_2-\alpha_1)(\alpha_2-\alpha_3)\ldots(\alpha_2-\alpha_n)=\varphi'(\alpha_2)$$
$$(\alpha_3-\alpha_1)(\alpha_3-\alpha_2)\ldots(\alpha_3-\alpha_n)=\varphi'(\alpha_3)$$
$$\vdots$$
$$(\alpha_n-\alpha_1)(\alpha_n-\alpha_2)\ldots(\alpha_n-\alpha_{n-1})=\varphi'(\alpha_n),$$

fractiones illas simplices ita quoque scribere licet

$$\frac{f(\alpha_1)}{(x-\alpha_1)\varphi'(\alpha_1)}+\frac{f(\alpha_2)}{(x-\alpha_2)\varphi'(\alpha_2)}+\frac{f(\alpha_3)}{(x-\alpha_3)\varphi'(\alpha_3)}+\cdots+\frac{f(\alpha_n)}{(x-\alpha_n)\varphi'(\alpha_n)}.$$

3.

Iam ubi quantitatum $\alpha_1, \alpha_2, \alpha_3, \ldots, \alpha_n$ aliquot aequales fiunt, expressionum $\varphi'(\alpha_1), \varphi'(\alpha_2), \varphi'(\alpha_3), \ldots, \varphi'(\alpha_n)$ totidem evanescunt, totidem fractionum simplicium

$$\frac{f(\alpha_1)}{(x-\alpha_1)\varphi'(\alpha_1)},\quad \frac{f(\alpha_2)}{(x-\alpha_2)\varphi'(\alpha_2)},\quad \frac{f(\alpha_3)}{(x-\alpha_3)\varphi'(\alpha_3)},\quad \ldots,\quad \frac{f(\alpha_n)}{(x-\alpha_n)\varphi'(\alpha_n)}$$

in infinitum abeunt. Scilicet ubi erit e. g.

$$\alpha_1=\alpha_2=\alpha_3=\cdots=\alpha_m,$$

*) Euleri Introd. in Anal. Infin. Lib. I. Cap. I. §§ 8, 9.

**) Ubi $f(x)$ ad altiorem quam $(n-1)^{\text{tum}}$ gradum ascendit, quo casu fractio

$$\frac{f(x)}{(x-\alpha_1)(x-\alpha_2)(x-\alpha_3)\ldots(x-\alpha_n)}$$

spuria dici solet, i. e. functio rationalis ex integra et fracta conflata: fractiones illae simplices genuinam fractionem exprimunt in spuria illa latitantem.

***) Hic et in sequentibus, duce Ill°. Lagrange, brevitatis causa ponimus $\frac{d\varphi(x)}{dx}=\varphi'(x)$, $\frac{d^2\varphi(x)}{dx^2}=\varphi''(x)$, $\frac{d^3\varphi(x)}{dx^3}=\varphi'''(x)$, et in genere $\frac{d^n\varphi(x)}{dx^n}=\varphi^{(n)}(x)$; ubi tamen melius iudicabitur, veterem quoque designandi modum adhibebimus.

quorum valorem communem ponamus $=\alpha$: denominator $\varphi(x)$ factorem $(x-\alpha)^m$ continebit, quo factore $(x-\alpha)^m$ fractiones nasci constat simplices huiusmodi

$$\frac{a}{(x-\alpha)^m}+\frac{b}{(x-\alpha)^{m-1}}+\frac{c}{(x-\alpha)^{m-2}}+\cdots+\frac{p}{(x-\alpha)},$$

unde anterius fractionum simplicium schema omnino mutatur. Cum vero formulae alicuius schema suppositione quadam prorsus mutatur, per absurdi speciem id plerumque indicatur, sicuti hoc loco fractiones simplices

$$\frac{f(\alpha_1)}{(x-\alpha_1)\varphi'(\alpha_1)},\quad \frac{f(\alpha_2)}{(x-\alpha_2)\varphi'(\alpha_2)},\quad \frac{f(\alpha_3)}{(x-\alpha_3)\varphi'(\alpha_3)},\quad \ldots,\quad \frac{f(\alpha_m)}{(x-\alpha_m)\varphi'(\alpha_m)}$$

in infinitum abeunt; ita ut aut quaestio ea suppositione facta de integro retractanda sit, aut ad analyticam transformationem confugere debeamus, qua ista absurdi species declinetur.

Iam illi quidem numeratores $a, b, c, \ldots, p$ facile consideratione sequenti inveniuntur. Sit enim $\varphi(x)=(x-\alpha)^m\psi(x)$, ita ut poni possit

$$\frac{f(x)}{\varphi(x)}=\frac{F(x)}{\psi(x)}+\frac{a}{(x-\alpha)^m}+\frac{b}{(x-\alpha)^{m-1}}+\frac{c}{(x-\alpha)^{m-2}}+\cdots+\frac{p}{x-\alpha}.$$

Iam evoluta fractione proposita $\frac{f(x)}{\varphi(x)}$ ad dignitates ascendentes quantitatis $(x-\alpha)$, negativae, quae in illa evolutione inveniuntur, quantitatis $(x-\alpha)$ dignitates hae ipsae evadunt fractiones simplices, in quas inquirimus:

$$\frac{a}{(x-\alpha)^m}+\frac{b}{(x-\alpha)^{m-1}}+\frac{c}{(x-\alpha)^{m-2}}+\cdots+\frac{p}{x-\alpha}.$$

Quia enim $\psi(x)$ factorem $(x-\alpha)$ non continere supponitur, in fractione $\frac{F(x)}{\psi(x)}$ evoluta ad ascendentes quantitatis $(x-\alpha)$ dignitates, negativae eius dignitates inveniri non possunt.

Ut ipsam indicemus evolutionem, posito

$$\frac{f(x)}{\psi(x)}=\Pi(x),$$

unde fractio proposita $\frac{f(x)}{\varphi(x)}=\frac{\Pi(x)}{(x-\alpha)^m}$, e theoremate Tayloriano fit

$$\Pi(x)=\Pi(\alpha+x-\alpha)=\Pi(\alpha)+\Pi'(\alpha)(x-\alpha)+\frac{\Pi''(\alpha)(x-\alpha)^2}{1.2}+\frac{\Pi'''(\alpha)(x-\alpha)^3}{1.2.3.}+\text{etc.}$$

Hinc erit

$$\frac{f(x)}{\varphi(x)}=\frac{\Pi(x)}{(x-\alpha)^m}=\frac{\Pi(\alpha)}{(x-\alpha)^m}+\frac{\Pi'(\alpha)}{(x-\alpha)^{m-1}}+\frac{\Pi''(\alpha)}{1.2.(x-\alpha)^{m-2}}+\frac{\Pi'''(\alpha)}{1.2.3.(x-\alpha)^{m-3}}+\text{etc.},$$

unde statim quaesitas quantitates invenimus

$$a=\Pi(\alpha),\quad b=\Pi'(\alpha),\quad c=\frac{\Pi''(\alpha)}{1.2},\quad \ldots,\quad p=\frac{\Pi^{(m-1)}(\alpha)}{1.2.3\ldots(m-1)}.$$

Etsi non formulam, quam Ill. Lagrange voluit, methodum certe iam tradidimus, quae eadem manet, quicunque sit numerus m, seu quotiescunque denominator $\varphi(x)$ factorem $(x-\alpha)$ contineat.

4.

Operae tamen pretium esse videbatur Analystis inquirere, quomodo hae formulae ex ipsa expressione §. 2 exhibita

$$\frac{f(\alpha_1)}{(x-\alpha_1)\varphi'(\alpha_1)}+\frac{f(\alpha_2)}{(x-\alpha_2)\varphi'(\alpha_2)}+\frac{f(\alpha_3)}{(x-\alpha_3)\varphi'(\alpha_3)}+\cdots+\frac{f(\alpha_n)}{(x-\alpha_n)\varphi'(\alpha_n)},$$

eo casu quo erit $\alpha_1=\alpha_2=\alpha_3=\cdots=\alpha_m=\alpha$, analytica transformatione deducerentur. Quam quaestionem inter alios video suscepisse Ill^{m}. Malfatti in commentatione doctissima inscripta: *delle serie ricorrenti.* V. *Memorie di Matematica e Fisica della Societa Italiana*, Tom. III. pag. 571—663. Ibi ille, quas Ill^{m}. Lagrange in Actis Academiae nostrae a. 1775 sine demonstratione ea de re tradiderat formulas, falsas esse demonstravit, correctasque adstruxit, per calculos tamen valde prolixos et taediosos incedens. (Plus XL illi paginas occupant.) Rem postea retractavit ipse Lagrange, iam a me citatus, in Actis Academiae nostrae Berolinensis a. 1792—93. Uterque eo artificio alibi etiam saepissime adhibito usus est, quod quantitates

$$\alpha_1,\quad \alpha_2,\quad \alpha_3,\quad \ldots,\quad \alpha_m$$

non quidem aequales ab initio, sed quantitate infinite parva diversas statuerent. Quam denuo aggredi quaestionem operae pretium videbatur; quem ad finem duo antea proponamus lemmata, quae generaliori usui inservire possunt.

5.

Lemma I.

Posito $F(x)=(x-\alpha_1)(x-\alpha_2)(x-\alpha_3)\ldots(x-\alpha_m)$, fractionem

$$\frac{1}{F(x)}=\frac{1}{(x-\alpha_1)(x-\alpha_2)(x-\alpha_3)\ldots(x-\alpha_m)}$$

in simplices resolutam vidimus fieri (§. 2)

$$\frac{1}{(x-\alpha_1)F'(\alpha_1)}+\frac{1}{(x-\alpha_2)F'(\alpha_2)}+\frac{1}{(x-\alpha_3)F'(\alpha_3)}+\cdots+\frac{1}{(x-\alpha_m)F'(\alpha_m)}.$$

Iam evoluta fractione

$$\frac{1}{(x-\alpha_1)(x-\alpha_2)(x-\alpha_3)\ldots(x-\alpha_m)}$$

in seriem secundum descendentes elementi x dignitates procedentem, fit

$$\frac{1}{F(x)} = \frac{1}{x^m} + \frac{\overset{1}{'C}}{x^{m+1}} + \frac{\overset{2}{'C}}{x^{m+2}} + \frac{\overset{3}{'C}}{x^{m+3}} + \text{etc.}$$
$$[\alpha_1, \alpha_2, \alpha_3, \ldots \alpha_m],$$

ubi per characteres

$$\overset{1}{'C}, \quad \overset{2}{'C}, \quad \overset{3}{'C}, \quad \text{, etc.}$$
$$[\alpha_1, \quad \alpha_2, \quad \alpha_3, \quad \ldots, \quad \alpha_m]$$

more inter Analystas Germanos recepto combinationes designantur singulorum (i. summa), binorum, ternorum, etc. ex elementis

$$\alpha_1, \quad \alpha_2, \quad \alpha_3, \quad \ldots, \quad \alpha_m,$$

quae indice subscripto indicantur, ipsis elementorum admissis repetitionibus. (V. *Euleri Introd. in Anal. Infinit. l. I. cap. XV. §. 270.*)

Evolutis igitur etiam fractionibus simplicibus, in quas fractionem $\frac{1}{F(x)}$ resolvimus, in seriem secundum descendentes elementi x dignitates procedentem, singularum dignitatum coëfficientes in utraque evolutione inter se comparando, sequentes eruimus aequationes satis memorabiles:

$$\frac{1}{F'(\alpha_1)} + \frac{1}{F'(\alpha_2)} + \frac{1}{F'(\alpha_3)} + \cdots + \frac{1}{F'(\alpha_m)} = 0$$
$$\frac{\alpha_1}{F'(\alpha_1)} + \frac{\alpha_2}{F'(\alpha_2)} + \frac{\alpha_3}{F'(\alpha_3)} + \cdots + \frac{\alpha_m}{F'(\alpha_m)} = 0$$
$$\frac{\alpha_1^2}{F'(\alpha_1)} + \frac{\alpha_2^2}{F'(\alpha_2)} + \frac{\alpha_3^2}{F'(\alpha_3)} + \cdots + \frac{\alpha_m^2}{F'(\alpha_m)} = 0$$
$$\frac{\alpha_1^3}{F'(\alpha_1)} + \frac{\alpha_2^3}{F'(\alpha_2)} + \frac{\alpha_3^3}{F'(\alpha_3)} + \cdots + \frac{\alpha_m^3}{F'(\alpha_m)} = 0$$
$$\cdots\cdots\cdots\cdots$$
$$\frac{\alpha_1^{m-2}}{F'(\alpha_1)} + \frac{\alpha_2^{m-2}}{F'(\alpha_2)} + \frac{\alpha_3^{m-2}}{F'(\alpha_3)} + \cdots + \frac{\alpha_m^{m-2}}{F'(\alpha_m)} = 0$$
$$\frac{\alpha_1^{m-1}}{F'(\alpha_1)} + \frac{\alpha_2^{m-1}}{F'(\alpha_2)} + \frac{\alpha_3^{m-1}}{F'(\alpha_3)} + \cdots + \frac{\alpha_m^{m-1}}{F'(\alpha_m)} = 1$$
$$\frac{\alpha_1^{m}}{F'(\alpha_1)} + \frac{\alpha_2^{m}}{F'(\alpha_2)} + \frac{\alpha_3^{m}}{F'(\alpha_3)} + \cdots + \frac{\alpha_m^{m}}{F'(\alpha_m)} = \overset{1}{'C}$$
$$\frac{\alpha_1^{m+1}}{F'(\alpha_1)} + \frac{\alpha_2^{m+1}}{F'(\alpha_2)} + \frac{\alpha_3^{m+1}}{F'(\alpha_3)} + \cdots + \frac{\alpha_m^{m+1}}{F'(\alpha_m)} = \overset{2}{'C}$$
$$\frac{\alpha_1^{m+2}}{F'(\alpha_1)} + \frac{\alpha_2^{m+2}}{F'(\alpha_2)} + \frac{\alpha_3^{m+2}}{F'(\alpha_3)} + \cdots + \frac{\alpha_m^{m+2}}{F'(\alpha_m)} = \overset{3}{'C}$$

etc. etc.,

sive in universum

$$\frac{\alpha_1^{m+p}}{F'(\alpha_1)} + \frac{\alpha_2^{m+p}}{F'(\alpha_2)} + \frac{\alpha_3^{m+p}}{F'(\alpha_3)} + \cdots + \frac{\alpha_m^{m+p}}{F'(\alpha_m)} = \overset{p+1}{'C},$$

in quibus formulis characteres $'\overset{1}{C}$, $'\overset{2}{C}$, $'\overset{3}{C}$, et in universum $'\overset{p+1}{C}$ ad indicem communem

$$[\alpha_1, \alpha_2, \alpha_3, \ldots \alpha_m]$$

referendi sunt.

6.

Lemma II.

Iam designante $\chi(x)$ functionem aliquam elementi x, investigetur, quaenam evadat expressio

$$\frac{\chi(\alpha)}{F'(\alpha_1)}+\frac{\chi(\alpha_2)}{F'(\alpha_2)}+\frac{\chi(\alpha_3)}{F'(\alpha_3)}+\cdots+\frac{\chi(\alpha_m)}{F'(\alpha_m)}$$

posito $\alpha_1 = \alpha_2 = \alpha_3 = \cdots = \alpha_m$, quo casu singulas has fractiones in infinitum abire videmus.

Ponatur $\alpha_1 = \alpha+h_1$, $\alpha_2 = \alpha+h_2$, $\alpha_3 = \alpha+h_3$, $\ldots$, $\alpha_m = \alpha+h_m$; atque $\Phi(x) = (x-h_1)(x-h_2)(x-h_3)\ldots(x-h_m)$; unde erit

$$\Phi(x-\alpha) = (x-\alpha_1)(x-\alpha_2)(x-\alpha_3)\ldots(x-\alpha_m) = F(x).$$

Iam ex aequatione $F(x) = \Phi(x-\alpha)$ sequitur $F'(x) = \Phi'(x-\alpha)$, unde

$$\begin{aligned}
F'(\alpha_1) &= \Phi'(\alpha_1-\alpha) = \Phi'(h_1)\\
F'(\alpha_2) &= \Phi'(\alpha_2-\alpha) = \Phi'(h_2)\\
F'(\alpha_3) &= \Phi'(\alpha_3-\alpha) = \Phi'(h_3)\\
&\cdots\cdots\cdots\cdots\\
F'(\alpha_m) &= \Phi'(\alpha_m-\alpha) = \Phi'(h_m).
\end{aligned}$$

Hinc expressio proposita

$$\frac{\chi(\alpha_1)}{F'(\alpha_1)}+\frac{\chi(\alpha_2)}{F'(\alpha_2)}+\frac{\chi(\alpha_3)}{F'(\alpha_3)}+\cdots+\frac{\chi(\alpha_m)}{F'(\alpha_m)}$$

in hanc abit

$$\frac{\chi(\alpha+h_1)}{\Phi'(h_1)}+\frac{\chi(\alpha+h_2)}{\Phi'(h_2)}+\frac{\chi(\alpha+h_3)}{\Phi'(h_3)}+\cdots+\frac{\chi(\alpha+h_m)}{\Phi'(h_m)}.$$

Quod evolutum secundum theorema Taylorianum ponatur

$$\begin{aligned}
&= A_0\chi(\alpha)+A_1\chi'(\alpha)+\frac{A_2\chi''(\alpha)}{1.2}+\frac{A_3\chi'''(\alpha)}{1.2.3}+\cdots+\frac{A_{m-2}\chi^{(m-2)}(\alpha)}{1.2\ldots(m-2)}\\
&+\frac{A_{m-1}\chi^{(m-1)}(\alpha)}{1.2\ldots(m-1)}+\frac{A_m\chi^{(m)}(\alpha)}{1.2\ldots m}+\frac{A_{m+1}\chi^{(m+1)}(\alpha)}{1.2\ldots(m+1)}+\frac{A_{m+2}\chi^{(m+2)}(\alpha)}{1.2\ldots(m+2)}+\text{etc.};
\end{aligned}$$

unde erit

$$\begin{aligned}
A_0 &= \frac{1}{\Phi'(h_1)} + \frac{1}{\Phi'(h_2)} + \frac{1}{\Phi'(h_3)} + \cdots + \frac{1}{\Phi'(h_m)} \\
A_1 &= \frac{h_1}{\Phi'(h_1)} + \frac{h_2}{\Phi'(h_2)} + \frac{h_3}{\Phi'(h_3)} + \cdots + \frac{h_m}{\Phi'(h_m)} \\
A_2 &= \frac{h_1^2}{\Phi'(h_1)} + \frac{h_2^2}{\Phi'(h_2)} + \frac{h_3^2}{\Phi'(h_3)} + \cdots + \frac{h_m^2}{\Phi'(h_m)} \\
A_3 &= \frac{h_1^3}{\Phi'(h_1)} + \frac{h_2^3}{\Phi'(h_2)} + \frac{h_3^3}{\Phi'(h_3)} + \cdots + \frac{h_m^3}{\Phi'(h_m)} \\
& \cdot \quad \cdot \quad \cdot \quad \cdot \quad \cdot \quad \cdot \quad \cdot \quad \cdot \\
A_{m-2} &= \frac{h_1^{m-2}}{\Phi'(h_1)} + \frac{h_2^{m-2}}{\Phi'(h_2)} + \frac{h_3^{m-2}}{\Phi'(h_3)} + \cdots + \frac{h_m^{m-2}}{\Phi'(h_m)} \\
A_{m-1} &= \frac{h_1^{m-1}}{\Phi'(h_1)} + \frac{h_2^{m-1}}{\Phi'(h_2)} + \frac{h_3^{m-1}}{\Phi'(h_3)} + \cdots + \frac{h_m^{m-1}}{\Phi'(h_m)} \\
A_m &= \frac{h_1^m}{\Phi'(h_1)} + \frac{h_2^m}{\Phi'(h_2)} + \frac{h_3^m}{\Phi'(h_3)} + \cdots + \frac{h_m^m}{\Phi'(h_m)} \\
A_{m+1} &= \frac{h_1^{m+1}}{\Phi'(h_1)} + \frac{h_2^{m+1}}{\Phi'(h_2)} + \frac{h_3^{m+1}}{\Phi'(h_3)} + \cdots + \frac{h_m^{m+1}}{\Phi'(h_m)} \\
A_{m+2} &= \frac{h_1^{m+2}}{\Phi'(h_1)} + \frac{h_2^{m+2}}{\Phi'(h_2)} + \frac{h_3^{m+2}}{\Phi'(h_3)} + \cdots + \frac{h_m^{m+2}}{\Phi'(h_m)} \\
& \text{etc. etc.}
\end{aligned}$$

Iam e lemmate I. (§. 5) sequitur, ubi loco $\alpha_1, \alpha_2, \alpha_3, \ldots, \alpha_m$ ponitur $h_1, h_2, h_3, \ldots, h_m$, atque $\Phi(x)$ loco $F(x)$,

$$\begin{aligned}
&A_0 = 0, \quad A_1 = 0, \quad A_2 = 0, \quad A_3 = 0, \quad \ldots, \quad A_{m-2} = 0, \\
&A_{m-1} = 1, \quad A_m = {}'\overset{1}{C}, \quad A_{m+1} = {}'\overset{2}{C}, \quad A_{m-2} = {}'\overset{3}{C}, \quad \text{etc. etc.,}
\end{aligned}$$

characteribus $'\overset{1}{C}$, $'\overset{2}{C}$, $'\overset{3}{C}$, etc. relatis ad indicem communem:

$$[h_1, h_2, h_3, \ldots, h_m];$$

ita ut sit expressio nostra proposita

$$\begin{aligned}
&\frac{\chi(\alpha_1)}{F'(\alpha_1)} + \frac{\chi(\alpha_2)}{F'(\alpha_2)} + \frac{\chi(\alpha_3)}{F'(\alpha_3)} + \cdots + \frac{\chi(\alpha_m)}{F'(\alpha_m)} \\
&= \frac{\chi^{(m-1)}(\alpha)}{1.2\ldots(m-1)} + \frac{'\overset{1}{C}\chi^{(m)}(\alpha)}{1.2\ldots m} + \frac{'\overset{2}{C}\chi^{(m+1)}(\alpha)}{1.2\ldots(m+1)} + \frac{'\overset{3}{C}\chi^{(m+2)}(\alpha)}{1.2\ldots(m+2)} + \text{etc.} \\
&\qquad [h_1, h_2, h_3, \ldots, h_m]
\end{aligned}$$

Posito

$$\alpha_1 = \alpha_2 = \alpha_3 = \cdots = \alpha_m = \alpha,$$

exsistit

$$h_1 = h_2 = h_3 = \cdots = h_m = 0,$$

ita ut etiam, ea suppositione facta,

$$ '\overset{1}{C}=0,\quad '\overset{2}{C}=0,\quad '\overset{3}{C}=0,\quad \text{etc.,} $$
$$ [h_1, h_2, h_3, \ldots, h_m] $$

unde expressio proposita fit

$$ \frac{\chi^{(m-1)}(\alpha)}{1.2\ldots(m-1)} = \frac{1}{1.2\ldots(m-1)} \frac{d^{m-1}\chi(\alpha)}{d\alpha^{m-1}}. $$

7.

Iam ad propositam quaestionem redeamus. Quaesivimus enim, resoluta fractione

$$ \frac{f(x)}{\varphi(x)} = \frac{f(x)}{(x-\alpha_1)(x-\alpha_2)(x-\alpha_3)\ldots(x-\alpha_n)} $$

in simplices hasce

$$ \frac{f(\alpha_1)}{(x-\alpha_1)\varphi'(\alpha_1)} + \frac{f(\alpha_2)}{(x-\alpha_2)\varphi'(\alpha_2)} + \frac{f(\alpha_3)}{(x-\alpha_3)\varphi'(\alpha_3)} + \cdots + \frac{f(\alpha_n)}{(x-\alpha_n)\varphi'(\alpha_n)}, $$

quaenam evadant fractiones simplices, quae e denominatoris $\varphi(x)$ factoribus $(x-\alpha_1)$, $(x-\alpha_2)$, $(x-\alpha_3)$, ..., $(x-\alpha_m)$ ortum ducunt, videlicet

$$ \frac{f(\alpha_1)}{(x-\alpha_1)\varphi'(\alpha_1)} + \frac{f(\alpha_2)}{(x-\alpha_2)\varphi'(\alpha_2)} + \frac{f(\alpha_3)}{(x-\alpha_3)\varphi'(\alpha_3)} + \cdots + \frac{f(\alpha_m)}{(x-\alpha_m)\varphi'(\alpha_m)}, $$

casu quo erit $\alpha_1 = \alpha_2 = \alpha_3 = \cdots = \alpha_m = \alpha$.

Posito $(x-\alpha_1)(x-\alpha_2)(x-\alpha_3)\ldots(x-\alpha_m) = F(x)$, atque

$$ \frac{f(x)}{(x-\alpha_{m+1})(x-\alpha_{m+2})(x-\alpha_{m+3})\ldots(x-\alpha_n)} = \Pi(x), $$

fit fractio proposita

$$ \frac{f(x)}{\varphi(x)} = \frac{\Pi(x)}{F(x)}, $$

unde etiam

$$ \frac{\varphi(x)}{f(x)} = \frac{F(x)}{\Pi(x)}, $$

qua differentiata aequatione prodit

$$ \frac{\varphi'(x)}{f(x)} + \varphi(x)\left(\frac{1}{f(x)}\right)' = \frac{F'(x)}{\Pi(x)} + F(x)\left(\frac{1}{\Pi(x)}\right)', $$

unde in locum elementi x substitutis α_1, α_2, α_3, ..., α_m, quia ea substitutione facta evanescunt $\varphi(x)$ atque $F(x)$, fit

$$ \frac{\varphi'(\alpha_1)}{f(\alpha_1)} = \frac{F'(\alpha_1)}{\Pi(\alpha_1)},\quad \frac{\varphi'(\alpha_2)}{f(\alpha_2)} = \frac{F'(\alpha_2)}{\Pi(\alpha_2)},\quad \frac{\varphi'(\alpha_3)}{f(\alpha_3)} = \frac{F'(\alpha_3)}{\Pi(\alpha_3)},\quad \ldots,\quad \frac{\varphi'(\alpha_m)}{f(\alpha_m)} = \frac{F'(\alpha_m)}{\Pi(\alpha_m)} $$

sive

$$\frac{f(\alpha_1)}{\varphi'(\alpha_1)} = \frac{\Pi(\alpha_1)}{F'(\alpha_1)}, \quad \frac{f(\alpha_2)}{\varphi'(\alpha_2)} = \frac{\Pi(\alpha_2)}{F'(\alpha_2)}, \quad \frac{f(\alpha_3)}{\varphi'(\alpha_3)} = \frac{\Pi(\alpha_3)}{F'(\alpha_3)}, \quad \ldots, \quad \frac{f(\alpha_m)}{\varphi'(\alpha_m)} = \frac{\Pi(\alpha_m)}{F'(\alpha_m)}.$$

Hinc fit:

$$\frac{f(\alpha_1)}{(x-\alpha_1)\varphi'(\alpha_1)} + \frac{f(\alpha_2)}{(x-\alpha_2)\varphi'(\alpha_2)} + \frac{f(\alpha_3)}{(x-\alpha_3)\varphi'(\alpha_3)} + \cdots + \frac{f(\alpha_m)}{(x-\alpha_m)\varphi'(\alpha_m)}$$

$$= \frac{\Pi(\alpha_1)}{(x-\alpha_1)F'(\alpha_1)} + \frac{\Pi(\alpha_2)}{(x-\alpha_2)F'(\alpha_2)} + \frac{\Pi(\alpha_3)}{(x-\alpha_3)F'(\alpha_3)} + \cdots + \frac{\Pi(\alpha_m)}{(x-\alpha_m)F'(\alpha_m)},$$

quae expressio e lemmate II. §. 6, posito $\alpha_1 = \alpha_2 = \alpha_3 = \cdots = \alpha_m = \alpha$, fit

$$\frac{1}{1.2\ldots(m-1)} \frac{d^{m-1}}{d\alpha^{m-1}} \left(\frac{\Pi(\alpha)}{x-\alpha}\right);$$

loco $\chi(\alpha)$ enim ponendum erit $\frac{\Pi(\alpha)}{x-\alpha}$.

Facta differentiatione fit:

$$\frac{1}{1.2\ldots(m-1)} \frac{d^{m-1}}{d\alpha^{m-1}} \left(\frac{\Pi(\alpha)}{x-\alpha}\right)$$

$$= \frac{\Pi(\alpha)}{(x-\alpha)^m} + \frac{\Pi'(\alpha)}{(x-\alpha)^{m-1}} + \frac{\Pi''(\alpha)}{1.2.(x-\alpha)^{m-2}} + \cdots + \frac{\Pi^{(m-1)}(\alpha)}{1.2\ldots(m-1)(x-\alpha)},$$

quod ipsum iam dedimus alia methodo inventum §. 3.

Haec transformatio analytica cum et ipsa digna quaestio videri potest, tum indicavit nobis, fractiones simplices, quae ex factore $(x-\alpha)^m$ ortum ducunt,

$$\frac{\Pi(\alpha)}{(x-\alpha)^m} + \frac{\Pi'(\alpha)}{(x-\alpha)^{m-1}} + \frac{\Pi''(\alpha)}{1.2.(x-\alpha)^{m-2}} + \cdots + \frac{\Pi^{(m-1)}(\alpha)}{1.2\ldots(m-1)(x-\alpha)},$$

elegantissimum esse differentiale

$$\frac{1}{1.2\ldots(m-1)} \frac{d^{m-1}}{d\alpha^{m-1}} \left(\frac{\Pi(\alpha)}{x-\alpha}\right);$$

id quod methodus prius tradita non ita statim indicare videbatur. (V. tamen, quae in fine huius sectionis dedimus.)

8.

Initio huius commentationis §. 1 a nobis dictum est, Ill^{um}. Lagrange eiusmodi formulam tradidisse, quae, quotiescunque denominator $\varphi(x)$ factorem $(x-\alpha)$ contineat, nihil mutetur. Unde ex ea formula numerum m omnino evanuisse oportet.

Iam autem, designante in genere $\psi(\omega)$ seriem secundum elementi ω dignitates procedentem, coëfficientem dignitatis ω^p in serie illa $\psi(\omega)$ denotemus hic et in sequentibus per characterem

$$[\psi(\omega)]_{\omega^p};$$

ita ut e theoremate Tayloriano expressio

$$\frac{1}{1.2\ldots(m-1)}\frac{d^{m-1}}{d\alpha^{m-1}}\left(\frac{\Pi(\alpha)}{x-\alpha}\right)$$

designari possit per characterem

$$\left[\frac{\Pi(\alpha+h)}{x-\alpha-h}\right]_{h^{m-1}}.$$

Quia vero in genere

$$[\psi(\omega)]_{\omega^p} = [\omega^q\psi(\omega)]_{\omega^{p+q}},$$

erit etiam

$$\left[\frac{\Pi(\alpha+h)}{x-\alpha-h}\right]_{h^{m-1}} = \left[\frac{\Pi(\alpha+h)}{h^m(x-\alpha-h)}\right]_{h^{-1}}.$$

Iam vero erat (§. 6)

$$\frac{f(x)}{\varphi(x)} = \frac{\Pi(x)}{(x-\alpha_1)(x-\alpha_2)\ldots(x-\alpha_m)}$$

unde, posito $\alpha_1=\alpha_2=\cdots=\alpha_m=\alpha$,

$$\frac{f(x)}{\varphi(x)} = \frac{\Pi(x)}{(x-\alpha)^m}.$$

In hac formula loco x substituamus $\alpha+h$; fit

$$\frac{f(\alpha+h)}{\varphi(\alpha+h)} = \frac{\Pi(\alpha+h)}{h^m},$$

unde

$$\frac{1}{1.2\ldots(m-1)}\frac{d^{m-1}}{d\alpha^{m-1}}\left(\frac{\Pi(\alpha)}{x-\alpha}\right) = \left[\frac{\Pi(\alpha+h)}{h^m(x-\alpha-h)}\right]_{h^{-1}} = \left[\frac{f(\alpha+h)}{\varphi(\alpha+h)(x-\alpha-h)}\right]_{h^{-1}},$$

e qua formula numerum m prorsus evanuisse videmus. Nimirum invenimus, *fractione* $\frac{f(x)}{\varphi(x)}$, *cuius denominator* $\varphi(x)$ *factorem* $x-\alpha$ *continet, in fractiones simplices resoluta, eam fractionum simplicium partem, quae ex illo factore* $x-\alpha$ *ortum ducit, quotiescunque eum contineat denominator* $\varphi(x)$, *esse*

$$\left[\frac{f(\alpha+h)}{\varphi(\alpha+h)(x-\alpha-h)}\right]_{h^{-1}}.$$

Hac expressione ad descendentes elementi x dignitates evoluta, fit terminus generalis

$$\frac{1}{x^{p+1}}\left[\frac{(\alpha+h)^p f(\alpha+h)}{\varphi(\alpha+h)}\right]_{h^{-1}}.$$

9.

Quod Ill. Lagrange loco citato proposuit theorema, mutatis mutandis, hoc est. Proposita serie

$$y_0,\ y_1,\ y_2,\ y_3,\ \ldots,\ y_p,\ y_{p+1},\ y_{p+2},\ \text{etc.},$$

data sit inter $n+1$ quosque terminos seriei successivos aequatio:

$$ay_p+a_1y_{p+1}+a_2y_{p+2}+\cdots+a_ny_{p+n}=0,$$

unde videmus, seriem propositam e recurrentium numero esse, quippe cuius singuli termini ex evolutione fractionis alicuius huiusmodi

$$\frac{b_{n-1}x^{n-1}+b_{n-2}x^{n-2}+\cdots+b_1x+b}{a_nx^n+a_{n-1}x^{n-1}+\cdots+a_2x^2+a_1x+a},$$

secundum descendentes elementi x dignitates facta, proveniunt; ita ut sit:

$$\frac{y_0}{x}+\frac{y_1}{x^2}+\frac{y_2}{x^3}+\frac{y_3}{x^4}+\cdots+\frac{y_{n-1}}{x^n}+\text{etc.}$$
$$=\frac{b_{n-1}x^{n-1}+b_{n-2}x^{n-2}+\cdots+b_1x+b}{a_nx^n+a_{n-1}x^{n-1}+\cdots+a_2x^2+a_1x+a}.$$

Multiplicata enim serie

$$\frac{y_0}{x}+\frac{y_1}{x^2}+\frac{y_2}{x^3}+\frac{y_3}{x^4}+\cdots+\frac{y_{n-1}}{x^n}+\text{etc.}$$

per denominatorem

$$a_nx^n+a_{n-1}x^{n-1}+\cdots+a_2x^2+a_1x+a,$$

neque dignitates elementi x superiores $(n-1)^{ta}$ prodire videmus, et secundum legem illam, quae inter $n+1$ terminos quosque successivos seriei

$$y_0,\ y_1,\ y_2,\ y_3,\ \ldots,\ y_p,\ y_{p+1},\ y_{p+2},\ \text{etc.},$$

intercedit, videlicet esse

$$ay_p+a_1y_{p+1}+a_2y_{p+2}+\cdots+a_ny_{p+n}=0,$$

negativas elementi x dignitates evanescere omnes. Unde nansciscimur numeratorem

$$\begin{aligned}
&b_{n-1}x^{n-1}+b_{n-2}x^{n-2}+\cdots+b_1x+b\\
&=y_0(a_1+a_2x+a_3x^2+\cdots+a_nx^{n-1})\\
&+y_1(a_2+a_3x+a_4x^2+\cdots+a_nx^{n-2})\\
&+y_2(a_3+a_4x+a_5x^2+\cdots+a_nx^{n-3})\\
&\ldots\ldots\ldots\ldots\ldots\ldots\ldots\\
&+y_{n-2}(a_{n-1}+a_nx)\\
&+y_{n-1}a_n.
\end{aligned}$$

Iam posito

$$b_{n-1}x^{n-1}+b_{n-2}x^{n-2}+\cdots+b_1x+b=f(x),$$
$$a_nx^n+a_{n-1}x^{n-1}+\cdots+a_2x^2+a_1x+a$$
$$=a_n(x-\alpha_1)(x-\alpha_2)(x-\alpha_3)\ldots(x-\alpha_n)=\varphi(x),$$

fit

$$\frac{f(x)}{\varphi(x)}=\frac{y_0}{x}+\frac{y_1}{x^2}+\frac{y_2}{x^3}+\cdots+\frac{y_p}{x^{p+1}}+\text{ etc.}$$
$$=\frac{f(\alpha_1)}{\varphi'(\alpha_1)(x-\alpha_1)}+\frac{f(\alpha_2)}{\varphi'(\alpha_2)(x-\alpha_2)}+\frac{f(\alpha_3)}{\varphi'(\alpha_3)(x-\alpha_3)}+\cdots+\frac{f(\alpha_n)}{\varphi'(\alpha_n)(x-\alpha_n)};$$

ita ut terminus generalis y_p fiat

$$\frac{f(\alpha_1)\alpha_1^p}{\varphi'(\alpha_1)}+\frac{f(\alpha_2)\alpha_2^p}{\varphi'(\alpha_2)}+\frac{f(\alpha_3)\alpha_3^p}{\varphi'(\alpha_3)}+\cdots+\frac{f(\alpha_n)\alpha_n^p}{\varphi'(\alpha_n)}.$$

Iam ubi est

$$\alpha_1=\alpha_2=\alpha_3=\cdots=\alpha_m=\alpha,$$

quaesivit Ill. Lagrange, quaenam evadat ea pars termini generalis y_p, quae e factoribus $x-\alpha_1$, $x-\alpha_2$, ..., $x-\alpha_m$ provenit, videlicet

$$\frac{f(\alpha_1)\alpha_1^p}{\varphi'(\alpha_1)}+\frac{f(\alpha_2)\alpha_2^p}{\varphi'(\alpha_2)}+\cdots+\frac{f(\alpha_m)\alpha_m^p}{\varphi'(\alpha_m)}.$$

Invenit, posito

$$\begin{aligned}
P_0 &= a_n\alpha^n + a_{n-1}\alpha^{n-1}+\cdots+a_2\alpha^2+a_1\alpha+a,\\
P_1 &= a_n\alpha^{n-1}+a_{n-1}\alpha^{n-2}+\cdots+a_2\alpha+a_1,\\
P_2 &= a_n\alpha^{n-2}+a_{n-1}\alpha^{n-3}+\cdots+a_2,\\
&\vdots\\
P_{n-1} &= a_n\alpha + a_{n-1},\\
P_n &= a_n,
\end{aligned}$$

ac denique

$$F(\alpha)=(P_1y_0+P_2y_1+P_3y_2+\cdots+P_ny_{n-1})\alpha^p,$$

eam aequalem fore termino expressionis

$$\frac{F(\alpha)+h\frac{dF(\alpha)}{d\alpha}+\frac{h^2}{1.2}\frac{d^2F(\alpha)}{d\alpha^2}+\cdots}{\frac{dP_0}{d\alpha}+\frac{h}{1.2}\frac{d^2P_0}{d\alpha^2}+\frac{h^2}{1.2.3}\frac{d^3P_0}{d\alpha^3}+\cdots}$$

evolutae secundum dignitates elementi h ascendentes, termino dico illi, qui ab elemento h vacuus invenitur, qui nobis terminus denotatur per characterem

$$\left[\frac{F(\alpha)+h\frac{dF(\alpha)}{d\alpha}+\frac{h^2}{1.2}\frac{d^2F(\alpha)}{d\alpha^2}+\cdots}{\frac{dP_0}{d\alpha}+\frac{h}{1.2}\frac{d^2P_0}{d\alpha^2}+\frac{h^2}{1.2.3}\frac{d^3P_0}{d\alpha^3}+\cdots}\right]_{h^0}.$$

Statim videmus e theoremate Tayloriano, fractionis numeratorem

$$F(\alpha)+h\frac{dF(\alpha)}{d\alpha}+\frac{h^2}{1.2}\frac{d^2F(\alpha)}{d\alpha^2}+\frac{h^3}{1.2.3}\frac{d^3F(\alpha)}{d\alpha^3}+\text{ etc.}$$

esse $F(\alpha+h)$. Ex eodem theoremate sequitur etiam, denominatorem

$$\frac{dP_0}{d\alpha}+\frac{h}{1.2}\frac{d^2P_0}{d\alpha^2}+\frac{h^2}{1.2.3}\frac{d^3P_0}{d\alpha^3}+\frac{h^3}{1.2.3.4}\frac{d^4P_0}{d\alpha^4}+\text{ etc.}$$

esse

$$\frac{\varphi(\alpha+h)-\varphi(\alpha)}{h}=\frac{\varphi(\alpha+h)}{h}.$$

Est enim

$$P_0=a_n\alpha^n+a_{n-1}\alpha^{n-1}+\cdots+a_2\alpha^2+a_1\alpha+a=\varphi(\alpha),$$

et quia posuimus α esse radicem aequationis

$$\varphi(x)=a_nx^n+a_{n-1}x^{n-1}+\cdots+a_2x^2+a_1x+a=0,$$

erit $\varphi(\alpha)=0$. Hinc expressio ab Ill°. Lagrange exhibita in hanc abit

$$\left[\frac{hF(\alpha+h)}{\varphi(\alpha+h)}\right]_{h^0}=\left[\frac{F(\alpha+h)}{\varphi(\alpha+h)}\right]_{h^{-1}}.$$

Ex aequatione autem

$$\begin{aligned}b_{n-1}x^{n-1}+b_{n-2}x^{n-2}+\cdots+b_1x+b&=f(x)\\&=y_0(a_1+a_2x+a_3x^2+\cdots+a_nx^{n-1})\\&\quad+y_1(a_2+a_3x+a_4x^2+\cdots+a_nx^{n-2})\\&\quad+y_2(a_3+a_4x+a_5x^2+\cdots+a_nx^{n-3})\\&\quad\cdots\cdots\cdots\cdots\\&\quad+y_{n-2}(a_{n-1}+a_nx)\\&\quad+y_{n-1}a_n\end{aligned}$$

sequitur

$$\begin{aligned}f(\alpha)&=y_0(a_1+a_2\alpha+a_3\alpha^2+\cdots+a_n\alpha^{n-1})\\&\quad+y_1(a_2+a_3\alpha+a_4\alpha^2+\cdots+a_n\alpha^{n-2})\\&\quad+y_2(a_3+a_4\alpha+a_5\alpha^2+\cdots+a_n\alpha^{n-3})\\&\quad\cdots\cdots\cdots\cdots\\&\quad+y_{n-2}(a_{n-1}+a_n\alpha)\\&\quad+y_{n-1}a_n\\&=y_0P_1+y_1P_2+y_2P_3+\cdots+y_{n-2}P_{n-1}+y_{n-1}P_n,\end{aligned}$$

unde

$$F(\alpha)=(y_0P_1+y_1P_2+y_2P_3+\cdots+y_{n-2}P_{n-1}+y_{n-1}P_n)\alpha^\mu=f(\alpha).\alpha^\mu.$$

Loco α posito $\alpha+h$, fit

$$F(\alpha+h)=f(\alpha+h)(\alpha+h)^\mu,$$

unde iam

$$\left[\frac{F(\alpha+h)}{\varphi(\alpha+h)}\right]_{h^{-1}} = \left[\frac{f(\alpha+h)(\alpha+h)^{\rho}}{\varphi(\alpha+h)}\right]_{h^{-1}},$$

quam eandem invenimus §. 7 formulam. Demonstratum igitur est, quod sine demonstratione dedit Ill. Lagrange theorema. Sub forma enim exhibitum paulo discrepante, idem esse vidimus atque illud a nobis probatum §. 8.

10.

Alia tamen via magis directa haec poterant inveniri. E nostro enim notationis modo, designante p numerum integrum positivum, est

$$\frac{1}{(x-\alpha)^p} = \left[\frac{1}{x-\alpha-h}\right]_{h^{p-1}} = \left[\frac{1}{h^p}\cdot\frac{1}{x-\alpha-h}\right]_{h^{-1}},$$

sive addito coëfficiente:

$$\frac{A_p}{(x-\alpha)^p} = \left[\frac{A_p}{h^p}\cdot\frac{1}{x-\alpha-h}\right]_{h^{-1}}.$$

Iam sit $\frac{A_p}{(x-\alpha)^p}$ terminus generalis seriei, quae ad dignitates quantitatis $x-\alpha$ integras negativas procedit, et quam denotabimus per characterem

$$\Sigma\frac{A_p}{(x-\alpha)^p}.$$

Quibus positis, e formula

$$\frac{A_p}{(x-\alpha)^p} = \left[\frac{A_p}{h^p}\cdot\frac{1}{x-\alpha-h}\right]_{h^{-1}}$$

statim sequitur:

$$\Sigma\frac{A_p}{(x-\alpha)^p} = \left[\Sigma\frac{A_p}{h^p}\cdot\frac{1}{x-\alpha-h}\right]_{h^{-1}}.$$

Designante rursus

$$\Sigma A_q(x-\alpha)^q$$

seriem, quae secundum integras positivas quantitatis $x-\alpha$ dignitates procedit, videmus expressionem

$$\Sigma A_q h^q\cdot\frac{1}{x-\alpha-h},$$

fractione $\frac{1}{x-\alpha-h}$ semper in hisce ad ascendentes elementi h dignitates evoluta, nullas omnino continere dignitates elementi h negativas, neque igitur dignitatem h^{-1}. Hinc erit:

$$\left[\Sigma A_q h^q\cdot\frac{1}{x-\alpha-h}\right]_{h^{-1}} = 0,$$

unde poni potest:

$$\Sigma\frac{A_p}{(x-\alpha)^p} = \left[\left(\Sigma\frac{A_p}{h^p}+\Sigma A_q h^q\right)\frac{1}{x-\alpha-h}\right]_{h^{-1}}.$$

Posito

$$\Sigma\frac{A_p}{(x-\alpha)^p}+\Sigma A_q(x-\alpha)^q = F(x-\alpha),$$

videmus $\Sigma\frac{A_p}{(x-\alpha)^p}$ eam partem functionis $F(x-\alpha)$ esse, quae negativas, $\Sigma A_q(x-\alpha)^q$ eam, quae positivas quantitatis $x-\alpha$ dignitates continet.

Loco $x-\alpha$ posito h, fit

$$\Sigma\frac{A_p}{h^p}+\Sigma A_q h^q = F(h).$$

Iam igitur ex aequatione

$$\Sigma\frac{A_p}{(x-\alpha)^p} = \left[\left(\Sigma\frac{A_p}{h^p}+\Sigma A_q h^q\right)\frac{1}{x-\alpha-h}\right]_{h^{-1}} = \left[\frac{F(h)}{x-\alpha-h}\right]_{h^{-1}}$$

sequitur $\Sigma\frac{A_p}{(x-\alpha)^p}$, sive *eam partem functionis* $F(x-\alpha)$, *quae negativas tantum quantitatis* $x-\alpha$ *dignitates continet, aequalem esse expressioni*

$$\left[\frac{F(h)}{x-\alpha-h}\right]_{h^{-1}}.$$

Vidimus autem §. 3, resoluta fractione aliqua proposita $\frac{f(x)}{\varphi(x)}$ in fractiones simplices, ubi denominator $\varphi(x)$ factorem $x-\alpha$ continet, fractiones simplices, quae ex eo factore proveniunt, eam partem fore fractionis $\frac{f(x)}{\varphi(x)}$, secundum ascendentes quantitatis $x-\alpha$ dignitates evolutae, quae e negativis huius quantitatis $x-\alpha$ dignitatibus constat. Posito iam

$$F(x-\alpha) = \frac{f(x)}{\varphi(x)},$$

unde, loco x substituto $\alpha+h$,

$$F(h) = \frac{f(\alpha+h)}{\varphi(\alpha+h)},$$

sequitur e theoremate modo exhibito eam partem functionis $\frac{f(x)}{\varphi(x)}$, secundum quantitatis $x-\alpha$ dignitates ascendentes evolutae, quae e negativis huius quantitatis $x-\alpha$ dignitatibus constat, esse

$$\left[\frac{f(\alpha+h)}{\varphi(\alpha+h)}\cdot\frac{1}{x-\alpha-h}\right]_{h^{-1}},$$

unde etiam fractiones simplices, quae e factore $x-\alpha$ proveniunt, erunt

$$\left[\frac{f(\alpha+h)}{\varphi(\alpha+h)}\cdot\frac{1}{x-\alpha-h}\right]_{h^{-1}},$$

quam ipsam supra dedimus formulam, alia prorsus via inventam.

Generaliores, quae his superstrui possunt, disquisitiones alia exhibebimus occasione.

Sectio II.

Resolutio singularis cuiusdam problematis indeterminati.

11.

Fractionem aliquam propositam, cuius denominator in factores lineares, quos dicunt, resolutus est

$$(x-\alpha_1)(x-\alpha_2)\dots(x-\alpha_n),$$

vidimus in fractiones simplices resolvi posse, quarum singuli denominatores hi ipsi sint factores

$$x-\alpha_1,\quad x-\alpha_2,\quad x-\alpha_3,\quad \dots,\quad x-\alpha_n.$$

Iam proposui mihi, datam fractionem in eiusmodi resolvere simpliciores, quarum denominatores singuli singula producta sint sive e binis, sive e ternis, sive e quaternis, etc. horum factorum:

$$x-\alpha_1,\quad x-\alpha_2,\quad x-\alpha_3,\quad \dots,\quad x-\alpha_n.$$

Resolvatur e. g. fractio proposita, ut a casu simplicissimo ordiamur, in fractiones simpliciores huiusmodi:

$$\begin{aligned}
&\frac{A_{1,2}}{(x-\alpha_1)(x-\alpha_2)}+\frac{A_{1,3}}{(x-\alpha_1)(x-\alpha_3)}+\dots+\frac{A_{1,n}}{(x-\alpha_1)(x-\alpha_n)}\\
+&\frac{A_{2,3}}{(x-\alpha_2)(x-\alpha_3)}+\frac{A_{2,4}}{(x-\alpha_2)(x-\alpha_4)}+\dots+\frac{A_{2,n}}{(x-\alpha_2)(x-\alpha_n)}\\
+&\frac{A_{3,4}}{(x-\alpha_3)(x-\alpha_4)}+\frac{A_{3,5}}{(x-\alpha_3)(x-\alpha_5)}+\dots+\frac{A_{3,n}}{(x-\alpha_3)(x-\alpha_n)}\\
&\dots\dots\dots\dots\dots\dots\dots\dots\dots\dots\\
+&\frac{A_{n-2,n-1}}{(x-\alpha_{n-2})(x-\alpha_{n-1})}+\frac{A_{n-2,n}}{(x-\alpha_{n-2})(x-\alpha_n)}\\
+&\frac{A_{n-1,n}}{(x-\alpha_{n-1})(x-\alpha_n)}.
\end{aligned}$$

Quae fractiones ubi sub eundem denominatorem

$$(x-\alpha_1)(x-\alpha_2)(x-\alpha_3)\dots(x-\alpha_n)$$

colliguntur, numeratorem videmus $(n-2)^{\text{tum}}$ ordinem superare non posse, sive huiusmodi schematis fore:

$$a_0+a_1x+a_2x^2+\cdots+a_{n-2}x^{n-2}.$$

Ubi igitur vicissim de fractione aliqua

$$\frac{a_0+a_1x+a_2x^2+\cdots+a_{n-2}x^{n-2}}{(x-\alpha_1)(x-\alpha_2)(x-\alpha_3)\ldots(x-\alpha_n)}$$

in dictas fractiones simpliciores resolvenda agitur, earum numeratores, quos elemento A adiectis indicibus designavimus, ita determinari debent, ut illae sub eundem denominatorem

$$(x-\alpha_1)(x-\alpha_2)(x-\alpha_3)\ldots(x-\alpha_n)$$

collectae, hunc ipsum nanciscantur numeratorem

$$a_0+a_1x+a_2x^2+\cdots+a_{n-2}x^{n-2}.$$

Hinc singularum elementi x dignitatum coëfficientibus, quorum est numerus $n-1$, collatis, numeratores fractionum simpliciorum ita determinandos esse videmus, ut $n-1$ aequationibus seu conditionibus satisfaciant. Horum ipsorum vero fractionum simpliciorum numeratorum numerum esse videmus eundem atque combinationum binorum e n elementis, quarum est numerus $\frac{n(n-1)}{1.2}$. Hinc problema a nobis propositum est indeterminatum. Quantitates enim quaesitae numero sunt $\frac{n(n-1)}{1.2}$, sed $n-1$ tantum conditionibus satisfaciendum erit, unde in solutione problematis completa $\frac{n(n-1)}{1.2}-(n-1)=\frac{(n-1)(n-2)}{1.2}$ quantitates arbitrariae inveniantur necesse est. Quia vero certa non constat methodus, eleganter solvendi eiusmodi problemata indeterminata, dignum videbatur, in quod inquireretur, problema.

12.

In sequentibus, proposita aliqua functione elementorum $\alpha_1, \alpha_2, \alpha_3, \ldots, \alpha_n$, quae sit $f(\alpha_1, \alpha_2, \alpha_3, \ldots, \alpha_n)$, designabimus per characterem

$$\Sigma f(\alpha_1, \alpha_2, \alpha_3, \ldots, \alpha_n)$$

summam omnium eiusmodi expressionum $f(\alpha_1, \alpha_2, \alpha_3, \ldots, \alpha_n)$, quae omnibus modis inter se permutatis elementis $\alpha_1, \alpha_2, \alpha_3, \ldots, \alpha_n$ sive, quod idem est, eorum indicibus 1, 2, 3, ..., n eruuntur; in quo aggregato faciendo ab utroque cavendum est, ne quis omittatur terminus ac ne plus semel apponatur.

Iam analogiam secutus fractionum simplicium, de quibus sectione I. actum est, contemplatus sum expressionem

$$\Sigma \frac{\alpha_1^a \alpha_2^b + \alpha_1^b \alpha_2^a}{(x-\alpha_1)(x-\alpha_2)} \cdot \frac{1}{M_{1,2}},$$

posito

$$M_{1,2} = (\alpha_1-\alpha_3)(\alpha_1-\alpha_4)\ldots(\alpha_1-\alpha_n) \\ \times(\alpha_2-\alpha_3)(\alpha_2-\alpha_4)\ldots(\alpha_2-\alpha_n).$$

Huius expressionis colligamus fractiones omnes, quarum denominatores factorem $x-\alpha_1$ continent, quae erunt:

$$\frac{\alpha_1^a \alpha_2^b + \alpha_1^b \alpha_2^a}{(x-\alpha_1)(x-\alpha_2)} \cdot \frac{1}{M_{1,2}} + \frac{\alpha_1^a \alpha_3^b + \alpha_1^b \alpha_3^a}{(x-\alpha_1)(x-\alpha_3)} \cdot \frac{1}{M_{1,3}} \\ + \frac{\alpha_1^a \alpha_4^b + \alpha_1^b \alpha_4^a}{(x-\alpha_1)(x-\alpha_4)} \cdot \frac{1}{M_{1,4}} + \cdots + \frac{\alpha_1^a \alpha_n^b + \alpha_1^b \alpha_n^a}{(x-\alpha_1)(x-\alpha_n)} \cdot \frac{1}{M_{1,n}}.$$

Vix autem adnotari debet, expressiones $M_{1,3}, M_{1,4}, \ldots, M_{1,n}$ ex expressione $M_{1,2}$ demanare, elemento α_2 permutato cum elementis $\alpha_3, \alpha_4, \ldots, \alpha_n$.

Iam fractionibus

$$\frac{1}{(x-\alpha_1)(x-\alpha_2)}, \quad \frac{1}{(x-\alpha_1)(x-\alpha_3)}, \quad \frac{1}{(x-\alpha_1)(x-\alpha_4)}, \quad \ldots, \quad \frac{1}{(x-\alpha_1)(x-\alpha_n)}$$

in simplices resolutis, fit:

$$\frac{1}{(x-\alpha_1)(x-\alpha_2)} = \frac{1}{(x-\alpha_1)(\alpha_1-\alpha_2)} + \frac{1}{(x-\alpha_2)(\alpha_2-\alpha_1)}$$
$$\frac{1}{(x-\alpha_1)(x-\alpha_3)} = \frac{1}{(x-\alpha_1)(\alpha_1-\alpha_3)} + \frac{1}{(x-\alpha_3)(\alpha_3-\alpha_1)}$$
$$\frac{1}{(x-\alpha_1)(x-\alpha_4)} = \frac{1}{(x-\alpha_1)(\alpha_1-\alpha_4)} + \frac{1}{(x-\alpha_4)(\alpha_4-\alpha_1)}$$
$$\cdots\cdots\cdots\cdots\cdots\cdots\cdots\cdots$$
$$\frac{1}{(x-\alpha_1)(x-\alpha_n)} = \frac{1}{(x-\alpha_1)(\alpha_1-\alpha_n)} + \frac{1}{(x-\alpha_n)(\alpha_n-\alpha_1)}.$$

His valoribus fractionum

$$\frac{1}{(x-\alpha_1)(x-\alpha_2)}, \quad \frac{1}{(x-\alpha_1)(x-\alpha_3)}, \quad \frac{1}{(x-\alpha_1)(x-\alpha_4)}, \quad \ldots, \quad \frac{1}{(x-\alpha_1)(x-\alpha_n)}$$

in expressionem

$$\frac{\alpha_1^a \alpha_2^b + \alpha_1^b \alpha_2^a}{(x-\alpha_1)(x-\alpha_2)} \cdot \frac{1}{M_{1,2}} + \frac{\alpha_1^a \alpha_3^b + \alpha_1^b \alpha_3^a}{(x-\alpha_1)(x-\alpha_3)} \cdot \frac{1}{M_{1,3}} \\ + \frac{\alpha_1^a \alpha_4^b + \alpha_1^b \alpha_4^a}{(x-\alpha_1)(x-\alpha_4)} \cdot \frac{1}{M_{1,4}} + \cdots + \frac{\alpha_1^a \alpha_n^b + \alpha_1^b \alpha_n^a}{(x-\alpha_1)(x-\alpha_n)} \cdot \frac{1}{M_{1,n}}$$

substitutis, fractiones, quae denominatorem $x-\alpha_1$ habent, ubi pro expressionibus $M_{1,2}, M_{1,3}, M_{1,4}, \ldots, M_{1,n}$ earum valores ponuntur, fiunt:

$$\left\{\begin{array}{l}
\dfrac{\alpha_1^a\alpha_2^b+\alpha_1^b\alpha_2^a}{(\alpha_2-\alpha_3)(\alpha_2-\alpha_4)\dots(\alpha_2-\alpha_n)}\\
+\dfrac{\alpha_1^a\alpha_3^b+\alpha_1^b\alpha_3^a}{(\alpha_3-\alpha_2)(\alpha_3-\alpha_4)\dots(\alpha_3-\alpha_n)}\\
+\dfrac{\alpha_1^a\alpha_4^b+\alpha_1^b\alpha_4^a}{(\alpha_4-\alpha_2)(\alpha_4-\alpha_3)\dots(\alpha_4-\alpha_n)}\\
\dots\dots\dots\dots\dots\dots\\
+\dfrac{\alpha_1^a\alpha_n^b+\alpha_1^b\alpha_n^a}{(\alpha_n-\alpha_2)(\alpha_n-\alpha_3)\dots(\alpha_n-\alpha_{n-1})}
\end{array}\right\}\cdot\frac{1}{(x-\alpha_1)(\alpha_1-\alpha_2)(\alpha_1-\alpha_3)(\alpha_1-\alpha_4)\dots(\alpha_1-\alpha_n)}$$

$$=\left\{\begin{array}{l}
\dfrac{\alpha_2^b}{(\alpha_2-\alpha_3)(\alpha_2-\alpha_4)\dots(\alpha_2-\alpha_n)}\\
+\dfrac{\alpha_3^b}{(\alpha_3-\alpha_2)(\alpha_3-\alpha_4)\dots(\alpha_3-\alpha_n)}\\
+\dfrac{\alpha_4^b}{(\alpha_4-\alpha_2)(\alpha_4-\alpha_3)\dots(\alpha_4-\alpha_n)}\\
\dots\dots\dots\dots\dots\dots\\
+\dfrac{\alpha_n^b}{(\alpha_n-\alpha_2)(\alpha_n-\alpha_3)\dots(\alpha_n-\alpha_{n-1})}
\end{array}\right\}\cdot\frac{\alpha_1^a}{(x-\alpha_1)(\alpha_1-\alpha_2)(\alpha_1-\alpha_3)\dots(\alpha_1-\alpha_n)}$$

$$+\left\{\begin{array}{l}
\dfrac{\alpha_2^a}{(\alpha_2-\alpha_3)(\alpha_2-\alpha_4)\dots(\alpha_2-\alpha_n)}\\
+\dfrac{\alpha_3^a}{(\alpha_3-\alpha_2)(\alpha_3-\alpha_4)\dots(\alpha_3-\alpha_n)}\\
+\dfrac{\alpha_4^a}{(\alpha_4-\alpha_2)(\alpha_4-\alpha_3)\dots(\alpha_4-\alpha_n)}\\
\dots\dots\dots\dots\dots\dots\\
+\dfrac{\alpha_n^a}{(\alpha_n-\alpha_2)(\alpha_n-\alpha_3)\dots(\alpha_n-\alpha_{n-1})}
\end{array}\right\}\cdot\frac{\alpha_1^b}{(x-\alpha_1)(\alpha_1-\alpha_2)(\alpha_1-\alpha_3)\dots(\alpha_1-\alpha_n)}.$$

Posito

$$(x-\alpha_2)(x-\alpha_3)(x-\alpha_4)\dots(x-\alpha_n)=\varphi(x),$$

invenitur:

$$\begin{aligned}
(\alpha_2-\alpha_3)(\alpha_2-\alpha_4)\dots(\alpha_2-\alpha_n) &= \varphi'(\alpha_2)\\
(\alpha_3-\alpha_2)(\alpha_3-\alpha_4)\dots(\alpha_3-\alpha_n) &= \varphi'(\alpha_3)\\
(\alpha_4-\alpha_2)(\alpha_4-\alpha_3)\dots(\alpha_4-\alpha_n) &= \varphi'(\alpha_4)\\
\dots\dots\dots\dots\dots\dots\\
(\alpha_n-\alpha_2)(\alpha_n-\alpha_3)\dots(\alpha_n-\alpha_{n-1}) &= \varphi'(\alpha_n).
\end{aligned}$$

Quibus in expressionem antecedentem substitutis, prodit:

$$\frac{\alpha_1^a}{(x-\alpha_1)(\alpha_1-\alpha_2)(\alpha_1-\alpha_3)\dots(\alpha_1-\alpha_n)}\left(\frac{\alpha_2^b}{\varphi'(\alpha_2)}+\frac{\alpha_3^b}{\varphi'(\alpha_3)}+\frac{\alpha_4^b}{\varphi'(\alpha_4)}+\dots+\frac{\alpha_n^b}{\varphi'(\alpha_n)}\right)$$
$$+\frac{\alpha_1^b}{(x-\alpha_1)(\alpha_1-\alpha_2)(\alpha_1-\alpha_3)\dots(\alpha_1-\alpha_n)}\left(\frac{\alpha_2^a}{\varphi'(\alpha_2)}+\frac{\alpha_3^a}{\varphi'(\alpha_3)}+\frac{\alpha_4^a}{\varphi'(\alpha_4)}+\dots+\frac{\alpha_n^a}{\varphi'(\alpha_n)}\right).$$

Omnino similia eruuntur, singulis fractionibus, quae expressione

$$\Sigma \frac{\alpha_1^a\alpha_2^b+\alpha_1^b\alpha_2^a}{(x-\alpha_1)(x-\alpha_2)}\cdot\frac{1}{M_{1,2}}$$

comprehenduntur, in fractiones simplices resolutis, pro iis fractionibus simplicibus, quae denominatores $x-\alpha_2$, $x-\alpha_3$, $x-\alpha_4$, ... $x-\alpha_n$ habent.

13.

Iam ubi et a et b numeri integri positivi erunt, minores numero $n-2$, e lemmate I. sectionis I. (§. 5) sequitur:

$$\frac{\alpha_2^b}{\varphi'(\alpha_2)}+\frac{\alpha_3^b}{\varphi'(\alpha_3)}+\frac{\alpha_4^b}{\varphi'(\alpha_4)}+\cdots+\frac{\alpha_n^b}{\varphi'(\alpha_n)}=0$$

$$\frac{\alpha_2^a}{\varphi'(\alpha_2)}+\frac{\alpha_3^a}{\varphi'(\alpha_3)}+\frac{\alpha_4^a}{\varphi'(\alpha_4)}+\cdots+\frac{\alpha_n^a}{\varphi'(\alpha_n)}=0.$$

Eo igitur casu invenimus, fractiones simplices, quae $x-\alpha_1$ denominatorem habent, i. e.

$$\frac{\alpha_1^a}{(x-\alpha_1)(\alpha_1-\alpha_2)(\alpha_1-\alpha_3)\ldots(\alpha_1-\alpha_n)}\left[\frac{\alpha_2^b}{\varphi'(\alpha_2)}+\frac{\alpha_3^b}{\varphi'(\alpha_3)}+\frac{\alpha_4^b}{\varphi'(\alpha_4)}+\cdots+\frac{\alpha_n^b}{\varphi'(\alpha_n)}\right]$$

$$+\frac{\alpha_1^b}{(x-\alpha_1)(\alpha_1-\alpha_2)(\alpha_1-\alpha_3)\ldots(\alpha_1-\alpha_n)}\left[\frac{\alpha_2^a}{\varphi'(\alpha_2)}+\frac{\alpha_3^a}{\varphi'(\alpha_3)}+\frac{\alpha_4^a}{\varphi'(\alpha_4)}+\cdots+\frac{\alpha_n^a}{\varphi'(\alpha_n)}\right]$$

evanescere. Eodem modo etiam, quae $x-\alpha_2$, $x-\alpha_3$, $x-\alpha_4$, ... $x-\alpha_n$ denominatores habent, evanescunt. Ubi igitur p et q numeri integri positivi sunt minores numero $n-2$, fit

$$\Sigma \frac{\alpha_1^p\alpha_2^q+\alpha_1^q\alpha_2^p}{(x-\alpha_1)(x-\alpha_2)}\cdot\frac{1}{M_{1,2}}=0.$$

Hac enim expressione

$$\Sigma \frac{\alpha_1^p\alpha_2^q+\alpha_1^q\alpha_2^p}{(x-\alpha_1)(x-\alpha_2)}\cdot\frac{1}{M_{1,2}}$$

in fractiones simplices resoluta, cum singulae istae evanescant fractiones simplices, et ipsa evanescat necesse est.

Ubi vero erit quidem $a<n-2$, sed $b=n-2$, fit quidem ex eodem lemmate I.:

$$\frac{\alpha_2^a}{\varphi'(\alpha_2)}+\frac{\alpha_3^a}{\varphi'(\alpha_3)}+\frac{\alpha_4^a}{\varphi'(\alpha_4)}+\cdots+\frac{\alpha_n^a}{\varphi'(\alpha_n)}=0,$$

sed

$$\frac{\alpha_2^b}{\varphi'(\alpha_2)}+\frac{\alpha_3^b}{\varphi'(\alpha_3)}+\frac{\alpha_4^b}{\varphi'(\alpha_4)}+\cdots+\frac{\alpha_n^b}{\varphi'(\alpha_n)}$$

$$=\frac{\alpha_2^{n-2}}{\varphi'(\alpha_2)}+\frac{\alpha_3^{n-2}}{\varphi'(\alpha_3)}+\frac{\alpha_4^{n-2}}{\varphi'(\alpha_4)}+\cdots+\frac{\alpha_n^{n-2}}{\varphi'(\alpha_n)}=1.$$

Hinc fractiones simplices, quae $x-\alpha_1$ denominatorem habent, et quas vidimus esse

$$\frac{\alpha_1^a}{(x-\alpha_1)(\alpha_1-\alpha_2)(\alpha_1-\alpha_3)\ldots(\alpha_1-\alpha_n)}\left(\frac{\alpha_2^b}{\varphi'(\alpha_2)}+\frac{\alpha_3^b}{\varphi'(\alpha_3)}+\frac{\alpha_4^b}{\varphi'(\alpha_4)}+\cdots+\frac{\alpha_n^b}{\varphi'(\alpha_n)}\right)$$
$$+\frac{\alpha_1^b}{(x-\alpha_1)(\alpha_1-\alpha_2)(\alpha_1-\alpha_3)\ldots(\alpha_1-\alpha_n)}\left(\frac{\alpha_2^a}{\varphi'(\alpha_2)}+\frac{\alpha_3^a}{\varphi'(\alpha_3)}+\frac{\alpha_4^a}{\varphi'(\alpha_4)}+\cdots+\frac{\alpha_n^a}{\varphi'(\alpha_n)}\right),$$

simpliciter fiunt

$$\frac{\alpha_1^a}{(x-\alpha_1)(\alpha_1-\alpha_2)(\alpha_1-\alpha_3)\ldots(\alpha_1-\alpha_n)}.$$

Ubi vero etiam $a=n-2$, fiunt

$$\frac{2\alpha_1^a}{(x-\alpha_1)(\alpha_1-\alpha_2)(\alpha_1-\alpha_3)\ldots(\alpha_1-\alpha_n)}.$$

Eodem modo fractiones simplices, quae $x-\alpha_2$, $x-\alpha_3$, $x-\alpha_4$, ..., $x-\alpha_n$ denominatores habent, fiunt, ubi $a<n-2$,

$$\frac{\alpha_2^a}{(x-\alpha_2)(\alpha_2-\alpha_1)(\alpha_2-\alpha_3)\ldots(\alpha_2-\alpha_n)},$$
$$\frac{\alpha_3^a}{(x-\alpha_3)(\alpha_3-\alpha_1)(\alpha_3-\alpha_2)\ldots(\alpha_3-\alpha_n)},$$
$$\frac{\alpha_4^a}{(x-\alpha_4)(\alpha_4-\alpha_1)(\alpha_4-\alpha_2)\ldots(\alpha_4-\alpha_n)},$$
$$\cdots\cdots\cdots\cdots$$
$$\frac{\alpha_n^a}{(x-\alpha_n)(\alpha_n-\alpha_1)(\alpha_n-\alpha_2)\ldots(\alpha_n-\alpha_{n-1})}.$$

Ubi vero $a=n-2$, fiunt dupla harum expressionum.

Unde videmus, siquidem erit $a<n-2$, $b=n-2$, fore:

$$\Sigma\frac{\alpha_1^a\alpha_2^b+\alpha_1^b\alpha_2^a}{(x-\alpha_1)(x-\alpha_2)}\cdot\frac{1}{M_{1,2}}=\Sigma\frac{\alpha_1^a\alpha_2^{n-2}+\alpha_1^{n-2}\alpha_2^a}{(x-\alpha_1)(x-\alpha_2)}\cdot\frac{1}{M_{1,2}}$$
$$=\frac{\alpha_1^a}{(x-\alpha_1)(\alpha_1-\alpha_2)(\alpha_1-\alpha_3)\ldots(\alpha_1-\alpha_n)}$$
$$+\frac{\alpha_2^a}{(x-\alpha_2)(\alpha_2-\alpha_1)(\alpha_2-\alpha_3)\ldots(\alpha_2-\alpha_n)}$$
$$+\frac{\alpha_3^a}{(x-\alpha_3)(\alpha_3-\alpha_1)(\alpha_3-\alpha_2)\ldots(\alpha_3-\alpha_n)}$$
$$\cdots\cdots\cdots\cdots$$
$$+\frac{\alpha_n^a}{(x-\alpha_n)(\alpha_n-\alpha_1)(\alpha_n-\alpha_2)\ldots(\alpha_n-\alpha_{n-1})}.$$

At sectione I. §. 2 vidimus, esse etiam:

$$\frac{x^a}{(x-\alpha_1)(x-\alpha_2)(x-\alpha_3)\ldots(x-\alpha_{n-1})}$$

$$= \frac{\alpha_1^a}{(x-\alpha_1)(\alpha_1-\alpha_2)(\alpha_1-\alpha_3)\ldots(\alpha_1-\alpha_n)}$$

$$+ \frac{\alpha_2^a}{(x-\alpha_2)(\alpha_2-\alpha_1)(\alpha_2-\alpha_3)\ldots(\alpha_2-\alpha_n)}$$

$$+ \frac{\alpha_3^a}{(x-\alpha_3)(\alpha_3-\alpha_1)(\alpha_3-\alpha_2)\ldots(\alpha_3-\alpha_n)}$$

$$\cdot \quad \cdot \quad \cdot \quad \cdot \quad \cdot \quad \cdot \quad \cdot \quad \cdot \quad \cdot \quad \cdot$$

$$+ \frac{\alpha_n^a}{(x-\alpha_n)(\alpha_n-\alpha_1)(\alpha_n-\alpha_2)\ldots(\alpha_n-\alpha_{n-1})},$$

unde colligimus:

$$\Sigma \frac{\alpha_1^a \alpha_2^{n-2} + \alpha_1^{n-2}\alpha_2^a}{(x-\alpha_1)(x-\alpha_2)} \cdot \frac{1}{M_{1,2}} = \frac{x^a}{(x-\alpha_1)(x-\alpha_2)(x-\alpha_3)\ldots(x-\alpha_n)}.$$

Ubi vero etiam $a = n-2$, fit:

$$\Sigma \frac{\alpha_1^{n-2}\alpha_2^{n-2} + \alpha_1^{n-2}\alpha_2^{n-2}}{(x-\alpha_1)(x-\alpha_2)} \cdot \frac{1}{M_{1,2}} = 2\Sigma \frac{\alpha_1^{n-2}\alpha_2^{n-2}}{(x-\alpha_1)(x-\alpha_2)}$$

$$= \frac{2x^a}{(x-\alpha_1)(x-\alpha_2)(x-\alpha_3)\ldots(x-\alpha_n)}$$

sive

$$\Sigma \frac{\alpha_1^{n-2}\alpha_2^{n-2}}{(x-\alpha_1)(x-\alpha_2)} \cdot \frac{1}{M_{1,2}} = \frac{x^{n-2}}{(x-\alpha_1)(x-\alpha_2)\ldots(x-\alpha_n)}.$$

14.

Loco expressionis

$$\Sigma \frac{\alpha_1^a \alpha_2^{n-2} + \alpha_1^{n-2}\alpha_2^a}{(x-\alpha_1)(x-\alpha_2)} \cdot \frac{1}{M_{1,2}}$$

simplicius etiam scribere licet

$$\Sigma \frac{\alpha_1^a \alpha_2^{n-2}}{(x-\alpha_1)(x-\alpha_2)} \cdot \frac{1}{M_{1,2}};$$

ex hac enim expressione

$$\frac{\alpha_1^a \alpha_2^{n-2}}{(x-\alpha_1)(x-\alpha_2)} \cdot \frac{1}{M_{1,2}}$$

permutatione indicum 1, 2 nascitur altera

$$\frac{\alpha_1^{n-2}\alpha_2^a}{(x-\alpha_1)(x-\alpha_2)} \cdot \frac{1}{M_{1,2}}.$$

Hinc, quia signo Σ cunctas amplexi sumus permutationes, expressio

$$\Sigma \frac{\alpha_1^\alpha \alpha_2^{n-2} + \alpha_1^{n-2} \alpha_2^\alpha}{(x-\alpha_1)(x-\alpha_2)} \cdot \frac{1}{M_{1,2}}$$

alios non continebit terminos, atque illa

$$\Sigma \frac{\alpha_1^\alpha \alpha_2^{n-2}}{(x-\alpha_1)(x-\alpha_2)} \cdot \frac{1}{M_{1,2}}.$$

Videmus igitur, ubi erit $\alpha = 0, 1, 2, 3, \ldots, n-2$, fore:

$$\frac{x^\alpha}{(x-\alpha_1)(x-\alpha_2)\ldots(x-\alpha_n)} = \Sigma \frac{\alpha_1^\alpha \alpha_2^{n-2}}{(x-\alpha_1)(x-\alpha_2)} \cdot \frac{1}{M_{1,2}}.$$

Ubi igitur fractioni propositae assignamus numeratorem

$$a_0 + a_1 x + a_2 x^2 + a_3 x^3 + \cdots + a_{n-2} x^{n-2},$$

fit

$$\frac{a_0 + a_1 x + a_2 x^2 + a_3 x^3 + \cdots + a_{n-2} x^{n-2}}{(x-\alpha_1)(x-\alpha_2)(x-\alpha_3)\ldots(x-\alpha_n)}$$

$$= \Sigma \frac{(a_0 + a_1 \alpha_1 + a_2 \alpha_1^2 + \cdots + a_{n-2} \alpha_1^{n-2}) \alpha_2^{n-2}}{(x-\alpha_1)(x-\alpha_2)} \cdot \frac{1}{M_{1,2}}.$$

His autem addere licet tot expressiones huiusmodi

$$\Sigma \frac{\alpha_1^p \alpha_2^q + \alpha_1^q \alpha_2^p}{(x-\alpha_1)(x-\alpha_2)} \cdot \frac{1}{M_{1,2}},$$

singulas per quantitatem arbitrariam multiplicatas, quot modis terminus

$$\alpha_1^p \alpha_2^q + \alpha_1^q \alpha_2^p$$

variari potest, dum et p et q minores sunt numero $n-2$. Tum enim eiusmodi expressiones

$$\Sigma \frac{\alpha_1^p \alpha_2^q + \alpha_1^q \alpha_2^p}{(x-\alpha_1)(x-\alpha_2)} \cdot \frac{1}{M_{1,2}}$$

vidimus evanescere. Apparet autem cunctorum eiusmodi terminorum exponentes effingere combinationes binorum ex elementis

$$0, 1, 2, 3, \ldots, n-3,$$

ipsis admissis elementorum repetitionibus; quorum elementorum cum sit numerus $n-2$, harum complexionum erit $\frac{(n-2)(n-1)}{1.2}$. Tot igitur modis terminus $\alpha_1^p \alpha_2^q + \alpha_1^q \alpha_2^p$ variari potest; tot quantitates arbitrariae in formula indicata reperiuntur; unde completam dedimus problematis resolutionem; tot enim, ut sit completa, requirebantur (v. §. 11).

15.

E theoremate a nobis exhibito:

$$\frac{x^a}{(x-\alpha_1)(x-\alpha_2)(x-\alpha_3)\dots(x-\alpha_n)} = \Sigma \frac{\alpha_1^a\alpha_2^{n-2}}{(x-\alpha_1)(x-\alpha_2)} \cdot \frac{1}{M_{1,2}},$$

posito $a=0, 1, 2, 3, \dots, n-2$, formulae emanant omnino similes iis, quas lemmate I. §. 5 dedimus. Utraque enim aequationis parte secundum descendentes elementi x dignitates evoluta, singularum dignitatum collatis exponentibus, eruimus, ubi $a < n-2$,

$$\Sigma \frac{\alpha_1^a\alpha_2^{n-2}}{M_{1,2}} = 0;$$

videmus enim

$$\Sigma \frac{\alpha_1^a\alpha_2^{n-2}}{M_{1,2}}$$

coëfficientem esse dignitatis $\frac{1}{x^2}$, quae in evoluta fractione

$$\frac{x^a}{(x-\alpha_1)(x-\alpha_2)(x-\alpha_3)\dots(x-\alpha_n)}$$

omnino non invenitur, dum $a < n-2$. Ubi vero $a = n-2$, videmus in evoluta fractione

$$\frac{x^{n-2}}{(x-\alpha_1)(x-\alpha_2)(x-\alpha_3)\dots(x-\alpha_n)}$$

terminum $\frac{1}{x^2}$ inveniri, unde posito $a=n-2$, fit

$$\Sigma \frac{\alpha_1^{n-2}\alpha_2^{n-2}}{M_{1,2}} = 1.$$

Horum duorum lemmatum ope eadem via, quam et in antecedentibus ingressi sumus, ad sequens pervenitur theorema.

Posito

$$\begin{aligned} M_{1,2,3} = (\alpha_1-\alpha_4)(\alpha_1-\alpha_5)\dots(\alpha_1-\alpha_n) \\ \times(\alpha_2-\alpha_4)(\alpha_2-\alpha_5)\dots(\alpha_2-\alpha_n) \\ \times(\alpha_3-\alpha_4)(\alpha_3-\alpha_5)\dots(\alpha_3-\alpha_n), \end{aligned}$$

fit

$$(1.) \qquad \Sigma \frac{\alpha_1^p\alpha_2^q\alpha_3^r}{(x-\alpha_1)(x-\alpha_2)(x-\alpha_3)} \cdot \frac{1}{M_{1,2,3}} = 0,$$

numerorum p, q, r, qui sunt integri positivi, duobus non attingentibus numerum $n-3$, reliquo eundem non superante.

$$(2.)\quad \begin{cases} \dfrac{a_0+a_1x+a_2x^2+\cdots+a_{n-3}x^{n-3}}{(x-\alpha_1)(x-\alpha_2)(x-\alpha_3)\ldots(x-\alpha_n)} \\ = \Sigma\dfrac{(a_0+a_1\alpha_1+a_2\alpha_1^2+\cdots+a_{n-3}\alpha_1^{n-3})\alpha_2^{n-3}\alpha_3^{n-3}}{(x-\alpha_1)(x-\alpha_2)(x-\alpha_3)}\cdot\dfrac{1}{M_{1,2,3}}. \end{cases}$$

Non est meum, per calculos prolixos terrorem incutere lectori, eodemque repetito negotio plurimas paginas implere. Hinc via tantummodo indicata, accuratiorem omisi demonstrationem, quam qui tentaverit, eandem esse videbit, quam et in antecedentibus dedimus. Statim etiam generale theorema annectam.

Theorema.

Posito

$$\begin{aligned} M_{1,2,3,\ldots,k} = & (\alpha_1-\alpha_{k+1})(\alpha_1-\alpha_{k+2})\ldots(\alpha_1-\alpha_n) \\ & \times(\alpha_2-\alpha_{k+1})(\alpha_2-\alpha_{k+2})\ldots(\alpha_2-\alpha_n) \\ & \times(\alpha_3-\alpha_{k+1})(\alpha_3-\alpha_{k+2})\ldots(\alpha_3-\alpha_n) \\ & \times(\alpha_4-\alpha_{k+1})(\alpha_4-\alpha_{k+2})\ldots(\alpha_4-\alpha_n) \\ & \ldots\ldots\ldots\ldots\ldots\ldots \\ & \times(\alpha_k-\alpha_{k+1})(\alpha_k-\alpha_{k+2})\ldots(\alpha_k-\alpha_n), \end{aligned}$$

fit

$$(1.)\qquad \Sigma\frac{\alpha_1^{p_1}\alpha_2^{p_2}\alpha_3^{p_3}\ldots\alpha_k^{p_k}}{(x-\alpha_1)(x-\alpha_2)\ldots(x-\alpha_k)}\cdot\frac{1}{M_{1,2,\ldots,k}}=0,$$

duobus e numeris $p_1, p_2, p_3, \ldots, p_k$, qui sunt integri positivi, non attingentibus numerum $n-k$, reliquis eundem non superantibus.

$$(2.)\quad \begin{cases} \dfrac{a_0+a_1x+a_2x^2+\cdots+a_{n-k}x^{n-k}}{(x-\alpha_1)(x-\alpha_2)(x-\alpha_3)\ldots(x-\alpha_n)} \\ = \Sigma\dfrac{(a_0+a_1\alpha_1+a_2\alpha_1^2+\cdots+a_{n-k}\alpha_1^{n-k})\alpha_2^{n-k}\alpha_3^{n-k}\ldots\alpha_k^{n-k}}{(x-\alpha_1)(x-\alpha_2)\ldots(x-\alpha_k)}\cdot\dfrac{1}{M_{1,2,\ldots,k}}. \end{cases}$$

Huic formulae tot expressiones

$$\Sigma\frac{\alpha_1^{p_1}\alpha_2^{p_2}\alpha_3^{p_3}\ldots\alpha_k^{p_k}}{(x-\alpha_1)(x-\alpha_2)\ldots(x-\alpha_k)}\cdot\frac{1}{M_{1,2,\ldots,k}}$$

addere licet, singulas per quantitatem arbitrariam multiplicatas, quot modis terminus

$$\alpha_1^{p_1}\alpha_2^{p_2}\alpha_3^{p_3}\ldots\alpha_k^{p_k}$$

variari potest, dum e numeris $p_1, p_2, p_3, \ldots, p_k$ duo minores sunt numero $n-k$, reliqui eundem non superant. Iis casibus enim omnes eiusmodi expressiones

$$\Sigma\frac{\alpha_1^{p_1}\alpha_2^{p_2}\alpha_3^{p_3}\ldots\alpha_k^{p_k}}{(x-\alpha_1)(x-\alpha_2)\ldots(x-\alpha_k)}\cdot\frac{1}{M_{1,2,\ldots,k}}$$

diximus evanescere.

Corollarium.

16.

Si omnes numeri $p_1, p_2, p_3, \ldots, p_k$ numerum $n-k$ attingere possent, terminorum

$$\alpha_1^{p_1}\alpha_2^{p_2}\alpha_3^{p_3}\ldots\alpha_k^{p_k}$$

exponentes effingerent combinationes k^{norum} ex elementis

$$0, \ 1, \ 2, \ \ldots, \ n-k,$$

ipsis elementorum admissis repetitionibus. Quorum cum numerus sit $n-k+1$, complexionum numerus foret

$$\frac{(n-k+1)(n-k+2)(n-k+3)\ldots n}{1.2.3\ldots k}.$$

De quo numero detrahendus est numerus eorum casuum, quibus $k-1$ e numeris $p_1, p_2, p_3, \ldots, p_k$ sive omnes k aequales erunt numero $n-k$. Ab his enim casibus abstinendum est. Hic vero numerus aperte erit $n-k+1$. Hinc termini

$$\alpha_1^{p_1}\alpha_2^{p_2}\alpha_3^{p_3}\ldots\alpha_n^{p_n},$$

duobus e numeris $p_1, p_2, p_3, \ldots, p_k$ non attingentibus numerum $n-k$, reliquis eundem non superantibus,

$$\frac{(n-k+1)(n-k+2)(n-k+3)\ldots n}{1.2.3\ldots k}-(n-k+1)$$

modis variari possunt. Totidem igitur quantitates arbitrariae in formula indicata inveniuntur. Fractiones autem simpliciores, quarum denominatores sunt eiusmodi producta $(x-\alpha_1)(x-\alpha_2)\ldots(x-\alpha_k)$, eodem sunt numero atque combinationes k^{norum} ex elementis

$$1, \ 2, \ 3, \ \ldots, \ n,$$

nullis elementorum admissis repetitionibus, id est numero

$$\frac{n(n-1)(n-2)\ldots(n-k+1)}{1.2.3\ldots k}.$$

Iam illae ita determinatos numeratores habere debent, ut sub eundem denominatorem

$$(x-\alpha_1)(x-\alpha_2)(x-\alpha_3)\ldots(x-\alpha_n)$$

collectae numeratorem nanciscantur

$$a_0+a_1x+a_2x^2+\cdots+a_{n-k}x^{n-k}.$$

Itaque coëfficientum $a_0, a_1, a_2, \ldots, a_{n-k}$ numerus cum sit $n-k+1$, numeratores illi, quorum est numerus

$$\frac{n(n-1)(n-2)\ldots(n-k+1)}{1.2.3\ldots k},$$

tantum $n-k+1$ conditionibus satisfaciant necesse est. In assignatis igitur istis fractionum simplicium numeratoribus

$$\frac{n(n-1)(n-2)\ldots(n-k+1)}{1.2.3\ldots k}-(n-k+1)$$

quantitates arbitrariae inveniri debent, ut completa esse aestimanda sit problematis resolutio; tot autem reapse in theoremate a nobis proposito inveniuntur. Ecce igitur, dedimus resolutionem problematis generalis completam. —

Sectio III.

Alia quaedam proponuntur, quae ad theoriam fractionum simplicium pertinent.

17.

Hac sectione, nullo ordine observato, alia varia de fractionibus simplicibus afferamus. Proposita fractione

$$\frac{1}{(x-\alpha_1)(x-\alpha_2)(x-\alpha_3)\ldots(x-\alpha_n)}$$

in simplices resoluta hasce:

$$\begin{aligned}&\frac{1}{x-\alpha_1}\cdot\frac{1}{(\alpha_1-\alpha_2)(\alpha_1-\alpha_3)\ldots(\alpha_1-\alpha_n)}\\ +&\frac{1}{x-\alpha_2}\cdot\frac{1}{(\alpha_2-\alpha_1)(\alpha_2-\alpha_3)\ldots(\alpha_2-\alpha_n)}\\ +&\frac{1}{x-\alpha_3}\cdot\frac{1}{(\alpha_3-\alpha_1)(\alpha_3-\alpha_2)\ldots(\alpha_3-\alpha_n)}\\ &\cdots\cdots\cdots\cdots\cdots\cdots\\ +&\frac{1}{x-\alpha_n}\cdot\frac{1}{(\alpha_n-\alpha_1)(\alpha_n-\alpha_2)\ldots(\alpha_n-\alpha_{n-1})},\end{aligned}$$

has ipsas fractiones

$$\frac{1}{(\alpha_1-\alpha_2)(\alpha_1-\alpha_3)\ldots(\alpha_1-\alpha_n)},$$
$$\frac{1}{(\alpha_2-\alpha_1)(\alpha_2-\alpha_3)\ldots(\alpha_2-\alpha_n)},$$
$$\frac{1}{(\alpha_3-\alpha_1)(\alpha_3-\alpha_2)\ldots(\alpha_3-\alpha_n)},$$
$$\ldots\ldots\ldots\ldots\ldots$$
$$\frac{1}{(\alpha_n-\alpha_1)(\alpha_n-\alpha_2)\ldots(\alpha_n-\alpha_{n-1})},$$

rursus in simplices licet resolvere. Erit e. g.

$$\frac{1}{(\alpha_1-\alpha_2)(\alpha_1-\alpha_3)(\alpha_1-\alpha_4)\ldots(\alpha_1-\alpha_n)}$$
$$=\frac{1}{(\alpha_1-\alpha_2)(\alpha_2-\alpha_3)(\alpha_2-\alpha_4)\ldots(\alpha_2-\alpha_n)}$$
$$+\frac{1}{(\alpha_1-\alpha_3)(\alpha_3-\alpha_2)(\alpha_3-\alpha_4)\ldots(\alpha_3-\alpha_n)}$$
$$+\frac{1}{(\alpha_1-\alpha_4)(\alpha_4-\alpha_2)(\alpha_4-\alpha_3)\ldots(\alpha_4-\alpha_n)}$$
$$\ldots\ldots\ldots\ldots\ldots$$
$$+\frac{1}{(\alpha_1-\alpha_n)(\alpha_n-\alpha_2)(\alpha_n-\alpha_3)\ldots(\alpha_n-\alpha_{n-1})}.$$

Quo facto fractiones

$$\frac{1}{(\alpha_2-\alpha_3)(\alpha_2-\alpha_4)\ldots(\alpha_2-\alpha_n)},$$
$$\frac{1}{(\alpha_3-\alpha_2)(\alpha_3-\alpha_4)\ldots(\alpha_3-\alpha_n)},$$
$$\frac{1}{(\alpha_4-\alpha_2)(\alpha_4-\alpha_3)\ldots(\alpha_4-\alpha_n)},$$
$$\ldots\ldots\ldots\ldots\ldots$$
$$\frac{1}{(\alpha_n-\alpha_2)(\alpha_n-\alpha_3)\ldots(\alpha_n-\alpha_{n-1})}$$

rursus in simplices licet resolvere, quo repetito negotio atque ad reliquas fractiones consimiles omnes adhibito, tandem devenitur ad formulam sequentem:

$$\frac{1}{(x-\alpha_1)(x-\alpha_2)(x-\alpha_3)\ldots(x-\alpha_n)}=\Sigma\frac{1}{(x-\alpha_1)(\alpha_1-\alpha_2)(\alpha_2-\alpha_3)(\alpha_3-\alpha_4)\ldots(\alpha_{n-1}-\alpha_n)}.$$

In quibus charactere Σ rursus complectimur has omnes varias expressiones, quae permutatis elementis $\alpha_1, \alpha_2, \alpha_3, \ldots, \alpha_n$ seu eorum indicibus $1, 2, 3, \ldots, n$ eruuntur.

18.

Sit $f(x)$ terminus generalis seriei $(n-1)^{\text{ti}}$ ordinis, sive

$$f(x)=a_0+a_1x+a_2x^2+\cdots+a_{n-1}x^{n-1};$$

datis n terminis seriei, qui indicibus $\alpha_1, \alpha_2, \alpha_3, \ldots, \alpha_n$ respondent, scilicet $f(\alpha_1), f(\alpha_2), f(\alpha_3), \ldots, f(\alpha_n)$, agitur de ipso determinando termino generali $f(x)$.

Vidimus esse

$$\begin{aligned}
&\frac{f(x)}{(x-\alpha_1)(x-\alpha_2)(x-\alpha_3)\ldots(x-\alpha_n)}\\
=&\frac{f(\alpha_1)}{(x-\alpha_1)(\alpha_1-\alpha_2)(\alpha_1-\alpha_3)\ldots(\alpha_1-\alpha_n)}\\
+&\frac{f(\alpha_2)}{(x-\alpha_2)(\alpha_2-\alpha_1)(\alpha_2-\alpha_3)\ldots(\alpha_2-\alpha_n)}\\
+&\frac{f(\alpha_3)}{(x-\alpha_3)(\alpha_3-\alpha_1)(\alpha_3-\alpha_2)\ldots(\alpha_3-\alpha_n)}\\
&\ldots\ldots\ldots\ldots\ldots\\
+&\frac{f(\alpha_n)}{(x-\alpha_n)(\alpha_n-\alpha_1)(\alpha_n-\alpha_2)\ldots(\alpha_n-\alpha_{n-1})}.
\end{aligned}$$

Qua aequatione multiplicata per

$$(x-\alpha_1)(x-\alpha_2)(x-\alpha_3)\ldots(x-\alpha_n),$$

fit

$$\begin{aligned}
f(x)=f(\alpha_1)&\cdot\frac{(x-\alpha_2)(x-\alpha_3)(x-\alpha_4)\ldots(x-\alpha_n)}{(\alpha_1-\alpha_2)(\alpha_1-\alpha_3)(\alpha_1-\alpha_4)\ldots(\alpha_1-\alpha_n)}\\
+f(\alpha_2)&\cdot\frac{(x-\alpha_1)(x-\alpha_3)(x-\alpha_4)\ldots(x-\alpha_n)}{(\alpha_2-\alpha_1)(\alpha_2-\alpha_3)(\alpha_2-\alpha_4)\ldots(\alpha_2-\alpha_n)}\\
+f(\alpha_3)&\cdot\frac{(x-\alpha_1)(x-\alpha_2)(x-\alpha_4)\ldots(x-\alpha_n)}{(\alpha_3-\alpha_1)(\alpha_3-\alpha_2)(\alpha_3-\alpha_4)\ldots(\alpha_3-\alpha_n)}\\
&\ldots\ldots\ldots\ldots\ldots\\
+f(\alpha_n)&\cdot\frac{(x-\alpha_1)(x-\alpha_2)(x-\alpha_3)\ldots(x-\alpha_{n-1})}{(\alpha_n-\alpha_1)(\alpha_n-\alpha_2)(\alpha_n-\alpha_3)\ldots(\alpha_n-\alpha_{n-1})}.
\end{aligned}$$

Quod alias iam notum, ab Ill°. Lagrange propositum, de interpolatione serierum theorema alio modo atque vulgo fit demonstrasse iuvat.

19.

Resolutione in fractiones simplices facta facile etiam hoc demonstratur theorema:

$$\frac{1}{(x-\alpha_1-\beta_1)(x-\alpha_2-\beta_1)\dots(x-\alpha_n-\beta_1)(\beta_1-\beta_2)(\beta_1-\beta_3)\dots(\beta_1-\beta_m)}$$
$$+\frac{1}{(x-\alpha_1-\beta_2)(x-\alpha_2-\beta_2)\dots(x-\alpha_n-\beta_2)(\beta_2-\beta_1)(\beta_2-\beta_3)\dots(\beta_2-\beta_m)}$$
$$+\frac{1}{(x-\alpha_1-\beta_3)(x-\alpha_2-\beta_3)\dots(x-\alpha_n-\beta_3)(\beta_3-\beta_1)(\beta_3-\beta_2)\dots(\beta_3-\beta_m)}$$
$$\dots\dots\dots\dots\dots\dots\dots\dots\dots\dots$$
$$+\frac{1}{(x-\alpha_1-\beta_m)(x-\alpha_2-\beta_m)\dots(x-\alpha_n-\beta_m)(\beta_m-\beta_1)(\beta_m-\beta_2)\dots(\beta_m-\beta_{m-1})}$$
$$=\frac{1}{(x-\alpha_1-\beta_1)(x-\alpha_1-\beta_2)\dots(x-\alpha_1-\beta_m)(\alpha_1-\alpha_2)(\alpha_1-\alpha_3)\dots(\alpha_1-\alpha_n)}$$
$$+\frac{1}{(x-\alpha_2-\beta_1)(x-\alpha_2-\beta_2)\dots(x-\alpha_2-\beta_m)(\alpha_2-\alpha_1)(\alpha_2-\alpha_3)\dots(\alpha_2-\alpha_n)}$$
$$+\frac{1}{(x-\alpha_3-\beta_1)(x-\alpha_3-\beta_2)\dots(x-\alpha_3-\beta_m)(\alpha_3-\alpha_1)(\alpha_3-\alpha_2)\dots(\alpha_3-\alpha_n)}$$
$$\dots\dots\dots\dots\dots\dots\dots\dots\dots\dots$$
$$+\frac{1}{(x-\alpha_n-\beta_1)(x-\alpha_n-\beta_2)\dots(x-\alpha_n-\beta_m)(\alpha_n-\alpha_1)(\alpha_n-\alpha_2)\dots(\alpha_n-\alpha_{n-1})}.$$

20.

Casus memorabilis fractionum simplicium is est, quo earum denominatores seriem arithmeticam effingunt. Sit e. g. $\alpha_1 = p$, $\alpha_2 = p-h$, $\alpha_3 = p-2h$, ..., $\alpha_n = p-(n-1)h$: erit

$$\begin{aligned}
(\alpha_1-\alpha_2)(\alpha_1-\alpha_3)\dots(\alpha_1-\alpha_n) &= 1.2.3\dots(n-1)h^{n-1}\\
(\alpha_2-\alpha_1)(\alpha_2-\alpha_3)\dots(\alpha_2-\alpha_n) &= -1.2.3\dots(n-2)h^{n-1}\\
(\alpha_3-\alpha_1)(\alpha_3-\alpha_2)\dots(\alpha_3-\alpha_n) &= 1.2.3\dots(n-3).1.2.h^{n-1}\\
(\alpha_4-\alpha_1)(\alpha_4-\alpha_2)\dots(\alpha_4-\alpha_n) &= -1.2.3\dots(n-4).1.2.3.h^{n-1}\\
&\dots\dots\dots\dots\\
(\alpha_n-\alpha_1)(\alpha_n-\alpha_2)\dots(\alpha_n-\alpha_{n-1}) &= (-1)^{n-1}1.2.3\dots(n-1)h^{n-1}.
\end{aligned}$$

Hinc fit, ea suppositione facta,

$$\frac{1}{(x-\alpha_1)(x-\alpha_2)(x-\alpha_3)\dots(x-\alpha_n)}$$
$$=\frac{1}{1.2.3\dots(n-1)h^{n-1}}\left(\frac{1}{x-\alpha_1}-\frac{n-1}{x-\alpha_2}+\frac{(n-1)(n-2)}{1.2.(x-\alpha_3)}-\frac{(n-1)(n-2)(n-3)}{1.2.3.(x-\alpha_4)}+\text{etc.}\right),$$

sive

$$\frac{1}{x-\alpha_1}-\frac{n-1}{x-\alpha_2}+\frac{(n-1)(n-2)}{1.2}\cdot\frac{1}{x-\alpha_3}-\frac{(n-1)(n-2)(n-3)}{1.2.3}\cdot\frac{1}{x-\alpha_4}+\text{etc.}$$
$$=\frac{1.2.3\dots(n-1)h^{n-1}}{(x-\alpha_1)(x-\alpha_2)(x-\alpha_3)\dots(x-\alpha_n)}.$$

E theoria autem serierum et differentiarum notum est seriei alicuius

$$A_1,\ A_2,\ A_3,\ \ldots,\ A_n$$

esse $(n-1)^{\text{tam}}$ differentiam, quam designemus per $\Delta^{n-1}A_1$,

$$= A_1-(n-1)A_2+\frac{(n-1)(n-2)}{1.2}A_3-\frac{(n-1)(n-2)(n-3)}{1.2.3}A_4+\text{ etc.},$$

differentiis ita sumtis, ut a quoque termino is, qui insequitur, detrahatur. Unde videmus, proposita aliqua serie

$$\frac{1}{x-\alpha_1},\ \frac{1}{x-\alpha_2},\ \frac{1}{x-\alpha_3},\ \ldots,\ \frac{1}{x-\alpha_n},$$

elementis $\alpha_1, \alpha_2, \alpha_3, \ldots, \alpha_n$ effingentibus seriem arithmeticam $p, p-h, p-2h, \ldots, p-(n-1)h$, fore $(n-1)^{\text{tam}}$ eius differentiam

$$\Delta^{n-1}\frac{1}{x-\alpha_1}=\frac{1}{x-\alpha_1}-\frac{n-1}{x-\alpha_2}+\frac{(n-1)(n-2)}{1.2}\cdot\frac{1}{x-\alpha_3}-\frac{(n-1)(n-2)(n-3)}{1.2.3}\cdot\frac{1}{x-\alpha_4}+\text{ etc.}$$
$$=\frac{1.2.3\ldots(n-1)h^{n-1}}{(x-\alpha_1)(x-\alpha_2)(x-\alpha_3)\ldots(x-\alpha_n)}.$$

21.

Iam, ut melius perspiciatur, quomodo fractiones simplices ad theoriam differentiarum et serierum pertineant, haec apponamus.

Seriei alicuius termini, qui respondent indicibus $\alpha_1, \alpha_2, \alpha_3, \alpha_4, \ldots, \alpha_n$, sint

$$A_1,\ A_2,\ A_3,\ A_4,\ \ldots$$

De hac serie ita deriventur series

$$B_1,\ B_2,\ B_3,\ B_4,\ \ldots,$$
$$C_1,\ C_2,\ C_3,\ C_4,\ \ldots,$$
$$D_1,\ D_2,\ D_3,\ D_4,\ \ldots,$$
etc.,

ut sit

$$B_1=\frac{A_1-A_2}{\alpha_1-\alpha_2},\quad B_2=\frac{A_2-A_3}{\alpha_2-\alpha_3},\quad B_3=\frac{A_3-A_4}{\alpha_3-\alpha_4},\quad\text{etc.}$$
$$C_1=\frac{B_1-B_2}{\alpha_1-\alpha_3},\quad C_2=\frac{B_2-B_3}{\alpha_2-\alpha_4},\quad C_3=\frac{B_3-B_4}{\alpha_3-\alpha_5},\quad\text{etc.}$$
$$D_1=\frac{C_1-C_2}{\alpha_1-\alpha_4},\quad D_2=\frac{C_2-C_3}{\alpha_2-\alpha_5},\quad D_3=\frac{C_3-C_4}{\alpha_3-\alpha_6},\quad\text{etc.}$$
etc.

Iam patet, indicibus α_1, α_2, α_3, ... effingentibus seriem arithmeticam p, $p-h$, $p-2h$, ... fore

$$B_1 = \frac{\Delta A_1}{h},\quad C_1 = \frac{\Delta^2 A_1}{1.2.h^2},\quad D_1 = \frac{\Delta^3 A_1}{1.2.3.h^3},\quad \text{etc.}$$

$$B_2 = \frac{\Delta A_2}{h},\quad C_2 = \frac{\Delta^2 A_2}{1.2.h^2},\quad D_2 = \frac{\Delta^3 A_2}{1.2.3.h^3},\quad \text{etc.}$$

$$B_3 = \frac{\Delta A_3}{h},\quad C_3 = \frac{\Delta^2 A_3}{1.2.h^2},\quad D_3 = \frac{\Delta^3 A_3}{1.2.3.h^3},\quad \text{etc.}$$

etc.

designante $\Delta^n A_m$, ut vulgo fit, n^{tam} differentiam seriei

$$A_m,\quad A_{m+1},\quad A_{m+2},\quad A_{m+3},\quad \text{etc.},$$

differentiis ita sumtis, ut a quoque termino is, qui insequitur, detrahatur.

Seriem B_1, B_2, B_3, B_4, etc. ita quoque exhibere licet:

$$B_1 = \frac{A_1}{\alpha_1-\alpha_2} + \frac{A_2}{\alpha_2-\alpha_1}$$

$$B_2 = \frac{A_2}{\alpha_2-\alpha_3} + \frac{A_3}{\alpha_3-\alpha_2}$$

$$B_3 = \frac{A_3}{\alpha_3-\alpha_4} + \frac{A_4}{\alpha_4-\alpha_3}$$

etc.

Hinc erit

$$C_1 = \frac{A_1}{(\alpha_1-\alpha_2)(\alpha_1-\alpha_3)} + \frac{A_2}{(\alpha_2-\alpha_1)(\alpha_2-\alpha_3)} + \frac{A_3}{(\alpha_3-\alpha_1)(\alpha_3-\alpha_2)}$$

$$C_2 = \frac{A_2}{(\alpha_2-\alpha_3)(\alpha_2-\alpha_4)} + \frac{A_3}{(\alpha_3-\alpha_2)(\alpha_3-\alpha_4)} + \frac{A_4}{(\alpha_4-\alpha_2)(\alpha_4-\alpha_3)}$$

$$C_3 = \frac{A_3}{(\alpha_3-\alpha_4)(\alpha_3-\alpha_5)} + \frac{A_4}{(\alpha_4-\alpha_3)(\alpha_4-\alpha_5)} + \frac{A_5}{(\alpha_5-\alpha_3)(\alpha_5-\alpha_4)}$$

etc.

Hinc derivatur

$$D_1 = \frac{A_1}{(\alpha_1-\alpha_2)(\alpha_1-\alpha_3)(\alpha_1-\alpha_4)} + \frac{A_2}{(\alpha_2-\alpha_1)(\alpha_2-\alpha_3)(\alpha_2-\alpha_4)} + \frac{A_3}{(\alpha_3-\alpha_1)(\alpha_3-\alpha_2)(\alpha_3-\alpha_4)} + \frac{A_4}{(\alpha_4-\alpha_1)(\alpha_4-\alpha_2)(\alpha_4-\alpha_3)}$$

$$D_2 = \frac{A_2}{(\alpha_2-\alpha_3)(\alpha_2-\alpha_4)(\alpha_2-\alpha_5)} + \frac{A_3}{(\alpha_3-\alpha_2)(\alpha_3-\alpha_4)(\alpha_3-\alpha_5)} + \frac{A_4}{(\alpha_4-\alpha_2)(\alpha_4-\alpha_3)(\alpha_4-\alpha_5)} + \frac{A_5}{(\alpha_5-\alpha_2)(\alpha_5-\alpha_3)(\alpha_5-\alpha_4)}$$

$$D_3 = \frac{A_3}{(\alpha_3-\alpha_4)(\alpha_3-\alpha_5)(\alpha_3-\alpha_6)} + \frac{A_4}{(\alpha_4-\alpha_3)(\alpha_4-\alpha_5)(\alpha_4-\alpha_6)} + \frac{A_5}{(\alpha_5-\alpha_3)(\alpha_5-\alpha_4)(\alpha_5-\alpha_6)} + \frac{A_6}{(\alpha_6-\alpha_3)(\alpha_6-\alpha_4)(\alpha_6-\alpha_5)}$$

etc.

Unde videmus, ubi erit

$$A_1 = \frac{1}{x-\alpha_1},\quad A_2 = \frac{1}{x-\alpha_2},\quad A_3 = \frac{1}{x-\alpha_3},\quad A_4 = \frac{1}{x-\alpha_4},\quad \text{etc.},$$

fore:

$$B_1=\frac{1}{(x-\alpha_1)(x-\alpha_2)},\quad B_2=\frac{1}{(x-\alpha_2)(x-\alpha_3)},\quad B_3=\frac{1}{(x-\alpha_3)(x-\alpha_4)},\ \text{etc.};$$

$$C_1=\frac{1}{(x-\alpha_1)(x-\alpha_2)(x-\alpha_3)},\quad C_2=\frac{1}{(x-\alpha_2)(x-\alpha_3)(x-\alpha_4)},\quad C_3=\frac{1}{(x-\alpha_3)(x-\alpha_4)(x-\alpha_5)},\ \text{etc.};$$

$$D_1=\frac{1}{(x-\alpha_1)(x-\alpha_2)(x-\alpha_3)(x-\alpha_4)},\ D_2=\frac{1}{(x-\alpha_2)(x-\alpha_3)(x-\alpha_4)(x-\alpha_5)},\ D_3=\frac{1}{(x-\alpha_3)(x-\alpha_4)(x-\alpha_5)(x-\alpha_6)},\ \text{etc.};$$

etc.

Hinc statim patet, ubi $\alpha_1=p$, $\alpha_2=p-h$, $\alpha_3=p-2h$, etc., fore

$$\frac{1}{(x-\alpha_1)(x-\alpha_2)\ldots(x-\alpha_n)}=\frac{\Delta^{n-1}\dfrac{1}{x-\alpha_1}}{1.2.3\ldots(n-1)h^{n-1}}.$$

Sicuti a differentiis ad terminos seriei primariae, ita quoque a terminis A_1, B_1, C_1, D_1, etc. ad terminos seriei propositae A_1, A_2, A_3, A_4, etc. ascendere licet. Facto periculo, nasci videmus elegantissimas formulas:

$$\begin{aligned}
A_1 &= A_1\\
A_2 &= A_1+(\alpha_2-\alpha_1)B_1\\
A_3 &= A_1+(\alpha_3-\alpha_1)B_1+(\alpha_3-\alpha_1)(\alpha_3-\alpha_2)C_1\\
A_4 &= A_1+(\alpha_4-\alpha_1)B_1+(\alpha_4-\alpha_1)(\alpha_4-\alpha_2)C_1+(\alpha_4-\alpha_1)(\alpha_4-\alpha_2)(\alpha_4-\alpha_3)D_1\\
&\ldots\ldots\ldots\ldots\ldots\ldots\ldots\ldots\ldots\ldots\\
A_n &= A_1+(\alpha_n-\alpha_1)B_1+(\alpha_n-\alpha_1)(\alpha_n-\alpha_2)C_1+(\alpha_n-\alpha_1)(\alpha_n-\alpha_2)(\alpha_n-\alpha_3)D_1+\text{ etc.}
\end{aligned}$$

Haec alias iam nota*) adnotasse sufficiat; iniuria autem negliguntur ab Analystis, quae multo sunt generaliora theoremata iis, quae vulgo de seriebus ac differentiis circumferuntur.

Sectio IV.

Theoremata de singulari quadam seriorum infinitarum transformatione.

22.

Proposita serie infinita S, cuius terminus generalis sive x^{tus} est

$$\frac{p(p+1)(p+2)\ldots(p+x-1)}{1.2.3\ldots x}\cdot\frac{(a_0+a_1x+a_2x^2+\cdots+a_{n-1}x^{n-1})y^x}{(x+\alpha_1)(x+\alpha_2)\ldots(x+\alpha_n)},$$

transformatis singulis eius terminis per methodum fractionum simplicium, n series

*) v. Principia Phil. Nat. ed. Amstelod. a. 1723. lib. III. lemma 8. pag. 446.

nanciscimur, quarum termini generales, reiectis factoribus constantibus, sunt

$$\frac{p(p+1)(p+2)\dots(p+x-1)}{1.2.3\dots x}\cdot\frac{y^x}{x+\alpha_1},$$
$$\frac{p(p+1)(p+2)\dots(p+x-1)}{1.2.3\dots x}\cdot\frac{y^x}{x+\alpha_2},$$
$$\frac{p(p+1)(p+2)\dots(p+x-1)}{1.2.3\dots x}\cdot\frac{y^x}{x+\alpha_3},$$
$$\dots\dots\dots\dots\dots$$
$$\frac{p(p+1)(p+2)\dots(p+x-1)}{1.2.3\dots x}\cdot\frac{y^x}{x+\alpha_n}.$$

Iam erit series, cuius terminus generalis est

$$\frac{p(p+1)(p+2)\dots(p+x-1)}{1.2.3\dots x}\cdot\frac{y^x}{x+a},$$

loco x positis omnibus numeris integris inde a 0 usque ad ∞:

$$\frac{1}{a}+\frac{p.y}{a+1}+\frac{p(p+1)}{1.2}\cdot\frac{y^2}{a+2}+\frac{p(p+1)(p+2)}{1.2.3}\cdot\frac{y^3}{a+3}+\text{etc.}$$
$$=\frac{1}{y^a}\int\frac{y^{a-1}dy}{(1-y)^p}.$$

Hinc, posito

$$a_0+a_1x+a_2x^2+\dots+a_{n-1}x^{n-1}=f(x),$$
$$(x+\alpha_1)(x+\alpha_2)(x+\alpha_3)\dots(x+\alpha_n)=\varphi(x),$$

fit

$$S=\frac{f(-\alpha_1)}{y^{\alpha_1}\varphi'(-\alpha_1)}\int\frac{y^{\alpha_1-1}dy}{(1-y)^p}+\frac{f(-\alpha_2)}{y^{\alpha_2}\varphi'(-\alpha_2)}\int\frac{y^{\alpha_2-1}dy}{(1-y)^p}+\dots+\frac{f(-\alpha_n)}{y^{\alpha_n}\varphi'(-\alpha_n)}\int\frac{y^{\alpha_n-1}dy}{(1-y)^p}.$$

Integrale $\int\frac{y^{a-1}dy}{(1-y)^p}$ finitum obtineri potest, si aut a, aut p, aut $a-p$ numerus erit integer. Hinc etiam seriei S summa finita assignari potest, ubi aut p, aut a, aut $a-p$ numerus erit integer, loco a singulis positis elementis

$$\alpha_1,\ \alpha_2,\ \alpha_3,\ \dots,\ \alpha_n.$$

Ubi quantitatum

$$\alpha_1,\ \alpha_2,\ \alpha_3,\ \dots,\ \alpha_n$$

aliquot aequales existunt, methodo fractionum simplicium huiusmodi series eruimus:

$$\frac{1}{a^m}+\frac{p.y}{(a+1)^m}+\frac{p(p+1)}{1.2}\cdot\frac{y^2}{(a+2)^m}+\frac{p(p+1)(p+2)}{1.2.3}\cdot\frac{y^3}{(a+3)^m}+\text{etc.},$$

cuiusmodi serierum summam statim e sumna seriei

$$\frac{1}{a}+\frac{p.y}{a+1}+\frac{p(p+1)}{1.2}\cdot\frac{y^2}{a+2}+\frac{p(p+1)(p+2)}{1.2.3}\cdot\frac{y^3}{a+3}+\text{etc.}$$

deduci posse, non vulgo annotari solet. Hac enim posita $= s$, fit illa $\frac{(-1)^{m-1}}{1.2\ldots(m-1)} \frac{d^{m-1}s}{da^{m-1}}$. Qua de re iste nos nihil morabitur casus.

Similiter in libris, qui de elementis calculi integralis agunt, annotari non solet, ex invento integrali

$$\int \frac{(a+bx)dx}{c+e.x+f.x^2}$$

statim sequi

$$\int \frac{(a+bx)dx}{(c+e.x+f.x^2)^m} = \frac{(-1)^{m-1}}{1.2\ldots(m-1)} \frac{d^{m-1}}{dc^{m-1}} \int \frac{(a+bx)dx}{c+e.x+f.x^2},$$

quae latius etiam patet methodus.

23.

Proposita serie

$$S = \frac{1}{a} + \frac{x(a+c)}{a(a+1)} + \frac{x^2(a+c)(a+c+1)}{a(a+1)(a+2)} + \frac{x^3(a+c)(a+c+1)(a+c+2)}{a(a+1)(a+2)(a+3)} + \frac{x^4(a+c)(a+c+1)(a+c+2)(a+c+3)}{a(a+1)(a+2)(a+3)(a+4)} + \text{etc.},$$

omnes eius termini in fractiones simplices resolvantur, ita ut sit:

$$\begin{array}{lllll}
\frac{1}{a} & = \frac{1}{a} & & & \\
\frac{x(a+c)}{a(a+1)} & = \frac{xc}{a.1.} & -\frac{x(c-1)}{a+1} & & \\
\frac{x^2(a+c)(a+c+1)}{a(a+1)(a+2)} & = \frac{x^3c(c+1)}{a.1.2} & -\frac{x^2(c-1)c}{(a+1)1.1} & +\frac{x^2(c-2)(c-1)}{(a+2)1.2} & \\
\frac{x^3(a+c)(a+c+1)(a+c+2)}{a(a+1)(a+2)(a+3)} & = \frac{x^3c(c+1)(c+2)}{a.1.2.3} & -\frac{x^3(c-1)c(c+1)}{(a+1)1.2.1} & +\frac{x^3(c-2)(c-1)c}{(a+2)1.1.2} & -\frac{x^3(c-3)(c-2)(c-1)}{(a+3)1.2.3} \\
\frac{x^4(a+c)(a+c+1)(a+c+2)(a+c+3)}{a(a+1)(a+2)(a+3)(a+4)} & = \frac{x^4c(c+1)(c+2)(c+3)}{a1.2.3.4} & -\frac{x^4(c-1)c(c+1)(c+2)}{(a+1)1.2.3.1} & +\frac{x^4(c-2)(c-1)c(c+1)}{(a+2)1.2.1.2} & -\frac{x^4(c-3)(c-2)(c-1)c}{(a+3)1.1.2.3} \\
 & & & & +\frac{x^5(c-4)(c-3)(c-2)(c-1)}{(a+4)1.2.3.4}
\end{array}$$

etc. etc.

Hic omnes series verticales continere factorem videmus

$$\frac{1}{(1-x)^c} = 1 + cx + \frac{c(c+1)}{1.2}x^2 + \frac{c(c+1)(c+2)}{1.2.3}x^3 + \text{etc.};$$

quo collecto fit

$$S = \left[\frac{1}{a} - \frac{x(c-1)}{a+1} + \frac{x^2(c-1)(c-2)}{(a+2)1.2} - \frac{x^3(c-1)(c-2)(c-3)}{(a+3)1.2.3} + \text{etc.}\right] \frac{1}{(1-x)^c}$$

$$= \frac{1}{(1-x)^c x^a} \int x^{a-1}(1-x)^{c-1}dx.$$

Summam S igitur videmus finitam assignari posse, ubi aut a aut c aut $a+c$ numerus integer erit. Tum enim integrale

$$\int x^{a-1}(1-x)^{c-1}dx$$

finitum exhiberi potest.

Posito $c=\infty$, $x=\frac{y}{c}=\frac{y}{\infty}$, fit

$$(a+c)(a+c+1)(a+c+2)\dots(a+c+m)=c^{m+1};$$
$$(c-1)(c-2)(c-3)(c-m)=c^m;$$
$$(1-x)^c=\left(1-\frac{y}{\infty}\right)^\infty=e^{-y},\text{ unde }\frac{1}{(1-x)^c}=e^{+y}.\text{*)}$$

His substitutis fit

$$S=\frac{1}{a}+\frac{y}{a(a+1)}+\frac{y^2}{a(a+1)(a+2)}+\frac{y^3}{a(a+1)(a+2)(a+3)}+\text{ etc.}$$
$$=\left(\frac{1}{a}-\frac{y}{a+1}+\frac{y^2}{1.2(a+2)}-\frac{y^3}{1.2.3(a+3)}+\text{ etc.}\right)e^y,$$

quam transformationem etiam directa via deducere licuit.

24.

Dedimus Sect. III §. 4 formulam

$$\frac{1}{(x-\alpha_1)(x-\alpha_2)\dots(x-\alpha_n)}=\frac{1}{1.2.3\dots(n-1)h^{n-1}}\Delta^{n-1}\frac{1}{x-\alpha_1},$$

posito $\alpha_1=p$, $\alpha_2=p-h$, $\alpha_3=p-2h$, ..., $\alpha_n=p-(n-1)h$. Ponatur $x-\alpha_1=a$, $h=-1$, unde

$$\alpha_2=a+1,\quad \alpha_3=a+2,\quad \alpha_4=a+3,\quad \dots,\quad \alpha_n=a+n-1.$$

His substitutis atque loco n posito $n+1$ e formula apposita videmus, seriei

$$\frac{1}{a},\quad \frac{1}{a+1},\quad \frac{1}{a+2},\quad \frac{1}{a+3},\text{ etc.}$$

esse n^{tam} differentiam sive

$$\Delta^n\frac{1}{a}=\frac{(-1)^n 1.2.3\dots n}{a(a+1)(a+2)\dots(a+n)},$$

differentiis ita sumtis, ut a quovis termino is, qui insequitur, detrahatur; sive differentiis ita sumtis, ut quivis terminus ab insequente detrahatur,

$$\Delta^n\frac{1}{a}=\frac{1.2.3\dots n}{a(a+1)(a+2)\dots(a+n)},$$

*) Euler: Introd. in Analys. Infin. lib. I. cap. VII. §. 115 seq.

unde

$$\frac{\Delta^n \frac{1}{a}}{1.2.3\ldots n} = \frac{1}{a(a+1)(a+2)\ldots(a+n)}.$$

Ex hac aequatione

$$\frac{1}{a(a+1)(a+2)\ldots(a+n)} = \frac{\Delta^n \frac{1}{a}}{1.2.3\ldots n}$$

sequitur

$$\Delta^p \frac{1}{a(a+1)(a+2)\ldots(a+n)} = \frac{\Delta^{n+p}\frac{1}{a}}{1.2.3\ldots n}$$

$$= \frac{1.2.3\ldots(n+p)}{1.2.3\ldots n}\cdot\frac{1}{a(a+1)(a+2)\ldots(a+n+p)} = \frac{(n+1)(n+2)\ldots(n+p)}{a(a+1)(a+2)\ldots(a+n+p)}.$$

Huius theorematis ope sumatur p^{ta} differentia seriei

$$S = \frac{1}{a} + \frac{y}{a(a+1)} + \frac{y^2}{a(a+1)(a+2)} + \frac{y^3}{a(a+1)(a+2)(a+3)} + \text{etc.}$$

$$= \left(\frac{1}{a} - \frac{y}{a+1} + \frac{y^2}{1.2(a+2)} - \frac{y^3}{1.2.3(a+3)} + \text{etc.}\right)e^y,$$

respectu elementi a habito. Fit

$$\Delta^p S = \frac{1.2.3\ldots p}{a(a+1)\ldots(a+p)} + \frac{2.3.4\ldots(p+1)y}{a(a+1)\ldots(a+p+1)} + \frac{3.4.5\ldots(p+2)y^2}{a(a+1)\ldots(a+p+2)} + \text{etc.}$$

$$= \left[\frac{1.2.3\ldots p}{a(a+1)\ldots(a+p)} - \frac{1.2.3\ldots p.y}{(a+1)(a+2)\ldots(a+p+1)} + \frac{1.2.3\ldots p.y^2}{(a+2)(a+3)\ldots(a+p+2).1.2} - \text{etc.}\right]e^y;$$

sive divisione facta per factorem communem

$$\frac{1.2.3\ldots p}{a(a+1)\ldots(a+p)},$$

$$1+(p+1)\frac{y}{a+p+1}+\frac{(p+1)(p+2)}{1.2}\cdot\frac{y^2}{(a+p+1)(a+p+2)}+\frac{(p+1)(p+2)(p+3)}{1.2.3}\cdot\frac{y^3}{(a+p+1)(a+p+2)(a+p+3)}+\text{etc.}$$

$$=\left[1-\frac{a}{(a+p+1)}y+\frac{1}{1.2}\cdot\frac{a(a+1)}{(a+p+1)(a+p+2)}y^2-\frac{1}{1.2.3}\cdot\frac{a(a+1)(a+2)}{(a+p+1)(a+p+2)(a+p+3)}y^3+\text{etc.}\right]e^y.$$

25.

At multo generalius transformationis genus hac methodo invenire licet. Ex aequatione

$$\frac{x^p}{(1-x)^c} = x^p + cx^{p+1} + \frac{c(c+1)}{1.2}x^{p+2} + \frac{c(c+1)(c+2)}{1.2.3}x^{p+3} + \text{etc.}$$

sequitur

$$d^n \frac{x^p}{(1-x)^c}$$

$$= p(p-1)\ldots(p-n+1)x^{p-n}\left[1+\frac{p+1}{p-n+1}\cdot cx+\frac{(p+1)(p+2)}{(p-n+1)(p-n+2)}\cdot\frac{c(c+1)}{1.2}x^2+\ldots\right]dx^n;$$

unde, posito

$$S = 1+\frac{p+1}{p-n+1}\cdot cx+\frac{(p+1)(p+2)}{(p-n+1)(p-n+2)}\cdot\frac{c(c+1)}{1.2}x^2+\text{ etc.},$$

fit

$$S = \frac{1}{p(p-1)\ldots(p-n+1)x^{p-n}}\frac{d^n}{dx^n}\frac{x^p}{(1-x)^c}.$$

Iam ex notatione nostra Sect. I. §. 8 indicata est

$$\frac{d^n}{dx^n}\frac{x^p}{(1-x)^c} = 1.2\ldots n\left[\frac{(x+h)^p}{(1-x-h)^c}\right]_{h^n}.$$

Iam est

$$\frac{(x+h)^p}{(1-x-h)^c} = \frac{1}{(1-x)^{c-p}}\cdot\frac{\left(\frac{x}{1-x}+\frac{h}{1-x}\right)^p}{\left(1-\frac{h}{1-x}\right)^c},$$

unde etiam

$$\left[\frac{(x+h)^p}{(1-x-h)^c}\right]_{h^n} = \frac{1}{(1-x)^{c-p}}\left[\frac{\left(\frac{x}{1-x}+\frac{h}{1-x}\right)^p}{\left(1-\frac{h}{1-x}\right)^c}\right]_{h^n}.$$

Ex aequatione autem

$$[F(uh)]_{h^n} = u^n[F(h)]_{h^n},$$

quae demonstratione non eget, sequitur

$$\left[\frac{\left(\frac{x}{1-x}+\frac{h}{1-x}\right)^p}{\left(1-\frac{h}{1-x}\right)^c}\right]_{h^n} = \frac{1}{(1-x)^n}\left[\frac{\left(\frac{x}{1-x}+h\right)^p}{(1-h)^c}\right]_{h^n}.$$

Est autem

$$\left[\frac{\left(\frac{x}{1-x}+h\right)^p}{(1-h)^c}\right]_{h^n} = \frac{1}{(1-x)^p}\left[\frac{(h+x(1-h))^p}{(1-h)^c}\right]_{h^n},$$

unde tandem colligimus

$$\left[\frac{(x+h)^p}{(1-x-h)^c}\right]_{h^n} = \frac{1}{(1-x)^{c+n}}\left[\frac{(h+x(1-h))^p}{(1-h)^c}\right]_{h^n},$$

quod theorema, sicuti methodum, qua eo perventum est, attentione Analystarum dignum puto. Eo enim clarissimae seriei hypergeometricae insignis transformatio nititur.

Contemplemur enim expressionem, ad quam devenimus,

$$\left[\frac{(h+x(1-h))^p}{(1-h)^c}\right]_{h^n}.$$

Evoluta expressione

$$\frac{(h+x(1-h))^p}{(1-h)^c},$$

atque reiectis iis, qui terminum h^n continere non possunt, terminis, positoque $p-n-c=a$, nanciscimur

$$\frac{p(p-1)\dots(p-n+1)}{1.2\dots n}h^n x^{p-n}(1-h)^a+\frac{p(p-1)\dots(p-n)}{1.2\dots(n+1)}h^{n-1}x^{p-n+1}(1-h)^{a+1}$$

$$+\frac{p(p-1)\dots(p-n-1)}{1.2\dots(n+2)}h^{n-2}x^{p-n+2}(1-h)^{a+2}+\text{etc.}$$

$$=\frac{p(p-1)\dots(p-n+1)}{1.2\dots n}x^{p-n}\left[h^n(1-h)^a+\frac{p-n}{n+1}xh^{n-1}(1-h)^{a+1}+\frac{(p-n)(p-n-1)}{(n+1)(n+2)}x^2h^{n-2}(1-h)^{a+2}+\text{etc.}\right],$$

unde

$$\frac{1.2\dots n}{p(p-1)\dots(p-n+1)x^{p-n}}\cdot\left[\frac{(h+x(1-h))^p}{(1-h)^c}\right]_{h^n}$$

$$=[(1-h)^a]_{h^0}+\frac{p-n}{n+1}\cdot x[(1-h)^{a+1}]_h+\frac{(p-n)(p-n-1)}{(n+1)(n+2)}x^2[(1-h)^{a+2}]_{h^2}+\text{etc.}$$

$$=1-\frac{p-n}{n+1}\cdot\frac{a+1}{1}x+\frac{(p-n)(p-n-1)}{(n+1)(n+2)}\cdot\frac{(a+1)(a+2)}{1.2}x^2+\text{etc.}$$

Hinc fit

$$S=\frac{1}{p(p-1)\dots(p-n+1)x^{p-n}}\frac{d^n}{dx^n}\frac{x^p}{(1-x)^c}$$

$$=\frac{1.2.3\dots n}{p(p-1)\dots(p-n+1)x^{p-n}}\cdot\left[\frac{(x+h)^p}{(1-x-h)^c}\right]_{h^n}$$

$$=\frac{1.2.3\dots n}{p(p-1)\dots(p-n+1)x^{p-n}}\cdot\frac{1}{(1-x)^{c+n}}\left[\frac{(h+x(1-h))^p}{(1-h)^c}\right]_{h^n}$$

$$=\left[1-\frac{p-n}{n+1}\cdot\frac{a+1}{1}x+\frac{(p-n)(p-n-1)}{(n+1)(n+2)}\cdot\frac{(a+1)(a+2)}{1.2}x^2+\text{etc.}\right]\frac{1}{(1-x)^{c+n}}.$$

Huius theorematis casus speciales tantum sunt, quos hactenus tractavimus.

Dedit hanc transformationem primus Ill. Euler in commentatione inscripta:

Specimen transformationis singularis serierum,

quae legitur in Nov. Act. Academ. Petrop. tom. XII. pag. 58—70. Quam commentationem etsi autor iam anno 1778 conventui exhibuisset, tamen in tomo XII. demum Novorum Actorum legitur, qui anno 1801 lucem vidit. Hinc factum est, ut Ill. Pfaff in *Disquisitionibus Analyticis*, quae anno 1797 prodierunt, primus eam exhibuisse sibi visus sit*). Harum enim altera disquisitio est de integratione aequationis differentio-differentialis:

$$x^2(a+bx^n)d^2y+x(c+ex^n)dydx+(f+gx^n)ydx^2 = Xdx^2,$$

a cuius integratione seriei nostrae S summatio pendet. In qua integratione occupati et Euler et Pfaff, eandem fere viam secuti, ad hanc nostram seriei S pervenerunt transformationem. Mox fusius de hac transformatione egit Ill. Pfaff in doctissima commentatione inscripta:

Observationes analyticae ad L. Euleri Institutiones Calculi Integralis Vol. IV. Supplem. II. et IV.,

quae Academiae Petropol. ab autore tradita a. 1797, in tomo XI. legitur Novorum Actorum (Histoire pag. 37, Supplément), qui anno 1798 prodiit. Namque in illo Vol. IV. Calculi Integralis (pag. 245) tum recens edito haec transformatio apposita tamquam lemma nec addita demonstratione legebatur. Unde in Observationibus laudatis Ill. Pfaff occasionem cepit, hanc retractandi transformationem variasque eius demonstrationes adstruendi, ingeniosas, ut ille solebat. Nec nostra fortasse demonstratio Analystis displicebit; quae aequatione nititur

$$\left[\frac{(x+h)^p}{(1-x-h)^c}\right]_{h^n} = \frac{1}{(1-x)^{c+n}}\left[\frac{(h+x(1-h))^p}{(1-h)^c}\right]_{h^n},$$

cuius utraque pars evoluta, altera seriem S, altera eius transformatam praebet. Haec ipsa vero aequatio statim prodibat e theoremate:

$$[F(uh)]_{h^n} = u^n[F(h)]_{h^n}.$$

Hanc methodum peritus cognoverit latius patere, immo ad series hypergeometricas omnium ordinum extendi posse. Ceterum, qui post Ill^{um}. Pfaff hanc attigerit transformationem, neminem scio praeter Ill^{um}. Gauss, cuius ea de re commentatio in omnium manibus est.

*) v. Disquis. II. §. XXVIII. pag. 160. 161.

Vita.

Ego Carolus Gustavus Jacobus Iacobi natus sum Potisdami IV. Id. Dec. anni 1804 parentibus S. Iacobi argentario et matre e gente Abrahamiana. Pater nihil omisit, quod ad me probe educandum faceret, ad quem finem ex tenerrima me aetate avunculo meo F. A. Lehmann tradidit, qui per totum mihi quinquennium unicus et carrissimus fuit praeceptor. Hic vero cum munus publicum suscepisset, Gymnasii, quod Potisdami floret, disciplinae commissus sum, ipsis Cal. Nov. a. 1816. Semestri exacto ad primam Gymnasii classem evectus, splendidissimam nactus sum occasionem, iactis in pueritia fundamentis omnis liberalis doctrinae cognitionem superstruendi. Post annos quatuor in Universitatem, quae hic floret floreatque in aeternum, profectus philosophiae nomen dedi. Ac primum philologiae studiis incubui; deinde in rebus mathematicis fere omni opera posita, post triennium exactum specimen studiorum meorum mathematicorum Amplissimo Philosophorum Ordini exhibui, ad facultatem docendi in hac Universitate obtinendam. Quod illi VV. Cell. pro ea, qua excellunt, humanitate probaverunt.

Theses.

I.

Soph. El. v. 1260 sqq.

τίς ȣ̓ν ἂν ἀξίαν γε σȣ̃ πεφηνότος
μεταβάλοιτ᾽ ἂν ὧδε σιγὰν λόγων;

scribendum est:

τίς ȣ̓κ ἀναξίαν γε etc.

II.

E theoria functionum Ill[i]. Lagrangii minime sequitur, reiiciendam esse theoriam infinite parvi, immo recte hanc adhibitam numquam errare posse.

III.

Egregie asserit Novalis poëta:

Der Begriff der Mathematik ist der Begriff der Wissenschaft überhaupt. Alle Wissenschaften müssen daher streben, Mathematik zu werden.

IV.

Methodus ab Ill[o]. Lagrange ad reversionem serierum adhibita omnium optima est.

V.

Theoria Mechanices Analytica causam agnoscere nullam potest, quidni, sicuti differentialia prima *velocitatis* nomine, secunda *virium* insignimus, simile quid ad altiora quoque differentialia adhibeatur, de quibus theoremata proponi possint prorsus analoga iis quae de vi et de velocitate circumferuntur.

ÜBER
DIE HAUPTAXEN DER FLÄCHEN
DER ZWEITEN ORDNUNG.

VON

PROFESSOR C. G. J. JACOBI
ZU KÖNIGSBERG IN PREUSSEN.

Crelle Journal für die reine und angewandte Mathematik, Bd. 2. p. 227—233.

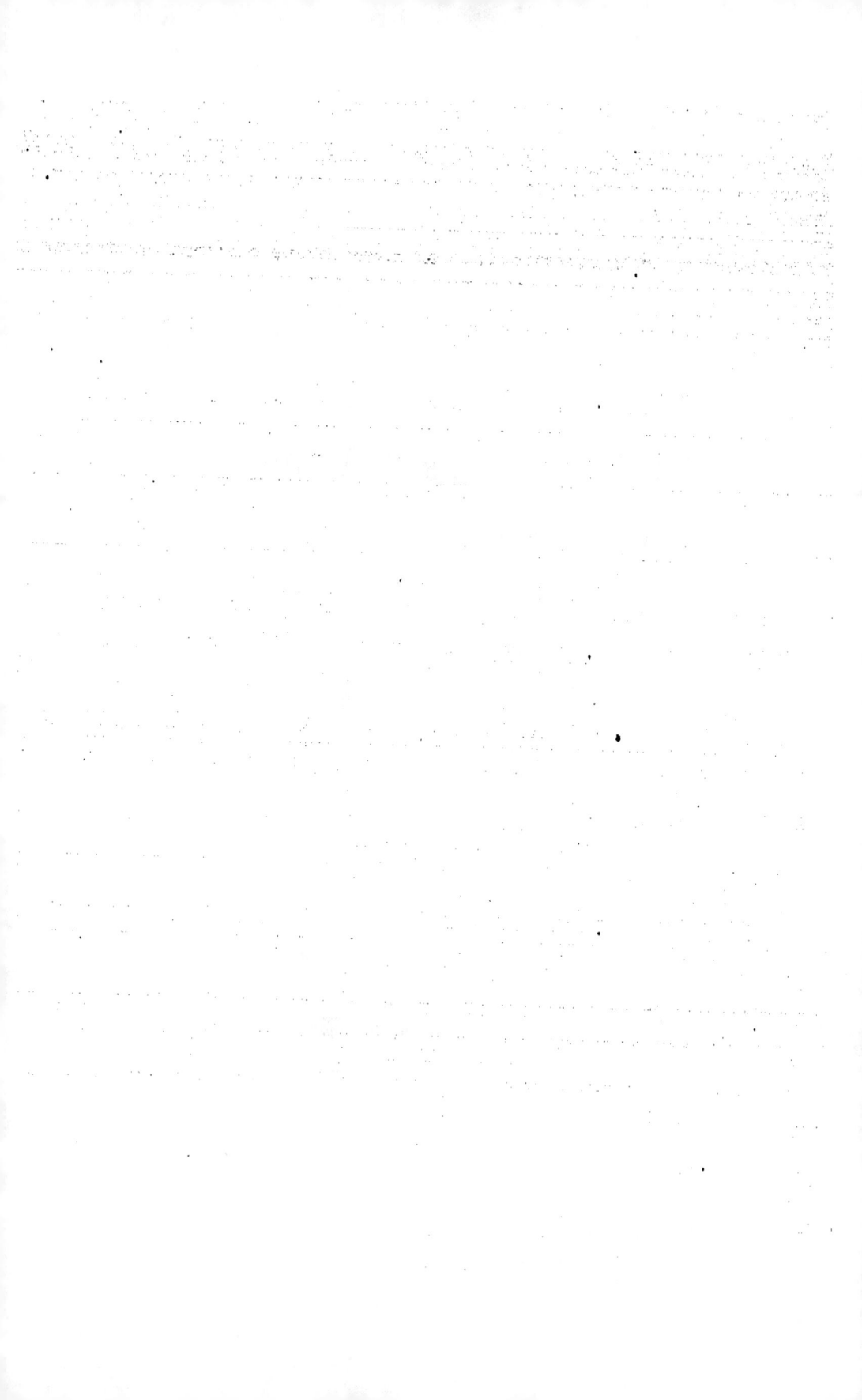

ÜBER DIE HAUPTAXEN DER FLÄCHEN DER ZWEITEN ORDNUNG.

1.

Die Aufgabe, eine Oberfläche der zweiten Ordnung auf ihr Hauptaxensystem zu beziehen, fordert bekanntlich, einen Ausdruck von der Form:

$$Axx+Byy+Czz+2ayz+2bzx+2cxy,$$

wo x, y, z die Coordinaten eines Punktes bedeuten, durch Einführung eines neuen rechtwinkligen Coordinatensystems in einen Ausdruck von der Form:

$$L\xi\xi+Mvv+N\zeta\zeta$$

zu transformiren. Ich werde im Folgenden voraussetzen, dass das ursprüngliche Coordinatensystem, in Bezug auf welches die Gleichung der Oberfläche gegeben ist, ein schiefwinkliges sei. Das Problem, in dieser Allgemeinheit gefasst, umfasst die beiden Fälle, wo das ursprüngliche Coordinatensystem ein rechtwinkliges oder ein schiefwinkliges conjugirtes ist, welche beide schon früher behandelt sind.

2.

Die Relation zwischen den alten Coordinaten x, y, z und den neuen ξ, v, ζ sei durch die Gleichungen gegeben:

$$\text{(I.)}\qquad \begin{cases} \xi = \alpha x \;+\beta y \;+\gamma z, \\ v = \alpha' x \;+\beta' y \;+\gamma' z, \\ \zeta = \alpha'' x+\beta'' y+\gamma'' z. \end{cases}$$

Das System der ξ, v, ζ ist ein rechtwinkliges; die Axen des Systems der x, y, z sollen mit einander die Winkel λ, μ, ν, und zwar die Axen der y und z den Winkel λ, die Axen der z und x den Winkel μ, die Axen der x und y den Winkel ν bilden. Man hat demnach zwischen den 9 eingeführten Coefficienten die 6 Gleichungen:

$$\text{(II.)}\qquad \begin{cases} 1)\;\; \alpha\alpha+\alpha'\alpha'+\alpha''\alpha'' = 1, & 4)\;\; \beta\gamma+\beta'\gamma'+\beta''\gamma'' = \cos\lambda, \\ 2)\;\; \beta\beta+\beta'\beta'+\beta''\beta'' = 1, & 5)\;\; \gamma\alpha+\gamma'\alpha'+\gamma''\alpha'' = \cos\mu, \\ 3)\;\; \gamma\gamma+\gamma'\gamma'+\gamma''\gamma'' = 1, & 6)\;\; \alpha\beta+\alpha'\beta'+\alpha''\beta'' = \cos\nu. \end{cases}$$

Will man aus den Gleichungen (I.) x, y, z durch ξ, v, ζ ausdrücken, so hat man hierzu, wenn man der Kürze halber

$$\Pi = \alpha\beta'\gamma''+\beta\gamma'\alpha''+\gamma\alpha'\beta''-\alpha\beta''\gamma'-\beta\gamma''\alpha'-\gamma\alpha''\beta'$$

setzt, die Gleichungen:

$$\text{(III.)}\quad \begin{cases} \Pi x = (\beta'\gamma''-\beta''\gamma')\xi+(\beta''\gamma-\beta\gamma'')v+(\beta\gamma'-\beta'\gamma)\zeta, \\ \Pi y = (\gamma'\alpha''-\gamma''\alpha')\xi+(\gamma''\alpha-\gamma\alpha'')v+(\gamma\alpha'-\gamma'\alpha)\zeta, \\ \Pi z = (\alpha'\beta''-\alpha''\beta')\xi+(\alpha''\beta-\alpha\beta'')v+(\alpha\beta'-\alpha'\beta)\zeta. \end{cases}$$

Giebt man den Axen der x, y, z beliebige Länge, so bedeutet bekanntlich Π den Inhalt des zwischen diesen Axen beschriebenen Parallelepipedums, dividirt durch das Product aus den drei Axen. Es ist daher Π bekannt, und zwar hat man

$$\Pi\Pi = 1-\cos\lambda\cos\lambda-\cos\mu\cos\mu-\cos\nu\cos\nu+2\cos\lambda\cos\mu\cos\nu$$
$$= 4\sin\left(\frac{\lambda+\mu+\nu}{2}\right)\sin\left(\frac{\lambda+\mu-\nu}{2}\right)\sin\left(\frac{\lambda-\mu+\nu}{2}\right)\sin\left(\frac{-\lambda+\mu+\nu}{2}\right).$$

Da der Ausdruck Π in vielen Untersuchungen vorkommt, und gewissermafsen als ein Modul des Körperwinkels zu betrachten ist, so wäre ein eigener Name für ihn zu wünschen.

3.

Es bieten sich nun zwei Wege zur Lösung unserer Aufgabe dar. Der erste näher liegende ist, die Gleichungen (III.) zu suchen, d. h., die Werthe von x, y, z, welche man in den Ausdruck

$$Axx+Byy+Czz+2ayz+2bzx+2cxy$$

zu substituiren hat, damit er sich in den Ausdruck

$$L\xi\xi+Mvv+N\zeta\zeta$$

verwandle. Ein zweiter Weg geht von der Betrachtung aus, dass umgekehrt auch die Gleichungen (I.), welche ξ, v, ζ durch x, y, z ausdrücken, in den Ausdruck

$$L\xi\xi+Mvv+N\zeta\zeta$$

substituirt, diesen in

$$Axx+Byy+Czz+2ayz+2bzx+2cxy$$

verwandeln müssen. Dieser zweite Weg bewährt sich als der vortheilhaftere. Wir werden ihn Gaufs nachgehen, welcher ihn bei einer Untersuchung eingeschlagen hat, die von der unsrigen dem Gegenstande nach gänzlich fern liegend, gleichwohl die nämliche Analyse erfordert. Man vergleiche die berühmte Abhandlung „*Determinatio attractionis etc.*“ in den Commentarien der Göttinger Societät.

4.

Die zuletzt angestellte Betrachtung giebt die identische Gleichung:

$$L(\alpha x+\beta y+\gamma z)^2+M(\alpha' x+\beta' y+\gamma' z)^2+N(\alpha'' x+\beta'' y+\gamma'' z)^2$$
$$= Axx+Byy+Czz+2ayz+2bzx+2cxy.$$

Diese giebt folgende 6 Gleichungen:

$$\text{(IV.)}\quad\begin{cases} 1)\;\; L\alpha\alpha+M\alpha'\alpha'+N\alpha''\alpha'' = A,\\ 2)\;\; L\beta\beta+M\beta'\beta'+N\beta''\beta'' = B,\\ 3)\;\; L\gamma\gamma+M\gamma'\gamma'+N\gamma''\gamma'' = C,\\ 4)\;\; L\beta\gamma+M\beta'\gamma'+N\beta''\gamma'' = a,\\ 5)\;\; L\gamma\alpha+M\gamma'\alpha'+N\gamma''\alpha'' = b,\\ 6)\;\; L\alpha\beta+M\alpha'\beta'+N\alpha''\beta'' = c. \end{cases}$$

Aus den 12 Gleichungen (II.) und (IV.) sind die 12 Gröfsen L, M, N, α, β, γ, α', β', γ', α'', β'', γ'' zu bestimmen. Es ist hierbei zu bemerken, dass man die Gleichungen (II.) aus den Gleichungen (IV.) erhält, indem man 1 statt L, M, N, A, B, C setzt, und $\cos\lambda$, $\cos\mu$, $\cos\nu$ respective für a, b, c. Aus allen Resultaten, die man aus den Gleichungen (IV.) ableitet, erhält man so alsbald die entsprechenden, wie sie aus den Gleichungen (II.) folgen. Die Auflösung der genannten 12 Gleichungen kann nun auf die mannigfaltigste Weise unternommen werden. Wir bedienen uns der folgenden Analyse.

5.

Man schreibe die 3 Gleichungen (IV.) 1), 6), 5), wie folgt:

$$L\alpha.\alpha+M\alpha'.\alpha'+N\alpha''.\alpha'' = A,$$
$$L\alpha.\beta+M\alpha'.\beta'+N\alpha''.\beta'' = c,$$
$$L\alpha.\gamma+M\alpha'.\gamma'+N\alpha''.\gamma'' = b,$$

so findet man hieraus für $L\alpha$, $M\alpha'$, $N\alpha''$ die Gleichungen:

$$\text{(V.)}\quad\begin{cases} 1)\;\; \Pi.L\alpha = (\beta'\gamma''-\beta''\gamma')A+(\gamma'\alpha''-\gamma''\alpha')c+(\alpha'\beta''-\alpha''\beta')b,\\ 2)\;\; \Pi.M\alpha' = (\beta''\gamma-\beta\gamma'')A+(\gamma''\alpha-\gamma\alpha'')c+(\alpha''\beta-\alpha\beta'')b,\\ 3)\;\; \Pi.N\alpha'' = (\beta\gamma'-\beta'\gamma)A+(\gamma\alpha'-\gamma'\alpha)c+(\alpha\beta'-\alpha'\beta)b.\\ \quad\text{Eben so folgt aus (IV.) 6), 2), 4):}\\ 4)\;\; \Pi.L\beta = (\beta'\gamma''-\beta''\gamma')c+(\gamma'\alpha''-\gamma''\alpha')B+(\alpha'\beta''-\alpha''\beta')a,\\ 5)\;\; \Pi.M\beta' = (\beta''\gamma-\beta\gamma'')c+(\gamma''\alpha-\gamma\alpha'')B+(\alpha''\beta-\alpha\beta'')a,\\ 6)\;\; \Pi.N\beta'' = (\beta\gamma'-\beta'\gamma)c+(\gamma\alpha'-\gamma'\alpha)B+(\alpha\beta'-\alpha'\beta)a,\\ \quad\text{und aus (IV.) 5), 4), 3):}\\ 7)\;\; \Pi.L\gamma = (\beta'\gamma''-\beta''\gamma')b+(\gamma'\alpha''-\gamma''\alpha')a+(\alpha'\beta''-\alpha''\beta')C,\\ 8)\;\; \Pi.M\gamma' = (\beta''\gamma-\beta\gamma'')b+(\gamma''\alpha-\gamma\alpha'')a+(\alpha''\beta-\alpha\beta'')C,\\ 9)\;\; \Pi.N\gamma'' = (\beta\gamma'-\beta'\gamma)b+(\gamma\alpha'-\gamma'\alpha)a+(\alpha\beta'-\alpha'\beta)C. \end{cases}$$

Aus den Gleichungen (II.) lassen sich 9 ähnliche Gleichungen ableiten, welche man aus den Gleichungen (V.) unmittelbar erhält, indem man 1 statt L, M, N, A, B, C und $\cos\lambda$, $\cos\mu$, $\cos\nu$ statt a, b, c setzt. Es werden dies die folgenden:

$$
\text{(VI.)}\quad\cases{
1)\ \Pi\alpha = (\beta'\gamma''-\beta''\gamma')+(\gamma'\alpha''-\gamma''\alpha')\cos\nu+(\alpha'\beta''-\alpha''\beta')\cos\mu, \cr
2)\ \Pi\alpha' = (\beta''\gamma-\beta\gamma'')+(\gamma''\alpha-\gamma\alpha'')\cos\nu+(\alpha''\beta-\alpha\beta'')\cos\mu, \cr
3)\ \Pi\alpha'' = (\beta\gamma'-\beta'\gamma)+(\gamma\alpha'-\gamma'\alpha)\cos\nu+(\alpha\beta'-\alpha'\beta)\cos\mu, \cr
4)\ \Pi\beta = (\beta'\gamma''-\beta''\gamma')\cos\nu+(\gamma'\alpha''-\gamma''\alpha')+(\alpha'\beta''-\alpha''\beta')\cos\lambda, \cr
5)\ \Pi\beta' = (\beta''\gamma-\beta\gamma'')\cos\nu+(\gamma''\alpha-\gamma\alpha'')+(\alpha''\beta-\alpha\beta'')\cos\lambda, \cr
6)\ \Pi\beta'' = (\beta\gamma'-\beta'\gamma)\cos\nu+(\gamma\alpha'-\gamma'\alpha)+(\alpha\beta'-\alpha'\beta)\cos\lambda, \cr
7)\ \Pi\gamma = (\beta'\gamma''-\beta''\gamma')\cos\mu+(\gamma'\alpha''-\gamma''\alpha')\cos\lambda+(\alpha'\beta''-\alpha''\beta'), \cr
8)\ \Pi\gamma' = (\beta''\gamma-\beta\gamma'')\cos\mu+(\gamma''\alpha-\gamma\alpha'')\cos\lambda+(\alpha''\beta-\alpha\beta''), \cr
9)\ \Pi\gamma'' = (\beta\gamma'-\beta'\gamma)\cos\mu+(\gamma\alpha'-\gamma'\alpha)\cos\lambda+(\alpha\beta'-\alpha'\beta).
}
$$

6.

Aus den Gleichungen (V.) 1), (VI.) 1); (V.) 4), (VI.) 4); (V.) 7), (VI.) 7) folgen sogleich folgende drei:

$$
\text{(VII.)}\quad\cases{
1)\ 0=(L-A)(\beta'\gamma''-\beta''\gamma')+(L\cos\nu-c)(\gamma'\alpha''-\gamma''\alpha') \cr
\qquad +(L\cos\mu-b)(\alpha'\beta''-\alpha''\beta'), \cr
2)\ 0=(L\cos\nu-c)(\beta'\gamma''-\beta''\gamma')+(L-B)(\gamma'\alpha''-\gamma''\alpha') \cr
\qquad +(L\cos\lambda-a)(\alpha'\beta''-\alpha''\beta'), \cr
3)\ 0=(L\cos\mu-b)(\beta'\gamma''-\beta''\gamma')+(L\cos\lambda-a)(\gamma'\alpha''-\gamma''\alpha') \cr
\qquad +(L-C)(\alpha'\beta''-\alpha''\beta'). \cr
\text{Eben so folgen aus den Gleichungen (V.) 2), (VI.) 2); (V.) 5), (VI.) 5); (V.) 8), (VI.) 8) die Gleichungen:} \cr
4)\ 0=(M-A)(\beta''\gamma-\beta\gamma'')+(M\cos\nu-c)(\gamma''\alpha-\gamma\alpha'') \cr
\qquad +(M\cos\mu-b)(\alpha''\beta-\alpha\beta''), \cr
5)\ 0=(M\cos\nu-c)(\beta''\gamma-\beta\gamma'')+(M-B)(\gamma''\alpha-\gamma\alpha'') \cr
\qquad +(M\cos\lambda-a)(\alpha''\beta-\alpha\beta''), \cr
6)\ 0=(M\cos\mu-b)(\beta''\gamma-\beta\gamma'')+(M\cos\lambda-a)(\gamma''\alpha-\gamma\alpha'') \cr
\qquad +(M-C)(\alpha''\beta-\alpha\beta''), \cr
\text{und aus den Gleichungen (V.) 3), (VI.) 3); (V.) 6), (VI.) 6); (V.) 9), (VI.) 9):} \cr
7)\ 0=(N-A)(\beta\gamma'-\beta'\gamma)+(N\cos\nu-c)(\gamma\alpha'-\gamma'\alpha) \cr
\qquad +(N\cos\mu-b)(\alpha\beta'-\alpha'\beta), \cr
8)\ 0=(N\cos\nu-c)(\beta\gamma'-\beta'\gamma)+(N-B)(\gamma\alpha'-\gamma'\alpha) \cr
\qquad +(N\cos\lambda-a)(\alpha\beta'-\alpha'\beta), \cr
9)\ 0=(N\cos\mu-b)(\beta\gamma'-\beta'\gamma)+(N\cos\lambda-a)(\gamma\alpha'-\gamma'\alpha) \cr
\qquad +(N-C)(\alpha\beta'-\alpha'\beta).
}
$$

7.

Eliminirt man aus den Gleichungen (VII.) 1), 2), 3) die Ausdrücke $\beta'\gamma''-\beta''\gamma'$, $\gamma'\alpha''-\gamma''\alpha'$, $\alpha'\beta''-\alpha''\beta'$, so erhält man die Gleichung:

$$\begin{aligned}0 = (L-A)(L-B)(L-C)-(L-A)(L\cos\lambda-a)^2-(L-B)(L\cos\mu-b)^2\\ -(L-C)(L\cos\nu-c)^2+2(L\cos\lambda-a)(L\cos\mu-b)(L\cos\nu-c).\end{aligned}$$

Eben so erhält man durch Elimination von $\beta''\gamma-\beta\gamma''$, $\gamma''\alpha-\gamma\alpha''$, $\alpha''\beta-\alpha\beta''$ aus (VII.) 4), 5), 6):

$$\begin{aligned}0 = (M-A)(M-B)(M-C)-(M-A)(M\cos\lambda-a)^2-(M-B)(M\cos\mu-b)^2\\ -(M-C)(M\cos\nu-c)^2+2(M\cos\lambda-a)(M\cos\mu-b)(M\cos\nu-c),\end{aligned}$$

und durch Elimination von $\beta\gamma'-\beta'\gamma$, $\gamma\alpha'-\gamma'\alpha$, $\alpha\beta'-\alpha'\beta$ aus (VII.) 7), 8), 9):

$$\begin{aligned}0 = (N-A)(N-B)(N-C)-(N-A)(N\cos\lambda-a)^2-(N-B)(N\cos\mu-b)^2\\ -(N-C)(N\cos\nu-c)^2+2(N\cos\lambda-a)(N\cos\mu-b)(N\cos\nu-c).\end{aligned}$$

Man sieht also, dass L, M, N Wurzeln der cubischen Gleichung:

$$\text{(VIII.)}\quad\begin{cases}(x-A)(x-B)(x-C)-(x-A)(x\cos\lambda-a)^2-(x-B)(x\cos\mu-b)^2\\ -(x-C)(x\cos\nu-c)^2+2(x\cos\lambda-a)(x\cos\mu-b)(x\cos\nu-c)=0\end{cases}$$

sind. Bemerkt man, dass

$$1-\cos\lambda\cos\lambda-\cos\mu\cos\mu-\cos\nu\cos\nu+2\cos\lambda\cos\mu\cos\nu = \Pi\Pi,$$

so wird diese Gleichung entwickelt:

$$\text{(VIII'.)}\quad\begin{cases}\Pi\Pi x^3-x^2[A\sin\lambda\sin\lambda+B\sin\mu\sin\mu+C\sin\nu\sin\nu\\ -2a(\cos\lambda-\cos\mu\cos\nu)-2b(\cos\mu-\cos\nu\cos\lambda)-2c(\cos\nu-\cos\lambda\cos\mu)]\\ +x[BC+CA+AB-aa-bb-cc-2\cos\lambda(aA-bc)-2\cos\mu(bB-ca)-2\cos\nu(cC-ab)]\\ -ABC+Aaa+Bbb+Ccc-2abc=0.\end{cases}$$

8.

Aus (II.) 1), (IV.) 1), (II.) 2), (IV.) 2), (II.) 6), (IV.) 6) folgen die drei Gleichungen:

$$\begin{aligned}(L-M)\alpha'\alpha'+(L-N)\alpha''\alpha'' &= L-A,\\ (L-M)\beta'\beta'+(L-N)\beta''\beta'' &= L-B,\\ (L-M)\alpha'\beta'+(L-N)\alpha''\beta'' &= L\cos\nu-c.\end{aligned}$$

Multiplicirt man die ersten beiden und zieht vom Producte das Quadrat der letzten ab, so erhält man:

$$(L-M)(L-N)(\alpha'\beta''-\alpha''\beta')^2 = (L-A)(L-B)-(L\cos\nu-c)^2.$$

Auf diese Weise erhält man folgende 3 Gleichungen:

(IX.)

1) $\alpha'\beta''-\alpha''\beta' = \sqrt{\dfrac{(L-A)(L-B)-(L\cos\nu-c)^2}{(L-M)(L-N)}}$,

2) $\beta'\gamma''-\beta''\gamma' = \sqrt{\dfrac{(L-B)(L-C)-(L\cos\lambda-a)^2}{(L-M)(L-N)}}$,

3) $\gamma'\alpha''-\gamma''\alpha' = \sqrt{\dfrac{(L-C)(L-A)-(L\cos\mu-b)^2}{(L-M)(L-N)}}$,

wo das Zeichen eines der Wurzelausdrücke willkürlich ist*).
Ferner auf dieselbe Weise:

4) $\alpha''\beta-\alpha\beta'' = \sqrt{\dfrac{(M-A)(M-B)-(M\cos\nu-c)^2}{(M-N)(M-L)}}$,

5) $\beta''\gamma-\beta\gamma'' = \sqrt{\dfrac{(M-B)(M-C)-(M\cos\lambda-a)^2}{(M-N)(M-L)}}$,

6) $\gamma''\alpha-\gamma\alpha'' = \sqrt{\dfrac{(M-C)(M-A)-(M\cos\mu-b)^2}{(M-N)(M-L)}}$,

7) $\alpha\beta'-\alpha'\beta = \sqrt{\dfrac{(N-A)(N-B)-(N\cos\nu-c)^2}{(N-L)(N-M)}}$,

8) $\beta\gamma'-\beta'\gamma = \sqrt{\dfrac{(N-B)(N-C)-(N\cos\lambda-a)^2}{(N-L)(N-M)}}$,

9) $\gamma\alpha'-\gamma'\alpha = \sqrt{\dfrac{(N-C)(N-A)-(N\cos\mu-b)^2}{(N-L)(N-M)}}$.

Durch diese Gleichungen ist unsere Aufgabe vollständig gelöst.

9.

Ich bemerke noch Folgendes. Aus den Gleichungen (II.) 4), (IV.) 4); (II.) 5), (IV.) 5) folgt:

$$(L-M)\beta'\gamma'+(L-N)\beta''\gamma'' = L\cos\lambda-a,$$
$$(L-M)\gamma'\alpha'+(L-N)\gamma''\alpha'' = L\cos\mu-b.$$

Aus den Gleichungen (II.) 3), (IV.) 3); (II.) 6), (IV.) 6) folgt ferner:

$$(L-M)\gamma'\gamma'+(L-N)\gamma''\gamma'' = L-C,$$
$$(L-M)\alpha'\beta'+(L-N)\alpha''\beta'' = L\cos\nu-c.$$

Multiplicirt man die ersten beiden Gleichungen und die letzten beiden Gleichungen mit einander, so giebt die Differenz beider Producte

$$(L-M)(L-N)(\beta'\gamma''-\beta''\gamma')(\gamma'\alpha''-\gamma''\alpha')$$
$$= (L\cos\lambda-a)(L\cos\mu-b)-(L-C)(L\cos\nu-c),$$

*) Wie nach Fixirung des Zeichens einer der Wurzelgrössen die Zeichen der beiden andern zu bestimmen sind, lehren die Gleichungen (X.). W.

und auf diese Weise erhält man die 9 Gleichungen:

$$(\text{X.})\quad\begin{cases}
1)\ (\beta'\gamma''-\beta''\gamma')(\gamma'\alpha''-\gamma''\alpha') = \dfrac{(L\cos\lambda-a)(L\cos\mu-b)-(L-C)(L\cos\nu-c)}{(L-M)(L-N)},\\
2)\ (\gamma'\alpha''-\gamma''\alpha')(\alpha'\beta''-\alpha''\beta') = \dfrac{(L\cos\mu-b)(L\cos\nu-c)-(L-A)(L\cos\lambda-a)}{(L-M)(L-N)},\\
3)\ (\alpha'\beta''-\alpha''\beta')(\beta'\gamma''-\beta''\gamma') = \dfrac{(L\cos\nu-c)(L\cos\lambda-a)-(L-B)(L\cos\mu-b)}{(L-M)(L-N)},\\
4)\ (\beta''\gamma-\beta\gamma'')(\gamma''\alpha-\gamma\alpha'') = \dfrac{(M\cos\lambda-a)(M\cos\mu-b)-(M-C)(M\cos\nu-c)}{(M-L)(M-N)},\\
5)\ (\gamma''\alpha-\gamma\alpha'')(\alpha''\beta-\alpha\beta'') = \dfrac{(M\cos\mu-b)(M\cos\nu-c)-(M-A)(M\cos\lambda-a)}{(M-L)(M-N)},\\
6)\ (\alpha''\beta-\alpha\beta'')(\beta''\gamma-\beta\gamma'') = \dfrac{(M\cos\nu-c)(M\cos\lambda-a)-(M-B)(M\cos\mu-b)}{(M-L)(M-N)},\\
7)\ (\beta\gamma'-\beta'\gamma)(\gamma\alpha'-\gamma'\alpha) = \dfrac{(N\cos\lambda-a)(N\cos\mu-b)-(N-C)(N\cos\nu-c)}{(N-L)(N-M)},\\
8)\ (\gamma\alpha'-\gamma'\alpha)(\alpha\beta'-\alpha'\beta) = \dfrac{(N\cos\mu-b)(N\cos\nu-c)-(N-A)(N\cos\lambda-a)}{(N-L)(N-M)},\\
9)\ (\alpha\beta'-\alpha'\beta)(\beta\gamma'-\beta'\gamma) = \dfrac{(N\cos\nu-c)(N\cos\lambda-a)-(N-B)(N\cos\mu-b)}{(N-L)(N-M)}.
\end{cases}$$

Die Vergleichung der Formeln (IX.) und (X.) kann ebenfalls zu der Gleichung (VIII.) führen.

10.

Ist das ursprüngliche Coordinatensystem ein rechtwinkliges, so wird $\cos\lambda = 0$, $\cos\mu = 0$, $\cos\nu = 0$, und die Gleichung (VIII'.) wird, da für diesen Fall $\Pi = 1$:

$$x^3 - x^2(A+B+C) + x(AB+BC+CA-aa-bb-cc)$$
$$-ABC + Aaa + Bbb + Ccc - 2abc = 0.$$

Ist das ursprüngliche System ein conjugirtes, so ist $a = 0$, $b = 0$, $c = 0$, und die Gleichung (VIII'.) wird:

$$\Pi\Pi x^3 - x^2(A\sin\lambda\sin\lambda + B\sin\mu\sin\mu + C\sin\nu\sin\nu)$$
$$+x(AB+BC+CA) - ABC = 0,$$

welche beide Gleichungen schon sonst gegeben sind.

Königsberg, im Mai 1827.

DE
SINGULARI QUADAM DUPLICIS INTEGRALIS TRANSFORMATIONE.

AUCTORE

Dr. C. G. J. JACOBI,
REGIOM.

Crelle Journal für die reine und angewandte Mathematik, Bd. 2. p. 234—242.

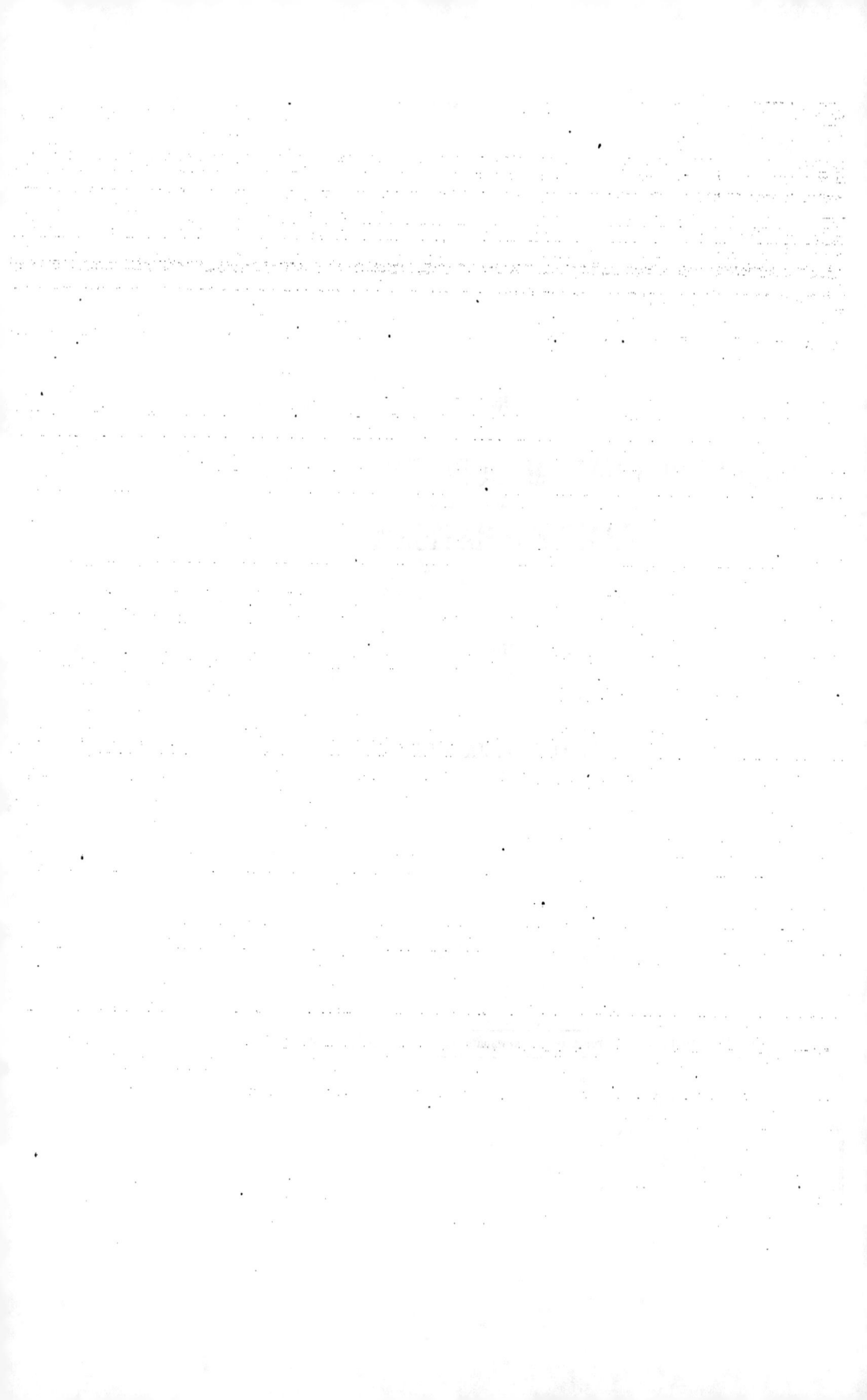

DE SINGULARI QUADAM DUPLICIS INTEGRALIS TRANSFORMATIONE.

1.

Celeberrima illa dissertatio Gaussiana inscripta „*Determinatio attractionis etc.*“, quae in Commentariis Soc. Gott. legitur, in eo maxime versatur, ut expressio data

$$\frac{dE}{\sqrt{(A-a\cos E)^2+(B-b\sin E)^2+CC}}$$

in formam simpliciorem redigatur hanc:

$$\frac{dP}{\sqrt{G+G'\cos^2 P+G''\sin^2 P}},$$

id quod fieri a Cl°. autore demonstratur per substitutionem factam:

$$\cos E=\frac{\alpha+\alpha'\cos P+\alpha''\sin P}{\gamma+\gamma'\cos P+\gamma''\sin P},$$

$$\sin E=\frac{\beta+\beta'\cos P+\beta''\sin P}{\gamma+\gamma'\cos P+\gamma''\sin P},$$

novem coefficientibus rite determinatis. Dum egregiae illi commentationi identidem incumbebam, non fugit me, eandem fere analysin ad duplicis Integralis cuiusdam insignem transformationem adhiberi posse, quam communicare cum geometris eo minus dubito, quod duplicium Integralium theoria adhuc valde iacet.

2.

Ponatur enim

$$\begin{aligned} e = {} & a+a'\cos^2\psi+a''\sin^2\psi\cos^2\varphi+a'''\sin^2\psi\sin^2\varphi \\ & +2b'\cos\psi+2b''\sin\psi\cos\varphi+2b'''\sin\psi\sin\varphi \\ & +2c'\sin^2\psi\cos\varphi\sin\varphi+2c''\cos\psi\sin\psi\sin\varphi+2c'''\cos\psi\sin\psi\cos\varphi, \end{aligned}$$

quam expressionem praeter terminum constantem terminos $\cos\psi$, $\sin\psi\cos\varphi$, $\sin\psi\sin\varphi$ eorundem quadrata et producta binorum continere videmus. Jam probabo, expressionem

$$\iint\frac{\sin\psi\, d\psi\, d\varphi}{e}$$

transformari posse in simpliciorem hanc:

$$\iint \frac{\sin P\, dP\, d\vartheta}{G+G'\cos^2 P+G''\sin^2 P\cos^2\vartheta+G'''\sin^2 P\sin^2\vartheta},$$

idque per substitutionem:

$$\cos P = \frac{\alpha+\alpha'\cos\psi+\alpha''\sin\psi\cos\varphi+\alpha'''\sin\psi\sin\varphi}{\delta+\delta'\cos\psi+\delta''\sin\psi\cos\varphi+\delta'''\sin\psi\sin\varphi},$$

$$\sin P\cos\vartheta = \frac{\beta+\beta'\cos\psi+\beta''\sin\psi\cos\varphi+\beta'''\sin\psi\sin\varphi}{\delta+\delta'\cos\psi+\delta''\sin\psi\cos\varphi+\delta'''\sin\psi\sin\varphi},$$

$$\sin P\sin\vartheta = \frac{\gamma+\gamma'\cos\psi+\gamma''\sin\psi\cos\varphi+\gamma'''\sin\psi\sin\varphi}{\delta+\delta'\cos\psi+\delta''\sin\psi\cos\varphi+\delta'''\sin\psi\sin\varphi},$$

sedecim coefficientibus rite determinatis. Quarum determinationem, sicuti quantitatum G, G', G'', G''', iam aggrediamur.

3.

Quia

$$\cos^2 P+\sin^2 P\cos^2\vartheta+\sin^2 P\sin^2\vartheta = 1,$$

expressio

$$\begin{aligned}
&(\alpha+\alpha'\cos\psi+\alpha''\sin\psi\cos\varphi+\alpha'''\sin\psi\sin\varphi)^2\\
&+(\beta+\beta'\cos\psi+\beta''\sin\psi\cos\varphi+\beta'''\sin\psi\sin\varphi)^2\\
&+(\gamma+\gamma'\cos\psi+\gamma''\sin\psi\cos\varphi+\gamma'''\sin\psi\sin\varphi)^2\\
&-(\delta+\delta'\cos\psi+\delta''\sin\psi\cos\varphi+\delta'''\sin\psi\sin\varphi)^2
\end{aligned}$$

evanescat necesse est, unde quia

$$\cos^2\psi+\sin^2\psi\cos^2\varphi+\sin^2\psi\sin^2\varphi = 1,$$

ut cum Cl°. **Gauss** ratiocinemur, induere ea debet hanc formam:

$$k(\cos^2\psi+\sin^2\psi\cos^2\varphi+\sin^2\psi\sin^2\varphi-1).$$

Hinc nanciscimur decem aequationes conditionales has:

$$\text{(I.)}\quad\left\{\begin{aligned}
&\alpha\alpha+\beta\beta+\gamma\gamma-\delta\delta = -k,\\
&\alpha'\alpha'+\beta'\beta'+\gamma'\gamma'-\delta'\delta' = k,\\
&\alpha''\alpha''+\beta''\beta''+\gamma''\gamma''-\delta''\delta'' = k,\\
&\alpha'''\alpha'''+\beta'''\beta'''+\gamma'''\gamma'''-\delta'''\delta''' = k,\\
&\alpha\alpha'+\beta\beta'+\gamma\gamma'-\delta\delta' = 0,\\
&\alpha\alpha''+\beta\beta''+\gamma\gamma''-\delta\delta'' = 0,\\
&\alpha\alpha'''+\beta\beta'''+\gamma\gamma'''-\delta\delta''' = 0,\\
&\alpha''\alpha'''+\beta''\beta'''+\gamma''\gamma'''-\delta''\delta''' = 0,\\
&\alpha'''\alpha'+\beta'''\beta'+\gamma'''\gamma'-\delta'''\delta' = 0,\\
&\alpha'\alpha''+\beta'\beta''+\gamma'\gamma''-\delta'\delta'' = 0.
\end{aligned}\right.$$

Quia sedecim coefficientes in quantitatem arbitrariam duci possunt, ipsam k ex arbitrio accipere licet.

4.

Ponamus porro, expressionem:

$$\begin{aligned} & G'\,(\alpha+\alpha'\cos\psi+\alpha''\sin\psi\cos\varphi+\alpha'''\sin\psi\sin\varphi)^2 \\ & +G''(\beta+\beta'\cos\psi+\beta''\sin\psi\cos\varphi+\beta'''\sin\psi\sin\varphi)^2 \\ & +G'''(\gamma+\gamma'\cos\psi+\gamma''\sin\psi\cos\varphi+\gamma'''\sin\psi\sin\varphi)^2 \\ & +G\,(\delta+\delta'\cos\psi+\delta''\sin\psi\cos\varphi+\delta'''\sin\psi\sin\varphi)^2 \\ & =(G+G'\cos^2 P+G''\sin^2 P\cos^2\vartheta+G'''\sin^2 P\sin^2\vartheta) \\ & \quad\times(\delta+\delta'\cos\psi+\delta''\sin\psi\cos\varphi+\delta'''\sin\psi\sin\varphi)^2 \end{aligned}$$

abire in expressionem ke.

Hinc aequationibus satisfieri debet decem hisce:

$$\text{(II.)}\quad \left\{\begin{aligned} & G'\alpha\alpha+G''\beta\beta+G'''\gamma\gamma+G\delta\delta=ak, \\ & G'\alpha'\alpha'+G''\beta'\beta'+G'''\gamma'\gamma'+G\delta'\delta'=a'k, \\ & G'\alpha''\alpha''+G''\beta''\beta''+G'''\gamma''\gamma''+G\delta''\delta''=a''k, \\ & G'\alpha'''\alpha'''+G''\beta'''\beta'''+G'''\gamma'''\gamma'''+G\delta'''\delta'''=a'''k, \\ & G'\alpha\alpha'+G''\beta\beta'+G'''\gamma\gamma'+G\delta\delta'=b'k, \\ & G'\alpha\alpha''+G''\beta\beta''+G'''\gamma\gamma''+G\delta\delta''=b''k, \\ & G'\alpha\alpha'''+G''\beta\beta'''+G'''\gamma\gamma'''+G\delta\delta'''=b'''k, \\ & G'\alpha''\alpha'''+G''\beta''\beta'''+G'''\gamma''\gamma'''+G\delta''\delta'''=c'k, \\ & G'\alpha'''\alpha'+G''\beta'''\beta'+G'''\gamma'''\gamma'+G\delta'''\delta'=c''k, \\ & G'\alpha'\alpha''+G''\beta'\beta''+G'''\gamma'\gamma''+G\delta'\delta''=c'''k. \end{aligned}\right.$$

Per aequationes viginti (I.) et (II.) generaliter loquendo et sedecim coefficientes α, β, γ etc. et quatuor quantitates G, G', G'', G''' determinatae sunt. Adnotandum insuper, aequationes (I.) ex aequationibus (II.) derivari, positis

$$G'=G''=G'''=1,\quad G=-1;$$
$$a'=a''=a'''=1,\quad a=-1;\qquad b'=b''=b'''=c'=c''=c'''=0.$$

Quibus positis de formulis, quaecunque de aequationibus (II.) demanant, earum similes derivare licet. Idem, ut in re simili, monuimus in commentatione de axibus principalibus superficierum secundi ordinis.

5.

Dato systemate aequationum:

$$\begin{aligned}
\alpha u+\beta x+\gamma y+\delta z &= m,\\
\alpha' u+\beta' x+\gamma' y+\delta' z &= m',\\
\alpha'' u+\beta'' x+\gamma'' y+\delta'' z &= m'',\\
\alpha''' u+\beta''' x+\gamma''' y+\delta''' z &= m''',
\end{aligned}$$

ponamus earum resolutione erui:

$$\begin{aligned}
Am+A'm'+A''m''+A'''m''' &= u,\\
Bm+B'm'+B''m''+B'''m''' &= x,\\
Cm+C'm'+C''m''+C'''m''' &= y,\\
Dm+D'm'+D''m''+D'''m''' &= z.
\end{aligned}$$

Valores sedecim quantitatum A, B, etc. supprimimus eorum prolixitatis causa; in libris algebraicis passim traduntur, et algorithmus, cuius ope formantur, hodie abunde notus est. His positis, ubi ex aequationibus (II.) selegimus sequentes:

$$\begin{aligned}
\alpha.G'\alpha+\beta.G''\beta+\gamma.G'''\gamma+\delta.G\delta &= ak,\\
\alpha'.G'\alpha+\beta'.G''\beta+\gamma'.G'''\gamma+\delta'.G\delta &= b'k,\\
\alpha''.G'\alpha+\beta''.G''\beta+\gamma''.G'''\gamma+\delta''.G\delta &= b''k,\\
\alpha'''.G'\alpha+\beta'''.G''\beta+\gamma'''.G'''\gamma+\delta'''.G\delta &= b'''k,
\end{aligned}$$

earum resolutione nanciscimur:

$$\text{(III.)}\quad\left\{\begin{aligned}
k(Aa+A'b'+A''b''+A'''b''') &= G'\alpha,\\
k(Ba+B'b'+B''b''+B'''b''') &= G''\beta,\\
k(Ca+C'b'+C''b''+C'''b''') &= G'''\gamma,\\
k(Da+D'b'+D''b''+D'''b''') &= G\delta.\\
&\text{Eodem modo obtinetur:}\\
k(Ab'+A'a'+A''c'''+A'''c'') &= G'\alpha',\\
k(Bb'+B'a'+B''c'''+B'''c'') &= G''\beta',\\
k(Cb'+C'a'+C''c'''+C'''c'') &= G'''\gamma',\\
k(Db'+D'a'+D''c'''+D'''c'') &= G\delta'.\\
k(Ab''+A'c'''+A''a''+A'''c') &= G'\alpha'',\\
k(Bb''+B'c'''+B''a''+B'''c') &= G''\beta'',\\
k(Cb''+C'c'''+C''a''+C'''c') &= G'''\gamma'',\\
k(Db''+D'c'''+D''a''+D'''c') &= G\delta''.\\
k(Ab'''+A'c''+A''c'+A'''a''') &= G'\alpha''',\\
k(Bb'''+B'c''+B''c'+B'''a''') &= G''\beta''',\\
k(Cb'''+C'c''+C''c'+C'''a''') &= G'''\gamma''',\\
k(Db'''+D'c''+D''c'+D'''a''') &= G\delta'''.
\end{aligned}\right.$$

Ex his aequationibus modo dicto aliae derivantur, quae aequationibus (I.) respondent, sequentes:

$$\text{(IV.)}\quad\begin{cases}\alpha=-kA, & \alpha'=kA', & \alpha''=kA'', & \alpha'''=kA''',\\ \beta=-kB, & \beta'=kB', & \beta''=kB'', & \beta'''=kB''',\\ \gamma=-kC, & \gamma'=kC', & \gamma''=kC'', & \gamma'''=kC''',\\ \delta=kD, & \delta'=-kD', & \delta''=-kD'', & \delta'''=-kD'''.\end{cases}$$

6.

Utrisque aequationibus combinatis, statim prodeunt haec quatuor aequationum systemata:

$$\text{(V.)}\quad\begin{cases}
1)\; 0=A(a+G')+A'b'+A''b''+A'''b''',\\
 0=Ab'+A'(a'-G')+A''c'''+A'''c'',\\
 0=Ab''+A'c'''+A''(a''-G')+A'''c',\\
 0=Ab'''+A'c''+A''c'+A'''(a'''-G'),\\
2)\; 0=B(a+G'')+B'b'+B''b''+B'''b''',\\
 0=Bb'+B'(a'-G'')+B''c'''+B'''c'',\\
 0=Bb''+B'c'''+B''(a''-G'')+B'''c',\\
 0=Bb'''+B'c''+B''c'+B'''(a'''-G''),\\
3)\; 0=C(a+G''')+C'b'+C''b''+C'''b''',\\
 0=Cb'+C'(a'-G''')+C''c'''+C'''c'',\\
 0=Cb''+C'c'''+C''(a''-G''')+C'''c',\\
 0=Cb'''+C'c''+C''c'+C'''(a'''-G'''),\\
4)\; 0=D(a-G)+D'b'+D''b''+D'''b''',\\
 0=Db'+D'(a'+G)+D''c'''+D'''c'',\\
 0=Db''+D'c'''+D''(a''+G)+D'''c',\\
 0=Db'''+D'c''+D''c'+D'''(a'''+G).
\end{cases}$$

Ex eliminatione quantitatum A, A', A'', A''' e primo systemate obtinetur aequatio, per quam G' datam esse censeri debet; simili modo e secundo, tertio, quarto systemate eliminatis resp. B, B', B'', B'''; C, C', C'', C'''; D, D', D'', D''' obtinentur aequationes, per quas resp. G'', G''', G datas esse videmus. Primo autem intuitu quatuor systematum apparet, omnes eas aequationes respectu quantitatum G, $-G'$, $-G''$, $-G'''$ omnino easdem fore, ita ut, si una aliqua e quantitatibus G, $-G'$, $-G''$, $-G'''$ per x denotetur, una eademque aequatio inter x et quantitates datas omnes illas quatuor quantitates G, $-G'$,

$-G''$, $-G'''$ tamquam radices exhibitura sit. Fit illa, eliminationis negotio rite instituto:

$$
\text{(VI.)}\quad \left\{\begin{array}{l}
0 = (a-x)(a'+x)(a''+x)(a'''+x) \\
-(a-x)(a'+x)c'c'-(a-x)(a''+x)c''c''-(a-x)(a'''+x)c'''c''' \\
-(a''+x)(a'''+x)b'b'-(a'''+x)(a'+x)b''b''-(a'+x)(a''+x)b'''b''' \\
+2c'c''c'''(a-x)+2c'b''b'''(a'+x)+2c''b'''b'(a''+x)+2c'''b'b''(a'''+x) \\
+b'b'c'c'+b''b''c''c''+b'''b'''c'''c'''-2b'b''c'c''-2b''b'''c''c'''-2b'''b'c'''c'.
\end{array}\right.
$$

Naturam huius aequationis biquadraticae altius indagandi gravissimum negotium ulteriori ea de re disquisitioni reservamus.

7.

Inter sedecim quantitates α, β, etc. et sedecim, quae ex iis derivantur, A, A', etc. plurimae intercedunt relationes perelegantes, quae cum analystis ex iis, quae Laplace*), Vandermonde**) in commentariis academiae Parisiensis A. 1772. p. II., Gauss in disquis. arithm. sectio V., J. Binet***) in vol. IX. diariorum instituti polytechnici Parisiensis, aliique tradiderunt, satis notae sint, paucas tantum referam, quae casu nostro speciali ope aequationum (IV.) facile ex iis derivantur. Primo adnotabo decem sequentes, aequationum (I.) similes:

$$
\text{(VII.)}\quad \left\{\begin{array}{l}
-\alpha\alpha+\alpha'\alpha'+\alpha''\alpha''+\alpha'''\alpha''' = k, \\
-\beta\beta+\beta'\beta'+\beta''\beta''+\beta'''\beta''' = k, \\
-\gamma\gamma+\gamma'\gamma'+\gamma''\gamma''+\gamma'''\gamma''' = k, \\
-\delta\delta+\delta'\delta'+\delta''\delta''+\delta'''\delta''' = -k, \\
-\alpha\beta+\alpha'\beta'+\alpha''\beta''+\alpha'''\beta''' = 0, \\
-\alpha\gamma+\alpha'\gamma'+\alpha''\gamma''+\alpha'''\gamma''' = 0, \\
-\alpha\delta+\alpha'\delta'+\alpha''\delta''+\alpha'''\delta''' = 0, \\
-\beta\gamma+\beta'\gamma'+\beta''\gamma''+\beta'''\gamma''' = 0, \\
-\gamma\delta+\gamma'\delta'+\gamma''\delta''+\gamma'''\delta''' = 0, \\
-\delta\beta+\delta'\beta'+\delta''\beta''+\delta'''\beta''' = 0.
\end{array}\right.
$$

Deinde probari possunt aequationes sequentes octodecim:

---

*) Recherches sur le calcul intégral sur le système du monde, pg. 294—304.

**) Mémoire sur l'élimination, pg. 516. sqq.

***) Mémoire sur un système de formules analytiques etc.

$$(\text{VIII.})\quad\left\{\begin{array}{ll}
\alpha\beta'-\alpha'\beta=-(\gamma''\delta'''-\gamma'''\delta'')\varepsilon, & \alpha'\beta''-\alpha''\beta'=(\gamma\delta'''-\gamma'''\delta)\varepsilon,\\
\alpha\beta''-\alpha''\beta=-(\gamma'''\delta'-\gamma'\delta''')\varepsilon, & \alpha''\beta'''-\alpha'''\beta''=(\gamma\delta'-\gamma'\delta)\varepsilon,\\
\alpha\beta'''-\alpha'''\beta=-(\gamma'\delta''-\gamma''\delta')\varepsilon, & \alpha'''\beta'-\alpha'\beta'''=(\gamma\delta''-\gamma''\delta)\varepsilon,\\[1ex]
\alpha\gamma'-\alpha'\gamma=-(\delta''\beta'''-\delta'''\beta'')\varepsilon, & \alpha'\gamma''-\alpha''\gamma'=(\delta\beta'''-\delta'''\beta)\varepsilon,\\
\alpha\gamma''-\alpha''\gamma=-(\delta'''\beta'-\delta'\beta''')\varepsilon, & \alpha''\gamma'''-\alpha'''\gamma''=(\delta\beta'-\delta'\beta)\varepsilon,\\
\alpha\gamma'''-\alpha'''\gamma=-(\delta'\beta''-\delta''\beta')\varepsilon, & \alpha'''\gamma'-\alpha'\gamma'''=(\delta\beta''-\delta''\beta)\varepsilon,\\[1ex]
\alpha\delta'-\alpha'\delta=(\beta''\gamma'''-\beta'''\gamma'')\varepsilon, & \alpha'\delta''-\alpha''\delta'=-(\beta\gamma'''-\beta'''\gamma)\varepsilon,\\
\alpha\delta''-\alpha''\delta=(\beta'''\gamma'-\beta'\gamma''')\varepsilon, & \alpha''\delta'''-\alpha'''\delta''=-(\beta\gamma'-\beta'\gamma)\varepsilon,\\
\alpha\delta'''-\alpha'''\delta=(\beta'\gamma''-\beta''\gamma')\varepsilon, & \alpha'''\delta'-\alpha'\delta'''=-(\beta\gamma''-\beta''\gamma)\varepsilon,
\end{array}\right.$$

designante ε vel $+1$ vel -1.

8.

Ex aequationibus, per quas P, ϑ per ψ, φ expressimus, videlicet:

$$\cos P=\frac{\alpha+\alpha'\cos\psi+\alpha''\sin\psi\cos\varphi+\alpha'''\sin\psi\sin\varphi}{\delta+\delta'\cos\psi+\delta''\sin\psi\cos\varphi+\delta'''\sin\psi\sin\varphi},$$
$$\sin P\cos\vartheta=\frac{\beta+\beta'\cos\psi+\beta''\sin\psi\cos\varphi+\beta'''\sin\psi\sin\varphi}{\delta+\delta'\cos\psi+\delta''\sin\psi\cos\varphi+\delta'''\sin\psi\sin\varphi},$$
$$\sin P\sin\vartheta=\frac{\gamma+\gamma'\cos\psi+\gamma''\sin\psi\cos\varphi+\gamma'''\sin\psi\sin\varphi}{\delta+\delta'\cos\psi+\delta''\sin\psi\cos\varphi+\delta'''\sin\psi\sin\varphi},$$

ope aequationum (I.) facile probantur sequentes, per quas ψ, φ vice versa per P, ϑ exprimuntur:

$$(\text{IX.})\quad\left\{\begin{array}{l}
\dfrac{\delta-\alpha\cos P-\beta\sin P\cos\vartheta-\gamma\sin P\sin\vartheta}{k}=\dfrac{k}{\delta+\delta'\cos\psi+\delta''\sin\psi\cos\varphi+\delta'''\sin\psi\sin\varphi},\\[2ex]
\cos\psi=\dfrac{-\delta'+\alpha'\cos P+\beta'\sin P\cos\vartheta+\gamma'\sin P\sin\vartheta}{\delta-\alpha\cos P-\beta\sin P\cos\vartheta-\gamma\sin P\sin\vartheta},\\[2ex]
\sin\psi\cos\varphi=\dfrac{-\delta''+\alpha''\cos P+\beta''\sin P\cos\vartheta+\gamma''\sin P\sin\vartheta}{\delta-\alpha\cos P-\beta\sin P\cos\vartheta-\gamma\sin P\sin\vartheta},\\[2ex]
\sin\psi\sin\varphi=\dfrac{-\delta'''+\alpha'''\cos P+\beta'''\sin P\cos\vartheta+\gamma'''\sin P\sin\vartheta}{\delta-\alpha\cos P-\beta\sin P\cos\vartheta-\gamma\sin P\sin\vartheta}.
\end{array}\right.$$

9.

Restat, ut ipsarum sedecim quantitatum α, β, etc. eruantur valores. Id quod fit formulis sequentibus:

$$
(\text{X.})\left\{\begin{aligned}
\frac{\alpha\alpha}{k} &= \frac{(a'-G')(a''-G')(a'''-G')-c'c'(a'-G')-c''c''(a''-G')-c'''c'''(a'''-G')+2c'c''c'''}{(G'+G)(G'-G'')(G'-G''')},\\
\frac{\alpha'\alpha'}{k} &= \frac{(a''-G')(a'''-G')(a+G')-c'c'(a+G')-b'''b'''(a''-G')-b''b''(a'''-G')+2b''b'''c'}{(G'+G)(G'-G'')(G'-G''')},\\
\frac{\alpha''\alpha''}{k} &= \frac{(a'''-G')(a+G')(a'-G')-c''c''(a+G')-b'b'(a'''-G')-b'''b'''(a'-G')+2b'''b'c''}{(G'+G)(G'-G'')(G'-G''')},\\
\frac{\alpha'''\alpha'''}{k} &= \frac{(a+G')(a'-G')(a''-G')-c'''c'''(a+G')-b''b''(a'-G')-b'b'(a''-G')+2b'b''c'''}{(G'+G)(G'-G'')(G'-G''')}.
\end{aligned}\right.
$$

Ex his aequationibus tria alia systemata derivari possunt, ubi loco

$$G,\quad G',\quad G'',\quad G''',\quad \alpha\alpha,\quad \alpha'\alpha',\quad \alpha''\alpha'',\quad \alpha'''\alpha'''$$

resp. ponitur

$$
\begin{array}{llllllll}
G, & G'', & G', & G''', & \beta\beta, & \beta'\beta', & \beta''\beta'', & \beta'''\beta''',\\
G, & G''', & G'', & G', & \gamma\gamma, & \gamma'\gamma', & \gamma''\gamma'', & \gamma'''\gamma''',\\
-G', & -G, & G'', & G''', & -\delta\delta, & -\delta'\delta', & -\delta''\delta'', & -\delta'''\delta'''.
\end{array}
$$

Porro adnotandum est, producta binarum α, α', α'', α''', binarum β, β', β'', β''', binarum γ, γ', γ'', γ''', binarum δ, δ', δ'', δ''' rationaliter exprimi posse. Hinc ipsarum α, β, γ, δ signis pro lubitu acceptis, reliquarum signa per illa determinata sunt. Fit autem:

$$
(\text{XI.})\left\{\begin{aligned}
\frac{\alpha\alpha'}{k} &= \frac{b'(a''-G')(a'''-G')-c''b'''(a''-G')-c'''b''(a'''-G')-b'c'c'+b''c'c''+b'''c'c'''}{(G'+G)(G'-G'')(G'-G''')},\\
\frac{\alpha\alpha''}{k} &= \frac{b''(a'''-G')(a'-G')-c'''b'(a'''-G')-c'b'''(a'-G')-b''c''c''+b'''c''c'''+b'c''c'}{(G'+G)(G'-G'')(G'-G''')},\\
\frac{\alpha\alpha'''}{k} &= \frac{b'''(a'-G')(a''-G')-c'b''(a'-G')-c''b'(a''-G')-b'''c'''c'''+b'c'''c'+b''c'''c''}{(G'+G)(G'-G'')(G'-G''')},\\
-\frac{\alpha''\alpha'''}{k} &= \frac{c'(a+G')(a'-G')-c''c'''(a+G')-b''b'''(a'-G')-c'b'b'+c''b'b''+c'''b'b'''}{(G'+G)(G'-G'')(G'-G''')},\\
-\frac{\alpha'''\alpha'}{k} &= \frac{c''(a+G')(a''-G')-c'''c'(a+G')-b'''b'(a''-G')-c''b''b''+c'''b''b'''+c'b''b'}{(G'+G)(G'-G'')(G'-G''')},\\
-\frac{\alpha'\alpha''}{k} &= \frac{c'''(a+G')(a'''-G')-c'c''(a+G')-b'b''(a'''-G')-c'''b'''b'''+c'b'''b'+c''b'''b''}{(G'+G)(G'-G'')(G'-G''')}.
\end{aligned}\right.
$$

Ex his formulis aliae derivantur reliquae, ponendo loco

$$k,\quad G,\quad G',\quad G'',\quad G''',\quad \alpha,\quad \alpha',\quad \alpha'',\quad \alpha'''$$

resp.

$$
\begin{array}{lllllllll}
k, & G, & G'', & G', & G''', & \beta, & \beta', & \beta'', & \beta''',\\
k, & G, & G''', & G'', & G', & \gamma, & \gamma', & \gamma'', & \gamma''',\\
-k, & -G', & -G, & G'', & G''', & \delta, & \delta', & \delta'', & \delta'''.
\end{array}
$$

Hae formulae inter alia docent, pro quantitatibus G, $-G'$, $-G''$, $-G'''$, ne e quantitatibus α, β etc. quaedam in infinitum abeant, diversas statui debere aequationis (VI.) radices. Ceterum analysin, cuius ope aequationes (X.) et (XI.) inventae sunt, brevitati ut consulatur, supprimimus.

10.

Jam quoties integrale duplex

$$\iint U dP d\vartheta,$$

designante U functionem aliquam quantitatum P, ϑ, auxilio aequationum

$$f(P,\vartheta) = \Pi(\psi,\varphi),$$
$$F(P,\vartheta) = \chi(\psi,\varphi)$$

transformare placet, notum est, fieri

$$\iint U dP d\vartheta = \iint U d\psi d\varphi \frac{\dfrac{\partial \Pi}{\partial \psi}\cdot\dfrac{\partial \chi}{\partial \varphi} - \dfrac{\partial \Pi}{\partial \varphi}\cdot\dfrac{\partial \chi}{\partial \psi}}{\dfrac{\partial f}{\partial P}\cdot\dfrac{\partial F}{\partial \vartheta} - \dfrac{\partial f}{\partial \vartheta}\cdot\dfrac{\partial F}{\partial P}}.$$

Casu nostro, quia est

$$\delta+\delta'\cos\psi+\delta''\sin\psi\cos\varphi+\delta'''\sin\psi\sin\varphi = \frac{k}{\delta-\alpha\cos P-\beta\sin P\cos\vartheta-\gamma\sin P\sin\vartheta},$$

poni potest, ubi

$$t = \delta-\alpha\cos P-\beta\sin P\cos\vartheta-\gamma\sin P\sin\vartheta,$$
$$f(P,\vartheta) = \frac{k}{t}\sin P\cos\vartheta,$$
$$F(P,\vartheta) = \frac{k}{t}\sin P\sin\vartheta,$$
$$\Pi(\psi,\varphi) = \beta+\beta'\cos\psi+\beta''\sin\psi\cos\varphi+\beta'''\sin\psi\sin\varphi,$$
$$\chi(\psi,\varphi) = \gamma+\gamma'\cos\psi+\gamma''\sin\psi\cos\varphi+\gamma'''\sin\psi\sin\varphi.$$

Hinc erit

$$t^4\left(\frac{\partial f}{\partial P}\cdot\frac{\partial F}{\partial \vartheta}-\frac{\partial f}{\partial \vartheta}\cdot\frac{\partial F}{\partial P}\right)$$
$$= kk\sin P.t\left(t\cos P-\frac{\partial t}{\partial P}\sin P\right) = kk\sin P.t(\delta\cos P-\alpha)$$
$$= k\sin P.tt\{(\delta\alpha'-\delta'\alpha)\cos\psi+(\delta\alpha''-\delta''\alpha)\sin\psi\cos\varphi+(\delta\alpha'''-\alpha\delta''')\sin\psi\sin\varphi\},$$

quam expressionem propter aequationes (VIII.) in hanc abire videmus:

$$-k\varepsilon\sin P.tt\{(\beta''\gamma'''-\beta'''\gamma'')\cos\psi+(\beta'''\gamma'-\beta'\gamma''')\sin\psi\cos\varphi+(\beta'\gamma''-\beta''\gamma')\sin\psi\sin\varphi\}.$$

Porro erit

$$\frac{\partial \Pi}{\partial \psi}\cdot\frac{\partial \chi}{\partial \varphi}-\frac{\partial \Pi}{\partial \varphi}\cdot\frac{\partial \chi}{\partial \psi}$$

$$=\sin\psi\{-\beta'\sin\psi+\beta''\cos\psi\cos\varphi+\beta'''\cos\psi\sin\varphi\}\{-\gamma''\sin\varphi+\gamma'''\cos\varphi\}$$

$$-\sin\psi\{-\gamma'\sin\psi+\gamma''\cos\psi\cos\varphi+\gamma'''\cos\psi\sin\varphi\}\{-\beta''\sin\varphi+\beta'''\cos\varphi\}$$

$$=\sin\psi\{(\beta''\gamma'''-\beta'''\gamma'')\cos\psi+(\beta'''\gamma'-\beta'\gamma''')\sin\psi\cos\varphi+(\beta'\gamma''-\beta''\gamma')\sin\psi\sin\varphi\}.$$

Unde

$$\frac{\frac{\partial \Pi}{\partial \psi}\cdot\frac{\partial \chi}{\partial \varphi}-\frac{\partial \Pi}{\partial \varphi}\cdot\frac{\partial \chi}{\partial \psi}}{\frac{\partial f}{\partial P}\cdot\frac{\partial F}{\partial \vartheta}-\frac{\partial f}{\partial \vartheta}\cdot\frac{\partial F}{\partial P}}=-\frac{tt\sin\psi}{k\varepsilon\sin P}.$$

Jamjam quia

$$G+G'\cos^2 P+G''\sin^2 P\cos^2\vartheta+G'''\sin^2 P\sin^2\vartheta=\frac{tte}{k},$$

fit tandem:

$$\pm\iint\frac{\sin P dP d\vartheta}{G+G'\cos^2 P+G''\sin^2 P\cos^2\vartheta+G'''\sin^2 P\sin^2\vartheta}=\iint\frac{\sin\psi d\psi d\varphi}{e}.$$

Disquisitiones haec cum ulterius sint producendae, commentationem hanc qualemcunque indulgentiae analystarum commendatam volo.

Scr. M. Junii 1827, ad Universitatem Regiomont.

EXERCITATIO ALGEBRAICA
CIRCA DISCERPTIONEM SINGULAREM FRACTIONUM
QUAE PLURES VARIABILES INVOLVUNT.

AUCTORE

C. G. J. JACOBI,
PROF. MATH. ORD. REGIOM.

Crelle Journal für die reine und angewandte Mathematik, Bd. 5. p. 344—364.

EXERCITATIO ALGEBRAICA CIRCA DISCERPTIONEM SINGULAREM FRACTIONUM QUAE PLURES VARIABILES INVOLVUNT.

1.

Proposita expressione

$$\frac{1}{ax+by-t}\cdot\frac{1}{b'y+a'x-t'},$$

evolvamus alterum factorem

$$\frac{1}{ax+by-t}$$

ad dignitates negativas elementi x, alterum

$$\frac{1}{b'y+a'x-t'}$$

ad dignitates negativas ipsius y. Quem evolutionis modum ordine, quo in singulis fractionibus elementa x, y exhibuimus indicare placet. In producto assignato ipsorum quidem a, b' nonnisi negativae dignitates, ipsorum b, a', t, t' nonnisi positivae occurunt; elementorum x, y autem et positivae et negativae dignitates in infinitum inveniuntur. Neque tamen, uti facile constat, in ullo termino utriusque simul elementi x, y dignitates positivae, sed aut utriusque negativae, aut alterius positivae, alterius negativae erunt. Quarum porro dignitatum coëfficientes series infinitae evadunt, ad dignitates descendentes ipsorum a, b' procedentes. Distinguamus inter partem eam producti assignati, in qua utriusque x, y dignitates negativae sunt, eam partem, in qua elementi x dignitates negativae, elementi y positivae, eam denique, in qua ipsius y negativae, ipsius x positivae. Animadverti hoc singulare, fractionem propositam in tres alias discerpi posse, e quarum evolutione partes illae tres, singulae e singulis proveniant. In quibus porro evolutionibus id accidit, ut coëfficientes, qui in producto proposito series infinitae sunt, iam finito terminorum numero constent, ideoque per ipsam illam discerptionem algebraicam series illae infinitae prodeant summatae.

Simili modo, proposita expressione tres variabiles x, y, z involvente:

$$\frac{1}{ax+by+cz-t}\cdot\frac{1}{b'y+c'z+a'x-t'}\cdot\frac{1}{c''z+a''x+b''y-t''},$$

factorem primum, secundum, tertium respective ad dignitates negativas elementorum x, y, z evolvamus, uti rursus ipso ordine*), quo in singulis fractionibus elementa exhibuimus, indicatum est. Hic partes septem considerandae sunt, prout terminos colligis, in quibus aut omnium elementorum x, y, z dignitates negativae, aut binorum negativae, reliqui positivae, aut binorum positivae, reliqui negativae sunt. Rursus expressionem propositam in alias septem discerpere licet, e quarum evolutione partes illae septem, singulae e singulis proveniunt; in quibus rursus evolutionibus coëfficientes finiti sunt, dum in expressione proposita series infinitae erant. Generaliter proposito producto e n fractionibus conflato, quarum denominatores lineariter e n variabilibus compositae sunt, siquidem factores alios ad alius elementi dignitates negativas evolvis, quo facto productum omnium elementorum et positivas et negativas dignitates in infinitum continebit: fractionem illam compositam in alias discerpere licet, quae evolutae singulae singulas partes producti propositi amplectuntur, in quibus eiusdem elementi dignitates aut positivae aut negativae sunt, neque ullius et positivae et negativae simul inveniuntur. Nec non coëfficientes, qui in producto assignato series infinitae sunt, in his novis evolutionibus finito terminorum numero constabunt, unde simul per discerptionem illam omnium illarum serierum infinitarum summationem nanciscimur.

Sit expressio proposita

$$\frac{1}{u-t}\cdot\frac{1}{u_1-t'}\cdot\frac{1}{u_2-t''}\cdots\frac{1}{u_{n-1}-t^{(n-1)}},$$

in qua $u-t$, u_1-t', etc. e n variabilibus x, x_1, x_2, ..., x_{n-1} lineariter compositae sint, designantibus t, t', t'', ..., $t^{(n-1)}$ terminos constantes: factor primus, secundus, tertius, etc. respective ad dignitates descendentes ipsorum x, x_1, x_2, etc. evolvatur. Sint porro $x=p$, $x_1=p_1$, $x_2=p_2$, ..., $x_{n-1}=p_{n-1}$ valores variabilium x, x_1, etc., qui satisfaciunt aequationibus $u=t$, $u_1=t'$, $u_2=t''$, ...,

*) In sequentibus quoque, ubi denominator fractionis sive generalius argumentum functionis evolvendae pluribus nominibus constat, nomen, ad cuius dignitates descendentes evolutio instituenda est, primum scribemus. Quod ad sequentia intelligenda bene tenendum est.

$u_{n-1} = t^{(n-1)}$. Quorum valorum expressionem algebraicam notum est communi quodam denominatore affectam esse, quam cum quibusdam determinantem nuncupamus et designemus per Δ. In exemplo allegato de tribus fractionibus, tres variabiles involventibus, fit e. g.

$$\Delta = ab'c'' - ab''c' - b'ca'' - c''a'b + a'b''c + a''bc'.$$

Quam determinantem in hac quaestione magnas partes agere videbimus, videlicet omnes illas series infinitas, quas ut coëfficientes producti propositi evoluti invenimus, ex evolutione dignitatum negativarum determinantis provenire. Maxime autem discerptio, de qua diximus, a valoribus ipsorum $p, p_1, \ldots, p_{n-1}$ pendet. Fit e. g. pars ea, quae omnium elementorum nonnisi negativas dignitates continet, et quae prae ceteris concinnitate gaudet:

$$\frac{1}{\Delta} \cdot \frac{1}{x-p} \cdot \frac{1}{x_1-p_1} \cdot \frac{1}{x_2-p_2} \cdots \frac{1}{x_{n-1}-p_{n-1}}.$$

Unde videmus e. g. in expressione $\frac{1}{uu_1 \ldots u_{n-1}}$, dictum in modum evoluta, coëfficientem termini $\frac{1}{xx_1 \ldots x_{n-1}}$ fieri

$$\frac{1}{\Delta}.$$

Quam expressionem memorabile est non pendere ab electione variabilium, ad quarum dignitates negativas singulae fractiones $\frac{1}{u}$, $\frac{1}{u_1}$, etc. evolvuntur, modo ne duas ex earum numero ad eiusdem variabilis dignitates descendentes evolvas. Variabilibus igitur, quocunque modo placet, inter se permutatis, quod $2.3 \ldots n$ modis fieri posse constat, variae illae series infinitae, quas pro variis evolvendi modis ut coëfficientes termini $\frac{1}{xx_1 \ldots x_{n-1}}$ invenis, ex eiusdem expressionis $\frac{1}{\Delta}$ evolutione proveniunt, prout secundum aliud nomen ipsius Δ, quod et ipsum $2.3 \ldots n$ nominibus constare notum est, evolutionem instituis.

Fractiones reliquae, e quarum evolutione partes prodeunt, quae unius pluriumve variabilium dignitates positivas, reliquarum negativas continent, multo prolixiores fiunt, ut infra videbimus; unde commode alia adhuc forma iis assignatur, quae ipsi illi, quam pro parte prima assignavimus, simillima fit. Namque partem, quae ipsorum $x, x_1, \ldots, x_{m-1}$ negativas, ipsorum $x_m, x_{m+1}, \ldots, x_{n-1}$ positivas dignitates amplectitur, invenitur fieri

$$\frac{1}{\Delta} \cdot \frac{1}{x-p} \cdot \frac{1}{x_1-p_1} \cdots \frac{1}{x_{m-1}-p_{m-1}} \cdot \frac{1}{p_m-x_m} \cdot \frac{1}{p_{m+1}-x_{m+1}} \cdots \frac{1}{p_{n-1}-x_{n-1}},$$

siquidem $\frac{1}{p_m}$, $\frac{1}{p_{m+1}}$, ..., $\frac{1}{p_{n-1}}$ earumque dignitates respective ad dignitates descendentes ipsarum $t^{(m)}$, $t^{(m+1)}$, ..., $t^{(n-1)}$ evolvuntur, et dignitates negativae ipsarum $t^{(m)}$, $t^{(m+1)}$, ..., $t^{(n-1)}$, quae in producto ita evoluto inveniuntur, reiiciuntur. E. g. expressionis

$$\frac{1}{ax+by-t}\cdot\frac{1}{b'y+a'x-t'}$$

pars, quae negativas ipsius x, positivas ipsius y dignitates continet, fit

$$\frac{ab'-a'b}{[(ab'-a'b)x-b't+bt'][at'-a't-(ab'-a'b)y]},$$

reiectis, quae in evolutione huius expressionis inveniuntur, dignitatibus ipsius t' negativis. Quae nova repraesentatio eo et ipsa commodo gaudet, ut coëfficientes evolutionis habeat finitos.

Sed generaliores adhuc formulas adstruere licet. Etenim in expressione

$$\frac{1}{(u-t)(u_1-t')\dots(u_{n-1}-t^{(n-1)})} = \Sigma\frac{t^{\alpha}t'^{\alpha_1}\dots t^{(n-1)^{\alpha_{n-1}}}}{u^{\alpha+1}u_1^{\alpha_1+1}\dots u_{n-1}^{\alpha_{n-1}+1}}$$

numeris α, α_1, ..., α_{n-1} positivi tantum valores inde a 0 usque ad infinitum conveniunt. Jam vero consideremus expressionem

$$\Sigma\frac{t^{\alpha}t'^{\alpha_1}\dots t^{(n-1)^{\alpha_{n-1}}}}{u^{\alpha+1}u_1^{\alpha_1+1}\dots u_{n-1}^{\alpha_{n-1}+1}},$$

numeris integris α, α_1, ..., α_{n-1} valores omnes et positivos et negativos tributis a $-\infty$ ad $+\infty$. Quam patet prodire ex evoluto producto

$$\left(\frac{1}{u-t}+\frac{1}{t-u}\right)\left(\frac{1}{u_1-t'}+\frac{1}{t'-u_1}\right)\cdots\left(\frac{1}{u_{n-1}-t^{(n-1)}}+\frac{1}{t^{(n-1)}-u_{n-1}}\right).$$

Quod ipsis $\frac{1}{u}$, $\frac{1}{u_1}$, $\frac{1}{u_2}$, etc. earumque dignitatibus respective ad dignitates descendentes ipsarum $\frac{1}{x}$, $\frac{1}{x_1}$, $\frac{1}{x_2}$, etc. evolutis, invenitur productum aequale expressioni

$$\frac{1}{\triangle}\left(\frac{1}{x-p}+\frac{1}{p-x}\right)\left(\frac{1}{x_1-p_1}+\frac{1}{p_1-x_1}\right)\cdots\left(\frac{1}{x_{n-1}-p_{n-1}}+\frac{1}{p_{n-1}-x_{n-1}}\right),$$

ipsis $\frac{1}{p}$, $\frac{1}{p_1}$, $\frac{1}{p_2}$, etc. earumque dignitatibus respective ad dignitates descendentes ipsarum t, t', t'', etc. evolutis. Quam aequationem etiam hunc in modum repraesentare licet:

$$\Sigma\frac{t^{\alpha}t'^{\alpha_1}\dots t^{(n-1)^{\alpha_{n-1}}}}{u^{\alpha+1}u_1^{\alpha_1+1}\dots u_{n-1}^{\alpha_{n-1}+1}} = \frac{1}{\triangle}\Sigma\frac{p^{\beta}p_1^{\beta_1}\dots p_{n-1}^{\beta_{n-1}}}{x^{\beta+1}x_1^{\beta_1+1}\dots x_{n-1}^{\beta_{n-1}+1}},$$

designantibus α, α_1, etc., β, β_1, etc. numeros omnes et positivos et negativos a $-\infty$ ad $+\infty$. E quo theoremate videmus, coëfficientem termini

$$\frac{1}{x^{\beta+1}x_1^{\beta_1+1}\ldots x_{n-1}^{\beta_{n-1}+1}}$$

in expressione

$$\frac{1}{u^{\alpha+1}u_1^{\alpha_1+1}\ldots u_{n-1}^{\alpha_{n-1}+1}}$$

aequalem fore coëfficienti termini $t^{\alpha}t'^{\alpha_1}\ldots t^{(n-1)^{\alpha_{n-1}}}$ in expressione

$$\frac{1}{\Delta}p^{\beta}p_1^{\beta_1}\ldots p_{n-1}^{\beta_{n-1}}.$$

Pro duobus elementis e. g. coëfficientem termini $\frac{1}{x^{\mu}y^{\nu}}$ in expressione

$$\frac{1}{(ax+by)^{m+1}(b'y+a'x)^{n+1}}$$

invenitur aequalem esse coëfficienti termini $t^{m}t'^{n}$ in expressione

$$\frac{(b't-bt')^{\mu-1}(at'-a't)^{\nu-1}}{(ab'-a'b)^{m+n+1}}.$$

Unde facile derivatur theorema, posito $\alpha+\alpha' = \beta+\beta' = \gamma$, fore

$$1+\frac{\alpha\beta}{\gamma}u+\frac{\alpha(\alpha+1)}{\gamma(\gamma+1)}\cdot\frac{\beta(\beta+1)}{1.2}u^2+\frac{\alpha(\alpha+1)(\alpha+2)}{\gamma(\gamma+1)(\gamma+2)}\cdot\frac{\beta(\beta+1)(\beta+2)}{1.2.3}u^3+\cdots$$
$$=\frac{1}{(1-u)^{\alpha+\beta-\gamma}}\cdot\left(1+\frac{\alpha'\beta'}{\gamma}u+\frac{\alpha'(\alpha'+1)}{\gamma(\gamma+1)}\cdot\frac{\beta'(\beta'+1)}{1.2}u^2+\frac{\alpha'(\alpha'+1)(\alpha'+2)}{\gamma(\gamma+1)(\gamma+2)}\cdot\frac{\beta'(\beta'+1)(\beta'+2)}{1.2.3}u^3+\cdots\right);$$

nec non relatio inter integralia definita:

$$\int_0^{\pi}\frac{\cos\lambda\varphi.d\varphi}{(1-2\alpha\cos\varphi+\alpha\alpha)^{n+1}} = \frac{\Pi(n+\lambda)\Pi(n-\lambda)}{\Pi(n)\Pi(n)}\int_0^{\pi}\frac{(1+2\alpha\cos\varphi+\alpha\alpha)^{n}\cos\lambda\varphi.d\varphi}{(1-\alpha\alpha)^{2n+1}},$$

designante $\Pi(x)$ productum $1.2.3\ldots x$. Quae ab Eulero olim inventa sunt.

At theorematis, de quibus in hac commentatione agimus et quorum modo mentionem injecimus, latissimam conciliare licet extensionem. Ponamus enim, $u-t$, u_1-t', etc. iam series esse quaslibet, sive finitas sive infinitas, ad dignitates integras positivas elementorum x, x_1, etc. procedentes, quarum serierum t, t', etc. sint termini constantes. Sint porro in seriebus illis u, u_1, u_2, etc. termini, qui primas ipsorum x, x_1, x_2, etc. dignitates continent, respective ax, $b'x_1$, $c''x_2$, etc., ac ponamus, uti in casu lineari, fractiones $\frac{1}{u-t}$, $\frac{1}{u_1-t'}$, $\frac{1}{u_2-t''}$, etc. evolvi respective ad dignitates descendentes terminorum ax, $b'x_1$, $c''x_2$, etc. Vocemus porro Δ determinantem differentialium partialium sequentium:

$$\begin{array}{ccccc}
\frac{\partial u}{\partial x}, & \frac{\partial u}{\partial x_1}, & \frac{\partial u}{\partial x_2}, & \dots, & \frac{\partial u}{\partial x_{n-1}}, \\
\frac{\partial u_1}{\partial x}, & \frac{\partial u_1}{\partial x_1}, & \frac{\partial u_1}{\partial x_2}, & \dots, & \frac{\partial u_1}{\partial x_{n-1}}, \\
\cdot & \cdot & \cdot & \cdot & \cdot \\
\frac{\partial u_{n-1}}{\partial x}, & \frac{\partial u_{n-1}}{\partial x_1}, & \frac{\partial u_{n-1}}{\partial x_2}, & \dots, & \frac{\partial u_{n-1}}{\partial x_{n-1}}.
\end{array}$$

Erit e. g. pro tribus functionibus u, u_1, u_2 tribusque variabilibus x, y, z:

$$\Delta = \frac{\partial u}{\partial x}\cdot\frac{\partial u_1}{\partial y}\cdot\frac{\partial u_2}{\partial z} - \frac{\partial u}{\partial x}\cdot\frac{\partial u_1}{\partial z}\cdot\frac{\partial u_2}{\partial y} - \frac{\partial u_1}{\partial y}\cdot\frac{\partial u_2}{\partial x}\cdot\frac{\partial u}{\partial z} - \frac{\partial u_2}{\partial z}\cdot\frac{\partial u}{\partial y}\cdot\frac{\partial u_1}{\partial x}$$
$$+ \frac{\partial u}{\partial y}\cdot\frac{\partial u_1}{\partial z}\cdot\frac{\partial u_2}{\partial x} + \frac{\partial u}{\partial z}\cdot\frac{\partial u_1}{\partial x}\cdot\frac{\partial u_2}{\partial y},$$

quam patet expressionem casu, quo u, u_1, u_2 sunt expressiones lineares, in expressionem ipsius Δ supra exhibitam redire. Quibus positis dico, siquidem $x = p$, $x_1 = p_1$, $x_2 = p_2$, $\dots$, $x_{n-1} = p_{n-1}$ satisfaciant aequationibus $u = t$, $u_1 = t'$, $u_2 = t''$, $\dots$, $u_{n-1} = t^{(n-1)}$, producti

$$\frac{\Delta}{(u-t)(u_1-t')(u_2-t'')\dots(u_{n-1}-t^{(n-1)})},$$

dictum in modum evoluti, partem eam, quae omnium simul elementorum x, x_1, etc. dignitates negativas neque ullius positivas continet, ut supra in casu multo simpliciore, fieri

$$\frac{1}{(x-p)(x_1-p_1)(x_2-p_2)\dots(x_{n-1}-p_{n-1})}.$$

Nec non esse, quod magis generale est theorema,

$$\Delta\left(\frac{1}{u-t}+\frac{1}{t-u}\right)\left(\frac{1}{u_1-t'}+\frac{1}{t'-u_1}\right)\dots\left(\frac{1}{u_{n-1}-t^{(n-1)}}+\frac{1}{t^{(n-1)}-u_{n-1}}\right)$$
$$=\left(\frac{1}{x-p}+\frac{1}{p-x}\right)\left(\frac{1}{x_1-p_1}+\frac{1}{p_1-x_1}\right)\dots\left(\frac{1}{x_{n-1}-p_{n-1}}+\frac{1}{p_{n-1}-x_{n-1}}\right),$$

ipsis $\frac{1}{p}$, $\frac{1}{p_1}$, etc. earumque dignitatibus respective ad dignitates descendentes ipsarum t, t', etc. evolutis. E quo theoremate memorabili fluunt formulae maxime generales pro radicibus aequationum inter numerum quemlibet variabilium, adeoque radicum dignitatibus et productis in seriem evolvendis. Quippe quibus ad dignitates ipsarum t, t', t'', etc. ordinatis, e theoremate proposito statim terminum generalem earum serierum eruis. Patet enim e dicto theoremate, in evolvenda expressione

$$p^{\alpha}p_1^{\alpha_1}\dots p_{n-1}^{\alpha_{n-1}}$$

coëfficientem termini

$$t^{\beta} t'^{\beta'} \ldots t^{(n-1)^{\beta^{(n-1)}}}$$

eundem esse atque coëfficientem termini

$$\frac{1}{x^{\alpha+1} x_1^{\alpha_1+1} \ldots x_{n-1}^{\alpha_{n-1}+1}}$$

in expressione

$$\frac{\Delta}{u^{\beta+1} u_1^{\beta'+1} \ldots u_{n-1}^{\beta^{(n-1)}+1}},$$

dictum in modum evoluta; quem coëfficientem per regulas notas, quae pro evolvendis dignitatibus polynomii circumferuntur, statim eruis. Quae hoc loco breviter innuisse sufficiat. Ipsam iam quaestionem nostram aggrediamur.

2.

Ordimur a casu simplicissimo duarum variabilium, in quo adeo initio terminos constantes $= 0$ ponemus. Fit

$$\frac{ab'-a'b}{(ax+by)(b'y+a'x)} = \frac{a}{y}\cdot\frac{1}{ax+by} - \frac{a'}{y}\cdot\frac{1}{b'y+a'x};$$

fit porro:

$$\frac{a}{y}\cdot\frac{1}{ax+by} = \frac{1}{xy} - \frac{1}{x}\cdot\frac{b}{ax+by},$$

unde

$$(1) \qquad \frac{ab'-a'b}{(ax+by)(b'y+a'x)} = \frac{1}{xy} - \frac{1}{x}\cdot\frac{b}{ax+by} - \frac{1}{y}\cdot\frac{a'}{b'y+a'x}.$$

Aequatione (1) ad dignitates descendentes ipsarum a, b' evolutis, videmus partes tres, in quas fractionem propositam

$$\frac{ab'-a'b}{(ax+by)(b'y+a'x)}$$

discerpimus, et quas per L, L_1, L_2 designemus, primam L utriusque elementi x, y negativas, secundam L_1 ipsius x negativas, ipsius y positivas, tertiam L_2 ipsius y negativas, ipsius x positivas dignitates continere.

Ponamus iam, satisfacere $x = p$, $y = q$ aequationibus

$$ax+by = t, \qquad a'x+b'y = t',$$

unde

$$(ab'-a'b)p = b't-bt', \qquad (ab'-a'b)q = at'-a't.$$

Mutatis in aequatione (1) x, y in $x-p$, $y-q$, quo facto $ax+by$, $a'x+b'y$ in $ax+by-t$, $a'x+b'y-t'$ abeunt, obtines

Theorema 1.

Posito

$$L = \frac{ab'-a'b}{(ab'-a'b)x-b't+bt'}\cdot\frac{ab'-a'b}{(ab'-a'b)y-at'+a't},$$

$$L_1 = -\frac{ab'-a'b}{(ab'-a'b)x-b't+bt'}\cdot\frac{b}{ax+by-t},$$

$$L_2 = -\frac{ab'-a'b}{(ab'-a'b)y-at'+a't}\cdot\frac{a'}{b'y+a'x-t'},$$

fieri

$$(2)\qquad \frac{ab'-a'b}{(ax+by-t)(b'y+a'x-t')} = L+L_1+L_2.$$

Aequatione (2) ad dignitates descendentes elementorum a, b' evoluta, videmus, L, L_1, L_2 esse partes illas tres, quae aut utriusque x, y negativas, aut alterius negativas, alterius positivas dignitates continent. Simul autem ipso adspectu patet, in evolutione ipsorum L, L_1, L_2 dignitates variabilium x, y coëfficientes finitos habere, dum in evolutione expressionis propositae series infinitae sunt.

3.

Jam videbimus, de producto e tribus factoribus, tres variabiles involventibus

$$\frac{1}{(ax+by+cz-t)(b'y+c'z+a'x-t')(c''z+a''x+b''y-t'')}$$

similia inveniri. Eo enim ad dignitates descendentes ipsorum a, b', c'' evoluto, in evolutione dignitates variabilium x, y, z et positivae et negativae inveniuntur in infinitum; neque tamen ita, ut in ullo termino simul omnium dignitates positivae sint. Colligamus igitur terminos, qui omnium x, y, z simul dignitates negativas continent, quae pars prima erit; terminos, qui binarum variabilium negativas, reliquae positivas continent, quae erunt partes tres, prout aut elementi x, aut elementi y, aut elementi z dignitates positivae sunt; terminos denique, qui binarum variabilium dignitates positivas, reliquae negativas continent, quae et ipsae sunt partes tres, prout aut elementi x, aut elementi y, aut elementi z dignitates negativae sunt. Quae septem partes constituunt seriem, quae ex evolutione expressionis propositae ortum ducit. Jam rursus de expressione illa in septem alias discerpenda quaeramus, e quarum evolutione septem illae partes, singulae e singulis proveniant. Qua in quaestione initio, ut supra, statuemus $t = t' = t'' = 0$.

Designabimus in sequentibus per (ab') expressionem

$$(ab') = ab' - a'b,$$

porro per $(ab'c'')$ expressionem

$$(ab'c'') = a(b'c'') + b(c'a'') + c(a'b'') = ab'c'' - ab''c' - b'ca'' - c''a'b + a'b''c + a''bc'.$$

Quae errori locum non dabit notatio, cum monomen uncis inclusum alias inveniri non soleat. Sit,

$$(1) \qquad ax + by + cz = u, \quad a'x + b'y + c'z = u', \quad a''x + b''y + c''z = u'';$$

ponatur porro:

$$(2) \qquad \begin{cases} (b'c'')y - (c'a'')x = c''u' - c'u'' = v, \\ (b'c'')z - (a'b'')x = b'u'' - b''u' = w, \\ (c''a)z - (a''b)y = au'' - a''u = v', \\ (c''a)x - (b''c)y = c''u - cu'' = w', \\ (ab')x - (bc')z = b'u - bu' = v'', \\ (ab')y - (ca')z = au' - a'u = w''. \end{cases}$$

Observo, siquidem ad dignitates elementorum a, b', c'' descendentes evolutionem instituas, expressiones

$\frac{1}{u}$, $\frac{1}{w'}$, $\frac{1}{v''}$ earumque dignitates ad dignitates descendentes ipsius x,

$\frac{1}{u'}$, $\frac{1}{w''}$, $\frac{1}{v}$ - - - - - - y,

$\frac{1}{u''}$, $\frac{1}{w}$, $\frac{1}{v'}$ - - - - - - z

evolvendas esse. Fit porro e formula (1) paragraphi antecedentis:

$$(3) \qquad \begin{cases} \frac{1}{u'u''} = \frac{(b'c'')}{vw} - \frac{c'}{u'v} - \frac{b''}{u''w}, \\ \frac{1}{u''u} = \frac{(c''a)}{v'w'} - \frac{a''}{u''v'} - \frac{c}{uw'}, \\ \frac{1}{uu'} = \frac{(ab')}{v''w''} - \frac{b}{uv''} - \frac{a'}{u'w''}. \end{cases}$$

His praeparatis, ad inveniendam discerptionem quaesitam proficiscimur ab aequatione identica:

$$(4) \qquad \begin{cases} (ab'c'')xyz = uu'u'' - xu\,(a'a''x + a''b'y + a'c''z) \\ \qquad\qquad - yu'(b''by + bc''z + b''ax) \\ \qquad\qquad - zu''(cc'z + c'ax + cb'y), \end{cases}$$

quae evolutione facta facile comprobatur. Qua divisa per $xyzuu'u''$, siquidem brevitatis causa ponitur

$$\begin{aligned} a'a''x+a''b'y+a'c''z &= N,\\ b''by+bc''z+b''ax &= N',\\ cc'z+c'ax+cb'y &= N'', \end{aligned}$$

prodit:

$$(5)\qquad \frac{(ab'c'')}{uu'u''}=\frac{1}{xyz}-\frac{N}{yzu'u''}-\frac{N'}{zxu''u}-\frac{N''}{xyuu'}.$$

Fit autem e (3):

$$\frac{1}{u'u''}=\frac{(b'c'')}{vw}-\frac{c'}{u'v}-\frac{b''}{u''w},$$

porro e (2):

$$\begin{aligned} (b'c'')N &= a''b'v+a'c''w-(a'b'')(c'a'')x,\\ c'N &= c'a''u'-c'(c'a'')z,\\ b''N &= b''a'u''-b''(a'b'')y, \end{aligned}$$

unde

$$\frac{N}{yzu'u''}=-\frac{(a'b'')}{yzw}-\frac{(c'a'')}{yzv}-\frac{(a'b'')(c'a'')x}{yzvw}+\frac{c'(c'a'')}{yu'v}+\frac{b''(a'b'')}{zu''w}.$$

Prorsus eodem modo invenitur

$$\frac{N'}{zxu''u}=-\frac{(b''c)}{zxw'}-\frac{(a''b)}{zxv'}-\frac{(b''c)(a''b)y}{zxv'w'}+\frac{a''(a''b)}{zu''v'}+\frac{c(b''c)}{xuw'},$$

$$\frac{N''}{xyuu'}=-\frac{(ca')}{xyw''}-\frac{(bc')}{xyv''}-\frac{(ca')(bc')z}{xyv''w''}+\frac{b(bc')}{xuv''}+\frac{a'(ca')}{yu'w''}.$$

Unde tandem fit:

$$(6)\qquad \left\{\begin{aligned} \frac{(ab'c'')}{uu'u''} &= \frac{1}{xyz} && \dots\dots\dots\dots\dots\dots\ L\\ &+\frac{(a'b'')}{yzw}+\frac{(c'a'')}{yzv}+\frac{(a'b'')(c'a'')x}{yzvw} && \dots\dots\ L_1\\ &+\frac{(b''c)}{zxw'}+\frac{(a''b)}{zxv'}+\frac{(b''c)(a''b)y}{zxv'w'} && \dots\dots\ L_2\\ &+\frac{(ca')}{xyw''}+\frac{(bc')}{xyv''}+\frac{(ca')(bc')z}{xyv''w''} && \dots\dots\ L_3\\ &-\frac{b(bc')}{xv''u}-\frac{c(b''c)}{xw'u} && \dots\dots\ L_4\\ &-\frac{c'(c'a'')}{yvu'}-\frac{a'(ca')}{yw''u'} && \dots\dots\ L_5\\ &-\frac{a''(a''b)}{zv'u''}-\frac{b''(a'b'')}{zwu''} && \dots\dots\ L_6. \end{aligned}\right.$$

Quam ex observatione supra facta de modo evolutionis, quo uti debemus, facile constat, esse discerptionem quaesitam expressionis propositae in alias septem, quas per $L, L_1, L_2, \ldots, L_6$ designavimus, casu, quo $t=t'=t''$. E quo eadem omnino methodo, qua supra usi sumus, statim generaliorem eruis. Ponamus enim, $x=p$, $y=q$, $z=r$ satisfacere aequationibus $u=t$, $u'=t'$, $u''=t''$, mutatis x, y, z in $x-p, y-q, z-r$, nancisceris e (2) discerptionem expressionis

$$\frac{(ab'c'')}{(ax+by+cz-t)(b'y+c'z+a'x-t')(c''z+a''x+b''y-t'')}.$$

Fit e. g. L sive pars, quae nonnisi negativas variabilium x, y, z dignitates continet,

$$(7)\quad \left\{\begin{aligned} L = & \frac{(ab'c'')}{(ab'c'')x-(b'c'')t-(b''c)t'-(bc')t''} \\ & \cdot\frac{(ab'c'')}{(ab'c'')y-(c''a)t'-(ca')t''-(c'a'')t} \\ & \cdot\frac{(ab'c'')}{(ab'c'')z-(ab')t''-(a'b'')t-(a''b)t'}.\end{aligned}\right.$$

Ad quatuor pluresve variabiles haec extendere non lubet, cum iam pro tribus tam prolixa exstiterint. Progredimur ad alia.

4.

E theoremate 1. §. 2. fit:

$$(1)\quad \left\{\begin{aligned} \frac{ab'-a'b}{(ax+by-t)(b'y+a'x-t')} = & \frac{ab'-a'b}{(ab'-a'b)x-b't+bt'}\cdot\frac{ab'-a'b}{(ab'-a'b)y-at'+a't} \\ & -\frac{ab'-a'b}{(ab'-a'b)x-b't+bt'}\cdot\frac{b}{ax+by-t} \\ & -\frac{ab'-a'b}{(ab'-a'b)y-at'+a't}\cdot\frac{a'}{b'y+a'x-t'}.\end{aligned}\right.$$

Porro obtinetur:

$$\begin{aligned} & -\frac{1}{(ab'-a'b)x-b't+bt'}\cdot\frac{b}{ax+by-t} \\ = & \frac{1}{at'-a't-(ab'-a'b)y}\cdot\frac{ab'-a'b}{(ab'-a'b)x-b't+bt'} \\ & -\frac{1}{at'-a't-(ab'-a'b)y}\cdot\frac{a}{ax+by-t}.\end{aligned}$$

Quibus expressionibus, ut fieri debet, ad dignitates negativas ipsius x, positivas ipsius y evolutis, videmus,

$$\frac{1}{(ab'-a'b)x-b't+bt'}\cdot\frac{b}{ax+by-t}$$

non nisi positivas dignitates ipsius t',

$$\frac{1}{at'-a't-(ab'-a'b)y}\cdot\frac{1}{(ab'-a'b)x-b't+bt'}$$

et positivas et negativas ipsius t',

$$\frac{1}{at'-a't-(ab'-a'b)y}\cdot\frac{1}{ax+by-t}$$

nonnisi negativas dignitates ipsius t' continere. Unde

$$-\frac{ab'-a'b}{(ab'-a'b)x-b't+bt'}\cdot\frac{b}{ax+by-t}$$
$$=\frac{ab'-a'b}{at'-a't-(ab'-a'b)y}\cdot\frac{ab'-a'b}{(ab'-a'b)x-b't+bt'},$$

rejectis, quae in evolutione huius expressionis inveniuntur, negativis ipsius t' dignitatibus. Pars autem, quae rejicitur, negativas ipsius t' dignitates continens, est:

$$-\frac{ab'-a'b}{at'-a't-(ab'-a'b)y}\cdot\frac{a}{ax+by-t}.$$

Prorsus simili modo fit:

$$-\frac{ab'-a'b}{(ab'-a'b)y-at'+a't}\cdot\frac{a'}{b'y+a'x-t'}$$
$$=\frac{ab'-a'b}{b't-bt'-(ab'-a'b)x}\cdot\frac{ab'-a'b}{(ab'-a'b)y-at'+a't},$$

reiectis, quae in evolutione huius expressionis inveniuntur, negativis ipsius t dignitatibus. Unde iam e (1) nacti sumus theorema curiosum, esse

$$(2)\quad\left\{\begin{aligned}\frac{ab'-a'b}{(ax+by-t)(b'y+a'x-t')}&=\frac{ab'-a'b}{(ab'-a'b)x-b't+bt'}\cdot\frac{ab'-a'b}{(ab'-a'b)y-at'+a't}\\&+\frac{ab'-a'b}{at'-a't-(ab'-a'b)y}\cdot\frac{ab'-a'b}{(ab'-a'b)x-b't+bt'}\\&+\frac{ab'-a'b}{b't-bt'-(ab'-a'b)x}\cdot\frac{ab'-a'b}{(ab'-a'b)y-at'+a't},\end{aligned}\right.$$

siquidem in evolutionibus harum expressionum, negativae, quae inveniuntur, ipsorum t, t' dignitates rejiciuntur.

5.

Generaliora adhuc sequenti modo eruis. Etenim serie utrinque infinita

$$\Sigma\frac{B^n}{A^{n+1}},$$

in qua numero integro n valores omnes tribuuntur a $-\infty$ ad $+\infty$, e notationis nostrae ratione designata per

$$\frac{1}{B-A}+\frac{1}{A-B},$$

ipsam quidem eiusmodi expressionem non pro evanescente habebimus; evanescet autem, ducta in $A-B$. Fit enim:

$$A\Sigma\frac{B^n}{A^{n+1}}=\Sigma\frac{B^n}{A^n},\quad B\Sigma\frac{B^n}{A^{n+1}}=\Sigma\frac{B^{n+1}}{A^{n+1}},$$

unde, cum

$$\Sigma\frac{B^n}{A^n}=\Sigma\frac{B^{n+1}}{A^{n+1}},$$

fit etiam:

$$(A-B)\left(\frac{1}{A-B}+\frac{1}{B-A}\right)=0.$$

Hinc sequitur, fieri etiam:

$$(1)\qquad \frac{1}{C+m(A-B)}\left(\frac{1}{A-B}+\frac{1}{B-A}\right)=\frac{1}{C}\left(\frac{1}{A-B}+\frac{1}{B-A}\right).$$

Jam proposita expressione

$$\left(\frac{1}{ax+by-t}+\frac{1}{t-ax-by}\right)\cdot\left(\frac{1}{b'y+a'x-t'}+\frac{1}{t'-b'y-a'x}\right),$$

fit:

$$b'(ax+by-t)=(ab')x-b't+bt'+b(b'y+a'x-t'),$$

unde e (1) expressio proposita in hanc abit:

$$\left(\frac{b'}{(ab')x-b't+bt'}+\frac{b'}{b't-bt'-(ab')x}\right)\cdot\left(\frac{1}{b'y+a'x-t'}+\frac{1}{t'-b'y-a'x}\right).$$

Fit porro:

$$(ab')(b'y+a'x-t')=b'[(ab')y-at'+a't]+a'[(ab')x-b't+bt'],$$

unde rursus e (1) fit expressio proposita:

$$(2)\quad\begin{cases}(ab')\left(\dfrac{1}{ax+by-t}+\dfrac{1}{t-ax-by}\right)\cdot\left(\dfrac{1}{b'y+a'x-t'}+\dfrac{1}{t'-b'y-a'x}\right)\\[2ex]=\left(\dfrac{(ab')}{(ab')x-b't+bt'}+\dfrac{(ab')}{b't-bt'-(ab')x}\right)\cdot\left(\dfrac{(ab')}{(ab')y-at'+a't}+\dfrac{(ab')}{at'-a't-(ab')y}\right).\end{cases}$$

Quam etiam, uncis solutis, ita exhibere licet:

$$(3)\quad\left\{\begin{aligned}&\frac{1}{ax+by-t}\cdot\frac{(ab')}{b'y+a'x-t'}+\frac{1}{t-ax-by}\cdot\frac{(ab')}{t'-b'y-a'x}\\&+\frac{1}{ax+by-t}\cdot\frac{(ab')}{t'-b'y-a'x}+\frac{1}{t-ax-by}\cdot\frac{(ab')}{b'y+a'x-t'}\\&=\frac{(ab')}{(ab')x-b't+bt'}\cdot\frac{(ab')}{(ab')y-at'+a't}+\frac{(ab')}{b't-bt'-(ab')x}\cdot\frac{(ab')}{at'-a't-(ab')y}\\&+\frac{(ab')}{(ab')x-b't+bt'}\cdot\frac{(ab')}{at'-a't-(ab')y}+\frac{(ab')}{b't-bt'-(ab')x}\cdot\frac{(ab')}{(ab')y-at'+a't}.\end{aligned}\right.$$

E qua formula, reiectis ipsarum t, t' dignitatibus negativis, fluit formula (2) paragraphi antecedentis.

Formulam (3) etiam hunc in modum repraesentare licet:

$$(4)\qquad \Sigma\frac{t^m t'^n}{(ax+by)^{m+1}(b'y+a'x)^{n+1}}=\Sigma\frac{(b't-bt')^{\mu-1}(at'-a't)^{\nu-1}}{(ab'-a'b)^{\mu+\nu-1}x^\mu y^\nu},$$

designantibus m, n, μ, ν numeros omnes et positivos et negativos a $-\infty$ ad $+\infty$. Quam etiam proponere licet ut

Theorema 2.

Designantibus m, n numeros integros quoslibet sive positivos sive negativos, in expressione

$$\frac{1}{(ax+by)^{m+1}(b'y+a'x)^{n+1}}$$

coëfficientem termini $\frac{1}{x^\mu y^\nu}$ eundem nancisceris atque coëfficientem termini $t^m t'^n$ in expressione

$$\frac{1}{(ab'-a'b)^{\mu+\nu-1}}\cdot(b't-bt')^{\mu-1}(at'-a't)^{\nu-1}.$$

Adnotare convenit, quoties m sit negativus, necessario etiam μ fieri negativum, et vice versa, quoties μ sit positivus, necessario etiam m fieri positivum; eodemque modo, quoties n sit negativus, necessario etiam ν fieri negativum, et vice versa, quoties ν sit positivus, necessario etiam n fieri positivum; porro esse $m+n=\mu+\nu-2$. Observo, quoties m, n sint positivi, coëfficientes expressionis primae fieri series infinitas, secundae finitas; quoties m, n alter positivus, alter negativus, et primae et secundae expressionis coëfficientes fieri series finitas; quoties m, n negativi, primae fieri finitas, secundae series infinitas. Unde omnibus casibus hoc theoremate sive serierum infinitarum summationem, sive finitarum transformationem obtines.

Corollarium.

Evolvamus ipsum coëfficientem termini $\frac{1}{x^\mu y^\nu}$ in expressione

$$\frac{1}{(ax+by)^{m+1}(b'y+a'x)^{n+1}},$$

qui, posito $\mu = m+1+\lambda$, $\nu = n+1-\lambda$, idem est atque coëfficiens termini $\left(\frac{y}{x}\right)^\lambda$ in expressione

$$\frac{1}{a^{m+1}b'^{n+1}}\cdot\frac{1}{\left(1+\frac{b}{a}\cdot\frac{y}{x}\right)^{m+1}\left(1+\frac{a'}{b'}\cdot\frac{x}{y}\right)^{n+1}}.$$

Quem coëfficientem, posito $\frac{ba'}{ab'} = u$, atque insuper

$$A = \frac{(m+1)(m+2)\ldots(m+\lambda)}{1.2\ldots\lambda}\cdot\frac{b^\lambda}{a^{m+1+\lambda}b'^{n+1}},$$

invenimus

$$(-1)^\lambda A\left(1+\frac{m+\lambda+1}{\lambda+1}\cdot\frac{n+1}{1}u+\frac{(m+\lambda+1)(m+\lambda+2)}{(\lambda+1)(\lambda+2)}\cdot\frac{(n+1)(n+2)}{1.2}u^2+\cdots\right).$$

Quaeramus porro coëfficientem termini $t^m t'^n$ in expressione

$$\frac{(b't-bt')^{\mu-1}(at'-a't)^{\nu-1}}{(ab'-a'b)^{\mu+\nu-1}} = \frac{(b't-bt')^{m+\lambda}(at'-a't)^{n-\lambda}}{(ab'-a'b)^{m+n+1}},$$

sive, quod idem est, coëfficientem termini $\left(\frac{t'}{t}\right)^\lambda$ in expressione

$$\frac{1}{a^{m+\lambda+1}b'^{n-\lambda+1}(1-u)^{m+n+1}}\cdot\left(1-\frac{b}{b'}\cdot\frac{t'}{t}\right)^{m+\lambda}\left(1-\frac{a'}{a}\cdot\frac{t}{t'}\right)^{n-\lambda},$$

quem, rursus posito

$$A = \frac{(m+\lambda)(m+\lambda-1)\ldots(m+1)}{1.2\ldots\lambda}\cdot\frac{b^\lambda}{a^{m+1+\lambda}b'^{n+1}},$$

facta evolutione, invenimus

$$\frac{(-1)^\lambda A}{(1-u)^{m+n+1}}\left(1+\frac{m}{1}\cdot\frac{n-\lambda}{\lambda+1}u+\frac{m(m-1)}{1.2}\cdot\frac{(n-\lambda)(n-\lambda-1)}{(\lambda+1)(\lambda+2)}u^2+\cdots\right).$$

Unde cum e theoremate 2. utrique coëfficientes inter se aequales sint, posito

$$m+\lambda+1=\alpha,\quad n+1=\beta,\quad \lambda+1=\gamma,\quad m=-\alpha',\quad \lambda-n=\beta',$$

eruimus formulam:

$$(5)\quad \left\{\begin{aligned} &1+\frac{\alpha\beta}{\gamma}u+\frac{\alpha(\alpha+1).\beta(\beta+1)}{1.2.\gamma(\gamma+1)}u^2+\frac{\alpha(\alpha+1)(\alpha+2).\beta(\beta+1)(\beta+2)}{1.2.3.\gamma(\gamma+1)(\gamma+2)}u^3+\cdots\\ &=\frac{1}{(1-u)^{\alpha+\beta-\gamma}}\left(1+\frac{\alpha'\beta'}{\gamma}u+\frac{\alpha'(\alpha'+1).\beta'(\beta'+1)}{1.2.\gamma(\gamma+1)}u^2+\frac{\alpha'(\alpha'+1)(\alpha'+2).\beta'(\beta'+1)(\beta'+2)}{1.2.3.\gamma(\gamma+1)(\gamma+2)}u^3+\cdots\right),\end{aligned}\right.$$

qua in formula $\alpha+\alpha' = \beta+\beta' = \gamma$. Quam olim Eulerus dedit.

6.

Similia de tribus variabilibus tribusque factoribus inveniuntur sequenti modo. E formula (1) paragraphi antecedentis facile constat, fieri etiam:

$$(1)\quad \left\{\begin{aligned} &\frac{1}{E+m(A-B)+n(C-D)}\left(\frac{1}{A-B}+\frac{1}{B-A}\right)\left(\frac{1}{C-D}+\frac{1}{D-C}\right)\\ &\qquad=\frac{1}{E}\left(\frac{1}{A-B}+\frac{1}{B-A}\right)\left(\frac{1}{C-D}+\frac{1}{D-C}\right),\end{aligned}\right.$$

porro:

$$(2)\quad \frac{1}{C+m(A-B)}\cdot\frac{1}{D+n(A-B)}\left(\frac{1}{A-B}+\frac{1}{B-A}\right)=\frac{1}{CD}\left(\frac{1}{A-B}+\frac{1}{B-A}\right),$$

quas formulas ut lemmata antemittamus.

Jam e (2) paragraphi antecedentis, mutatis t, t' in $t-cz$, $t'-c'z$, obtines:

$$\begin{aligned}(ab')&\left(\frac{1}{ax+by+cz-t}+\frac{1}{t-ax-by-cz}\right)\left(\frac{1}{b'y+c'z+a'x-t'}+\frac{1}{t'-b'y-c'z-a'x}\right)\\ &=\left(\frac{(ab')}{(ab')x-(bc')z-b't+bt'}+\frac{(ab')}{b't-bt'-(ab')x+(bc')z}\right)\\ &\cdot\left(\frac{(ab')}{(ab')y-(ca')z-at'+a't}+\frac{(ab')}{at'-a't-(ab')y+(ca')z}\right).\end{aligned}$$

Ducatur haec aequatio in expressionem:

$$\frac{1}{c''z+a''x+b''y-t''}+\frac{1}{t''-c''z-a''x-b''y}.$$

Fit autem

$$\begin{aligned}(ab')(c''z+a''x+b''y-t'')=(ab'c'')z&-(ab')t''-(a'b'')t-(a''b)t'\\ &+a''[(ab')x-(bc')z-b't+bt']\\ &+b''[(ab')y-(ca')z-at'+a't],\end{aligned}$$

unde videmus, advocato lemmate (1), loco tertii factoris adiecti in altera aequationis parte adhiberi posse sequentem:

$$\frac{(ab')}{(ab'c'')z-(ab')t''-(a'b'')t-(a''b)t'}+\frac{(ab')}{(ab')t''+(a'b'')t+(a''b)t'-(ab'c'')z}.$$

Fit porro:

$$\begin{aligned}&(ab'c'')[(ab')x-(bc')z-b't+bt']\\ &=(ab')[(ab'c'')x-(b'c'')t-(b''c)t'-(bc')t'']\\ &-(bc')[(ab'c'')z-(ab')t''-(a'b'')t-(a''b)t'],\end{aligned}$$

$$\begin{aligned}&(ab'c'')[(ab')y-(ca')z-at'+a't]\\ &=(ab')[(ab'c'')y-(c''a)t'-(ca')t''-(c'a'')t]\\ &-(ca')[(ab'c'')z-(ab')t''-(a'b'')t-(a''b)t'].\end{aligned}$$

Unde, advocato lemmate (2), videmus, post mutationem tertii factoris pro duobus primis factoribus adhiberi posse hos:

$$\left(\frac{(ab'c'')}{(ab')[(ab'c'')x-(b'c'')t-(b''c)t'-(bc')t'']}+\frac{(ab'c'')}{(ab')[(b'c'')t+(b''c)t'+(bc')t''-(ab'c'')x]}\right)$$
$$\cdot\left(\frac{(ab'c'')}{(ab')[(ab'c'')y-(c''a)t'-(ca')t''-(c'a'')t]}+\frac{(ab'c'')}{(ab')[(c''a)t'+(ca')t''+(c'a'')t-(ab'c'')y]}\right).$$

Hinc tandem aequatio nostra in hanc abit:

$$(3)\quad \left\{\begin{aligned} &(ab'c'')\left(\frac{1}{ax+by+cz-t}+\frac{1}{t-ax-by-cz}\right)\\ &\cdot\left(\frac{1}{b'y+c'z+a'x-t'}+\frac{1}{t'-b'y-c'z-a'x}\right)\\ &\cdot\left(\frac{1}{c''z+a''x+b''y-t''}+\frac{1}{t''-c''z-a''x-b''y}\right)\\ =&\left(\frac{(ab'c'')}{(ab'c'')x-(b'c'')t-(b''c)t'-(bc')t''}+\frac{(ab'c'')}{(b'c'')t+(b''c)t'+(bc')t''-(ab'c'')x}\right)\\ &\cdot\left(\frac{(ab'c'')}{(ab'c'')y-(c''a)t'-(ca')t''-(c'a'')t}+\frac{(ab'c'')}{(c''a)t'+(ca')t''+(c'a'')t-(ab'c'')y}\right)\\ &\cdot\left(\frac{(ab'c'')}{(ab'c'')z-(ab')t''-(a'b'')t-(a''b)t'}+\frac{(ab'c'')}{(ab')t''+(a'b'')t+(a''b)t'-(ab'c'')z}\right). \end{aligned}\right.$$

Positis, ut supra:

$$ax+by+cz=u,\quad a'x+b'y+c'z=u',\quad a''x+b''y+c''z=u'',$$

satisfaciant $x=p$, $y=q$, $z=r$ aequationibus $u=t$, $u'=t'$, $u''=t''$; quibus positis, formulam (3) brevius ita exhibere licet:

$$(4)\quad \left\{\begin{aligned} &(ab'c'')\left(\frac{1}{u-t}+\frac{1}{t-u}\right)\left(\frac{1}{u'-t'}+\frac{1}{t'-u'}\right)\left(\frac{1}{u''-t''}+\frac{1}{t''-u''}\right)\\ &=\left(\frac{1}{x-p}+\frac{1}{p-x}\right)\left(\frac{1}{y-q}+\frac{1}{q-y}\right)\left(\frac{1}{z-r}+\frac{1}{r-z}\right), \end{aligned}\right.$$

siquidem adnotatur, $\frac{1}{u}$, $\frac{1}{u'}$, $\frac{1}{u''}$ earumque dignitates respectivas ad descendentes ipsarum x, y, z, porro $\frac{1}{p}$, $\frac{1}{q}$, $\frac{1}{r}$ earumque dignitates ad descendentes ipsarum t, t', t'' dignitates evolvendas esse.

Ubi in formula (4) eas tantum partes consideras, quae nonnisi positivas dignitates ipsarum t, t', t'' continent, fit

$$(5)\quad \left\{\begin{aligned} &\frac{(ab'c'')}{(u-t)(u'-t')(u''-t'')}\\ &=\frac{1}{(x-p)(y-q)(z-r)}+\frac{1}{(p-x)(y-q)(z-r)}+\frac{1}{(x-p)(q-y)(z-r)}+\frac{1}{(x-p)(y-q)(r-z)}\\ &\quad+\frac{1}{(x-p)(q-y)(r-z)}+\frac{1}{(p-x)(y-q)(r-z)}+\frac{1}{(p-x)(q-y)(z-r)}, \end{aligned}\right.$$

siquidem in hisce expressionibus, dictum in modum evolutis, reiiciuntur termini, qui negativas ipsarum t, t', t'' dignitates continent. Quae est repraesentatio nova septem partium, in quas expressio

$$\frac{(ab'c'')}{(u-t)(u'-t')(u''-t'')}$$

discerpitur. Cuius e. g. pars ea, quae nonnisi negativas dignitates omnium x, y, z continet, fit

$$\frac{1}{(x-p)(y-q)(z-r)},$$

sicuti invenimus formula (7) §. 3.

Formulam (3) etiam hunc in modum repraesentare licet:

$$(6)\quad \begin{cases} \Sigma\dfrac{t^m t'^n t''^p}{(ax+by+cz)^{m+1}(b'y+c'z+a'x)^{n+1}(c''z+a''x+b''y)^{p+1}} \\ =\Sigma\dfrac{[(b'c'')t+(b''c)t'+(bc')t'']^{\mu-1}[(c''a)t'+(ca')t''+(c'a'')t]^{\nu-1}[(ab')t''+(a'b'')t+(a''b)t']^{\pi-1}}{(ab'c'')^{\mu+\nu+\pi-1}x^\mu y^\nu z^\pi}, \end{cases}$$

siquidem in summis designatis numeris integris m, n, p, μ, ν, π valores tribuuntur et positivi et negativi omnes a $-\infty$ ad $+\infty$. Quam formulam etiam proponere licet ut

Theorema 3.

Designantibus m, n, p numeros integros quoslibet sive positivos sive negativos, evoluta expressione

$$\frac{1}{(ax+by+cz)^{m+1}(b'y+c'z+a'x)^{n+1}(c''z+a''x+b''y)^{p+1}},$$

coëfficientem termini $\frac{1}{x^\mu y^\nu z^\pi}$ aequalem invenis coëfficienti termini $t^m t'^n t''^p$ in expressione

$$\frac{[(b'c'')t+(b''c)t'+(bc')t'']^{\mu-1}[(c''a)t'+(ca')t''+(c'a'')t]^{\nu-1}[(ab')t''+(a'b'')t+(a''b)t']^{\pi-1}}{(ab'c'')^{\mu+\nu+\pi-1}}.$$

Adnotare convenit, quoties m, n, p sint negativi, respective etiam μ, ν, π negativos fore, et vice versa, quoties μ, ν, π sint positivi, necessario etiam m, n, p respective positivos fore. Porro esse $m+n+p = \mu+\nu+\pi-3$.

Omnino similia theoremata de numero quolibet variabilium, quae §. 1 proposuimus, eruuntur.

7.

Commodam hoc loco inserere licet observationem. Consideremus expressionem

$$(at+a't'+a''t'')^m(bt+b't'+b''t'')^n(ct+c't'+c''t'')^p.$$

Numerum factorum et variabilium eundem esse statuimus, qui in casu proposito est tres; eadem autem de numero alio quolibet valebunt. Statuamus porro, m, n, p esse integros positivos. Posito $\Pi x = 1.2.3\ldots x$, constat per regulas notas evolutionis polynomii, expressione illa evoluta, fore coëfficientem termini $t^{\mu}t'^{\nu}t''^{\pi}$:

$$\frac{\Pi m\,\Pi n\,\Pi p}{\Pi\alpha\,\Pi\alpha'\,\Pi\alpha''.\Pi\beta\,\Pi\beta'\,\Pi\beta''.\Pi\gamma\,\Pi\gamma'\,\Pi\gamma''}\cdot a^{\alpha}a'^{\alpha'}a''^{\alpha''}.b^{\beta}b'^{\beta'}b''^{\beta''}.c^{\gamma}c'^{\gamma'}c''^{\gamma''},$$

siquidem numeris integris positivis α, α', α'', β, β', β'', γ, γ', γ'' valores tribuuntur omnes, qui satisfaciunt aequationibus:

$$\begin{array}{lll} \alpha+\alpha'+\alpha''=m, & \beta+\beta'+\beta''=n, & \gamma+\gamma'+\gamma''=p, \\ \alpha+\beta+\gamma=\mu, & \alpha'+\beta'+\gamma'=\nu, & \alpha''+\beta''+\gamma''=\pi. \end{array}$$

Iisdem positis, evoluta expressione

$$(at+bt'+ct'')^{\mu}(a't+b't'+c't'')^{\nu}(a''t+b''t'+c''t'')^{\pi},$$

nanciscimur ut coëfficientem termini $t^m t'^n t''^p$ expressionem

$$\frac{\Pi\mu\,\Pi\nu\,\Pi\pi}{\Pi\alpha\,\Pi\beta\,\Pi\gamma.\Pi\alpha'\,\Pi\beta'\,\Pi\gamma'.\Pi\alpha''\,\Pi\beta''\,\Pi\gamma''}\cdot a^{\alpha}b^{\beta}c^{\gamma}.a'^{\alpha'}b'^{\beta'}c'^{\gamma'}.a''^{\alpha''}b''^{\beta''}c''^{\gamma''}.$$

Qua cum priore comparata, invenitur, coëfficientes illos omnino inter se convenire, nisi quod loco $\Pi m\,\Pi n\,\Pi p$ in altero inveniatur $\Pi\mu\,\Pi\nu\,\Pi\pi$. Unde videmus, utrumque coëfficientem esse inter se ut $\Pi m\,\Pi n\,\Pi p$ ad $\Pi\mu\,\Pi\nu\,\Pi\pi$.

Ponamus iam, ipsis m, n, p valores quoslibet tribui, et evolvamus expressionem

$$(at+a't'+a''t'')^m(b't'+bt+b''t'')^n(c''t''+ct+c't')^p$$

ad descendentes dignitates ipsorum a, b', c'' sive, quod idem est, factorem primum, secundum, tertium respective ad descendentes dignitates ipsorum t, t', t''. Quaeramus coëfficientem termini $t^{\mu}t'^{\nu}t''^{\pi}$, qui, ut omnino in evolutione illa inveniatur, sint $m-\mu$, $n-\nu$, $p-\pi$ numeri integri sive positivi sive negativi, necesse est. Adhibebo in sequentibus signum $\frac{\Pi m}{\Pi\mu}$ etiam casu, quo m, μ sunt quantitates quaelibet, quarum tamen differentia est numerus integer, pro exprimendo producto $m(m-1)(m-2)\ldots(\mu+1)$, quoties $m-\mu$ est positivum, sive $\frac{1}{(m+1)(m+2)\ldots\mu}$, quoties $\mu-m$ positivum est. Patet, si $m-u=\mu-v$, fore etiam

$$(1)\qquad \frac{m(m-1)(m-2)\ldots(m-u)}{\mu(\mu-1)(\mu-2)\ldots(\mu-v)}=\frac{\Pi m}{\Pi n}.$$

Jam per regulas notas nanciscimur ut coëfficientem quaesitum in evolutione proposita expressionem:

$$\frac{m(m-1)\ldots(m+1-\alpha-\alpha')}{\Pi\alpha\,\Pi\alpha'}\cdot\frac{n(n-1)\ldots(n+1-\beta-\beta')}{\Pi\beta\,\Pi\beta'}\cdot\frac{p(p-1)\ldots(p+1-\gamma-\gamma')}{\Pi\gamma\,\Pi\gamma'}$$
$$\times a^{m-\alpha-\alpha'}a'^{\alpha}a''^{\alpha'}.b'^{n-\beta-\beta'}b''^{\beta}b^{\beta'}.c''^{p-\gamma-\gamma'}c^{\gamma}c'^{\gamma'},$$

siquidem numeris integris positivis α, α', β, β', γ, γ' tribuimus valores omnes, qui satisfaciunt aequationibus:

$$(2)\quad m-\alpha-\alpha'+\beta'+\gamma=\mu,\quad n-\beta-\beta'+\gamma'+\alpha=\nu,\quad p-\gamma-\gamma'+\alpha'+\beta=\pi.$$

Modo simili, evoluta expressione

$$(at+bt'+ct'')^m(b't'+c't''+a't)^n(c''t''+a''t+b''t')^p,$$

nanciscimur ut coëfficientem termini $t^{\mu}t'^{\nu}t''^{\pi}$ expressionem

$$\frac{\mu(\mu-1)\ldots(\mu+1-\beta'-\gamma)}{\Pi\beta'\,\Pi\gamma}\cdot\frac{\nu(\nu-1)\ldots(\nu+1-\gamma'-\alpha)}{\Pi\gamma'\,\Pi\alpha}\cdot\frac{\pi(\pi-1)\ldots(\pi+1-\alpha'-\beta)}{\Pi\alpha'\,\Pi\beta}$$
$$\times a^{\mu-\beta'-\gamma}b^{\beta'}c^{\gamma}.b'^{\nu-\gamma'-\alpha}c'^{\gamma'}a'^{\alpha}.c''^{\pi-\alpha'-\beta}a''^{\alpha'}b''^{\beta},$$

designantibus α, α', β, β', γ, γ' numeros integros positivos omnes, qui satisfaciunt aequationibus:

$$\mu-\beta'-\gamma+\alpha+\alpha'=m,\quad \nu-\gamma'-\alpha+\beta+\beta'=n,\quad \pi-\alpha'-\beta+\gamma+\gamma'=p,$$

quae omnino eaedem sunt atque aequationes (2). Unde cum ex iisdem sit

$$\mu-\beta'-\gamma=m-\alpha-\alpha',\quad \nu-\gamma'-\alpha=n-\beta-\beta',\quad \pi-\alpha'-\beta=p-\gamma-\gamma',$$

utroque coëfficiente inter se comparato, videmus alterum ad alterum esse ut

$$1 \text{ ad } \frac{\Pi\mu}{\Pi m}\cdot\frac{\Pi\nu}{\Pi n}\cdot\frac{\Pi\pi}{\Pi p}.$$

Quaecum eodem modo se habeant de numero quolibet variabilium, nanciscimur

Theorema 4.

Sint m, n, p, ... quantitates quaelibet, $m-\mu$, $n-\nu$, $p-\pi$, ... numeri integri positivi vel negativi, porro $m+n+p+\cdots=\mu+\nu+\pi\ldots$, expressionibus

$$(at+a't'+a''t''+\cdots)^m(b't'+bt+b''t''+\cdots)^n(c''t''+ct+c't'+\cdots)^p\cdots,$$
$$(at+bt'+ct''+\cdots)^\mu(b't'+a't+c't''+\cdots)^\nu(c''t''+a''t+b''t'+\cdots)^\pi\cdots,$$

in quibus supponimus eundem esse numerum factorum et variabilium $t, t', t'', \ldots,$ ad dignitates descendentes ipsarum $a, b', c'', \ldots,$ sive quod idem est, factoribus earum primo, secundo, tertio, etc. respective ad dignitates descendentes ipsarum $t, t', t'', \ldots$ evolutis, coëfficiens termini $t^{\mu}t'^{\nu}t''^{\pi}\ldots$ in priore fit ad coëfficientem termini $t^{m}t'^{n}t''^{p}\ldots$ in posteriore ut

$$1 \text{ ad } \frac{\Pi\mu}{\Pi m}\cdot\frac{\Pi\nu}{\Pi n}\cdot\frac{\Pi\pi}{\Pi p}\cdots.$$

8.

E theoremate (4) modo proposito, theoremata (2), (3), ubi insuper loco t, t', t'' ponitur x, y, z, in sequentia abeunt:

Theorema 5.

Coëfficiens termini $\frac{1}{x^{\mu}y^{\nu}}$ in expressione

$$\frac{1}{(ax+by)^{m+1}}\cdot\frac{1}{(b'y+a'x)^{n+1}}$$

aequalis est ipsi

$$\frac{\Pi(\mu-1)}{\Pi m}\cdot\frac{\Pi(\nu-1)}{\Pi n}\cdot\frac{1}{(ab'-a'b)^{m+n+1}}$$

ducto in coëfficientem termini $x^{\mu-1}y^{\nu-1}$ expressionis

$$(b'x-a'y)^{m}(ay-bx)^{n}.$$

Theorema 6.

Coëfficiens termini $\frac{1}{x^{\mu}y^{\nu}z^{\pi}}$ in expressione

$$\frac{1}{(ax+by+cz)^{m+1}}\cdot\frac{1}{(b'y+c'z+a'x)^{n+1}}\cdot\frac{1}{(c''z+a''x+b''y)^{p+1}}$$

aequalis est ipsi

$$\frac{\Pi(\mu-1)}{\Pi m}\cdot\frac{\Pi(\nu-1)}{\Pi n}\cdot\frac{\Pi(\pi-1)}{\Pi p}\cdot\frac{1}{(ab'c'')^{m+n+p+1}},$$

ducto in coëfficientem termini $x^{\mu-1}y^{\nu-1}z^{\pi-1}$ expressionis

$$[(b'c'')x+(c'a'')y+(a'b'')z]^{m}[(c''a)y+(a''b)z+(b''c)x]^{n}[(ab')z+(bc')x+(ca')y]^{p}.$$

Corollarium.

Designemus coëfficientem termini $\left(\frac{y}{x}\right)^{\lambda}$ in expressione

$$\frac{1}{\left[\left(a+b\frac{y}{x}\right)\left(b'+a'\frac{x}{y}\right)\right]^{n+1}}$$

per P_λ; porro coëfficientem termini $\left(\frac{x}{y}\right)^\lambda$ in expressione

$$\left[\left(b'-a'\frac{y}{x}\right)\left(a-b\frac{x}{y}\right)\right]^n$$

per Q_λ; ubi in theoremate (5) ponimus $m=n$, $\mu=n+1+\lambda$, $\nu=n+1-\lambda$, videmus fieri

$$(1)\qquad P_\lambda=\frac{\Pi(n+\lambda)\Pi(n-\lambda)}{\Pi n.\Pi n.(ab')^{2n+1}}Q_\lambda.$$

Porro posito $\frac{y}{x}=e^{i\varphi}$, $a=b'=1$, $b=a'=-\alpha$, ubi supponimus $\alpha<1$, facile constat, esse:

$$\frac{1}{(1-2\alpha\cos\varphi+\alpha\alpha)^{n+1}}=P_0+2P_1\cos\varphi+2P_2\cos 2\varphi+\cdots+2P_\lambda\cos\lambda\varphi+\cdots$$

$$(1+2\alpha\cos\varphi+\alpha\alpha)^n=Q_0+2Q_1\cos\varphi+2Q_2\cos 2\varphi+\cdots+2Q_\lambda\cos\lambda\varphi+\cdots$$

Unde e notissimis calculi integralis praeceptis:

$$P_\lambda=\frac{1}{\pi}\int_0^\pi\frac{\cos\lambda\varphi.d\varphi}{(1-2\alpha\cos\varphi+\alpha\alpha)^{n+1}},$$

$$Q_\lambda=\frac{1}{\pi}\int_0^\pi(1+2\alpha\cos\varphi+\alpha\alpha)^n\cos\lambda\varphi.d\varphi.$$

Quibus substitutis in aequationem (1), obtinemus:

$$(2)\qquad \int_0^\pi\frac{\cos\lambda\varphi.d\varphi}{(1-2\alpha\cos\varphi+\alpha\alpha)^{n+1}}=\frac{\Pi(n+\lambda)\Pi(n-\lambda)}{\Pi n\Pi n}\int_0^\pi\frac{\cos\lambda\varphi.d\varphi(1+2\alpha\cos\varphi+\alpha\alpha)^n}{(1-\alpha\alpha)^{2n+1}}.$$

Quae olim ab Eulero inventa est formula.

DE

TRANSFORMATIONE INTEGRALIS DUPLICIS INDEFINITI

$$\int\frac{d\varphi d\psi}{A+B\cos\varphi+C\sin\varphi+(A'+B'\cos\varphi+C'\sin\varphi)\cos\psi+(A''+B''\cos\varphi+C''\sin\varphi)\sin\psi}$$

IN FORMAM SIMPLICIOREM

$$\int\frac{d\eta d\vartheta}{G-G'\cos\eta\cos\vartheta-G''\sin\eta\sin\vartheta}.$$

AUCTORE

C. G. J. JACOBI,
PROF. MATH. REGIOM.

Crelle Journal für die reine und angewandte Mathematik, Bd. 8. p. 253—279 u. p. 321—357.

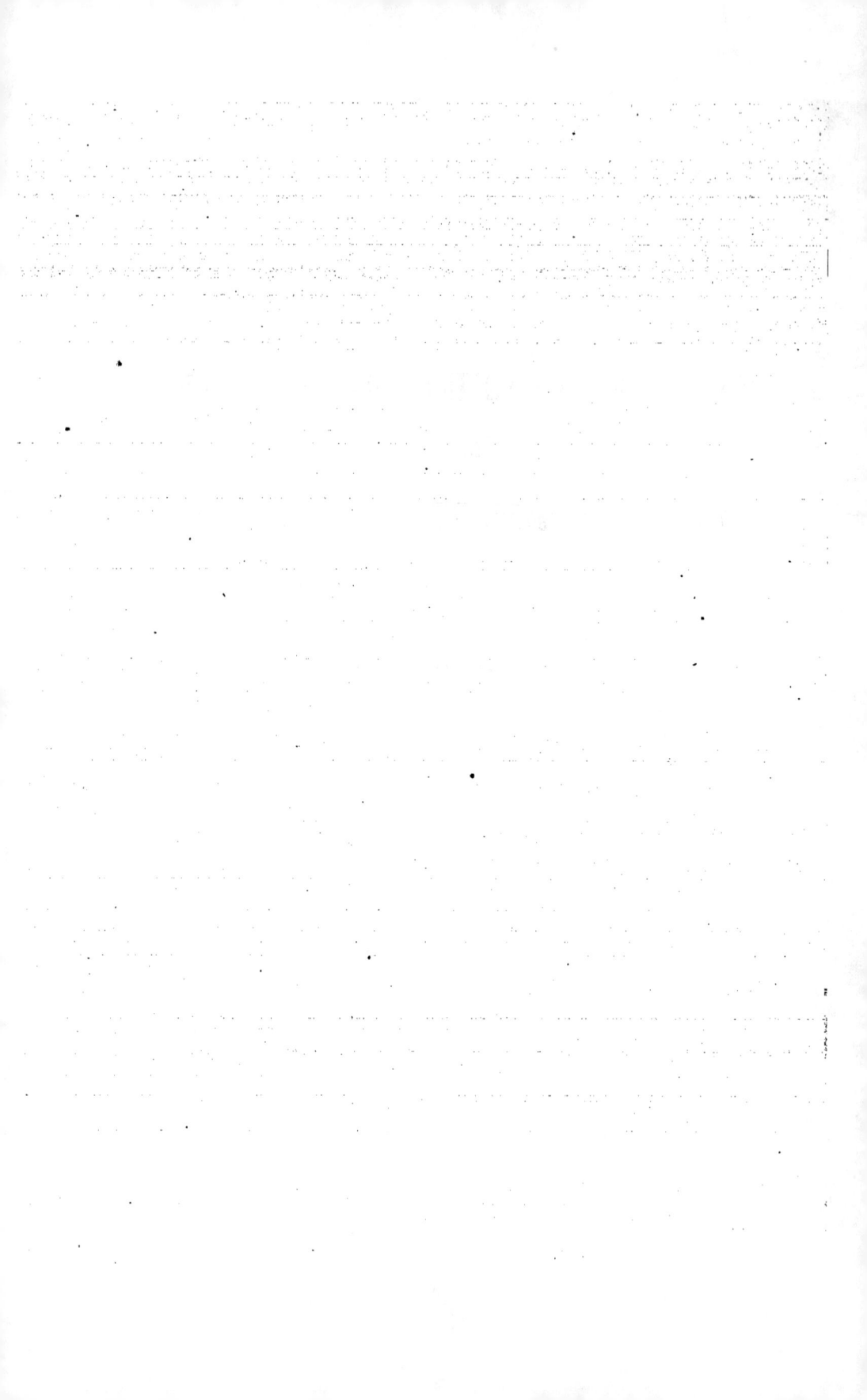

DE TRANSFORMATIONE INTEGRALIS DUPLICIS INDEFINITI

$$\int \frac{d\varphi\, d\psi}{A+B\cos\varphi+C\sin\varphi+(A'+B'\cos\varphi+C'\sin\varphi)\cos\psi+(A''+B''\cos\varphi+C''\sin\varphi)\sin\psi}$$

IN FORMAM SIMPLICIOREM

$$\int \frac{d\eta\, d\vartheta}{G-G'\cos\eta\cos\vartheta-G''\sin\eta\sin\vartheta}.$$

Introductio.

1.

Facile probatur, integrale huiusmodi

$$\int \frac{d\varphi}{\sqrt{a+b\cos\varphi+c\sin\varphi+d\cos^2\varphi+e\cos\varphi\sin\varphi+f\sin^2\varphi}},$$

in quo expressio, quae sub radicali invenitur, functio est rationalis integra secundi ordinis ipsorum $\cos\varphi$, $\sin\varphi$, casu quo expressio illa pro omnibus anguli φ valoribus realibus valorem positivum servat, per substitutionem realem formae

$$\operatorname{tang}\tfrac{1}{2}\varphi = \frac{m+n\operatorname{tang}\frac{1}{2}\eta}{1+p\operatorname{tang}\frac{1}{2}\eta}$$

ad hoc simplicioris formae integrale revocari posse:

$$\frac{1}{M}\int \frac{d\eta}{\sqrt{1-k^2\sin^2\eta}},$$

in quo insuper $k^2 < 1$, qua forma hodie integralia elliptica exhiberi solent.

Ponatur enim

$$\operatorname{tang}\tfrac{1}{2}\varphi = x,$$

integrale illud

$$\int \frac{d\varphi}{\sqrt{a+b\cos\varphi+c\sin\varphi+d\cos^2\varphi+e\cos\varphi\sin\varphi+f\sin^2\varphi}}$$

abire videmus in integrale sequentis formae:

$$\int \frac{dx}{\sqrt{g+hx+ix^2+kx^3+lx^4}},$$

in quo expressio sub radicali dignitates omnes ipsius x continet integras positivas usque ad quartam; cuiusmodi integrale Eulerus olim docuit, adhibita substitutione

$$x = \frac{m+ny}{1+py},$$

in simplicius transformari posse hoc

$$\int \frac{dy}{\sqrt{q+ry^2+sy^4}},$$

in quo sub radicali impares dignitates variabilis non inveniuntur. Substitutionem autem adhibitam

$$x = \frac{m+ny}{1+py}$$

Cl. Legendre demonstravit omnibus casibus realem accipi posse, atque integralia ita reducta facillime revocari ad dictam formam

$$\frac{1}{M}\int \frac{dy}{\sqrt{1-k^2\sin^2\eta}},$$

idque variis modis pro indole ipsarum q, r, s. E quibus modis est substitutio

$$y = \sqrt[4]{\frac{q}{s}} \operatorname{tang} \tfrac{1}{2}\eta,$$

qua adhibita prodit:

$$\int \frac{dy}{\sqrt{q+ry^2+sy^4}} = \frac{1}{2\sqrt[4]{qs}} \int \frac{d\eta}{\sqrt{1-\frac{2\sqrt{qs}-r}{4\sqrt{qs}}\sin^2\eta}},$$

quod integrale forma assignata gaudet. Iunctis substitutionibus, quibus integrale propositum in formam illam transformatum est, invenimus, siquidem loco $n\sqrt[4]{\frac{q}{s}}$, $p\sqrt[4]{\frac{q}{s}}$ simpliciter n, p scribimus, substitutionem formae propositae:

$$\operatorname{tang} \tfrac{1}{2}\varphi = \frac{m+n \operatorname{tang} \frac{1}{2}\eta}{1+p \operatorname{tang} \frac{1}{2}\eta}.$$

2.

Ut substitutio assignata realis sit, in antecedentibus supponi debet, q, s eodem signo affectas esse. Quod facile probatur locum habere, quoties expressiones sub radicali aut pro nullo aut pro quatuor valoribus realibus variabilis evanescant.

Expressiones enim binae

$$a+b\cos\varphi+c\sin\varphi+d\cos^2\varphi+e\cos\varphi\sin\varphi+f\sin^2\varphi$$

atque

$$q+ry^2+sy^4$$

eodem tempore evanescunt, idque pro eodem numero valorum realium et imaginariorum variabilium. Quoties vero q, s signa opposita habent, evanescit haec pro valoribus realibus ipsius y^2 uno positivo, uno negativo; unde valores variabilium y, φ, pro quibus expressiones illae evanescunt, eo casu duo reales, duo imaginarii forent.

Porro facile probatur, altero casu, quo expressio sub radicali pro nullo valore reali variabilis evanescat sive valorem semper positivum servet, modulum integralis elliptici, ad quod integrale propositum revocatur, semper realem unitate minorem effici posse.

Quem in finem observo, substitutionem nostram

$$\operatorname{tang}\tfrac{1}{2}\varphi = \frac{m+n\operatorname{tang}\frac{1}{2}\eta}{1+p\operatorname{tang}\frac{1}{2}\eta}$$

formam non mutare, ubi loco $\operatorname{tang}\frac{1}{2}\eta$ ponatur

$$\frac{1-\operatorname{tang}\frac{1}{2}\eta}{1+\operatorname{tang}\frac{1}{2}\eta},$$

sive loco η ponatur $90^0-\eta$. Quo facto integrale reductum abit in

$$-\frac{1}{\sqrt{2\sqrt{qs}+r}}\int\frac{d\eta}{\sqrt{1-\frac{r-2\sqrt{qs}}{r+2\sqrt{qs}}\sin^2\eta}}$$

ita ut quadratum moduli invenias

$$\text{aut}\quad k^2=\frac{2\sqrt{qs}-r}{4\sqrt{qs}}\qquad\text{aut}\quad k^2=\frac{r-2\sqrt{qs}}{r+2\sqrt{qs}}.$$

Quoties vero expressio sub radicali in integrali proposito valorem semper positivum habet, radices y^2 aequationis quadraticae

$$q+ry^2+sy^4=0$$

aut imaginariae fiunt, aut certe negativae. Casu primo fit $rr<4qs$, ideoque modulus

$$k=\sqrt{\frac{2\sqrt{qs}-r}{4\sqrt{qs}}}$$

realis unitate minor. Casu secundo fit $rr>4qs$ simulque r positiva, ideoque eo casu modulus

$$k = \sqrt{\frac{r-2\sqrt{qs}}{r+2\sqrt{qs}}}$$

realis unitate minor. Unde, quod probari debuit, siquidem expressio sub radicali valorem semper positivum habet, per dictam substitutionem omnibus casibus ad integrale ellipticum pervenire licet, cuius modulus realis unitate minor est.

Altero casu, quo denominator integralis pro quatuor valoribus realibus variabilis evanescit, fit $rr > 4qs$ simulque r negativa. Quo casu ut modulus realis unitate minor existat, cum ad novas substitutiones confugiendum sit, plerumque eum casum alia ratione tractare praestat.

3.

E relatione, quae inter $\operatorname{tang}\frac{1}{2}\varphi$, $\operatorname{tang}\frac{1}{2}\eta$ obtinet,

$$\operatorname{tang}\tfrac{1}{2}\varphi = \frac{m+n\operatorname{tang}\frac{1}{2}\eta}{1+p\operatorname{tang}\frac{1}{2}\eta}$$

valores ipsorum $\cos\varphi$, $\sin\varphi$ fluunt hujusmodi:

$$\cos\varphi = \frac{\beta-\beta'\cos\eta-\beta''\sin\eta}{\alpha-\alpha'\cos\eta-\alpha''\sin\eta},$$

$$\sin\varphi = \frac{\gamma-\gamma'\cos\eta-\gamma''\sin\eta}{\alpha-\alpha'\cos\eta-\alpha''\sin\eta}.$$

Quibus in expressionibus inter coëfficientes α, β etc. certae quaedam aequationes conditionales locum habere debent, cum identice fieri debeat:

$$(\alpha-\alpha'\cos\eta-\alpha''\sin\eta)^2 = (\beta-\beta'\cos\eta-\beta''\sin\eta)^2+(\gamma-\gamma'\cos\eta-\gamma''\sin\eta)^2.$$

Quod etiam inde patet, quod omnes a tribus m, n, p pendent. Vice versa facile probatur, quod infra videbimus, quoties per relationes, quae inter α, β etc. locum habent, identice sit:

$$(\alpha-\alpha'\cos\eta-\alpha''\sin\eta)^2 = (\beta-\beta'\cos\eta-\beta''\sin\eta)^2+(\gamma-\gamma'\cos\eta-\gamma''\sin\eta)^2,$$

ideoque simul ponere liceat:

$$\cos\varphi = \frac{\beta-\beta'\cos\eta-\beta''\sin\eta}{\alpha-\alpha'\cos\eta-\alpha''\sin\eta},$$

$$\sin\varphi = \frac{\gamma-\gamma'\cos\eta-\gamma''\sin\eta}{\alpha-\alpha'\cos\eta-\alpha''\sin\eta},$$

inde etiam relationem illam linearem inter tangentes semiarcuum demanare:

$$\operatorname{tang}\tfrac{1}{2}\varphi = \frac{m+n\operatorname{tang}\frac{1}{2}\eta}{1+p\operatorname{tang}\frac{1}{2}\eta}.$$

Cui insuper videbimus formam conciliari posse ad calculum idoneam:

$$\operatorname{tang}\tfrac{1}{2}(\varphi'-\varphi)\operatorname{tang}\tfrac{1}{2}(\eta-\eta')=\mu,$$

ubi φ', η', μ constantes.

4.

Patet ex antecedentibus, substitutionem illam

$$\operatorname{tang}\tfrac{1}{2}\varphi=\frac{m+n\operatorname{tang}\frac{1}{2}\eta}{1+p\operatorname{tang}\frac{1}{2}\eta}$$

etiam per binas aequationes inter se iunctas repraesentari posse:

$$\cos\varphi=\frac{\beta-\beta'\cos\eta-\beta''\sin\eta}{\alpha-\alpha'\cos\eta-\alpha''\sin\eta},$$

$$\sin\varphi=\frac{\gamma-\gamma'\cos\eta-\gamma''\sin\eta}{\alpha-\alpha'\cos\eta-\alpha''\sin\eta},$$

in quibus inter coefficientes certae relationes locum habent. Quae forma substitutionis non sine elegantia ad transformationem propositam adhibetur, quamvis in locum trium quantitatum m, n, p novem α, β etc. in calculum introducantur, aut certe octo, cum unius ex earum numero valorem pro arbitrio assumere liceat. Id quod licet in casu paullo restrictiore, ad quem tamen generalior facile revocatur, a Cl. Gauss factum est in commentatione *Determinatio attractionis etc.*

Analysin transformationis propositae dictum in modum institutam observavi olim (*Diar.* Crell. Vol. II. pag. 228. Conf. Vol. III. h. ed. pag. 48), prorsus convenire cum problemate algebraico, per substitutiones

$$x=\alpha s+\alpha' s'+\alpha'' s'',$$
$$y=\beta s+\beta' s'+\beta'' s'',$$
$$z=\gamma s+\gamma' s'+\gamma'' s'',$$

quae identice efficiant

$$xx+yy+zz=ss+s's'+s''s'',$$

simul expressionem

$$ax^2+bxy+cxz+dy^2+eyz+fz^2$$

in hanc simpliciorem transformare:

$$GGss+G'G's's'+G''G''s''s'';$$

quod scimus problema investigationem axium principalium ellipsoidarum concernere.

Supponamus enim in problemate illo algebraico

$$xx+yy+zz=ss+s's'+s''s''=0;$$

quibus statutis, siquidem $i=\sqrt{-1}$, ponere licet:

$$\frac{y}{x}=-i\cos\varphi,\quad \frac{s'}{s}=i\cos\eta,$$
$$\frac{z}{x}=-i\sin\varphi,\quad \frac{s''}{s}=i\sin\eta,$$

unde, ubi ut ad expressiones reales perveniamus, loco α', α'', β, γ scribamus $i\alpha'$, $i\alpha''$, $-i\beta$, $-i\gamma$, substitutiones propositae in has abeunt:

$$\cos\varphi=\frac{\beta-\beta'\cos\eta-\beta''\sin\eta}{\alpha-\alpha'\cos\eta-\alpha''\sin\eta},$$
$$\sin\varphi=\frac{\gamma-\gamma'\cos\eta-\gamma''\sin\eta}{\alpha-\alpha'\cos\eta-\alpha''\sin\eta}.$$

Porro aequationem:

$$\frac{ax^2+bxy+cxz+dy^2+eyz+fz^2}{xx}=\frac{GGss+G'G's's'+G''G''s''s''}{(\alpha s+\alpha's'+\alpha''s'')^2},$$

ubi rursus loco b, c, d, e, f scribamus ib, ic, $-d$, $-e$, $-f$, in hanc abire videmus:

$$a+b\cos\varphi+c\sin\varphi+d\cos^2\varphi+e\cos\varphi\sin\varphi+f\sin^2\varphi=\frac{GG-G'G'\cos^2\eta-G''G''\sin^2\eta}{(\alpha-\alpha'\cos\eta-\alpha''\sin\eta)^2}.$$

Unde cum facile probetur, esse

$$d\varphi=\frac{d\eta}{\alpha-\alpha'\cos\eta-\alpha''\sin\eta},$$

sequitur transformatio illa:

$$\int\frac{d\varphi}{\sqrt{a+b\cos\varphi+c\sin\varphi+d\cos^2\varphi+e\cos\varphi\sin\varphi+f\sin^2\varphi}}$$
$$=\int\frac{d\eta}{\sqrt{GG-G'G'\cos^2\eta-G''G''\sin^2\eta}}=\frac{1}{\sqrt{GG-G'G'}}\int\frac{d\eta}{\sqrt{1-\frac{G''G''-G'G'}{GG-G'G'}\sin^2\eta}},$$

ubi integrale reductum formam assignatam habet. Hinc videmus, utriusque problematis solutiones alteram ex altera obtineri, ubi loco

$$\alpha',\ \alpha'',\ \beta,\ \gamma,\ b,\ c,\ d,\ e,\ f$$

scribatur respective:

$$i\alpha',\ i\alpha'',\ -i\beta,\ -i\gamma,\ ib,\ ic,\ -d,\ -e,\ -f,$$

posito $i=\sqrt{-1}$.

5.

De natura substitutionis

$$\cos\varphi=\frac{\beta-\beta'\cos\eta-\beta''\sin\eta}{\alpha-\alpha'\cos\eta-\alpha''\sin\eta},$$
$$\sin\varphi=\frac{\gamma-\gamma'\cos\eta-\gamma''\sin\eta}{\alpha-\alpha'\cos\eta-\alpha''\sin\eta}$$

et reductione integralis, cui inservit, fusius egi, cum per eandem substitutionem, sed binis simul variabilibus applicatam, etiam reductio proposita integralis duplicis succedat. Videbimus enim sequentibus, propositum integrale duplex

$$\int \frac{d\varphi d\psi}{A+B\cos\varphi+C\sin\varphi+(A'+B'\cos\varphi+C'\sin\varphi)\cos\psi+(A''+B''\cos\varphi+C''\sin\varphi)\sin\psi}$$

per substitutiones

$$\cos\varphi = \frac{\beta-\beta'\cos\eta-\beta''\sin\eta}{\alpha-\alpha'\cos\eta-\alpha''\sin\eta} \qquad \cos\psi = \frac{a'-b'\cos\vartheta-c'\sin\vartheta}{a-b\cos\vartheta-c\sin\vartheta}$$

$$\sin\varphi = \frac{\gamma-\gamma'\cos\eta-\gamma''\sin\eta}{\alpha-\alpha'\cos\eta-\alpha''\sin\eta} \qquad \sin\psi = \frac{a''-b''\cos\vartheta-c''\sin\vartheta}{a-b\cos\vartheta-c\sin\vartheta}$$

simul adhibitas transformari posse in formam simpliciorem

$$\int \frac{d\eta d\vartheta}{G-G'\cos\eta\cos\vartheta-G''\sin\eta\sin\vartheta}.$$

Quin adeo videbimus, ipsam hanc integralis duplicis transformationem ad eiusmodi binorum integralium simplicium reductionem, qualem supra exhibuimus, revocari.

Et haec de transformando duplici integrali quaestio, uti transformatio illa integralis simplicis, cum problemate algebraico convenit, ita ut ex alterius solutione alterius solutionem levissimis mutationibus factis petere liceat. Quod problema algebraicum hoc est, per substitutiones

$$x = \alpha s+\alpha' s'+\alpha'' s'' \qquad w = at+bu+cv$$
$$y = \beta s+\beta' s'+\beta'' s'' \qquad w' = a't+b'u+c'v$$
$$z = \gamma s+\gamma' s'+\gamma'' s'' \qquad w'' = a''t+b''u+c''v,$$

quae identice efficiant

$$xx+yy+zz = ss+s's'+s''s'',$$
$$ww+w'w'+w''w'' = tt+uu+vv,$$

simul transformare expressionem

$$(Ax+By+Cz)w+(A'x+B'y+C'z)w'+(A''x+B''y+C''z)w''$$

in hanc simpliciorem:

$$Gst+G's'u+G''s''v.$$

Cuius problematis solutionem suscipiamus vel antequam ad transformationem integralis duplicis accedemus, atque monstremus, quomodo illa absoluta, confestim etiam hanc obtines: cum ut exemplo luculento transitum illum memorabilem ab altero ad alterum problema demonstremus, tum quia problema algebraicum elegantia quodammodo et symmetria calculi praevalet, et per se dignum est, in quod inquiratur.

6.

Expositis variis relationibus, quae in problemate algebraico inter octodecim coëfficientes substitutionum et tres quantitates G, G', G'' locum habent, inveniuntur primum harum quadrata GG, $G'G'$, $G''G''$ ut radices diversae aequationis cubicae:

$$x^3 - x^2(AA+BB+CC+A'A'+B'B'+C'C'+A''A''+B''B''+C''C'')$$
$$+x\left\{\begin{array}{l}(B'C''-B''C')^2+(B''C-BC'')^2+(BC'-B'C)^2\\ +(C'A''-C''A')^2+(C''A-CA'')^2+(CA'-C'A)^2\\ +(A'B''-A''B')^2+(A''B-AB'')^2+(AB'-A'B)^2\end{array}\right\}$$
$$-\{A(B'C''-B''C')+A'(B''C-BC'')+A''(BC'-B'C)\}^2 = 0.$$

Quibus erutis, quadrata coëfficientium substitutionis nec non producta

$$\begin{array}{ccc|ccc} \beta\gamma & \gamma\alpha & \alpha\beta & a'a'' & a''a & aa' \\ \beta'\gamma' & \gamma'\alpha' & \alpha'\beta' & b'b'' & b''b & bb' \\ \beta''\gamma'' & \gamma''\alpha'' & \alpha''\beta'' & c'c'' & c''c & cc' \end{array}$$

per formulas rationales exhibentur. Utriusque autem substitutionis coëfficientes ope ipsarum G, G', G'' alterae per alteras idque variis modis lineariter exprimuntur.

Observabitur porro, expressiones

$$(Ax+By+Cz)^2+(A'x+B'y+C'z)^2+(A''x+B''y+C''z)^2,$$
$$(Aw+A'w'+A''w'')^2+(Bw+B'w'+B''w'')^2+(Cw+C'w'+C''w'')^2$$

per easdem substitutiones, singulas singulis applicatas, transformari in has simpliciores:

$$GGss+G'G's's'+G''G''s''s'',$$
$$GGtt+G'G'uu+G''G''vv.$$

In utraque expressione reducta memoratu dignum est, coëfficientes GG, $G'G'$, $G''G''$ easdem esse, quod etiam inde patet, quod aequatio cubica, cuius illae radices sunt, immutata maneat, ubi constantium

$$\begin{array}{ccc} A & B & C \\ A' & B' & C' \\ A'' & B'' & C'' \end{array}$$

series horizontales et verticales inter se permutantur. Quod theorema geometricum suppeditat, ellipsoidas, quae ad coordinatas orthogonales relatae definiantur per aequationes

$$(Ax+By+Cz)^2+(A'x+B'y+C'z)^2+(A''x+B''y+C''z)^2 = KK,$$
$$(Aw+A'w'+A''w'')^2+(Bw+B'w'+B''w'')^2+(Cw+C'w'+C''w'')^2 = KK,$$

easdem esse nec nisi situ in spatio diversas, quippe utriusque inveniantur semiaxes principales $\frac{K}{G}$, $\frac{K}{G'}$, $\frac{K}{G''}$. Qua observatione problema propositum algebraicum revocatur ad indagationem axium principalium ellipsoidarum, quae aequationibus assignatis continentur.

Per easdem substitutiones invenitur, etiam expressionem

$$\begin{aligned}&[(B'C''-B''C')x+(C'A''-C''A')y+(A'B''-A''B')z]w\\ +&[(B''C-BC'')x+(C''A-CA'')y+(A''B-AB'')z]w'\\ +&[(BC'-B'C)x+(CA'-C'A)y+(AB'-A'B)z]w''\end{aligned}$$

abire in hanc simpliciorem

$$G'G''st+G''Gs'u+GG's''v;$$

nec non ellipsoidas, quae ad coordinatas orthogonales relatae definiantur per aequationes:

$$\begin{aligned}&[(B'C''-B''C')x+(C'A''-C''A')y+(A'B''-A''B')z]^2\\ +&[(B''C-BC'')x+(C''A-CA'')y+(A''B-AB'')z]^2\\ +&[(BC'-B'C)x+(CA'-C'A)y+(AB'-A'B)z]^2=KK,\\ &[(B'C''-B''C')w+(B''C-BC'')w'+(BC'-B'C)w'']^2\\ +&[(C'A''-C''A')w+(C''A-CA'')w'+(CA'-C'A)w'']^2\\ +&[(A'B''-A''B')w+(A''B-AB'')w'+(AB'-A'B)w'']^2=KK\end{aligned}$$

per easdem substitutiones ad axes earum principales revocari, quae cum pro utraque inveniantur

$$\frac{K}{G'G''},\quad \frac{K}{G''G},\quad \frac{K}{GG'},$$

et haec ellipsoidae eaedem erunt nec nisi situ diversae.

7.

Absoluto problemate algebraico, ut inde transformationem integralis duplicis propositam eruamus, ponamus rursus

$$xx+yy+zz=ss+s's'+s''s''=0$$

nec non

$$ww+w'w'+w''w''=tt+uu+vv=0,$$

atque, ut supra, statuamus:

$$\begin{array}{ll|ll}\frac{y}{x}=-i\cos\varphi & & \frac{w'}{w}=-i\cos\psi & \\ \frac{z}{x}=-i\sin\varphi & & \frac{w''}{w}=-i\sin\psi & \\ \frac{s'}{s}=i\cos\eta & & \frac{u}{t}=i\cos\vartheta & \\ \frac{s''}{s}=i\sin\eta & & \frac{v}{t}=i\sin\vartheta. & \end{array}$$

Unde, ubi rursus loco

$$\left.\begin{matrix} \alpha', & \alpha'', & \beta, & \gamma \\ b, & c, & a', & a'' \end{matrix}\right\} \text{ scribatur } \left\{\begin{matrix} i\alpha', & i\alpha'', & -i\beta, & -i\gamma \\ ib, & ic, & -ia', & -ia'', \end{matrix}\right.$$

e substitutionibus §. 5 adhibitis prodeunt:

$$\cos\varphi = \frac{\beta-\beta'\cos\eta-\beta''\sin\eta}{\alpha-\alpha'\cos\eta-\alpha''\sin\eta} \quad \Bigg| \quad \cos\psi = \frac{a'-b'\cos\vartheta-c'\sin\vartheta}{a-b\cos\vartheta-c\sin\vartheta}$$

$$\sin\varphi = \frac{\gamma-\gamma'\cos\eta-\gamma''\sin\eta}{\alpha-\alpha'\cos\eta-\alpha''\sin\eta} \quad \Bigg| \quad \sin\psi = \frac{a''-b''\cos\vartheta-c''\sin\vartheta}{a-b\cos\vartheta-c\sin\vartheta}.$$

Porro aequatio

$$\frac{(Ax+By+Cz)w+(A'x+B'y+C'z)w'+(A''x+B''y+C''z)w''}{xw}$$
$$= \frac{Gst+G's'u+G''s''v}{(as+a's'+a''s'')(at+bu+cv)},$$

ubi rursus loco

$$A,\quad B,\quad C,\quad A',\quad B',\quad C',\quad A'',\quad B'',\quad C''$$

scribatur

$$A,\quad iB,\quad iC,\quad iA',\quad -B',\quad -C',\quad iA'',\quad -B'',\quad -C'',$$

in hanc abit:

$$A+B\cos\varphi+C\sin\varphi+(A'+B'\cos\varphi+C'\sin\varphi)\cos\psi+(A''+B''\cos\varphi+C''\sin\varphi)\sin\psi$$
$$= \frac{G-G'\cos\eta\cos\vartheta-G''\sin\eta\sin\vartheta}{(\alpha-\alpha'\cos\eta-\alpha''\sin\eta)(a-b\cos\vartheta-c\sin\vartheta)}.$$

Unde, cum sit:

$$d\varphi = \frac{d\eta}{\alpha-\alpha'\cos\eta-\alpha''\sin\eta}$$
$$d\psi = \frac{d\vartheta}{a-b\cos\vartheta-c\sin\vartheta},$$

prodit transformatio quaesita integralis duplicis propositi:

$$\int\frac{d\varphi\, d\psi}{(A+B\cos\varphi+C\sin\varphi)+(A'+B'\cos\varphi+C'\sin\varphi)\cos\psi+(A''+B''\cos\varphi+C''\sin\varphi)\sin\psi}$$
$$= \int\frac{d\eta\, d\vartheta}{G-G'\cos\eta\cos\vartheta-G''\sin\eta\sin\vartheta}.$$

8.

Quemadmodum problema algebraicum ad aliud revocare licet, quod investigationem axium principalium ellipsoidarum concernit, ita etiam transformatio duplicis integralis, quae illi respondet, eo revocari potest, ut integralia simplicia

$$\int \frac{d\varphi}{\sqrt{(A+B\cos\varphi+C\sin\varphi)^2-(A'+B'\cos\varphi+C'\sin\varphi)^2-(A''+B''\cos\varphi+C''\sin\varphi)^2}},$$
$$\int \frac{d\psi}{\sqrt{(A+A'\cos\psi+A''\sin\psi)^2-(B+B'\cos\psi+B''\sin\psi)^2-(C+C'\cos\psi+C''\sin\psi)^2}},$$

per substitutiones assignatas transformentur in haec:

$$\int \frac{d\eta}{\sqrt{GG-G'G'\cos^2\eta-G''G''\sin^2\eta}},$$
$$\int \frac{d\vartheta}{\sqrt{GG-G'G'\cos^2\vartheta-G''G''\sin^2\vartheta}},$$

quae videmus nonnisi argumento differre, quemadmodum in illo problemate ellipsoidae propositae nonnisi situ differebant.

Hinc solutionem problematis propositi semper realem fore sequitur, ubi expressio

$$A+B\cos\varphi+C\sin\varphi+(A'+B'\cos\varphi+C'\sin\varphi)\cos\psi+(A''+B''\cos\varphi+C''\sin\varphi)\sin\psi$$

pro nullo angulorum φ, ψ valore reali evanescat, qui casus prae ceteris applicationem invenit. Posito enim

$$\frac{A''+B''\cos\varphi+C''\sin\varphi}{A'+B'\cos\varphi+C'\sin\varphi} = \operatorname{tang}\varepsilon$$
$$\frac{C+C'\cos\psi+C''\sin\psi}{B+B'\cos\psi+B''\sin\psi} = \operatorname{tang}\zeta,$$

expressio illa ita repraesentari potest:

$$A+B\cos\varphi+C\sin\varphi+\sqrt{(A'+B'\cos\varphi+C'\sin\varphi)^2+(A''+B''\cos\varphi+C''\sin\varphi)^2}.\cos(\psi-\varepsilon)$$

sive etiam

$$A+A'\cos\psi+A''\sin\psi+\sqrt{(B+B'\cos\psi+B''\sin\psi)^2+(C+C'\cos\psi+C''\sin\psi)^2}.\cos(\varphi-\zeta),$$

quae, ne pro ullo valore reali ipsorum φ, ψ evanescant, expressiones

$$(A+B\cos\varphi+C\sin\varphi)^2-(A'+B'\cos\varphi+C'\sin\varphi)^2-(A''+B''\cos\varphi+C''\sin\varphi)^2,$$
$$(A+A'\cos\psi+A''\sin\psi)^2-(B+B'\cos\psi+B''\sin\psi)^2-(C+C'\cos\psi+C''\sin\psi)^2$$

semper positivo valore gaudeant, necesse est. Quo casu substitutiones assignatas reales fore probavimus.

Per easdem substitutiones, quibus aequatio

$$A+B\cos\varphi+C\sin\varphi+(A'+B'\cos\varphi+C'\sin\varphi)\cos\psi+(A''+B''\cos\varphi+C''\sin\varphi)\sin\psi = 0$$

in hanc abit:

$$G-G'\cos\eta\cos\vartheta-G''\sin\eta\sin\vartheta = 0,$$

videmus, etiam aequationem differentialem

$$\frac{d\varphi}{\sqrt{(A'+B'\cos\varphi+C'\sin\varphi)^2+(A''+B''\cos\varphi+C''\sin\varphi)^2-(A+B\cos\varphi+C\sin\varphi)^2}}$$
$$+\frac{d\psi}{\sqrt{(B+B'\cos\psi+B''\sin\psi)^2+(C+C'\cos\psi+C''\sin\psi)^2-(A+A'\cos\psi+A''\sin\psi)^2}}=0$$

in hanc transformari:

$$\frac{d\eta}{\sqrt{G'G'\cos^2\eta+G''G''\sin^2\eta-GG}}+\frac{d\vartheta}{\sqrt{G'G'\cos^2\vartheta+G''G''\sin^2\vartheta-GG}}=0.$$

Facile autem probatur, aequationes illas finitas aequationum differentialium integralia completa esse. Unde theorematum inventorum verificatio obtinetur.

Nec non observabitur, posito

$$\begin{aligned}
\mathrm{P} = {} & B'C''-B''C'-(C'A''-C''A')\cos\varphi-(A'B''-A''B')\sin\varphi \\
& -\cos\psi[B''C-BC''-(C''A-CA'')\cos\varphi-(A''B-AB'')\sin\varphi] \\
& -\sin\psi[BC'-B'C-(CA'-C'A)\cos\varphi-(AB'-A'B)\sin\varphi],
\end{aligned}$$

$$\begin{aligned}
\Sigma = {} & [B'C''-B''C'-(C'A''-C''A')\cos\varphi-(A'B''-A''B')\sin\varphi]^2 \\
& -[B''C-BC''-(C''A-CA'')\cos\varphi-(A''B-AB'')\sin\varphi]^2 \\
& -[BC'-B'C-(CA'-C'A)\cos\varphi-(AB'-A'B)\sin\varphi]^2,
\end{aligned}$$

$$\begin{aligned}
\mathrm{T} = {} & [B'C''-B''C'-(B''C-BC'')\cos\psi-(BC'-B'C)\sin\psi]^2 \\
& -[C'A''-C''A'-(C''A-CA'')\cos\psi-(CA'-C'A)\sin\psi]^2 \\
& -[A'B''-A''B'-(A''B-AB'')\cos\psi-(AB'-A'B)\sin\psi]^2,
\end{aligned}$$

per easdem substitutiones nostras obtineri:

$$\int\frac{d\varphi\, d\psi}{\mathrm{P}}=\int\frac{d\eta\, d\vartheta}{G'G''-G''G\cos\eta\cos\vartheta-GG'\sin\eta\sin\vartheta};$$

$$\int\frac{d\varphi}{\Sigma^{\frac{1}{2}}}=\int\frac{d\eta}{\sqrt{G'^2G''^2-G''^2G^2\cos^2\eta-G^2G'^2\sin^2\eta}},$$

$$\int\frac{d\psi}{\mathrm{T}^{\frac{1}{2}}}=\int\frac{d\vartheta}{\sqrt{G'^2G''^2-G''^2G^2\cos^2\vartheta-G^2G'^2\sin^2\vartheta}}.$$

Quae antecedentibus iunctae sex transformationes memorabiles suppeditant, ad quas per easdem substitutiones pervenimus.

9.

Problema de duplici integrali transformando propositum etiam absque functionibus trigonometricis exhiberi potuisset. Facile enim intelligitur, eius in locum substitui posse sequens

Problema.

„Integrale duplex indefinitum

$$\int\frac{dx\,dy}{A+Bx+Cx^2+(A'+B'x+C'x^2)y+(A''+B''x+C''x^2)y^2},$$

r substitutiones formae

$$x = \frac{m+nt}{1+pt}, \quad y = \frac{m'+n'u}{1+p'u}$$

insformare in hoc:

$$\int \frac{dt\,du}{D+Et^2+Ftu+Gu^2+Ht^2u^2},$$

ius denominator terminis dimensionum imparum caret."

Praeplacuit tamen forma trigonometrica, quae in aliis quibusdam quae-onibus, de quibus in posterum agam, obvenit. Quamquam forma illa alge-aica eo quoque nomine se commendat, quod solutione semper reali gaudet.

Jam ad solutionem quaestionum propositarum accedamus, et primum de oblemate algebraico agam, e cuius deinde solutione propositam petamus du-cis integralis transformationem.

Problema I.

„Proponitur, per substitutiones lineares

$$\begin{array}{l|l} x = \alpha s+\alpha' s'+\alpha'' s'' & w \;=\; at+bu+cv \\ y = \beta s+\beta' s'+\beta'' s'' & w' \;=\; a't+b'u+c'v \\ z = \gamma s+\gamma' s'+\gamma'' s'' & w'' = a''t+b''u+c''v, \end{array}$$

uae identice efficiant

$$xx+yy+zz = ss+s's'+s''s''$$
$$ww+w'w'+w''w'' = tt+uu+vv,$$

ansformare expressionem

$$(Ax+By+Cz)w+(A'x+B'y+C'z)w'+(A''x+B''y+C''z)w''$$

hanc simpliciorem:

$$Gst+G's'u+G''s''v."$$

Solutio.

10.

E theoria transformationis systematis axium coordinatarum orthogonalium aliud ejusmodi systema notae sunt relationes, quae inter coëfficientes sub-itutionum

$$(1)\quad \left\{\begin{array}{l} x = \alpha s+\alpha' s'+\alpha'' s'' \\ y = \beta s+\beta' s'+\beta'' s'' \\ z = \gamma s+\gamma' s'+\gamma'' s'' \end{array}\right. \quad \begin{array}{|l} w \;=\; at+bu+cv \\ w' \;=\; a't+b'u+c'v \\ w'' = a''t+b''u+c''v \end{array}$$

locum habere debent, ut identice sit

$$(2)\quad \begin{cases} xx+yy+zz = ss+s's'+s''s'' \\ ww+w'w'+w''w'' = tt+uu+vv \end{cases}$$

sive

$$(3)\quad \begin{cases} ss+s's'+s''s'' = (as+a's'+a''s'')^2+(\beta s+\beta's'+\beta''s'')^2+(\gamma s+\gamma's'+\gamma''s'')^2 \\ tt+uu+vv = (at+bu+cv)^2+(a't+b'u+c'v)^2+(a''t+b''u+c''v)^2; \end{cases}$$

id quod aequationes conditionales poscit:

$$(4)\quad \left\{\begin{array}{l|l} \alpha\alpha+\beta\beta+\gamma\gamma=1 & aa+a'a'+a''a''=1 \\ \alpha'\alpha'+\beta'\beta'+\gamma'\gamma'=1 & bb+b'b'+b''b''=1 \\ \alpha''\alpha''+\beta''\beta''+\gamma''\gamma''=1 & cc+c'c'+c''c''=1 \\ \alpha'\alpha''+\beta'\beta''+\gamma'\gamma''=0 & bc+b'c'+b''c''=0 \\ \alpha''\alpha+\beta''\beta+\gamma''\gamma=0 & ca+c'a'+c''a''=0 \\ \alpha\alpha'+\beta\beta'+\gamma\gamma'=0 & ab+a'b'+a''b''=0. \end{array}\right.$$

Quarum relationum ope facile probantur aequationes:

$$(5)\quad \left\{\begin{array}{l|l} s=\alpha x+\beta y+\gamma z & t=aw+a'w'+a''w'' \\ s'=\alpha' x+\beta' y+\gamma' z & u=bw+b'w'+b''w'' \\ s''=\alpha'' x+\beta'' y+\gamma'' z & v=cw+c'w'+c''w'', \end{array}\right.$$

quippe quae substitutis valoribus ipsarum x, y, z et w, w', w'' e (1) petitis propter (4) identicae fiunt. Hinc, cum e (2) fiat identice

$$(6)\quad \begin{cases} xx+yy+zz = (\alpha x+\beta y+\gamma z)^2+(\alpha'x+\beta'y+\gamma'z)^2+(\alpha''x+\beta''y+\gamma''z)^2 \\ ww+w'w'+w''w'' = (aw+a'w'+a''w'')^2+(bw+b'w'+b''w'')^2+(cw+c'w'+c''w'')^2, \end{cases}$$

sequuntur etiam:

$$(7)\quad \left\{\begin{array}{l|l} \alpha\alpha+\alpha'\alpha'+\alpha''\alpha''=1 & aa+bb+cc=1 \\ \beta\beta+\beta'\beta'+\beta''\beta''=1 & a'a'+b'b'+c'c'=1 \\ \gamma\gamma+\gamma'\gamma'+\gamma''\gamma''=1 & a''a''+b''b''+c''c''=1 \\ \beta\gamma+\beta'\gamma'+\beta''\gamma''=0 & a'a''+b'b''+c'c''=0 \\ \gamma\alpha+\gamma'\alpha'+\gamma''\alpha''=0 & a''a+b''b+c''c=0 \\ \alpha\beta+\alpha'\beta'+\alpha''\beta''=0 & aa'+bb'+cc'=0. \end{array}\right.$$

Expressiones ipsarum s, s', s'' per x, y, z atque ipsarum t, u, v per w, w', w'', quas formulae (5) suppeditant, etiam e (1) per methodum vulgarem resolutionis aequationum linearium petere licet. Expressionibus, quae inde sequuntur, cum illis comparatis, posito

$$(8)\quad \begin{cases} \varepsilon = \alpha(\beta'\gamma''-\beta''\gamma')+\beta(\gamma'\alpha''-\gamma''\alpha')+\gamma(\alpha'\beta''-\alpha''\beta') \\ e = a(b'c''-b''c')+a'(b''c-bc'')+a''(bc'-b'c), \end{cases}$$

obtinemus:

$$(9)\quad \left\{\begin{array}{ll|ll}
\varepsilon\alpha & =\beta'\gamma''-\beta''\gamma' & ea & =b'c''-b''c' \\
\varepsilon\beta & =\gamma'\alpha''-\gamma''\alpha' & ea' & =b''c-bc'' \\
\varepsilon\gamma & =\alpha'\beta''-\alpha''\beta' & ea'' & =bc'-b'c \\
\varepsilon\alpha' & =\beta''\gamma-\beta\gamma'' & eb & =c'a''-c''a' \\
\varepsilon\beta' & =\gamma''\alpha-\gamma\alpha'' & eb' & =c''a-ca'' \\
\varepsilon\gamma' & =\alpha''\beta-\alpha\beta'' & eb'' & =ca'-c'a \\
\varepsilon\alpha'' & =\beta\gamma'-\beta'\gamma & ec & =a'b''-a''b' \\
\varepsilon\beta'' & =\gamma\alpha'-\gamma'\alpha & ec' & =a''b-ab'' \\
\varepsilon\gamma'' & =\alpha\beta'-\alpha'\beta & ec'' & =ab'-a'b.
\end{array}\right.$$

Ipsas ε, e invenimus e formulis identicis

$$(\gamma''\alpha-\gamma\alpha'')(\alpha\beta'-\alpha'\beta)-(\gamma\alpha'-\gamma'\alpha)(\alpha''\beta-\alpha\beta'')=\alpha\varepsilon$$
$$(c''a-ca'')(ab'-a'b)-(ca'-c'a)(a''b-ab'')=ae,$$

quae e (9) in has abeunt:

$$\varepsilon\varepsilon(\beta'\gamma''-\beta''\gamma')=\varepsilon^3\alpha=\varepsilon\alpha$$
$$ee(b'c''-b''c')=e^3a=ea,$$

sive $\varepsilon\varepsilon=ee=1$, unde, cum signum ipsarum ε, e pro arbitrio assumere liceat, statuemus:

$$(10)\qquad \varepsilon=1;\quad e=1.$$

Quae abunde nota, ne quid desit, hic apposuimus. Ante omnia autem tenendum est, quo in sequentibus saepe utemur,

theorema,

„naturam coëfficientium substitutionum propositarum eam esse, ut datis aequationibus linearibus

$$\begin{array}{l|l}
X=\alpha G+\alpha' G'+\alpha'' G'' & W=a\,T+b\,U+c\,V \\
Y=\beta G+\beta' G'+\beta'' G'' & W'=a'\,T+b'\,U+c'\,V \\
Z=\gamma G+\gamma' G'+\gamma'' G'' & W''=a''T+b''U+c''V,
\end{array}$$

inde sequatur;

$$\begin{array}{l|l}
G=\alpha\,X+\beta\,Y+\gamma\,Z & T=aW+a'W'+a''W'' \\
G'=\alpha'X+\beta'Y+\gamma'Z & U=bW+b'W'+b''W'' \\
G''=\alpha''X+\beta''Y+\gamma''Z & V=cW+c'W'+c''W''
\end{array}$$

et vice versa; simulque sit:

$$XX+YY+ZZ=GG+G'G'+G''G''$$
$$WW+W'W'+W''W''=TT+UU+VV.“$$

11.

E substitutionibus (1) cum prodire debeat, quod est problema propositum:

$$(11)\quad \begin{cases}(Ax+By+Cz)w+(A'x+B'y+C'z)w'+(A''x+B''y+C''z)w'' \\ \qquad = Gst+G's'u+G''s''v,\end{cases}$$

locum habere debent aequationes conditionales:

$$(12)\quad \begin{cases} A\ = G\alpha a\ +G'\alpha' b\ +G''\alpha'' c \\ B\ = G\beta a\ +G'\beta' b\ +G''\beta'' c \\ C\ = G\gamma a\ +G'\gamma' b\ +G''\gamma'' c \\ A' = G\alpha a' +G'\alpha' b' +G''\alpha'' c' \\ B' = G\beta a' +G'\beta' b' +G''\beta'' c' \\ C' = G\gamma a' +G'\gamma' b' +G''\gamma'' c' \\ A'' = G\alpha a''+G'\alpha' b''+G''\alpha'' c'' \\ B'' = G\beta a''+G'\beta' b''+G''\beta'' c'' \\ C'' = G\gamma a''+G'\gamma' b''+G''\gamma'' c''. \end{cases}$$

Quae novem aequationes junctae duodecim (4) unam et viginti efficiunt aequationes conditionales, quibus octodecim coëfficientes substitutionum propositarum et tres quantitates G, G', G'' satisfacere debent. Quod problema est determinatum. Jam unius et viginti incognitarum aggrediamur determinationem atque varias, quae inter eas locum habent, relationes exponamus.

12.

Per theorema §. 10 e formulis (12) prodeunt sequentes:

$$(13)\quad \begin{cases} G\,a\ = \alpha\, A\ +\beta\, B\ +\gamma\, C & G\,\alpha\ = aA+a'A'+a''A'' \\ G\,a'\ = \alpha\, A'\ +\beta\, B'\ +\gamma\, C' & G\,\beta\ = aB+a'B'+a''B'' \\ G\,a'' = \alpha\, A''+\beta\, B''+\gamma\, C'' & G\,\gamma\ = aC+a'C'+a''C'' \\ G'b\ = \alpha' A\ +\beta' B\ +\gamma' C & G'\alpha'\ = bA+b'A'+b''A'' \\ G'b'\ = \alpha' A'\ +\beta' B'\ +\gamma' C' & G'\beta'\ = bB+b'B'+b''B'' \\ G'b'' = \alpha' A''+\beta' B''+\gamma' C'' & G'\gamma'\ = bC+b'C'+b''C'' \\ G''c\ = \alpha'' A\ +\beta'' B\ +\gamma'' C & G''\alpha'' = cA+c'A'+c''A'' \\ G''c'\ = \alpha'' A'\ +\beta'' B'\ +\gamma'' C' & G''\beta'' = cB+c'B'+c''B'' \\ G''c'' = \alpha'' A''+\beta'' B''+\gamma'' C'' & G''\gamma'' = cC+c'C'+c''C''. \end{cases}$$

Quibus formulis utriusque substitutionis coëfficientes ope quantitatum G, G', G'' alterae per alteras lineariter exprimuntur.

Alteram ejusmodi determinationem ex ipsis (13) per resolutionem aequationum linearium petere licet; e. g. e formulis, quibus a, a', a'' per α, β, γ

exprimuntur, vice versa etiam α, β, γ per a, a', a'' determinantur. Qua ratione, posito brevitatis causa

$$(14)\qquad \Delta = A(B'C''-B''C')+B(C'A''-C''A')+C(A'B''-A''B'),$$

obtines e (13) sequens formularum systema:

$$(15)\quad \begin{cases}
\frac{\Delta\alpha}{G} = (B'C''-B''C')a+(B''C-BC'')a'+(BC'-B'C)a'' \\
\frac{\Delta\beta}{G} = (C'A''-C''A')a+(C''A-CA'')a'+(CA'-C'A)a'' \\
\frac{\Delta\gamma}{G} = (A'B''-A''B')a+(A''B-AB'')a'+(AB'-A'B)a'' \\
\frac{\Delta\alpha'}{G'} = (B'C''-B''C')b+(B''C-BC'')b'+(BC'-B'C)b'' \\
\frac{\Delta\beta'}{G'} = (C'A''-C''A')b+(C''A-CA'')b'+(CA'-C'A)b'' \\
\frac{\Delta\gamma'}{G'} = (A'B''-A''B')b+(A''B-AB'')b'+(AB'-A'B)b'' \\
\frac{\Delta\alpha''}{G''} = (B'C''-B''C')c+(B''C-BC'')c'+(BC'-B'C)c'' \\
\frac{\Delta\beta''}{G''} = (C'A''-C''A')c+(C''A-CA'')c'+(CA'-C'A)c'' \\
\frac{\Delta\gamma''}{G''} = (A'B''-A''B')c+(A''B-AB'')c'+(AB'-A'B)c'' \\
\frac{\Delta a}{G} = \alpha\,(B'C''-B''C')+\beta\,(C'A''-C''A')+\gamma\,(A'B''-A''B') \\
\frac{\Delta a'}{G} = \alpha\,(B''C-BC'')+\beta\,(C''A-CA'')+\gamma\,(A''B-AB'') \\
\frac{\Delta a''}{G} = \alpha\,(BC'-B'C)+\beta\,(CA'-C'A)+\gamma\,(AB'-A'B) \\
\frac{\Delta b}{G'} = \alpha'(B'C''-B''C')+\beta'(C'A''-C''A')+\gamma'(A'B''-A''B') \\
\frac{\Delta b'}{G'} = \alpha'(B''C-BC'')+\beta'(C''A-CA'')+\gamma'(A''B-AB'') \\
\frac{\Delta b''}{G'} = \alpha'(BC'-B'C)+\beta'(CA'-C'A)+\gamma'(AB'-A'B) \\
\frac{\Delta c}{G''} = \alpha''(B'C''-B''C')+\beta''(C'A''-C''A')+\gamma''(A'B''-A''B') \\
\frac{\Delta c'}{G''} = \alpha''(B''C-BC'')+\beta''(C''A-CA'')+\gamma''(A''B-AB'') \\
\frac{\Delta c''}{G''} = \alpha''(BC'-B'C)+\beta''(CA'-C'A)+\gamma''(AB'-A'B).
\end{cases}$$

E quibus formulis rursus per theorema §. 10 derivantur sequentes:

$$(16)\quad \begin{cases} \dfrac{B'C''-B''C'}{\Delta} = \dfrac{\alpha a}{G}+\dfrac{\alpha' b}{G'}+\dfrac{\alpha'' c}{G''} \\ \dfrac{C'A''-C''A'}{\Delta} = \dfrac{\beta a}{G}+\dfrac{\beta' b}{G'}+\dfrac{\beta'' c}{G''} \\ \dfrac{A'B''-A''B'}{\Delta} = \dfrac{\gamma a}{G}+\dfrac{\gamma' b}{G'}+\dfrac{\gamma'' c}{G''} \\ \dfrac{B''C-BC''}{\Delta} = \dfrac{\alpha a'}{G}+\dfrac{\alpha' b'}{G'}+\dfrac{\alpha'' c'}{G''} \\ \dfrac{C''A-CA''}{\Delta} = \dfrac{\beta a'}{G}+\dfrac{\beta' b'}{G'}+\dfrac{\beta'' c'}{G''} \\ \dfrac{A''B-AB''}{\Delta} = \dfrac{\gamma a'}{G}+\dfrac{\gamma' b'}{G'}+\dfrac{\gamma'' c'}{G''} \\ \dfrac{BC'-B'C}{\Delta} = \dfrac{\alpha a''}{G}+\dfrac{\alpha' b''}{G'}+\dfrac{\alpha'' c''}{G''} \\ \dfrac{CA'-C'A}{\Delta} = \dfrac{\beta a''}{G}+\dfrac{\beta' b''}{G'}+\dfrac{\beta'' c''}{G''} \\ \dfrac{AB'-A'B}{\Delta} = \dfrac{\gamma a''}{G}+\dfrac{\gamma' b''}{G'}+\dfrac{\gamma'' c''}{G''}. \end{cases}$$

Valores ipsarum $B'C''-B''C'$, $C'A''-C''A'$ etc. etiam directe e (12) derivare licet. Fit exempli gratia e formulis (12):

$$\begin{aligned} B' &= G\beta a' + G'\beta' b' + G''\beta'' c' \\ C' &= G\gamma a' + G'\gamma' b' + G''\gamma'' c' \\ B'' &= G\beta a'' + G'\beta' b'' + G''\beta'' c'' \\ C'' &= G\gamma a'' + G'\gamma' b'' + G''\gamma'' c'', \end{aligned}$$

prima et postrema, secunda et tertia in se ductis et subductione facta:

$$\begin{aligned} B'C''-B''C' = {} & G'G''(\beta'\gamma''-\beta''\gamma')(b'c''-b''c') \\ & + G''G(\beta''\gamma-\beta\gamma'')(c'a''-c''a') \\ & + GG'(\beta\gamma'-\beta'\gamma)(a'b''-a''b'), \end{aligned}$$

sive e (9):

$$B'C''-B''C' = G'G''\alpha a + G''G\alpha' b + GG'\alpha'' c;$$

qua comparata cum formula (16):

$$B'C''-B''C' = \frac{\Delta\alpha a}{G}+\frac{\Delta\alpha' b}{G'}+\frac{\Delta\alpha'' c}{G''},$$

prodit:

$$(17)\quad \Delta = A(B'C''-B''C')+B(C'A''-C''A')+C(A'B''-A''B') = GG'G''.$$

Iam accedamus ad alia formularum systemata.

13.

Ponatur brevitatis causa:

$$(18)\quad \begin{cases} l = AA+A'A'+A''A'' & p = AA+BB+CC \\ m = BB+B'B'+B''B'' & p' = A'A'+B'B'+C'C' \\ n = CC+C'C'+C''C'' & p'' = A''A''+B''B''+C''C'' \\ l' = BC+B'C'+B''C'' & q = A'A''+B'B''+C'C'' \\ m' = CA+C'A'+C''A'' & q' = A''A+B''B+C''C \\ n' = AB+A'B'+A''B'' & q'' = AA'+BB'+CC'; \end{cases}$$

unde etiam erit:

$$(19)\quad \begin{cases} mn-l'l' = (B'C''-B''C')^2+(B''C-BC'')^2+(BC'-B'C)^2 \\ nl-m'm' = (C'A''-C''A')^2+(C''A-CA'')^2+(CA'-C'A)^2 \\ lm-n'n' = (A'B''-A''B')^2+(A''B-AB'')^2+(AB'-A'B)^2 \\ p'p''-qq = (B'C''-B''C')^2+(C'A''-C''A')^2+(A'B''-A''B')^2 \\ p''p-q'q' = (B''C-BC'')^2+(C''A-CA'')^2+(A''B-AB'')^2 \\ pp'-q''q'' = (BC'-B'C)^2+(CA'-C'A)^2+(AB'-A'B)^2; \end{cases}$$

porro:

$$(20)\quad \begin{cases} m'n'-ll' & q'q''-pq \\ = (C'A''-C''A')(A'B''-A''B') & = (B''C-BC'')(BC'-B'C) \\ +(C''A-CA'')(A''B-AB'') & +(C''A-CA'')(CA'-C'A) \\ +(CA'-C'A)(AB'-A'B) & +(A''B-AB'')(AB'-A'B) \\ n'l'-mm' & q''q-p'q' \\ = (A'B''-A''B')(B'C''-B''C') & = (BC'-B'C)(B'C''-B''C') \\ +(A''B-AB'')(B''C-BC'') & +(CA'-C'A)(C'A''-C''A') \\ +(AB'-A'B)(BC'-B'C) & +(AB'-A'B)(A'B''-A''B') \\ l'm'-nn' & qq'-p''q'' \\ = (B'C''-B''C')(C'A''-C''A') & = (B'C''-B''C')(B''C-BC'') \\ +(B''C-BC'')(C''A-CA'') & +(C'A''-C''A')(C''A-CA'') \\ +(BC'-B'C)(CA'-C'A) & +(A'B''-A''B')(A''B-AB''); \end{cases}$$

nec non:

$$(21)\quad \begin{cases} \Delta\Delta = lmn-ll'l'-mm'm'-nn'n'+2l'm'n' \\ \qquad = pp'p''-pqq-p'q'q'-p''q''q''+2qq'q''. \end{cases}$$

Quae omnia rursus per ipsas G, G', G'' et coëfficientes substitutionum exprimamus, quod ex antecedentibus sine negotio fit.

Ac primum e formulis (12) per theorema §. 10 prodit:

$$(22)\quad \begin{cases} l = GG\alpha\alpha+G'G'\alpha'\alpha'+G''G''\alpha''\alpha'' & p = GGaa+G'G'bb+G''G''cc \\ m = GG\beta\beta+G'G'\beta'\beta'+G''G''\beta''\beta'' & p' = GGa'a'+G'G'b'b'+G''G''c'c' \\ n = GG\gamma\gamma+G'G'\gamma'\gamma'+G''G''\gamma''\gamma'' & p'' = GGa''a''+G'G'b''b''+G''G''c''c'', \end{cases}$$

ac simili modo e (15):

$$
(23)\quad \left\{\begin{array}{l|l}
\dfrac{mn-l'l'}{\Delta\Delta} = \dfrac{\alpha\alpha}{GG} + \dfrac{\alpha'\alpha'}{G'G'} + \dfrac{\alpha''\alpha''}{G''G''} & \dfrac{p'p''-qq}{\Delta\Delta} = \dfrac{aa}{GG} + \dfrac{bb}{G'G'} + \dfrac{cc}{G''G''} \\
\dfrac{nl-m'm'}{\Delta\Delta} = \dfrac{\beta\beta}{GG} + \dfrac{\beta'\beta'}{G'G'} + \dfrac{\beta''\beta''}{G''G''} & \dfrac{p''p-q'q'}{\Delta\Delta} = \dfrac{a'a'}{GG} + \dfrac{b'b'}{G'G'} + \dfrac{c'c'}{G''G''} \\
\dfrac{lm-n'n'}{\Delta\Delta} = \dfrac{\gamma\gamma}{GG} + \dfrac{\gamma'\gamma'}{G'G'} + \dfrac{\gamma''\gamma''}{G''G''} & \dfrac{pp'-q''q''}{\Delta\Delta} = \dfrac{a''a''}{GG} + \dfrac{b''b''}{G'G'} + \dfrac{c''c''}{G''G''}.
\end{array}\right.
$$

Porro e (12) facile derivantur sequentes:

$$
(24)\quad \left\{\begin{array}{l|l}
l' = GG\beta\gamma + G'G'\beta'\gamma' + G''G''\beta''\gamma'' & q = GGa'a'' + G'G'b'b'' + G''G''c'c'' \\
m' = GG\gamma\alpha + G'G'\gamma'\alpha' + G''G''\gamma''\alpha'' & q' = GGa''a + G'G'b''b + G''G''c''c \\
n' = GG\alpha\beta + G'G'\alpha'\beta' + G''G''\alpha''\beta'' & q'' = GGaa' + G'G'bb' + G''G''cc',
\end{array}\right.
$$

ac simili modo e (15):

$$
(25)\quad \left\{\begin{array}{l|l}
\dfrac{m'n'-ll'}{\Delta\Delta} = \dfrac{\beta\gamma}{GG} + \dfrac{\beta'\gamma'}{G'G'} + \dfrac{\beta''\gamma''}{G''G''} & \dfrac{q'q''-pq}{\Delta\Delta} = \dfrac{a'a''}{GG} + \dfrac{b'b''}{G'G'} + \dfrac{c'c''}{G''G''} \\
\dfrac{n'l'-mm'}{\Delta\Delta} = \dfrac{\gamma\alpha}{GG} + \dfrac{\gamma'\alpha'}{G'G'} + \dfrac{\gamma''\alpha''}{G''G''} & \dfrac{q''q-p'q'}{\Delta\Delta} = \dfrac{a''a}{GG} + \dfrac{b''b}{G'G'} + \dfrac{c''c}{G''G''} \\
\dfrac{l'm'-nn'}{\Delta\Delta} = \dfrac{\alpha\beta}{GG} + \dfrac{\alpha'\beta'}{G'G'} + \dfrac{\alpha''\beta''}{G''G''} & \dfrac{qq'-p''q''}{\Delta\Delta} = \dfrac{aa'}{GG} + \dfrac{bb'}{G'G'} + \dfrac{cc'}{G''G''}.
\end{array}\right.
$$

Sequitur porro e (22):

$$
(26)\quad \left\{\begin{aligned}
GG + G'G' + G''G'' &= l + m + n \\
&= p + p' + p''
\end{aligned}\right.
$$

eodemque modo e (23), cum sit $\Delta = GG'G''$:

$$
(27)\quad \left\{\begin{aligned}
G'G'G''G'' + G''G''GG + GGG'G' &= mn + nl + lm - l'l' - m'm' - n'n' \\
&= p'p'' + p''p + pp' - qq - q'q' - q''q''.
\end{aligned}\right.
$$

Adnotemus adhuc, e formulis (22), (24) recte dispositis per theorema §. 10 erui sequentes:

$$
(28)\quad \left\{\begin{array}{l|l}
GG\alpha = l\alpha + n'\beta + m'\gamma & GGa = pa + q''a' + q'a'' \\
GG\beta = n'\alpha + m\beta + l'\gamma & GGa' = q''a + p'a' + qa'' \\
GG\gamma = m'\alpha + l'\beta + n\gamma & GGa'' = q'a + qa' + p''a'' \\
G'G'\alpha' = l\alpha' + n'\beta' + m'\gamma' & G'G'b = pb + q''b' + q'b'' \\
G'G'\beta' = n'\alpha' + m\beta' + l'\gamma' & G'G'b' = q''b + p'b' + qb'' \\
G'G'\gamma' = m'\alpha' + l'\beta' + n\gamma' & G'G'b'' = q'b + qb' + p''b'' \\
G''G''\alpha'' = l\alpha'' + n'\beta'' + m'\gamma'' & G''G''c = pc + q''c' + q'c'' \\
G''G''\beta'' = n'\alpha'' + m\beta'' + l'\gamma'' & G''G''c' = q''c + p'c' + qc'' \\
G''G''\gamma'' = m'\alpha'' + l'\beta'' + n\gamma'' & G''G''c'' = q'c + qc' + p''c''.
\end{array}\right.
$$

Quarum exempli gratia prima, quarta, septima alterius systematis per dictum theorema ex his fluunt, quas e formulis (22), (24) eligimus:

$$\begin{aligned}
l &= \alpha . G G \alpha + \alpha' . G' G' \alpha' + \alpha'' . G'' G'' \alpha'' \\
n' &= \beta . G G \alpha + \beta' . G' G' \alpha' + \beta'' . G'' G'' \alpha'' \\
m' &= \gamma . G G \alpha + \gamma' . G' G' \alpha' + \gamma'' . G'' G'' \alpha'',
\end{aligned}$$

similique modo reliquae (28) eruuntur.

E (28) rursus per idem theorema fit:

$$(29)\quad \begin{cases}
ll + n'n' + m'm' = G^4 \alpha\alpha + G'^4 \alpha'\alpha' + G''^4 \alpha''\alpha'' \\
mm + l'l' + n'n' = G^4 \beta\beta + G'^4 \beta'\beta' + G''^4 \beta''\beta'' \\
nn + m'm' + l'l' = G^4 \gamma\gamma + G'^4 \gamma'\gamma' + G''^4 \gamma''\gamma'' \\
p\,p + q''q'' + q'q' = G^4 a\,a + G'^4 b\,b + G''^4 c\,c \\
p'p' + q\,q + q''q'' = G^4 a'a' + G'^4 b'b' + G''^4 c'c' \\
p''p'' + q'q' + q\,q = G^4 a''a'' + G'^4 b''b'' + G''^4 c''c''.
\end{cases}$$

Quibus aliae variae addi possunt. Similia formularum systemata e formulis (23), (25) derivare licet. Quae tamen ex antecedentibus etiam fluunt ope theorematis generalis sequentis. Comparatis enim inter se formulis (12) et (16), quarum alterutris, advocatis insuper (4), coëfficientes substitutionum et ipsas G, G', G'' determinare licet, sponte prodit theorema:

„e qualibet formularum propositarum derivari posse alteram, si in locum quantitatum

$$\begin{matrix}
A, & B, & C, \\
A', & B', & C', \\
A'', & B'', & C'', \\
G, & G', & G''
\end{matrix}$$

substituantur respective sequentes:

$$\begin{matrix}
\dfrac{B'C''-B''C'}{\Delta}, & \dfrac{C'A''-C''A'}{\Delta}, & \dfrac{A'B''-A''B'}{\Delta} \\[2ex]
\dfrac{B''C-BC''}{\Delta}, & \dfrac{C''A-CA''}{\Delta}, & \dfrac{A''B-AB''}{\Delta} \\[2ex]
\dfrac{BC'-B'C}{\Delta}, & \dfrac{CA'-C'A}{\Delta}, & \dfrac{AB'-A'B}{\Delta} \\[2ex]
\dfrac{1}{G}, & \dfrac{1}{G'}, & \dfrac{1}{G''};
\end{matrix}$$

unde e. g. etiam pro Δ ponendum $\frac{1}{\Delta}$. Quod patet reciprocum esse, id est, ubi illa in haec abeant, simul etiam haec in illa mutari."

E quo theoremate memorabili formulae inventae alteram statim ei respondentem adiungere licet. Quemadmodum formulae (22) et (23), (24) et (25) per theorema illud alterae ex alteris derivantur. Cui tamen negotio singulis casibus supersedemus.

Per substitutiones propositas e formulis (12) fit:

$$[Ax+By+Cz]w+[A'x+B'y+C'z]w'+[A''x+B''y+C''z]w'' = Gst+G's'u+G''s''v;$$

per easdem substitutiones e formulis (16) sive ex aequatione illa per dictum theorema altera sequitur aequatio ei respondens:

$$(30)\quad \begin{cases} [(B'C''-B''C')x+(C'A''-C''A')y+(A'B''-A''B')z]w \\ +[(B''C-BC'')x+(C''A-CA'')y+(A''B-AB'')z]w' \\ +[(BC'-B'C)x+(CA'-C'A)y+(AB'-A'B)z]w'' \\ = \Delta\left[\dfrac{st}{G}+\dfrac{s'u}{G'}+\dfrac{s''v}{G''}\right] = G'G''st+G''Gs'u+GG's''v. \end{cases}$$

Ita per easdem substitutiones binas simul effici videmus transformationes.

14.

Postquam antecedentibus relationes praecipuas et elegantiores, quae inter quantitates quaesitas et datas locum habent, collegimus, iam sine negotio idque variis modis ex iis ipsi incognitarum valores fluunt.

Formulis (26), (27), (17) quantitatum GG, $G'G'$, $G''G''$ summam, summam productorum e binis, ipsarumque productum exhibuimus, unde aequationem cubicam assignare possumus, cuius quantitates illae radices sint, eaeque radices diversae. Quae per formulas allegatas, advocata (21), fit:

$$(31)\quad \begin{cases} x^3-x^2[l+m+n]+x[mn+nl+lm-l'l'-m'm'-n'n'] \\ \qquad -[lmn-ll'l'-mm'm'-nn'n'+2l'm'n'] = 0, \end{cases}$$

sive etiam:

$$(32)\quad \begin{cases} x^3-x^2[p+p'+p'']+x[p'p''+p''p+pp'-qq-q'q'-q''q''] \\ \qquad -[pp'p''-pqq-p'q'q'-p''q''q''+2qq'q''] = 0; \end{cases}$$

quas aequationes etiam hunc in modum repraesentare licet:

$$(33)\quad (x-l)(x-m)(x-n)-l'l'(x-l)-m'm'(x-m)-n'n'(x-n)-2l'm'n' = 0$$

$$(34)\quad (x-p)(x-p')(x-p'')-qq(x-p)-q'q'(x-p')-q''q''(x-p'')-2qq'q'' = 0.$$

Quae e formulis (18), (19), (21) in hanc abeunt:

$$(35)\quad \left\{\begin{aligned} & x^3 - x^2[AA+BB+CC+A'A'+B'B'+C'C'+A''A''+B''B''+C''C''] \\ & \quad +x\left\{\begin{aligned} & (B'C''-B''C')^2+(C'A''-C''A')^2+(A'B''-A''B')^2 \\ & +(B''C-BC'')^2+(C''A-CA'')^2+(A''B-AB'')^2 \\ & +(BC'-B'C)^2+(CA'-C'A)^2+(AB'-A'B)^2 \end{aligned}\right\} \\ & -[A(B'C''-B''C')+B(C'A''-C''A')+C(A'B''-A''B')]^2 = 0. \end{aligned}\right.$$

A cuius aequationis cubicae resolutione totum maxime problema pendet; quippe cuius inventis radicibus GG, $G'G'$, $G''G''$, quadrata coëfficientium substitutionum propositarum rationaliter exprimuntur, unde, ut ipsi earum eruantur valores, tantum radicis quadraticae extractione opus est.

Eligamus e. g., ut valorem ipsius $\alpha\alpha$ eruamus, e formulis (7), (22), (23) sequentes:

$$\begin{aligned} \alpha\alpha + \alpha'\alpha' + \alpha''\alpha'' &= 1 \\ GG\alpha\alpha + G'G'\alpha'\alpha' + G''G''\alpha''\alpha'' &= l \\ \frac{\alpha\alpha}{GG} + \frac{\alpha'\alpha'}{G'G'} + \frac{\alpha''\alpha''}{G''G''} &= \frac{mn-l'l'}{\Delta\Delta}, \end{aligned}$$

quarum postrema etiam hunc in modum repraesentari potest:

$$G'G'G''G''\alpha\alpha + G''G''GG\alpha'\alpha' + GGG'G'\alpha''\alpha'' = mn - l'l'.$$

Cui addatur prima ducta in $-GG(G'G'+G''G'')$, secunda ducta in GG; prodit:

$$[G^4 - G^2(G'G'+G''G'') + G'G'G''G'']\alpha\alpha = G^2 l - G^2(G'G'+G''G'') + mn - l'l',$$

unde cum sit

$$GG + G'G' + G''G'' = l+m+n,$$

obtines:

$$\alpha\alpha = \frac{(GG-m)(GG-n)-l'l'}{(GG-G'G')(GG-G''G'')}.$$

In locum aequationis tertiae etiam haec substitui potest, e (29) petita:

$$G^4\alpha\alpha + G'^4\alpha'\alpha' + G''^4\alpha''\alpha'' = ll + m'm' + n'n',$$

qua iuncta primae ductae in $G'G'G''G''$ et secundae ductae in $-(G'G'+G''G'')$, obtines:

$$(GG-G'G')(GG-G''G'')\alpha\alpha = (G'G'-l)(G''G''-l) + m'm' + n'n',$$

sive:

$$(36)\qquad \alpha\alpha = \frac{(l-G'G')(l-G''G'')+m'm'+n'n'}{(GG-G'G')(GG-G''G'')}.$$

Utrique autem ipsius $\alpha\alpha$ valores inventi e (26), (27) facile inter se conveniunt.

Hac ratione, cognitis ipsis GG, $G'G'$, $G''G''$, quadrata coëfficientium quaesitarum nanciscimur per formulas sequentes:

$$(37)\quad \left\{\begin{array}{ll}
\alpha\alpha = \dfrac{(GG-m)(GG-n)-l'l'}{(GG-G'G')(GG-G''G'')} & aa = \dfrac{(GG-p')(GG-p'')-qq}{(GG-G'G')(GG-G''G'')} \\
\alpha'\alpha' = \dfrac{(G'G'-m)(G'G'-n)-l'l'}{(G'G'-G''G'')(G'G'-GG)} & bb = \dfrac{(G'G'-p')(G'G'-p'')-qq}{(G'G'-G''G'')(G'G'-GG)} \\
\alpha''\alpha'' = \dfrac{(G''G''-m)(G''G''-n)-l'l'}{(G''G''-GG)(G''G''-G'G')} & cc = \dfrac{(G''G''-p')(G''G''-p'')-qq}{(G''G''-GG)(G''G''-G'G')} \\
\beta\beta = \dfrac{(GG-n)(GG-l)-m'm'}{(GG-G'G')(GG-G''G'')} & a'a' = \dfrac{(GG-p'')(GG-p)-q'q'}{(GG-G'G')(GG-G''G'')} \\
\beta'\beta' = \dfrac{(G'G'-n)(G'G'-l)-m'm'}{(G'G'-G''G'')(G'G'-GG)} & b'b' = \dfrac{(G'G'-p'')(G'G'-p)-q'q'}{(G'G'-G''G'')(G'G'-GG)} \\
\beta''\beta'' = \dfrac{(G''G''-n)(G''G''-l)-m'm'}{(G''G''-GG)(G''G''-G'G')} & c'c' = \dfrac{(G''G''-p'')(G''G''-p)-q'q'}{(G''G''-GG)(G''G''-G'G')} \\
\gamma\gamma = \dfrac{(GG-l)(GG-m)-n'n'}{(GG-G'G')(GG-G''G'')} & a''a'' = \dfrac{(GG-p)(GG-p')-q''q''}{(GG-G'G')(GG-G''G'')} \\
\gamma'\gamma' = \dfrac{(G'G'-l)(G'G'-m)-n'n'}{(G'G'-G''G'')(G'G'-GG)} & b''b'' = \dfrac{(G'G'-p)(G'G'-p')-q''q''}{(G'G'-G''G'')(G'G'-GG)} \\
\gamma''\gamma'' = \dfrac{(G''G''-l)(G''G''-m)-n'n'}{(G''G''-GG)(G''G''-G'G')} & c''c'' = \dfrac{(G''G''-p)(G''G''-p')-q''q''}{(G''G''-GG)(G''G''-G'G')}.
\end{array}\right.$$

Uti quantitatem $\alpha\alpha$ sub alia forma (36) exhibuimus, ita etiam reliquis formam similem assignare licet, cui, cum in promtu sit, supersedemus.

His inventis, ipsas coëfficientes quaesitas per extractionem radicis quadraticae eruimus; signa autem radicum non omnia pro arbitrio assumere licet. Videbimus enim, non modo $\alpha\alpha$, sed etiam producta $\alpha\beta$, $\alpha\gamma$, ope ipsarum GG, $G'G'$, $G''G''$, rationaliter exprimi posse, unde patet, signo unius e quantitatibus α, β, γ pro arbitrio assumto, reliquarum signa determinata esse.

Producta illa $\alpha\beta$, $\alpha\gamma$, $\beta\gamma$ eorumque similia ex antecedentibus facile invenimus. Exempli gratia, ut eruatur productum $\beta\gamma$, eligimus e (7), (24), (25) sequentes formulas:

$$\begin{gathered}
\beta\gamma + \beta'\gamma' + \beta''\gamma'' = 0 \\
GG\beta\gamma + G'G'\beta'\gamma' + G''G''\beta''\gamma'' = l' \\
\frac{\beta\gamma}{GG} + \frac{\beta'\gamma'}{G'G'} + \frac{\beta''\gamma''}{G''G''} = \frac{m'n'-ll'}{\Delta\Delta},
\end{gathered}$$

quarum postremam, cum sit $\Delta = GG'G''$, rursus ita exhibemus:

$$G'G'G''G''\beta\gamma + G''G''GG\beta'\gamma' + GGG'G'\beta''\gamma'' = m'n' - ll'.$$

Qua addita primae ductae in $-GG(G'G'+G''G'')$ et secundae ductae in GG, prodit:

$$(GG-G'G')(GG-G''G'')\beta\gamma = l'(GG-l)+m'n',$$

sive

$$\beta\gamma = \frac{l'(GG-l)+m'n'}{(GG-G'G')(GG-G''G'')}.$$

Hac ratione sequens nanciscimur formularum systema:

$$
(38)\quad \left\{
\begin{array}{l|l}
\beta\gamma = \dfrac{l'(GG-l)+m'n'}{(GG-G'G')(GG-G''G'')} & a'a'' = \dfrac{q(GG-p)+q'q''}{(GG-G'G')(GG-G''G'')} \\
\beta'\gamma' = \dfrac{l'(G'G'-l)+m'n'}{(G'G'-G''G'')(G'G'-GG)} & b'b'' = \dfrac{q(G'G'-p)+q'q''}{(G'G'-G''G'')(G'G'-GG)} \\
\beta''\gamma'' = \dfrac{l'(G''G''-l)+m'n'}{(G''G''-GG)(G''G''-G'G')} & c'c'' = \dfrac{q(G''G''-p)+q'q''}{(G''G''-GG)(G''G''-G'G')} \\
\gamma\alpha = \dfrac{m'(GG-m)+n'l'}{(GG-G'G')(GG-G''G'')} & a''a = \dfrac{q'(GG-p')+q''q}{(GG-G'G')(GG-G''G'')} \\
\gamma'\alpha' = \dfrac{m'(G'G'-m)+n'l'}{(G'G'-G''G'')(G'G'-GG)} & b''b = \dfrac{q'(G'G'-p')+q''q}{(G'G'-G''G'')(G'G'-GG)} \\
\gamma''\alpha'' = \dfrac{m'(G''G''-m)+n'l'}{(G''G''-GG)(G''G''-G'G')} & c''c = \dfrac{q'(G''G''-p')+q''q}{(G''G''-GG)(G''G''-G'G')} \\
\alpha\beta = \dfrac{n'(GG-n)+l'm'}{(GG-G'G')(GG-G''G'')} & aa' = \dfrac{q''(GG-p'')+qq'}{(GG-G'G')(GG-G''G'')} \\
\alpha'\beta' = \dfrac{n'(G'G'-n)+l'm'}{(G'G'-G''G'')(G'G'-GG)} & bb' = \dfrac{q''(G'G'-p'')+qq'}{(G'G'-G''G'')(G'G'-GG)} \\
\alpha''\beta'' = \dfrac{n'(G''G''-n)+l'm'}{(G''G''-GG)(G''G''-G'G')} & cc' = \dfrac{q''(G''G''-p'')+qq'}{(G''G''-GG)(G''G''-G'G')}.
\end{array}
\right.
$$

Ex his formulis videmus, determinatis signis ipsarum α, α', α'' et a, b, c, reliquarum etiam signa determinata esse. Neque illa omnino pro arbitrio assumere licet, ubi, ut supra fecimus (10), statuere placet $\varepsilon = 1$, $e = 1$; quippe quo facto etiam e quantitatibus α, α', α'' nec non e quantitatibus a, b, c unius signum per signa duarum reliquarum determinatur.

Adnotemus adhuc, quo methodorum, quibus uti licet, varietas demonstretur, omnia, quae ad resolutionem problematis neccessaria sint, etiam e formulis (28) peti potuisse. Eligamus e. g. aequationes tres primas alterius systematis, quas ita exhibemus:

$$
\begin{array}{llll}
0 = (l-GG)\alpha + & n'\beta + & m'\gamma \\
0 = & n'\alpha + (m-GG)\beta + & l'\gamma \\
0 = & m'\alpha + & l'\beta + (n-GG)\gamma,
\end{array}
$$

e quibus, eliminatis α, β, γ per regulas notas, primum obtinemus:

$$(l-GG)(m-GG)(n-GG)-l'l'(l-GG)-m'm'(m-GG)-n'n'(n-GG)+2l'm'n' = 0,$$

quae aequatio cubica, e cuius resolutione GG prodit, eadem est atque illa supra inventa (33). Eadem methodo e reliquis formulis (28) inveniuntur $G'G'$, $G''G''$ eiusdem aequationis cubicae radices esse.

Porro ex aequatione secunda et tertia sequuntur proportiones:

$$\alpha:\beta:\gamma = \alpha\alpha:\alpha\beta:\alpha\gamma = (m-GG)(n-GG)-l'l' : l'm'-n'(n-GG) : n'l'-m'(m-GG);$$

e tertia et prima:

$$\beta:\gamma:\alpha = \beta\beta:\beta\gamma:\beta\alpha = (n-GG)(l-GG)-m'm' : m'n'-l'(l-GG) : l'm'-n'(n-GG);$$

e prima et secunda:

$$\gamma:\alpha:\beta = \gamma\gamma:\gamma\alpha:\gamma\beta = (l-GG)(m-GG)-n'n' : n'l'-m'(m-GG) : m'n'-l'(l-GG).$$

Unde etiam:

$$\alpha\alpha:\beta\beta:\gamma\gamma = (m-GG)(n-GG)-l'l' : (n-GG)(l-GG)-m'm' : (l-GG)(m-GG)-n'n'.$$

Jam vero est

$$(m-GG)(n-GG)+(n-GG)(l-GG)+(l-GG)(m-GG)-l'l'-m'm'-n'n'$$

aequale differentiali expressionis

$$(x-l)(x-m)(x-n)-l'l'(x-l)-m'm'(x-m)-n'n'(x-n)-2l'm'n'$$
$$= (x-GG)(x-G'G')(x-G''G''),$$

secundum x sumto, siquidem post differentiationem $x = GG$ ponitur, ideoque etiam aequale expressioni

$$(GG-G'G')(GG-G''G'').$$

Unde, cum sit

$$\alpha\alpha+\beta\beta+\gamma\gamma = 1,$$

eruimus:

$$\alpha\alpha = \frac{(GG-m)(GG-n)-l'l'}{(GG-G'G')(GG-G''G'')},$$

quod cum (37) convenit; eademque ratione etiam reliquae formulae (37) inveniuntur.

Invento $\alpha\alpha$, e proportionibus assignatis fit:

$$\alpha\beta = \frac{n'(GG-n)+l'm'}{(GG-G'G')(GG-G''G'')},$$

quod cum (38) convenit, cuius reliquae formulae eadem methodo inveniri possunt.

15.

Postquam antecedentibus completam problematis resolutionem dedimus, sequentia adiungamus, quibus quaestio nostra haud parum illustratur, eaque adeo ad problema notum et tritum de indagatione axium principalium superficiei secundi ordinis revocatur.

E substitutionibus enim propositis per formulas (13) facile probantur aequationes sequentes:

$$(39)\qquad \begin{cases} Ax+By+Cz = Gas+G'b's'+G''c''s'' \\ A'x+B'y+C'z = Ga's+G'b's'+G''c's'' \\ A''x+B''y+C''z = Ga''s+G'b''s'+G''c''s'' \\ Aw+A'w'+A''w'' = G\alpha t+G'\alpha'u+G''\alpha''v \\ Bw+B'w'+B''w'' = G\beta t+G'\beta'u+G''\beta''v \\ Cw+C'w'+C''w'' = G\gamma t+G'\gamma'u+G''\gamma''v, \end{cases}$$

unde etiam per theorema §. 10:

$$(40)\quad \begin{cases} (Ax+By+Cz)^2+(A'x+B'y+C'z)^2+(A''x+B''y+C''z)^2 \\ \qquad = GGss+G'G's's'+G''G''s''s'', \\ (Aw+A'w'+A''w'')^2+(Bw+B'w'+B''w'')^2+(Cw+C'w'+C''w'')^2 \\ \qquad = GGtt+G'G'uu+G''G''vv, \end{cases}$$

quas aequationes etiam ita repraesentare licet:

$$(41)\quad \begin{cases} lxx+myy+nzz+2l'yz+2m'zx+2n'xy \\ \qquad = GGss+G'G's's'+G''G''s''s'' \\ pww+p'w'w'+p''w''w''+2qw'w''+2q'w''w+2q''ww' \\ \qquad = GGtt+G'G'uu+G''G''vv. \end{cases}$$

Quoties vero substitutiones propositae praeter aequationes

$$xx+yy+zz = ss+s's'+s''s''$$
$$ww+w'w'+w''w'' = tt+uu+vv$$

etiam aequationibus (40) sive (41) satisfacere debent, substitutiones illae, sicuti quantitates GG, $G'G'$, $G''G''$ determinatae sunt. Quod cum idem sit, ac si proponeretur, ellipsoidas, quae ad axes coordinatarum orthogonales relatae per aequationes exprimuntur

$$(Ax+By+Cz)^2+(A'x+B'y+C'z)^2+(A''x+B''y+C''z)^2 = KK$$
$$(Aw+A'w'+A''w'')^2+(Bw+B'w'+B''w'')^2+(Cw+C'w'+C''w'')^2 = KK,$$

ad axes principales referre, problema ad indagationem axium principalium binarum ellipsoidarum revocatum est, quae in utraque ellipsoida fiunt $\frac{K}{G}$, $\frac{K}{G'}$, $\frac{K}{G''}$, et quarum situ substitutiones adhibendae indicantur.

Quo melius natura et situs ellipsoidarum perspiciatur, adnotemus, alterius tria puncta esse, quorum coordinatae respective sint, posito brevitatis causa $K=1$,

$$\text{primi:}\quad \frac{B'C''-B''C'}{\Delta},\quad \frac{C'A''-C''A'}{\Delta},\quad \frac{A'B''-A''B'}{\Delta},$$
$$\text{secundi:}\quad \frac{B''C-BC''}{\Delta},\quad \frac{C''A-CA''}{\Delta},\quad \frac{A''B-AB''}{\Delta},$$
$$\text{tertii:}\quad \frac{BC'-B'C}{\Delta},\quad \frac{CA'-C'A}{\Delta},\quad \frac{AB'-A'B}{\Delta},$$

iisque terminari diametros tres inter se coniugatas, quas patet perpendiculares esse tribus planis, quae aequationibus definiuntur:

$$Ax+By+Cz=0,\quad A'x+B'y+C'z=0,\quad A''x+B''y+C''z=0;$$

alterius superficiei tria puncta assignari posse, quorum coordinatae sunt,

$$\text{primi:}\quad \frac{B'C''-B''C'}{\Delta},\quad \frac{B''C-BC''}{\Delta},\quad \frac{BC'-B'C}{\Delta},$$
$$\text{secundi:}\quad \frac{C'A''-C''A'}{\Delta},\quad \frac{C''A-CA''}{\Delta},\quad \frac{CA'-C'A}{\Delta},$$
$$\text{tertii:}\quad \frac{A'B''-A''B'}{\Delta},\quad \frac{A''B-AB''}{\Delta},\quad \frac{AB'-A'B}{\Delta},$$

quibus punctis terminantur diametri superficiei tres inter se coniugatae, quas patet perpendiculares esse planis:

$$Aw+A'w'+A''w''=0,\quad Bw+B'w'+B''w''=0,\quad Cw+C'w'+C''w''=0.$$

Unde adeo problema revocatum est ad indagationem axium principalium superficierum, quarum diametri tres inter se coniugatae dantur.

Simili modo vel etiam e (40)—(41) per theorema §. 13 probantur aequationes:

$$(42)\quad \begin{cases} [(B'C''-B''C')x+(C'A''-C''A')y+(A'B''-A''B')z]^2 \\ +[(B''C-BC'')x+(C''A-CA'')y+(A''B-AB'')z]^2 \\ +[(BC'-B'C)x+(CA'-C'A)y+(AB'-A'B)z]^2 \\ \quad = G'G'G''G''ss+G''G''GGs's'+GGG'G's''s'', \\ [(B'C''-B''C')w+(B''C-BC'')w'+(BC'-B'C)w'']^2 \\ +[(C'A''-C''A')w+(C''A-CA'')w'+(CA'-C'A)w'']^2 \\ +[(A'B''-A''B')w+(A''B-AB'')w'+(AB'-A'B)w'']^2 \\ \quad = G'G'G''G''tt+G''G''GGuu+GGG'G'vv, \end{cases}$$

quibus et ipsis aliarum binarum ellipsoidarum continetur reductio ad axes earum principales.

Iam transeamus ad problema initio propositum de transformatione duplicis integralis, cuius solutionem sine calculo de quaestionibus antecedentibus deducimus.

Problema II.

„Proponitur, integrale duplex indefinitum

$$\int\frac{d\varphi d\psi}{A+B\cos\varphi+C\sin\varphi+(A'+B'\cos\varphi+C'\sin\varphi)\cos\psi+(A''+B''\cos\varphi+C''\sin\varphi)\sin\psi}$$

per substitutiones:

$$\cos\varphi=\frac{\beta-\beta'\cos\eta-\beta''\sin\eta}{\alpha-\alpha'\cos\eta-\alpha''\sin\eta}\qquad \cos\psi=\frac{a'-b'\cos\vartheta-c'\sin\vartheta}{a-b\cos\vartheta-c\sin\vartheta}$$
$$\sin\varphi=\frac{\gamma-\gamma'\cos\eta-\gamma''\sin\eta}{\alpha-\alpha'\cos\eta-\alpha''\sin\eta}\qquad \sin\psi=\frac{a''-b''\cos\vartheta-c''\sin\vartheta}{a-b\cos\vartheta-c\sin\vartheta}$$

transformare in hoc simplicius

$$\int \frac{d\eta\, d\vartheta}{G - G'\cos\eta\cos\vartheta - G''\sin\eta\sin\vartheta}.\text{“}$$

16.

In formulis §. 10 in locum quantitatum

$$\begin{array}{ccc|ccc} \alpha & \alpha' & \alpha'' & a & b & c \\ \beta & \beta' & \beta'' & a' & b' & c' \\ \gamma & \gamma' & \gamma'' & a'' & b'' & c'' \end{array}$$

ponamus respective:

$$\begin{array}{ccc|ccc} \alpha & i\alpha' & i\alpha'' & a & ib & ic \\ -i\beta & \beta' & \beta'' & -ia' & b' & c' \\ -i\gamma & \gamma' & \gamma'' & -ia'' & b'' & c'' \end{array}$$

designante i quantitatem imaginariam $\sqrt{-1}$: prodit formularum systema sequens:

$$(43)\quad \left\{\begin{array}{rcl|rcl}
\alpha\alpha - \beta\beta - \gamma\gamma & = & 1 & aa - a'a' - a''a'' & = & 1 \\
\alpha'\alpha' - \beta'\beta' - \gamma'\gamma' & = & -1 & bb - b'b' - b''b'' & = & -1 \\
\alpha''\alpha'' - \beta''\beta'' - \gamma''\gamma'' & = & -1 & cc - c'c' - c''c'' & = & -1 \\
\alpha'\alpha'' - \beta'\beta'' - \gamma'\gamma'' & = & 0 & bc - b'c' - b''c'' & = & 0 \\
\alpha''\alpha - \beta''\beta - \gamma''\gamma & = & 0 & ca - c'a' - c''a'' & = & 0 \\
\alpha\alpha' - \beta\beta' - \gamma\gamma' & = & 0 & ab - a'b' - a''b'' & = & 0 \\
\alpha\alpha - \alpha'\alpha' - \alpha''\alpha'' & = & 1 & aa - bb - cc & = & 1 \\
\beta\beta - \beta'\beta' - \beta''\beta'' & = & -1 & a'a' - b'b' - c'c' & = & -1 \\
\gamma\gamma - \gamma'\gamma' - \gamma''\gamma'' & = & -1 & a''a'' - b''b'' - c''c'' & = & -1 \\
\beta\gamma - \beta'\gamma' - \beta''\gamma'' & = & 0 & a'a'' - b'b'' - c'c'' & = & 0 \\
\gamma\alpha - \gamma'\alpha' - \gamma''\alpha'' & = & 0 & a''a - b''b - c''c & = & 0 \\
\alpha\beta - \alpha'\beta' - \alpha''\beta'' & = & 0 & aa' - bb' - cc' & = & 0 \\
\beta'\gamma'' - \beta''\gamma' & = & \alpha & b'c'' - b''c' & = & a \\
\beta''\gamma - \beta\gamma'' & = & -\alpha' & c'a'' - c''a' & = & -b \\
\beta\gamma' - \beta'\gamma & = & -\alpha'' & a'b'' - a''b' & = & -c \\
\gamma'\alpha'' - \gamma''\alpha' & = & -\beta & b''c - bc'' & = & -a' \\
\gamma''\alpha - \gamma\alpha'' & = & \beta' & c''a - ca'' & = & b' \\
\gamma\alpha' - \gamma'\alpha & = & \beta'' & a''b - ab'' & = & c' \\
\alpha'\beta'' - \alpha''\beta' & = & -\gamma & bc' - b'c & = & -a'' \\
\alpha''\beta - \alpha\beta'' & = & \gamma' & ca' - c'a & = & b'' \\
\alpha\beta' - \alpha'\beta & = & \gamma'' & ab' - a'b & = & c''
\end{array}\right.$$

$$\alpha(\beta'\gamma'' - \beta''\gamma') + \beta(\gamma'\alpha'' - \gamma''\alpha') + \gamma(\alpha'\beta'' - \alpha''\beta') = 1$$

$$a(b'c'' - b''c') + a'(b''c - bc'') + a''(bc' - b'c) = 1.$$

Quae omnes e sex primis utriusque systematis sequuntur.

Ope harum formularum nanciscimur aequationes identicas:

$$(44)\quad \begin{cases} (\alpha-\alpha'\cos\eta-\alpha''\sin\eta)^2=(\beta-\beta'\cos\eta-\beta''\sin\eta)^2+(\gamma-\gamma'\cos\eta-\gamma''\sin\eta)^2 \\ (a-b\cos\vartheta-c\sin\vartheta)^2=(a'-b'\cos\vartheta-c'\sin\vartheta)^2+(a''-b''\cos\vartheta-c''\sin\vartheta)^2, \end{cases}$$

unde simul ponere licet:

$$(45)\quad \begin{cases} \cos\varphi=\dfrac{\beta-\beta'\cos\eta-\beta''\sin\eta}{\alpha-\alpha'\cos\eta-\alpha''\sin\eta} & \cos\psi=\dfrac{a'-b'\cos\vartheta-c'\sin\vartheta}{a-b\cos\vartheta-c\sin\vartheta} \\ \sin\varphi=\dfrac{\gamma-\gamma'\cos\eta-\gamma''\sin\eta}{\alpha-\alpha'\cos\eta-\alpha''\sin\eta} & \sin\psi=\dfrac{a''-b''\cos\vartheta-c''\sin\vartheta}{a-b\cos\vartheta-c\sin\vartheta}. \end{cases}$$

E quibus nanciscimur per (43):

$$(46)\quad \begin{cases} \alpha-\beta\cos\varphi-\gamma\sin\varphi=\dfrac{1}{\alpha-\alpha'\cos\eta-\alpha''\sin\eta} & a-a'\cos\psi-a''\sin\psi=\dfrac{1}{a-b\cos\vartheta-c\sin\vartheta} \\ \alpha'-\beta'\cos\varphi-\gamma'\sin\varphi=\dfrac{\cos\eta}{\alpha-\alpha'\cos\eta-\alpha''\sin\eta} & b-b'\cos\psi-b''\sin\psi=\dfrac{\cos\vartheta}{a-b\cos\vartheta-c\sin\vartheta} \\ \alpha''-\beta''\cos\varphi-\gamma''\sin\varphi=\dfrac{\sin\eta}{\alpha-\alpha'\cos\eta-\alpha''\sin\eta} & c-c'\cos\psi-c''\sin\psi=\dfrac{\sin\vartheta}{a-b\cos\vartheta-c\sin\vartheta}, \end{cases}$$

unde

$$(47)\quad \begin{cases} \cos\eta=\dfrac{\alpha'-\beta'\cos\varphi-\gamma'\sin\varphi}{\alpha-\beta\cos\varphi-\gamma\sin\varphi} & \cos\vartheta=\dfrac{b-b'\cos\psi-b''\sin\psi}{a-a'\cos\psi-a''\sin\psi} \\ \sin\eta=\dfrac{\alpha''-\beta''\cos\varphi-\gamma''\sin\varphi}{\alpha-\beta\cos\varphi-\gamma\sin\varphi} & \sin\vartheta=\dfrac{c-c'\cos\psi-c''\sin\psi}{a-a'\cos\psi-a''\sin\psi}; \end{cases}$$

quod rursus suppeditat aequationes identicas:

$$(48)\quad \begin{cases} (\alpha-\beta\cos\varphi-\gamma\sin\varphi)^2=(\alpha'-\beta'\cos\varphi-\gamma'\sin\varphi)^2+(\alpha''-\beta''\cos\varphi-\gamma''\sin\varphi)^2 \\ (a-a'\cos\psi-a''\sin\psi)^2=(b-b'\cos\psi-b''\sin\psi)^2+(c-c'\cos\psi-c''\sin\psi)^2, \end{cases}$$

quae etiam e (43) probantur.

Formulas (45), (47) etiam e formulis (1), (5) primi problematis derivare licuisset, praeter mutationes indicatas posito ibidem:

$$xx+yy+zz=ss+s's'+s''s''=0$$
$$ww+w'w'+w''w''=tt+uu+vv=0,$$

atque:

$$\frac{y}{x}=-i\cos\varphi,\quad \frac{z}{x}=-i\sin\varphi \qquad \frac{w'}{w}=-i\cos\psi,\quad \frac{w''}{w}=-i\sin\psi$$
$$\frac{s'}{s}=i\cos\eta,\quad \frac{s''}{s}=i\sin\eta \qquad \frac{u}{t}=i\cos\vartheta,\quad \frac{v}{t}=i\sin\vartheta.$$

Pauca adhuc, quae ad substitutionum propositarum naturam pertinent, adiiciamus, quod in altera fecisse sufficiat.

E formulis (45), advocatis (43), brevitatis causa posito

$$(49)\qquad \beta\beta+\gamma\gamma=\alpha'\alpha'+\alpha''\alpha''=\alpha\alpha-1=\delta\delta,$$

sequitur:

(50)
$$\begin{cases}\beta\cos\varphi+\gamma\sin\varphi=\dfrac{\delta\delta-\alpha\alpha'\cos\eta-\alpha\alpha''\sin\eta}{\alpha-\alpha'\cos\eta-\alpha''\sin\eta}\\ \gamma\cos\varphi-\beta\sin\varphi=\dfrac{\alpha'\sin\eta-\alpha''\cos\eta}{\alpha-\alpha'\cos\eta-\alpha''\sin\eta},\end{cases}$$

unde, posito

(51)
$$\begin{cases}\beta=\delta\cos\varphi', & \alpha'=\delta\cos\eta',\\ \gamma=\delta\sin\varphi', & \alpha''=\delta\sin\eta',\end{cases}$$

aequationes (50) in has abeunt:

(52)
$$\begin{cases}\cos(\varphi'-\varphi)=\dfrac{\delta-\alpha\cos(\eta-\eta')}{\alpha-\delta\cos(\eta-\eta')},\\ \sin(\varphi'-\varphi)=\dfrac{\sin(\eta-\eta')}{\alpha-\delta\cos(\eta-\eta')},\end{cases}$$

quibus addi possunt, quae facile sequuntur,

(53)
$$\begin{cases}1-\cos(\varphi'-\varphi)=(\alpha-\delta)\dfrac{1+\cos(\eta-\eta')}{\alpha-\delta\cos(\eta-\eta')}\\ 1+\cos(\varphi'-\varphi)=(\alpha+\delta)\dfrac{1-\cos(\eta-\eta')}{\alpha-\delta\cos(\eta-\eta')}\\ \operatorname{tang}\tfrac{1}{2}(\varphi'-\varphi)\operatorname{tang}\tfrac{1}{2}(\eta-\eta')=\alpha-\delta,\end{cases}$$

quarum postrema anguli η, φ alter ex altero facile computantur; e qua etiam patet, quod in introductione diximus, substitutioni illi formam creari posse:

$$\operatorname{tang}\tfrac{1}{2}\varphi=\frac{m+n\operatorname{tang}\frac{1}{2}\eta}{1+p\operatorname{tang}\frac{1}{2}\eta}.$$

Ceterum ponere licet:

(54) $\qquad \alpha=\sec\zeta,\quad \delta=\operatorname{tang}\zeta,\quad \alpha-\delta=\operatorname{tang}(45^\circ-\tfrac{1}{2}\zeta).$

E (52) fit:

$$\cos\varphi=\frac{\beta-\alpha\cos\varphi'\cos(\eta-\eta')+\sin\varphi'\sin(\eta-\eta')}{\alpha-\alpha'\cos\eta-\alpha''\sin\eta}$$
$$\sin\varphi=\frac{\gamma-\alpha\sin\varphi'\cos(\eta-\eta')-\cos\varphi'\sin(\eta-\eta')}{\alpha-\alpha'\cos\eta-\alpha''\sin\eta},$$

quibus comparatis cum (45), prodit:

(55)
$$\begin{cases}\beta'=\alpha\cos\varphi'\cos\eta'+\sin\varphi'\sin\eta'\\ \beta''=\alpha\cos\varphi'\sin\eta'-\sin\varphi'\cos\eta'\\ \gamma'=\alpha\sin\varphi'\cos\eta'-\cos\varphi'\sin\eta'\\ \gamma''=\alpha\sin\varphi'\sin\eta'+\cos\varphi'\cos\eta',\end{cases}$$

quae iunctae (51) monstrant, quomodo coëfficientes illae novem substitutionis, qua utimur, per quantitates tres α, φ', η' exprimantur. Observo porro, in ellipsi, cuius excentricitas $=\dfrac{\delta}{\alpha}=\sin\zeta$, designare posse angulos $\eta-\eta'$ anomaliam excentricam, $\varphi+\pi-\varphi'$ anomaliam veram.

Differentiata prima ex aequationibus (46), obtinemus:

$$(\beta \sin\varphi - \gamma \cos\varphi)d\varphi = \frac{\alpha'' \cos\eta - \alpha' \sin\eta}{(\alpha - \alpha' \cos\eta - \alpha'' \sin\eta)^2} \cdot d\eta$$

$$(a' \sin\psi - a'' \cos\psi)d\psi = \frac{c\cos\vartheta - b\sin\vartheta}{(a - b\cos\vartheta - c\sin\vartheta)^2} \cdot d\vartheta,$$

unde, cum sit

$$\beta \sin\varphi - \gamma \cos\varphi = \frac{\alpha'' \cos\eta - \alpha' \sin\eta}{\alpha - \alpha' \cos\eta - \alpha'' \sin\eta}$$

$$a' \sin\psi - a'' \cos\psi = \frac{c\cos\vartheta - b\sin\vartheta}{a - b\cos\vartheta - c\sin\vartheta},$$

prodit:

$$(56) \qquad d\varphi = \frac{d\eta}{\alpha - \alpha' \cos\eta - \alpha'' \sin\eta}, \qquad d\psi = \frac{d\vartheta}{a - b\cos\vartheta - c\sin\vartheta}.$$

Observo porro, eam esse naturam coëfficientium substitutionum propositarum, ut generaliter valeat

Theorema,

„datis aequationibus

$$y = \frac{\beta - \beta' s' - \beta'' s''}{\alpha - \alpha' s' - \alpha'' s''} \qquad w' = \frac{a' - b' u - c' v}{a - b u - c v}$$

$$z = \frac{\gamma - \gamma' s' - \gamma'' s''}{\alpha - \alpha' s' - \alpha'' s''} \qquad w'' = \frac{a'' - b'' u - c'' v}{a - b u - c v},$$

fieri vice versa:

$$s' = \frac{\alpha' - \beta' y - \gamma' z}{\alpha - \beta y - \gamma z} \qquad u = \frac{b - b' w' - b'' w''}{a - a' w' - a'' w''}$$

$$s'' = \frac{\alpha'' - \beta'' y - \gamma'' z}{\alpha - \beta y - \gamma z} \qquad v = \frac{c - c' w' - c'' w''}{a - a' w' - a'' w''}$$

$$(\alpha - \beta y - \gamma z)\ (\alpha - \alpha' s' - \alpha'' s'') = 1$$

$$(a - a' w' - a'' w'')(a - bu - cv) = 1,$$

simulque

$$1 - yy - zz = \frac{1 - s's' - s''s''}{(\alpha - \alpha' s' - \alpha'' s'')^2},$$

$$1 - w'w' - w''w'' = \frac{1 - uu - vv}{(a - bu - cv)^2};$$

porro fieri, quae sunt inter differentialia partialia relationes memorabiles:

$$\frac{\partial y}{\partial s'} \frac{\partial z}{\partial s''} - \frac{\partial y}{\partial s''} \frac{\partial z}{\partial s'} = \frac{1}{(\alpha - \alpha' s' - \alpha'' s'')^3}$$

$$\frac{\partial w'}{\partial u} \frac{\partial w''}{\partial v} - \frac{\partial w'}{\partial v} \frac{\partial w''}{\partial u} = \frac{1}{(a - bu - cv)^3}.“$$

Jam ad eas venimus relationes, quae inter coëfficientes substitutionum propositarum locum habere debent, ut transformatio integralis duplicis indicata succedat.

17.

Quem in finem in formulis §. 11 in locum quantitatum, quae expressionem transformandam afficiunt,

$$A,\quad B,\quad C,\quad A',\quad B',\quad C',\quad A'',\quad B'',\quad C''$$

ponamus sequentes:

$$A,\quad iB,\quad iC,\quad iA',\quad -B',\quad -C',\quad iA'',\quad -B'',\quad -C'',$$

in quibus rursus $i=\sqrt{-1}$. Quo facto, ubi etiam, uti indicavimus, loco

$$\alpha',\quad \alpha'',\quad \beta,\quad \gamma;\quad b,\quad c,\quad a',\quad a''$$

ponuntur

$$i\alpha',\quad i\alpha'',\quad -i\beta,\quad -i\gamma;\quad ib,\quad ic,\quad -ia',\quad -ia'',$$

formulae (12) in has abeunt:

$$(57)\qquad\left\{\begin{aligned}
A &= G\alpha a - G'\alpha' b - G''\alpha'' c\\
-B &= G\beta a - G'\beta' b - G''\beta'' c\\
-C &= G\gamma a - G'\gamma' b - G''\gamma'' c\\
-A' &= G\alpha a' - G'\alpha' b' - G''\alpha'' c'\\
B' &= G\beta a' - G'\beta' b' - G''\beta'' c'\\
C' &= G\gamma a' - G'\gamma' b' - G''\gamma'' c'\\
-A'' &= G\alpha a'' - G'\alpha' b'' - G''\alpha'' c''\\
B'' &= G\beta a'' - G'\beta' b'' - G''\beta'' c''\\
C'' &= G\gamma a'' - G'\gamma' b'' - G''\gamma'' c'',
\end{aligned}\right.$$

quibus aequationibus novem iunctis aequationibus duodecim, a quibus formulae (43) pendent, octodecim coëfficientes substitutionum et tres quantitates G, G', G'' determinantur.

Ope aequationum (57), adhibitis formulis (46), prodit aequatio:

$$(58)\qquad\left\{\begin{aligned}
&A+B\cos\varphi+C\sin\varphi+(A'+B'\cos\varphi+C'\sin\varphi)\cos\psi+(A''+B''\cos\varphi+C''\sin\varphi)\sin\psi\\
&\quad=\frac{G-G'\cos\eta\cos\vartheta-G''\sin\eta\sin\vartheta}{(\alpha-\alpha'\cos\eta-\alpha''\sin\eta)(a-b\cos\vartheta-c\sin\vartheta)},
\end{aligned}\right.$$

unde e (56) obtinemus transformationem quaesitam:

$$(59)\qquad\left\{\begin{aligned}
&\int\frac{d\varphi d\psi}{A+B\cos\varphi+C\sin\varphi+(A'+B'\cos\varphi+C'\sin\varphi)\cos\psi+(A''+B''\cos\varphi+C''\sin\varphi)\sin\psi}\\
&\quad=\int\frac{d\eta d\vartheta}{G-G'\cos\eta\cos\vartheta-G''\sin\eta\sin\vartheta}.
\end{aligned}\right.$$

Aequationem (58) eadem, quam supra indicavimus, ratione etiam e formula (11) derivare licet.

Occasione data, adnotemus transformationem memorabilem integralis quadruplicis, quae prorsus eodem modo succedit. E theoremate enim paragraphi antecedentis facile probatur sequens

Theorema,

„designantibus quantitatibus α, β etc., G, G', G'' idem, quod in antecedentibus, posito

$$y = \frac{\beta-\beta's'-\beta''s''}{\alpha-\alpha's'-\alpha''s''}, \qquad w' = \frac{a'-b'u-c'v}{a-bu-cv}$$

$$z = \frac{\gamma-\gamma's'-\gamma''s''}{\alpha-\alpha's'-\alpha''s''}, \qquad w'' = \frac{a''-b''u-c''v}{a-bu-cv},$$

fieri

$$\int\frac{dy\,dz\,dw'\,dw''}{(1-y^2-z^2)(1-w'^2-w''^2)[A+By+Cz+(A'+B'y+C'z)w'+(A''+B''y+C''z)w'']}$$

$$=\int\frac{ds'ds''du\,dv}{(1-s's'-s''s'')(1-uu-vv)[G-G's'u-G''s''v]}."$$

Quod adnotare sufficiat.

Jam relationes colligamus praecipuas inter quantitates quaesitas et datas, quae e (43) et (57), quibus illae determinantur, sequuntur. Quas omnes e problemate antecedente, factis, quas indicavimus, mutationibus, sine calculo desumere licet.

18.

Primum e formulis (13) derivamus sequentes, quibus coëfficientes utriusque substitutionis alterae per alteras, cognitis ipsis G, G', G'', lineariter exprimuntur:

$$(60)\quad\left\{\begin{array}{ll|ll}
G\,a & = A\alpha+B\beta+C\gamma & G\,\alpha & = Aa+A'a'+A''a'' \\
-G\,a' & = A'\alpha+B'\beta+C'\gamma & -G\,\beta & = Ba+B'a'+B''a'' \\
-G\,a'' & = A''\alpha+B''\beta+C''\gamma & -G\,\gamma & = Ca+C'a'+C''a'' \\
G'\,b & = A\alpha'+B\beta'+C\gamma' & G'\,\alpha' & = Ab+A'b'+A''b'' \\
-G'\,b' & = A'\alpha'+B'\beta'+C'\gamma' & -G'\,\beta' & = Bb+B'b'+B''b'' \\
-G'\,b'' & = A''\alpha'+B''\beta'+C''\gamma' & -G'\,\gamma' & = Cb+C'b'+C''b'' \\
G''c & = A\alpha''+B\beta''+C\gamma'' & G''\alpha'' & = Ac+A'c'+A''c'' \\
-G''c' & = A'\alpha''+B'\beta''+C'\gamma'' & -G''\beta'' & = Bc+B'c'+B''c'' \\
-G''c'' & = A''\alpha''+B''\beta''+C''\gamma'' & -G''\gamma'' & = Cc+C'c'+C''c''.
\end{array}\right.$$

In formulis §. 13 praeter mutationes indicatas loco

$$l,\quad m,\quad n,\quad l',\quad m',\quad n' \quad\Big|\quad p,\quad p',\quad p'',\quad q,\quad q',\quad q''$$

ponantur

$$l,\quad -m,\quad -n,\quad -l',\quad im',\quad in' \quad\Big|\quad p,\quad -p',\quad -p'',\quad -q,\quad iq',\quad iq'',$$

unde fit:

$$
(61)\quad \left\{\begin{array}{l|l}
l = AA - A'A' - A''A'' & p = A\,A - B\,B - C\,C \\
m = BB - B'B' - B''B'' & p' = A'\,A' - B'\,B' - C'C' \\
n = CC - C'C' - C''C'' & p'' = A''A'' - B''B'' - C''C'' \\
l' = BC - B'C' - B''C'' & q = A'\,A'' - B'\,B'' - C'\,C'' \\
m' = CA - C'A' - C''A'' & q' = A''A - B''B - C''C \\
n' = AB - A'B' - A''B'' & q'' = A\,A' - B\,B' - C\,C'.
\end{array}\right.
$$

Quibus positis, e formulis (28) obtinemus:

$$
(62)\quad \left\{\begin{array}{l|l}
G\,G\,\alpha = l\alpha + n'\beta + m'\gamma & G\,G\,a = pa + q''a' + q'a'' \\
-G\,G\,\beta = n'\alpha + m\beta + l'\gamma & -G\,G\,a' = q''a + p'a' + qa'' \\
-G\,G\,\gamma = m'\alpha + l'\beta + n\gamma & -G\,G\,a'' = q'a + qa' + p''a'' \\
G'\,G'\,\alpha' = l\alpha' + n'\beta' + m'\gamma' & G'\,G'\,b = pb + q''b' + q'b'' \\
-G'\,G'\,\beta' = n'\alpha' + m\beta' + l'\gamma' & -G'\,G'\,b' = q''b + p'b' + qb'' \\
-G'\,G'\,\gamma' = m'\alpha' + l'\beta' + n\gamma' & -G'\,G'\,b'' = q'b + qb' + p''b'' \\
G''G''\alpha'' = l\alpha'' + n'\beta'' + m'\gamma'' & G''G''c = pc + q''c' + q'c'' \\
-G''G''\beta'' = n'\alpha'' + m\beta'' + l'\gamma'' & -G''G''c' = q''c + p'c' + qc'' \\
-G''G''\gamma'' = m'\alpha'' + l'\beta'' + n\gamma'' & -G''G''c'' = q'c + qc' + p''c''.
\end{array}\right.
$$

Formulis (57), (60), (62), quae prae ceteris memoratu dignae sunt, alias varias addere licet, quae ex illis facile sequuntur, vel etiam e problemate antecedente derivari possunt. Quibus apponendis, cum in promtu sint, supersedemus.

Addimus theorema sequens, quod e theoremate §. 13 proposito fluit

Theorema.

„E qualibet formularum inventarum derivari potest altera ei respondens, si in locum quantitatum

$$
\begin{array}{ccc}
A, & B, & C, \\
A', & B', & C', \\
A'', & B'', & C'', \\
G, & G', & G''
\end{array}
$$

substituuntur respective sequentes:

$$
\begin{array}{ccc}
\dfrac{B'C''-B''C'}{\Delta}, & \dfrac{C'A''-C''A'}{\Delta}, & \dfrac{A'B''-A''B'}{\Delta} \\[2ex]
\dfrac{B''C-BC''}{\Delta}, & \dfrac{C''A-CA''}{\Delta}, & \dfrac{A''B-AB''}{\Delta} \\[2ex]
\dfrac{BC'-B'C}{\Delta}, & \dfrac{CA'-C'A}{\Delta}, & \dfrac{AB'-A'B}{\Delta} \\[2ex]
\dfrac{1}{G}, & \dfrac{1}{G'}, & \dfrac{1}{G''};
\end{array}
$$

unde e. g. etiam pro $\triangle$ ponendum $\frac{1}{\triangle}$. Quod patet reciprocum esse, id est, ubi illa in haec abeant, simul etiam haec in illa mutari."

Designamus autem rursus per $\triangle$ expressionem:

$$\triangle = A(B'C''-B''C')+B(C'A''-C''A')+C(A'B''-A''B'),$$

quae per mutationes indicatas immutata manet, unde etiam in hac quaestione:

$$\triangle = GG'G''. \tag{63}$$

Ope theorematis propositi e formulis (57), (59), (60), (62) statim alia formularum systemata derivare licet. Ita videmus, posito:

$$\begin{aligned} P = & B'C''-B''C'-(C'A''-C''A')\cos\varphi-(A'B''-A''B')\sin\varphi \\ & -[B''C-BC''-(C''A-CA'')\cos\varphi-(A''B-AB'')\sin\varphi]\cos\psi \\ & -[BC'-B'C-(CA'-C'A)\cos\varphi-(AB'-A'B)\sin\varphi]\sin\psi, \end{aligned}$$

sequi e (59) hanc:

$$\int\frac{d\varphi d\psi}{P} = \int\frac{d\eta d\vartheta}{G'G''-G''G\cos\eta\cos\vartheta-GG'\sin\eta\sin\vartheta}. \tag{64}$$

Simili modo per theorema idem e theoremate paragraphi antecedentis alterius integralis quadruplicis transformationem obtinemus. Jam ipsos incognitarum valores adstruamus.

19.

E formulis §. 14 sequitur, GG, $G'G'$, $G''G''$ esse radices diversas aequationis cubicae sequentis:

$$(65)\left\{\begin{aligned} & x^3-x^2[AA-BB-CC-A'A'+B'B'+C'C'-A''A''+B''B''+C''C''] \\ & \quad +x\left\{\begin{aligned} & (B'C''-B''C')^2-(C'A''-C''A')^2-(A'B''-A''B')^2 \\ & -(B''C-BC'')^2+(C''A-CA'')^2+(A''B-AB'')^2 \\ & -(BC'-B'C)^2+(CA'-C'A)^2+(AB'-A'B)^2 \end{aligned}\right\} \\ & \quad -[A(B'C''-B''C')+B(C'A''-C''A')+C(A'B''-A''B')]^2 = 0, \end{aligned}\right.$$

quam etiam his binis modis repraesentare licet:

$$(66)\left\{\begin{aligned} & (x-l)(x+m)(x+n)-ll'(x-l)+m'm'(x+m)+n'n'(x+n)-2l'm'n' = 0 \\ & (x-p)(x+p')(x+p'')-qq(x-p)+q'q'(x+p')+q''q''(x+p'')-2qq'q'' = 0. \end{aligned}\right.$$

Inventis GG, $G'G'$, $G''G''$, nancisceris quadrata coëfficientium substitutionum quaesitarum per formulas sequentes:

$$
(67)\quad\left\{\begin{array}{ll}
\alpha\alpha = \dfrac{(GG+m)(GG+n)-l'l'}{(GG-G'G')(GG-G''G'')} & aa = \dfrac{(GG+p')(GG+p'')-qq}{(GG-G'G')(GG-G''G'')}\\[2ex]
-\alpha'\alpha' = \dfrac{(G'G'+m)(G'G'+n)-l'l'}{(G'G'-G''G'')(G'G'-GG)} & -bb = \dfrac{(G'G'+p')(G'G'+p'')-qq}{(G'G'-G''G'')(G'G'-GG)}\\[2ex]
-\alpha''\alpha'' = \dfrac{(G''G''+m)(G''G''+n)-l'l'}{(G''G''-GG)(G''G''-G'G')} & -cc = \dfrac{(G''G''+p')(G''G''+p'')-qq}{(G''G''-GG)(G''G''-G'G')}\\[2ex]
-\beta\beta = \dfrac{(GG+n)(GG-l)+m'm'}{(GG-G'G')(GG-G''G'')} & -a'a' = \dfrac{(GG+p'')(GG-p)+q'q'}{(GG-G'G')(GG-G''G'')}\\[2ex]
\beta'\beta' = \dfrac{(G'G'+n)(G'G'-l)+m'm'}{(G'G'-G''G'')(G'G'-GG)} & b'b' = \dfrac{(G'G'+p'')(G'G'-p)+q'q'}{(G'G'-G''G'')(G'G'-GG)}\\[2ex]
\beta''\beta'' = \dfrac{(G''G''+n)(G''G''-l)+m'm'}{(G''G''-GG)(G''G''-G'G')} & c'c' = \dfrac{(G''G''+p'')(G''G''-p)+q'q'}{(G''G''-GG)(G''G''-G'G')}\\[2ex]
-\gamma\gamma = \dfrac{(GG-l)(GG+m)+n'n'}{(GG-G'G')(GG-G''G'')} & -a''a'' = \dfrac{(GG-p)(GG+p')+q''q''}{(GG-G'G')(GG-G''G'')}\\[2ex]
\gamma'\gamma' = \dfrac{(G'G'-l)(G'G'+m)+n'n'}{(G'G'-G''G'')(G'G'-GG)} & b''b'' = \dfrac{(G'G'-p)(G'G'+p')+q''q''}{(G'G'-G''G'')(G'G'-GG)}\\[2ex]
\gamma''\gamma'' = \dfrac{(G''G''-l)(G''G''+m)+n'n'}{(G''G''-GG)(G''G''-G'G')} & c''c'' = \dfrac{(G''G''-p)(G''G''+p')+q''q''}{(G''G''-GG)(G''G''-G'G')}.
\end{array}\right.
$$

Producta porro sequentia, cognitis ipsis GG, $G'G'$, $G''G''$, rationaliter eruuntur:

$$
(68)\quad\left\{\begin{array}{ll}
\beta\gamma = \dfrac{l'(GG-l)+m'n'}{(GG-G'G')(GG-G''G'')} & a'a'' = \dfrac{q(GG-p)+q'q''}{(GG-G'G')(GG-G''G'')}\\[2ex]
-\beta'\gamma' = \dfrac{l'(G'G'-l)+m'n'}{(G'G'-G''G'')(G'G'-GG)} & -b'b'' = \dfrac{q(G'G'-p)+q'q''}{(G'G'-G''G'')(G'G'-GG)}\\[2ex]
-\beta''\gamma'' = \dfrac{l'(G''G''-l)+m'n'}{(G''G''-GG)(G''G''-G'G')} & -c'c'' = \dfrac{q(G''G''-p)+q'q''}{(G''G''-GG)(G''G''-G'G')}\\[2ex]
-\gamma\alpha = \dfrac{m'(GG+m)-n'l'}{(GG-G'G')(GG-G''G'')} & -a''a = \dfrac{q'(GG+p')-q''q}{(GG-G'G')(GG-G''G'')}\\[2ex]
\gamma'\alpha' = \dfrac{m'(G'G'+m)-n'l'}{(G'G'-G''G'')(G'G'-GG)} & b''b = \dfrac{q'(G'G'+p')-q''q}{(G'G'-G''G'')(G'G'-GG)}\\[2ex]
\gamma''\alpha'' = \dfrac{m'(G''G''+m)-n'l'}{(G''G''-GG)(G''G''-G'G')} & c''c = \dfrac{q'(G''G''+p')-q''q}{(G''G''-GG)(G''G''-G'G')}\\[2ex]
-\alpha\beta = \dfrac{n'(GG+n)-l'm'}{(GG-G'G')(GG-G''G'')} & -aa' = \dfrac{q''(GG+p'')-qq'}{(GG-G'G')(GG-G''G'')}\\[2ex]
\alpha'\beta' = \dfrac{n'(G'G'+n)-l'm'}{(G'G'-G''G'')(G'G'-GG)} & bb' = \dfrac{q''(G'G'+p'')-qq'}{(G'G'-G''G'')(G'G'-GG)}\\[2ex]
\alpha''\beta'' = \dfrac{n'(G''G''+n)-l'm'}{(G''G''-GG)(G''G''-G'G')} & cc' = \dfrac{q''(G''G''+p'')-qq'}{(G''G''-GG)(G''G''-G'G')}.
\end{array}\right.
$$

In locum formularum (67) etiam has substituere possumus:

$$
(69)\quad\left\{\begin{array}{l}
\alpha\alpha = \dfrac{(l-G'G')(l-G''G'')-m'm'-n'n'}{(GG-G'G')(GG-G''G'')}\\[2ex]
\text{etc.}\qquad\text{etc.}\qquad\text{etc.}
\end{array}\right.
$$

E (67) ipsae coëfficientes quaesitae per extractionem radicis quadraticae proveniunt; signa ipsarum α, α', a, b pro arbitrio assumi possunt, quibus deinde reliquarum signa determinantur per (68), advocatis aequationibus:

$$\alpha(\beta'\gamma''-\beta''\gamma')+\beta(\gamma'\alpha''-\gamma''\alpha')+\gamma(\alpha'\beta''-\alpha''\beta')=1$$
$$a(b'c''-b''c')+a'(b''c-bc'')+a''(bc'-b'c)=1.$$

Cognitis coëfficientibus substitutionum, ipsae G, G', G'' rationaliter exprimuntur ope formularum (60), unde de signis ipsarum G, G', G'' nihil arbitrarii restat. Quarum insuper una e reliquis determinatur per aequationem:

$$GG'G''=\Delta.$$

20.

Allatis, quae problematis propositi resolutionem completam concernunt, adiungimus, quae sequuntur.

E formulis (45), (60) facile fluunt sequentes:

$$(70)\quad\begin{cases} A+B\cos\varphi+C\sin\varphi=\dfrac{G\alpha-G'b\cos\eta-G''c\sin\eta}{\alpha-\alpha'\cos\eta-\alpha''\sin\eta} \\ A'+B'\cos\varphi+C'\sin\varphi=-\dfrac{G\alpha'-G'b'\cos\eta-G''c'\sin\eta}{\alpha-\alpha'\cos\eta-\alpha''\sin\eta} \\ A''+B''\cos\varphi+C''\sin\varphi=-\dfrac{G\alpha''-G'b''\cos\eta-G''c''\sin\eta}{\alpha-\alpha'\cos\eta-\alpha''\sin\eta} \\ A+A'\cos\psi+A''\sin\psi=\dfrac{G\alpha-G'\alpha'\cos\vartheta-G''\alpha''\sin\vartheta}{a-b\cos\vartheta-c\sin\vartheta} \\ B+B'\cos\psi+B''\sin\psi=-\dfrac{G\beta-G'\beta'\cos\vartheta-G''\beta''\sin\vartheta}{a-b\cos\vartheta-c\sin\vartheta} \\ C+C'\cos\psi+C''\sin\psi=-\dfrac{G\gamma-G'\gamma'\cos\vartheta-G''\gamma''\sin\vartheta}{a-b\cos\vartheta-c\sin\vartheta}, \end{cases}$$

unde e (43):

$$(71)\quad\begin{cases} (A+B\cos\varphi+C\sin\varphi)^2-(A'+B'\cos\varphi+C'\sin\varphi)^2-(A''+B''\cos\varphi+C''\sin\varphi)^2 \\ \qquad=\dfrac{GG-G'G'\cos^2\eta-G''G''\sin^2\eta}{(\alpha-\alpha'\cos\eta-\alpha''\sin\eta)^2}, \\ (A+A'\cos\psi+A''\sin\psi)^2-(B+B'\cos\psi+B''\sin\psi)^2-(C+C'\cos\psi+C''\sin\psi)^2 \\ \qquad=\dfrac{GG-G'G'\cos^2\vartheta-G''G''\sin^2\vartheta}{(a-b\cos\vartheta-c\sin\vartheta)^2}. \end{cases}$$

Quae formulae, cum sit

$$d\varphi=\frac{d\eta}{\alpha-\alpha'\cos\eta-\alpha''\sin\eta},\quad d\psi=\frac{d\vartheta}{a-b\cos\vartheta-c\sin\vartheta},$$

has suppeditant:

$$(72)\begin{cases}\displaystyle\int\frac{d\varphi}{\sqrt{(A+B\cos\varphi+C\sin\varphi)^2-(A'+B'\cos\varphi+C'\sin\varphi)^2-(A''+B''\cos\varphi+C''\sin\varphi)^2}}\\ \displaystyle\qquad=\int\frac{d\eta}{\sqrt{GG-G'G'\cos^2\eta-G''G''\sin^2\eta}}\\ \displaystyle\int\frac{d\psi}{\sqrt{(A+A'\cos\psi+A''\sin\psi)^2-(B+B'\cos\psi+B''\sin\psi)^2-(C+C'\cos\psi+C''\sin\psi)^2}}\\ \displaystyle\qquad=\int\frac{d\vartheta}{\sqrt{GG-G'G'\cos^2\vartheta-G''G''\sin^2\vartheta}},\end{cases}$$

quae integralia etiam hunc in modum repraesentare licet:

$$\int\frac{d\varphi}{\sqrt{l+m\cos^2\varphi+n\sin^2\varphi+2l'\cos\varphi\sin\varphi+2m'\sin\varphi+2n'\cos\varphi}},$$

$$\int\frac{d\psi}{\sqrt{p+p'\cos^2\psi+p''\sin^2\psi+2q\cos\psi\sin\psi+2q'\sin\psi+2q''\cos\psi}}.$$

Utraque videmus per (72) in eiusdem formae integralia transformari, quae nonnisi limitibus inter se differre possunt.

His addimus considerationes sequentes, quibus theorematum inventorum insignem confirmationem nanciscimur.

Sit brevitatis causa

$$\begin{aligned}R&=A+B\cos\varphi+C\sin\varphi+(A'+B'\cos\varphi+C'\sin\varphi)\cos\psi+(A''+B''\cos\varphi+C''\sin\varphi)\sin\psi\\&=A+A'\cos\psi+A''\sin\psi+(B+B'\cos\psi+B''\sin\psi)\cos\varphi+(C+C'\cos\psi+C''\sin\psi)\sin\varphi;\end{aligned}$$

proposita aequatione

$$R=0,$$

eruitur:

$$\begin{aligned}\frac{\partial R}{\partial\varphi}&=-(B+B'\cos\psi+B''\sin\psi)\sin\varphi+(C+C'\cos\psi+C''\sin\psi)\cos\varphi\\&=\sqrt{(B+B'\cos\psi+B''\sin\psi)^2+(C+C'\cos\psi+C''\sin\psi)^2-(A+A'\cos\psi+A''\sin\psi)^2}\\ \frac{\partial R}{\partial\psi}&=-(A'+B'\cos\varphi+C'\sin\varphi)\sin\psi+(A''+B''\cos\varphi+C''\sin\varphi)\cos\psi\\&=\sqrt{(A'+B'\cos\varphi+C'\sin\varphi)^2+(A''+B''\cos\varphi+C''\sin\varphi)^2-(A+B\cos\varphi+C\sin\varphi)^2}.\end{aligned}$$

Differentiata autem aequatione $R=0$, prodit:

$$\frac{d\varphi}{\frac{\partial R}{\partial\psi}}+\frac{d\psi}{\frac{\partial R}{\partial\varphi}}=0,$$

sive ex antecedentibus:

$$0=\frac{d\varphi}{\sqrt{(A'+B'\cos\varphi+C'\sin\varphi)^2+(A''+B''\cos\varphi+C''\sin\varphi)^2-(A+B\cos\varphi+C\sin\varphi)^2}}$$
$$+\frac{d\psi}{\sqrt{(B+B'\cos\psi+B''\sin\psi)^2+(C+C'\cos\psi+C''\sin\psi)^2-(A+A'\cos\psi+A''\sin\psi)^2}}.$$

Cuius aequationis differentialis integrale est aequatio, e cuius illa differentiatione nata est, $R=0$, et facile patet, integrale esse completum.

Eodem modo, proposita aequatione

$$G-G'\cos\eta\cos\vartheta-G''\sin\eta\sin\vartheta=0,$$

fit differentiando:

$$\frac{d\eta}{G'\cos\eta\sin\vartheta-G''\sin\eta\cos\vartheta}+\frac{d\vartheta}{G'\sin\eta\cos\vartheta-G''\cos\eta\sin\vartheta}=0;$$

ex aequatione autem proposita sequitur:

$$G'\cos\eta\sin\vartheta-G''\sin\eta\cos\vartheta=\sqrt{G'G'\cos^2\eta+G''G''\sin^2\eta-GG}$$
$$G'\sin\eta\cos\vartheta-G''\cos\eta\sin\vartheta=\sqrt{G'G'\cos^2\vartheta+G''G''\sin^2\vartheta-GG},$$

unde aequatio differentialis fit:

$$\frac{d\eta}{\sqrt{G'G'\cos^2\eta+G''G''\sin^2\eta-GG}}+\frac{d\vartheta}{\sqrt{G'G'\cos^2\vartheta+G''G''\sin^2\vartheta-GG}}=0,$$

cuius igitur integrale est:

$$G-G'\cos\eta\cos\vartheta-G''\sin\eta\sin\vartheta=0,$$

et facile probatur integrale completum esse. Jam quoties per certas quasdam substitutiones aequatio differentialis proposita in alteram abit, per easdem etiam integralia earum completa in se invicem abire debent, et vice versa. Videmus autem per (72), aequationes illas differentiales, adhibitis substitutionibus nostris, in se invicem abire; per easdem igitur aequatio $R=0$ in hanc mutari debet:

$$G-G'\cos\eta\cos\vartheta-G''\sin\eta\sin\vartheta=0,$$

quod e (58) fieri patet.

Alterum, quod adnotare placet, hoc est. E formula (53)

$$\operatorname{tang}\tfrac{1}{2}(\varphi'-\varphi)\operatorname{tang}\tfrac{1}{2}(\eta-\eta')=\alpha-\delta$$

sequitur, angulos $\frac{1}{2}(\varphi-\varphi')$, $\frac{1}{2}(\eta-\eta')$ eodem semper tempore crescere vel decrescere, atque utrumque simul quantitate π augeri, ideoque ipsos φ, η simul quantitate 2π augeri. Idem de angulis ψ, ϑ valet. Hinc fit e (59):

$$(73)\qquad \begin{cases}\displaystyle\int d\varphi\int_{\psi}^{\psi+2\pi}\frac{d\psi}{R}=\int d\eta\int_{\vartheta}^{\vartheta+2\pi}\frac{d\vartheta}{G-G'\cos\eta\cos\vartheta-G''\sin\eta\sin\vartheta}\\[2ex] \displaystyle\int d\psi\int_{\varphi}^{\varphi+2\pi}\frac{d\varphi}{R}=\int d\vartheta\int_{\eta}^{\eta+2\pi}\frac{d\eta}{G-G'\cos\eta\cos\vartheta-G''\sin\eta\sin\vartheta}.\end{cases}$$

E notis autem calculi integralis praeceptis fit:

$$(74)\left\{\begin{aligned}
&\frac{1}{2\pi}\int_{\psi}^{\psi+2\pi}\frac{d\psi}{R}\\
&=\frac{1}{\sqrt{(A+B\cos\varphi+C\sin\varphi)^2-(A'+B'\cos\varphi+C'\sin\varphi)^2-(A''+B''\cos\varphi+C''\sin\varphi)^2}}\\
&\frac{1}{2\pi}\int_{\varphi}^{\varphi+2\pi}\frac{d\varphi}{R}\\
&=\frac{1}{\sqrt{(A+A'\cos\psi+A''\sin\psi)^2-(B+B'\cos\psi+B''\sin\psi)^2-(C+C'\cos\psi+C''\sin\psi)^2}},\\
&\frac{1}{2\pi}\int_{\vartheta}^{\vartheta+2\pi}\frac{d\vartheta}{G-G'\cos\vartheta\cos\eta-G''\sin\eta\sin\vartheta}=\frac{1}{\sqrt{GG-G'G'\cos^2\eta-G''G''\sin^2\eta}},\\
&\frac{1}{2\pi}\int_{\eta}^{\eta+2\pi}\frac{d\eta}{G-G'\cos\eta\cos\vartheta-G''\sin\eta\sin\vartheta}=\frac{1}{\sqrt{GG-G'G'\cos^2\vartheta-G''G''\sin^2\vartheta}}.
\end{aligned}\right.$$

Quibus substitutis in (73) formulae (72) proveniunt, quas igitur ambas via maxime directa de unica (59) decurrere videmus.

Ut integrale duplex propositum respectu utriusque anguli φ, ψ per totam peripheriam extendi possit, expressio R pro nullo valore reali ipsorum φ, ψ evanescere debet, quo casu substitutiones nostras semper reales fieri, a priori in introductione comprobatum est.

Per transformationem binorum integralium simplicium, quam formulae (72) suppeditant, substitutiones propositae omnino determinatae sunt, unde transformatio integralis duplicis ad illorum transformationem revocatur, quod est problema notum.

Quemadmodum per theorema §. 18 de transformatione integralis duplicis propositi alterius integralis duplicis transformationem deduximus, ita etiam de formulis (72) binorum aliorum integralium simplicium transformationem derivare licet, quam in introductione adstruximus.

Eadem ratione, qua formulae (72) demonstrantur, comprobatur sequens

Theorema.

„Posito

$$y=\frac{\beta-\beta's'-\beta''s''}{\alpha-\alpha's'-\alpha''s''}\quad\Big|\quad w'=\frac{a'-b'u-c'v}{a-b\,u-c\,v}$$

$$z=\frac{\gamma-\gamma's'-\gamma''s''}{\alpha-\alpha's'-\alpha''s''}\quad\Big|\quad w''=\frac{a''-b''u-c''v}{a-b\,u-c\,v},$$

designantibus coëfficientibus α, β etc. idem atque in antecedentibus, fit:

$$\int\frac{dydz}{[(A+By+Cz)^2-(A'+B'y+C'z)^2-(A''+B''y+C''z)^2]\sqrt{1-y^2-z^2}}$$
$$=\int\frac{ds'ds''}{(GG-G'G's's'-G''G''s''s'')\sqrt{1-s's'-s''s''}}$$
$$\int\frac{dw'dw''}{[(A+A'w'+A''w'')^2-(B+B'w'+B''w'')^2-(C+C'w'+C''w'')^2]\sqrt{1-w'^2-w''^2}}$$
$$=\int\frac{dudv}{(GG-G'G'uu-G''G''vv)\sqrt{1-uu-vv}},$$

quae integralia duplicia, adhibitis (61), etiam hunc in modum exhibere licet:

$$\int\frac{dydz}{(l+myy+nzz+2l'yz+2m'z+2n'y)\sqrt{1-yy-zz}},$$
$$\int\frac{dw'dw''}{(p+p'w'w'+p''w''w''+2qw'w''+2q'w''+2q''w')\sqrt{1-w'w'-w''w''}}.$$

Utraque videmus, uti integralia (72), in eiusdem omnino formae integralia transformari, quae non nisi limitibus inter se differre possunt."

Per theorema §. 18 ex hoc theoremate duorum aliorum integralium duplicium transformationem derivare licet, quibus adscribendis supersedemus.

Dedimus antecedentibus solutionem problematis propositi completam; simul demonstravimus, eandem analysin, qua ad solutionem illam usi sumus, problemata maxime diversa amplecti, duorum integralium quadruplicium, sex integralium duplicium, quatuor integralium simplicium transformationem.

His alias paucas annectimus observationes, quae cum maxime ad quaestiones cognatas pertineant, et has nostras quaestiones aliquantulum illustrare credimus.

21.

Quaestiones antecedentes solutionem completam continent problematis, ad quod adeo problema propositum revocatur, integrale

$$\int\frac{d\varphi}{\sqrt{l+m\cos^2\varphi+n\sin^2\varphi+2l'\cos\varphi\sin\varphi+2m'\sin\varphi+2n'\cos\varphi}}$$

per substitutiones

$$\cos\varphi=\frac{\beta-\beta'\cos\eta-\beta''\sin\eta}{\alpha-\alpha'\cos\eta-\alpha''\sin\eta}$$
$$\sin\varphi=\frac{\gamma-\gamma'\cos\eta-\gamma''\sin\eta}{\alpha-\alpha'\cos\eta-\alpha''\sin\eta}$$

transformare in hoc simplicius

$$\int\frac{d\eta}{\sqrt{L-M\cos^2\eta-N\sin^2\eta}};$$

inveniuntur enim L, M, N ut radices aequationis cubicae (66); quibus inventis e (67), (68) coëfficientes substitutionis adhibitae determinantur.

Observare convenit, per substitutionem eiusdem formae integrale illud etiam in hanc formam transformari posse:

$$\int\frac{d\eta}{\sqrt{L-M\cos\eta}},$$

quod quibusdam casibus non sine usu fit. Transformationem illam, in introductione probavimus, realem in modum succedere, quoties expressio sub radicali

$$l+m\cos^2\varphi+n\sin^2\varphi+2l'\cos\varphi\sin\varphi+2m'\sin\varphi+2n'\cos\varphi$$

aut pro nullo valore reali aut pro quatuor valoribus realibus anguli φ evanescat. Hanc autem transformationem realem in modum succedere, probatur, quoties expressio illa aut pro nullo aut pro duobus tantum valoribus realibus anguli evanescat.

22.

Porro vidimus antecedentibus, transformationem illam convenire cum problemate geometrico de axibus principalibus superficiei secundi ordinis investigandis. Quo utriusque problematis consensu fit quidem, ut utrique idem sit calculi decursus, eadem, levi mutatione facta, expressionum analyticarum, quibus incognitae exhibentur, formatio; quae tamen ea est mutatio, ut nullo modo valores numerici incognitarum alterius problematis ex altero desumi possint, cum adeo, quae in altero reales sunt quantitates, in altero imaginariae existant. Aliud autem exstat problema geometricum, quod analytice tractatum cum illo ita convenit, ut nulla omnino mutatione facta, eadem analysis, eaedem formulae utrumque absolvant, iidem incognitarum valores prodeant. Quod problema, e perspectiva sive proiectione centrali petitum, hoc est:

„datis in eodem plano duabus sectionibus conicis, determinare „situm oculi (centri proiectionis) et tabulae (plani, in quod proiicitur), ut sectiones conicae proiectae fiant concentricae atque „insuper altera circulus."

Simili modo altero problemati de transformando integrali proposito in formam

$$\int\frac{d\eta}{\sqrt{L-M\cos\eta}}$$

respondet problema geometricum hoc:

„datis in eodem plano duabus sectionibus conicis, determinare „situm oculi et tabulae, ut utraque proiecta fiat circulus."

Quorum problematum solutionem geometricam apud Cl. Poncelet, virum mirifice in quaestionibus geometricis versatum, videre licet in opere celeberrimo „*De proprietatibus figurarum, quae figuris proiectis manent.*"

Problemata autem illa geometrica cum nostris convenire, facile hunc in modum patet.

Sint y, z coordinatae puncti in plano figurae propositae, s', s'' coordinatae puncti proiecti in plano tabulae, facile probatur, inter utrasque coordinatas obtineri relationes sequentis formae:

$$y = \frac{\beta-\beta's'-\beta''s''}{\alpha-\alpha's'-\alpha''s''}$$

$$z = \frac{\gamma-\gamma's'-\gamma''s''}{\alpha-\alpha's'-\alpha''s''};$$

quarum coëfficientes a situ oculi et tabulae pendent. Ponamus, in plano ipsarum y, z datum esse circulum, cuius aequatio sit

$$1-yy-zz = 0,$$

simulque sectionem conicam, cuius aequatio

$$l+myy+nzz+2l'yz+2m'z+2n'y = 0.$$

Quibus in aequationibus substitutis valoribus ipsarum y, z, quos apposuimus, prodeunt aequationes sectionum conicarum, in quas datae proiiciuntur. Sint coëfficientes α, β etc. eaedem, quas in quaestionibus antecedentibus determinavimus, fit:

$$1-yy-zz = \frac{1-s's'-s''s''}{(\alpha-\alpha's'-\alpha''s'')^2},$$

$$l+myy+nzz+2l'yz+2m'z+2n'y = \frac{GG-G'G's's'-G''G''s''s''}{(\alpha-\alpha's'-\alpha''s'')^2},$$

unde figurae proiectae aequationibus definiuntur:

$$1-s's'-s''s'' = 0, \quad GG-G'G's's'-G''G''s''s'' = 0,$$

quae sunt aequationes circuli et sectionis conicae ei concentricae, ad axes principales sectionis conicae relatae.

Sint rursus coëfficientes substitutionis α, β etc. ita determinatae, ut fiat

$$1-yy-zz = \frac{1-s's'-s''s''}{(\alpha-\alpha's'-\alpha''s'')^2},$$

ideoque, ut antea, circulus proiectus renascatur circulus; iam vero ponamus, etiam alterius sectionis conicae proiectionem circulum fieri; cuius aequatio, siquidem axis ipsarum s' per utriusque circuli centrum ponitur, forma gaudebit:

$$P-Q(s'+a)^2-Qs''s''=0,$$

unde obtineri debet aequatio:

$$l+myy+nzz+2l'yz+2m'z+2n'y=\frac{P-Q(s'+a)^2-Qs''s''}{(\alpha-\alpha's'-\alpha''s'')^2}.$$

Iam quia $1-yy-zz$, $1-s's'-s''s''$ simul evanescunt, ubi ponitur $y=\cos\varphi$, $z=\sin\varphi$, simul ponere licet, $s'=\cos\eta$, $s''=\sin\eta$, unde aequatio proposita in hanc abit:

$$l+m\cos^2\varphi+n\sin^2\varphi+2l'\cos\varphi\sin\varphi+2m'\sin\varphi+2n'\cos\varphi=\frac{L-M\cos\eta}{(\alpha-\alpha'\cos\eta-\alpha''\sin\eta)^2},$$

siquidem

$$P-Q(1+aa)=L,\quad 2Qa=M.$$

Hinc, cum ex aequationibus, in quas substitutiones propositae abeunt,

$$\cos\varphi=\frac{\beta-\beta'\cos\eta-\beta''\sin\eta}{\alpha-\alpha'\cos\eta-\alpha''\sin\eta}$$

$$\sin\varphi=\frac{\gamma-\gamma'\cos\eta-\gamma''\sin\eta}{\alpha-\alpha'\cos\eta-\alpha''\sin\eta},$$

sequatur

$$d\varphi=\frac{d\eta}{\alpha-\alpha'\cos\eta-\alpha''\sin\eta},$$

obtinemus:

$$\int\frac{d\varphi}{\sqrt{l+m\cos^2\varphi+n\sin^2\varphi+2l'\cos\varphi\sin\varphi+2m'\sin\varphi+2n'\cos\varphi}}=\int\frac{d\eta}{\sqrt{L-M\cos\eta}},$$

quae igitur transformatio et ipsa e solutione problematis geometrici statim provenit.

Neque consensus ille quaestionis geometricae et analyticae tam singularis videri debet. Nam cum certis quibusdam configurationibus certae expressiones analyticae respondeant, ubi per proiectionem sive aliud quodlibet instrumentum geometricum configurationem datam ad simpliciorem vel magis regularem revocas, simul expressiones analyticas, quibus configuratio continetur, per substitutiones idoneas, quae instrumenti geometrici locum tenent, in simpliciores transformatas habere debes. E qua observatione haud raro ab elementis geometricis ad graviores quaestiones analyticas transitum petere licet, qualem antecedentibus indigitavimus. Ita universas de proiectione centrali quaestiones, quales Cl. Poncelet in opere laudato instituit, adhibere poteris ad transformationem functionum duarum variabilium y, z, quae per substitutiones

$$y = \frac{\beta - \beta's' - \beta''s''}{\alpha - \alpha's' - \alpha''s''}, \quad z = \frac{\gamma - \gamma's' - \gamma''s''}{\alpha - \alpha's' - \alpha''s''}$$

obtineri possit. Nec non vice versa eiusmodi transformationem, uti vidimus, ad quaestionem geometricam transferre licet.

Quod cum nec usu nec elegantia careat, generaliter coëfficientium substitutionum significationem geometricam, qua in proiectione centrali gaudent, quam breviter licet, exponamus. Unde singulis casibus sine negotio constructiones geometricas, quae calculo respondent, eruis, sicuti in altero problemate geometrico exempli causa monstrabimus, quod via analytica construendi negotium inextricabile videbatur. (Cf. Poncelet *Traité des propriétés projectives etc. pag. 60 notam.*)

Theoria analytica generalis projectionis centralis.

23.

Sint igitur, ut supra, y, z coordinatae puncti in plano figurae propositae, s', s'' coordinatae puncti proiecti in plano tabulae; datis aequationibus, quae inter utriusque puncti coordinatas obtinent:

$$y = \frac{\beta - \beta's' - \beta''s''}{\alpha - \alpha's' - \alpha''s''}, \quad z = \frac{\gamma - \gamma's' - \gamma''s''}{\alpha - \alpha's' - \alpha''s''},$$

determinandi sunt per coëfficientes α, β etc. 1) situs tabulae, 2) situs centri proiectionis s. oculi, 3) situs axium coordinatarum in plano tabulae. Situm tabulae determinabimus per intersectionem eius cum plano figurae et angulum inclinationis utriusque plani. Oculum determinabimus per intersectionem plani figurae cum plano tabulae parallelo, quod ex oculo ducitur, per punctum, quo perpendicularis ex oculo in hanc lineam ducta ei obvenit, et per ipsam hanc perpendicularem. Axes coordinatarum in plano tabulae determinabuntur per puncta et angulos, quibus illae intersectioni tabulae et plani figurae occurrunt.

Aequationes inter coordinatas puncti propositi et proiecti cum immutatae maneant, coëfficientibus α, β etc. omnibus in constantem arbitrariam ductis, statuere placet:

$$\alpha(\beta'\gamma'' - \beta''\gamma') + \beta(\gamma'\alpha'' - \gamma''\alpha') + \gamma(\alpha'\beta'' - \alpha''\beta') = 1;$$

sit porro brevitatis causa:

$$\begin{array}{lll} \beta'\gamma'' - \beta''\gamma' = a, & \beta''\gamma - \beta\gamma'' = -a', & \beta\gamma' - \beta'\gamma = -a'', \\ \gamma'\alpha'' - \gamma''\alpha' = -b, & \gamma''\alpha - \gamma\alpha'' = b', & \gamma\alpha' - \gamma'\alpha = b'', \\ \alpha'\beta'' - \alpha''\beta' = -c, & \alpha''\beta - \alpha\beta'' = c', & \alpha\beta' - \alpha'\beta = c'', \end{array}$$

unde vice versa etiam:

$$\begin{array}{lll} b'c''-b''c' = \alpha, & b''c-bc'' = -\alpha', & bc'-b'c = -\alpha'' \\ c'a''-c''a' = -\beta, & c''a-ca'' = \beta', & ca'-c'a = \beta'' \\ a'b''-a''b' = -\gamma, & a''b-ab'' = \gamma', & ab'-a'b = \gamma'' \end{array}$$

$$a(b'c''-b''c')+b(c'a''-c''a')+c(a'b''-a''b') = 1.$$

Quibus statutis, ex aequationibus

$$y = \frac{\beta-\beta's'-\beta''s''}{\alpha-\alpha's'-\alpha''s''}, \quad z = \frac{\gamma-\gamma's'-\gamma''s''}{\alpha-\alpha's'-\alpha''s''}$$

sequitur:

$$a-by-cz = \frac{1}{\alpha-\alpha's'-\alpha''s''}$$

$$a'-b'y-c'z = \frac{s'}{\alpha-\alpha's'-\alpha''s''}$$

$$a''-b''y-c''z = \frac{s''}{\alpha-\alpha's'-\alpha''s''},$$

ideoque vice versa:

$$s' = \frac{a'-b'y-c'z}{a-by-cz}, \quad s'' = \frac{a''-b''y-c''z}{a-by-cz}.$$

Construatur in plano figurae triangulum $AA'A''$, cuius latera $A'A''$, $A''A$, AA' dantur per aequationes:

$$a-by-cz = 0, \quad a'-b'y-c'z = 0, \quad a''-b''y-c''z = 0,$$

unde inveniuntur coordinatae

$$\text{ipsius } A \cdots \frac{\beta}{\alpha}, \ \frac{\gamma}{\alpha}$$

$$\text{ipsius } A' \cdots \frac{\beta'}{\alpha'}, \ \frac{\gamma'}{\alpha'}$$

$$\text{ipsius } A'' \cdots \frac{\beta''}{\alpha''}, \ \frac{\gamma''}{\alpha''}.$$

Facile patet, axes ipsarum s', s'' esse proiectiones linearum AA', AA'', ideoque initium coordinatarum in plano tabulae esse proiectionem puncti A. Porro, lineam $A'A''$ proiectam in infinitum abire, sive designante O centrum proiectionis, planum $OA'A''$ esse tabulae parallelum.

Hinc sequitur, axes coordinatarum s', s'' lineis OA', OA'' parallelas esse, ideoque, ubi illas orthogonales statuimus, angulum $A'OA''$ esse rectum, sive oculum in sphaera positum esse, cuius diameter $A'A''$.

Contemplemur intersectionem communem plani tabulae et figurae propositae. Quae cum sit lineae $A'A''$ parallela, aequatione exhibetur formae

$$a - by - cz = d.$$

Quae aequatio, substitutis ipsarum y, z valoribus, in hanc abit:

$$d(a - a's' - a''s'') = 1,$$

quae est aequatio eiusdem lineae, in plano tabulae ad axes coordinatarum s', s'' relatae. Sint B', B'' puncta, quibus haec linea axibus coordinatarum s', s'' occurrit, sit porro P initium coordinatarum s', s'', fit:

$$PB' = \frac{ad-1}{da'}, \quad PB'' = \frac{ad-1}{da''}, \quad \frac{PB'}{PB''} = \frac{a''}{a'},$$

unde etiam, cum triangula OAA', PBB' similia sint:

$$\frac{OA'}{OA''} = \frac{a''}{a'}.$$

A puncto O ducatur perpendicularis OA''' in lineam $A'A''$, fit:

$$A'A''' : A''A''' = OA'^2 : OA''^2 = a''a'' : a'a',$$

unde cum coordinatae ipsorum A', A'' sint

$$\frac{\beta'}{a'}, \quad \frac{\gamma'}{a'}; \quad \frac{\beta''}{a''}, \quad \frac{\gamma''}{a''},$$

prodeunt puncti A''' coordinatae:

$$\frac{a'\beta' + a''\beta''}{a'a' + a''a''}, \quad \frac{a'\gamma' + a''\gamma''}{a'a' + a''a''}.$$

Porro nanciscimur:

$$A'A'' = \frac{\sqrt{bb+cc}}{a'a''}, \quad OA''' = \frac{\sqrt{bb+cc}}{a'a' + a''a''}.$$

Determinatis puncto A''' et linea OA''', iam videmus, oculum O in peripheria circuli situm esse, cuius centrum A''', radius OA''', planum lineae $A'A''$ perpendiculare.

Puncta B', B'' in plano figurae propositae etiam considerari possunt ut intersectiones lineae $B'B''$ cum lineis AA', AA''; unde inveniuntur in plano figurae propositae coordinatae

$$\text{ipsius } B' \ldots \frac{\beta' - c''d}{a'}, \quad \frac{\gamma' + b''d}{a'}$$

$$\text{ipsius } B'' \ldots \frac{\beta'' + c'd}{a''}, \quad \frac{\gamma'' - b'd}{a''},$$

unde, cum sit

$$a'c'+a''c''=ac,\quad a'b'+a''b''=ab,$$

fit:

$$B'B''=\sqrt{bb+cc}\cdot\frac{ad-1}{a'a''}.$$

Alia autem via invenitur:

$$B'B''=\sqrt{PB'^2+PB''^2}=\frac{ad-1}{da'a''}\sqrt{a'a'+a''a''};$$

quibus valoribus inter se comparatis, obtinemus:

$$d=\sqrt{\frac{a'a'+a''a''}{bb+cc}}.$$

Inventa d, linea $B'B''$ sive intersectio tabulae et plani figurae propositae omnino determinata est. Unde iam omnia, quae proposita erant, determinata sunt praeter angulum inclinationis tabulae et plani figurae propositae. Observo autem, per coordinatas punctorum A, A', A'', quae sunt quantitates sex, per punctum A''' in linea $A'A''$ positum, cuius determinatio quantitatem septimam requirit, atque per distantiam OA''' oculi a linea $A'A''$, quantitates novem α, β, etc., inter quas iam aequatio, quae arbitraria erat, statuta est:

$$\alpha(\beta'\gamma''-\beta''\gamma')+\beta(\gamma'\alpha''-\gamma''\alpha')+\gamma(\alpha'\beta''-\alpha''\beta')=1,$$

prorsus determinatas esse. Unde angulus inclinationis tabulae et plani figurae propositae arbitrarius manet, quippe a quo coëfficientes α, β etc. non pendent. Quod etiam facili consideratione geometrica patet. Hinc simul sequitur, ex ipsa natura proiectionis situm oculi absolute determinatum non esse; sed locum eius fore peripheriam circuli, cuius centrum in linea $A'A''$ positum et cuius planum ipsi $A'A''$ perpendiculare, vel etiam superficiem curvam, quae rotatione curvae circa lineam $A'A''$ generatur.

Jam antecedentium applicationem monstremus exemplo sequente.

24.

Problema.

„Datis in eodem plano duabus sectionibus conicis, determinare situm oculi et tabulae, ut utraque proiecta fiat circulus."

Solutio.

Antequam ipsam problematis propositi solutionem aggrediamur, pauca de chordis idealibus, quas Cl. Poncelet appellavit, antemittamus, necesse est.

Data linea in plano per dua eius puncta, saepius fit, ut puncta imaginaria fiant, linea realis maneat. Quod semper accidit, quoties coordinatae

$$\text{alterius: } p+iq, \quad p'+iq'$$
$$\text{alterius: } p-iq, \quad p'-iq',$$

designante i rursus $\sqrt{-1}$. Quippe ex aequatione lineae per utrumque punctum ductae quantitates imaginariae abeunt, quae per regulas notas invenitur:

$$q'y-qz = pq'-p'q.$$

Nec non utriusque puncti centrum invenitur reale, quippe cuius coordinatae erunt p, p'. Quadratum autem distantiae invenitur aequale quantitati negativae

$$-4(qq+q'q').$$

Proponantur iam in eodem plano duae curvae algebraicae, quae n puncta sive realia sive imaginaria communia habent; e regulis notissimis algebraicis puncta imaginaria semper bina inter se coniuncta erunt, ita ut, quoties alterius coordinatae sunt $p+iq$, $p'+iq'$, alterius sint $p-iq$, $p'-iq'$, ideoque linea utrumque iungens realis sit. Quam lineam realem, omnibus chordae communis proprietatibus gaudentem, neque tamen realiter puncta communia iungentem, Cl. Poncelet chordam idealem cummunem vocavit. Nec non ex iis, quae supra diximus, centrum chordae idealis reale fieri vidimus, quippe cuius coordinatae sunt p, q. Quantitatem autem $\sqrt{qq+q'q'}$ Cl. Poncelet semichordam idealem vocavit, quippe cuius quadratum negative sumtum quadratum semidistantiae binorum punctorum imaginariorum constituit.

His antemissis, ad problema propositum accedamus. Sint aequationes sectionum conicarum propositarum:

$$l+myy+nzz+2l'yz+2m'z+2n'y = 0$$
$$\lambda+\mu yy+\nu zz+2\lambda'yz+2\mu'z+2\nu'y = 0.$$

Quibus in aequationibus substitutis ipsarum y, z valoribus:

$$y = \frac{\beta-\beta's'-\beta''s''}{\alpha-\alpha's'-\alpha''s''}, \quad z = \frac{\gamma-\gamma's'-\gamma''s''}{\alpha-\alpha's'-\alpha''s''},$$

aequationes duorum circulorum prodire debent. Ut altera proiectio circulus evadat, aequationes conditionales obtinemus:

$$l\alpha'\alpha'+m\beta'\beta'+n\gamma'\gamma'+2l'\beta'\gamma'+2m'\gamma'\alpha'+2n'\alpha'\beta'$$
$$= l\alpha''\alpha''+m\beta''\beta''+n\gamma''\gamma''+2l'\beta''\gamma''+2m'\gamma''\alpha''+2n'\alpha''\beta'',$$
$$l\alpha'\alpha''+m\beta'\beta''+n\gamma'\gamma''+l'(\beta'\gamma''+\beta''\gamma')+m'(\gamma'\alpha''+\gamma''\alpha')+n'(\alpha'\beta''+\alpha''\beta') = 0.$$

Quarum in locum sequentes duas substituere licet:

$$0 = l(\alpha'+i\alpha'')^2+m(\beta'+i\beta'')^2+n(\gamma'+i\gamma'')^2$$
$$+2l'(\beta'+i\beta'')(\gamma'+i\gamma'')+2m'(\gamma'+i\gamma'')(\alpha'+i\alpha'')+2n'(\alpha'+i\alpha'')(\beta'+i\beta'')$$
$$0 = l(\alpha'-i\alpha'')^2+m(\beta'-i\beta'')^2+n(\gamma'-i\gamma'')^2$$
$$+2l'(\beta'-i\beta'')(\gamma'-i\gamma'')+2m'(\gamma'-i\gamma'')(\alpha'-i\alpha'')+2n'(\alpha'-i\alpha'')(\beta'-i\beta'').$$

E quibus patet curvae propositae, cuius aequatio:

$$0 = l+myy+nzz+2l'yz+2m'z+2n'y,$$

bina puncta imaginaria esse, quorum coordinatae sunt

$$\text{alterius:}\quad \frac{\beta'+i\beta''}{\alpha'+i\alpha''},\quad \frac{\gamma'+i\gamma''}{\alpha'+i\alpha''},$$
$$\text{alterius:}\quad \frac{\beta'-i\beta''}{\alpha'-i\alpha''},\quad \frac{\gamma'-i\gamma''}{\alpha'-i\alpha''}.$$

Aequatio lineae, quae per illa transit, fit:

$$(\gamma'\alpha''-\gamma''\alpha')y+(\alpha'\beta''-\alpha''\beta')z+\beta'\gamma''-\beta''\gamma' = 0,$$

sive e denominationibus supra adhibitis:

$$a-by-cz = 0,$$

quae erat aequatio lineae $A'A''$, quam igitur videmus necessario chordam idealem curvae propositae fieri. Simul centrum chordae coordinatas habet:

$$\frac{\alpha'\beta'+\alpha''\beta''}{\alpha'\alpha'+\alpha''\alpha''},\quad \frac{\alpha'\gamma'+\alpha''\gamma''}{\alpha'\alpha'+\alpha''\alpha''},$$

quod igitur videmus esse punctum A'''. Semichordam idealem nanciscimur:

$$\frac{\sqrt{(\alpha'\beta''-\alpha''\beta')^2+(\gamma'\alpha''-\gamma''\alpha')^2}}{\alpha'\alpha'+\alpha''\alpha''} = \frac{\sqrt{bb+cc}}{\alpha'\alpha'+\alpha''\alpha''},$$

quae ex antecedentibus est linea OA'''. Unde videmus, ut curva proiecta fiat circulus, oculum in peripheria circuli statui debere, cuius centrum est centrum certae cuiusdam chordae idealis, cuius radius est semichorda idealis, et cuius planum chordae ideali perpendiculare; tabulam autem accipiendam esse parallelam plano per oculum et chordam idealem ducto.

Eadem etiam de altera sectione conica proposita valent, cuius proiectio ut circulus fiat, puncta illa imaginaria in hac quoque sita esse debent, unde linea per illa transiens fit utriusque sectionis conicae chorda communis idealis. Quae est constructio quaesita, a Cl. Poncelet loco citato exhibita.

Jam ad observationes alias transeamus.

25.

Dedi olim in Commentatione de singulari quadam duplicis integralis transformatione (v. Diarium Crellianum, vol. II. p. 234. Cf. h. vol. p. 57), theorema memorabile, designante ϱ functionem quamlibet integram rationalem secundi ordinis quantitatum $\cos\psi$, $\sin\psi\cos\varphi$, $\sin\psi\sin\varphi$ huiusmodi:

$$\begin{aligned}\varrho = a+a'\cos^2\psi+a''\sin^2\psi\cos^2\varphi+a'''\sin^2\psi\sin^2\varphi\\ +2b'\cos\psi+2b''\sin\psi\cos\varphi+2b'''\sin\psi\sin\varphi\\ +2c'\sin^2\psi\cos\varphi\sin\varphi+2c''\cos\psi\sin\psi\sin\varphi+2c'''\cos\psi\sin\psi\cos\varphi,\end{aligned}$$

integrale duplex indefinitum

$$\int\frac{\sin\psi d\psi d\varphi}{\varrho}$$

transformari posse in hoc simplicius:

$$\int\frac{\sin\eta d\eta d\vartheta}{G+G'\cos^2\eta+G''\sin^2\eta\cos^2\vartheta+G''\sin^2\eta\sin^2\vartheta},$$

idque per substitutiones formae

$$\cos\eta = \frac{\alpha+\alpha'\cos\psi+\alpha''\sin\psi\cos\varphi+\alpha'''\sin\psi\sin\varphi}{\delta+\delta'\cos\psi+\delta''\sin\psi\cos\varphi+\delta'''\sin\psi\sin\varphi},$$

$$\sin\eta\cos\vartheta = \frac{\beta+\beta'\cos\psi+\beta''\sin\psi\cos\varphi+\beta'''\sin\psi\sin\varphi}{\delta+\delta'\cos\psi+\delta''\sin\psi\cos\varphi+\delta'''\sin\psi\sin\varphi},$$

$$\sin\eta\sin\vartheta = \frac{\gamma+\gamma'\cos\psi+\gamma''\sin\psi\cos\varphi+\gamma'''\sin\psi\sin\varphi}{\delta+\delta'\cos\psi+\delta''\sin\psi\cos\varphi+\delta'''\sin\psi\sin\varphi}.$$

De quo theoremate, observo, prodire theorema §. 20 propositum, ponendo

$$\sin\psi\cos\varphi = y,\quad \sin\psi\sin\varphi = z,\quad \sin\eta\cos\vartheta = s',\quad \sin\eta\sin\vartheta = s'',$$

atque insuper in expressione ipsius ϱ

$$a' = b' = c'' = c''' = 0,$$

quo casu e formulis loco citato traditis fit:

$$G' = 0,\quad \beta' = \gamma' = \delta' = \alpha = \alpha'' = \alpha''' = 0.$$

Pauca hoc loco de substitutionibus illis, de quibus loco citato brevius actum est, addamus. Quemadmodum enim substitutionem

$$\cos\varphi = \frac{\beta-\beta'\cos\eta-\beta''\sin\eta}{\alpha-\alpha'\cos\eta-\alpha''\sin\eta},\quad \sin\varphi = \frac{\gamma-\gamma'\cos\eta-\gamma''\sin\eta}{\alpha-\alpha'\cos\eta-\alpha''\sin\eta}$$

ad relationem simplicissimam inter tangentes arcuum $\frac{1}{2}(\varphi-\varphi')$, $\frac{1}{2}(\eta-\eta')$ revocavimus, ita illis quoque multo complicatioribus reductionem similem, eadem simplicitate gaudentem, applicari posse videbimus. Porro monstrabimus, quomodo sedecim substitutionis coëfficientes, inter quas decem relationes locum habent, per quantitates sex commode exprimantur. Relationes inter coëfficientes, quibus eum in finem utemur, loco citato demonstratas invenis*).

*) Quantitatem arbitrariam, loco citato per k designatam, hic ponemus $= 1$.

Statuatur

$$MM = \delta\delta - 1 = \delta'\delta' + \delta''\delta'' + \delta'''\delta''' = \alpha\alpha + \beta\beta + \gamma\gamma,$$

atque eligantur sex quantitates novae ε', ε'', ε''', ζ', ζ'', ζ''' tales ut fiat:

$$\left[\frac{\delta'}{M}\cos\psi + \frac{\delta''}{M}\sin\psi\cos\varphi + \frac{\delta'''}{M}\sin\psi\sin\varphi\right]^2$$
$$+ [\varepsilon' \cos\psi + \varepsilon''\sin\psi\cos\varphi + \varepsilon'''\sin\psi\sin\varphi]^2$$
$$+ [\zeta' \cos\psi + \zeta''\sin\psi\cos\varphi + \zeta'''\sin\psi\sin\varphi]^2 = 1;$$

unde cum inter coëfficientes novem relationes sex notissimae locum habere debeant, e quarum numero uni

$$\frac{\delta'\delta'}{MM} + \frac{\delta''\delta''}{MM} + \frac{\delta'''\delta'''}{MM} = 1$$

iam satisfactum est, e quantitatibus sex assumtis ε', ε'' etc. unam pro arbitrio determinare licet, quo facto reliquae etiam determinatae erunt.

Statuatur porro:

$$\varepsilon'\alpha' + \varepsilon''\alpha'' + \varepsilon'''\alpha''' = \alpha_1$$
$$\varepsilon'\beta' + \varepsilon''\beta'' + \varepsilon'''\beta''' = \beta_1$$
$$\varepsilon'\gamma' + \varepsilon''\gamma'' + \varepsilon'''\gamma''' = \gamma_1$$
$$\zeta'\alpha' + \zeta''\alpha'' + \zeta'''\alpha''' = \alpha_2$$
$$\zeta'\beta' + \zeta''\beta'' + \zeta'''\beta''' = \beta_2$$
$$\zeta'\gamma' + \zeta''\gamma'' + \zeta'''\gamma''' = \gamma_2,$$

unde, cum etiam sit

$$\frac{\delta'}{M}\alpha' + \frac{\delta''}{M}\alpha'' + \frac{\delta'''}{M}\alpha''' = \frac{\delta}{M}\alpha$$
$$\frac{\delta'}{M}\beta' + \frac{\delta''}{M}\beta'' + \frac{\delta'''}{M}\beta''' = \frac{\delta}{M}\beta$$
$$\frac{\delta'}{M}\gamma' + \frac{\delta''}{M}\gamma'' + \frac{\delta'''}{M}\gamma''' = \frac{\delta}{M}\gamma,$$

fit, ternorum quadratorum summatione facta:

$$\alpha\alpha + 1 = \alpha'\alpha' + \alpha''\alpha'' + \alpha'''\alpha''' = \frac{\delta\delta}{MM}\alpha\alpha + \alpha_1\alpha_1 + \alpha_2\alpha_2$$
$$\beta\beta + 1 = \beta'\beta' + \beta''\beta'' + \beta'''\beta''' = \frac{\delta\delta}{MM}\beta\beta + \beta_1\beta_1 + \beta_2\beta_2$$
$$\gamma\gamma + 1 = \gamma'\gamma' + \gamma''\gamma'' + \gamma'''\gamma''' = \frac{\delta\delta}{MM}\gamma\gamma + \gamma_1\gamma_1 + \gamma_2\gamma_2,$$

ideoque:

$$1 = \frac{\alpha\alpha}{MM} + \alpha_1\alpha_1 + \alpha_2\alpha_2$$
$$1 = \frac{\beta\beta}{MM} + \beta_1\beta_1 + \beta_2\beta_2$$
$$1 = \frac{\gamma\gamma}{MM} + \gamma_1\gamma_1 + \gamma_2\gamma_2.$$

Porro fit:

$$\frac{\delta\delta}{MM}\beta\gamma+\beta_1\gamma_1+\beta_2\gamma_2=\beta\gamma$$
$$\frac{\delta\delta}{MM}\gamma\alpha+\gamma_1\alpha_1+\gamma_2\alpha_2=\gamma\alpha$$
$$\frac{\delta\delta}{MM}\alpha\beta+\alpha_1\beta_1+\alpha_2\beta_2=\alpha\beta,$$

ideoque:

$$0=\frac{\beta\gamma}{MM}+\beta_1\gamma_1+\beta_2\gamma_2$$
$$0=\frac{\gamma\alpha}{MM}+\gamma_1\alpha_1+\gamma_2\alpha_2$$
$$0=\frac{\alpha\beta}{MM}+\alpha_1\beta_1+\alpha_2\beta_2.$$

De quibus formulis sequitur aequatio identica:

$$\left[\frac{\alpha}{M}\cos\eta+\frac{\beta}{M}\sin\eta\cos\vartheta+\frac{\gamma}{M}\sin\eta\sin\vartheta\right]^2$$
$$+[\alpha_1\cos\eta+\beta_1\sin\eta\cos\vartheta+\gamma_1\sin\eta\sin\vartheta]^2$$
$$+[\alpha_2\cos\eta+\beta_2\sin\eta\cos\vartheta+\gamma_2\sin\eta\sin\vartheta]^2=1.$$

Substitutiones propositae etiam hunc in modum repraesentantur (l. c. p. 240. Cf. h. vol. p. 63):

$$\cos\psi=-\frac{\delta'-\alpha'\cos\eta-\beta'\sin\eta\cos\vartheta-\gamma'\sin\eta\sin\vartheta}{\delta-\alpha\cos\eta-\beta\sin\eta\cos\vartheta-\gamma\sin\eta\sin\vartheta}$$
$$\sin\psi\cos\varphi=-\frac{\delta''-\alpha''\cos\eta-\beta''\sin\eta\cos\vartheta-\gamma''\sin\eta\cos\vartheta}{\delta-\alpha\cos\eta-\beta\sin\eta\cos\vartheta-\gamma\sin\eta\sin\vartheta}$$
$$\sin\psi\sin\varphi=-\frac{\delta'''-\alpha'''\cos\eta-\beta'''\sin\eta\cos\vartheta-\gamma'''\sin\eta\sin\vartheta}{\delta-\alpha\cos\eta-\beta\sin\eta\cos\vartheta-\gamma\sin\eta\sin\vartheta};$$

de quibus per formulas traditas derivantur sequentes:

$$M+\delta'\cos\psi+\delta''\sin\psi\cos\varphi+\delta'''\sin\psi\sin\varphi=(\delta-M)\frac{M+\alpha\cos\eta+\beta\sin\eta\cos\vartheta+\gamma\sin\eta\sin\vartheta}{\delta-\alpha\cos\eta-\beta\sin\eta\cos\vartheta-\gamma\sin\eta\sin\vartheta},$$
$$\varepsilon'\cos\psi+\varepsilon''\sin\psi\cos\varphi+\varepsilon'''\sin\psi\sin\varphi=\frac{\alpha_1\cos\eta+\beta_1\sin\eta\cos\vartheta+\gamma_1\sin\eta\sin\vartheta}{\delta-\alpha\cos\eta-\beta\sin\eta\cos\vartheta-\gamma\sin\eta\sin\vartheta},$$
$$\zeta'\cos\psi+\zeta''\sin\psi\cos\varphi+\zeta'''\sin\psi\sin\varphi=\frac{\alpha_2\cos\eta+\beta_2\sin\eta\cos\vartheta+\gamma_2\sin\eta\sin\vartheta}{\delta-\alpha\cos\eta-\beta\sin\eta\cos\vartheta-\gamma\sin\eta\sin\vartheta}.$$

Iam ponere licet:

$$\frac{\delta'}{M}\cos\psi+\frac{\delta''}{M}\sin\psi\cos\varphi+\frac{\delta'''}{M}\sin\psi\sin\varphi=\frac{1-tt-uu}{1+tt+uu}$$
$$\varepsilon'\cos\psi+\varepsilon''\sin\psi\cos\varphi+\varepsilon'''\sin\psi\sin\varphi=\frac{2t}{1+tt+uu}$$
$$\zeta'\cos\psi+\zeta''\sin\psi\cos\varphi+\zeta'''\sin\psi\sin\varphi=\frac{2u}{1+tt+uu};$$

quippe in utraque aequationum parte summa quadratorum fit $= 1$. Similiter ponere licet:

$$\frac{\alpha}{M}\cos\eta+\frac{\beta}{M}\sin\eta\cos\vartheta+\frac{\gamma}{M}\sin\eta\sin\vartheta=\frac{1-t't'-u'u'}{1+t't'+u'u'}$$

$$\alpha_1\cos\eta+\beta_1\sin\eta\cos\vartheta+\gamma_1\sin\eta\sin\vartheta=\frac{2t'}{1+t't'+u'u'}$$

$$\alpha_2\cos\eta+\beta_2\sin\eta\cos\vartheta+\gamma_2\sin\eta\sin\vartheta=\frac{2u'}{1+t't'+u'u'};$$

unde iam relationes, quae inter angulos ψ, φ et η, ϑ propositae erant, ad relationes inter quantitates t, u et t', u' revocatae sunt. Obtinemus autem:

$$\frac{t}{M}=\frac{\varepsilon'\cos\psi+\varepsilon''\sin\psi\cos\varphi+\varepsilon'''\sin\psi\sin\varphi}{M+\delta'\cos\psi+\delta''\sin\psi\cos\varphi+\delta'''\sin\psi\sin\varphi}$$

$$\frac{u}{M}=\frac{\zeta'\cos\psi+\zeta''\sin\psi\cos\varphi+\zeta'''\sin\psi\sin\varphi}{M+\delta'\cos\psi+\delta''\sin\psi\cos\varphi+\delta'''\sin\psi\sin\varphi};$$

porro:

$$\frac{t'}{M}=\frac{\alpha_1\cos\eta+\beta_1\sin\eta\cos\vartheta+\gamma_1\sin\eta\sin\vartheta}{M+\alpha\cos\eta+\beta\sin\eta\cos\vartheta+\gamma\sin\eta\sin\vartheta}$$

$$\frac{u'}{M}=\frac{\alpha_2\cos\eta+\beta_2\sin\eta\cos\vartheta+\gamma_2\sin\eta\sin\vartheta}{M+\alpha\cos\eta+\beta\sin\eta\cos\vartheta+\gamma\sin\eta\sin\vartheta}.$$

Quapropter relationes illae inter t, u et t', u' in has simplicissimas redeunt:

$$t=(\delta+M)t',\quad u=(\delta+M)u'.$$

Quae sunt relationes quaesitae simplicissimae, ad quas substitutio proposita revocatur.

26.

Expressiones sedecim coëfficientium per quantitates sex hunc in modum nanciscimur. Ponatur:

$$\frac{\delta'}{M}=\sin D'\qquad \varepsilon'=\cos D'\cos E'\qquad \zeta'=\cos D'\sin E'$$

$$\frac{\delta''}{M}=\sin D''\qquad \varepsilon''=\cos D''\cos E''\qquad \zeta''=\cos D''\sin E''$$

$$\frac{\delta'''}{M}=\sin D'''\qquad \varepsilon'''=\cos D'''\cos E'''\qquad \zeta'''=\cos D'''\sin E''',$$

ubi propter relationes, quae inter novem quantitates illas locum habent, fit:

$$\sin D'=-\sqrt{\operatorname{cotg}(E'''-E')\operatorname{cotg}(E'-E'')}$$

$$\sin D''=-\sqrt{\operatorname{cotg}(E'-E'')\operatorname{cotg}(E''-E''')}$$

$$\sin D'''=-\sqrt{\operatorname{cotg}(E''-E''')\operatorname{cotg}(E'''-E')},$$

quas aequationes, posito

$$\cos(E'-E'')\cos(E''-E''')\cos(E'''-E')=-\Delta\Delta$$

ita repraesentare licet:

$$\operatorname{tang} D' = \frac{-\Delta}{\cos(E''-E''')}, \quad \operatorname{tang} D'' = \frac{-\Delta}{\cos(E'''-E')}, \quad \operatorname{tang} D''' = \frac{-\Delta}{\cos(E'-E'')}.$$

Quas formulas minus usitatas, quarum ope novem eiusmodi quantitates, inter quas relationes sex intercedunt, per angulos tres E', E'', E''' commode exprimuntur, Cl. Euler olim adnotavit (v. Diar. Crell. Vol. II. p. 188).

Simili modo ponatur:

$$\begin{array}{lll} \frac{\alpha}{M} = \sin A & \alpha_1 = \cos A \cos A' & \alpha_2 = \cos A \sin A' \\ \frac{\beta}{M} = \sin B & \beta_1 = \cos B \cos B' & \beta_2 = \cos B \sin B' \\ \frac{\gamma}{M} = \sin C & \gamma_1 = \cos C \cos C' & \gamma_2 = \cos C \sin C', \end{array}$$

ubi rursus

$$\begin{aligned} \sin A &= -\sqrt{\operatorname{cotg}(C'-A')\operatorname{cotg}(A'-B')} \\ \sin B &= -\sqrt{\operatorname{cotg}(A'-B')\operatorname{cotg}(B'-C')} \\ \sin C &= -\sqrt{\operatorname{cotg}(B'-C')\operatorname{cotg}(C'-A')}, \end{aligned}$$

sive etiam, posito

$$\cos(A'-B')\cos(B'-C')\cos(C'-A') = -\Delta'\Delta',$$

fit:

$$\operatorname{tang} A = \frac{-\Delta'}{\cos(B'-C')}, \quad \operatorname{tang} B = \frac{-\Delta'}{\cos(C'-A')}, \quad \operatorname{tang} C = \frac{-\Delta'}{\cos(A'-B')}.$$

Iam e formulis traditis facile sequitur:

$$\begin{aligned} \alpha' &= \frac{\delta\delta'}{MM}\alpha + \varepsilon'\alpha_1 + \zeta'\alpha_2 \\ \alpha'' &= \frac{\delta\delta''}{MM}\alpha + \varepsilon''\alpha_1 + \zeta''\alpha_2 \\ \alpha''' &= \frac{\delta\delta'''}{MM}\alpha + \varepsilon'''\alpha_1 + \zeta'''\alpha_2 \\ \beta' &= \frac{\delta\delta'}{MM}\beta + \varepsilon'\beta_1 + \zeta'\beta_2 \\ \beta'' &= \frac{\delta\delta''}{MM}\beta + \varepsilon''\beta_1 + \zeta''\beta_2 \\ \beta''' &= \frac{\delta\delta'''}{MM}\beta + \varepsilon'''\beta_1 + \zeta'''\beta_2 \\ \gamma' &= \frac{\delta\delta'}{MM}\gamma + \varepsilon'\gamma_1 + \zeta'\gamma_2 \\ \gamma'' &= \frac{\delta\delta''}{MM}\gamma + \varepsilon''\gamma_1 + \zeta''\gamma_2 \\ \gamma''' &= \frac{\delta\delta'''}{MM}\gamma + \varepsilon'''\gamma_1 + \zeta'''\gamma_2. \end{aligned}$$

Unde, posito insuper $M = \operatorname{tang}\mu$, sedecim coëfficientium expressiones obtines sequentes:

$$\alpha = \operatorname{tang}\mu \sin A, \quad \beta = \operatorname{tang}\mu \sin B, \quad \gamma = \operatorname{tang}\mu \sin C,$$
$$\delta = \sec\mu; \quad \delta' = \operatorname{tang}\mu \sin D', \quad \delta'' = \operatorname{tang}\mu \sin D'', \quad \delta''' = \operatorname{tang}\mu \sin D'''$$

$$\begin{aligned}
\alpha' &= \sec\mu \sin D' \sin A + \cos D' \cos A \cos(E' - A') \\
\beta' &= \sec\mu \sin D' \sin B + \cos D' \cos B \cos(E' - B') \\
\gamma' &= \sec\mu \sin D' \sin C + \cos D' \cos C \cos(E' - C') \\
\alpha'' &= \sec\mu \sin D'' \sin A + \cos D'' \cos A \cos(E'' - A') \\
\beta'' &= \sec\mu \sin D'' \sin B + \cos D'' \cos B \cos(E'' - B') \\
\gamma'' &= \sec\mu \sin D'' \sin C + \cos D'' \cos C \cos(E'' - C') \\
\alpha''' &= \sec\mu \sin D''' \sin A + \cos D''' \cos A \cos(E''' - A') \\
\beta''' &= \sec\mu \sin D''' \sin B + \cos D''' \cos B \cos(E''' - B') \\
\gamma''' &= \sec\mu \sin D''' \sin C + \cos D''' \cos C \cos(E''' - C').
\end{aligned}$$

Angulos D', D'', D''' per differentias ipsorum E', E'', E''', angulos A, B, C per differentias ipsorum A', B', C' expressimus, unde sedecim coëfficientes substitutionum propositarum per angulum μ et differentias angulorum E', E'', E''', A', B', C', quae sunt quantitates sex, expressas habes; quod erat propositum.

27.

Transformatio integralis duplicis

$$\int \frac{\sin\psi d\psi d\varphi}{\varrho},$$

quae per dictam substitutionem obtinetur, et ipsa, sicuti transformatio illa integralis simplicis, introductis quantitatibus imaginariis, ad aliud problema algebraicum revocari potest, quo agitur, per substitutiones

$$\begin{aligned}
w &= \delta s + \delta' s' + \delta'' s'' + \delta''' s''' \\
x &= \alpha s + \alpha' s' + \alpha'' s'' + \alpha''' s''' \\
y &= \beta s + \beta' s' + \beta'' s'' + \beta''' s''' \\
z &= \gamma s + \gamma' s' + \gamma'' s'' + \gamma''' s''',
\end{aligned}$$

quae identice efficiant

$$ww + xx + yy + zz = ss + s's' + s''s'' + s'''s''',$$

simul expressionem

$$ass + a's's' + a''s''s'' + a'''s'''s''' + 2b'ss' + 2b''ss'' + 2b'''ss''' + 2c's''s''' + 2c''s'''s' + 2c'''s's''$$

transformare in hanc simpliciorem:

$$Gww + G'xx + G''yy + G'''zz.$$

Statuatur enim

$$0 = ww + xx + yy + zz = ss + s's' + s''s'' + s'''s''',$$

unde ponere licet

$$\frac{s'}{s} = i\cos\psi \qquad \frac{s''}{s} = i\sin\psi\cos\varphi \qquad \frac{s'''}{s} = i\sin\psi\sin\varphi$$

$$\frac{x}{w} = i\cos\eta, \qquad \frac{y}{w} = i\sin\eta\cos\vartheta, \qquad \frac{z}{w} = i\sin\eta\sin\vartheta;$$

porro loco quantitatum:

$$a, \quad a', \quad a'', \quad a''', \quad b', \quad b'', \quad b''', \quad c', \quad c'', \quad c'''$$

ponatur respective:

$$a, \quad -a', \quad -a'', \quad -a''', \quad -ib', \quad -ib'', \quad -ib''', \quad -c', \quad -c'', \quad -c''',$$

et loco quantitatum:

$$\alpha, \ \beta, \ \gamma, \ \delta, \ \alpha', \ \beta', \ \gamma', \ \delta', \ \alpha'', \ \beta'', \ \gamma'', \ \delta'', \ \alpha''', \ \beta''', \ \gamma''', \ \delta'''$$

ponatur respective:

$$i\alpha, \ i\beta, \ i\gamma, \ \delta, \ \alpha', \ \beta', \ \gamma', \ -i\delta', \ \alpha'', \ \beta'', \ \gamma'', \ -i\delta'', \ \alpha''', \ \beta''', \ \gamma''', \ -i\delta'''$$

nec non loco G', G'', G''' ponatur $-G'$, $-G''$, $-G'''$. Quo facto aequatio:

$$ass + a's's' + a''s''s'' + a'''s'''s''' + 2b'ss' + 2b''ss'' + 2b'''ss''' + 2c's''s''' + 2c''s'''s' + 2c'''s's''$$
$$= Gww + G'xx + G''yy + G'''zz,$$

facta divisione per ww, in hanc abit:

$$\frac{\varrho}{[\delta + \delta'\cos\psi + \delta''\sin\psi\cos\varphi + \delta'''\sin\psi\sin\varphi]^2} = G + G'\cos^2\eta + G''\sin^2\eta\cos^2\vartheta + G'''\sin^2\eta\sin^2\vartheta;$$

nec non substitutiones in supra adhibitas abeunt; de quibus cum facile sequatur:

$$\sin\eta\left(\frac{\partial\eta}{\partial\psi}\frac{\partial\vartheta}{\partial\varphi} - \frac{\partial\eta}{\partial\varphi}\frac{\partial\vartheta}{\partial\psi}\right) = \frac{\sin\psi}{(\delta + \delta'\cos\psi + \delta''\sin\psi\cos\varphi + \delta'''\sin\psi\sin\varphi)^2},$$

obtinetur transformatio proposita:

$$\int \frac{\sin\psi\, d\psi\, d\varphi}{\varrho} = \int \frac{\sin\eta\, d\eta\, d\vartheta}{G + G'\cos^2\eta + G''\sin^2\eta\cos^2\vartheta + G'''\sin^2\eta\sin^2\vartheta}.$$

Adnotabo, problematis algebraici solutionem nuper admodum dedisse Cl. Cauchy in Commentatione, cui inscriptum est: *Sur l'équation à l'aide de laquelle on détermine les inégalités séculaires des mouvements des planètes* (cf. *Exercices de Mathématiques Vol. IV, pag. 140 sqq.*); quo ille loco problema ad transformationem similem functionis homogenae secundi ordinis cuiuslibet numeri variabilium extendit. Nec non transformatio integralis per eandem analysin ad numerum quemlibet variabilium et quemlibet ordinem integrationis extenditur. Generaliter enim probatur, designante ϱ functionem quamlibet integram rationalem secundi ordinis quantitatum

$$\cos\varphi,\quad \sin\varphi\cos\varphi_1,\quad \sin\varphi\sin\varphi_1\cos\varphi_2,\quad \sin\varphi\sin\varphi_1\sin\varphi_2\cos\varphi_3,\quad \ldots,$$
$$\sin\varphi\sin\varphi_1\ldots\sin\varphi_{n-1}\cos\varphi_n,\quad \sin\varphi\sin\varphi_1\ldots\sin\varphi_{n-1}\sin\varphi_n,$$

integrale $(n+1)$ tuplum:

$$\int\frac{\sin^n\varphi\sin^{n-1}\varphi_1\sin^{n-2}\varphi_2\ldots\sin\varphi_{n-1}d\varphi d\varphi_1\ldots d\varphi_n}{\varrho^{\frac{n+1}{2}}}$$

transformari posse in hoc simplicius:

$$\int\frac{\sin^n\eta\sin^{n-1}\eta_1\sin^{n-2}\eta_2\ldots\sin\eta_{n-1}d\eta d\eta_1\ldots d\eta_n}{\sigma^{\frac{n+1}{2}}},$$

in quo functio σ est summa quadratorum expressionum:

$$\cos\eta,\quad \sin\eta\cos\eta_1,\quad \sin\eta\sin\eta_1\cos\eta_2,\quad \ldots,\quad \sin\eta\sin\eta_1\ldots\sin\eta_{n-1}\cos\eta_n,$$
$$\sin\eta\sin\eta_1\sin\eta_2\ldots\sin\eta_{n-1}\sin\eta_n,$$

singulis in quantitates constantes ductis; expressiones autem eum in finem in locum quantitatum $\cos\varphi$, $\sin\varphi\cos\varphi_1$ etc. substituendae sunt, uti supra, fractiones, quarum et donominator et numerator functiones lineares ipsarum $\cos\eta$, $\sin\eta\cos\eta_1$, etc.

Unde transformatio integralis simplicis, de qua initio locuti sumus, ab Eulero olim in Institutionibus calculi integralis proposita, iam ita amplificata est, ut perinde de integralibus $n$tuplis functionum n variabilium valeat.

28.

Hisce disquisitionibus finem imponamus proponendo theorema novum ac memorabile, quo etiam theoremata §. 20 allegata, aequationis differentialis

$$\frac{d\varphi}{\sqrt{(A'+B'\cos\varphi+C'\sin\varphi)^2+(A''+B''\cos\varphi+C''\sin\varphi)^2-(A+B\cos\varphi+C\sin\varphi)^2}}$$
$$+\frac{d\psi}{\sqrt{(B+B'\cos\psi+B''\sin\psi)^2+(C+C'\cos\psi+C''\sin\psi)^2-(A+A'\cos\psi+A''\sin\psi)^2}}=0$$

integrale esse aequationem:

$$A+B\cos\varphi+C\sin\varphi+(A'+B'\cos\varphi+C'\sin\varphi)\cos\psi+(A''+B''\cos\varphi+C''\sin\varphi)\sin\psi=0,$$

vel casu speciali, ad quem generaliorem illum revocavimus, aequationis differentialis:

$$\frac{d\eta}{\sqrt{G'G'\cos^2\eta+G''G''\sin^2\eta-GG}}+\frac{d\vartheta}{\sqrt{G'G'\cos^2\vartheta+G''G''\sin^2\vartheta-GG}}=0$$

integrale esse aequationem:

$$G - G'\cos\eta\cos\vartheta - G''\sin\eta\sin\vartheta = 0,$$

ad integralia duplicia extenduntur. Quibus theorematibus cum theoria de additione integralium ellipticorum superstructa sit, quod universae theoriae functionum ellipticarum principium est, extensionem illam attentionem geometrarum mereri credimus.

Propositae sint inter angulos φ, ψ et η, ϑ aequationes duae sequentes:

$$\begin{aligned} & a + b\cos\varphi + c\sin\varphi\cos\psi + d\sin\varphi\sin\psi \\ & + [a' + b'\cos\varphi + c'\sin\varphi\cos\psi + d'\sin\varphi\sin\psi]\cos\eta \\ & + [a'' + b''\cos\varphi + c''\sin\varphi\cos\psi + d''\sin\varphi\sin\psi]\sin\eta\cos\vartheta \\ & + [a''' + b'''\cos\varphi + c'''\sin\varphi\cos\psi + d'''\sin\varphi\sin\psi]\sin\eta\sin\vartheta \\ & = 0, \end{aligned}$$

quam brevitatis causa designamus per

$$F(\varphi, \psi, \eta, \vartheta) = 0,$$

et

$$\begin{aligned} & \alpha + \beta\cos\varphi + \gamma\sin\varphi\cos\psi + \delta\sin\varphi\sin\psi \\ & + [\alpha' + \beta'\cos\varphi + \gamma'\sin\varphi\cos\psi + \delta'\sin\varphi\sin\psi]\cos\eta \\ & + [\alpha'' + \beta''\cos\varphi + \gamma''\sin\varphi\cos\psi + \delta''\sin\varphi\sin\psi]\sin\eta\cos\vartheta \\ & + [\alpha''' + \beta'''\cos\varphi + \gamma'''\sin\varphi\cos\psi + \delta'''\sin\varphi\sin\psi]\sin\eta\sin\vartheta \\ & = 0, \end{aligned}$$

quam brevitatis causa designamus per

$$\Pi(\varphi, \psi, \eta, \vartheta) = 0.$$

E quibus aequationibus, cognitis φ, ψ, valores ipsarum η, ϑ eruere licet, et integratio secundum φ, ψ instituenda in aliam secundum η, ϑ instituendam transformari potest. Generaliter enim e theoria transformationis integralium duplicium constat, datis inter φ, ψ, η, ϑ aequationibus quibuslibet:

$$F(\varphi, \psi, \eta, \vartheta) = 0, \quad \Pi(\varphi, \psi, \eta, \vartheta) = 0,$$

fore:

$$\int \frac{U d\varphi d\psi}{\frac{\partial F}{\partial \eta}\frac{\partial \Pi}{\partial \vartheta} - \frac{\partial F}{\partial \vartheta}\frac{\partial \Pi}{\partial \eta}} = \int \frac{U d\eta d\vartheta}{\frac{\partial F}{\partial \varphi}\frac{\partial \Pi}{\partial \psi} - \frac{\partial F}{\partial \psi}\frac{\partial \Pi}{\partial \varphi}}$$

ubi in altero integrali expressio

$$\frac{U}{\frac{\partial F}{\partial \eta}\frac{\partial \Pi}{\partial \vartheta} - \frac{\partial F}{\partial \vartheta}\frac{\partial \Pi}{\partial \eta}}$$

per ipsas φ, ψ; in altero integrali expressio

$$\frac{U}{\frac{\partial F}{\partial \varphi}\frac{\partial \Pi}{\partial \psi}-\frac{\partial F}{\partial \psi}\frac{\partial \Pi}{\partial \varphi}}$$

per ipsas η, ϑ ope aequationum propositarum exprimendae sunt.

Ponatur brevitatis causa

$$\begin{aligned}
a\ +b\ \cos\varphi+c\ \sin\varphi\cos\psi+d\ \sin\varphi\sin\psi &= A\\
a'\ +b'\ \cos\varphi+c'\ \sin\varphi\cos\psi+d'\ \sin\varphi\sin\psi &= A'\\
a''+b''\cos\varphi+c''\sin\varphi\cos\psi+d''\sin\varphi\sin\psi &= A''\\
a'''+b'''\cos\varphi+c'''\sin\varphi\cos\psi+d'''\sin\varphi\sin\psi &= A''',
\end{aligned}$$

porro:

$$\begin{aligned}
\alpha\ +\beta\ \cos\varphi+\gamma\ \sin\varphi\cos\psi+\delta\ \sin\varphi\sin\psi &= B\\
\alpha'\ +\beta'\ \cos\varphi+\gamma'\ \sin\varphi\cos\psi+\delta'\ \sin\varphi\sin\psi &= B'\\
\alpha''+\beta''\cos\varphi+\gamma''\sin\varphi\cos\psi+\delta''\sin\varphi\sin\psi &= B''\\
\alpha'''+\beta'''\cos\varphi+\gamma'''\sin\varphi\cos\psi+\delta'''\sin\varphi\sin\psi &= B''':
\end{aligned}$$

aequationes propositas ita exhibere licet:

$$\begin{aligned}
F &= A+A'\cos\eta+A''\sin\eta\cos\vartheta+A'''\sin\eta\sin\vartheta = 0\\
\Pi &= B+B'\cos\eta+B''\sin\eta\cos\vartheta+B'''\sin\eta\sin\vartheta = 0.
\end{aligned}$$

Simili modo ponamus

$$\begin{aligned}
a+a'\cos\eta+a''\sin\eta\cos\vartheta+a'''\sin\eta\sin\vartheta &= C\\
b+b'\cos\eta+b''\sin\eta\cos\vartheta+b'''\sin\eta\sin\vartheta &= C'\\
c+c'\cos\eta+c''\sin\eta\cos\vartheta+c'''\sin\eta\sin\vartheta &= C''\\
d+d'\cos\eta+d''\sin\eta\cos\vartheta+d'''\sin\eta\sin\vartheta &= C''',
\end{aligned}$$

porro

$$\begin{aligned}
\alpha+\alpha'\cos\eta+\alpha''\sin\eta\cos\vartheta+\alpha'''\sin\eta\sin\vartheta &= D\\
\beta+\beta'\cos\eta+\beta''\sin\eta\cos\vartheta+\beta'''\sin\eta\sin\vartheta &= D'\\
\gamma+\gamma'\cos\eta+\gamma''\sin\eta\cos\vartheta+\gamma'''\sin\eta\sin\vartheta &= D''\\
\delta+\delta'\cos\eta+\delta''\sin\eta\cos\vartheta+\delta'''\sin\eta\sin\vartheta &= D''':
\end{aligned}$$

aequationes propositas etiam hunc in modum repraesentare licet:

$$\begin{aligned}
F &= C+C'\cos\varphi+C''\sin\varphi\cos\psi+C'''\sin\varphi\sin\psi = 0\\
\Pi &= D+D'\cos\varphi+D''\sin\varphi\cos\psi+D'''\sin\varphi\sin\psi = 0.
\end{aligned}$$

Quibus statutis, investigemus primum valorem ipsius

$$\frac{\partial F}{\partial \eta}\frac{\partial \Pi}{\partial \vartheta}-\frac{\partial F}{\partial \vartheta}\frac{\partial \Pi}{\partial \eta}.$$

Fit

$$\frac{\partial F}{\partial \eta} = -A'\sin\eta + A''\cos\eta\cos\vartheta + A'''\cos\eta\sin\vartheta$$
$$\frac{\partial F}{\partial \vartheta} = \qquad -A''\sin\eta\sin\vartheta + A'''\sin\eta\cos\vartheta$$
$$\frac{\partial \Pi}{\partial \eta} = -B'\sin\eta + B''\cos\eta\cos\vartheta + B'''\cos\eta\sin\vartheta$$
$$\frac{\partial \Pi}{\partial \vartheta} = \qquad -B''\sin\eta\sin\vartheta + B'''\sin\eta\cos\vartheta,$$

unde prodit:

$$\frac{1}{\sin\eta}\left[\frac{\partial F}{\partial \eta}\frac{\partial \Pi}{\partial \vartheta} - \frac{\partial F}{\partial \vartheta}\frac{\partial \Pi}{\partial \eta}\right]$$
$$= (A''B'''-A'''B'')\cos\eta + (A'''B'-A'B''')\sin\eta\cos\vartheta + (A'B''-A''B')\sin\eta\sin\vartheta.$$

Prorsus eodem modo invenitur:

$$\frac{1}{\sin\varphi}\left[\frac{\partial F}{\partial \varphi}\frac{\partial \Pi}{\partial \psi} - \frac{\partial F}{\partial \psi}\frac{\partial \Pi}{\partial \varphi}\right]$$
$$= (C''D'''-C'''D'')\cos\varphi + (C'''D'-C'D''')\sin\varphi\cos\psi + (C'D''-C''D')\sin\varphi\sin\psi.$$

Quas expressiones iam ope aequationum propositarum alteram per φ, ψ, alteram per η, ϑ repraesentabimus.

Posito brevitatis causa

$$\cos\eta = x, \quad \sin\eta\cos\vartheta = y, \quad \sin\eta\sin\vartheta = z,$$

datae sunt aequationes:

$$A + A'x + A''y + A'''z = 0$$
$$B + B'x + B''y + B'''z = 0$$
$$1 - xx - yy - zz = 0,$$

unde, posito

$$R = (A''B'''-A'''B'')x + (A'''B'-A'B''')y + (A'B''-A''B')z,$$

per regulas notas resolutionis aequationum linearium sequitur:

$$Rx = A''B'''-A'''B'' + y(AB'''-A'''B) - z(AB''-A''B)$$
$$Ry = A'''B'-A'B''' + z(AB'-A'B) - x(AB'''-A'''B)$$
$$Rz = A'B''-A''B' + x(AB''-A''B) - y(AB'-A'B).$$

De quibus aequationibus deducimus sequentem:

$$[Rx-(A''B'''-A'''B'')]^2 + [Ry-(A'''B'-A'B''')]^2 + [Rz-(A'B''-A''B')]^2$$
$$= [y(AB'''-A'''B) - z(AB''-A''B)]^2$$
$$+ [z(AB'-A'B) - x(AB'''-A'''B)]^2$$
$$+ [x(AB''-A''B) - y(AB'-A'B)]^2.$$

Alteram aequationis partem facile patet, fore:

$$-RR+(A''B'''-A'''B'')^2+(A'''B'-A'B''')^2+(A'B''-A''B')^2;$$

altera identica est cum expressione sequente:

$$[xx+yy+zz][(AB'-A'B)^2+(AB''-A''B)^2+(AB'''-A'''B)^2]$$
$$-[x(AB'-A'B)+y(AB''-A''B)+z(AB'''-A'''B)]^2,$$

quae, cum ex aequationibus propositis sit

$$x(AB'-A'B)+y(AB''-A''B)+z(AB'''-A'''B)=0,$$
$$xx+yy+zz=1,$$

simpliciter in hanc abit:

$$(AB'-A'B)^2+(AB''-A''B)^2+(AB'''-A'''B)^2,$$

unde nanciscimur:

$$RR=(A''B'''-A'''B'')^2+(A'''B'-A'B''')^2+(A'B''-A''B')^2$$
$$-(AB'-A'B)^2-(AB''-A''B)^2-(AB'''-A'''B)^2,$$

quae expressio investiganda erat.

Eandem patet etiam hunc in modum repraesentari posse:

$$RR=[A'A'+A''A''+A'''A'''-AA][B'B'+B''B''+B'''B'''-BB]$$
$$-[A'B'+A''B''+A'''B'''-AB]^2.$$

Quam formulam, adnotemus, etiam per formulas notas geometriae analyticae obtineri.

Ponamus enim, O esse initium coordinatarum orthogonalium, P, P', P'' tria puncta, quorum coordinatae respective sint x, y, z; A, A', A''; B, B', B'', ita ut distantia ipsius P ab initio O sit $=1$; notum est, fore R sextuplum pyramidis $OPP'P''$; eandem autem quantitatem per formulas trigonometriae sphaericae habes:

$$R=OP'.OP''\sqrt{1-\cos^2POP'-\cos^2POP''-\cos^2P'OP''+2\cos POP'\cos POP''\cos P'OP''}$$
$$=OP'.OP''\sqrt{(1-\cos^2POP')(1-\cos^2POP'')-(\cos POP'\cos POP''-\cos P'OP'')^2}.$$

Fit autem:

$$OP'=\sqrt{A'A'+A''A''+A'''A'''},\quad OP''=\sqrt{B'B'+B''B''+B'''B'''}$$
$$OP'\cos POP'=A'x+A''y+A'''z=-A$$
$$OP''\cos POP''=B'x+B''y+B'''z=-B$$
$$OP'.OP''\cos P'OP''=A'B'+A''B''+A'''B''',$$

quibus expressionibus substitutis, prodit:

$$RR = [A'A'+A''A''+A'''A'''-AA][B'B'+B''B''+B'''B'''-BB] \\ -[A'B'+A''B''+A'''B'''-AB]^2,$$

quae est formula supra exhibita.

Prorsus eodem modo, posito

$$(C''D'''-C'''D'')\cos\varphi+(C'''D'-C'D''')\sin\varphi\cos\psi+(C'D''-C''D')\sin\varphi\sin\psi = S,$$

ex aequationibus propositis

$$0 = C+C'\cos\varphi+C''\sin\varphi\cos\psi+C'''\sin\varphi\sin\psi$$
$$0 = D+D'\cos\varphi+D''\sin\varphi\cos\psi+D'''\sin\varphi\sin\psi$$

sequitur:

$$\begin{aligned} SS &= (C''D'''-C'''D'')^2+(C'''D'-C'D''')^2+(C'D''-C''D')^2 \\ &\quad -(CD'-C'D)^2-(CD''-C''D)^2-(CD'''-C'''D)^2 \\ &= [C'C'+C''C''+C'''C'''-CC][D'D'+D''D''+D'''D'''-DD] \\ &\quad -[C'D'+C''D''+C'''D'''-CD]^2. \end{aligned}$$

Invenimus autem:

$$\frac{\partial F}{\partial\eta}\frac{\partial\Pi}{\partial\vartheta}-\frac{\partial F}{\partial\vartheta}\frac{\partial\Pi}{\partial\eta} = \sin\eta . R$$
$$\frac{\partial F}{\partial\varphi}\frac{\partial\Pi}{\partial\psi}-\frac{\partial F}{\partial\psi}\frac{\partial\Pi}{\partial\varphi} = \sin\varphi . S;$$

unde ex aequatione

$$\int\frac{Ud\varphi d\psi}{\frac{\partial F}{\partial\eta}\frac{\partial\Pi}{\partial\vartheta}-\frac{\partial F}{\partial\vartheta}\frac{\partial\Pi}{\partial\eta}} = \int\frac{Ud\eta d\vartheta}{\frac{\partial F}{\partial\varphi}\frac{\partial\Pi}{\partial\psi}-\frac{\partial F}{\partial\psi}\frac{\partial\Pi}{\partial\varphi}},$$

posito insuper

$$U = \sin\varphi\sin\eta,$$

deducimus hanc valde memorabilem:

$$\int\frac{\sin\varphi d\varphi d\psi}{R} = \int\frac{\sin\eta d\eta d\vartheta}{S}.$$

Observo casu speciali, quo

$$b = a', \quad c = a'', \quad d = a''', \quad c' = b'', \quad d' = b''', \quad d'' = c''$$
$$\beta = \alpha', \quad \gamma = \alpha'', \quad \delta = \alpha''', \quad \gamma' = \beta'', \quad \delta' = \beta''', \quad \delta'' = \gamma''',$$

functiones R, S easdem omnino functiones fore, alteram ipsarum φ, ψ, alteram ipsarum η, ϑ. Quo igitur casu habemus theorema memorabile, integrale duplex

$$\int\frac{\sin\varphi d\varphi d\psi}{R},$$

substitutis in locum variabilium φ, ψ alias variabiles η, ϑ, quales ex aequationibus $F=0$, $\Pi=0$ prodeunt, formam non mutare; sive quod idem est, aequationes illae $F=0$, $\Pi=0$, certam continent rationem, qua integralis

$$\int\frac{\sin\varphi d\varphi d\psi}{R}$$

limites mutari possint, ut valor eius immutatus maneat. Cuius rei unicum hactenus in duplicibus integralibus extabat exemplum

$$\int\sin\varphi d\varphi d\psi,$$

quod superficiem sphaerae exprimit; quippe quod, loco coordinatarum puncti in sphaera positi $\cos\varphi$, $\sin\varphi\cos\psi$, $\sin\varphi\sin\psi$ aliis introductis coordinatis orthogonalibus, formam non mutare scimus.

Addamus valores explicitos ipsarum $\cos\eta$, $\sin\eta\cos\vartheta$, $\sin\eta\sin\vartheta$, quales ex aequationibus propositis fluunt. Quem in finem brevitatis causa ponamus:

$$A''B'''-A'''B''=m',\quad A'''B'-A'B'''=m'',\quad A'B''-A''B'=m'''$$
$$A\,B'-A'\,B=n',\quad A\,B''-A''B=n'',\quad A\,B'''-A'''B=n''',$$

ubi adnotetur, esse

$$m'n'+m''n''+m'''n'''=0;$$

fit:

$$\cos\eta=\frac{m'R+m''n'''-m'''n''}{m'm'+m''m''+m'''m'''}$$
$$\sin\eta\cos\vartheta=\frac{m''R+m'''n'-m'n'''}{m'm'+m''m''+m'''m'''}$$
$$\sin\eta\sin\vartheta=\frac{m'''R+m'n''-m''n'}{m'm'+m''m''+m'''m'''};$$

ipsa autem R fit:

$$R=\sqrt{m'm'+m''m''+m'''m'''-n'n'-n''n''-n'''n'''}.$$

Per formulas omnino similes ipsae $\cos\varphi$, $\sin\varphi\cos\psi$, $\sin\varphi\sin\psi$ vice versa per $\cos\eta$, $\sin\eta\cos\vartheta$, $\sin\eta\sin\vartheta$ exprimuntur.

E theoremate generali

$$\int\frac{\sin\varphi d\varphi d\psi}{R}=\int\frac{\sin\eta d\eta d\vartheta}{S}$$

hoc fluit speciale.

Theorema.

Datis aequationibus

$$a+a'\cos\varphi.\cos\eta+a''\sin\varphi\cos\psi.\sin\eta\cos\vartheta+a'''\sin\varphi\sin\psi.\sin\eta\sin\vartheta=0$$
$$b+b'\cos\varphi.\cos\eta+b''\sin\varphi\cos\psi.\sin\eta\cos\vartheta+b'''\sin\varphi\sin\psi.\sin\eta\sin\vartheta=0,$$

posito brevitatis causa

$$(a''b'''-a'''b'')^2\sin^4\varphi\cos^2\psi\sin^2\psi+(a'''b'-a'b''')^2\sin^2\varphi\cos^2\varphi\sin^2\psi$$
$$+(a'b''-a''b')^2\sin^2\varphi\cos^2\varphi\cos^2\psi-(ab'-a'b)^2\cos^2\varphi-(ab''-a''b)^2\sin^2\varphi\cos^2\psi$$
$$-(ab'''-a'''b)^2\sin^2\varphi\sin^2\psi=RR$$
$$(a''b'''-a'''b'')^2\sin^4\eta\cos^2\vartheta\sin^2\vartheta+(a'''b'-a'b''')^2\sin^2\eta\cos^2\eta\sin^2\vartheta$$
$$+(a'b''-a''b')^2\sin^2\eta\cos^2\eta\cos^2\vartheta-(ab'-a'b)^2\cos^2\eta-(ab''-a''b)^2\sin^2\eta\cos^2\vartheta$$
$$-(ab'''-a'''b)^2\sin^2\eta\sin^2\vartheta=SS,$$

fit:

$$\int\frac{\sin\varphi d\varphi d\psi}{R}=\int\frac{\sin\eta d\eta d\vartheta}{S}.$$

Scr. 9. Dec. 1831.

DE TRANSFORMATIONE ET DETERMINATIONE INTEGRALIUM DUPLICIUM COMMENTATIO TERTIA.

AUCTORE

Dr. C. G. J. JACOBI,
PROF. MATH. REGIOM.

Crelle Journal für die reine und angewandte Mathematik, Bd. 10. p. 101—128.

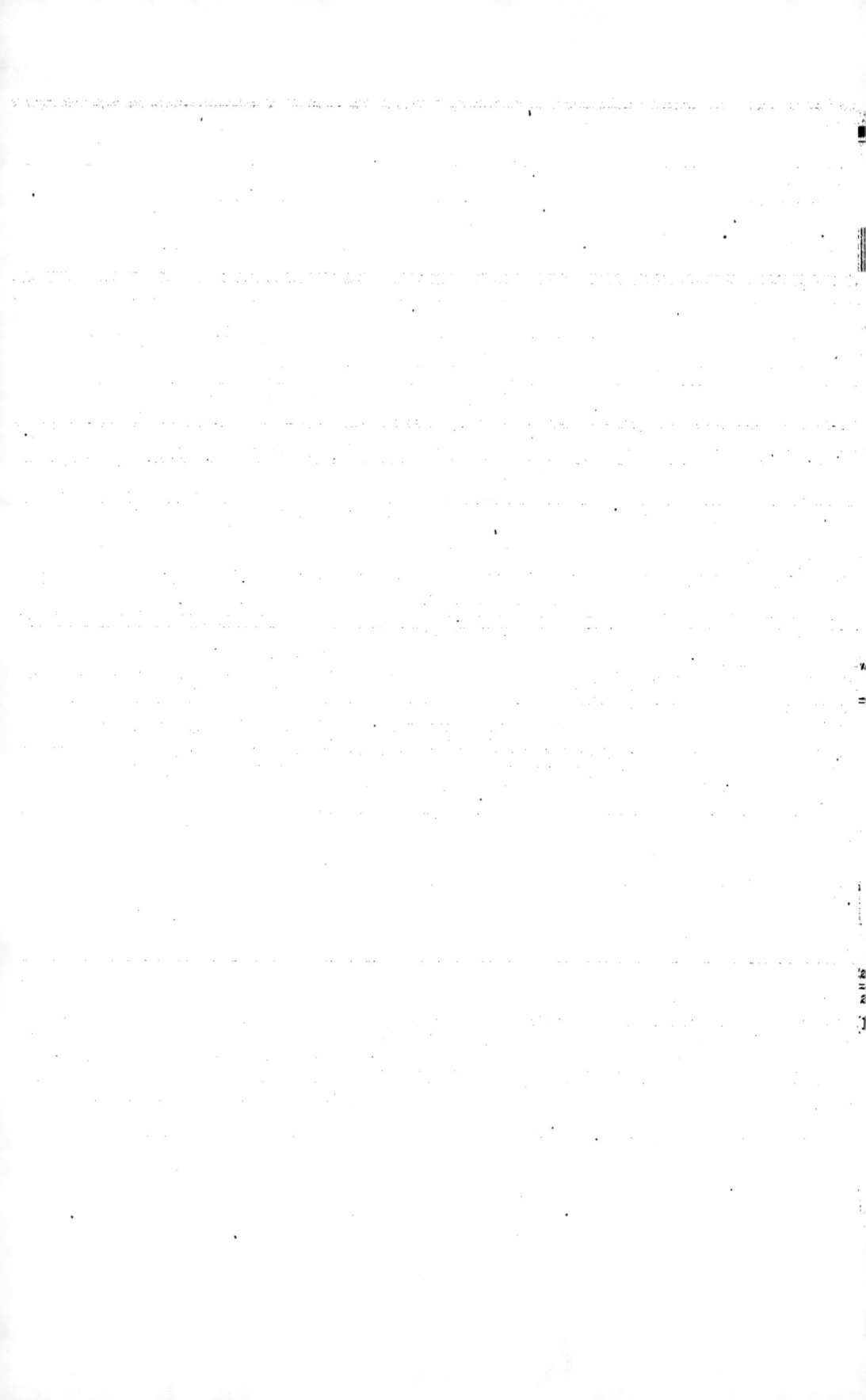

DE TRANSFORMATIONE ET DETERMINATIONE INTEGRALIUM DUPLICIUM COMMENTATIO TERTIA*).

De substitutione

$$\cos\eta = \frac{m\cos\varphi}{\sqrt{mm\cos^2\varphi + nn\sin^2\varphi\cos^2\psi + pp\sin^2\varphi\sin^2\psi}},$$

$$\sin\eta\cos\vartheta = \frac{n\sin\varphi\cos\psi}{\sqrt{mm\cos^2\varphi + nn\sin^2\varphi\cos^2\psi + pp\sin^2\varphi\sin^2\psi}},$$

$$\sin\eta\sin\vartheta = \frac{p\sin\varphi\sin\psi}{\sqrt{mm\cos^2\varphi + nn\sin^2\varphi\cos^2\psi + pp\sin^2\varphi\sin^2\psi}}.$$

1.

Expressio generalis elementi superficiei sphaericae.

Ponamus, x, y, z designare coordinatas orthogonales puncti in superficie sphaerae positi, cuius centrum initium coordinatarum et cuius radius $= 1$, unde

$$xx + yy + zz = 1.$$

Sit porro dS elementum superficiei sphaericae, notum est, dS per binas e variabilibus x, y, z exprimi hunc in modum:

$$(1)\quad \begin{cases} dS = \dfrac{dy\,dz}{\sqrt{1-yy-zz}} = \dfrac{dz\,dx}{\sqrt{1-zz-xx}} = \dfrac{dx\,dy}{\sqrt{1-xx-yy}}, \\ \text{sive:} \\ dS = \dfrac{dy\,dz}{x} = \dfrac{dz\,dx}{y} = \dfrac{dx\,dy}{z}. \end{cases}$$

Idem elementum, posito

$$x = \cos\eta,\quad y = \sin\eta\cos\vartheta,\quad z = \sin\eta\sin\vartheta,$$

notum est fieri

$$(2)\qquad dS = \sin\eta\, d\eta\, d\vartheta.$$

*) Commentationes primam et secundam videas p. 57 sqq. et p. 93 sqq. hujus voluminis.

Ut expressionem generalem elementi superficiei sphaericae obtineamus, supponamus, datis variabilium φ, ψ tribus functionibus quibuslibet u, v, w, fieri coordinatas puncti in sphaera positi:

$$x=\frac{u}{\sqrt{uu+vv+ww}},\quad y=\frac{v}{\sqrt{uu+vv+ww}},\quad z=\frac{w}{\sqrt{uu+vv+ww}},$$

ac quaeramus, quomodo dS per variabiles φ, ψ exprimatur.

Ac primum observo, e nota theoria transformationis integralium duplicium formulam (1) statim suppeditare:

$$xdS=\left[\frac{\partial y}{\partial\varphi}\frac{\partial z}{\partial\psi}-\frac{\partial y}{\partial\psi}\frac{\partial z}{\partial\varphi}\right]d\varphi d\psi,$$

$$ydS=\left[\frac{\partial z}{\partial\varphi}\frac{\partial x}{\partial\psi}-\frac{\partial z}{\partial\psi}\frac{\partial x}{\partial\varphi}\right]d\varphi d\psi,$$

$$zdS=\left[\frac{\partial x}{\partial\varphi}\frac{\partial y}{\partial\psi}-\frac{\partial x}{\partial\psi}\frac{\partial y}{\partial\varphi}\right]d\varphi d\psi.$$

Tribus illis formulis resp. per x, y, z multiplicatis et additis, provenit:

$$(3)\qquad dS=\left\{x\left[\frac{\partial y}{\partial\varphi}\frac{\partial z}{\partial\psi}-\frac{\partial y}{\partial\psi}\frac{\partial z}{\partial\varphi}\right]+y\left[\frac{\partial z}{\partial\varphi}\frac{\partial x}{\partial\psi}-\frac{\partial z}{\partial\psi}\frac{\partial x}{\partial\varphi}\right]+z\left[\frac{\partial x}{\partial\varphi}\frac{\partial y}{\partial\psi}-\frac{\partial x}{\partial\psi}\frac{\partial y}{\partial\varphi}\right]\right\}d\varphi d\psi.$$

Substituamus in hac formula loco x, y, z fractiones

$$x=\frac{u}{t},\quad y=\frac{v}{t},\quad z=\frac{w}{t};$$

expressio ad dextram aequationis ea singulari gaudet proprietate, quod post substitutionem factam differentialia partialia denominatoris t in ea non inveniantur; sive generaliter erit:

$$(4)\qquad \begin{cases} x\left[\frac{\partial y}{\partial\varphi}\frac{\partial z}{\partial\psi}-\frac{\partial y}{\partial\psi}\frac{\partial z}{\partial\varphi}\right]+y\left[\frac{\partial z}{\partial\varphi}\frac{\partial x}{\partial\psi}-\frac{\partial z}{\partial\psi}\frac{\partial x}{\partial\varphi}\right]+z\left[\frac{\partial x}{\partial\varphi}\frac{\partial y}{\partial\psi}-\frac{\partial x}{\partial\psi}\frac{\partial y}{\partial\varphi}\right] \\ =\frac{1}{ttt}\left\{u\left[\frac{\partial v}{\partial\varphi}\frac{\partial w}{\partial\psi}-\frac{\partial v}{\partial\psi}\frac{\partial w}{\partial\varphi}\right]+v\left[\frac{\partial w}{\partial\varphi}\frac{\partial u}{\partial\psi}-\frac{\partial w}{\partial\psi}\frac{\partial u}{\partial\varphi}\right]+w\left[\frac{\partial u}{\partial\varphi}\frac{\partial v}{\partial\psi}-\frac{\partial u}{\partial\psi}\frac{\partial v}{\partial\varphi}\right]\right\}. \end{cases}$$

Fit enim:

$$x\frac{\partial y}{\partial\varphi}-y\frac{\partial x}{\partial\varphi}=\frac{1}{tt}\left[u\frac{\partial v}{\partial\varphi}-v\frac{\partial u}{\partial\varphi}\right],$$

$$y\frac{\partial z}{\partial\varphi}-z\frac{\partial y}{\partial\varphi}=\frac{1}{tt}\left[v\frac{\partial w}{\partial\varphi}-w\frac{\partial v}{\partial\varphi}\right],$$

$$z\frac{\partial x}{\partial\varphi}-x\frac{\partial z}{\partial\varphi}=\frac{1}{tt}\left[w\frac{\partial u}{\partial\varphi}-u\frac{\partial w}{\partial\varphi}\right],$$

evanescentibus terminis in $\frac{\partial t}{\partial\varphi}$ ductis. Quibus aequationibus multiplicatis resp. per

$$\frac{\partial z}{\partial\psi}=\frac{1}{t}\frac{\partial w}{\partial\psi}-\frac{w}{tt}\frac{\partial t}{\partial\psi},\quad \frac{\partial x}{\partial\psi}=\frac{1}{t}\frac{\partial u}{\partial\psi}-\frac{u}{tt}\frac{\partial t}{\partial\psi},\quad \frac{\partial y}{\partial\psi}=\frac{1}{t}\frac{\partial v}{\partial\psi}-\frac{v}{tt}\frac{\partial t}{\partial\psi},$$

et additione facta, termini etiam in $\frac{\partial t}{\partial \psi}$ ducti evanescunt, unde formula (4.) provenit.

Collatis (3), (4), ac posito

$$tt = uu+vv+ww,$$

iam videmus, *siquidem statuamus*

$$\cos\eta = \frac{u}{\sqrt{uu+vv+ww}}, \quad \sin\eta\cos\vartheta = \frac{v}{\sqrt{uu+vv+ww}}, \quad \sin\eta\sin\vartheta = \frac{w}{\sqrt{uu+vv+ww}},$$

designantibus u, v, w *tres functiones quaslibet variabilium* φ, ψ, *fieri elementum superficiei sphaericae:*

$$(5)\quad \begin{cases} dS = \sin\eta\, d\eta\, d\vartheta \\ = \dfrac{\left\{u\left[\frac{\partial v}{\partial\varphi}\frac{\partial w}{\partial\psi} - \frac{\partial v}{\partial\psi}\frac{\partial w}{\partial\varphi}\right] + v\left[\frac{\partial w}{\partial\varphi}\frac{\partial u}{\partial\psi} - \frac{\partial w}{\partial\psi}\frac{\partial u}{\partial\varphi}\right] + w\left[\frac{\partial u}{\partial\varphi}\frac{\partial v}{\partial\psi} - \frac{\partial u}{\partial\psi}\frac{\partial v}{\partial\varphi}\right]\right\} d\varphi\, d\psi}{[uu+vv+ww]^{\frac{3}{2}}}. \end{cases}$$

Quae est expressio quaesita.

2.

Formulae generalis (5) faciamus applicationem ad casum simplicissimum, quo

$$u = m\cos\varphi, \qquad v = n\sin\varphi\cos\psi, \qquad w = p\sin\varphi\sin\psi,$$

sive

$$(6)\quad \begin{cases} \cos\eta = \dfrac{m\cos\varphi}{\sqrt{mm\cos^2\varphi+nn\sin^2\varphi\cos^2\psi+pp\sin^2\varphi\sin^2\psi}}, \\ \sin\eta\cos\vartheta = \dfrac{n\sin\varphi\cos\psi}{\sqrt{mm\cos^2\varphi+nn\sin^2\varphi\cos^2\psi+pp\sin^2\varphi\sin^2\psi}}, \\ \sin\eta\sin\vartheta = \dfrac{p\sin\varphi\sin\psi}{\sqrt{mm\cos^2\varphi+nn\sin^2\varphi\cos^2\psi+pp\sin^2\varphi\sin^2\psi}}. \end{cases}$$

Quo casu facile patet, formulam (5) in hanc abire:

$$(7)\qquad \sin\eta\, d\eta\, d\vartheta = \frac{mnp\sin\varphi\, d\varphi\, d\psi}{[mm\cos^2\varphi+nn\sin^2\varphi\cos^2\psi+pp\sin^2\varphi\sin^2\psi]^{\frac{3}{2}}}.$$

Ad quam etiam pervenitur, adhibendo substitutiones alteram post alteram:

$$\cos\eta = \frac{m}{\sqrt{mm+(nn\cos^2\psi+pp\sin^2\psi)\tang^2\varphi}}, \qquad \tang\vartheta = \frac{p\tang\psi}{n},$$

quae cum antecedentibus conveniunt, atque facile suppeditant:

$$(8)\quad\begin{cases}\dfrac{mnp\sin\varphi d\varphi d\psi}{[mm\cos^2\varphi+nn\sin^2\varphi\cos^2\psi+pp\sin^2\varphi\sin^2\psi]^{\frac{3}{2}}}=\dfrac{np\sin\eta d\eta d\psi}{nn\cos^2\psi+pp\sin^2\psi},\\ \dfrac{np\sin\eta d\eta d\psi}{nn\cos^2\psi+pp\sin^2\psi}=\sin\eta d\eta d\vartheta.\end{cases}$$

Quae iunctae formulam (7) suggerunt.

Exprimamus vicissim $\cos\varphi$, $\sin\varphi\cos\psi$, $\sin\varphi\sin\psi$ per $\cos\eta$, $\sin\eta\cos\vartheta$, $\sin\eta\sin\vartheta$. Sit brevitatis causa

$$R=mm\cos^2\varphi+nn\sin^2\varphi\cos^2\psi+pp\sin^2\varphi\sin^2\psi;$$

e formulis (6)

$$\cos\eta=\frac{m\cos\varphi}{\sqrt{R}},\quad \sin\eta\cos\vartheta=\frac{n\sin\varphi\cos\psi}{\sqrt{R}},\quad \sin\eta\sin\vartheta=\frac{p\sin\varphi\sin\psi}{\sqrt{R}},$$

posito rursus brevitatis causa

$$P=\frac{\cos^2\eta}{mm}+\frac{\sin^2\eta\cos^2\vartheta}{nn}+\frac{\sin^2\eta\sin^2\vartheta}{pp},$$

sequitur:

$$(9)\qquad RP=1,$$

unde:

$$(10)\quad \cos\varphi=\frac{\cos\eta}{m\sqrt{P}},\quad \sin\varphi\cos\psi=\frac{\sin\eta\cos\vartheta}{n\sqrt{P}},\quad \sin\varphi\sin\psi=\frac{\sin\eta\sin\vartheta}{p\sqrt{P}}.$$

Formulae antecedentes integralibus per substitutionem propositam transformandis commode inserviunt.

3.

Per substitutionem propositam *integrale duplex*

$$\iint\frac{U\sin\varphi d\varphi d\psi}{\sqrt{mm\cos^2\varphi+nn\sin^2\varphi\cos^2\psi+pp\sin^2\varphi\sin^2\psi}},$$

in quo U est functio rationalis par quantitatum $\cos\varphi$, $\sin\varphi\cos\psi$, $\sin\varphi\sin\psi$, *semper transformatur in aliud, in quo elementum forma rationali gaudet.* Facile enim patet, functionem U etiam per $\cos\eta$, $\sin\eta\cos\vartheta$, $\sin\eta\sin\vartheta$ expressam fore rationalem parem; unde integrale, in quod propositum transformatur,

$$\frac{1}{mnp}\iint\frac{U\sin\eta d\eta d\vartheta}{\dfrac{\cos^2\eta}{mm}+\dfrac{\sin^2\eta\cos^2\vartheta}{nn}+\dfrac{\sin^2\eta\sin^2\vartheta}{pp}}$$

dictam formam habet.

Quod attinet ad limites, sequitur e formulis supra exhibitis,

$$\cos\eta = \frac{m}{\sqrt{mm+(nn\cos^2\psi+pp\sin^2\psi)\operatorname{tang}^2\varphi}}, \quad \operatorname{tang}\vartheta = \frac{p\operatorname{tang}\psi}{n},$$

et angulos η, φ, et angulos ϑ, ψ simul crescere inde a 0 usque ad $\frac{\pi}{2}$. Quoties igitur integrale propositum extenditur ad octantem sphaerae, sive a $\varphi = 0$, $\psi = 0$ usque ad $\varphi = \frac{\pi}{2}$, $\psi = \frac{\pi}{2}$, etiam integrale transformatum ad octantem sphaerae extendi debet, sive a $\eta = 0$, $\vartheta = 0$ usque ad $\eta = \frac{\pi}{2}$, $\vartheta = \frac{\pi}{2}$.

Hinc sequitur, *quoties U functio rationalis integra ipsarum* $\cos^2\varphi$, $\sin^2\varphi\cos^2\psi$, $\sin^2\varphi\sin^2\psi$, *integrale duplex*

$$\iint \frac{U\sin\varphi\, d\varphi\, d\psi}{[mm\cos^2\varphi+nn\sin^2\varphi\cos^2\psi+pp\sin^2\varphi\sin^2\psi]^{\frac{2n+1}{2}}},$$

extensum a $\varphi = 0$, $\psi = 0$ *usque ad* $\varphi = \frac{\pi}{2}$, $\psi = \frac{\pi}{2}$, *semper aut per integralia elliptica exprimi posse, quae ad speciem primam et secundam pertinent, aut adeo algebraice.* Integrale enim propositum constat e terminis

$$\iint \frac{(\cos\varphi)^{2\alpha}.(\sin\varphi\cos\psi)^{2\beta}.(\sin\varphi\sin\psi)^{2\gamma}.\sin\varphi\, d\varphi\, d\psi}{[mm\cos^2\varphi+nn\sin^2\varphi\cos^2\psi+pp\sin^2\varphi\sin^2\psi]^{\frac{2n+1}{2}}},$$

qui per substitutionem nostram in sequentes transformantur:

$$\frac{1}{m^{2\alpha+1}n^{2\beta+1}p^{2\gamma+1}}\iint \frac{(\cos\eta)^{2\alpha}.(\sin\eta\cos\vartheta)^{2\beta}.(\sin\eta\sin\vartheta)^{2\gamma}.\sin\eta\, d\eta\, d\vartheta}{\left[\frac{\cos^2\eta}{mm}+\frac{\sin^2\eta\cos^2\vartheta}{nn}+\frac{\sin^2\eta\sin^2\vartheta}{pp}\right]^{\alpha+\beta+\gamma+1-n}}.$$

Quae integralia, inter limites assignatos sumta, quoties $n \geqq \alpha+\beta+\gamma+1$, algebraica fieri, facile patet; eo enim casu functio integranda integra evadit. Quoties vero $\alpha+\beta+\gamma+1 > n$, integratione prima secundum ϑ facta, ad integralia ducimur, quae ad speciem primam et secundam integralium ellipticorum revocari posse, constat.

Ex his etiam facile sequitur, *quoties R praeter quadrata ipsarum* $\cos\varphi'$, $\sin\varphi'\cos\psi'$, $\sin\varphi'\sin\psi'$ *etiam producta binarum contineat, atque U designet functionem earum quamlibet rationalem integram, integrale duplex*

$$\iint \frac{U\sin\varphi'\, d\varphi'\, d\psi'}{R^{\frac{2n+1}{2}}},$$

ad totam sphaeram extensum, sive algebraice sive per integralia elliptica exprimi.

Nam per transformationem coordinatarum integrale transformatur in aliud formae:

$$\iint \frac{U \sin\varphi\, d\varphi\, d\psi}{[mm\cos^2\varphi + nn\sin^2\varphi\cos^2\psi + pp\sin^2\varphi\sin^2\psi]^{\frac{2n+1}{2}}},$$

quod et ipsum ad totam sphaeram extenditur; unde e numeratore U reiici possunt termini omnes, qui non e quadratis ipsarum $\cos\varphi$, $\sin\varphi\cos\psi$, $\sin\varphi\sin\psi$ conflantur, quippe qui, inter limites assignatos integratione facta, terminos evanescentes procreant. Quibus igitur terminis reiectis, integrale formam supra assignatam induit.

4.

Per considerationes antecedentes facile demonstratur theorema a Cl. Cauchy olim propositum (*Sur l'intégration des équations linéaires aux differences partielles et à coefficients constants; Journal de l'école polytechnique, cah. XIX, p. 529*); videlicet, integrale duplex

$$\iint F\left(\frac{a\cos\varphi + b\sin\varphi\cos\psi + c\sin\varphi\sin\psi}{\sqrt{A\cos^2\varphi + B\sin^2\varphi\cos^2\psi + C\sin^2\varphi\sin^2\psi}}\right) \cdot \frac{\sin\varphi\, d\varphi\, d\psi}{[A\cos^2\varphi + B\sin^2\varphi\cos^2\psi + C\sin^2\varphi\sin^2\psi]^{\frac{3}{2}}},$$

ad totam sphaeram extensum, fieri

$$\frac{2\pi}{\sqrt{ABC}} \int_0^\pi F\left(\sqrt{\frac{aa}{A} + \frac{bb}{B} + \frac{cc}{C}} \cdot \cos\varphi'\right) \sin\varphi'\, d\varphi';$$

unde, posito

$$\int_{-x}^{+x} F(x)\, dx = x\psi(xx),$$

erit integrale propositum:

$$\frac{2\pi\psi\left(\frac{aa}{A} + \frac{bb}{B} + \frac{cc}{C}\right)}{\sqrt{ABC}}.$$

Quod ut demonstremus, sit

$$A = mm, \qquad B = nn, \qquad C = pp;$$

integrale propositum per substitutionem nostram in hoc transformatur,

$$\frac{1}{mnp} \iint F\left(\frac{a\cos\eta}{m} + \frac{b\sin\eta\cos\vartheta}{n} + \frac{c\sin\eta\sin\vartheta}{p}\right) \sin\eta\, d\eta\, d\vartheta.$$

Quod, uti Ill. Poisson primum observavit, per transformationem coordinatarum facile in hoc abit:

$$\frac{1}{mnp} \iint F\left(\sqrt{\frac{aa}{mm} + \frac{bb}{nn} + \frac{cc}{pp}} \cdot \cos\varphi'\right) \sin\varphi'\, d\varphi'\, d\vartheta',$$

quod integratum inde a $\vartheta' = 0$ usque ad $\vartheta' = 2\pi$ formam induit, qualem Cl. Cauchy proposuit.

Vir egregius ad formulam assignatam pervenit per applicationes satis delicatas theorematis celeberrimi, quod a conditore Fourier nomen traxit. Haec nostra methodus fortasse magis directa videbitur; quae adeo transformationes suppeditat indefinitas.

5.

Ope substitutionis a nobis propositae facile etiam succedit areae ellipsoidae determinatio, quam primus methodis longe aliis dedit ill. Legendre in *applicationibus functionum ellipticarum ad geometriam*, quae in *Exercitiis calculi integralis* sive in *Tractatu de functionibus ellipticis* (vol. I) leguntur. Sit enim

$$mm\,xx + nn\,yy + pp\,zz = 1$$

aequatio ellipsoidae, designantibus $\frac{1}{m}$, $\frac{1}{n}$, $\frac{1}{p}$ semiaxes; ubi ponitur

$$x = \frac{\cos\varphi}{m}, \quad y = \frac{\sin\varphi\cos\psi}{n}, \quad z = \frac{\sin\varphi\sin\psi}{p},$$

quod fieri posse patet et notum est, facile demonstratur, areae elementum fore

$$\frac{1}{mnp}\cdot\sqrt{mm\cos^2\varphi + nn\sin^2\varphi\cos^2\psi + pp\sin^2\varphi\sin^2\psi}\,\sin\varphi\,d\varphi\,d\psi.$$

Quod ex iis, quae supra diximus, per angulos η, ϑ expressum formam induit rationalem, atque bis integratum sine negotio per integralia elliptica exprimitur. *Sunt autem* $\cos\eta$, $\sin\eta\cos\vartheta$, $\sin\eta\sin\vartheta$, *quarum ope elementum areae ellipsoidae rationaliter exprimitur, ipsi cosinus angulorum, quos linea normalis in puncto superficiei ellipsoidae cum axibus eius format.* Quippe quos cosinus, ex elementis geometricis notum est, fieri:

$$\frac{mmx}{\sqrt{m^4xx + n^4yy + p^4zz}}, \quad \frac{nny}{\sqrt{m^4xx + n^4yy + p^4zz}}, \quad \frac{ppz}{\sqrt{m^4xx + n^4yy + p^4zz}},$$

sive per angulos φ, ψ expressos:

$$\frac{m\cos\varphi}{\sqrt{mm\cos^2\varphi + nn\sin^2\varphi\cos^2\psi + pp\sin^2\varphi\sin^2\psi}} = \cos\eta,$$

$$\frac{n\sin\varphi\cos\psi}{\sqrt{mm\cos^2\varphi + nn\sin^2\varphi\cos^2\psi + pp\sin^2\varphi\sin^2\psi}} = \sin\eta\cos\vartheta,$$

$$\frac{p\sin\varphi\sin\psi}{\sqrt{mm\cos^2\varphi + nn\sin^2\varphi\cos^2\psi + pp\sin^2\varphi\sin^2\psi}} = \sin\eta\sin\vartheta,$$

quod demonstrandum erat.

Antecedentia paucis exemplis illustremus; in quibus, nisi aliud diserte adiicitur, supponimus, integralia ad octantem sphaerae extendi, sive a $\varphi = 0$, $\psi = 0$ ad $\varphi = \frac{\pi}{2}$, $\psi = \frac{\pi}{2}$, ideoque etiam a $\eta = 0$, $\vartheta = 0$ ad $\eta = \frac{\pi}{2}$, $\vartheta = \frac{\pi}{2}$.

6.
Exemplum I.

$$A = \iint \frac{\sin\varphi\, d\varphi\, d\psi}{[mm\cos^2\varphi + nn\sin^2\varphi\cos^2\psi + pp\sin^2\varphi\sin^2\psi]^{\frac{3}{2}}}.$$

Adhibita substitutione proposita, e (7) transformatur A in sequentem expressionem simplicissimam:

$$A = \iint \frac{\sin\eta\, d\eta\, d\vartheta}{mnp},$$

ideoque integrationibus inter limites assignatos transactis, fit

$$A = \frac{\pi}{2mnp}.$$

Quem valorem Cl. Cauchy l. c. deduxit e formula supra citata (§. 4), functionem praefixo F denotatam ponendo constanti aequalem. Idem iam prius invenit ill. Lagrange (*Mém. de l'Acad. de Berlin a. 1792 p. 261*), massam ellipsoidae quaerens.

7.
Exemplum II.

$$B = \iint \frac{\sin\varphi\, d\varphi\, d\psi}{\sqrt{mm\cos^2\varphi + nn\sin^2\varphi\cos^2\psi + pp\sin^2\varphi\sin^2\psi}}.$$

Dedimus §. 2 formulas:

$$\sin\eta\, d\eta\, d\vartheta = \frac{mnp\sin\varphi\, d\varphi\, d\psi}{\sqrt{R^3}}, \quad RP = 1,$$

unde

$$\frac{\sin\varphi\, d\varphi\, d\psi}{\sqrt{R}} = \frac{1}{mnp}\,\frac{\sin\eta\, d\eta\, d\vartheta}{P}.$$

Hinc prodit:

$$B = \frac{1}{mnp}\iint \frac{\sin\eta\, d\eta\, d\vartheta}{\frac{\cos^2\eta}{mm} + \frac{\sin^2\eta\cos^2\vartheta}{nn} + \frac{\sin^2\eta\sin^2\vartheta}{pp}}.$$

Altera integratione secundum ϑ transacta, statim fit:

$$B = \frac{\pi}{2mnp}\int_0^{\frac{\pi}{2}} \frac{\sin\eta d\eta}{\sqrt{\left(\frac{\cos^2\eta}{mm}+\frac{\sin^2\eta}{nn}\right)\left(\frac{\cos^2\eta}{mm}+\frac{\sin^2\eta}{pp}\right)}}.$$

Quod integrale ut in formam usitatam integralium ellipticorum redigatur, distinguamus inter quantitates m, n, p, ac statuamus $m > n > p$. Quod pro arbitrio facere licet. Nam integrale duplex propositum valorem non mutat, quantitates m, n, p, vel quod idem est, quantitates $\cos\varphi$, $\sin\varphi\cos\psi$, $\sin\varphi\sin\psi$ inter se permutando. Quod in valore invento ipsius B facile demonstratur. Posito enim aut $\frac{n}{m}\operatorname{tang}\eta$, aut $\frac{p}{m}\operatorname{tang}\eta$ loco $\operatorname{tang}\eta$, unde limites non mutantur, transformationes easdem obtines, ac si aut n aut p cum m commutentur. Generaliter autem, quoties integrale duplex

$$\iint F(\cos\varphi, \sin\varphi\cos\psi, \sin\varphi\sin\psi)\sin\varphi d\varphi d\psi$$

ad octantem sphaerae extenditur, in functione F quantitates illas $\cos\varphi$, $\sin\varphi\cos\psi$, $\sin\varphi\sin\psi$ quolibet modo inter se permutare licet, valore integralis eodem manente.

Ponamus:

$$(11)\qquad \sqrt{\frac{\cos^2\eta}{mm}+\frac{\sin^2\eta}{pp}} = \frac{\cos w}{p},\qquad \sqrt{\frac{\cos^2\eta}{mm}+\frac{\sin^2\eta}{nn}} = \frac{\sqrt{1-k^2\sin^2 w}}{n} = \frac{\Delta(w)}{n},$$

quod licet, siquidem constans kk statuitur:

$$(12)\qquad kk = \frac{mm-nn}{mm-pp},\quad \text{unde etiam}\quad k'k' = 1-kk = \frac{nn-pp}{mm-pp}.$$

Habetur simul:

$$(13)\qquad \cos\eta = \frac{m\sin w}{\sqrt{mm-pp}},\qquad \sin\eta d\eta = \frac{-m\cos w dw}{\sqrt{mm-pp}}.$$

Unde

$$(14)\quad \frac{1}{mnp}\cdot\frac{\sin\eta d\eta d\vartheta}{\frac{\cos^2\eta}{mm}+\frac{\sin^2\eta\cos^2\vartheta}{nn}+\frac{\sin^2\eta\sin^2\vartheta}{pp}} = \frac{-np\cos w dw d\vartheta}{\sqrt{mm-pp}[pp\Delta^2(w)\cos^2\vartheta+nn\cos^2 w\sin^2\vartheta]}.$$

Quoties $\eta = 0$, fit $\cos w = \frac{p}{m}$, quoties $\eta = \frac{\pi}{2}$, fit $\cos w = 1$, $w = 0$; unde limites respectu anguli w erunt $\arccos\frac{p}{m}$ et 0.

His adnotatis, invenitur

$$B = \frac{\pi}{2\sqrt{mm-pp}}\int_0^{w}\frac{dw}{\Delta(w)} = \frac{\pi}{2}\int_0^{w}\frac{dw}{\sqrt{mm\cos^2 w+nn\sin^2 w-pp}},$$

sive e notatione ab ill. Legendre adhibita:

$$B = \frac{\pi F(w, k)}{2\sqrt{mm - pp}},$$

siquidem $\cos w = \frac{p}{m}$, $k = \sqrt{\frac{mm - nn}{mm - pp}}$.

8.

Expressiones ipsius B per integralia simplicia, quas antecedentibus dedimus, quamvis, quod fieri debet, valorem non mutant, ipsis m, n, p inter se permutatis, forma tamen symmetrica respectu harum quantitatum non gaudent. Cuiusmodi formam habet expressio, quam e valore ipsius A supra invento deducere licet per considerationes sequentes.

Ponatur in exemplo I. $mm + x$, $nn + x$, $pp + x$ loco ipsarum mm, nn, pp, unde invenitur:

$$A = \iint \frac{\sin\varphi\, d\varphi\, d\psi}{(x + mm\cos^2\varphi + nn\sin^2\varphi\cos^2\psi + pp\sin^2\varphi\sin^2\psi)^{\frac{3}{2}}}.$$

Quod multiplicatum per $\frac{1}{2}dx$, et integratum a $x = 0$ usque ad $x = \infty$, suggerit

$$\frac{1}{2}\int_0^\infty A\,dx = \iint \frac{\sin\varphi\, d\varphi\, d\psi}{(mm\cos^2\varphi + nn\sin^2\varphi\cos^2\psi + pp\sin^2\varphi\sin^2\psi)^{\frac{1}{2}}} = B.$$

Jam vero, facta mutatione indicata, fit ex exemplo I:

$$A = \frac{\pi}{2} \cdot \frac{1}{\sqrt{(x + mm)(x + nn)(x + pp)}}.$$

Unde habemus:

$$(15)\qquad \begin{cases} B = \iint \frac{\sin\varphi\, d\varphi\, d\psi}{\sqrt{mm\cos^2\varphi + nn\sin^2\varphi\cos^2\psi + pp\sin^2\varphi\sin^2\psi}} \\ \quad = \frac{\pi}{4}\int_0^\infty \frac{dx}{\sqrt{(x + mm)(x + nn)(x + pp)}}. \end{cases}$$

Hinc simul, ubi in valore ipsius B transformato

$$B = \frac{1}{mnp}\iint \frac{\sin\eta\, d\eta\, d\vartheta}{\frac{\cos^2\eta}{mm} + \frac{\sin^2\eta\cos^2\vartheta}{nn} + \frac{\sin^2\eta\sin^2\vartheta}{pp}}$$

ponimus $\frac{1}{m}$, $\frac{1}{n}$, $\frac{1}{p}$ loco m, n, p, atque φ, ψ loco η, ϑ scribimus, prodit:

$$(16)\qquad \iint \frac{\sin\varphi\, d\varphi\, d\psi}{mm\cos^2\varphi + nn\sin^2\varphi\cos^2\psi + pp\sin^2\varphi\sin^2\psi} = \frac{\pi}{4}\int_0^\infty \frac{dx}{\sqrt{(1 + mmx)(1 + nnx)(1 + ppx)}},$$

integralibus duplicibus semper a $\varphi=0$, $\psi=0$ usque ad $\varphi=\frac{\pi}{2}$, $\psi=\frac{\pi}{2}$ extensis. Utraque satis elegans est formula. Alterum integrale etiam sic exhibere licet:

$$\frac{\pi}{4}\int_0^\infty \frac{dx}{\sqrt{x(x+mm)(x+nn)(x+pp)}}.$$

Ceterum e (15) valorem supra inventum

$$B=\frac{\pi F(w,k)}{2\sqrt{mm-pp}}=\frac{\pi}{2}\int_0^w \frac{dw}{\sqrt{mm\cos^2 w+nn\sin^2 w-pp}}$$

statim deducis, posito

$$\frac{x+pp}{mm-pp}=\operatorname{cotang}^2 w.$$

9.

Exemplum III.

Determinatio areae ellipsoidae.

$$C=\iint\sqrt{mm\cos^2\varphi+nn\sin^2\varphi\cos^2\psi+pp\sin^2\varphi\sin^2\psi}.\sin\varphi\, d\varphi\, d\psi.$$

Ponamus, coordinatas orthogonales x, y, z puncti in superficie positi datas esse per duas variabiles φ, ψ; notum est, generaliter areae superficiei elementum dS per φ, ψ exprimi hunc in modum:

$$dS=\sqrt{\left(\frac{\partial y}{\partial\varphi}\frac{\partial z}{\partial\psi}-\frac{\partial y}{\partial\psi}\frac{\partial z}{\partial\varphi}\right)^2+\left(\frac{\partial z}{\partial\varphi}\frac{\partial x}{\partial\psi}-\frac{\partial z}{\partial\psi}\frac{\partial x}{\partial\varphi}\right)^2+\left(\frac{\partial x}{\partial\varphi}\frac{\partial y}{\partial\psi}-\frac{\partial x}{\partial\psi}\frac{\partial y}{\partial\varphi}\right)^2}\cdot d\varphi\, d\psi.$$

Sit

$$x=\frac{\cos\varphi}{m},\quad y=\frac{\sin\varphi\cos\psi}{n},\quad z=\frac{\sin\varphi\sin\psi}{p},$$

unde

$$mmxx+nnyy+ppzz=1;$$

superficies erit ellipsoida, cuius semiaxes $\frac{1}{m}$, $\frac{1}{n}$, $\frac{1}{p}$; atque elementum areae superficiei fit e formula generali:

$$dS=\sqrt{\frac{\cos^2\varphi}{n^2p^2}+\frac{\sin^2\varphi\cos^2\psi}{p^2m^2}+\frac{\sin^2\varphi\sin^2\psi}{m^2n^2}}\cdot\sin\varphi\, d\varphi\, d\psi=\frac{\sqrt{R}.\sin\varphi\, d\varphi\, d\psi}{mnp}.$$

Quod, ut aream integram ellipsoidae S obtineas, integrari debet a $\varphi=0$, $\psi=0$ usque ad $\varphi=\pi$, $\psi=2\pi$; unde

$$S=\frac{8C}{mnp}.$$

E formulis nostris

$$\sin\eta d\eta d\vartheta = mnp\frac{\sin\varphi d\varphi d\psi}{\sqrt{R^3}}, \quad \sqrt{RP} = 1,$$

prodit:

$$dS = \frac{\sqrt{R}.\sin\varphi d\varphi d\psi}{mnp} = \frac{\sin\eta d\eta d\vartheta}{m^2n^2p^2PP};$$

unde e §. 5 videmus, *designantibus* $\cos\eta$, $\sin\eta\cos\vartheta$, $\sin\eta\sin\vartheta$ *cosinus angulorum, quos linea normalis in puncto ellipsoidae cum axibus format, fore elementum areae ellipsoidae:*

$$dS = \frac{\sin\eta d\eta d\vartheta}{m^2n^2p^2\left(\frac{\cos^2\eta}{mm}+\frac{\sin^2\eta\cos^2\vartheta}{nn}+\frac{\sin^2\eta\sin^2\vartheta}{pp}\right)^2} = \frac{\sin\eta d\eta d\vartheta}{m^2n^2p^2PP}.$$

Ipsius C expressionem transformatam eruimus:

$$C = \frac{1}{mnp}\iint\frac{\sin\eta d\eta d\vartheta}{PP}.$$

Ubi loco anguli η angulum w introducimus, fit e §. 7 (11), (13):

$$C = \frac{n^2p^2}{\sqrt{mm-pp}}\iint\frac{\cos w\, dw\, d\vartheta}{[pp\Delta^2w\cos^2\vartheta+nn\cos^2w\sin^2\vartheta]^2}.$$

Integratione facta a $\vartheta = 0$ usque ad $\vartheta = \frac{\pi}{2}$, habetur:

$$C = \frac{\pi}{4\sqrt{mm-pp}}\int_0^w\frac{nn\cos^2w+pp\Delta^2w}{\cos^2w\Delta^2w}\cdot\frac{dw}{\Delta w}$$

$$= \frac{\pi}{4\sqrt{mm-pp}}\left[nn\int_0^w\frac{dw}{\Delta^3w}+pp\int_0^w\frac{dw}{\cos^2w\Delta w}\right].$$

Ad reductionem ulteriorem observo, differentiatione facta facile probari formulas:

$$kk\frac{d\left(\frac{\sin w\cos w}{\Delta w}\right)}{dw} = \Delta w-\frac{k'k'}{\Delta^3w},$$

$$\frac{d\left(\frac{\sin w\Delta w}{\cos w}\right)}{dw} = \frac{k'k'}{\cos^2w\Delta w}-\frac{k'k'}{\Delta w}+\Delta w,$$

$$\frac{d\left(\frac{\cos w\Delta w}{\sin w}\right)}{dw} = \frac{-1}{\sin^2w\Delta w}+\frac{1}{\Delta w}-\Delta w.$$

E prima et secunda fit:

$$\int_0^w\frac{dw}{\Delta^3w} = \frac{E(w)}{k'k'}-\frac{kk}{k'k'}\cdot\frac{\sin w\cos w}{\Delta w},$$

$$\int_0^w\frac{dw}{\cos^2w\Delta w} = F(w)-\frac{E(w)}{k'k'}+\frac{1}{k'k'}\cdot\frac{\sin w\Delta w}{\cos w},$$

ideoque:

$$C = \frac{\pi}{4\sqrt{mm-pp}}\left[\frac{nn-pp}{k'k'}E(w)+ppF(w)-\frac{kknn}{k'k'}\cdot\frac{\sin w\cos w}{\Delta w}+\frac{pp}{k'k'}\cdot\frac{\sin w\Delta w}{\cos w}\right].$$

In qua formula est e (7)

$$\cos w = \frac{p}{m},\quad \Delta w = \frac{n}{m},\quad kk = \frac{mm-nn}{mm-pp},\quad k'k' = \frac{nn-pp}{mm-pp},$$

unde expressio inventa ipsius C in sequentem contrahitur:

$$C = \frac{\pi m}{4\sin w}[\sin^2 w E(w)+\cos^2 w F(w)]+\frac{\pi np}{4m}.$$

Hinc area integra ellipsoidae, cuius semiaxes $\frac{1}{m}$, $\frac{1}{n}$, $\frac{1}{p}$, fit:

$$S = 2\pi\left[\frac{\sin^2 w E(w)+\cos^2 w F(w)}{np\sin w}+\frac{1}{mm}\right].$$

10.

De substitutionibus

$\cos\varphi = \sin h\,\Delta(h',\lambda')$,	$\cos\eta = \sin i\,\Delta(i',k')$,
$\sin\varphi\cos\psi = \cos h\cos h'$,	$\sin\eta\cos\vartheta = \cos i\cos i'$,
$\sin\varphi\sin\psi = \sin h'\,\Delta(h,\lambda)$,	$\sin\eta\sin\vartheta = \sin i'\,\Delta(i,k)$.

Determinatio antecedens areae ellipsoidae cum ea convenit, quam olim ill. Legendre per duas methodos diversas invenit, quarum altera per evolutionem in seriem procedit; altera methodus, qua vir illustris usus est, et ipsa transformationi variabilium innititur. Quam eo magis memorabilem esse duco, quod elementum areae, per variabiles novas expressum, in duas partes discerpitur, quae singulae *variabiles separatas habent, ita ut bis integratae, producta binorum integralium simplicium evadant.* Forma autem, qua variabiles separatae inveniuntur, sicuti in aequationibus differentialibus affectatur, ita etiam integralibus multiplicibus lucem maximam affundere videtur. In finem propositum dividit vir ill. aream in elementa infinite parva rectangularia, quae intersectione mutua linearum alterius curvaturae cum lineis alterius formantur. Quae elementa exprimit per duas variabiles tales, ut alterutra constante, variante altera, elementa in eadem linea curvaturae posita obtineantur. Integratione facta pro utraque variabili inter limites constantes, inde area rectanguli eruitur, quatuor lineis curvaturae inclusi. Quae invenitur generaliter per speciem tertiam integralium ellipticorum exprimi. Calculi momenta praecipua haec sunt. Sit

$$\lambda\lambda = \frac{pp(mm-nn)}{nn(mm-pp)}, \quad \lambda'\lambda' = \frac{mm(nn-pp)}{nn(mm-pp)},$$

atque ponatur:

$$\begin{aligned} mx &= \cos\varphi &&= \sin h\Delta(h', \lambda'), \\ ny &= \sin\varphi\cos\psi &&= \cos h\cos h', \\ pz &= \sin\varphi\sin\psi &&= \sin h'\Delta(h, \lambda), \end{aligned}$$

designantibus, ut supra, x, y, z coordinatas puncti in superficie ellipsoidae positi, cuius aequatio

$$mmxx+nnyy+ppzz = 1,$$

sive cuius semiaxes $\frac{1}{m}$, $\frac{1}{n}$, $\frac{1}{p}$. Quibus statutis, probatur e theoria nota linearum curvaturae, quoties h' constans, variante h obtineri puncta lineae alterius curvaturae; quoties h constans, variante h' obtineri puncta in linea alterius curvaturae posita.

In substitutione proposita et ipsi $\cos\varphi$, $\sin\varphi\cos\psi$, $\sin\varphi\sin\psi$ exprimuntur per binos factores, qui alter alteram variabilem continent, et idem invenitur accidere de functione R per angulos h, h' expressa. Facta enim substitutione, prodit:

$$\begin{aligned} \sqrt{R} &= \sqrt{mm\cos^2\varphi+nn\sin^2\varphi\cos^2\psi+pp\sin^2\varphi\sin^2\psi} \\ &= \frac{1}{n}\sqrt{mm\sin^2 h+nn\cos^2 h}\cdot\sqrt{pp\sin^2 h'+nn\cos^2 h'}. \end{aligned}$$

Porro obtinetur elementum superficiei sphaericae, per h, h' expressum:

$$\sin\varphi d\varphi d\psi = \frac{(\lambda\lambda\cos^2 h+\lambda'\lambda'\cos^2 h')dhdh'}{\Delta(h, \lambda)\Delta(h', \lambda')}.$$

Unde videmus, etiam hoc elementum in duas partes discerpi, quae singulae variabiles separatas habent.

Per aequationes omnino similes iis, quibus $\cos\varphi$, $\sin\varphi\cos\psi$, $\sin\varphi\sin\psi$ ab angulis h, h' pendent, exprimuntur $\cos\eta$, $\sin\eta\cos\vartheta$, $\sin\eta\sin\vartheta$ per angulos novos i, i', siquidem statuitur

$$\operatorname{tang} i = \frac{m}{n}\operatorname{tang} h, \quad \operatorname{tang} i' = \frac{p}{n}\operatorname{tang} h'.$$

Quibus positis, habetur

$$\sqrt{R} = \frac{mnp}{\sqrt{mm\cos^2 i+nn\sin^2 i}\cdot\sqrt{pp\cos^2 i'+nn\sin^2 i'}};$$

$$\frac{n\Delta(h, \lambda)}{\sqrt{mm\sin^2 h+nn\cos^2 h}} = \Delta(i, k), \quad \frac{n\Delta(h', \lambda')}{\sqrt{pp\sin^2 h'+nn\cos^2 h'}} = \Delta(i', k'),$$

unde

$$\cos\eta = \frac{m\cos\varphi}{\sqrt{R}} = \sin i\,\Delta(i', k'),$$

$$\sin\eta\cos\vartheta = \frac{n\sin\varphi\cos\psi}{\sqrt{R}} = \cos i\cos i',$$

$$\sin\eta\sin\vartheta = \frac{p\sin\varphi\sin\psi}{\sqrt{R}} = \sin i'\Delta(i, k),$$

nec non:

$$\sin\eta\, d\eta\, d\vartheta = \frac{mnp\sin\varphi\, d\varphi\, d\psi}{\sqrt{R^3}} = \frac{[kk\cos^2 i + k'k'\cos^2 i']\,di\,di'}{\Delta(i,k)\Delta(i',k')},$$

siquidem moduli k, k' ponuntur, ut supra,

$$k = \sqrt{\frac{mm-nn}{mm-pp}}, \qquad k' = \sqrt{\frac{nn-pp}{mm-pp}}.$$

Posito insuper, ut supra, $\cos w = \frac{p}{m}$, ipsi $\sqrt{R}$ etiam hanc formam creare licet:

$$\sqrt{R} = \frac{n}{\sqrt{1-kk\sin^2 w\sin^2 i}\,.\sqrt{1+k'k'\operatorname{tang}^2 w\sin^2 i'}}.$$

Unde elementum areae ellipsoidae dS per angulos novos i, i' expressum, hanc formam induit:

$$dS = \frac{\sqrt{R}.\sin\varphi\, d\varphi\, d\psi}{mnp} = \frac{n^2}{m^2p^2}\cdot\frac{kk\cos^2 i + k'k'\cos^2 i'}{[1-kk\sin^2 w\sin^2 i]^2[1+k'k'\operatorname{tang}^2 w\sin^2 i']^2}\cdot\frac{di\,di'}{\Delta(i,k)\Delta(i',k')}.$$

Ita videmus, elementum areae ellipsoidae, per angulos i, i' expressum, in duas partes discerpi, in quibus singulis variabiles separatae sunt. Posito igitur

$$\int\frac{kk\cos^2 i\,di}{[1-kk\sin^2 w\sin^2 i]^2\Delta(i,k)} = L, \qquad \int\frac{di'}{[1+k'k'\operatorname{tang}^2 w\sin^2 i']^2\Delta(i',k')} = M',$$

$$\int\frac{di}{[1-kk\sin^2 w\sin^2 i]^2\Delta(i,k)} = M, \qquad \int\frac{k'k'\cos^2 i'\,di'}{[1+k'k'\operatorname{tang}^2 w\sin^2 i']^2\Delta(i',k')} = L',$$

invenitur:

$$S = \frac{n^2}{m^2p^2}[LM' + L'M].$$

Quoties pro utraque variabili inter limites constantes integramus, $i = i_1$, $i = i_2$ et $i' = i'_1$, $i' = i'_2$, erit S area rectanguli in superficie ellipsoidae delineati, quatuor lineis curvaturae inclusi, quarum binae ad eandem curvaturam pertinent. Binae, quae ad alteram curvaturam pertinent, obtinentur, quoties in valoribus coordinatarum x, y, z supra traditis h ut constans consideratur, eique valores $\operatorname{tang} h = \frac{n}{m}\operatorname{tang} i_1$, $\operatorname{tang} h = \frac{n}{m}\operatorname{tang} i_2$ tribuuntur; binae, quae ad alteram pertinent, obtinentur, ubi h' ut constans consideratur, eique valores tribuuntur $\tang h' = \frac{n}{p}\tang i_1'$, $\tang h' = \frac{n}{p}\tang i_2'$. Cuiusmodi rectangulum ex expressionibus antecedentibus apparet, generaliter per integralia elliptica exprimi, quae ad speciem tertiam pertinent. Quoties octantem areae integrae quaeris, integralia extendi debent inter limites $h=0$, $h=\frac{\pi}{2}$; $h'=0$, $h'=\frac{\pi}{2}$, ideoque etiam inter limites $i=0$ et $i=\frac{\pi}{2}$, $i'=0$ et $i'=\frac{\pi}{2}$. Quo casu integralia elliptica in speciem primam et secundam redeunt, unde, variis reductionibus adhibitis, ad expressionem supra inventam delabimur. Quae apud ipsum Legendre videas.

11.

Casu quo integratio ad octantem areae integrae extenditur, reductio expressionis inventae

$$S = \frac{n^2}{m^2p^2}[LM'+L'M]$$

in formam simplicem, supra aliis methodis erutam, non sine inventis praeclaris transigi potest, quae ill. Legendre de tertia specie integralium ellipticorum condidit. Vice versa, proprietates integralium ellipticorum satis reconditae per transformationem illam integralium duplicium non sine elegantia demonstrari possunt.

Ita e. g. de formula inventa

$$\iint \sin\eta\, d\eta\, d\vartheta = \iint \frac{kk\cos^2 i + k'k'\cos^2 i'}{\Delta(k,i)\Delta(k',i')}\,di\,di'$$
$$= \iint \frac{\Delta^2(k,i)+\Delta^2(k',i')-1}{\Delta(k,i)\Delta(k',i')}\,di\,di',$$

casu quo pro angulis η, ϑ, i, i' inter limites 0 et $\frac{\pi}{2}$ integratur, statim obtines theorema egregium ab ill. Legendre inventum, quod relationem sistit inter integralia elliptica integra speciei primae et secundae, quae ad modulum k ejusque complementum k' pertinent,

$$F^1(k)E^1(k')+F^1(k')E^1(k)-F^1(k)F^1(k') = \frac{\pi}{2}.$$

Cuius etiam demonstrationem luculentam, e formula generaliori deductam, dedit Cl. Abel (Vol. II. pag. 26).

Vidimus supra, tres quantitates, $\cos\eta$, $\sin\eta\cos\vartheta$, $\sin\eta\sin\vartheta$ ipsos esse cosinus angulorum, quos linea normalis in puncto ellipsoidae ducta, cum axibus format. Unde patet, $\sin\eta\, d\eta\, d\vartheta$ esse elementum *curvaturae integrae* areae, quam

Cl. Gauss in *Disq. gener. de superf. curvis* appellavit. Hinc ope formulae inventae

$$\iint \sin\eta\, d\eta\, d\vartheta = \iint \frac{[\Delta^2(k,i)+\Delta^2(k',i')-1]\,di\,di'}{\Delta(k,i)\Delta(k',i')}$$

facile invenis '*curvaturam integram rectanguli in superficie ellipsoidae quatuor lineis curvaturae inclusi,*

$$\begin{aligned}&[F(i_2,k)-F(i_1,k)][E(i'_2,k')-E(i'_1,k')]\\ +&[F(i'_2,k')-F(i'_1,k')][E(i_2,k)-E(i_1,k)]\\ -&[F(i_2,k)-F(i_1,k)][F(i'_2,k')-F(i'_1,k')].\end{aligned}$$

Erit autem curvatura integra rectanguli pars superficiei sphaericae, abscissa duobus conis, quorum aequatio

$$\frac{yy}{\cos^2 i}+\frac{kkzz}{\Delta^2(i,k)}=\frac{xx}{\sin^2 i},$$

posito $i=i_1$ et $i=i_2$, et duobus conis, quorum aequatio

$$\frac{yy}{\cos^2 i'}+\frac{k'k'xx}{\Delta^2(i',k')}=\frac{zz}{\sin^2 i'},$$

posito $i'=i'_1$, $i'=i'_2$, siquidem conorum apices in centro sphaerae statuuntur. Quod e valoribus, quos $\cos\eta$, $\sin\eta\cos\vartheta$, $\sin\eta\sin\vartheta$ pro limitibus induunt, facile demonstratur. Quoties $i_1=0$, $i'_1=0$, duae e lineis curvaturae fiunt ipsae sectiones principales ellipsoidae; quo casu, siquidem $i_2=i$, $i'_2=i'$, fit curvatura integra

$$F(i,k)E(i',k')+F(i',k')E(i,k)-F(i,k)F(i',k').$$

Observo adhuc, elementum lineae curvaturae, designante h' sive i' constantem, esse

$$\frac{1}{mn}\sqrt{\lambda\lambda\cos^2 h+\lambda'\lambda'\cos^2 h'}\cdot\sqrt{mm\sin^2 h+nn\cos^2 h}\cdot\frac{dh}{\Delta(h,\lambda)}$$
$$=\frac{n\sqrt{kk\cos^2 i+k'k'\cos^2 i'}}{mm[1-kk\sin^2 w\sin^2 i]^{\frac{3}{2}}[1+k'k'\operatorname{tang}^2 w\sin^2 i']^{\frac{1}{2}}}\cdot\frac{di}{\Delta(i,k)};$$

designante h sive i constantem,

$$\frac{1}{np}\sqrt{\lambda\lambda\cos^2 h+\lambda'\lambda'\cos^2 h'}\cdot\sqrt{pp\sin^2 h'+nn\cos^2 h'}\cdot\frac{dh'}{\Delta(h',\lambda')}$$
$$=\frac{n\sqrt{kk\cos^2 i+k'k'\cos^2 i'}}{pp[1-kk\sin^2 w\sin^2 i]^{\frac{1}{2}}[1+k'k'\operatorname{tang}^2 w\sin^2 i']^{\frac{3}{2}}}\cdot\frac{di'}{\Delta(i',k')}.$$

Utriusque lineae elementis in se ductis, prodit, quod fieri debet, elementum areae. Rectificationem lineae curvaturae, patet, a transcendentibus Abelianis pendere.

12.

Exemplum IV.

$$D=\iint\frac{\sin\varphi d\varphi d\psi}{[m'm'\cos^2\varphi+n'n'\sin^2\varphi\cos^2\psi+p'p'\sin^2\varphi\sin^2\psi]\sqrt{R}}.$$

Per substitutionem nostram integrale propositum ope ipsorum η, ϑ hunc in modum exprimitur:

$$D=\frac{1}{mnp}\iint\frac{\sin\eta d\eta d\vartheta}{\frac{m'm'}{mm}\cos^2\eta+\frac{n'n'}{nn}\sin^2\eta\cos^2\vartheta+\frac{p'p'}{pp}\sin^2\eta\sin^2\vartheta}.$$

Unde e formulis exemplo secundo propositis, siquidem ibidem ponimus $\frac{m}{m'}$, $\frac{n}{n'}$, $\frac{p}{p'}$ loco m, n, p, obtinemus:

$$D=\frac{\pi}{2}\cdot\frac{F(k,w)}{mn'p'\sin w},$$

modulo k et amplitudine w definitis per aequationes:

$$kk=\frac{p'p'(mmn'n'-m'm'nn)}{n'n'(mmp'p'-m'm'pp)},\quad \cos w=\frac{pm'}{mp'},\quad \Delta(w,k)=\frac{nm'}{mn'}.$$

Sive etiam e (16) obtinetur formula:

$$D=\iint\frac{\sin\varphi d\varphi d\psi}{[m'm'\cos^2\varphi+n'n'\sin^2\varphi\cos^2\psi+p'p'\sin^2\varphi\sin^2\psi]\sqrt{mm\cos^2\varphi+nn\sin^2\varphi\cos^2\psi+pp\sin^2\varphi\sin^2\psi}}$$

$$=\frac{\pi}{4}\int_0^\infty\frac{dx}{\sqrt{(mm+m'm'x)(nn+n'n'x)(pp+p'p'x)}}.$$

13.

Exemplum V.

$$E=\frac{\sin\varphi d\varphi d\psi}{U'\sqrt{U}},$$

$$\begin{aligned}U&=a\cos^2\varphi+b\sin^2\varphi\cos^2\psi+c\sin^2\varphi\sin^2\psi\\&\quad+2d\sin^2\varphi\cos\psi\sin\psi+2e\cos\varphi\sin\varphi\sin\psi+2f\cos\varphi\sin\varphi\cos\psi,\\U'&=a'\cos^2\varphi+b'\sin^2\varphi\cos^2\psi+c'\sin^2\varphi\sin^2\psi\\&\quad+2d'\sin^2\varphi\cos\psi\sin\psi+2e'\cos\varphi\sin\varphi\sin\psi+2f'\cos\varphi\sin\varphi\cos\psi.\end{aligned}$$

Limites $\varphi=0$, $\varphi=\pi$; $\psi=0$, $\psi=2\pi$.

Integrale hoc exemplo propositum multo complicatius est quam id, de quo exemplo antecedente egimus, cum in expressionibus ipsarum U, U' praeter quadrata quantitatum $\cos\varphi$, $\sin\varphi\cos\psi$, $\sin\varphi\sin\psi$ adhuc binae in se ductae inveniantur. Nihilominus valorem ejus eruimus, si substitutioni, qua usi sumus, transformationem coordinatarum orthogonalium bis adhibitam jungimus. Supponimus autem, functiones U, U' pro valoribus certe realibus angulorum φ, ψ valores semper positivos servare; quoties enim U valores etiam negativos induere potest, integrale propositum imaginarium fit, quoties U' etiam negativos induit valores, integralis valor in infinitum abit.

Ac si consideramus $r\cos\varphi$, $r\sin\varphi\cos\psi$, $r\sin\varphi\sin\psi$ tamquam coordinatas orthogonales puncti, cuius distantia ab initio coordinatarum $= r$, per transformationem primam coordinatarum, facile intelligitur, E hanc formam induere posse:

$$E = \iint \frac{\sin\varphi' d\varphi' d\psi'}{U'\sqrt{GG\cos^2\varphi' + G'G'\sin^2\varphi'\cos^2\psi' + G''G''\sin^2\varphi'\sin^2\psi'}},$$

designantibus $r\cos\varphi'$, $r\sin\varphi'\cos\psi'$, $r\sin\varphi'\sin\psi'$ coordinatas transformatas, relatas ad axes principales ellipsoidae, cuius aequatio

$$r^2 U = 1,$$

et cuius semiaxes principales $\frac{1}{G}$, $\frac{1}{G'}$, $\frac{1}{G''}$. Ac rursus erunt limites integralis transformati $\varphi' = 0$ et $\psi' = \pi$, $\psi' = 0$ et $\psi' = 2\pi$. Functio autem U', per φ', ψ' expressa, formam induit:

$$U' = a''\cos^2\varphi' + b''\sin^2\varphi'\cos^2\psi' + c''\sin^2\varphi'\sin^2\psi'$$
$$+ 2d''\sin^2\varphi'\cos\psi'\sin\psi' + 2e''\cos\varphi'\sin\varphi'\sin\psi' + 2f''\cos\varphi'\sin\varphi'\cos\psi'.$$

Integrali ita transformato applicemus substitutionem nostram

$$\cos\eta' = \frac{G\cos\varphi'}{\sqrt{R'}}, \quad \sin\eta'\cos\vartheta' = \frac{G'\sin\varphi'\cos\psi'}{\sqrt{R'}}, \quad \sin\eta'\sin\vartheta' = \frac{G''\sin\varphi'\sin\psi'}{\sqrt{R'}},$$

posito

$$R' = GG\cos^2\varphi' + G'G'\sin^2\varphi'\cos^2\psi' + G''G''\sin^2\varphi'\sin^2\psi',$$

quo facto integrale propositum induit formam sequentem:

$$E = \frac{1}{GG'G''}\iint \frac{\sin\eta' d\eta' d\vartheta'}{U''},$$

siquidem ponitur

$$U'' = \frac{a''\cos^2\eta'}{GG} + \frac{b''\sin^2\eta'\cos^2\vartheta'}{G'G'} + \frac{c''\sin^2\eta'\sin^2\vartheta'}{G''G''}$$
$$+ 2\left[\frac{d''\sin^2\eta'\cos\vartheta'\sin\vartheta'}{G'G''} + \frac{e''\cos\eta'\sin\eta'\sin\vartheta'}{G''G} + \frac{f''\cos\eta'\sin\eta'\cos\vartheta'}{GG'}\right].$$

Ac rursus limites erunt $\eta' = 0$ et $\eta' = \pi$, $\vartheta' = 0$ et $\vartheta' = 2\pi$.

Jam secunda vice consideremus $r\cos\eta'$, $r\sin\eta'\cos\vartheta'$, $r\sin\eta'\sin\vartheta'$ tamquam coordinatas orthogonales puncti, cuius distantia ab initio coordinatarum $= r$; sint $r\cos\eta$, $r\sin\eta\cos\vartheta$, $r\sin\eta\sin\vartheta$ coordinatae transformatae, relatae ad axes principales ellipsoidae, cuius aequatio

$$rr U'' = 1,$$

et cuius semiaxes principales sint m, n, p. Quibus statutis integrale propositum per η, ϑ expressum hanc formam induere patet simplicissimam:

$$E = \iint \frac{\sin\eta\, d\eta\, d\vartheta}{GG'G''\left[\frac{\cos^2\eta}{mm} + \frac{\sin^2\eta\cos^2\vartheta}{nn} + \frac{\sin^2\eta\sin^2\vartheta}{pp}\right]},$$

limitibus integralis rursus existentibus $\eta = 0$ et $\eta = \pi$, $\vartheta = 0$ et $\vartheta = 2\pi$. Quod in exemplo II facile ad integrale ellipticum revocatum est.

14.

Reductio integralis propositi antecedentibus indicata requirit binas transformationes coordinatarum orthogonalium, quae singulae a resolutione aequationis cubicae pendent. Nam primum ut radices aequationis cubicae inveniuntur GG, $G'G'$, $G''G''$, a quibus pendent coëfficientes substitutionis primae adhibitae, ideoque etiam quantitates a'', b'', etc. Per quas et ipsas G, G', G'' deinde exhibentur coëfficientes aequationis cubicae secundae, cuius radices sunt $\frac{1}{mm}$, $\frac{1}{nn}$, $\frac{1}{pp}$. At factis calculis observatur, e coëfficientibus illis aequationis cubicae secundae quantitates G, G', G'', omnino abire, unde resolutioni aequationis cubicae primae supersederi potest; ita ut problema, quod a duabus aequationibus cubicis pendere videatur, revera ab unica tantum pendeat. Calculum paucis indicabo, forte et aliis occasionibus utilem.

Sit substitutio prima adhibita:

$$\begin{aligned}
\cos\varphi &= \alpha\cos\varphi' + \alpha'\sin\varphi'\cos\psi' + \alpha''\sin\varphi'\sin\psi',\\
\sin\varphi\cos\psi &= \beta\cos\varphi' + \beta'\sin\varphi'\cos\psi' + \beta''\sin\varphi'\sin\psi',\\
\sin\varphi\sin\psi &= \gamma\cos\varphi' + \gamma'\sin\varphi'\cos\psi' + \gamma''\sin\varphi'\sin\psi',
\end{aligned}$$

unde etiam vice versa:

$$\begin{aligned}
\cos\varphi' &= \alpha\ \cos\varphi + \beta\ \sin\varphi\cos\psi + \gamma\ \sin\varphi\sin\psi,\\
\sin\varphi'\cos\psi' &= \alpha'\ \cos\varphi + \beta'\ \sin\varphi\cos\psi + \gamma'\ \sin\varphi\sin\psi,\\
\sin\varphi'\sin\psi' &= \alpha''\cos\varphi + \beta''\sin\varphi\cos\psi + \gamma''\sin\varphi\sin\psi.
\end{aligned}$$

Quibus aequationibus in functione U' substitutis, obtinemus

$$\begin{aligned}
a'' &= a'\alpha\ \alpha\ + b'\beta\ \beta\ + c'\gamma\ \gamma\ + 2d'\beta\ \gamma\ + 2e'\gamma\ \alpha\ + 2f'\alpha\ \beta,\\
b'' &= a'\alpha'\ \alpha'\ + b'\beta'\ \beta'\ + c'\gamma'\ \gamma'\ + 2d'\beta'\ \gamma'\ + 2e'\gamma'\ \alpha'\ + 2f'\alpha'\ \beta',\\
c'' &= a'\alpha''\alpha'' + b'\beta''\beta'' + c'\gamma''\gamma'' + 2d'\beta''\gamma'' + 2e'\gamma''\alpha'' + 2f'\alpha''\beta'',
\end{aligned}$$

$$d'' = a'\alpha'\alpha''+b'\beta'\beta''+c'\gamma'\gamma''+d'(\beta'\gamma''+\beta''\gamma')+e'(\gamma'\alpha''+\gamma''\alpha')+f'(\alpha'\beta''+\alpha''\beta'),$$
$$e'' = a'\alpha''\alpha+b'\beta''\beta+c'\gamma''\gamma+d'(\beta''\gamma+\beta\gamma'')+e'(\gamma''\alpha+\gamma\alpha'')+f'(\alpha''\beta+\alpha\beta''),$$
$$f'' = a'\alpha\alpha'+b'\beta\beta'+c'\gamma\gamma'+d'(\beta\gamma'+\beta'\gamma)+e'(\gamma\alpha'+\gamma'\alpha)+f'(\alpha\beta'+\alpha'\beta).$$

Inter coëfficientes substitutionis propositae habentur relationes notissimae, quae in transformatione systematis coordinatarum orthogonalium in aliud eiusmodi systema valent. Deinde ut systema novum coordinatarum idem sit atque axium principalium ellipsoidae, cuius aequatio $r^2U=1$, siquidem $\frac{1}{G}$, $\frac{1}{G'}$, $\frac{1}{G''}$ sunt ipsae semiaxes principales, haberi debet aequatio:

$$U = GG\cos^2\varphi'+G'G'\sin^2\varphi'\cos^2\psi'+G''G''\sin^2\varphi'\sin^2\psi',$$

unde prodeunt relationes:

$$\begin{aligned}
GG\alpha\alpha+G'G'\alpha'\alpha'+G''G''\alpha''\alpha'' &= a,\\
GG\beta\beta+G'G'\beta'\beta'+G''G''\beta''\beta'' &= b,\\
GG\gamma\gamma+G'G'\gamma'\gamma'+G''G''\gamma''\gamma'' &= c,\\
GG\beta\gamma+G'G'\beta'\gamma'+G''G''\beta''\gamma'' &= d,\\
GG\gamma\alpha+G'G'\gamma'\alpha'+G''G''\gamma''\alpha'' &= e,\\
GG\alpha\beta+G'G'\alpha'\beta'+G''G''\alpha''\beta'' &= f,
\end{aligned}$$

quibus jungamus sequentes, quae ex antecedentibus fluunt:

$$\begin{aligned}
G'^2G''^2\alpha\alpha+G''^2G^2\alpha'\alpha'+G^2G'^2\alpha''\alpha'' &= bc-dd,\\
G'^2G''^2\beta\beta+G''^2G^2\beta'\beta'+G^2G'^2\beta''\beta'' &= ca-ee,\\
G'^2G''^2\gamma\gamma+G''^2G^2\gamma'\gamma'+G^2G'^2\gamma''\gamma'' &= ab-ff,\\
G'^2G''^2\beta\gamma+G''^2G^2\beta'\gamma'+G^2G'^2\beta''\gamma'' &= ef-ad,\\
G'^2G''^2\gamma\alpha+G''^2G^2\gamma'\alpha'+G^2G'^2\gamma''\alpha'' &= fd-be,\\
G'^2G''^2\alpha\beta+G''^2G^2\alpha'\beta'+G^2G'^2\alpha''\beta'' &= de-cf,\\
G^2G'^2G''^2 &= abc-add-bee-cff+2def.
\end{aligned}$$

Aequatio ellipsoidae secundae, cuius axes principales ievestigandae proponuntur, haec erat:

$$\frac{a''}{GG}xx+\frac{b''}{G'G'}yy+\frac{c''}{G''G''}zz+\frac{2d''}{G'G''}yz+\frac{2e''}{G''G}zx+\frac{2f''}{GG'}xy = 1,$$

siquidem

$$r\cos\eta' = x,\quad r\sin\eta'\cos\vartheta' = y,\quad r\sin\eta'\sin\vartheta' = z.$$

Unde, si m, n, p denotant semiaxes principales, e theoria nota axium principalium superficierum secundi ordinis, erunt $\frac{1}{mm}$, $\frac{1}{nn}$, $\frac{1}{pp}$ radices aequationis cubicae

$$x^3-x^2\left(\frac{a''}{GG}+\frac{b''}{G'G'}+\frac{c''}{G''G''}\right)+x\left(\frac{b''c''-d''d''}{G'^2G''^2}+\frac{c''a''-e''e''}{G''^2G^2}+\frac{a''b''-f''f''}{G^2G'^2}\right)$$
$$-\frac{a''b''c''-a''d''d''-b''e''e''-c''f''f''+2d''e''f''}{G^2G'^2G''^2} = 0.$$

Ipsarum autem a'', b'' etc. substitutis valoribus, per relationes supra appositas et eas quae inter ipsas α, β, γ etc. habentur, coëfficientes substitutionis per solas quantitates a, b, c etc. a', b', c' etc. exprimere licet. Quo facto, aequatio cubica multiplicata per $G^2G'^2G''^2$ haec evadit:

$$\begin{aligned}&x^3\{abc-add-bee-cff+2def\}\\&-x^2\left\{\begin{matrix}a'(bc-dd)+b'(ca-ee)+c'(ab-ff)\\+2d'(ef-ad)+2e'(fd-be)+2f'(de-cf)\end{matrix}\right\}\\&+x\left\{\begin{matrix}a(b'c'-d'd')+b(c'a'-e'e')+c(a'b'-f'f')\\+2d(e'f'-a'd')+2e(f'd'-b'e')+2f(d'e'-c'f')\end{matrix}\right\}\\&-a'b'c'+a'd'd'+b'e'e'+c'f'f'-2d'e'f'=0.\end{aligned}$$

Cuius aequationis radices ubi sunt $\frac{1}{mm}$, $\frac{1}{nn}$, $\frac{1}{pp}$, vidimus §. 13, inveniri:

$$E=\frac{1}{\sqrt{abc-add-bee-cff+2def}}\iint\frac{\sin\eta\, d\eta\, d\vartheta}{\frac{\cos^2\eta}{mm}+\frac{\sin^2\eta\cos^2\vartheta}{nn}+\frac{\sin^2\eta\sin^2\vartheta}{pp}},$$

integrationibus factis a $\eta=0$, $\vartheta=0$ usque ad $\eta=\pi$, $\vartheta=2\pi$.

Adnoto, commutatis inter se quantitatibus a, b, c etc. et a', b', c' etc., aequationem cubicam in aliam abire, cuius radices valores reciprocos nanciscuntur.

15.

De substitutione

$$\cos\eta=\frac{g\cos\varphi+h\sin\varphi\cos\psi+i\sin\varphi\sin\psi}{\sqrt{U}},$$

$$\sin\eta\cos\vartheta=\frac{g'\cos\varphi+h'\sin\varphi\cos\psi+i'\sin\varphi\sin\psi}{\sqrt{U}},$$

$$\sin\eta\sin\vartheta=\frac{g''\cos\varphi+h''\sin\varphi\cos\psi+i''\sin\varphi\sin\psi}{\sqrt{U}}.$$

Methodus, qua antecedentibus usi sumus, procedebat per tres transformationes integralis propositi; afferam sequentibus methodum novam et magis directam, qua per substitutionem unicam pervenimus ad formam simplicem, in quam integrale E redegimus. Et dum methodo antecedente ellipsoidae *binae*, quae ad axes orthogonales relatae erant, ad axes principales referri debebant, hac methodo investigandae sunt axes principales *unius ellipsoidae, cuius datur aequatio ad coordinatas obliquas relata.*

Propositum sit problema algebraicum, *per substitutiones lineares*

$$\begin{aligned}u&=g\,x+h\,y+i\,z,\\v&=g'\,x+h'\,y+i'\,z,\\w&=g''x+h''y+i''z\end{aligned}$$

expressiones binas sequentes

$$A = a\,xx + b\,yy + c\,zz + 2d\,yz + 2e\,zx + 2f\,xy,$$
$$A' = a'xx + b'yy + c'zz + 2d'yz + 2e'zx + 2f'xy$$

revocare ad formam simplicem, e qua producta binarum variabilium abierunt,

$$A = uu + vv + ww,$$
$$A' = \frac{uu}{mm} + \frac{vv}{nn} + \frac{ww}{pp}.$$

Investigandae sunt coëfficientes substitutionis adhibitae, et quantitates m, n, p.

Problema antecedens nullis difficultatibus obnoxium est, et facile revocatur ad problema notum geometricum. Ponamus enim

$$\sqrt{a}.x = x', \qquad \sqrt{b}.y = y', \qquad \sqrt{c}.z = z',$$
$$\frac{d}{\sqrt{bc}} = \cos\lambda, \quad \frac{e}{\sqrt{ca}} = \cos\mu, \quad \frac{f}{\sqrt{ab}} = \cos\nu,$$

unde fit

$$A = x'x' + y'y' + z'z' + 2\cos\lambda y'z' + 2\cos\mu z'x' + 2\cos\nu x'y',$$
$$A' = \frac{a'}{a}x'x' + \frac{b'}{b}y'y' + \frac{c'}{c}z'z' + \frac{2d'}{\sqrt{bc}}\,y'z' + \frac{2e'}{\sqrt{ca}}\,z'x' + \frac{2f'}{\sqrt{ab}}\,x'y'.$$

Porro substitutiones adhibendae erunt:

$$u = \frac{g}{\sqrt{a}}x' + \frac{h}{\sqrt{b}}y' + \frac{i}{\sqrt{c}}z',$$
$$v = \frac{g'}{\sqrt{a}}x' + \frac{h'}{\sqrt{b}}y' + \frac{i'}{\sqrt{c}}z',$$
$$w = \frac{g''}{\sqrt{a}}x' + \frac{h''}{\sqrt{b}}y' + \frac{i''}{\sqrt{c}}z'.$$

Sint x', y', z' coordinatae obliquae puncti, quae angulos inter se efficiunt λ, μ, ν; ubi u, v, w sunt coordinatae puncti orthogonales, eodem initio gaudentes, quadratum distantiae puncti ab initio communi coordinatarum exprimi potest sive per formulam A, sive per $uu+vv+ww$, unde locum habere debet aequatio prima:

$$A = uu + vv + ww.$$

Sint porro u, v, w relatae ad axes principales ellipsoidae, cuius aequatio, ad coordinatas obliquas x', y', z' relata, est

$$A' = 1;$$

haberi debet aequatio altera

$$A' = \frac{uu}{mm} + \frac{vv}{nn} + \frac{ww}{pp},$$

siquidem m, n, p sunt semiaxes ellipsoidae principales. Unde *problema propositum convenit cum problemate geometrico investigandi axes principales ellipsoidae, cuius aequatio $A' = 1$, designantibus x', y', z' coordinatas obliquas, quae angulos inter se efficiunt λ, μ, ν.* Cuius problematis analysis et alibi invenitur, et a me exhibita est in Diario Crellii Vol. II. pag. 227. (Conf. h. vol. p. 47.)

Loco citato*) demonstravi, siquidem aequatio ellipsoidae sit

$$Ax'x'+By'y'+Cz'z'+2ay'z'+2bz'x'+2cx'y' = 1,$$

esse $\frac{1}{mm}$, $\frac{1}{nn}$, $\frac{1}{pp}$ radices aequationis cubicae:

$$\begin{aligned}(x-A)(x-B)(x-C)-(x-A)(x\cos\lambda-a)^2-(x-B)(x\cos\mu-b)^2\\ -(x-C)(x\cos\nu-c)^2+2(x\cos\lambda-a)(x\cos\mu-b)(x\cos\nu-c) = 0.\end{aligned}$$

Hoc loco igitur in locum ipsarum

$$A,\quad B,\quad C,\quad a,\quad b,\quad c$$

scribendum erit

$$\frac{a'}{a},\quad \frac{b'}{b},\quad \frac{c'}{c},\quad \frac{d'}{\sqrt{bc}},\quad \frac{e'}{\sqrt{ca}},\quad \frac{f'}{\sqrt{ab}}.$$

Unde si insuper restituimus valores:

$$\cos\lambda = \frac{d}{\sqrt{bc}},\quad \cos\mu = \frac{e}{\sqrt{ca}},\quad \cos\nu = \frac{f}{\sqrt{ab}},$$

aequatio cubica, multiplicata per abc, fit:

$$\begin{aligned}(ax-a')(bx-b')(cx-c')-(ax-a')(dx-d')^2-(bx-b')(ex-e')^2\\ -(cx-c')(fx-f')^2+2(dx-d')(ex-e')(fx-f') = 0.\end{aligned}$$

Quae prorsus convenit cum ea, ad quam §. antecedente devenimus. Iisdem mutationibus factis, e formulis loco citato traditis valores coëfficientium $\frac{g}{\sqrt{a}}$, $\frac{h}{\sqrt{b}}$, $\frac{i}{\sqrt{c}}$ etc., ideoque etiam ipsarum g, h, i etc. nancisceris.

16.

Observo generaliter, propositis aequationibus linearibus

$$\begin{aligned}u &= g\ x+h\ y+i\ z,\\ v &= g'\ x+h'\ y+i'\ z,\\ w &= g''x+h''y+i''z,\end{aligned}$$

siquidem considerentur x, y, z ideoque etiam u, v, w tamquam functiones

*) L. c. loco x', y', z' positum est x, y, z; porro L, M, N loco $\frac{1}{mm}$, $\frac{1}{nn}$, $\frac{1}{pp}$.

duarum variabilium φ, ψ, posito brevitatis causa

$$L = \frac{\partial y}{\partial\varphi}\frac{\partial z}{\partial\psi} - \frac{\partial y}{\partial\psi}\frac{\partial z}{\partial\varphi},$$
$$M = \frac{\partial z}{\partial\varphi}\frac{\partial x}{\partial\psi} - \frac{\partial z}{\partial\psi}\frac{\partial x}{\partial\varphi},$$
$$N = \frac{\partial x}{\partial\varphi}\frac{\partial y}{\partial\psi} - \frac{\partial x}{\partial\psi}\frac{\partial y}{\partial\varphi},$$

fieri:

$$\frac{\partial v}{\partial\varphi}\frac{\partial w}{\partial\psi} - \frac{\partial v}{\partial\psi}\frac{\partial w}{\partial\varphi} = (h'\,i''-h''i')L+(i'\,g''-i''g')M+(g'\,h''-g''h')N,$$
$$\frac{\partial w}{\partial\varphi}\frac{\partial u}{\partial\psi} - \frac{\partial w}{\partial\psi}\frac{\partial u}{\partial\varphi} = (h''i-h\,i'')L+(i''g-i\,g'')M+(g''h-g\,h'')N,$$
$$\frac{\partial u}{\partial\varphi}\frac{\partial v}{\partial\psi} - \frac{\partial u}{\partial\psi}\frac{\partial v}{\partial\varphi} = (h\,i'-h'i)L+(i\,g'-i'g)M+(g\,h'-g'h)N.$$

Quibus aequationibus multiplicatis respective per u, v, w, et summatione facta, reiectis, qui destruuntur, terminis, prodit:

$$(17)\quad \begin{cases} u\left[\frac{\partial v}{\partial\varphi}\frac{\partial w}{\partial\psi} - \frac{\partial v}{\partial\psi}\frac{\partial w}{\partial\varphi}\right] + v\left[\frac{\partial w}{\partial\varphi}\frac{\partial u}{\partial\psi} - \frac{\partial w}{\partial\psi}\frac{\partial u}{\partial\varphi}\right] + w\left[\frac{\partial u}{\partial\varphi}\frac{\partial v}{\partial\psi} - \frac{\partial u}{\partial\psi}\frac{\partial v}{\partial\varphi}\right] \\ = P\left\{x\left[\frac{\partial y}{\partial\varphi}\frac{\partial z}{\partial\psi} - \frac{\partial y}{\partial\psi}\frac{\partial z}{\partial\varphi}\right] + y\left[\frac{\partial z}{\partial\varphi}\frac{\partial x}{\partial\psi} - \frac{\partial z}{\partial\psi}\frac{\partial x}{\partial\varphi}\right] + z\left[\frac{\partial x}{\partial\varphi}\frac{\partial y}{\partial\psi} - \frac{\partial x}{\partial\psi}\frac{\partial y}{\partial\varphi}\right]\right\}, \end{cases}$$

posito brevitatis causa:

$$P = g(h'i''-h''i')+g'(h''i-hi'')+g''(hi'-h'i).$$

His praemissis, sit iam

$$x = \cos\varphi,\quad y = \sin\varphi\cos\psi,\quad z = \sin\varphi\sin\psi,$$

sit porro

$$\cos\eta = \frac{u}{\sqrt{uu+vv+ww}},\quad \sin\eta\cos\vartheta = \frac{v}{\sqrt{uu+vv+ww}},\quad \sin\eta\sin\vartheta = \frac{w}{\sqrt{uu+vv+ww}}.$$

Ubi coëfficientibus g, h, i etc. valores eosdem atque §. antecedente tribuimus, erit:

$$A = U = uu + vv + ww,$$
$$A' = U' = \frac{uu}{mm} + \frac{vv}{nn} + \frac{ww}{pp},$$

ideoque:

$$\frac{U'}{U} = \frac{\cos^2\eta}{mm} + \frac{\sin^2\eta\cos^2\vartheta}{nn} + \frac{\sin^2\eta\sin^2\vartheta}{pp}.$$

Aequationes autem lineares inter u, v, w et x, y, z propositae fiunt:

$$\cos\eta = \frac{g\cos\varphi + h\sin\varphi\cos\psi + i\sin\varphi\sin\psi}{\sqrt{U}},$$
$$\sin\eta\cos\vartheta = \frac{g'\cos\varphi + h'\sin\varphi\cos\psi + i'\sin\varphi\sin\psi}{\sqrt{U}},$$
$$\sin\eta\sin\vartheta = \frac{g''\cos\varphi + h''\sin\varphi\cos\psi + i''\sin\varphi\sin\psi}{\sqrt{U}}.$$

Habetur porro e §. 1:

$$x\left[\frac{\partial y}{\partial\varphi}\frac{\partial z}{\partial\psi}-\frac{\partial y}{\partial\psi}\frac{\partial z}{\partial\varphi}\right]+y\left[\frac{\partial z}{\partial\varphi}\frac{\partial x}{\partial\psi}-\frac{\partial z}{\partial\psi}\frac{\partial x}{\partial\varphi}\right]+z\left[\frac{\partial x}{\partial\varphi}\frac{\partial y}{\partial\psi}-\frac{\partial x}{\partial\psi}\frac{\partial y}{\partial\varphi}\right]=\sin\varphi,$$

$$\frac{u\left[\frac{\partial v}{\partial\varphi}\frac{\partial w}{\partial\psi}-\frac{\partial v}{\partial\psi}\frac{\partial w}{\partial\varphi}\right]+v\left[\frac{\partial w}{\partial\varphi}\frac{\partial u}{\partial\psi}-\frac{\partial w}{\partial\psi}\frac{\partial u}{\partial\varphi}\right]+w\left[\frac{\partial u}{\partial\varphi}\frac{\partial v}{\partial\psi}-\frac{\partial u}{\partial\psi}\frac{\partial v}{\partial\varphi}\right]}{[uu+vv+ww]^{\frac{3}{2}}}d\varphi d\psi=\sin\eta d\eta d\vartheta,$$

ideoque e formula (17):

$$\frac{\sin\varphi d\varphi d\psi}{U^{\frac{3}{2}}}=\frac{1}{P}\cdot\sin\eta d\eta d\vartheta,$$

unde etiam:

$$\frac{\sin\varphi d\varphi d\psi}{U'\sqrt{U}}=\frac{1}{P}\cdot\frac{\sin\eta d\eta d\vartheta}{\frac{\cos^2\eta}{mm}+\frac{\sin^2\eta\cos^2\vartheta}{nn}+\frac{\sin^2\eta\sin^2\vartheta}{pp}}.$$

Singulis valoribus realibus ipsarum $\cos\varphi$, $\sin\varphi\cos\psi$, $\sin\varphi\sin\psi$ conveniunt valores reales iique unici quantitatum $\cos\eta$, $\sin\eta\cos\vartheta$, $\sin\eta\sin\vartheta$; ac facile patet, singulis valoribus realibus ipsarum $\cos\eta$, $\sin\eta\cos\vartheta$, $\sin\eta\sin\vartheta$ respondere vice versa valores reales eosque unicos quantitatum $\cos\varphi$, $\sin\varphi\cos\psi$, $\sin\varphi\sin\psi$. Unde hisce tributis valoribus omnibus realibus, etiam illis valores omnes reales conveniunt, neque iidem plus semel; sive integrationibus factis a $\varphi=0$, $\psi=0$ usque ad $\varphi=\pi$, $\psi=2\pi$, etiam a $\eta=0$, $\vartheta=0$ usque ad $\eta=\pi$, $\vartheta=2\pi$ integrari debet, vel quod idem est, integrali proposito ad totam sphaeram extenso etiam integrale transformatum ad totam sphaeram extendi debet.

Restat, ut constantem P per quantitates datas exhibeamus; quod facile fit considerationibus geometricis sequentibus. Designantibus enim, ut supra x', y', z' coordinatas obliquas, u, v, w coordinatas orthogonales, ubi fit:

$$u=\frac{g}{\sqrt{a}}x'+\frac{h}{\sqrt{b}}y'+\frac{i}{\sqrt{c}}z',$$
$$v=\frac{g'}{\sqrt{a}}x'+\frac{h'}{\sqrt{b}}y'+\frac{i'}{\sqrt{c}}z',$$
$$w=\frac{g''}{\sqrt{a}}x'+\frac{h''}{\sqrt{b}}y'+\frac{i''}{\sqrt{c}}z',$$

erunt

$\frac{g}{\sqrt{a}}$, $\frac{g'}{\sqrt{a}}$, $\frac{g''}{\sqrt{a}}$ cosinus angulorum inter x' et axes orthogonales,

$\frac{h}{\sqrt{b}}$, $\frac{h'}{\sqrt{b}}$, $\frac{h''}{\sqrt{b}}$ - - - y' - - - ;

$\frac{i}{\sqrt{c}}$, $\frac{i'}{\sqrt{c}}$, $\frac{i''}{\sqrt{c}}$ - - - z' - - - ;

unde ex elementis geometriae analyticae constat, esse $\frac{P}{\sqrt{abc}}$ solidum parallelepipedum, contentum inter axes ipsarum x', y', z', cuius latera $=1$. Idem probatur esse

$$\sqrt{1-\cos^2\lambda-\cos^2\mu-\cos^2\nu+2\cos\lambda\cos\mu\cos\nu}.$$

Utraque expressione aequali posita, et substitutis valoribus

$$\cos\lambda=\frac{d}{\sqrt{bc}},\quad \cos\mu=\frac{e}{\sqrt{ca}},\quad \cos\nu=\frac{f}{\sqrt{ab}},$$

prodit:

$$P=\sqrt{abc-add-bee-cff+2def}.$$

Hinc tandem provenit, substituto valore ipsius P et integratione duplici facta,

$$E=\iint\frac{\sin\varphi\,d\varphi\,d\psi}{U'\sqrt{U}}$$

$$=\frac{1}{\sqrt{abc-add-bee-cff+2def}}\iint\frac{\sin\eta\,d\eta\,d\vartheta}{\frac{\cos^2\eta}{mm}+\frac{\sin^2\eta\cos^2\vartheta}{nn}+\frac{\sin^2\eta\sin^2\vartheta}{pp}},$$

integralibus ad totam sphaeram extensis, ac designantibus $\frac{1}{mm}$, $\frac{1}{nn}$, $\frac{1}{pp}$ radices aequationis

$$(ax-a')(bx-b')(cx-c')-(ax-a')(dx-d')^2-(bx-b')(ex-e')^2$$
$$-(cx-c')(fx-f')^2+2(dx-d')(ex-e')(fx-f')=0.$$

Quae cum supra inventis prorsus conveniunt. Quam transformationem erui videmus per substitutionem unicam:

$$\cos\eta=\frac{g\ \cos\varphi+h\ \sin\varphi\cos\psi+i\ \sin\varphi\sin\psi}{\sqrt{U}},$$

$$\sin\eta\cos\vartheta=\frac{g'\cos\varphi+h'\sin\varphi\cos\psi+i'\sin\varphi\sin\psi}{\sqrt{U}},$$

$$\sin\eta\sin\vartheta=\frac{g''\cos\varphi+h''\sin\varphi\cos\psi+i''\sin\varphi\sin\psi}{\sqrt{U}},$$

coëfficientibus g, h, i etc. rite determinatis.

17.

Dedimus in exemplo II §. 8, 15 formulam

$$B=\frac{1}{mnp}\iint\frac{\sin\eta\,d\eta\,d\vartheta}{\frac{\cos^2\eta}{mm}+\frac{\sin^2\eta\cos^2\vartheta}{nn}+\frac{\sin^2\eta\sin^2\vartheta}{pp}}=\frac{\pi}{4}\int_0^\infty\frac{dx}{\sqrt{(x+mm)(x+nn)(x+pp)}},$$

integrali duplici extenso a $\eta = 0$, $\vartheta = 0$ usque ad $\eta = \frac{\pi}{2}$; $\vartheta = \frac{\pi}{2}$. Unde, integrali duplici ad totam sphaeram extenso, fit

$$\iint \frac{\sin\eta\, d\eta\, d\vartheta}{\frac{\cos^2\eta}{mm} + \frac{\sin^2\eta\cos^2\vartheta}{nn} + \frac{\sin^2\eta\sin^2\vartheta}{pp}} = 2\pi \int_0^\infty \frac{dx}{\sqrt{\left(1+\frac{x}{mm}\right)\left(1+\frac{x}{nn}\right)\left(1+\frac{x}{pp}\right)}}.$$

Hinc patet, *quantitatem, quae in integrali simplici sub radicali invenitur, rationaliter exhiberi posse, etiamsi* $\frac{1}{mm}$, $\frac{1}{nn}$, $\frac{1}{pp}$ *tantum ut radices aequationis cubicae datae sint.* Quod si ad casum antecedentibus propositum applicatur, dantur $\frac{1}{mm}$, $\frac{1}{nn}$, $\frac{1}{pp}$ ut radices aequationis

$$(ax-a')(bx-b')(cx-c')-(ax-a')(dx-d')^2-(bx-b')(ex-e')^2$$
$$-(cx-c')(fx-f')^2+2(dx-d')(ex-e')(fx-f') = 0.$$

Unde expressio ad laevum identica erit cum hac

$$PP\left(x-\frac{1}{mm}\right)\left(x-\frac{1}{nn}\right)\left(x-\frac{1}{pp}\right).$$

Posito $-\frac{1}{x}$ loco x et multiplicatione facta per $-x^3$, inde aequationem identicam nanciscimur sequentem:

$$PP\left(1+\frac{x}{mm}\right)\left(1+\frac{x}{nn}\right)\left(1+\frac{x}{pp}\right)$$
$$=(a+a'x)(b+b'x)(c+c'x)-(a+a'x)(d+d'x)^2-(b+b'x)(e+e'x)^2$$
$$-(c+c'x)(f+f'x)^2+2(d+d'x)(e+e'x)(f+f'x).$$

Unde habetur iam theorema satis memorabile, quo integrale duplex propositum E *absque ulla aequationis algebraicae resolutione* per integrale simplex exprimitur.

Theorema.

Ponatur

$$U = a\cos^2\varphi + b\sin^2\varphi\cos^2\psi + c\sin^2\varphi\sin^2\psi$$
$$+2d\sin^2\varphi\cos\psi\sin\psi + 2e\cos\varphi\sin\varphi\sin\psi + 2f\cos\varphi\sin\varphi\cos\psi,$$
$$U' = a'\cos^2\varphi + b'\sin^2\varphi\cos^2\psi + c'\sin^2\varphi\sin^2\psi$$
$$+2d'\sin^2\varphi\cos\psi\sin\psi + 2e'\cos\varphi\sin\varphi\sin\psi + 2f'\cos\varphi\sin\varphi\cos\psi,$$
$$X = (a+a'x)(b+b'x)(c+c'x)-(a+a'x)(d+d'x)^2-(b+b'x)(e+e'x)^2$$
$$-(c+c'x)(f+f'x)^2+2(d+d'x)(e+e'x)(f+f'x),$$

erit

$$\iint \frac{\sin\varphi\, d\varphi\, d\psi}{U'\sqrt{U}} = 2\pi\int_0^\infty \frac{dx}{\sqrt{X}},$$

integrali duplici a $\varphi = 0$, $\psi = 0$ extenso usque ad $\varphi = \pi$, $\psi = 2\pi$.

De theoremate antecedente valde generali casibus specialibus haec fluunt:

$$(1.)\quad \begin{cases} \displaystyle\iint \frac{\sin\varphi\, d\varphi\, d\psi}{\sqrt{U}} \\ \displaystyle = 2\pi \int_0^\infty \frac{dx}{\sqrt{(a+x)(b+x)(c+x)-dd(a+x)-ee(b+x)-ff(c+x)+2def}}, \end{cases}$$

$$(2.)\quad \begin{cases} \displaystyle\iint \frac{\sin\varphi\, d\varphi\, d\psi}{U} \\ \displaystyle = 2\pi \int_0^\infty \frac{dx}{\sqrt{x[(a+x)(b+x)(c+x)-dd(a+x)-ee(b+x)-ff(c+x)+2def]}}, \end{cases}$$

$$(3.)\quad \iint \frac{\sin\varphi\, d\varphi\, d\psi}{\sqrt{U^3}} = \frac{4\pi}{\sqrt{abc-add-bee-cff+2def}}.$$

Quod ad (2.) attinet, observo generaliter, commutatis inter se a, b, c etc. et a', b', c' etc., simulque $\frac{1}{x}$ loco x posito, binas formulas

$$\iint \frac{\sin\varphi\, d\varphi\, d\psi}{U'\sqrt{U}} = 2\pi \int_0^\infty \frac{dx}{\sqrt{X}},$$

$$\iint \frac{\sin\varphi\, d\varphi\, d\psi}{U\sqrt{U'}} = 2\pi \int_0^\infty \frac{dx}{\sqrt{xX}}$$

alteram ex altera sequi.

Regiom. 1. Nov. 1832.

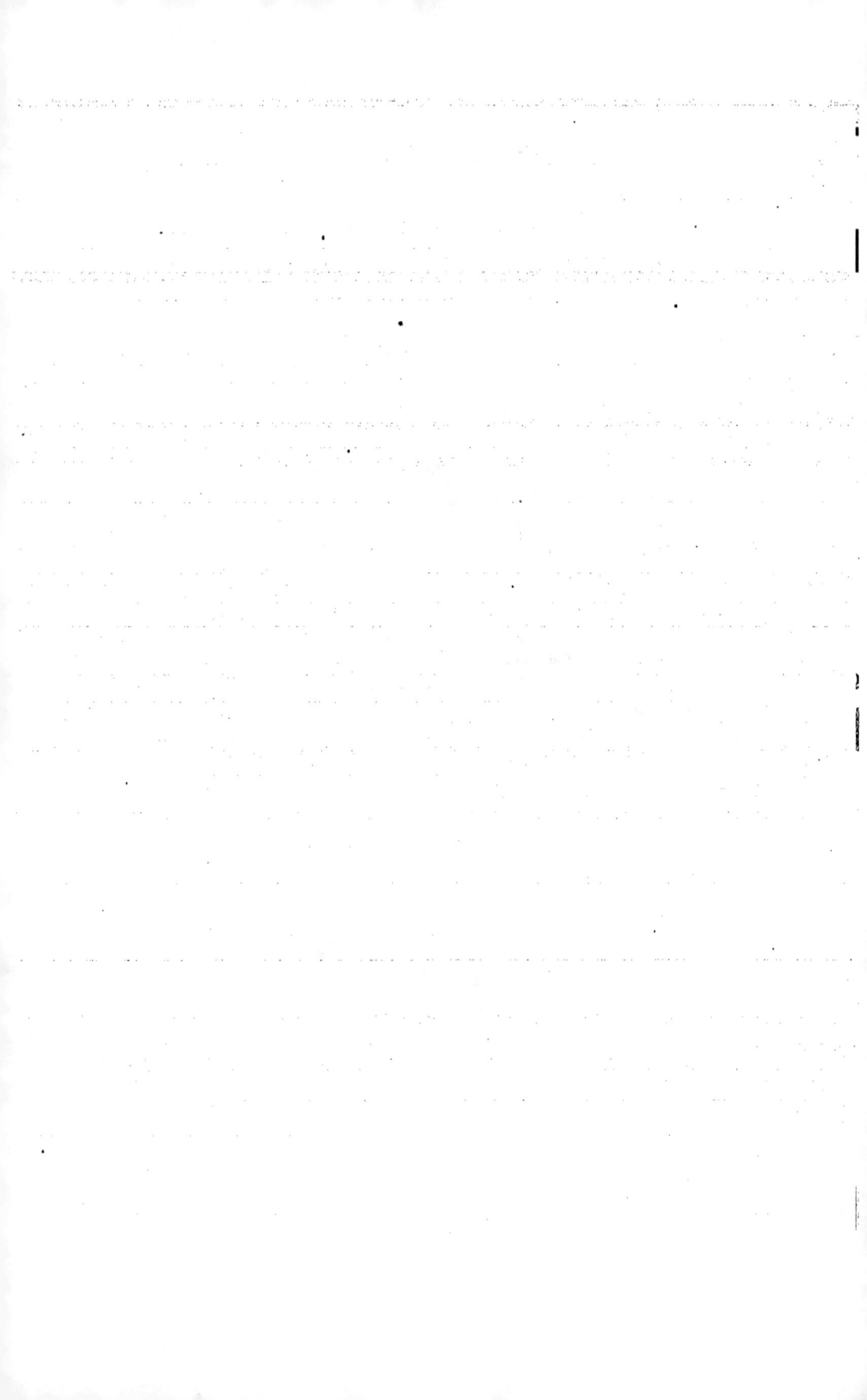

DE

BINIS QUIBUSLIBET

FUNCTIONIBUS HOMOGENEIS SECUNDI ORDINIS

PER

SUBSTITUTIONES LINEARES IN ALIAS BINAS TRANSFORMANDIS,

QUAE

SOLIS QUADRATIS VARIABILIUM CONSTANT;

UNA CUM VARIIS THEOREMATIS DE TRANSFORMATIONE ET DETERMINATIONE INTEGRALIUM MULTIPLICIUM.

AUCTORE

DR. C. G. J. JACOBI,

PROF. MATH. REGIOM.

Crelle Journal für die reine und angewandte Mathematik, Bd. 12. p. 1—69.

DE BINIS QUIBUSLIBET FUNCTIONIBUS HOMOGENEIS SECUNDI ORDINIS PER SUBSTITUTIONES LINEARES IN ALIAS BINAS TRANSFORMANDIS, QUAE SOLIS QUADRATIS VARIABILIUM CONSTANT; UNA CUM VARIIS THEOREMATIS DE TRANSFORMATIONE ET DETERMINATIONE INTEGRALIUM MULTIPLICIUM.

Introductio.

1.

Propositis inter variabiles

$$x_1,\ x_2,\ \ldots,\ x_n \text{ et } y_1,\ y_2,\ \ldots,\ y_n$$

n aequationibus linearibus huiusmodi

$$y_m = \alpha_1^{(m)} x_1 + \alpha_2^{(m)} x_2 + \cdots + \alpha_n^{(m)} x_n,$$

facile patet, coëfficientes $\alpha_\varkappa^{(m)}$, quorum est numerus nn, ita determinari posse, ut data functio quaelibet homogenea secundi ordinis variabilium $x_1, x_2, \ldots, x_n$ transformetur in aliam variabilium $y_1, y_2, \ldots, y_n$, quae solis earum quadratis constet, simulque summa quadratorum variabilium non mutet valorem, sive fiat

$$x_1x_1 + x_2x_2 + \cdots + x_nx_n = y_1y_1 + y_2y_2 + \cdots + y_ny_n.$$

Nam haec altera conditio sibi poscit aequationes conditionales numero $\frac{n(n+1)}{2}$, porro cum de functione transformata supponatur abiisse producta e binis variabilibus conflata, accedunt aequationes $\frac{n(n-1)}{2}$; ita ut habeas aequationes conditionales numero nn, qui est numerus coëfficientium substitutionis adhibitae. Unde problema determinatum est.

Pro tribus variabilibus est problema tritum illud de superficie secundi ordinis revocanda ad axes superficiei principales. Problematis generalis solutionem nuper dedit Cl. Cauchy (Exerc. de Mathém. t. IV. pag. 161. sqq.). Quaestiones de eadem re, a praestantissimo Sturm illustri Academiae Parisiensi commissas, nondum lucem vidisse dolemus.

Sit functio, in quam proposita transformatur,

$$G_1 y_1 y_1 + G_2 y_2 y_2 + \cdots + G_n y_n y_n;$$

inveniuntur quantitates $G_1, G_2, \ldots, G_n$ ut radices diversae aequationis algebraicae n^{ti} gradus, quas Cl. Cauchy demonstravit omnes fore reales. Quibus determinatis, coëfficientium, quarum ope y_m per variabiles $x_1, x_2, \ldots, x_n$ exhibetur,

$$\alpha_1^{(m)}, \quad \alpha_2^{(m)}, \quad \ldots, \quad \alpha_n^{(m)}$$

quadrata et binorum producta per unicam G_m rationaliter exprimuntur; atque invenitur, coëfficientes ipsius $x_\varkappa$ in valoribus ipsarum $y_1, y_2, \ldots, y_n$,

$$\alpha'_\varkappa, \quad \alpha''_\varkappa, \quad \ldots, \quad \alpha_\varkappa^{(m)},$$

quantitatum $G_1, G_2, \ldots, G_n$ respective easdem functiones esse.

Coëfficientium quadrata et producta illa modo singulari sequentibus exhibebo; quo saepius calculis complicatis concinnitas conciliatur. Considero enim quantitates $G_1, G_2, \ldots, G_n$, quae per aequationem illam n^{ti} gradus a constantibus functionis propositae pendent, tamquam functiones harum constantium, atque demonstro, quadrata et producta illa aequalia fore ipsis earum differentialibus partialibus, secundum constantes illas sumtis. Sit enim functionis propositae terminus quilibet in $x_\varkappa x_\lambda$ ductus $p x_\varkappa x_\lambda$, invenio

$$\alpha_\varkappa^{(m)} \alpha_\lambda^{(m)} = \frac{\partial G_m}{\partial p}.$$

Unde vides, unica formata aequatione n^{ti} gradus, problema confici. Quippe cuius radices dant expressionem transformatam; earumque differentialia partialia sumta secundum constantes functionis transformandae, quae aequationem illam afficiunt, dant coëfficientes substitutionis adhibendae.

Formulae concinniores evadunt pro formis specialibus, quas functio transformanda induit; quarum unam et alteram accuratius examino. Ubi etiam pro tribus variabilibus aequationem cubicam ita exhibitam invenis, ut ipso conspectu pateat, radices eius omnes esse reales.

2.

Demonstravi olim in commentatione „*de transformatione integralis duplicis indefiniti etc.*" (Diar. Crell. vol. VIII. p. 253 sqq. — Conf. h. vol. p. 93 sqq.), ad investigationem axium principalium superficiei secundi ordinis — qui est casus problematis antecedentis pro tribus variabilibus — usu idoneo quantitatum imaginariarum facto, revocari posse transformationem quandam integralis simplicis, cuius in analysi frequens usus est,

$$\int\frac{d\varphi}{[l+m\cos^2\varphi+n\sin^2\varphi+2l'\cos\varphi\sin\varphi+2m'\sin\varphi+2n'\cos\varphi]^{\frac{1}{2}}}=\int\frac{d\eta}{\sqrt{G-G_1\cos^2\eta-G_2\sin^2\eta}}.$$

Quae peragitur transformatio ope substitutionis huiusmodi

$$\cos\varphi=\frac{\beta-\beta'\cos\eta-\beta''\sin\eta}{\alpha-\alpha'\cos\eta-\alpha''\sin\eta},$$
$$\sin\varphi=\frac{\gamma-\gamma'\cos\eta-\gamma''\sin\eta}{\alpha-\alpha'\cos\eta-\alpha''\sin\eta}.$$

Propter quem utriusque problematis consensum fit, ut etiam hic locum habeat determinatio coëfficientium substitutionis adhibitae per differentialia partialia ipsarum G, G_1, G_2 sumta secundam constantes l, m etc. Quae quantitates in hoc problemate inveniuntur ut radices aequationis cubicae

$$(x-l)(x+m)(x+n)-l'l'(x-l)+m'm'(x+m)+n'n'(x+n)-2l'm'n'=0.$$

Ita e. gr. dedi l. c. §. 19 formulas*)

$$\alpha\alpha=\frac{(G+m)(G+n)-l'l'}{(G-G_1)(G-G_2)},$$
$$-\alpha\beta=\frac{n'(G+n)-l'm'}{(G-G_1)(G-G_2)},$$

quas expressiones, si aequationem cubicam allegatam in auxilium vocas, vel ipso intuitu patet, fore

$$\alpha\alpha=\frac{\partial G}{\partial l},\quad \alpha\beta=\tfrac{1}{2}\frac{\partial G}{\partial n'}.$$

Eodemque modo pro reliquis obtines:

$$\alpha\alpha=\frac{\partial G}{\partial l},\quad \alpha'\alpha'=-\frac{\partial G_1}{\partial l},\quad \alpha''\alpha''=-\frac{\partial G_2}{\partial l},$$
$$\beta\beta=\frac{\partial G}{\partial m},\quad \beta'\beta'=-\frac{\partial G_1}{\partial m},\quad \beta''\beta''=-\frac{\partial G_2}{\partial m},$$
$$\gamma\gamma=\frac{\partial G}{\partial n},\quad \gamma'\gamma'=-\frac{\partial G_1}{\partial n},\quad \gamma''\gamma''=-\frac{\partial G_2}{\partial n},$$

porro:

$$\beta\gamma=\tfrac{1}{2}\frac{\partial G}{\partial l'},\quad \beta'\gamma'=-\tfrac{1}{2}\frac{\partial G_1}{\partial l'},\quad \beta''\gamma''=-\tfrac{1}{2}\frac{\partial G_2}{\partial l'},$$
$$\gamma\alpha=\tfrac{1}{2}\frac{\partial G}{\partial m'},\quad \gamma'\alpha'=-\tfrac{1}{2}\frac{\partial G_1}{\partial m'},\quad \gamma''\alpha''=-\tfrac{1}{2}\frac{\partial G_2}{\partial m'},$$
$$\alpha\beta=\tfrac{1}{2}\frac{\partial G}{\partial n'},\quad \alpha'\beta'=-\tfrac{1}{2}\frac{\partial G_1}{\partial n'},\quad \alpha''\beta''=-\tfrac{1}{2}\frac{\partial G_2}{\partial n'}.$$

*) Loco citato pro G, G_1, G_2 scriptum invenis GG, $G'G'$, $G''G''$.

Transformationem plane similem, docui in alia commentatione anteriore (Diar. Crell. vol. II, p. 234. — Conf. h. vol. p. 57), adhiberi posse ad duplicis integralis transformationem. Sit enim

$$xx+yy+zz = uu+vv+ww = 1,$$

unde x, y, z nec non u, v, w considerari possunt ut coordinatae puncti sphaerae, cuius radius $= 1$: demonstravi, coëfficientes sedecim α, β, γ etc. ita determinari posse, ut locum habeat substitutio

$$u = \frac{\alpha+\alpha'x+\alpha''y+\alpha'''z}{\delta+\delta'x+\delta''y+\delta'''z},$$

$$v = \frac{\beta+\beta'x+\beta''y+\beta'''z}{\delta+\delta'x+\delta''y+\delta'''z},$$

$$w = \frac{\gamma+\gamma'x+\gamma''y+\gamma'''z}{\delta+\delta'x+\delta''y+\delta'''z},$$

simulque functio data

$$a+a'xx+a''yy+a'''zz+2b'x+2b''y+2b'''z+2c'yz+2c''zx+2c'''xy$$

abeat in hanc expressionem

$$[G-G_1uu-G_2vv-G_3ww][\delta+\delta'x+\delta''y+\delta'''z]^2,$$

ipsis G, G_1, G_2, G_3 rite determinatis. Sint dS, dS' elementa sphaericae superficiei, quae coordinatis x, y, z et u, v, w respondent, probavi, e substitutione adhibita sequi

$$dS' = \frac{dS}{(\delta+\delta'x+\delta''y+\delta'''z)^2}.$$

Unde habetur

$$\iint \frac{dS}{a+a'xx+a''yy+a'''zz+2b'x+2b''y+2b'''z+2c'yz+2c''zx+2c'''xy}$$

$$= \iint \frac{dS'}{G-G_1uu-G_2vv-G_3ww}.$$

Quae est transformatio integralis duplicis, de qua diximus.

Et hoc problema, adnotavi in commentatione supra citata, ope quantitatum imaginariarum idonee adhibitarum convenire cum problemate algebraico initio proposito, casu *quatuor* variabilium. Unde et hic locum habet determinatio coëfficientium substitutionis adhibitae per differentialia partialia ipsarum G, G_1, G_2, G_3, sumta secundum quantitates a, a', a'' etc., quippe a quibus constantibus illas pendere, l. c. demonstravi, ut radices aequationis biquadraticae:

$$\begin{aligned}
0 = &(a-x)(a'+x)(a''+x)(a'''+x)\\
&-c'c'(a-x)(a'+x)-c''c''(a-x)(a''+x)-c'''c'''(a-x)(a'''+x)\\
&-b'b'(a''+x)(a'''+x)-b''b''(a'''+x)(a'+x)-b'''b'''(a'+x)(a''+x)\\
&+2c'c''c'''(a-x)+2c'b''b'''(a'+x)+2c''b'''b'(a''+x)+2c'''b'b''(a'''+x)\\
&+b'b'c'c'+b''b''c''c''+b'''b'''c'''c'''-2b'b''c'c''-2b''b'''c''c'''-2b'''b'c'''c'.
\end{aligned}$$

Ac reapse, hac aequatione in auxilium vocata, e formulis a nobis traditis (l. c. §. 9) ipso intuitu deducis sequentes:

$$\delta\delta = \frac{\partial G}{\partial a}, \quad \alpha\alpha = -\frac{\partial G_1}{\partial a}, \quad \beta\beta = -\frac{\partial G_2}{\partial a}, \quad \gamma\gamma = -\frac{\partial G_3}{\partial a},$$

$$\delta'\delta' = \frac{\partial G}{\partial a'}, \quad \alpha'\alpha' = -\frac{\partial G_1}{\partial a'}, \quad \beta'\beta' = -\frac{\partial G_2}{\partial a'}, \quad \gamma'\gamma' = -\frac{\partial G_3}{\partial a'},$$

$$\delta''\delta'' = \frac{\partial G}{\partial a''}, \quad \alpha''\alpha'' = -\frac{\partial G_1}{\partial a''}, \quad \beta''\beta'' = -\frac{\partial G_2}{\partial a''}, \quad \gamma''\gamma'' = -\frac{\partial G_3}{\partial a''},$$

$$\delta'''\delta''' = \frac{\partial G}{\partial a'''}, \quad \alpha'''\alpha''' = -\frac{\partial G_1}{\partial a'''}, \quad \beta'''\beta''' = -\frac{\partial G_2}{\partial a'''}, \quad \gamma'''\gamma''' = -\frac{\partial G_3}{\partial a'''};$$

porro

$$\delta\delta' = -\tfrac{1}{2}\frac{\partial G}{\partial b'}, \quad \alpha\alpha' = \tfrac{1}{2}\frac{\partial G_1}{\partial b'}, \quad \beta\beta' = \tfrac{1}{2}\frac{\partial G_2}{\partial b'}, \quad \gamma\gamma' = \tfrac{1}{2}\frac{\partial G_3}{\partial b'},$$

$$\delta\delta'' = -\tfrac{1}{2}\frac{\partial G}{\partial b''}, \quad \alpha\alpha'' = \tfrac{1}{2}\frac{\partial G_1}{\partial b''}, \quad \beta\beta'' = \tfrac{1}{2}\frac{\partial G_2}{\partial b''}, \quad \gamma\gamma'' = \tfrac{1}{2}\frac{\partial G_3}{\partial b''},$$

$$\delta\delta''' = -\tfrac{1}{2}\frac{\partial G}{\partial b'''}, \quad \alpha\alpha''' = \tfrac{1}{2}\frac{\partial G_1}{\partial b'''}, \quad \beta\beta''' = \tfrac{1}{2}\frac{\partial G_2}{\partial b'''}, \quad \gamma\gamma''' = \tfrac{1}{2}\frac{\partial G_3}{\partial b'''},$$

$$\delta''\delta''' = \tfrac{1}{2}\frac{\partial G}{\partial c'}, \quad \alpha''\alpha''' = -\tfrac{1}{2}\frac{\partial G_1}{\partial c'}, \quad \beta''\beta''' = -\tfrac{1}{2}\frac{\partial G_2}{\partial c'}, \quad \gamma''\gamma''' = -\tfrac{1}{2}\frac{\partial G_3}{\partial c'},$$

$$\delta'''\delta' = \tfrac{1}{2}\frac{\partial G}{\partial c''}, \quad \alpha'''\alpha' = -\tfrac{1}{2}\frac{\partial G_1}{\partial c''}, \quad \beta'''\beta' = -\tfrac{1}{2}\frac{\partial G_2}{\partial c''}, \quad \gamma'''\gamma' = -\tfrac{1}{2}\frac{\partial G_3}{\partial c''},$$

$$\delta'\delta'' = \tfrac{1}{2}\frac{\partial G}{\partial c'''}, \quad \alpha'\alpha'' = -\tfrac{1}{2}\frac{\partial G_1}{\partial c'''}, \quad \beta'\beta'' = -\tfrac{1}{2}\frac{\partial G_2}{\partial c'''}, \quad \gamma'\gamma'' = -\tfrac{1}{2}\frac{\partial G_3}{\partial c'''}\text{*)}.$$

Quas formulas, sicuti antecedentes, propter usum earum frequentiorem hic in conspectum exposui. Transformationem similem adhiberi posse integralibus multiplicibus cuiuslibet ordinis, adnotavi (§. 27 commentationis in initio hujus §. citatae). In qua generaliter constantes, quae integrale n-tuplum transformatum afficiunt, inveniuntur ut radices aequationis algebraicae $(n+2)^{\text{ti}}$ ordinis; quarum differentialia partialia sumta secundum constantes, quae integrale propositum afficiunt, suppeditant substitutionis adhibendae coëfficientes. Quae transformatio generalis de problemate algebraico generali eadem ratione derivatur, quam l. c. pro casibus $n = 3$, $n = 4$ indicavi.

3.

Problema, de quo dictum est, algebraicum ita generalius concipi potest, ut in locum summae quadratorum variabilium proponatur altera quaelibet functio

*) Ut formulae l. c. traditae cum his conveniant, scribendum est $-G_1, -G_2, -G_3$ loco G', G'', G'''; quantitas arbitraria k poni debet $= 1$; porro

$$x = \cos\psi, \quad y = \sin\psi\cos\varphi, \quad z = \sin\psi\sin\varphi,$$
$$u = \cos P, \quad v = \sin P\cos\vartheta, \quad w = \sin P\sin\vartheta.$$

homogenea secundi ordinis transformanda; sive proponatur, binas simul functiones homogeneas secundi ordinis cuiuslibet numeri variabilium per substitutiones lineares transformare in alias, quae variabilium solis quadratis constant.

Sint functiones transformatae:

$$G_1 y_1 y_1 + G_2 y_2 y_2 + \cdots + G_n y_n y_n,$$
$$H_1 y_1 y_1 + H_2 y_2 y_2 + \cdots + H_n y_n y_n;$$

exprimantur porro variabiles propositae $x_1, x_2, \ldots, x_n$ per variabiles $y_1, y_2, \ldots, y_n$ ope aequationum huiusmodi:

$$x_m = \beta'_m y_1 + \beta''_m y_2 + \cdots + \beta^{(n)}_m y_n.$$

Facile patet, problemate proposito tantum determinari rationes, in quibus sunt quantitates G_x, H_x et coefficientium $\beta^{(x)}_1, \beta^{(x)}_2, \ldots, \beta^{(x)}_n$ quadrata vel binorum producta. Nam si loco y_x, quod licet, scribis $p_x y_x$, designante p_x factorem constantem arbitrarium, quantitates illae simul per eundem factorem $p_x p_x$ dividi debent. Quotientes

$$\frac{G_1}{H_1}, \quad \frac{G_2}{H_2}, \quad \ldots, \quad \frac{G_n}{H_n}$$

et hic invenis ut radices diversas aequationis algebraicae n^{ti} gradus. Deinde coëfficientium $\beta^{(x)}_1, \beta^{(x)}_2, \ldots, \beta^{(x)}_n$ quadrata et binorum producta, divisa per G_x aut H_x, per unicam $\frac{G_x}{H_x}$ rationaliter exprimuntur; porro quantitates

$$\frac{\beta'_m}{\sqrt{G_1}}, \quad \frac{\beta''_m}{\sqrt{G_2}}, \quad \ldots, \quad \frac{\beta^{(n)}_m}{\sqrt{G_n}}$$

inveniuntur respective ut eaedem functiones quantitatum

$$\frac{G_1}{H_1}, \quad \frac{G_2}{H_2}, \quad \ldots, \quad \frac{G_n}{H_n}.$$

Quantitates $\frac{G_x}{H_x}$ si rursus spectas ut functiones constantium, quibus datae functiones transformandae affectae sunt, et hic elegantissime per differentialia earum partialia, secundum constantes illas sumta, exprimi possunt coëfficientium quadrata illa et producta, divisa per quantitates G_x aut H_x; eaque singula binis modis, sive constantem, secundum quam differentiatur, ex altera functione proposita, sive ex altera sumas. Sint enim termini earum in $x_x x_{x'}$ ducti $p x_x x_{x'}$, $q x_x x_{x'}$, invenio:

$$\beta^{(\lambda)}_x \beta^{(\lambda)}_{x'} = \frac{H_\lambda \partial G_\lambda - G_\lambda \partial H_\lambda}{H_\lambda \partial p} = \frac{G_\lambda \partial H_\lambda - H_\lambda \partial G_\lambda}{G_\lambda \partial q},$$

sive:

$$\frac{\beta_x^{(\lambda)}\beta_{x'}^{(\lambda)}}{H_\lambda} = \frac{\partial\left(\frac{G_\lambda}{H_\lambda}\right)}{\partial p}, \quad \frac{\beta_x^{(\lambda)}\beta_{x'}^{(\lambda)}}{G_\lambda} = \frac{\partial\left(\frac{H_\lambda}{G_\lambda}\right)}{\partial q}.$$

Unde etiam hic, unica aequatione algebraica n^{ti} gradus formata, totum problema conficitur.

In commentatione III. de Integralibus Duplicibus (Diar. Crell. vol. X, p. 101. — Conf. h. vol. p. 261) demontravi, quaestiones algebraicas, quae casui $n = 3$ respondent, ad transformationem et determinationem integralium duplicium commode applicari. Qua de re placuit, sub finem harum quaestionum generalium theoremata in commentatione citata de integralibus duplicibus inventa ad integralia multiplicia cuiuslibet ordinis extendere, quod per easdem methodos successit.

Jam singula accuratius persequamur. Quae alia varia theoremata algebraica et analytica adstruendi occasionem suppeditabunt.

Problema I.

„Investigare substitutiones lineares huiusmodi

$$y_1 = \alpha_1' x_1 + \alpha_2' x_2 + \cdots + \alpha_n' x_n,$$
$$y_2 = \alpha_1'' x_1 + \alpha_2'' x_2 + \cdots + \alpha_n'' x_n,$$
$$\cdots\cdots\cdots\cdots$$
$$y_n = \alpha_1^{(n)} x_1 + \alpha_2^{(n)} x_2 + \cdots + \alpha_n^{(n)} x_n,$$

quibus efficiatur

$$y_1y_1 + y_2y_2 + \cdots + y_ny_n = x_1x_1 + x_2x_2 + \cdots + x_nx_n,$$

simulque data functio homogenea secundi ordinis variabilium $x_1, x_2, \ldots, x_n$ transformetur in aliam variabilium $y_1, y_2, \ldots, y_n$, de qua binarum producta evanuerunt.“

4.

Investigemus primum varias relationes, quae inter coëfficientes propositos locum habere debent, ut conditioni primae satisfiat,

$$(1) \qquad x_1x_1 + x_2x_2 + \cdots + x_nx_n = y_1y_1 + y_2y_2 + \cdots + y_ny_n.$$

Ac primum, ut substitutis ipsarum $y_1, y_2, \ldots, y_n$ valoribus aequatio illa identica evadat, fieri debet:

$$(2) \qquad \begin{cases} \alpha_x'\alpha_\lambda' + \alpha_x''\alpha_\lambda'' + \cdots + \alpha_x^{(n)}\alpha_\lambda^{(n)} = 0, \\ \alpha_x'\alpha_x' + \alpha_x''\alpha_x'' + \cdots + \alpha_x^{(n)}\alpha_x^{(n)} = 1. \end{cases}$$

Propter has aequationes, substitutis rursus ipsarum $y_1, y_2, \ldots, y_n$ valoribus, identica fit etiam haec aequatio:

$$(3) \qquad x_\varkappa = \alpha'_\varkappa y_1 + \alpha''_\varkappa y_2 + \cdots + \alpha^{(n)}_\varkappa y_n;$$

cuius ope variabiles propositae $x_1, x_2, \ldots, x_n$ exprimuntur per $y_1, y_2, \ldots, y_n$. Quos valores ipsarum $x_1, x_2, \ldots, x_n$ si rursus substituimus in aequatione (1), nanciscimur, ut identica evadat, formulas sequentes:

$$(4) \qquad \begin{cases} \alpha^{(\varkappa)}_1 \alpha^{(\lambda)}_1 + \alpha^{(\varkappa)}_2 \alpha^{(\lambda)}_2 + \cdots + \alpha^{(\varkappa)}_n \alpha^{(\lambda)}_n = 0, \\ \alpha^{(\varkappa)}_1 \alpha^{(\varkappa)}_1 + \alpha^{(\varkappa)}_2 \alpha^{(\varkappa)}_2 + \cdots + \alpha^{(\varkappa)}_n \alpha^{(\varkappa)}_n = 1. \end{cases}$$

Videmus ex antecedentibus, quod maxime tenendum est, tales existere inter coëfficientes propositos $\alpha^{(m)}_\varkappa$ relationes, ut, propositis n aequationibus linearibus huiusmodi

$$y_\varkappa = \alpha^{(\varkappa)}_1 x_1 + \alpha^{(\varkappa)}_2 x_2 + \cdots + \alpha^{(\varkappa)}_n x_n,$$

earum resolutio suppeditet n aequationes sequentis formae

$$x_\varkappa = \alpha'_\varkappa y_1 + \alpha''_\varkappa y_2 + \cdots + \alpha^{(n)}_\varkappa y_n;$$

unde etiam vice versa harum resolutio illas suppeditat. Porro animadverto, e quaque relationum illarum seu quae ex iis sequuntur, statim nos eruere alteram, coëfficientium indices inferiores cum superioribus permutando. Qua permutatione simul variabiles $x_1, x_2, \ldots, x_n$ et $y_1, y_2, \ldots, y_n$ respective in se invicem abeunt.

5.

Aliae relationes inter coëfficientes propositos, quae e (1) sequuntur, derivari possunt de relationibus algebraicis generalibus, quae locum habent inter coëfficientes aequationum linearium propositarum aliarumque, quae ex earum inversione seu resolutione obtinentur. In quaestione nostra aequationes propositae et inversae eosdem coëfficientes habent, nisi quod illarum series horizontales coëfficientium harum verticales fiunt et vice versa. Hinc ex unaquaque eiusmodi relatione generali casu nostro relatio inter ipsos coëfficientes propositos nascitur.

Supponamus, designantibus $\alpha^{(m)}_\varkappa$ datas quantitates quaslibet, ex n aequationibus linearibus propositis huiusmodi

$$y_m = \alpha^{(m)}_1 x_1 + \alpha^{(m)}_2 x_2 + \cdots + \alpha^{(m)}_n x_n,$$

per notas regulas resolutionis algebraicae haberi aequationes formae:

$$A x_\varkappa = \beta'_\varkappa y_1 + \beta''_\varkappa y_2 + \cdots + \beta^{(n)}_\varkappa y_n.$$

Ipsum A supponimus denominatorem communem valorum incognitarum, qui per algorithmos notos formatur; sive fit

$$A = \Sigma \pm \alpha'_1 \alpha''_2 \dots \alpha^{(n)}_n,$$

signo summatorio amplectente terminos omnes, qui indicibus aut inferioribus aut superioribus omnimodis permutatis proveniunt; signis eorum alternantibus secundum notam regulam, quam ita enunciare licet, ut termino cuilibet per certam permutationum *indicum* orto idem signum tribuatur, quo afficitur productum sequens conflatum e differentiis numerorum 1, 2, ..., n

$$(2-1)(3-1)\dots(n-1).(3-2)(4-2)\dots(n-2).(4-3) \text{ etc.},$$

eadem *numerorum* permutatione facta.

Eadem notatione adhibita, sit

$$B = \Sigma \pm \beta'_1 \beta''_2 \dots \beta^{(n)}_n,$$

ubi ipsam B e quantitatibus $\beta^{(m)}_\varkappa$ eodem modo compositam accipimus, quo A ex ipsis $\alpha^{(m)}_\varkappa$ componitur. Quibus statutis, observo fieri:

$$(5) \qquad B = A^{n-1},$$

ac generalius:

$$(6) \qquad \Sigma \pm \beta'_1 \beta''_2 \dots \beta^{(m)}_m = A^{m-1} \Sigma \pm \alpha^{(m+1)}_{m+1} \alpha^{(m+2)}_{m+2} \dots \alpha^{(n)}_n.$$

De qua formula generali (6) cum pro variis valoribus ipsius m, tum indicibus et superioribus et inferioribus omnimodis permutatis, permultae aliae similes formulae profluunt.

Casu nostro fit

$$\beta^{(m)}_\varkappa = A \alpha^{(m)}_\varkappa,$$

ideoque

$$B = \Sigma \pm \beta'_1 \beta''_2 \dots \beta^{(n)}_n = A^n \Sigma \pm \alpha'_1 \alpha''_2 \dots \alpha^{(n)}_n = A^{n+1},$$

unde (5) suppeditat formulam in quaestione nostra prae ceteris memorabilem:

$$(7) \qquad AA = (\Sigma \pm \alpha'_1 \alpha''_2 \dots \alpha^{(n)}_n)^2 = 1,$$

sive:

$$A = \Sigma \pm \alpha'_1 \alpha''_2 \dots \alpha^{(n)}_n = \pm 1.$$

Porro fit e (6) casu nostro:

$$(8) \qquad A \Sigma \pm \alpha'_1 \alpha''_2 \dots \alpha^{(m)}_m = \Sigma \pm \alpha^{(m+1)}_{m+1} \alpha^{(m+2)}_{m+2} \dots \alpha^{(n)}_n.$$

Quae relationes (7), (8) iis, quae §. antecedente traditae sunt, adiunctae relationes praecipuas constituunt, quae inter coëfficientes propositos locum habent, quoties datur conditio

$$x_1x_1+x_2x_2+\cdots+x_nx_n = y_1y_1+y_2y_2+\cdots+y_ny_n.$$

6.

Ad demonstranda theoremata algebraica generalia (5), (6) methodum singularem in auxilium vocabo, qua saepius non ineleganter uti licet. Quamquam res etiam per methodos notas liquet.

Sit

$$\alpha_1^{(m)}x_1+\alpha_2^{(m)}x_2+\cdots+\alpha_n^{(m)}x_n = X_m,$$
$$\beta'_m\, y_1+\beta''_m\, y_2+\cdots+\beta^{(n)}_m y_n = Y_m,$$

ac supponamus, dignitates negativas expressionum $X_1, X_2, \ldots, X_n$ evolvi respective secundum dignitates descendentes ipsarum $x_1, x_2, \ldots, x_n$; porro dignitates negativas ipsarum $Y_1, Y_2, \ldots, Y_n$ evolvi respective secundum dignitates descendentes ipsarum $y_1, y_2, \ldots, y_n$. Designemus porro per

$$[U]_{\frac{1}{x_1x_2\ldots x_n}}$$

coëfficientem termini $\frac{1}{x_1x_2\ldots x_n}$ in ipsa U, secundum potestates variabilium $x_1, x_2, \ldots, x_n$ certa ratione evoluta.

Quibus statutis, demonstravi in commentatione anteriore:

„Exercitatio algebraica circa discerptionem singularem fractionum, quae plures variabiles involvunt"

(Diar. Crell. vol. V, pag. 344 sqq. — Conf. h. vol. pag. 69 sqq.), fore:

$$(9)\qquad \left[\frac{1}{X_1X_2\ldots X_n}\right]_{\frac{1}{x_1x_2\ldots x_n}} = \frac{1}{A},$$

sive etiam, quod idem est:

$$(10)\qquad \left[\frac{1}{Y_1Y_2\ldots Y_n}\right]_{\frac{1}{y_1y_2\ldots y_n}} = \frac{1}{B};$$

ac generalius:

$$(11)\quad \left[\frac{x_1^{s_1}x_2^{s_2}\ldots x_n^{s_n}}{X_1^{r_1+1}X_2^{r_2+1}\ldots X_n^{r_n+1}}\right]_{\frac{1}{x_1x_2\ldots x_n}} = \frac{1}{A^{r_1+r_2+\cdots+r_n+1}}\left[\frac{Y_1^{r_1}Y_2^{r_2}\ldots Y_n^{r_n}}{y_1^{s_1+1}y_2^{s_2+1}\ldots y_n^{s_n+1}}\right]_{\frac{1}{y_1y_2\ldots y_n}},$$

designantibus $r_1, r_2, \ldots, r_n$ ac $s_1, s_2, \ldots, s_n$ numeros quoslibet integros sive positivos sive negativos.

Sit ex. gr.

$$r_1 = r_2 = \cdots = r_n = -1,$$
$$s_1 = s_2 = \cdots = s_n = -1,$$

formula (11) e (10) in hanc abit:

$$1 = A^{n-1}\left[\frac{1}{Y_1 Y_2 \ldots Y_n}\right]_{\frac{1}{y_1 y_2 \ldots y_n}} = \frac{A^{n-1}}{B},$$

quae est formula (5).

Sit porro

$$r_1 = r_2 = \cdots = r_m = -1, \quad r_{m+1} = r_{m+2} = \cdots = r_n = 0,$$
$$s_1 = s_2 = \cdots = s_m = -1, \quad s_{m+1} = s_{m+2} = \cdots = s_n = 0,$$

formula (11) in hanc abit:

$$\left[\frac{1}{X_{m+1} X_{m+2} \ldots X_n}\right]_{\frac{1}{x_{m+1} x_{m+2} \ldots x_n}} = A^{m-1}\left[\frac{1}{Y_1 Y_2 \ldots Y_m}\right]_{\frac{1}{y_1 y_2 \ldots y_m}}.$$

Expressiones uncis inclusae variabilium $x_1, x_2, \ldots, x_m$ et $y_{m+1}, y_{m+2}, \ldots, y_n$ tantum positivas dignitates continent, uti per assignatum evolutionis modum liquet. Hinc cum eos tantum consideremus terminos, qui a variabilibus illis non pendent, in expressionibus $X_{m+1}, X_{m+2}, \ldots, X_n$ ponere licet

$$x_1 = x_2 = \cdots = x_m = 0,$$

in expressionibus $Y_1, Y_2, \ldots, Y_m$ ponere licet

$$y_{m+1} = y_{m+2} = \cdots = y_n = 0.$$

Quo facto patet e (9), (10), fore:

$$\left[\frac{1}{X_{m+1} X_{m+2} \ldots X_n}\right]_{\frac{1}{x_{m+1} x_{m+2} \ldots x_n}} = \frac{1}{\Sigma \pm \alpha_{m+1}^{(m+1)} \alpha_{m+2}^{(m+2)} \ldots \alpha_n^{(n)}},$$
$$\left[\frac{1}{Y_1 Y_2 \ldots Y_m}\right]_{\frac{1}{y_1 y_2 \ldots y_m}} = \frac{1}{\Sigma \pm \beta_1' \beta_2'' \ldots \beta_m^{(m)}}.$$

Unde habemus:

$$\frac{1}{\Sigma \pm \alpha_{m+1}^{(m+1)} \alpha_{m+2}^{(m+2)} \ldots \alpha_n^{(n)}} = \frac{A^{m-1}}{\Sigma \pm \beta_1' \beta_2'' \ldots \beta_m^{(m)}},$$

quae est formula (6).

Formula (9) aut (10) prae ceteris attentione digna videtur; aliam eius infra videbimus applicationem.

7.

Conditioni primae, ut fiat

$$x_1x_1+x_2x_2+\cdots+x_nx_n=y_1y_1+y_2y_2+\cdots+y_ny_n,$$

si adiungimus alteram, ut data functio homogenea secundi ordinis in aliam abeat, quae solis quadratis variabilium constat, problema determinatum esse vidimus. Iam varias examinemus relationes, quae ex hac nova conditione ortum ducunt.

Sit V data functio transformanda; sint termini eius in $x_\varkappa x_\lambda$, $x_\varkappa x_\varkappa$ ducti

$$2a_{\varkappa,\lambda}x_\varkappa x_\lambda, \quad a_{\varkappa,\varkappa}x_\varkappa x_\varkappa,$$

ubi supponimus

$$a_{\varkappa,\lambda}=a_{\lambda,\varkappa}.$$

Hinc functionem V ita repraesentare licet:

$$V=\sum_{\varkappa,\lambda}a_{\varkappa,\lambda}x_\varkappa x_\lambda,$$

quo notationis modo intelligimus, sub signo summatorio numeris $\varkappa$, λ tribui valores 1, 2, ..., n.

Sit functio transformata,

$$V=\sum_{\varkappa,\lambda}a_{\varkappa,\lambda}x_\varkappa x_\lambda=G_1y_1y_1+G_2y_2y_2+\cdots+G_ny_ny_n;$$

substitutis formulis

$$y_m=\alpha_1^{(m)}x_1+\alpha_2^{(m)}x_2+\cdots+\alpha_n^{(m)}x_n,$$

si singulos terminos inter se comparamus, nanciscimur:

$$a_{\varkappa,\lambda}=G_1\alpha'_\varkappa\alpha'_\lambda+G_2\alpha''_\varkappa\alpha''_\lambda+\cdots+G_n\alpha_\varkappa^{(n)}\alpha_\lambda^{(n)}, \tag{12}$$

quae valet formula, sive $\varkappa$, λ diversi, sive aequales sint.

Vidimus supra §. 4, eas existere inter coëfficientes propositos relationes, ut, datis n aequationibus linearibus

$$x_\varkappa=\alpha'_\varkappa y_1+\alpha''_\varkappa y_2+\cdots+\alpha_\varkappa^{(n)}y_n,$$

inde aliae n sequantur hae

$$y_m=\alpha_1^{(m)}x_1+\alpha_2^{(m)}x_2+\cdots+\alpha_n^{(m)}x_n,$$

simulque fieri

$$x_1x_1+x_2x_2+\cdots+x_nx_n=y_1y_1+y_2y_2+\cdots+y_ny_n.$$

Hinc, posito

$$x_\varkappa=a_{\varkappa,\lambda}, \quad y_m=G_m\alpha_\lambda^{(m)},$$

sequitur e (12):

$$G_m\alpha_\lambda^{(m)}=\alpha_1^{(m)}a_{1,\lambda}+\alpha_2^{(m)}a_{2,\lambda}+\cdots+\alpha_n^{(m)}a_{n,\lambda}, \tag{13}$$

porro:

$$(14)\qquad a_{1,\lambda}^2+a_{2,\lambda}^2+\cdots+a_{n,\lambda}^2 = G_1^2 \alpha'_\lambda \alpha'_\lambda + G_2^2 \alpha''_\lambda \alpha''_\lambda + \cdots + G_n^2 \alpha_\lambda^{(n)} \alpha_\lambda^{(n)}.$$

De aequatione (13) facile etiam hanc deducis generaliorem:

$$(15)\qquad a_{1,\varkappa} a_{1,\lambda} + a_{2,\varkappa} a_{2,\lambda} + \cdots + a_{n,\varkappa} a_{n,\lambda} = G_1^2 \alpha'_\varkappa \alpha'_\lambda + G_2^2 \alpha''_\varkappa \alpha''_\lambda + \cdots + G_n^2 \alpha_\varkappa^{(n)} \alpha_\lambda^{(n)},$$

quae et ipsa valet, sive $\varkappa$, λ diversi, sive aequales sint.

Ex eadem formula (13) sequitur adhuc, advocatis formulis §. 4 propositis:

$$(16)\qquad G_1 \alpha'_\lambda . y_1 + G_2 \alpha''_\lambda . y_2 + \cdots + G_n \alpha_\lambda^{(n)} . y_n = a_{1,\lambda} x_1 + a_{2,\lambda} x_2 + \cdots + a_{n,\lambda} x_n.$$

Positis in hac formula loco λ valoribus 1, 2, ..., n et quadratis, quae inde prodeunt, aequationibus, obtines summando:

$$(17)\qquad \sum_\lambda [a_{1,\lambda} x_1 + a_{2,\lambda} x_2 + \cdots + a_{n,\lambda} x_n]^2 = G_1 G_1 y_1 y_1 + G_2 G_2 y_2 y_2 + \cdots + G_n G_n y_n y_n.$$

Sequitur generalius de formula (16), *in omnibus relationibus, quae inter variabiles* $x_1, x_2, \ldots, x_n$ *et variabiles* $y_1, y_2, \ldots, y_n$ *locum habent, loco* y_m, x_λ *simul statui posse* $G_m y_m$ *atque* $a_{1,\lambda} x_1 + a_{2,\lambda} x_2 + \cdots + a_{n,\lambda} x_n$. Quo facto ex. gr. (17) e (1) prodit. Quod si iteratis vicibus adhibetur theorema, expressionem

$$G_1^p y_1 y_1 + G_2^p y_2 y_2 + \cdots + G_n^p y_n y_n$$

per ipsas $x_1, x_2, \ldots, x_n$ exhibere licet, designante p numerum positivum. Adhibita enim substitutione indicata, de expressione illa provenit

$$G_1^{p+2} y_1 y_1 + G_2^{p+2} y_2 y_2 + \cdots + G_n^{p+2} y_n y_n.$$

Dati autem sunt expressionis illius valores per $x_1, x_2, \ldots, x_n$ exhibiti pro $p=0$, $p=1$.

Supponamus porro, e n aequationibus huiusmodi

$$w_\lambda = a_{1,\lambda} x_1 + a_{2,\lambda} x_2 + \cdots + a_{n,\lambda} x_n$$

sequi per resolutionem:

$$x_\varkappa . \Sigma \pm a_{1,1} a_{2,2} \ldots a_{n,n} = b_{\varkappa,1} w_1 + b_{\varkappa,2} w_2 + \cdots + b_{\varkappa,n} w_n,$$

ubi per theorema notum fit rursus

$$b_{\varkappa,\lambda} = b_{\lambda,\varkappa}\ ^{*)}.$$

---

*) Facile enim probatur generalius, quoties ex n aequationibus

$$(1)\qquad w_\lambda = a_{1,\lambda} x_1 + a_{2,\lambda} x_2 + \cdots + a_{n,\lambda} x_n$$

sequantur n aequationes

$$(2)\qquad x_\varkappa \Sigma \pm a_{1,1} a_{2,2} \ldots a_{n,n} = b_{\varkappa,1} w_1 + b_{\varkappa,2} w_2 + \cdots + b_{\varkappa,n} w_n;$$

etiam e n aequationibus sequentibus

$$(3)\qquad u_\lambda = a_{\lambda,1} v_1 + a_{\lambda,2} v_2 + \cdots + a_{\lambda,n} v_n$$

Hinc posito e (16):

$$w_\lambda = \alpha'_\lambda . G_1 y_1 + \alpha''_\lambda . G_2 y_2 + \cdots + \alpha^{(n)}_\lambda . G_n y_n,$$

simulque loco $x_\varkappa$ valore eius

$$x_\varkappa = \alpha'_\varkappa y_1 + \alpha''_\varkappa y_2 + \cdots + \alpha^{(n)}_\varkappa y_n,$$

comparando terminos in y_m ductos in utraque aequationis parte, nanciscimur:

$$\alpha^{(m)}_\varkappa \Sigma \pm a_{1,1} a_{2,2} \ldots a_{n,n} = G_m [b_{\varkappa,1} \alpha^{(m)}_1 + b_{\varkappa,2} \alpha^{(m)}_2 + \cdots + b_{\varkappa,n} \alpha^{(m)}_n].$$

Facile autem patet, quod infra probabimus §. 8, esse

$$(18) \qquad \Sigma \pm a_{1,1} a_{2,2} \ldots a_{n,n} = G_1 G_2 \ldots G_n,$$

unde habetur:

$$(19) \qquad G_1 G_2 \ldots G_n \cdot \frac{\alpha^{(m)}_\varkappa}{G_m} = b_{\varkappa,1} \alpha^{(m)}_1 + b_{\varkappa,2} \alpha^{(m)}_2 + \cdots + b_{\varkappa,n} \alpha^{(m)}_n.$$

Ex hac formula memorabili comparata cum (13) videmus, *in omnibus formulis assignatis, coëfficientibus* $\alpha^{(m)}_\varkappa$ *iisdem manentibus, loco* $a_{\varkappa,\lambda}$ *poni posse:*

$$\frac{b_{\varkappa,\lambda}}{\Sigma \pm a_{1,1} a_{2,2} \ldots a_{n,n}} = \frac{b_{\varkappa,\lambda}}{G_1 G_2 \ldots G_n},$$

dummodo simul loco G_m *scribatur* $\frac{1}{G_m}$. Quo facto igitur de valore expressionis

$$G_1^p y_1 y_1 + G_2^p y_2 y_2 + \cdots + G_n^p y_n y_n$$

per $x_1, x_2, \ldots, x_n$ exhibito deducis valorem ipsius

$$\frac{y_1 y_1}{G_1^p} + \frac{y_2 y_2}{G_2^p} + \cdots + \frac{y_n y_n}{G_n^p}.$$

---

sequi has:

$$(4) \qquad v_\lambda \Sigma \pm a_{1,1} a_{2,2} \ldots a_{n,n} = b_{1,\lambda} u_1 + b_{2,\lambda} u_2 + \cdots + b_{n,\lambda} u_n.$$

Nam ex aequationibus (1), (3) sequitur

$$(5) \qquad v_1 w_1 + v_2 w_2 + \cdots + v_n w_n = u_1 x_1 + u_2 x_2 + \cdots + u_n x_n.$$

Qua in formula substitutis aequationibus (2), si comparamus in utraque aequationis parte terminos in $w_\varkappa$ ductos, habes aequationem (4), quae probanda erat. Quoties $a_{\varkappa,\lambda} = a_{\lambda,\varkappa}$, quod in quaestione nostra locum habet, aequationes (1), (3) eaedem fiunt; unde etiam earum inversae (2), (4) eaedem fieri debent, sive

$$b_{\varkappa,\lambda} = b_{\lambda,\varkappa}.$$

Ceterum vix monitu eget, expressionem

$$\Sigma \pm a_{1,1} a_{2,2} \ldots a_{n,n}$$

per eundem algorithmum formatam accipi, quo expressio A §. 6, nisi quod loco $\alpha^{(\varkappa)}_\lambda$ hic inveniatur $a_{\varkappa,\lambda}$.

Deducuntur ex. gr. e (19) formulae sequentes, quae formulis (12), (16) respondent:

$$\frac{b_{\varkappa,\lambda}}{G_1 G_2 \dots G_n} = \frac{\alpha'_\varkappa \alpha'_\lambda}{G_1} + \frac{\alpha''_\varkappa \alpha''_\lambda}{G_2} + \dots + \frac{\alpha^{(n)}_\varkappa \alpha^{(n)}_\lambda}{G_n}, \tag{20}$$

$$\frac{b_{1,\lambda} x_1 + b_{2,\lambda} x_2 + \dots + b_{n,\lambda} x_n}{G_1 G_2 \dots G_n} = \frac{\alpha'_\lambda y_1}{G_1} + \frac{\alpha''_\lambda y_2}{G_2} + \dots + \frac{\alpha^{(n)}_\lambda y_n}{G_n}. \tag{21}$$

De quibus facile etiam haec sequitur:

$$\sum_{\varkappa,\lambda} b_{\varkappa,\lambda} x_\varkappa x_\lambda = G_1 G_2 \dots G_n \left[\frac{y_1 y_1}{G_1} + \frac{y_2 y_2}{G_2} + \dots + \frac{y_n y_n}{G_n}\right], \tag{22}$$

quae formulae propositae respondet:

$$\sum_{\varkappa,\lambda} a_{\varkappa,\lambda} x_\varkappa x_\lambda = G_1 y_1 y_1 + G_2 y_2 y_2 + \dots + G_n y_n y_n.$$

Porro de theoremate antecedente sive de (21) sequitur, *in relationibus omnibus, quae inter variabiles* $x_1, x_2, \dots, x_n$ *et variabiles* $y_1, y_2, \dots, y_n$ *locum habent, simul loco* y_m *poni posse* $\frac{y_m}{G_m}$, *atque loco* x_λ

$$\frac{b_{1,\lambda} x_1 + b_{2,\lambda} x_2 + \dots + b_{n,\lambda} x_n}{G_1 G_2 \dots G_n} = \frac{b_{1,\lambda} x_1 + b_{2,\lambda} x_2 + \dots + b_{n,\lambda} x_n}{\Sigma \pm a_{1,1} a_{2,2} \dots a_{n,n}}.$$

Iam ipsam coëfficientium propositorum et quantitatum G_m afferamus determinationem.

8.

In aequatione (13) si loco λ ponis valores $1, 2, \dots, n$, habes n aequationes lineares sequentes inter n quantitates $\alpha^{(m)}_1, \alpha^{(m)}_2, \dots, \alpha^{(m)}_n$:

$$\tag{23} \begin{cases} 0 = (a_{1,1} - G_m)\alpha^{(m)}_1 + a_{2,1}\alpha^{(m)}_2 + \dots + a_{n,1}\alpha^{(m)}_n, \\ 0 = a_{1,2}\alpha^{(m)}_1 + (a_{2,2} - G_m)\alpha^{(m)}_2 + \dots + a_{n,2}\alpha^{(m)}_n, \\ \dots\dots\dots\dots\dots\dots\dots\dots \\ 0 = a_{1,n}\alpha^{(m)}_1 + a_{2,n}\alpha^{(m)}_2 + \dots + (a_{n,n} - G_m)\alpha^{(m)}_n. \end{cases}$$

Quae aequationes cum terminis constantibus careant, ipsas $\alpha^{(m)}_1, \alpha^{(m)}_2, \dots, \alpha^{(m)}_n$ ex iis eliminare licet. Quo facto inter coëfficientes aequationum linearium (23) invenitur aequatio conditionalis, cui valor ipsius G_m satisfaciat necesse est. Quae per notas eliminationis regulas invenitur

$$\Gamma = 0,$$

supponendo, expressionem Γ provenire de expressione

$$\Sigma \pm a_{1,1} a_{2,2} \dots a_{n,n},$$

terminis $a_{1,1}$, $a_{2,2}$, ..., $a_{n,n}$ mutatis in

$$a_{1,1}-x,\quad a_{2,2}-x,\quad \ldots,\quad a_{n,n}-x,$$

ac statuto $x = G_m$.

Si loco indicis m eius ponimus valores 1, 2, ..., n, proveniunt e (23) eiusmodi n systemata aequationum linearium; e quibus singulis nanciscimur, eliminatione incognitarum facta, aequationem conditionalem:

$$\varGamma = 0,$$

cui pro singulis valoribus ipsius m satisfieri debet, ponendo ipsius x valores G_1, G_2, ..., G_n. Unde quantitates illae G_1, G_2, ..., G_n ut radices aequationis $\varGamma = 0$ determinantur.

Patet e compositione assignata ipsius $\varGamma$, eius terminum ductum in summam ipsius x potestatem provenire ex unico termino

$$(a_{1,1}-x)(a_{2,2}-x)\ldots(a_{n,n}-x),$$

ideoque esse $(-1)^n x^n$. Unde habetur aequatio, respectu ipsius x identica:

$$\varGamma = (G_1-x)(G_2-x)\ldots(G_n-x).$$

De qua, posito $x = 0$, prodit:

$$G_1 G_2 \ldots G_n = \Sigma \pm a_{1,1} a_{2,2} \ldots a_{n,n},$$

quae est formula (18) supra apposita.

Quod attinet ipsam ipsius $\varGamma$ formationem, observo, si signo summatorio S amplectamur expressiones *inter se diversas*, quae permutatis indicibus 1, 2, 3, ..., n proveniunt, fieri:

$$\begin{aligned}\varGamma = \;& \Sigma \pm a_{1,1} a_{2,2} \ldots a_{n,n} \\ & -x\, S\Sigma \pm a_{1,1} a_{2,2} \ldots a_{n-1,n-1} \\ & +x^2 S\Sigma \pm a_{1,1} a_{2,2} \ldots a_{n-2,n-2} \\ & \ldots\ldots\ldots\ldots \\ & \pm x^{n-2} S\Sigma \pm a_{1,1} a_{2,2} \\ & \mp x^{n-1} S a_{1,1} \pm x^n.\end{aligned}$$

Qua in formula expressio

$$S\Sigma \pm a_{1,1} a_{2,2} \ldots a_{m,m}$$

designat summam $\frac{n(n-1)\ldots(n+1-m)}{1.2\ldots m}$ expressionum, quae e

$$\Sigma \pm a_{1,1} a_{2,2} \ldots a_{m,m}$$

proveniunt, si in

$$a_{1,1} a_{2,2} \ldots a_{m,m}$$

loco indicum priorum simul ac posteriorum 1, 2, ..., m scribimus omnibus modis, quibus fieri potest, m alios e numeris 1, 2, 3, ..., n.

9.

Postquam quantitates $G_1, G_2, \ldots, G_n$ ut radices aequationis algebraicae n^{ti} ordinis inventae sunt, earum ope coëfficientes propositi determinantur. Nam una qualibet ex aequationibus (23) ablegata, e reliquis $n-1$ aequationibus rationes, in quibus sunt quantitates $\alpha_1^{(m)}, \alpha_2^{(m)}, \ldots, \alpha_n^{(m)}$, per unicam G_m rationaliter exprimuntur. Quibus inventis, e (4) quantitates ipsas obtines.

Eum in finem in expressionibus $b_{\varkappa,\lambda}$ §. 7 loco $a_{1,1}, a_{2,2}, \ldots, a_{n,n}$ pono rursus

$$a_{1,1}-G_m,\quad a_{2,2}-G_m,\quad \ldots,\quad a_{n,n}-G_m,$$

quo mutetur $b_{\varkappa,\lambda}$ in $B_{\varkappa,\lambda}^{(m)}$. Unde facile constat, cum sit $b_{\varkappa,\lambda}=b_{\lambda,\varkappa}$, etiam fore

$$(24)\qquad B_{\varkappa,\lambda}^{(m)}=B_{\lambda,\varkappa}^{(m)}.$$

Quibus statutis, de aequationibus (23) ablegata λ^{ta} aequatione, e reliquis $n-1$ aequationibus per regulas notas algebraicas eruis:

$$(25)\qquad \alpha_1^{(m)}:\alpha_2^{(m)}:\cdots:\alpha_n^{(m)}=B_{1,\lambda}^{(m)}:B_{2,\lambda}^{(m)}:\cdots:B_{n,\lambda}^{(m)}.$$

Unde cum sit

$$\alpha_1^{(m)}\alpha_1^{(m)}+\alpha_2^{(m)}\alpha_2^{(m)}+\cdots+\alpha_n^{(m)}\alpha_n^{(m)}=1,$$

habes:

$$(26)\qquad \alpha_\varkappa^{(m)}=\frac{B_{\varkappa,\lambda}^{(m)}}{\sqrt{B_{1,\lambda}^{(m)}B_{1,\lambda}^{(m)}+B_{2,\lambda}^{(m)}B_{2,\lambda}^{(m)}+\cdots+B_{n,\lambda}^{(m)}B_{n,\lambda}^{(m)}}}.$$

Ita ponens loco m, $\varkappa$ valores 1, 2, ..., n, coëfficientes omnes propositos per ipsas $G_1, G_2, \ldots, G_n$ determinatos habes; et quidem $\alpha_1^{(m)}, \alpha_2^{(m)}, \ldots, \alpha_n^{(m)}$ per unicam G_m, quarum adeo rationes per quantitatem illam rationaliter exhibentur.

De formula §. 4 tradita

$$\alpha_1^{(m)}\alpha_1^{(m')}+\alpha_2^{(m)}\alpha_2^{(m')}+\cdots+\alpha_n^{(m)}\alpha_n^{(m')}=0$$

sequitur per (26):

$$(27)\qquad B_{1,\lambda}^{(m)}B_{1,\lambda}^{(m')}+B_{2,\lambda}^{(m)}B_{2,\lambda}^{(m')}+\cdots+B_{n,\lambda}^{(m)}B_{n,\lambda}^{(m')}=0.$$

De qua aequatione, observavit Cl. Cauchy, sequi, aequationis algebraicae propositae radices $G_1, G_2, \ldots, G_n$ omnes esse reales. Sit enim, si fieri potest, $G_m, G_{m'}$ par coniugatum radicum imaginariarum, formae

$$G_m=L+M\sqrt{-1},\qquad G_{m'}=L-M\sqrt{-1};$$

cum $B_{x,\lambda}^{(m)}$, $B_{x,\lambda}^{(m')}$ sint respective functiones eaedem quantitatum G_m, $G_{m'}$, etiam $B_{x,\lambda}^{(m)}$, $B_{x,\lambda}^{(m')}$ erunt par coniugatum quantitatum imaginariarum, sive forma gaudebunt:

$$B_{x,\lambda}^{(m)} = l+m\sqrt{-1}, \qquad B_{x,\lambda}^{(m')} = l-m\sqrt{-1}.$$

Unde cum productum e binis conflatum $B_{x,\lambda}^{(m)} B_{x,\lambda}^{(m')}$ semper positivum sit, aequatio (27) locum habere non potest. Qua de causa radices aequationis propositae imaginariae esse nequeunt.

Eadem de causa patet, quod supra tacite supposuimus, pro ipsis G_1, G_2, ..., G_n sumendas esse aequationis propositae radices *diversas*. Nam si ex. gr. pro G_m, $G_{m'}$ eandem radicem sumpsisses, foret

$$B_{x,\lambda}^{(m)} = B_{x,\lambda}^{(m')},$$

neque summa (27) ut summa quadratorum evanescere posset.

Coëfficientes propositos aliter adhuc determinare licet atque fit per formulas (26). Nam cum rationes, in quibus sunt quantitates $\alpha_1^{(m)}$, $\alpha_2^{(m)}$, ..., $\alpha_n^{(m)}$ non mutentur, singulis multiplicatis per eandem quantitatem $\alpha_\lambda^{(m)}$, formulam (25) etiam hunc in modum repraesentare licet:

$$\alpha_1^{(m)}\alpha_\lambda^{(m)} : \alpha_2^{(m)}\alpha_\lambda^{(m)} : \cdots : \alpha_n^{(m)}\alpha_\lambda^{(m)} = B_{1,\lambda}^{(m)} : B_{2,\lambda}^{(m)} : \cdots : B_{n,\lambda}^{(m)}.$$

Unde poni potest:

$$P_\lambda^{(m)}.\alpha_x^{(m)}\alpha_\lambda^{(m)} = B_{x,\lambda}^{(m)}$$

De qua, permutatis x, λ, etiam haec provenit:

$$P_x^{(m)}.\alpha_x^{(m)}\alpha_\lambda^{(m)} = B_{\lambda,x}^{(m)}.$$

Unde cum sit

$$B_{x,\lambda}^{(m)} = B_{\lambda,x}^{(m)},$$

sequitur:

$$P_x^{(m)} = P_\lambda^{(m)};$$

quam igitur quantitatem videmus pro indicibus omnibus inferioribus eundem valorem servare. Hinc loco $P_\lambda^{(m)}$ simpliciter scribemus $P^{(m)}$; quo facto habetur:

$$P^{(m)}\alpha_x^{(m)}\alpha_\lambda^{(m)} = B_{x,\lambda}^{(m)}. \tag{28}$$

Ipsam quantitatem $P^{(m)}$ determinare licet per aequationem

$$\alpha_1^{(m)}\alpha_1^{(m)}+\alpha_2^{(m)}\alpha_2^{(m)}+\cdots+\alpha_n^{(m)}\alpha_n^{(m)} = 1,$$

de qua, substitutis aequationibus (28), deducitur

$$P^{(m)} = B_{1,1}^{(m)}+B_{2,2}^{(m)}+\cdots+B_{n,n}^{(m)}; \tag{29}$$

unde fit e (28):

$$(30)\qquad \alpha_\varkappa^{(m)}\alpha_\lambda^{(m)} = \frac{B_{\varkappa,\lambda}^{(m)}}{B_{1,1}^{(m)}+B_{2,2}^{(m)}+\cdots+B_{n,n}^{(m)}},$$

quae formula perinde valet, sive $\varkappa$, λ diversi, sive iidem sint numeri. De hac formula ipsum $\alpha_\varkappa^{(m)}$ habes, posito $\lambda=\varkappa$ et radice extracta, cuius signum arbitrarium est; deinde de valore ipsius $\alpha_\varkappa^{(m)}$ e (30) reliquos coëfficientes $\alpha_1^{(m)}$, $\alpha_2^{(m)}$ etc. deducis, ponendo $\lambda=1$, 2 etc.

Adnotemus adhuc formulas, quae e (30) fluunt, sequentes:

$$(31)\qquad B_{\varkappa,\lambda}^{(m)}B_{\varkappa',\lambda'}^{(m)} = B_{\varkappa,\lambda'}^{(m)}B_{\varkappa',\lambda}^{(m)},$$

unde, quoties $\lambda=\varkappa$, $\lambda'=\varkappa'$,

$$(32)\qquad B_{\varkappa,\varkappa}^{(m)}B_{\varkappa',\varkappa'}^{(m)} = B_{\varkappa,\varkappa'}^{(m)}B_{\varkappa,\varkappa'}^{(m)}.$$

Alia adhuc ratione formulas (28) sive (30) non ineleganter deducis de formula supra tradita (20):

$$b_{\varkappa,\lambda} = G_1G_2\ldots G_n\left[\frac{\alpha'_\varkappa\alpha'_\lambda}{G_1}+\frac{\alpha''_\varkappa\alpha''_\lambda}{G_2}+\cdots+\frac{\alpha_\varkappa^{(n)}\alpha_\lambda^{(n)}}{G_n}\right].$$

Quod fit per considerationem sequentem.

Supponamus enim, in functione data V augeri constantes

$$a_{1,1},\quad a_{2,2},\quad\ldots,\quad a_{n,n}$$

omnes eadem quantitate ξ, unde ipsa V augebitur expressione

$$\xi[x_1x_1+x_2x_2+\cdots+x_nx_n];$$

ideoque expressio transformata

$$V = G_1y_1y_1+G_2y_2y_2+\cdots+G_ny_ny_n$$

augebitur quantitate

$$\xi[y_1y_1+y_2y_2+\cdots+y_ny_n] = \xi[x_1x_1+x_2x_2+\cdots+x_nx_n].$$

Videmus igitur, *constantibus* $a_{1,1}$, $a_{2,2}$, …, $a_{n,n}$ *auctis omnibus eadem quantitate* ξ, *etiam quantitates* G_1, G_2, …, G_n *omnes eadem quantitate* ξ *augeri, coëfficientibus* $\alpha_\varkappa^{(m)}$ *iisdem manentibus.*

Sit iam $\xi=-G_m$, sive mutentur quantitates $a_{1,1}$, $a_{2,2}$, …, $a_{n,n}$ in $a_{1,1}-G_m$, $a_{2,2}-G_m$, …, $a_{n,n}-G_m$, simulque quantitates G_1, G_2, …, G_n in G_1-G_m, G_2-G_m, …, G_n-G_m. Quo facto in altera parte aequationis allegatae abit $b_{\varkappa,\lambda}$ in $B_{\varkappa,\lambda}^{(m)}$, in altera evanescunt termini omnes, nisi terminus

$$G_1G_2\ldots G_n\cdot\frac{\alpha_\varkappa^{(m)}\alpha_\lambda^{(m)}}{G_m},$$

qui in sequentem abit:

(33) $$(G_1-G_m)(G_2-G_m)\dots(G_n-G_m)\alpha_x^{(m)}\alpha_\lambda^{(m)} = B_{x,\lambda}^{(m)},$$

ubi in producto

$$(G_1-G_m)(G_2-G_m)\dots(G_n-G_m)$$

factorem evanescentem G_m-G_m omittis; quod in eiusmodi productis in sequentibus quoque tacite supponemus.

Aequationem (18) etiam de (12) deducere licet, quippe quae suggerit identice:

$$\Sigma\pm a_{1,1}a_{2,2}\dots a_{n,n} = G_1 G_2\dots G_n(\Sigma\pm\alpha_1'\alpha_2''\dots\alpha_n^{(n)})^2,$$

de qua formula e (7) ipsa (18) sequitur. Demonstrata (18), per considerationes antecedentes ex ea statim aequationem generaliorem deducis:

$$\Gamma = (G_1-x)(G_2-x)\dots(G_n-x).$$

Unde habetur demonstratio maxime directa, pro $G_1, G_2, \dots, G_n$ statuendas esse aequationis $\Gamma = 0$ radicés *diversas.*

Comparata (33) cum (28), (30), prodit:

(34) $$P^{(m)} = (G_1-G_m)(G_2-G_m)\dots(G_n-G_m) = B_{1,1}^{(m)}+B_{2,2}^{(m)}+\dots+B_{n,n}^{(m)}.$$

Notum est, haberi

$$(G_1-G_m)(G_2-G_m)\dots(G_n-G_m) = -\Gamma_m',$$

siquidem statuitur

$$\Gamma_m' = \frac{d\Gamma}{dx},$$

post differentiationem posito $x = G_m$. Hinc habetur etiam e (34):

(35) $$-\Gamma_m' = B_{1,1}^{(m)}+B_{2,2}^{(m)}+\dots+B_{n,n}^{(m)}.$$

Porro e (30) sive (33) habes:

(36) $$\alpha_x^{(m)}\alpha_\lambda^{(m)} = -\frac{B_{x,\lambda}^{(m)}}{\Gamma_m'}.$$

10.

Alio modo valde singulari exhibeamus iam expressiones $\alpha_x^{(m)}\alpha_\lambda^{(m)}$, videlicet per differentialia partialia ipsius G_m, sumpta secundum constantes $a_{x,\lambda}$, quae datam functionem V afficiunt.

Revocemus aequationem, cui satisfieri debet:

$$V = \sum_{x,\lambda} a_{x,\lambda}x_x x_\lambda = G_1 y_1 y_1 + G_2 y_2 y_2 + \dots + G_n y_n y_n;$$

in qua, si substituimus valores ipsarum $x_\varkappa$,

$$x_\varkappa = \alpha'_\varkappa y_1 + \alpha''_\varkappa y_2 + \cdots + \alpha^{(n)}_\varkappa y_n,$$

singulos comparando terminos nanciscimur:

$$(37) \qquad \sum_{\varkappa,\lambda} a_{\varkappa,\lambda}\,\alpha^{(m)}_\varkappa \alpha^{(m')}_\lambda = 0,$$

$$(38) \qquad \sum_{\varkappa,\lambda} a_{\varkappa,\lambda}\,\alpha^{(m)}_\varkappa \alpha^{(m)}_\lambda = G_m.$$

Iam aequationem (38) differentiemus.

Eum in finem observo, esse

$$\sum_{\varkappa,\lambda} a_{\varkappa,\lambda}\, d(\alpha^{(m)}_\varkappa \alpha^{(m)}_\lambda) = 2\sum_{\varkappa,\lambda} a_{\varkappa,\lambda}\,\alpha^{(m)}_\varkappa d\alpha^{(m)}_\lambda = 2\sum_\lambda \Big[d\alpha^{(m)}_\lambda . \sum_\varkappa a_{\varkappa,\lambda}\,\alpha^{(m)}_\varkappa\Big],$$

ideoque e (13):

$$\sum_{\varkappa,\lambda} a_{\varkappa,\lambda}\, d(\alpha^{(m)}_\varkappa \alpha^{(m)}_\lambda) = 2G_m \sum_\lambda \alpha^{(m)}_\lambda d\alpha^{(m)}_\lambda,$$

unde e (4)

$$(39) \qquad \sum_{\varkappa,\lambda} a_{\varkappa,\lambda}\, d(\alpha^{(m)}_\varkappa \alpha^{(m)}_\lambda) = 0.$$

Itaque in differentiatione expressionis

$$\sum_{\varkappa,\lambda} a_{\varkappa,\lambda}\,\alpha^{(m)}_\varkappa \alpha^{(m)}_\lambda$$

variationi coëfficientium $\alpha^{(m)}_\varkappa$ supersederi potest, ut quae evanescit. Hinc differentiata (38) secundum $a_{\varkappa,\lambda}$, habes, quoties $\varkappa$ et λ diversi sunt,

$$(40) \qquad 2\alpha^{(m)}_\varkappa \alpha^{(m)}_\lambda = \frac{\partial G_m}{\partial a_{\varkappa,\lambda}},$$

quoties $\varkappa = \lambda$,

$$(41) \qquad \alpha^{(m)}_\varkappa \alpha^{(m)}_\varkappa = \frac{\partial G_m}{\partial a_{\varkappa,\varkappa}}.$$

Quae sunt formulae perelegantes.

Valorem ipsius $\frac{\partial G_m}{\partial a_{\varkappa,\lambda}}$ invenis ex aequatione $\Gamma = 0$

$$(42) \qquad \frac{\partial G_m}{\partial a_{\varkappa,\lambda}} = -\frac{\frac{\partial \Gamma_m}{\partial a_{\varkappa,\lambda}}}{\Gamma'_m},$$

designante $\frac{\partial \Gamma_m}{\partial a_{\varkappa,\lambda}}$ valorem ipsius $\frac{\partial \Gamma}{\partial a_{\varkappa,\lambda}}$, post differentiationem posito $x = G_m$. Hinc fit

$$(43) \qquad 2\alpha^{(m)}_\varkappa \alpha^{(m)}_\lambda = -\frac{\frac{\partial \Gamma_m}{\partial a_{\varkappa,\lambda}}}{\Gamma'_m},$$

$$(44) \qquad \alpha^{(m)}_\varkappa \alpha^{(m)}_\varkappa = -\frac{\frac{\partial \Gamma_m}{\partial a_{\varkappa,\varkappa}}}{\Gamma'_m}.$$

Quibus formulis comparatis cum (36), habetur:

$$(45)\qquad \begin{cases} 2B^{(m)}_{\varkappa,\lambda} = \dfrac{\partial \Gamma_m}{\partial a_{\varkappa,\lambda}}, \\ B^{(m)}_{\varkappa,\varkappa} = \dfrac{\partial \Gamma_m}{\partial a_{\varkappa,\varkappa}}. \end{cases}$$

Data occasione observo generaliter, *si* $a_{\varkappa,\lambda}$ *et* $a_{\lambda,\varkappa}$ *inter se diversi sunt, propositis* n *aequationibus linearibus huiusmodi:*

$$\begin{aligned} a_{1,1}u_1+a_{1,2}u_2+\cdots+a_{1,n}u_n &= v_1, \\ a_{2,1}u_1+a_{2,2}u_2+\cdots+a_{2,n}u_n &= v_2, \\ \cdots\cdots\cdots\cdots \\ a_{n,1}u_1+a_{n,2}u_2+\cdots+a_{n,n}u_n &= v_n, \end{aligned}$$

statuto

$$\Gamma = \Sigma\pm a_{1,1}a_{2,2}\dots a_{n,n},$$

sequi vice versa:

$$\begin{aligned} \Gamma u_1 &= \frac{\partial\Gamma}{\partial a_{1,1}}v_1+\frac{\partial\Gamma}{\partial a_{2,1}}v_2+\cdots+\frac{\partial\Gamma}{\partial a_{n,1}}v_n, \\ \Gamma u_2 &= \frac{\partial\Gamma}{\partial a_{1,2}}v_1+\frac{\partial\Gamma}{\partial a_{2,2}}v_2+\cdots+\frac{\partial\Gamma}{\partial a_{n,2}}v_n, \\ \cdots\cdots\cdots\cdots \\ \Gamma u_n &= \frac{\partial\Gamma}{\partial a_{1,n}}v_1+\frac{\partial\Gamma}{\partial a_{2,n}}v_2+\cdots+\frac{\partial\Gamma}{\partial a_{n,n}}v_n. \end{aligned}$$

Quoties $a_{\varkappa,\lambda}=a_{\lambda,\varkappa}$, differentialis $\dfrac{\partial\Gamma}{\partial a_{\varkappa,\lambda}}$ semisse tantum sumi debet, si $\varkappa$ et λ diversi sunt. Quo casu, posito insuper $a_{1,1}-G_m$, $a_{2,2}-G_m$, ..., $a_{n,n}-G_m$ loco $a_{1,1}$, $a_{2,2}$, ..., $a_{n,n}$, e theoremate illo fluunt formulae (45).

Statuamus

$$G_1^p y_1 y_1+G_2^p y_2 y_2+\cdots+G_n^p y_n y_n = \sum_{\varkappa,\lambda} p_{\varkappa,\lambda}x_\varkappa x_\lambda,$$

ubi

$$G_1^p\alpha'_\varkappa\alpha'_\lambda+G_2^p\alpha''_\varkappa\alpha''_\lambda+\cdots+G_n^p\alpha^{(n)}_\varkappa\alpha^{(n)}_\lambda = p_{\varkappa,\lambda}.$$

Quoties p est numerus integer, sive positivus, sive negativus, quantitates $p_{\varkappa,\lambda}$ semper rationaliter per ipsas $a_{\varkappa,\lambda}$ exprimere licet. Posito enim

$$P = \frac{G_1^{p+1}+G_2^{p+1}+\cdots+G_n^{p+1}}{p+1},$$

quantitatem P e regulis notis combinatoriis per coëfficientes aequationis nostrae $\Gamma=0$ rationaliter determinare licet. Qua inventa, habes e (40), (41):

$$p_{\varkappa,\lambda} = \frac{\partial P}{2\partial a_{\varkappa,\lambda}},$$
$$p_{\varkappa,\varkappa} = \frac{\partial P}{\partial a_{\varkappa,\varkappa}}.$$

Si $p = -1$, statui debet
$$P = \log(G_1 G_2 \dots G_n) = \log \Sigma \pm a_{1,1} a_{2,2} \dots a_{n,n}.$$
Qui casus formulam (22) suggerit.

11.

Cl. Cauchy loco citato in commentatione inscripta „*sur l'équation, à l'aide de laquelle on détermine les inégalités séculaires etc.*" problema, de quo hactenus egimus, tamquam problema *maximi minimive* consideravit; quo quaeruntur valores variabilium $x_1, x_2, \dots, x_n$, pro quibus sit
$$x_1 x_1 + x_2 x_2 + \dots + x_n x_n = 1,$$
simulque data functio V maximum minimumve valorem induat. Cuius problematis solutio e solutione nostra hunc in modum fluit.

Nam e conditione inter variabiles stabilita
$$x_1 x_1 + x_2 x_2 + \dots + x_n x_n = y_1 y_1 + y_2 y_2 + \dots + y_n y_n = 1$$
sequitur
$$V = G_m + (G_1 - G_m) y_1 y_1 + (G_2 - G_m) y_2 y_2 + \dots + (G_n - G_m) y_n y_n.$$
Unde, si G_m est maxima quantitatum $G_1, G_2, \dots, G_n$, erit G_m maximus valor ipsius V; quoties G_m est minima quantitatum $G_1, G_2, \dots, G_n$, erit G_m minimus valor ipsius V. Quem induit V valorem, variabilibus y_1, y_2 etc. praeter y_m evanescentibus omnibus, unde fieri debet $y_m = 1$. Hinc autem prodeunt valores
$$x_1 = \alpha_1^{(m)}, \quad x_2 = \alpha_2^{(m)}, \quad \dots, \quad x_n = \alpha_n^{(m)}.$$
Unde videmus, investigationem valorum variabilium $x_1, x_2, \dots, x_n$, qui ipsam V maximam minimamve reddant, eandem esse atque coëfficientium $\alpha_1^{(m)}, \alpha_2^{(m)}, \dots, \alpha_n^{(m)}$; atque investigationem valoris maximi aut minimi ipsius V eandem atque quantitatum G_m.

Per regulas notas in theoria maximi et minimi, in auxilium vocato multiplicatore μ, determinantur valores quaesiti ipsarum $x_\varkappa$ per aequationes
$$\frac{\partial V}{\partial x_1} = \mu x_1, \quad \frac{\partial V}{\partial x_2} = \mu x_2, \quad \dots, \quad \frac{\partial V}{\partial x_n} = \mu x_n.$$
Fit autem
$$\frac{\partial V}{\partial x_\lambda} = 2[a_{\lambda,1} x_1 + a_{\lambda,2} x_2 + \dots + a_{\lambda,n} x_n].$$

Unde habetur aequatio

$$\frac{\mu}{2}\cdot x_\lambda = a_{\lambda,1}x_1 + a_{\lambda,2}x_2 + \cdots + a_{\lambda,n}x_n.$$

Quae eadem est atque (13), si insuper ponitur $\frac{\mu}{2} = G_m$. Ad quas igitur aequationes, quibus solutio problematis continetur, hic sine ullo calculo pervenitur.

12.

Sub finem formas quasdam speciales datae functionis transformandae V consideremus, pro quibus aequationi algebraicae, a cuius resolutione problema pendet, nec non valoribus coëfficientium substitutionis adhibendae maior concinnitas conciliatur.

Supponamus primum, datam functionem V compositam esse ex ipsis variabilium quadratis atque insuper e quadrato functionis linearis variabilium cuiuslibet; sive sit

$$V = A_1 x_1 x_1 + A_2 x_2 x_2 + \cdots + A_n x_n x_n + [a_1 x_1 + a_2 x_2 + \cdots + a_n x_n]^2.$$

Hoc casu fit

$$a_{\varkappa,\varkappa} = A_\varkappa + a_\varkappa a_\varkappa; \qquad a_{\varkappa,\lambda} = a_\varkappa a_\lambda;$$

unde aequatio §. 7 proposita:

$$w_\varkappa = a_{\varkappa,1}x_1 + a_{\varkappa,2}x_2 + \cdots + a_{\varkappa,n}x_n$$

in sequentem abit:

$$w_\varkappa = a_\varkappa u + A_\varkappa x_\varkappa,$$

siquidem statuitur:

$$u = a_1 x_1 + a_2 x_2 + \cdots + a_n x_n.$$

Hinc habetur

$$x_\varkappa = \frac{w_\varkappa - a_\varkappa u}{A_\varkappa},$$

quo valore ipsarum $x_\varkappa$ in aequatione antecedente substituto, prodit

$$u = \frac{a_1 w_1}{A_1} + \frac{a_2 w_2}{A_2} + \cdots + \frac{a_n w_n}{A_n} - \left[\frac{a_1 a_1}{A_1} + \frac{a_2 a_2}{A_2} + \cdots + \frac{a_n a_n}{A_n}\right] u,$$

sive

$$Pu = \frac{a_1 w_1}{A_1} + \frac{a_2 w_2}{A_2} + \cdots + \frac{a_n w_n}{A_n},$$

siquidem statuitur:

$$P = 1 + \frac{a_1 a_1}{A_1} + \frac{a_2 a_2}{A_2} + \cdots + \frac{a_n a_n}{A_n}.$$

Hinc ipsam $x_\varkappa$ per $w_1, w_2, \ldots, w_n$ expressam habes per aequationem:

$$x_\varkappa = \frac{w_\varkappa}{A_\varkappa} - \frac{a_\varkappa}{PA_\varkappa}\left[\frac{a_1 w_1}{A_1} + \frac{a_2 w_2}{A_2} + \cdots + \frac{a_n w_n}{A_n}\right],$$

unde, multiplicatione facta per $A_1 A_2 \dots A_n P$, fit

$$A_1 A_2 \dots A_n . P . x_\varkappa = \frac{A_1 A_2 \dots A_n}{A_\varkappa}\left[P w_\varkappa - a_\varkappa\left(\frac{a_1 w_1}{A_1}+\frac{a_2 w_2}{A_2}+\dots+\frac{a_n w_n}{A_n}\right)\right].$$

Hac aequatione comparata cum sequente, §. 7 proposita,

$$x_\varkappa . \Sigma \pm a_{1,1} a_{2,2} \dots a_{n,n} = b_{\varkappa,1} w_1 + b_{\varkappa,2} w_2 + \dots + b_{\varkappa,n} w_n,$$

facile probatur, haberi:

$$\Sigma \pm a_{1,1} a_{2,2} \dots a_{n,n} = A_1 A_2 \dots A_n . P,$$

unde etiam:

$$b_{\varkappa,\lambda} = -A_1 A_2 \dots A_n . \frac{a_\varkappa a_\lambda}{A_\varkappa A_\lambda},$$

$$b_{\varkappa,\varkappa} = \frac{A_1 A_2 \dots A_n}{A_\varkappa}\left[P - \frac{a_\varkappa a_\varkappa}{A_\varkappa}\right].$$

Quamvis enim utramque aequationem comparando, tantum aequalitatem habes fractionum:

$$\frac{b_{\varkappa,\lambda}}{\Sigma \pm a_{1,1} a_{2,2} \dots a_{n,n}} = \frac{-\dfrac{A_1 A_2 \dots A_n a_\varkappa a_\lambda}{A_\varkappa A_\lambda}}{A_1 A_2 \dots A_n . P},$$

$$\frac{b_{\varkappa,\varkappa}}{\Sigma \pm a_{1,1} a_{2,2} \dots a_{n,n}} = \frac{\dfrac{A_1 A_2 \dots A_n}{A_\varkappa}\left(P - \dfrac{a_\varkappa a_\varkappa}{A_\varkappa}\right)}{A_1 A_2 \dots A_n . P},$$

tamen, cum in singulis fractionibus numerator et denominator sint functiones integrae, quae factorem communem non habent, separatim aequales ponere licet numeratores et denominatores. Nam eo casu et numeratores et denominatores tantum factore numerico inter se differre possunt, quem factorem vel ex unius termini comparatione cognoscas. Ita habes in expressione $\Sigma \pm a_{1,1} a_{2,2} \dots a_{n,n}$ unicum terminum $a_{1,1} a_{2,2} \dots a_{n,n}$, de quo, posito $a_{\varkappa,\varkappa} = a_\varkappa a_\varkappa + A_\varkappa$, productum $A_1 A_2 \dots A_n$ provenit; qui cum etiam sit terminus expressionis $A_1 A_2 \dots A_n . P$, ex unius huius termini aequalitate cognoscis, nec factore numerico expressiones illas differre; ideoque, sicuti proposuimus, numeratores illos et denominatores exacte aequales esse. Demonstrationes similes in sequentibus brevitatis causa supprimo.

Demonstravimus §. 8, expressionem

$$\Gamma = (G_1 - x)(G_2 - x) \dots (G_n - x)$$

prodire ex expressione $\Sigma \pm a_{1,1} a_{2,2} \dots a_{n,n}$, mutato $a_{\varkappa,\varkappa}$ in $a_{\varkappa,\varkappa} - x$; quod casu nostro idem est ac si mutamus $A_\varkappa$ in $A_\varkappa - x$. Hinc cum substituto valore ipsius P habeatur:

$$\Sigma \pm a_{1,1} a_{2,2} \dots a_{n,n} = A_1 A_2 \dots A_n\left[1 + \frac{a_1 a_1}{A_1} + \frac{a_2 a_2}{A_2} + \dots + \frac{a_n a_n}{A_n}\right],$$

obtinemus:

$$\Gamma = (G_1-x)(G_2-x)\dots(G_n-x)$$
$$= (A_1-x)(A_2-x)\dots(A_n-x)\left[1+\frac{a_1a_1}{A_1-x}+\frac{a_2a_2}{A_2-x}+\dots+\frac{a_na_n}{A_n-x}\right].$$

Unde eo casu, quem consideramus, aequatio n^{ti} gradus, cuius radices sunt $G_1, G_2, \dots, G_n$, induit formam elegantem:

$$0 = 1+\frac{a_1a_1}{A_1-x}+\frac{a_2a_2}{A_2-x}+\dots+\frac{a_na_n}{A_n-x}.$$

Statuimus porro §. 9, mutato $a_{\varkappa,\varkappa}$ in $a_{\varkappa,\varkappa}-G_m$, abire $b_{\varkappa,\lambda}$ in $B^{(m)}_{\varkappa,\lambda}$; quod casu nostro idem est ac si mutetur $A_\varkappa$ in $A_\varkappa - G_m$; quo facto expressio P evanescit. Hinc, sive $\varkappa$, λ iidem sive diversi sint, e valoribus inventis ipsarum $b_{\varkappa,\lambda}$ habemus:

$$B^{(m)}_{\varkappa,\lambda} = -a_\varkappa a_\lambda \cdot \frac{(A_1-G_m)(A_2-G_m)\dots(A_n-G_m)}{(A_\varkappa-G_m)(A_\lambda-G_m)}.$$

Unde, inventis valoribus ipsarum $G_1, G_2, \dots, G_n$, dantur per (33) §. 9 coëfficientes propositi ope formulae generalis valde concinnae:

$$\alpha^{(m)}_\varkappa \alpha^{(m)}_\lambda = -\frac{a_\varkappa a_\lambda}{(A_\varkappa-G_m)(A_\lambda-G_m)} \cdot \frac{(A_1-G_m)(A_2-G_m)\dots(A_n-G_m)}{(G_1-G_m)(G_2-G_m)\dots(G_n-G_m)},$$

quae et ipsa valet formula, sive $\varkappa$, λ diversi sint, sive aequales.

Si valores expressionum $\alpha^{(m)}_\varkappa \alpha^{(m)}_\lambda$ per unicam G_m exhiberi placet, observo, differentiata aequatione

$$\frac{(G_1-x)(G_2-x)\dots(G_n-x)}{(A_1-x)(A_2-x)\dots(A_n-x)} = 1+\frac{a_1a_1}{A_1-x}+\frac{a_2a_2}{A_2-x}+\dots+\frac{a_na_n}{A_n-x},$$

ac posito post differentiationem $x = G_m$, haberi:

$$-\frac{(G_1-G_m)(G_2-G_m)\dots(G_n-G_m)}{(A_1-G_m)(A_2-G_m)\dots(A_n-G_m)} = \left(\frac{a_1}{A_1-G_m}\right)^2+\left(\frac{a_2}{A_2-G_m}\right)^2+\dots+\left(\frac{a_n}{A_n-G_m}\right)^2.$$

Unde fit:

$$\alpha^{(m)}_\varkappa \alpha^{(m)}_\lambda = \frac{a_\varkappa a_\lambda}{(A_\varkappa-G_m)(A_\lambda-G_m)} \cdot \frac{1}{\frac{a_1a_1}{(A_1-G_m)^2}+\frac{a_2a_2}{(A_2-G_m)^2}+\dots+\frac{a_na_n}{(A_n-G_m)^2}}.$$

Posito $\lambda = \varkappa$, ex hac formula fluit:

$$\alpha^{(m)}_\varkappa = \frac{a_\varkappa}{A_\varkappa-G_m} \cdot \sqrt{-\frac{(A_1-G_m)(A_2-G_m)\dots(A_n-G_m)}{(G_1-G_m)(G_2-G_m)\dots(G_n-G_m)}}$$
$$= \frac{a_\varkappa}{A_\varkappa-G_m} \cdot \frac{1}{\sqrt{\frac{a_1a_1}{(A_1-G_m)^2}+\frac{a_2a_2}{(A_2-G_m)^2}+\dots+\frac{a_na_n}{(A_n-G_m)^2}}}.$$

Unde *substitutio, qua adhibita obtinetur:*

$$A_1x_1x_1+A_2x_2x_2+\cdots+A_nx_nx_n+(a_1x_1+a_2x_2+\cdots+a_nx_n)^2 = G_1y_1y_1+G_2y_2y_2+\cdots+G_ny_ny_n,$$

designantibus $G_1, G_2, \ldots, G_n$ *radices aequationis:*

$$0 = 1+\frac{a_1a_1}{A_1-x}+\frac{a_2a_2}{A_2-x}+\cdots+\frac{a_na_n}{A_n-x},$$

fit:

$$\sqrt{\frac{a_1a_1}{(A_1-G_m)^2}+\frac{a_2a_2}{(A_2-G_m)^2}+\cdots+\frac{a_na_n}{(A_n-G_m)^2}}\cdot y_m$$
$$=\frac{a_1x_1}{A_1-G_m}+\frac{a_2x_2}{A_2-G_m}+\cdots+\frac{a_nx_n}{A_n-G_m}.$$

13.

Forma aequationis n^{ti} gradus:

$$0 = 1+\frac{a_1a_1}{A_1-x}+\frac{a_2a_2}{A_2-x}+\cdots+\frac{a_na_n}{A_n-x},$$

a cuius resolutione problema pendet, eo commodo gaudet, ut ipso intuitu pateat, radices eius omnes esse reales, adeoque earum limites assignari possint.

Statuamus, esse

$$A_1 > A_2 > \cdots > A_{n-1} > A_n,$$

ita ut

$$A_1-A_2,\quad A_2-A_3,\quad \ldots,\quad A_{n-1}-A_n$$

sint quantitates positivae. Quo statuto, videmus, decrescente x a A_x usque ad A_{x+1}, simul expressionem

$$1+\frac{a_1a_1}{A_1-x}+\frac{a_2a_2}{A_2-x}+\cdots+\frac{a_na_n}{A_n-x}$$

decrescere a $+\infty$ usque ad $-\infty$; unde inter A_x et A_{x+1} una certe radix aequationis propositae iacet. Porro decrescente x a $+\infty$ usque ad A_1, decrescit expressio proposita a $+1$ usque ad $-\infty$, unde etiam inter $+\infty$ et A_1 radix aequationis posita est. Hinc omnes aequationis propositae radices et reales sunt, et singulae positae sunt in singulis intervallis seriei

$$+\infty,\quad A_1,\quad A_2,\quad \ldots,\quad A_n.$$

E limitibus assignatis facile etiam patet, quot aequationis propositae radices positivae, quot negativae sint. Statuamus eum in finem, e quantitatibus $A_1, A_2, \ldots, A_n$ esse m positivas, $n-m$ negativas, ita ut e quantitatibus A_m, A_{m+1} se proxime insequentibus altera positiva, altera negativa sit. Quo statuto, facile probatur, prout expressio

$$1+\frac{a_1a_1}{A_1}+\frac{a_2a_2}{A_2}+\cdots+\frac{a_na_n}{A_n}$$

aut positiva aut negativa sit, radicem inter A_m et A_{m+1} positam aut negativam aut positivam esse; ideoque e radicibus aequationis propositae aut esse m positivas, $n-m$ negativas, aut $m+1$ positivas, $n-m-1$ negativas.

Quoties e quantitatibus $A_1, A_2, \ldots, A_n$ plures inter se aequales existunt, patet, aequationem propositam ad minorem gradum ascendere quam n^{tum}, videlicet ad $(n-\varkappa+1)^{\text{tum}}$, si $\varkappa$ est numerus quantitatum illarum inter se aequalium. Quod etiam ex ipso problemate proposito hunc in modum patet.

Sit enim $A_1=A_2=\cdots=A_\varkappa$: licet infinitis modis quantitates $x_1, x_2, \ldots, x_\varkappa$ lineariter exprimere per alias $y_1, y_2, \ldots, y_{\varkappa-1}, \xi_\varkappa$, ita ut sit:

$$x_1x_1+x_2x_2+\cdots+x_\varkappa x_\varkappa=y_1y_1+y_2y_2+\cdots+y_{\varkappa-1}y_{\varkappa-1}+\xi_\varkappa\xi_\varkappa$$

simulque:

$$a_1x_1+a_2x_2+\cdots+a_\varkappa x_\varkappa=\sqrt{a_1a_1+a_2a_2+\cdots+a_\varkappa a_\varkappa}\,.\,\xi_\varkappa.$$

Hinc data functio V induit formam sequentem:

$$V=A_\varkappa(y_1y_1+y_2y_2+\cdots+y_{\varkappa-1}y_{\varkappa-1}+\xi_\varkappa\xi_\varkappa)+A_{\varkappa+1}x_{\varkappa+1}x_{\varkappa+1}+\cdots+A_nx_nx_n$$
$$+\left[\sqrt{a_1a_1+a_2a_2+\cdots+a_\varkappa a_\varkappa}\,.\,\xi_\varkappa+a_{\varkappa+1}x_{\varkappa+1}+\cdots+a_nx_n\right]^2.$$

Unde si per transformationem secundam applicatam ad variabiles $\xi_\varkappa, x_{\varkappa+1}, \ldots, x_n$, efficimus:

$$\xi_\varkappa\xi_\varkappa+x_{\varkappa+1}x_{\varkappa+1}+\cdots+x_nx_n=y_\varkappa y_\varkappa+y_{\varkappa+1}y_{\varkappa+1}+\cdots+y_ny_n,$$

$$A_\varkappa\xi_\varkappa\xi_\varkappa+A_{\varkappa+1}x_{\varkappa+1}x_{\varkappa+1}+\cdots+A_nx_nx_n+\left[\sqrt{a_1a_1+\cdots+a_\varkappa a_\varkappa}\,.\,\xi_\varkappa+a_{\varkappa+1}x_{\varkappa+1}+\cdots+a_nx_n\right]^2$$
$$=G_\varkappa y_\varkappa y_\varkappa+G_{\varkappa+1}y_{\varkappa+1}y_{\varkappa+1}+\cdots+G_ny_ny_n,$$

habetur:

$$x_1x_1+x_2x_2+\cdots+x_nx_n=y_1y_1+y_2y_2+\cdots+y_ny_n,$$

$$V=A_\varkappa(y_1y_1+y_2y_2+\cdots+y_{\varkappa-1}y_{\varkappa-1})+G_\varkappa y_\varkappa y_\varkappa+G_{\varkappa+1}y_{\varkappa+1}y_{\varkappa+1}+\cdots+G_ny_ny_n,$$

designantibus $G_\varkappa, G_{\varkappa+1}, \ldots, G_n$ radices aequationis:

$$0=1+\frac{a_1a_1+\cdots+a_\varkappa a_\varkappa}{A_\varkappa-x}+\frac{a_{\varkappa+1}a_{\varkappa+1}}{A_{\varkappa+1}-x}+\cdots+\frac{a_na_n}{A_n-x},$$

quae est aequatio $(n-\varkappa+1)^{\text{ti}}$ gradus. Reliquas igitur quantitates $G_1, G_2, \ldots, G_{\varkappa-1}$ videmus aequales fieri ipsi $A_\varkappa$. Simul patet, eo casu, de quo agimus, substitutionem adhibendam plane determinatam non esse; cum transformatio prior supposita infinitis modis succedat.

14.

Si solutionem problematis generalis pro $n-1$ variabilibus notam supponis, eius ope problema pro n variabilibus facile revocatur ad eum casum, quem antecedentibus consideravimus.

Eum in finem observo, functionem

$$V = \sum_{\varkappa,\lambda} a_{\varkappa,\lambda} x_\varkappa x_\lambda,$$

in qua ipsis $\varkappa$, λ valores omnes $1, 2, \ldots, n$ tribuuntur, ita repraesentari posse:

$$V = \left[\frac{a_{1,n}x_1 + a_{2,n}x_2 + \cdots + a_{n-1,n}x_{n-1}}{m} + m x_n\right]^2 + (a_{n,n} - mm)x_n x_n + \sum_{\varkappa,\lambda}\left(a_{\varkappa,\lambda} - \frac{a_{\varkappa,n}a_{\lambda,n}}{mm}\right)x_\varkappa x_\lambda,$$

in qua expressione designat m factorem constantem prorsus arbitrarium, atque numeris $\varkappa$, λ tribuendi sunt valores $1, 2, \ldots, n-1$.

Jam per substitutiones lineares efficiamus:

$$x_1 x_1 + x_2 x_2 + \cdots + x_{n-1}x_{n-1} = \xi_1\xi_1 + \xi_2\xi_2 + \cdots + \xi_{n-1}\xi_{n-1},$$

$$\sum_{\varkappa,\lambda}\left(a_{\varkappa,\lambda} - \frac{a_{\varkappa,n}a_{\lambda,n}}{mm}\right)x_\varkappa x_\lambda = F_1\xi_1\xi_1 + F_2\xi_2\xi_2 + \cdots + F_{n-1}\xi_{n-1}\xi_{n-1}.$$

Unde functio V formam induit:

$$V = [c_1\xi_1 + c_2\xi_2 + \cdots + c_{n-1}\xi_{n-1} + m x_n]^2$$
$$+ F_1\xi_1\xi_1 + F_2\xi_2\xi_2 + \cdots + F_{n-1}\xi_{n-1}\xi_{n-1} + (a_{n,n} - mm)x_n x_n,$$

quae ipsa est forma, quam antecedentibus consideravimus. Unde si per transformationem secundam efficimus:

$$\xi_1\xi_1 + \xi_2\xi_2 + \cdots + \xi_{n-1}\xi_{n-1} + x_n x_n = y_1 y_1 + y_2 y_2 + \cdots + y_n y_n,$$

simulque:

$$V = G_1 y_1 y_1 + G_2 y_2 y_2 + \cdots + G_n y_n y_n;$$

duae substitutiones iunctae suppeditabunt propositam, eruntque $G_1, G_2, \ldots, G_n$ radices aequationis n^{ti} gradus:

$$0 = 1 + \frac{c_1 c_1}{F_1 - x} + \frac{c_2 c_2}{F_2 - x} + \cdots + \frac{c_{n-1}c_{n-1}}{F_{n-1} - x} + \frac{mm}{a_{n,n} - mm - x}.$$

Observavimus §. antecedente, ex eiusmodi aequatione vel ipso intuitu sequi, eius radices omnes esse reales, siquidem constantes, quae eam afficiunt, reales sunt. Unde per considerationes antecedentes demonstratum est, si problema pro $n-1$ variabilibus solutionem semper realem habet, etiam pro n variabilibus solutionem problematis semper realem fore. Hinc petitur demonstratio nova, quod problema propositum solutione semper reali gaudet, quippe quod pro valoribus $n = 2$, $n = 3$ facile probatur.

Quantitas m in antecedentibus prorsus arbitraria erat; consideramus casum, quo in infinitum crescit. Eo casu, si statuimus, expressionem

$$\Sigma \pm a_{1,1} a_{2,2} \ldots a_{n-1,n-1},$$

mutato $a_{x,x}$ in $a_{x,x}-x$, abire in $B_{n,n}$, erunt $F_1, F_2, \ldots, F_{n-1}$ radices aequationis $B_{n,n}=0$; porro $a_{n,n}-mm$ abit in $-\infty$. Iam vero e §. antecedente, siquidem $F_1, F_2, \ldots, F_{n-1}$ magnitudine se excipiunt, quantitates $G_1, G_2, \ldots, G_n$ positae erunt in intervallis seriei

$$+\infty, \quad F_1, \quad F_2, \quad \ldots, \quad F_{n-1}, \quad a_{n,n}-mm$$

singulae in singulis. Unde, posito $m=\infty$, sequitur, radices aequationis $\Gamma=0$ sive quantitates $G_1, G_2, \ldots, G_n$ positas esse singulas inter binas radices aequationis $B_{n,n}=0$, magnitudine se proxime insequentes; praeter maximam, pro qua altera limes est $+\infty$, et minimam, pro qua altera limes est $-\infty$. Quod et ipsum alio modo demonstravit Cl. Cauchy. Idem etiam hunc in modum e formulis supra traditis derivari potest.

Sequitur enim ex algorithmis notis algebraicis, si notationem §. 7 rursus adhibemus,

$$b_{n,n}=\Sigma \pm a_{1,1} a_{2,2} \ldots a_{n-1,n-1}.$$

Unde, si ponitur $x=G_m$, abit $B_{n,n}$ in $B_{n,n}^{(m)}$. Erat autem

$$\alpha_n^{(m)} \alpha_n^{(m)} = -\frac{B_{n,n}^{(m)}}{\Gamma'},$$

siquidem $\Gamma' = \frac{d\Gamma}{dx}$, et post differentiationem ponitur $x=G_m$. Iam si in expressione Γ' substituimus loco x radices aequationis $\Gamma=0$ eo ordine, quo magnitudine se excipiunt, eius valores alternatim positivae et negativae fiunt, quod e theoria aequationum liquet. Unde, cum $\alpha_n^{(m)} \alpha_n^{(m)}$ semper positivum sit, etiam valores ipsius $B_{n,n}$ alternatim negativae et positivae erunt. Unde singulae radices aequationis $B_{n,n}=0$ positae sunt inter binas radices aequationis $\Gamma=0$ se proxime insequentes, ideoque vice versa singulae radices aequationis $\Gamma=0$ inter binas aequationis $B_{n,n}=0$, se proxime insequentes, advocatis insuper limitibus extremis $+\infty$ et $-\infty$.

Casu trium variabilium functio V in formam illam specialem, quam antecedentibus consideravimus, semper redigi potest. Sit enim:

$$V = l x_1 x_1 + m x_2 x_2 + n x_3 x_3 + 2l' x_2 x_3 + 2m' x_3 x_1 + 2n' x_1 x_2,$$

ac supponamus, $l'm'n'$ esse positivum; ubi $l'm'n'$ esset negativum, loco V tantum $-V$ considerari deberet. Expressione illa ipsius V comparata cum sequente

$$V = A_1 x_1 x_1 + A_2 x_2 x_2 + A_3 x_3 x_3 + (a_1 x_1 + a_2 x_2 + a_3 x_3)^2,$$

habetur:

$$a_1 = \sqrt{\frac{m'n'}{l'}}, \quad a_2 = \sqrt{\frac{n'l'}{m'}}, \quad a_3 = \sqrt{\frac{l'm'}{n'}},$$

$$A_1 = l - \frac{m'n'}{l'}, \quad A_2 = m - \frac{n'l'}{m'}, \quad A_3 = n - \frac{l'm'}{n'}.$$

Hinc aequatio cubica resolvenda fit:

$$0 = 1 + \frac{m'n'}{l'(l-x) - m'n'} + \frac{n'l'}{m'(m-x) - n'l'} + \frac{l'm'}{n'(n-x) - l'm'},$$

cuius radices ipso intuitu patet esse reales, quod olim non nisi per ambages a viris doctis demonstratum fuit, cum eadem aequatio sub forma exhibita esset sequente:

$$0 = (l-x)(m-x)(n-x) - l'l'(l-x) - m'm'(m-x) - n'n'(n-x) + 2l'm'n';$$

simulque patet ex illa forma, singulas radices positas esse inter binas quantitatum

$$\infty, \quad l - \frac{m'n'}{l'}, \quad m - \frac{n'l'}{m'}, \quad n - \frac{l'm'}{n'},$$

magnitudine se proxime insequentes; atque prout quantitas

$$1 + \frac{m'n'}{l'l - m'n'} + \frac{n'l'}{m'm - n'l'} + \frac{l'm'}{n'n - l'm'}$$

aut positiva aut negativa sit, aut tot esse radices positivas, quot e quantitatibus

$$l - \frac{m'n'}{l'}, \quad m - \frac{n'l'}{m'}, \quad n - \frac{l'm'}{n'}$$

positivae sint, aut numerum radicum positivarum illo numero unitate maiorem esse. Hinc proposita aequatione superficiei secundi ordinis, ad coordinatas orthogonales relata, facillime diiudicas, an superficies sit ellipsoida, an hyperboloida continua, an hyperboloida bipartita.

15.

Supponamus porro, quod est alterum exemplum, functionem V praeter quadrata variabilium adhuc constare quadratis duarum functionum linearium variabilium; sive sit:

$$V = A_1 x_1 x_1 + A_2 x_2 x_2 + \cdots + A_n x_n x_n$$
$$+ [a_1 x_1 + a_2 x_2 + \cdots + a_n x_n]^2 + [a'_1 x_1 + a'_2 x_2 + \cdots + a'_n x_n]^2.$$

Quo casu fit

$$a_{\varkappa,\varkappa} = A_\varkappa + a_\varkappa a_\varkappa + a'_\varkappa a'_\varkappa;$$
$$a_{\varkappa,\lambda} = a_\varkappa a_\lambda + a'_\varkappa a'_\lambda.$$

Hinc aequatio §. 7 proposita:

$$w_\varkappa = a_{\varkappa,1}x_1 + a_{\varkappa,2}x_2 + \cdots + a_{\varkappa,n}x_n,$$

haec fit:

$$w_\varkappa = A_\varkappa x_\varkappa + a_\varkappa u + a'_\varkappa u',$$

siquidem statuitur:

$$u = a_1 x_1 + a_2 x_2 + \cdots + a_n x_n,$$
$$u' = a'_1 x_1 + a'_2 x_2 + \cdots + a'_n x_n.$$

Hinc habetur:

$$x_\varkappa = \frac{1}{A_\varkappa}[w_\varkappa - a_\varkappa u - a'_\varkappa u'].$$

Quibus valoribus ipsarum $x_\varkappa$ in expressionibus ipsarum u, u' substitutis, prodit:

$$\frac{a_1 w_1}{A_1} + \frac{a_2 w_2}{A_2} + \cdots + \frac{a_n w_n}{A_n} = Pu + P_1 u',$$
$$\frac{a'_1 w_1}{A_1} + \frac{a'_2 w_2}{A_2} + \cdots + \frac{a'_n w_n}{A_n} = P_1 u + P_{1,1} u',$$

siquidem ponitur:

$$P = 1 + \frac{a_1 a_1}{A_1} + \frac{a_2 a_2}{A_2} + \cdots + \frac{a_n a_n}{A_n},$$
$$P_1 = \quad \frac{a_1 a'_1}{A_1} + \frac{a_2 a'_2}{A_2} + \cdots + \frac{a_n a'_n}{A_n},$$
$$P_{1,1} = 1 + \frac{a'_1 a'_1}{A_1} + \frac{a'_2 a'_2}{A_2} + \cdots + \frac{a'_n a'_n}{A_n}.$$

E duabus illis aequationibus fit:

$$[PP_{1,1} - P_1 P_1]u = P_{1,1}\left[\frac{a_1 w_1}{A_1} + \frac{a_2 w_2}{A_2} + \cdots + \frac{a_n w_n}{A_n}\right] - P_1\left[\frac{a'_1 w_1}{A_1} + \frac{a'_2 w_2}{A_2} + \cdots + \frac{a'_n w_n}{A_n}\right],$$
$$[PP_{1,1} - P_1 P_1]u' = P\left[\frac{a'_1 w_1}{A_1} + \frac{a'_2 w_2}{A_2} + \cdots + \frac{a'_n w_n}{A_n}\right] - P_1\left[\frac{a_1 w_1}{A_1} + \frac{a_2 w_2}{A_2} + \cdots + \frac{a_n w_n}{A_n}\right].$$

Substitutis autem valoribus ipsarum P, P_1, $P_{1,1}$, habetur:

$$PP_{1,1} - P_1 P_1 = 1 + \sum_\varkappa \frac{a_\varkappa a_\varkappa + a'_\varkappa a'_\varkappa}{A_\varkappa} + \sum_{\varkappa,\lambda} \frac{(a_\varkappa a'_\lambda - a_\lambda a'_\varkappa)^2}{A_\varkappa A_\lambda},$$

positis pro $\varkappa$, λ valoribus 1, 2, ..., n.

Valores ipsarum u, u' inventos si in expressione ipsius $x_\varkappa$ supra exhibita substituimus, prodit:

$$x_\varkappa = \frac{w_\varkappa}{A_\varkappa} - \frac{a_\varkappa P_{1,1} - a'_\varkappa P_1}{A_\varkappa(PP_{1,1} - P_1P_1)} \left[\frac{a_1 w_1}{A_1} + \frac{a_2 w_2}{A_2} + \cdots + \frac{a_n w_n}{A_n} \right]$$
$$- \frac{a'_\varkappa P - a_\varkappa P_1}{A_\varkappa(PP_{1,1} - P_1P_1)} \left[\frac{a'_1 w_1}{A_1} + \frac{a'_2 w_2}{A_2} + \cdots + \frac{a'_n w_n}{A_n} \right].$$

Qua acquatione comparata cum hac §. 7 proposita:

$$x_\varkappa = \frac{b_{\varkappa,1} w_1 + b_{\varkappa,2} w_2 + \cdots + b_{\varkappa,n} w_n}{\Sigma \pm a_{1,1} a_{2,2} \ldots a_{n,n}},$$

per eandem ratiocinationem, qua §. 12 usi sumus, obtinemus:

$$\Sigma \pm a_{1,1} a_{2,2} \ldots a_{n,n} = A_1 A_2 \ldots A_n [PP_{1,1} - P_1 P_1],$$
$$b_{\varkappa,\varkappa} = \frac{A_1 A_2 \ldots A_n}{A_\varkappa} \left[PP_{1,1} - P_1 P_1 - \frac{a'_\varkappa a'_\varkappa P - 2a'_\varkappa a_\varkappa P_1 + a_\varkappa a_\varkappa P_{1,1}}{A_\varkappa} \right],$$
$$b_{\varkappa,\lambda} = -\frac{A_1 A_2 \ldots A_n}{A_\varkappa A_\lambda} [a'_\varkappa a'_\lambda P - (a'_\varkappa a_\lambda + a'_\lambda a_\varkappa) P_1 + a_\varkappa a_\lambda P_{1,1}].$$

Fit autem, ipsarum P, P_1, $P_{1,1}$ valoribus substitutis, sive $\varkappa$, λ diversi sint, sive iidem:

$$a'_\varkappa a'_\lambda P - (a'_\varkappa a_\lambda + a'_\lambda a_\varkappa) P_1 + a_\varkappa a_\lambda P_{1,1} = a'_\varkappa a'_\lambda + a_\varkappa a_\lambda + \sum_\mu \frac{(a_\varkappa a'_\mu - a'_\varkappa a_\mu)(a_\lambda a'_\mu - a'_\lambda a_\mu)}{A_\mu},$$

siquidem in summa assignata loco μ ponuntur valores 1, 2, ..., n.

His praemissis, cum e §. 8, mutato $a_{\varkappa,\varkappa}$ in $a_{\varkappa,\varkappa} - x$, abeat

$$\Sigma \pm a_{1,1} a_{2,2} \ldots a_{n,n}$$

in

$$\Gamma = (G_1 - x)(G_2 - x) \ldots (G_n - x),$$

habetur e valore adstructo ipsius $\Sigma \pm a_{1,1} a_{2,2} \ldots a_{n,n}$, mutato $A_\varkappa$ in $A_\varkappa - x$:

$$\Gamma = (G_1 - x)(G_2 - x) \ldots (G_n - x)$$
$$= (A_1 - x)(A_2 - x) \ldots (A_n - x) \left[1 + \sum_\varkappa \frac{a_\varkappa a_\varkappa + a'_\varkappa a'_\varkappa}{A_\varkappa - x} + \sum_{\varkappa,\lambda} \frac{(a_\varkappa a'_\lambda - a_\lambda a'_\varkappa)^2}{(A_\varkappa - x)(A_\lambda - x)} \right].$$

Unde determinantur G_1, G_2, ..., G_n ut radices aequationis:

$$0 = 1 + \sum_\varkappa \frac{a_\varkappa a_\varkappa + a'_\varkappa a'_\varkappa}{A_\varkappa - x} + \sum_{\varkappa,\lambda} \frac{(a_\varkappa a'_\lambda - a_\lambda a'_\varkappa)^2}{(A_\varkappa - x)(A_\lambda - x)}.$$

Porro statuimus §. 9, mutato $a_{\varkappa,\varkappa}$ in $a_{\varkappa,\varkappa} - G_m$, abire $b_{\varkappa,\lambda}$ in $B^{(m)}_{\varkappa,\lambda}$; unde casu nostro, mutato $A_\varkappa$ in $A_\varkappa - G_m$, e valoribus ipsius $b_{\varkappa,\varkappa}$, $b_{\varkappa,\lambda}$ adstructis habetur:

$$B^{(m)}_{\varkappa,\lambda} = -\frac{(A_1 - G_m) \ldots (A_n - G_m)}{(A_\varkappa - G_m)(A_\lambda - G_m)} \left[a_\varkappa a_\lambda + a'_\varkappa a'_\lambda + \sum_\mu \frac{(a_\varkappa a'_\mu - a'_\varkappa a_\mu)(a_\lambda a'_\mu - a'_\lambda a_\mu)}{A_\mu - G_m} \right].$$

Quae formula valet, sive diversi sive aequales sint numeri $\varkappa$, λ, cum, mutato $A_\varkappa$ in $A_\varkappa - G_m$, expressio $PP_{1,1} - P_1 P_1$ evanescat.

E valore ipsius $B_{\varkappa,\lambda}^{(m)}$ invento sequitur per (33) §. 9:

$$a_\varkappa^{(m)} a_\lambda^{(m)} = -\frac{(A_1 - G_m)\dots(A_n - G_m)}{(A_\varkappa - G_m)(A_\lambda - G_m)} \cdot \frac{a_\varkappa a_\lambda + a'_\varkappa a'_\lambda + \sum\limits_\mu \frac{(a_\varkappa a'_\mu - a'_\varkappa a_\mu)(a_\lambda a'_\mu - a'_\lambda a_\mu)}{A_\mu - G_m}}{(G_1 - G_m)(G_2 - G_m)\dots(G_n - G_m)},$$

quae et ipsa perinde valet formula, sive $\varkappa$, λ diversi, sive aequales sint. Qua formula, postquam quantitates G_m per resolutionem aequationis algebraicae adstructae determinatas habes, coëfficientes propositi determinantur.

Eadem manet methodus, si functio V praeter quadrata variabilium adhuc quadratis trium quarumlibet aut plurium functionum linearium variabilium constat.

16.

Sub finem breviter adhuc agamus de casu, quo functio V gaudet forma sequente:

$$V = A_1 x_1 x_1 + A_2 x_2 x_2 + \dots + A_n x_n x_n + 2x_n(a_1 x_1 + a_2 x_2 + \dots + a_{n-1} x_{n-1});$$

sive in ipsa V praeter quadrata variabilium tantum unius x_n producta in reliquas inveniuntur. Ad quam formam functionem V facile revocas, si pro $n-1$ variabilibus problema solutum accipis.

Ex aequatione §. 7, qua quantitates $w_\varkappa$ per $x_\varkappa$ exhibentur, habemus casu proposito:

$$w_\varkappa = A_\varkappa x_\varkappa + a_\varkappa x_n,$$
$$w_n = A_n x_n + a_1 x_1 + a_2 x_2 + \dots + a_{n-1} x_{n-1},$$

ubi numero $\varkappa$ tribuendi sunt valores $1, 2, \dots, n-1$. Hinc sequitur:

$$x_\varkappa = \frac{1}{A_\varkappa}[w_\varkappa - a_\varkappa x_n],$$

qua expressione in valore ipsius w_n substituta, et posito

$$Q = A_n - \frac{a_1 a_1}{A_1} - \frac{a_2 a_2}{A_2} - \dots - \frac{a_{n-1} a_{n-1}}{A_{n-1}},$$

determinatur x_n per quantitates $w_\varkappa$ ope aequationis:

$$Q x_n = w_n - \frac{a_1 w_1}{A_1} - \frac{a_2 w_2}{A_2} - \dots - \frac{a_{n-1} w_{n-1}}{A_{n-1}},$$

unde

$$Q x_\varkappa = \frac{Q}{A_\varkappa} \cdot w_\varkappa - \frac{a_\varkappa}{A_\varkappa}\left[w_n - \frac{a_1 w_1}{A_1} - \frac{a_2 w_2}{A_2} - \dots - \frac{a_{n-1} w_{n-1}}{A_{n-1}}\right].$$

Qua aequatione et antecedente comparatis cum ea, qua vice versa quantitates x_m per w_m exprimi statuimus:

$$(\Sigma\pm a_{1,1}a_{2,2}\dots a_{n,n})x_\varkappa = b_{\varkappa,1}w_1+b_{\varkappa,2}w_2+\dots+b_{\varkappa,n}w_n,$$

obtinetur per eandem ratiocinationem, qua supra usi sumus:

$$\begin{aligned}\Sigma\pm a_{1,1}a_{2,2}\dots a_{n,n} &= A_1A_2\dots A_{n-1}.Q\\ &= A_1A_2\dots A_{n-1}\left[A_n-\frac{a_1a_1}{A_1}-\frac{a_2a_2}{A_2}-\dots-\frac{a_{n-1}a_{n-1}}{A_{n-1}}\right].\\ b_{\varkappa,\lambda} &= \frac{A_1A_2\dots A_{n-1}}{A_\varkappa A_\lambda}.a_\varkappa a_\lambda;\\ b_{\varkappa,\varkappa} &= \frac{A_1A_2\dots A_{n-1}}{A_\varkappa}\left[Q+\frac{a_\varkappa a_\varkappa}{A_\varkappa}\right],\\ b_{\varkappa,n} &= -\frac{A_1A_2\dots A_{n-1}}{A_\varkappa}.a_\varkappa,\\ b_{n,n} &= A_1A_2\dots A_{n-1};\end{aligned}$$

ubi numeris $\varkappa$, λ valores conveniunt 1, 2, ..., $n-1$.

Ex his valoribus sequitur, mutato $a_{\varkappa,\varkappa}$ in $a_{\varkappa,\varkappa}-x$ sive $A_\varkappa$ in $A_\varkappa-x$:

$$\begin{aligned}\Gamma &= (G_1-x)(G_2-x)\dots(G_n-x)\\ &= (A_1-x)(A_2-x)\dots(A_{n-1}-x)\left[A_n-x-\frac{a_1a_1}{A_1-x}-\frac{a_2a_2}{A_2-x}-\dots-\frac{a_{n-1}a_{n-1}}{A_{n-1}-x}\right],\end{aligned}$$

unde sunt G_1, G_2, ..., G_n radices aequationis:

$$0 = A_n-x-\frac{a_1a_1}{A_1-x}-\frac{a_2a_2}{A_2-x}-\dots-\frac{a_{n-1}a_{n-1}}{A_{n-1}-x}.$$

Porro mutato $a_{\varkappa,\varkappa}$ in $a_{\varkappa,\varkappa}-G_m$ sive $A_\varkappa$ in $A_\varkappa-G_m$, prodeunt aequationes:

$$\begin{aligned}B^{(m)}_{\varkappa,\lambda} &= \frac{(A_1-G_m)(A_2-G_m)\dots(A_{n-1}-G_m)}{(A_\varkappa-G_m)(A_\lambda-G_m)}.a_\varkappa a_\lambda,\\ B^{(m)}_{\varkappa,n} &= -\frac{(A_1-G_m)(A_2-G_m)\dots(A_{n-1}-G_m)}{(A_\varkappa-G_m)}.a_\varkappa,\\ B^{(m)}_{n,n} &= (A_1-G_m)(A_2-G_m)\dots(A_{n-1}-G_m),\end{aligned}$$

in quarum prima $\varkappa$, λ sive iidem sive diversi statui possunt. De quibus fluunt sequentes:

$$\begin{aligned}\alpha^{(m)}_\varkappa\alpha^{(m)}_\lambda &= \frac{a_\varkappa a_\lambda}{(A_\varkappa-G_m)(A_\lambda-G_m)}.\frac{(A_1-G_m)(A_2-G_m)\dots(A_{n-1}-G_m)}{(G_1-G_m)(G_2-G_m)\dots(G_n-G_m)},\\ \alpha^{(m)}_\varkappa\alpha^{(m)}_n &= -\frac{a_\varkappa}{A_\varkappa-G_m}.\frac{(A_1-G_m)(A_2-G_m)\dots(A_{n-1}-G_m)}{(G_1-G_m)(G_2-G_m)\dots(G_n-G_m)},\\ \alpha^{(m)}_n\alpha^{(m)}_n &= \frac{(A_1-G_m)(A_2-G_m)\dots(A_{n-1}-G_m)}{(G_1-G_m)(G_2-G_m)\dots(G_n-G_m)}.\end{aligned}$$

Unde coëfficientes propositi fiunt:

$$\alpha_n^{(m)} = \sqrt{\frac{(A_1-G_m)(A_2-G_m)\ldots(A_{n-1}-G_m)}{(G_1-G_m)(G_2-G_m)\ldots(G_n-G_m)}},$$

$$\alpha_x^{(m)} = -\frac{a_x}{A_x-G_m}\sqrt{\frac{(A_1-G_m)(A_2-G_m)\ldots(A_{n-1}-G_m)}{(G_1-G_m)(G_2-G_m)\ldots(G_n-G_m)}}.$$

Quae sunt formulae satis concinnae.

De formulis illis sequitur etiam:

$$\alpha_x^{(m)} = -\frac{a_x\alpha_n^{(m)}}{A_x-G_m},$$

unde *substitutiones adhibendae, quarum ope fiat:*

$$A_1x_1x_1+A_2x_2x_2+\cdots+A_nx_nx_n+2x_n(a_1x_1+a_2x_2+\cdots+a_{n-1}x_{n-1})$$
$$= G_1y_1y_1+G_2y_2y_2+\cdots+G_ny_ny_n,$$

designantibus $G_1, G_2, \ldots, G_n$ *radices aequationis*

$$0 = A_n-x-\frac{a_1a_1}{A_1-x}-\frac{a_2a_2}{A_2-x}-\cdots-\frac{a_{n-1}a_{n-1}}{A_{n-1}-x},$$

hanc formam concinnam induunt:

$$y_m = -\alpha_n^{(m)}\left[\frac{a_1x_1}{A_1-G_m}+\frac{a_2x_2}{A_2-G_m}+\cdots+\frac{a_{n-1}x_{n-1}}{A_{n-1}-G_m}-x_n\right],$$

posito:

$$\alpha_n^{(m)} = \sqrt{\frac{(A_1-G_m)(A_2-G_m)\ldots(A_{n-1}-G_m)}{(G_1-G_m)(G_2-G_m)\ldots(G_n-G_m)}}.$$

Aequationem propositam, cuius radices sunt $G_1, G_2, \ldots, G_n$, vel ipso intuitu patet, radices omnes habere reales, easque singulas positas in intervallis seriei:

$$+\infty,\ A_1,\ A_2,\ \ldots,\ A_{n-1},\ -\infty,$$

siquidem statuitur

$$A_1 > A_2 > \cdots > A_{n-2} > A_{n-1}.$$

His transactis, iam demonstremus, quomodo per quantitates imaginarias in usum vocatas de quaestionibus propositis algebraicis deducatur transformatio singularis integralis multiplicis; quam sequente problemate proponemus.

Problema II.

„*Statuatur, inter* $n-1$ *variabiles* $\xi_1, \xi_2, \ldots, \xi_{n-1}$, *quarum summa quadratorum* $=1$, *aliasque* $v_1, v_2, \ldots, v_{n-1}$, *quarum summa quadratorum et*

„*ipsa* = 1, *locum habere aequationes huiusmodi:*

$$„v_1 = \frac{\alpha' - \alpha'_1\xi_1 - \alpha'_2\xi_2 - \cdots - \alpha'_{n-1}\xi_{n-1}}{\alpha - \alpha_1\xi_1 - \alpha_2\xi_2 - \cdots - \alpha_{n-1}\xi_{n-1}},$$

$$„v_2 = \frac{\alpha'' - \alpha''_1\xi_1 - \alpha''_2\xi_2 - \cdots - \alpha''_{n-1}\xi_{n-1}}{\alpha - \alpha_1\xi_1 - \alpha_2\xi_2 - \cdots - \alpha_{n-1}\xi_{n-1}},$$

$$\cdots\cdots\cdots\cdots\cdots\cdots$$

$$„v_{n-1} = \frac{\alpha^{(n-1)} - \alpha_1^{(n-1)}\xi_1 - \alpha_2^{(n-1)}\xi_2 - \cdots - \alpha_{n-1}^{(n-1)}\xi_{n-1}}{\alpha - \alpha_1\xi_1 - \alpha_2\xi_2 - \cdots - \alpha_{n-1}\xi_{n-1}};$$

„*sit porro W data functio quaelibet secundi ordinis variabilium* $\xi_1, \xi_2, \ldots, \xi_{n-1}$; „*proponitur, integrale* $(n-2)$-*tuplum*

$$„\int^{n-2} \frac{d\xi_1 d\xi_2 \ldots d\xi_{n-2}}{\xi_{n-1} W^{\frac{n-2}{2}}}$$

„*per dictas substitutiones transformare in aliud huiusmodi:*

$$„\int^{n-2} \frac{dv_1 dv_2 \ldots dv_{n-2}}{v_{n-1}[G - G_1 v_1 v_1 - G_2 v_2 v_2 - \cdots - G_{n-1} v_{n-1} v_{n-1}]^{\frac{n-2}{2}}}.“$$

17.

Supponamus, ipsi $\varkappa$ tributis valoribus $1, 2, \ldots, n-1$, in formulis antecedentis problematis esse:

$$(1) \qquad \frac{x_\varkappa}{x_n} = -i\xi_\varkappa, \quad \frac{y_\varkappa}{y_n} = iv_\varkappa,$$

ubi $i = \sqrt{-1}$. Unde formula

$$x_1 x_1 + x_2 x_2 + \cdots + x_n x_n = y_1 y_1 + y_2 y_2 + \cdots + y_n y_n$$

abit in hanc:

$$(2) \qquad 1 - \xi_1\xi_1 - \xi_2\xi_2 - \cdots - \xi_{n-1}\xi_{n-1} = \frac{y_n y_n}{x_n x_n}(1 - v_1 v_1 - v_2 v_2 - \cdots - v_{n-1} v_{n-1}).$$

Porro loco $\alpha_n^{(\varkappa)}$, $\alpha_\varkappa^{(n)}$, $\alpha_n^{(n)}$ scribamus $i\alpha^{(\varkappa)}$, $-i\alpha_\varkappa$, α; quo facto e formulis, quae de substitutionibus in problemate antecedente adhibitis fluunt,

$$\frac{y_\varkappa}{y_n} = \frac{\alpha_1^{(\varkappa)} x_1 + \alpha_2^{(\varkappa)} x_2 + \cdots + \alpha_n^{(\varkappa)} x_n}{\alpha_1^{(n)} x_1 + \alpha_2^{(n)} x_2 + \cdots + \alpha_n^{(n)} x_n},$$

$$\frac{x_\varkappa}{x_n} = \frac{\alpha'_\varkappa y_1 + \alpha''_\varkappa y_2 + \cdots + \alpha_\varkappa^{(n)} y_n}{\alpha'_n y_1 + \alpha''_n y_2 + \cdots + \alpha_n^{(n)} y_n},$$

habentur formulae:

$$(3)\quad \begin{cases} v_x = \dfrac{a^{(x)} - a_1^{(x)}\xi_1 - a_2^{(x)}\xi_2 - \cdots - a_{n-1}^{(x)}\xi_{n-1}}{a - a_1\xi_1 - a_2\xi_2 - \cdots - a_{n-1}\xi_{n-1}}, \\ \xi_x = \dfrac{a_x - a'_x v_1 - a''_x v_2 - \cdots - a_x^{(n-1)} v_{n-1}}{a - a' v_1 - a'' v_2 - \cdots - a^{(n-1)} v_{n-1}}; \end{cases}$$

nec non de hac:

$$\frac{y_n}{x_n} = \frac{a_1^{(n)} x_1 + a_2^{(n)} x_2 + \cdots + a_n^{(n)} x_n}{x_n} = \frac{y_n}{a'_n y_1 + a''_n y_2 + \cdots + a_n^{(n)} y_n}$$

fit:

$$(4)\quad \frac{y_n}{x_n} = a - a_1\xi_1 - a_2\xi_2 - \cdots - a_{n-1}\xi_{n-1} = \frac{1}{a - a' v_1 - a'' v_2 - \cdots - a^{(n-1)} v_{n-1}}.$$

Unde e (2) habetur:

$$1 - \xi_1\xi_1 - \xi_2\xi_2 - \cdots - \xi_{n-1}\xi_{n-1} = \frac{1 - v_1 v_1 - v_2 v_2 - \cdots - v_{n-1} v_{n-1}}{[a - a' v_1 - a'' v_2 - \cdots - a^{(n-1)} v_{n-1}]^2}.$$

Formulis (3) et variabiles $v_1, v_2, \ldots, v_{n-1}$ per $\xi_1, \xi_2, \ldots, \xi_{n-1}$ et hae per illas exprimuntur.

Porro, si etiam λ designat numeros $1, 2, \ldots, n-1$, loco $a_{x,\lambda}, a_{x,n}, a_{n,n}$ scribatur $-a_{x,\lambda}, ia_x, a$. Quo facto, si ponitur in problemate antecedente:

$$W = \frac{V}{x_n x_n} = a_{n,n} + \frac{2a_{1,n} x_1 + 2a_{2,n} x_2 + \cdots + 2a_{n-1,n} x_{n-1}}{x_n} + \frac{\sum_{x,\lambda} a_{x,\lambda} x_x x_\lambda}{x_n x_n}$$
$$= \frac{G_1 y_1 y_1 + G_2 y_2 y_2 + \cdots + G_n y_n y_n}{[a'_n y_1 + a''_n y_2 + \cdots + a_n^{(n)} y_n]^2},$$

hic habetur, ubi insuper loco G_n scribitur G:

$$(5)\quad \begin{cases} W = a + 2a_1\xi_1 + 2a_2\xi_2 + \cdots + 2a_{n-1}\xi_{n-1} + \sum_{x,\lambda} a_{x,\lambda}\xi_x\xi_\lambda \\ \quad = \dfrac{G - G_1 v_1 v_1 - G_2 v_2 v_2 - \cdots - G_{n-1} v_{n-1} v_{n-1}}{[a - a' v_1 - a'' v_2 - \cdots - a^{(n-1)} v_{n-1}]^2}. \end{cases}$$

Functionem W videmus esse expressionem secundi ordinis variabilium ξ_1, $\xi_2, \ldots, \xi_{n-1}$ maxime generalem, quippe quae nec terminis linearibus caret.

Per mutationes indicatas expressio

$$\Sigma \pm a_{1,1} a_{2,2} \ldots a_{n,n}$$

abit in hanc:

$$(-1)^{n-1} \Sigma \pm a a_{1,1} a_{2,2} \ldots a_{n-1,n-1}\ ^{*}),$$

*) In hac expressione formanda loco a scriptum putes $a_{0,0}$ atque indicem 0 spectes tamquam n^{tum} indicem.

de qua prodit Γ, si loco $a, a_{1,1}, a_{2,2}, \ldots, a_{n-1,n-1}$ ponitur:

$$a-x, \quad a_{1,1}+x, \quad a_{2,2}+x, \quad \ldots, \quad a_{n-1,n-1}+x.$$

Quibus statutis, e §. 8 fit

$$\Gamma = (G-x)(G_1-x)(G_2-x)\ldots(G_{n-1}-x), \tag{6}$$

sive determinantur $G, G_1, \ldots, G_{n-1}$ ut radices aequationis

$$\Gamma = 0.$$

Deinde e formulis (40), (41) §. 10 determinantur coëfficientium $\alpha^{(m)}, \alpha_1^{(m)}, \ldots, \alpha_{n-1}^{(m)}$ quadrata et producta binorum per formulas sequentes, in quibus m designat numeros $1, 2, \ldots, n-1$:

$$(7)\quad \begin{cases} 2\alpha_x^{(m)}\alpha_\lambda^{(m)} = -\dfrac{\partial G_m}{\partial a_{x,\lambda}}, & \alpha_x^{(m)}\alpha_x^{(m)} = -\dfrac{\partial G_m}{\partial a_{x,x}}, \\ 2\alpha^{(m)}\alpha_x^{(m)} = -\dfrac{\partial G_m}{\partial a_x}, & \alpha^{(m)}\alpha^{(m)} = -\dfrac{\partial G_m}{\partial a}, \\ 2\alpha_x\ \alpha_\lambda = \dfrac{\partial G}{\partial a_{x,\lambda}}, & \alpha_x\ \alpha_x = \dfrac{\partial G}{\partial a_{x,x}}, \\ \alpha\alpha = \dfrac{\partial G}{\partial a}. \end{cases}$$

De formula (17) §. 7 sequitur, per easdem substitutiones (3) obtineri etiam:

$$(8)\quad \begin{cases} W_1 = [a+a_1\xi_1+a_2\xi_2+\cdots+a_{n-1}\xi_{n-1}]^2 \\ \quad -[a_1+a_{1,1}\xi_1+a_{1,2}\xi_2+\cdots+a_{1,n-1}\xi_{n-1}]^2 \\ \quad \cdots\cdots\cdots\cdots\cdots\cdots \\ \quad -[a_{n-1}+a_{n-1,1}\xi_1+a_{n-1,2}\xi_2+\cdots+a_{n-1,n-1}\xi_{n-1}]^2 \\ \quad = \dfrac{GG-G_1G_1v_1v_1-G_2G_2v_2v_2-\cdots-G_{n-1}G_{n-1}v_{n-1}v_{n-1}}{[\alpha-\alpha'v_1-\alpha''v_2-\cdots-\alpha^{(n-1)}v_{n-1}]^2}. \end{cases}$$

Statuamus porro, in formulis problematis antecedentis loco $b_{x,\lambda}, b_{x,n}, b_{n,n}$ scribi $-b_{x,\lambda}, -ib_x, b$. Quo facto observo, ex aequationibus linearibus:

$$\begin{aligned} a\,u + a_1u_1 + \cdots + a_{n-1}u_{n-1} &= w, \\ a_1u + a_{1,1}u_1 + \cdots + a_{1,n-1}u_{n-1} &= w_1, \\ &\cdots\cdots\cdots \\ a_{n-1}u + a_{n-1,1}u_1 + \cdots + a_{n-1,n-1}u_{n-1} &= w_{n-1} \end{aligned}$$

sequi vice versa:

$$\begin{aligned} (-1)^{n-1}u\,\Sigma\pm aa_{1,1}a_{2,2}\ldots a_{n-1,n-1} &= b\,w + b_1w_1 + \cdots + b_{n-1}w_{n-1}, \\ (-1)^{n-1}u_1\Sigma\pm aa_{1,1}a_{2,2}\ldots a_{n-1,n-1} &= b_1w + b_{1,1}w_1 + \cdots + b_{1,n-1}w_{n-1}, \\ &\cdots\cdots\cdots \\ (-1)^{n-1}u_{n-1}\Sigma\pm aa_{1,1}a_{2,2}\ldots a_{n-1,n-1} &= b_{n-1}w + b_{n-1,1}w_1 + \cdots + b_{n-1,n-1}w_{n-1}. \end{aligned}$$

Hinc e formula (22) §. 7 obtinemus:

$$(9)\quad \begin{cases} W_2 = b-2b_1\xi_1-2b_2\xi_2-\cdots-2b_{n-1}\xi_{n-1}+\sum_{\varkappa,\lambda} b_{\varkappa,\lambda}\xi_\varkappa\xi_\lambda \\ = G_1G_2\ldots G_{n-1}\cdot\dfrac{1-\dfrac{Gv_1v_1}{G_1}-\dfrac{Gv_2v_2}{G_2}-\cdots-\dfrac{Gv_{n-1}v_{n-1}}{G_{n-1}}}{[a-a'v_1-a''v_2-\cdots-a^{(n-1)}v_{n-1}]^2}. \end{cases}$$

18.

Relationes inter coëfficientes propositos, quae de formulis §§. 4, 5 traditis derivantur, hae sunt:

$$(10)\quad \begin{cases} \alpha\alpha-\alpha'\alpha'-\alpha''\alpha''-\cdots-\alpha^{(n-1)}\alpha^{(n-1)} = +1, \\ \alpha_\varkappa\alpha_\varkappa-\alpha'_\varkappa\alpha'_\varkappa-\alpha''_\varkappa\alpha''_\varkappa-\cdots-\alpha^{(n-1)}_\varkappa\alpha^{(n-1)}_\varkappa = -1, \\ \alpha\alpha_\varkappa-\alpha'\alpha'_\varkappa-\alpha''\alpha''_\varkappa-\cdots-\alpha^{(n-1)}\alpha^{(n-1)}_\varkappa = 0, \\ \alpha_\varkappa\alpha_\lambda-\alpha'_\varkappa\alpha'_\lambda-\alpha''_\varkappa\alpha''_\lambda-\cdots-\alpha^{(n-1)}_\varkappa\alpha^{(n-1)}_\lambda = 0; \end{cases}$$

porro:

$$(11)\quad \begin{cases} \alpha\alpha-\alpha_1\alpha_1-\alpha_2\alpha_2-\cdots-\alpha_{n-1}\alpha_{n-1} = +1, \\ \alpha^{(\varkappa)}\alpha^{(\varkappa)}-\alpha^{(\varkappa)}_1\alpha^{(\varkappa)}_1-\alpha^{(\varkappa)}_2\alpha^{(\varkappa)}_2-\cdots-\alpha^{(\varkappa)}_{n-1}\alpha^{(\varkappa)}_{n-1} = -1, \\ \alpha\alpha^{(\varkappa)}-\alpha_1\alpha^{(\varkappa)}_1-\alpha_2\alpha^{(\varkappa)}_2-\cdots-\alpha_{n-1}\alpha^{(\varkappa)}_{n-1} = 0, \\ \alpha^{(\varkappa)}\alpha^{(\lambda)}-\alpha^{(\varkappa)}_1\alpha^{(\lambda)}_1-\alpha^{(\varkappa)}_2\alpha^{(\lambda)}_2-\cdots-\alpha^{(\varkappa)}_{n-1}\alpha^{(\lambda)}_{n-1} = 0. \end{cases}$$

Sit porro

$$\Sigma\pm\alpha\alpha'_1\alpha''_2\ldots\alpha^{(n-1)}_{n-1} = A,$$

invenitur

$$(12)\qquad A = \pm 1,$$

ac generaliter

$$(13)\qquad A\Sigma\pm\alpha\alpha'_1\ldots\alpha^{(m-1)}_{m-1} = \pm\Sigma\pm\alpha^{(m)}_m\alpha^{(m+1)}_{m+1}\ldots\alpha^{(n-1)}_{n-1}.$$

In qua formula si loco α, $\alpha^{(\varkappa)}$, $\alpha_\varkappa$ scriptum putas $\alpha^{(0)}_0$, $\alpha^{(\varkappa)}_0$, $\alpha^{(0)}_\varkappa$, permutando omnibus modis indices 0, 1, 2, ..., $n-1$ et pro m ponendo varios valores, permultas alias formulas obtines. In quibus signum anceps $\pm$, signo summatorio praefixum, fit $+$, si termini alterius summae solis coëfficientibus $\alpha^{(\varkappa)}_\lambda$ constant, fit illud $-$, si in terminis alterius summae invenitur coëfficiens huiusmodi $\alpha^{(\varkappa)}_0$, in terminis alterius coëfficiens $\alpha^{(0)}_\varkappa$; ipsis $\varkappa$, λ semper designantibus numeros 1, 2, ..., $n-1$.

Addimus, e relationibus appositis sequi, quoties dentur aequationes lineares:

$$\begin{aligned}
u &= \alpha w - \alpha' w_1 - \alpha'' w_2 - \cdots - \alpha^{(n-1)} w_{n-1},\\
u_1 &= \alpha_1 w - \alpha_1' w_1 - \alpha_1'' w_2 - \cdots - \alpha_1^{(n-1)} w_{n-1},\\
&\dots\dots\dots\dots\\
u_{n-1} &= \alpha_{n-1} w - \alpha_{n-1}' w_1 - \alpha_{n-1}'' w_2 - \cdots - \alpha_{n-1}^{(n-1)} w_{n-1},
\end{aligned}$$

fieri vice versa:

$$\begin{aligned}
w &= \alpha u - \alpha_1 u_1 - \alpha_2 u_2 - \cdots - \alpha_{n-1} u_{n-1},\\
w_1 &= \alpha' u - \alpha_1' u_1 - \alpha_2' u_2 - \cdots - \alpha_{n-1}' u_{n-1},\\
&\dots\dots\dots\dots\\
w_{n-1} &= \alpha^{(n-1)} u - \alpha_1^{(n-1)} u_1 - \alpha_2^{(n-1)} u_2 - \cdots - \alpha_{n-1}^{(n-1)} u_{n-1},
\end{aligned}$$

simulque esse

$$uu - u_1 u_1 - u_2 u_2 - \cdots - u_{n-1} u_{n-1} = ww - w_1 w_1 - w_2 w_2 - \cdots - w_{n-1} w_{n-1}.$$

19.

Substitutionem propositam iam transformandis integralibus adhibeamus. Eum in finem consideremus $\xi_1, \xi_2, \ldots, \xi_{n-2}$ atque $v_1, v_2, \ldots, v_{n-2}$ ut variabiles independentes, de quibus respective ξ_{n-1}, v_{n-1} per aequationes

$$\xi_1^2+\xi_2^2+\cdots+\xi_{n-1}^2 = 1, \qquad v_1^2+v_2^2+\cdots+v_{n-1}^2 = 1$$

pendeant. Ac primum posito

$$d\xi_1 d\xi_2 \ldots d\xi_{n-2} = M . dv_1 dv_2 \ldots dv_{n-2},$$

quaeramus valorem ipsius M. In exemplis, quae olim tractavi, casibus $n = 3$, $n = 4$, in commentationibus citatis inveni:

$$M = \frac{1}{\alpha - \alpha' v_1 - \alpha'' v_2} \cdot \frac{\xi_2}{v_2},$$

$$M = \frac{1}{[\alpha - \alpha' v_1 - \alpha'' v_2 - \alpha''' v_3]^2} \cdot \frac{\xi_3}{v_3},$$

unde facile coniicis, fore casu nostro generali:

$$M = \frac{1}{[\alpha - \alpha' v_1 - \alpha'' v_2 - \cdots - \alpha^{(n-1)} v_{n-1}]^{n-2}} \cdot \frac{\xi_{n-1}}{v_{n-1}}.$$

At demonstratio ea generalitate non ita facilis est. Cuius in gratiam theoremata quaedam generalia antemittam, quorum demonstrationem brevitatis causa supprimo.

Sint $\xi_1, \xi_2, \ldots, \xi_{n-2}$ datae functiones quaelibet variabilium $v_1, v_2, \ldots, v_{n-2}$, habetur:

$$d\xi_1 d\xi_2 \ldots d\xi_{n-2} = \left(\Sigma \pm \frac{\partial \xi_1}{\partial v_1} \frac{\partial \xi_2}{\partial v_2} \cdots \frac{\partial \xi_{n-2}}{\partial v_{n-2}}\right) dv_1 dv_2 \ldots dv_{n-2},$$

in summa assignata omnimodis permutatis functionum ξ indicibus, ac singulis terminis praefixis signis per notam regulam alternantibus. Quam notationem expressionibus similibus in sequentibus sine ulteriore explicatione adhibebo. Spectemus iam $\xi_1, \xi_2, \ldots, \xi_{n-2}$ ut functiones variabilium $v_1, v_2, \ldots, v_{n-1}$, ubi nova variabilis v_{n-1} a reliquis pendet per aequationem

$$F(\xi_1, \xi_2, \ldots, \xi_{n-1}) = 0,$$

designante ξ_{n-1} et ipsa novam functionem datam variabilium $v_1, v_2, \ldots, v_{n-1}$. Hinc in expressione

$$\Sigma \pm \frac{\partial \xi_1}{\partial v_1} \frac{\partial \xi_2}{\partial v_2} \cdots \frac{\partial \xi_{n-2}}{\partial v_{n-2}}$$

loco $\frac{\partial \xi_m}{\partial v_x}$ ponendum est:

$$\frac{\partial \xi_m}{\partial v_x} + \frac{\partial \xi_m}{\partial v_{n-1}} \cdot \frac{\partial v_{n-1}}{\partial v_x} = \frac{\partial \xi_m}{\partial v_x} - \frac{\partial \xi_m}{\partial v_{n-1}} \cdot \frac{\frac{\partial F}{\partial v_x}}{\frac{\partial F}{\partial v_{n-1}}},$$

ubi habetur:

$$\frac{\partial F}{\partial v_x} = \frac{\partial F}{\partial \xi_1} \cdot \frac{\partial \xi_1}{\partial v_x} + \frac{\partial F}{\partial \xi_2} \cdot \frac{\partial \xi_2}{\partial v_x} + \cdots + \frac{\partial F}{\partial \xi_{n-1}} \cdot \frac{\partial \xi_{n-1}}{\partial v_x}.$$

Qua facta substitutione, expressio illa abit in hanc,

$$\frac{\frac{\partial F}{\partial \xi_{n-1}}}{\frac{\partial F}{\partial v_{n-1}}} \Sigma \pm \frac{\partial \xi_1}{\partial v_1} \frac{\partial \xi_2}{\partial v_2} \cdots \frac{\partial \xi_{n-1}}{\partial v_{n-1}};$$

sive habetur

Theorema 1.

Datis $\xi_1, \xi_2, \ldots, \xi_{n-1}$ ut functionibus ipsarum $v_1, v_2, \ldots, v_{n-1}$, si inter variabiles illas datur aequatio

$$F(\xi_1, \xi_2, \ldots, \xi_{n-1}) = 0,$$

erit:

$$\frac{d\xi_1 \, d\xi_2 \ldots d\xi_{n-2}}{\frac{\partial F}{\partial \xi_{n-1}}} = \left(\Sigma \pm \frac{\partial \xi_1}{\partial v_1} \frac{\partial \xi_2}{\partial v_2} \cdots \frac{\partial \xi_{n-1}}{\partial v_{n-1}} \right) \cdot \frac{dv_1 \, dv_2 \ldots dv_{n-2}}{\frac{\partial F}{\partial v_{n-1}}}.$$

Addo, propositis inter variabiles duabus aequationibus, haberi theorema simile:

Theorema 2.

Datis $\xi_1, \xi_2, \ldots, \xi_n$ ut functionibus ipsarum $v_1, v_2, \ldots, v_n$, si inter *variabiles illas proponuntur duae aequationes:*

$$F(\xi_1, \xi_2, \ldots, \xi_n) = 0, \qquad \Phi(\xi_1, \xi_2, \ldots, \xi_n) = 0,$$

erit:

$$\frac{d\xi_1\, d\xi_2 \ldots d\xi_{n-2}}{\frac{\partial F}{\partial \xi_{n-1}}\frac{\partial \Phi}{\partial \xi_n} - \frac{\partial F}{\partial \xi_n}\frac{\partial \Phi}{\partial \xi_{n-1}}} = \left(\Sigma \pm \frac{\partial \xi_1}{\partial v_1}\frac{\partial \xi_2}{\partial v_2} \cdots \frac{\partial \xi_n}{\partial v_n}\right) \frac{dv_1\, dv_2 \ldots dv_{n-2}}{\frac{\partial F}{\partial v_{n-1}}\frac{\partial \Phi}{\partial v_n} - \frac{\partial F}{\partial v_n}\frac{\partial \Phi}{\partial v_{n-1}}}.$$

Et facile patet, quomodo haec ulterius continuentur.

Fingamus, in theoremate 1. loco $n-1$ variabilium $\xi_1, \xi_2, \ldots, \xi_{n-1}$ poni n variabiles $x_1, x_2, \ldots, x_n$, loco $n-1$ variabilium $v_1, v_2, \ldots, v_{n-1}$ n variabiles $y_1, y_2, \ldots, y_n$. Sint porro inter utrasque variabiles datae aequationes in Problemate I. propositae. Quibus statutis fit e theoremate illo, advocata (7) §. 5:

$$\frac{dx_1\, dx_2 \ldots dx_{n-1}}{\frac{\partial F}{\partial x_n}} = (\Sigma \pm \alpha_1' \alpha_2'' \ldots \alpha_n^{(n)}) \frac{dy_1\, dy_2 \ldots dy_{n-1}}{\frac{\partial F}{\partial y_n}} = \frac{dy_1\, dy_2 \ldots dy_{n-1}}{\frac{\partial F}{\partial y_n}}.$$

Sit

$$F = x_1 x_1 + x_2 x_2 + \cdots + x_n x_n - 1 = y_1 y_1 + y_2 y_2 + \cdots + y_n y_n - 1,$$

unde

$$\frac{\partial F}{\partial x_n} = 2x_n, \qquad \frac{\partial F}{\partial y_n} = 2y_n;$$

habetur theorema sequens:

Theorema 3.

Quoties fit per substitutiones lineares, inter variabiles $x_1, x_2, \ldots, x_n$ atque $y_1, y_2, \ldots, y_n$ propositas:

$$x_1 x_1 + x_2 x_2 + \cdots + x_n x_n = y_1 y_1 + y_2 y_2 + \cdots + y_n y_n,$$

simulque inter variabiles illas datur aequatio

$$1 = x_1 x_1 + x_2 x_2 + \cdots + x_n x_n = y_1 y_1 + y_2 y_2 + \cdots + y_n y_n,$$

fit:

$$\frac{dx_1\, dx_2 \ldots dx_{n-1}}{x_n} = \frac{dy_1\, dy_2 \ldots dy_{n-1}}{y_n}.$$

Quo infra utemur theoremate.

20.

His theoremata addi debent sequentia.

Theorema 4.

Supponamus, $\xi_1, \xi_2, \ldots, \xi_{n-1}$ datas esse sub forma fractionum

$$\xi_1 = \frac{u_1}{u}, \quad \xi_2 = \frac{u_2}{u}, \quad \ldots, \quad \xi_{n-1} = \frac{u_{n-1}}{u},$$

fit:

$$\Sigma\pm\frac{\partial\xi_1}{\partial v_1}\frac{\partial\xi_2}{\partial v_2}\cdots\frac{\partial\xi_{n-1}}{\partial v_{n-1}}=\frac{1}{u^n}\cdot\Sigma\pm u\frac{\partial u_1}{\partial v_1}\frac{\partial u_2}{\partial v_2}\cdots\frac{\partial u_{n-1}}{\partial v_{n-1}},$$

ubi in altera summa inter indices permutandos etiam referri debet index 0 *seu index deficiens.*

Si in theoremate antecedente functiones $u, u_1, u_2, \ldots, u_{n-1}$ per eandem functionem t dividuntur, valores ipsarum $\xi_1, \xi_2, \ldots, \xi_{n-1}$ inde non mutantur, neque igitur valor expressionis

$$\Sigma\pm\frac{\partial\xi_1}{\partial v_1}\frac{\partial\xi_2}{\partial v_2}\cdots\frac{\partial\xi_{n-1}}{\partial v_{n-1}}=\frac{1}{u^n}\cdot\Sigma\pm u\frac{\partial u_1}{\partial v_1}\frac{\partial u_2}{\partial v_2}\cdots\frac{\partial u_{n-1}}{\partial v_{n-1}}.$$

Unde deducis

Theorema 5.

Si loco functionum $u, u_1, u_2, \ldots, u_{n-1}$ *ponitur* $\frac{u}{t}, \frac{u_1}{t}, \frac{u_2}{t}, \ldots, \frac{u_{n-1}}{t}$, *designante* t *aliam functionem quamlibet, expressio*

$$\Sigma\pm u\frac{\partial u_1}{\partial v_1}\frac{\partial u_2}{\partial v_2}\cdots\frac{\partial u_{n-1}}{\partial v_{n-1}}$$

abit in

$$\frac{1}{t^n}\Sigma\pm u\frac{\partial u_1}{\partial v_1}\frac{\partial u_2}{\partial v_2}\cdots\frac{\partial u_{n-1}}{\partial v_{n-1}},$$

sive in differentiationibus instituendis denominatorem communem t *ut constantem considerare licet.*

Theorema 5. iam olim casu $n=3$ demonstravi (*Comm. III de integr. dupl.* Diar. Crell. vol. X, p. 101. — cf. h. vol. p. 161). Theoremate generali infra utemur. Postremo hoc unum addam.

Theorema 6.

Sint $u, u_1, u_2, \ldots, u_{n-1}$ *expressiones lineares aliarum functionum* $w, w_1, w_2, \ldots, w_{n-1}$, *datae per aequationes huiusmodi:*

$$u_x = \alpha_x w+\alpha'_x w_1+\alpha''_x w_2+\cdots+\alpha_x^{(n-1)}w_{n-1},$$

fit:

$$\Sigma\pm u\frac{\partial u_1}{\partial v_1}\frac{\partial u_2}{\partial v_2}\cdots\frac{\partial u_{n-1}}{\partial v_{n-1}}=(\Sigma\pm\alpha\alpha'_1\alpha''_2\ldots\alpha_{n-1}^{(n-1)})\left(\Sigma\pm w\frac{\partial w_1}{\partial v_1}\frac{\partial w_2}{\partial v_2}\cdots\frac{\partial w_{n-1}}{\partial v_{n-1}}\right).$$

Observo, si functiones propositae essent n variabilium $v, v_1, v_2, \ldots, v_{n-1}$, haberi similiter:

$$\Sigma\pm\frac{\partial u}{\partial v}\frac{\partial u_1}{\partial v_1}\cdots\frac{\partial u_{n-1}}{\partial v_{n-1}}=(\Sigma\pm\alpha\alpha'_1\alpha''_2\ldots\alpha_{n-1}^{(n-1)})\left(\Sigma\pm\frac{\partial w}{\partial v}\frac{\partial w_1}{\partial v_1}\cdots\frac{\partial w_{n-1}}{\partial v_{n-1}}\right).$$

21.

Applicemus iam theoremata antecedentia ad substitutionem supra propositam:

$$\xi_x = \frac{\alpha_x - \alpha'_x v_1 - \alpha''_x v_2 - \cdots - \alpha_x^{(n-1)} v_{n-1}}{\alpha - \alpha' v_1 - \alpha'' v_2 - \cdots - \alpha^{(n-1)} v_{n-1}};$$

in qua supponamus:

$$\xi_1 \xi_1 + \xi_2 \xi_2 + \cdots + \xi_{n-1} \xi_{n-1} = 1,$$

unde e formula §. 17 tradita

$$\xi_1 \xi_1 + \xi_2 \xi_2 + \cdots + \xi_{n-1} \xi_{n-1} - 1 = \frac{v_1 v_1 + v_2 v_2 + \cdots + v_{n-1} v_{n-1} - 1}{[\alpha - \alpha' v_1 - \alpha'' v_2 - \cdots - \alpha^{(n-1)} v_{n-1}]^2}$$

fit etiam:

$$v_1 v_1 + v_2 v_2 + \cdots + v_{n-1} v_{n-1} = 1.$$

Statuamus igitur:

$$F = \xi_1 \xi_1 + \xi_2 \xi_2 + \cdots + \xi_{n-1} \xi_{n-1} - 1 = \frac{v_1 v_1 + v_2 v_2 + \cdots + v_{n-1} v_{n-1} - 1}{[\alpha - \alpha' v_1 - \alpha'' v_2 - \cdots - \alpha^{(n-1)} v_{n-1}]^2},$$

unde

$$\frac{\partial F}{\partial \xi_{n-1}} = 2\xi_{n-1}, \qquad \frac{\partial F}{\partial v_{n-1}} = \frac{2 v_{n-1}}{[\alpha - \alpha' v_1 - \alpha'' v_2 - \cdots - \alpha^{(n-1)} v_{n-1}]^2}.$$

Hinc nanciscimur e theor. 1.:

$$\frac{d\xi_1 \, d\xi_2 \ldots d\xi_{n-2}}{\xi_{n-1}} = \left(\Sigma \pm \frac{\partial \xi_1}{\partial v_1} \frac{\partial \xi_2}{\partial v_2} \cdots \frac{\partial \xi_{n-1}}{\partial v_{n-1}} \right) \frac{u^2 dv_1 \, dv_2 \ldots dv_{n-2}}{v_{n-1}},$$

siquidem ponitur:

$$u = \alpha - \alpha' v_1 - \alpha'' v_2 - \cdots - \alpha^{(n-1)} v_{n-1}.$$

Sit generaliter:

$$u_x = \alpha_x - \alpha'_x v_1 - \alpha''_x v_2 - \cdots - \alpha_x^{(n-1)} v_{n-1},$$

ideoque

$$\xi_x = \frac{u_x}{u};$$

habetur e theor. 4.:

$$\frac{d\xi_1 \, d\xi_2 \ldots d\xi_{n-2}}{\xi_{n-1}} = \left(\Sigma \pm u \frac{\partial u_1}{\partial v_1} \frac{\partial u_2}{\partial v_2} \cdots \frac{\partial u_{n-1}}{\partial v_{n-1}} \right) \frac{dv_1 \, dv_2 \ldots dv_{n-2}}{u^{n-2} v_{n-1}}.$$

Jam si in theor. 6. ponimus:

$$w = 1, \quad w_1 = -v_1, \quad w_2 = -v_2, \quad \ldots, \quad w_{n-1} = -v_{n-1},$$

fit

$$\Sigma \pm w \frac{\partial w_1}{\partial v_1} \frac{\partial w_2}{\partial v_2} \cdots \frac{\partial w_{n-1}}{\partial v_{n-1}} = (-1)^{n-1},$$

unde e theor. illo, advocata (12), prodit:

$$\Sigma \pm u \frac{\partial u_1}{\partial v_1} \frac{\partial u_2}{\partial v_2} \cdots \frac{\partial u_{n-1}}{\partial v_{n-1}} = (-1)^{n-1} \Sigma \pm a a'_1 a''_2 \ldots a^{(n-1)}_{n-1} = 1.$$

Hinc habetur formula, quam demonstrandam proposuimus,

$$\frac{d\xi_1 d\xi_2 \ldots d\xi_{n-2}}{\xi_{n-1}} = \frac{dv_1 dv_2 \ldots dv_{n-2}}{u^{n-2} v_{n-1}}.$$

Cuius ope habetur e (5), (8), (9) §. 17:

$$\int^{n-2} \frac{d\xi_1 d\xi_2 \ldots d\xi_{n-2}}{\xi_{n-1} W^{\frac{n-2}{2}}} = \int^{n-2} \frac{dv_1 dv_2 \ldots dv_{n-2}}{v_{n-1}[G - G_1 v_1 v_1 - G_2 v_2 v_2 - \cdots - G_{n-1} v_{n-1} v_{n-1}]^{\frac{n-2}{2}}},$$

$$\int^{n-2} \frac{d\xi_1 d\xi_2 \ldots d\xi_{n-2}}{\xi_{n-1} W_1^{\frac{n-2}{2}}} = \int^{n-2} \frac{dv_1 dv_2 \ldots dv_{n-2}}{v_{n-1}[G^2 - G_1^2 v_1 v_1 - G_2^2 v_2 v_2 - \cdots - G_{n-1}^2 v_{n-1} v_{n-1}]^{\frac{n-2}{2}}},$$

$$\int^{n-2} \frac{d\xi_1 d\xi_2 \ldots d\xi_{n-2}}{\xi_{n-1} W_2^{\frac{n-2}{2}}}$$

$$= \frac{1}{[G G_1 G_2 \ldots G_{n-1}]^{\frac{n-2}{2}}} \int^{n-2} \frac{dv_1 dv_2 \ldots dv_{n-2}}{v_{n-1}\left[\frac{1}{G} - \frac{v_1 v_1}{G_1} - \frac{v_2 v_2}{G_2} - \cdots - \frac{v_{n-1} v_{n-1}}{G_{n-1}}\right]^{\frac{n-2}{2}}}.$$

Quarum formularum prima est transformatio proposita.

22.

Addam pauca, quae ad naturam substitutionis propositae melius perspiciendam facere possunt. Introducamus enim loco variabilium $\xi_1, \xi_2, \ldots, \xi_{n-1}$ alias $x, x_1, x_2, \ldots, x_{n-2}$, quae ab illis pendeant per aequationes lineares huiusmodi:

$$x_m = c_1^{(m)} \xi_1 + c_2^{(m)} \xi_2 + \cdots + c_{n-1}^{(m)} \xi_{n-1},$$

statutis inter coëfficientes $c_x^{(m)}$ relationibus talibus, ut fiat:

$$xx + x_1 x_1 + \cdots + x_{n-2} x_{n-2} = \xi_1 \xi_1 + \xi_2 \xi_2 + \cdots + \xi_{n-1} \xi_{n-1} = 1,$$

quas relationes e problemate primo ut notas supponemus.

Sit porro:

$$a_1 = Mc_1, \quad a_2 = Mc_2, \quad \ldots, \quad a_{n-1} = Mc_{n-1},$$

ubi poni debet:

$$MM = a_1 a_1 + a_2 a_2 + \cdots + a_{n-1} a_{n-1} = aa - 1;$$

unde fit:

$$a - a_1 \xi_1 - a_2 \xi_2 - \cdots - a_{n-1} \xi_{n-1} = a - Mx.$$

E formula

$$\xi_p = \frac{\alpha_p - \alpha'_p v_1 - \alpha''_p v_2 - \cdots - \alpha_p^{(n-1)} v_{n-1}}{\alpha - \alpha' v_1 - \alpha'' v_2 - \cdots - \alpha^{(n-1)} v_{n-1}},$$

statuto

$$C_m^{(\varkappa)} = c_1^{(m)} \alpha_1^{(\varkappa)} + c_2^{(m)} \alpha_2^{(\varkappa)} + \cdots + c_{n-1}^{(m)} \alpha_{n-1}^{(\varkappa)},$$

sequitur:

$$x_m = \frac{C_m - C'_m v_1 - C''_m v_2 - \cdots - C_m^{(n-1)} v_{n-1}}{\alpha - \alpha' v_1 - \alpha'' v_2 - \cdots - \alpha^{(n-1)} v_{n-1}}.$$

Fit autem:

$$C = c_1 \alpha_1 + c_2 \alpha_2 + \cdots + c_{n-1} \alpha_{n-1} = M(c_1 c_1 + c_2 c_2 + \cdots + c_{n-1} c_{n-1}),$$

sive

$$C = M;$$

porro, si $\varkappa$ non $= 0$,

$$C^{(\varkappa)} = c_1 \alpha_1^{(\varkappa)} + c_2 \alpha_2^{(\varkappa)} + \cdots + c_{n-1} \alpha_{n-1}^{(\varkappa)} = \frac{1}{M} (\alpha_1 \alpha_1^{(\varkappa)} + \alpha_2 \alpha_2^{(\varkappa)} + \cdots + \alpha_{n-1} \alpha_{n-1}^{(\varkappa)}),$$

sive e (11):

$$C^{(\varkappa)} = \frac{\alpha \alpha^{(\varkappa)}}{M};$$

porro, si m non $= 0$,

$$C_m = c_1^{(m)} \alpha_1 + c_2^{(m)} \alpha_2 + \cdots + c_{n-1}^{(m)} \alpha_{n-1} = M[c_1^{(m)} c_1 + c_2^{(m)} c_2 + \cdots + c_{n-1}^{(m)} c_{n-1}],$$

sive

$$C_m = 0.$$

Hinc fit

$$C - C' v_1 - C'' v_2 - \cdots - C^{(n-1)} v_{n-1} = \frac{\alpha}{M} \left[\frac{MM}{\alpha} - \alpha' v_1 - \alpha'' v_2 - \cdots - \alpha^{(n-1)} v_{n-1} \right],$$

ideoque

$$x = \frac{\alpha}{M} \cdot \frac{\frac{MM}{\alpha} - \alpha' v_1 - \alpha'' v_2 - \cdots - \alpha^{(n-1)} v_{n-1}}{\alpha - \alpha' v_1 - \alpha'' v_2 - \cdots - \alpha^{(n-1)} v_{n-1}},$$

sive

$$1 + x = \frac{\alpha + M}{M} \cdot \frac{M - \alpha' v_1 - \alpha'' v_2 - \cdots - \alpha^{(n-1)} v_{n-1}}{\alpha - \alpha' v_1 - \alpha'' v_2 - \cdots - \alpha^{(n-1)} v_{n-1}}.$$

Introducamus etiam in locum variabilium $v_1, v_2, \ldots, v_{n-1}$ variabiles novas $y, y_1, y_2, \ldots, y_{n-2}$, quae ab iis pendeant per aequationes huiusmodi:

$$-y_m = C'_m v_1 + C''_m v_2 + \cdots + C_m^{(n-1)} v_{n-1},$$

in quibus loco m ponendum $1, 2, \ldots, n-2$; quibus pro $m = 0$ addenda aequatio:

$$-y = \frac{1}{M} [\alpha' v_1 + \alpha'' v_2 + \cdots + \alpha^{(n-1)} v_{n-1}].$$

His statutis, fit

$$x = \frac{M+\alpha y}{\alpha + My} \quad \text{sive} \quad 1+x = (\alpha + M)\frac{1+y}{\alpha + My};$$

porro, si m designat numeros $1, 2, \ldots, n-2$, cum sit $C_m = 0$:

$$x_m = \frac{y_m}{\alpha + My},$$

ideoque

$$\frac{x_m}{1+x} = \frac{1}{\alpha + M} \cdot \frac{y_m}{1+y}.$$

Fit porro:

$$1 = xx + x_1 x_1 + \cdots + x_{n-2} x_{n-2} = \frac{(M+\alpha y)^2 + y_1 y_1 + \cdots + y_{n-2} y_{n-2}}{(\alpha + My)^2},$$

ideoque, cum sit $\alpha\alpha - MM = 1$,

$$0 = 1 - yy - y_1 y_1 - \cdots - y_{n-2} y_{n-2}.$$

Variabiles $\xi_1, \xi_2, \ldots, \xi_{n-1}$ et variabiles $v_1, v_2, \ldots, v_{n-1}$, quae aequationibus satisfaciunt

$$\xi_1 \xi_1 + \xi_2 \xi_2 + \cdots + \xi_{n-1} \xi_{n-1} = 1,$$
$$v_1 v_1 + v_2 v_2 + \cdots + v_{n-1} v_{n-1} = 1,$$

substitutionibus propositis exhibebantur aliae per alias ope *fractionum linearium*, si ita vocare licet fractiones, quae denominatore et numeratore linearibus gaudent. Jam si in locum variabilium illarum per substitutiones lineares *integras* aliae introducuntur $x, x_1, \ldots, x_{n-2}$ et $y, y_1, \ldots, y_{n-2}$, quae et ipsae satisfaciant aequationibus:

$$xx + x_1 x_1 + \cdots + x_{n-2} x_{n-2} = 1,$$
$$yy + y_1 y_1 + \cdots + y_{n-2} y_{n-2} = 1,$$

demonstratum est antecedentibus, substitutiones illas semper tales statui posse, ut relationes, quibus variabiles novae aliae per alias determinantur, hanc induant formam simplicem et elegantem:

$$\frac{x_1}{1+x} = \mu \cdot \frac{y_1}{1+y}, \quad \frac{x_2}{1+x} = \mu \cdot \frac{y_2}{1+y}, \quad \ldots, \quad \frac{x_{n-2}}{1+x} = \mu \cdot \frac{y_{n-2}}{1+y};$$

designante $\mu = \frac{1}{\alpha + M}$ factorem constantem. Idem casu $n=4$ in commentatione citata (Diar. Crell. vol. VIII, p. 253, 321. — Conf. h. vol. p. 93) demonstratum invenis. Casu $n=3$ formulam similem dedit Cl. Gaufs in comm. *determinatio attract.*

23.

Adhibitis substitutionibus, de quibus problemate *primo* actum est, functioni W formam conciliare licet simpliciorem, de qua producta e binis variabilibus conflata abierunt,

$$W = A + A_1\xi_1\xi_1 + A_2\xi_2\xi_2 + \cdots + A_{n-1}\xi_{n-1}\xi_{n-1} + 2a_1\xi_1 + 2a_2\xi_2 + \cdots + 2a_{n-1}\xi_{n-1}.$$

Quae expressio prodit ex expressione ipsius V, §. 16 proposita,

$$V = A_1x_1x_1 + A_2x_2x_2 + \cdots + A_nx_nx_n + 2x_n(a_1x_1 + a_2x_2 + \cdots + a_{n-1}x_{n-1}),$$

si in fractione $\frac{V}{x_nx_n}$ ponitur rursus

$$\frac{x_x}{x_n} = -i\xi_x,$$

porro loco $A_1, A_2, \ldots, A_{n-1}$ scribitur $-A_1, -A_2, \ldots, -A_{n-1}$; loco $a_1, a_2, \ldots, a_{n-1}$ autem $ia_1, ia_2, \ldots, ia_{n-1}$; denique A loco A_n. Quo facto, e formulis §. 16 traditis sequitur, si rursus G scribimus loco G_n:

$$\frac{(x-G)(x-G_1)\ldots(x-G_{n-1})}{(A_1+x)(A_2+x)\ldots(A_{n-1}+x)} = x - A + \frac{a_1a_1}{x+A_1} + \frac{a_2a_2}{x+A_2} + \cdots + \frac{a_{n-1}a_{n-1}}{x+A_{n-1}};$$

sive $G, G_1, \ldots, G_{n-1}$ esse radices aequationis:

$$0 = x - A + \frac{a_1a_1}{x+A_1} + \frac{a_2a_2}{x+A_2} + \cdots + \frac{a_{n-1}a_{n-1}}{x+A_{n-1}}.$$

Haec aequatio certe $n-2$ radices reales habet, easque singulas positas in intervallis seriei

$$-A_1,\ -A_2,\ \ldots,\ -A_{n-1},$$

siquidem

$$A_1 > A_2 > \cdots > A_{n-1}.$$

Reliquae duae radices aut imaginariae aut reales erunt, eaeque, ubi reales sunt, utraque simul aut inter $-\infty$ et $-A_1$, aut inter $-A_{n-1}$ et $+\infty$ positae erunt.

Ponatur, ut supra,

$$\frac{y_m}{y_n} = iv_m,$$

ac loco $\alpha_n^{(m)}$, $\alpha_n^{(n)}$ scribamus $i\alpha^{(m)}$, α. Quo facto sequens formula, quae de formulis §. 16 traditis fluit,

$$\frac{y_m}{y_n} = \frac{\alpha_n^{(m)}}{\alpha_n^{(n)}} \cdot \frac{\frac{a_1x_1}{A_1-G_m} + \frac{a_2x_2}{A_2-G_m} + \cdots + \frac{a_{n-1}x_{n-1}}{A_{n-1}-G_m} - x_n}{\frac{a_1x_1}{A_1-G_n} + \frac{a_2x_2}{A_2-G_n} + \cdots + \frac{a_{n-1}x_{n-1}}{A_{n-1}-G_n} - x_n}$$

abit in hanc:

$$v_m = \frac{\alpha^{(m)}}{\alpha} \cdot \frac{1 + \frac{a_1\xi_1}{A_1+G_m} + \frac{a_2\xi_2}{A_2+G_m} + \cdots + \frac{a_{n-1}\xi_{n-1}}{A_{n-1}+G_m}}{1 + \frac{a_1\xi_1}{A_1+G} + \frac{a_2\xi_2}{A_2+G} + \cdots + \frac{a_{n-1}\xi_{n-1}}{A_{n-1}+G}},$$

in qua, uti de valore ipsius $\alpha_n^{(m)}$ §. 16 tradito fluit, fit:

$$\alpha^{(m)} = \sqrt{-\frac{(G_m+A_1)(G_m+A_2)\dots(G_m+A_{n-1})}{(G_m-G)(G_m-G_1)\dots(G_m-G_{n-1})}},$$

$$\alpha = \sqrt{\frac{(G+A_1)(G+A_2)\dots(G+A_{n-1})}{(G-G_1)(G-G_2)\dots(G-G_{n-1})}}.$$

Quae facile ita quoque exhibentur:

$$\frac{1}{\alpha^{(m)}} = \sqrt{\frac{a_1 a_1}{(G_m+A_1)^2} + \frac{a_2 a_2}{(G_m+A_2)^2} + \dots + \frac{a_{n-1} a_{n-1}}{(G_m+A_{n-1})^2} - 1},$$

$$\frac{1}{\alpha} = \sqrt{1 - \frac{a_1 a_1}{(G+A_1)^2} - \frac{a_2 a_2}{(G+A_2)^2} - \dots - \frac{a_{n-1} a_{n-1}}{(G+A_{n-1})^2}}.$$

Hinc, *posito*

$$v_m \cdot \sqrt{-\frac{(G+A_1)(G+A_2)\dots(G+A_{n-1})}{(G_m+A_1)(G_m+A_2)\dots(G_m+A_{n-1})} \cdot \frac{(G_m-G)(G_m-G_1)\dots(G_m-G_{n-1})}{(G-G_1)(G-G_2)\dots(G-G_{n-1})}}$$

$$= \frac{1 + \frac{a_1 \xi_1}{A_1+G_m} + \frac{a_2 \xi_2}{A_2+G_m} + \dots + \frac{a_{n-1} \xi_{n-1}}{A_{n-1}+G_m}}{1 + \frac{a_1 \xi_1}{A_1+G} + \frac{a_2 \xi_2}{A_2+G} + \dots + \frac{a_{n-1} \xi_{n-1}}{A_{n-1}+G}},$$

designantibus G, G_1, G_2, ..., G_{n-1} *radices aequationis*

$$0 = x - A + \frac{a_1 a_1}{x+A_1} + \frac{a_2 a_2}{x+A_2} + \dots + \frac{a_{n-1} a_{n-1}}{x+A_{n-1}},$$

habetur:

$$\int^{n-2} \frac{d\xi_1 \, d\xi_2 \dots d\xi_{n-2}}{\xi_{n-1}[A + A_1\xi_1\xi_1 + A_2\xi_2\xi_2 + \dots + A_{n-1}\xi_{n-1}\xi_{n-1} + 2(a_1\xi_1 + a_2\xi_2 + \dots + a_{n-1}\xi_{n-1})]^{\frac{n-2}{2}}}$$

$$= \int^{n-2} \frac{dv_1 \, dv_2 \dots dv_{n-2}}{v_{n-1}[G - G_1 v_1 v_1 - G_2 v_2 v_2 - \dots - G_{n-1} v_{n-1} v_{n-1}]^{\frac{n-2}{2}}},$$

inter variabiles ξ_1, ξ_2, ..., ξ_{n-1} *nec non inter variabiles* v_1, v_2, ..., v_{n-1} *existentibus aequationibus:*

$$\xi_1\xi_1 + \xi_2\xi_2 + \dots + \xi_{n-1}\xi_{n-1} = 1,$$

$$v_1 v_1 + v_2 v_2 + \dots + v_{n-1} v_{n-1} = 1.$$

Casum huius transformationis $n-1=2$ tractavit Cl. Gaufs in Comment. *Determinatio attractionis* etc.

Observo, ad aequationem

$$0 = x - A + \frac{a_1 a_1}{x+A_1} + \frac{a_2 a_2}{x+A_2} + \dots + \frac{a_{n-1} a_{n-1}}{x+A_{n-1}}$$

perveniri etiam, ubi propositum est, datam functionem W redigere in formam sequentem:

$$W=(p_1+q_1\xi_1)^2+(p_2+q_2\xi_2)^2+\cdots+(p_{n-1}+q_{n-1}\xi_{n-1})^2.$$

Quod ope aequationis inter variabiles $\xi_1, \xi_2, \ldots, \xi_{n-1}$ stabilitae

$$\xi_1\xi_1+\xi_2\xi_2+\cdots+\xi_{n-1}\xi_{n-1}=1$$

efficitur hunc in modum.

Addita enim datae functioni W expressione evanescente

$$x(\xi_1\xi_1+\xi_2\xi_2+\cdots+\xi_{n-1}\xi_{n-1}-1),$$

habetur

$$A-x=p_1p_1+p_2p_2+\cdots+p_{n-1}p_{n-1}$$

$$x+A_1=q_1q_1,\quad x+A_2=q_2q_2,\quad \ldots,\quad x+A_{n-1}=q_{n-1}q_{n-1},$$

$$a_1=p_1q_1,\quad a_2=p_2q_2,\quad \ldots,\quad a_{n-1}=p_{n-1}q_{n-1}.$$

Unde illa prodit aequatio:

$$A-x=\frac{a_1a_1}{x+A_1}+\frac{a_2a_2}{x+A_2}+\cdots+\frac{a_{n-1}a_{n-1}}{x+A_{n-1}}.$$

Cuius ope determinata x, habetur

$$W=\left[\frac{a_1}{\sqrt{x+A_1}}+\sqrt{x+A_1}.\xi_1\right]^2+\left[\frac{a_2}{\sqrt{x+A_2}}+\sqrt{x+A_2}.\xi_2\right]^2+\cdots$$
$$\cdots+\left[\frac{a_{n-1}}{\sqrt{x+A_{n-1}}}+\sqrt{x+A_{n-1}}.\xi_{n-1}\right]^2.$$

Unde videmus, ut data functio W modo reali in formam propositam redigatur, radicem x, si fieri possit, ita eligendam esse, ut quantitates

$$x+A_1,\quad x+A_2,\quad \ldots,\quad x+A_{n-1}$$

omnes positivae evadant; sive aequationis propositae radix x summenda est, si qua datur, inter $-A_{n-1}$ et $+\infty$ posita. Quae ubi datur, observavimus, alteram quoque aequationis radicem inter eosdem limites positam inveniri. Unde *functioni W forma assignata realiter conciliari aut non potest aut binis modis.*

Eadem ratione realem semper invenimus solutionem eamque unicam tantum, ubi propositum est, functioni W formam creare sequentem:

$$W=(p_1+q_1\xi_1)^2+(p_2+q_2\xi_2)^2+\cdots+(p_m+q_m\xi_m)^2$$
$$-(p_{m+1}+q_{m+1}\xi_{m+1})^2-(p_{m+2}+q_{m+2}\xi_{m+2})^2-\cdots-(p_{n-1}+q_{n-1}\xi_{n-1})^2,$$

designante m unum quemlibet e numeris $1, 2, \ldots, n-2$. Scilicet hanc formam induit expressio antecedens ipsius W, si aequationis propositae ea radix pro x statuitur, quae inter $-A_m$ et $-A_{m+1}$ posita est; quae semper datur eaque unica.

24.

Si functionem W iam exhibitam supponimus sub forma:

$$W=(p_1+q_1\xi_1)^2+(p_2+q_2\xi_2)^2+\cdots+(p_{n-1}+q_{n-1}\xi_{n-1})^2,$$

fit aequatio, cuius radices sunt $G, G_1, \ldots, G_{n-1}$:

$$0=x-p_1p_1-p_2p_2-\cdots-p_{n-1}p_{n-1}+\frac{p_1p_1q_1q_1}{x+q_1q_1}+\frac{p_2p_2q_2q_2}{x+q_2q_2}+\cdots+\frac{p_{n-1}p_{n-1}q_{n-1}q_{n-1}}{x+q_{n-1}q_{n-1}}.$$

Cuius aequationis una radix est $x=0$, sicuti fieri debet, cum eo casu expressio

$$x(\xi_1\xi_1+\xi_2\xi_2+\cdots+\xi_{n-1}\xi_{n-1}-1)$$

datae functioni W addi non debeat, ut formam propositam nanciscatur; quippe qua iam gaudere supponitur. Radice $x=0$ eiecta, aequationem $(n-1)^{ti}$ gradus obtinemus formae simplicis:

$$\frac{p_1p_1}{x+q_1q_1}+\frac{p_2p_2}{x+q_2q_2}+\cdots+\frac{p_{n-1}p_{n-1}}{x+q_{n-1}q_{n-1}}=1.$$

Cuius radices, siquidem

$$q_1>q_2>\cdots>q_{n-1},$$

positae sunt in intervallis seriei:

$$-q_1q_1, \quad -q_2q_2, \quad \ldots, \quad -q_{n-1}q_{n-1}, \quad +\infty.$$

Erunt igitur radices omnes reales, earumque certe $n-2$ negativae; reliqua aut positiva aut negativa est, prout expressio

$$\frac{p_1p_1}{q_1q_1}+\frac{p_2p_2}{q_2q_2}+\cdots+\frac{p_{n-1}p_{n-1}}{q_{n-1}q_{n-1}}$$

aut >1 aut <1. Ceterum e §. 12 sequitur, aequationem illam $(n-1)^{ti}$ gradus eandem esse atque aequationem, ad quam devenitur in problemate I., si statuitur

$$V=[p_1x_1+p_2x_2+\cdots+p_{n-1}x_{n-1}]^2-[q_1q_1x_1x_1+q_2q_2x_2x_2+\cdots+q_{n-1}q_{n-1}x_{n-1}x_{n-1}].$$

Demonstravi, si functio W forma proposita gaudet, eandem formam altero quoque modo ei conciliari posse. Observo, quod facile probatur, expressionem

$$\frac{p_1p_1}{q_1q_1}+\frac{p_2p_2}{q_2q_2}+\cdots+\frac{p_{n-1}p_{n-1}}{q_{n-1}q_{n-1}}$$

pro altero modo fore >1, pro altero <1 *). Unde alterutrum semper supponere licet. Pro altero enim modo, quo W formam assignatam induit, p_m, q_m fiunt:

$$\frac{p_mq_m}{\sqrt{x+q_mq_m}}, \qquad \sqrt{x+q_mq_m},$$

*) Considerationibus similibus pro tribus variabilibus factis in quaestionibus celeberrimis de attractione ellipsoidarum superstruxit Cl. Ivory reductionem puncti attracti externi ad internum.

unde expressio illa fit:

$$\frac{p_1^2 q_1^2}{(x+q_1 q_1)^2}+\frac{p_2^2 q_2^2}{(x+q_2 q_2)^2}+\cdots+\frac{p_{n-1}^2 q_{n-1}^2}{(x+q_{n-1}q_{n-1})^2}$$
$$=1-x\left[\frac{p_1 p_1}{(x+q_1 q_1)^2}+\frac{p_2 p_2}{(x+q_2 q_2)^2}+\cdots+\frac{p_{n-1}p_{n-1}}{(x+q_{n-1}q_{n-1})^2}\right],$$

quod aut <1 aut >1, prout x positiva aut negativa, sive ex antecedentibus, prout expressio illa aut >1 aut <1.

Casu, quem consideramus, habetur porro, si m designat numeros $1, 2, \ldots, n-1$:

$$\alpha^{(m)}\alpha^{(m)}=-\frac{(G_m+q_1 q_1)(G_m+q_2 q_2)\ldots(G_m+q_{n-1}q_{n-1})}{(G_m-G)(G_m-G_1)\ldots(G_m-G_{n-1})},$$
$$\alpha\alpha=\frac{(G+q_1 q_1)(G+q_2 q_2)\ldots(G+q_{n-1}q_{n-1})}{(G-G_1)(G-G_2)\ldots(G-G_{n-1})}.$$

Qui ut reales sint valores, statuenda est G maxima e quantitatibus G, G_1, $G_2, \ldots, G_{n-1}$; hoc est, quoties expressio

$$\frac{p_1 p_1}{q_1 q_1}+\frac{p_2 p_2}{q_2 q_2}+\cdots+\frac{p_{n-1}p_{n-1}}{q_{n-1}q_{n-1}}$$

fit >1, erit G radix positiva, qua eo casu aequatio proposita gaudet; quoties expressio illa fit <1, erit $G=0$.

Habetur porro aequatio identica:

$$\frac{(x-G)(x-G_1)\ldots(x-G_{n-1})}{(x+q_1 q_1)(x+q_2 q_2)\ldots(x+q_{n-1}q_{n-1})}$$
$$=x-p_1 p_1-p_2 p_2-\cdots-p_{n-1}p_{n-1}+\frac{p_1 p_1 q_1 q_1}{q_1 q_1+x}+\frac{p_2 p_2 q_2 q_2}{q_2 q_2+x}+\cdots+\frac{p_{n-1}p_{n-1}q_{n-1}q_{n-1}}{q_{n-1}q_{n-1}+x}.$$

Qua differentiata et posito post differentiationem $x=G_m$ aut $x=G$, eruitur, si valores ipsarum $\alpha^{(m)}\alpha^{(m)}$, $\alpha\alpha$ advocamus,

$$\frac{1}{\alpha^{(m)}\alpha^{(m)}}=\frac{p_1 p_1 q_1 q_1}{(G_m+q_1 q_1)^2}+\frac{p_2 p_2 q_2 q_2}{(G_m+q_2 q_2)^2}+\cdots+\frac{p_{n-1}p_{n-1}q_{n-1}q_{n-1}}{(G_m+q_{n-1}q_{n-1})^2}-1,$$
$$\frac{1}{\alpha\alpha}=1-\frac{p_1 p_1 q_1 q_1}{(G+q_1 q_1)^2}-\frac{p_2 p_2 q_2 q_2}{(G+q_2 q_2)^2}-\cdots-\frac{p_{n-1}p_{n-1}q_{n-1}q_{n-1}}{(G+q_{n-1}q_{n-1})^2}.$$

Quoties igitur $G=0$, fit

$$\frac{1}{\alpha\alpha}=1-\frac{p_1 p_1}{q_1 q_1}-\frac{p_2 p_2}{q_2 q_2}-\cdots-\frac{p_{n-1}p_{n-1}}{q_{n-1}q_{n-1}}.$$

Collectis antecedentibus, casu quo supponitur, quod licet,

$$\frac{p_1 p_1}{q_1 q_1}+\frac{p_2 p_2}{q_2 q_2}+\cdots+\frac{p_{n-1}p_{n-1}}{q_{n-1}q_{n-1}}<1,$$

si insuper scribitur $-x$, $-G_m$ loco x, G_m, habetur theorema sequens.

Theorema.

„*Proposita functione*

$$„W=(p_1+q_1\xi_1)^2+(p_2+q_2\xi_2)^2+\cdots+(p_{n-1}+q_{n-1}\xi_{n-1})^2,$$

„*in qua statuitur:*

$$„\ \xi_1\xi_1+\xi_2\xi_2+\cdots+\xi_{n-1}\xi_{n-1}=1,$$

„*porro supponitur:*

$$„\ \frac{p_1 p_1}{q_1 q_1}+\frac{p_2 p_2}{q_2 q_2}+\cdots+\frac{p_{n-1}p_{n-1}}{q_{n-1}q_{n-1}}<1;$$

„*sint* $G_1,\ G_2,\ \ldots,\ G_{n-1}$ *radices aequationis:*

$$„\ \frac{p_1 p_1}{q_1 q_1-x}+\frac{p_2 p_2}{q_2 q_2-x}+\cdots+\frac{p_{n-1}p_{n-1}}{q_{n-1}q_{n-1}-x}=1,$$

„*quae omnes erunt positivae; ac statuatur:*

$$„\ \frac{\sqrt{\frac{p_1p_1q_1q_1}{(G_m-q_1q_1)^2}+\frac{p_2p_2q_2q_2}{(G_m-q_2q_2)^2}+\cdots+\frac{p_{n-1}p_{n-1}q_{n-1}q_{n-1}}{(G_m-q_{n-1}q_{n-1})^2}-1}}{\sqrt{1-\frac{p_1p_1}{q_1q_1}-\frac{p_2p_2}{q_2q_2}-\cdots-\frac{p_{n-1}p_{n-1}}{q_{n-1}q_{n-1}}}}\cdot v_m$$

$$=\frac{1-\frac{p_1q_1\xi_1}{G_m-q_1q_1}-\frac{p_2q_2\xi_2}{G_m-q_2q_2}-\cdots-\frac{p_{n-1}q_{n-1}\xi_{n-1}}{G_m-q_{n-1}q_{n-1}}}{1+\frac{p_1\xi_1}{q_1}+\frac{p_2\xi_2}{q_2}+\cdots+\frac{p_{n-1}\xi_{n-1}}{q_{n-1}}};$$

„*erit etiam:*

$$„v_1v_1+v_2v_2+\cdots+v_{n-1}v_{n-1}=1;$$

„*ac habetur transformatio integralis multiplicis indefinita:*

$$„\int^{n-2}\frac{d\xi_1\,d\xi_2\ldots d\xi_{n-2}}{\xi_{n-1}[(p_1+q_1\xi_1)^2+(p_2+q_2\xi_2)^2+\cdots+(p_{n-1}+q_{n-1}\xi_{n-1})^2]^{\frac{n-2}{2}}}$$

$$=\int^{n-2}\frac{dv_1\,dv_2\ldots dv_{n-2}}{v_{n-1}[G_1v_1v_1+G_2v_2v_2+\cdots+G_{n-1}v_{n-1}v_{n-1}]^{\frac{n-2}{2}}}.“$$

Addo, si integrale propositum extenditur ad valores omnes variabilium $\xi_1, \xi_2, \ldots, \xi_{n-1}$, qui satisfaciunt aequationi

$$\xi_1\xi_1+\xi_2\xi_2+\cdots+\xi_{n-1}\xi_{n-1}=1,$$

etiam integrale transformatum extendi ad valores omnes variabilium v_1, $v_2, \ldots, v_{n-1}$, qui satisfaciunt aequationi

$$v_1v_1+v_2v_2+\cdots+v_{n-1}v_{n-1}=1.$$

Applicatis quaestionibus algebraicis, quas problemate I. suscepimus, ad transformationem singularem integralium multiplicium: iam quaestionibus illis maiorem conciliemus generalitatem, proponendo binas simul functiones quaslibet homogeneas secundi ordinis per substitutiones lineares transformandas in alias, quae solis variabilium quadratis constant. Quarum functionum altera in problemate I. erat summa quadratorum variabilium, ideoque iam carebat productis e binis conflatis. Quod igitur problema considerari debet ut casus specialis problematis, quod sequentibus proponimus.

Problema III.

„*Datas binas quaslibet functiones V, W homogeneas secundi ordinis variabilium $x_1, x_2, \ldots, x_n$ per substitutiones lineares huiusmodi:*

$$„x_1=\beta_1'y_1+\beta_1''y_2+\cdots+\beta_1^{(n)}y_n,$$
$$„x_2=\beta_2'y_1+\beta_2''y_2+\cdots+\beta_2^{(n)}y_n,$$
$$„\cdot\quad\cdot\quad\cdot\quad\cdot\quad\cdot\quad\cdot\quad\cdot\quad\cdot\quad\cdot\quad\cdot\quad\cdot$$
$$„x_n=\beta_n'y_1+\beta_n''y_2+\cdots+\beta_n^{(n)}y_n,$$

„*transformare in alias variabilium $y_1, y_2, \ldots, y_n$:*

$$„V=G_1y_1y_1+G_2y_2y_2+\cdots+G_ny_ny_n,$$
$$„W=H_1y_1y_1+H_2y_2y_2+\cdots+H_ny_ny_n,$$

„*quae solis variabilium quadratis constant.*“

25.

Functiones V, W designemus hunc in modum:

$$V=\sum_{\varkappa,\lambda}a_{\varkappa,\lambda}x_\varkappa x_\lambda,$$
$$W=\sum_{\varkappa,\lambda}b_{\varkappa,\lambda}x_\varkappa x_\lambda,$$

quibus in summis numeris $\varkappa$, λ valores omnes tribuuntur $1, 2, \ldots, n$. Statuamus porro

$$a_{\varkappa,\lambda}=a_{\lambda,\varkappa},\qquad b_{\varkappa,\lambda}=b_{\lambda,\varkappa},$$

ita ut termini in $x_\varkappa x_\lambda$ ducti, ubi $\varkappa$, λ diversi sunt, in functionibus illis sint

$$2a_{\varkappa,\lambda}x_\varkappa x_\lambda,\qquad 2b_{\varkappa,\lambda}x_\varkappa x_\lambda.$$

Supponamus, e substitutionibus propositis vice versa sequi:

$$\begin{aligned}
y_1 &= \alpha_1' x_1 + \alpha_2' x_2 + \cdots + \alpha_n' x_n,\\
y_2 &= \alpha_1'' x_1 + \alpha_2'' x_2 + \cdots + \alpha_n'' x_n,\\
&\cdots\cdots\cdots\cdots\\
y_n &= \alpha_1^{(n)} x_1 + \alpha_2^{(n)} x_2 + \cdots + \alpha_n^{(n)} x_n.
\end{aligned}$$

Quibus expressionibus variabilium y_1, y_2, ..., y_n substitutis in aequationibus propositis:

$$(1)\qquad \begin{cases} V = \sum\limits_{\varkappa,\lambda} a_{\varkappa,\lambda}x_\varkappa x_\lambda = G_1y_1y_1 + G_2y_2y_2 + \cdots + G_ny_ny_n,\\ W = \sum\limits_{\varkappa,\lambda} b_{\varkappa,\lambda}x_\varkappa x_\lambda = H_1y_1y_1 + H_2y_2y_2 + \cdots + H_ny_ny_n, \end{cases}$$

singulos comparando terminos nanciscimur:

$$(2)\qquad \begin{cases} a_{\varkappa,\lambda} = G_1\alpha_\varkappa'\alpha_\lambda' + G_2\alpha_\varkappa''\alpha_\lambda'' + \cdots + G_n\alpha_\varkappa^{(n)}\alpha_\lambda^{(n)},\\ b_{\varkappa,\lambda} = H_1\alpha_\varkappa'\alpha_\lambda' + H_2\alpha_\varkappa''\alpha_\lambda'' + \cdots + H_n\alpha_\varkappa^{(n)}\alpha_\lambda^{(n)}. \end{cases}$$

Determinantur autem coëfficientes $\alpha_\varkappa^{(m)}$ per coëfficientes substitutionum propositarum $\beta_\varkappa^{(m)}$, uti facile patet, per formulas

$$(3)\qquad \begin{cases} 1 = \alpha_1^{(\varkappa)}\beta_1^{(\varkappa)} + \alpha_2^{(\varkappa)}\beta_2^{(\varkappa)} + \cdots + \alpha_n^{(\varkappa)}\beta_n^{(\varkappa)},\\ 0 = \alpha_1^{(\varkappa)}\beta_1^{(\lambda)} + \alpha_2^{(\varkappa)}\beta_2^{(\lambda)} + \cdots + \alpha_n^{(\varkappa)}\beta_n^{(\lambda)}, \end{cases}$$

in quarum postrema $\varkappa$, λ, diversi supponuntur. Hinc nanciscimur e (2):

$$(4)\qquad \begin{cases} \beta_1^{(\lambda)}a_{\varkappa,1} + \beta_2^{(\lambda)}a_{\varkappa,2} + \cdots + \beta_n^{(\lambda)}a_{\varkappa,n} = G_\lambda\alpha_\varkappa^{(\lambda)},\\ \beta_1^{(\lambda)}b_{\varkappa,1} + \beta_2^{(\lambda)}b_{\varkappa,2} + \cdots + \beta_n^{(\lambda)}b_{\varkappa,n} = H_\lambda\alpha_\varkappa^{(\lambda)}. \end{cases}$$

Unde posito brevitatis causa

$$(5)\qquad H_\lambda a_{\varkappa,\varkappa'} - G_\lambda b_{\varkappa,\varkappa'} = I_{\varkappa,\varkappa'}^{(\lambda)} = I_{\varkappa',\varkappa}^{(\lambda)},$$

habetur e (4):

$$(6)\qquad I_{\varkappa,1}^{(\lambda)}\beta_1^{(\lambda)} + I_{\varkappa,2}^{(\lambda)}\beta_2^{(\lambda)} + \cdots + I_{\varkappa,n}^{(\lambda)}\beta_n^{(\lambda)} = 0.$$

Quae formula, posito 1, 2, ..., n loco $\varkappa$, suppeditat n aequationes sequentes:

$$(7)\qquad \begin{cases} I_{1,1}^{(\lambda)}\beta_1^{(\lambda)} + I_{1,2}^{(\lambda)}\beta_2^{(\lambda)} + \cdots + I_{1,n}^{(\lambda)}\beta_n^{(\lambda)} = 0,\\ I_{2,1}^{(\lambda)}\beta_1^{(\lambda)} + I_{2,2}^{(\lambda)}\beta_2^{(\lambda)} + \cdots + I_{2,n}^{(\lambda)}\beta_n^{(\lambda)} = 0,\\ \cdots\cdots\cdots\cdots\\ I_{n,1}^{(\lambda)}\beta_1^{(\lambda)} + I_{n,2}^{(\lambda)}\beta_2^{(\lambda)} + \cdots + I_{n,n}^{(\lambda)}\beta_n^{(\lambda)} = 0. \end{cases}$$

De quibus aequationibus eliminatis $\beta_1^{(\lambda)}, \beta_2^{(\lambda)}, \ldots, \beta_n^{(\lambda)}$, habes aequationem conditionalem

$$(8) \qquad \Sigma \pm I_{1,1}^{(\lambda)} I_{2,2}^{(\lambda)} \ldots I_{n,n}^{(\lambda)} = 0.$$

De qua aequatione valorem expressionis

$$\frac{G_\lambda}{H_\lambda}$$

per resolutionem aequationis algebraicae n^{ti} ordinis eruis; cuius radices omnes obtines, ponendo pro λ valores 1, 2, ..., n. Hinc si statuimus

$$I_{x,x'} = Ha_{x,x'} - Gb_{x,x'},$$

habetur aequatio respectu ipsarum G, H identica:

$$(9) \quad \begin{cases} \Sigma \pm I_{1,1} I_{2,2} \ldots I_{n,n} = \Sigma \pm a_{1,1} a_{2,2} \ldots a_{n,n} \cdot \left(H - \frac{GH_1}{G_1}\right)\left(H - \frac{GH_2}{G_2}\right) \ldots \left(H - \frac{GH_n}{G_n}\right) \\ \qquad = \Sigma \pm b_{1,1} b_{2,2} \ldots b_{n,n} \cdot \left(\frac{G_1 H}{H_1} - G\right)\left(\frac{G_2 H}{H_2} - G\right) \ldots \left(\frac{G_n H}{H_n} - G\right). \end{cases}$$

E quantitatibus autem G_λ, H_λ alteram semper pro arbitrio accipere licet, quippe quarum rationem tantum problemate proposito determinari facile patet. E quibus cum etiam $I_{x,x'}^{(\lambda)}$ innotescat, e quibuslibet $n-1$ aequationibus, de aequationibus (7) desumtis, obtines rationes, in quibus sunt

$$\beta_1^{(\lambda)}, \quad \beta_2^{(\lambda)}, \quad \ldots, \quad \beta_n^{(\lambda)},$$

per ipsas $I_{x,x'}^{(\lambda)}$ rationaliter expressas. Unde ipsarum $\beta_x^{(\lambda)}$ valores facile derivantur.

Adnotemus adhuc formulas, quae e (2) sequuntur:

$$(10) \quad \begin{cases} a_{x,1} x_1 + a_{x,2} x_2 + \cdots + a_{x,n} x_n = G_1 \alpha'_x y_1 + G_2 \alpha''_x y_2 + \cdots + G_n \alpha_x^{(n)} y_n, \\ b_{x,1} x_1 + b_{x,2} x_2 + \cdots + b_{x,n} x_n = H_1 \alpha'_x y_1 + H_2 \alpha''_x y_2 + \cdots + H_n \alpha_x^{(n)} y_n. \end{cases}$$

26.

Eadem methodo, qua in problemate I. usi sumus, coëfficientium

$$\beta_1^{(\lambda)}, \quad \beta_2^{(\lambda)}, \quad \ldots, \quad \beta_n^{(\lambda)}$$

quadrata et binorum producta de formulis (7) derivantur. Supponamus enim aequationes

$$(11) \quad \begin{cases} I_{1,1}^{(\lambda)} u_1 + I_{1,2}^{(\lambda)} u_2 + \cdots + I_{1,n}^{(\lambda)} u_n = w_1, \\ I_{2,1}^{(\lambda)} u_1 + I_{2,2}^{(\lambda)} u_2 + \cdots + I_{2,n}^{(\lambda)} u_n = w_2, \\ \cdots\cdots\cdots\cdots\cdots \\ I_{n,1}^{(\lambda)} u_1 + I_{n,2}^{(\lambda)} u_2 + \cdots + I_{n,n}^{(\lambda)} u_n = w_n, \end{cases}$$

de quibus vice versa sequantur:

$$(12)\quad \begin{cases} K_{1,1}^{(\lambda)}w_1+K_{2,1}^{(\lambda)}w_2+\cdots+K_{n,1}^{(\lambda)}w_n = u_1\Sigma\pm I_{1,1}^{(\lambda)}I_{2,2}^{(\lambda)}\dots I_{n,n}^{(\lambda)}, \\ K_{1,2}^{(\lambda)}w_1+K_{2,2}^{(\lambda)}w_2+\cdots+K_{n,2}^{(\lambda)}w_n = u_2\Sigma\pm I_{1,1}^{(\lambda)}I_{2,2}^{(\lambda)}\dots I_{n,n}^{(\lambda)}, \\ \cdot\quad\cdot\quad\cdot\quad\cdot\quad\cdot\quad\cdot\quad\cdot\quad\cdot\quad\cdot\quad\cdot \\ K_{1,n}^{(\lambda)}w_1+K_{2,n}^{(\lambda)}w_2+\cdots+K_{n,n}^{(\lambda)}w_n = u_n\Sigma\pm I_{1,1}^{(\lambda)}I_{2,2}^{(\lambda)}\dots I_{n,n}^{(\lambda)}; \end{cases}$$

ubi ex iis, quae in problemate I. adnotavimus, fit rursus

$$K_{\varkappa,\varkappa'}^{(\lambda)} = K_{\varkappa',\varkappa}^{(\lambda)}.$$

His statutis, fit per eandem ratiocinationem, quam §. 9 adhibuimus,

$$(13)\qquad \beta_\varkappa^{(\lambda)}\beta_{\varkappa'}^{(\lambda)} = p^{(\lambda)}K_{\varkappa,\varkappa'}^{(\lambda)},$$

multiplicatore $p^{(\lambda)}$ eodem manente pro omnibus valoribus indicum $\varkappa$, $\varkappa'$. Cuius ut eruatur valor, observo, per substitutiones propositas haberi e (1):

$$(14)\quad \begin{cases} \sum\limits_{\varkappa,\varkappa'} a_{\varkappa,\varkappa'}\beta_\varkappa^{(\lambda)}\beta_{\varkappa'}^{(\lambda)} = G_\lambda; \\ \sum\limits_{\varkappa,\varkappa'} b_{\varkappa,\varkappa'}\beta_\varkappa^{(\lambda)}\beta_{\varkappa'}^{(\lambda)} = H_\lambda; \end{cases}$$

porro, ubi λ, λ' sunt numeri diversi:

$$(15)\quad \begin{cases} \sum\limits_{\varkappa,\varkappa'} a_{\varkappa,\varkappa'}\beta_\varkappa^{(\lambda)}\beta_{\varkappa'}^{(\lambda')} = 0, \\ \sum\limits_{\varkappa,\varkappa'} b_{\varkappa,\varkappa'}\beta_\varkappa^{(\lambda)}\beta_{\varkappa'}^{(\lambda')} = 0. \end{cases}$$

Unde iam habetur e (13):

$$(16)\qquad p^{(\lambda)} = \frac{G_\lambda}{\sum\limits_{\varkappa,\varkappa'} a_{\varkappa,\varkappa'}K_{\varkappa,\varkappa'}^{(\lambda)}} = \frac{H_\lambda}{\sum\limits_{\varkappa,\varkappa'} b_{\varkappa,\varkappa'}K_{\varkappa,\varkappa'}^{(\lambda)}}.$$

27.

Alium modum determinandi quantitates $\beta_\varkappa^{(\lambda)}\beta_{\varkappa'}^{(\lambda)}$ nancisceris differentiando aequationes (14) secundum constantes $a_{\varkappa,\varkappa'}$, $b_{\varkappa,\varkappa'}$, quae functiones V, W afficiunt. Eum in finem observo, fieri e (4):

$$(17)\quad \begin{cases} \sum\limits_{\varkappa,\varkappa'} a_{\varkappa,\varkappa'}\partial.\beta_\varkappa^{(\lambda)}\beta_{\varkappa'}^{(\lambda)} = 2\sum\limits_{\varkappa}(\partial\beta_\varkappa^{(\lambda)}\sum\limits_{\varkappa'} a_{\varkappa,\varkappa'}\beta_{\varkappa'}^{(\lambda)}) = 2G_\lambda\sum\limits_{\varkappa}\alpha_\varkappa^{(\lambda)}\partial\beta_\varkappa^{(\lambda)}, \\ \sum\limits_{\varkappa,\varkappa'} b_{\varkappa,\varkappa'}\partial.\beta_\varkappa^{(\lambda)}\beta_{\varkappa'}^{(\lambda)} = 2\sum\limits_{\varkappa}(\partial\beta_\varkappa^{(\lambda)}\sum\limits_{\varkappa'} b_{\varkappa,\varkappa'}\beta_{\varkappa'}^{(\lambda)}) = 2H_\lambda\sum\limits_{\varkappa}\alpha_\varkappa^{(\lambda)}\partial\beta_\varkappa^{(\lambda)}. \end{cases}$$

Unde habes, differentiando (14) secundum $a_{\varkappa,\varkappa}$, $b_{\varkappa,\varkappa}$:

$$(18)\quad \begin{cases} \dfrac{\partial G_\lambda}{\partial a_{\varkappa,\varkappa}} = \beta_\varkappa^{(\lambda)}\beta_\varkappa^{(\lambda)} + 2G_\lambda \sum\limits_\varkappa \alpha_\varkappa^{(\lambda)} \dfrac{\partial \beta_\varkappa^{(\lambda)}}{\partial a_{\varkappa,\varkappa}}, \\ \dfrac{\partial H_\lambda}{\partial a_{\varkappa,\varkappa}} = \qquad 2H_\lambda \sum\limits_\varkappa \alpha_\varkappa^{(\lambda)} \dfrac{\partial \beta_\varkappa^{(\lambda)}}{\partial a_{\varkappa,\varkappa}}, \\ \dfrac{\partial G_\lambda}{\partial b_{\varkappa,\varkappa}} = \qquad 2G_\lambda \sum\limits_\varkappa \alpha_\varkappa^{(\lambda)} \dfrac{\partial \beta_\varkappa^{(\lambda)}}{\partial b_{\varkappa,\varkappa}}, \\ \dfrac{\partial H_\lambda}{\partial b_{\varkappa,\varkappa}} = \beta_\varkappa^{(\lambda)}\beta_\varkappa^{(\lambda)} + 2H_\lambda \sum\limits_\varkappa \alpha_\varkappa^{(\lambda)} \dfrac{\partial \beta_\varkappa^{(\lambda)}}{\partial b_{\varkappa,\varkappa}}; \end{cases}$$

porro, quoties $\varkappa$ et $\varkappa'$ diversi sunt:

$$(19)\quad \begin{cases} \dfrac{\partial G_\lambda}{\partial a_{\varkappa,\varkappa'}} = 2\beta_\varkappa^{(\lambda)}\beta_{\varkappa'}^{(\lambda)} + 2G_\lambda \sum\limits_\varkappa \alpha_\varkappa^{(\lambda)} \dfrac{\partial \beta_\varkappa^{(\lambda)}}{\partial a_{\varkappa,\varkappa'}}, \\ \dfrac{\partial H_\lambda}{\partial a_{\varkappa,\varkappa'}} = \qquad 2H_\lambda \sum\limits_\varkappa \alpha_\varkappa^{(\lambda)} \dfrac{\partial \beta_\varkappa^{(\lambda)}}{\partial a_{\varkappa,\varkappa'}}, \\ \dfrac{\partial G_\lambda}{\partial b_{\varkappa,\varkappa'}} = \qquad 2G_\lambda \sum\limits_\varkappa \alpha_\varkappa^{(\lambda)} \dfrac{\partial \beta_\varkappa^{(\lambda)}}{\partial b_{\varkappa,\varkappa'}}, \\ \dfrac{\partial H_\lambda}{\partial b_{\varkappa,\varkappa'}} = 2\beta_\varkappa^{(\lambda)}\beta_{\varkappa'}^{(\lambda)} + 2H_\lambda \sum\limits_\varkappa \alpha_\varkappa^{(\lambda)} \dfrac{\partial \beta_\varkappa^{(\lambda)}}{\partial b_{\varkappa,\varkappa'}}. \end{cases}$$

E (18) sequitur:

$$(20)\quad \beta_\varkappa^{(\lambda)}\beta_\varkappa^{(\lambda)} = \frac{H_\lambda \dfrac{\partial G_\lambda}{\partial a_{\varkappa,\varkappa}} - G_\lambda \dfrac{\partial H_\lambda}{\partial a_{\varkappa,\varkappa}}}{H_\lambda} = \frac{G_\lambda \dfrac{\partial H_\lambda}{\partial b_{\varkappa,\varkappa}} - H_\lambda \dfrac{\partial G_\lambda}{\partial b_{\varkappa,\varkappa}}}{G_\lambda};$$

e (19) sequitur:

$$(21)\quad \beta_\varkappa^{(\lambda)}\beta_{\varkappa'}^{(\lambda)} = \frac{H_\lambda \dfrac{\partial G_\lambda}{\partial a_{\varkappa,\varkappa'}} - G_\lambda \dfrac{\partial H_\lambda}{\partial a_{\varkappa,\varkappa'}}}{2H_\lambda} = \frac{G_\lambda \dfrac{\partial H_\lambda}{\partial b_{\varkappa,\varkappa'}} - H_\lambda \dfrac{\partial G_\lambda}{\partial b_{\varkappa,\varkappa'}}}{2G_\lambda}.$$

Quae sunt formulae quaesitae. E quibus videmus, etiam hic, uti in problemate I. magis speciali, unica formata aequatione n^{ti} gradus, cuius radices sunt

$$\frac{G_\lambda}{H_\lambda},$$

totum confici problema. Videlicet per differentialia partialia harum quantitatum, sumta secundum constantes, quae alterutram functionem propositam afficiunt, statim habentur e (20), (21) quantitates

$$\beta_\varkappa^{(\lambda)}\beta_\varkappa^{(\lambda)},\quad \beta_\varkappa^{(\lambda)}\beta_{\varkappa'}^{(\lambda)},$$

unde per extractionem radicis quadraticae ipsi substitutionis propositae coëfficientes $\beta_\varkappa^{(\lambda)}$ prodeunt.

28.

Valores expressionum

$$H_\lambda \partial G_\lambda - G_\lambda \partial H_\lambda$$

ex aequatione, cuius radices sunt $\frac{G_\lambda}{H_\lambda}$, invenimus hunc in modum. Sit brevitatis causa:

$$(22)\qquad \begin{cases} \Sigma \pm I_{1,1} I_{2,2} \dots I_{n,n} = I, \\ \Sigma \pm a_{1,1} a_{2,2} \dots a_{n,n} = A, \\ \Sigma \pm b_{1,1} b_{2,2} \dots b_{n,n} = B; \end{cases}$$

est e (9):

$$(23)\qquad \begin{cases} I = A\left(H - \frac{GH_1}{G_1}\right)\left(H - \frac{GH_2}{G_2}\right)\dots\left(H - \frac{GH_n}{G_n}\right) \\ = B\left(\frac{G_1 H}{H_1} - G\right)\left(\frac{G_2 H}{H_2} - G\right)\dots\left(\frac{G_n H}{H_n} - G\right), \end{cases}$$

quae aequationes respectu ipsarum G, H identicae sunt. De quibus cum sequatur:

$$(24)\qquad \frac{A}{B} = \frac{G_1 G_2 \dots G_n}{H_1 H_2 \dots H_n},$$

simul statuere licet:

$$(25)\qquad \begin{cases} A = G_1 G_2 \dots G_n, \\ B = H_1 H_2 \dots H_n. \end{cases}$$

Alteram enim quantitatem ex iis, quae §. 25 diximus, ex arbitrio accipere licet. Hinc aequationes (23) magis concinne exhibere licet hunc in modum:

$$(26)\qquad I = (G_1 H - H_1 G)(G_2 H - H_2 G)\dots(G_n H - H_n G).$$

Differentiata hac aequatione secundum G, H, $a_{x,x'}$, $b_{x,x'}$, ac posito post differentiationem $G = G_\lambda$, $H = H_\lambda$, provenit:

$$(27)\qquad -\frac{\partial I}{H_\lambda \partial G} = \frac{\partial I}{G_\lambda \partial H} = (G_1 H_\lambda - H_1 G_\lambda)(G_2 H_\lambda - H_2 G_\lambda)\dots(G_n H_\lambda - H_n G_\lambda),$$

quo in producto omitti debet factor evanescens

$$G_\lambda H_\lambda - H_\lambda G_\lambda;$$

porro fit:

$$(28)\qquad \begin{cases} \frac{\partial I}{\partial a_{x,x'}} = (G_1 H_\lambda - H_1 G_\lambda)(G_2 H_\lambda - H_2 G_\lambda)\dots(G_n H_\lambda - H_n G_\lambda)\,\frac{H_\lambda \partial G_\lambda - G_\lambda \partial H_\lambda}{\partial a_{x,x'}}, \\ \frac{\partial I}{\partial b_{x,x'}} = (G_1 H_\lambda - H_1 G_\lambda)(G_2 H_\lambda - H_2 G_\lambda)\dots(G_n H_\lambda - H_n G_\lambda)\,\frac{H_\lambda \partial G_\lambda - G_\lambda \partial H_\lambda}{\partial b_{x,x'}}; \end{cases}$$

sive e (27):

$$(29)\quad \begin{cases} \dfrac{H_\lambda \partial G_\lambda - G_\lambda \partial H_\lambda}{\partial a_{\varkappa,\varkappa'}} = -H_\lambda \dfrac{\dfrac{\partial I}{\partial a_{\varkappa,\varkappa'}}}{\dfrac{\partial I}{\partial G}} = G_\lambda \dfrac{\dfrac{\partial I}{\partial a_{\varkappa,\varkappa'}}}{\dfrac{\partial I}{\partial H}}, \\ \dfrac{H_\lambda \partial G_\lambda - G_\lambda \partial H_\lambda}{\partial b_{\varkappa,\varkappa'}} = -H_\lambda \dfrac{\dfrac{\partial I}{\partial b_{\varkappa,\varkappa'}}}{\dfrac{\partial I}{\partial G}} = G_\lambda \dfrac{\dfrac{\partial I}{\partial b_{\varkappa,\varkappa'}}}{\dfrac{\partial I}{\partial H}}. \end{cases}$$

Unde habetur e (20), (21):

$$(30)\quad \begin{cases} \beta_\varkappa^{(\lambda)} \beta_\varkappa^{(\lambda)} = \dfrac{G_\lambda}{H_\lambda} \cdot \dfrac{\dfrac{\partial I}{\partial a_{\varkappa,\varkappa}}}{\dfrac{\partial I}{\partial H}} = \dfrac{H_\lambda}{G_\lambda} \cdot \dfrac{\dfrac{\partial I}{\partial b_{\varkappa,\varkappa}}}{\dfrac{\partial I}{\partial G}}, \\ \beta_\varkappa^{(\lambda)} \beta_{\varkappa'}^{(\lambda)} = \dfrac{G_\lambda}{H_\lambda} \cdot \dfrac{\dfrac{\partial I}{2\partial a_{\varkappa,\varkappa'}}}{\dfrac{\partial I}{\partial H}} = \dfrac{H_\lambda}{G_\lambda} \cdot \dfrac{\dfrac{\partial I}{2\partial b_{\varkappa,\varkappa'}}}{\dfrac{\partial I}{\partial G}}. \end{cases}$$

Quibus formulis collatis cum (13), (16), colligitur:

$$(31)\quad \begin{cases} \dfrac{\partial I}{\partial H} = \sum\limits_{\varkappa\,\varkappa'} a_{\varkappa,\varkappa'} K_{\varkappa,\varkappa'}^{(\lambda)}, \\ \dfrac{\partial I}{\partial G} = -\sum\limits_{\varkappa,\varkappa'} b_{\varkappa,\varkappa'} K_{\varkappa,\varkappa'}^{(\lambda)}, \\ \dfrac{\partial I}{H_\lambda \partial a_{\varkappa,\varkappa}} = -\dfrac{\partial I}{G_\lambda \partial b_{\varkappa,\varkappa}} = K_{\varkappa,\varkappa}^{(\lambda)}, \\ \dfrac{\partial I}{2H_\lambda \partial a_{\varkappa,\varkappa'}} = -\dfrac{\partial I}{2G_\lambda \partial b_{\varkappa,\varkappa'}} = K_{\varkappa,\varkappa'}^{(\lambda)}. \end{cases}$$

Quibus in formulis, sicuti in antecedentibus, post differentiationem ponendum est $G = G_\lambda$, $H = H_\lambda$. Fit porro e (16), (27), (31):

$$(32)\qquad p^{(\lambda)} = \frac{1}{(G_1 H_\lambda - H_1 G_\lambda)(G_2 H_\lambda - H_2 G_\lambda)\ldots(G_n H_\lambda - H_n G_\lambda)},$$

ideoque

$$(33)\qquad \beta_\varkappa^{(\lambda)} \beta_{\varkappa'}^{(\lambda)} = \frac{K_{\varkappa,\varkappa'}^{(\lambda)}}{(G_1 H_\lambda - H_1 G_\lambda)(G_2 H_\lambda - H_2 G_\lambda)\ldots(G_n H_\lambda - H_n G_\lambda)}.$$

Docent formulae (30), unica formata aequatione $I = 0$, cuius radices $\frac{G_1}{H_1}, \frac{G_2}{H_2}, \ldots, \frac{G_n}{H_n}$, determinari etiam ipsos substitutionis propositae coëfficientes $\beta_\varkappa^{(\lambda)}$.

29.

Alia formularum systemata memoratu digna hoc modo inveniuntur. Statuamus:

$$(34)\qquad \begin{cases} a_{\varkappa,1}x_1+a_{\varkappa,2}x_2+\cdots+a_{\varkappa,n}x_n=t_\varkappa, \\ b_{\varkappa,1}x_1+b_{\varkappa,2}x_2+\cdots+b_{\varkappa,n}x_n=v_\varkappa, \end{cases}$$

de quibus aequationibus vice versa sequantur hae:

$$(35)\qquad \begin{cases} (\Sigma\pm a_{1,1}a_{2,2}\ldots a_{n,n})x_\varkappa=Ax_\varkappa=A_{\varkappa,1}t_1+A_{\varkappa,2}t_2+\cdots+A_{\varkappa,n}t_n, \\ (\Sigma\pm b_{1,1}b_{2,2}\ldots b_{n,n})x_\varkappa=Bx_\varkappa=B_{\varkappa,1}v_1+B_{\varkappa,2}v_2+\cdots+B_{\varkappa,n}v_n. \end{cases}$$

Fit autem e (10), (34) etiam

$$(36)\qquad \begin{cases} \alpha_\varkappa'.G_1y_1+\alpha_\varkappa''.G_2y_2+\cdots+\alpha_\varkappa^{(n)}.G_ny_n=t_\varkappa, \\ \alpha_\varkappa'.H_1y_1+\alpha_\varkappa''.H_2y_2+\cdots+\alpha_\varkappa^{(n)}.H_ny_n=v_\varkappa, \end{cases}$$

de quibus aequationibus deducitur:

$$(37)\qquad \begin{cases} G_\varkappa y_\varkappa=\beta_1^{(\varkappa)}t_1+\beta_2^{(\varkappa)}t_2+\cdots+\beta_n^{(\varkappa)}t_n, \\ H_\varkappa y_\varkappa=\beta_1^{(\varkappa)}v_1+\beta_2^{(\varkappa)}v_2+\cdots+\beta_n^{(\varkappa)}v_n. \end{cases}$$

Substituatur in his aequationibus:

$$y_\varkappa=\alpha_1^{(\varkappa)}x_1+\alpha_2^{(\varkappa)}x_2+\cdots+\alpha_n^{(\varkappa)}x_n;$$

quo facto de iis porro deducitur:

$$(38)\qquad \begin{cases} x_\varkappa=\dfrac{\beta_\varkappa'}{G_1}(\beta_1'\ t_1+\beta_2'\ t_2+\cdots+\beta_n'\ t_n) \\ \quad+\dfrac{\beta_\varkappa''}{G_2}(\beta_1''\ t_1+\beta_2''\ t_2+\cdots+\beta_n''\ t_n) \\ \quad+\cdot\ \cdot\ \cdot\ \cdot\ \cdot\ \cdot\ \cdot\ \cdot\ \cdot\ \cdot\ \cdot\ \cdot \\ \quad+\dfrac{\beta_\varkappa^{(n)}}{G_n}(\beta_1^{(n)}t_1+\beta_2^{(n)}t_2+\cdots+\beta_n^{(n)}t_n): \\ x_\varkappa=\dfrac{\beta_\varkappa'}{H_1}(\beta_1'\ v_1+\beta_2'\ v_2+\cdots+\beta_n'\ v_n) \\ \quad+\dfrac{\beta_\varkappa''}{H_2}(\beta_1''v_1+\beta_2''v_2+\cdots+\beta_n''v_n) \\ \quad+\cdot\ \cdot\ \cdot\ \cdot\ \cdot\ \cdot\ \cdot\ \cdot\ \cdot\ \cdot\ \cdot\ \cdot \\ \quad+\dfrac{\beta_\varkappa^{(n)}}{H_n}(\beta_1^{(n)}v_1+\beta_2^{(n)}v_2+\cdots+\beta_n^{(n)}v_n). \end{cases}$$

Quibus formulis comparatis cum (35), prodit:

$$(39)\quad \begin{cases} \dfrac{A_{\varkappa,\lambda}}{A} = \dfrac{\beta'_\varkappa\beta'_\lambda}{G_1} + \dfrac{\beta''_\varkappa\beta''_\lambda}{G_2} + \cdots + \dfrac{\beta^{(n)}_\varkappa\beta^{(n)}_\lambda}{G_n}, \\ \dfrac{B_{\varkappa,\lambda}}{B} = \dfrac{\beta'_\varkappa\beta'_\lambda}{H_1} + \dfrac{\beta''_\varkappa\beta''_\lambda}{H_2} + \cdots + \dfrac{\beta^{(n)}_\varkappa\beta^{(n)}_\lambda}{H_n}. \end{cases}$$

Si in his aequationibus per coëfficientes $\alpha^{(\varkappa)}_\lambda$ exhibemus coëfficientes $\beta^{(\varkappa)}_\lambda$ nec non quantitates $a_{\varkappa,\varkappa'}$, $b_{\varkappa,\varkappa'}$, quod fit per formulas (2), aequationes illae identicae evadere debent. Afficiuntur autem coëfficientes $\beta^{(\varkappa)}_\lambda$ omnes eodem denominatore

$$\Sigma\pm\alpha'_1\alpha''_2\ldots\alpha^{(n)}_n.$$

Unde si expressiones (39) sub eundem denominatorem redigimus, ac denominatores in utraque aequationum parte aequiparamus, colligitur:

$$(40)\quad \begin{cases} A = \Sigma\pm a_{1,1}a_{2,2}\ldots a_{n,n} = [\Sigma\pm\alpha'_1\alpha''_2\ldots\alpha^{(n)}_n]^2 G_1 G_2\ldots G_n, \\ B = \Sigma\pm b_{1,1}b_{2,2}\ldots b_{n,n} = [\Sigma\pm\alpha'_1\alpha''_2\ldots\alpha^{(n)}_n]^2 H_1 H_2\ldots H_n. \end{cases}$$

Unde etiam sequitur e §. 5:

$$(41)\quad (\Sigma\pm\beta_{1,1}\beta_{2,2}\ldots\beta_{n,n})^2 = \frac{G_1G_2\ldots G_n}{A} = \frac{H_1H_2\ldots H_n}{B}.$$

De formula

$$\frac{G_1G_2\ldots G_n}{A} = \frac{H_1H_2\ldots H_n}{B}$$

per considerationes similes iis, quibus §. 9 usi sumus, aequationem (9) via directa derivare licet.

Sequitur e (39), posito $\frac{A_{\varkappa,\lambda}}{A}$, $\frac{B_{\varkappa,\lambda}}{B}$ loco $a_{\varkappa,\lambda}$, $b_{\varkappa,\lambda}$, simul $\alpha^{(\varkappa)}_\lambda$, $G_\varkappa$, $H_\varkappa$ abire in $\beta^{(\varkappa)}_\lambda$, $\frac{1}{G_\varkappa}$, $\frac{1}{H_\varkappa}$; unde etiam A, B, $\frac{A_{\varkappa,\lambda}}{A}$, $\frac{B_{\varkappa,\lambda}}{B}$, $\beta^{(\varkappa)}_\lambda$ in $\frac{1}{A}$, $\frac{1}{B}$, $a_{\varkappa,\lambda}$, $b_{\varkappa,\lambda}$, $\alpha^{(\varkappa)}_\lambda$ abeunt.

IV. Theoremata varia de transformatione et determinatione integralium multiplicium.

30.

His breviter annectam varia theoremata de transformatione et determinatione integralium multiplicium, quae aliam adhuc docent applicationem quaestionum algebraicarum propositarum, atque in Problemate II. dedimus. Eum in finem antemittimus, quae sequuntur.

Supponamus

(1) $$x_1x_1+x_2x_2+\cdots+x_nx_n=1,$$

sitque

(2) $$\frac{x_1}{x_n}=\xi_1,\quad \frac{x_2}{x_n}=\xi_2,\quad \ldots,\quad \frac{x_{n-1}}{x_n}=\xi_{n-1};$$

facile probatur, fore:

(3) $$\frac{dx_1dx_2\ldots dx_{n-1}}{x_n}=\frac{d\xi_1d\xi_2\ldots d\xi_{n-1}}{[1+\xi_1\xi_1+\xi_2\xi_2+\cdots+\xi_{n-1}\xi_{n-1}]^{\frac{n}{2}}}=x_n^n d\xi_1d\xi_2\ldots d\xi_{n-1}.$$

Sit porro:

(4) $$\xi_1=\frac{m_1}{m_n}v_1,\quad \xi_2=\frac{m_2}{m_n}v_2,\quad \ldots,\quad \xi_{n-1}=\frac{m_{n-1}}{m_n}v_{n-1},$$

designantibus $m_1, m_2, \ldots, m_n$ constantes; fit e (3):

(5) $$\frac{dx_1dx_2\ldots dx_{n-1}}{x_n}=\frac{m_1m_2\ldots m_n dv_1dv_2\ldots dv_{n-1}}{[m_1^2v_1v_1+m_2^2v_2v_2+\cdots+m_{n-1}^2v_{n-1}v_{n-1}+m_n^2]^{\frac{n}{2}}}.$$

Sit rursus:

(6) $$y_1y_1+y_2y_2+\cdots+y_ny_n=1,$$

atque

(7) $$v_1=\frac{y_1}{y_n},\quad v_2=\frac{y_2}{y_n},\quad \ldots,\quad v_{n-1}=\frac{y_{n-1}}{y_n};$$

habetur eodem modo atque (3):

$$\frac{dy_1dy_2\ldots dy_{n-1}}{y_n}=y_n^n dv_1dv_2\ldots dv_{n-1};$$

qua formula substituta in (5), prodit haec formula memorabilis:

(8) $$\frac{dx_1dx_2\ldots dx_{n-1}}{x_n}=\frac{m_1m_2\ldots m_n dy_1dy_2\ldots dy_{n-1}}{y_n[m_1^2y_1y_1+m_2^2y_2y_2+\cdots+m_n^2y_ny_n]^{\frac{n}{2}}}.$$

Habentur autem e (2), (4), (7) inter variabiles $x_1, x_2, \ldots, x_n$ et $y_1, y_2, \ldots, y_n$ relationes sequentes:

(9) $$\begin{cases} x_p=\dfrac{m_py_p}{[m_1^2y_1y_1+m_2^2y_2y_2+\cdots+m_n^2y_ny_n]^{\frac{1}{2}}}, \\ y_p=\dfrac{x_p}{m_p\left[\dfrac{x_1x_1}{m_1m_1}+\dfrac{x_2x_2}{m_2m_2}+\cdots+\dfrac{x_nx_n}{m_nm_n}\right]^{\frac{1}{2}}}, \\ m_1^2y_1y_1+m_2^2y_2y_2+\cdots+m_n^2y_ny_n=\dfrac{1}{\dfrac{x_1x_1}{m_1m_1}+\dfrac{x_2x_2}{m_2m_2}+\cdots+\dfrac{x_nx_n}{m_nm_n}}. \end{cases}$$

Si variabilibus $x_1, x_2, \ldots, x_n$ valores omnes positivi tribuuntur, qui aequationi (1) satisfaciunt, variabiles $\xi_1, \xi_2, \ldots, \xi_{n-1}$ valores omnes induunt a 0 usque ∞, et vice versa. Simul variabiles $v_1, v_2, \ldots, v_{n-1}$ valores omnes induunt a 0 usque ∞, ideoque variabiles $y_1, y_2, \ldots, y_n$ valores omnes positivos, qui aequationi (6) satisfaciunt.

31.

Determinemus pro limitibus assignatis integrale

$$(10) \quad S = \int^{n-1} \frac{dx_1 dx_2 \ldots dx_{n-1}}{x_n} = \int^{n-1} \frac{d\xi_1 d\xi_2 \ldots d\xi_{n-1}}{[1+\xi_1\xi_1+\xi_2\xi_2+\cdots+\xi_{n-1}\xi_{n-1}]^{\frac{n}{2}}}.$$

Eum in finem integrale sub eadem forma exhibeo, quae pro $n = 3$ usitata est, ponendo

$$(11) \quad \begin{cases} x_1 = \cos\varphi_1, \\ x_2 = \sin\varphi_1 \cos\varphi_2, \\ x_3 = \sin\varphi_1 \sin\varphi_2 \cos\varphi_3, \\ \cdot\;\cdot\;\cdot\;\cdot\;\cdot\;\cdot\;\cdot\;\cdot\;\cdot\;\cdot\;\cdot\;\cdot \\ x_{n-1} = \sin\varphi_1 \sin\varphi_2 \ldots \sin\varphi_{n-2} \cos\varphi_{n-1}, \\ x_n = \sin\varphi_1 \sin\varphi_2 \ldots \sin\varphi_{n-2} \sin\varphi_{n-1}. \end{cases}$$

Quibus statutis facile probatur, fieri

$$(12) \quad \frac{dx_1 dx_2 \ldots dx_{n-1}}{x_n} = \sin^{n-2}\varphi_1 \sin^{n-3}\varphi_2 \ldots \sin\varphi_{n-2} d\varphi_1 d\varphi_2 \ldots d\varphi_{n-1},$$

uti iam indicavi in commentatione anteriore supra citata (Diar. Crell. vol. VIII. — Conf. h. vol. p. 93). Integrali $(n-1)$-tuplo inter limites assignatos sumto, anguli $\varphi_1, \varphi_2, \ldots, \varphi_{n-1}$ a 0 usque $\frac{\pi}{2}$ extendi debent. Fit autem, quae sunt formulae notae,

$$\int_0^{\frac{\pi}{2}} \sin^{2m}\varphi d\varphi = \frac{1.3.5\ldots(2m-1)}{2.4.6\ldots 2m} \cdot \frac{\pi}{2},$$

$$\int_0^{\frac{\pi}{2}} \sin^{2m+1}\varphi d\varphi = \frac{2.4.6\ldots 2m}{3.5.7\ldots(2m+1)}.$$

Unde, *quoties n est numerus par*, eruimus

$$S = \left(\frac{\pi}{2}\right)^{\frac{n}{2}} \cdot \frac{1}{2} \cdot \frac{1.3}{2.4} \cdot \frac{1.3.5}{2.4.6} \cdots \frac{1.3\ldots(n-5)}{2.4\ldots(n-4)} \cdot \frac{1.3\ldots(n-3)}{2.4\ldots(n-2)}$$
$$\cdot \frac{2}{3} \cdot \frac{2.4}{3.5} \cdot \frac{2.4.6}{3.5.7} \cdots \frac{2.4\ldots(n-4)}{3.5\ldots(n-3)},$$

sive

$$(13)\qquad S=\frac{\left(\frac{\pi}{2}\right)^{\frac{n}{2}}}{(n-2)(n-4)\ldots 2}.$$

Quoties vero n est impar, fit

$$S=\left(\frac{\pi}{2}\right)^{\frac{n-1}{2}}\frac{1}{2}\cdot\frac{1.3}{2.4}\cdot\frac{1.3.5}{2.4.6}\cdots\frac{1.3\ldots(n-4)}{2.4\ldots(n-3)}\cdot\frac{2}{3}\cdot\frac{2.4}{3.5}\cdot\frac{2.4.6}{3.5.7}\cdots\frac{2.4\ldots(n-3)}{3.5\ldots(n-2)},$$

sive

$$(14)\qquad S=\frac{\left(\frac{\pi}{2}\right)^{\frac{n-1}{2}}}{(n-2)(n-4)\ldots 3}.$$

32.

Invento valore ipsius S, habetur inter limites assignatos valor integralis:

$$(15)\qquad \int^{n-1}\frac{dy_1dy_2\ldots dy_{n-1}}{y_n[m_1^2y_1y_1+m_2^2y_2y_2+\cdots+m_n^2y_ny_n]^{\frac{n}{2}}}=\frac{S}{m_1m_2\ldots m_n};$$

quae magno usui est formula.

Ponamus in ea m_1^2+x, m_2^2+x, $\ldots$, m_n^2+x loco m_1^2, m_2^2, $\ldots$, m_n^2, fit:

$$(16)\qquad \begin{cases}\displaystyle\int^{n-1}\frac{dy_1dy_2\ldots dy_{n-1}}{y_n[x+m_1^2y_1y_1+m_2^2y_2y_2+\cdots+m_n^2y_ny_n]^{\frac{n}{2}}}\\ \displaystyle=\frac{S}{\sqrt{(x+m_1^2)(x+m_2^2)\ldots(x+m_n^2)}}.\end{cases}$$

Qua secundum quantitates x, m_1, m_2, $\ldots$, m_n differentiata, alias varias eruis.

Ducamus (16) in dx, atque integrationem novam instituamus a $x=0$ usque ad $x=\infty$; quo facto, prodit haec formula:

$$(17)\qquad \begin{cases}\displaystyle\int^{n-1}\frac{dy_1dy_2\ldots dy_{n-1}}{y_n[m_1^2y_1y_1+m_2^2y_2y_2+\cdots+m_n^2y_ny_n]^{\frac{n}{2}-1}}\\ \displaystyle=\frac{n-2}{2}S\int_0^\infty\frac{dx}{\sqrt{(x+m_1^2)(x+m_2^2)\ldots(x+m_n^2)}}.\end{cases}$$

De qua, advocata (8), etiam hanc deducis elegantem:

$$(18)\quad \begin{cases} \displaystyle\int^{n-1} \frac{dx_1 dx_2 \ldots dx_{n-1}}{x_n\left[\frac{x_1 x_1}{m_1 m_1}+\frac{x_2 x_2}{m_2 m_2}+\cdots+\frac{x_n x_n}{m_n m_n}\right]} \\ \displaystyle = \frac{n-2}{2} S \int_0^\infty \frac{m_1 m_2 \ldots m_n dx}{\sqrt{(x+m_1^2)(x+m_2^2)\ldots(x+m_n^2)}}, \end{cases}$$

sive posito $\frac{1}{m_p}$ loco m_p, ac deinde $\frac{1}{x}$ loco x:

$$(19)\quad \begin{cases} \displaystyle\int^{n-1} \frac{dx_1 dx_2 \ldots dx_{n-1}}{x_n[m_1^2 x_1 x_1 + m_2^2 x_2 x_2 + \cdots + m_n^2 x_n x_n]} \\ \displaystyle = \frac{n-2}{2} S \int_0^\infty \frac{dx}{\sqrt{(1+m_1^2 x)(1+m_2^2 x)\ldots(1+m_n^2 x)}} \\ \displaystyle = \frac{n-2}{2} S \int_0^\infty \frac{x^{\frac{n}{2}-2} dx}{\sqrt{(x+m_1^2)(x+m_2^2)\ldots(x+m_n^2)}}. \end{cases}$$

Quam formulam ex elegantissimis esse censeo. Generaliorem nanciscimur modo sequente.

Sit X functio quaelibet ipsius x, quam iteratis vicibus a $x=x$ usque ad $x=a$ integremus; sit porro

$$X_m = \int_x^a x^m X dx;$$

habetur nota formula:

$$(20)\qquad 1.2.3\ldots p \int^{p+1} X dx^{p+1} = X_p - p_1 x X_{p-1} + p_2 x^2 X_{p-2} \pm \cdots \pm x^p X_0,$$

ubi

$$p_m = \frac{p(p-1)\ldots(p+1-m)}{1.2\ldots m}.$$

Sit $a=\infty$, $p+1<\frac{n}{2}$, porro statuatur:

$$X = \int^{n-1} \frac{dy_1 dy_2 \ldots dy_{n-1}}{y_n[x+m_1^2 y_1 y_1 + m_2^2 y_2 y_2 + \cdots + m_n^2 y_n y_n]^{\frac{n}{2}}} = \frac{S}{\sqrt{(x+m_1^2)(x+m_2^2)\ldots(x+m_n^2)}};$$

eruitur, $p+1$ vicibus integratione facta a $x=x$ usque $x=\infty$:

$$(21)\quad \begin{cases} \displaystyle\int^{p+1} X dx^{p+1} \\ \displaystyle = \frac{2^{p+1}}{(n-2)(n-4)\ldots(n-2p-2)} \int^{n-1} \frac{dy_1 dy_2 \ldots dy_{n-1}}{y_n[x+m_1^2 y_1 y_1 + m_2^2 y_2 y_2 + \cdots + m_n^2 y_n y_n]^{\frac{n}{2}-p-1}} \\ \displaystyle = \frac{X_p - p_1 x X_{p-1} + p_2 x^2 X_{p-2} \pm \cdots \pm x^p X_0}{1.2.3\ldots p}, \end{cases}$$

siquidem ponitur:

$$X_m = S \int_x^\infty \frac{x^m \, dx}{\sqrt{(x+m_1^2)(x+m_2^2)\ldots(x+m_n^2)}}.$$

De qua formula, posito $x = 0$, ac scribendo $p-1$ loco p, nanciscimur:

$$(22) \quad \begin{cases} \dfrac{2^p.1.2.3\ldots(p-1)}{(n-2)(n-4)\ldots(n-2p)} \displaystyle\int^{n-1} \dfrac{dy_1 \, dy_2 \ldots dy_{n-1}}{y_n[m_1^2 y_1 y_1 + m_2^2 y_2 y_2 + \cdots + m_n^2 y_n y_n]^{\frac{n}{2}-p}} \\[4mm] = S \displaystyle\int_0^\infty \dfrac{x^{p-1} \, dx}{\sqrt{(x+m_1^2)(x+m_2^2)\ldots(x+m_n^2)}}. \end{cases}$$

De qua formula per (8), (9) deducis hanc:

$$(23) \quad \begin{cases} \dfrac{2^p.1.2.3\ldots(p-1)}{(n-2)(n-4)\ldots(n-2p)} \displaystyle\int^{n-1} \dfrac{dx_1 \, dx_2 \ldots da_{n-1}}{x_n\left[\dfrac{x_1 x_1}{m_1 m_1} + \dfrac{x_2 x_2}{m_2 m_2} + \cdots + \dfrac{x_n x_n}{m_n m_n}\right]^p} \\[4mm] = S \displaystyle\int_0^\infty \dfrac{m_1 m_2 \ldots m_n x^{p-1} \, dx}{\sqrt{(x+m_1^2)(x+m_2^2)\ldots(x+m_n^2)}}, \end{cases}$$

sive etiam, ponendo $\dfrac{1}{m_1}$, $\dfrac{1}{m_2}$, $\ldots$, $\dfrac{1}{m_n}$ loco m_1. m_2, $\ldots$, m_n, ac deinde $\dfrac{1}{x}$ loco x:

$$(24) \quad \begin{cases} \dfrac{2^p.1.2.3\ldots(p-1)}{(n-2)(n-4)\ldots(n-2p)} \displaystyle\int^{n-1} \dfrac{dx_1 \, dx_2 \ldots dx_{n-1}}{x_n[m_1^2 x_1 x_1 + m_2^2 x_2 x_2 + \cdots + m_n^2 x_n x_n]^p} \\[4mm] = S \displaystyle\int_0^\infty \dfrac{x^{p-1} \, dx}{\sqrt{(1+m_1^2 x)(1+m_2^2 x)\ldots(1+m_n^2 x)}} \\[4mm] = S \displaystyle\int_0^\infty \dfrac{x^{\frac{n}{2}-p-1} \, dx}{\sqrt{(x+m_1^2)(x+m_2^2)\ldots(x+m_n^2)}}. \end{cases}$$

In formulis (22—24) suppositum est, esse p numerum integrum > 0 atque $< \dfrac{n}{2}$. Ubi n est numerus par, formulae (22), (24) eodem redeunt, dummodo loco p ponitur $\dfrac{n}{2}-p$. Ubi n est numerus impar, docet comparatio formularum (22), (24), sufficere, ut sit $2p$ numerus integer > 0 atque $< n$; quo statuto, utraque formula inter se convenit, posito $\dfrac{n}{2}-p$ loco p, dummodo coëfficientem numericum, positio $2p = q$, exhibes hunc in modum:

$$\frac{2^p.1.2.3\ldots(p-1)}{(n-2)(n-4)\ldots(n-2p)} = 2 \cdot \frac{[(q-2)(q-4)\ldots][(n-q-2)(n-q-4)\ldots]}{.(n-2)(n-4)(n-6)\ldots},$$

tribus productis continuatis, quousque in numeris positivis possunt.

33.

Integralia simplicia, quibus in antecedentibus integralia $(n-1)$-tupla expressimus, exhiberi possunt, etiamsi quantitates $m_1^2, m_2^2, \ldots, m_n^2$ non explicite datae sint, sed ut radices aequationis algebraicae n^{ti} ordinis. Cuius observationis usum commodum in sequentibus videbimus.

Integralia $(n-1)$-tupla ad valores tantum *positivos* variabilium $x_1, x_2, \ldots, x_n$ extendimus; in sequentibus integralia ad valores earum extendemus omnes, sive positivos, sive negativos, qui satisfaciunt aequationi (1):

$$x_1x_1+x_2x_2+\cdots+x_nx_n=1.$$

Quam rem ita intelligimus, ac si loco integralis

$$\int^{n-1}\frac{dx_1dx_2\ldots dx_{n-1}}{x_nf(x_1, x_2, \ldots, x_n)}$$

ponatur summa duorum

$$\int^{n-1}\frac{dx_1dx_2\ldots dx_{n-1}}{x_nf(x_1, x_2, \ldots, x_{n-1}, x_n)}+\int^{n-1}\frac{dx_1dx_2\ldots dx_{n-1}}{x_nf(x_1, x_2, \ldots, x_{n-1}, -x_n)},$$

in quibus statui debet

$$x_n=\sqrt{1-x_1x_1-x_2x_2-\cdots-x_{n-1}x_{n-1}},$$

valore radicalis semper positivo accepto, ac variabilibus $x_1, x_2, \ldots, x_{n-1}$ valores reales cum positivi tum negativi tribuendi sunt omnes, pro quibus

$$x_1x_1+x_2x_2+\cdots+x_{n-1}x_{n-1}\leqq 1.$$

Adhibeamus iam substitutiones, quas in Problemate I. proposuimus, e quibus cum fiat:

$$x_1x_1+x_2x_2+\cdots+x_nx_n=y_1y_1+y_2y_2+\cdots+y_ny_n,$$

pro limitibus assignatis integralia etiam respectu variabilium $y_1, y_2, \ldots, y_n$ ad valores earum omnes extendi debent cum positivos tum negativos, qui aequationi

$$y_1y_1+y_2y_2+\cdots+y_ny_n=1,$$

satisfaciunt. Per quas substitutiones transformavimus in Probl. I. functionem homogeneam secundi ordinis variabilium $x_1, x_2, \ldots, x_n$

$$V=\sum_{\varkappa,\lambda}a_{\varkappa,\lambda}x_\varkappa x_\lambda$$

in hanc:

$$V=G_1y_1y_1+G_2y_2y_2+\cdots+G_ny_ny_n.$$

Demonstravimus porro in Probl. II. §. 19 theor. 3., iisdem substitutionibus adhibitis, esse

$$\frac{dx_1 dx_2 \ldots dx_{n-1}}{x_n} = \frac{dy_1 dy_2 \ldots dy_{n-1}}{y_n}.$$

Unde fit:

$$(25)\qquad \int^{n-1} \frac{dx_1 dx_2 \ldots dx_{n-1}}{x_n V^m} = \int^{n-1} \frac{dy_1 dy_2 \ldots dy_{n-1}}{y_n [G_1 y_1 y_1 + G_2 y_2 y_2 + \cdots + G_n y_n y_n]^m}.$$

Supponamus, functionem V pro valoribus omnibus variabilium x_1, x_2, ..., x_n valores tantum positivos induere, sicuti ex. gr. locum habet, ubi V proponitur tamquam summa complurium quadratorum functionum linearium ipsarum x_1, x_2, ..., x_n: quo statuto, necessario quantitates G_1, G_2, ..., G_n omnes erunt positivae.

Observo iam, si in (25) integrale $(n-1)$-tuplum extenditur ad variabilium y_1, y_2, ..., y_n valores omnes cum positivos tum negativos, pro quibus

$$y_1 y_1 + y_2 y_2 + \cdots + y_n y_n = 1,$$

integralis valorem esse 2^n-tuplum valoris, quem induit, ubi ad earum valores tantum positivos extendatur. Hinc posito $m = \frac{n}{2}$, e formulis (25), (15) nanciscimur:

$$(26)\qquad \int^{n-1} \frac{dx_1 dx_2 \ldots dx_{n-1}}{x_n (\sum_{\varkappa,\lambda} a_{\varkappa,\lambda} x_\varkappa x_\lambda)^{\frac{n}{2}}} = \frac{2^n S}{\sqrt{G_1 G_2 \ldots G_n}},$$

sive e formula (18) §. 7:

$$(27)\qquad \int^{n-1} \frac{dx_1 dx_2 \ldots dx_{n-1}}{x_n (\sum_{\varkappa,\lambda} a_{\varkappa,\lambda} x_\varkappa x_\lambda)^{\frac{n}{2}}} = \frac{2^n S}{\sqrt{\Sigma \pm a_{11} a_{22} \ldots a_{nn}}}.$$

De qua formula, differentiationibus secundum constantes $a_{\varkappa,\lambda}$ institutis, rursus innumeras alias deducis.

Vocemus Γ expressionem, in quam abit ipsa

$$\Sigma \pm a_{1,1} a_{2,2} \ldots a_{n,n},$$

ubi loco $a_{1,1}$, $a_{2,2}$, ..., $a_{n,n}$ scribimus $a_{1,1}+x$, $a_{2,2}+x$, ..., $a_{n,n}+x$. Quae ab expressione Γ §. 8 proposita eo tantum differt, quod loco x scriptum est $-x$. Unde e formula §. 8 proposita fit:

$$\Gamma = (x+G_1)(x+G_2)\ldots(x+G_n).$$

Hinc si in formula (25) ponitur $m = \frac{n}{2} - p$, $m = p$, ubi p est numerus integer > 0 atque $< \frac{n}{2}$, habetur e (22), (24):

$$(28)\quad \begin{cases} \int^{n-1} \dfrac{dx_1 dx_2 \ldots dx_{n-1}}{x_n(\sum\limits_{\varkappa,\lambda} a_{\varkappa,\lambda} x_\varkappa x_\lambda)^{\frac{n}{2}-p}} = \dfrac{2^{n-p}(n-2)(n-4)\ldots(n-2p)}{1.2\ldots(p-1)} S\int_0^\infty \dfrac{x^{p-1}dx}{\sqrt{\Gamma}}; \\ \int^{n-1} \dfrac{dx_1 dx_2 \ldots dx_{n-1}}{x_n(\sum\limits_{\varkappa,\lambda} a_{\varkappa,\lambda} x_\varkappa x_\lambda)^p} = \dfrac{2^{n-p}(n-2)(n-4)\ldots(n-2p)}{1.2\ldots(p-1)} S\int_0^\infty \dfrac{x^{\frac{n}{2}-p-1}dx}{\sqrt{\Gamma}}. \end{cases}$$

Quae formulae eo maxime se commendant, quod integralia $(n-1)$-tupla proposita ad integralia simplicia absque ulla aequationis algebraicae resolutione revocantur. Ad generaliora adhuc pervenimus modo sequente.

34.

Posito

$$z_1 z_1 + z_2 z_2 + \cdots + z_n z_n = 1,$$

elementi

$$\frac{dz_1 dz_2 \ldots dz_{n-1}}{z_n},$$

quod designemus per dZ, expressionem generalem per alias variabiles antemittamus.

Sint $z_1, z_2, \ldots, z_n$ datae functiones aliarum variabilium $t_1, t_2, \ldots, t_{n-1}$; erit

$$z_n dZ = \left(\Sigma \pm \frac{\partial z_1}{\partial t_1} \frac{\partial z_2}{\partial t_2} \cdots \frac{\partial z_{n-1}}{\partial t_{n-1}}\right) \cdot dt_1 dt_2 \ldots dt_{n-1},$$

siquidem sub signo summatorio indices ipsarum $z_1, z_2, \ldots, z_{n-1}$ omnibus modis permutamus atque singulis terminis per notam regulam signa idonea praefigimus. Si expressionem illam iterum ducimus in z_n, atque simili modo expressiones omnes $z_\varkappa z_\varkappa dZ$ exhibemus per differentialia omnium praeter ipsius $z_\varkappa$ variabilium $z_1, z_2, \ldots, z_n$, quod fit ope aequationis

$$z_1 \partial z_1 + z_2 \partial z_2 + \cdots + z_n \partial z_n = 0,$$

qua unius cuiuslibet variabilis differentialia per reliquarum exprimuntur: nanciscimur, summatione facta:

$$(29)\quad dZ = \frac{dz_1 dz_2 \ldots dz_{n-1}}{z_n} = \left(\Sigma \pm \frac{\partial z_1}{\partial t_1} \frac{\partial z_2}{\partial t_2} \cdots \frac{\partial z_{n-1}}{\partial t_{n-1}} z_n\right) dt_1 dt_2 \ldots dt_{n-1},$$

sub signo summatorio ipsarum z indicibus $1, 2, \ldots, n$ omnimodis permutatis. Quae expressio generalis elementi dZ per alias variabiles et propter symmetriam, qua gaudet, memorabilis est, et saepius commode adhiberi potest.

Supponamus, variabiles $z_1, z_2, \ldots, z_n$ datas esse sub forma fractionum

$$z_\varkappa = \frac{y_\varkappa}{t},$$

ubi fieri debet

$$tt = y_1 y_1 + y_2 y_2 + \cdots + y_n y_n;$$

sequitur e theoremate 5 §. 20 proposito, fractionibus illis substitutis in (29), in differentiationibus instituendis denominatorem t considerari posse ut constantem. Unde fit:

$$(30) \qquad \frac{dz_1 dz_2 \ldots dz_{n-1}}{z_n} = \frac{\left(\Sigma \pm \frac{\partial y_1}{\partial t_1} \frac{\partial y_2}{\partial t_2} \cdots \frac{\partial y_{n-1}}{\partial t_{n-1}} y_n\right)}{t^n} dt_1 dt_2 \ldots dt_{n-1}.$$

Expressionem huiusmodi

$$\Sigma \pm \frac{\partial y_1}{\partial t_1} \frac{\partial y_2}{\partial t_2} \cdots \frac{\partial y_{n-1}}{\partial t_{n-1}} y_n$$

haud difficile probatur, non mutare formam, nisi quod in constantem ducatur, si per alias variabiles $x_1, x_2, \ldots, x_n$ exprimitur, quarum sunt $y_1, y_2, \ldots, y_n$ functiones lineares, datas per formulam:

$$y_\varkappa = \alpha_1^{(\varkappa)} x_1 + \alpha_2^{(\varkappa)} x_2 + \cdots + \alpha_n^{(\varkappa)} x_n.$$

Scilicet his substitutis valoribus, habetur

$$(31) \quad \Sigma \pm \frac{\partial y_1}{\partial t_1} \frac{\partial y_2}{\partial t_2} \cdots \frac{\partial y_{n-1}}{\partial t_{n-1}} y_n = (\Sigma \pm \alpha_1' \alpha_2'' \ldots \alpha_n^{(n)}) \left(\Sigma \pm \frac{\partial x_1}{\partial t_1} \frac{\partial x_2}{\partial t_2} \cdots \frac{\partial x_{n-1}}{\partial t_{n-1}} x_n\right).$$

In hac formula n variabiles $x_1, x_2, \ldots, x_n$ consideramus tamquam functiones $n-1$ variabilium $t_1, t_2, \ldots, t_{n-1}$; unde inter illas certa quaedam aequatio locum habere debet. Quam si statuimus

$$x_1 x_1 + x_2 x_2 + \cdots + x_n x_n = 1,$$

fit e (29):

$$\left(\Sigma \pm \frac{\partial x_1}{\partial t_1} \frac{\partial x_2}{\partial t_2} \cdots \frac{\partial x_{n-1}}{\partial t_{n-1}} x_n\right) dt_1 dt_2 \ldots dt_{n-1} = \frac{dx_1 dx_2 \ldots dx_{n-1}}{x_n},$$

unde habemus e (31):

$$(32) \quad \left(\Sigma \pm \frac{\partial y_1}{\partial t_1} \frac{\partial y_2}{\partial t_2} \cdots \frac{\partial y_{n-1}}{\partial t_{n-1}} y_n\right) dt_1 dt_2 \ldots dt_{n-1} = (\Sigma \pm \alpha_1' \alpha_2'' \ldots \alpha_n^{(n)}) \frac{dx_1 dx_2 \ldots dx_{n-1}}{x_n}.$$

Quoties igitur

$$z_1 z_1 + z_2 z_2 + \cdots + z_n z_n = 1,$$
$$x_1 x_1 + x_2 x_2 + \cdots + x_n x_n = 1,$$

atque dantur $z_1, z_2, \ldots, z_n$ *per* $x_1, x_2, \ldots, x_n$ *ope formulae:*

$$z_n = \frac{\alpha_1^{(\varkappa)} x_1 + \alpha_2^{(\varkappa)} x_2 + \cdots + \alpha_n^{(\varkappa)} x_n}{t},$$

ubi fieri debet:

$$tt = (\alpha_1' x_1 + \alpha_2' x_2 + \cdots + \alpha_n' x_n)^2$$
$$+ (\alpha_1'' x_1 + \alpha_2'' x_2 + \cdots + \alpha_n'' x_n)^2$$
$$\cdot \quad \cdot \quad \cdot \quad \cdot \quad \cdot \quad \cdot \quad \cdot \quad \cdot \quad \cdot \quad \cdot$$
$$+ (\alpha_1^{(n)} x_1 + \alpha_2^{(n)} x_2 + \cdots + \alpha_n^{(n)} x_n)^2,$$

habetur formula:

$$(33) \qquad \frac{dz_1 dz_2 \ldots dz_{n-1}}{z_n} = (\Sigma \pm \alpha_1' \alpha_2'' \ldots \alpha_n^{(n)}) \frac{dx_1 dx_2 \ldots dx_{n-1}}{x_n t^n}.$$

Substitutio adhibita ita comparata est, ut variabilibus $x_1, x_2, \ldots, x_n$ tributis valoribus realibus omnibus, qui aequationi

$$x_1 x_1 + x_2 x_2 + \cdots + x_n x_n = 1$$

satisfaciunt, variabiles $z_1, z_2, \ldots, z_n$ valores reales induant omnes, qui aequationi satisfaciunt

$$z_1 z_1 + z_2 z_2 + \cdots + z_n z_n = 1,$$

ac vice versa.

35.

His praemissis, sint coëfficientes $\alpha_m^{(\varkappa)}$ ideoque quantitates $y_\varkappa$ eaedem atque in Problemate III. adhibitae. Et cum in problemate illo quantitates $H_1, H_2, \ldots, H_n$ arbitrariae sint, ponamus omnes $= 1$. Unde fit:

$$V = \sum_{\varkappa,\lambda} a_{\varkappa,\lambda} x_\varkappa x_\lambda = G_1 y_1 y_1 + G_2 y_2 y_2 + \cdots + G_n y_n y_n,$$
$$W = \sum_{\varkappa,\lambda} b_{\varkappa,\lambda} x_\varkappa x_\lambda = \quad y_1 y_1 + \quad y_2 y_2 + \cdots + \quad y_n y_n,$$

quarum aequationum postrema suggerit:

$$tt = W,$$

unde

$$z_\varkappa = \frac{y_\varkappa}{\sqrt{W}},$$

ideoque

$$\frac{V}{W} = G_1 z_1 z_1 + G_2 z_2 z_2 + \cdots + G_n z_n z_n.$$

Fit porro e formula (40) §. 29, ubi ponitur $H_1 = H_2 = \cdots = H_n = 1$:

$$(\Sigma \pm \alpha_1' \alpha_2'' \ldots \alpha_n^{(n)})^2 = \Sigma \pm b_{1,1} b_{2,2} \ldots b_{n,n}.$$

Unde formulae (33) suggerunt:

$$(34)\quad\begin{cases}\displaystyle\int^{n-1}\frac{dx_1dx_2\dots dx_{n-1}}{x_nV^pW^{\frac{n}{2}-p}}=\frac{1}{\sqrt{(\Sigma\pm b_{1,1}b_{2,2}\dots b_{n,n})}}\int^{n-1}\frac{dz_1dz_2\dots dz_{n-1}}{z_n[G_1z_1z_1+G_2z_2z_2+\dots+G_nz_nz_n]^p},\\ \displaystyle\int^{n-1}\frac{dx_1dx_2\dots dx_{n-1}}{x_nV^{\frac{n}{2}-p}W^p}=\frac{1}{\sqrt{(\Sigma\pm b_{1,1}b_{2,2}\dots b_{n,n})}}\int^{n-1}\frac{dz_1dz_2\dots dz_{n-1}}{z_n[G_1z_1z_1+G_2z_2z_2+\dots+G_nz_nz_n]^{\frac{n}{2}-p}}.\end{cases}$$

Hinc, quoties p est numerus integer >0 ac $<\frac{n}{2}$, habetur e (22), (24), siquidem integralia proposita ad valores variabilium reales extenduntur omnes, qui aequationibus

$$x_1x_1+x_2x_2+\dots+x_nx_n=1,\quad z_1z_1+z_2z_2+\dots+z_nz_n=1$$

satisfaciunt:

$$(35)\quad\begin{cases}\displaystyle\int^{n-1}\frac{dx_1dx_2\dots dx_{n-1}}{x_nV^pW^{\frac{n}{2}-p}}=\frac{2^{n-p}(n-2)(n-4)\dots(n-2p)S}{1.2.3\dots(p-1)(\Sigma\pm b_{1,1}b_{2,2}\dots b_{n,n})^{\frac{1}{2}}}\int_0^\infty\frac{x^{\frac{n}{2}-p-1}dx}{\sqrt{(x+G_1)(x+G_2)\dots(x+G_n)}}.\\ \displaystyle\int^{n-1}\frac{dx_1dx_2\dots dx_{n-1}}{x_nV^{\frac{n}{2}-p}W^p}=\frac{2^{n-p}(n-2)(n-4)\dots(n-2p)S}{1.2.3\dots(p-1)(\Sigma\pm b_{1,1}b_{2,2}\dots b_{n,n})^{\frac{1}{2}}}\int_0^\infty\frac{x^{p-1}dx}{\sqrt{(x+G_1)(x+G_2)\dots(x+G_n)}}.\end{cases}$$

Quas formulas observo alteram ex altera prodire, functionibus V et W sive, quod idem est, constantibus $a_{x,\lambda}$ et $b_{x,\lambda}$ inter se permutatis, ac posito $\frac{1}{x}$ loco x. Iam si in Probl. III. §. 25 (9) ponimus $H=1$, $G=-x$, sequitur, posito

$$I_{x,\lambda}=a_{x,\lambda}+b_{x,\lambda}x,$$

fieri

$$\Sigma\pm I_{1,1}I_{2,2}\dots I_{n,n}=(\Sigma\pm b_{1,1}b_{2,2}\dots b_{n,n})(x+G_1)(x+G_2)\dots(x+G_n).$$

Qua expressione substituta in (35), habetur theorema sequens valde generale.

Theorema.

„Sit

$$I_{x,\lambda}=a_{x,\lambda}+b_{x,\lambda}x,$$

ubi

$$a_{x,\lambda}=a_{\lambda,x},\quad b_{x,\lambda}=b_{\lambda,x},$$

erit, designante p numerum integrum >0 ac $\frac{n}{2}$,

$$\int^{n-1}\frac{dx_1dx_2\dots dx_{n-1}}{x_n(\sum_{x,\lambda}a_{x,\lambda}x_xx_\lambda)^p(\sum_{x,\lambda}b_{x,\lambda}x_xx_\lambda)^{\frac{n}{2}-p}}$$

$$=\frac{2^{n-p}(n-2)(n-4)\dots(n-2p)}{1.2\dots(p-1)}S\int_0^\infty\frac{x^{\frac{n}{2}-p-1}dx}{\sqrt{\Sigma\pm I_{1,1}I_{2,2}\dots I_{n,n}}},$$

integrali $(n-1)$-*tuplo extenso ad valores reales variabilium* $x_1, x_2, \ldots, x_n$ *omnes, qui aequationi*

$$x_1 x_1 + x_2 x_2 + \cdots + x_n x_n = 1$$

satisfaciunt, ac posito, ubi n par,

$$S = \frac{\left(\frac{\pi}{2}\right)^{\frac{n}{2}}}{(n-2)(n-4)\ldots 2};$$

ubi n impar,

$$S = \frac{\left(\frac{\pi}{2}\right)^{\frac{n-1}{2}}}{(n-2)(n-4)\ldots 3}."$$

Etiam hoc theorema generale ea insigni gaudet proprietate, ut integrale $(n-1)$-tuplum revocetur ad simplex absque ulla aequationis algebraicae resolutione. Qua fit, ut per varias differentiationes, institutas secundum constantes $a_{\varkappa,\lambda}$, $b_{\varkappa,\lambda}$, de theoremate illo tamquam de largo fonte innumera alia facile decurrant theoremata.

Ceterum supponimus in theoremate apposito, functiones

$$\sum_{\varkappa,\lambda} a_{\varkappa,\lambda} x_\varkappa x_\lambda, \quad \sum_{\varkappa,\lambda} b_{\varkappa,\lambda} x_\varkappa x_\lambda$$

pro valoribus realibus variabilium $x_1, x_2, \ldots, x_n$ neque evanescere posse, neque adeo negativos valores induere. Alioquin enim integrale $(n-1)$-tuplum propositum aut in infinitum abiret aut adeo imaginarium foret. Hinc probari potest, etiam quantitates $G_1, G_2, \ldots, G_n$ omnes fore positivas, quod et ipsum in antecedentibus vel tacite supposuimus.

Si in theorematibus antecedentibus ponitur $n = 3$, habentur theoremata, quae in Commentatione nostra Tertia de Integralibus duplicibus (Diar. Crell. vol. X. — Conf. h. vol. p. 161) promulgavimus.

His addam aliud theorema, quod e theoremate §. 24 proposito fluit, si loco $n-1$ variabilium $\xi_1, \xi_2, \ldots, \xi_{n-1}$ ponantur n variabiles $x_1, x_2, \ldots, x_n$, simulque in formula (24) statuatur n impar atque $p = \frac{n-1}{2}$.

Theorema.

Sit n numerus impar, ac supponatur:

$$\frac{p_1 p_1}{q_1 q_1} + \frac{p_2 p_2}{q_2 q_2} + \cdots + \frac{p_n p_n}{q_n q_n} < 1,$$

erit

$$\int^{n-1} \frac{dx_1 dx_2 \dots dx_{n-1}}{x_n[(p_1+q_1x_1)^2+(p_2+q_2x_2)^2+\dots+(p_n+q_nx_n)^2]^{\frac{n-1}{2}}}$$

$$= \frac{2.\pi^{\frac{n-1}{2}}}{1.2\dots\left(\frac{n-3}{2}\right)} \int_0^\infty \frac{dx}{\sqrt{x(x+q_1q_1)(x+q_2q_2)\dots(x+q_nq_n)\left(1-\frac{p_1p_1}{x+q_1q_1}-\frac{p_2p_2}{x+q_2q_2}-\dots-\frac{p_np_n}{x+q_nq_n}\right)}},$$

integrali $(n-1)$*-tuplo extenso ad variabilium* $x_1, x_2, \dots, x_n$ *valores reales omnes, qui aequationi*

$$x_1x_1+x_2x_2+\dots+x_nx_n = 1$$

satisfaciunt.

Scrib. d. 23. Aug. 1833.

OBSERVATIUNCULAE AD THEORIAM AEQATIONUM PERTINENTES.

AUCTORE

C. G. J. JACOBI,
PROF. ORD. MATH. REGIOM.

Crelle Journal für die reine und angewandte Mathematik, Bd. 13. p. 340—352.

OBSERVATIUNCULAE AD THEORIAM AEQUATIONUM PERTINENTES.

I.

Resolutio aequationum algebraica poscit, ut, dato numero elementorum, singula elementa per functiones eorum symmetricas ope extractionis radicum exhibeantur. Quod pro secundi, tertii, quarti gradus aequationibus succedere notum est. Functionum illarum symmetricarum natura cum in libris certe elementaribus indicari non soleat, rapide eam exponam.

Resolutio aequationum secundi gradus.

Propositis duobus elementis a, b, habentur singula per formulam

$$\frac{a+b}{2} \pm \sqrt{\left(\frac{a-b}{2}\right)^2}.$$

Resolutio aequationum tertii gradus.

Propositis tribus elementis a, b, c, statuamus

$$a+b+c = u, \quad a+\alpha b+\alpha^2 c = u', \quad a+\alpha^2 b+\alpha c = u'',$$

designantibus α, α^2 radices cubicas imaginarias unitatis. Quibus positis, singula elementa ope ipsarum u, u', u'' exhibentur per formulas

$$a = \frac{u+u'+u''}{3}, \quad b = \frac{u+\alpha^2 u'+\alpha u''}{3}, \quad c = \frac{u+\alpha u'+\alpha^2 u''}{3}.$$

Statuamus porro

$$u' = \sqrt[3]{v+\sqrt{w}}, \quad u'' = \sqrt[3]{v-\sqrt{w}};$$

erit

$$v = \frac{u'^3+u''^3}{2} = \frac{(u'+u'')(u'+\alpha u'')(u'+\alpha^2 u'')}{2},$$

$$\sqrt{w} = \frac{u'^3-u''^3}{2} = \frac{(u'-u'')(u'-\alpha u'')(u'-\alpha^2 u'')}{2}.$$

Substitutis autem ipsarum u', u'' valoribus supra appositis, cum sit

$$1+\alpha+\alpha^2 = 0,$$

habetur

$$u'+u''=2a-b-c,\quad u'+\alpha u''=\alpha^2(2c-a-b),\quad u'+\alpha^2u''=\alpha(2b-c-a),$$

ideoque

$$v=\frac{(2a-b-c)(2b-c-a)(2c-a-b)}{2}.$$

Porro fit:

$$u'-u''=(\alpha-\alpha^2)(b-c),$$
$$u'-\alpha u''=(1-\alpha)\,(a-b),$$
$$u'-\alpha^2u''=(1-\alpha^2)(a-c),$$

ideoque, cum sit

$$1-\alpha=\alpha^2(\alpha-\alpha^2),\quad 1-\alpha^2=-\alpha(\alpha-\alpha^2),\quad \alpha-\alpha^2=\sqrt{-3},$$

fit

$$\sqrt{w}=\frac{3\sqrt{-3}}{2}(a-b)(a-c)(b-c).$$

His valoribus substitutis, prodit

$$a=\frac{a+b+c}{3}+\tfrac{1}{3}\sqrt[3]{\frac{(2a-b-c)(2b-c-a)(2c-a-b)+3\sqrt{-3}[(a-b)(a-c)(b-c)]^2}{2}}$$
$$+\tfrac{1}{3}\sqrt[3]{\frac{(2a-b-c)(2b-c-a)(2c-a-b)-3\sqrt{-3}[(a-b)(a-c)(b-c)]^2}{2}},$$

$$b=\frac{a+b+c}{3}+\frac{-1+\sqrt{-3}}{6}\sqrt[3]{\frac{(2a-b-c)(2b-c-a)(2c-a-b)+3\sqrt{-3}[(a-b)(a-c)(b-c)]^2}{2}}$$
$$+\frac{-1-\sqrt{-3}}{6}\sqrt[3]{\frac{(2a-b-c)(2b-c-a)(2c-a-b)-3\sqrt{-3}[(a-b)(a-c)(b-c)]^2}{2}},$$

$$c=\frac{a+b+c}{3}+\frac{-1-\sqrt{-3}}{6}\sqrt[3]{\frac{(2a-b-c)(2b-c-a)(2c-a-b)+3\sqrt{-3}[(a-b)(a-c)(b-c)]^2}{2}}$$
$$+\frac{-1+\sqrt{-3}}{6}\sqrt[3]{\frac{(2a-b-c)(2b-c-a)(2c-a-b)-3\sqrt{-3}[(a-b)(a-c)(b-c)]^2}{2}};$$

quae sunt expressiones quaesitae.

Radicalia cubica

$$u'=\sqrt[3]{v+\sqrt{w}},\quad u''=\sqrt[3]{v-\sqrt{w}}$$

alterum per alterum exhibentur ope formulae

$$u'u''=\sqrt[3]{vv-w}=aa+bb+cc-ab-ac-bc=\frac{(a-b)^2+(a-c)^2+(b-c)^2}{2}$$
$$=\sqrt[3]{\left(\frac{(2a-b-c)(2b-c-a)(2c-a-b)}{2}\right)^2+\frac{27}{4}[(a-b)(a-c)(b-c)]^2}.$$

Resolutio aequationum quarti gradus.

Propositis quatuor elementis a, b, c, d, statuamus

$$a+b+c+d = u, \quad a+b-c-d = u',$$
$$a-b+c-d = u'', \quad a-b-c+d = u''',$$

unde

$$a = \frac{u+u'+u''+u'''}{4}, \quad b = \frac{u+u'-u''-u'''}{4},$$
$$c = \frac{u-u'+u''-u'''}{4}, \quad d = \frac{u-u'-u''+u'''}{4}.$$

Statuamus in formulis, quas de resolutione aequationum tertii gradus proposuimus, loco a, b, c quantitates $u'u'$, $u''u''$, $u'''u'''$, unde fit

$$2v = (2u'u'-u''u''-u'''u''')(2u''u''-u'''u'''-u'u')(2u'''u'''-u'u'-u''u''),$$
$$2\sqrt{w} = 3\sqrt{-3(u'u'-u''u'')(u'u'-u'''u''')(u''u''-u'''u''')}.$$

Habetur autem:

$$u'u'-u''u'' = (u'+u'')(u'-u'') = 4(a-d)(b-c),$$
$$u'u'-u'''u''' = (u'+u''')(u'-u''') = 4(a-c)(b-d),$$
$$u''u''-u'''u''' = (u''+u''')(u''-u''') = 4(a-b)(c-d);$$

porro fit:

$$2u'u'-u''u''-u'''u''' = 8(ab+cd)-4(ac+bd)-4(ad+bc),$$
$$2u''u''-u'''u'''-u'u' = 8(ac+bd)-4(ad+bc)-4(ab+cd),$$
$$2u'''u'''-u'u'-u''u'' = 8(ad+bc)-4(ab+cd)-4(ac+bd).$$

Statuamus insuper

$$s = u'u'+u''u''+u'''u'''.$$

Quibus omnibus collectis, atque formulis de resolutione aequationum tertii gradus antecedentibus traditis in auxilium vocatis, invenitur, rurus posito

$$\alpha = \frac{-1+\sqrt{-3}}{2}, \quad \alpha^2 = \frac{-1-\sqrt{-3}}{2}:$$

$$4a = u + \sqrt{\frac{s+\sqrt[3]{v+\sqrt{w}}+\sqrt[3]{v-\sqrt{w}}}{3}} + \sqrt{\frac{s+\alpha\sqrt[3]{v+\sqrt{w}}+\alpha^2\sqrt[3]{v-\sqrt{w}}}{3}}$$
$$+ \sqrt{\frac{s+\alpha^2\sqrt[3]{v+\sqrt{w}}+\alpha\sqrt[3]{v-\sqrt{w}}}{3}},$$

$$4b = u + \sqrt{\frac{s+\sqrt[3]{v+\sqrt{w}}+\sqrt[3]{v-\sqrt{w}}}{3}} - \sqrt{\frac{s+\alpha\sqrt[3]{v+\sqrt{w}}+\alpha^2\sqrt[3]{v-\sqrt{w}}}{3}}$$
$$- \sqrt{\frac{s+\alpha^2\sqrt[3]{v+\sqrt{w}}+\alpha\sqrt[3]{v-\sqrt{w}}}{3}},$$

$$4c = u - \sqrt{\frac{s+\sqrt[3]{v+\sqrt{w}}+\sqrt[3]{v-\sqrt{w}}}{3}} + \sqrt{\frac{s+\alpha\sqrt[3]{v+\sqrt{w}}+\alpha^2\sqrt[3]{v-\sqrt{w}}}{3}} - \sqrt{\frac{s+\alpha^2\sqrt[3]{v+\sqrt{w}}+\alpha\sqrt[3]{v-\sqrt{w}}}{3}},$$

$$4d = u - \sqrt{\frac{s+\sqrt[3]{v+\sqrt{w}}+\sqrt[3]{v-\sqrt{w}}}{3}} - \sqrt{\frac{s+\alpha\sqrt[3]{v+\sqrt{w}}+\alpha^2\sqrt[3]{v-\sqrt{w}}}{3}} + \sqrt{\frac{s+\alpha^2\sqrt[3]{v+\sqrt{w}}+\alpha\sqrt[3]{v-\sqrt{w}}}{3}},$$

ubi habetur:

$$\begin{aligned}
u &= a+b+c+d,\\
s &= (a+b-c-d)^2+(a-b+c-d)^2+(a-b-c+d)^2\\
&= (a-b)^2+(a-c)^2+(a-d)^2+(b-c)^2+(b-d)^2+(c-d)^2,\\
v &= 32[2(ab+cd)-(ac+bd)-(ad+bc)]\\
&\quad\times[2(ac+bd)-(ad+bc)-(ab+cd)]\\
&\quad\times[2(ad+bc)-(ac+bd)-(ab+cd)],\\
w &= -3[96(a-b)(a-c)(a-d)(b-c)(b-d)(c-d)]^2.
\end{aligned}$$

Quae expressiones cum omnes sint ipsorum a, b, c, d functiones symmetricae, proposito satisfactum est.

Observo porro, haberi in antecedentibus:

$$\begin{aligned}
\sqrt[3]{v+\sqrt{w}}\,.\sqrt[3]{v-\sqrt{w}} &= \sqrt[3]{vv-w}\\
&= u'^4+u''^4+u'''^4-u'^2u''^2-u'^2u'''^2-u''^2u'''^2\\
&= 8[(a-b)^2(c-d)^2+(a-c)^2(b-d)^2+(a-d)^2(b-c)^2];
\end{aligned}$$

porro

$$\sqrt{s+\sqrt[3]{v+\sqrt{w}}+\sqrt[3]{v-\sqrt{w}}}\,.\sqrt{s+\alpha\sqrt[3]{v+\sqrt{w}}+\alpha^2\sqrt[3]{v-\sqrt{w}}}\,.\sqrt{s+\alpha^2\sqrt[3]{v+\sqrt{w}}+\alpha\sqrt[3]{v-\sqrt{w}}}$$
$$= \sqrt{s^3+2v-3s\sqrt[3]{vv-w}} = u'u''u''' = (a+b-c-d)(a+c-b-d)(a+d-b-c).$$

Quae expressiones cum respectu elementorum a, b, c, d sint symmetricae, videmus, e duobus radicalibus cubicis alterum per alterum dari, e tribus radicalibus quadraticis, quae per u', u'', u''' designavimus, unum per duo reliqua determinari. Cuius observationis beneficio fit, ut per tantam radicalium ambiguitatem non maior quam quatuor quantitatum diversarum numerus repraesentetur.

II.

Considerationes generales.

Si accuratius examinamus, quomodo antecedentibus compositae sint expressiones, quibus quatuor elementa repraesentantur, videmus, primum e functione symmetrica elementorum extrahi radicem quadraticam, qua iuncta alteri functioni symmetricae, extrahi radicem cubicam; hanc alteri simili radici cubicae iungi et tertiae functioni symmetricae, quo facto rursus extrahi radicem quadraticam, et tribus eiusmodi radicibus quadraticis simili modo formatis atque nova functione symmetrica omnia quatuor elementa exhiberi. Quae radicum extractiones non nisi indicari possunt, si quantitates sub radicalibus exprimuntur per coëfficientes aequationis quarti gradus, cuius elementa illae radices sunt; si vero quantitates sub radicalibus per ipsa elementa, uti fecimus, exhibentur, videmus, ipsas extractiones praestari posse omnes, iisque varias determinari functiones insymmetricas elementorum, donec ad ipsa tandem singula elementa perveniatur.

Initium videmus in his quaestionibus faciendum esse ab investiganda functione insymmetrica, cuius certa potestas symmetrica fiat. Neque enim aliter per solas radicum extractiones a functionibus symmetricis ad insymmetricas pervenire licet. Eiusmodi autem nulla alia datur functio nisi productum e differentiis elementorum conflatum, quod permutatis elementis duos valores sibi oppositos induere potest, et cuius quadratum functio symmetrica est. Quod igitur quadratum in omnibus solutionibus, antecedentibus traditis, sub ultimo radicali inveniri debet et invenitur, neque igitur radicale ultimum aliud esse potest nisi quadraticum. Idem etiam consideratione sequente patet.

Statuamus enim, coëfficientes aequationis esse functiones quantitatis alicuius t, atque radicem x vocemus; aequationem hunc in modum proponere licet:

$$F(x, t) = 0.$$

Unde differentiale radicis secundum t sumtum, adhibita Lagrangiana notatione, invenimus

$$\frac{dx}{dt} = -\frac{F'(t)}{F'(x)}.$$

Hinc sequitur, si aequatio proposita duas habeat radices inter se aequales, easque pro x eligamus, abire $\frac{dx}{dt}$ in infinitum. Nam pro valore illo denominator $F'(x)$ evanescit. Si igitur x per t ope radicalium exhiberi potest, expressio ita comparata esse debet, ut differentiatione denominatorem nanciscatur, qui evanescit, quoties duae radices inter se aequales fiunt, qui igitur alius esse non potest, nisi quadratum illud producti e differentiis omnium radicum aequationis conflati. Quod igitur quadratum in expressionibus illis sub radicali inveniri debet neque aliis quantitatibus additione iunctum, sive sub ultimo radicali, sicuti etiam in resolutionibus algebraicis aequationum secundi, tertii, quarti gradus vidimus.

Saepius observatum est, si datur resolutio algebraica generalis aequationis n^{ti} gradus, inter cuius radices certae relationes locum non habent, expressionem radicis tot radicalia necessario implicare, ut etiam inferiorum graduum aequationum solutiones algebraicas continere possit. Unde facile coniicis, numerum dimensionum, ad quam expressio sub ultimo radicali ascendit, minorem esse non posse, quam numerum minimum, qui per omnes numeros $2, 3, 4, \ldots, n$ dividatur. Qui pro $n = 2, 3, 4$ fit $2, 6, 12$. Et idem casibus illis est numerus dimensionum quadrati producti illius e differentiis radicum aequationis conflati, quod sub ultimo radicali inveniebatur. Sed pro $n = 5$ fit minimus ille numerus, qui per $2, 3, 4, 5$ dividatur, $= 60$, dum numerus dimensionum quadrati illius tantum ad 20 sive generaliter ad numerum $n(n-1)$ ascendit. Nec non pro altioribus ipsius n valoribus consensus ille plane deficit.

Observatio de aequatione sexti gradus, ad quam aequationes quinti gradus revocari possunt.

Sint elementa quinque proposita x_1, x_2, x_3, x_4, x_5, ac designemus per symbolum

$$(12345)$$

functionem elementorum rationalem, quae et immutata manet, si elementa x_1, x_2, x_3, x_4, x_5 eodem ordine, quo ea exhibemus, commutamus respective cum his

$$x_2, \quad x_3, \quad x_4, \quad x_5, \quad x_1$$

et inverso ordine cum his

$$x_5, \quad x_1, \quad x_2, \quad x_3, \quad x_4.$$

Statuamus porro

$$(12345)-(13524) = y;$$

demonstravit olim Ill. Lagrange, expressionem y^2 permutatione elementorum x_1, x_2, x_3, x_4, x_5 non plures quam sex valores diversos induere posse, ita ut, data aequatione quinti gradus, cuius radices sint x_1, x_2, x_3, x_4, x_5, expressio y^2 sit radix datae aequationis sexti gradus. Statuamus

$$(12345)-(13524)=y_1$$
$$(12453)-(14325)=y_2$$
$$(12534)-(15423)=y_3$$
$$(15243)-(12354)=y_4$$
$$(14235)-(12543)=y_5$$
$$(13254)-(12435)=y_6,$$

erunt y_1^2, y_2^2, y_3^2, y_4^2, y_5^2, y_6^2 radices aequationes illius sexti gradus. Sed credo, nondum observatum esse, ipsas quoque y_1, y_2, y_3, y_4, y_5, y_6 esse radices datae aequationis sexti gradus, quamquam coëfficientes eius non omnes sint functiones symmetricae elementorum x_1, x_2, x_3, x_4, x_5, neque igitur per coëfficientes datae aequationis quinti gradus rationaliter exhiberi possint. Examinando enim mutationes, quas expressiones y_1, y_2, y_3, y_4, y_5, y_6 permutatione elementorum x_1, x_2, x_3, x_4, x_5 subeant, invenimus omnes simul aut alias in alias abire, aut in valores oppositos. Unde ipsorum y_1, y_2, y_3, y_4, y_5, y_6 functio symmetrica homogenea, si paris ordinis est, etiam respectu ipsorum x_1, x_2, x_3, x_4, x_5 symmetrica erit; si vero imparis ordinis est, permutatione elementorum x_1, x_2, x_3, x_4, x_5 alias non subire potest mutationes, nisi quod signum mutet. Quod locum habere generaliter invenimus, si bina elementorum x_1, x_2, x_3, x_4, x_5 permutamus. Facile autem patet, eiusmodi functionem elementorum x_1, x_2, x_3, x_4, x_5, quae binis permutatis signum mutet neque aliam mutationem subeat, aliam esse non posse, nisi productum ex omnibus differentiis elementorum, multiplicatum per functionem eorum symmetricam. Cuius producti quadratum cum functio symmetrica sit ideoque pro noto habeatur, videmus, functiones symmetricas ipsorum y_1, y_2, y_3, y_4, y_5, y_6 omnes et ipsas pro datis haberi posse. Videlicet si aequatio sexti gradus, cuius radices sint y_1, y_2, y_3, y_4, y_5, y_6, statuatur

$$y^6-a_1y^5+a_2y^4-a_3y^3+a_4y^2-a_5y+a_6=0,$$

coëfficientes a_2, a_4, a_6 rationaliter exhiberi possunt per coëfficientes datae aequationis quinti gradus, coëfficientes autem a_1, a_3, a_5 erunt expressiones rationales coëfficientium aequationis quinti gradus, multiplicatae per radicem quadraticam $\sqrt{\Delta}$, siquidem

$$\Delta=[(x_1-x_2)(x_1-x_3)(x_1-x_4)(x_1-x_5)(x_2-x_3)(x_2-x_4)(x_2-x_5)(x_3-x_4)(x_3-x_5)(x_4-x_5)]^2.$$

Functio simplicissima, quae proprietatibus expressionis symbolicae (12345) supra assignatis gaudet, est haec:

$$x_1x_2+x_2x_3+x_3x_4+x_4x_5+x_5x_1,$$

pro qua aequationis sexti gradus radices habentur:

$$y_1 = x_1x_2+x_2x_3+x_3x_4+x_4x_5+x_5x_1-x_1x_3-x_3x_5-x_5x_2-x_2x_4-x_4x_1$$
$$y_2 = x_1x_2+x_2x_4+x_4x_5+x_5x_3+x_3x_1-x_1x_4-x_4x_3-x_3x_2-x_2x_5-x_5x_1$$
$$y_3 = x_1x_2+x_2x_5+x_5x_3+x_3x_4+x_4x_1-x_1x_5-x_5x_4-x_4x_2-x_2x_3-x_3x_1$$
$$y_4 = x_1x_5+x_5x_2+x_2x_4+x_4x_3+x_3x_1-x_1x_2-x_2x_3-x_3x_5-x_5x_4-x_4x_1$$
$$y_5 = x_1x_4+x_4x_2+x_2x_3+x_3x_5+x_5x_1-x_1x_2-x_2x_5-x_5x_4-x_4x_3-x_3x_1$$
$$y_6 = x_1x_3+x_3x_2+x_2x_5+x_5x_4+x_4x_1-x_1x_2-x_2x_4-x_4x_3-x_3x_5-x_5x_1.$$

Quae expressiones cum respectu elementorum x_1, x_2, x_3, x_4, x_5 tantum ad secundam dimensionem ascendunt, coëfficientes a_1, a_3, a_5 erunt secundae, sextae, decimae dimensionis. Quarum expressiones cum ex observatione antea facta productum ex omnibus differentiis elementorum x_1, x_2, x_3, x_4, x_5 tamquam factorem contineant, quod ad decimam dimensionem ascendit, fieri debet

$$a_1 = 0, \quad a_3 = 0, \quad a_5 = m\sqrt{\Delta},$$

designante m numerum. Et calculo facto invenitur

$$a_5 = 32(x_1-x_2)(x_1-x_3)(x_1-x_4)(x_1-x_5)(x_2-x_3)(x_2-x_4)(x_2-x_5)(x_3-x_4)(x_3-x_5)(x_4-x_5),$$

ideoque $m = 32$. Unde aequatio sexti gradus formam induit:

$$y^6+a_2y^4+a_4y^2+a_6 = 32\sqrt{\Delta}.y.$$

Si aequatio quinti gradus proposita est:

$$x^5-Ax^4+Bx^3-Cx^2+Dx-E = 0,$$

facile invenitur

$$a_2 = 8AC-3B^2-20D.$$

Valores ipsorum a_4, a_6 paullo ampliores calculos poscunt. Valorem ipsius Δ, per A, B, C, D, E, expressum, tradidit ill. Lagrange in theoria aequationum, e *Meditationibus Algebraicis* celeberrimi Waring descriptum.

III.

Ludicrum de resolutione algebraica aequationum quinti gradus.

Olim, ut fit, cum puer studiosus in tentanda resolutione algebraica aequationum quinti gradus desudarem, aequationem generalem

$$x^5-10q^2x = p$$

ad aliam decimi gradus revocavi, cuius resolutio algebraica contigit, duorum tantum coëfficientium signis mutatis. Rem inutilem, sed curiosam, paucis referam.

Posito

$$x = y+z,$$

cum sit

$$x^5-10y^2z^2.x = y^5+z^5+5yz(y^3+z^3),$$

hanc aequationem cum proposita comparavi, unde

$$yz = q,\quad y^5+z^5+5yz(y^3+z^3) = p,$$

ideoque

$$y^{10}+5qy^8+5q^4y^2+q^5 = p.y^5.$$

Qua aequatione decimi gradus resoluta, etiam proposita quinti gradus resoluta est.

Facile mihi credis, illam quidem aequationem decimi gradus algebraice resolvi non posse, sed huius alius:

$$y^{10}-5qy^8-5q^4y^2+q^5 = p.y^5,$$

quae duorum tantum coëfficientium signis ab illa discrepat, hanc inveni radicem algebraicam:

$$\frac{1}{2}\sqrt[5]{\frac{p+\sqrt{p^2-128q^5}}{2}}+\frac{1}{2}\sqrt[5]{\frac{p-\sqrt{p^2-128q^5}}{2}}$$

$$\pm\frac{1}{2}\sqrt{\sqrt[5]{\left(\frac{p+\sqrt{p^2-128q^5}}{2}\right)^2}+\sqrt[5]{\left(\frac{p-\sqrt{p^2-128q^5}}{2}\right)^2}} = y.$$

IV.

De numero radicum realium, quae inter datos limites continentur.

Cartesius olim regulam dedit, qua, data aequatione algebraica, e signis coëfficientium eius limites cognoscuntur, quos numeros radicum positivarum et numerus radicum negativarum superare non potest. Eiusmodi limites assignavit Cl. Fourier pro radicibus realibus, quae inter datas quantitates reales quaslibet a et b continentur. Sed idem observo e regula Cartesiana peti potuisse. Sit enim x radix aequationis propositae, statuatur

$$y = \frac{b-x}{x-a},$$

erit y radix aequationis eiusdem ordinis, quae tot habet radices positivas, quot valores ipsius x inter a et b positae sunt. Unde regula Cartesiana adhibita ad aequationem transformatam, notus erit limes numeri radicum aequationis propositae, quae inter a et b continentur. Res adeo hic per signa unius seriei $n+1$ quantitatum transigitur, si n gradus aequationis, dum Cl. Fourier eiusmodi series duas adhibet. Sed regula a viro illustri prodita et multis aliis nominibus et calculo expedito praestat.

Eadem observatione regula celeberrima Sturmiana, qua numerus accuratus definitur radicum, quae inter datos limites continentur, ad casum eum revocari potest, quo numerus radicum aut positivarum aut negativarum quaeritur.

V.

Quomodo regula Bernouilliana ad investigandas radices, quae maximam aut minimam sequuntur, extendi potest.

Sit X ipsius x data functio quaelibet rationalis integra n^{ti} ordinis, sit P functio eius alia quaelibet rationalis integra minoris ordinis; evolvatur fractio $\frac{P}{X}$ ad descendentes potestates ipsius x, cuius evolutionis termini duo se excipientes sint

$$\frac{p_{m-1}}{x^m}+\frac{p_m}{x^{m+1}},$$

docuit olim Daniel Bernouilli, quotientem $\frac{p_m}{p_{m-1}}$ convergere ad valorem radicis absolute maximae aequationis

$$X=0.$$

Si fractio $\frac{P}{X}$ ad potestates ascendentes ipsius x evolvitur, cuius evolutionis termini duo se excipientes sint

$$q_m x^m+q_{m+1}x^{m+1},$$

quotiens $\frac{q_m}{q_{m+1}}$ ad valorem radicis absolute minimae converget. Causa regulae nota haec est, quod in expressione generali ipsius p_m

$$p_m = Cx_1^m+C_2x_2^m+C_3x_3^m+\cdots+C_nx_n^m,$$

in qua x_1, x_2, ..., x_n sunt radices aequationis propositae, C_1, C_2, ..., C_n constantes seu quantitates ab exponente m non pendentes, prae uno termino in m^{tam} potestatem radicis maximae ducto negligi possint reliqui omnes, siquidem numerus m satis magnus statuitur. Simile de radice minima investiganda valet.

Statuamus radices, secundum magnitudinem *absolutam* dispositas, esse

$$x_1,\quad x_2,\quad x_3,\quad \ldots,\quad x_n,$$

ita ut x_1 sit maxima, x_n minima. Radices imaginarias secundum earum modulum aestimamus, sive si radix imaginaria $r(\cos\varphi+\sqrt{-1}.\sin\varphi)$, designantibus r, φ quantitates reales, secundum quantitatem r. Regula de investiganda radice maxima proposita deficit, si duae radices maximae inter se aequales adeunt, vel quoties radices duae maximae imaginariae sunt, si utrique idem modulus est. Eo casu regula antecedens ita amplificanda est, ut simul duae radices maximae investigentur. Quod ipse iam Eulerus fecit pro casu, quo duae radices maximae sunt imaginariae formae $r(\cos\varphi+\sqrt{-1}.\sin\varphi)$, $r(\cos\varphi-\sqrt{-1}.\sin\varphi)$, in Cap. XVII. Vol. I *Introductionis*. Paucis demonstrabo sequentibus, quomodo iisdem principiis indagetur aequatio k^{ti} ordinis, cuius k radices totidem radicibus maximis aequationis propositae proxime aequales sunt. Quam amplificationem Cl. Fourier in introductione operis de aequationibus indicavit.

In expressione generali ipsius p_m prae terminis ductis in k radices maximas, ad m^{tam} dignitatem elatas, negligimus reliquos terminos omnes; quod eo maiore iure licet, quo maior numerus m. Hinc statuimus proxime:

$$p_m = C_1x_1^m+C_2x_2^m+\cdots+C_kx_k^m,$$

seu, posito

$$C_1x_1^m = B_1,\quad C_2x_2^m = B_2,\quad \ldots,\quad C_kx_k^m = B_k,$$

statuimus proxime:

$$\begin{aligned}
p_m &= B_1 +B_2 +\cdots+B_k\\
p_{m+1} &= B_1x_1+B_2x_2+\cdots+B_kx_k\\
p_{m+2} &= B_1x_1^2+B_2x_2^2+\cdots+B_kx_k^2\\
&\ldots\ldots\ldots\ldots\\
p_{m+k} &= B_1x_1^k+B_2x_2^k+\cdots+B_kx_k^k.
\end{aligned}$$

Ponamus

$$(x-x_1)(x-x_2)\ldots(x-x_k) = x^k+A_1x^{k-1}+A_2x^{k-2}+\cdots+A_k,$$

quam expressionem evanescere patet, si loco x ponuntur k valores $x_1, x_2, \ldots, x_k$. Unde ex aequationibus antecedentibus sequitur haec:

$$0 = p_{m+k}+A_1p_{m+k-1}+A_2p_{m+k-2}+\cdots+A_kp_m.$$

In qua, si loco m ponimus $m+1$, $m+2$, etc., habemus sequens aequationum systema:

$$\begin{aligned}
0 &= x^k +A_1x^{k-1} +A_2x^{k-2} +\cdots+A_k\\
0 &= p_{m+k} +A_1p_{m+k-1} +A_2p_{m+k-2} +\cdots+A_kp_m\\
0 &= p_{m+k+1} +A_1p_{m+k} +A_2p_{m+k-1} +\cdots+A_kp_{m+1}\\
0 &= p_{m+k+2} +A_1p_{m+k+1} +A_2p_{m+k} +\cdots+A_kp_{m+2}\\
&\ldots\ldots\ldots\ldots\\
0 &= p_{m+2k-1}+A_1p_{m+2k-2}+A_2p_{m+2k-3}+\cdots+A_kp_{m+k-1}.
\end{aligned}$$

De quibus aequationibus, quarum numerus $k+1$, eliminatis k quantitatibus $A_1, A_2, \ldots, A_k$, prodit aequatio huiusmodi:

$$Px^k+P_1x^{k-1}+P_2x^{k-2}+\cdots+P_k = 0,$$

in qua P, P_1, P_2, ..., P_k per terminos p_m, p_{m+1}, ..., p_{m+2k-1} expressae sunt, et cuius radices aequationis propositae, $X=0$, k radicibus maximis proxime aequales sunt.

Sit $k=2$, habetur

$$\begin{aligned} 0 &= x^2 + A_1 x + A_2 \\ 0 &= p_{m+2} + A_1 p_{m+1} + A_2 p_m \\ 0 &= p_{m+3} + A_1 p_{m+2} + A_2 p_{m+1}, \end{aligned}$$

unde, eliminatis A_1, A_2, habentur x_1, x_2 proxime aequales radicibus aequationis quadraticae:

$$(p_{m+1}^2 - p_m p_{m+2})x^2 + (p_m p_{m+3} - p_{m+1} p_{m+2})x + p_{m+2}^2 - p_{m+1} p_{m+3} = 0;$$

sicuti notum est, et cum Euleri formulis convenit.

Sit $k=3$, habes

$$\begin{aligned} 0 &= x^3 + A_1 x^2 + A_2 x + A_3 \\ 0 &= p_{m+3} + A_1 p_{m+2} + A_2 p_{m+1} + A_3 p_m \\ 0 &= p_{m+4} + A_1 p_{m+3} + A_2 p_{m+2} + A_3 p_{m+1} \\ 0 &= p_{m+5} + A_1 p_{m+4} + A_2 p_{m+3} + A_3 p_{m+2}, \end{aligned}$$

unde, eliminatis A_1, A_2, A_3, provenit:

$$Px^3 + P_1 x^2 + P_2 x + P_3 = 0,$$

posito:

$$\begin{aligned} P &= p_{m+2}^3 + p_{m+1}^2 p_{m+4} + p_m p_{m+3}^2 - 2p_{m+1} p_{m+2} p_{m+3} - p_m p_{m+2} p_{m+4} \\ P_1 &= p_{m+1} p_{m+3}^2 + p_{m+1} p_{m+2} p_{m+4} + p_m p_{m+2} p_{m+5} - p_{m+2}^2 p_{m+3} - p_{m+1}^2 p_{m+5} - p_m p_{m+3} p_{m+4} \\ P_2 &= p_m p_{m+4}^2 + p_{m+2} p_{m+3}^2 + p_{m+1} p_{m+2} p_{m+5} - p_{m+2}^2 p_{m+4} - p_m p_{m+3} p_{m+5} - p_{m+1} p_{m+3} p_{m+4} \\ P_3 &= 2p_{m+2} p_{m+3} p_{m+4} + p_{m+1} p_{m+3} p_{m+5} - p_{m+3}^3 - p_{m+2}^2 p_{m+5} - p_{m+1} p_{m+4}^2. \end{aligned}$$

Methodus Clarissimi Daniel Bernouilli nititur principio, quod seriei recurrentis termini ab initio satis remoti ut termini seriei geometricae spectari possint. Methodus antecedentibus amplificata tantum supponit, terminos seriei recurrentis ab initio satis remotos proxime aequales esse terminis alius seriei recurrentis, cuius scala e minore terminorum numero constat. Quam igitur scalam, ideoque etiam aequationem, cuius radices radicibus maximis aequationis propositae proximae aequales sunt, eruere licet etiam per methodum, quam olim pro investiganda lege serierum recurrentium proposuit Ill. Lagrange in commentatione:

Recherches sur la manière de former des tables des planètes d'après les seules observations.

Videlicet, si seriem recurrentem, cuius scala $n+1$ terminis constat, inde a termino p_m convenire statuimus cum alia, cuius scala tantum $k+1$ terminis constat, ponamus

$$p_m+p_{m+1}y+p_{m+2}y^2+\cdots+p_{m+2k-1}y^{2k-1}=s;$$

sit porro

$$\frac{1}{s}=a_1+b_1y+y^2s_1,$$
$$\frac{1}{s_1}=a_2+b_2y+y^2s_2,$$
$$\frac{1}{s_2}=a_3+b_3y+y^2s_3,$$
$$\cdots\cdots\cdots\cdots$$
$$\frac{1}{s_{k-1}}=a_k+b_ky+y^2s_k.$$

Seriem s_1 continuemus usque ad potestatem y^{2k-3}, seriem s_2 usque ad potestatem y^{2k-5}, et ita porro, donec series s_k plane reiiciatur. Tum si fractionem continuam

$$\cfrac{1}{a_1+b_1y+\cfrac{y^2}{a_2+b_2y+\cfrac{y^2}{a_3+b_3y}+\cdots+\cfrac{y^2}{a_k+b_ky}}}$$

in fractionem vulgarem commutas $\frac{P}{Q}$, atque in denominatore statuis $y=\frac{1}{x}$, erit

$$Q=0$$

aequatio quaesita, cuius radices $x=\frac{1}{y}$ aequationis propositae, $X=0$, k radicibus maioribus proxime aequales sunt. Sed observo, hanc methodum multo prolixiorem esse, quam eam eliminationis, quam supra proposui: nam in calculanda fractione $\frac{P}{Q}$ in expressiones valde complicatas incidis, quarum termini plurimi in fine calculi se mutuo destruunt, dum per eliminationem statim ad expressiones simplices pervenis.

Prorsus eadem ratione aequationis propositae radices minimas investigare licet; quod problema posito $x=\frac{1}{y}$ etiam ad antecedens revocatur; nam aequationis transformatae radices maximae sunt valores reciproci radicum minimarum aequationis propositae. Hinc si methodo Bernouilliana antecedentibus amplificata aequationis propositae radices omnes indagare placet, duae primum investigandae sunt aequationes, quarum altera k maximas, altera $n-k$ minimas radices exhibet; et si k aut $n-k$ maiores adhuc numeri sunt, quam ut per methodos rigorosas solutio praestet, singulas aequationes rursus eodem modo tractare licet atque propositam, donec tandem ad singulas radices aequationis propositae, sive ad aequationis gradum satis depressum pervenias.

Scr. 9. Dec. 1834.

THEOREMATA NOVA ALGEBRAICA CIRCA SYSTEMA DUARUM AEQUATIONUM INTER DUAS VARIABILES PROPOSITARUM.

AUCTORE

C. G. J. JACOBI,
PROF. ORD. MATH. REGIOM.

Crelle Journal für die reine und angewandte Mathematik, Bd. 14. p. 281—288.

THEOREMATA NOVA ALGEBRAICA CIRCA SYSTEMA DUARUM AEQUATIONUM INTER DUAS VARIABILES PROPOSITARUM.

1.

E theorematis, quae in elementis algebraicis traduntur, vix extat aliud magis utile in aequationibus maxime diversis, quam notum illud:

„Designante X functionem ipsius x rationalem integram, fieri

$$\Sigma\left(\frac{U}{\frac{dX}{dx}}\right)=0,$$

„si quidem extendatur summa ad omnes radices x aequationis $X=0$, „atque U sit alia functio quaelibet ipsius x rationalis integra, duabus unitatibus inferior ordine functionis X."

Quod theorema, sequentibus demonstremus, quomodo extendatur ad systema duarum aequationum algebraicarum inter duas variabiles propositarum.

Sint f, φ functiones ipsarum x, y rationales integrae, quae respective ad μ^{tam} et ν^{tam} dimensionem ascendant. Statuamus, w esse gradum aequationum finalium, quae ex aequationibus $f=0$, $\varphi=0$, altera variabili eliminata, proveniunt. Quae aequationes finales sint

$$X=0,\quad Y=0,$$

quarum altera radices x, altera radices y suppeditat. Supponamus porro, esse M, N, P, Q functiones multiplicatrices simplicissimae, rationales, integrae, quarum ope identice obtineatur:

$$Mf+N\varphi=X,$$
$$Pf+Q\varphi=Y.$$

Sit tandem

$$MQ-NP=V.$$

Designemus per characterem

$$[x^{\alpha}, y^{\beta}]$$

functionem ipsarum x, y rationalem, integram, in qua x^α, y^β sunt altissimae, quae inveniuntur, ipsarum x, y dignitates; atque sit:

$$f = [x^\alpha, y^\beta], \quad \varphi = [x^\gamma, y^\delta].$$

Erit e praeceptis algebraicis notis

$$M = [x^{w-\alpha}, y^{\delta-1}], \quad N = [x^{w-\gamma}, y^{\beta-1}],$$
$$P = [x^{\gamma-1}, y^{w-\beta}], \quad Q = [x^{\alpha-1}, y^{w-\delta}].$$

Unde

$$V = MQ - NP = [x^{w-1}, y^{w-1}].$$

Quod dimensionem ipsius V attinet, erunt M, P dimensionis $(w-\mu)^{\text{tae}}$, N, Q dimensionis $(w-\nu)^{\text{tae}}$, unde V dimensionis $(2w-\mu-\nu)^{\text{tae}}$.

Statuamus, aequationum $f = 0$, $\varphi = 0$ radices simultaneas esse

$$x = x_1,\ y = y_1;\quad x = x_2,\ y = y_2;\quad \ldots;\quad x = x_w,\ y = y_w.$$

Quoties $x = x_m$, $y = y_n$, neque $m = n$, per illos valores aequationibus quidem

$$X = Mf + N\varphi = 0,$$
$$Y = Pf + Q\varphi = 0$$

satisfit, neque tamen aequationibus $f = 0$, $\varphi = 0$. Jam vero ex aequationibus illis sequitur

$$Vf = QX - NY = 0,$$
$$V\varphi = MY - PX = 0.$$

Unde, si per valores ipsarum x, y aequationibus $X = 0$, $Y = 0$ satisfit, neque tamen aequationibus $f = 0$, $\varphi = 0$, per eosdem valores habetur

$$V = 0.$$

Designante igitur $V_{m,n}$ valorem, quem induit expressio $MQ - NP$ positis simul $x = x_m$, $y = y_n$, erit, quoties m et n diversi:

$$V_{m,n} = 0;$$

sive expressio V evanescit, quoties pro x, y ponuntur radices aequationum finalium, quae non sunt radices simultaneae aequationum propositarum.

Aequationes identicas

$$Mf + N\varphi = X, \quad Pf + Q\varphi = Y$$

et secundum x et secundum y differentiemus, et post differentiationem factam pro x, y ponamus radices simultaneas aequationum $f = 0$, $\varphi = 0$. Quo facto, si notationem differentialium Lagrangianam adhibemus,

prodeunt pro valoribus ipsarum x, y assignatis, reiectis terminis evanescentibus, aequationes

$$Mf'(x)+N\varphi'(x)=X',\quad Pf'(x)+Q\varphi'(x)=0,$$
$$Mf'(y)+N\varphi'(y)=0,\quad Pf'(y)+Q\varphi'(y)=Y',$$

unde, posito brevitatis causa

$$f'(x)\varphi'(y)-\varphi'(x)f'(y)=R,$$

prodeunt aequationes:

$$R.M=+X'\varphi'(y),\quad R.P=-Y'\varphi'(x),$$
$$R.N=-X'f'(y),\quad R.Q=+Y'f'(x),$$

unde

$$R.V=[f'(x)\varphi'(y)-f'(y)\varphi'(x)](MQ-NP)=X'Y'.$$

Vidimus igitur, *substitutis in expressione* $MQ-NP$ *radicibus simultaneis aequationum* $f=0$, $\varphi=0$, *idem prodire atque si iidem valores substituantur in expressione*

$$\frac{X'Y'}{R}=\frac{\frac{dX}{dx}\cdot\frac{dY}{dy}}{f'(x)\varphi'(y)-\varphi'(x)f'(y)};$$

sive, designantibus X'_m, Y'_m, R_m *valores, quos* X', Y', R *induunt pro radicibus aequationum* $f=0$, $\varphi=0$ *simultaneis* $x=x_m$, $y=y_m$, *fieri*

$$V_{m,m}=\frac{X'_m Y'_m}{R_m}.$$

2.

Cum in expressione V singulae x, y ad minorem ordinem ascendant atque in functionibus X, Y, videlicet ad $(w-1)^{\text{tum}}$, uti supra demonstravimus, cum X, Y w^{ti} ordinis sint: habetur per praecepta nota discerptionis fractionum in simplices:

$$\frac{V}{X.Y}=\Sigma\frac{V_{m,n}}{X'_m Y'_n(x-x_m)(y-y_n)},$$

summa extensa ad valores indicum m, n omnes $1, 2, 3, \ldots, w$. Sed de w^2 expressionibus, quas summa amplectitur, evanescunt omnes, in quibus m et n diversi sunt, quippe quo casu invenimus $V_{m,n}=0$, neque igitur remanent nisi in quibus $m=n$. Unde aequatio antecedens in hanc abit simpliciorem:

$$\frac{V}{X.Y}=\Sigma\frac{V_{m,m}}{X'_m Y'_m(x-x_m)(y-y_m)},$$

sive, cum sit

$$\frac{V_{m,m}}{X'_m Y'_m}=\frac{1}{R_m},$$

in hanc:

$$\frac{V}{X.Y} = \frac{MQ-NP}{XY} = \Sigma \frac{1}{R_m(x-x_m)(y-y_m)}$$

$$= \frac{1}{R_1(x-x_1)(y-y_1)} + \frac{1}{R_2(x-x_2)(y-y_2)} + \dots + \frac{1}{R_\omega(x-x_\omega)(y-y_\omega)}.$$

Quae est aequatio valde memorabilis. Cuius ope, multiplicatione per XY facta, eruis expressionem ipsius V per radices simultaneas aequationum $f=0$, $\varphi=0$:

$$V = MQ-NP$$

$$= \frac{1}{R_1}(x-x_2)(x-x_3)\dots(x-x_\omega)(y-y_2)(y-y_3)\dots(y-y_\omega)$$

$$+ \frac{1}{R_2}(x-x_1)(x-x_3)\dots(x-x_\omega)(y-y_1)(y-y_3)\dots(y-y_\omega)$$

$$\dots\dots\dots\dots\dots\dots\dots\dots$$

$$+ \frac{1}{R_\omega}(x-x_1)(x-x_2)\dots(x-x_{\omega-1})(y-y_1)(y-y_2)\dots(y-y_{\omega-1}),$$

siquidem in functionibus X, Y coëfficientes ipsarum x^ω, y^ω unitati aequales accipiuntur, sive

$$X = Mf+N\varphi = (x-x_1)(x-x_2)\dots(x-x_\omega),$$

$$Y = Pf+Q\varphi = (y-y_1)(y-y_2)\dots(y-y_\omega).$$

Habetur ex antecedentibus, aequatione inventa per U multiplicata,

$$\frac{UV}{XY} = \Sigma \frac{U}{R_m(x-x_m)(y-y_m)}.$$

Sit U ipsarum x, y functio rationalis integra, sitque U_m valor ipsius U pro $x = x_m$, $y = y_m$, habetur, designantibus W, W' functiones ipsarum x, y integras rationales,

$$U = U_m + W_m(x-x_m) + W'_m(y-y_m),$$

unde

$$\frac{U}{(x-x_m)(y-y_m)} = \frac{U_m}{(x-x_m)(y-y_m)} + \frac{W}{y-y_m} + \frac{W'}{x-x_m}.$$

Tribus autem expressionibus ad dextram evolutis secundum ipsarum x, y dignitates descendentes, tantum prima terminos continet, simul in utriusque x, y dignitates negativas ductos. Unde, evoluta expressione

$$\frac{U}{(x-x_m)(y-y_m)}$$

secundum ipsarum x, y dignitates descendentes, termini, simul in utriusque x, y dignitates negativas ducti, iidem proveniunt atque ex evolutione expressionis

$$\frac{U_m}{(x-x_m)(y-y_m)}.$$

Unde, *evoluta expressione*

$$\frac{UV}{XY}=\frac{U(MQ-NP)}{XY}=\Sigma\frac{U}{R_m(x-x_m)(y-y_m)}$$

secundum ipsarum x, y dignitates descendentes, termini, simul in utriusque x, y dignitates negativas ducti, iidem proveniunt atque ex evolutione expressionis

$$\Sigma\frac{U_m}{R_m(x-x_m)(y-y_m)}$$

$$=\frac{U_1}{R_1(x-x_1)(y-y_1)}+\frac{U_2}{R_2(x-x_2)(y-y_2)}+\cdots+\frac{U_w}{R_w(x-x_w)(y-y_w)};$$

sive *in evolutione expressionis*

$$\frac{UV}{XY}$$

coëfficientem termini $x^{-(\alpha+1)}y^{-(\beta+1)}$, *designantibus* α, β *numeros positivos, nanciscimur*

$$\frac{x_1^\alpha y_1^\beta U_1}{R_1}+\frac{x_2^\alpha y_2^\beta U_2}{R_2}+\cdots+\frac{x_w^\alpha y_w^\beta U_w}{R_w}.$$

Unde, posito $U=R$, sequitur, *evoluta expressione*

$$\frac{RV}{XY}=\frac{[f'(x)\varphi'(y)-f'(y)\varphi'(x)][MQ-NP]}{XY}$$

secundum ipsarum x, y dignitates descendentes, coefficientem termini $x^{-(\alpha+1)}y^{-(\beta+1)}$, *designantibus* α, β *numeros integros positivos quoscunque, fore*

$$x_1^\alpha y_1^\beta+x_2^\alpha y_2^\beta+\cdots+x_w^\alpha y_w^\beta;$$

sive etiam, *terminos, simul in utriusque x, y dignitates negativas ductos, ex evolutione proposita expressionis* $\frac{RV}{XY}$ *prodire eosdem atque ex aggregato*

$$\frac{1}{(x-x_1)(y-y_1)}+\frac{1}{(x-x_2)(y-y_2)}+\cdots+\frac{1}{(x-x_w)(y-y_w)}.$$

Antecedentia inservire possunt determinandis expressionibus

$$x_1^\alpha y_1^\beta+x_2^\alpha y_2^\beta+\cdots+x_w^\alpha y_w^\beta,$$

quae, si neuter numerorum α, β evanescit, per methodos vulgares nonnisi maxima molestia inveniuntur.

3.

Adnotavimus supra, expressionem V tantum ad dimensionem $(2w-\mu-\nu)^{\text{tam}}$ ascendere; qua de re, evoluta expressione

$$\frac{V}{XY}=\frac{1}{R_1(x-x_1)(y-y_1)}+\frac{1}{R_2(x-x_2)(y-y_2)}+\cdots+\frac{1}{R_w(x-x_w)(y-y_w)}$$

secundum ipsarum x, y dignitates descendentes, termini ex evolutione prodeuntes altioris dimensionis esse nequeunt quam $(-\mu-\nu)^{\text{tae}}$. Habetur autem evolutionis terminus generalis

$$\left(\frac{x_1^\alpha y_1^\beta}{R_1}+\frac{x_2^\alpha y_2^\beta}{R_2}+\cdots+\frac{x_w^\alpha y_w^\beta}{R_w}\right)x^{-(\alpha+1)}y^{-(\beta+1)},$$

quem igitur evanescere oportet, quoties $\alpha+\beta<\mu+\nu-2$. Unde fluit theorema:

Theorema.

Sint f, φ duarum variabilium x, y functiones quaecunque rationales integrae; sint $x=x_1$, $y=y_1$; $x=x_2$, $y=y_2$; ...; $x=x_w$, $y=y_w$ radices omnes simultaneae aequationum $f=0$, $\varphi=0$; sit porro R_m valor expressionis

$$f'(x)\varphi'(y)-f'(y)\varphi'(x)$$

pro $x=x_m$, $y=y_m$; erit

$$\frac{x_1^\alpha y_1^\beta}{R_1}+\frac{x_2^\alpha y_2^\beta}{R_2}+\cdots+\frac{x_w^\alpha y_w^\beta}{R_w}=0,$$

designantibus α, β numeros positivos integros, quorum summa duobus aucta minor quam summa dimensionum, ad quas ascendunt functiones propositae f, φ.

Unde statim etiam sequitur theorema hoc:

Theorema.

Sint f, φ duarum variabilium x, y functiones quaecunque rationales integrae; sit F alia functio ipsarum x, y rationalis integra quaecunque, cuius ordo tribus inferior summa ordinum functionum f, φ; erit

$$\Sigma\frac{F}{f'(x)\varphi'(y)-f'(y)\varphi'(x)}=0,$$

summa extensa ad valores ipsorum x, y omnes, qui sunt radices simultaneae aequationum $f=0$, $\varphi=0$.

Ut unico saltem exemplo theorema memorabile confirmemus, sint f, φ *secundi* ordinis. Quo casu constantem λ ita determinari posse constat, ut

$f+\lambda\varphi$ in duos factores lineares resolvi possit, idque tribus modis pro tribus radicibus aequationis cubicae, a qua valor ipsius λ pendet. Sint λ', λ'' duo ipsius λ valores diversi, ac statuatur

$$\Pi = f+\lambda'\varphi = t.u, \quad \Phi = f+\lambda''\varphi = v.w,$$

designantibus t, u, v, w expressiones lineares. Radices aequationum $f=0$, $\varphi=0$ eaedem erunt atque aequationum $\Pi=0$, $\Phi=0$, quae in quatuor haec systemata aequationum linearium resolvi possunt:

$$\begin{array}{lllll}
1) & t=0, & v=0, & \text{e quibus sequatur} & x=x_1, \quad y=y_1, \\
2) & t=0, & w=0, & \text{-} \quad \text{-} \quad \text{-} & x=x_2, \quad y=y_2, \\
3) & u=0, & v=0, & \text{-} \quad \text{-} \quad \text{-} & x=x_3, \quad y=y_3, \\
4) & u=0, & w=0, & \text{-} \quad \text{-} \quad \text{-} & x=x_4, \quad y=y_4.
\end{array}$$

Ope radicum appositarum ipsas expressiones lineares t, u, v, w exhibere licet; nam cum ex. gr. t evanescat et pro $x=x_1$, $y=y_1$, et pro $x=x_2$, $y=y_2$, notum est, ipsam t hoc modo exprimi posse:

$$t=\alpha[x(y_1-y_2)-y(x_1-x_2)+x_1y_2-y_1x_2],$$

designante α constantem. Simili modo si u, v, w exhibentur, prodit:

$$\begin{aligned}
t &= \alpha[x(y_1-y_2)-y(x_1-x_2)+x_1y_2-y_1x_2], \\
u &= \beta[x(y_3-y_4)-y(x_3-x_4)+x_3y_4-y_3x_4], \\
v &= \gamma[x(y_1-y_3)-y(x_1-x_3)+x_1y_3-y_1x_3], \\
w &= \delta[x(y_2-y_4)-y(x_2-x_4)+x_2y_4-y_2x_4].
\end{aligned}$$

Unde, posito brevitatis causa:

$$\begin{aligned}
+\Delta_1 &= x_2(y_3-y_4)+x_3(y_4-y_2)+x_4(y_2-y_3), \\
-\Delta_2 &= x_3(y_4-y_1)+x_4(y_1-y_3)+x_1(y_3-y_4), \\
+\Delta_3 &= x_4(y_1-y_2)+x_1(y_2-y_4)+x_2(y_4-y_1), \\
-\Delta_4 &= x_1(y_2-y_3)+x_2(y_3-y_1)+x_3(y_1-y_2),
\end{aligned}$$

eruitur:

$$\begin{aligned}
\frac{\partial t}{\partial x}\frac{\partial v}{\partial y}-\frac{\partial t}{\partial y}\frac{\partial v}{\partial x} &= -\alpha\gamma\Delta_4, \\
\frac{\partial t}{\partial x}\frac{\partial w}{\partial y}-\frac{\partial t}{\partial y}\frac{\partial w}{\partial x} &= +\alpha\delta\Delta_3, \\
\frac{\partial u}{\partial x}\frac{\partial v}{\partial y}-\frac{\partial u}{\partial y}\frac{\partial v}{\partial x} &= +\beta\gamma\Delta_2, \\
\frac{\partial u}{\partial x}\frac{\partial w}{\partial y}-\frac{\partial u}{\partial y}\frac{\partial w}{\partial x} &= -\beta\delta\Delta_1,
\end{aligned}$$

ideoque, cum sit $\Pi = tu$, $\Phi = vw$:

$$\Pi'(x)\Phi'(y)-\Pi'(y)\Phi'(x) = -\alpha\gamma\Delta_4 uw+\alpha\delta\Delta_3 uv+\beta\gamma\Delta_2 tw-\beta\delta\Delta_1 tv.$$

Jam observo, ipsas

$$\begin{array}{cccccc} x & y & t & u & v & w \end{array}$$

simul induere valores

$$\begin{array}{cccccc} x_1 & y_1 & 0 & -\beta\Delta_2 & 0 & +\delta\Delta_3 \\ x_2 & y_2 & 0 & +\beta\Delta_1 & +\gamma\Delta_4 & 0 \\ x_3 & y_3 & -\alpha\Delta_4 & 0 & 0 & -\delta\Delta_1 \\ x_4 & y_4 & +\alpha\Delta_3 & 0 & -\gamma\Delta_2 & 0. \end{array}$$

Unde, cum sit

$$\Pi'(x)\Phi'(y)-\Pi'(y)\Phi'(x) = (\lambda''-\lambda')[f'(x)\varphi'(y)-f'(y)\varphi'(x)] = (\lambda''-\lambda')R,$$

tandem obtinetur:

$$R_1 = \frac{\alpha\beta\gamma\delta}{\lambda''-\lambda'}\cdot\Delta_2\Delta_3\Delta_4,\quad R_3 = \frac{\alpha\beta\gamma\delta}{\lambda''-\lambda'}\cdot\Delta_4\Delta_1\Delta_2,$$

$$R_2 = \frac{\alpha\beta\gamma\delta}{\lambda''-\lambda'}\cdot\Delta_3\Delta_4\Delta_1,\quad R_4 = \frac{\alpha\beta\gamma\delta}{\lambda''-\lambda'}\cdot\Delta_1\Delta_2\Delta_3.$$

Jam e theoremate proposito habentur casu, quo functiones f, φ tantum ad secundam dimensionem ascendunt, tres aequationes:

$$\frac{1}{R_1}+\frac{1}{R_2}+\frac{1}{R_3}+\frac{1}{R_4} = 0,$$

$$\frac{x_1}{R_1}+\frac{x_2}{R_2}+\frac{x_3}{R_3}+\frac{x_4}{R_4} = 0,$$

$$\frac{y_1}{R_1}+\frac{y_2}{R_2}+\frac{y_3}{R_3}+\frac{y_4}{R_4} = 0,$$

quae per valores ipsarum R_1, R_2, R_3, R_4 inventos facillime confirmantur. Quippe quibus substitutis valoribus, abeunt illae, per

$$\frac{\alpha\beta\gamma\delta.\Delta_1\Delta_2\Delta_3\Delta_4}{\lambda''-\lambda'}$$

multiplicatae, in sequentes:

$$\Delta_1+\ \Delta_2+\ \Delta_3+\ \Delta_4 = 0,$$

$$x_1\Delta_1+x_2\Delta_2+x_3\Delta_3+x_4\Delta_4 = 0,$$

$$y_1\Delta_1+y_2\Delta_2+y_3\Delta_3+y_4\Delta_4 = 0,$$

quas facile patet identicas esse.

Regiomonti d. 13. Juni 1835.

DE ELIMINATIONE VARIABILIS E DUABUS AEQUATIONIBUS ALGEBRAICIS.

AUCTORE

Dr. C. G. J. JACOBI,
PROF. ORD. MATH. REGIOM.

Crelle Journal für die reine und angewandte Mathematik, Bd. 15. p. 101—124.

DE ELIMINATIONE VARIABILIS E DUABUS AEQUATIONIBUS ALGEBRAICIS.

1.

E variis methodis, quae ad eliminationem variabilis e duabus aequationibus algebraicis proponuntur, extat, quam in libris, quos olim Cl. Bézout de elementis matheseos composuit, legisse memini, et quae prae ceteris multis nominibus se commendat. Quam praestantissimi Algebristae methodum sequentibus breviter exponam, eique varias addam observationes.

Aequationes duas propositas eiusdem ordinis esse supponamus; quoties enim altera inferioris ordinis esset, nil mutabitur, nisi quod coëfficientes potestatum superiorum, in ea deficientium, in formulis subsequentibus nullitati aequandae forent. Sint aequationes illae:

$$f(x) = a_n x^n + a_{n-1} x^{n-1} + a_{n-2} x^{n-2} + \cdots + a_0 = 0,$$
$$\varphi(x) = b_n x^n + b_{n-1} x^{n-1} + b_{n-2} x^{n-2} + \cdots + b_0 = 0.$$

Aequatione secunda per a_n, prima per b_n multiplicata, et altera de altera subducta, prodit aequatio $(n-1)^{\text{ti}}$ ordinis. Aequatione secunda per $a_n x + a_{n-1}$, prima per $b_n x + b_{n-1}$ multiplicata, et subductione facta, alteram aequationem $(n-1)^{\text{ti}}$ ordinis eruis. Aequatione secunda per $a_n x^2 + a_{n-1} x + a_{n-2}$, prima per $b_n x^2 + b_{n-1} x + b_{n-2}$ multiplicata, et subductione facta, tertiam aequationem $(n-1)^{\text{ti}}$ ordinis eruis. Quibus continuatis, e duabus aequationibus propositis n alias aequationes $(n-1)^{\text{ti}}$ ordinis deducere licet, quarum postrema obtinetur, aequatione secunda multiplicata per $a_n x^{n-1} + a_{n-1} x^{n-2} + \cdots + a_1$, prima per $b_n x^{n-1} + b_{n-1} x^{n-2} + \cdots + b_1$, et subductione facta. Ex his aequationibus Eulerus olim in *Introductione* primam et postremam adhibuit, ut e duabus aequationibus propositis duae aliae deducantur ordinis proxime inferioris; de quibus per eandem methodum duabus aliis deductis ordinis unitate inferioris, repetito negotio tandem ad duas aequationes lineares perveniri docuit, e quibus et valor radicis communis peti potest et aequatio conditionalis, e qua variabilis prorsus abiit. Sed ubi omnes n aequationes $(n-1)^{ti}$ ordinis, quas de propositis dicto modo deducere licet, iuxta adhibes, ex illis n aequationibus, quae sunt inter $n-1$ quantitates $x, x^2, x^3, \ldots, x^{n-1}$ lineares, has $n-1$ quantitates eliminare licet; quo facto statim ad aequationem finalem quaesitam pervenis. Haec est methodus a Cl°. Bézout proposita, omnium, uti videtur, expeditissima; qua, videmus, problema de eliminatione variabilis e duabus aequationibus n^{ti} gradus revocari ad eliminationem $n-1$ variabilium e n aequationibus linearibus, quae eliminatio per formulam notam ac generalem absolvitur. Methodum illam iam ulterius prosequamur.

2.

Statuamus

$$(1)\quad \begin{cases} m_0 &= [a_n x^{n-1}+a_{n-1}x^{n-2}+\cdots+a_1]\varphi(x)-[b_n x^{n-1}+b_{n-1}x^{n-2}+\cdots+b_1]f(x), \\ m_1 &= [a_n x^{n-2}+a_{n-1}x^{n-3}+\cdots+a_2]\varphi(x)-[b_n x^{n-2}+b_{n-1}x^{n-3}+\cdots+b_2]f(x), \\ m_2 &= [a_n x^{n-3}+a_{n-1}x^{n-4}+\cdots+a_3]\varphi(x)-[b_n x^{n-3}+b_{n-1}x^{n-4}+\cdots+b_3]f(x), \\ \cdots & \cdots\cdots\cdots\cdots\cdots\cdots \\ m_{n-1} &= a_n\varphi(x)-b_n f(x), \end{cases}$$

sitque, termino constante per x^0 multiplicato,

$$(2)\quad \begin{cases} m_0 &= \alpha_{0,0}x^0+\alpha_{1,0}x^1+\alpha_{2,0}x^2+\cdots+\alpha_{n-1,0}x^{n-1}, \\ m_1 &= \alpha_{0,1}x^0+\alpha_{1,1}x^1+\alpha_{2,1}x^2+\cdots+\alpha_{n-1,1}x^{n-1}, \\ m_2 &= \alpha_{0,2}x^0+\alpha_{1,2}x^1+\alpha_{2,2}x^2+\cdots+\alpha_{n-1,2}x^{n-1}, \\ \cdots & \cdots\cdots\cdots\cdots\cdots\cdots \\ m_{n-1} &= \alpha_{0,n-1}x^0+\alpha_{1,n-1}x^1+\alpha_{2,n-1}x^2+\cdots+\alpha_{n-1,n-1}x^{n-1}. \end{cases}$$

Erunt aequationes $(n-1)^{ti}$ ordinis, e quibus, ipsis $x^1, x^2, x^3, \ldots, x^{n-1}$ eliminatis, aequatio quaesita prodit,

$$m_0=0,\quad m_1=0,\quad m_2=0,\quad \ldots,\quad m_{n-1}=0.$$

Naturam harum n aequationum accuratius examinemus.

Et primum observo, *in iis coëfficientium series horizontales et verticales easdem esse, sive haberi*

$$(3)\qquad \alpha_{r,s}=\alpha_{s,r}.$$

Habetur enim

$$(4)\quad \begin{cases} m_s = [a_n x^{n-s-1}+a_{n-1}x^{n-s-2}+\cdots+a_{s+1}]\varphi(x)-[b_n x^{n-s-1}+b_{n-1}x^{n-s-2}+\cdots+b_{s+1}]f(x) \\ \quad = \alpha_{0,s}x^0+\alpha_{1,s}x^1+\alpha_{2,s}x^2+\cdots+\alpha_{n-1,s}x^{n-1}, \end{cases}$$

ideoque substitutis expressionibus

$$f(x)=a_n x^n+a_{n-1}x^{n-1}+a_{n-2}x^{n-2}+\cdots+a_0,$$
$$\varphi(x)=b_n x^n+b_{n-1}x^{n-1}+b_{n-2}x^{n-2}+\cdots+b_0,$$

invenitur

$$(5)\qquad \begin{cases} \alpha_{r,s} = a_{s+1}b_r + a_{s+2}b_{r-1} + a_{s+3}b_{r-2} + \cdots + a_{r+s+1}b_0 \\ \qquad -[b_{s+1}a_r + b_{s+2}a_{r-1} + b_{s+3}a_{r-2} + \cdots + b_{r+s+1}a_0]. \end{cases}$$

Si $r+s+1 > n$, expressio superior tantum usque ad terminum $a_n b_{r+s+1-n}$, inferior usque ad terminum $-b_n a_{r+s+1-n}$ continuatur.

Permutatis inter se r et s, fit

$$\begin{aligned} \alpha_{s,r} &= a_{r+1}b_s + a_{r+2}b_{s-1} + a_{r+3}b_{s-2} + \cdots + a_{r+s+1}b_0 \\ &\quad -[b_{r+1}a_s + b_{r+2}a_{s-1} + b_{r+3}a_{s-2} + \cdots + b_{r+s+1}a_0]. \end{aligned}$$

Sit $s > r$, haec expressio illam excedit terminis

$$a_{r+1}b_s + a_{r+2}b_{s-1} + \cdots + a_s b_{r+1} - [b_{r+1}a_s + b_{r+2}a_{s-1} + \cdots + b_s a_{r+1}],$$

qui cum sponte se destruant, prodit $\alpha_{r,s} = \alpha_{s,r}$, q. d. e.

E formulis (1), (2) sequens fluit:

$$\begin{aligned} m_0 + m_1 x + m_2 x^2 + \cdots + m_{n-1}x^{n-1} &= \Sigma \alpha_{r,s} x^r x^s \\ &= [n a_n x^{n-1} + (n-1)a_{n-1}x^{n-2} + \cdots + a_1]\,\varphi(x) \\ &\quad - [n b_n x^{n-1} + (n-1)b_{n-1}x^{n-1} + \cdots + b_1]\,f(x), \end{aligned}$$

siquidem in summa assignata numeris r, s valores $0, 1, 2, \ldots, n-1$ tribuimus. Quam formulam etiam sic exhibere licet:

$$m_0 + m_1 x + m_2 x^2 + \cdots + m_{n-1}x^{n-1} = \Sigma \alpha_{r,s} x^r x^s = \varphi(x)\frac{df(x)}{dx} - f(x)\frac{d\varphi(x)}{dx}.$$

3.

Consideratis $x^0, x^1, x^2, \ldots, x^{n-1}$ tamquam n incognitis, statuamus, per resolutionem n aequationum linearium (2) obtineri:

$$(6)\qquad \begin{cases} L.x^0 = A_{0,0}m_0 + A_{0,1}m_1 + A_{0,2}m_2 + \cdots + A_{0,n-1}m_{n-1}, \\ L.x^1 = A_{1,0}m_0 + A_{1,1}m_1 + A_{1,2}m_2 + \cdots + A_{1,n-1}m_{n-1}, \\ L.x^2 = A_{2,0}m_0 + A_{2,1}m_1 + A_{2,2}m_2 + \cdots + A_{2,n-1}m_{n-1}, \\ \cdots\cdots\cdots\cdots\cdots\cdots\cdots\cdots \\ L.x^{n-1} = A_{n-1,0}m_0 + A_{n-1,1}m_1 + A_{n-1,2}m_2 + \cdots + A_{n-1,n-1}m_{n-1}; \end{cases}$$

ubi

$$L = \Sigma \pm \alpha_{0,0}\alpha_{1,1}\alpha_{2,2}\ldots\alpha_{n-1,n-1},$$

siquidem per summam illam, uti saepius, designamus aggregatum $1.2.3\ldots n$ terminorum, qui e termino $\alpha_{0,0}\alpha_{1,1}\alpha_{2,2}\ldots\alpha_{n-1,n-1}$ proveniunt, indicibus omnibus aut prioribus aut posterioribus omnimodis inter se permutatis, singulis terminis praefixo signo aut $+$ aut $-$ ea lege, ut, binis ex indicibus aut prioribus aut posterioribus inter se commutatis, tota expressio L valorem oppositum induat.

Proprietatem aequationum propositarum (2), coëfficientium series horizontales et verticales easdem esse, notum est, etiam aequationibus earum inversis convenire (6), sive haberi

(7) $$A_{s,r} = A_{r,s}.$$

Aequatio finalis, quae, ipsis $x^1, x^2, \ldots, x^{n-1}$ ex aequationibus $m_0 = 0$, $m_1 = 0$, $m_2 = 0$, $\ldots$, $m_{n-1} = 0$ eliminatis, prodit, est

(8) $$L = \Sigma \pm \alpha_{0,0}\alpha_{1,1}\alpha_{2,2}\ldots\alpha_{n-1,n-1} = 0.$$

Radicis communis x et potestatum eius varias expressiones eruimus. Omittamus enim e n aequationibus

$$m_0 = 0, \quad m_1 = 0, \quad m_2 = 0, \quad \ldots, \quad m_{n-1} = 0$$

unam aliquam; e reliquis $n-1$ aequationibus rationes determinantur, in quibus sunt n incognitae $x^0, x^1, x^2, \ldots, x^{n-1}$; et prout aequatio omissa est prima, secunda, tertia, cet., n^{ta}, n varii modi habentur, quibus rationes illae determinentur.

Si aequatio non adhibetur $m_r = 0$, habetur e (6):

(9) $$x^0 : x^1 : x^2 : \ldots : x^{n-1} = A_{0,r} : A_{1,r} : A_{2,r} : \ldots : A_{n-1,r},$$

unde

$$x^{r'} : x^{s'} = A_{r',r} : A_{s',r}.$$

Eodem modo invenitur, si aequationis $m_{r'} = 0$ usus non fit,

$$x^0 : x^1 : x^2 : \ldots : x^{n-1} = A_{0,r'} : A_{1,r'} : A_{2,r'} : \ldots : A_{n-1,r'},$$

unde

$$x^r : x^s = A_{r,r'} : A_{s,r'},$$

ideoque, cum sit $A_{r,r'} = A_{r',r}$, fit, utraque proportione addita,

(10) $$x^{r'}.x^s : x^{s'}.x^r = A_{s,r'} : A_{s',r} = A_{r',s} : A_{s',r}.$$

Videmus igitur, designantibus m, m' binos quoslibet e numeris $0, 1, 2, \ldots, n-1$, producta $x^m.x^{m'}$ esse ut quantitates $A_{m,m'}$. Unde sequitur, quoties $r+s = r'+s'$, fieri:

$$A_{r,s} = A_{r',s'}.$$

4.

Aequatio finalis inventa

$$L = \Sigma \pm \alpha_{0,0}\alpha_{1,1}\alpha_{2,2}\ldots\alpha_{n-1,n-1} = 0$$

factore superfluo non affecta est. Nam cum quantitates $\alpha_{r,s}$ et respectu constantium a_m et respectu constantium b_m sint lineares, patet expressionem L et respectu constantium a_m et respectu constantium b_m ad n^{tam} dimensionem ascendere. Quam respectu utrarumque constantium dimensionem esse aequationis finalis genuinae, ab omni factore alieno liberae, *a priori* constat.

Observavit enim iam olim Eulerus in Commentariis veteribus Academiae Berolinensis T. IV. ad a. 1748, veram ac genuinam obtineri aequationem finalem, quae eliminata x ex aequationibus $f(x) = 0$, $\varphi(x) = 0$ proveniat, si radices alterius aequationis $\varphi(x) = 0$ omnes in altera functione $f(x)$ substituantur, atque productum ex valoribus, quae ea substitutione eruuntur, $= 0$ ponatur. Cuius producti respectu constantium, quae functionem $f(x)$ afficiunt, patet eandem dimensionem esse atque numerum radicum sive gradum aequationis $\varphi(x) = 0$. Qua de re, cum valere de altera functione debeant, quae de altera valent, si $L = 0$ aequatio finalis genuina, designante L expressionem integram constantium, quae functiones $f(x)$, $\varphi(x)$ afficiunt, ipsa L respectu constantium functionis $f(x)$ eiusdem dimensionis erit atque functionis $\varphi(x)$ gradus est, respectu constantium functionis $\varphi(x)$ eiusdem dimensionis atque functionis $f(x)$ gradus est. Casu igitur nostro, quo utrique functioni $f(x)$, $\varphi(x)$ est n^{tus} gradus, expressio L respectu et huius et illius constantium ad n^{tam} dimensionem per ipsam naturam quaestionis assurgit, sicuti expressio supra inventa $\Sigma \pm \alpha_{0,0}\alpha_{1,1}\alpha_{2,2}\ldots\alpha_{n-1,n-1}$, neque ad minorem ascendere potest.

Quoties igitur in calculis nostris sequentibus incidemus in aequationem aliquam $M = 0$, in qua M expressio integra rationalis constantium a_m, b_m, quae respectu sive harum sive illarum ad minorem quam n^{tam} dimensionem ascendit, concludemus, illam non esse posse aequationem finalem neque per eam divisibilem, sed ipsam M *identice* evanescere.

5.

Expressiones $A_{r,s}$ et respectu constantium a_m, et respectu constantium b_m $(n-1)^{\text{tae}}$ dimensionis sunt. Unde aequatio §. 3 inventa

$$A_{r,s} = A_{r',s'},$$

cum et respectu constantium a_m, et respectu constantium b_m tantum ad $(n-1)^{\text{tam}}$ dimensionem ascendat, e §. antecedente identica esse debet; sive *quantitates omnes $A_{r,s}$, quibus eadem est summa indicum $r+s$, identicae sunt.*

Expressiones $A_{r,s}$, cum tantum a summa indicum pendeant, exhibebimus in sequentibus per characterem

$$A_{r,s} = A_{r+s}. \tag{11}$$

Quo adhibito notationis modo, videmus, *eam esse naturam coëfficientum $a_{r,s}$ quae aequationes lineares afficiunt, e quibus eliminatione incognitarum facta aequatio finalis quaesita petitur, ut, posito:*

$$(12)\quad \begin{cases} a_{0,0}x_0 + a_{0,1}x_1 + a_{0,2}x_2 + \cdots + a_{0,n-1}x_{n-1} = m_0, \\ a_{1,0}x_0 + a_{1,1}x_1 + a_{1,2}x_2 + \cdots + a_{1,n-1}x_{n-1} = m_1, \\ a_{2,0}x_0 + a_{2,1}x_1 + a_{2,2}x_2 + \cdots + a_{2,n-1}x_{n-1} = m_2, \\ \cdots\cdots\cdots\cdots\cdots\cdots \\ a_{n-1,0}x_0 + a_{n-1,1}x_1 + a_{n-1,2}x_2 + \cdots + a_{n-1,n-1}x_{n-1} = m_{n-1}, \end{cases}$$

aequationes inversae, quibus quantitates x_r per quantitates m_r exhibentur, formam sequentem induant:

$$(13)\quad \begin{cases} L.x_0 = A_0 m_0 + A_1 m_1 + A_2 m_2 + \cdots + A_{n-1} m_{n-1}, \\ L.x_1 = A_1 m_0 + A_2 m_1 + A_3 m_2 + \cdots + A_n\ m_{n-1}, \\ L.x_2 = A_2 m_0 + A_3 m_1 + A_4 m_2 + \cdots + A_{n+1} m_{n-1}, \\ \cdots\cdots\cdots\cdots\cdots\cdots \\ L.x_{n-1} = A_{n-1} m_0 + A_n m_1 + A_{n+1} m_2 + \cdots + A_{2n-2} m_{n-1}. \end{cases}$$

Adnotemus, substitutis aequationibus (13) in aequatione (12):

$$a_{r,0}x_0 + a_{r,1}x_1 + a_{r,2}x_2 + \cdots + a_{r,n-1}x_{n-1} = m_r,$$

sequi

$$(14)\quad a_{r,0}A_r + a_{r,1}A_{r+1} + a_{r,2}A_{r+2} + \cdots + a_{r,n-1}A_{r+n-1} = L,$$

porro, si r et s inter se diversi, fieri identice:

$$(15)\quad a_{r,0}A_s + a_{r,1}A_{s+1} + a_{r,2}A_{s+2} + \cdots + a_{r,n-1}A_{s+n-1} = 0,$$

quibus in formulis numeri r, s valores omnes $0, 1, 2, \ldots, n-1$ induere possunt.

6.

Sequitur e formulis (10), (11):

$$x^{r'+s} : x^{s'+r} = A_{r'+s} : A_{s'+r},$$

ubi r, r', s, s' sunt numeri quicunque e numeris $0, 1, 2, \ldots, n-1$. Unde videmus, *quoties pro valore ipsius x aequationes $f(x) = 0$, $\varphi(x) = 0$ simul locum habeant, ideoque sit $L = 0$, ipsius x potestates x^m esse inter se ut quantitates A_m, designante m unum aliquem e numeris $0, 1, 2, \ldots, 2n-2$, sive haberi:*

$$(16)\quad 1 : x : x^2 : x^3 : \ldots : x^{2n-2} = A_0 : A_1 : A_2 : A_3 : \ldots : A_{2n-2}.$$

Unde variae relationes deduci possunt, quae inter quantitates $A_0, A_1, \ldots, A_{2n-2}$ intercedunt, simulac inter constantes a_m, b_m aequatio conditionalis $L = 0$ locum habet. Ita invenitur e (16):

(17) $$A_m . A_{m'} = A_{m+m'},\quad A_0^{m-1} A_m = A_1^m,$$

sive expressiones

$$A_m . A_{m'} - A_{m+m'},\quad A_0^{m-1} A_m - A_1^m$$

esse per L divisibiles.

Si aequationes propositae

$$0 = f(x) = a_n x^n + a_{n-1} x^{n-1} + a_{n-2} x^{n-2} + \cdots + a_0,$$
$$0 = \varphi(x) = b_n x^n + b_{n-1} x^{n-1} + b_{n-2} x^{n-2} + \cdots + b_0$$

per $1, x, x^2, \ldots, x^{n-2}$ multiplicantur, et in productis potestates ipsius x per quantitates A_m exprimuntur, prodeunt aequationes:

(18) $$\begin{cases} 0 = a_0 A_0 \;\; + a_1 A_1 \;\; + a_2 A_2 + \cdots + a_n A_n, \\ 0 = a_0 A_1 \;\; + a_1 A_2 \;\; + a_2 A_3 + \cdots + a_n A_{n+1}, \\ 0 = a_0 A_2 \;\; + a_1 A_3 \;\; + a_2 A_4 + \cdots + a_n A_{n+2}, \\ \cdots\cdots\cdots\cdots\cdots\cdots \\ 0 = a_0 A_{n-2} + a_1 A_{n-1} + a_2 A_n + \cdots + a_n A_{2n-2}, \end{cases}$$

(19) $$\begin{cases} 0 = b_0 A_0 \;\; + b_1 A_1 \;\; + b_2 A_2 + \cdots + b_n A_n, \\ 0 = b_0 A_1 \;\; + b_1 A_2 \;\; + b_2 A_3 + \cdots + b_n A_{n+1}, \\ 0 = b_0 A_2 \;\; + b_1 A_3 \;\; + b_2 A_4 + \cdots + b_n A_{n+2}, \\ \cdots\cdots\cdots\cdots\cdots\cdots \\ 0 = b_0 A_{n-2} + b_1 A_{n-1} + b_2 A_n + \cdots + b_n A_{2n-2}. \end{cases}$$

At expressiones ad dextram in aequationibus (18) respectu constantium b_m, in aequationibus (19) respectu constantium a_m tantum ad $(n-1)^{\text{tam}}$ dimensionem ascendunt; unde ex observationibus §. 4 factis *aequationes* (18), (19) *identicae sunt.*

Vidimus, e constantibus, quae duas aequationes propositas n^{ti} gradus afficiunt, formari posse $2n-1$ expressiones integras, quae respectu constantium alterutrius aequationis ad $(n-1)^{\text{tam}}$ dimensionem ascendunt, et quae, quoties aequationes propositae radicem communem habent, sunt ut potestates radicis communis $0^{\text{ta}}, 1^{\text{ta}}, 2^{\text{ta}}, \ldots, (2n-2)^{\text{ta}}$. Et facile liquet ex antecedentibus, *eiusmodi expressionem, quae sit ut $(2n-1)^{\text{ta}}$ potestas radicis communis, non dari.*

Sit enim A_{2n-1} eiusmodi expressio talis ut habeatur:

$$x^0 : x^1 : x^2 : \ldots : x^{2n-2} : x^{2n-1} = A_0 : A_1 : A_2 : \ldots : A_{2n-2} : A_{2n-1};$$

multiplicatis aequationibus propositis per x^{n-1}, et loco potestatum ipsius x substitutis ipsis A_m, invenitur:

$$a_0 A_{n-1} + a_1 A_n + a_2 A_{n+1} + \cdots + a_n A_{2n-1} = 0,$$
$$b_0 A_{n-1} + b_1 A_n + b_2 A_{n+1} + \cdots + b_n A_{2n-1} = 0,$$

quae aequationes identicae esse debent, cum respectu constantium alterius aequationis tantum ad $(n-1)^{\text{tam}}$ dimensionem ascendant. Aequatione prima iuncta aequationibus (18), secunda aequationibus (19), ex altero aequationum systemate derivari possunt rationes, in quibus sunt quantitates $a_0, a_1, a_2, \ldots, a_n$, ex altero rationes, in quibus sunt quantitates $b_0, b_1, b_2, \ldots, b_n$. Quae rationes cum plane eaedem ex utroque systemate proveniant, haberetur

$$a_0 : a_1 : a_2 : \ldots : a_n = b_0 : b_1 : b_2 : \ldots : b_n,$$

quod absurdum est.

7.

Sint M, N functiones ipsius x rationales integrae $(n-1)^{\text{ti}}$ ordinis; in quibus cum sit coëfficientium numerus $2n$, eas semper ita determinare licet, ut expressio

$$Mf(x)+N\varphi(x) = P$$

datae cuilibet expressioni ipsius x rationali integrae $(2n-1)^{\text{ti}}$ ordinis aequalis evadat. Quae coëfficientium ipsarum M, N determinatio resolutionem $2n$ aequationum linearium inter $2n$ incognitas propositarum postulat. Vocemus L denominatorem communem valoribus coëfficientium algebraicis, qui per resolutionem illam obtinentur, ac statuamus

$$Mf(x)+N\varphi(x) = P = L.Q;$$

inveniuntur coëfficientes functionum M, N ut expressiones integrae constantium, quae functiones $f(x)$, $\varphi(x)$, Q afficiunt.

Quoties simul $f(x) = 0$, $\varphi(x) = 0$, erit etiam $L = 0$; statuere enim licet $Q = 1$. Quae aequatio, cum sit a x libera, ipsa est aequatio finalis quaesita, quae cum supra inventa prorsus convenit. Adhibuere hanc methodum ad eliminationem praestandam primus Cl. Euler in Actis Acad. Ber. T. XX. ad a. 1764. Demonstremus iam, quomodo, si Q sive 1, sive x, x^2, x^3, $\ldots$, x^{2n-1}, sive functio ipsius x rationalis integra $(2n-1)^{\text{ti}}$ ordinis quaecunque, functiones multiplicatrices M, N generaliter per expressiones A_0, A_1, A_2, $\ldots$, A_{2n-2} determinentur.

Restituto in (13) x^r loco x_r, provenit, designante r unum e numeris 0, 1, 2, $\ldots$, $n-1$,

$$L.x^r = A_r m_0 + A_{1+r} m_1 + A_{2+r} m_2 + \cdots + A_{n-1+r} m_{n-1}.$$

In qua aequatione si substituimus ipsarum m_0, m_1, m_2, $\ldots$, m_{n-1} expressiones §. 2 (1), videmus, posito

$$(20)\quad \begin{cases} -M_r = A_r\ [b_n x^{n-1}+b_{n-1}x^{n-2}+\cdots+b_1] \\ \quad +A_{r+1}[b_n x^{n-2}+b_{n-1}x^{n-3}+\cdots+b_2] \\ \quad +A_{r+2}[b_n x^{n-3}+b_{n-1}x^{n-4}+\cdots+b_3] \\ \quad \cdot\ \cdot\ \cdot\ \cdot\ \cdot\ \cdot\ \cdot\ \cdot\ \cdot\ \cdot\ \cdot\ \cdot\ \cdot \\ \quad +A_{r+n-1}.b_n, \\ N_r = A_r\ [a_n x^{n-1}+a_{n-1}x^{n-2}+\cdots+a_1] \\ \quad +A_{r+1}[a_n x^{n-2}+a_{n-1}x^{n-3}+\cdots+a_2] \\ \quad +A_{r+2}[a_n x^{n-3}+a_{n-1}x^{n-4}+\cdots+a_3] \\ \quad \cdot\ \cdot\ \cdot\ \cdot\ \cdot\ \cdot\ \cdot\ \cdot\ \cdot\ \cdot\ \cdot\ \cdot\ \cdot \\ \quad +A_{r+n-1}.a_n, \end{cases}$$

fieri

$$(21)\qquad M_r f(x)+N_r\varphi(x) = L.x^r.$$

Numerus r in antecedentibus tantum valores $0, 1, 2, \ldots, n-1$ induere potest; ut functiones multiplicatrices casu, quo r valores $n, n+1, \ldots, 2n-1$ induit, e formulis nostris eruamus, sequentia addo.

8.

Statuamus, in formulis omnibus, antecedentibus traditis, poni $\frac{1}{x}$ loco x, simulque a_r, b_r mutemus in a_{n-r}, b_{n-r}; quo facto functiones $f(x)$, $\varphi(x)$ abeunt in $x^{-n}f(x)$, $x^{-n}\varphi(x)$. Eadem mutatione abit

$$\begin{aligned} m_r = &[a_n x^{n-r-1}+a_{n-1}x^{n-r-2}+\cdots+a_{r+1}]\varphi(x) \\ &-[b_n x^{n-r-1}+b_{n-1}x^{n-r-2}+\cdots+b_{r+1}]f(x) \end{aligned}$$

in

$$\begin{aligned} &a_0+a_1x+a_2x^2+\cdots+a_{n-r-1}x^{n-s-1}]\frac{\varphi(x)}{x^{2n-r-1}} \\ -&[b_0+b_1x+b_2x^2+\cdots+b_{n-r-1}x^{n-r-1}]\frac{f(x)}{x^{2n-r-1}}. \end{aligned}$$

Quae expressio facile huic aequalis evadit:

$$\begin{aligned} -&[a_{n-r}+a_{n-r+1}x+a_{n-r+2}x^2+\cdots+a_n x^r]\frac{\varphi(x)}{x^{n-1}} \\ +&[b_{n-r}+b_{n-r+1}x+b_{n-r+2}x^2+\cdots+b_n x^r]\frac{f(x)}{x^{n-1}}, \end{aligned}$$

sive ipsi

$$-\frac{m_{n-1-r}}{x^{n\ 1}}.$$

Iam fit:

$$m_r = \alpha_{0,r}+\alpha_{1,r}x+\alpha_{2,r}x^2+\cdots+\alpha_{n-1,r}x^{n-1},$$

$$\frac{m_{n-1-r}}{x^{n-1}} = \alpha_{n-1,n-1-r}+\alpha_{n-2,n-1-r}\frac{1}{x}+\alpha_{n-3,n-1-r}\frac{1}{x^2}+\cdots+\alpha_{0,n-1-r}\frac{1}{x^{n-1}}.$$

Unde videmus, per mutationem indicatam abire $\alpha_{s,r}$ in $-\alpha_{n-1-s,n-1-r}$. Observo porro generaliter, propositis aequationibus linearibus quibuscunque (2), si loco $\alpha_{s,r}$ ponitur $\alpha_{n-1-s,n-1-r}$, in aequationibus inversis (6) ipsum L immutatum manere, $A_{r,s}$ abire in $A_{n-1-r,n-1-s}$. Ubi simul coëfficientes omnes $\alpha_{r,s}$ signum mutant, L, $A_{r,s}$ abeunt in $(-1)^n L$, $(-1)^{n-1}A_{r,s}$. Hinc casu nostro per mutationem indicatam L, A_r abeunt in $(-1)^n L$, $(-1)^{n-1}A_{2n-2-r}$; ideoque posito $\frac{1}{x}$ loco x, a_{n-r}, b_{n-r} loco a_r, b_r, abeunt

$$f(x),\quad \varphi(x),\quad m_r,\quad \alpha_{r,s},\quad L,\quad A_r$$

in

$$\frac{f(x)}{x^n},\quad \frac{\varphi(x)}{x^n},\quad -\frac{m_{n-1-r}}{x^{n-1}},\quad -\alpha_{n-1-r,n-1-s},\quad (-1)^n L,\quad (-1)^{n-1}A_{2n-2-r}.$$

Quibus factis mutationibus in (20), (21), simulque multiplicatione per $(-1)^n x^{2n-1}$ facta, obtinetur

$$M_{2n-1-r}f(x)+N_{2n-1-r}\varphi(x) = L.x^{2n-1-r}, \tag{22}$$

ubi

$$(23)\quad \begin{cases} M_{2n-1-r} = A_{2n-2-r}\ [b_0+b_1x+b_2x^2+\cdots+b_{n-1}x^{n-1}] \\ \qquad +A_{2n-3-r}x\ [b_0+b_1x+b_2x^2+\cdots+b_{n-2}x^{n-2}] \\ \qquad +A_{2n-4-r}x^2[b_0+b_1x+b_2x^2+\cdots+b_{n-3}x^{n-3}] \\ \qquad \cdots\cdots\cdots\cdots\cdots \\ \qquad +A_{n-1-r}x^{n-1}.b_0, \\ -N_{2n-1-r} = A_{2n-2-r}\ [a_0+a_1x+a_2x^2+\cdots+a_{n-1}x^{n-1}] \\ \qquad +A_{2n-3-r}x\ [a_0+a_1x+a_2x^2+\cdots+a_{n-2}x^{n-2}] \\ \qquad +A_{2n-4-r}x^2[a_0+a_1x+a_2x^2+\cdots+a_{n-3}x^{n-3}] \\ \qquad \cdots\cdots\cdots\cdots\cdots \\ \qquad +A_{n-1-r}x^{n-1}.a_0. \end{cases}$$

Quibus in formulis r rursus valores $0, 1, 2, \ldots, n-1$ induere potest, ideoque $2n-1-r$ valores $n, n+1, n+2, \ldots, 2n-1$. Unde functiones multiplicatrices quaesitae omnes determinatae sunt. E quibus iam facile componis expressiones ipsarum M, N, quoties

$$Q = l_0+l_1x+l_2x^2+\cdots+l_{2n-1}x^{2n-1}.$$

Erit enim:

$$M = l_0M_0+l_1M_1+\cdots+l_{2n-1}M_{2n-1},$$
$$N = l_0N_0+l_1N_1+\cdots+l_{2n-1}N_{2n-1}.$$

9.

Si $r<n$, eruimus e (20) functiones multiplicatrices per formulas

$$(24)\quad \begin{cases} -M_r = \left[\dfrac{A_r}{x}+\dfrac{A_{r+1}}{x^2}+\dfrac{A_{r+2}}{x^3}+\cdots+\dfrac{A_{r+n-1}}{x^n}\right]\varphi(x), \\ N_r = \left[\dfrac{A_r}{x}+\dfrac{A_{r+1}}{x^2}+\dfrac{A_{r+2}}{x^3}+\cdots+\dfrac{A_{r+n-1}}{x^n}\right]f(x), \end{cases}$$

addita conditione, ut potestates ipsius x negativae reiiciantur. Si $r \geqq n$, eruimus e (23) ponendo r loco $2n-1-r$:

$$(25) \quad \begin{cases} M_r = [A_{r-1}+A_{r-2}x+A_{r-3}x^2+\cdots+A_{r-n}x^{n-1}]\,\varphi(x), \\ -N_r = [A_{r-1}+A_{r-2}x+A_{r-3}x^2+\cdots+A_{r-n}x^{n-1}]\,f(x), \end{cases}$$

addita conditione, ut potestates ipsius x superiores $(n-1)^{\text{ta}}$ reiiciantur. Casu, quo functiones $f(x)$, $\varphi(x)$ factorem linearem communem habent $x-\xi$, vidimus haberi

$$\frac{A_r}{A_0} = \xi^r.$$

Unde facile patet, eo casu fieri

$$(26) \quad \begin{cases} -M_r = A_0 \cdot \dfrac{\xi^r\varphi(x)-x^r\varphi(\xi)}{x-\xi} = A_0\xi^r \cdot \dfrac{\varphi(x)}{x-\xi}, \\ N_r = A_0 \cdot \dfrac{\xi^r f(x)-x^r f(\xi)}{x-\xi} = A_0\xi^r \cdot \dfrac{f(x)}{x-\xi}. \end{cases}$$

Quam functionum multiplicatricium naturam Eulerus in commentatione citata indicavit. Valores, quos M_r, N_r induunt, si in iis $x=\xi$ ponitur, fiunt ex antecedentibus $-A_0\xi^r\varphi'(\xi)$, $A_0\xi^r f'(\xi)$, siquidem $\varphi'(x) = \dfrac{d\varphi(x)}{dx}$, $f'(x) = \dfrac{df(x)}{dx}$.

10.

Inter functiones multiplicatrices M_r, N_r, quae diversis ipsius r valoribus respondent, variae relationes locum habent, quas sequentibus examinemus.

Contemplemur primum functiones multiplicatrices M_r, N_r, in quibus $r \leqq n-2$. Sequitur e (20), omissis terminis se mutuo destruentibus,

$$-[xM_r - M_{r+1}] = A_r[b_n x^n + b_{n-1}x^{n-1}+\cdots+b_1 x] - [A_{r+1}b_1 + A_{r+2}b_2+\cdots+A_{r+n}b_n],$$

sive, cum e (19) sit

$$0 = A_r b_0 + A_{r+1}b_1 + A_{r+2}b_2+\cdots+A_{r+n}b_n,$$

erit

$$-[xM_r - M_{r+1}] = A_r[b_n x^n + b_{n-1}x^{n-1}+\cdots+b_1 x+b_0] = A_r\varphi(x),$$

eodemque modo invenitur:

$$xN_r - N_{r+1} = A_r[a_n x^n + a_{n-1}x^{n-1}+\cdots+a_0] = A_r f(x).$$

Sit iam $r \geqq n$; si in (23) loco $2n-r-1$ ponimus r, $r+1$, eruimus, reiectis terminis se destruentibus,

$$-[xM_r - M_{r+1}] = A_r[b_0+b_1 x+\cdots+b_{n-1}x^{n-1}] - [A_{r-1}b_{n-1}+A_{r-2}b_{n-2}+\cdots+A_{r-n}b_0]x^n;$$

sive, cum sit e (19):

$$A_{r-n}b_0+A_{r-n+1}b_1+\cdots+A_{r-1}b_{n-1}+A_r b_n = 0,$$

erit, ut antea:

$$-[xM_r-M_{r+1}] = A_r[b_0+b_1x+\cdots+b_nx^n] = A_r\varphi(x),$$

eodemque modo invenitur:

$$xN_r-N_{r+1} = A_r[a_0+a_1x+\cdots+a_nx^n] = A_rf(x).$$

Statuamus denique in (20) $r=n-1$, in (23) $r=n-1$; invenitur:

$$\begin{aligned}&-[xM_{n-1}-M_n]\\ =b_0A_{n-1}+x\,&[b_1A_{n-1}+b_0A_{n-2}+b_1A_{n-1}+b_2A_n\ +\cdots\cdots+b_nA_{2n-2}]\\ +x^2&[b_2A_{n-1}+b_1A_{n-2}+b_0A_{n-3}+b_2A_{n-1}+b_3A_n+\cdots+b_nA_{2n-3}]\\ +x^3&[b_3A_{n-1}+b_2A_{n-2}+b_1A_{n-3}+b_0A_{n-4}+b_3A_{n-1}+\cdots+b_nA_{2n-4}]\\ &\cdots\cdots\cdots\cdots\cdots\cdots\cdots\cdots\\ +x^{n-1}&[b_{n-1}A_{n-1}+b_{n-2}A_{n-2}+\cdots+b_0A_0+b_{n-1}A_{n-1}+b_nA_n]\\ +x^n&.b_nA_{n-1},\end{aligned}$$

quae expressio, adhibitis aequationibus (18), in hanc abit:

$$-[xM_{n-1}-M_n] = A_{n-1}[b_0+b_1x+b_2x^2+\cdots+b_nx^n] = A_{n-1}.\varphi(x),$$

eodemque modo obtinetur:

$$xN_{n-1}-N_n = A_{n-1}[a_0+a_1x+a_2x^2+\cdots+a_nx^n] = A_{n-1}.f(x).$$

Unde patet, *designante r unum quemlibet e numeris* 0, 1, 2, ..., $2n-3$, *haberi:*

$$(27)\qquad -[xM_r-M_{r+1}] = A_r.\varphi(x),\quad xN_r-N_{r+1} = A_r.f(x).$$

Fit e (27):

$$\begin{aligned}-[x^mM_r\quad -x^{m-1}M_{r+1}] &= A_rx^{m-1}.\varphi(x),\\ -[x^{m-1}M_{r+1}-x^{m-2}M_{r+2}] &= A_{r+1}x^{m-2}.\varphi(x),\\ -[x^{m-2}M_{r+2}-x^{m-3}M_{r+3}] &= A_{r+2}x^{m-3}.\varphi(x),\\ \cdots\cdots\cdots&\cdots\cdots\\ -[xM_{r+m-1}-M_{r+m}] &= A_{r+m-1}.\varphi(x).\end{aligned}$$

Plane similes e (27) de functionibus N_r habentur formulae, quae ab antecedentibus eo tantum discrepant, quod loco $\varphi(x)$ ponendum $f(x)$ et signum negativum expressionibus ad laevam praefixum reiiciendum. Additione facta, prodit:

$$(28)\qquad \begin{cases}-[x^mM_r-M_{r+m}] = [A_rx^{m-1}+A_{r+1}x^{m-2}+\cdots+A_{r+m-1}]\varphi(x),\\ \quad x^mN_r-N_{r+m} = [A_rx^{m-1}+A_{r+1}x^{m-2}+\cdots+A_{r+m-1}]f(x).\end{cases}$$

Sit ex. gr. $r=0$, $m=2n-1$, erit:

$$(29)\qquad \begin{cases}-[x^{2n-1}M_0-M_{2n-1}] = [A_0x^{2n-2}+A_1x^{2n-3}+A_2x^{2n-4}+\cdots+A_{2n-2}]\varphi(x),\\ \quad x^{2n-1}N_0-N_{2n-1} = [A_0x^{2n-2}+A_1x^{2n-3}+A_2x^{2n-4}+\cdots+A_{2n-2}]f(x).\end{cases}$$

Porro ex aequationibus (27):

$$-[xM_r - M_{r+1}] = A_r\varphi(x), \quad -[xM_{r+1} - M_{r+2}] = A_{r+1}\varphi(x),$$

et e similibus, quae de functionibus N_r valent, hae sequuntur:

$$(30) \qquad \begin{cases} A_{r+1}xM_r - (A_{r+1}+A_rx)M_{r+1} + A_rM_{r+2} = 0, \\ A_{r+1}xN_r - (A_{r+1}+A_rx)N_{r+1} + A_rN_{r+2} = 0. \end{cases}$$

Tandem, cum sit

$$M_rf(x)+N_r\varphi(x) = Lx^r, \quad M_sf(x)+N_s\varphi(x) = Lx^s,$$

erit

$$(31) \qquad M_rN_s - M_sN_r = \frac{L}{f(x)}[x^rN_s - x^sN_r] = \frac{L}{\varphi(x)}[x^sM_r - x^rM_s].$$

Unde e (27), (28), (29) fit:

$$(32) \qquad M_{r+1}N_r - M_rN_{r+1} = L.A_rx^r,$$

$$(33) \qquad M_{r+m}N_r - M_rN_{r+m} = L[A_rx^{r+m-1} + A_{r+1}x^{r+m-2} + \cdots + A_{r+m-1}x^r],$$

$$(34) \qquad M_{2n-1}N_0 - M_0N_{2n-1} = L[A_0x^{2n-2} + A_1x^{2n-3} + A_2x^{2n-4} + \cdots + A_{2n-2}].$$

11.

Calculatis quantitatibus $a_rb_s - a_sb_r$, quorum numerus, cum ipsis r, s valores omnes conveniant a 0 usque ad n, est $\frac{(n+1)n}{2}$, expressiones m_r sive coëfficientes $\alpha_{r,s}$ per additiones successivas facile inveniuntur.

Ex aequationibus (1) enim fit:

$$m_{r-1} = [a_nx^{n-r} + a_{n-1}x^{n-r-1} + \cdots + a_r]\varphi(x) - [b_nx^{n-r} + b_{n-1}x^{n-r-1} + \cdots + b_r]f(x),$$

$$m_r = [a_nx^{n-r-1} + a_{n-1}x^{n-r-2} + \cdots + a_{r+1}]\varphi(x) - [b_nx^{n-r-1} + b_{n-1}x^{n-r-2} + \cdots + b_{r+1}]f(x),$$

unde

$$(35) \qquad m_{r-1} - xm_r = a_r\varphi(x) - b_rf(x).$$

Quae pro $r = 0$, $r = n$ fit aequatio, reiectis expressionibus m_{-1}, m_n,

$$(36) \qquad \begin{cases} -xm_0 = a_0\varphi(x) - b_0f(x), \\ m_{n-1} = a_n\varphi(x) - b_nf(x). \end{cases}$$

Statuamus br. c.

$$(a_rb_s) = a_rb_s - a_sb_r,$$

atque sit:

$$(a_{n-1}b_0) + (a_{n-1}b_1)x + (a_{n-1}b_2)x^2 + \cdots + (a_{n-1}b_{n-2})x^{n-2} = u_{n-2},$$
$$(a_{n-2}b_0) + (a_{n-2}b_1)x + (a_{n-2}b_2)x^2 + \cdots + (a_{n-2}b_{n-3})x^{n-3} = u_{n-3},$$
$$(a_{n-3}b_0) + (a_{n-3}b_1)x + (a_{n-3}b_2)x^2 + \cdots + (a_{n-3}b_{n-4})x^{n-4} = u_{n-4},$$
$$\cdots\cdots\cdots\cdots\cdots\cdots\cdots\cdots$$
$$(a_2b_0) + (a_2b_1)x = u_1,$$
$$(a_1b_0) = u_0;$$

sit porro

$$\mu_r = \alpha_{0,r} + \alpha_{1,r}x + \alpha_{2,r}x^2 + \cdots + \alpha_{r,r}x^r,$$

atque designemus per $[x\mu_r]$ productum $x\mu_r$, reiectis duobus terminis postremis, erit e (1):

$$\mu_{n-1} = m_{n-1} = (a_n b_0)+(a_n b_1)x+(a_n b_2)x^2+\cdots+(a_n b_{n-1})x^{n-1},$$

porro e (35):

$$\begin{aligned}\mu_{n-2} &= [x\mu_{n-1}]+u_{n-2},\\ \mu_{n-3} &= [x\mu_{n-2}]+u_{n-3},\\ \mu_{n-4} &= [x\mu_{n-3}]+u_{n-4},\\ &\cdots\cdots\cdots\\ \mu_1 &= [x\mu_2]+u_1,\\ \mu_0 &= u_0.\end{aligned}$$

Inventis hoc modo μ_{n-1}, μ_{n-2}, ..., μ_0, statim etiam ipsae expressiones m_{n-1}, m_{n-2}, ..., m_0 habentur, suppletis terminis deficientibus ope formulae $\alpha_{r,s} = \alpha_{s,r}$.

E formula (35)

$$m_{r-1}-xm_r = a_r\varphi(x)-b_rf(x)$$

sequitur, substitutis ipsarum m_r, m_{r-1}, $f(x)$, $\varphi(x)$ expressionibus, singulas ipsius x potestates comparando:

$$(37) \qquad \alpha_{r-1,s}-\alpha_{r,s-1} = (a_r b_s);$$

in qua formula, si $r = n$ aut $r = 0$, terminus $\alpha_{r,s-1}$ aut $\alpha_{r-1,s}$ omittendus est.

Ex eadem formula (35) fit

$$\begin{aligned}m_{r-1}-xm_r &= a_r\varphi(x)-b_rf(x),\\ m_r-xm_{r+1} &= a_{r+1}\varphi(x)-b_{r+1}f(x),\\ m_{r+1}-xm_{r+2} &= a_{r+2}\varphi(x)-b_{r+2}f(x).\end{aligned}$$

Unde, eliminatis $\varphi(x)$, $f(x)$:

$$(38) \quad 0 = (a_{r+1}b_{r+2})(m_{r-1}-xm_r)+(a_{r+2}b_r)(m_r-xm_{r+1})+(a_rb_{r+1})(m_{r+1}-xm_{r+2}),$$

in qua formula, si $r = 0$, $r = n-2$, terminus in m_{-1}, m_n ductus omittendus est.

12.

Inter coëfficientes $\alpha_{r,s}$ variae locum habere debent relationes praeter hanc $\alpha_{r,s} = \alpha_{s,r}$. Sunt enim ipsae $\alpha_{r,s}$ numero n^2 sive $\frac{n^2+n}{2}$, si $\alpha_{r,s}$ et $\alpha_{s,r}$ easdem censemus; omnesque pendent tantum a $2n+2$ quantitatibus a_r, b_r. Quarum quantitatum numerus adeo tribus minuitur, quia quantitates $a_rb_s-a_sb_r$ ideoque etiam quantitates $\alpha_{r,s}$, quae ex illis componuntur, mutationem nullam subeunt, si loco a_r, b_r scribimus $\gamma a_r+\varepsilon b_r$, $\gamma' a_r+\varepsilon' b_r$, designantibus γ, ε, γ', ε' quantitates arbitrarias, inter quas aequatio locum habet $\gamma\varepsilon'-\gamma'\varepsilon = 1$. Unde videmus, e quantitatibus a_r, b_r tres ex arbitrio accipi posse, ideoque coëfficientes $\alpha_{r,s} = \alpha_{s,r}$, quarum numerus $\frac{n^2+n}{2}$, pendere tantum a $2n-1$ quantitatibus. Obtineri igitur debent inter quantitates $\alpha_{r,s} = \alpha_{s,r}$ relationes numero $\frac{n^2-3n+2}{2} = \frac{(n-1)(n-2)}{2}$. Quarum relationum quodammodo locum tenet theorema supra inventum, quantitates $A_{r,s}$, quae sunt e quantitatibus $\alpha_{r,s}$ certo modo compositae, eundem valorem habere, quoties indicum summa $r+s$ eundem valorem habet. Hinc enim quantitates omnes $A_{r,s}$, quarum numerus idem atque quantitatum $\alpha_{r,s}$, et ipsae redeunt in $2n-1$ quantitates. At inter coëfficientes $\alpha_{r,s}$ simpliciores adhuc relationes condi possunt, quam quae indicantur per formulam $A_{r,s} = A_{r+s}$.

Praemittamus theoremata quaedam sive nota sive alibi a nobis demonstrata. (Videas commentationem „*De binis quibuslibet functionibus homogeneis etc.*", Diar. Crell. vol. XII. — Cf. h. vol. p. 193.) Designemus per typum

$$\alpha\begin{Bmatrix} r_0, & r_1, & r_2, & \dots, & r_m \\ s_0, & s_1, & s_2, & \dots, & s_m \end{Bmatrix}$$

aggregatum $1.2.3\dots m$ terminorum idem atque e notatione §. 3 adhibita exhibetur per expressionem

$$\Sigma \pm \alpha_{r_0,s_0} \alpha_{r_1,s_1} \alpha_{r_2,s_2} \dots \alpha_{r_m,s_m}.$$

Unde ex. gr. erit e (8)

$$L = \alpha\begin{Bmatrix} 0, & 1, & 2, & \dots, & n-1 \\ 0, & 1, & 2, & \dots, & n-1 \end{Bmatrix}.$$

Si in expressione ipsius L antecedente ex indicibus superioribus $0, 1, 2, \dots, n-1$ reiicis numerum r, ex iisdem indicibus inferioribus numerum s, obtines expressionem $A_{r,s}$. Quarum expressionum signum cum anceps sit, observo, id eo determinari, quod $\alpha_{r,s} A_{r,s}$ e terminis ipsius L esse debet. Habetur vice versa

$$L^{n-1} = A\begin{Bmatrix} 0, & 1, & 2, & \dots, & n-1 \\ 0, & 1, & 2, & \dots, & n-1 \end{Bmatrix}.$$

In qua expressione, si ex superioribus indicibus r, ex inferioribus s omittis, obtines

$$L^{n-2}.\alpha_{r,s}.$$

Si vero e superioribus indicibus duos r, r', ex inferioribus duos s, s' omittis, obtines

$$L^{n-3}.\alpha\begin{Bmatrix} r, & r' \\ s, & s' \end{Bmatrix}.$$

Ac generaliter, si in expressione

$$A\begin{Bmatrix}0, 1, 2, \ldots, n-1\\0, 1, 2, \ldots, n-1\end{Bmatrix}$$

e superioribus indicibus m sequentes $r, r', \ldots, r^{(m-1)}$, ex inferioribus m sequentes $s, s', \ldots, s^{(m-1)}$ omittis, obtines

$$L^{n-(1+m)}.\alpha\begin{Bmatrix}r, r', \ldots, r^{(m-1)}\\s, s', \ldots, s^{(m-1)}\end{Bmatrix}.$$

Sint igitur $r, r', r'', \ldots, r^{(n-1)}$ atque $s, s', s'', \ldots, s^{(n-1)}$ numeri omnes $0, 1, 2, \ldots, n-1$, quocunque ordine scripti; erit

$$(39)\qquad A\begin{Bmatrix}r^{(m)}, r^{(m+1)}, \ldots, r^{(n-1)}\\s^{(m)}, s^{(m+1)}, \ldots, s^{(n-1)}\end{Bmatrix} = L^{n-(1+m)}.\alpha\begin{Bmatrix}r, r', \ldots, r^{(m-1)}\\s, s', \ldots, s^{(m-1)}\end{Bmatrix}.$$

Expressiones autem huiusmodi

$$\alpha\begin{Bmatrix}r, r', \ldots, r^{(m)}\\s, s', \ldots, s^{(m)}\end{Bmatrix},\quad A\begin{Bmatrix}r, r', \ldots, r^{(m)}\\s, s', \ldots, s^{(m)}\end{Bmatrix},$$

cum sit $\alpha_{r,s} = \alpha_{s,r}$, $A_{r,s} = A_{s,r}$, eaedem manent, si duo indicum systemata, superiores et inferiores, inter se commutantur. Porro cum expressiones $A_{r,s}$ non mutentur, altero indice unitate aucto simulque altero indice unitate minuto, etiam expressio

$$A\begin{Bmatrix}r^{(m)}, r^{(m+1)}, \ldots, r^{(n-1)}\\s^{(m)}, s^{(m+1)}, \ldots, s^{(n-1)}\end{Bmatrix}$$

non mutabitur, si indices alterius systematis omnes simul unitate augentur, alterius omnes simul unitate minuuntur. Quod ut locum habere possit, ex illis non esse debet index altissimus $n-1$, ex his non esse debet index infimus 0. Unde vice versâ in expressione

$$\alpha\begin{Bmatrix}r, r', \ldots, r^{(m-1)}\\s, s', \ldots, s^{(m-1)}\end{Bmatrix}$$

in altero indicum systemate esse debet $n-1$, in altero 0. Hinc concludimus e (39), *expressionem*

$$\alpha\begin{Bmatrix}r, r', r'', \ldots, r^{(m-1)}\\s, s', s'', \ldots, s^{(m-1)}\end{Bmatrix},$$

si ex altero indicum systemate est $n-1$, *ex altero* 0, *valorem non mutare, si illius indices omnes unitate augeantur, huius unitate minuantur, qua in re* $n-1$ *auctus fieri debet* 0, 0 *minutus fieri debet* $n-1$. Quam proprietatem coëfficientium $\alpha_{r,s}$ repraesentare licet per aequationem

$$(40)\qquad \pm\alpha\begin{Bmatrix}r', r'', \ldots, r^{(m-1)}, n-1\\s', s'', \ldots, s^{(m-1)}, 0\end{Bmatrix} = \alpha\begin{Bmatrix}r'+1, r''+1, \ldots, r^{(m-1)}+1, 0\\s'-1, s''-1, \ldots, s^{(m-1)}-1, n-1\end{Bmatrix},$$

qua in formula sunt $r', r'', \ldots, r^{(m-1)}$ numeri $m-1$ quilibet diversi e numeris $0, 1, 2, \ldots, n-2$; porro $s', s'', \ldots, s^{(m-1)}$ numeri $m-1$ quilibet diversi e numeris $1, 2, 3, \ldots, n-1$. Signum ambiguum $\pm$ ut determinetur, observo, aequationem (40) redire debere in aequationem identicam inter quantitates $(a_r b_s)$ ope formulae (37). Unde si statuis, expressionum (14) terminos esse

$$+\alpha_{r',s'}\alpha_{r'',s''}\ldots\ldots\ldots\ldots\alpha_{r^{(m-1)},s^{(m-1)}}\alpha_{n-1,0},$$
$$+\alpha_{r'+1,s'-1}\alpha_{r''+1,s''-1}\ldots\alpha_{r^{(m-1)}+1,s^{(m-1)}-1}\alpha_{0,n-1},$$

facile coniicis, signum + eligendum esse, si $m-1$ impar, signum $-$, si $m-1$ par.

Si $m=2$, sequitur e formula generali (40):

$$(41)\qquad \alpha_{n-1,0}\alpha_{r,s}-\alpha_{n-1,s}\alpha_{r,0}=\alpha_{0,n-1}\alpha_{r+1,s-1}-\alpha_{0,s-1}\alpha_{r+1,n-1},$$

quam facile per substitutionem valorum

$$\alpha_{n-1,r}=\alpha_{r,n-1}=(a_n b_r),$$
$$\alpha_{0,r}\;=\alpha_{r,0}\;=-(a_0 b_{r+1}),$$
$$\alpha_{r,s}-\alpha_{r+1,s-1}=(a_{r+1}b_s)$$

comprobas; quippe qua substitutione abit (41) in aequationem:

$$(42)\qquad (a_n b_0)(a_{r+1}b_s)+(a_n b_s)(a_0 b_{r+1})=(a_0 b_s)(a_n b_{r+1}),$$

quae, tribus productis evolutis, identica esse invenitur.

13.

Relationes omnes, quae inter coëfficientes $\alpha_{r,s}$ locum habent, ad aequationes identicas inter quantitates $(a_r b_s)$ ducunt, per quas illae exprimi possunt; cuius rei exemplum antecedentibus dedimus. Vice versa aequatio quaevis identica inter quantitates $(a_r b_s)$ ad aequationem inter quantitates $\alpha_{r,s}$ ducit ope formulae (37)

$$\alpha_{r-1,s}-\alpha_{r,s-1}=(a_r b_s).$$

Relatio inter quantitates $(a_r b_s)$ simplicissima, et de qua reliquae omnes fluunt, est haec:

$$(a_r b_s)(a_t b_u)+(a_r b_t)(a_u b_s)+(a_r b_u)(a_s b_t)=0,$$

quae cum (42) convenit. De qua, substituta (37), provenit:

$$(43)\qquad \begin{cases} \alpha\begin{Bmatrix} r-1, & s-1 \\ t, & u \end{Bmatrix}+\alpha\begin{Bmatrix} r-1, & t-1 \\ u, & s \end{Bmatrix}+\alpha\begin{Bmatrix} r-1, & u-1 \\ s, & t \end{Bmatrix} \\ +\alpha\begin{Bmatrix} r, & s \\ t-1, & u-1 \end{Bmatrix}+\alpha\begin{Bmatrix} r, & t \\ u-1, & s-1 \end{Bmatrix}+\alpha\begin{Bmatrix} r, & u \\ s-1, & t-1 \end{Bmatrix}=0. \end{cases}$$

Quae formula, posito $r = n$ et posito $r = 0$, cum termini, in quibus index n aut -1 obvenit, omittendi sint, in has abit:

$$(44)\qquad \alpha\begin{Bmatrix} n-1, & s-1 \\ t, & n \end{Bmatrix} + \alpha\begin{Bmatrix} n-1, & t-1 \\ u, & s \end{Bmatrix} + \alpha\begin{Bmatrix} n-1, & u-1 \\ s, & t \end{Bmatrix} = 0,$$

$$(45)\qquad \alpha\begin{Bmatrix} 0, & s \\ t-1, & u-1 \end{Bmatrix} + \alpha\begin{Bmatrix} 0, & t \\ u-1, & s-1 \end{Bmatrix} + \alpha\begin{Bmatrix} 0, & u \\ s-1, & t-1 \end{Bmatrix} = 0.$$

Si numerorum s, t, u aliquis in (44) ponitur 0, aut in (45) ponitur n, prodit (41). Alias formulas magis complicatas praetermittimus.

14.

Supra demonstravimus, quantitates $\alpha_{r,s}$ ita inter se comparatas esse, ut e systemate aequationum linearium (12) sequantur aequationes (13). Vice versa demonstrari potest, quaecunque sint $2n-1$ quantitates A_0, A_1, ..., A_{2n-2}, e systemate aequationum linearium (13) sequi aequationes (12), in quibus coëfficientes $\alpha_{r,s}$ e $2n+2$ quantitatibus a_0, a_1, a_2, ..., a_n atque b_0, b_1, b_2, ..., b_n eadem ratione compositae sint atque antecedentibus supponitur et per formulam (5) assignatur.

Primum, quod attinet quantitatem L, observo eam haberi per aequationem

$$L^{n-1} = A\begin{Bmatrix} 0, & 1, & 2, & \dots, & n-1 \\ 0, & 1, & 2, & \dots, & n-1 \end{Bmatrix}.$$

Deinde quia in aequationibus (13) coëfficientium series horizontales et verticales eaedem sunt, idem de aequationibus inversis (12) valet, sive erit $\alpha_{r,s} = \alpha_{s,r}$. Porro vidimus propter naturam particularem aequationum linearium (13), inter coëfficientes aequationum inversarum $\alpha_{r,s}$ haberi aequationem generalem (40), quae pro $m = 2$ abibat in hanc:

$$\alpha_{n-1,0}\alpha_{r,s} - \alpha_{n-1,s}\alpha_{r,0} = \alpha_{0,n-1}\alpha_{r+1,s-1} - \alpha_{0,s-1}\alpha_{r+1,n-1}.$$

Accipiamus iam quatuor quantitates a_n, b_n, a_0, b_0 tales, ut sit

$$(a_n b_0) = a_n b_0 - a_0 b_n = \alpha_{n-1,0} = \alpha_{0,n-1},$$

e quarum igitur numero tres ex arbitrio eligi possunt. Quarum ope determinemus $2n-2$ quantitates a_1, a_2, ..., a_{n-1} atque b_1, b_2, ..., b_{n-1} per aequationes:

$$a_n b_1 - b_n a_1 = \alpha_{n-1,1}, \quad a_n b_2 - b_n a_2 = \alpha_{n-1,2}, \quad \dots, \quad a_n b_{n-1} - b_n a_{n-1} = \alpha_{n-1,n-1},$$
$$a_0 b_1 - b_0 a_1 = -\alpha_{0,0}, \quad a_0 b_2 - b_0 a_2 = -\alpha_{0,1}, \quad \dots, \quad a_0 b_{n-1} - b_0 a_{n-1} = -\alpha_{0,n-2}.$$

Quibus aequationibus substitutis in hanc supra exhibitam

$$\alpha_{n-1,0}\alpha_{r,s} - \alpha_{n-1,s}\alpha_{r,0} = \alpha_{0,n-1}\alpha_{r+1,s-1} - \alpha_{0,s-1}\alpha_{r+1,n-1},$$

atque divisione facta per

$$\alpha_{n-1,0} = \alpha_{0,n-1} = a_n b_0 - a_0 b_n,$$

prodit haec

$$\alpha_{r,s} - \alpha_{r+1,s-1} = a_{r+1} b_s - a_s b_{r+1},$$

quae est aequatio (37). Cuius ope e datis valoribus ipsarum $\alpha_{r,0}$, $\alpha_{r,n-1}$ valores omnium quantitatum $\alpha_{r,s}$ deducuntur, quales per aequationem (5) dantur.

Datis duabus quibuslibet e quantitatibus $a_0, a_1, \ldots, a_n$, duabus quibuslibet e quantitatibus $b_0, b_1, \ldots, b_n$, reliquae per quantitates $A_0, A_1, A_2, \ldots, A_{2n-2}$ etiam resolutione aequationum (18), (19) obtineri possunt.

15.

Agamus adhuc de usu coëfficientium $\alpha_{r,s}$ in redactione fractionis $\frac{f(x)}{\varphi(x)}$ in fractionem continuam. Statuatur enim

$$\begin{aligned}
c_1 \varphi(x) - v_1 m_{n-1} &= u_1, \\
c_2 m_{n-1} - v_2 u_1 &= u_2, \\
c_3 u_1 - v_3 u_2 &= u_3, \\
\cdots\cdots\cdots\cdots \\
c_{n-1} u_{n-3} - v_{n-1} u_{n-2} &= u_{n-1},
\end{aligned}$$

ubi quantitates c_r designent constantes, v_r expressiones lineares, u_r expressiones ordinis $n-1-r$, ita ut postrema u_{n-1} sit constans; ad quas expressiones pervenis per divisionem continuam denominatoris per residuum. Aequationibus illis addatur tamquam prima:

$$b_n f(x) - a_n \varphi(x) = -m_{n-1}.$$

Quo facto, ipsum u_r, eliminatis $u_{r-1}, u_{r-2}, \ldots, u_1, m_{n-1}$, exhibere licet per aequationem

$$u_r = P_r f(x) - Q_r \varphi(x),$$

ubi P_r, Q_r sunt expressiones integrae r^{ti} ordinis. Quae expressiones ea conditione, ut $P_r f(x) - Q_r \varphi(x)$ sit $(n-1-r)^{ti}$ ordinis, plane determinatae sunt, si factorem constantem excipis, per quem multiplicari possunt. Continent enim illae $2r+1$ constantes, si unam earum, quod licet, $= 1$ ponis; quae eo determinatae sunt, quod in expressione $P_r f(x) - Q_r \varphi(x)$ coëfficientes dignitatum x^{n+r}, x^{n+r-1}, x^{n+r-2}, $\ldots$, x^{n-r} evanescere debent, quod totidem $(2r+1)$ conditiones suggerit. In locum igitur divisionis continuae adhibere possumus aliam quamcunque methodum, quae nobis suggerit expressiones r^{ti} ordinis P_r, Q_r, quae expressionem $P_r f(x) - Q_r \varphi(x) = u_r$ efficiant $(n-1-r)^{ti}$ ordinis.

Pervenimus ad eiusmodi expressiones P_r, Q_r, u_r, si aequationes lineares (2) per methodum vulgarem resolvimus, eliminando successive x^{n-1}, x^{n-2}, x^{n-3}, etc. Quas aequationes ordine inverso ita exhibeamus:

$$\begin{array}{l} a_{n-1,n-1}x^{n-1}+a_{n-1,n-2}x^{n-2}+a_{n-1,n-3}x^{n-3}+\cdots+a_{n-1,0}x^0 = m_{n-1}, \\ a_{n-2,n-1}x^{n-1}+a_{n-2,n-2}x^{n-2}+a_{n-2,n-3}x^{n-3}+\cdots+a_{n-2,0}x^0 = m_{n-2}, \\ a_{n-3,n-1}x^{n-1}+a_{n-3,n-2}x^{n-2}+a_{n-3,n-3}x^{n-3}+\cdots+a_{n-3,0}x^0 = m_{n-3}, \\ \cdots\cdots\cdots\cdots\cdots\cdots \\ a_{0,n-1}x^{n-1}+a_{0,n-2}x^{n-2}+a_{0,n-3}x^{n-3}+\cdots+a_{0,0}x^0 = m_0. \end{array}$$

E duabus primis eliminemus x^{n-1}, e tribus primis x^{n-1}, x^{n-2}, e quatuor primis x^{n-1}, x^{n-2}, x^{n-3}, et ita porro. Quo facto prodeunt aequationes:

$$\begin{array}{l} u_1 = l_1 m_{n-1} + l_1' m_{n-2}, \\ u_2 = l_2 m_{n-1} + l_2' m_{n-2} + l_2'' m_{n-3}, \\ u_3 = l_3 m_{n-1} + l_3' m_{n-2} + l_3'' m_{n-3} + l_3''' m_{n-4}, \\ \cdots\cdots\cdots\cdots\cdots\cdots \\ u_{n-1} = l_{n-1} m_{n-1} + l_{n-1}' m_{n-2} + l_{n-1}'' m_{n-3} + \cdots + l_{n-1}^{(n-1)} m_0, \end{array}$$

ubi quantitates $l_s^{(r)}$ sunt constantes, u_r autem expressiones $(n-1-r)^{ti}$ ordinis. Substituamus in his aequationibus loco ipsarum m_r earum valores

$$\begin{array}{l} m_{n-1} = -b_n f(x) + a_n \varphi(x), \\ m_{n-2} = -(b_n x + b_{n-1}) f(x) + (a_n x + a_{n-1}) \varphi(x), \\ m_{n-3} = -(b_n x^2 + b_{n-1} x + b_{n-2}) f(x) + (a_n x^2 + a_{n-1} x + a_{n-2}) \varphi(x), \\ \cdots\cdots\cdots\cdots\cdots\cdots, \end{array}$$

obtinemus

$$\begin{array}{l} u_1 = P_1 f(x) - Q_1 \varphi(x), \\ u_2 = P_2 f(x) - Q_2 \varphi(x), \\ u_3 = P_3 f(x) - Q_3 \varphi(x), \\ \cdots\cdots\cdots, \end{array}$$

designantibus resp. P_1 et Q_1, P_2 et Q_2, P_3 et Q_3 etc. expressiones primi, secundi, tertii, etc. ordinis; quae indagandae erant.

Per eliminationem propositam habetur, notatione supra indicata adhibita,

$$u_r = a\begin{Bmatrix} n-1, & n-2, & \ldots, & n-r-1 \\ n-1, & n-2, & \ldots, & n-r-1 \end{Bmatrix} x^{n-r-1} + a\begin{Bmatrix} n-1, & n-2, & \ldots, & n-r, & n-r-1 \\ n-1, & n-2, & \ldots, & n-r, & n-r-2 \end{Bmatrix} x^{n-r-2}$$
$$+ a\begin{Bmatrix} n-1, & n-2, & \ldots, & n-r, & n-r-1 \\ n-1, & n-2, & \ldots, & n-r, & n-r-3 \end{Bmatrix} x^{n-r-3} + \cdots + a\begin{Bmatrix} n-1, & n-2, & \ldots, & n-r, & n-r-1 \\ n-1, & n-2, & \ldots, & n-r, & 0 \end{Bmatrix}.$$

Nec non per eandem notationem constantes $l_s^{(r)}$ ideoque etiam ipsae expressiones P_r, Q_r generaliter exhiberi possunt. Habetur ex. gr.

$$l_1 = -a_{n-1,n-1}, \quad l_1' = a_{n-1,n-1},$$

$$l_2 = a\begin{Bmatrix} n-2, & n-3 \\ n-1, & n-2 \end{Bmatrix}, \quad l_2' = a\begin{Bmatrix} n-3, & n-1 \\ n-1, & n-2 \end{Bmatrix}, \quad l_2'' = a\begin{Bmatrix} n-1, & n-2 \\ n-1, & n-2 \end{Bmatrix},$$

etc. etc.

Expressiones u_r, quas antecedentibus ope quantitatum $\alpha_{r,s}$ generaliter determinavimus, ita comparatas esse novimus, ut inter tres quaslibet se proxime insequentes intercedat relatio

$$c_r u_{r-2} - v_r u_{r-1} = u_r,$$

ubi c_r constans, v_r linearis. Quod ex ipsa expressione generali, quam pro u_r invenimus, non ita facile cognoscitur. Qua de causa rem alio modo aggrediamur.

16.

Expressiones u_r, P_r, Q_r etiam indagare licet ope aequationum

$$\begin{aligned}
L &= A_0 m_0 + A_1 m_1 + A_2 m_2 + \cdots + A_{n-1} m_{n-1},\\
Lx &= A_1 m_0 + A_2 m_1 + A_3 m_2 + \cdots + A_n m_{n-1},\\
Lx^2 &= A_2 m_0 + A_3 m_1 + A_4 m_2 + \cdots + A_{n+1} m_{n-1},\\
&\cdots\cdots\cdots\cdots\cdots\cdots\\
Lx^{n-1} &= A_{n-1} m_0 + A_n m_1 + A_{n+1} m_2 + \cdots + A_{2n-2} m_{n-1},
\end{aligned}$$

quae sunt inversae earum, a quibus §. antecedente profecti sumus. Nam e $(n-r)$ primis aequationum illarum eliminatis $n-r-1$ quantitatibus m_0, m_1, m_2, ..., m_{n-r-2}, prodit expressio ipsius x ordinis $(n-r-1)^{\text{ti}}$ aequalis aggregato lineari expressionum m_{n-r-1}, m_{n-r}, ..., m_{n-1}. Quod cum exprimi possit per $P_r f(x) - Q_r \varphi(x)$, ubi P_r, Q_r sunt r^{ti} ordinis, proposito satisfactum est.

Antecedentibus nova patet proprietas systematis coëfficientium, quale in aequationibus linearibus (13) invenitur. Sit enim $w_k = 0$ aequatio k^{ti} ordinis respectu ipsius x, quae provenit ex aequationibus

$$\begin{aligned}
L &= A_0 m_0 + A_1 m_1 + A_2 m_2 + \cdots + A_{k-1} m_{k-1},\\
Lx &= A_1 m_0 + A_2 m_1 + A_3 m_2 + \cdots + A_k m_{k-1},\\
Lx^2 &= A_2 m_0 + A_3 m_1 + A_4 m_2 + \cdots + A_{k+1} m_{k-1},\\
&\cdots\cdots\cdots\cdots\cdots\cdots\\
Lx^k &= A_k m_0 + A_{k+1} m_1 + A_{k+2} m_2 + \cdots + A_{2k-1} m_{k-1},
\end{aligned}$$

eliminatis m_0, m_1, m_2, ..., m_{k-1}; si vocamus $w_{k-1} = 0$, $w_{k-2} = 0$ aequationes similes provenientes, si aequationum antecedentium omittimus postremam et terminos in m_{k-1} ductos, vel duas postremas et terminos in m_{k-1}, m_{k-2} ductos: intercedit inter tres expressiones w_{k-2}, w_{k-1}, w_k relatio

$$c w_{k-2} + v w_{k-1} = w_k,$$

ubi c constans, v linearis.

Relatio antecedens locum habere debet per aequationes *identicas* inter quantitates A_r, per quas coëfficientes expressionum w_{k-2}, w_{k-1}, w_k exhibere licet; quippe quae quantitates A_r a se independentes sunt. Si vero coëfficientes illas per quantitates $\alpha_{r,s}$ exprimis, uti §. antec., eadem relatio non demonstrari poterit nisi adhibitis aequationibus, quae inter quantitates $\alpha_{r,s}$ locum habent.

Statuamus, in expressione w_k coëfficientem altissimae potestatis x^k esse

$$A\begin{Bmatrix}0, 1, 2, \ldots, k-1\\ 0, 1, 2, \ldots, k-1\end{Bmatrix},$$

in quà expressione loco $A_{r,s}$ semper scribendum erit A_{r+s}. Quibus positis, erit

$$w_k = L^{k-1}.u_{n-1-k}.$$

Iam demonstremus ex ipsa natura expressionum w_k, relationem assignatam inter tres se insequentes locum habere, et ipsam constantem c et expressionem linearem v indagemus.

Quod ut sine calculo nimis prolixo fiat, pono $k = n-1$; quo facto habetur

$$\frac{w_{n-1}}{L^{n-2}} = u_0 = m_{n-1},$$

$$\frac{w_{n-2}}{L^{n-3}} = u_1 = \alpha_{n-1,n-1}m_{n-2} - \alpha_{n-2,n-1}m_{n-1},$$

$$\frac{w_{n-3}}{L^{n-4}} = u_2 = \alpha\begin{Bmatrix}n-1, n-2\\ n-1, n-2\end{Bmatrix}m_{n-3} - \alpha\begin{Bmatrix}n-1, n-3\\ n-1, n-2\end{Bmatrix}m_{n-2} + \alpha\begin{Bmatrix}n-2, n-3\\ n-1, n-2\end{Bmatrix}m_{n-1}.$$

Porro advoco aequationem (38), quae, posito $r = n-2$, reiectoque termino m_n, in hanc abit:

$$0 = (a_{n-1}b_n)(m_{n-3} - xm_{n-2}) + (a_nb_{n-2})(m_{n-2} - xm_{n-1}) + (a_{n-2}b_{n-1})m_{n-1}.$$

Quam ope formularum

$$\alpha_{r-1,s} - \alpha_{r,s-1} = (a_rb_s), \quad -\alpha_{r,n-1} = (a_rb_n)$$

etiam sic repraesentare licet:

$$0 = -\alpha_{n-1,n-1}(m_{n-3} - xm_{n-2}) + \alpha_{n-1,n-2}(m_{n-2} - xm_{n-1}) + (\alpha_{n-3,n-1} - \alpha_{n-2,n-2})m_{n-1}$$

sive

$$0 = xu_1 - \alpha_{n-1,n-1}m_{n-3} + \alpha_{n-1,n-2}m_{n-2} + (\alpha_{n-1,n-3} - \alpha_{n-2,n-2})m_{n-1}.$$

Statuamus brevitatis causa

$$\alpha_{n-1,n-1} = \beta, \quad \alpha_{n-1,n-2} = \gamma, \quad \alpha_{n-1,n-3} = \delta,$$
$$\alpha_{n-2,n-2} = \varepsilon, \quad \alpha_{n-2,n-3} = \zeta,$$

erit

$$u_0 = m_{n-1}, \quad u_1 = \beta m_{n-2} - \gamma m_{n-1},$$
$$u_2 = [\beta\varepsilon - \gamma^2]m_{n-3} + [\gamma\delta - \beta\zeta]m_{n-2} + [\gamma\zeta - \delta\varepsilon]m_{n-1};$$
$$0 = xu_1 - \beta m_{n-3} + \gamma m_{n-2} + (\delta - \varepsilon)m_{n-1}.$$

Aequatio postrema fit, eliminata m_{n-3},

$$0=[\beta\varepsilon-\gamma^2]xu_1-\beta u_2+[\gamma(\beta\varepsilon-\gamma^2)+\beta(\gamma\delta-\beta\zeta)]m_{n-2}+[(\delta-\varepsilon)(\beta\varepsilon-\gamma^2)+\beta(\gamma\zeta-\delta\varepsilon)]m_{n-1}.$$

Coëfficientem ipsius m_{n-1} ita exhibere licet:

$$-\varepsilon(\beta\varepsilon-\gamma^2)-\gamma(\gamma\delta-\beta\zeta),$$

unde aequatio antecedens fit

$$0=[(\beta\varepsilon-\gamma^2)x+\gamma\delta-\beta\zeta]u_1-\beta u_2+(\beta\varepsilon-\gamma^2)[\gamma m_{n-2}-\varepsilon m_{n-1}].$$

Unde tandem, multiplicatione per β facta et ipsis m_{n-2}, m_{n-1} per u_1, u_0 exhibitis, nanciscimur:

$$0=-\beta^2u_2+[(\beta\varepsilon-\gamma^2)(\beta x+\gamma)+\beta(\gamma\delta-\beta\zeta)]u_1-(\beta\varepsilon-\gamma^2)^2u_0.$$

Quae docet formula, restitutis ipsarum β, γ etc. valoribus, expressionem

$$\alpha^2_{n-1,n-1}u_2+\left\{\alpha\begin{bmatrix}n-1, & n-2\\ n-1, & n-2\end{bmatrix}\right\}^2u_0$$

per u_1 divisibilem esse; sive, quod idem est, expressionem

$$\left\{A\begin{bmatrix}0, & 1, & 2, & \dots, & n-2\\ 0, & 1, & 2, & \dots, & n-2\end{bmatrix}\right\}^2w_{n-3}+\left\{A\begin{bmatrix}0, & 1, & 2, & \dots, & n-3\\ 0, & 1, & 2, & \dots, & n-3\end{bmatrix}\right\}^2w_{n-1}$$

divisibilem esse per w_{n-2}. Unde posito k loco $n-1$, si loco

$$A\begin{Bmatrix}0, & 1, & 2, & \dots, & k\\ 0, & 1, & 2, & \dots, & k\end{Bmatrix}$$

restituimus expressionem $\Sigma\pm A_{0,0}A_{1,1}A_{2,2}\dots A_{k,k}$, in quo aggregato loco $A_{r,s}$ scribendum erit A_{r+s}, atque terminus

$$A_{0,0}A_{1,1}A_{2,2}\dots A_{k,k}=A_0A_2A_4\dots A_{2k}$$

positive accipiendus, sequitur theorema algebraicum hoc:

Theorema.

„*Sit* $w_k=0$ *aequatio* k^{ti} *ordinis respectu ipsius* x, *quae provenit e* $k+1$ *aequationibus*

$$\begin{aligned}L\ \ &=A_0m_0+A_1m_1\ +\dots+A_{k-1}m_{k-1},\\ Lx\ &=A_1m_0+A_2m_1\ +\dots+A_k\ m_{k-1},\\ Lx^2&=A_2m_0+A_3m_1\ +\dots+A_{k+1}m_{k-1},\\ &\dots\dots\dots\dots\\ Lx^k&=A_km_0+A_{k+1}m_1+\dots+A_{2k-1}m_{k-1},\end{aligned}$$

eliminatis k *quantitatibus* $m_0, m_1, \dots, m_{k-1}$; *si ipsius* w_k *potestas altissima* x^k *coëfficientem habet* $\Sigma\pm A_{0,0}A_{1,1}\dots A_{k-1,k-1}$, *erit expressio*

$$[\Sigma\pm A_{0,0}A_{1,1}\dots A_{k-2,k-2}]^2w_k+[\Sigma\pm A_{0,0}A_{1,1}\dots A_{k-1,k-1}]^2w_{k-2}$$

per w_{k-1} *divisibilis.*“

De hoc theoremate statim fluit sequens:

„notatione §. antecedentis adhibita, fieri

$$\left\{a\begin{bmatrix} n-1, & n-2, & \ldots, & n-r \\ n-1, & n-2, & \ldots, & n-r \end{bmatrix}\right\}^2 u_r + \left\{a\begin{bmatrix} n-1, & n-2, & \ldots, & n-r-1 \\ n-1, & n-2, & \ldots, & n-r-1 \end{bmatrix}\right\}^2 u_{r-2}$$

per u_{r-1} *divisibilem"*.

Unde

$$c_r = -\left\{\frac{a\begin{bmatrix} n-1, & n-2, & \ldots, & n-r-1 \\ n-1, & n-2, & \ldots, & n-r-1 \end{bmatrix}}{a\begin{bmatrix} n-1, & n-2, & \ldots, & n-r \\ n-1, & n-2, & \ldots, & n-r \end{bmatrix}}\right\}^2.$$

Quotientes lineares facile obtinentur e terminis sive primis sive postremis expressionum u_r aut w_r.

Addam relationem, quae adhuc desideratur, inter $\varphi(x)$, m_{n-1}, u_1. Habetur e (35):

$$m_{n-2} - x m_{n-1} = a_{n-1}\varphi(x) - b_{n-1} f(x).$$

Unde, cum sit

$$m_{n-1} = a_n \varphi(x) - b_n f(x),$$

fit:

$$b_n m_{n-2} - [b_n x + b_{n-1}] m_{n-1} = (a_{n-1} b_n)\varphi(x) = -\alpha_{n-1,n-1}\varphi(x).$$

Eliminata m_{n-2} ope aequationis

$$u_1 = \alpha_{n-1,n-1} m_{n-2} - \alpha_{n-1,n-2} m_{n-1},$$

prodit

$$b_n u_1 + \alpha_{n-1,n-1}^2 \varphi(x) = [\alpha_{n-1,n-1}(b_n x + b_{n-1}) - b_n \alpha_{n-1,n-2}] m_{n-1}.$$

Unde iam habentur formulae omnes pro evolutione fractionis $\frac{f(x)}{\varphi(x)}$ in fractionem continuam.

Regiomonti d. 27. Aug. 1835.

DE INTEGRALIBUS QUIBUSDAM DUPLICIBUS, QUAE POST TRANSFORMATIONEM VARIABILIUM IN EANDEM FORMAM REDEUNT.

AUCTORE

Dr. C. G. J. JACOBI,
PROF. ORD. MATH. REGIOM.

Crelle Journal für die reine und angewandte Mathematik, Bd. 15. p. 193—198.

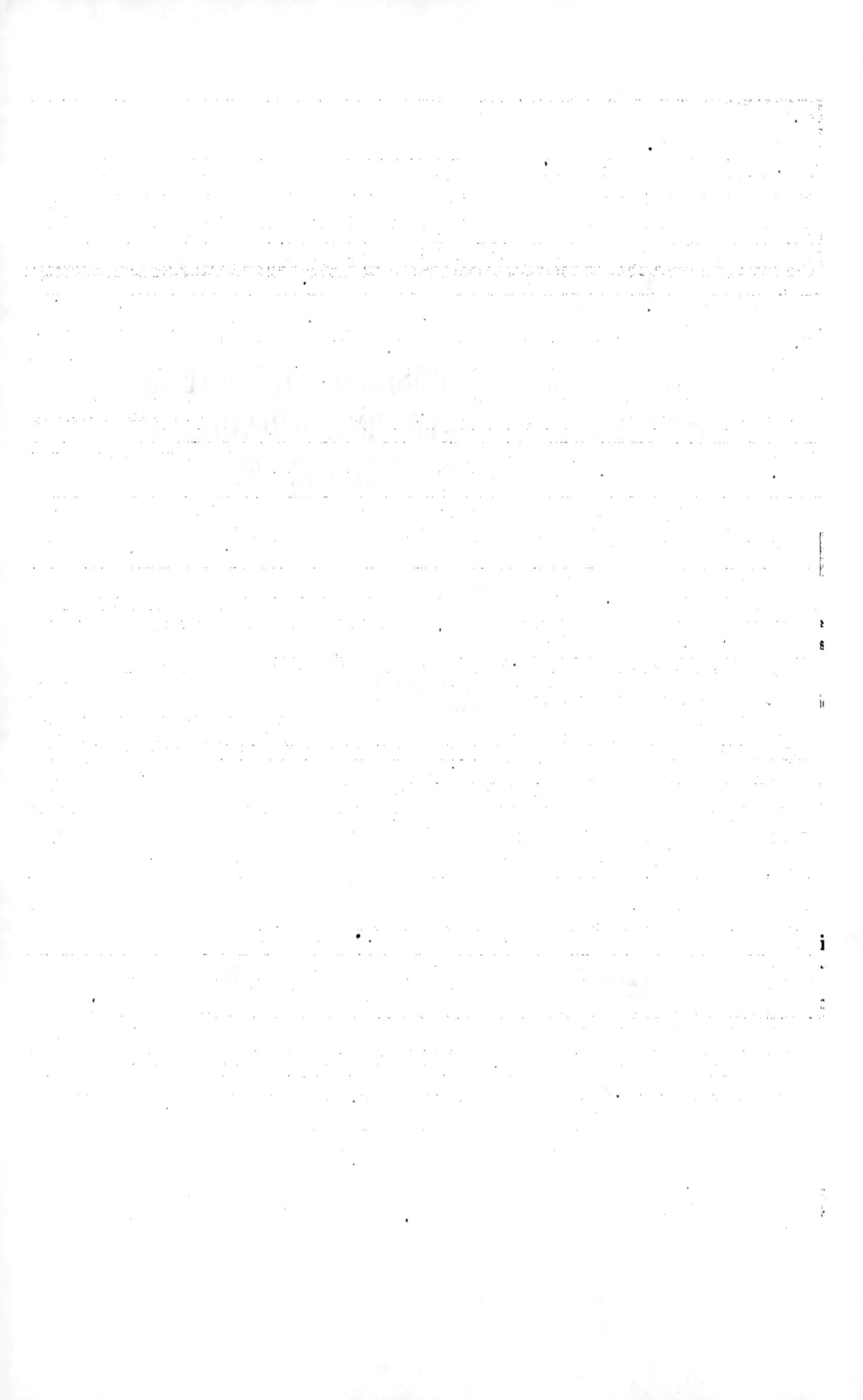

DE INTEGRALIBUS QUIBUSDAM DUPLICIBUS, QUAE POST TRANSFORMATIONEM VARIABILIUM IN EANDEM FORMAM REDEUNT.

1.

Notum est, propositis aequationibus

$$\cos\varphi = \alpha\ \cos\eta + \beta\ \sin\eta\cos\vartheta + \gamma\ \sin\eta\sin\vartheta,$$
$$\sin\varphi\cos\psi = \alpha'\ \cos\eta + \beta'\ \sin\eta\cos\vartheta + \gamma'\ \sin\eta\sin\vartheta,$$
$$\sin\varphi\sin\psi = \alpha''\cos\eta + \beta''\sin\eta\cos\vartheta + \gamma''\sin\eta\sin\vartheta,$$

ubi inter coëfficientes habentur relationes

$$\alpha\alpha + \alpha'\alpha' + \alpha''\alpha'' = 1, \quad \beta\gamma + \beta'\gamma' + \beta''\gamma'' = 0,$$
$$\beta\beta + \beta'\beta' + \beta''\beta'' = 1, \quad \gamma\alpha + \gamma'\alpha' + \gamma''\alpha'' = 0,$$
$$\gamma\gamma + \gamma'\gamma' + \gamma''\gamma'' = 1, \quad \alpha\beta + \alpha'\beta' + \alpha''\beta'' = 0,$$

fieri

$$\iint U\sin\varphi\, d\varphi\, d\psi = \iint U\sin\eta\, d\eta\, d\vartheta,$$

ubi in altero integrali U per φ, ψ, in altero per η, ϑ exprimendum est. Aequatio

$$\sin\varphi\, d\varphi\, d\psi = \sin\eta\, d\eta\, d\vartheta$$

suggerit exemplum simplicissimum, quo elementum integralis duplicis post transformationem variabilium in eandem formam redit. Substitutiones propositae sunt formulae notae pro transformatione coordinatarum orthogonalium, quarum initium non mutatur. Elementum integralis est elementum superficiei sphaericae, expressum per coordinatas puncti superficiei orthogonales, quarum initium in centro; quod elementum formam mutare non debet, si coordinatae orthogonales, per quas exprimatur, ad aliud systema axium referantur, quod eodem initio gaudet.

Dedi in tomo VIII. Diarii Crell. pag. 352 sqq. (Cf. h. vol. p. 151 sqq.) alterum exemplum generalius et valde complicatum, quo integrale duplex post transformationem variabilium in eandem formam redibat. Statuamus enim, propositas esse duas aequationes inter $\cos\eta$, $\sin\eta\cos\vartheta$, $\sin\eta\sin\vartheta$ lineares

$$0 = A + A'\cos\eta + A''\sin\eta\cos\vartheta + A'''\sin\eta\sin\vartheta,$$
$$0 = B + B'\cos\eta + B''\sin\eta\cos\vartheta + B'''\sin\eta\sin\vartheta,$$

in quibus octo quantitates $A, A', \ldots, B, B', \ldots$ sunt expressiones et ipsae lineares quantitatum $\cos\varphi$, $\sin\varphi\cos\psi$, $\sin\varphi\sin\psi$; patet, iisdem aequationibus conciliari etiam posse formam

$$0 = C + C'\cos\varphi + C''\sin\varphi\cos\psi + C'''\sin\varphi\sin\psi,$$
$$0 = D + D'\cos\varphi + D''\sin\varphi\cos\psi + D'''\sin\varphi\sin\psi,$$

ubi $C, C', \ldots, D, D', \ldots$ sunt expressiones lineares ipsarum $\cos\eta$, $\sin\eta\cos\vartheta$, $\sin\eta\sin\vartheta$. Quibus positis, demonstravi l. c., statuto

$$\begin{aligned} F &= A + A'\cos\eta + A''\sin\eta\cos\vartheta + A'''\sin\eta\sin\vartheta \\ &= C + C'\cos\varphi + C''\sin\varphi\cos\psi + C'''\sin\varphi\sin\psi, \\ \Pi &= B + B'\cos\eta + B''\sin\eta\cos\vartheta + B'''\sin\eta\sin\vartheta \\ &= D + D'\cos\varphi + D''\sin\varphi\cos\psi + D'''\sin\varphi\sin\psi, \end{aligned}$$

$$R = [A'A' + A''A'' + A'''A''' - AA][B'B' + B''B'' + B'''B''' - BB] - [A'B' + A''B'' + A'''B''' - AB]^2,$$
$$S = [C'C' + C''C'' + C'''C''' - CC][D'D' + D''D'' + D'''D''' - DD] - [C'D' + C''D'' + C'''D''' - CD]^2,$$

ex aequationibus

$$F = 0, \quad \Pi = 0$$

sequi

$$\iint \frac{U\sin\eta\, d\eta\, d\vartheta}{\sqrt{S}} = \iint \frac{U\sin\varphi\, d\varphi\, d\psi}{\sqrt{R}}.$$

Si aequationes $F = 0$, $\Pi = 0$ ita accipiuntur, ut commutatis $\cos\eta$, $\sin\eta\cos\vartheta$, $\sin\eta\sin\vartheta$ cum $\cos\varphi$, $\sin\varphi\cos\psi$, $\sin\varphi\sin\psi$ immutatae maneant, aut ea commutatione altera in alteram abeant, elementa inter se aequalia

$$\frac{\sin\eta\, d\eta\, d\vartheta}{\sqrt{S}} = \frac{\sin\varphi\, d\varphi\, d\psi}{\sqrt{R}}$$

plane eandem formam habent. Eodem enim modo alterum per η, ϑ atque alterum per φ, ψ exprimitur.

2.

Tradam sequentibus duo nova exempla eiusmodi transformationis, quae elementi integralis duplicis formam immutatam relinquit. Eum in finem antemittimus sequentia.

Sint $f = 0$, $\varphi = 0$ duae aequationes propositae inter quantitates x, y et p, q; si elementum $dx\,dy$ per variabiles p, q exprimere placet, habetur formula nota

$$[f'(x)\varphi'(y) - f'(y)\varphi'(x)]\, dx\, dy = [f'(p)\varphi'(q) - f'(q)\varphi'(p)]\, dp\, dq.$$

Si f, φ continent praeter x, y variabilem z, quae ab iis pendet per aequationem $\Pi(x,y,z)=0$, unde

$$\frac{\partial z}{\partial x}=-\frac{\Pi'(x)}{\Pi'(z)},\quad \frac{\partial z}{\partial y}=-\frac{\Pi'(y)}{\Pi'(z)},$$

loco expressionis

$$f'(x)\varphi'(y)-f'(y)\varphi'(x)$$

ponendum erit

$$\left[f'(x)-\frac{\Pi'(x)f'(z)}{\Pi'(z)}\right]\left[\varphi'(y)-\frac{\Pi'(y)\varphi'(z)}{\Pi'(z)}\right]$$
$$-\left[f'(y)-\frac{\Pi'(y)f'(z)}{\Pi'(z)}\right]\left[\varphi'(x)-\frac{\Pi'(x)\varphi'(z)}{\Pi'(z)}\right]=\frac{N}{\Pi'(z)},$$

siquidem statuitur:

$$N=\Pi'(x)[f'(y)\varphi'(z)-f'(z)\varphi'(y)]+\Pi'(y)[f'(z)\varphi'(x)-f'(x)\varphi'(z)]$$
$$+\Pi'(z)[f'(x)\varphi'(y)-f'(y)\varphi'(x)].$$

Eodem modo, si f, φ praeter p, q continent variabilem r, quae ab iis pendet per aequationem $P(p,q,r)=0$, loco

$$f'(p)\varphi'(q)-f'(q)\varphi'(p)$$

ponendum erit $\frac{O}{P'(r)}$, siquidem

$$O=P'(p)[f'(q)\varphi'(r)-f'(r)\varphi'(q)]+P'(q)[f'(r)\varphi'(p)-f'(p)\varphi'(r)]$$
$$+P'(r)[f'(p)\varphi'(q)-f'(q)\varphi'(p)].$$

Quibus positis, aequatio inter elementa fit

$$\frac{N dx dy}{\Pi'(z)}=\frac{O dp dq}{P'(r)}.$$

Sit

$$\Pi=\tfrac{1}{2}(xx+yy+zz-1)=0,$$
$$P=\tfrac{1}{2}(pp+qq+rr-1)=0;$$

erit

$$N=x[f'(y)\varphi'(z)-f'(z)\varphi'(y)]+y[f'(z)\varphi'(x)-f'(x)\varphi'(z)]+z[f'(x)\varphi'(y)-f'(y)\varphi'(x)],$$
$$O=p[f'(q)\varphi'(r)-f'(r)\varphi'(q)]+q[f'(r)\varphi'(p)-f'(p)\varphi'(r)]+r[f'(p)\varphi'(q)-f'(q)\varphi'(r)],$$

et aequatio inter elementa

$$\frac{N dx dy}{z}=\frac{O dp dq}{r}.$$

Statuamus porro, functiones f, φ respectu variabilium x, y, z esse *homogeneas*, erit

$$xf'(x)+yf'(y)+zf'(z)=\mu f=0,$$
$$x\varphi'(x)+y\varphi'(y)+z\varphi'(z)=\mu'\varphi=0,$$

ubi μ, μ' sunt dimensiones functionum homogenearum f, φ. Sequitur autem ex aequationibus

$$xf'(x)+yf'(y)+zf'(z)=0,$$
$$x\varphi'(x)+y\varphi'(y)+z\varphi'(z)=0,$$
$$xx\quad+yy\quad+zz\quad=1,$$

si eas consideramus ut aequationes lineares inter tres incognitas x, y, z propositas atque ut tales resolvimus,

$$Nx = f'(y)\varphi'(z) - f'(z)\varphi'(y),$$
$$Ny = f'(z)\varphi'(x) - f'(x)\varphi'(z),$$
$$Nz = f'(x)\varphi'(y) - f'(y)\varphi'(x).$$

Supponamus $f = 0$ esse aequationem respectu ipsarum x, y, z linearem

$$f = gx + hy + iz = 0,$$

unde

$$f'(x) = g, \quad f'(y) = h, \quad f'(z) = i;$$

porro $\varphi = 0$ respectu ipsarum x, y, z esse secundi ordinis

$$\varphi = \tfrac{1}{2}[ax^2 + by^2 + cz^2 + 2dyz + 2ezx + 2fxy] = 0,$$

unde

$$\varphi'(x) = ax + fy + ez,$$
$$\varphi'(y) = fx + by + dz,$$
$$\varphi'(z) = ex + dy + cz.$$

Quibus substitutis in aequationibus antecedentibus, prodit:

$$Nx = (he - if)x + (hd - ib)y + (hc - id)z,$$
$$Ny = (ia - ge)x + (if - gd)y + (ie - gc)z,$$
$$Nz = (gf - ha)x + (gb - hf)y + (gd - he)z.$$

Quibus per g, h, i multiplicatis et additis, fit, quod debet,

$$gx + hy + iz = 0.$$

Si hanc aequationem iungimus duabus e tribus antecedentibus, ex. gr. duabus postremis, atque ex aequationibus

$$0 = gx + hy + iz,$$
$$0 = (ia - ge)x + [if - gd - N]y + (ie - gc)z,$$
$$0 = (gf - ha)x + (gb - hf)y + [gd - he - N]z$$

eliminamus x, y, z, videbimus, in aequatione proveniente terminos in primam ipsius N potestatem ductos destrui, eamque fieri post divisionem per g factam:

$$N^2 = g^2(d^2 - bc) + h^2(e^2 - ca) + i^2(f^2 - ab) + 2hi(da - ef) + 2ig(eb - fd) + 2gh(fc - de)\text{*)}.$$

Supponamus iam:

1. coëfficientes a, b, c, d, e, f esse functiones homogeneas secundi ordinis quascunque ipsarum p, q, r; coëfficientes vero g, h, i earundem quantitatum esse functiones homogeneas lineares. Unde patet, duas aequationes

*) Aequationem $N = 0$ adnoto esse aequationem conditionalem, ut planum et conus, quae per aequationes $f = 0$, $\varphi = 0$ repraesentantur, se mutuo tangant.

propositas etiam hoc modo repraesentari posse:

$$f = g'p+h'q+i'r = 0,$$
$$2\varphi = a'pp+b'qq+c'rr+2d'qr+2e'rp+2f'pq = 0,$$

designantibus g', h', i' ipsarum x, y, z functiones homogeneas lineares, a', b', c', d', e', f' earundum quantitatum functiones homogeneas secundi ordinis.

Vel supponamus

2. coëfficientes a, b, c, d, e, f esse functiones homogeneas lineares ipsarum p, q, r, coëfficientes vero g, h, i functiones homogeneas secundi ordinis: aequationes propositae hoc modo repraesentari possunt:

$$f = \tfrac{1}{2}[a'pp+b'qq+c'rr+2d'qr+2e'rp+2f'pq] = 0,$$
$$\varphi = g'p+h'q+i'r = 0,$$

designantibus a', b', c', d', e', f' ipsarum x, y, z functiones homogeneas lineares, g', h', i' functiones homogeneas secundi ordinis.

Utroque casu plane per easdem formulas, quibus ipsius NN valorem eruimus, invenitur:

$$OO = g'^2(d'^2-b'c')+h'^2(e'^2-c'a')+i'^2(f'^2-a'b')$$
$$+2h'i'(d'a'-e'f')+2i'g'(e'b'-f'd')+2g'h'(f'c'-d'e').$$

Unde prodeunt duo theoremata sequentia.

Theorema 1.

„Sint propositae inter quantitates x, y, z, p, q, r duae aequationes, altera respectu ipsarum x, y, z nec non respectu ipsarum p, q, r homogenea linearis, altera respectu ipsarum x, y, z nec non respectu ipsarum p, q, r homogenea secundi ordinis; quae sint aequationes:

$$0 = gx+hy+iz = g'p+h'q+i'r,$$
$$0 = ax^2+by^2+cz^2+2dyz+2ezx+2fxy$$
$$= a'p^2+b'q^2+c'r^2+2d'qr+2e'rp+2f'pq,$$

ubi g, h, i ipsarum p, q, r et g', h', i' ipsarum x, y, z designant functiones quascunque homogeneas lineares; a, b, c, d, e, f ipsarum p, q, r et a', b', c', d', e', f' ipsarum x, y, z functiones quascunque homogeneas secundi ordinis; sit

$$xx+yy+zz = 1, \quad pp+qq+rr = 1,$$

erit:

$$\iint \frac{U dp dq}{r\sqrt{g^2(d^2-bc)+h^2(e^2-ca)+i^2(f^2-ab)+2hi(da-ef)+2ig(eb-fd)+2gh(fc-de)}}$$
$$= \iint \frac{U dx dy}{z\sqrt{g'^2(d'^2-b'c')+h'^2(e'^2-c'a')+i'^2(f'^2-a'b')+2h'i'(d'a'-e'f')+2i'g'(e'b'-f'd')+2g'h'(f'c'-d'e')}}.“$$

Theorema 2.

„*Sint propositae inter quantitates x, y, z, p, q, r duae aequationes, altera respectu ipsarum x, y, z homogenea linearis, respectu ipsarum p, q, r homogenea secundi ordinis: altera respectu ipsarum x, y, z homogenea secundi ordinis, respectu ipsarum p, q, r homogenea linearis: quae sint aequationes:*

$$0 = gx+hy+iz = a'p^2+b'q^2+c'r^2+2d'qr+2e'rp+2f'pq,$$
$$0 = ax^2+by^2+cz^2+2dyz+2ezx+2fxy = g'p+h'q+i'r,$$

ubi g, h, i ipsarum p, q, r et g', h', i' ipsarum x, y, z designant functiones homogeneas secundi ordinis quascunque; a, b, c, d, e, f ipsarum p, q, r et a', b', c', d', e', f' ipsarum x, y, z functiones homogeneas lineares quascunque; sit

$$xx+yy+zz = 1, \quad pp+qq+rr = 1,$$

erit:

$$\iint \frac{Udpdq}{r\sqrt{g^2(d^2-bc)+h^2(e^2-ca)+i^2(f^2-ab)+2hi(da-ef)+2ig(eb-fd)+2gh(fc-de)}}$$
$$= \iint \frac{Udxdy}{z\sqrt{g'^2(d'^2-b'c')+h'^2(e'^2-c'a')+i'^2(f'^2-a'b')+2h'i'(d'a'-e'f')+2i'g'(e'b'-f'd')+2g'h'(f'c'-d'e')}}.\text{“}$$

Si statuimus

$$x = \cos\varphi, \quad y = \sin\varphi\cos\psi, \quad z = \sin\varphi\sin\psi,$$
$$p = \cos\eta, \quad q = \sin\eta\cos\vartheta, \quad r = \sin\eta\sin\vartheta,$$

habemus

$$\frac{dxdy}{z} = \sin\varphi d\varphi d\psi, \quad \frac{dpdq}{r} = \sin\eta d\eta d\vartheta.$$

Si aequationes propositae ita comparatae sunt in theoremate 1., ut commutatis x, y, z cum p, q, r immutatae maneant, vel in theoremate 2. ita comparatae, ut ea mutatione altera in alteram abeat: integralia duplicia inter se aequalia, si $U = 1$, sub signo integrationis plane easdem expressiones continent, alterum ipsarum p, q, r, alterum ipsarum x, y, z. Unde theoremata apposita suggerunt nova exempla integralium duplicium inter limites quoscunque sumtorum, in quibus certa ratione algebraica limites mutari queant, ipsis integralium valoribus immutatis manentibus.

Regiomonti d. 2. Sept. 1835.

DE RELATIONIBUS, QUAE LOCUM HABERE DEBENT INTER PUNCTA INTERSECTIONIS DUARUM CURVARUM VEL TRIUM SUPERFICIERUM ALGEBRAICARUM DATI ORDINIS, SIMUL CUM ENODATIONE PARADOXI ALGEBRAICI.

AUCTORE

C. G. J. JACOBI,
PROF. ORD. MATH. REGIOM.

Crelle Journal für die reine und angewandte Mathematik, Bd. 15. p. 285—308.

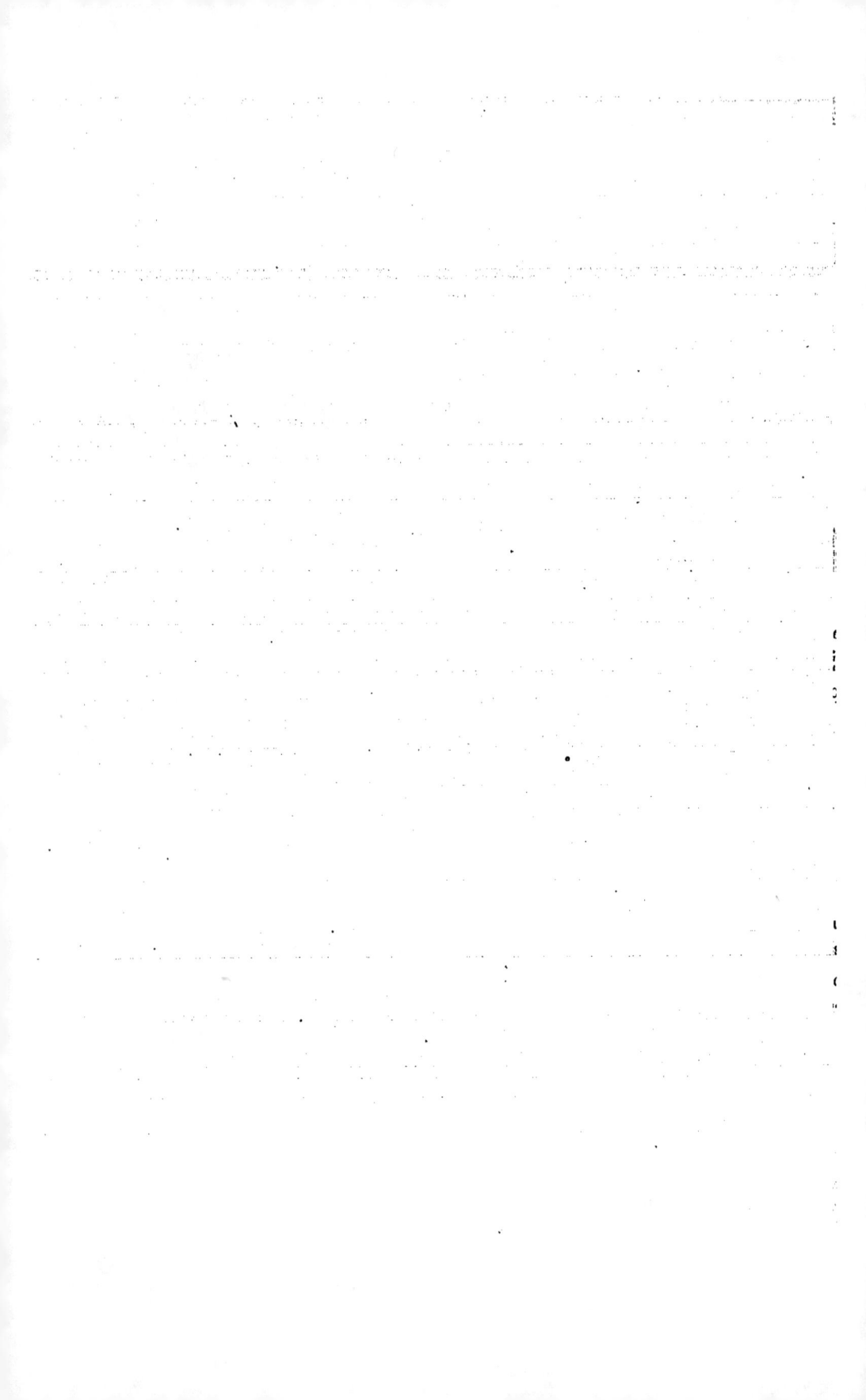

DE RELATIONIBUS, QUAE LOCUM HABERE DEBENT INTER PUNCTA INTERSECTIONIS DUARUM CURVARUM VEL TRIUM SUPERFICIERUM ALGEBRAICARUM DATI ORDINIS, SIMUL CUM ENODATIONE PARADOXI ALGEBRAICI.

1.

In *Actis Berolinensibus* a. 1748 in commentatione, cui inscriptum est: *„Sur une contradiction apparente dans la doctrine des lignes courbes“* observavit summus Eulerus, duabus curvis tertii ordinis se in 9 punctis intersecantibus, per quaelibet 8 e punctis illis nonum determinatum esse; duabus curvis quarti ordinis se in 16 punctis intersecantibus, per quaelibet 13 e punctis illis reliqua tria determinata esse; duabus curvis quinti ordinis se in 25 punctis intersecantibus, per quaelibet 19 e punctis illis reliqua 6 determinata esse, etc. Rem geometricam etiam in terminis algebraicis pronunciare licet. Duabus aequationibus tertii ordinis inter duas variabiles x, y si per novem systemata valorum $x = x_1$, $y = y_1$; $x = x_2$, $y = y_2$; ...; $x = x_9$, $y = y_9$ satisfit, valores illi non ex arbitrio statui possunt, sed si octo illorum valorum dantur systemata, nonum inde determinatum est, sive inter 18 valores $x_1, x_2, \ldots, x_9$ et $y_1, y_2, \ldots, y_9$ duae habentur aequationes conditionales; si aequationes sunt quarti ordinis, quibus per 16 systemata valorum variabilium satisfit, datis 13 e systematis illis, tria reliqua determinata sunt, etc. Res ab Eulero observata gravissima est, quippe in qua fortasse maximum impedimentum positum est, quominus plurima, quae de functionibus integris unius variabilis ab Analystis inventa sint, ad systema duarum functionum integrarum duarum variabilium extendantur. Cognitis enim pro una variabili valoribus variabilis, pro quibus functio integra eius evanescit, habetur ipsa functio ut productum e factoribus linearibus, quae nihilo aequiparatae valores illos suggerunt. Si vero proponeretur quaestio analoga, ut e systematis valorum simultaneorum duarum variabilium, pro quibus duae functiones earum integrae simul evanescunt, ipsae exhibeantur functiones, haec quaestio ab antecedente iam eo differret, quod in illa variabilis

42*

valores ex arbitrio accipi possint, in hac inter valores variabilium certae aequationes conditionales intercedere debeant, ut eiusmodi omnino extare possint functiones. Qua de re mihi utile videbatur, in aequationes illas conditionales paullo accuratius inquirere.

Sit u expressio ipsarum x, y rationalis integra n^{ti} ordinis, quae $\frac{(n+1)(n+2)}{2}$ terminis constare potest. Dentur $\frac{(n+1)(n+2)}{2}-2$ systemata valorum $x=x_m$, $y=y_m$, quae efficiant $u=0$; habentur inter $\frac{(n+1)(n+2)}{2}$ coëfficientes expressionis u aequationes lineares $\frac{(n+1)(n+2)}{2}-2$, quarum ope e duabus coëfficientibus reliquae lineariter determinari possunt. Sint coëfficientes duae, quibus reliquae lineariter determinantur, a et b, atque sit valor coëfficientis termini $x^\alpha y^\beta$

$$a_{\alpha,\beta}.a+b_{\alpha,\beta}.b,$$

designantibus $a_{\alpha,\beta}$, $b_{\alpha,\beta}$ expressiones e valoribus x_1, y_1; x_2, y_2; ...; $x_{\frac{(n+1)(n+2)}{2}-2}$, $y_{\frac{(n+1)(n+2)}{2}-2}$ compositas. Quibus statutis, functio u formam induet

$$a\Sigma a_{\alpha,\beta}x^\alpha y^\beta+b\Sigma b_{\alpha,\beta}x^\alpha y^\beta=u,$$

quibus in summis numeris integris positivis α, β valores omnes conveniunt, pro quibus $\alpha+\beta\leqq n$. Hanc igitur formam induere debent functiones omnes ipsarum x, y integrae n^{ti} ordinis, quae pro datis illis valoribus simultaneis evanescunt. Quoties igitur altera functio n^{ti} ordinis v pro iisdem valoribus simultaneis evanescit, fieri debet

$$v=a'\Sigma a_{\alpha,\beta}x^\alpha y^\beta+b'\Sigma b_{\alpha,\beta}x^\alpha y^\beta,$$

designantibus a', b' alias constantes, sive quae rationem inter se diversam tenent atque constantes a, b. Alioquin enim v et u tantum factore constante inter se differrent.

Sed aequationibus n^{ti} ordinis $u=0$, $v=0$, sive aequationibus, quae earum locum tenent,

$$\Sigma a_{\alpha,\beta}x^\alpha y^\beta=0, \quad \Sigma b_{\alpha,\beta}x^\alpha y^\beta=0$$

conveniunt n^2 systemata radicum simultaneorum. Aequationes autem antecedentes vidimus per $\frac{(n+1)(n+2)}{2}-2$ systemata determinata esse. Unde praeter systemata $\frac{(n+1)(n+2)}{2}-2$ proposita, habentur adhuc alia numero

$$n^2-\frac{(n+1)(n+2)}{2}+2=\frac{(n-1)(n-2)}{2},$$

quae illis determinata sunt. Unde habetur theorema:

1) *E n^2 systematis valorum ipsarum x, y simultaneorum, quae duabus aequationibus n^{ti} ordinis inter x, y propositis satisfaciant, tantum $\frac{n^2+3n-2}{2}$ ex arbitrio accipi posse, reliqua $\frac{(n-1)(n-2)}{2}$ ex illis determinari, sive inter n^2 valores ipsius x et n^2 valores ipsius y illis respondentes haberi $(n-1)(n-2)$ aequationes conditionales;*

quod geometrice ita exhibetur theorema:

2) *E n^2 punctis intersectionis duarum curvarum n^{ti} ordinis $\frac{(n-1)(n-2)}{2}$ puncta reliquis determinata esse.*

2.

Antecedentibus bene confirmantur, quas nuper dedi relationes memorabiles inter valores incognitarum, quae duabus simul aequationibus algebraicis satisfaciunt. (Cf. comment. inscr. *Theoremata nova algebraica etc.*, Diar. Crell. vol. XIV. p. 281 et h. vol. p. 287). Sint enim $x = x_1$, $y = y_1$; $x = x_2$, $y = y_2$; ...; $x = x_{\mu\nu}$, $y = y_{\mu\nu}$ systemata $\mu\nu$ valorum ipsarum x, y, quae duabus aequationibus algebraicis $f(x, y) = 0$, $\varphi(x, y) = 0$ satisfaciunt, quarum altera μ^{ti}, altera ν^{ti} ordinis est, dedi aequationes:

$$3)\quad \frac{1}{R_1}+\frac{1}{R_2}+\cdots+\frac{1}{R_{\mu\nu}}=0,$$

$$\frac{x_1}{R_1}+\frac{x_2}{R_2}+\cdots+\frac{x_{\mu\nu}}{R_{\mu\nu}}=0,$$

$$\frac{y_1}{R_1}+\frac{y_2}{R_2}+\cdots+\frac{y_{\mu\nu}}{R_{\mu\nu}}=0,$$

$$\frac{x_1^2}{R_1}+\frac{x_2^2}{R_2}+\cdots+\frac{x_{\mu\nu}^2}{R_{\mu\nu}}=0,$$

$$\frac{x_1y_1}{R_1}+\frac{x_2y_2}{R_2}+\cdots+\frac{x_{\mu\nu}y_{\mu\nu}}{R_{\mu\nu}}=0,$$

$$\frac{y_1^2}{R_1}+\frac{y_2^2}{R_2}+\cdots+\frac{y_{\mu\nu}^2}{R_{\mu\nu}}=0,$$

$$\cdots\cdots\cdots\cdots$$

$$\frac{x_1^{\mu+\nu-3}}{R_1}+\frac{x_2^{\mu+\nu-3}}{R_2}+\cdots+\frac{x_{\mu\nu}^{\mu+\nu-3}}{R_{\mu\nu}}=0,$$

$$\frac{x_1^{\mu+\nu-4}y_1}{R_1}+\frac{x_2^{\mu+\nu-4}y_2}{R_2}+\cdots+\frac{x_{\mu\nu}^{\mu+\nu-4}y_{\mu\nu}}{R_{\mu\nu}}=0,$$

$$\frac{x_1^{\mu+\nu-5}y_1^2}{R_1}+\frac{x_2^{\mu+\nu-5}y_2^2}{R_2}+\cdots+\frac{x_{\mu\nu}^{\mu+\nu-5}y_{\mu\nu}^2}{R_{\mu\nu}}=0,$$

$$\cdots\cdots\cdots\cdots$$

$$\frac{y_1^{\mu+\nu-3}}{R_1}+\frac{y_2^{\mu+\nu-3}}{R_2}+\cdots+\frac{y_{\mu\nu}^{\mu+\nu-3}}{R_{\mu\nu}}=0,$$

quibus in aequationibus est R_m valor, quem, posito simul $x = x_m$, $y = y_m$, induit expressio

$$R = \frac{\partial f}{\partial x}\cdot\frac{\partial \varphi}{\partial y} - \frac{\partial f}{\partial y}\cdot\frac{\partial \varphi}{\partial x}.$$

Aequationum numerus est $\frac{(\mu+\nu-2)(\mu+\nu-1)}{2}$, ideoque si $\mu=\nu=n$, $\frac{(2n-2)(2n-1)}{2}$; eliminatis n^2 quantitatibus $R_1, R_2, \ldots, R_{n^2}$, proveniunt inter ipsas $x_1, x_2, \ldots, x_{n^2}$ atque $y_1, y_2, \ldots, y_{n^2}$ aequationes conditionales numero

$$\frac{(2n-2)(2n-1)}{2} - n^2+1 = (n-1)(n-2),$$

quod cum theoremate (1) supra proposito convenit.

Quoties aequationibus $f(x, y) = 0$, $\varphi(x, y) = 0$, quarum altera μ^{ti}, altera ν^{ti} ordinis est, per $\mu\nu$ systemata valorum $x = x_m$, $y = y_m$ satisfieri potest: facile etiam *a priori* probari potest, ipsis R_m certos quosdam valores tribuendo aequationes omnes (3) obtineri posse. Statuamus enim, e duabus aequationibus propositis $f(x, y) = 0$, $\varphi(x, y) = 0$ aliam quamcunque derivari aequationem, in cuius terminis $x^\alpha y^\beta$ sit $\alpha+\beta \leqq \mu+\nu-3$. Quam designemus aequationem per

$$\Sigma p_{\alpha,\beta} x^\alpha y^\beta = 0.$$

De qua, ponendo pro x, y radices simultaneas, fluunt $\mu\nu$ sequentes:

$$\begin{aligned} \Sigma p_{\alpha,\beta} x_1^\alpha\, y_1^\beta &= 0, \\ \Sigma p_{\alpha,\beta} x_2^\alpha\, y_2^\beta &= 0, \\ \cdots & \cdots \\ \Sigma p_{\alpha,\beta} x_{\mu\nu}^\alpha y_{\mu\nu}^\beta &= 0. \end{aligned}$$

Quibus respective multiplicatis per $\frac{1}{R_1}, \frac{1}{R_2}, \ldots, \frac{1}{R_{\mu\nu}}$ et additis, provenit:

$$\Sigma p_{\alpha,\beta}\left[\frac{x_1^\alpha y_1^\beta}{R_1} + \frac{x_2^\alpha y_2^\beta}{R_2} + \cdots + \frac{x_{\mu\nu}^\alpha y_{\mu\nu}^\beta}{R_{\mu\nu}}\right] = 0.$$

Cuius aequationis ope aequationum (3) una e reliquis fluit. Eiusmodi autem aequationes habentur tot, quot ex aequationibus propositis derivari possunt aequationes, in quarum terminis $x^\alpha y^\beta$ sit $\alpha+\beta \leqq \mu+\nu-3$. Quae obtinentur omnes, multiplicando aequationem μ^{ti} ordinis per terminos $x^\alpha y^\beta$, in quibus $\alpha+\beta \leqq \nu-3$, quorum est numerus $\frac{(\nu-2)(\nu-1)}{2}$, porro aequationem ν^{ti} ordinis per terminos $x^\alpha y^\beta$, in quibus $\alpha+\beta \leqq \mu-3$, quorum est numerus $\frac{(\mu-2)(\mu-1)}{2}$;

unde totus earum numerus fit $\frac{(\mu-1)(\mu-2)}{2}+\frac{(\nu-1)(\nu-2)}{2}$. Et totidem habentur aequationes huiusmodi:

$$\Sigma p_{\alpha,\beta}\left[\frac{x_1^\alpha y_1^\beta}{R_1}+\frac{x_2^\alpha y_2^\beta}{R_2}+\cdots+\frac{x_{\mu\nu}^\alpha y_{\mu\nu}^\beta}{R_{\mu\nu}}\right]=0,$$

quarum unaquaque una aequationum (3) ad reliquas revocatur. Unde aequationes (3), quarum est numerus $\frac{(\mu+\nu-2)(\mu+\nu-1)}{2}$, revocantur omnes ad

$$\frac{(\mu+\nu-2)(\mu+\nu-1)}{2}-\frac{(\nu-2)(\nu-1)}{2}-\frac{(\mu-2)(\mu-1)}{2}=\mu\nu-1.$$

Quibus $\mu\nu-1$ aequationibus per valores $\mu\nu$ quantitatum $\frac{1}{R_1}, \frac{1}{R_2}, \ldots, \frac{1}{R_{\mu\nu}}$ idonee determinatos satisfieri potest. — Patet antecedentibus, ubi constet, $\mu\nu$ paria coniugata valorum $x=x_m$, $y=y_n$ satisfacere duabus aequationibus μ^{ti} et ν^{ti} ordinis, $f(x,y)=0$, $\varphi(x,y)=0$: si $\mu\nu$ quantitatum $\frac{1}{R_m}$ rationes per $\mu\nu-1$ ex aequationibus (3) determinentur, reliquas $\frac{(\mu-1)(\mu-2)}{2}+\frac{(\nu-1)(\nu-2)}{2}$ inde sponte fluere. Qua de re theorema a nobis in commentatione citata inventum et quod formulis (3) continetur, nil docet, nisi, determinatis rationibus, in quibus inter se sunt $\mu\nu$ quantitates $\frac{1}{R_1}, \frac{1}{R_2}, \ldots, \frac{1}{R_{\mu\nu}}$ per $\mu\nu-1$ e numero aequationum (3), easdem rationes inter se tenere valores, quos expressio

$$\frac{1}{\frac{\partial f}{\partial x}\cdot\frac{\partial\varphi}{\partial y}-\frac{\partial f}{\partial y}\cdot\frac{\partial\varphi}{\partial x}}$$

pro radicibus simultaneis aequationum $f(x,y)=0$, $\varphi(x,y)=0$ induit.

Reliquae enim aequationes numero $\frac{(\mu-1)(\mu-2)}{2}+\frac{(\nu-1)(\nu-2)}{2}$ eo solo ex illis $\mu\nu-1$ proveniunt, quod $\mu\nu$ systemata valorum $x=x_m$, $y=y_m$ sint radices simultaneae duarum aequationum, alterius μ^{ti}, alterius ν^{ti} ordinis.

E $\frac{(\mu-1)(\mu-2)}{2}+\frac{(\nu-1)(\nu-2)}{2}$ aequationum (3) si ope reliquarum $\mu\nu-1$ eliminamus R_1, R_2, ..., $R_{\mu\nu}$, obtinentur inter solas x_m, y_m aequationes $\frac{(\mu-1)(\mu-2)}{2}+\frac{(\nu-1)(\nu-2)}{2}$. Obvenit hic insigne *paradoxon*. Demonstravimus enim, si $\mu\nu$ systemata valorum $x=x_m$, $y=y_m$ sint radices simultaneae duarum aequationum, alterius μ^{ti}, alterius ν^{ti} ordinis, intercedere inter $2\mu\nu$ quantitates x_m, y_m aequationes conditionales numero $\frac{(\mu-1)(\mu-2)}{2}+\frac{(\nu-1)(\nu-2)}{2}$. At fieri potest, ut sit

$$\frac{(\mu-1)(\mu-2)}{2}+\frac{(\nu-1)(\nu-2)}{2}\geqq 2\mu\nu,$$

sive numerus aequationum conditionalium numerum incognitarum aut adaequet aut adeo superet. Quod absurdum est.

3.

Paradoxon antecedentibus propositum ut explicetur, pro certis ipsarum μ, ν valoribus fieri debet, ut ex aequationibus (3) eliminatis quantitatibus R_m, aequationes restantes numero $\frac{(\mu-1)(\mu-2)}{2}+\frac{(\nu-1)(\nu-2)}{2}$ aliae aliis contineantur. Unde revera numerus aequationum conditionalium a se invicem independentium prodibit $<\frac{(\mu-1)(\mu-2)}{2}+\frac{(\nu-1)(\nu-2)}{2}$. Hoc vero e natura aequationum (3) demonstrare et accuratius definire numerum aequationum conditionalium, quae superfluae sunt seu reliquis continentur, primo intuitu vires Algebrae superare videtur.

Aequationes superfluae certe non proveniunt, si $\mu=\nu$. Eo enim casu per alias considerationes initio huius commentatiunculae vidimus, necessario requiri aequationes conditionales numero $(\mu-1)(\mu-2)=\frac{(\mu-1)(\mu-2)}{2}+\frac{(\nu-1)(\nu-2)}{2}$. Neque eo casu paradoxi locus est, cum numerus ille sit quantitatum x_m, y_m numero $2\mu^2$ plus quam dimidio inferior. Iam etiam, si μ et ν inter se diversi sunt, per considerationes similes atque supra adhibuimus, exploremus verum numerum aequationum conditionalium. Quo facto, ex ipsa natura aequationum (3) demonstratum eamus, reliquas illis contineri.

Sit $\nu<\mu$; aequatio ν^{ti} ordinis determinata est per $\frac{(\nu+1)(\nu+2)}{2}-1$ systemata valorum ipsarum x, y simultaneorum, quibus aequationi illi satisfit. Ut eidem aequationi systemata reliqua $\mu\nu-\frac{(\nu+1)(\nu+2)}{2}+1$ satisfaciant, totidem haberi debent aequationes conditionales. Iisdem valoribus aequationi μ^{ti} ordinis satisfieri propositum est. Formare vero licet alteram aequationem μ^{ti} ordinis, cui $\mu\nu$ systemata valorum sponte satisfaciunt, multiplicando aequationem ν^{ti} ordinis cum functione $(\mu-\nu)^{\text{ti}}$ ordinis, cuius coëfficientes, quarum numerus est $\frac{(\mu-\nu+1)(\mu-\nu+2)}{2}$, arbitrariae esse possunt. Utramque aequationem μ^{ti} ordinis si iungimus, per constantes illas arbitrarias effici potest, ut totidem eius termini evanescant; sive statuere licet, aequationem μ^{ti} ordinis, cui praeter aequationem ν^{ti} ordinis, satisfaciendum est, tantum constare terminorum numero

$$\frac{(\mu+1)(\mu+2)}{2}-\frac{(\mu-\nu+1)(\mu-\nu+2)}{2}.$$

Cuiusmodi aequationi ut per $\mu\nu$ systemata valorum ipsarum x, y simultaneorum satisfiat, locum habere debent aequationes conditionales numero

$$\mu\nu-\frac{(\mu+1)(\mu+2)}{2}+\frac{(\mu-\nu+1)(\mu-\nu+2)}{2}+1.$$

Habetur igitur totus numerus aequationum conditionalium,

$$\mu\nu-\frac{(\nu+1)(\nu+2)}{2}+1+\mu\nu-\frac{(\mu+1)(\mu+2)}{2}+\frac{(\mu-\nu+1)(\mu-\nu+2)}{2}+1=\mu\nu-3\nu+1.$$

Unde prodit theorema:

4) *Quoties $\mu.\nu$ systemata valorum ipsarum x, y; $x=x_1$, $y=y_1$; $x=x_2$, $y=y_2$; $\ldots$; $x=x_{\mu\nu}$, $y=y_{\mu\nu}$ satisfacere debent duabus aequationibus algebraicis, alteri μ^{ti}, alteri ν^{ti} ordinis, ubi $\nu<\mu$: inter $2\mu\nu$ quantitates x_1, x_2, $\ldots$, $x_{\mu\nu}$ et y_1, y_2, $\ldots$, $y_{\mu\nu}$ aequationes conditionales numero $\mu\nu-3\nu+1$ intercedere debent.*

Quod theorema geometrice ita enunciari potest:

5) *Quoties $\mu.\nu$ puncta in duabus curvis algebraicis μ^{ti} et ν^{ti} ordinis posita esse debent, ubi $\mu>\nu$, inter coordinatas punctorum intercedere debent aequationes conditionales numero $\mu\nu-3\nu+1$.*

Theorema (3) sive (4) collatum cum (2) sive (3) docet, si $\mu=\nu$, numerum aequationum conditionalium unitate augendum esse.

Punctis $\mu\nu$ in curva ν^{ti} ordinis positis, ut eadem puncta in altera curva μ^{ti} ordinis posita esse possint, ubi $\mu>\nu$, sequitur ex iis, quae antecedentibus demonstravimus, requiri inter coordinatas punctorum aequationes conditionales numero

$$\mu\nu-\frac{(\mu+1)(\mu+2)}{2}+\frac{(\mu-\nu+1)(\mu-\nu+2)}{2}+1=\frac{(\nu-1)(\nu-2)}{2}.$$

Habentur igitur theoremata specialia:

6) Assumtis in linea recta μ punctis, sive in curva secundi ordinis 2μ punctis, per eadem puncta curvam μ^{ti} ordinis ducere licet.

7) Assumtis in curva tertii ordinis 3μ punctis, ubi $\mu>3$, ut per eadem duci possit curva μ^{ti} ordinis, inter coordinatas punctorum aequatio una conditionalis locum habere debet.

8) Assumtis in curva quarti ordinis 4μ punctis, ubi $\mu > 4$, ut per eadem puncta duci possit curva μ^{ti} ordinis, inter coordinatas punctorum locum habere debent tres aequationes conditionales; etc. etc.

Vel *si quaeris maximum numerum punctorum, quae in curva ν^{ti} ordinis ex arbitrio assumi possint, ut per eadem alteram curvam μ^{ti} ordinis ducere liceat, ubi $\mu > \nu$, numerus iste punctorum erit*

$$\mu\nu - \frac{(\nu-1)(\nu-2)}{2}.$$

Eliminatis e (3) quantatibus $R_1, R_2, \ldots, R_{\mu\nu}$, cum inter $2\mu\nu$ quantitates $x_1, x_2, \ldots, x_{\mu\nu}$, et $y_1, y_2, \ldots, y_{\mu\nu}$ prodeunt aequationes numero

$$\frac{(\mu+\nu-2)(\mu+\nu-1)}{2} - \mu\nu + 1 = \frac{(\mu-1)(\mu-2)}{2} + \frac{(\nu-1)(\nu-2)}{2};$$

cum vero e (4) inter easdem quantitates tantum $\mu\nu - 3\nu + 1$ aequationes conditionales locum habere debeant, si $\mu > \nu$; sequitur, *aequationum illarum, si $\mu > \nu$, numerum*

$$\frac{(\mu-\nu-1)(\mu-\nu-2)}{2}$$

reliquis contineri.

Quod reapse fieri, iam ex ipsa natura aequationum (3) sequentibus comprobemus.

4.

Statuamus inter $\mu\nu$ incognitas $u_1, u_2, \ldots, u_{\mu\nu}$ totidem intercedere aequationes lineares huiusmodi:

$$
\begin{aligned}
9)\quad & \frac{u_1}{R_1} + \frac{u_2}{R_2} + \cdots + \frac{u_{\mu\nu}}{R_{\mu\nu}} = (0, 0), \\
& \frac{u_1 x_1}{R_1} + \frac{u_2 x_2}{R_2} + \cdots + \frac{u_{\mu\nu} x_{\mu\nu}}{R_{\mu\nu}} = (1, 0), \\
& \frac{u_1 x_1^2}{R_1} + \frac{u_2 x_2^2}{R_2} + \cdots + \frac{u_{\mu\nu} x_{\mu\nu}^2}{R_{\mu\nu}} = (2, 0), \\
& \cdot\quad\cdot\quad\cdot\quad\cdot\quad\cdot\quad\cdot\quad\cdot\quad\cdot\quad\cdot\quad\cdot \\
& \frac{u_1 x_1^{\mu-1}}{R_1} + \frac{u_2 x_2^{\mu-1}}{R_2} + \cdots + \frac{u_{\mu\nu} x_{\mu\nu}^{\mu-1}}{R_{\mu\nu}} = (\mu-1, 0), \\
& \frac{u_1 y_1}{R_1} + \frac{u_2 y_2}{R_2} + \cdots + \frac{u_{\mu\nu} y_{\mu\nu}}{R_{\mu\nu}} = (0, 1), \\
& \frac{u_1 x_1 y_1}{R_1} + \frac{u_2 x_2 y_2}{R_2} + \cdots + \frac{u_{\mu\nu} x_{\mu\nu} y_{\mu\nu}}{R_{\mu\nu}} = (1, 1), \\
& \cdot\quad\cdot\quad\cdot\quad\cdot\quad\cdot\quad\cdot\quad\cdot\quad\cdot\quad\cdot\quad\cdot
\end{aligned}
$$

$$\frac{u_1 x_1^{\mu-1} y_1}{R_1} + \frac{u_2 x_2^{\mu-1} y_2}{R_2} + \cdots + \frac{u_{\mu\nu} x_{\mu\nu}^{\mu-1} y_{\mu\nu}}{R_{\mu\nu}} = (\mu-1, 1),$$

$$\frac{u_1 y_1^2}{R_1} + \frac{u_2 y_2^2}{R_2} + \cdots + \frac{u_{\mu\nu} y_{\mu\nu}^2}{R_{\mu\nu}} = (0, 2),$$

$$\frac{u_1 x_1 y_1^2}{R_1} + \frac{u_2 x_2 y_2^2}{R_2} + \cdots + \frac{u_{\mu\nu} x_{\mu\nu} y_{\mu\nu}^2}{R_{\mu\nu}} = (1, 2),$$

. . . .

$$\frac{u_1 x_1^{\mu-1} y_1^2}{R_1} + \frac{u_2 x_2^{\mu-1} y_2^2}{R_2} + \cdots + \frac{u_{\mu\nu} x_{\mu\nu}^{\mu-1} y_{\mu\nu}^2}{R_{\mu\nu}} = (\mu-1, 2),$$

. . . .

$$\frac{u_1 y_1^{\nu-1}}{R_1} + \frac{u_2 y_2^{\nu-1}}{R_2} + \cdots + \frac{u_{\mu\nu} y_{\mu\nu}^{\nu-1}}{R_{\mu\nu}} = (0, \nu-1),$$

$$\frac{u_1 x_1 y_1^{\nu-1}}{R_1} + \frac{u_2 x_2 y_2^{\nu-1}}{R_2} + \cdots + \frac{u_{\mu\nu} x_{\mu\nu} y_{\mu\nu}^{\nu-1}}{R_{\mu\nu}} = (1, \nu-1),$$

. . . .

$$\frac{u_1 x_1^{\mu-1} y_1^{\nu-1}}{R_1} + \frac{u_2 x_2^{\mu-1} y_2^{\nu-1}}{R_2} + \cdots + \frac{u_{\mu\nu} x_{\mu\nu}^{\mu-1} y_{\mu\nu}^{\nu-1}}{R_{\mu\nu}} = (\mu-1, \nu-1).$$

Quarum aequationum forma generalis est:

$$10)\quad \frac{x_1^{\alpha} y_1^{\beta} u_1}{R_1} + \frac{x_2^{\alpha} y_2^{\beta} u_2}{R_2} + \cdots + \frac{x_{\mu\nu}^{\alpha} y_{\mu\nu}^{\beta} u_{\mu\nu}}{R_{\mu\nu}} = (\alpha, \beta),$$

de qua forma generali proveniunt $\mu\nu$ aequationes (9), tributo ipsi α valores $0, 1, 2, \ldots, \mu-1$, ipsi β valores $0, 1, 2, \ldots, \nu-1$. Statuamus porro, e resolutione aequationum linearium (9) provenire incognitarum valores sequentes:

$$\begin{aligned}
u_1 = {} & A'_{0,0}(0, 0) + A'_{1,0}(1, 0) + \cdots + A'_{\mu-1,0}(\mu-1, 0) \\
& + A'_{0,1}(0, 1) + A'_{1,1}(1, 1) + \cdots + A'_{\mu-1,1}(\mu-1, 1) \\
& \ldots\ldots\ldots\ldots\ldots\ldots\ldots\ldots \\
& + A'_{0,\nu-1}(0, \nu-1) + A'_{1,\nu-1}(1, \nu-1) + \cdots + A'_{\mu-1,\nu-1}(\mu-1, \nu-1), \\
u_2 = {} & A''_{0,0}(0, 0) + A''_{1,0}(1, 0) + \cdots + A''_{\mu-1,0}(\mu-1, 0) \\
& + A''_{0,1}(0, 1) + A''_{1,1}(1, 1) + \cdots + A''_{\mu-1,1}(\mu-1, 1) \\
& \ldots\ldots\ldots\ldots\ldots\ldots\ldots\ldots \\
& + A''_{0,\nu-1}(0, \nu-1) + A''_{1,\nu-1}(1, \nu-1) + \cdots + A''_{\mu-1,\nu-1}(\mu-1, \nu-1),
\end{aligned}$$

etc. etc.,

ac generaliter:

$$11)\quad u_m^2 = A_{0,0}^{(m)}(0,0)+A_{1,0}^{(m)}(1,0)+A_{2,0}^{(m)}(2,0)+\cdots+A_{\mu-1,0}^{(m)}(\mu-1,0)$$
$$+A_{0,1}^{(m)}(0,1)+A_{1,1}^{(m)}(1,1)+A_{2,1}^{(m)}(2,1)+\cdots+A_{\mu-1,1}^{(m)}(\mu-1,1)$$
$$+A_{0,2}^{(m)}(0,2)+A_{1,2}^{(m)}(1,2)+A_{2,2}^{(m)}(2,2)+\cdots+A_{\mu-1,2}^{(m)}(\mu-1,2)$$
$$\cdots\cdots\cdots$$
$$+A_{0,\nu-1}^{(m)}(0,\nu-1)+A_{1,\nu-1}^{(m)}(1,\nu-1)+A_{2,\nu-1}^{(m)}(2,\nu-1)+\cdots+A_{\mu-1,\nu-1}^{(m)}(\mu-1,\nu-1);$$

de qua formula generali incognitarum omnium obtineantur valores, ponendo loco m numeros 1, 2, 3, ..., $\mu\nu$.

Statuamus denique, posito

$$u_1 = x_1^\gamma y_1^\delta,\quad u_2 = x_2^\gamma y_2^\delta,\quad \ldots,\quad u_{\mu\nu} = x_{\mu\nu}^\gamma y_{\mu\nu}^\delta,$$

expressionem (α, β) fieri $(\alpha, \beta)_{\gamma,\delta}$, unde

$$\frac{x_1^{\alpha+\gamma} y_1^{\beta+\delta}}{R_1}+\frac{x_2^{\alpha+\gamma} y_2^{\beta+\delta}}{R_2}+\cdots+\frac{x_{\mu\nu}^{\alpha+\gamma} y_{\mu\nu}^{\beta+\delta}}{R_{\mu\nu}} = (\alpha,\beta)_{\gamma,\delta},$$

quae expressio cum tantum pendeat a summis $\alpha+\gamma$, $\beta+\delta$, statuatur:

$$(\alpha,\beta)_{\gamma,\delta} = a_{\alpha+\gamma,\beta+\delta},$$

sive sit:

$$12)\quad \frac{x_1^p y_1^q}{R_1}+\frac{x_2^p y_2^q}{R_2}+\cdots+\frac{x_{\mu\nu}^p y_{\mu\nu}^q}{R_{\mu\nu}} = a_{p,q}.$$

Quibus statutis, erit e (11):

$$13)\quad x_m^\gamma y_m^\delta = A_{0,0}^{(m)} a_{\gamma,\delta} + A_{1,0}^{(m)} a_{\gamma+1,\delta} + A_{2,0}^{(m)} a_{\gamma+2,\delta} + \cdots + A_{\mu-1,0}^{(m)} a_{\gamma+\mu-1,\delta}$$
$$+A_{0,1}^{(m)} a_{\gamma,\delta+1}+A_{1,1}^{(m)} a_{\gamma+1,\delta+1}+A_{2,1}^{(m)} a_{\gamma+2,\delta+1}+\cdots+A_{\mu-1,1}^{(m)} a_{\gamma+\mu-1,\delta+1}$$
$$+A_{0,2}^{(m)} a_{\gamma,\delta+2}+A_{1,2}^{(m)} a_{\gamma+1,\delta+2}+A_{2,2}^{(m)} a_{\gamma+2,\delta+2}+\cdots+A_{\mu-1,2}^{(m)} a_{\gamma+\mu-1,\delta+2}$$
$$\cdots\cdots\cdots$$
$$+A_{0,\nu-1}^{(m)} a_{\gamma,\delta+\nu-1}+A_{1,\nu-1}^{(m)} a_{\gamma+1,\delta+\nu-1}+A_{2,\nu-1}^{(m)} a_{\gamma+2,\delta+\nu-1}+\cdots$$
$$\cdots+A_{\mu-1,\nu-1}^{(m)} a_{\gamma+\mu-1,\delta+\nu-1}.$$

Designantibus γ, δ numeros integros positivos, incluso zero, sit $\gamma+\delta \leqq \nu$; sit autem, ut supra, $\nu < \mu$. Quibus positis, statuamus iam, in aequationibus (13) evanescere quantitates omnes $a_{p,q}$, in quibus $p+q < \mu+\nu-2$. Unde aequatio (13), si $\gamma+\delta = \nu$, hanc formam induit, in qua series horizontales inverso ordine exhibuimus:

$$14)\quad x_m^{\nu-\delta} y_m^\delta = A_{\mu-1,0}^{(m)} a_{\mu+\nu-\delta-1,\delta} + A_{\mu-2,0}^{(m)} a_{\mu+\nu-\delta-2,\delta}$$
$$+A_{\mu-1,1}^{(m)} a_{\mu+\nu-\delta-1,\delta+1}+A_{\mu-2,1}^{(m)} a_{\mu+\nu-\delta-2,\delta+1}+A_{\mu-3,1}^{(m)} a_{\mu+\nu-\delta-3,\delta+1}$$
$$+A_{\mu-1,2}^{(m)} a_{\mu+\nu-\delta-1,\delta+2}+A_{\mu-2,2}^{(m)} a_{\mu+\nu-\delta-2,\delta+2}+\cdots+A_{\mu-4,2}^{(m)} a_{\mu+\nu-\delta-4,\delta+2}$$
$$\cdots\cdots\cdots$$
$$+A_{\mu-1,\nu-1}^{(m)} a_{\mu+\nu-\delta-1,\delta+\nu-1}+A_{\mu-2,\nu-1}^{(m)} a_{\mu+\nu-\delta-2,\delta+\nu-1}+\cdots$$
$$\cdots+A_{\mu-\nu-1,\nu-1}^{(m)} a_{\mu-\delta-1,\delta+\nu-1},$$

qua in formula δ valores omnes induere potest inde a 0 usque ad ν. Generaliter, si $a_{p,q} = 0$, quoties $p+q < \mu+\nu-2$, aequatio (13), seriebus et horizontalibus et verticalibus inverso ordine exhibitis, haec evadit:

$$
\begin{aligned}
15)\quad x_m^\gamma y_m^\delta = {} & A^{(m)}_{\mu-1,\nu-1} a_{\gamma+\mu-1,\delta+\nu-1} + A^{(m)}_{\mu-2,\nu-1} a_{\gamma+\mu-2,\delta+\nu-1} + \cdots + A^{(m)}_{\mu-\gamma-\delta-1,\nu-1} a_{\mu-\delta-1,\delta+\nu-1} \\
& + A^{(m)}_{\mu-1,\nu-2} a_{\gamma+\mu-1,\delta+\nu-2} + A^{(m)}_{\mu-2,\nu-2} a_{\gamma+\mu-2,\delta+\nu-2} + \cdots + A^{(m)}_{\mu-\gamma-\delta,\nu-2} a_{\mu-\delta,\delta+\nu-2} \\
& + A^{(m)}_{\mu-1,\nu-3} a_{\gamma+\mu-1,\delta+\nu-3} + A^{(m)}_{\mu-2,\nu-3} a_{\gamma+\mu-2,\delta+\nu-3} + \cdots + A^{(m)}_{\mu-\gamma-\delta+1,\nu-3} a_{\mu-\delta+1,\delta+\nu-3} \\
& \cdot\quad\cdot\quad\cdot\quad\cdot\quad\cdot\quad\cdot\quad\cdot\quad\cdot\quad\cdot\quad\cdot\quad\cdot\quad\cdot \\
& + A^{(m)}_{\mu-1,\nu-\gamma-\delta} a_{\gamma+\mu-1,\nu-\gamma} + A^{(m)}_{\mu-2,\nu-\gamma-\delta} a_{\gamma+\mu-2,\nu-\gamma} + A^{(m)}_{\mu-1,\nu-\gamma-\delta-1} a_{\gamma+\mu-1,\nu-\gamma-1}.
\end{aligned}
$$

Si $\gamma+\delta = \nu$, in formula antecedente reiiciendus est terminus postremus, in quo ipsius $A^{(m)}$ index posterior eo easu negativus evaderet; qua de re casum illum formula (14) seorsim exhibuimus.

Observationes his adiungimus sequentes. Singuli expressionis generalis (15) termini forma gaudent

$$A_{p,q} a_{\gamma+p,\delta+q},$$

ubi $p \leqq \mu-1$, $q \leqq \nu-1$, simulque $\gamma+p+\delta+q \geqq \mu+\nu-2$, ideoque $p+q \geqq \mu+\nu-2-\gamma-\delta$. Terminos $A_{p,q}$, qui conditionibus illis satisfaciunt, omnes simul continet aequatio (14), eorumque numerus est

$$2+3+4+\cdots+\nu+1 = \frac{\nu.(\nu+3)}{2}.$$

Sed numerus aequationum inter terminos illos linearium, quae e forma generali (15) obtinentur, est $\frac{(\nu+1)(\nu+2)}{2} = \frac{\nu(\nu+3)}{2}+1$; tribuimus enim ipsis γ, δ valores omnes, pro quibus $\gamma+\delta \leqq \nu$. Unde terminos omnes $A^{(m)}$ ex aequationibus illis eliminare licet; quo facto obtinetur una aequatio inter terminos $x_m^\gamma y_m^\delta$ linearis. Quae aequatio cum prorsus eadem maneat pro omnibus ipsius m valoribus $1, 2, 3, \ldots, \mu\nu$; habetur aequatio inter x, y ordinis ν^{ti}, cui $\mu\nu$ systemata valorum $x = x_1$, $y = y_1$; $x = x_2$, $y = y_2$; $\ldots$; $x = x_{\mu\nu}$, $y = y_{\mu\nu}$ satisfaciunt.

In formulis (13) supposuimus evanescere $a_{p,q}$, quoties $p+q \leqq \mu+\nu-3$; in formulis autem illis p, q gaudent forma

$$p = \gamma+p', \quad q = \delta+q',$$

ubi p', q', γ, δ positivi, atque $\gamma+\delta \leqq \nu$, $p' \leqq \mu-1$, $q' \leqq \nu-1$. Unde valor ipsius q maximus est $2\nu-1$. Qua de re, ut obtineantur aequationes (13), sive ut singula systemata valorum $x = x_m$, $y = y_m$ satisfaciant aequationi ν^{ti} ordinis (quod e (13) sequi vidimus) poscebantur aequationes sequentes:

$$(16)\quad \begin{cases} a_{0,0}=0, & a_{1,0}=0, & a_{2,0}=0, & \ldots, & a_{\mu+\nu-3,0}=0, \\ a_{0,1}=0, & a_{1,1}=0, & a_{2,1}=0, & \ldots, & a_{\mu+\nu-4,1}=0, \\ a_{0,2}=0, & a_{1,2}=0, & a_{2,2}=0, & \ldots, & a_{\mu+\nu-5,2}=0, \\ \ldots & \ldots & \ldots & \ldots & \ldots \\ a_{0,2\nu-2}=0, & a_{1,2\nu-2}=0, & a_{2,2\nu-2}=0, & \ldots, & a_{\mu-\nu-1,2\nu-2}=0, \\ a_{0,2\nu-1}=0, & a_{1,2\nu-1}=0, & a_{2,2\nu-1}=0, & \ldots, & a_{\mu-\nu-2,2\nu-1}=0. \end{cases}$$

Quarum aequationum numerus est

$$\mu+\nu-2+\mu+\nu-3+\mu+\nu-4+\cdots+\mu-\nu-1=\nu(2\mu-3).$$

Quarum aequationum nulla est, cuius usus non sit in formandis aequationibus, quas formula generalis (13) amplectitur. Observo tantum, si $\nu=\mu-1$, aequationum (16) seriem postremam horizontalem reiiciendam esse, cum eo casu fiat $2\nu-1>\mu+\nu-3$; quo tamen numerus aequationum, quem assignavimus, non mutatur.

Aequationes (3) praeter aequationes (16) adhuc continent sequentes:

$$(17)\quad \begin{cases} a_{0,2\nu}=0, & a_{1,2\nu}=0, & \ldots, & a_{\mu-\nu-3,2\nu}=0, \\ a_{0,2\nu+1}=0, & a_{1,2\nu+1}=0, & \ldots, & a_{\mu-\nu-4,2\nu+1}=0, \\ \ldots & \ldots & \ldots & \ldots \\ a_{0,\mu+\nu-4}=0, & a_{1,\mu+\nu-4}=0, & & \\ a_{0,\mu+\nu-3}=0, & & & \end{cases}$$

quarum est numerus:

$$\mu-\nu-2+\mu-\nu-3+\cdots+2+1=\frac{(\mu-\nu-2)(\mu-\nu-1)}{2},$$

qui etiam valet numerus, si $\nu=\mu-1$ vel $\nu=\mu-2$, quippe quibus casibus aequationes (16) aequationes omnes (3) amplectantur, ideoque aequationes (17) omnino non habentur.

Designemus aequationem ν^{ti} ordinis, qua de formulis (16) deducebatur, hoc modo

$$y^\nu=X'y^{\nu-1}+X''y^{\nu-2}+\cdots+X^{(\nu)},$$

designante $X^{(\alpha)}$ expressionem ipsius x ordinis α^{ti}. Sit porro $X_m^{(\alpha)}$ valor ipsius $X^{(\alpha)}$ pro $x=x_m$. Quibus statutis, multiplicemus aequationem ν^{ti} ordinis per $x^\varepsilon y^\nu$, ubi $\varepsilon\leqq\mu-\nu-3$, quem numerum supponimus positivum; erit

$$x^\varepsilon y^{2\nu}=x^\varepsilon X'y^{2\nu-1}+x^\varepsilon X''y^{2\nu-2}+\cdots+x^\varepsilon X^{(\nu)}y^\nu,$$

de qua formula facile deducitur:

$$\frac{x_1^\varepsilon y_1^{2\nu}}{R_1}+\frac{x_2^\varepsilon y_1^{2\nu}}{R_2}+\cdots+\frac{x_{\mu\nu}^\varepsilon y_{\mu\nu}^{2\nu}}{R_{\mu\nu}}=\frac{x_1^\varepsilon X_1' y_1^{2\nu-1}}{R_1}+\frac{x_2^\varepsilon X_2' y_2^{2\nu-1}}{R_2}+\cdots+\frac{x_{\mu\nu}^\varepsilon X_{\mu\nu}' y_{\mu\nu}^{2\nu-1}}{R_{\mu\nu}}$$
$$+\frac{x_1^\varepsilon X_1'' y_1^{2\nu-2}}{R_1}+\frac{x_2^\varepsilon X_2'' y_2^{2\nu-2}}{R_2}+\cdots+\frac{x_{\mu\nu}^\varepsilon X_{\mu\nu}'' y_{\mu\nu}^{2\nu-2}}{R_{\mu\nu}}$$
$$\cdots\cdots\cdots\cdots$$
$$+\frac{x_1^\varepsilon X_1^{(\nu)} y_1^{\nu}}{R_1}+\frac{x_2^\varepsilon X_2^{(\nu)} y_2^{\nu}}{R_2}+\cdots+\frac{x_{\mu\nu}^\varepsilon X_{\mu\nu}^{(\nu)} y_{\mu\nu}^{\nu}}{R_{\mu\nu}}.$$

Expressionis post signum aequalitatis series horizontales singulae evanescunt e (16). Unde habetur etiam:

$$18)\quad \frac{x_1^\varepsilon y_2^{2\nu}}{R_1}+\frac{x_2^\varepsilon y_2^{2\nu}}{R_2}+\cdots+\frac{x_{\mu\nu}^\varepsilon y_{\mu\nu}^{2\nu}}{R_{\mu\nu}}=0,$$

quae formula, positis loco ε ipsius valoribus 0, 1, 2, ..., $\mu-\nu-3$, suppeditat aequationes:

$$a_{0,2\nu}=0,\quad a_{1,2\nu}=0,\quad \ldots,\quad a_{\mu-\nu-3,2\nu}=0,$$

quae est aequationum (17) series prima horizontalis.

Multiplicata aequatione ν^{ti} ordinis per $x^\varepsilon y^{\nu+1}$, ubi $\varepsilon \leqq \mu-\nu-4$, eadem ratione deducitur formula:

$$\frac{x_1^\varepsilon y_1^{2\nu+1}}{R_1}+\frac{x_2^\varepsilon y_2^{2\nu+1}}{R_2}+\cdots+\frac{x_{\mu\nu}^\varepsilon y_{\mu\nu}^{2\nu+1}}{R_{\mu\nu}}=\frac{x_1^\varepsilon X_1' y_1^{2\nu}}{R_1}+\frac{x_2^\varepsilon X_2' y_2^{2\nu}}{R_2}+\cdots+\frac{x_{\mu\nu}^\varepsilon X_{\mu\nu}' y_{\mu\nu}^{2\nu}}{R_{\mu\nu}}$$
$$+\frac{x_1^\varepsilon X_1'' y_1^{2\nu-1}}{R_1}+\frac{x_2^\varepsilon X_2'' y_2^{2\nu-1}}{R_2}+\cdots+\frac{x_{\mu\nu}^\varepsilon X_{\mu\nu}'' y_{\mu\nu}^{2\nu-1}}{R_{\mu\nu}}$$
$$\cdots\cdots\cdots\cdots$$
$$+\frac{x_1^\varepsilon X_1^{(\nu)} y_1^{\nu+1}}{R_1}+\frac{x_1^\varepsilon X_2^{(\nu)} y_2^{\nu+1}}{R_2}+\cdots+\frac{x_{\mu\nu}^\varepsilon X_{\mu\nu}^{(\nu)} y_{\mu\nu}^{\nu+1}}{R_{\mu\nu}}.$$

Expressionis post signum aequalitatis series horizontalis prima evanescit e (18), reliquae e (16). Unde etiam habetur formula:

$$\frac{x_1^\varepsilon y_1^{2\nu+1}}{R_1}+\frac{x_2^\varepsilon y_2^{2\nu+1}}{R_2}+\cdots+\frac{x_{\mu\nu}^\varepsilon y_{\mu\nu}^{2\nu+1}}{R_{\mu\nu}}=0,$$

quae, substitutis ipsius ε valoribus 0, 1, ..., $\mu-\nu-4$ suppeditat aequationes:

$$a_{0,2\nu+1}=0,\quad a_{1,2\nu+1}=0,\quad \ldots,\quad a_{\mu-\nu-4,2\nu+1}=0,$$

quae est aequationum (17) secunda series horizontalis. Eodemque modo reliquae formulae (17) demonstrantur.

Vidimus igitur, de aequationibus (16) deduci posse aequationem ν^{ti} ordinis, cui $\mu\nu$ systemata valorum $x=x_m$, $y=y_m$ satisfaciant; cuius deinde ope e (16) aequationes omnes (17) derivabantur. Unde, quod propositum erat, *ex ipsa natura aequationum* (3) *directe demonstravimus, aequationum* (3) *numerum* $\frac{(\mu-\nu-1)(\mu-\nu-2)}{2}$ *reliquis contineri, videlicet aequationes* (3) *in duas classes discerpsimus* (16) *et* (17), *quarum haec illa continetur, neque aequationes conditionales novas suppeditare valet.*

Aequationes (16) sunt numero $\nu(2\mu-3)$; de quibus eliminatis $\mu\nu$ quantitatibus $R_1, R_2, \ldots, R_{\mu\nu}$ seu potius earum rationibus, remanent inter ipsas x_m, y_m aequationes conditionales numero

$$\nu(2\mu-3)-\mu\nu+1 = \mu\nu-3\nu+1,$$

quem verum numerum aequationum conditionalium supra per considerationes plane alias invenimus.

De aequationibus (3) etiam aequatio μ^{ti} ordinis deduci potest, cui eadem $\mu\nu$ systemata valorum $x = x_m$, $y = y_m$ satisfaciunt. Nam cum e (3) sit $a_{p,q} = 0$, si $p+q \leqq \mu+\nu-3$, tribuendo in (13) ipsis γ, δ valores omnes, pro quibus $\gamma+\delta \leqq \mu$, abeunt e (13) coëfficientes

$$A_{0,0};\quad A_{0,1},\ A_{1,0};\quad A_{0,2},\ A_{1,1},\ A_{2,0};\ \ldots;\ A_{0,\nu-3},\ A_{1,\nu-2},\ \ldots,\ A_{\nu-3,0},$$

quorum est numerus $\frac{(\nu-2)(\nu-1)}{2}$; inter reliquos $\mu\nu-\frac{(\nu-2)(\nu-1)}{2}$ proveniunt aequationes lineares numero $\frac{(\mu+1)(\mu+2)}{2}$, e quibus, coëfficientibus illis eliminatis, prodit aequatio μ^{ti} ordinis. Quod vero inde non unica, sed aequationes μ^{ti} ordinis numero $\frac{(\mu+1)(\mu+2)}{2}-\mu\nu+\frac{(\nu-2)(\nu-1)}{2} = \frac{(\mu-\nu-1)(\mu-\nu-2)}{2}+1$ provenire possunt, id eo fieri debet, quod per aequationem ν^{ti} ordinis, cui eadem systemata valorum satisfaciunt, aequatio μ^{ti} ordinis, sicuti supra monuimus, constantes arbitrarias $\frac{(\mu-\nu-1)(\mu-\nu-2)}{2}$ contineat.

5.

Quae de curvis planis antecedentibus proposita sunt, facile ad superficies extendis. Quaeramus primum, quotnam punctis curva intersectionis duarum superficierum dati ordinis determinata sit. Aequatio superficiei n^{ti} ordinis constat terminis

$$\frac{(n+1)(n+2)(n+3)}{2.3}.$$

Unde, datis punctis

$$\frac{(n+1)(n+2)(n+3)}{2.3}-2$$

in ea positis, coëfficientes aequationis omnes per duas ex earum numero, quas vocemus a, b, lineariter determinantur. Quo facto, aequatio formam induit

$$aU+bV=0,$$

designantibus U, V expressiones trium coordinatarum n^{ti} ordinis; quarum coëfficientes per coordinatas punctorum $\frac{(n+1)(n+2)(n+3)}{2.3}-2$ determinatae sunt. Per eadem puncta si altera superficies n^{ti} ordinis transit, aequatio eius ab antecedente tantum constantibus a, b differt. Unde *per puncta*

$$\frac{(n+1)(n+2)(n+3)}{2.3}-2$$

determinatur curva intersectionis duarum superficierum n^{ti} ordinis. Nam infinitae superficies n^{ti} ordinis, quae per puncta illa duci possunt, omnes in eadem curva se intersecabunt, quae datur per aequationes

$$U=0,\quad V=0.$$

Quaeramus generalius quotnam punctis determinetur curva intersectionis duarum superficierum, quarum altera μ^{ti}, altera ν^{ti} ordinis est, ubi $\mu \geqq \nu$.

Superficiei ν^{ti} ordinis aequatione multiplicata per expressionem $(\mu-\nu)^{ti}$ ordinis, cuius coëfficientes arbitrariae sunt, habetur et ipsa aequatio μ^{ti} ordinis; qua alteri aequationi μ^{ti} ordinis addita, effici potest, ut in ea evanescant tot termini, quot sunt coëfficientes arbitrariae, hoc est

$$\frac{(\mu-\nu+1)(\mu-\nu+2)(\mu-\nu+3)}{2.3}.$$

Cuius aequationis reductae termini cum sint

$$\frac{(\mu+1)(\mu+2)(\mu+3)}{2.3}-\frac{(\mu-\nu+1)(\mu-\nu+2)(\mu-\nu+3)}{2.3},$$

ea determinabitur per numerum punctorum unitate minorem, ideoque ipsa etiam curva intersectionis utriusque superficiei; sive *data superficie ν^{ti} ordinis, curva intersectionis eius cum superficie μ^{ti} ordinis, ubi $\mu \geqq \nu$, determinabitur per puncta illius*

$$\frac{(\mu+1)(\mu+2)(\mu+3)}{2.3}-\frac{(\mu-\nu+1)(\mu-\nu+2)(\mu-\nu+3)}{2.3}-1.$$

Si $\nu=1$, ex antecedente theoremate habetur theorema notum, intersectionem plani cum superficie μ^{ti} ordinis, seu, quod idem est, curvam planam μ^{ti} ordinis determinari per puncta $\frac{(\mu+1)(\mu+2)}{2}-1=\frac{\mu(\mu+3)}{2}$. Si $\nu=2$, sequitur, *quoties $\mu\geqq 2$, curvam intersectionis datae superficiei secundi ordinis cum superficie μ^{ti} ordinis determinari per puncta illius $\mu(\mu+2)$*; etc. etc. Quod theorema etiam sic proponere convenit:

Quoties $\mu\geqq 2$, in superficie secundi ordinis ex arbitrio acceptis punctis $\mu(\mu+2)$, superficies μ^{ti} ordinis, quas per ea ducere licet, omnes curvam intersectionis cum superficie secundi ordinis eandem habent;

et generaliter:

Quoties $\mu\geqq\nu$, in superficie ν^{ti} ordinis ex arbitrio acceptis punctis

$$\frac{(\mu+1)(\mu+2)(\mu+3)}{2.3}-\frac{(\mu-\nu+1)(\mu-\nu+2)(\mu-\nu+3)}{2.3}-1,$$

superficies μ^{ti} ordinis, quas per ea ducere licet, omnes cum superficie ν^{ti} ordinis eandem curvam intersectionis habent.

6.

Investigemus iam conditiones, quae locum habere debent inter puncta intersectionis trium superficierum dati ordinis. Sit primum omnibus tribus idem ordo n; eadem methodo, qua antecedentibus usi summus, facile patet, datis punctis

$$\frac{(n+1)(n+2)(n+3)}{2.3}-3,$$

superficies n^{ti} ordinis per ea transeuntes omnes forma gaudere

$$aU+bV+cW=0,$$

designantibus a, b, c constantes, atque U, V, W expressiones n^{ti} ordinis, per coordinatas punctorum datorum determinatas. Unde puncta intersectionis trium superficierum, quae per puncta illa transeunt, posita esse debent in tribus superficiebus, quarum aequationes sunt

$$U=0,\quad V=0,\quad W=0;$$

ideoque n^3 *puncta, in quibus tres superficies n^{ti} ordinis se intersecant, determinata sunt omnia per numerum eorum*

$$\frac{(n+1)(n+2)(n+3)}{2.3}-3,$$

sive *e n^3 punctis intersectionis trium superficierum n^{ti} ordinis numerus*

$$n^3-\frac{(n+1)(n+2)(n+3)}{2.3}+3=\frac{(n-1)(5n^2-n-12)}{2.3}$$

per reliqua determinatus est. Ita notum est, e 8 punctis, in quibus tres superficies secundi ordinis se intersecare possunt, unum per reliqua septem determinatum esse.

Theorema antecedens etiam sic exhiberi potest:

Datis n^3 systematis valorum trium incognitarum, ut tribus aequationibus n^{ti} ordinis per ea satisfieri possit, inter valores illos incognitarum conditiones

$$\frac{(n-1)(5n^2-n-12)}{2}$$

locum habere debent.

Ponamus iam duabus superficiebus esse ordinem ν, tertiae ordinem μ, sitque $\mu > \nu$. Iisdem considerationibus, quibus supra usi sumus, sequeretur, ope duarum aequationum ν^{ti} ordinis in aequatione μ^{ti} ordinis deleri posse terminos

$$2.\frac{(\mu-\nu+1)(\mu-\nu+2)(\mu-\nu+3)}{2.3}.$$

Sed hoc iustum tantum est, si $\mu-\nu<\nu$. Sint enim $\varphi=0$, $\psi=0$ datae aequationes ν^{ti} ordinis; u, v duae functiones $(\mu-\nu)^{ti}$ ordinis, quarum coëfficientes arbitrariae sint; sit $f=0$ aequatio μ^{ti} ordinis. Ipsi f addi potest expressio $u\varphi+v\psi$, quo facto in expressione $f+u\varphi+v\psi$ tot termini deleri possunt, quot continet $u\varphi+v\psi$ constantes arbitrarias. Sed quoties $\mu-\nu \geqq \nu$, expressio $u\varphi+v\psi$ non mutatur, si loco u ponitur $u+\lambda\psi$, loco v ponitur $v-\lambda\varphi$, designante λ expressionem ordinis $\mu-2\nu$ quamcunque seu cuius coëfficientes et ipsae arbitrariae sunt. Unde a numero coëfficientium ipsarum u, v detrahi debet numerus coëfficientium expressionis λ, ut obtineatur verus numerus quantitatum, quae in expressione $u\varphi+v\psi$ arbitrariae sunt, hoc est, quae ad minorem numerum non revocari possunt. Unde sequitur, *si $\mu \geqq 2\nu$, numerum terminorum, qui in expressione μ^{ti} ordinis ope duarum aequationum ν^{ti} ordinis deleri possint, esse*

$$\frac{(\mu-\nu+1)(\mu-\nu+2)(\mu-\nu+3)}{3}-\frac{(\mu-2\nu+1)(\mu-2\nu+2)(\mu-2\nu+3)}{2\cdot 3},$$

ideoque ope aequationum illarum expressionem μ^{ti} ordinis ad numerum terminorum

$$\frac{(\mu+1)(\mu+2)(\mu+3)}{2.3}-\frac{(\mu-\nu+1)(\mu-\nu+2)(\mu-\nu+3)}{3}+\frac{(\mu-2\nu+1)(\mu-2\nu+2)(\mu-2\nu+3)}{2.3}$$
$$=\nu^2(\mu-\nu+2)$$

revocari posse. Si $\mu<2\nu$, numerus terminorum, qui in expressione μ^{ti} ordinis ope duarum aequationum ν^{ti} ordinis deleri possunt, erit

$$\frac{(\mu-\nu+1)(\mu-\nu+2)(\mu-\nu+3)}{3},$$

unde sequitur, *si* $\mu \geqq \nu$, $\mu < 2\nu$, *expressionem* μ^{ti} *ordinis ope duarum aequationum* ν^{ti} *ordinis ad numerum terminorum*

$$\frac{(\mu+1)(\mu+2)(\mu+3)}{2.3} - \frac{(\mu-\nu+1)(\mu-\nu+2)(\mu-\nu+3)}{3}$$
$$= \nu^2(\mu-\nu+2) + \frac{(2\nu-\mu-1)(2\nu-\mu-2)(2\nu-\mu-3)}{2.3}$$

revocari posse.

E propositione antecedente videmus, numerum $\nu^2(\mu-\nu+2)$ etiam valere, si $\mu \geqq 2\nu-3$.

Ex antecedentibus deducitur propositio haec:

Sit $\mu \geqq \nu$, *data curva intersectionis duarum superficierum* ν^{ti} *ordinis, puncta in ea posita, per quae superficiem* μ^{ti} *ordinis ducere licet, per ipsam curvam non transeuntem, non plura ex arbitrio accipi possunt, si* $\mu \geqq 2\nu-3$, *quam*

$$\nu^2(\mu-\nu+2)-1,$$

si $\mu < 2\nu$, *non plura quam*

$$\nu^2(\mu-\nu+2) + \frac{(2\nu-\mu-1)(2\nu-\mu-2)(2\nu-\mu-3)}{2.3} - 1;$$

et vice versa; si $\mu \geqq 2\nu-3$, *per quaelibet eius puncta*

$$\nu^2(\mu-\nu+2)-1;$$

si $\mu < 2\nu$, *per quaelibet eius puncta*

$$\nu^2(\mu-\nu+2) + \frac{(2\nu-\mu-1)(2\nu-\mu-2)(2\nu-\mu-3)}{2.3} - 1$$

ducere licet superficiem μ^{ti} *ordinis, quae per ipsam curvam non transit.*

Si $\nu = 2$, sequitur e propositione antecedente: *si curva intersectionis duarum superficierum secundi ordinis per superficiem* μ^{ti} *ordinis ubi* $\mu \geqq 2$, *in* 4μ *punctis secetur, unum ex his per reliqua* $4\mu-1$ *determinatum esse.*

7.

Vidimus supra, intersectionem duarum superficierum ν^{ti} ordinis determinari per puncta

$$\frac{(\nu+1)(\nu+2)(\nu+3)}{2.3} - 2;$$

unde, si p isto numero maior est, ut p puncta in intersectione duarum superficierum ν^{ti} ordinis posita esse possint, inter coordinatas eorum locum habere debent conditiones

$$2\left[p-\frac{(\nu+1)(\nu+2)(\nu+3)}{2.3}+2\right].$$

Statuamus iam, tres superficies, duas ν^{ti}, tertiam μ^{ti} ordinis, ubi $\mu>\nu$, se mutuo intersecare in $\nu^2\mu$ punctis; sitque

1) $\mu\geqq 2\nu-3$;

puncta illa $\nu^2\mu$ e §. antec. omnia determinata erunt per $\nu^2(\mu-\nu+2)-1$ ex eorum numero, in intersectione duarum superficierum ν^{ti} ordinis posita; inter quorum igitur coordinatas intercedere debent conditiones

$$2\left[\nu^2(\mu-\nu+2)-\frac{(\nu+1)(\nu+2)(\nu+3)}{2.3}+1\right],$$

unde *numerus totus conditionum, quae inter coordinatas omnium $\nu^2\mu$ punctorum locum habere debent, fit:*

$$3[\nu^2\mu-\nu^2(\mu-\nu+2)+1]+2\left[\nu^2(\mu-\nu+2)-\frac{(\nu+1)(\nu+2)(\nu+3)}{2.3}+1\right]$$

$$=2\nu^2(\mu-2\nu)+(\nu-1)\frac{(14\nu^2+2\nu-9)}{3}.$$

Sit

2) $\mu<2\nu$;

puncta $\nu^2\mu$ omnia determinata erunt per

$$\nu^2(\mu-\nu+2)+\frac{(2\nu-\mu-1)(2\nu-\mu-2)(2\nu-\mu-3)}{2.3}-1$$

ex eorum numero, in intersectione duarum superficierum ν^{ti} ordinis posita; inter quorum igitur coordinatas intercedere debent relationes

$$2\left[\nu^2(\mu-\nu+2)+\frac{(2\nu-\mu-1)(2\nu-\mu-2)(2\nu-\mu-3)}{2.3}-\frac{(\nu+1)(\nu+2)(\nu+3)}{2.3}+1\right],$$

unde *numerus totus conditionum, quae inter $\nu^2\mu$ punctorum illorum coordinatas locum habere debent, fit:*

$$3\left[\nu^2\mu-\nu^2(\mu-\nu+2)-\frac{(2\nu-\mu-1)(2\nu-\mu-2)(2\nu-\mu-3)}{2.3}+1\right]$$

$$+2\left[\nu^2(\mu-\nu+2)+\frac{(2\nu-\mu-1)(2\nu-\mu-2)(2\nu-\mu-3)}{2.3}-\frac{(\nu+1)(\nu+2)(\nu+3)}{2.3}+1\right]$$

$$=3\nu^2\mu-\nu^2(\mu-\nu+2)-\frac{(2\nu-\mu-1)(2\nu-\mu-2)(2\nu-\mu-3)}{2.3}-\frac{(\nu+1)(\nu+2)(\nu+3)}{3}+5$$

$$=3\nu^2\mu-\frac{(\mu+1)(\mu+2)(\mu+3)}{2.3}+\frac{(\mu-\nu+1)(\mu-\nu+2)(\mu-\nu+3)}{3}-\frac{(\nu+1)(\nu+2)(\nu+3)}{3}+5.$$

Si $\mu=\nu$, fit

$$\nu^2(\mu-\nu+2)+\frac{(2\nu-\mu-1)(2\nu-\mu-2)(2\nu-\mu-3)}{2.3}-1=\frac{(\nu+1)(\nu+2)(\nu+3)}{2.3}-3;$$

qui numerus punctorum semper in curva intersectionis duarum superficierum ν^{ti} ordinis iacere potest, quippe quae $\frac{(\nu+1)(\nu+2)(\nu+3)}{2.3}-2$ punctis determinatur. Quo igitur casu reiici debet conditionum numerus

$$2\left[\nu^2(\mu-\nu+2)+\frac{(2\nu-\mu-1)(2\nu-\mu-2)(2\nu-\mu-3)}{2.3}-\frac{(\nu+1)(\nu+2)(\nu+3)}{2.3}+1\right]=-2.$$

Unde, si $\mu=\nu$, *duobus* augeri debet totus numerus conditionum antecc. propositus

$$3\nu^2\mu-\frac{(\mu+1)(\mu+2)(\mu+3)}{2.3}+\frac{(\mu-\nu+1)(\mu-\nu+2)(\mu-\nu+3)}{3}-\frac{(\nu+1)(\nu+2)(\nu+3)}{3}+5$$
$$=3\nu^3-\frac{(\nu+1)(\nu+2)(\nu+3)}{2}+7=\frac{5\nu^3-6\nu^2-11\nu+8}{2}.$$

Quod, si loco n scribimus ν, bene congruit cum numero supra invento

$$\frac{(\nu-1)(5\nu^2-\nu-12)}{2}=\frac{5\nu^3-6\nu^2-11\nu+12}{2},$$

qui numero antecedente duobus maior est.

8.

Consideremus iam casum, quo una superficies sit ν^{ti} ordinis, duae μ^{ti} ordinis, ubi rursus $\mu\geqq\nu$. Cum in aequatione superficiei μ^{ti} ordinis per aequationem superficiei ν^{ti} ordinis deleri possint termini

$$\frac{(\mu-\nu+1)(\mu-\nu+2)(\mu-\nu+3)}{2.3},$$

facile patet per considerationes antecedentibus similes, *si* $\mu\geqq\nu$, *in superficie* ν^{ti} *ordinis ex arbitrio assumi posse*

$$\frac{(\mu+1)(\mu+2)(\mu+3)}{2.3}-\frac{(\mu-\nu+1)(\mu-\nu+2)(\mu-\nu+3)}{2.3}-2$$

puncta nec plura, per quae ducatur curva intersectionis duarum superficierum μ^{ti} *ordinis, quae non tota in superficie* ν^{ti} *ordinis iaceat.*

Hinc sequitur, *ut* $\mu^2\nu$ *puncta, ubi* $\mu>\nu$, *considerari possint ut intersectiones communes superficiei* ν^{ti} *ordinis cum duabus superficiebus* μ^{ti} *ordinis, inter coordinatas eorum intercedere debere conditiones*

$$3\left[\mu^2\nu-\frac{(\mu+1)(\mu+2)(\mu+3)}{2.3}+\frac{(\mu-\nu+1)(\mu-\nu+2)(\mu-\nu+3)}{2.3}+2\right]$$
$$+\frac{(\mu+1)(\mu+2)(\mu+3)}{2.3}-\frac{(\mu-\nu+1)(\mu-\nu+2)(\mu-\nu+3)}{2.3}-\frac{(\nu+1)(\nu+2)(\nu+3)}{2.3}-1$$
$$=3\mu^2\nu-\frac{(\mu+1)(\mu+2)(\mu+3)}{3}+\frac{(\mu-\nu+1)(\mu-\nu+2)(\mu-\nu+3)}{3}-\frac{(\nu+1)(\nu+2)(\nu+3)}{2.3}+5$$
$$=\mu\nu(2\mu+\nu-4)-\frac{\nu^3-2\nu^2+11\nu-8}{2},$$

qui numerus, si $\mu=\nu$, *duobus augeri debet.*

9.

Sit denique trium superficierum neutra eiusdem ordinis; sive sint tres superficies μ^{ti}, ν^{ti}, ϖ^{ti} ordinis, ubi $\mu > \nu > \varpi$; quae superficies se in $\mu\nu\varpi$ punctis intersecent. Puncta $\mu\nu\varpi$ ut in superficie ϖ^{ti} ordinis iaceant, conditionibus opus est

$$\mu\nu\varpi - \frac{(\varpi+1)(\varpi+2)(\varpi+3)}{2.3} + 1.$$

Aequatio superficiei ν^{ti} ordinis per aequationem superficiei ϖ^{ti} ordinis revocari potest ad terminos

$$\frac{(\nu+1)(\nu+2)(\nu+3)}{2.3} - \frac{(\nu-\varpi+1)(\nu-\varpi+2)(\nu-\varpi+3)}{2.3};$$

euiusmodi aequationi ut satisfaciant coordinatae $\mu\nu\varpi$ punctorum, conditiones habentur

$$\mu\nu\varpi - \frac{(\nu+1)(\nu+2)(\nu+3)}{2.3} + \frac{(\nu-\varpi+1)(\nu-\varpi+2)(\nu-\varpi+3)}{2.3} + 1.$$

Iam quod superficiem μ^{ti} ordinis attinet, distinguendi sunt duo casus.

Sit

1) $\mu \geqq \nu + \varpi$;

considerationibus iisdem atque supra factis probatur, aequationem μ^{ti} ordinis per aequationes ν^{ti} et ϖ^{ti} ordinis revocari posse ad terminos

$$\frac{(\mu+1)(\mu+2)(\mu+3)}{2.3} - \frac{(\mu-\nu+1)(\mu-\nu+2)(\mu-\nu+3)}{2.3} - \frac{(\mu-\varpi+1)(\mu-\varpi+2)(\mu-\varpi+3)}{2.3}$$
$$+ \frac{(\mu-\nu-\varpi+1)(\mu-\nu-\varpi+2)(\mu-\nu-\varpi+3)}{2.3} = \frac{\nu\varpi(2\mu-\nu-\varpi+4)}{2};$$

cuiusmodi aequationi ut satisfacere possint coordinatae $\mu\nu\varpi$ punctorum, conditiones habentur

$$\mu\nu\varpi - \frac{\nu\varpi(2\mu-\nu-\varpi+4)}{2} + 1 = \frac{\nu\varpi(\nu+\varpi-4)}{2} + 1.$$

Unde *fit totus numerus conditionum, quibus satisfacere debent* $\mu\nu\varpi$ *puncta, ut considerari possint tamquam intersectiones communes trium superficierum* μ^{ti}, ν^{ti}, ϖ^{ti} *ordinis, quae curvam intersectionis communem non habent, siquidem* $\nu > \varpi$, $\mu \geqq \nu + \varpi$,

$$2\mu\nu\varpi - \frac{(\varpi+1)(\varpi+2)(\varpi+3)}{2.3} - \frac{(\nu+1)(\nu+2)(\nu+3)}{2.3} + \frac{(\nu-\varpi+1)(\nu-\varpi+2)(\nu-\varpi+3)}{2.3}$$
$$+ \frac{\nu\varpi(\nu+\varpi-4)}{2} + 3 = 2\mu\nu\varpi + \nu\varpi^2 - 4\nu\varpi + 2\varpi^3 - \frac{(\varpi-1)(\varpi-2)(\varpi-3)}{3}.$$

Qui numerus, si $\nu = \varpi$, unitate augeri debet, ut cum numero, quem supra eo casu invenimus, conveniat. Ac reapse, si $\nu = \varpi$, aequatio ϖ^{ti} ordinis per aequationem ν^{ti} ordinis ad numerum terminorum unitate minorem, sc. $\frac{(\varpi+1)(\varpi+2)(\varpi+3)}{2.3}-1$ revocari potest, ideoque numerus conditionum, ut coordinatae $\mu\nu\varpi$ punctorum eiusmodi aequationi satisfacere possint, fit

$$\mu\nu\varpi-\frac{(\varpi+1)(\varpi+2)(\varpi+3)}{2.3}+2,$$

qui est unitate maior atque supra assignatus.

Sit

2) $\mu<\nu+\varpi$;

omnia eadem atque casu priore manent, nisi quod reiici debet numerus

$$\frac{(\mu-\nu-\varpi+1)(\mu-\nu-\varpi+2)(\mu-\nu-\varpi+3)}{2.3}.$$

Unde *fit numerus conditionum*

$$2\mu\nu\varpi+\nu^2\varpi-4\nu\varpi-2\varpi^2-\frac{(\varpi-1)(\varpi-2)(\varpi-3)}{3}$$
$$-\frac{(\nu+\varpi-\mu-1)(\nu+\varpi-\mu-2)(\nu+\varpi-\mu-3)}{2.3}.$$

Qui numerus, si $\mu=\nu$ aut $\nu=\varpi$, *unitate*, si $\mu=\nu=\varpi$, *tribus* augeri debet.

Si $\mu\geqq\nu+\varpi$, numerus punctorum, per quae superficiem μ^{ti} ordinis ducere licet, quae in curva intersectionis duarum superficierum ν^{ti} et ϖ^{ti} ordinis ex arbitrio accipere licet, est

$$\nu\varpi\left(\mu+2-\frac{\nu+\varpi}{2}\right)-1.$$

Si $\mu>\nu$, $\mu>\varpi$, sed $\mu<\nu+\varpi$, fit idem numerus

$$\nu\varpi\left(\mu+2-\frac{\nu+\varpi}{2}\right)+\frac{(\nu+\varpi-\mu-1)(\nu+\varpi-\mu-2)(\nu+\varpi-\mu-3)}{2.3}-1.$$

10.

Sint $f=0$, $\varphi=0$, $\psi=0$ aequationes μ^{ti}, ν^{ti}, ϖ^{ti} ordinis, inter tres incognitas x, y, z propositae, ac ponamus, tribus illis aequationibus satisfieri per $\mu\nu\varpi$ systemata valorum incognitarum $x=x_m$, $y=y_m$, $z=z_m$, ipsi m tributis valoribus 1, 2, 3, ..., $\mu\nu\varpi$. Sit porro

$$R=\frac{\partial f}{\partial x}\left(\frac{\partial\varphi}{\partial y}\cdot\frac{\partial\psi}{\partial z}-\frac{\partial\varphi}{\partial z}\cdot\frac{\partial\psi}{\partial y}\right)+\frac{\partial f}{\partial y}\left(\frac{\partial\varphi}{\partial z}\cdot\frac{\partial\psi}{\partial x}-\frac{\partial\varphi}{\partial x}\cdot\frac{\partial\psi}{\partial z}\right)+\frac{\partial f}{\partial z}\left(\frac{\partial\varphi}{\partial x}\cdot\frac{\partial\psi}{\partial y}-\frac{\partial\varphi}{\partial y}\cdot\frac{\partial\psi}{\partial x}\right),$$

ac designemus per R_m valorem ipsius R, posito simul $x=x_m$, $y=y_m$, $z=z_m$. Quibus positis, demonstrari potest per methodum similem atque pro duabus incognitis adhibuimus, fieri

$$\frac{x_1^a y_1^b z_1^c}{R_1}+\frac{x_2^a y_2^b z_2^c}{R_2}+\cdots+\frac{x_{\mu\nu\varpi}^a y_{\mu\nu\varpi}^b z_{\mu\nu\varpi}^c}{R_{\mu\nu\varpi}}=0,$$

designantibus a, b, c numeros integros positivos, quorum summa

$$a+b+c\leqq\mu+\nu+\varpi-4.$$

Numerus harum aequationum, qui pro diversis ipsorum a, b, c valoribus obtinetur, est

$$\frac{(\mu+\nu+\varpi-3)(\mu+\nu+\varpi-2)(\mu+\nu+\varpi-1)}{2.3}=A.$$

Multiplicando aequationes $f=0$, $\varphi=0$, $\psi=0$ respective per singulos terminos expressionum, quae respective non superant $(\nu+\varpi-4)^{\text{tum}}$, $(\varpi+\mu-4)^{\text{tum}}$, $(\mu+\nu-4)^{\text{tum}}$ ordinem, e tribus aequationibus propositis eruuntur aliae numero

$$\frac{(\nu+\varpi-1)(\nu+\varpi-2)(\nu+\varpi-3)}{2.3}+\frac{(\varpi+\mu-1)(\varpi+\mu-2)(\varpi+\mu-3)}{2.3}$$
$$+\frac{(\mu+\nu-1)(\mu+\nu-2)(\mu+\nu-3)}{2.3}=B,$$

in quibus singuli termini dimensionem $\mu+\nu+\varpi-4$ non superant. Quarum aequationum unaquaque efficitur, ut e toto numero aequationum

$$\frac{x_1^a y_1^b z_1^c}{R_1}+\frac{x_2^a y_2^b z_2^c}{R_2}+\cdots+\frac{x_{\mu\nu\varpi}^a y_{\mu\nu\varpi}^b z_{\mu\nu\varpi}^c}{R_{\mu\nu\varpi}}=u_{a,b,c}=0$$

una ad reliquos revocetur. Sed B aequationes illae non a se omnes independentes sunt, sed pars novas non suppeditat relationes inter ipsarum x, y potestates earumque producta. Sit enim λ terminus expressionis, quae non superat $(\mu-4)^{\text{tum}}$ ordinem, aequatio

$$\lambda.\varphi\psi=0$$

et ex aequatione $\varphi=0$, et ex aequatione $\psi=0$ provenit. Unde de numero B deduci debet numerus

$$\frac{(\mu-1)(\mu-2)(\mu-3)}{2.3}$$

aequationum, quae duplici modo inveniuntur; eodemque modo videmus, ex aequationibus $\psi=0$, $f=0$ easdem provenire $\frac{(\nu-1)(\nu-2)(\nu-3)}{2.3}$ aequationes; ex aequationibus $f=0$, $\varphi=0$ easdem provenire $\frac{(\varpi-1)(\varpi-2)(\varpi-3)}{2.3}$ aequationes. Qua de re, posito

$$\frac{(\mu-1)(\mu-2)(\mu-3)}{2.3}+\frac{(\nu-1)(\nu-2)(\nu-3)}{2.3}+\frac{(\varpi-1)(\varpi-2)(\varpi-3)}{2.3}=C,$$

tantum numerari debent $B-C$ aequationes, quarum unaquaque una ex A aequationibus $u_{a,b,c}=0$ ad reliquas revocetur. Quae igitur omnes revocantur ad numerum earum

$$A-B+C=\mu\nu\varpi-1.$$

Unde patet, ipsis R_m seu earum rationibus per $\mu\nu\varpi-1$ ex aequationibus $u_{a,b,c}=0$ determinatis, reliquas

$$\frac{(\mu+\nu+\varpi-1)(\mu+\nu+\varpi-2)(\mu+\nu+\varpi-3)}{2.3}-\mu\nu\varpi+1$$

ex iis sponte fluere; sive, quod novi doceant aequationes $u_{a,b,c}=0$, tantum spectare significationem quantitatum R_m.

Eliminatis R_m ex aequationibus $u_{a,b,c}=0$, habentur inter ipsas x_m, y_m, z_m aequationes

$$\frac{(\mu+\nu+\varpi-1)(\mu+\nu+\varpi-2)(\mu+\nu+\varpi-3)}{2.3}-\mu\nu\varpi+1=D,$$

quae nonnisi inde proveniunt, quod $\mu\nu\varpi$ systemata valorum $x=x_m$, $y=y_m$, $z=z_m$ satisfaciant tribus aequationibus μ^{ti}, ν^{ti}, ϖ^{ti} ordinis. Si $\mu=\nu=\varpi$, fit

$$D=\frac{\mu-1}{2}\cdot(3\mu-1)(3\mu-2)-(\mu-1)(\mu^2+\mu+1)=\frac{(\mu-1)(7\mu^2-11\mu)}{2}.$$

Sed supra per alias considerationes invenimus, numerum conditionum a se independentium, quem per E designemus, esse

$$E=\frac{(\mu-1)(5\mu^2-\mu-12)}{2}.$$

Unde e D conditionibus numerus

$$D-E=(\mu-1)(\mu-2)(\mu-3)$$

e reliquis sponte fluit; *sive si* $\mu=\nu=\varpi$, *ex aequationibus* $u_{a,b,c}=0$ *numerus* $(\mu-1)(\mu-2)(\mu-3)$ *reliquis continetur seu conditiones novas non suppeditat.*

Eodem modo, si μ, ν, ϖ inter se diversi sunt, per comparationem numeri D cum numero conditionum a se independentium, quem pro singulis casibus per alias considerationes supra invenimus, eruis numerum aequationum $u_{a,b,c}=0$, qui reliquis continetur seu conditiones novas non suggerit.

Antecedentia pro tribus incognitis breviter adnotasse sufficiat. Nec non disquisitiones antecedentes ad numerum quemlibet incognitarum extendi possunt.

DE FORMATIONE ET PROPRIETATIBUS DETERMINANTIUM.

AUCTORE

DR. C. G. J. JACOBI,
PROF. ORD. MATH. REGIOM.

Crelle Journal für die reine und angewandte Mathematik, Bd. 22. p. 285—318.

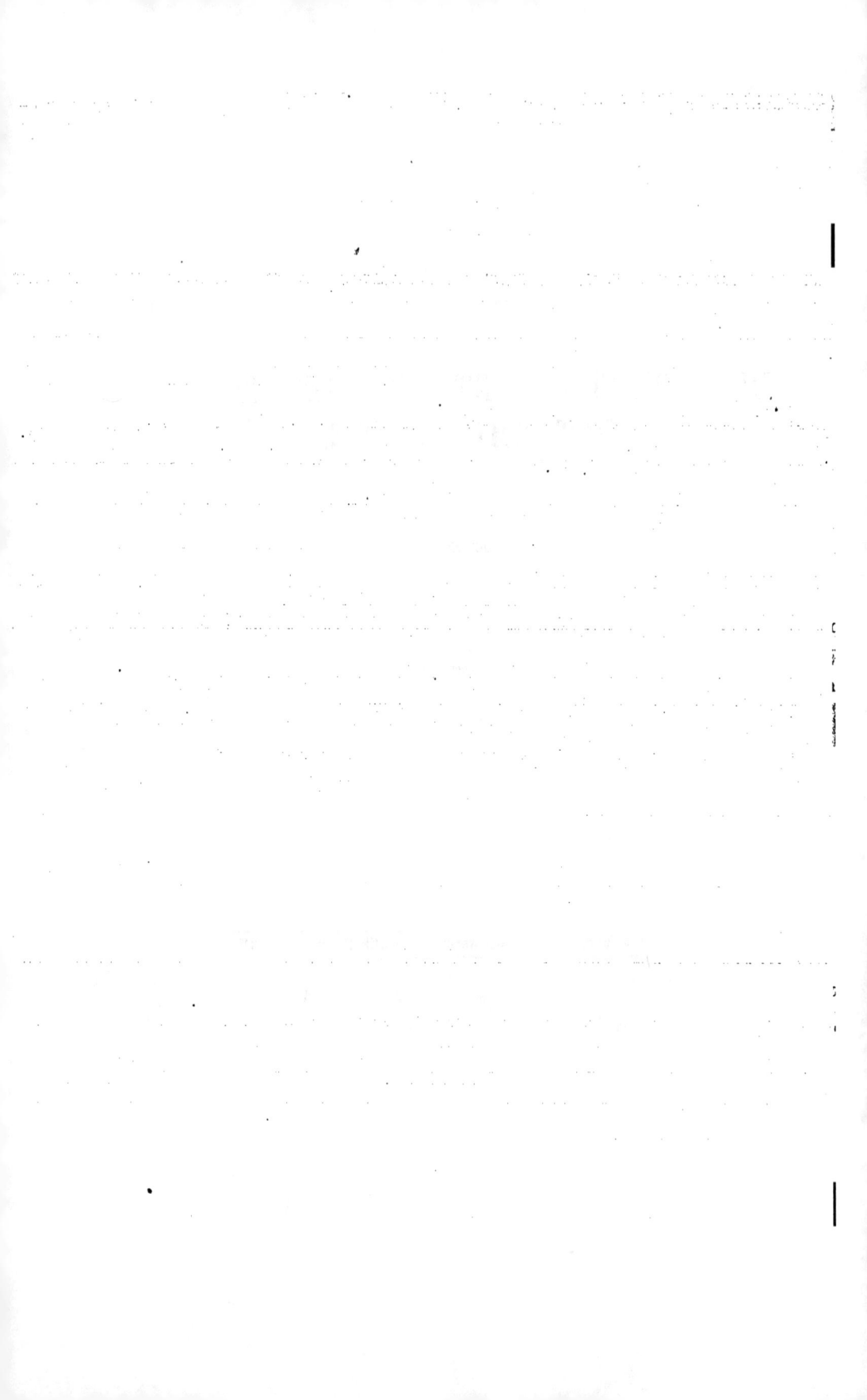

DE FORMATIONE ET PROPRIETATIBUS DETERMINANTIUM.

1.

Sunt quidem notissimi Algorithmi, qui aequationum linearium litteralium resolutioni inserviunt. Neque tamen video eorum proprietates praecipuas ita breviter enarratas atque in conspectum positas esse, quantum optare debemus propter earum in gravissimis quaestionibus Analyticis usum. Scilicet illae proprietates quamvis elementares non omnes ita tritae sunt, ut quas indemonstratas relinquere deceat, et valde molestum est earum demonstrationibus altiorum ratiociniorum decursum interrumpere. Cui defectui hic supplere volo quo commodius in aliis commentationibus ad hanc recurrere possim; neutiquam vero mihi propono totam illam materiam absolvere. Adjeci sub finem Propositiones quasdam ad Methodum minimorum Quadratorum pertinentes, quibus explicetur quomodo incognitarum valores eorumque Pondera, Methodo illa determinata, pendeant a diversis valoribus et ponderibus quae obtinentur pro diversis Combinationibus numeri Observationum numero incognitarum aequalis, qui earum determinationi sufficit. Quae, ad computum inutilia, facere tamen possunt ad naturam illorum valorum et Ponderum melius cognoscendam.

2.

Proponatur productum conflatum ex omnibus $\frac{n(n+1)}{2}$ differentiis $n+1$ quantitatum $a_0, a_1, \ldots, a_n$,

$$\begin{aligned} P = (a_1-a_0)(a_2-a_0)(a_3-a_0)&\ldots(a_n-a_0) \\ (a_2-a_1)(a_3-a_1)&\ldots(a_n-a_1) \\ (a_3-a_2)&\ldots(a_n-a_2) \\ &\cdots\cdots \\ &(a_n-a_{n-1}); \end{aligned}$$

quod productum omnimodis permutando quantitates a_i valorem absolutum mutare non potest, sed aut valorem eundem servat aut in oppositum abit. Vocemus eas indicum 0, 1, ..., n Permutationes, pro quibus P valorem eundem servat, *positivas*, eas, pro quibus P valorem oppositum induit, *negativas*; sive priores dicamus pertinere ad *classem positivam Permutationum*, posteriores ad *classem negativam*. Binis propositis Permutationibus quibuscunque, certa exstabit Permutatio, qua post alteram adhibita altera prodit. *Pertinebunt duae Permutationes propositae ad classem eandem aut ad classes oppositas, prout Permutatio, qua altera ex altera obtinetur, ad classem positivam aut negativam pertinet.* Tribus enim Permutationibus abeat P respective in εP, $\varepsilon' P$, $\varepsilon'' P$, ipsis ε, ε', ε'' denotantibus ± 1; si secunda Permutatio *post* primam adhibetur, abit P successive in εP, $\varepsilon.\varepsilon' P$; unde si secundam Permutationem post primam adhibendo nascitur tertia, fit

$$\varepsilon'' = \varepsilon\varepsilon'.$$

Hinc prout ε' aut $+1$ aut -1, hoc est prout Permutatio, qua tertia e prima obtinetur, ad classem positivam aut negativam pertinet, Permutationes prima et tertia ad classem eandem aut oppositam pertinent, et vice versa. Sequitur ex antecc., Permutationes ad eandem classem pertinentes, si nova fiat Permutatio, aut cunctas simul in eadem classe manere aut cunctas simul in alteram classem transire. Scilicet fit illud aut hoc, prout Permutatio ad classem positivam aut negativam pertinet. Si plures Permutationes aliae post alias adhibentur, diversae nasci possunt Permutationes pro diverso quo aliae post alias adhibentur *ordine*. Etenim Permutatione aliqua loco 0, 1, 2 etc. ponatur i_0, i_1, i_2 etc. atque alia quadam Permutatione k_0, k_1, k_2 etc.; secunda post primam adhibita, ipsorum 0, 1, 2 etc. locum occupabunt

$$k_{i_0},\quad k_{i_1},\quad k_{i_2}\quad \text{etc.};$$

prima vero post secundum adhibita,

$$i_{k_0},\quad i_{k_1},\quad i_{k_2}\quad \text{etc.};$$

neque necessarium est fieri

$$k_{i_m} = i_{k_m}.$$

At prorsus eadem methodo, qua Propositio praecedens, demonstratur, *Permutationes diversas quae nascantur pro diverso ordine, quo Permutationes complures aliae post alias adhibentur, ad eandem pertinere classem.*

Designantibus i et i' binos indices quoscunque, productum P sic exhibere licet:

$$P = \pm(a_i - a_{i'}).\Pi(a_k - a_i)(a_k - a_{i'}).\Pi(a_k - a_{k'}),$$

siquidem designant

$$\Pi(a_k - a_i)(a_k - a_{i'}),\quad \Pi(a_k - a_{k'})$$

producta omnium ipsius P factorum $(a_k-a_i)(a_k-a_{i'})$ vel $a_k-a_{k'}$, qui obtinentur tribuendo ipsi k vel utrique k, k' valores ab i et i' diversos. Quae duo producta alterum ipsorum i, i' respectu symmetricum est, alterum iis vacat, unde permutando indices i et i' non mutantur. Contra ex permutatione factor singularis $a_i-a_{i'}$ valorem oppositum induit; unde *ipsum productum propositum P permutando binos indices valorem oppositum induit.* Duorum igitur indicum commutatio est Permutatio negativa, unde Permutationes positivae, si denuo bini indices commutantur, cunctae in negativas, negativae cunctae in positivas transeunt.

Reciprocas vocare licet binas Permutationes, quibus altera post alteram adhibitis positio primitiva non mutatur. Statuamus Permutatione aliqua loco 0, 1, 2 etc. poni i_0, i_1, i_2 etc.; erit Permutatio reciproca, qua 0, 1, 2 etc. loco i_0, i_1, i_2 etc. ponitur. Binae Permutationes reciprocae ad eandem classem pertinent, cum altera post alteram adhibita ipsum P non mutetur.

3.

Ut cognoscatur an Permutatio proposita sit positiva an negativa, variae assignari possunt regulae. Statuamus indicibus permutatis loco

$$0,\ 1,\ 2,\ \ldots,\ n$$

respective positos esse

$$i_0,\ i_1,\ i_2,\ \ldots,\ i_n,$$

ac quaeratur an hac permutatione productum P immutatum maneat an signum mutet. Producti P factores singuli ita exhibiti sunt, ut elementum minore indice affectum de elemento maiore indice affecto detrahatur. Itaque si r et s bini sunt indicum 0, 1, 2, ..., n, atque $r < s$, erit ipsius P factor

$$a_s-a_r,$$

qui factor permutatione assignata abit in

$$a_{i_s}-a_{i_r},$$

qui et ipse seu illi oppositus erit inter ipsius P factores prout $i_s > r$ aut $i_s < r$. Itaque si in serie numerorum

$$i_0,\ i_1,\ i_2,\ \ldots,\ i_n$$

m vicibus evenit, ut post numerum aliquem i_r inveniatur minor numerus i_s, totidem vicibus producti P factor aliquis signum mutat, sive Permutatione indicata mutatur P in

$$(-1)^m P,$$

eritque Permutatio positiva aut negativa prout m par aut impar est. Quam regulam olim Cel. Cramer dedit, Ill. Laplace demonstravit.

Sint

$$i_0,\ i_1,\ i_2,\ \ldots,\ i_m$$

quicunque indicum $0,\ 1,\ 2,\ \ldots,\ n-1$, ac consideremus eam Permutationem, qua mutatur i_0 in i_1, i_1 in i_2 etc. ac postremo i_m in i_0. Ad eandem Permutationem pervenimus, si primum i_0 cum i_1, deinde i_0 cum i_2 etc., postremo i_0 cum i_m commutamus. Unde una illa Permutatio obtinetur m vicibus commutando duo elementa, ideoque est Permutatio positiva aut negativa prout m par aut impar sive prout indicum numerus $m+1$ impar aut par est.

Ponamus Permutatione aliqua proposita quacunque mutari indices i_0 in i_1, i_1 in i_2, i_2 in i_3 ac generaliter i_{k-1} in i_k: pervenitur tandem ad indicem i_m, qui in i_0 mutatur, neque antea ad aliquem praecedentium indicum reditur. Ponamus enim in serie indicum i_0, i_1, i_2, ... inveniri indicem i_λ, qui in indicem aliquem praecedentem i_k mutetur; cum Permutatione quacunque unus tantum index in datum quendam indicem mutetur, fieri debet $i_\lambda = i_{k-1}$, ideoque etiam $i_{\lambda-1} = i_{k-2}$, $i_{\lambda-2} = i_{k-3}$ et ita porro usque dum habeatur $i_{\lambda-k+1} = i_0$. Unde fit $i_{\lambda-k+1} = i_m$, ideoque indicem i_λ, qui in indicem aliquem praecedentem i_k mutatur, semper antecedit index i_m, qui in i_0 mutatur. Si indices i_0, i_1, ..., i_m non cunctos effingunt indices $0,\ 1,\ 2,\ \ldots,\ n$, et Permutatione proposita reliqui indices quoque inter se commutantur: sit eorum aliquis h_0, rursus habetur *cyclus* indicum

$$h_0,\ h_1,\ h_2,\ \ldots,\ h_l,$$

qui Permutatione proposita quilibet in proxime sequentem, ultimus in primum mutantur. Si ita pergimus usque dum omnes indices exhauriantur, patet pro unaquaque Permutatione indices una quadam et necessaria ratione disponi posse in cyclos, ita ut indices in singulos cyclos dispositi ea Permutatione quilibet in proxime sequentem, ultimus in primum abeant.

Proposita Permutatione aliqua, disponantur secundum antecedentia indices $0,\ 1,\ 2,\ \ldots,\ n$ in cyclos, quorum numerus sit p, singulique cycli respective formentur

$$\alpha_1,\ \alpha_2,\ \alpha_3,\ \ldots,\ \alpha_p$$

indicibus ita ut sit

$$\alpha_1+\alpha_2+\alpha_3+\cdots+\alpha_p = n+1.$$

Si cyclus aliquis unico indice constat sive antecedentium numerorum α_1 etc.

aliquis unitati aequalis est, index ille non in alium neque alius in eum mutatur. Cuilibet cyclo k indicibus constanti vidimus respondere Permutationem, quae obtineri potest $k-1$ vicibus duos indices inter se commutando. Unde Permutatio proposita obtineri potest

$$\alpha_1+\alpha_2+\alpha_3+\cdots+\alpha_p-p = n+1-p$$

vicibus duo elementa inter se permutando*). Unde Permutatio proposita est positiva aut negativa prout $n+1-p$ par aut impar est, sive *prout detrahendo de numero indicum numerum cyclorum, in quos indices Permutatione proposita discedunt, residuum par aut impar fit.* Hanc pulchram regulam, qua Permutatio proposita positiva an negativa sit cognoscatur, dedit Ill. Cauchy *(Éc. Pol. cah. 17 p. 41).*

4.

Propositis $(n+1)^2$ quantitatibus

$$a_k^{(i)},$$

in quibus indices et superiores i et inferiores k valores omnes $0, 1, 2, \ldots, n$ induant, producatur terminus

$$a a_1' a_2'' \ldots a_n^{(n)}\ **);$$

ex eoque numerus $1.2.3\ldots(n+1)$ terminorum similium formetur indices aut superiores aut inferiores omnimodis inter se permutando. Singulis deinde terminis signum aut positivum aut negativum praefigatur, prout Permutationes, quibus e termino $a a_1' a_2'' \ldots a_n^{(n)}$ obtinentur, positivae aut negativae sunt, omniumque $1.2.3\ldots(n+1)$ terminorum suis signis acceptorum fiat Aggregatum, quod designabo per

$$R = \Sigma \pm a a_1' a_2'' \ldots a_n^{(n)}.$$

Eiusmodi Aggregatum R praeunte Ill. Gauss aliisque *Determinans* appellabo, ipsas quantitates $a_k^{(i)}$ Determinantis *elementa*, et cum ipsius R terminus quilibet e $n+1$ elementis producatur, ipsum R dicam Determinans $(n+1)^{\text{ti}}$ *gradus.*

Quilibet Determinantis R *terminus*

$$a_k a'_{k'} a''_{k''} \ldots a^{(n)}_{k^{(n)}}$$

*) Patet simul, paucioribus commutationibus duorum elementorum Permutationem propositam obtineri non posse.

**) Indicem (0) in genere non scribo ita ut $a^{(i)}$, a_k, a loco $a_0^{(i)}$, $a_k^{(0)}$, $a_0^{(0)}$ ponatur vel quantitates $a^{(i)}$, a_k, a respective dicantur inferiore aut superiore aut utroque indice (0) affecti.

e termino $a_0 a'_1 a''_2 \ldots a^{(n)}_n$ duplici modo obtineri potest, sive loco indicum inferiorum 0, 1, 2, ..., n ponendo respective $k, k', k'', \ldots, k^{(n)}$, sive ponendo 0, 1, 2, ..., n loco indicum superiorum $k, k', k'', \ldots, k^{(n)}$. Quae Permutationes sunt reciprocae ideoque ad eandem classem pertinent; unde Determinantis termini iisdem signis afficiuntur, regula signorum apposita sive inferiorum sive superiorum indicum permutationibus adhibeatur. Cum nova Permutatione quacunque facta eiusdem classis Permutationes simul omnes in eadem classe maneant sive omnes simul in oppositam classem transeant, sequitur, *quacunque indicum superiorum inferiorumve Permutatione Determinans aut non mutari aut valorem oppositum induere.* Porro cum binorum indicum Permutatione classis Permutationum positiva in negativam, negativa in positivam abeat, sequitur, *binos quoscunque sive superiores sive inferiores indices permutando Determinans valorem oppositum induere.* Quae Determinantis proprietas principalis et characteristica est. Unde haec altera fluit propositio fundamentalis, *evanescere Determinans quoties bini indices sive superiores sive inferiores inter se aequales existunt,* siquidem breviter indices inter se aequales dicimus, ubi quantitates iis affectae aequales sunt. Scilicet si duo indices inter se aequales sunt, eorum permutatione nihil mutatur, qua tamen permutatione cum per proprietatem characteristicam Determinans in valorem oppositum abeat, fieri debet $R = -R$ sive $R = 0$.

5.

Adnotamus casus quosdam speciales, quibus Determinantia in simpliciorem formam sive etiam in unicum terminum redeunt. Exhibito Determinante R sequente modo:

(1) $$R = \Sigma \pm a a'_1 \ldots a^{(m)}_m a^{(m+1)}_{m+1} \ldots a^{(n)}_n,$$

ubi $m < n$; ponamus, pro omnibus ipsius i valoribus

$$0,\ 1,\ 2,\ \ldots,\ m-1$$

esse

(2) $$a^{(m)}_i = a^{(m+1)}_i = \cdots = a^{(n)}_i = 0.$$

Reiiciendo Determinantis terminos evanescentes, ii tantum remanent termini

$$\pm a_i a'_{i'} \ldots a^{(m)}_{i^{(m)}} \ldots a^{(n)}_{i^{(n)}},$$

in quibus indices inferiores

$$i^{(m)},\ i^{(m+1)},\ \ldots,\ i^{(n)},$$

conveniunt cum numeris

$$m,\quad m+1,\quad \ldots,\quad n;$$

ordinis respectu non habito. Nam si indicum $i^{(m)}$, $i^{(m+1)}$ etc. vel unus aequaret aliquem numerorum 0, 1, 2, ..., $m-1$, terminus ex hypothesi facta evanesceret. Unde sequitur, quia in quolibet Determinantis termino indices elementis subscripti omnes inter se diversi esse debent, reliquos indices inferiores

$$i,\quad i',\quad i'',\quad \ldots,\quad i^{(m-1)}$$

ordinis respectu non habito, convenire cum numeris

$$0,\quad 1,\quad 2,\quad \ldots,\quad m-1,$$

neque valores m, $m+1$ etc. induere. Qua de re eruuntur cuncti Determinantis termini ex uno

$$\pm a a'_1 a''_2 \ldots a^{(m-1)}_{m-1} . \pm a^{(m)}_m a^{(m+1)}_{m+1} \ldots a^{(n)}_n,$$

seorsim inter se permutando indices

$$0,\quad 1,\quad 2,\quad \ldots,\quad m-1$$

atque indices

$$m,\quad m+1,\quad m+2,\quad \ldots,\quad n,$$

signis insuper ancipitibus $\pm$ ita determinatis, ut termini, qui binorum indicum permutatione alter in alterum abeunt, signis oppositis afficiantur. Unde fit

$$(3) \qquad R = \Sigma \pm a a'_1 \ldots a^{(m-1)}_{m-1} . \Sigma \pm a^{(m)}_m a^{(m+1)}_{m+1} \ldots a^{(n)}_n,$$

sive habetur Propositio:

I. Quoties pro indicis k valoribus 0, 1, 2, ..., $m-1$ evanescant elementa $a^{(m)}_k$, $a^{(m+1)}_k$, ..., $a^{(n)}_k$, Determinans

$$\Sigma \pm a a'_1 a''_2 \ldots a^{(n)}_n$$

abire in productum e duobus Determinantibus

$$\Sigma \pm a a'_1 \ldots a^{(m-1)}_{m-1} . \Sigma \pm a^{(m)}_m a^{(m+1)}_{m+1} \ldots a^{(n)}_n.$$

Prorsus eadem valet Propositio, si pro indicis i valoribus 0, 1, 2, ..., $m-1$ elementa $a^{(i)}_m$, $a^{(i)}_{m+1}$, ..., $a^{(i)}_n$ evanescunt. Si in Propositione antecedente insuper pro indicis i valoribus 0, 1, ..., $l-1$ evanescunt elementa $a^{(l)}_i$, $a^{(l+1)}_i$, ..., $a^{(m)}_i$, Determinans R in productum e tribus Determinantibus abit et ita porro.

Est casus simplicissimus Propositionis antecedentis, quo elementa certo quodam indice superiore affecta pro indicibus inferioribus praeter unum omnibus evanescunt, quippe quo casu alterum Determinantium, e quibus R producitur, in simplex elementum abit. Sit enim

$$a^{(n)} = a_1^{(n)} = \cdots = a_{n-1}^{(n)} = 0,$$

fit:

(4) $$\Sigma \pm a a_1' a_2'' \ldots a_{n-1}^{(n-1)} a_n^{(n)} = a_n^{(n)} \Sigma \pm a a_1' \ldots a_{n-1}^{(n-1)}.$$

Si insuper fit

$$a^{(n-1)} = a_1^{(n-1)} = \cdots = a_{n-2}^{(n-1)} = 0,$$

eadem ratione e (4) sequitur:

$$\Sigma a a_1' a_2'' \ldots a_n^{(n)} = a_{n-1}^{(n-1)} a_n^{(n)} . \Sigma \pm a a_1' \ldots a_{n-2}^{(n-2)}.$$

Sic pergendo eruimus Propositionem hanc:

II. Evanescentibus elementis omnibus

$$a_k^{(m)}, \quad a_k^{(m+1)}, \quad \ldots, \quad a_k^{(n)},$$

in quibus respective index inferior k indicibus superioribus m, $m+1$, ..., n minor est, fieri

$$\Sigma \pm a a_1' a_2'' \ldots a_n^{(n)} = a_m^{(m)} a_{m+1}^{(m+1)} \ldots a_n^{(n)} \Sigma \pm a a_1' \ldots a_{m-1}^{(m-1)}.$$

Unde ponendo $m = 1$ sequitur:

III. Evanescentibus elementis omnibus, in quibus index inferior indice superiore minor est, Determinans in unicum terminum abire vel fieri

$$\Sigma \pm a a_1' a_2'' \ldots a_n^{(n)} = a a_1' a_2'' \ldots a_n^{(n)}.$$

E Propositione II. sequitur hoc Corollarium:

IV. Evanescentibus elementis omnibus

$$a_k^{(m)}, \quad a_k^{(m+1)}, \quad \ldots, \quad a_k^{(n)},$$

in quibus indices inferiores superioribus minores sunt, si insuper habetur

$$a_m^{(m)} = a_{m+1}^{(m+1)} = \cdots = a_n^{(n)} = 1,$$

fit

$$\Sigma \pm a a_1' a_2'' \ldots a_n^{(n)} = \Sigma \pm a a_1' \ldots a_{m-1}^{(m-1)}.$$

E qua Propositione patet, quodlibet inferioris gradus Determinans haberi posse pro Determinantis altioris gradus casu speciali.

6.

Designemus per

$$a_g^{(f)} A_g^{(f)}$$

Aggregatum omnium Determinantis R terminorum, qui per quantitatem $a_g^{(f)}$ multiplicati sunt. In quovis ipsius R termino

$$\pm a_k a'_{k'} a''_{k''} \dots a^{(n)}_{k^{(n)}}$$

elementa a_k, $a_{k'}$ etc. indicibus cum superioribus tum inferioribus omnibus inter se diversis gaudent. Unde terminos Aggregati $A^{(f)}_g$ non ingredi possunt quantitates $a^{(i)}_k$, in quibus index superior valorem f vel inferior valorem g habet. Porro cum in quovis ipsius R termino elementum unum sit nec plura, quod datum indicem superiorem i, unum nec plura, quod datum indicem inferiorem k habeat, sequitur, singulos Determinantis R terminos per unum elementorum $a^{(i)}$, $a^{(i)}_1$, ..., $a^{(i)}_n$ neque vero per plura eorum simul multiplicari nec non per unum elementorum a_k, a'_k, ..., $a^{(n)}_k$ neque vero per plura eorum simul multiplicari. Vocabantur autem

$$a^{(i)}A^{(i)},\quad a^{(i)}_1 A^{(i)}_1,\quad \dots,\quad a^{(i)}_n A^{(i)}_n$$

Aggregata terminorum Determinantis R respective per $a^{(i)}$, $a^{(i)}_1$, ..., $a^{(i)}_n$ multiplicatorum, unde fieri debet

$$R = a^{(i)}A^{(i)} + a^{(i)}_1 A^{(i)}_1 + \dots + a^{(i)}_n A^{(i)}_n; \tag{1}$$

porro erant

$$a_k A_k,\quad a'_k A'_k,\quad \dots,\quad a^{(n)}_k A^{(n)}_k$$

Aggregata terminorum Determinantis R respective per a_k, a'_k, ..., $a^{(n)}_k$ multiplicatorum, unde fieri debet

$$R = a_k A_k + a'_k A'_k + \dots + a^{(n)}_k A^{(n)}_k. \tag{2}$$

Tribuendo indici i vel k valores 0, 1, 2, ..., n, e quaque duarum formularum (1) et (2) obtinentur $n+1$ repraesentationes diversae Determinantis R.

Determinans R est singularum quantitatum $a^{(i)}_k$ respectu expressio linearis, atque ipsius $a^{(i)}_k$ Coefficientem, qua in Determinante R afficitur, vocavimus $A^{(i)}_k$; unde adhibita differentialium notatione ipsum $A^{(i)}_k$ exhibere licet per formulam

$$A^{(i)}_k = \frac{\partial R}{\partial a^{(i)}_k}. \tag{3}$$

Hinc si quantitatibus $a^{(i)}_k$ incrementa infinite parva tribuimus

$$da^{(i)}_k,$$

simulque R incrementum dR capit, fit

$$dR = \Sigma A^{(i)}_k da^{(i)}_k, \tag{4}$$

siquidem sub signo summatorio utrique indici i et k valores $0, 1, 2, \ldots, n$ conferuntur.

Binos indices superiores i et i' commutando cum R in $-R$ abeat, sequitur, Aggregatum terminorum ipsius R per $a_k^{(i)}$ multiplicatorum, $a_k^{(i)} A_k^{(i)}$, ea commutatione abire in Aggregatum terminorum ipsius $-R$ per $a_k^{(i')}$ multiplicatorum, $-a_k^{(i')} A_k^{(i')}$. Unde sequitur, *ponendo i loco i' abire $A_k^{(i)}$ in $-A_k^{(i')}$*; eademque ratione probatur, *ponendo k loco k' abire $A_k^{(i)}$ in $-A_{k'}^{(i)}$*. Unde etiam sequitur, *simul ponendo i loco i', k loco k', siquidem i et i', k et k' inter se diversi sint, abire $A_k^{(i)}$ in $A_{k'}^{(i')}$*.

Obtinetur $a_i^{(i)} A_i^{(i)}$, si in termino

$$\pm a a_1' a_2'' \ldots a_i^{(i)} \ldots a_n^{(n)}$$

elementum $a_i^{(i)}$ immutatum manet reliquorum indicibus superioribus vel inferioribus permutatis, unde fit

$$A_i^{(i)} = \Sigma \pm a a_1' \ldots a_{i-1}^{(i-1)} a_{i+1}^{(i+1)} \ldots a_n^{(n)},$$

unde prodit $A_k^{(i)}$ loco inferioris indicis k ponendo i et signa mutando, sive fit

$$A_k^{(i)} = -\Sigma \pm a a_1' \ldots a_{i-1}^{(i-1)} a_{i+1}^{(i+1)} \ldots a_{k-1}^{(k-1)} a_i^{(k)} a_{k+1}^{(k+1)} \ldots a_n^{(n)}.$$

Vel etiam si i et k a 0 diversi, obtinetur $A_k^{(i)}$ ex

$$A = \Sigma \pm a_1' a_2'' \ldots a_n^{(n)},$$

loco indicis superioris i et inferioris k ponendo 0.

Commutando indices inferiores cum superioribus non mutatur Determinans R; simul termini in $a_k^{(i)}$ ducti, $a_k^{(i)} A_k^{(i)}$, abeunt in terminos in $a_i^{(k)}$ ductos, $a_i^{(k)} A_i^{(k)}$; unde *in quantitatibus $a_k^{(i)}$ commutando indices inferiores cum superioribus abeunt quantitates $A_k^{(i)}$ in $A_i^{(k)}$ sive etiam in quantitatibus $A_k^{(i)}$ indices inferiores cum superioribus commutantur.* Hinc etiam sequitur, *quoties pro omnibus indicibus i et k fiat*

$$a_k^{(i)} = a_i^{(k)},$$

fieri etiam

$$A_k^{(i)} = A_i^{(k)}.$$

Commutatis enim indicibus superioribus et inferioribus omnium $a_k^{(i)}$, ipsa $A_k^{(i)}$ non mutatur, cum eius elementis aequivalentia substituantur; ea autem commutatione vidimus abire $A_k^{(i)}$ in $A_i^{(k)}$, unde utrumque inter se aequale evadere debet.

Statuamus, pro *datis* duobus indicibus i et i' fieri

(5) $$a^{(i)} = a^{(i')}, \quad a_1^{(i)} = a_1^{(i')}, \quad \ldots, \quad a_n^{(i)} = a_n^{(i')},$$

propter proprietatem eius fundamentalem evanescit valor Determinantis R. Hinc repraesentando Determinans R per formulam (1) ac substituendo (5) eruimus:

(6) $$0 = a^{(i')} A^{(i)} + a_1^{(i')} A_1^{(i)} + \cdots + a_n^{(i')} A_n^{(i)}.$$

Haec aequatio inventa quidem est supponendo, quantitates $a_k^{(i')}$ ipsis $a_k^{(i)}$ respective aequales esse, sed cum expressionem ad dextram aequationis (6) quantitates $a_1^{(i)}, a_2^{(i)}, \ldots, a_n^{(i)}$ omnino non indegrediantur, *aequatio* (6) *identica esse debet.* Ac perinde invenitur, designante k' indicem quemcunque a k diversum, quoties sit

(7) $$a_k = a_{k'}, \quad a_k' = a_{k'}', \quad \ldots, \quad a_k^{(n)} = a_{k'}^{(n)},$$

identice fieri:

(8) $$0 = a_{k'} A_k + a_{k'}' A_k' + \cdots + a_{k'}^{(n)} A_k^{(n)}.$$

Substituendo formulas (3), inventas formulas (1), (2), (6), (8) sic quoque exhibere licet:

(9)
$$\begin{cases} R = a^{(i)} \dfrac{\partial R}{\partial a^{(i)}} + a_1^{(i)} \dfrac{\partial R}{\partial a_1^{(i)}} + \cdots + a_n^{(i)} \dfrac{\partial R}{\partial a_n^{(i)}} \\[2mm] \quad = a_k \dfrac{\partial R}{\partial a_k} + a_k' \dfrac{\partial R}{\partial a_k'} + \cdots + a_k^{(n)} \dfrac{\partial R}{\partial a_k^{(n)}}, \end{cases}$$

(10)
$$\begin{cases} 0 = a^{(i')} \dfrac{\partial R}{\partial a^{(i)}} + a_1^{(i')} \dfrac{\partial R}{\partial a_1^{(i)}} + \cdots + a_n^{(i')} \dfrac{\partial R}{\partial a_n^{(i)}}, \\[2mm] 0 = a_{k'} \dfrac{\partial R}{\partial a_k} + a_{k'}' \dfrac{\partial R}{\partial a_k'} + \cdots + a_{k'}^{(n)} \dfrac{\partial R}{\partial a_k^{(n)}}. \end{cases}$$

Quae sunt aequationes differentiales partiales, quibus Determinans R satisfacit.

7.

Per formulas §. pr. traditas theoria resolutionis algebraicae aequationum linearium facile absolvitur.

Proponantur enim aequationes lineares

(1)
$$\begin{cases} u = at + a_1 t_1 + \cdots + a_n t_n, \\ u_1 = a't + a_1' t_2 + \cdots + a_n' t_n, \\ \cdots \cdots \cdots \cdots \cdots \cdots \\ u_n = a^{(n)} t + a_1^{(n)} t_1 + \cdots + a_n^{(n)} t_n; \end{cases}$$

ut eruatur incognita t_k, aequationes propositae respective per A_k, A_k', ..., $A_k^{(n)}$

multiplicentur et post multiplicationem factam instituatur summatio: in summa illa evanescunt e (8) §. pr. Coëfficientes ipsarum t, t_1, ..., t_n praeter Coefficientem ipsius t_k, quae e (2) §. pr. aequalis evadit Determinanti R, sive fit

$$(2)\qquad Rt_k = A_k u + A'_k u_1 + \cdots + A_k^{(n)} u_n.$$

Qua in formula tribuendo ipsi k valores 0, 1, 2, ..., n, eruimus hoc systema aequationum, quod incognitarum valores suppeditat:

$$(3)\qquad \begin{cases} Rt = Au + A'u_1 + \cdots + A^{(n)} u_n, \\ Rt_1 = A_1 u + A'_1 u_1 + \cdots + A_1^{(n)} u_n, \\ \cdot\ \cdot\ \cdot\ \cdot\ \cdot\ \cdot\ \cdot\ \cdot\ \cdot\ \cdot\ \cdot\ \cdot \\ Rt_n = A_n u + A'_n u_1 + \cdots + A_n^{(n)} u_n. \end{cases}$$

Prorsus eadem ratione, propositis aequationibus linearibus

$$(4)\qquad \begin{cases} s = ar + a' r_1 + \cdots + a^{(n)} r_n, \\ s_1 = a_1 r + a'_1 r_1 + \cdots + a_1^{(n)} r_n, \\ \cdot\ \cdot\ \cdot\ \cdot\ \cdot\ \cdot\ \cdot\ \cdot\ \cdot\ \cdot\ \cdot\ \cdot \\ s_n = a_n r + a'_n r_1 + \cdots + a_n^{(n)} r_n, \end{cases}$$

eruimus e (6), (2) §. pr.:

$$(5)\qquad \begin{cases} Rr = As + A_1 s_1 + \cdots + A_n s_n, \\ Rr_1 = A's + A'_1 s_1 + \cdots + A'_n s_n, \\ \cdot\ \cdot\ \cdot\ \cdot\ \cdot\ \cdot\ \cdot\ \cdot\ \cdot\ \cdot\ \cdot\ \cdot \\ Rr_n = A^{(n)} s + A_1^{(n)} s_1 + \cdots + A_n^{(n)} s_n. \end{cases}$$

Commutando elementorum $a_n^{(i)}$ indices superiores et inferiores aequationes (1) et (4) in se abeunt; et cum simul ipsorum $A_k^{(i)}$ indices superiores et inferiores commutentur, Determinans R immutatum maneat, simul etiam aequationes (3) in (5) abire debent. Unde alterum aequationum systema de altero derivari potest. Sed idem obtinetur absque ulla cognitione rationis, qua quantitates R et $A_k^{(i)}$ ex elementis $a_k^{(i)}$ componuntur, observando e (1) et (4) fieri:

$$(6)\qquad ur + u_1 r_1 + \cdots + u_n r_n = ts + t_1 s_1 + \cdots + t_n s_n,$$

ac substituendo in hac aequatione ipsarum t, t_1 etc. valores e (3) petitos. Ipsum Determinans R dicamus ad aequationes (1) vel (4) *pertinere* sive *earum aequationum Determinans esse*.

Aequationes (6) §. pr. docent, propositis n aequationibus

$$(7)\qquad \begin{cases} 0 = at + a_1 t_1 + \cdots + a_n t_n, \\ 0 = a't + a'_1 t_1 + \cdots + a'_n t_n, \\ \cdot\ \cdot\ \cdot\ \cdot\ \cdot\ \cdot\ \cdot\ \cdot\ \cdot\ \cdot\ \cdot\ \cdot \\ 0 = a^{(n)} t + a_1^{(n)} t_1 + \cdots + a_n^{(n)} t_n, \end{cases}$$

in quibus ipsi a non tribuatur index superior i, fieri

$$(8)\qquad t:t_1:\ldots:t_n = A^{(i)}:A_1^{(i)}:\ldots:A_n^{(i)},$$

nisi omnes t, t_1, ..., t_n simul evanescant. Ut etiam aequatio

$$0 = a^{(i)}t + a_1^{(i)}t_1 + \cdots + a_n^{(i)}t_n$$

locum habeat sive ut in (1) quantitates u, u' etc. simul omnes evanescere possint, fieri debet e (1) §. pr.

$$(9)\qquad R = 0.$$

Eademque ratione patet, evanescere Determinans, si exstent $n+1$ quantitates non simul omnes evanescentes r, r_1, ..., r_n tales, ut simul locum habeant $n+1$ aequationes

$$(10)\qquad \begin{cases} 0 = ar + a'r_1 + \cdots + a^{(n)}r_n, \\ 0 = a_1 r + a_1' r_1 + \cdots + a_1^{(n)} r_n, \\ \cdot\ \cdot\ \cdot\ \cdot\ \cdot\ \cdot\ \cdot\ \cdot\ \cdot\ \cdot\ \cdot \\ 0 = a_n r + a_n' r_1 + \cdots + a_n^{(n)} r_n. \end{cases}$$

Scilicet, multiplicentur aequationes praecedentes per $A^{(i)}$, $A_1^{(i)}$, ..., $A_n^{(i)}$, invenitur addendo e (1), (6) §. pr.

$$0 = r_i R,$$

qua aequatione, cum e suppositione facta unum certe non evanescat r_i, Determinans R evanescere patet. *Quoties igitur aequationes* (7) *vel* (10) *locum habent neque earum Determinans* R *evanescit, certo incognitae* t, t_1, ..., t_n *vel* r, r_1, ..., r_n *omnes simul evanescere debent.*

Quaecunque proponantur aequationes lineares (1), ex iis semper sequuntur aequationes (3) neque ullus est exceptionis locus. Eruntque incognitarum valores aequationibus (3) prorsus determinati iique finiti, nisi evanescat Determinans. Evanescente autem Determinante usu venit, ut incognitae aut in infinitum abeant aut indeterminatae evadant. Scilicet aequationum (3) parte dextra simul evanescente atque Determinante, incognitarum valores formam indeterminatam

$$\frac{0}{0}$$

induunt. Sed haec res variis adhuc quaestionibus ansam praebet. Fieri enim potest, ut inter quantitates infinitas vel indeterminatas variae relationes locum habeant, unde evanescente Determinante varii casus evenire possunt et pro singulis criteria propria assignanda erunt. Afferam exemplum geometricum.

Proposita superficie secundi gradus, dantur Coordinatae centri tribus aequationibus linearibus. Quarum aequationum Determinante non evanescente, habentur Ellipsoidae et Hyperboloidae. Sed evanescente Determinante habentur Paraboloidae, si Coordinatarum valores evadunt infiniti, ita tamen ut centrum licet infinite remotum in data recta iaceat. Prodit Cylindrus ellipticus aut hyperbolicus aut systema duorum Planorum se intersecantium, si evanescente Determinante Coordinatarum valores indeterminati evadunt, ita tamen ut centrum rursus in data recta sed ubicunque iaceat. Cylindrus fit parabolicus si centrum in infinitum removetur, ita tamen ut in dato plano iaceat. Determinante igitur evanescente inter varios adhuc casus naturae maxime diversae distinguendum est et pro singulis criteria algebraica afferenda erunt. Quod tamen pro numero quocunque aequationum linearium paullo prolixum videtur negotium.

8.

Adnotavit Ill. Laplace, unumquodque Determinans repraesentari posse ut Aggregatum productorum plurium Determinantium inferiorum graduum. Quae res ita se habet. Discerpatur numerus n in plures alios numeros veluti in *quatuor*, ita ut sit

$$n = i+k+l+m;$$

distribuantur indices $0, 1, 2, \ldots, n$ in quatuor classes $i+1$, k, l, m indicibus constantes. Ex. gr. constituant indices

$$\begin{array}{llcll} 0, & 1, & \ldots, & i & \text{primam,} \\ i+1, & i+2, & \ldots, & k & \text{secundam,} \\ k+1, & k+2, & \ldots, & l & \text{tertiam,} \\ l+1, & l+2, & \ldots, & n & \text{quartam} \end{array}$$

classem. Quae classes omnimodis sibi invicem inserantur ordine numerorum cuiusvis classis non mutato, ita ut in Permutatione proveniente non fiat ut index minorem aliquem eiusdem classis antecedat. Sit eiusmodi Permutatio

$$\alpha^{(0)}, \ \alpha^{(1)}, \ \alpha^{(2)}, \ \ldots, \ \alpha^{(n)}$$

ac designemus per

$$S \pm \alpha^{(0)} \alpha^{(1)} \alpha^{(2)} \ldots \alpha^{(n)}$$

Aggregatum omnium expressionum, quae e data expressione eiusmodi Permutationibus proveniunt, signis $+$ aut -1 praefixis prout Permutatio positiva aut negativa est. His positis in singulis terminis expressionis

$$S \pm a^{(0)}_{\alpha^0} a^{(1)}_{\alpha^1} \ldots a^{(i)}_{\alpha^i} . a^{(i+1)}_{\alpha^{i+1}} a^{(i+2)}_{\alpha^{i+2}} \ldots a^{(k)}_{\alpha^k} \ldots a^{(n)}_{\alpha^n}$$

loco factorum

$$a^{(0)}_{\alpha^0} a^{(1)}_{\alpha^1} \ldots a^{(i)}_{\alpha^i}, \quad a^{(i+1)}_{\alpha^{i+1}} a^{(i+2)}_{\alpha^{i+2}} \ldots a^{(k)}_{\alpha^k},$$
$$a^{(k+1)}_{\alpha^{k+1}} a^{(k+2)}_{\alpha^{k+2}} \ldots a^{(l)}_{\alpha^l}, \quad a^{(l+1)}_{\alpha^{l+1}} a^{(l+2)}_{\alpha^{l+2}} \ldots a^{(n)}_{\alpha^n}$$

scribantur Determinantia

$$\Sigma \pm a^{(0)}_{\alpha^0} a^{(1)}_{\alpha^1} \ldots a^{(i)}_{\alpha^i}, \quad \Sigma \pm a^{(i+1)}_{\alpha^{i+1}} a^{(i+2)}_{\alpha^{i+2}} \ldots a^{(k)}_{\alpha^k},$$
$$\Sigma \pm a^{(k+1)}_{\alpha^{k+1}} a^{(k+2)}_{\alpha^{k+2}} \ldots a^{(l)}_{\alpha^l}, \quad \Sigma \pm a^{(l+1)}_{\alpha^{l+1}} a^{(l+2)}_{\alpha^{l+2}} \ldots a^{(n)}_{\alpha^n},$$

prodit:

$$R = \Sigma \pm a a'_1 a''_2 \ldots a^{(n)}_n$$
$$= S \pm \left(\Sigma \pm a^{(0)}_{\alpha^0} a^{(1)}_{\alpha^1} \ldots a^{(i)}_{\alpha^i} . \Sigma \pm a^{(i+1)}_{\alpha^{i+1}} a^{(i+2)}_{\alpha^{i+2}} \ldots a^{(k)}_{\alpha^k} . \Sigma \pm a^{(k+1)}_{\alpha^{k+1}} a^{(k+2)}_{\alpha^{k+2}} \ldots a^{(l)}_{\alpha^l} . \Sigma \pm a^{(l+1)}_{\alpha^{l+1}} a^{(l+2)}_{\alpha^{l+2}} \ldots a^{(n)}_{\alpha^n}\right).$$

Demonstratio inde patet, quod *omnes* obtineantur Permutationes, primum indices ita permutando, ut indices eiusdem classis certum quendam ordinem servent, ac deinde rursus eiusmodi classis indices omnimodis permutando. Numerus productorum Determinantium, quae Aggregatum S amplectitur, est

$$\frac{1.2.3\ldots(n+1)}{1.2.3\ldots(i+1).1.2.3\ldots k.1.2.3\ldots l.1.2.3\ldots m}.$$

Formula proposita expediri potest Determinantis indagatio, si Determinantia partialia, quae singulorum productorum factores constituunt, valoribus simplicibus gaudent.

9.

Accuratius examinemus Determinantia $(n-1)^{\text{ti}}$ gradus, e quibus per Determinantia secundi gradus multiplicatis Determinans R componitur. Proposito Determinante

$$R = \Sigma \pm a a'_1 \ldots a^{(n)}_n,$$

terminorum eius per $a^{(f)}_g a^{(f')}_{g'}$ multiplicatorum vocemus Aggregatum

(1) $$a^{(f)}_g a^{(f')}_{g'} . A^{f,f'}_{g,g'}.$$

Ipsi f et f' nec non g et g' quilibet esse possunt indices ex ipsis $0, 1, \ldots, n$ a se diversi. In terminis Aggregati

(2) $$A^{f,f'}_{g,g'}$$

non inveniuntur elementa indicibus superioribus f et f' neque elementa indicibus inferioribus g et g' affecta, quippe idem Determinantis R terminus binos non habet factores eodem indice superiore vel inferiore affectos. Qua de re indices f et f' vel g et g' inter se permutando ipsum $A^{f,f'}_{g,g'}$ mutationem non subit, ideoque abit expressio (1) in

$$(3) \qquad a^{(f')}_{g} a^{(f)}_{g'} . A^{f,f'}_{g,g'}.$$

Eadem autem permutatione cum R in $-R$ mutetur, erit (3) Aggregatum ipsius $-R$ terminorum, qui per

$$a^{(f')}_{g} a^{(f)}_{g'}$$

multiplicantur, ideoque erit

$$(4) \qquad -a^{(f')}_{g} a^{(f)}_{g'} . A^{f,f'}_{g,g'}$$

terminorum ipsius R per $a^{(f')}_{g} a^{(f)}_{g'}$ multiplicatorum Aggregatum sive

$$(5) \qquad A^{f,f'}_{g',g} = A^{f',f}_{g,g'} = -A^{f,f'}_{g,g'}.$$

Qua de re continebit R terminos provenientes e producto

$$(6) \qquad \left(a^{(f)}_{g} a^{(f')}_{g'} - a^{(f)}_{g'} a^{(f')}_{g}\right) A^{f,f'}_{g,g'},$$

iique termini Determinantis R erunt omnes, in quibus duo elementa indicibus superioribus f et f' affecta indicibus inferioribus g et g' gaudent. At quivis ipsius R terminus continet duo elementa alterum indice superiore f alterum indice superiore f' affectum nec non duo elementa alterum indice inferiore g alterum indice inferiore g' affectum, quia cuiusvis termini elementa singula singulis indicibus cum superioribus tum inferioribus afficiuntur. Unde obtinetur R summando omnes expressiones (6), in quibus pro iisdem f et f' sumuntur pro g et g' bini indicum 0, 1, 2, ..., n vel etiam in quibus pro iisdem g et g' bini indicum 0, 1, 2, ..., n ipsis f et f' substituuntur. Qua de re si pro i, i' vel pro k, k' bini diversi indicum 0, 1, 2, ..., n sumuntur, ipsi autem f, f', g, g' dati indices sunt, obtinetur

$$(7) \qquad \begin{cases} R = \Sigma\left(a^{(f)}_{k} a^{(f')}_{k'} - a^{(f)}_{k'} a^{(f')}_{k}\right) A^{f,f'}_{k,k'} \\ \quad = \Sigma\left(a^{(i)}_{g} a^{(i')}_{g'} - a^{(i)}_{g'} a^{(i')}_{g}\right) A^{i,i'}_{g,g'}. \end{cases}$$

Facile etiam ipsa $A^{(f)}_{g}$ e quantitatibus $A^{f,f'}_{g,g'}$ componitur. Erat enim $a^{(f)}_{g} A^{(f)}_{g}$ Aggregatum terminorum Determinantis R per $a^{(f)}_{g}$ multiplicatorum; qui termini cum insuper per unum elementorum

$$a^{(f')}, \quad a^{(f')}_{1}, \quad a^{(f')}_{2}, \quad \ldots, \quad a^{(f')}_{n},$$

omisso elemento $a^{(f')}_{g}$, vel etiam per unum elementorum

$$a_{g'}, \quad a'_{g'}, \quad a''_{g'}, \quad \ldots, \quad a^{(n)}_{g'},$$

omisso elemento $a_{g'}^{(f)}$ multiplicati esse debeant, obtinetur:

(8) $$A_g^{(f)} = a^{(f')} A_{g,0}^{f,f'} + a_1^{(f')} A_{g,1}^{f,f'} + \cdots + a_n^{(f')} A_{g,n}^{f,f'}$$

sive

(9) $$A_g^{(f)} = a_{g'} A_{g,g'}^{f,0} + a'_{g'} A_{g,g'}^{f,1} + \cdots + a_{g'}^{(n)} A_{g,g'}^{f,n},$$

ubi respective termini per $a_g^{(f')}$, $a_{g'}^{(f)}$ multiplicati omittendi sunt.

Designemus br. causa per (k, k') expressionem

(10) $$A_{k,k'}^{f,f'} = (k, k'),$$

ita ut sit

$$(k, k') = -(k', k).$$

Fit e (8) ipsi g substituendo numeros 0, 1, 2, ..., n:

(11) $$\begin{cases} A^{(f)} = \quad * \quad + a_1^{(f')}(0,1) + a_2^{(f')}(0,2) + \cdots + a_n^{(f')}(0,n), \\ A_1^{(f)} = a^{(f')}(1,0) + \quad * \quad + a_2^{(f')}(1,2) + \cdots + a_n^{(f')}(1,n), \\ A_2^{(f)} = a^{(f')}(2,0) + a_1^{(f')}(2,1) + \quad * \quad + \cdots + a_n^{(f')}(2,n), \\ \cdot\;\cdot\;\cdot\;\cdot\;\cdot\;\cdot\;\cdot\;\cdot\;\cdot\;\cdot\;\cdot\;\cdot\;\cdot\;\cdot\;\cdot\;\cdot \\ A_n^{(f)} = a^{(f')}(n,0) + a_1^{(f')}(n,1) + a_2^{(f')}(n,2) + \cdots + \quad * \end{cases}$$

Similes formulae e (9) derivari possunt. In aequationibus (11) ipsorum $a^{(f')}$, $a_1^{(f')}$, etc. Coëfficientes in Diagonali positi evanescunt, bini quilibet Coëfficientes Diagonalis respectu symmetrice positi valoribus oppositis gaudent. Quae est species aequationum linearium memorabilis in variis quaestionibus analyticis obveniens.

10.

Quomodum supra differentiando R elementi $a_g^{(f)}$ respectu ipsum $A_g^{(f)}$ obtinuimus, ita ipsum $A_{g,g'}^{f,f'}$ obtinetur bis differentiando R elementorum $a_g^{(f)}$, $a_{g'}^{(f')}$ respectu. Ex ipsa enim Aggregati $A_{g,g'}^{f,f'}$ definitione eruimus formulas

(1) $$\begin{cases} A_{g,g'}^{f,f'} = \dfrac{\partial^2 R}{\partial a_g^{(f)} \partial a_{g'}^{(f')}} = -\dfrac{\partial^2 R}{\partial a_g^{(f')} \partial a_{g'}^{(f)}} \\ = \dfrac{\partial A_g^{(f)}}{\partial a_{g'}^{(f')}} = \dfrac{\partial A_{g'}^{(f')}}{\partial a_g^{(f)}} = -\dfrac{\partial A_g^{(f')}}{\partial a_{g'}^{(f)}} = -\dfrac{\partial A_{g'}^{(f)}}{\partial a_g^{(f')}}. \end{cases}$$

In aequationibus (10) §. 6 ponatur i'', k'' loco i', k', fit:

$$0 = a^{(i'')} \frac{\partial R}{\partial a^{(i)}} + a_1^{(i'')} \frac{\partial R}{\partial a_1^{(i)}} + \cdots + a_n^{(i'')} \frac{\partial R}{\partial a_n^{(i)}},$$

$$0 = a_{k''} \frac{\partial R}{\partial a_k} + a'_{k''} \frac{\partial R}{\partial a'_k} + \cdots + a_k^{(n)} \frac{\partial R}{\partial a_k^{(n)}}.$$

Quas aequationes elementorum $a_k^{(i')}$, $a_{k'}^{(i)}$ respectu differentiamus. Ubi i, i', i'' nec non k, k', k'' a se diversi sunt, obtinemus:

$$(2) \qquad \begin{cases} 0 = a^{(i'')} A_{0,k}^{i,i'} + a_1^{(i'')} A_{1,k}^{i,i'} + \cdots + a_n^{(i'')} A_{n,k}^{i,i'}, \\ 0 = a_{k''} A_{k,k'}^{0,i} + a'_{k''} A_{k,k'}^{1,i} + \cdots + a_{k''}^{(n)} A_{k,k'}^{n,i}. \end{cases}$$

Si i'' ipsi i' vel i aut k'' ipsi k' aut k aequalis est, eruimus:

$$(3) \qquad \begin{cases} -A_k^{(i)} = a^{(i')} A_{0,k}^{i,i'} + a_1^{(i')} A_{1,k}^{i,i'} + \cdots + a_n^{(i')} A_{n,k}^{i,i'}, \\ -A_k^{(i)} = a_{k'} A_{k,k'}^{0,i} + a'_{k'} A_{k,k'}^{1,i} + \cdots + a_{k'}^{(n)} A_{k,k'}^{n,i}. \end{cases}$$

In formulis (2), (3) statuendum est:

$$A_{k,k'}^{i,i} = A_{k,k}^{i,i'} = 0,$$

sive omittendi sunt termini in quibus ipsius $A_{k,k'}^{i,i'}$ indices sive superiores sive inferiores aequales existunt.

Multiplicemus aequationes sequentes,

$$\begin{aligned} 0 &= a\,A_k + a'\,A'_k + \cdots + a^{(n)} A_k^{(n)}, \\ 0 &= a_1 A_k + a'_1 A'_k + \cdots + a_1^{(n)} A_k^{(n)}, \\ &\cdot \quad \cdot \quad \cdot \quad \cdot \quad \cdot \quad \cdot \quad \cdot \quad \cdot \quad \cdot \\ R &= a_k A_k + a'_k A'_k + \cdots + a_k^{(n)} A_k^{(n)}, \\ &\cdot \quad \cdot \quad \cdot \quad \cdot \quad \cdot \quad \cdot \quad \cdot \quad \cdot \quad \cdot \\ 0 &= a_n A_k + a'_n A'_k + \cdots + a_n^{(n)} A_k^{(n)} \end{aligned}$$

per factores

$$A_{0,k'}^{i,i'}, \quad A_{1,k'}^{i,i'}, \quad \ldots, \quad A_{k,k'}^{i,i'}, \quad \ldots, \quad A_{n,k'}^{i,i'},$$

additione facta secundum (2) evanescunt in dextra parte termini omnes per A_k, A'_k etc. multiplicati praeter eos, qui per $A_k^{(i)}$, $A_k^{(i')}$ multiplicati sunt et qui secundum (3) evadunt,

$$A_{k'}^{(i')}.A_k^{(i)}, \quad -A_{k'}^{(i)}.A_k^{(i')}.$$

Unde prodit formula:

$$(4) \qquad R.A_{k,k'}^{i,i'} = A_k^{(i)} A_{k'}^{(i')} - A_{k'}^{(i)} A_k^{(i')}$$

sive

$$(5) \qquad R \cdot \frac{\partial^2 R}{\partial a_k^{(i)} \partial a_{k'}^{(i')}} = \frac{\partial R}{\partial a_k^{(i)}} \cdot \frac{\partial R}{\partial a_{k'}^{(i')}} - \frac{\partial R}{\partial a_{k'}^{(i)}} \cdot \frac{\partial R}{\partial a_k^{(i')}}.$$

Evolutione productorum facta habetur formula identica:

$$\begin{aligned} &\left(A_k^{(i)} A_{k'}^{(i')} - A_{k'}^{(i)} A_k^{(i')}\right)\left(A_{k''}^{(i)} A_{k'''}^{(i')} - A_{k'''}^{(i)} A_{k''}^{(i')}\right) \\ +&\left(A_k^{(i)} A_{k''}^{(i')} - A_{k''}^{(i)} A_k^{(i')}\right)\left(A_{k'''}^{(i)} A_{k'}^{(i')} - A_{k'}^{(i)} A_{k'''}^{(i')}\right) \\ +&\left(A^{(i)} A_{k'''}^{(i')} - A_{k'''}^{(i)} A_k^{(i')}\right)\left(A_{k'}^{(i)} A_{k''}^{(i')} - A_{k''}^{(i)} A_{k'}^{(i')}\right) = 0. \end{aligned}$$

In qua substituendo (4) et dividendo per R prodit formula:

$$(6)\qquad A^{i,i'}_{k,k'} A^{i,i'}_{k'',k'''} + A^{i,i'}_{k,k''} A^{i,i'}_{k''',k'} + A^{i,i'}_{k,k'''} A^{i,i'}_{k',k''} = 0,$$

ac similiter demonstratur

$$(7)\qquad A^{i,i'}_{k,k'} A^{i'',i'''}_{k,k'} + A^{i,i''}_{k,k'} A^{i''',i'}_{k,k'} + A^{i,i'''}_{k,k'} A^{i',i''}_{k,k'} = 0.$$

Per aliam formulam identicam notissimam obtinetur e (4):

$$(8)\qquad \begin{cases} A^{(i)}_{k} A^{i,i'}_{k',k''} + A^{(i)}_{k'} A^{i,i'}_{k'',k} + A^{(i)}_{k''} A^{i,i'}_{k,k'} = 0, \\ A^{(i)}_{k} A^{i',i''}_{k,k'} + A^{(i')}_{k} A^{i'',i}_{k,k'} + A^{(i'')}_{k} A^{i,i'}_{k,k'} = 0, \end{cases}$$

sive

$$(9)\qquad \begin{cases} \dfrac{\partial R}{\partial a^{(i)}_{k}} \cdot \dfrac{\partial^2 R}{\partial a^{(i)}_{k'} \partial a^{(i')}_{k''}} + \dfrac{\partial R}{\partial a^{(i)}_{k'}} \cdot \dfrac{\partial^2 R}{\partial a^{(i)}_{k''} \partial a^{(i')}_{k}} + \dfrac{\partial R}{\partial a^{(i)}_{k''}} \cdot \dfrac{\partial^2 R}{\partial a^{(i)}_{k} \partial a^{(i')}_{k'}} = 0, \\ \dfrac{\partial R}{\partial a^{(i)}_{k}} \cdot \dfrac{\partial^2 R}{\partial a^{(i')}_{k} \partial a^{(i'')}_{k'}} + \dfrac{\partial R}{\partial a^{(i')}_{k}} \cdot \dfrac{\partial^2 R}{\partial a^{(i'')}_{k} \partial a^{(i)}_{k'}} + \dfrac{\partial R}{\partial a^{(i'')}_{k}} \cdot \dfrac{\partial^2 R}{\partial a^{(i)}_{k} \partial a^{(i')}_{k'}} = 0. \end{cases}$$

Advocando formulas (1) obtines e (8)

$$(10)\qquad \frac{\partial \dfrac{A^{(i)}_{k'}}{A^{(i)}_{k}}}{\partial a^{(i')}_{k''}} = -\frac{A^{(i)}_{k''} A^{i,i'}_{k,k'}}{A^{(i)}_{k} A^{(i)}_{k}}, \qquad \frac{\partial \dfrac{A^{(i)}_{k}}{A^{(i')}_{k}}}{\partial a^{(i'')}_{k'}} = -\frac{A^{(i'')}_{k} A^{i,i'}_{k,k'}}{A^{(i)}_{k} A^{(i)}_{k}}.$$

Formulae praecedentes Cl. Bézout bene innotuerunt, earumque in variis quaestionibus usus est.

11.

Formula (4) §. pr. ad generalius formularum systema pertinet. Vidimus §. 7, ex aequationibus

$$(1)\qquad \begin{cases} at + a_1 t_1 + \cdots + a_n t_n = u, \\ a't + a'_1 t_1 + \cdots + a'_n t_n = u_1, \\ \cdot\quad \cdot\quad \cdot\quad \cdot\quad \cdot\quad \cdot\quad \cdot\quad \cdot\quad \cdot\quad \cdot \\ a^{(n)} t + a^{(n)}_1 t_1 + \cdots + a^{(n)}_n t_n = u_n, \end{cases}$$

sequi

$$(2)\qquad \begin{cases} Au + A' u_1 + \cdots + A^{(n)} u_n = R.t, \\ A_1 u + A'_1 u_1 + \cdots + A^{(n)}_1 u_n = R.t_1, \\ \cdot\quad \cdot\quad \cdot\quad \cdot\quad \cdot\quad \cdot\quad \cdot\quad \cdot\quad \cdot\quad \cdot \\ A_n u + A'_n u_1 + \cdots + A^{(n)}_n u_n = R.t_n, \end{cases}$$

quibus in formulis erat

$$(3)\qquad R=\Sigma\pm aa'\ldots a_n^{(n)},\quad A_n^{(n)}=\Sigma\pm aa_1'\ldots a_{n-1}^{(n-1)},\quad A=\Sigma\pm AA_1'\ldots A_{n-1}^{(n-1)}.$$

Aequationum (1) tantum $k+1$ primas consideremus:

$$(4)\qquad \begin{cases} at\;+a_1t_1\;+\cdots+a_kt_k\;+a_{k+1}t_{k+1}+\cdots+a_nt_n\;=u, \\ a't\;+a_1't_1\;+\cdots+a_k't_k\;+a_{k+1}'t_{k+1}+\cdots+a_n't_n\;=u_1, \\ \ldots\ldots\ldots\ldots\ldots\ldots\ldots\ldots \\ a^{(k)}t+a_1^{(k)}t_1+\cdots+a_k^{(k)}t_k+a_{k+1}^{(k)}t_{k+1}+\cdots+a_n^{(k)}t_n=u_k, \end{cases}$$

earumque ope determinemus t, t_1, ..., t_k per reliquas quantitates t_{k+1}, t_{k+2} etc., atque per u, u_1, ..., u_k. Prodeat

$$(5)\qquad C_kt_k+C_{k+1}t_{k+1}+\cdots+C_nt_n=Du+D_1u_1+\cdots+D_ku_k,$$

qua in formula erit

$$(6)\qquad C_k=\Sigma\pm aa_1'a_2''\ldots a_k^{(k)},\quad D_k=\Sigma\pm aa_1'a_2''\ldots a_{k-1}^{(k-1)}.$$

Quod patet observando, obtineri aequationes (4) e (1) ponendo $n=k$ ac ipsorum u_i loco ponendo

$$u_i-a_{k+1}^{(i)}t_{k+1}-a_{k+2}^{(i)}t_{k+2}-\cdots-a_n^{(i)}t_n.$$

Similiter e $n-k+1$ postremis aequationum (2) determinemus quantitates u_k, u_{k+1}, ..., u_n per reliquas u, u_1, ..., u_{k-1} et per quantitates t_k, t_{k+1}, ..., t_n: quo facto prodeat:

$$(7)\qquad Eu+E_1u_1+\cdots+E_ku_k=F_kt_k+F_{k+1}t_{k+1}+\cdots+F_nt_n,$$

erit

$$(8)\qquad E_k=\Sigma\pm A_k^{(k)}A_{k+1}^{(k+1)}\ldots A_n^{(n)},\quad F_k=R.\Sigma\pm A_{k+1}^{(k+1)}A_{k+2}^{(k+2)}\ldots A_n^{(n)}.$$

Aequationes (5) et (7) inter se convenire debent, nam per aequationes propositas (1) unico tantum modo exprimi potest t_k per t_{k+1}, t_{k+2}, ..., t_n, u, u_1, ..., u_k. Unde fieri debet

$$\frac{D_k}{C_k}=\frac{E_k}{F_k}$$

sive

$$(9)\qquad \frac{\Sigma\pm aa_1'a_2''\ldots a_{k-1}^{(k-1)}}{\Sigma\pm aa_1'a_2''\ldots a_k^{(k)}}=\frac{\Sigma\pm A_k^{(k)}A_{k+1}^{(k+1)}\ldots A_n^{(n)}}{R.\Sigma\pm A_{k+1}^{(k+1)}A_{k+2}^{(k+2)}\ldots A_n^{(n)}}.$$

In hac formula generali ipsi k tribuendo valores

$$n-1,\quad n-2,\quad n-3,\quad \ldots,\quad 1,$$

prodit:

$$(10)\quad \begin{cases} \dfrac{\Sigma\pm aa'_1\dots a^{(n-2)}_{n-2}}{\Sigma\pm aa'_1\dots a^{(n-1)}_{n-1}} = \dfrac{\Sigma\pm A^{(n-1)}_{n-1}A^{(n)}_n}{RA^{(n)}_n}, \\ \dfrac{\Sigma\pm aa'_1\dots a^{(n-3)}_{n-3}}{\Sigma\pm aa'_1\dots a^{(n-2)}_{n-2}} = \dfrac{\Sigma\pm A^{(n-2)}_{n-2}A^{(n-1)}_{n-1}A^{(n)}_n}{R\Sigma\pm A^{(n-1)}_{n-1}A^{(n)}_n}, \\ \dots\dots\dots\dots\dots \\ \dfrac{a}{\Sigma\pm aa'_1} = \dfrac{\Sigma\pm A'_1A''_2\dots A^{(n)}_n}{R\Sigma\pm A''_2A'''_3\dots A^{(n)}_n}, \end{cases}$$

Harum aequationum prima suppeditat

$$\Sigma\pm A^{(n-1)}_{n-1}A^{(n)}_n = R\Sigma\pm aa'_1\dots a^{(n-2)}_{n-2} = RA^{n-1,n}_{n-1,n},$$

quae cum formula (4) §. pr. convenit. Deinde aequationum (10) duas, tres, quatuor etc. primas inter se multiplicando, prodit formularum systema hoc:

$$(11)\quad \begin{cases} \Sigma\pm A^{(n-1)}_{n-1}A^{(n)}_n = R\,\Sigma\pm aa'_1\dots a^{(n-2)}_{n-2}, \\ \Sigma\pm A^{(n-2)}_{n-2}A^{(n-1)}_{n-1}A^{(n)}_n = R^2\Sigma\pm aa'_1\dots a^{(n-3)}_{n-3}, \\ \dots\dots\dots\dots\dots \\ \Sigma\pm A'_1A''_2\dots A^{(n)}_n = R^{n-1}a. \end{cases}$$

Quas formulas amplectitur formula generalis

$$(12)\quad \Sigma\pm A^{(k+1)}_{k+1}A^{(k+2)}_{k+2}\dots A^{(n)}_n = R^{n-k-1}\Sigma\pm aa'_1\dots a^{(k)}_k.$$

E qua aliae plurimae profluunt, indices

$$0,\ 1,\ 2,\ \dots,\ k,\ k+1,\ k+2,\ \dots,\ n$$

omnimodis permutando. Veluti si formularum (11) postremam sic repraesentamus:

$$\frac{\partial\Sigma\pm AA'_1A''_2\dots A^{(n)}_n}{\partial A} = aR^{n-1},$$

generaliter habebitur:

$$\frac{\partial\Sigma\pm AA'_1A''_2\dots A^{(n)}_n}{\partial A^{(i)}_k} = a^{(i)}_kR^{n-1}.$$

Ponendo

$$\Sigma\pm AA'_1\dots A^{(n)}_n = r,$$

fit

$$r = A\frac{\partial r}{\partial A} + A_1\frac{\partial r}{\partial A_1} + \dots + A_n\frac{\partial r}{\partial A_n}$$
$$= R^{n-1}(Aa + A_1a_1 + \dots + A_na_n),$$

sive e §. 6:

$$(13)\quad \Sigma\pm AA'_1\dots A^{(n)}_n = R^n.$$

Quae notissima formula est.

12.

Substituendo secundum (3) §. 6 ipsis $A_k^{(i)}$ expressiones

$$A_k^{(i)} = \frac{\partial R}{\partial a_k^{(i)}}, \tag{1}$$

sequitur e formulis §. 7, *propositis aequationibus linearibus*

$$\begin{cases} u = at + a_1 t_1 + \cdots + a_n t_n, \\ u_1 = a't + a_1' t_1 + \cdots + a_n' t_n, \\ \cdot\ \cdot\ \cdot\ \cdot\ \cdot\ \cdot\ \cdot\ \cdot\ \cdot\ \cdot \\ u_n = a^{(n)} t + a_1^{(n)} t_1 + \cdots + a_n^{(n)} t_n, \end{cases} \tag{2}$$

fieri

$$\begin{cases} R.t = \frac{\partial R}{\partial a} u + \frac{\partial R}{\partial a'} u_1 + \cdots + \frac{\partial R}{\partial a^{(n)}} u_n, \\ R.t_1 = \frac{\partial R}{\partial a_1} u + \frac{\partial R}{\partial a_1'} u_1 + \cdots + \frac{\partial R}{\partial a_1^{(n)}} u_n, \\ \cdot\ \cdot\ \cdot\ \cdot\ \cdot\ \cdot\ \cdot\ \cdot\ \cdot\ \cdot\ \cdot\ \cdot\ \cdot\ \cdot\ \cdot \\ R.t_n = \frac{\partial R}{\partial a_n} u + \frac{\partial R}{\partial a_n'} u_1 + \cdots + \frac{\partial R}{\partial a_n^{(n)}} u_n. \end{cases} \tag{3}$$

Proponamus systemata aequationum linearium, in quibus omnibus iidem sint incognitarum Coëfficientes, et quae solis terminis mere constantibus inter se differunt. Quarum aequationum typus generalis sit

$$\begin{cases} at + a_1 t_1 + \cdots + a_n t_n = \delta a_k, \\ a't + a_1' t_1 + \cdots + a_n' t_n = \delta a_k', \\ \cdot\ \cdot\ \cdot\ \cdot\ \cdot\ \cdot\ \cdot\ \cdot\ \cdot\ \cdot\ \cdot\ \cdot\ \cdot \\ a^{(n)} t + a_1^{(n)} t_1 + \cdots + a_n^{(n)} t_n = \delta a_k^{(n)}, \end{cases} \tag{4}$$

e quibus aequationibus $n+1$ systemata proposita obtineantur ponendo ipsius k loco indices $0, 1, 2, \ldots, n$. Valores incognitarum e systemate aequationum (4) provenientes vocemus

$$t^{(k)},\ t_1^{(k)},\ \ldots,\ t_n^{(k)},$$

erit secundum (3):

$$R.t_k^{(k)} = \frac{\partial R}{\partial a_k} \delta a_k + \frac{\partial R}{\partial a_k'} \delta a_k' + \cdots + \frac{\partial R}{\partial a_k^{(n)}} \delta a_k^{(n)}. \tag{5}$$

Unde tribuendo indici k cunctos valores $0, 1, 2, \ldots, n$ et summando prodit formula:

$$R(t + t_1' + t_2'' + \cdots + t_n^{(n)}) = \delta R \tag{6}$$

sive etiam

$$(7) \qquad t+t_1'+t_2''+\cdots+t_n^{(n)} = \delta \log R.$$

Expressio ad dextram formulae praecedentis est summa e valore primae incognitae e primo aequationum systemate, e valore secundae incognitae e secundo systemate eruto etc. Signum variationis — δ — functioni alicui U elementorum $a_k^{(i)}$ praefigendo intelligo summam

$$(8) \qquad \delta U = \Sigma \frac{\partial U}{\partial a_k^{(i)}} \delta a_k^{(i)},$$

designantibus $\delta a_k^{(i)}$ quantitates quascunque et summa ad utriusque indicis i et k cunctos valores $0, 1, \ldots, n$ sive quod idem est ad cuncta Determinantis elementa extensa.

Supponamus typum aequationum propositarum esse

$$(9) \qquad \begin{cases} a t^{(k)} + a_1 t_1^{(k)} + \cdots + a_n t_n^{(k)} = \delta a_k + (0, k), \\ a' t^{(k)} + a_1' t_1^{(k)} + \cdots + a_n' t_n^{(k)} = \delta a_k' + (1, k), \\ \cdot \quad \cdot \quad \cdot \quad \cdot \quad \cdot \quad \cdot \quad \cdot \quad \cdot \\ a^{(n)} t^{(k)} + a_1^{(n)} t_1^{(k)} + \cdots + a_n^{(n)} t_n^{(k)} = \delta a_k^{(n)} + (n, k); \end{cases}$$

mutabitur formula (5) in hanc:

$$(10) \qquad \begin{cases} R t_k^{(k)} = \dfrac{\partial R}{\partial a_k} \delta a_k + \dfrac{\partial R}{\partial a_k'} \delta a_k' + \cdots + \dfrac{\partial R}{\partial a_k^{(n)}} \delta a_k^{(n)} \\ \qquad + \dfrac{\partial R}{\partial a_k} (0, k) + \dfrac{\partial R}{\partial a_k'} (1, k) + \cdots + \dfrac{\partial R}{\partial a_k^{(n)}} (n, k), \end{cases}$$

ideoque mutabitur (6) in hanc:

$$(11) \qquad R(t+t_1'+t_2''+\cdots+t_n^{(n)}) = \delta R + \Sigma \frac{\partial R}{\partial a_k^{(i)}} (i, k),$$

summa ad indicum i et k cunctos valores $0, 1, 2, \ldots, n$ extensa.

Ponamus inter Coëfficientes aequationum linearium propositarum locum habere aequationes

$$a_k^{(i)} = a_i^{(k)},$$

unde etiam quantitates

$$\frac{\partial R}{\partial a_k^{(i)}} = A_k^{(i)}, \quad \frac{\partial R}{\partial a_i^{(k)}} = A_i^{(k)}$$

inter se aequales existunt (§. 6). Supponamus porro quantitates (i, k) indicum i et k permutatione valores induere oppositos, sive fieri

$$(12) \qquad (k, i) = -(i, k), \quad (k, k) = 0.$$

Quibus positis in summa

$$\Sigma \frac{\partial R}{\partial a_k^{(i)}}(i, k)$$

termini

$$\frac{\partial R}{\partial a_k^{(k)}}(k, k)$$

evanescunt; porro pro i et k diversis bini termini

$$\frac{\partial R}{\partial a_k^{(i)}}(i, k)+\frac{\partial R}{\partial a_i^{(k)}}(k, i)$$

sese mutuo destruunt, unde tota summa

$$\Sigma \frac{\partial R}{\partial a_k^{(i)}}(i, k)$$

evanescit. Habemus igitur hanc Propositionem.

Propositio.

„Proponatur aequationum linearium systema

$$\begin{aligned} a t^{(k)} + a_1 t_1^{(k)} + \cdots + a_n t_n^{(k)} &= \delta a_k + (0, k), \\ a' t^{(k)} + a_1' t_1^{(k)} + \cdots + a_n' t_n^{(k)} &= \delta a_k' + (1, k), \\ \cdots \cdots \cdots \cdots \cdots \cdots \cdots \cdots \\ a^{(n)} t^{(k)} + a_1^{(n)} t_1^{(k)} + \cdots + a_n^{(n)} t_n^{(k)} &= \delta a_k^{(n)} + (n, k), \end{aligned}$$

in quibus

$$a_k^{(i)} = a_i^{(k)}$$

atque (i, k) sunt quantitates quaecunque, pro quibus fit

$$(i, k) = -(k, i), \quad (k, k) = 0;$$

e systemate aequationum proposito formentur $n+1$ systemata, ponendo pro ipso k indices 0, 1, 2, ..., n, atque e primo systemate eruatur valor primae incognitae, e secundo secundae etc.: omnium summa aequatur variationi logarithmi Determinantis aequationum propositarum, sive fit

$$t + t_1' + t_2'' + \cdots + t_n^{(n)} = \delta \log \Sigma \pm a a_1' a_2'' \ldots a_n^{(n)}."$$

Hac interdum Propositione solvere licet quaestiones Analyticas gravissimas, quae primo intuitu valde complicatae videntur. Cuius rei alia occasione tradam exempla.

13.

Statuamus

$$(1) \qquad c_k^{(i)} = S a^{(i)} a^{(k)} = a^{(i)} a^{(k)} + a_1^{(i)} a_1^{(k)} + \cdots + a_p^{(i)} a_p^{(k)},$$

ac vocemus P Determinans ad elementa $c_k^{(i)}$ pertinens, quod rursus $(n+1)^{ti}$ gradus sit, ita ut habeatur

$$(2) \qquad P = \Sigma \pm c c_1' c_2'' \ldots c_n^{(n)}.$$

Est productum

$$(3) \qquad \pm c c_1' c_2'' \ldots c_n^{(n)} = \pm S a a . S a' a' . S a'' a'' \ldots S a^{(n)} a^{(n)},$$

quod summarum productum per unam summam repraesentare licet

$$(4) \qquad \begin{cases} \pm c c_1' c_2'' \ldots c_n^{(n)} = \pm S a_m a_m . a'_{m'} a'_{m'} . a''_{m''} a''_{m''} \ldots a^{(n)}_{m^{(n)}} a^{(n)}_{m^{(n)}} \\ \qquad\qquad = \pm S a_m a'_{m'} \ldots a^{(n)}_{m^{(n)}} . a_m a'_{m'} \ldots a^{(n)}_{m^{(n)}}, \end{cases}$$

siquidem signum summatorium S ad solos indices inferiores m, m' etc. referimus, quibus singulis cuncti valores tribuendi sunt

$$0, \ 1, \ 2, \ \ldots, \ p.$$

Permutando quantitatum c indices superiores, indices superiores ipsorum a easdem Permutationes subeunt; contra permutando quantitatum c indices inferiores, elementorum a indices superiores easdem Permutationes subeunt. Prodit Determinans P ex aequationis (4) laeva parte, indices ipsius c superiores $0, 1, 2, \ldots, n$ omnibus modis permutando simulque signum positivum aut negativum praefigendo, prout eorum indicum permutatio positiva aut negativa est. Qua de re obtinetur P ex expressione

$$S \pm a_m a'_{m'} \ldots a^{(n)}_{m^{(n)}} . a_m a'_{m'} \ldots a^{(n)}_{m^{(n)}},$$

indices ipsius a superiores omnimodis permutando, signo positivo aut negativo praefixo, prout Permutatio positiva aut negativa est, unde fit

$$(5) \qquad P = S\left(a_m a'_{m'} \ldots a^{(n)}_{m^{(n)}} . \Sigma \pm a_m a'_{m'} \ldots a^{(n)}_{m^{(n)}}\right).$$

At secundum Determinantium proprietatem fundamentalem evanescit Determinans

$$\Sigma \pm a_m a'_{m'} \ldots a^{(n)}_{m^{(n)}},$$

quoties indicum

$$m, \ m', \ \ldots, \ m^{(n)}$$

duo quicunque inter se aequales existunt. Qua de re sufficit in aequatione (5) signum S referre ad indicum m, m' etc. *valores a se diversos* quocunque modo e numero indicum 0, 1, 2, ..., p petitos. Distinguamus iam inter tres casus, quibus $p < n$, $p = n$, $p > n$.

Sit $p < n$; non licet indicibus $m, m', \ldots, m^{(n)}$, quorum numerus est $n+1$, valores inter se diversos e numero $p+1$ indicum 0, 1, 2, ..., p tribuere; qua de re semper evanescit Determinans

$$\Sigma \pm \alpha_m \alpha'_{m'} \ldots \alpha^{(n)}_{m^{(n)}},$$

ideoque totum Aggregatum, quod signum S amplectitur. Qua de re hanc habemus Propositionem.

Propositio I.

„Sit

$$c^{(i)}_k = \alpha^{(i)} a^{(k)} + \alpha^{(i)}_1 a^{(k)}_1 + \cdots + \alpha^{(i)}_p a^{(k)}_p,$$

quoties $p < n$, evanescit Determinans

$$\Sigma \pm c c'_1 c''_2 \ldots c^{(n)}_n."$$

Iam secundum casum examinemus, qui prae ceteris momenti est.

Sit $p = n$; indices inter se diversi $m, m', \ldots, m^{(n)}$ ex indicibus 0, 1, 2, ..., n sumi debent ideoque, cum utrorumque idem numerus sit, indices m, m' etc. cum indicibus 0, 1, 2, ..., n conveniunt, ordinis respectu non habito. Qua de re eruitur P e formula:

$$P = S a a'_1 \ldots a^{(n)}_n \Sigma \pm \alpha \alpha'_1 \ldots \alpha^{(n)}_n,$$

indicibus inferioribus 0, 1, ... omnimodis permutatis, ita tamen ut in utroque factore

$$a a'_1 \ldots a^{(n)}_n, \quad \Sigma \pm \alpha \alpha'_1 \ldots \alpha^{(n)}_n$$

eadem adhibeatur Permutatio. At iis Permutationibus Determinans

$$\Sigma \pm \alpha \alpha'_1 \ldots \alpha^{(n)}_n$$

aut non mutatur aut tantum signum mutat, prout Permutatio positiva aut negativa est. Qua de re eruimus P, si in expressione

$$\pm a a'_1 \ldots a^{(n)}_n . \Sigma \pm \alpha \alpha'_1 \ldots \alpha^{(n)}_n$$

indices ipsorum a inferiores omnimodis permutantur signo positivo aut negativo electo, prout Permutatio positiva aut negativa est. Unde si ponimus

$$(6) \qquad \Sigma \pm a a'_1 \ldots a^{(n)}_n = R, \quad \Sigma \pm \alpha \alpha'_1 \ldots \alpha^{(n)}_n = \mathrm{P},$$

fit

$$(7) \qquad P = \mathrm{P} R.$$

Qua formula haec continetur Propositio in his quaestionibus fundamentalis.

Propositio II.

„Datis binis quibuscunque eiusdem gradus Determinantibus eorum productum exhiberi potest ut eiusdem gradus Determinans, cuius elementa sunt expressiones rationales integrae elementorum Determinantium propositorum; videlicet posito

$$c_k^{(i)} = a^{(i)}a^{(k)} + a_1^{(i)}a_1^{(k)} + \cdots + a_n^{(i)}a_n^{(k)}$$

atque

$$R = \Sigma \pm aa_1' \ldots a_n^{(n)}, \quad \mathrm{P} = \Sigma \pm \alpha\alpha_1' \ldots \alpha_n^{(n)}, \quad P = \Sigma \pm cc_1' \ldots c_n^{(n)},$$

fit

$$P = \mathrm{P}R."$$

E Propositione antecedente fluit generalior:

datis quotcunque eiusdem gradus Determinantibus eorum productum ut eiusdem gradus exhiberi posse Determinans, cuius elementa expressiones sint rationales integrae elementorum Determinantium propositorum.

Non essentiale est, quod Prop. II. supponitur, utriusque Determinantis eundem gradum esse; vidimus enim §. 5, quodlibet Determinans $(m+1)^{ti}$ gradus

$$\Sigma \pm aa_1' \ldots a_m^{(m)}$$

etiam pro altioris gradus Determinante haberi posse. Sit $m < n$ atque supponamus evanescere cuncta elementa

$$a_k^{(m+1)}, \quad a_k^{(m+2)}, \quad \ldots, \quad a_k^{(n)},$$

in quibus inferior index superiore minor est, porro esse

$$a_{m+1}^{(m+1)} = a_{m+2}^{(m+2)} = \cdots = a_n^{(n)} = 1;$$

erit secundum §. 5, IV.:

$$\Sigma \pm aa_1'a_2'' \ldots a_n^{(n)} = \Sigma \pm aa_1' \ldots a_m^{(m)}.$$

Eo igitur casu fit:

$$(8) \qquad \Sigma \pm \alpha\alpha_1'\alpha_2'' \ldots \alpha_m^{(m)} . \Sigma \pm aa_1'a_2'' \ldots a_n^{(n)} = \Sigma \pm cc_1'c_2'' \ldots c_n^{(n)},$$

sive habetur

Propositio III.

„Sit pro indicis i valoribus $0, 1, 2, \ldots, m$

$$c_k^{(i)} = \alpha^{(i)}a^{(k)} + \alpha_1^{(i)}a_1^{(k)} + \cdots + \alpha_n^{(i)}a_n^{(k)},$$

pro indicibus i valoribus maioribus quam m

$$c_k^{(i)} = a_i^{(k)} + \alpha_{i+1}^{(i)}a_{i+1}^{(k)} + \alpha_{i+2}^{(i)}a_{i+2}^{(k)} + \cdots + \alpha_n^{(i)}a_n^{(k)},$$

erit

$$\Sigma \pm a a_1' \dots a_m^{(m)} \Sigma \pm a a_1' \dots a_n^{(n)} = \Sigma \pm c c_1' c_2'' \dots c_n^{(n)}.$$

In parte laeva aequationis (8) non inveniuntur elementa a, quorum index superior ipso m maior est, unde in Prop. antec. de valoribus eorum ex arbitrio statuere licet. Quos si evanescere ponimus, fit pro ipso $i \leq m$

$$c_k^{(i)} = a^{(i)} a^{(k)} + a_1^{(i)} a_1^{(k)} + \dots + a_m^{(i)} a_m^{(k)},$$

pro $i > m$

$$c_k^{(i)} = a_i^{(k)}.$$

14.

Accedamus ad casum, quo $p > n$; secundum formulam (5) §. pr. fit P summa expressionum

$$a_m a'_{m'} \dots a^{(n)}_{m^{(n)}} . \Sigma \pm a_m a'_{m'} \dots a^{(n)}_{m^{(n)}},$$

indicibus m, m' etc. tributis quibuscunque $n+1$ valoribus a se diversis e numero indicum $0, 1, 2, \dots, p$. Qua de re ex ipsis $0, 1, 2, \dots, p$ electis $n+1$ numeris diversis, hi numeri omnimodis inter se permutati pro indicibus inferioribus $m, m', \dots, m^{(n)}$ sumi debent, omnibusque illis Permutationibus pro quibuscunque $n+1$ numeris factis, singula Aggregata $1.2\dots(n+1)$ terminorum sic provenientia summanda sunt. At illis indicum inferiorum m, m' etc. Permutationibus Determinans

$$\Sigma \pm a_m a'_{m'} \dots a^{(n)}_{m^{(n)}}$$

non mutatur aut solum signum mutat, prout Permutatio positiva aut negativa est. Qua de re fit

$$P = S \Sigma \pm a_m a'_{m'} \dots a^{(n)}_{m^{(n)}} \Sigma \pm a_m a'_{m'} \dots a^{(n)}_{m^{(n)}},$$

sive fit P Aggregatum e

$$\frac{(p+1).p.(p-1)\dots(p-n+1)}{1.2.3\dots(n+1)} = \frac{(p+1).p.(p-1)\dots(n+2)}{1.2.3\dots(p-n)}$$

productis binorum Determinantium

$$\Sigma \pm a_m a'_{m'} \dots a^{(n)}_{m^{(n)}} . \Sigma \pm a_m a'_{m'} \dots a^{(n)}_{m^{(n)}},$$

quae obtinentur quoscunque $n+1$ diversos numeros ex ipsis $0, 1, 2, \dots, p$ pro indicibus inferioribus $m, m', \dots, m^{(n)}$ sumendo. Habemus igitur sequentem Propositionem:

Propositio IV.

„Formentur producta binorum Determinantium

$$\Sigma\pm a_m a'_{m'} \ldots a^{(n)}_{m^{(n)}} . \Sigma\pm a_m a'_{m'} \ldots a^{(n)}_{m^{(n)}},$$

pro indicibus inferioribus m, m' etc. quoscunque sumendo $n+1$ numeros ex ipsis $0, 1, 2, \ldots, p$, ubi $p > n$: cunctorum eiusmodi productorum summa aequatur Determinanti

$$\Sigma\pm cc'_1 \ldots c^{(n)}_n,$$

cuius elementa dantur per formulam

$$c^{(i)}_k = a^{(i)} a^{(k)} + a^{(i)}_1 a^{(k)}_1 + \cdots + a^{(i)}_p a^{(k)}_p.\text{“}$$

Casu particulari, quo pro omnibus ipsorum i et k valoribus fit

$$a^{(i)}_m = a^{(i)}_m,$$

e Propp. antecc. haec fluit:

Propositio V.

„Posito

$$c^{(i)}_k = c^{(k)}_i = a^{(i)} a^{(k)} + a^{(i)}_1 a^{(k)}_1 + \cdots + a^{(i)}_p a^{(k)}_p,$$

sit Determinans

$$\Sigma\pm cc'_1 \ldots c^{(n)}_n = P;$$

ubi $p < n$, fit

$$P = 0;$$

ubi $p = n$, fit

$$P = \{\Sigma\pm aa'_1 \ldots a^{(n)}_n\}^2;$$

ubi $p > n$, fit

$$P = S\{\Sigma\pm a_m a'_{m'} \ldots a^{(n)}_{m^{(n)}}\}^2,$$

siquidem pro indicibus inferioribus m, m' etc. sumuntur quilibet $n+1$ diversi e numeris $0, 1, 2, \ldots, p$.“

Hinc ut Corollarium sequitur, *quoties quantitates $a^{(i)}_k$ reales sint, Determinans*

$$\Sigma\pm cc'_1 \ldots c^{(n)}_n$$

evanescere non posse, nisi Determinantia

$$\Sigma\pm a_m a'_{m'} \ldots a^{(n)}_{m^{(n)}}$$

singula evanescant.

Propositiones II., IV. Ill. Cauchy demonstravit loco citato.

15.

Proponantur aequationes lineares

$$(1)\quad \begin{cases} cx+c_1x_1+\cdots+c_nx_n=\gamma, \\ c'x+c'_1x_1+\cdots+c'_nx_n=\gamma', \\ \dots\dots\dots\dots \\ c^{(n)}x+c_1^{(n)}x_1+\cdots+c_n^{(n)}x_n=\gamma^{(n)}, \end{cases}$$

ubi

$$(2)\quad c_k^{(i)}=\alpha^{(i)}a^{(k)}+\alpha_1^{(i)}a_1^{(k)}+\cdots+\alpha_p^{(i)}a_p^{(k)},$$

$$(3)\quad \gamma_k^{(i)}=\alpha^{(i)}l+\alpha_1^{(i)}l_1+\cdots+\alpha_p^{(i)}l_p.$$

Quae proveniunt aequationes, si $p+1$ aequationes

$$(4)\quad \begin{cases} ax+a'x_1+\cdots+a^{(n)}x_n=l, \\ a_1x+a'_1x_1+\cdots+a_1^{(n)}x_n=l_1, \\ \dots\dots\dots\dots \\ a_px+a'_px_1+\cdots+a_p^{(n)}x_n=l_p \end{cases}$$

per factores

$$\alpha^{(i)},\ \alpha_1^{(i)},\ \dots,\ \alpha_p^{(i)}$$

multiplicatae adduntur. Si $p<n$, aequationum (1) Determinans secundum Prop. I. §. 13 evanescit, quo casu incognitarum valores aut infiniti aut indeterminati evadunt. Indeterminatos eos evadere inde patet, quod aequationibus (1) satisfit quoties aequationibus (4) satisfactum est; si vero $p<n$, aequationum (4) numerus numero incognitarum minor est ideoque aequationibus illis infinitis modis satisfieri potest.

Sit $p\geqq n$, ac statuamus rursus

$$(5)\quad P=\Sigma\pm cc'_1\dots c_n^{(n)};$$

resolvendo (1) provenit

$$(6)\quad \begin{cases} P.x=\dfrac{\partial P}{\partial c}\gamma+\dfrac{\partial P}{\partial c'}\gamma'+\cdots+\dfrac{\partial P}{\partial c^{(n)}}\gamma^{(n)}, \\ P.x_1=\dfrac{\partial P}{\partial c_1}\gamma+\dfrac{\partial P}{\partial c'_1}\gamma'+\cdots+\dfrac{\partial P}{\partial c_1^{(n)}}\gamma^{(n)}, \\ \dots\dots\dots\dots \\ P.x_n=\dfrac{\partial P}{\partial c_n}\gamma+\dfrac{\partial P}{\partial c'_n}\gamma'+\cdots+\dfrac{\partial P}{\partial c_n^{(n)}}\gamma^{(n)}. \end{cases}$$

In quibus valoribus ipsius $\gamma^{(i)}$ expressiones (3) substituamus, quo facto prodeat:

$$(7)\qquad \begin{cases} P.x = \beta l + \beta_1 l_1 + \cdots + \beta_p l_p, \\ P.x_1 = \beta' l + \beta'_1 l_1 + \cdots + \beta'_p l_p, \\ \cdot\ \cdot\ \cdot\ \cdot\ \cdot\ \cdot\ \cdot\ \cdot\ \cdot\ \cdot\ \cdot\ \cdot \\ P.x_n = \beta^{(n)} l + \beta_1^{(n)} l_1 + \cdots + \beta_p^{(n)} l_p; \end{cases}$$

erit

$$(8)\qquad \beta_m^{(k)} = \alpha_m \frac{\partial P}{\partial c_k} + \alpha'_m \frac{\partial P}{\partial c'_k} + \cdots + \alpha_m^{(n)} \frac{\partial P}{\partial c_k^{(n)}}.$$

Quas expressiones secundum (2) sic quoque exhibere licet:

$$(9)\qquad \beta_m^{(k)} = \frac{\partial P}{\partial c_k}\cdot\frac{\partial c_k}{\partial a_m^{(k)}} + \frac{\partial P}{\partial c'_k}\cdot\frac{\partial c'_k}{\partial a_m^{(k)}} + \cdots + \frac{\partial P}{\partial c_k^{(n)}}\cdot\frac{\partial c_k^{(n)}}{\partial a_m^{(k)}}.$$

Inter omnes quantitates c solae sunt quantitates c_k, c'_k, ..., $c_k^{(n)}$, quae elementum $a_m^{(k)}$ implicant; expresso igitur P per quantitates α, a ope formularum (2) fit

$$(10)\qquad \beta_m^{(k)} = \frac{\partial P}{\partial a_m^{(k)}}.$$

Unde incognitarum valores (7) per has formulas exhiberi possunt:

$$(11)\qquad \begin{cases} P.x = \frac{\partial P}{\partial a} l + \frac{\partial P}{\partial a_1} l_1 + \cdots + \frac{\partial P}{\partial a_p} l_p, \\ P.x_1 = \frac{\partial P}{\partial a'} l + \frac{\partial P}{\partial a'_1} l_1 + \cdots + \frac{\partial P}{\partial a'_p} l_p, \\ \cdot\ \cdot\ \cdot\ \cdot\ \cdot\ \cdot\ \cdot\ \cdot\ \cdot\ \cdot\ \cdot\ \cdot \\ P.x_n = \frac{\partial P}{\partial a^{(n)}} l + \frac{\partial P}{\partial a_1^{(n)}} l_1 + \cdots + \frac{\partial P}{\partial a_p^{(n)}} l_p. \end{cases}$$

Ponamus rursus

$$(12)\qquad R = \Sigma \pm a_m a'_{m'} \ldots a_{m^{(n)}}^{(n)}, \quad \mathrm{P} = \Sigma \pm \alpha_m \alpha'_{m'} \ldots \alpha_{m^{(n)}}^{(n)},$$

atque signum summatorium — S — extendamus ad quaelibet ipsorum m, m', ..., $m^{(n)}$ systemata, in quibus m, m' etc. $n+1$ diversis numeris ex ipsis 0, 1, 2, ..., p aequantur. Erit secundum Prop. IV. §. pr.

$$(13)\qquad P = S.\mathrm{P}R.$$

Qua formula in (11) substituta fit

$$(14)\qquad \begin{cases} \{S.\mathrm{P}R\}x = S.\mathrm{P}\left\{\frac{\partial R}{\partial a} l + \frac{\partial R}{\partial a_1} l_1 + \cdots + \frac{\partial R}{\partial a_p} l_p\right\}, \\ \{S.\mathrm{P}R\}x_1 = S.\mathrm{P}\left\{\frac{\partial R}{\partial a'} l + \frac{\partial R}{\partial a'_1} l_1 + \cdots + \frac{\partial R}{\partial a'_p} l_p\right\}, \\ \cdot\ \cdot\ \cdot\ \cdot\ \cdot\ \cdot\ \cdot\ \cdot\ \cdot\ \cdot\ \cdot\ \cdot \\ \{S.\mathrm{P}R\}x_n = S.\mathrm{P}\left\{\frac{\partial R}{\partial a^{(n)}} l + \frac{\partial R}{\partial a_1^{(n)}} l_1 + \cdots + \frac{\partial R}{\partial a_p^{(n)}} l_p\right\}. \end{cases}$$

Expressionem R non ingrediuntur omnia elementa

$$a^{(i)},\ a_1^{(i)},\ \ldots,\ a_p^{(i)},$$

sed tantum elementa

$$a_m^{(i)},\ a_{m'}^{(i)},\ \ldots,\ a_{m^{(n)}}^{(i)}.$$

Qua de re valores (14) sic quoque exhibere licet:

$$(15)\qquad \begin{cases} \{S.\mathrm{P}R\}x = S.\mathrm{P}\left\{\dfrac{\partial R}{\partial a_m} l_m + \dfrac{\partial R}{\partial a_{m'}} l_{m'} + \cdots + \dfrac{\partial R}{\partial a_{m^{(n)}}} l_{m^{(n)}}\right\}, \\ \{S.\mathrm{P}R\}x_1 = S.\mathrm{P}\left\{\dfrac{\partial R}{\partial a'_m} l_m + \dfrac{\partial R}{\partial a'_{m'}} l_{m'} + \cdots + \dfrac{\partial R}{\partial a'_{m^{(n)}}} l_{m^{(n)}}\right\}, \\ \cdots\cdots\cdots\cdots\cdots\cdots \\ \{S.\mathrm{P}R\}x_n = S.\mathrm{P}\left\{\dfrac{\partial R}{\partial a_m^{(n)}} l_m + \dfrac{\partial R}{\partial a_{m'}^{(n)}} l_{m'} + \cdots + \dfrac{\partial R}{\partial a_{m^{(n)}}^{(n)}} l_{m^{(n)}}\right\}. \end{cases}$$

Designemus per

$$(x),\ (x_1),\ \ldots,\ (x_n),$$

valores incognitarum x, x_1, ..., x_n provenientes e $n+1$ aequationibus e numero aequationum (4), in quibus termini constantes sint

$$l_m,\ l_{m'},\ \ldots,\ l_{m^{(n)}};$$

erunt expressiones uncis inclusae, quae in dextra parte aequationum (15) sub signo S inveniuntur per P multiplicatae, aequales ipsis

$$R(x),\ R(x_1),\ \ldots,\ R(x_n).$$

Unde poterunt iam formulae (15) sic exhiberi:

$$(16)\qquad \begin{cases} \{S.\mathrm{P}R\}x = S.\mathrm{P}R(x), \\ \{S.\mathrm{P}R\}x_1 = S.\mathrm{P}R(x_1), \\ \cdots\cdots\cdots \\ \{S.\mathrm{P}R\}x_n = S.\mathrm{P}R(x_n), \end{cases}$$

unde

$$(17)\qquad x = \frac{S.\mathrm{P}R(x)}{S.\mathrm{P}R},\quad x_1 = \frac{S.\mathrm{P}R(x_1)}{S.\mathrm{P}R},\quad \ldots,\quad x_n = \frac{S.\mathrm{P}R(x_n)}{S.\mathrm{P}R}.$$

Quae sequens est Propositio:

Propositio I.

„Quascunque $n+1$ combinando e $p+1$ aequationibus (4) veluti $(m+1)^{\text{tam}}$, $(m'+1)^{\text{tam}}$, ..., $(m^{(n)}+1)^{\text{tam}}$, eruantur incognitarum x, x_1, ..., x_n valores

$$(x),\ (x_1),\ \ldots,\ (x_n);$$

qui valores omnes per *eandem* quantitatem multiplicentur

$$PR = \Sigma \pm a_m a'_{m'} \ldots a^{(n)}_{m^{(n)}} . \Sigma \pm a_m a'_{m'} \ldots a^{(n)}_{m^{(n)}};$$

pro omnibus illis combinationibus, quarum numerus est

$$\frac{(p+1).p\ldots(p-n+1)}{1.2\ldots(n+1)} = \frac{(p+1).(p\ldots n+2)}{1.2\ldots(p-n)},$$

producta singula

$$PR.(x),\ PR.(x_1),\ \ldots,\ PR.(x_n)$$

summando ac dividendo per summam ipsorum PR prodeunt incognitarum valores, quales per aequationes (1) determinantur,

$$x = \frac{S.PR(x)}{S.PR},\quad x_1 = \frac{S.PR(x_1)}{S.PR},\quad \ldots,\quad x_n = \frac{S.PR(x_n)}{S.RP}."$$

Si rursus fit

$$a^{(i)}_m = a^{(i)}_{m},$$

abeunt aequationes (1) in sequentes:

$$(18)\qquad \begin{cases} (aa)x\ +(aa')x_1\ +\cdots+(aa^{(n)})x_n\ = (al), \\ (a'a)x\ +(a'a')x_1+\cdots+(a'a^{(n)})x_n\ = (a'l), \\ \cdots\cdots\cdots\cdots\cdots\cdots \\ (a^{(n)}a)x+(a^{(n)}a')x_1+\cdots+(a^{(n)}a^{(n)})x_n = (a^{(n)}l), \end{cases}$$

siquidem

$$(a^{(i)}a^{(k)}) = (a^{(k)}a^{(i)}) = a^{(i)}a^{(k)} + a^{(i)}_1 a^{(k)}_1 + \cdots + (a^{(i)}_p a^{(k)}_p)$$

$$(a^{(i)}l) = (a^{(i)}l\ + a^{(i)}_1 l_1\ + \cdots + a^{(i)}_p l_p.$$

Aequationes (18) eaedem sunt atque adhibentur ad determinationem incognitarum x, x_1 etc. per *Methodum Minimorum Quadratorum*, si Observationes numerum aequationum (4) suppeditarunt ipsum incognitarum numerum excedentem. Ponendo enim

$$U = S.(a_m x + a'_m x_1 + \cdots + a^{(n)}_m x_n - l_m)^2,$$

summa S extensa ad ipsius m valores 0, 1, ..., p, aequationes (18) conveniunt cum his

$$\tfrac{1}{2}\frac{\partial U}{\partial x} = 0,\quad \tfrac{1}{2}\frac{\partial U}{\partial x_1} = 0,\quad \ldots,\quad \tfrac{1}{2}\frac{\partial U}{\partial x_n} = 0,$$

pro quibus U valorem Minimum nanciscitur.

Habemus igitur hanc Propositionem:

Propositio II.

„Proponantur aequationes

$$a x + a' x_1 + a'' x_2 + \cdots + a^{(n)} x_n = l,$$
$$a_1 x + a_1' x_1 + a_1'' x_2 + \cdots + a_1^{(n)} x_n = l_1,$$
$$\cdot \quad \cdot \quad \cdot \quad \cdot \quad \cdot \quad \cdot \quad \cdot \quad \cdot \quad \cdot \quad \cdot \quad \cdot \quad \cdot \quad \cdot$$
$$a_p x + a_p' x_1 + a_p'' x_2 + \cdots + a_p^{(n)} x_n = l_p,$$

quarum numerus incognitarum numerum excedat; e quolibet systemate $n+1$ aequationum praecedentium valor incognitae eruatur atque per quadratum Determinantis eius systematis, RR, multiplicetur; quibus factis pro singulis aequationum propositarum combinationibus omnium illorum productorum summa per summam omnium RR dividatur: eruitur incognitae valor idem atque invenitur, si aequationes propositae per Methodum Minimorum Quadratorum tractantur.“

Observandum est, valores omnium incognitarum, qui ex eadem aequationum propositarum combinatione proveniant, secundum Prop. praec. per *eandem* quantitatem RR multiplicari, quam ideo in applicationibus ad *Methodum Minimorum Quadratorum* convenit appellare *Pondus Combinationis*, a pondere valoris incognitae bene distinguendum.

16.

Statuamus ex aequationibus (18) §. pr. sequi

$$P.x = H(al) + H'(a'l) + \cdots + H^{(n)}(a^{(n)}l),$$

ubi P sicuti supra designat aequationum illarum Determinans. Consueverunt Astronomi, quantitatem

$$\frac{P}{H} = \mathfrak{P}$$

appellare incognitae x *Pondus* seu potius Pondus determinationis incognitae x, quae omnibus Observationibus per Methodum Min. Quadr. combinatis eruitur. Restituendo ipsius $(a^{(i)}a^{(k)})$ loco elementum $c_k^{(i)}$ fit

$$P = \Sigma \pm c c_1' c_2'' \ldots c_n^{(n)}, \quad H = \Sigma \pm c_1' c_2'' \ldots c_n^{(n)}.$$

Unde secundum Prop. V. §. 14

$$P = S\{\Sigma \pm a_m a'_{m'} a''_{m''} \ldots a^{(n)}_{m^{(n)}}\}^2,$$
$$H = S\{\Sigma \pm a'_{m'} a''_{m''} \ldots a^{(n)}_{m^{(n)}}\}^2,$$

siquidem in altera formula pro ipsis $m, m', m'', \ldots, m^{(n)}$, in altera pro ipsis $m', m'', \ldots, m^{(n)}$ omnibus modis quibus fieri potest sumuntur indicum 0, 1,

2, ..., p seu $n+1$ seu n diversi. Si tantummodo tot combinamus Observationes quot sunt incognitae, ex. gr. Observationes quantitatibus

$$l_0,\ l_1,\ \ldots,\ l_n$$

respondentes, fit Pondus ipsius x ea Combinatione determinatae:

$$\frac{\{\Sigma \pm a_0 a_1' a_2'' \ldots a_n^{(n)}\}^2}{S\{\Sigma \pm a_1' a_2'' \ldots a_n^{(n)}\}^2} = (\mathfrak{P}),$$

siquidem in denominatore sub signo S pro indicibus inferioribus sumuntur omnibus modis n diversi e $n+1$ indicibus 0, 1, 2, ..., n. Si vocamus quantitatem

$$\{\Sigma \pm a_0 a_1' a_2'' \ldots a_n^{(n)}\}^2 = RR$$

Combinationis Pondus, erit

$$S\{\Sigma \pm a_1' a_2'' \ldots a_n^{(n)}\}^2 = \frac{RR}{(\mathfrak{P})}$$

ipsius x per Combinationem illam determinatae Pondus inversum, multiplicatum per Pondus Combinationis RR. Quantitas, quae Aggregato praecedente continetur,

$$\{\Sigma \pm a_0' a_1'' \ldots a_{n-1}^{(n)}\}^2$$

etiam in aliis Combinationibus obvenit, videlicet in iis, quae quantitatibus l_0, $l_1, \ldots, l_{n-1}$ atque uni e reliquis $l_n, l_{n+1}, \ldots, l_p$ respondent, ideoque in

$$p+1-n$$

Combinationibus. Quamobrem si pro singulis Combinationibus $p+1$ Observationum ad numerum $n+1$, qui determinandis incognitis sufficit, determinamus ipsius x Pondus inversum, multiplicatum per Combinationis Pondus: omnium eiusmodi productorum summa aequatur quantitati

$$(p+1-n)S\{\Sigma \pm a'_{m'} a''_{m''} \ldots a^{(n)}_{m^{(n)}}\}^2 = (p+1-n)H,$$

sive fit

$$S\frac{RR}{(\mathfrak{P})} = (p+1-n)H = (p+1-n)\cdot\frac{P}{\mathfrak{P}} = (p+1-n)\cdot\frac{S.RR}{\mathfrak{P}},$$

unde

$$\frac{S\cdot\frac{RR}{(\mathfrak{P})}}{S.RR} = \frac{p+1-n}{\mathfrak{P}}.$$

Hac formula incognitae per M.M.Q. ex omnibus $p+1$ Obss. determinatae pondus $\mathfrak{P}$ determinatur eiusdem quantitatis ponderibus, quae pro numero Observationum $n+1$ aequali numero incognitarum obtinentur, advocatis singulis

Combinationum Ponderibus RR. Videmus ipsorum $\frac{1}{(\mathfrak{P})}$ valorem quodammodo medium in parte laeva aequationis praecedentis formatum non ipsi $\frac{1}{\mathfrak{P}}$ aequari, sicuti in Prop. II. §. antec. de incognitarum valoribus usu venit, sed ipsi $\frac{1}{\mathfrak{P}}$ multiplicato per $p+1-n$, hoc est per excessum Observationum numeri unitate aucti super numerum incognitarum. Quod bene quadrat, quia determinationum pondera cum Observationum numero crescunt.

Regiom. 17 Martii 1841.

DE DETERMINANTIBUS FUNCTIONALIBUS.

AUCTORE

Dr. C. G. J. JACOBI,
PROF. ORD. MATH. REGIOM.

Crelle Journal für die reine und angewandte Mathematik, Bd. 22. p. 319—352.

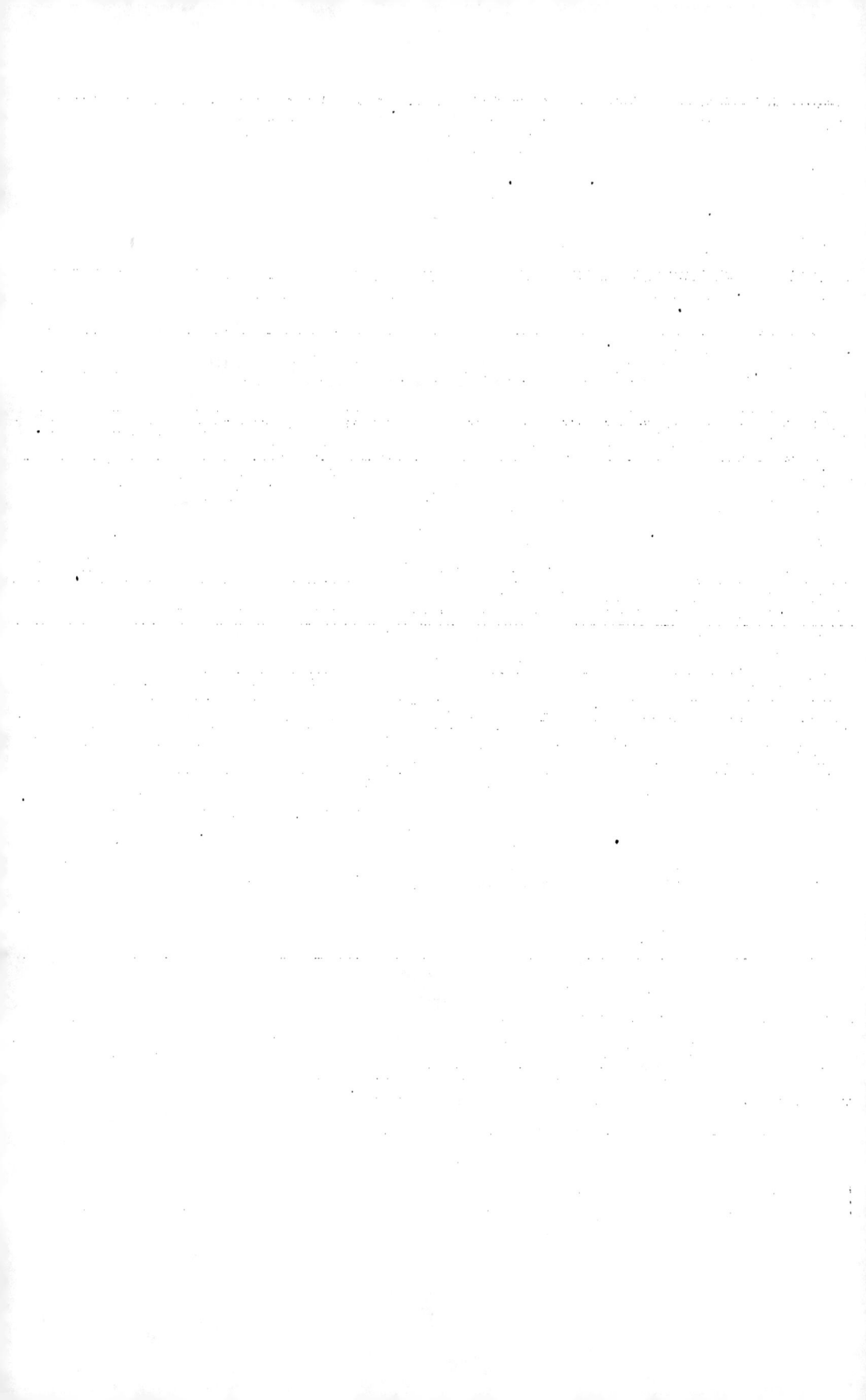

DE DETERMINANTIBUS FUNCTIONALIBUS*).

1.

In Commentatione anteriore proprietates praecipuas Determinantium enarravi, quae ad quodcunque elementorum systema pertinent. In hac Commentatione supponam, elementa Determinantis esse differentialia partialia systematis functionum totidem variabilium, harum variabilium respectu sumta. Eiusmodi Determinantia per totam Analysin gravissimas partes agere constat, quin etiam in variis quaestionibus ad systema functionum plurium variabilium pertinentibus similes vices gerere atque quotientem differentialem functionis unius variabilis. Quod egregie declarant varia theoremata, quae de Determinantibus illis aliis occasionibus proposui. Qua de re fortasse convenit ea Determinantia propria appellatione *Determinantium functionalium* insignire. Quemadmodum autem Determinantium functionalium proprietates ex iis, quae de Determinantibus algebraicis constant, derivabimus, ita Determinantium algebraicorum proprietates vice versa e Determinantium functionalium proprietatibus deduci possunt. Statuendo enim, ipsas

$$f, \; f_1, \; f_2, \; \dots, \; f_n$$

esse functiones lineares variabilium $x, x_1, \dots, x_n$,

$$f_k = a_k x + a'_k x_1 + a''_k x_2 + \dots + a_k^{(n)} x_n,$$

fit

$$\frac{\partial f_k}{\partial x_i} = a_k^{(i)},$$

ideoque Determinans, ad systema elementorum $a_k^{(i)}$ quodcunque pertinens, haberi potest pro Determinante ad systema differentialium partialium

$$\frac{\partial f_k}{\partial x_i}$$

pertinente sive pro Determinante functionali.

*) Quae e theoria aequationum linearium et Determinantium algebraicorum nota supponuntur, demonstrata inveniuntur in Commentatione praecedente „*De Determinantibus*"; ad hanc pertinent Commentationis paragraphi quas asteriscis superpositis notavi.

Sed antequam ad rem propositam accedam, pauca de notatione differentialium partialium antemittam. Et cum in hac Commentatione saepius de functionibus a se independentibus vel non a se independentibus sermo fiat, etiam de his rebus dilucidationes quasdam elementares annectere ratum videbatur.

2.

Ut distinguerentur differentialia *partialia* a *vulgaribus* seu in quibus variabiles omnes ut unius variabilis functiones considerantur, Eulerus aliique differentialia partialia uncis includere consueverunt. Sed quia uncorum accumulatio et legenti et scribenti molestior fieri solet, praetuli characteristica

$$d$$

differentialia vulgaria, differentialia autem partialia characteristica

$$\partial$$

denotare. De qua re ubi convenitur, erroris locus esse non potest. Itaque si f ipsarum x et y functio est, scribam

$$df = \frac{\partial f}{\partial x}dx + \frac{\partial f}{\partial y}dy.$$

Si qua unam tantum variabilem continet functio, perinde characteristica d vel ∂ uti licet. Eadem uti licet distinctione in denotandis integrationibus, ita ut expressiones

$$\int f(x, y)dx, \quad \int f(x, y)\partial x,$$

inter se distinguantur; scilicet in illa consideratur y ideoque etiam $f(x, y)$ ut ipsius x functio, in hac integratio respectu solius x perficienda est atque y inter integrationem pro Constante habetur.

Alias proposuit notationes Ill. Lagrange, quibus et ipsis saepenumero cum commodo uti licet. Etenim si f plurium variabilium x, y, z functio est, denotat per f' differentiale totale, hoc est expressionem

$$f' = \frac{\partial f}{\partial x}x' + \frac{\partial f}{\partial y}y' + \frac{\partial f}{\partial z}z',$$

ubi x', y', z' sunt differentialia ipsarum x, y, z eius respectu variabilis sumta, quae pro independente assumta est. Contra differentialia *partialia* denotat scribendo post signum f' eam variabilem, cuius respectu differentiatio partialis instituenda est dum reliquae pro Constantibus habentur, ita ut sit

$$f'(x) = \frac{\partial f}{\partial x}, \quad f'(y) = \frac{\partial f}{\partial y}, \quad f'(z) = \frac{\partial f}{\partial z}.$$

Si duarum tantum variabilium functiones proponuntur, ille super et supponendo lineolas denotat, quot vicibus functio respectu alterutrius variabilis differentianda sit, ita ut ex. gr. $f''_{'''}$ idem sit atque $\frac{\partial^5 f}{\partial x^2 \partial y^3}$. Deficit Lagrangiana notatio, si functionis trium pluriumve variabilium differentialia altiora quam prima exhibenda sunt, neque eiusmodi differentialia in *Theoria Functionum* obveniunt.

Ut functionis plures variabiles involventis differentiale partiale sit definitum, non sufficit indicare et functionem differentiandam et variabilem, cuius respectu differentiandum est, sed insuper necesse est indicetur, quaenam sint quantitates, quae inter differentiandum constantes manent. Sit enim f ipsarum $x, x_1, \ldots, x_n$ functio, assumtis illarum variabilium n functionibus $\omega_1, \omega_2, \ldots, \omega_n$, si ipsa f pro variabilium $x, \omega_1, \omega_2, \ldots, \omega_n$ functione habetur, variante x non amplius constantes erunt $\omega_1, \omega_2, \ldots, \omega_n$, si $x_1, x_2, \ldots, x_n$ constantes manent, neque si $\omega_1, \omega_2, \ldots, \omega_n$ constantes manent, etiam constantes erunt $x_1, x_2, \ldots, x_n$. Expressio autem $\frac{\partial f}{\partial x}$ prorsus diversos valores indicabit, sive hae sive illae quantitates inter differentiandum constantes sunt. Ex. gr. in functione f duarum variabilium x et y ipsius y loco introducatur ipsarum x, y functio quaedam u pro altera variabili independente; quod antea erat differentiale $\frac{\partial f}{\partial x}$, iam erit

$$\frac{\partial f}{\partial x} + \frac{\partial f}{\partial u} \cdot \frac{\partial u}{\partial x},$$

ita ut idem signum $\frac{\partial f}{\partial x}$ valores prorsus diversos significet, prout y vel u constans manet, dum f respectu ipsius x differentiatur. Qua de re et in hac et in aliis Commentationibus, quoties differentialium partialium usus erit, dicendo variabilium $x, x_1, \ldots, x_n$ ipsam f esse functionem, non tantum indicabo, ipsam f a variabilibus illis pendere, constantem manere si illae constantes maneant, variari si varientur, quod idem locum haberet, si ipsarum $x, x_1, \ldots, x_n$ loco aliae quaecunque variabiles $\omega, \omega_1, \ldots, \omega_n$, earum functiones, ut independentes introducerentur: sed *ipso dicendo f variabilium $x, x_1, \ldots, x_n$ esse functionem subintelligam, quoties ea functio per partes differentietur, ita instituendam esse differentiationem, ut ex ipsis illis variabilibus semper una tantum varietur, dum reliquae omnes constantes maneant.*

Nec minus quoad signa, ut formulae omni ambiguitate eximerentur, necesse esset, ut non tantum indicaretur, variabilis cuius respectu differentiatur, sed simul totum systema variabilium independentium, quarum functio per partes differentianda proponitur, ut ipso signo eae quoque quantitates, quae inter differentiandum *constantes* maneant, cognoscerentur. Quod eo magis necessarium possit videri, quia evitari nequit, quin in eadem Ratiocinatione vel etiam in una eademque formula inveniantur differentialia partialia ad diversa variabilium independentium systemata referenda, veluti in expressione supra proposita

$$\frac{\partial f}{\partial x}+\frac{\partial f}{\partial u}\cdot\frac{\partial u}{\partial x},$$

in qua f pro ipsarum quidem x et u, sed u pro ipsarum x et y functio habenda est. In quam expressionem mutabatur $\frac{\partial f}{\partial x}$, si u loco y pro variabili independente introducitur. Quod, si adscribuntur variabili dependenti independentes, ad quas differentiationes partiales referuntur, indicari poterit per hanc formulam, omni ambiguitate exemtam:

$$\frac{\partial f(x, y)}{\partial x}=\frac{\partial f(x, u)}{\partial x}+\frac{\partial f(x, u)}{\partial u}\cdot\frac{\partial u(x, y)}{\partial x}.$$

Sed notatio, in aequatione antecedente adhibita, sicuti aliae omnes, quae fingi possunt ad differentialia partialia ipsa significandi ratione omnino definienda, in quaestionibus certe generalioribus et formulis magis complicatis molestissima evaderet nec ferenda esset; scilicet pro maiore variabilium independentium numero pluribusque terminis eveniret ut formula, quam una tantum linea repraesentare licet, totam paginam occuparet. Quando sine graviore incommodo licet, quamquam maxime affectanda sunt signa, quibus et omnis ambiguitas tollatur et formulae sine interpretatione verbali adiecta per se clarae et intelligibiles fiant, in hoc tamen casu propter summam illam nec evitandam prolixitatem acquiescendum esse putavi in notatione differentialium, quae variabilium independentium indicationi supersedet. Neque eveniet ut lectori intelligenti et ratiocinia sedulo persequenti in dubitationem venire possit, ad quodnam variabilium independentium systema singula differentialia partialia referantur. Interim ubi ratum videtur, quo facilius duo differentialium partialium systemata diversis variabilium systematis respondentia inter se distinguantur, alterum more Euleriano uncis includam.

3.

Quacunque aequatione inter plures quantitates proposita, nisi aequatio identica est, quantitatum illarum unaquaeque per reliquas determinari potest.

Identicam dico aequationem, in qua termini omnes se mutuo destruunt, unde quantitati determinandae inservire nequit. Si ex aequatione proposita quantitatis alicuius valor petitur isque valor in aequatione proposita ipsi quantitati substituitur, aequatio identica emergit, seu potius hunc ipsum dicimus valorem quantitatis ex aequatione petitum sive aequationi satisfacientem, qui quantitati substitutus aequationem identicam reddat. Quia nullitatem differentiando rursus nullitatem ideoque terminos se destruentes differentiando rursus terminos se destruentes obtines, sequitur, aequationem identicam cuiuscunque quantitatis respectu differentiando rursus aequationem identicam prodire.

Voco aequationes *a se independentes*, quarum nulla neque ipsa identica est neque reliquarum ope ad identicam reduci potest. Proponantur inter quantitates $x, x_1, \ldots, x_n$ aequationes

$$u = 0, \quad u_1 = 0, \quad \ldots, \quad u_m = 0;$$

ex aequatione $u = 0$ petatur quantitatis alicuius x valor per x_1, x_2 etc. expressus atque in reliquis aequationibus $u_1 = 0$, $u_2 = 0$ etc. substituatur; deinde ex aequatione $u_1 = 0$ petatur alterius quantitatis x_1 valor per x_2, x_3 etc. expressus atque in ipsius x expressione inventa et in reliquis aequationibus $u_2 = 0$ etc. substituatur, etc. etc. Si hac ratione pergimus, aequationibus

$$(1) \qquad u = 0, \quad u_1 = 0, \quad \ldots, \quad u_k = 0$$

et ipsarum $x, x_1, \ldots, x_k$ valores per reliquas quantitates x_{k+1}, x_{k+2} etc. expressi erunt, et reliquae aequationes

$$(2) \qquad u_{k+1} = 0, \quad u_{k+2} = 0, \quad \ldots, \quad u_m = 0,$$

solas x_{k+1}, x_{k+2} etc. continebunt, sive quantitates $x, x_1, \ldots, x_k$ ex iis *eliminatae* erunt. Si pro nullo ipsius k valore minore quam m evenit, ut substituendo ipsarum $x, x_1, \ldots, x_k$ valores, ex aequationibus (1) petitos, una aliqua aequationum (2) identica evadat, praecedente methodo totidem quantitates. atque proponuntur aequationes, determinari seu per reliquas quantitates exprimi possunt. Si vero pro certo ipsius k valore evenit ut substituendo ipsarum $x, x_1, \ldots, x_k$ valores ex aequationibus (1) petitos reliquarum aequationum $u_{k+1} = 0$, $u_{k+2} = 0$ etc. una identica evadat, aequatio illa identica ad unam quantitatem per reliquas determinandam adhiberi non poterit, unde eo casu non totidem quantitates per reliquas exprimi possunt atque aequationes propositae sunt. Qua de re *aequationes propositae a se invicem independentes sunt aut non sunt, prout earum ope quantitatum, inter quas proponuntur, totidem aut non totidem per reliquas exprimi possunt.* Nullo autem modo fieri potest ut aequationibus propositis determinetur quantitatum numerus maior numero aequationum; unde aequationum a se independentium numerum aut aequare aut excedere debet incognitarum quas involvunt numerus, numquam ei inferior esse potest. Si valores quantitatum e totidem aequationibus inventi rursus in his aequationibus substituuntur, aequationes identicae evadere debent.

Propositis aequationibus a se independentibus, quantitates earum ope per reliquas determinandae non semper ex arbitrio eligi possunt. Veluti si duae quantitates x et x_1 in omnibus aequationibus propositis nonnisi additione inter se junctae inveniuntur, ipsum quidem $x+x_1$ neque vero singulas x et x_1 per reliquas quantitates exprimere licet. Si aequationibus $u=0$, $u_1=0$, ..., $u_m=0$ quantitates x, x_1, ..., x_m determinari seu per reliquas quantitates x_{m+1} etc. exprimi possunt, ex aequationibus illis nulla deduci potest inter solas x_{m+1}, x_{m+2}, ..., x_n seu e qua simul omnes x, x_1, ..., x_m eliminatae sint. Nam eiusmodi aequatione quantitatum x_{m+1}, x_{m+2} etc. aliqua veluti x_{m+1} per reliquas x_{m+2} etc. exprimi posset, ideoque ope $m+1$ aequationum $m+2$ quantitates x, x_1, ..., x_{m+1} per reliquas x_{m+2} etc. determinarentur, quod fieri nequit. Contra si non fieri potest, ut ex aequationibus a se independentibus

$$u=0,\quad u_1=0,\quad \dots,\quad u_m=0,$$

omnes x, x_1, ..., x_m determinentur, ex aequationibus illis semper aliam deducere licet inter solas x_{m+1}, x_{m+2} etc. seu e qua omnes x, x_1, ..., x_m eliminatae sunt. Faciamus enim, pro ipsius k valore aliquo minore quam m aequationibus

$$u=0,\quad u_1=0,\quad \dots,\quad u_k=0$$

determinari x, x_1, ..., x_k, earumque valores substitui in aequationibus

$$u_{k+1}=0,\quad u_{k+2}=0,\quad \dots,\quad u_m=0:$$

tum demum his aequationibus nulla amplius determinatur quantitatum x_{k+1}, x_{k+2}, ..., x_m, si per substitutionem factam quantitates illae ex aequationibus $u_{k+1}=0$ etc. omnino abeunt seu aequationes inter solas x_{m+1}, x_{m+2} etc. prodeunt.

Vidimus antecedentibus, propositis inter $n+1$ incognitas $m+1$ aequationibus independentibus, non tantum aequationum propositarum nullam reliquarum ope identicam reddi posse, sed etiam ex incognitarum numero assignari posse idque in genere variis modis incognitas $n-m$, inter quas nulla existat aequatio, quae e propositis aequationibus derivari possit. Aequationes $u=0$, $u_1=0$, ..., $u_m=0$, quibus totidem quantitates x, x_1, ..., x_m, quas involvunt, determinantur, *harum quantitatum respectu* dico a se independentes.

4.

Prorsus similia de functionibus a se independentibus valent. Functiones plurium variabilium voco a se invicem *independentes*, si earum nulla neque Constans est neque per reliquas exprimi potest vel, quod idem est, si inter functiones eas solas nulla locum habet aequatio ab ipsis praeterea variabilibus vacua, quae functionum expressiones substituendo identica fiat. Si inter functiones propositas eiusmodi habentur una pluresve aequationes, functionum totidem per reliquas determinari possunt, inter quas nulla amplius aequatio locum habet. Unde si functiones propositae non a se independentes sunt, earum aliae a se independentes erunt, reliquae per eas exprimi poterunt. Si functiones $f, f_1, \ldots, f_n$ non a se independentes sunt, functiones autem $f_1, f_2, \ldots, f_n$ a se independentes sunt, erit f ipsarum $f_1, f_2, \ldots, f_n$ functio. Nam si functiones $f_1, f_2, \ldots, f_n$ a se independentes sunt, aequatio inter omnes $f, f_1, \ldots, f_n$ locum habens ipsa functione f vacare non potest, quae ideo ea aequatione ut reliquarum $f_1, f_2, \ldots, f_n$ functio determinatur.

Si ipsarum $x, x_1, \ldots, x_n$ functiones praeter has quantitates alias a, a_1, a_2 etc. involvunt, eas functiones *quantitatum* $x, x_1, \ldots, x_n$ *respectu* a se independentes dicam, si inter solas functiones et quantitates a, a_1, a_2 etc. nulla aequatio locum habet. Si loco plurium functionum una tantum habetur unius variabilis functio, casus, quo functiones a se non independentes sunt, in eum redit, quo functio Constans est. Aequatione enim, quae inter functiones propositas locum habet, functio si unica antum proponitur, Constanti aequatur. Sint f, f_1, f_2 etc. functiones variabilium $x, x_1, \ldots, x_n$ a se independentes, sitque x una variabilium, quas f continet: exprimere licet x per f reliquasque variabiles $x_1, x_2, \ldots, x_n$. Qua ipsius x expressione substituta in functionibus f_1, f_2 etc. continebit f_1 praeter f quasdam variabilium $x_1, x_2, \ldots, x_n$: alioquin enim f_1 per solam f exprimeretur, quod est contra suppositionem, functiones f, f_1 etc. a se independentes esse. Sit x_1 una variabilium, quas praeter f involvit f_1, exprimere licet x_1 per $f, f_1, x_2, x_3, \ldots, x_n$, quae expressio substituatur in ipsarum x, f_2, f_3 etc. expressionibus inventis, quo facto illae et ipsae per $f, f_1, x_2, x_3, \ldots, x_n$ exprimuntur. Et continebit rursus f_2 quasdam variabilium $x_2, x_3, \ldots, x_n$, cum e suppositione facta f_2 per solas f, f_1 exprimi nequeat; unde rursus variabilium $x_2, x_3, \ldots, x_n$ aliquam per reliquas atque ipsas f, f_1, f_2 exprimere licet. Hac ratione si pergimus, datis functionibus quibuscunque a se invicem independentibus, variabilium, quas continent, totidem per reliquas et functiones illas determinantur. Neque plures variabilium x etc. per reliquas ipsasque f etc. exprimi posse, inde patet, quod ponendo $m+1$ aequationes

$$(1)\qquad \begin{cases} f(x, x_1, \ldots, x_n) = \omega, \\ f_1(x, x_1, \ldots, x_n) = \omega_1, \\ \cdots\cdots\cdots\cdots \\ f_m(x, x_1, \ldots, x_n) = \omega_m, \end{cases}$$

non plures quam $m+1$ quantitates determinantur. Neque si praeter functiones a se independentes $f, f_1, \ldots, f_m$ aliae proponantur f_{m+1} etc., quae per solas $f, f_1, \ldots, f_m$ exprimi possunt, plures quam $m+1$ variabiles per reliquas ipsasque $f, f_1, \ldots, f_m, f_{m+1}$ etc. exprimere licet; nam cum ipsae f_{m+1} etc. per solas $f, f_1, \ldots, f_m$ exprimantur, hoc idem esset, ac si proponeretur plures quam $m+1$ variabiles per reliquas et $m+1$ functiones $f, f_1, \ldots, f_m$ exprimere. Videmus igitur, prout functiones plurium variabilium propositae a se independentes aut non independentes sint, variabilium totidem aut non totidem per reliquas et functiones illas exprimi posse, vel vice versa functiones a se independentes aut non independentes esse, prout variabilium totidem aut non totidem per reliquas functionesque propositas exprimere liceat. Sequitur ut Corollarium, functionum a se independentium numerum variabilium, quas continent, numerum superare non posse.

Si numerus functionum a se independentium minor est numero variabilium, quas continent, variabiles totidem per reliquas functionesque propositas determinandae non semper ex arbitrio sumi possunt. Veluti si in functionibus propositis duae variabiles x et x_1 tantum in binomia $x+x_1$ inter se iunctae obveniunt, certo non licet singulas x et x_1 seorsim per functiones illas et reliquas variabiles exprimere. Quoties $x, x_1, \ldots, x_m$ per reliquas x_{m+1} etc. functionesque $f, f_1, \ldots, f_m$ exprimi possunt, inter quantitates

$$f,\ f_1,\ \ldots,\ f_m,\ x_{m+1},\ \ldots,\ x_n$$

nulla locum habere potest aequatio, quae substituendo functionum $f, f_1, \ldots, f_m$ expressiones identica fiat. Si enim haberetur, eius ope una insuper variabilium x_{m+1}, x_{m+2} etc., veluti x_{m+1} per quantitates $f, f_1, \ldots, f_m, x_{m+2}, x_{m+3}, \ldots, x_n$ exprimi posset, ideoque propositis $m+1$ aequationibus (1) determinarentur $m+2$ quantitates $x, x_1, \ldots, x_{m+1}$, quod fieri nequit. Vice versa si inter functiones a se independentes $f, f_1, \ldots, f_m$ atque variabiles $x_{m+1}, x_{m+2}, \ldots, x_n$ nulla locum habet aequatio, quae substituendo functionum $f, f_1, \ldots, f_m$ expressiones identica fit, ipsas $x, x_1, \ldots, x_m$ per quantitates

$$f,\ f_1,\ \ldots,\ f_m,\ x_{m+1},\ x_{m+2},\ \ldots,\ x_n$$

exprimere licet. Vidimus enim §. pr., si $m+1$ aequationibus (1) incognitae x, x_1, ..., x_m non determinantur, necessario eas incognitas ex aequationibus (1) eliminari posse; unde prodiret aequatio inter ipsas ω, ω_1, ..., ω_m, x_{m+1}, x_{m+2}, ..., x_n, sive f, f_1, ..., f_m, x_{m+1}, x_{m+2}, ..., x_n, quod suppositioni factae contrarium est.

Sequitur ex antecedentibus, si $m+1$ functiones $n+1$ variabilium a se independentes proponantur, non modo nullam inter solas functiones illas aequationem locum habere, sed semper etiam e numero $n+1$ variabilium extare $n-m$, inter quas et functiones propositas nulla aequatio locum habeat, sive non modo functionum propositarum independentium nulla per reliquas functiones, sed ne per reliquas quidem illas $n-m$ variabiles exprimi poterit. Functiones $m+1$ a se independentes, per quas reliquasque variabiles totidem quantitates x, x_1, ..., x_m exprimi possunt, secundum appellationem supra propositam designare licet ut functiones *variabilium x, x_1, ..., x_m respectu* a se independentes, quippe inter quas nulla aequatio locum habere potest ab ipsis illis variabilibus vacua. Functiones propositae variabilium loco, quarum respectu independentes sunt, pro variabilibus independentibus sumi atque ut tales in aliis functionibus introduci possunt, quod fit variabiles illas per ipsas functiones aliasque, quas functiones involvunt, variabiles exprimendo.

5.

Propositis variabilium x, x_1, ..., x_n functionibus totidem

$$f,\ f_1,\ \ldots,\ f_n,$$

formentur omnium differentialia partialia omnium variabilium respectu sumta, unde prodeunt $(n+1)^2$ quantitates

$$\frac{\partial f_i}{\partial x_k}.$$

Determinans ad harum quantitatum systema pertinens

$$\Sigma \pm \frac{\partial f}{\partial x} \cdot \frac{\partial f_1}{\partial x_1} \cdots \frac{\partial f_n}{\partial x_n}$$

voco *Determinans functionale* vel, magis diserte, Determinans ad functiones f, f_1, ..., f_n variabilium x, x_1, ..., x_n pertinens sive functionum f, f_1, ..., f_n Determinans variabilium x, x_1, ..., x_n respectu formatum. Nam si plura variabilium systemata modo hoc modo illud pro independentibus sumuntur, accurate indicandum est, quarum respectu functiones differentientur vel formetur Determinans functionale. Si una tantum habetur functio, redit Determinans functionale in Quotientem differentialem functionis.

In genere Determinantis gradus (4*) idem est atque functionum numerus; quoties vero functionum propositarum complures ipsis variabilibus aequantur, Determinantis gradus minuitur. Sit ex. gr.

$$f_{m+1} = x_{m+1},\quad f_{m+2} = x_{m+2},\quad \ldots,\quad f_n = x_n,$$

fit Determinans functionale propositum

$$\Sigma \pm \frac{\partial f}{\partial x} \cdot \frac{\partial f_1}{\partial x_1} \cdots \frac{\partial f_m}{\partial x_m}.$$

Si omnes functiones propositae singulae singulis variabilibus aequantur, Determinans propositum in *unitatem* abit. Si functiones

$$f_{m+1},\quad f_{m+2},\quad \ldots,\quad f_n$$

ipsarum x_{m+1}, x_{m+2}, ..., x_n functiones quaecunque sunt, ipsas x, x_1, ..., x_m non involventes, fit Determinans propositum

$$\Sigma \pm \frac{\partial f}{\partial x} \cdot \frac{\partial f_1}{\partial x_1} \cdots \frac{\partial f_n}{\partial x_n}$$

$$= \Sigma \pm \frac{\partial f}{\partial x} \cdot \frac{\partial f_1}{\partial x_1} \cdots \frac{\partial f_m}{\partial x_m} \cdot \Sigma \pm \frac{\partial f_{m+1}}{\partial x_{m+1}} \cdot \frac{\partial f_{m+2}}{\partial x_{m+2}} \cdots \frac{\partial f_n}{\partial x_n}.$$

Quae omnia ex iis sequuntur, quae (5*) probavi, dummodo ipsius $\frac{\partial f_i}{\partial x_k}$ loco ponitur $a_k^{(i)}$.

6.

In limine quaestionum de Determinantibus functionalibus se offert Propositio, functionum a se non independentium evanescere Determinans, functiones, quarum Determinans evanescat, non esse a se independentes. Demonstremus primum, functionum a se non independentium evanescere Determinans. Sint f, f_1, ..., f_n non a se independentes, ita ut inter eas locum habeat aequatio

$$\Pi(f, f_1, \ldots, f_n) = 0,$$

quae identica fiat substituendo ipsis f, f_1, ..., f_n ipsas variabilium x, x_1, ..., x_n expressiones, quibus aequantur. Aequationem antecedentem singularum variabilium respectu differentiando obtinemus hoc aequationum systema:

$$0 = \frac{\partial f}{\partial x} \cdot \frac{\partial \Pi}{\partial f} + \frac{\partial f_1}{\partial x} \cdot \frac{\partial \Pi}{\partial f_1} + \cdots + \frac{\partial f_n}{\partial x} \cdot \frac{\partial \Pi}{\partial f_n},$$

$$0 = \frac{\partial f}{\partial x_1} \cdot \frac{\partial \Pi}{\partial f} + \frac{\partial f_1}{\partial x_1} \cdot \frac{\partial \Pi}{\partial f_1} + \cdots + \frac{\partial f_n}{\partial x_1} \cdot \frac{\partial \Pi}{\partial f_n},$$

$$\cdots\cdots\cdots\cdots\cdots\cdots$$

$$0 = \frac{\partial f}{\partial x_n} \cdot \frac{\partial \Pi}{\partial f} + \frac{\partial f_1}{\partial x_n} \cdot \frac{\partial \Pi}{\partial f_1} + \cdots + \frac{\partial f_n}{\partial x_n} \cdot \frac{\partial \Pi}{\partial f_n}.$$

Quae aequationes haberi possunt pro systemate aequationum linearium inter totidem incognitas

$$\frac{\partial \Pi}{\partial f}, \quad \frac{\partial \Pi}{\partial f_1}, \quad \ldots, \quad \frac{\partial \Pi}{\partial f_n},$$

in quo termini constantes nihilo aequantur. De eiusmodi systemate constat (7*), nisi omnes simul evanescant incognitae, eius Determinans necessario evanescere. Quantitates autem $\frac{\partial \Pi}{\partial f}$ etc. omnes simul evanescere nequeunt, quod idem foret, ac si Π omnibus $f, f_1, \ldots, f_n$ careret, unde, quoties functiones $f, f_1, \ldots, f_n$ a se independentes non sunt, fieri debet

$$\Sigma \pm \frac{\partial f}{\partial x} \cdot \frac{\partial f_1}{\partial x_1} \cdots \frac{\partial f_n}{\partial x_n} = 0,$$

q. d. e.

7.

Paullo prolixior est demonstratio rigorosa Propositionis inversae, quoties evanescat Determinans, functiones non a se independentes esse. Quam ita adornabo demonstrationem, ut primum probem, si theorema antecedens de n functionibus propositum iustum sit, idem de $n+1$ functionibus valere. Unde valebit Propositio de quocunque functionum numero, ubi de duabus functionibus comprobata erit.

Vocemus

$$A, \quad A_1, \quad \ldots, \quad A_n$$

expressiones, quae in Determinante

$$\Sigma \pm \frac{\partial f}{\partial x} \cdot \frac{\partial f_1}{\partial x_1} \cdots \frac{\partial f_n}{\partial x_n}$$

resp. multiplicatae inveniuntur per

$$\frac{\partial f}{\partial x}, \quad \frac{\partial f}{\partial x_1}, \quad \ldots, \quad \frac{\partial f}{\partial x_n};$$

habentur aequationes identicae (6*):

$$(1)\qquad \Sigma\pm\frac{\partial f}{\partial x}\cdot\frac{\partial f_1}{\partial x_1}\cdots\frac{\partial f_n}{\partial x_n}=\frac{\partial f}{\partial x}A+\frac{\partial f}{\partial x_1}A_1+\cdots+\frac{\partial f}{\partial x_n}A_n,$$

$$(2)\qquad \begin{cases} 0=\dfrac{\partial f_1}{\partial x}A+\dfrac{\partial f_1}{\partial x_1}A_1+\cdots+\dfrac{\partial f_1}{\partial x_n}A_n, \\ \cdot\;\cdot\;\cdot\;\cdot\;\cdot\;\cdot\;\cdot\;\cdot\;\cdot\;\cdot\;\cdot\;\cdot\;\cdot\;\cdot \\ 0=\dfrac{\partial f_n}{\partial x}A+\dfrac{\partial f_n}{\partial x_1}A_1+\cdots+\dfrac{\partial f_n}{\partial x_n}A_n. \end{cases}$$

Statuamus, functiones $f_1, f_2, \ldots, f_n$ a se independentes esse; si enim non sunt, iam locum habet, quod demonstratu proponitur, functiones propositas non a se independentes esse. Poterunt variabilium $x, x_1, \ldots, x_n$ numerus n, veluti $x_1, x_2, \ldots, x_n$, per x ipsasque $f_1, f_2, \ldots, f_n$ exprimi, ita ut $f_1, f_2, \ldots, f_n$ ipsarum $x_1, x_2, \ldots, x_n$ respectu a se independentes sint (*v.* §. 4). Quas ipsarum x_1, $x_2, \ldots, x_n$ expressiones in functione f introducendo, ipsa f evadit functio variabilium

$$x,\ f_1,\ f_2,\ \ldots,\ f_n.$$

Differentialia partialia harum variabilium respectu sumta uncis includamus: fit

$$\frac{\partial f}{\partial x}=\left(\frac{\partial f}{\partial x}\right)+\left(\frac{\partial f}{\partial f_1}\right)\cdot\frac{\partial f_1}{\partial x}+\left(\frac{\partial f}{\partial f_2}\right)\cdot\frac{\partial f_2}{\partial x}+\cdots+\left(\frac{\partial f}{\partial f_n}\right)\cdot\frac{\partial f_n}{\partial x},$$

porro si i quemcunque indicum $1, 2, \ldots, n$ designat,

$$\frac{\partial f}{\partial x_i}=\left(\frac{\partial f}{\partial f_1}\right)\cdot\frac{\partial f_1}{\partial x_i}+\left(\frac{\partial f}{\partial f_2}\right)\cdot\frac{\partial f_2}{\partial x_i}+\cdots+\left(\frac{\partial f}{\partial f_n}\right)\cdot\frac{\partial f_n}{\partial x_i}.$$

Quibus expressionibus substitutis in (1), expressiones resp. multiplicatae per

$$\left(\frac{\partial f}{\partial f_1}\right),\ \left(\frac{\partial f}{\partial f_2}\right),\ \ldots,\ \left(\frac{\partial f}{\partial f_n}\right)$$

propter formulas (2) identice evanescunt. Unde prodit formula memorabilis:

$$\Sigma\pm\frac{\partial f}{\partial x}\cdot\frac{\partial f_1}{\partial x_1}\cdots\frac{\partial f_n}{\partial x_n}=\left(\frac{\partial f}{\partial x}\right)A$$

sive

$$(3)\qquad \Sigma\pm\frac{\partial f}{\partial x}\cdot\frac{\partial f_1}{\partial x_1}\cdots\frac{\partial f_n}{\partial x_n}=\left(\frac{\partial f}{\partial x}\right)\Sigma\pm\frac{\partial f_1}{\partial x_1}\cdot\frac{\partial f_2}{\partial x_2}\cdots\frac{\partial f_n}{\partial x_n}.$$

Evanescente igitur Determinante ad laevam, evanescere debet aut $\left(\frac{\partial f}{\partial x}\right)$ aut Determinans

$$\Sigma\pm\frac{\partial f_1}{\partial x_1}\cdot\frac{\partial f_2}{\partial x_2}\cdots\frac{\partial f_n}{\partial x_n}=A.$$

Supponimus, propositum de n functionibus valere, sive, Determinante n functionum evanescente, functiones non a se independentes esse. Unde evanescente Determinante praecedente A, functiones $f_1, f_2, \ldots, f_n$ ipsarum $x_1, x_2, \ldots, x_n$ respectu non a se independentes forent, quod suppositioni factae contrarium est. Evanescere igitur debet alter factor $\left(\frac{\partial f}{\partial x}\right)$, unde sequitur, f per solas f_1, $f_2, \ldots, f_n$ absque variabili x exprimi posse. Itaque functiones $f, f_1, \ldots, f_n$ non a se independentes erunt, q. d. e.

Propositum postquam de $n+1$ functionibus est demonstratum, ubi de n functionibus valet, generaliter valebit, ubi de duabus functionibus comprobatum erit. Quod ita fit. Sint f, f_1 ipsarum x, x_1 functiones, quarum Determinans evanescat sive sit identice

$$\frac{\partial f}{\partial x}\cdot\frac{\partial f_1}{\partial x_1}-\frac{\partial f}{\partial x_1}\cdot\frac{\partial f_1}{\partial x}=0.$$

Est f_1 aut Constans aut alteram certe variabilium veluti x_1 involvit, unde x_1 per x et f_1 exprimi potest. Qua expressione in f substituta fit

$$\frac{\partial f}{\partial x}=\left(\frac{\partial f}{\partial x}\right)+\left(\frac{\partial f}{\partial f_1}\right)\cdot\frac{\partial f_1}{\partial x},$$

$$\frac{\partial f}{\partial x_1}=\qquad\left(\frac{\partial f}{\partial f_1}\right)\cdot\frac{\partial f_1}{\partial x_1},$$

unde

$$0=\frac{\partial f}{\partial x}\cdot\frac{\partial f_1}{\partial x_1}-\frac{\partial f}{\partial x_1}\cdot\frac{\partial f_1}{\partial x}=\left(\frac{\partial f}{\partial x}\right)\cdot\frac{\partial f_1}{\partial x_1}.$$

Alter factor $\frac{\partial f_1}{\partial x_1}$ non evanescit, cum f_1 ipsam x_1 implicare supponamus, unde fit

$$\left(\frac{\partial f}{\partial x}\right)=0,$$

sive functio f per x et f_1 expressa variabili x vacat soliusque f_1 functio fit. Evictum igitur est, quoties identice sit

$$\frac{\partial f}{\partial x}\cdot\frac{\partial f_1}{\partial x_1}-\frac{\partial f}{\partial x_1}\cdot\frac{\partial f_1}{\partial x}=0,$$

aut esse f_1 Constantem aut f ipsius f_1 functionem, ideoque functiones f, f_1 non independentes esse, q. d. e.

E Propositione, functionum non a se independentium evanescere Determinans, sequitur functiones, quarum non evanescat Determinans, a se independentes esse; e Propositione, functiones, quarum evanescat Determinans, non a se independentes esse, sequitur functionum a se independentium non evanes cere Determinans.

Si una tantum haberetur functio, Propositiones antecedentibus probatae in hanc redirent, functionem esse Constantem aut non esse Constantem, prout eius differentiale aut evanescat aut non evanescat. Vice versa antecedentia docent, hanc Propositionem ad systema functionum plurium variabilium extendi posse, si conditioni functionem esse Constantem substituatur conditio functiones a se non independentes esse, differentiali autem substituatur Determinans functionale.

8.

Designantibus $f, f_1, \ldots, f_n$ variabilium $x, x_1, \ldots, x_n$ functiones a se independentes, si proponitur hoc systema aequationum linearium:

$$(1)\qquad \begin{cases} \frac{\partial f}{\partial x}r+\frac{\partial f}{\partial x_1}r_1+\cdots+\frac{\partial f}{\partial x_n}r_n=s, \\ \frac{\partial f_1}{\partial x}r+\frac{\partial f_1}{\partial x_1}r_1+\cdots+\frac{\partial f_1}{\partial x_n}r_n=s_1, \\ \cdots\cdots\cdots\cdots \\ \frac{\partial f_n}{\partial x}r+\frac{\partial f_n}{\partial x_1}r_1+\cdots+\frac{\partial f_n}{\partial x_n}r_n=s_n, \end{cases}$$

aut hoc:

$$(2)\qquad \begin{cases} \frac{\partial f}{\partial x}t+\frac{\partial f_1}{\partial x}t_1+\cdots+\frac{\partial f_n}{\partial x}t_n=u, \\ \frac{\partial f}{\partial x_1}t+\frac{\partial f_1}{\partial x_1}t_1+\cdots+\frac{\partial f_n}{\partial x_1}t_n=u_1, \\ \cdots\cdots\cdots\cdots \\ \frac{\partial f}{\partial x_n}t+\frac{\partial f_1}{\partial x_n}t_1+\cdots+\frac{\partial f_n}{\partial x_n}t_n=u_n, \end{cases}$$

earum aequationum resolutio semper possibilis et determinata est. Quippe secundum theoriam notam aequationum linearium tum demum accidit, ut aequationes lineares impossibiles aut ad determinandas incognitas insufficientes evadant, si earum Determinans evanescit (7*). At aequationum (1) aut (2) Determinans

$$\Sigma\pm\frac{\partial f}{\partial x}\cdot\frac{\partial f_1}{\partial x_1}\cdots\frac{\partial f_n}{\partial x_n},$$

quoties functiones $f, f_1, \ldots, f_n$ a se independentes sunt, non evanescere §. pr. demonstravi.

Ipsam resolutionem aequationum (1) aut (2) hac ratione eruimus. Cum $f, f_1, \ldots, f_n$ a se independentes sint, ipsas x, x_1 etc. per f, f_1 etc. exprimere licet. Quibus expressionibus substitutis in alia quacunque ipsarum x, x_1 etc. functione φ, ea in functionem ipsarum f, f_1 etc. abit. Eritque ipsius φ differentiale partiale quantitatis f_k respectu sumtum:

$$(3) \qquad \frac{\partial \varphi}{\partial f_k} = \frac{\partial \varphi}{\partial x} \cdot \frac{\partial x}{\partial f_k} + \frac{\partial \varphi}{\partial x_1} \cdot \frac{\partial x_1}{\partial f_k} + \cdots + \frac{\partial \varphi}{\partial x_n} \cdot \frac{\partial x_n}{\partial f_k}.$$

Hinc ponendo $\varphi = f_i$ prodit, prout $k = i$ aut k a i diversus est:

$$(4) \qquad \begin{cases} \dfrac{\partial f_i}{\partial x} \cdot \dfrac{\partial x}{\partial f_i} + \dfrac{\partial f_i}{\partial x_1} \cdot \dfrac{\partial x_1}{\partial f_i} + \cdots + \dfrac{\partial f_i}{\partial x_n} \cdot \dfrac{\partial x_n}{\partial f_i} = 1, \\ \dfrac{\partial f_i}{\partial x} \cdot \dfrac{\partial x}{\partial f_k} + \dfrac{\partial f_i}{\partial x_1} \cdot \dfrac{\partial x_1}{\partial f_k} + \cdots + \dfrac{\partial f_i}{\partial x_n} \cdot \dfrac{\partial x_n}{\partial f_k} = 0. \end{cases}$$

Si in ipsius x_k expressione per f, f_1 etc. exhibita substituimus ipsarum f, f_1 etc. expressiones propositas, ea identice ipsi x_k aequalis fit, qua de re eam ipsius x_k aut alius variabilis x_i respectu differentiando nanciscimur unitatem aut nihilum, sive fit:

$$(5) \qquad \begin{cases} \dfrac{\partial x_k}{\partial f} \cdot \dfrac{\partial f}{\partial x_k} + \dfrac{\partial x_k}{\partial f_1} \cdot \dfrac{\partial f_1}{\partial x_k} + \cdots + \dfrac{\partial x_k}{\partial f_n} \cdot \dfrac{\partial f_n}{\partial x_k} = 1, \\ \dfrac{\partial x_k}{\partial f} \cdot \dfrac{\partial f}{\partial x_i} + \dfrac{\partial x_k}{\partial f_1} \cdot \dfrac{\partial f_1}{\partial x_i} + \cdots + \dfrac{\partial x_k}{\partial f_n} \cdot \dfrac{\partial f_n}{\partial x_i} = 0. \end{cases}$$

Multiplicando (1) respective per

$$\frac{\partial x_k}{\partial f}, \quad \frac{\partial x_k}{\partial f_1}, \quad \ldots, \quad \frac{\partial x_k}{\partial f_n}$$

et addendo, fit aequationum (5) ope:

$$(6) \qquad r_k = \frac{\partial x_k}{\partial f} s + \frac{\partial x_k}{\partial f_1} s_1 + \cdots + \frac{\partial x_k}{\partial f_n} s_n.$$

Multiplicando (2) respective per

$$\frac{\partial x}{\partial f_i}, \quad \frac{\partial x_1}{\partial f_i}, \quad \ldots, \quad \frac{\partial x_n}{\partial f_i}$$

et addendo, fit aequationum (4) ope:

$$(7) \qquad t_i = \frac{\partial x}{\partial f_i} u + \frac{\partial x_1}{\partial f_i} u_1 + \cdots + \frac{\partial x_n}{\partial f_i} u_n.$$

Quae formulae has suppeditant Propositiones:

I. Sint variabilium $x, x_1, \ldots, x_n$ functiones $f, f_1, \ldots, f_n$ a se invicem independentes, si proponitur hoc aequationum linearium systema:

$$\frac{\partial f}{\partial x} r + \frac{\partial f}{\partial x_1} r_1 + \cdots + \frac{\partial f}{\partial x_n} r_n = s,$$
$$\frac{\partial f_1}{\partial x} r + \frac{\partial f_1}{\partial x_1} r_1 + \cdots + \frac{\partial f_1}{\partial x_n} r_n = s_1,$$
$$\cdots\cdots\cdots\cdots$$
$$\frac{\partial f_n}{\partial x} r + \frac{\partial f_n}{\partial x_1} r_1 + \cdots + \frac{\partial f_n}{\partial x_n} r_n = s_n,$$

earum resolutio semper est possibilis et determinata eruntque incognitarum valores:

$$r = \frac{\partial x}{\partial f} s + \frac{\partial x}{\partial f_1} s_1 + \cdots + \frac{\partial x}{\partial f_n} s_n,$$
$$r_1 = \frac{\partial x_1}{\partial f} s + \frac{\partial x_1}{\partial f_1} s_1 + \cdots + \frac{\partial x_1}{\partial f_n} s_n,$$
$$\cdots\cdots\cdots\cdots$$
$$r_n = \frac{\partial x_n}{\partial f} s + \frac{\partial x_n}{\partial f_1} s_1 + \cdots + \frac{\partial x_n}{\partial f_n} s_n.$$

II. Sint variabilium $x, x_1, \ldots, x_n$ functiones $f, f_1, \ldots, f_n$ a se invicem independentes, si proponitur hoc aequationum linearium systema:

$$\frac{\partial f}{\partial x} t + \frac{\partial f_1}{\partial x} t_1 + \cdots + \frac{\partial f_n}{\partial x} t_n = u,$$
$$\frac{\partial f}{\partial x_1} t + \frac{\partial f_1}{\partial x_1} t_1 + \cdots + \frac{\partial f_n}{\partial x_1} t_n = u_1,$$
$$\cdots\cdots\cdots\cdots$$
$$\frac{\partial f}{\partial x_n} t + \frac{\partial f_1}{\partial x_n} t_1 + \cdots + \frac{\partial f_n}{\partial x_n} t_n = u_n,$$

earum resolutio semper est possibilis et determinata eruntque incognitarum valores:

$$t = \frac{\partial x}{\partial f} u + \frac{\partial x_1}{\partial f} u_1 + \cdots + \frac{\partial x_n}{\partial f} u_n,$$
$$t_1 = \frac{\partial x}{\partial f_1} u + \frac{\partial x_1}{\partial f_1} u_1 + \cdots + \frac{\partial x_n}{\partial f_1} u_n,$$
$$\cdots\cdots\cdots\cdots$$
$$t_n = \frac{\partial x}{\partial f_n} u + \frac{\partial x_1}{\partial f_n} u_1 + \cdots + \frac{\partial x_n}{\partial f_n} u_n.$$

Ex his Propositionibus sequentia fluunt Corollaria:

III. Si variabilium $x, x_1, \ldots, x_n$ functiones $f, f_1, \ldots, f_n$ a se independentes sunt, ex aequationibus

$$\frac{\partial f}{\partial x}r+\frac{\partial f}{\partial x_1}r_1+\cdots+\frac{\partial f}{\partial x_n}r_n=0,$$
$$\frac{\partial f_1}{\partial x}r+\frac{\partial f_1}{\partial x_1}r_1+\cdots+\frac{\partial f_1}{\partial x_n}r_n=0,$$
$$\cdots\cdots\cdots\cdots$$
$$\frac{\partial f_n}{\partial x}r+\frac{\partial f_n}{\partial x_1}r_1+\cdots+\frac{\partial f_n}{\partial x_n}r_n=0$$

necessario sequitur

$$r=0,\quad r_1=0,\quad \ldots,\quad r_n=0.$$

IV. Si variabilium $x, x_1, \ldots, x_n$ functiones $f, f_1, \ldots, f_n$ a se independentes sunt, ex aequationibus

$$\frac{\partial f}{\partial x}t+\frac{\partial f_1}{\partial x}t_1+\cdots+\frac{\partial f_n}{\partial x}t_n=0,$$
$$\frac{\partial f}{\partial x_1}t+\frac{\partial f_1}{\partial x_1}t_1+\cdots+\frac{\partial f_n}{\partial x_1}t_n=0,$$
$$\cdots\cdots\cdots\cdots$$
$$\frac{\partial f}{\partial x_n}t+\frac{\partial f_1}{\partial x_n}t_1+\cdots+\frac{\partial f_n}{\partial x_n}t_n=0,$$

necessario sequitur

$$t=0,\quad t_1=0,\quad \ldots,\quad t_n=0.$$

Si in Propositione I. aut II. aequationes lineares et propositas et resolutas accuratius inspicimus, videmus alias ex aliis obtineri, incognitas r aut t cum terminis constantibus s aut u simulque quotientes differentiales $\frac{\partial f_i}{\partial x_k}$ cum quotientibus differentialibus $\frac{\partial x_k}{\partial f_i}$ commutando. Quod facilem suppeditat regulam pro eiusmodi aequationum linearium resolutione. Simul e formulis praecedentibus patet, quomodo quotientes differentiales $\frac{\partial x_k}{\partial f_i}$ e quotientibus differentialibus $\frac{\partial f_i}{\partial x_k}$ obtineantur. Collatis enim formulis praecedentibus cum iis, quae per notos algorithmos algebraicos resolutioni aequationum linearium inservientes obtinentur, formato Determinante

$$R=\Sigma\pm\frac{\partial f}{\partial x}\cdot\frac{\partial f_1}{\partial x_1}\cdots\frac{\partial f_n}{\partial x_n},$$

sequitur

$$R\cdot\frac{\partial x_k}{\partial f_i}=\frac{\partial R}{\partial\frac{\partial f_i}{\partial x_k}}, \tag{8}$$

sive aequatur $R\cdot\frac{\partial x_k}{\partial f_i}$ Aggregato terminorum, quod in Determinante R per $\frac{\partial f_i}{\partial x_k}$ multiplicatum reperitur; unde ex. gr. fit

$$(9)\qquad R\cdot\frac{\partial x}{\partial f}=\Sigma\pm\frac{\partial f_1}{\partial x_1}\cdot\frac{\partial f_2}{\partial x_2}\cdots\frac{\partial f_n}{\partial x_n}.$$

9.

Adnotari potest succincta differentialium partialium Determinantis functionalis expressio, quam per formulam (8) §. pr. obtinere licet. Proponatur ipsum R differentiare quantitatis alicuius a respectu, quae *sive una variabilium x, x_1 etc. sive alia quaecunque quantitas sit,* quam functiones f, f_1 etc. implicant: fit

$$\frac{\partial R}{\partial a}=\Sigma\frac{\partial R}{\partial\frac{\partial f_i}{\partial x_k}}\cdot\frac{\partial^2 f_i}{\partial a\partial x_k},$$

utrique i et k sub signo Σ tributis valoribus omnibus $0, 1, 2, \ldots, n$. Formula praecedens per (8) §. pr. in hanc abit:

$$\frac{\partial R}{\partial a}=R\Sigma\frac{\partial^2 f_i}{\partial a\partial x_k}\cdot\frac{\partial x_k}{\partial f_i};$$

fit autem

$$\frac{\partial^2 f_i}{\partial a\partial x}\cdot\frac{\partial x}{\partial f_i}+\frac{\partial^2 f_i}{\partial a\partial x_1}\cdot\frac{\partial x_1}{\partial f_i}+\cdots+\frac{\partial^2 f_i}{\partial a\partial x_n}\cdot\frac{\partial x_n}{\partial f_i}=\frac{\partial\frac{\partial f_i}{\partial a}}{\partial f_i},$$

unde prodit formula:

$$(1)\qquad\frac{\partial\log R}{\partial a}=\frac{\partial\frac{\partial f}{\partial a}}{\partial f}+\frac{\partial\frac{\partial f_1}{\partial a}}{\partial f_1}+\cdots+\frac{\partial\frac{\partial f_n}{\partial a}}{\partial f_n}.$$

Itaque ad obtinendum $\frac{\partial\log R}{\partial a}$ expressionum propositarum f, f_1 etc. quaeque f_i ipsius a respectu differentietur, differentiale per ipsas f, f_1, $\ldots$, f_n exprimatur eaque expressio ipsius f_i respectu differentietur: horum omnium $n+1$ differentialium Aggregatum aequabit ipsum $\frac{\partial\log R}{\partial a}$.

In Commentatione *de Determinantibus* §. 11 demonstravi, posito

$$R=\Sigma\pm aa_1'a_2''\ldots a_n^{(n)},\quad A_k^{(i)}=\frac{\partial R}{\partial a_k^{(i)}},$$

fieri

$$\Sigma \pm A A'_1 \ldots A^{(m)}_m = R^m \Sigma \pm a^{(m+1)}_{m+1} a^{(m+2)}_{m+2} \ldots a^{(n)}_n.$$

Statuendo

$$a^{(i)}_k = \frac{\partial f_i}{\partial x_k},$$

secundum (8) §. pr. fit

$$A^{(i)}_k = R \frac{\partial x_k}{\partial f_i},$$

quod substituendo et dividendo per R^m abit formula praecedens in hanc:

$$(2) \qquad R \Sigma \pm \frac{\partial x}{\partial f} \cdot \frac{\partial x_1}{\partial f_1} \cdots \frac{\partial x_m}{\partial f_m} = \Sigma \pm \frac{\partial f_{m+1}}{\partial x_{m+1}} \cdot \frac{\partial f_{m+2}}{\partial x_{m+2}} \cdots \frac{\partial f_n}{\partial x_n}.$$

Ex hac formula permutatione indicum sive ipsarum x sive ipsarum f plurimae aliae obtinentur. Si ponitur $m = n$, loco citato formula prodit

$$\Sigma \pm A A'_1 \ldots A^{(n)}_n = R^n,$$

unde eo casu abit (2) in hanc formulam:

$$R \Sigma \pm \frac{\partial x}{\partial f} \cdot \frac{\partial x_1}{\partial f_1} \cdots \frac{\partial x_n}{\partial f_n} = 1$$

sive

$$(3) \qquad \Sigma \pm \frac{\partial x}{\partial f} \cdot \frac{\partial x_1}{\partial f_1} \cdots \frac{\partial x_n}{\partial f_n} = \frac{1}{\Sigma \pm \frac{\partial f}{\partial x} \cdot \frac{\partial f_1}{\partial x_1} \cdots \frac{\partial f_n}{\partial x_n}}.$$

Si una habetur unius variabilis x functio f et vice versa x per f exprimitur, ipsius x differentiale sumtum ipsius f respectu valore reciproco gaudet differentialis functionis f ipsius x respectu sumti. Similiter formula praecedens docet, si habeantur $n+1$ variabilium $x, x_1, \ldots, x_n$ totidem functiones $f, f_1, \ldots, f_n$ et vice versa $x, x_1, \ldots, x_n$ per $f, f_1, \ldots, f_n$ exprimantur, Determinans functionale ipsarum $x, x_1, \ldots, x_n$, formatum ipsarum $f, f_1, \ldots, f_n$ respectu, gaudere valore reciproco Determinantis functionalis ipsarum $f, f_1, \ldots, f_n$ variabilium $x, x_1, \ldots, x_n$ respectu formati.

10.

Antecedentia docent, quomodo obtineatur Determinans functionale, si non ipsae dantur functionum expressiones explicitae sed vice versa variabiles per functiones exhibitae dantur. Quae quaestio redit in generaliorem, invenire Determinans functionale, si definiantur functiones per aequationes inter functiones ipsas et variabiles propositas, sive si functiones implicite dantur.

Definiantur ipsarum $x, x_1, \ldots, x_n$ functiones $f, f_1, \ldots, f_n$ per aequationes sequentes inter omnes illas $2n+2$ quantitates propositas

$$F=0,\quad F_1=0,\quad F_2=0,\quad \ldots,\quad F_n=0.$$

Substituendo functionum $f, f_1, \ldots, f_n$ expressiones per $x, x_1, \ldots, x_n$ exhibitas, ex aequationibus illis prodeuntes, earum aequationum quaevis

$$F_i=0$$

identica evadit. Quam aequationem differentiando variabilis alicuius x_k respectu prodit

$$(1)\qquad 0=\frac{\partial F_i}{\partial x_k}+\frac{\partial F_i}{\partial f}\cdot\frac{\partial f}{\partial x_k}+\frac{\partial F_i}{\partial f_1}\cdot\frac{\partial f_1}{\partial x_k}+\cdots+\frac{\partial F_i}{\partial f_n}\cdot\frac{\partial f_n}{\partial x_k}.$$

Statuamus

$$(2)\qquad \frac{\partial F_i}{\partial f_m}=a_m^{(i)},\qquad \frac{\partial f_m}{\partial x_k}=a_m^{(k)},$$

sit porro

$$a^{(i)}a^{(k)}+a_1^{(i)}a_1^{(k)}+\cdots+a_n^{(i)}a_n^{(k)}=c_k^{(i)},$$

erit e (1):

$$(3)\qquad c_k^{(i)}=-\frac{\partial F_i}{\partial x_k}.$$

Iam vero habetur formula nota (13*):

$$\Sigma\pm c c_1' c_2'' \ldots c_n^{(n)}=\Sigma\pm a a_1' a_2'' \ldots a_n^{(n)}.\Sigma\pm a a_1' a_2'' \ldots a_n^{(n)};$$

unde substituendo (2) et (3) provenit:

$$(4)\quad (-)^{n+1}\Sigma\pm\frac{\partial F}{\partial x}\cdot\frac{\partial F_1}{\partial x_1}\cdots\frac{\partial F_n}{\partial x_n}=\Sigma\pm\frac{\partial F}{\partial f}\cdot\frac{\partial F_1}{\partial f_1}\cdots\frac{\partial F_n}{\partial f_n}.\Sigma\pm\frac{\partial f}{\partial x}\cdot\frac{\partial f_1}{\partial x_1}\cdots\frac{\partial f_n}{\partial x_n}.$$

Quae formula suppeditat valorem Determinantis functionalis propositi

$$(5)\qquad \Sigma\pm\frac{\partial f}{\partial x}\cdot\frac{\partial f_1}{\partial x_1}\cdots\frac{\partial f_n}{\partial x_n}=(-1)^{n+1}\frac{\Sigma\pm\frac{\partial F}{\partial x}\cdot\frac{\partial F_1}{\partial x_1}\cdots\frac{\partial F_n}{\partial x_n}}{\Sigma\pm\frac{\partial F}{\partial f}\cdot\frac{\partial F_1}{\partial f_1}\cdots\frac{\partial F_n}{\partial f_n}}.$$

Variabilis x functione aliqua f definita per aequationem

$$F(f,x)=0,$$

obtinetur functionis f differentiale, variabilis x respectu sumtum, si ipsius F

differentialia ipsarum f et x respectu sumta alterum per alterum dividuntur et signum negativum praefigitur. Prorsus simili modo, docet formula (5), variabilium $x, x_1, \ldots, x_n$ functionibus $f, f_1, \ldots, f_n$ definitis per aequationes

$$F=0, \quad F_1=0, \quad \ldots, \quad F_n=0,$$

functionum $f, f_1, \ldots, f_n$ Determinans, variabilium $x, x_1, \ldots, x_n$ respectu formatum, aequari Quotienti duorum ipsarum $F, F_1, \ldots, F_n$ Determinantium ipsarum $f, f_1, \ldots, f_n$ et ipsarum $x, x_1, \ldots, x_n$ respectu formatorum, signo + aut — praefixo, prout ipsarum f, f_1 etc. numerus par aut impar est.

E formula generali (5) sequitur ut Corollarium formula §. pr. demonstrata. Invenimus enim Propositionem, datis inter ipsas $x, x_1, \ldots, x_n, f, f_1, \ldots, f_n$ aequationibus $F=0, F_1=0, \ldots, F_n=0$, si $f, f_1, \ldots, f_n$ per $x, x_1, \ldots, x_n$ exprimantur, fieri

$$\Sigma \pm \frac{\partial f}{\partial x} \cdot \frac{\partial f_1}{\partial x_1} \cdots \frac{\partial f_n}{\partial x_n} = (-)^{n+1} \frac{\Sigma \pm \frac{\partial F}{\partial x} \cdot \frac{\partial F_1}{\partial x_1} \cdots \frac{\partial F_n}{\partial x_n}}{\Sigma \pm \frac{\partial F}{\partial f} \cdot \frac{\partial F_1}{\partial f_1} \cdots \frac{\partial F_n}{\partial f_n}},$$

unde secundum eandem Propositionem, si $x, x_1, \ldots, x_n$ per $f, f_1, \ldots, f_n$ exprimantur, fieri debet

$$\Sigma \pm \frac{\partial x}{\partial f} \cdot \frac{\partial x_1}{\partial f_1} \cdots \frac{\partial x_n}{\partial f_n} = (-1)^{n+1} \frac{\Sigma \pm \frac{\partial F}{\partial f} \cdot \frac{\partial F_1}{\partial f_1} \cdots \frac{\partial F_n}{\partial f_n}}{\Sigma \pm \frac{\partial F}{\partial x} \cdot \frac{\partial F_1}{\partial x_1} \cdots \frac{\partial F_n}{\partial x_n}},$$

ideoque

$$\Sigma \pm \frac{\partial x}{\partial f} \cdot \frac{\partial x_1}{\partial f_1} \cdots \frac{\partial x_n}{\partial f_n} = \frac{1}{\Sigma \pm \frac{\partial f}{\partial x} \cdot \frac{\partial f_1}{\partial x_1} \cdots \frac{\partial f_n}{\partial x_n}},$$

quod §. pr. probavi.

11.

Supponamus functiones $f, f_1, \ldots, f_n$ non immediate per ipsas variabiles $x, x_1, \ldots, x_n$, sed per earum functiones

$$\varphi, \; \varphi_1, \; \varphi_2, \; \ldots, \; \varphi_p$$

expressas dari. Sit

(1) $$a_m^{(i)} = \frac{\partial f_i}{\partial \varphi_m}, \quad a_m^{(k)} = \frac{\partial \varphi_m}{\partial x_k},$$

unde statuendo

$$c_k^{(i)} = a^{(i)}a^{(k)} + a_1^{(i)}a_1^{(k)} + \cdots + a_p^{(i)}a_p^{(k)}$$
$$= \frac{\partial f_i}{\partial \varphi}\cdot\frac{\partial \varphi}{\partial x_k} + \frac{\partial f_i}{\partial \varphi_1}\cdot\frac{\partial \varphi_1}{\partial x_k} + \cdots + \frac{\partial f_i}{\partial \varphi_p}\cdot\frac{\partial \varphi_p}{\partial x_k},$$

erit

$$(2) \qquad c_k^{(i)} = \frac{\partial f_i}{\partial x_k}.$$

Invenimus in Commentatione *de Determinantibus* §. 13 sqq., si $p < n$:

$$(3) \qquad \Sigma \pm c c_1' c_2'' \ldots c_n^{(n)} = 0,$$

si $p = n$:

$$(4) \qquad \Sigma \pm c c_1' c_2'' \ldots c_n^{(n)} = \Sigma \pm a a_1' \ldots a_n^{(n)} . \Sigma \pm a a_1' \ldots a_n^{(n)},$$

si $p > n$:

$$(5) \qquad \Sigma \pm c c_1' c_2'' \ldots c_n^{(n)} = S\left\{\Sigma \pm a_m a_{m'}' \ldots a_{m^{(n)}}^{(n)} . \Sigma \pm a_m a_{m'}' \ldots a_{m^{(n)}}^{(n)}\right\},$$

ubi signum S pertinet ad cunctas combinationes, quibus pro indicibus m, m', ..., $m^{(n)}$ sumuntur $n+1$ diversi ex ipsis 0, 1, 2, ..., p. Ex his tribus formulis (3), (4), (5), substituendo elementis

$$a_m^{(i)}, \quad a_m^{(k)}, \quad c_k^{(i)}$$

differentialia partialia (1) et (2), tres Propositiones sequentes fluunt:

Propositio I.

Determinans functionum, quae omnes per minorem functionum numerum exprimi possunt, evanescit.

Haec Propositio cum iis convenit, quae supra demonstravi; quoties enim functiones propositas per minorem aliarum quantitatum numerum exprimere licet, functiones non sunt a se invicem independentes (§ 4), functionum autem a se non independentinm Determinans evanescit (§ 6).

Propositio II.

Sint f, f_1, ..., f_n quantitatum φ, φ_1, ..., φ_n, ipsae φ, φ_1, ..., φ_n quantitatum x, x_1, ..., x_n functiones, unde ipsae quoque f, f_1, ..., f_n pro quantitatum x, x_1, ..., x_n functionibus haberi possunt; quarum functionum Determinans aequatur producto e Determinante functionum f, f_1, ..., f_n ipsarum φ, φ_1, ..., φ_n respectu atque Determinante functio-

num $\varphi, \varphi_1, \ldots, \varphi_n$ ipsarum $x, x_1, \ldots, x_n$ respectu formato, sive fit

$$\Sigma \pm \frac{\partial f}{\partial x} \cdot \frac{\partial f_1}{\partial x_1} \cdots \frac{\partial f_n}{\partial x_n} = \Sigma \pm \frac{\partial f}{\partial \varphi} \cdot \frac{\partial f_1}{\partial \varphi_1} \cdots \frac{\partial f_n}{\partial \varphi_n} \cdot \Sigma \pm \frac{\partial \varphi}{\partial x} \cdot \frac{\partial \varphi_1}{\partial x_1} \cdots \frac{\partial \varphi_n}{\partial x_n}.$$

Haec Propositio est prorsus analoga ei, in quam pro $n = 0$ redit, designante f ipsius y, y ipsius x functione, esse

$$\frac{df}{dx} = \frac{df}{dy} \cdot \frac{dy}{dx}.$$

Nequae formulae simplicitas minuitur modo differentialibus Determinantia functionalia substituantur.

Propositio III.

Sint $f, f_1, \ldots, f_n$ functiones maioris numeri quantitatum $\varphi, \varphi_1, \ldots, \varphi_p$, quae ipsae sunt variabilium $x, x_1, \ldots, x_n$ functiones; formetur productum duorum Determinantium

$$\Sigma \pm \frac{\partial f}{\partial \varphi} \cdot \frac{\partial f_1}{\partial \varphi_1} \cdots \frac{\partial f_n}{\partial \varphi_n} \cdot \Sigma \pm \frac{\partial \varphi}{\partial x} \cdot \frac{\partial \varphi_1}{\partial x_1} \cdots \frac{\partial \varphi_n}{\partial x_n},$$

omniaque similia pro quibuscunque $n+1$ e $p+1$ functionibus $\varphi, \varphi_1, \ldots, \varphi_p$: omnium horum productorum summa aequatur Determinanti functionum $f, f_1, \ldots, f_n$ ipsarum $x, x_1, \ldots, x_n$ respectu formato, sive fit:

$$\Sigma \pm \frac{\partial f}{\partial x} \cdot \frac{\partial f_1}{\partial x_1} \cdots \frac{\partial f_n}{\partial x_n} = S\left\{\Sigma \pm \frac{\partial f}{\partial \varphi} \cdot \frac{\partial f_1}{\partial \varphi_1} \cdots \frac{\partial f_n}{\partial \varphi_n} \cdot \Sigma \pm \frac{\partial \varphi}{\partial x} \cdot \frac{\partial \varphi_1}{\partial x_1} \cdots \frac{\partial \varphi_n}{\partial x_n}\right\}.$$

Haec Propositio analoga est huic, functionis plurium quantitatum differentiale obtineri differentialia functionis singularum quantitatum respectu sumta respective per singularum quantitatum differentialia multiplicando omniaque producta addendo.

Sequitur e Propositione II. haec ut Corollarium, in qua ipsius φ loco elementum y posui:

Propositio IV.

Sint $f, f_1, \ldots, f_n$ quantitatum $y, y_1, \ldots, y_n$ functiones, si exprimuntur cum $f, f_1, \ldots, f_n$ tum $y, y_1, \ldots, y_n$ per alias quantitates

$$x, x_1, \ldots, x_n,$$

erit

$$\Sigma \pm \frac{\partial f}{\partial y} \cdot \frac{\partial f_1}{\partial y_1} \cdots \frac{\partial f_n}{\partial y_n} = \frac{\Sigma \pm \frac{\partial f}{\partial x} \cdot \frac{\partial f_1}{\partial x_1} \cdots \frac{\partial f_n}{\partial x_n}}{\Sigma \pm \frac{\partial y}{\partial x} \cdot \frac{\partial y_1}{\partial x_1} \cdots \frac{\partial y_n}{\partial x_n}}.$$

Haec Propositio huic respondet, in expressione $\frac{df}{dy}$ perinde esse, quaenam variabilis sit, cuius respectu differentietur, sive expressa et f et y per aliam quamlibet variabilem x, fieri

$$\frac{df}{dy} = \frac{\frac{df}{dx}}{\frac{dy}{dx}}.$$

Si in Propositione IV. ponitur $f = x$, $f_1 = x_1$, ..., $f_n = x_n$, redimus in formulam (3) §. 9.

12.

E Propositionibus §. pr. traditis aliae quaedam fluunt adnotatu dignae. In Propositione II. §. pr. ponamus

$$\varphi = x, \quad \varphi_1 = x_1, \quad \ldots, \quad \varphi_m = x_m,$$

secundum §. 5 fit

$$\Sigma \pm \frac{\partial \varphi}{\partial x} \cdot \frac{\partial \varphi_1}{\partial x_1} \cdots \frac{\partial \varphi_n}{\partial x_n} = \Sigma \pm \frac{\partial \varphi_{m+1}}{\partial x_{m+1}} \cdot \frac{\partial \varphi_{m+2}}{\partial x_{m+2}} \cdots \frac{\partial \varphi_n}{\partial x_n}.$$

Unde docet Prop. II., si in Determinante functionali

$$\Sigma \pm \frac{\partial f}{\partial x} \cdot \frac{\partial f_1}{\partial x_1} \cdots \frac{\partial f_n}{\partial x_n}$$

ipsarum x_{m+1}, x_{m+2}, ..., x_n loco aliae ipsarum x, x_1, ..., x_n functiones

$$\varphi_{m+1}, \quad \varphi_{m+2}, \quad \ldots, \quad \varphi_n$$

pro variabilibus independentibus introducantur, fieri

$$(1) \quad \begin{cases} \Sigma \pm \frac{\partial f}{\partial x} \cdot \frac{\partial f_1}{\partial x_1} \cdots \frac{\partial f_n}{\partial x_n} \\ = \Sigma \pm \frac{\partial f}{\partial x} \cdot \frac{\partial f_1}{\partial x_1} \cdots \frac{\partial f_m}{\partial x_m} \cdot \frac{\partial f_{m+1}}{\partial \varphi_{m+1}} \cdot \frac{\partial f_{m+2}}{\partial \varphi_{m+2}} \cdots \frac{\partial f_n}{\partial \varphi_n} \cdot \Sigma \pm \frac{\partial \varphi_{m+1}}{\partial x_{m+1}} \cdot \frac{\partial \varphi_{m+2}}{\partial x_{m+2}} \cdots \frac{\partial \varphi_n}{\partial x_n}. \end{cases}$$

Hinc si unius tantum variabilis x_n loco alia variabilis φ introducitur, fit

$$(2) \quad \Sigma \pm \frac{\partial f}{\partial x} \cdot \frac{\partial f_1}{\partial x_1} \cdots \frac{\partial f_n}{\partial x_n} = \frac{\partial \varphi}{\partial x_n} \cdot \Sigma \pm \frac{\partial f}{\partial x} \cdot \frac{\partial f_1}{\partial x_1} \cdots \frac{\partial f_{n-1}}{\partial x_{n-1}} \cdot \frac{\partial f_n}{\partial \varphi}.$$

Si insuper in formula (1) ponitur

$$\varphi_{m+1} = f_{m+1}, \quad \varphi_{m+2} = f_{m+2}, \quad \ldots, \quad \varphi_n = f_n,$$

fit secundum §. 5

$$\Sigma\pm\frac{\partial f}{\partial x}\cdot\frac{\partial f_1}{\partial x_1}\cdots\frac{\partial f_m}{\partial x_m}\cdot\frac{\partial f_{m+1}}{\partial \varphi_{m+1}}\cdot\frac{\partial f_{m+2}}{\partial \varphi_{m+2}}\cdots\frac{\partial f_n}{\partial \varphi_n}=\Sigma\pm\frac{\partial f}{\partial x}\cdot\frac{\partial f_1}{\partial x_1}\cdots\frac{\partial f_m}{\partial x_m}.$$

Unde sequitur Propositio prae ceteris memorabilis, Determinans functionale

$$\Sigma\pm\frac{\partial f}{\partial x}\cdot\frac{\partial f_1}{\partial x_1}\cdots\frac{\partial f_n}{\partial x_n},$$

si in functionibus f, f_1, ..., f_m variabilium x_{m+1}, x_{m+2}, ..., x_n loco ipsae f_{m+1}, f_{m+2}, ..., f_n introducantur, fieri

$$(3)\qquad \Sigma\pm\frac{\partial f}{\partial x}\cdot\frac{\partial f_1}{\partial x_1}\cdots\frac{\partial f_n}{\partial x_n}=\Sigma\pm\frac{\partial f}{\partial x}\cdot\frac{\partial f_1}{\partial x_1}\cdots\frac{\partial f_m}{\partial x_m}\cdot\Sigma\pm\frac{\partial f_{m+1}}{\partial x_{m+1}}\cdot\frac{\partial f_{m+2}}{\partial x_{m+2}}\cdots\frac{\partial f_n}{\partial x_n}.$$

Qua in formula tenendum est, duorum Determinantium in se ductorum prius ipsarum x, x_1, ..., x_m, f_{m+1}, f_{m+2}, ..., f_n respectu formatum esse, in posteriore ipsas f_{m+1}, f_{m+2}, ..., f_n pro variabilium x, x_1, ..., x_n functionibus haberi. E formula praecedente pro $m=0$ sequitur

$$(4)\qquad \Sigma\pm\frac{\partial f}{\partial x}\cdot\frac{\partial f_1}{\partial x_1}\cdots\frac{\partial f_n}{\partial x_n}=\left(\frac{\partial f}{\partial x}\right)\Sigma\pm\frac{\partial f_1}{\partial x_1}\cdot\frac{\partial f_2}{\partial x_2}\cdots\frac{\partial f_n}{\partial x_n},$$

in qua uncis innuitur ipsam f pro ipsarum f, x_1, x_2, ..., x_n functione haberi. Hanc formulam iam supra §. 7 demonstravi.

Datis ipsarum x, x_1, ..., x_n functionibus φ_{m+1}, φ_{m+2}, ..., φ_n, si exprimuntur x_{m+1}, x_{m+2}, ..., x_n per x, x_1, ..., x_m, φ_{m+1}, φ_{m+2}, ..., φ_n, fit secundum §. 9 (3):

$$\Sigma\pm\frac{\partial \varphi_{m+1}}{\partial x_{m+1}}\cdot\frac{\partial \varphi_{m+2}}{\partial x_{m+2}}\cdots\frac{\partial \varphi_n}{\partial x_n}=\frac{1}{\Sigma\pm\frac{\partial x_{m+1}}{\partial \varphi_{m+1}}\cdot\frac{\partial x_{m+2}}{\partial \varphi_{m+2}}\cdots\frac{\partial x_n}{\partial \varphi_n}}.$$

Qua in formula in formandis Determinantibus functionalibus habentur quantitates x, x_1, ..., x_m pro Constantibus. Substituendo formulam praecedentem in (1), sequitur, si ipsarum x, x_1, ..., x_n functiones f, f_1, ..., f_n nec non ipsae x_{m+1}, x_{m+2}, ..., x_n exprimantur per

$$x,\ x_1,\ \ldots,\ x_m,\ \varphi_m,\ \varphi_{m+1},\ \ldots,\ \varphi_n,$$

fieri

$$(5)\qquad \Sigma\pm\frac{\partial f}{\partial x}\cdot\frac{\partial f_1}{\partial x_1}\cdots\frac{\partial f_n}{\partial x_n}=\frac{\Sigma\pm\frac{\partial f}{\partial x}\cdot\frac{\partial f_1}{\partial x_1}\cdots\frac{\partial f_m}{\partial x_m}\cdot\frac{\partial f_{m+1}}{\partial \varphi_{m+1}}\cdot\frac{\partial f_{m+2}}{\partial \varphi_{m+2}}\cdots\frac{\partial f_n}{\partial \varphi_n}}{\Sigma\pm\frac{\partial x_{m+1}}{\partial \varphi_{m+1}}\cdot\frac{\partial x_{m+2}}{\partial \varphi_{m+2}}\cdots\frac{\partial x_n}{\partial \varphi_n}}.$$

Porro e (3) sequitur, si exprimantur

$$f,\ f_1,\ \ldots,\ f_m,\ x_{m+1},\ x_{m+2},\ x_n$$

per quantitates

$$x,\ x_1,\ \ldots,\ x_m,\ f_{m+1},\ f_{m+2},\ \ldots,\ f_n,$$

fieri

$$(6)\qquad \Sigma\pm\frac{\partial f}{\partial x}\cdot\frac{\partial f_1}{\partial x_1}\cdots\frac{\partial f_n}{\partial x_n}=\frac{\Sigma\pm\frac{\partial f}{\partial x}\cdot\frac{\partial f_1}{\partial x_1}\cdots\frac{\partial f_m}{\partial x_m}}{\Sigma\pm\frac{\partial x_{m+1}}{\partial f_{m+1}}\cdot\frac{\partial x_{m+2}}{\partial f_{m+2}}\cdots\frac{\partial x_n}{\partial f_n}}.$$

Formulae (5), (6) etiam e Prop. IV §. pr. deducuntur, ipsis $y,\ y_1,\ \ldots,\ y_n$ substituendo $x,\ x_1,\ \ldots,\ x_n$, ipsis autem $x_{m+1},\ x_{m+2},\ \ldots,\ x_n$ substituendo f_{m+1}, $f_{m+2},\ \ldots,\ f_n$.

13.

Ponamus, ipsarum $x,\ x_1,\ \ldots,\ x_n$ functiones $f,\ f_1,\ \ldots,\ f_n$ determinari $n+m+1$ aequationibus inter quantitates illas $x,\ x_1,\ \ldots,\ x_n,\ f,\ f_1,\ \ldots,\ f_n$ aliasque quantitates

$$f_{n+1},\ f_{n+2},\ \ldots,\ f_{n+m}$$

propositis

$$F=0,\quad F_1=0,\quad \ldots,\quad F_{n+m}=0,$$

ac quaeratur rursus Determinans functionale

$$\Sigma\pm\frac{\partial f}{\partial x}\cdot\frac{\partial f_1}{\partial x_1}\cdots\frac{\partial f_n}{\partial x_n}.$$

Ex aequationibus

$$F_{n+1}=0,\quad F_{n+2}=0,\quad \ldots,\quad F_{n+m}=0$$

ipsarum $f_{n+1},\ f_{n+2},\ \ldots,\ f_{n+m}$ petamus valores eosque in functionibus $F,\ F_1,\ \ldots,\ F_n$ substituamus, erunt $F=0,\ F_1=0,\ \ldots,\ F_n=0$ aequationes inter solas quantitates

$$x,\ x_1,\ \ldots,\ x_n,\ f,\ f_1,\ \ldots,\ f_n.$$

Quarum aequationum ope determinatis ipsarum $x,\ x_1,\ \ldots,\ x_n$ functionibus f, $f_1,\ \ldots,\ f_n$, fit e (5) §. 10:

$$(1)\qquad \Sigma\pm\frac{\partial f}{\partial x}\cdot\frac{\partial f_1}{\partial x_1}\cdots\frac{\partial f_n}{\partial x_n}=(-1)^{n+1}\,\frac{\Sigma\pm\frac{\partial F}{\partial x}\cdot\frac{\partial F_1}{\partial x_1}\cdots\frac{\partial F_n}{\partial x_n}}{\Sigma\pm\frac{\partial F}{\partial f}\cdot\frac{\partial F_1}{\partial f_1}\cdots\frac{\partial F_n}{\partial f_n}}.$$

Fractionis ad dextram cum numeratorem tum denominatorem multiplicemus per

$$\Sigma \pm \frac{\partial F_{n+1}}{\partial f_{n+1}} \cdot \frac{\partial F_{n+2}}{\partial f_{n+2}} \cdots \frac{\partial F_{n+m}}{\partial f_{n+m}},$$

erit secundum (3) §. pr.

$$\Sigma \pm \frac{\partial F}{\partial x} \cdot \frac{\partial F_1}{\partial x_1} \cdots \frac{\partial F_n}{\partial x_n} \cdot \frac{\partial F_{n+1}}{\partial f_{n+1}} \cdot \frac{\partial F_{n+2}}{\partial f_{n+2}} \cdots \frac{\partial F_{n+m}}{\partial f_{n+m}}$$

$$= \Sigma \pm \frac{\partial F}{\partial x} \cdot \frac{\partial F_1}{\partial x_1} \cdots \frac{\partial F_n}{\partial x_n} \cdot \Sigma \pm \frac{\partial F_{n+1}}{\partial f_{n+1}} \cdot \frac{\partial F_{n+2}}{\partial f_{n+2}} \cdots \frac{\partial F_{n+m}}{\partial f_{n+m}},$$

$$\Sigma \pm \frac{\partial F}{\partial f} \cdot \frac{\partial F_1}{\partial f_1} \cdots \frac{\partial F_{n+m}}{\partial f_{n+m}}$$

$$= \Sigma \pm \frac{\partial F}{\partial f} \cdot \frac{\partial F_1}{\partial f_1} \cdots \frac{\partial F_n}{\partial f_n} \cdot \Sigma \pm \frac{\partial F_{n+1}}{\partial f_{n+1}} \cdot \frac{\partial F_{n+2}}{\partial f_{n+2}} \cdots \frac{\partial F_{n+m}}{\partial f_{n+m}},$$

siquidem in laeva parte aequationum praecedentium ipsas $F, F_1, \ldots, F_{n+m}$ rursus pro omnium $f, f_1, \ldots, f_{n+m}, x, x_1, \ldots, x_n$ functionibus habemus, quales propositae sunt. Substituendo formulas praecedentes in (1), prodit expressio quaesita:

$$(2) \qquad \left\{ \begin{aligned} & \Sigma \pm \frac{\partial f}{\partial x} \cdot \frac{\partial f_1}{\partial x_1} \cdots \frac{\partial f_n}{\partial x_n} \\ & = (-)^{n+1} \frac{\Sigma \pm \frac{\partial F}{\partial x} \cdot \frac{\partial F_1}{\partial x_1} \cdots \frac{\partial F_n}{\partial x_n} \cdot \frac{\partial F_{n+1}}{\partial f_{n+1}} \cdot \frac{\partial F_{n+2}}{\partial f_{n+2}} \cdots \frac{\partial F_{n+m}}{\partial f_{n+m}}}{\Sigma \pm \frac{\partial F}{\partial f} \cdot \frac{\partial F_1}{\partial f_1} \cdots \frac{\partial F_{n+m}}{\partial f_{n+m}}}. \end{aligned} \right.$$

Quae docet formula, quomodo inveniatur Determinans functionum, quae quocunque modo implicite dantur.

Si determinatur unius variabilis x functio f per $m+1$ aequationes inter quantitates $x, f, f_1, \ldots, f_m$ propositas

$$F = 0, \quad F_1 = 0, \quad \ldots, \quad F_m = 0,$$

fit

$$(3) \qquad \frac{df}{dx} = - \frac{\Sigma \pm \frac{\partial F}{\partial x} \cdot \frac{\partial F_1}{\partial f_1} \cdot \frac{\partial F_2}{\partial f_2} \cdots \frac{\partial F_m}{\partial f_m}}{\Sigma \pm \frac{\partial F}{\partial f} \cdot \frac{\partial F_1}{\partial f_1} \cdot \frac{\partial F_2}{\partial f_2} \cdots \frac{\partial F_m}{\partial f_m}}.$$

Quam formulam si cum generali (2) comparas, et hic vides perfectam locum habere analogiam inter differentiale primum functionis unius variabilis atque Determinans systematis functionum plurium variabilium.

14.

Demonstrabo iam Propositionem, quae prae ceteris memorabilis atque iuncta formulae (2) §. pr. ipsis Determinantibus functionalibus inveniendis commoda est. *Ponamus enim inter quantitates* $x, x_1, \ldots, x_n$ *datas esse totidem aequationes*

$$f = \alpha,\quad f_1 = \alpha_1,\quad \ldots,\quad f_n = \alpha_n,$$

in quibus α, α_1 *etc. sint Constantes: dico Determinans*

$$\Sigma \pm \frac{\partial f}{\partial x} \cdot \frac{\partial f_1}{\partial x_1} \cdots \frac{\partial f_n}{\partial x_n}$$

non mutare valorem, si functiones $f, f_1, \ldots, f_n$ *varias subeant mutationes, quales per aequationes propositas subire possunt, ita tamen ut functioni alicui* f_i *transmutandae non ipsa adhibeatur aequatio* $f_i = \alpha_i$.

Sufficit Propositionem praecedentam pro casu demonstrare, quo una tantum functio f mutationem subeat per aequationes inter ipsas $x, x_1, \ldots, x_n$ propositas,

$$f_1 = \alpha_1,\quad f_2 = \alpha_2,\quad \ldots,\quad f_n = \alpha_n.$$

Propositio enim pro una functione demonstrata ubi successive singulis functionibus $f, f_1, \ldots, f_n$ applicatur, propositum demonstratum erit pro casu generali, quo per aequationes propositas simul omnes functiones $f, f_1, \ldots, f_n$ mutantur.

Ponamus igitur per aequationes

$$(1)\qquad f_1 = \alpha_1,\quad f_2 = \alpha_2,\quad \ldots,\quad f_n = \alpha_n$$

fieri

$$(2)\qquad f = \varphi;$$

probandum est per easdem aequationes fieri

$$(3)\qquad \Sigma \pm \frac{\partial f}{\partial x} \cdot \frac{\partial f_1}{\partial x_1} \cdot \frac{\partial f_2}{\partial x_2} \cdots \frac{\partial f_n}{\partial x_n} = \Sigma \pm \frac{\partial \varphi}{\partial x} \cdot \frac{\partial f_1}{\partial x_1} \cdot \frac{\partial f_2}{\partial x_2} \cdots \frac{\partial f_n}{\partial x_n}.$$

Functio φ praeter variabiles $x, x_1, \ldots, x_n$ implicabit Constantes $\alpha_1, \alpha_2, \ldots, \alpha_n$, ita ut pro ipsis $\alpha_1, \alpha_2, \ldots, \alpha_n$ restituendo functiones $f_1, f_2, \ldots, f_n$ ipsa φ identice redeat in functionem propositam f. Hinc per aequationes (1) locum habebunt aequationes:

$$(4)\qquad \begin{cases} \dfrac{\partial f}{\partial x} = \dfrac{\partial \varphi}{\partial x} + \dfrac{\partial \varphi}{\partial \alpha_1} \cdot \dfrac{\partial f_1}{\partial x} + \dfrac{\partial \varphi}{\partial \alpha_2} \cdot \dfrac{\partial f_2}{\partial x} + \cdots + \dfrac{\partial \varphi}{\partial \alpha_n} \cdot \dfrac{\partial f_n}{\partial x}, \\[2mm] \dfrac{\partial f}{\partial x_1} = \dfrac{\partial \varphi}{\partial x_1} + \dfrac{\partial \varphi}{\partial \alpha_1} \cdot \dfrac{\partial f_1}{\partial x_1} + \dfrac{\partial \varphi}{\partial \alpha_2} \cdot \dfrac{\partial f_2}{\partial x_1} + \cdots + \dfrac{\partial \varphi}{\partial \alpha_n} \cdot \dfrac{\partial f_n}{\partial x_1}, \\ \cdots\cdots\cdots\cdots\cdots\cdots\cdots\cdots \\ \dfrac{\partial f}{\partial x_n} = \dfrac{\partial \varphi}{\partial x_n} + \dfrac{\partial \varphi}{\partial \alpha_1} \cdot \dfrac{\partial f_1}{\partial x_n} + \dfrac{\partial \varphi}{\partial \alpha_2} \cdot \dfrac{\partial f_2}{\partial x_n} + \cdots + \dfrac{\partial \varphi}{\partial \alpha_n} \cdot \dfrac{\partial f_n}{\partial x_n}. \end{cases}$$

Quibus substitutis in Determinante

$$\Sigma \pm \frac{\partial f}{\partial x} \cdot \frac{\partial f_1}{\partial x_1} \cdot \frac{\partial f_2}{\partial x_2} \cdots \frac{\partial f_n}{\partial x_n},$$

sequentem eruimus expressionem:

$$\Sigma \pm \frac{\partial \varphi}{\partial x} \cdot \frac{\partial f_1}{\partial x_1} \cdot \frac{\partial f_2}{\partial x_2} \cdots \frac{\partial f_n}{\partial x_n} + \frac{\partial \varphi}{\partial \alpha_1} \cdot \Sigma \pm \frac{\partial f_1}{\partial x} \cdot \frac{\partial f_1}{\partial x_1} \cdot \frac{\partial f_2}{\partial x_2} \cdots \frac{\partial f_n}{\partial x_n}$$

$$+ \frac{\partial \varphi}{\partial \alpha_2} \cdot \Sigma \pm \frac{\partial f_2}{\partial x} \cdot \frac{\partial f_1}{\partial x_1} \cdot \frac{\partial f_2}{\partial x_2} \cdots \frac{\partial f_n}{\partial x_n} + \cdots$$

$$\cdots + \frac{\partial \varphi}{\partial \alpha_n} \cdot \Sigma \pm \frac{\partial f_n}{\partial x} \cdot \frac{\partial f_1}{\partial x_1} \cdot \frac{\partial f_2}{\partial x_2} \cdots \frac{\partial f_n}{\partial x_n}.$$

At Determinantia singula in singulos factores

$$\frac{\partial \varphi}{\partial \alpha_1}, \quad \frac{\partial \varphi}{\partial \alpha_2}, \quad \ldots, \quad \frac{\partial \varphi}{\partial \alpha_n}$$

ducta *identice* evanescunt, unde fit

$$\Sigma \pm \frac{\partial f}{\partial x} \cdot \frac{\partial f_1}{\partial x_1} \cdot \frac{\partial f_2}{\partial x_2} \cdots \frac{\partial f_n}{\partial x_n} = \Sigma \pm \frac{\partial \varphi}{\partial x} \cdot \frac{\partial f_1}{\partial x_1} \cdot \frac{\partial f_2}{\partial x_2} \cdots \frac{\partial f_n}{\partial x_n}.$$

Nimirum si in differentialibus

$$\frac{\partial \varphi}{\partial x}, \quad \frac{\partial \varphi}{\partial x_1}, \quad \ldots, \quad \frac{\partial \varphi}{\partial x_n}$$

pro ipsis $\alpha_1, \alpha_2, \ldots, \alpha_n$ restituis functiones $f_1, f_2, \ldots, f_n$, Determinans ad dextram identice in Determinans ad laevam redit.

Si per aequationes

$$\varphi = \alpha, \quad f_2 = \alpha_2, \quad f_3 = \alpha_3, \quad \ldots, \quad f_n = \alpha_n$$

fit

$$f_1 = \varphi_1,$$

eodem modo probas fieri

$$\Sigma \pm \frac{\partial \varphi}{\partial x} \cdot \frac{\partial f_1}{\partial x_1} \cdot \frac{\partial f_2}{\partial x_2} \cdots \frac{\partial f_n}{\partial x_n} = \Sigma \pm \frac{\partial \varphi}{\partial x} \cdot \frac{\partial \varphi_1}{\partial x_1} \cdot \frac{\partial f_2}{\partial x_2} \cdots \frac{\partial f_n}{\partial x_n},$$

unde etiam

$$\Sigma \pm \frac{\partial f}{\partial x} \cdot \frac{\partial f_1}{\partial x_1} \cdot \frac{\partial f_2}{\partial x_2} \cdots \frac{\partial f_n}{\partial x_n} = \Sigma \pm \frac{\partial \varphi}{\partial x} \cdot \frac{\partial \varphi_1}{\partial x_1} \cdot \frac{\partial f_2}{\partial x_2} \cdots \frac{\partial f_n}{\partial x_n}.$$

Sic pergendo sequitur generaliter, si per aequationes

$$f = \alpha, \quad f_1 = \alpha_1, \quad \ldots, \quad f_{i-1} = \alpha_{i-1}, \quad f_{i+1} = \alpha_{i+1}, \quad \ldots, \quad f_n = \alpha_n$$

fiat

$$f_i = \varphi_i;$$

per aequationes

$$f = \alpha,\ f_1 = \alpha_1,\ \ldots,\ f_n = \alpha_n$$

fore

$$(5) \qquad \Sigma \pm \frac{\partial f}{\partial x} \cdot \frac{\partial f_1}{\partial x_1} \cdots \frac{\partial f_n}{\partial x_n} = \Sigma \pm \frac{\partial \varphi}{\partial x} \cdot \frac{\partial \varphi_1}{\partial x_1} \cdots \frac{\partial \varphi_n}{\partial x_n}.$$

Nimirum restituendo in omnibus

$$\frac{\partial \varphi_i}{\partial x_k}$$

pro Constantibus α, α_1, α_2, $\ldots$, α_n functiones f, f_1, f_2, $\ldots$, f_n, Determinans functionale alterum in alterum identice redit.

15.

Sit numerus variabilium, quas functiones f, f_1, $\ldots$, f_n involvunt, maior numero functionum: functiones illae si a se non independentes sunt, quarumque $n+1$ variabilium illarum respectu non a se independentes erunt. Scilicet aequatio, quae inter eas locum habet, omnino nullam praeterea variabilem involvens, sane etiam quibusque $n+1$ illarum variabilium vacabit. Qua de re e Propositione §. 6 sqq. probata sequitur, si variabilium x, x_1, $\ldots$, x_{n+m} functiones f, f_1, $\ldots$, f_n non a se invicem sint independentes, omnia earum evanescere Determinantia formata quarumcunque $n+1$ e $n+m+1$ variabilibus x, x_1, $\ldots$, x_{n+m} respectu. Et vice versa locum habet Propositio, his omnibus evanescentibus Determinantibus, functiones propositas a se invicem non independentes esse, sive inter eas aequationem locum habere ab omnibus $n+m+1$ variabilibus x, x_1, $\ldots$, x_{n+m} vacuam. Quae ut demonstretur Propositio, probemus rursus, si de n functionibus valeat, eandem de $n+1$ functionibus iustam esse; quod sufficit ad Propositionem generaliter demonstrandam, quia pro *una* functione constat. Nam pro una quidem functione haec evadit, variabilium x, x_1, $\ldots$, x_{n+m} functionem f esse Constantem, si eius differentialia partialia

$$\frac{\partial f}{\partial x},\ \frac{\partial f}{\partial x_1},\ \ldots,\ \frac{\partial f}{\partial x_{n+m}}$$

cuncta evanescant.

Ponamus functiones f, f_1, $\ldots$, f_{n-1} a se invicem independentes esse; nam si functiones f, f_1, $\ldots$, f_{n-1} non a se invicem independentes forent, iam locum haberet quod demonstrandum proponitur. Cum propositum pro n functionibus iustum supponatur, non evanescere possunt singula functionum f, $f_1, \ldots, f_{n-1}$ Determinantia, quae formari possunt n variabilium e numero ipsarum $x, x_1, \ldots, x_{n+m}$ respectu; alioquin enim secundum Propositionem illam functiones $f, f_1, \ldots, f_{n-1}$ non a se independentes forent. Sit

$$B = \Sigma \pm \frac{\partial f}{\partial x} \cdot \frac{\partial f_1}{\partial x_1} \cdots \frac{\partial f_{n-1}}{\partial x_{n-1}}$$

Determinans non evanescens; eligamus ex omnibus functionum $f, f_1, \ldots, f_n$ Determinantibus ea, in quibus ipsae $x, x_1, \ldots, x_{n-1}$ inter $n+1$ quantitates sunt, quarum respectu Determinans functionale formatur, hoc est Determinantia

$$\Sigma \pm \frac{\partial f}{\partial x} \cdot \frac{\partial f_1}{\partial x_1} \cdots \frac{\partial f_{n-1}}{\partial x_{n-1}} \cdot \frac{\partial f_n}{\partial x_n}, \quad \Sigma \pm \frac{\partial f}{\partial x} \cdot \frac{\partial f_1}{\partial x_1} \cdots \frac{\partial f_{n-1}}{\partial x_{n-1}} \cdot \frac{\partial f_n}{\partial x_{n+1}},$$

$$\Sigma \pm \frac{\partial f}{\partial x} \cdot \frac{\partial f_1}{\partial x_1} \cdots \frac{\partial f_{n-1}}{\partial x_{n-1}} \cdot \frac{\partial f_n}{\partial x_{n+2}}, \quad \ldots, \quad \Sigma \pm \frac{\partial f}{\partial x} \cdot \frac{\partial f_1}{\partial x_1} \cdots \frac{\partial f_{n-1}}{\partial x_{n-1}} \cdot \frac{\partial f_n}{\partial x_{n+m}}.$$

Ipsarum $x, x_1, \ldots, x_{n-1}$ loco ipsas $f, f_1, \ldots, f_{n-1}$ ut variabiles independentes in functione f_n introducamus; secundum ea, quae §. 7 demonstravi, abeunt Determinantia antecedentia in expressiones

$$B\left(\frac{\partial f_n}{\partial x_n}\right), \quad B\left(\frac{\partial f_n}{\partial x_{n+1}}\right), \quad B\left(\frac{\partial f_n}{\partial x_{n+2}}\right), \quad \ldots, \quad B\left(\frac{\partial f_n}{\partial x_{n+m}}\right),$$

ubi uncis innuo functionem differentiandam per ipsas

$$f, \ f_1, \ \ldots, \ f_{n-1}, \ x_n, \ x_{n+1}, \ \ldots, \ x_{n+m}$$

expressam esse. His autem expressionibus evanescentibus, cum B non evanescat, fieri debet

$$\frac{\partial f_n}{\partial x_n} = 0, \quad \frac{\partial f_n}{\partial x_{n+1}} = 0, \quad \ldots, \quad \frac{\partial f_n}{\partial x_{n+m}} = 0,$$

unde f_n solas $f, f_1, \ldots, f_{n-1}$ implicabit ideoque functiones $f, f_1, \ldots, f_n$ non a se independentes erunt, q. d. e.

Demonstravimus antecedentibus, evanescentibus $m+1$ Determinantibus

$$\Sigma \pm \frac{\partial f}{\partial x} \cdot \frac{\partial f_1}{\partial x_1} \cdots \frac{\partial f_{n-1}}{\partial x_{n-1}} \cdot \frac{\partial f_n}{\partial x_n}, \quad \Sigma \pm \frac{\partial f}{\partial x} \cdot \frac{\partial f_1}{\partial x_1} \cdots \frac{\partial f_{n-1}}{\partial x_{n-1}} \cdot \frac{\partial f_n}{\partial x_{n+1}}, \quad \ldots$$

$$\ldots, \quad \Sigma \pm \frac{\partial f}{\partial x} \cdot \frac{\partial f_1}{\partial x_1} \cdots \frac{\partial f_{n-1}}{\partial x_{n-1}} \cdot \frac{\partial f_n}{\partial x_{n+m}},$$

neque simul evanescente Determinante B sive

$$\Sigma \pm \frac{\partial f}{\partial x} \cdot \frac{\partial f_1}{\partial x_1} \cdots \frac{\partial f_{n-1}}{\partial x_{n-1}},$$

fore f_n ipsarum $f, f_1, \ldots, f_{n-1}$ functionem. At si f_n ipsarum $f, f_1, \ldots, f_{n-1}$ functio est, initio huius §. vidimus evanescere functionum $f, f_1, \ldots, f_n$ Determinantia formata quarumcunque $n+1$ e quantitatibus $x, x_1, \ldots, x_{n+m}$ respectu. Quorum Determinantium numerus est

$$\frac{(n+m+1)(n+m)\ldots(m+1)}{1.2.3\ldots(n+1)} = \frac{(n+m+1)(n+m)\ldots(n+2)}{1.2.3\ldots m}.$$

Quae igitur omnia evanescere debent, simulac illa $m+1$ Determinantia evanescunt, siquidem ipsum non evanescit Determinans B.

16.

Quo melius perspiciatur nexus, qui inter Determinantia illa

$$\frac{1.2.3\ldots(n+m+1)}{1.2\ldots m.1.2\ldots(n+1)}$$

intercedit, quae evanescere debent omnia simulatque certa $m+1$ ex eorum numero evanescunt, formulas sequentes adiicio.

Fingamus novas ipsarum $x, x_1, \ldots, x_{n+m}$ functiones arbitrarias

$$f_{n+1},\; f_{n+2},\; \ldots,\; f_{n+m},$$

ac ponamus

$$(1)\qquad \Sigma\pm\frac{\partial f}{\partial x}\cdot\frac{\partial f_1}{\partial x_1}\cdots\frac{\partial f_{n-1}}{\partial x_{n-1}}\cdot\frac{\partial f_{n+i}}{\partial x_{n+k}} = b_k^{(i)}.$$

Qua in formula utrique indici i et k competunt valores

$$0,\; 1,\; 2,\; \ldots,\; m.$$

Variabilium $x, x_1, \ldots, x_{n-1}$ loco introducendo $f, f_1, \ldots, f_{n-1}$, vidimus §. pr. fieri

$$(2)\qquad b_k^{(i)} = B\left(\frac{\partial f_{n+i}}{\partial x_{n+k}}\right),$$

siquidem rursus

$$B = \Sigma\pm\frac{\partial f}{\partial x}\cdot\frac{\partial f_1}{\partial x_1}\cdots\frac{\partial f_{n-1}}{\partial x_{n-1}}.$$

Sequitur e (2):

$$\Sigma\pm b b_1' b_2''\ldots b_m^{(m)} = B^{m-1}\,\Sigma\pm\left(\frac{\partial f_n}{\partial x_n}\right)\cdot\left(\frac{\partial f_{n+1}}{\partial x_{n+1}}\right)\cdots\left(\frac{\partial f_{n+m}}{\partial x_{n+m}}\right).$$

At e formula (3) §. 12 mutatis mutandis sequitur

$$\Sigma\pm\frac{\partial f}{\partial x}\cdot\frac{\partial f_1}{\partial x_1}\cdots\frac{\partial f_{n+m}}{\partial x_{n+m}}$$

$$= \Sigma\pm\left(\frac{\partial f_n}{\partial x_n}\right)\cdot\left(\frac{\partial f_{n+1}}{\partial x_{n+1}}\right)\cdots\left(\frac{\partial f_{n+m}}{\partial x_{n+m}}\right)\cdot\Sigma\pm\frac{\partial f}{\partial x}\cdot\frac{\partial f_1}{\partial x_1}\cdots\frac{\partial f_{n-1}}{\partial x_{n-1}},$$

unde fit

$$(3) \qquad \Sigma \pm b b'_1 \dots b^{(m)}_m = B^m \Sigma \pm \frac{\partial f}{\partial x} \cdot \frac{\partial f_1}{\partial x_1} \cdots \frac{\partial f_{n+m}}{\partial x_{n+m}}.$$

Cuius formulae in quaestionibus de Determinantibus frequens usus est.

Ponamus

$$-\beta^{(i)}_k = \Sigma \pm \frac{\partial f}{\partial x} \cdot \frac{\partial f_1}{\partial x_1} \cdots \frac{\partial f_{i-1}}{\partial x_{i-1}} \cdot \frac{\partial f_i}{\partial x_{n+k}} \cdot \frac{\partial f_{i+1}}{\partial x_{i+1}} \cdots \frac{\partial f_{n-1}}{\partial x_{n-1}},$$

seu prodeat $-\beta^{(i)}_k$ e Determinante

$$\Sigma \pm \frac{\partial f}{\partial x} \cdot \frac{\partial f_1}{\partial x_1} \cdots \frac{\partial f_{n-1}}{\partial x_{n-1}}$$

differentialibus ipsius x_i respectu sumtis differentialia ipsius x_{n+k} respectu sumta substituendo; erit $\beta^{(i)}_k$ Aggregatum terminorum, qui in expressione $b^{(i)}_k$ per

$$\frac{\partial f_{n+i}}{\partial x_i}$$

multiplicantur. Unde sequitur Aggregatum, quod in Determinante

$$\Sigma \pm b b'_1 \dots b^{(m)}_m$$

multiplicatur per

$$\frac{\partial f_n}{\partial x} \cdot \frac{\partial f_{n+1}}{\partial x_1} \cdots \frac{\partial f_{n+m}}{\partial x_m},$$

esse

$$\Sigma \pm \beta \beta'_1 \dots \beta^{(m)}_m.$$

At Aggregatum terminorum, qui in Determinante

$$\Sigma \pm \frac{\partial f}{\partial x} \cdot \frac{\partial f_1}{\partial x_1} \cdots \frac{\partial f_{n+m}}{\partial x_{n+m}}$$

$$= (-1)^{n(m+1)} \Sigma \pm \frac{\partial f}{\partial x_{m+1}} \cdot \frac{\partial f_1}{\partial x_{m+2}} \cdots \frac{\partial f_{n-1}}{\partial x_{n+m}} \cdot \frac{\partial f_n}{\partial x} \cdots \frac{\partial f_{n+m}}{\partial x_m} \text{*)}$$

per eundem factorem

$$\frac{\partial f_n}{\partial x} \cdot \frac{\partial f_{n+1}}{\partial x_1} \cdots \frac{\partial f_{n+m}}{\partial x_m}$$

*) Signum $(-1)^{n(m+1)}$ determinatur consideratione, commutando $0, 1, 2, \dots, p$ in $i, i+1, \dots, p, 0, 1, \dots, i-1$, Permutationem esse positivam, si p par sit; porro si p impar, esse Permutationem $i, i+1, \dots, p, 0, 1, \dots, i-1$ positivam aut negativam prout i par aut impar sit. Unde generaliter haec posterior Permutatio positiva aut negativa est, prout ip est par aut impar. V. Com. *de Determ.*

multiplicantur, est

$$(-1)^{n(m+1)}\Sigma\pm\frac{\partial f}{\partial x_{m+1}}\cdot\frac{\partial f_1}{\partial x_{m+2}}\cdots\frac{\partial f_{n-1}}{\partial x_{n+m}}.$$

Unde terminos per factorem illum multiplicatos inter se conferendo nanciscimur e (3):

$$(4)\qquad \Sigma\pm\beta\beta_1'\ldots\beta_m^{(m)}=(-1)^{n(m+1)}B^m\Sigma\pm\frac{\partial f}{\partial x_{m+1}}\cdot\frac{\partial f_1}{\partial x_{m+2}}\cdots\frac{\partial f_{n-1}}{\partial x_{n+m}}.$$

Habemus igitur hanc Propositionem:

E Determinante

$$B=\Sigma\pm\frac{\partial f}{\partial x}\cdot\frac{\partial f_1}{\partial x_1}\cdots\frac{\partial f_{n-1}}{\partial x_{n-1}},$$

deducantur $(m+1)^2$ alia Determinantia, uni cuilibet differentialium ipsarum x, x_1, ..., x_m respectu sumtorum substituendo successive differentialia ipsarum

$$x_n,\quad x_{n+1},\quad \ldots,\quad x_{n+m}$$

respectu sumta; illarum $(m+1)^2$ quantitatum Determinans aequatur expressioni

$$(-1)^{n(m+1)}B^m\Sigma\pm\frac{\partial f}{\partial x_{m+1}}\cdot\frac{\partial f_1}{\partial x_{m+2}}\cdots\frac{\partial f_{n-1}}{\partial x_{n+m}}.$$

Aequiparemus in formula (3) terminos in factorem

$$\frac{\partial f_{n+1}}{\partial x}\cdot\frac{\partial f_{n+2}}{\partial x_1}\cdots\frac{\partial f_{n+m}}{\partial x_{m-1}}$$

ductos. In expressione

$$b_k^{(i)}=\Sigma\pm\frac{\partial f}{\partial x}\cdot\frac{\partial f_1}{\partial x_1}\cdots\frac{\partial f_{n-1}}{\partial x_{n-1}}\cdot\frac{\partial f_{n+i}}{\partial x_{n+k}}$$

fit Aggregatum terminorum per

$$\frac{\partial f_{n+i}}{\partial x_{i-1}}$$

multiplicatorum

$$-\Sigma\pm\frac{\partial f}{\partial x}\cdot\frac{\partial f_1}{\partial x_1}\cdots\frac{\partial f_{i-2}}{\partial x_{i-2}}\cdot\frac{\partial f_{i-1}}{\partial x_{n+k}}\cdots\frac{\partial f_i}{\partial x_i}\cdots\frac{\partial f_{n-1}}{\partial x_{n-1}}=\beta_k^{(i-1)}.$$

Unde in laeva parte formulae (3) fit Aggregatum terminorum per factorem propositum multiplicatorum

$$\Sigma\pm b\beta_1\beta_2'\ldots\beta_m^{(m-1)}.$$

In Determinante

$$\Sigma \pm \frac{\partial f}{\partial x} \cdot \frac{\partial f_1}{\partial x_1} \cdots \frac{\partial f_{n+m}}{\partial x_{n+m}}$$

$$= (-1)^{m(n+1)} \Sigma \pm \frac{\partial f}{\partial x_m} \cdot \frac{\partial f_1}{\partial x_{m+1}} \cdots \frac{\partial f_n}{\partial x_{n+m}} \cdot \frac{\partial f_{n+1}}{\partial x} \cdot \frac{\partial f_{n+2}}{\partial x_1} \cdots \frac{\partial f_{n+m}}{\partial x_{m-1}}$$

fit Aggregatum terminorum per eundem factorem multiplicatorum

$$(-1)^{m(n+1)} \Sigma \pm \frac{\partial f}{\partial x_m} \cdot \frac{\partial f_1}{\partial x_{m+1}} \cdots \frac{\partial f_n}{\partial x_{n+m}}.$$

Unde e (3), terminos per

$$\frac{\partial f_{n+1}}{\partial x} \cdot \frac{\partial f_{n+2}}{\partial x_1} \cdots \frac{\partial f_{n+m}}{\partial x_{m-1}}$$

multiplicatos inter se comparando prodit:

$$(5) \qquad \Sigma \pm b \beta_1 \beta_2' \ldots \beta_m^{(m-1)} = (-1)^{m(n+1)} B^m \Sigma \pm \frac{\partial f}{\partial x_m} \cdot \frac{\partial f_1}{\partial x_{m+1}} \cdots \frac{\partial f_n}{\partial x_{n+m}}.$$

Eodem modo obtinetur generaliter:

$$(6) \quad \Sigma \pm b b_1' \ldots b_{i-1}^{(i-1)} \beta_i \beta_{i+1}' \ldots \beta_m^{(m-i)} = \pm B^m \Sigma \pm \frac{\partial f}{\partial x_{m-i+1}} \cdot \frac{\partial f_1}{\partial x_{m-i+2}} \cdots \frac{\partial f_{n+i-1}}{\partial x_{n+m}},$$

qua in formula signo $\pm$ substituendum est aut $(-1)^{n(m+1)}$ aut $(-1)^{m(n+1)}$, prout i par aut impar est.

Determinantia $m+1$, quae §. pr. evanescere supposui, secundum notationem hic adhibitam sunt

$$b, \; b_1, \; b_2, \; \ldots, \; b_m.$$

Singuli termini Determinantis

$$\Sigma \pm b \beta_1 \beta_2' \ldots \beta_m^{(m-1)}$$

per illarum quantitatum unam multiplicantur, unde statuamus:

$$\Sigma \pm b \beta_1 \beta_2' \ldots \beta_m^{(m-1)} = \lambda b + \lambda_1 b_1 + \cdots + \lambda_n b_n.$$

Quantitates $\beta_k^{(i)}$ ideoque etiam factores λ differentialibus functionis f_n omnino non afficiuntur; porro ex omnibus $b, b_1, \ldots, b_m$ unicum b_k continet differentiale

$$\frac{\partial f_n}{\partial x_{n+k}}$$

idque per B multiplicatum. Unde in Determinante antecedente Aggregatum terminorum per $\frac{\partial f_n}{\partial x_{n+k}}$ multiplicatorum fit $\lambda_k B$.

Hinc ubi ponimus

$$\Sigma\pm\frac{\partial f}{\partial x_m}\cdot\frac{\partial f_1}{\partial x_{m+1}}\cdots\frac{\partial f_n}{\partial x_{n+m}}=\mu\frac{\partial f_n}{\partial x_n}+\mu_1\frac{\partial f_n}{\partial x_{n+1}}+\cdots+\mu_m\frac{\partial f_n}{\partial x_{n+m}},$$

designante μ_k Aggregatum terminorum in Determinante praecedente per $\frac{\partial f_n}{\partial x_{n+k}}$ multiplicatorum, sequitur e (5)

$$\lambda_k B=(-1)^{m(n+1)}B^m\mu_k,$$

ideoque

$$\Sigma\pm b\beta_1\beta_2'\ldots\beta_m^{(m-1)}=(-1)^{m(n+1)}B^{m-1}\{\mu b+\mu_1 b_1+\cdots+\mu_m b_m\}.$$

Unde e (5) fit:

$$(7)\qquad \mu b+\mu_1 b_1+\mu_2 b_2+\cdots+\mu_m b_m=B\Sigma\pm\frac{\partial f}{\partial x_m}\cdot\frac{\partial f_1}{\partial x_{m+1}}\cdots\frac{\partial f_n}{\partial x_{n+m}}.$$

Variabiles, quarum respectu formatur Determinans

$$\Sigma\pm\frac{\partial f}{\partial x_m}\cdot\frac{\partial f_1}{\partial x_{m+1}}\cdots\frac{\partial f_n}{\partial x_{n+m}},$$

sunt $n-m$ ex ipsis x, x_1, ..., x_{n-1}, pro quibus sumsi ipsas

$$x_m,\quad x_{m+1},\quad \ldots,\quad x_{n-1},$$

ac praeterea $m+1$ novae variabiles

$$x_n,\quad x_{n+1},\quad \ldots,\quad x_{n+m}.$$

Si $m=n$, variabiles, quarum respectu Determinans ad dextram formatur, omnes sunt novae

$$x_n,\quad x_{n+1},\quad \ldots,\quad x_{2n}.$$

Unde formula (7) docet, quomodo e functionum f, f_1, ..., f_n Determinantibus b_k per idoneos factores multiplicatis e additis proveniat earundem functionum Determinans *quarumcunque* variabilium respectu formatum atque per ipsum B multiplicatum. Hinc bene patet, quod §. pr. demonstravi, quomodo, omnibus b_k evanescentibus neque ipso B evanescente, simul cuncta illa Determinantia evanescant.

In dextra parte aequationis (7) omnino non insunt differentialia

$$\frac{\partial f_n}{\partial x},\quad \frac{\partial f_n}{\partial x_1},\quad \ldots,\quad \frac{\partial f_n}{\partial x_{m-1}},$$

quae etiam quantitates μ_k non afficiunt, sed omnes quantitates b, b_1, ..., b_m.

In ipso Determinante

$$b_k = \Sigma \pm \frac{\partial f}{\partial x} \cdot \frac{\partial f_1}{\partial x_1} \cdots \frac{\partial f_{n-1}}{\partial x_{n-1}} \cdot \frac{\partial f_n}{\partial x_{n+k}}$$

est Aggregatum terminorum per $\frac{\partial f_n}{\partial x}$ multiplicatorum

$$-\Sigma \pm \frac{\partial f}{\partial x_{n+k}} \cdot \frac{\partial f_1}{\partial x_1} \cdot \frac{\partial f_2}{\partial x_2} \cdots \frac{\partial f_{n-1}}{\partial x_{n-1}}.$$

Unde e (7) haec fluit Propositio:

Sit μ_k functionum $f, f_1, \ldots, f_{n-1}$ Determinans, quod in Determinante

$$\Sigma \pm \frac{\partial f}{\partial x_m} \cdot \frac{\partial f_1}{\partial x_{m+1}} \cdots \frac{\partial f_n}{\partial x_{m+n}}$$

per $\frac{\partial f_n}{\partial x_{n+k}}$ multiplicatur, ubi $m \leqq n$, erit

$$\begin{aligned} &\mu \Sigma \pm \frac{\partial f}{\partial x_n} \cdot \frac{\partial f_1}{\partial x_1} \cdot \frac{\partial f_2}{\partial x_2} \cdots \frac{\partial f_{n-1}}{\partial x_{n-1}} \\ +&\mu_1 \Sigma \pm \frac{\partial f}{\partial x_{n+1}} \cdot \frac{\partial f_1}{\partial x_1} \cdot \frac{\partial f_2}{\partial x_2} \cdots \frac{\partial f_{n-1}}{\partial x_{n-1}} \\ &\cdots\cdots\cdots\cdots\cdots \\ +&\mu_m \Sigma \pm \frac{\partial f}{\partial x_{n+m}} \cdot \frac{\partial f_1}{\partial x_1} \cdot \frac{\partial f_2}{\partial x_2} \cdots \frac{\partial f_{n-1}}{\partial x_{n-1}} = 0. \end{aligned}$$

Si $m = n$, in hac aequatione identica bina functionum $f, f_1, \ldots, f_{n-1}$ Determinantia in se ducta ita inter se comparata sunt, ut alterum formetur ipsarum $x_n, x_{n+1}, \ldots, x_{n+m}$ respectu una omissa, alterum formetur huius omissae atque aliarum variabilium $x_1, x_2, \ldots, x_{n-1}$ respectu.

17.

In formulis (1) et (3) §. pr. ponamus $n = 1$, sequitur ponendo

$$(1) \qquad b_k^{(i)} = \Sigma \pm \frac{\partial f}{\partial x} \cdot \frac{\partial f_{i+1}}{\partial x_{k+1}}, \quad B = \frac{\partial f}{\partial x},$$

fieri

$$(2) \qquad \Sigma \pm b b_1' \ldots b_m^{(m)} = B^m \Sigma \pm \frac{\partial f}{\partial x} \cdot \frac{\partial f_1}{\partial x_1} \cdots \frac{\partial f_{m+1}}{\partial x_{m+1}}.$$

Ponamus esse x ipsarum $x_1, x_2, \ldots, x_n$ functionem determinatam aequatione

$$f = 0,$$

erit

$$(3)\qquad \frac{\partial f}{\partial x_{k+1}}+\frac{\partial f}{\partial x}\cdot\frac{\partial x}{\partial x_{k+1}}=0,$$

ideoque

$$b_k^{(i)}=\frac{\partial f}{\partial x}\cdot\frac{\partial f_{i+1}}{\partial x_{k+1}}-\frac{\partial f}{\partial x_{k+1}}\cdot\frac{\partial f_{i+1}}{\partial x}=\frac{\partial f}{\partial x}\left\{\frac{\partial f_{i+1}}{\partial x_{k+1}}+\frac{\partial f_{i+1}}{\partial x}\cdot\frac{\partial x}{\partial x_{k+1}}\right\}.$$

Si uncis innuimus, in functione differentianda ipsius x substitutum esse valorem per $x_1, x_2, \ldots, x_n$ exhibitum, erit

$$\left(\frac{\partial f_{i+1}}{\partial x_{k+1}}\right)=\frac{\partial f_{i+1}}{\partial x_{k+1}}+\frac{\partial f_{i+1}}{\partial x}\cdot\frac{\partial x}{\partial x_{k+1}},$$

ideoque

$$(4)\qquad b_k^{(i)}=\frac{\partial f}{\partial x}\left(\frac{\partial f_{i+1}}{\partial x_{k+1}}\right).$$

Hinc dividendo per B^m sequitur e (2), ubi simul $m+1=n$ ponitur,

$$(5)\qquad \frac{\partial f}{\partial x}\Sigma\pm\left(\frac{\partial f_1}{\partial x_1}\right)\left(\frac{\partial f_2}{\partial x_2}\right)\cdots\left(\frac{\partial f_n}{\partial x_n}\right)=\Sigma\pm\frac{\partial f}{\partial x}\cdot\frac{\partial f_1}{\partial x_1}\cdots\frac{\partial f_n}{\partial x_n}.$$

Statuamus

$$\Sigma\pm\frac{\partial f}{\partial x}\cdot\frac{\partial f_1}{\partial x_1}\cdots\frac{\partial f_n}{\partial x_n}=A\cdot\frac{\partial f}{\partial x}+A_1\cdot\frac{\partial f}{\partial x_1}+A_2\cdot\frac{\partial f}{\partial x_2}+\cdots+A_n\cdot\frac{\partial f}{\partial x_n},$$

erit secundum (3)

$$\Sigma\pm\frac{\partial f}{\partial x}\cdot\frac{\partial f_1}{\partial x_1}\cdots\frac{\partial f_n}{\partial x_n}=\frac{\partial f}{\partial x}\left\{A-A_1\cdot\frac{\partial x}{\partial x_1}-A_2\cdot\frac{\partial x}{\partial x_2}-\cdots-A_n\cdot\frac{\partial x}{\partial x_n}\right\},$$

unde eruitur formula memorabilis:

$$(6)\qquad \Sigma\pm\left(\frac{\partial f_1}{\partial x_1}\right)\cdot\left(\frac{\partial f_2}{\partial x_2}\right)\cdots\left(\frac{\partial f_n}{\partial x_n}\right)=A-A_1\cdot\frac{\partial x}{\partial x_1}-A_2\cdot\frac{\partial x}{\partial x_2}-\cdots-A_n\cdot\frac{\partial x}{\partial x_n},$$

ubi

$$A=\Sigma\pm\frac{\partial f_1}{\partial x_1}\cdot\frac{\partial f_2}{\partial x_2}\cdots\frac{\partial f_n}{\partial x_n},$$

ipsaeque A_k e A prodeunt differentialibus ipsius x_k respectu sumtis differentialia ipsius x respectu sumta substituendo. Formula (6) inter egregia inventa Illustrissimi Lagrange censetur.

Ut e formula (2) deduceretur (6), observo, non necessarium fuisse, ut sicuti feci poneretur aequatio $f=0$. Nam cum in aequatione identica (2) ipsa f

quaecunque sit functio, pro ipsis quoque

$$\frac{\frac{\partial f}{\partial x_{k+1}}}{\frac{\partial f}{\partial x}}$$

in formula (2) quantitates arbitrarias ponere licet ideoque etiam quantitates $\frac{\partial x}{\partial x_{k+1}}$.

Ponamus

$$\frac{\partial f_i}{\partial x_k} = a_k^{(i)},$$

sequitur e (1) et (2), ponendo

(7) $$b_k^{(i)} = a a_{k+1}^{(i+1)} - a^{(i+1)} a_{k+1}$$

fieri

(8) $$\Sigma \pm b b_1' \ldots b_m^{(m)} = a^m \Sigma \pm a a_1' a_2'' \ldots a_m^{(m)}.$$

Qua in formula cum ipsa $a_k^{(i)}$ quantitates quascunque designare possint, ponamus

$$a^{(i+1)} = u_{i+1}, \quad a_{k+1}^{(i+1)} = \frac{\partial u_{i+1}}{\partial x_{k+1}},$$

designantibus $u, u_1, \ldots, u_n$ quascunque variabilium

$$x_1, x_2, \ldots, x_n$$

functiones: erit

$$b_k^{(i)} = u \cdot \frac{\partial u_{i+1}}{\partial x_{k+1}} - u_{i+1} \cdot \frac{\partial u}{\partial x_{k+1}} = uu \cdot \frac{\partial \frac{u_{i+1}}{u}}{\partial x_{k+1}}.$$

Hinc ponendo rursus $m+1 = n$, suppeditat formula (8) Propositionem:

Designantibus $u, u_1, \ldots, u_n$ ipsarum $x_1, x_2, \ldots, x_n$ functiones, ponendo

$$\frac{u_1}{u} = v_1, \quad \frac{u_2}{u} = v_2, \quad \ldots, \quad \frac{u_n}{u} = v_n,$$

fieri

(9) $$\Sigma \pm \frac{\partial v_1}{\partial x_1} \cdot \frac{\partial v_2}{\partial x_2} \cdots \frac{\partial v_n}{\partial x_n} = \frac{1}{u^{n+1}} \Sigma \pm u \cdot \frac{\partial u_1}{\partial x_1} \cdot \frac{\partial u_2}{\partial x_2} \cdots \frac{\partial u_n}{\partial x_n}.$$

Ipsis $u, u_1, \ldots, u_n$ substituendo $tu, tu_1, \ldots, tu_n$, designante t et ipsa functionem quamcunque, non mutabuntur $v_1, v_2, \ldots, v_n$. Unde docet Propositio praecedens, ponendo tu, tu_1 etc. ipsarum u, u_1 etc. loco, Determinans

$$\Sigma \pm u \cdot \frac{\partial u_1}{\partial x_1} \cdot \frac{\partial u_2}{\partial x_2} \cdots \frac{\partial u_n}{\partial x_n}$$

aliam non subire mutationem nisi quod per factorem t^{n+1} multiplicetur, prorsus ac sit t Constans esset. Quod iam olim alia occasione adnotavi. (Diar. Crell. vol. XII. p. 40. — Cf. h. vol. p. 235, 236).

18.

Ratione simplicissima exhibetur Determinans functionale, quia ad unicum terminum revocatur, si functionibus in certum ordinem dispositis, quaeque in subsequentibus unius variabilis independentis loco introducatur. Quod convenit cum eliminatione successiva, qua plurium aequationum systema ita praeparatur, ut successive e singulis aequationibus singularum incognitarum valores petere liceat. Sit ex. gr. inter incognitas $x, x_1, \ldots, x_n$ datum aequationum systema

$$f = \alpha, \quad f_1 = \alpha_1, \quad \ldots, \quad f_n = \alpha_n;$$

e prima aequatione ipsius x valor per reliquas incognitas x_1, x_2 etc. exhibeatur atque in reliquis aequationibus substituatur, deinde e secunda aequatione, quae iam inter solas $x_1, x_2, \ldots, x_n$ erit, petatur ipsius x_1 valor per x_2, x_3 etc. exhibitus atque in reliquis aequationibus substituatur et ita porro. Ea ratione aequationum praecedentium systema ita praeparatur, ut f_n solam x_n; f_{n-1} solas x_n, x_{n-1}; f_{n-2} solas x_n, x_{n-1}, x_{n-2}, etc. implicet. Unde ultima aequatione ipsa x_n determinatur; eius valore in paenultima aequatione substituto, ea solam x_{n-1} implicabit ideoque ipsius x_{n-1} valorem suppeditat, et ita porro. Aequationibus dicto modo praeparatis, functio f_i praeter ipsas

$$x_i, \quad x_{i+1}, \quad \ldots, \quad x_n$$

adhuc implicabit quantitates

$$\alpha, \quad \alpha_1, \quad \ldots, \quad \alpha_{i-1}.$$

Pro quibus quantitatibus restituendo ipsas $f, f_1, \ldots, f_{i-1}$, fit f_i ipsarum

$$f, \quad f_1, \quad \ldots, \quad f_{i-1}, \quad x_i, \quad x_{i+1}, \quad \ldots, \quad x_n$$

functio; quod indicabo ipsius f_i loco scribendo

$$f_i(f, f_1, \ldots, f_{i-1}, x_i, x_{i+1}, \ldots, x_n).$$

Differentialia partialia autem ipsius f_i per illas quantitates exhibitae uncis includam, ut distinguantur a differentialibus eiusdem functionis per quantitates $x, x_1, \ldots, x_n$ exhibitae.

His positis, dabuntur $f, f_1, \ldots, f_n$ ut ipsarum $x, x_1, \ldots, x_n$ functiones per hoc aequationum systema:

$$0 = F = f - f(x, x_1, \ldots, x_n),$$
$$0 = F_1 = f_1 - f_1(f, x_1, x_2, \ldots, x_n),$$
$$0 = F_2 = f_2 - f_2(f, f_1, x_2, x_3, \ldots, x_n),$$
$$\cdots\cdots\cdots\cdots\cdots\cdots$$
$$0 = F_n = f_n - f_n(f, f_1, \ldots, f_{n-1}, x_n),$$

quae sunt aequationes $n+1$ inter variabiles

$$x,\ x_1,\ \ldots,\ x_n,\ f,\ f_1,\ \ldots,\ f_n\text{*)}.$$

Secundum (5.) §. 10 fit:

$$(1)\qquad \Sigma\pm\frac{\partial f}{\partial x}\cdot\frac{\partial f_1}{\partial x_1}\cdots\frac{\partial f_n}{\partial x_n} = (-1)^{n+1}\frac{\Sigma\pm\frac{\partial F}{\partial x}\cdot\frac{\partial F_1}{\partial x_1}\cdots\frac{\partial F_n}{\partial x_n}}{\Sigma\pm\frac{\partial F}{\partial f}\cdot\frac{\partial F_1}{\partial f_1}\cdots\frac{\partial F_n}{\partial f_n}}.$$

E functionibus $F, F_1, \ldots, F_n$ unica F_n ipsam f_n involvit, unde omnibus

$$\frac{\partial F}{\partial f_n},\quad \frac{\partial F_1}{\partial f_n},\quad \ldots,\quad \frac{\partial F_{n-1}}{\partial f_n}$$

evanescentibus, fit

$$\Sigma\pm\frac{\partial F}{\partial f}\cdot\frac{\partial F_1}{\partial f_1}\cdots\frac{\partial F_n}{\partial f_n} = \left(\Sigma\pm\frac{\partial F}{\partial f}\cdot\frac{\partial F_1}{\partial f_1}\cdots\frac{\partial F_{n-1}}{\partial f_{n-1}}\right)\cdot\frac{\partial F_n}{\partial f_n}.$$

Ex omnibus $F, F_1, \ldots, F_{n-1}$ unica F_{n-1} ipsam f_{n-1} implicat, unde fit

$$\Sigma\pm\frac{\partial F}{\partial f}\cdot\frac{\partial F_1}{\partial f_1}\cdots\frac{\partial F_{n-1}}{\partial f_{n-1}} = \left(\Sigma\pm\frac{\partial F}{\partial f}\cdot\frac{\partial F_1}{\partial f_1}\cdots\frac{\partial F_{n-2}}{\partial f_{n-2}}\right)\cdot\frac{\partial F_{n-1}}{\partial f_{n-1}},$$

ideoque

$$\Sigma\pm\frac{\partial F}{\partial f}\cdot\frac{\partial F_1}{\partial f_1}\cdots\frac{\partial F_n}{\partial f_n} = \left(\Sigma\pm\frac{\partial F}{\partial f}\cdot\frac{\partial F_1}{\partial f_1}\cdots\frac{\partial F_{n-2}}{\partial f_{n-2}}\right)\cdot\frac{\partial F_{n-1}}{\partial f_{n-1}}\cdot\frac{\partial F_n}{\partial f_n}.$$

Sic pergendo tandem pervenitur ad formulam

$$\Sigma\pm\frac{\partial F}{\partial f}\cdot\frac{\partial F_1}{\partial f_1}\cdots\frac{\partial F_n}{\partial f_n} = \frac{\partial F}{\partial f}\cdot\frac{\partial F_1}{\partial f_1}\cdots\frac{\partial F_n}{\partial f_n}.$$

Et cum sit

$$\frac{\partial F}{\partial f} = \frac{\partial F_1}{\partial f_1} = \cdots = \frac{\partial F_n}{\partial f_n} = 1,$$

prodit

$$(2)\qquad \Sigma\pm\frac{\partial F}{\partial f}\cdot\frac{\partial F_1}{\partial f_1}\cdots\frac{\partial F_n}{\partial f_n} = 1.$$

---

*) Idem signum f_i, pro variabili et functione sumtum, ambiguum non erit, quia functionali signo adieci quantitates, quas functio involvit.

Porro cum ex omnibus F, F_1, ..., F_n unica F ipsam x; ex omnibus F_1, F_2, ..., F_n unica F_1 ipsam x_1 etc. involvat, simili ratione obtinetur:

$$\Sigma\pm\frac{\partial F}{\partial x}\cdot\frac{\partial F_1}{\partial x_1}\cdots\frac{\partial F_n}{\partial x_n}=\frac{\partial F}{\partial x}\cdot\frac{\partial F_1}{\partial x_1}\cdots\frac{\partial F_n}{\partial x_n}.$$

Fit autem

$$\frac{\partial F_i}{\partial x_i}=-\left(\frac{\partial f_i}{\partial x_i}\right),$$

unde

$$(3)\qquad \Sigma\pm\frac{\partial F}{\partial x}\cdot\frac{\partial F_1}{\partial x_1}\cdots\frac{\partial F_n}{\partial x_n}=(-1)^{n+1}\left(\frac{\partial f}{\partial x}\right)\cdot\left(\frac{\partial f_1}{\partial x_1}\right)\cdots\left(\frac{\partial f_n}{\partial x_n}\right).$$

Formulis (2) et (3) substitutis in (1) prodit formula memorabilis:

$$(4)\qquad \Sigma\pm\frac{\partial f}{\partial x}\cdot\frac{\partial f_1}{\partial x_1}\cdots\frac{\partial f_n}{\partial x_n}=\left(\frac{\partial f}{\partial x}\right)\cdot\left(\frac{\partial f_1}{\partial x_1}\right)\cdots\left(\frac{\partial f_n}{\partial x_n}\right).$$

Cuius aequationis in laeva parte functiones f_i per x, x_1, ..., x_n exhibitae finguntur, in dextra parte functio f_i per f, f_1, ..., f_{i-1}, x_i, x_{i-1}, ..., x_n expressa supponitur.

19.

Theoremate §. pr. demonstrato nituntur formulae generales quae pro transformatione integralium multiplicium circumferuntur. Proponatur integrale multiplex

$$\int U\partial f\partial f_1\ldots\partial f_n,$$

ubi U ipsarum f, f_1, ..., f_n data functio est: integratio ita modo maxime generali instituitur, ut successive unius variabilis respectu integrando reliquae variabiles pro Constantibus habeantur, ita ut limites quoque integrationis harum variabilium functiones sint. Veluti primum ipsius f_n respectu integrando limites ipsarum f, f_1, ..., f_{n-1} functiones erunt; integrale inventum iterum ipsius f_{n-1} respectu integrabitur eruntque limites ipsarum f, f_1, ..., f_{n-2} functiones, et ita porro usque dum integrationes omnes transactae sunt. De illis integralibus multiplicibus valet theorema, quod in hac Theoria pro Principio haberi debet, siquidem functio U inter integrationum limites nunquam in infinitum abeat, integrationum ordinem quocunque modo placeat mutari posse, ita ut perinde sit, cuius variabilis respectu prima, cuius respectu secunda integratio fiat, et ita porro, dummodo novarum integrationum limites idonee determinentur. Quod

Principium per se clarum est, si integralis multiplicis valor ut limes summationis finitae definitur, intervallis continuo decrescentibus. Eius Principii ope facile absolvitur quaestio, quaenam expressio sub signo integrationis multiplicis substituenda sit elemento

$$\partial f \partial f_1 \ldots \partial f_n,$$

ubi variabilium $f, f_1, \ldots, f_n$ loco aliae variabiles introducantur.

Fiat integratio prima ipsius f_n respectu; pro qua variabili introducatur alia x_n statuendo f_n esse quampiam ipsius x_n functionem, quae involvere potest quantitates $f, f_1, \ldots, f_{n-1}$, quae in prima illa integratione pro Constantibus habentur. Differentiali ∂f_n substituenda erit, si integratio ipsius x_n respectu efficienda est, expressio aequivalens

$$\partial f_n = \left(\frac{\partial f_n}{\partial x_n}\right) \partial x_n,$$

ita ut integrale multiplex propositum aequetur sequenti:

$$U\left(\frac{\partial f_n}{\partial x_n}\right) \partial f \partial f_1 \ldots \partial f_{n-1} \partial x_n.$$

Iam vero integrationum ordinem mutemus neque ipsius x_n sed ipsius f_{n-1} respectu integrationem primam efficiamus. Rursus ipsius f_{n-1} loco aliam variabilem x_{n-1} introducamus statuendo f_{n-1} esse functionem ipsius x_{n-1} quampiam, quae involvere potest etiam reliquas quantitates $f, f_1, \ldots, f_{n-2}, x_n$, quae in prima illa integratione pro Constantibus habentur: erit integrale propositum

$$\int U\left(\frac{\partial f_n}{\partial x_n}\right) \partial f \partial f_1 \ldots \partial f_{n-2} \partial x_n \partial f_{n-1}$$

$$= \int U\left(\frac{\partial f_{n-1}}{\partial x_{n-1}}\right)\left(\frac{\partial f_n}{\partial x_n}\right) \partial f \partial f_1 \ldots \partial f_{n-2} \partial x_n \partial x_{n-1}.$$

Rursus integrationum ordinem mutando non ipsius x_{n-1} sed ipsius f_{n-2} respectu integratio prima instituatur, pro qua nova variabilis x_{n-2} introducatur; sic post quamlibet novae variabilis introductionem ordinem integrationum commutando et rursus variabilis loco, cuius respectu integratio prima facienda est, novam variabilem introducendo, pervenietur tandem ad hanc integralis transformati expressionem:

$$\int U\left(\frac{\partial f}{\partial x}\right)\left(\frac{\partial f_1}{\partial x_1}\right) \cdots \left(\frac{\partial f_n}{\partial x_n}\right) \partial x \partial x_1 \ldots \partial x_n.$$

In qua expressione transformata est f_n ipsarum $f, f_1, \ldots, f_{n-1}, x_n$, porro f_{n-1}

ipsarum $f, f_1, \ldots, f_{n-2}, x_{n-1}, x_n$, ac generaliter f_i ipsarum $f, f_1, \ldots, f_{i-1}, x_i, x_{i+1}, \ldots, x_n$ functio, ita ut ultima f omnes novas variabiles $x, x_1, \ldots, x_n$ involvat. At ipsius f expressionem in f_1, ipsarum f, f_1 expressiones in f_2, ipsarum f, f_1, f_2 expressiones in f_3 substituendo et ita porro, omnes $f, f_1, \ldots, f_n$ evadunt novarum variabilium $x, x_1, \ldots, x_n$ functiones, earumque functionum Determinans

$$\Sigma \pm \frac{\partial f}{\partial x} \cdot \frac{\partial f_1}{\partial x_1} \cdots \frac{\partial f_n}{\partial x_n}$$

secundum theorema §. pr. probatum producto illi

$$\left(\frac{\partial f}{\partial x}\right)\left(\frac{\partial f_1}{\partial x_1}\right) \cdots \left(\frac{\partial f_n}{\partial x_n}\right)$$

aequatur. Quod si producto illi substituimus Determinans in integrali multiplici transformato, nanciscimur

$$\int U \partial f \partial f_1 \ldots \partial f_n = \int U . \left(\Sigma \pm \frac{\partial f}{\partial x} \cdot \frac{\partial f_1}{\partial x_1} \cdots \frac{\partial f_n}{\partial x_n}\right) \partial x \partial x_1 \ldots \partial x_n,$$

quae est formula generalis pro integrali multiplici transformando. Quam formulam pro duabus et tribus variabilibus eodem fere tempore Eulerus et Lagrange invenerunt, sed ille paullo prius. Et haec formula egregie analogiam differentialis et Determinantis functionalis declarat.

DE FUNCTIONIBUS ALTERNANTIBUS EARUMQUE DIVISIONE PER PRODUCTUM E DIFFERENTIIS ELEMENTORUM CONFLATUM.

AUCTORE

Dr. C. G. J. JACOBI
PROF. ORD. MATH. REGIOM.

Crelle Journal für die reine und angewandte Mathematik, Bd. 22. p. 360—371.

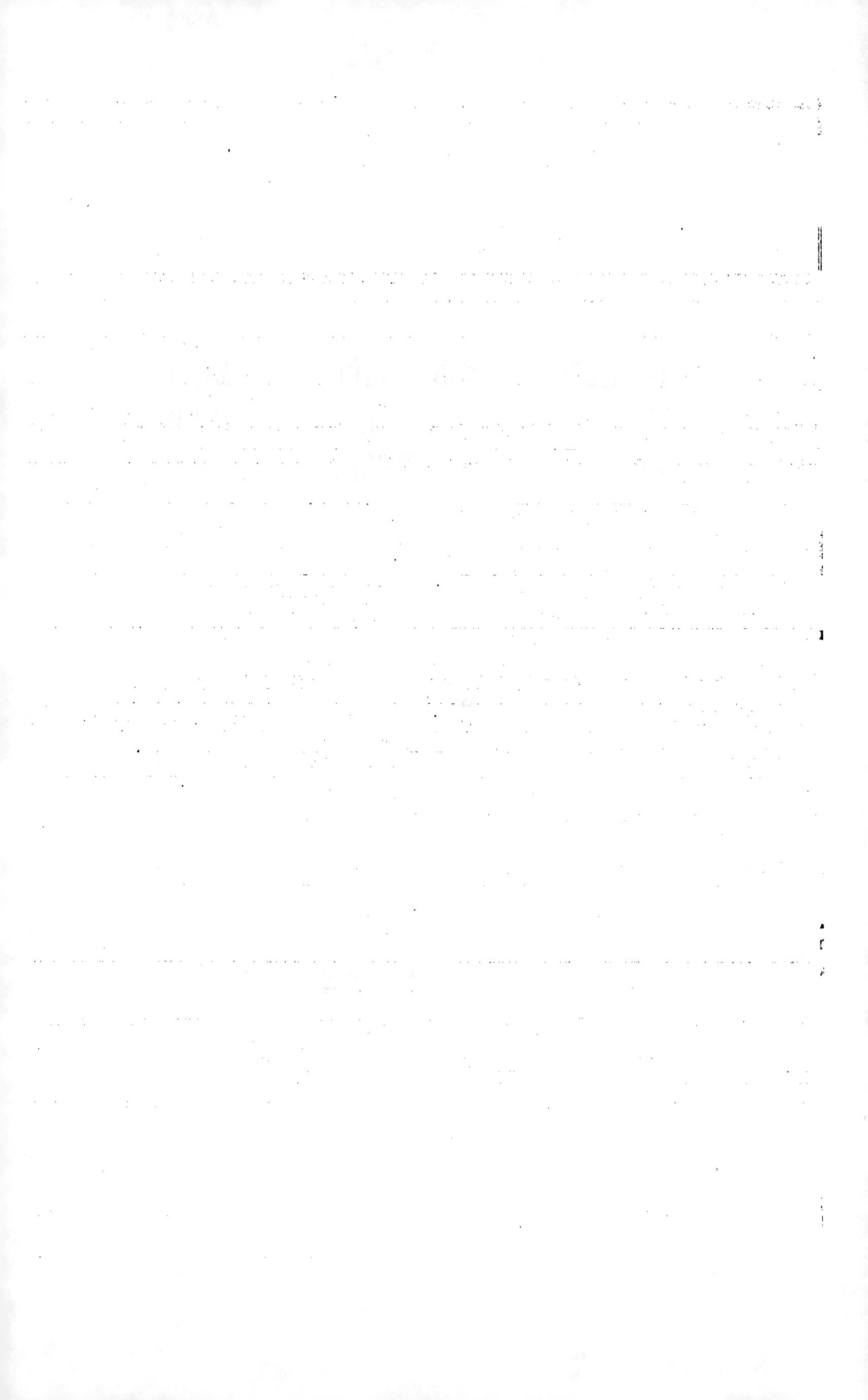

DE FUNCTIONIBUS ALTERNANTIBUS EARUMQUE DIVISIONE PER PRODUCTUM E DIFFERENTIIS ELEMENTORUM CONFLATUM.

1.

Eleganter olim observavit Cl. Vandermonde, proposito Determinante

$$\Sigma \pm a_0^{(0)} a_1' a_2'' \ldots a_n^{(n)},$$

si mutentur indices in exponentes, provenire Productum conflatum ex omnibus elementorum

$$a_0, \quad a_1, \quad a_2, \quad \ldots, \quad a_n$$

differentiis,

$$\begin{aligned} P = (a_1-a_0)(a_2-a_0)(a_3-a_0)&\ldots(a_n-a_0) \\ (a_2-a_1)(a_3-a_1)&\ldots(a_n-a_1) \\ (a_3-a_2)&\ldots(a_n-a_2) \\ &\ldots\ldots \\ &(a_n-a_{n-1}). \end{aligned}$$

Quod sic demonstratur. Functio quae elementorum Permutatione aliqua in valorem oppositum abit, nullum involvere potest terminum eadem Permutatione immutatum; adesse enim deberet etiam terminus oppositus et uterque se mutuo destrueret. Unde Productum P, quod duorum elementorum commutatione in valorem oppositum abit, evolutum carere debet terminis

$$a_0^{\alpha_0} a_1^{\alpha_1} a_2^{\alpha_2} \ldots a_n^{\alpha_n},$$

in quibus duo exponentes vel plures inter se aequales sunt, quippe qui termini non mutantur duo elementa ad eandem dignitatem elata inter se commutando. Hinc exponentes

$$\alpha_0, \quad \alpha_1, \quad \alpha_2, \quad \ldots, \quad \alpha_n$$

tantum valores induere possunt integros positivos a se diversos, et cum omnium summa aequare debeat Producti P dimensionem

$$\frac{n(n+1)}{2},$$

exponentes illi alii esse nequeunt quam

$$0, \ 1, \ 2, \ \ldots, \ n.$$

Quorumcunque enim aliorum inter se diversorum summa numerum $\frac{n(n+1)}{2}$ superaret. Coëfficientes autem terminorum illorum, in quibus α_0, α_1 etc. omnes inter se diversi sunt, alii esse nequeunt quam

$$\pm 1,$$

cum in faciendo Producto illi termini unico modo producantur. Ex. gr. terminus

$$a_0^0 a_1^1 a_2^2 \ldots a_n^n$$

aliter produci non potest quam singulorum factorum

$$
\begin{array}{lllll}
a_n - a_{n-1}, & a_n - a_{n-2}, & a_n - a_{n-3}, & \ldots, & a_n - a_0 \\
a_{n-1} - a_{n-2}, & a_{n-1} - a_{n-3}, & \ldots, & & a_{n-1} - a_0 \\
& a_{n-2} - a_{n-3}, & \ldots, & & a_{n-2} - a_0 \\
& & & & \cdots \\
& & & a_1 - a_0 &
\end{array}
$$

prima nomina inter se producendo. Nascitur igitur Producti P evolutio e termino

$$\pm a_0 a_1^1 a_2^2 \ldots a_n^n,$$

elementa a_0, a_1, $\ldots$, a_n sive eorum indices subscriptos 0, 1, $\ldots$, n omnimodis permutando, signis insuper ea lege definitis ut binorum indicum commutatione Aggregatum omnium terminorum in valorem oppositum abeat. Quae ipsa est Determinantis formatio, siquidem exponentes pro indicibus habentur.

Ex antecedentibus patet in evolvendo Producto P perpaucos remanere terminos, longe plurimis se mutuo destruentibus. Nam producendo

$$\frac{n(n+1)}{2}$$

factores binomiales, proveniunt termini numero

$$2^{\frac{n(n+1)}{2}},$$

e quibus tantum remanent

$$1.2.3\ldots(n+1),$$

$n+1$ indicum Permutationibus respondentes. Sic quoties $n=5$, e 32768 terminis nonnisi 720 remanent reliquis omnibus se mutuo destruentibus. Quamobrem rectius evolutio Producti eo explicatur, quod instar Determinantis se habeat, quam vice versa.

2.

E notis Determinantium proprietatibus similes quantitatum P petuntur. Sic pro tribus, quatuor etc. elementis successive formantur quantitates P per formulas

$$\begin{aligned}(a_1-a_0)(a_2-a_0)(a_2-a_1) &= a_1 a_2 (a_2-a_1)\\ &+a_2 a_0 (a_0-a_2)\\ &+a_0 a_1 (a_1-a_0),\end{aligned}$$

$$\begin{aligned}(a_1-a_0)(a_2-a_0)(a_3-a_0)(a_2-a_1)(a_3-a_1)(a_3-a_2)\\ = a_1 a_2 a_3 (a_2-a_1)(a_3-a_1)(a_3-a_2)\\ -a_2 a_3 a_0 (a_3-a_2)(a_0-a_2)(a_0-a_3)\\ +a_3 a_0 a_1 (a_0-a_3)(a_1-a_3)(a_1-a_0)\\ -a_0 a_1 a_2 (a_1-a_0)(a_2-a_0)(a_2-a_1),\end{aligned}$$

etc. etc.

Quaeque linea horizontalis e praecedente obtinetur quemlibet indicum 0, 1, 2 etc. mutando in proxime sequentem, ultimum in primum, signo simul mutato aut immutato prout elementorum numerus par aut impar est.

Si elementorum numerus par est, commoda haec habetur quantitatis P repraesentatio. Vocemus

$$(i_0, i_1, i_2, \ldots, i_m)$$

functionem aliquam quantitatum indicibus $i_0, i_1, \ldots, i_m$ affectarum; si formandum est Aggregatum

$$\begin{aligned}S(i_0, i_1, i_2, \ldots, i_m) = &(i_0, i_1, i_2, \ldots, i_{m-1}, i_m)\\ +&(i_1, i_2, i_3, \ldots, i_m, i_0)\\ +&(i_2, i_3, i_4, \ldots, i_0, i_1)\\ &\ldots\ldots\ldots\\ +&(i_m, i_0, i_1, \ldots, i_{m-2}, i_{m-1}),\end{aligned}$$

id innuam dicendo, indices

$$i_0, i_1, i_2, \ldots, i_m$$

cyclum percurrere. Qua in re ordo, quo indices in cyclum disponantur, bene tenendus est. His positis quantitatem P sic formare licet. Fingatur expressio

$$(a_1-a_0)(a_3-a_2)\ldots(a_n-a_{n-1})\,\Sigma a_2^2 a_3^2 a_4^4 a_5^4\ldots a_{n-1}^{n-1} a_n^{n-1},$$

quam quo clarius lex appareat sic scribam:

$$(a_1-a_0)(a_3-a_2)\ldots(a_n-a_{n-1})\,\Sigma(a_0a_1)^0(a_2a_3)^2(a_4a_5)^4\ldots(a_{n-1}a_n)^{n-1},$$

sub signo Σ omnimodis permutatis exponentibus

$$0,\ 2,\ 4,\ \ldots,\ n-1.$$

In expressione illa cyclum percurrant *primo* elementa tria

$$a_{n-2},\quad a_{n-1},\quad a_n,$$

secundo elementa quinque

$$a_{n-4},\quad a_{n-3},\quad a_{n-2},\quad a_{n-1},\quad a_n,$$

et sic deinceps ita ut *postremo* cyclum percurrant elementa

$$a_1,\quad a_2,\quad a_3,\quad \ldots,\quad a_n.$$

Omnium expressionum provenientium Aggregatum aequabitur ipsi P. Ex. gr. pro quatuor elementis fit

$$\begin{aligned} P = {} & (a_1-a_0)(a_3-a_2)\{a_0^2a_1^2+a_2^2a_3^2\} \\ & +(a_2-a_0)(a_1-a_3)\{a_0^2a_2^2+a_3^2a_1^2\} \\ & +(a_3-a_0)(a_2-a_1)\{a_0^2a_3^2+a_0^2a_2^2\} \\ = {} & (a_1-a_0)(a_2-a_0)(a_3-a_0)(a_2-a_1)(a_3-a_1)(a_3-a_2) \end{aligned}$$

In expressione proposita

$$(a_1-a_0)(a_3-a_2)\ldots(a_n-a_{n-1})\Sigma(a_0a_1)^0(a_2a_3)^2\ldots(a_{n-1}a_n)^{n-1}$$

constat summa Σ terminis

$$1.2.3\ldots\frac{n+1}{2},$$

qui Permutationibus exponentium proveniunt. Productum

$$(a_1-a_0)(a_3-a_2)\ldots(a_n-a_{n-1})$$

evolutum suppeditat terminos

$$2^{\frac{n+1}{2}}.$$

Ubi successive tres, quinque, ..., n elementa cyclum percurrunt, terminorum numerus per 3, 5, ..., n multiplicatur. Unde Aggregatum propositum evolutum amplectitur terminos numero

$$2^{\frac{n+1}{2}}.1.2.3\ldots\frac{n+1}{2}.3.5\ldots n,$$

quem patet aequalem esse numero

$$1.2.3\ldots(n+1).$$

Alia generalior ipsius P repraesentatio haec est.

Discerpamus terminum generalem

$$\pm a_0^0a_1^1a_2^2\ldots a_{n-1}^{n-1}$$

in plura producta, veluti in tria,

$$\pm a_0^0a_1^1\ldots a_i^i\times\pm a_{i+1}^{i+1}a_{i+2}^{i+2}\ldots a_k^k\times\pm a_{k+1}^{k+1}a_{k+2}^{k+2}\ldots a_n^n.$$

Pro discerptionibus in plura producta cum prorsus similia valeant, in illa discerptione consistam. Obtinentur omnes indicum $0, 1, 2, \ldots, n$ Permutationes distribuendo eas in tres classes, quarum prima $i+1$, secunda $k-i$, tertia $n-k$ indices amplectitur, eaque distributione omnibus modis facta quibus fieri potest, cuiusvis classis indices omnimodis permutentur. Ex $n+1$ elementis eligi possunt $i+1$ diversa primam classem formantia modis

$$\frac{(n+1).n\ldots(n-i+1)}{1.2\ldots(i+1)};$$

e reliquis $n-i$ elementis eligi possunt $k-i$ elementa diversa secundam classem formantia modis

$$\frac{(n-i).(n-i-1)\ldots(n-k+1)}{1.2\ldots(k-i)};$$

reliqua $n-k$ elementa tertiam classem formant, unde distributio $n+1$ elementorum in tres classes illas fit modis

$$\frac{(n+1.n)\ldots(n-i+1).(n-i)\ldots(n-k+1)}{1.2\ldots(i+1).1.2\ldots(k-i)}.$$

Elementa primae, secundae, tertiae classis permutari possunt resp. modis

$$1.2.3\ldots(i+1),\quad 1.2.3\ldots(k-i),\quad 1.2.3\ldots(n-k),$$

quibus Permutationibus ad singulas distributiones adhibitis omnes emergunt $n+1$ elementorum Permutationes $1.2\ldots(n+1)$.

E termino

$$\pm a_0^0 a_1^1 \ldots a_i^i . \pm a_{i+1}^{i+1} a_{i+2}^{i+2} \ldots a_k^k . \pm a_{k+1}^{k+1} a_{k+2}^{k+2} \ldots a_n^n$$

provenit permutando indices $0, 1, \ldots, i$, indices $i+1, i+2, \ldots, k$, indices $k+1, k+2, \ldots, n$, productum

$$\Sigma \pm a_0^0 a_1^1 \ldots a_i^i . \Sigma \pm a_{i+1}^{i+1} a_{i+2}^{i+2} \ldots a_k^k . \Sigma \pm a_{k+1}^{k+1} a_{k+2}^{k+2} \ldots a_n^n,$$

quod secundum §. 1 sic exhiberi potest:

$$(a_{i+1} a_{i+2} \ldots a_k)^{i+1} (a_{k+1} a_{k+2} \ldots a_n)^{k+1} \Pi(a_0, a_1, \ldots, a_i) \Pi(a_{i+1}, a_{i+2}, \ldots, a_k) \Pi(a_{k+1}, a_{k+2}, \ldots, a_n);$$

designante generaliter

$$\Pi(a, b, c, \ldots, p, q) = (b-a)(c-a)\ldots(q-p)$$

productum ex omnibus elementorum $a, b, \ldots, q$ differentiis. Hinc eruitur:

$$P = \Pi(a_0, a_1, \ldots, a_n)$$

$$= S \pm (a_{i+1} a_{i+2} \ldots a_k)^{i+1} (a_{k+1}, a_{k+2}, \ldots, a_n)^{k+1} \Pi(a_0, a_1, \ldots, a_i) \Pi(a_{i+1}, a_{i+2}, \ldots, a_k) \Pi(a_{k+1}, a_{k+2}, \ldots, a_n).$$

Signum S amplectitur tot terminos quot habentur modi elementa $n+1$ in tres classes $i+1$, $k-i$, $n-k$ elementorum distribuendi. Omnes habentur distributiones, eligendo ex omnibus indicum $0, 1, \ldots, n$ Permutationibus has:

$$\alpha_0, \alpha_1, \ldots, \alpha_i, \alpha_{i+1}, \alpha_{i+2}, \ldots, \alpha_k, \alpha_{k+1}, \alpha_{k+2}, \ldots, \alpha_n,$$

in quibus $\alpha_0, \alpha_1, \ldots, \alpha_i$ nec non $\alpha_{i+1}, \alpha_{i+2}, \ldots, \alpha_k$, denique $\alpha_{k+1}, \alpha_{k+2}, \ldots, \alpha_n$ sese magnitudine excipiunt. Prout mutando indices $0, 1, \ldots, n$ in $\alpha_0, \alpha_1, \ldots, \alpha_n$ Productum P immutatum manet aut in valorem oppositum abit, termino sub signo S contento signum $+$ aut $-$ praefigendum est. His obiter commemoratis ad propositum pergo.

3.

Generaliter cum Ill. Cauchy vocemus functiones *alternantes*, quae elementorum Permutationibus aut non mutantur aut in valorem oppositum abeunt. Quarum est simplicissima Productum P antecedentibus consideratum, quod ex omnibus elementorum differentiis conflatur. Earum functionum est expressio generalis

$$P\Sigma\left(\frac{\varphi(a_0, a_1, \ldots, a_n)}{P}\right),$$

in qua sub signo Σ elementa a_0 etc. omnimodis permutanda sunt. De functione φ reiici possunt termini omnes duorum elementorum Permutatione immutati, quippe qui se mutuo destruere debent (v. §. 1). Hinc si ponitur

$$\varphi(a_0, a_1, \ldots, a_n) = a_0^{\alpha_0} a_1^{\alpha_1} \ldots a_n^{\alpha_n},$$

exponentes $\alpha_0, \alpha_1, \ldots, \alpha_n$ omnes inter se diversi esse debent, ne functio alternans, ex eo termino proveniens, identice evanescat.

Constat et facile probatur, quoties exponentes α_0 etc. sint integri, functionem alternantem

$$\Sigma \pm a_0^{\alpha_0} a_1^{\alpha_1} \ldots a_n^{\alpha_n} = P\Sigma\frac{a_0^{\alpha_0} a_1^{\alpha_1} \ldots a_n^{\alpha_n}}{P}$$

per ipsum P divisibilem esse. Sed non video observatum esse, divisionis Quotientem per formulam generalem assignari posse. Quod ut appareat, investigabo eius Quotientis

$$\Sigma\frac{a_0^{\alpha_0} a_1^{\alpha_1} \ldots a_n^{\alpha_n}}{P}$$

functionem *generatricem*. Qua in quaestione exponentem minimum statuere licet evanescere; si enim α_0 est exponens minimus, expressio proposita per

$$a_0^{\alpha_0} a_1^{\alpha_1} \dots a_n^{\alpha_n}$$

dividi potest. Hinc Quotientem propositum sic exhibere licet:

$$\Sigma \frac{a_1^{\alpha_1} a_2^{\alpha_2} \dots a_n^{\alpha_n}}{P},$$

in qua expressione exponentes α_1, α_2 etc. sunt positivi.

Sit quantitatum $t_0, t_1, \dots, t_m$ functio rationalis integra quaecunque

$$\varphi(t_0, t_1, \dots, t_m);$$

sit Productum ex omnibus ipsarum t_0 etc. differentiis

$$\begin{aligned}\Pi(t_0, t_1, \dots, t_m) &= (t_1-t_0)(t_2-t_0)\dots(t_m-t_{m-1}) \\ &= \Sigma \pm t_1 t_2^2 \dots t_m^m;\end{aligned}$$

sit denique

$$f(x) = (x-a_0)(x-a_1)(x-a_2)\dots(x-a_n).$$

His positis, secundum ipsarum t_0, t_1 etc. dignitates descendentes evolvamus expressionem

$$\frac{\Pi(t_0, t_1, \dots, t_m)\varphi(t_0, t_1, \dots, t_m)}{f(t_0)f(t_1)\dots f(t_m)},$$

eiusque evolutionis terminos simul omnium $t_0, t_1, \dots, t_m$ dignitatibus negativis affectos accuratius examinemus.

Ponendo

$$f'(x) = \frac{df(x)}{dx},$$

fit per discerptiones in fractiones simplices:

$$(1)\quad \left\{\begin{aligned} &\frac{\Pi(t_0, t_1, \dots, t_m).\varphi(t_0, t_1, \dots, t_m)}{f(t_0)f(t_1)\dots f(t_m)} \\ &= \Pi\varphi\left\{\frac{1}{f'(a_0)(t_0-a_0)} + \frac{1}{f'(a_1)(t_0-a_1)} + \dots + \frac{1}{f'(a_n)(t_0-a_n)}\right\} \\ &\quad\times\left\{\frac{1}{f'(a_0)(t_1-a_0)} + \frac{1}{f'(a_1)(t_1-a_1)} + \dots + \frac{1}{f'(a_n)(t_1-a_n)}\right\} \\ &\quad \dots\dots\dots\dots\dots\dots\dots\dots \\ &\quad\times\left\{\frac{1}{f'(a_0)(t_m-a_0)} + \frac{1}{f'(a_1)(t_m-a_1)} + \dots + \frac{1}{f'(a_n)(t_m-a_n)}\right\}.\end{aligned}\right.$$

Facta Multiplicatione huiusmodi proveniunt expressiones:

$$(2)\quad \frac{\varphi(t_0, t_1, \dots, t_m).\Pi(t_0, t_1, \dots, t_m)}{f'(a)f'(b)\dots f'(p)(t_0-a)(t_1-b)\dots(t_m-p)},$$

designantibus $a, b, \dots, p$ quascunque quantitatum $a_0, a_1, \dots, a_n$ sive diversas

sive inter se aequales. Si binae veluti a et b inter se aequales sunt, expressio (2) fit:

$$\frac{\varphi(t_0, t_1, \ldots, t_m)}{f'(a)f'(b)\ldots f'(p)}\cdot\frac{\Pi(t_0, t_1, \ldots, t_m)}{t_1-t_0}\cdot\left\{\frac{1}{t_0-a}-\frac{1}{t_1-a}\right\}\frac{1}{(t_2-c)(t_3-d)\ldots(t_m-p)}.$$

E cuius expressionis evolutione, cum $\frac{\Pi}{t_1-t_0}$ sit functio integra, non proveniunt termini, utriusque t_0 et t_1 dignitatibus negativis affecti. Unde si evolutionis respicimus terminos *omnium* $t_0, t_1, \ldots, t_m$ dignitatibus negativis affectos, in expressione (2) pro ipsis $a, b, \ldots, p$ quantitatum $a_0, a_1, \ldots, a_n$ *diversas* sumere sufficit. Quod cum fieri non possit si $m > n$, habemus propositionem, *quoties* $m > n$, *ex expressione* (1) *evoluta non provenire terminos simul omnium* $t_0, t_1, \ldots, t_m$ *dignitatibus negativis affectos.*

4.

Statuendo $m \leq n$, expressio evolvenda secundum antecc. sic exhiberi potest:

$$(3)\qquad S.\frac{\varphi(t_0, t_1, \ldots, t_m).\Pi(t_0, t_1, \ldots, t_m)}{f'(a_{n-m})f'(a_{n-m+1})\ldots f'(a_n)(t_0-a_{n-m})(t_1-a_{n-m+1})\ldots(t_m-a_n)}.$$

Sub signo S pro ipsis a_{n-m} etc. sumendae sunt quaelibet $m+1$ diversae quantitatum $a_0, a_1, \ldots, a_n$, eaeque omnimodis inter se permutandae. Vocemus H Coëfficientem evolutionis propositae ductum in terminum

$$t_0^{-1}t_1^{-1}\ldots t_m^{-1};$$

erit, quod facile constat,

$$(4)\qquad H = S.\frac{\varphi(a_{n-m}, a_{n-m+1}, \ldots, a_n).\Pi(a_{n-m}, a_{n-m+1}, \ldots, a_n)}{f'(a_{n-m})f'(a_{n-m+1})\ldots f'(a_n)}.$$

Iam vero cum sit

$$f'(a_i) = (a_i-a_0)(a_i-a_1)\ldots(a_i-a_n),$$

omisso factore evanescente a_i-a_i, fit:

$$(5)\qquad \left\{\begin{array}{l}\Pi(a_{n-m}, a_{n-m+1}, \ldots, a_n).\Pi(a_0, a_1, \ldots, a_n)\\ = (-1)^{\frac{1}{2}m(m+1)}\Pi(a_0, a_1, \ldots, a_{n-m-1})f'(a_{n-m})f'(a_{n-m+1})\ldots f'(a_n).\end{array}\right.$$

Nam in producto

$$f'(a_{n-m})f'(a_{n-m+1})\ldots f'(a_n)$$

ut factores inveniuntur omnium elementorum $a_0, a_1, \ldots, a_n$ differentiae praeter eas, e quibus conflatur productum $\Pi(a_0, a_1, \ldots, a_{n-m-1})$, atque insuper bis sed signis oppositis habentur $\frac{m.(m+1)}{2}$ factores producti $\Pi(a_{n-m}, a_{n-m+1}, \ldots, a_n)$.

Substituendo (5) eruitur e (4):

$$(6)\qquad H=(-1)^{\frac{m.(m+1)}{2}} S\,\frac{\Pi(a_0,\,a_1,\,\ldots,\,a_{n-m-1}).\varphi(a_{n-m},\,a_{n-m+1},\,\ldots,\,a_n)}{P}.$$

Fit secundum §. 1:

$$(7)\qquad \frac{\Pi(a_0,\,a_1,\,\ldots,\,a_{n-m-1})}{P}=\Sigma\frac{a_0^0 a_1^1 a_2^2\ldots a_{n-m-1}^{n-m-1}}{P},$$

sub signo Σ omnimodis permutatis indicibus $0,\ 1,\ \ldots,\ n-m-1$. Hinc obtinetur e (6):

$$(8)\qquad H=(-1)^{\frac{m.(m+1)}{2}}\Sigma\frac{a_0^0 a_1^1 a_2^2\ldots a_{n-m-1}^{n-m-1}\varphi(a_{n-m},\,a_{n-m+1},\,a_n)}{P},$$

sub signo Σ omnibus modis permutatis elementis omnibus $a_0,\ a_1,\ \ldots,\ a_n$. Nam in expressione (6) sub signo S elementa $a_0,\ a_1,\ \ldots,\ a_n$ omnimodis distribuenda erant in duas classes resp. $n-m$ et $m+1$ elementorum atque elementa secundae classis omnimodis permutanda. In formula, quae substituendo (7) prodit, etiam elementa primae classis omnimodis permutanda sunt, unde in formula (8) sub signo Σ elementa omnia omnimodis permutanda sunt, quod perinde est ac si elementa omnia omnimodis permutentur (v. §. 2).

Expressio (8) est elementorum $a_0,\ a_1,\ \ldots,\ a_n$ functio alternans rationalis integra divisa per Productum ex omnium elementorum differentiis P. Cuius Quotientis est expressio (1) functio generatrix, quae indagatu proposita erat. Invenimus enim, evoluta expressione (1), Coëfficientem termini

$$t_0^{-1}t_1^{-1}\ldots t_m^{-1}$$

esse Quotientem propositum. Seorsim consideramus casum, quo

$$m=n.$$

Eo casu fit formula (4):

$$(9)\qquad H=S\frac{P.\varphi(a_0,\,a_1,\,\ldots,\,a_n)}{f'(a_0)f'(a_1)\ldots f'(a_n)};$$

fit autem:

$$f'(a_0)f'(a_1)\ldots f'(a_n)=(-1)^{\frac{n.(n+1)}{2}}PP,$$

unde

$$(10)\qquad H=(-1)^{\frac{n.(n+1)}{2}}S\frac{\varphi(a_0,\,a_1,\,\ldots,\,a_n)}{P},$$

qua in formula sub signo S elementa $a_0,\ a_1,\ \ldots,\ a_n$ omnimodis permutanda sunt. Expressio ad dextram functio alternans est rationalis integra maxime generalis, quoniam φ functionem omnium elementorum rationalem integram quamcunque designat. Habetur igitur haec

Propositio.

Sit P productum ex omnibus elementorum $a_0, a_1, \ldots, a_n$ differentiis, e quo nascatur Π ponendo ipsarum $a_0, a_1, \ldots, a_n$ loco resp. $t_0, t_1, \ldots, t_n$; sit

$$f(x) = (x-a_0)(x-a_1)\ldots(x-a_n),$$

atque designet $\varphi(t_0, t_1, \ldots, t_n)$ ipsarum $t_0, t_1, \ldots, t_n$ functionem quamcunque rationalem integram; sub signo Σ permutando omnimodis elementa $a_0, a_1, \ldots, a_n$, fit

$$\Sigma \frac{\varphi(a_0, a_1, \ldots, a_n)}{P}$$

expressio maxime generalis functionis rationalis integrae alternantis divisae per Productum ex omnium elementorum differentiis; Quotientem invenimus aequare Coëfficientem termini

$$t_0^{-1} t_1^{-1} \ldots t_n^{-1}$$

in evoluta expressione

$$(-1)^{\frac{n.(n+1)}{2}} \frac{\Pi.\varphi(t_0, t_1, \ldots, t_n)}{f(t_0)f(t_1)\ldots f(t_n)}.$$

Si $m = n-1$, secundum (8) expressionis

$$\Sigma \frac{\varphi(a_1, a_2, \ldots, a_n)}{P}$$

functio generatrix fit

$$(-1)^{\frac{n.(n-1)}{2}} . \frac{\Pi(t_0, t_1, \ldots, t_{n-1}).\varphi(t_0, t_1, \ldots, t_{n-1})}{f(t_0)f(t_1)\ldots f(t_{n-1})}.$$

Quod facile etiam de Propositione antecedente sequitur.

5.

Statuamus

$$\varphi(t_0, t_1, \ldots, t_m) = t_0^{\gamma} t_1^{\gamma_1} \ldots t_m^{\gamma_m},$$

atque observemus, dividendo functionem evolvendam per

$$t_0^{\gamma} t_1^{\gamma_1} \ldots t_m^{\gamma_m},$$

Coëfficientem termini

$$t_0^{-1} t_1^{-1} \ldots t_m^{-1}$$

abire in Coëfficientem termini

$$t_0^{-(\gamma+1)} t_1^{-(\gamma_1+1)} \ldots t_m^{-(\gamma_m+1)}.$$

Hinc suppeditabit formula (8) hanc Propositionem:

Propositio.

Functio alternans divisa per Productum ex elementorum $a_0, a_1, \ldots, a_n$ differentiis,

$$\Sigma \frac{a_0^0 a_1^1 a_2^2 \ldots a_{n-m-1}^{n-m-1} a_{n-m}^{\gamma} a_{n-m+1}^{\gamma_1} \ldots a_n^{\gamma_m}}{(a_1-a_0)(a_2-a_0)\ldots(a_n-a_{n-1})},$$

aequatur Coëfficienti termini

$$t_0^{-(\gamma+1)} t_1^{-(\gamma_1+1)} \ldots t_m^{-(\gamma_m+1)}$$

in evoluta expressione

$$\frac{(t_0-t_1)(t_0-t_2)\ldots(t_{m-1}-t_m)}{f(t_0)f(t_1)\ldots f(t_m)},$$

siquidem

$$f(x)=(x-a_0)(x-a_1)\ldots(x-a_n).$$

Observo in Prop. praecedente positum esse

$$(-1)^{\frac{m.(m+1)}{2}}(t_1-t_0)(t_2-t_0)\ldots(t_m-t_{m-1})=(t_0-t_1)(t_0-t_2)\ldots(t_{m-1}-t_m).$$

Sit

$$\frac{1}{f(x)}=\frac{1}{x^{n+1}}+\frac{C_1}{x^{n+2}}+\frac{C_2}{x^{n+3}}+\frac{C_3}{x^{n+4}}+\text{etc.},$$

erit C_i summa omnium productorum i elementorum sive diversorum sive aequalium e numero ipsarum $a_0, a_1, \ldots, a_n$ desumtorum. Quae quantitates C_1, C_2 etc., ponendo

$$f(x)=x^n-A_1x^{n-1}+A_2x^{n-2}-\text{etc.},$$

facile per ipsas quoque A_1, A_2 etc. exprimuntur. Substituendo evolutionem ipsius $\frac{1}{f(x)}$ praecedentem in evoluta fractione

$$\frac{1}{f(t_0)f(t_1)\ldots f(t_m)}$$

fit terminus generalis

$$C_{i_0}C_{i_1}\ldots C_{i_m}.t_0^{-(n+1+i_0)}t_1^{-(n+1+i_1)}\ldots t_m^{-(n+1+i_m)}.$$

Unde evoluta expressione

$$\frac{(t_0-t_1)(t_0-t_2)\ldots(t_{m-1}-t_m)}{f(t_0)f(t_1)\ldots f(t_m)}=\frac{\Sigma\pm t_0^m t_1^{m-1}\ldots t_{m-1}}{f(t_0)f(t_1)\ldots f(t_m)},$$

fit terminus generalis:

$$\Sigma\pm C_{i_0}C_{i_1}\ldots C_{i_m}.t_0^{m-n-1-i_0}t_1^{m-n-2-i_1}\ldots t_{m-1}^{-n-i_{m-1}}t_m^{-(n+1+i_m)}.$$

Hinc Propositio antecedens suggerit formulam:

$$(11)\quad \Sigma\frac{a_1a_2^2\ldots a_{n-m-1}^{n-m-1}a_{n-m}^{\gamma}a_{n-m+1}^{\gamma_1}\ldots a_n^{\gamma_m}}{(a_1-a_0)(a_2-a_0)\ldots(a_n-a_{n-1})}=\Sigma\pm C_{\gamma+m-n}C_{\gamma_1+m-n-1}\ldots C_{\gamma_m-n}.$$

In huius formulae altera quidem parte omnimodis permutanda sunt elementa $a_0, a_1, \ldots, a_n$, in altera autem indices $\gamma, \gamma_1, \ldots, \gamma_m$, signis $+$ more consueto definitis. Fit ex. gr. pro $m=0$, $m=1$ etc.:

$$\Sigma \frac{a_1 a_2^2 \ldots a_{n-1}^{n-1} a_n^{\gamma}}{P} = C_{\gamma-n},$$

$$\Sigma \frac{a_1 a_2^2 \ldots a_{n-2}^{n-2} a_{n-1}^{\gamma} a_n^{\gamma_1}}{P} = C_{\gamma+1-n} C_{\gamma_1-n} - C_{\gamma_1+1-n} C_{\gamma-n},$$

etc. etc.

Generaliter *aequatur Quotiens propositus*

$$\Sigma \frac{a_1 a_2^2 \ldots a_{n-m-1}^{n-m-1} a_{n-m}^{\gamma} a_{n-m+1}^{\gamma_1} \ldots a_n^{\gamma_m}}{P}$$

Determinanti, quod pertinet ad systema quantitatum

$$\begin{array}{llll} C_{\gamma+m-n}, & C_{\gamma_1+m-n}, & \ldots, & C_{\gamma_m+m-n}, \\ C_{\gamma+m-n-1}, & C_{\gamma_1+m-n-1}, & \ldots, & C_{\gamma_m+m-n-1}, \\ \cdot & \cdot & \cdot & \cdot \\ C_{\gamma-n}, & C_{\gamma_1-n}, & \ldots, & C_{\gamma_m-n}. \end{array}$$

In his formulis statuendum est, quantitatem C indice 0 affectam unitati aequalem esse, indice negativo affectam evanescere.

Si placeret, Determinans praecedens per elementorum $a_0, a_1, \ldots, a_n$ ipsas Combinationes formatas exhibere, in formandis C_{γ_i+1-n} omitti posset elementum unum a_n, in formandis C_{γ_i+2-n} omitti possent elementa duo a_n, a_{n-1}, et ita porro. Constat enim non mutari Determinans, si singulis seriei horizontalis terminis addantur earundem serierum verticalium termini multiplicati per quantitates quascunque, quae tamen pro omnibus eiusdem seriei horizontalis terminis eaedem esse debent. Porro observo, si designentur per C', C'' etc. Combinationes, in quibus formandis unum, duo etc. elementa omittuntur, fieri

$$C_{i+1} - a_n C_i = C'_{i+1},$$

$$C_{i+2} - (a_n + a_{n-1}) C_{i+1} + a_n a_{n-1} C_i = C''_{i+2},$$

etc. etc.

Quod facile ipsa aequatione probatur

$$\frac{1}{(x-a_0)(x-a_1)\ldots(x-a_n)} = \frac{1}{f(x)} = \frac{1}{x^{n+1}} + \frac{C_1}{x^{n+2}} + \frac{C_2}{x^{n+3}} + \text{etc.}$$

Quibus Determinantis et Combinationum proprietatibus propositum constat.

ZUR COMBINATORISCHEN ANALYSIS

VON

C. G. J. JACOBI,

ORD. PROF. DER MATH. AN DER UNIVERSITÄT ZU KÖNIGSBERG IN PREUSSEN.

Crelle Journal für die reine und angewandte Mathematik, Bd. 22. p. 372—374.

ZUR COMBINATORISCHEN ANALYSIS.

Setzt man in die Gleichung

$$e^{-\log(1-x)} = \frac{1}{1-x} = 1+x+x^2+x^3+\text{etc.}$$

die Reihenentwicklung für

$$-\log(1-x) = x+\tfrac{1}{2}x^2+\tfrac{1}{3}x^3+\tfrac{1}{4}x^4+\text{etc.} = X,$$

entwickelt e^X in die Reihe

$$e^X = 1+X+\frac{X^2}{2}+\frac{X^3}{2.3}+\frac{X^4}{2.3.4}+\text{etc.},$$

so sieht man, dafs in

$$1+X+\tfrac{1}{2}X^2+\frac{X^3}{2.3}+\text{etc.} = \Sigma\frac{X^i}{\Pi i} = 1+x+x^2+x^3+\text{etc.}$$

der Coëfficient von jeder Potenz x^n der Einheit gleich wird. Es ist aber der Coëfficient von x^n in $\Sigma\frac{X^i}{\Pi i}$ nach dem bekannten Polynomialtheorem gleich dem Aggregate

$$\Sigma\frac{1}{2^b 3^c \ldots \Pi a\, \Pi b\, \Pi c \ldots},$$

wo

(1) $$a+2b+3c+\text{etc.} = n.$$

Es mufs daher die Gleichung stattfinden:

(2) $$\Sigma\frac{1}{2^b 3^c \ldots \Pi a\, \Pi b\, \Pi c \ldots} = 1,$$

wenn man für a, b, c, ... solche ganze positive Zahlen, die Null mit einbegriffen, setzt, für welche

$$a+2b+3c+\text{etc.}$$

denselben Werth behält, es mag dieser Werth übrigens sein, welcher er wolle. Die Gleichung (2) kann man durch rein combinatorische Betrachtungen beweisen.

Wenn man die Zahlen 1, 2, 3, ... n versetzt, so wird durch diese Versetzung eine Zahl i_1 in i_2, i_2 in i_3 u. s. w. und zuletzt i_m wieder in i_1 übergehen, wo $i_1, i_2, \ldots, i_\alpha$ sämmtlich von einander verschieden sind. Sind hiermit die n Zahlen noch nicht erschöpft oder ist $\alpha < n$, so nehme man von den übrig gebliebenen Zahlen irgend eine $i_{\alpha+1}$; diese wird durch die betrachtete Versetzung in $i_{\alpha+2}$, diese in $i_{\alpha+3}$ u. s. w. und zuletzt i_β in $i_{\alpha+1}$ übergehen, wo wieder $i_{\alpha+1}, i_{\alpha+2}, \ldots, i_\beta$ sämmtlich von einander verschieden sind. Auf diese Weise kann man fortfahren, bis sämmtliche n Zahlen erschöpft sind. Bezeichnet man mit

(3) $$(i_0 i_1 i_2 \ldots i_\alpha)$$

die Art der Versetzung, wonach jede der Zahlen $i_0, i_1, \ldots, i_n$ in ihrer Reihenfolge in die nächste, die letzte in die erste übergeht, so wird man durch Versetzung der α Zahlen in dem Ausdrucke (3) nur

$$1.2.3\ldots(\alpha-1) = \frac{\Pi\alpha}{\alpha}$$

verschiedene Arten des Ueberganges der Zahlen in einander erhalten, weil je α Ausdrücke

$$(i_1 i_2 \ldots i_\alpha),\quad (i_2 i_3 \ldots i_\alpha i_1),\quad \ldots,\quad (i_\alpha i_1 i_2 \ldots i_{\alpha-1})$$

nur dieselbe Art dieses Ueberganges bezeichnen. Man kann daher sämmtliche Versetzungen der n Zahlen erhalten, indem man die n Zahlen auf alle mögliche Arten in Gruppen, z. B. in a Gruppen von einer, in b Gruppen von zwei, in c Gruppen von 3 Zahlen theilt, wo

$$a + 2b + 3c + \text{etc.} = n,$$

und in jeder Gruppe z. B. von α Zahlen die verschiedenen

$$\frac{\Pi\alpha}{\alpha}$$

Arten bildet, wie die Zahlen auf die angegebene cyclische Weise in einander übergehen. Wenn in einer Gruppe sich nur eine Zahl befindet, so heifst dieses so viel, dafs diese Zahl in der betrachteten Versetzung ihre Stelle überhaupt nicht ändert.

Man kann n Zahlen auf

$$\frac{\Pi n}{\Pi a\, \Pi b\, \Pi c \ldots (\Pi 2)^b (\Pi 3)^c \ldots}$$

verschiedene Arten in a Gruppen von einer, b Gruppen von 2, c Gruppen von 3 Zahlen u. s. w. theilen, wie durch einfache combinatorische Betrachtungen hinlänglich bekannt ist. In jeder Gruppirung giebt nach dem Obigen jede Gruppe von 2 Zahlen $\frac{\Pi 2}{2}$, jede Gruppe von 3 Zahlen $\frac{\Pi 3}{3}$ u. s. w. verschiedene

Arten, wie die Zahlen derselben Gruppe den cyclischen Uebergang in einander halten können. Es wird daher jede Gruppirung der genannten Art

$$\left(\frac{\Pi 2}{2}\right)^b\left(\frac{\Pi 3}{3}\right)^c\ldots$$

Versetzungen geben, und da man

$$\frac{\Pi n}{\Pi a\,\Pi b\,\Pi c\ldots(\Pi 2)^b(\Pi 3)^c\ldots}$$

solcher Gruppirungen hat, so werden alle Gruppirungen, in denen die n Zahlen in a Gruppen von einer, b Gruppen von zwei, c Gruppen von drei Zahlen u. s. w. getheilt werden, wenn alle Zahlen jeder Gruppe auf alle mögliche Arten cyclisch in einander übergehen, zusammen

$$\frac{\Pi n}{\Pi a\,\Pi b\,\Pi c\ldots 2^b 3^c\ldots}$$

Versetzungen ergeben. Giebt man den a, b, c, ... alle Werthe, für welche $a+2b+3c+$ etc. $=n$, so mufs man sämmtliche Πn Versetzungen der n Zahlen erhalten, so dafs man

$$1=\Sigma\frac{1}{\Pi a\,\Pi b\,\Pi c\ldots 2^b 3^c\ldots}$$

erhält, welches die zu beweisende Gleichung ist.

18. März 1841.

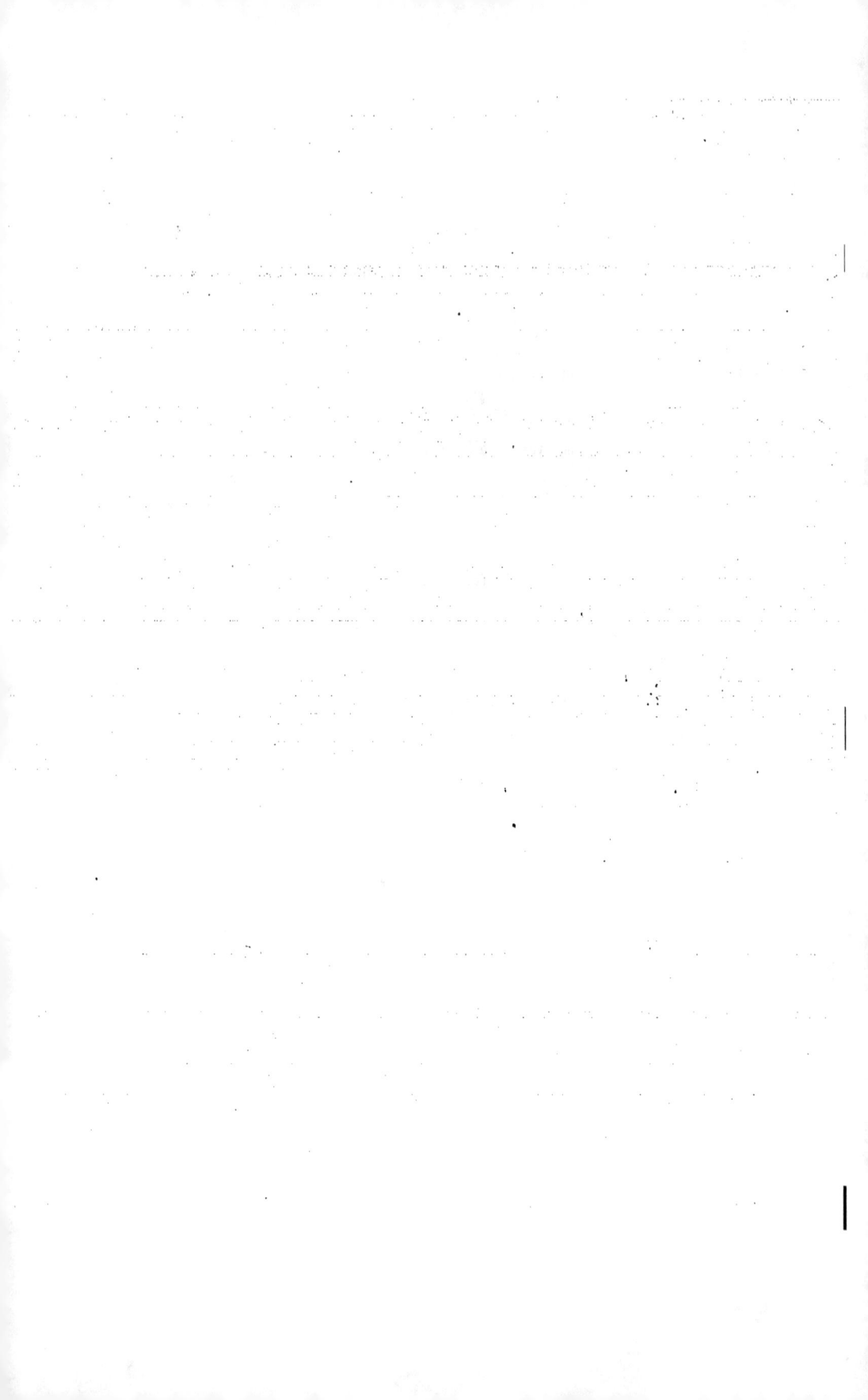

SULLA CONDIZIONE DI UGUAGLIANZA DI DUE RADICI DELL'EQUAZIONE CUBICA, DALLA QUALE DIPENDONO GLI ASSI PRINCIPALI DI UNA SUPERFICIE DEL SECOND'ORDINE.

DEL

Professore C. G. J. JACOBI.

Estratto dal Giornale Arcadico, Tomo XCVIX.
Crelle Journal für die reine und angewandte Mathematik, Bd. 30. p. 46—50.

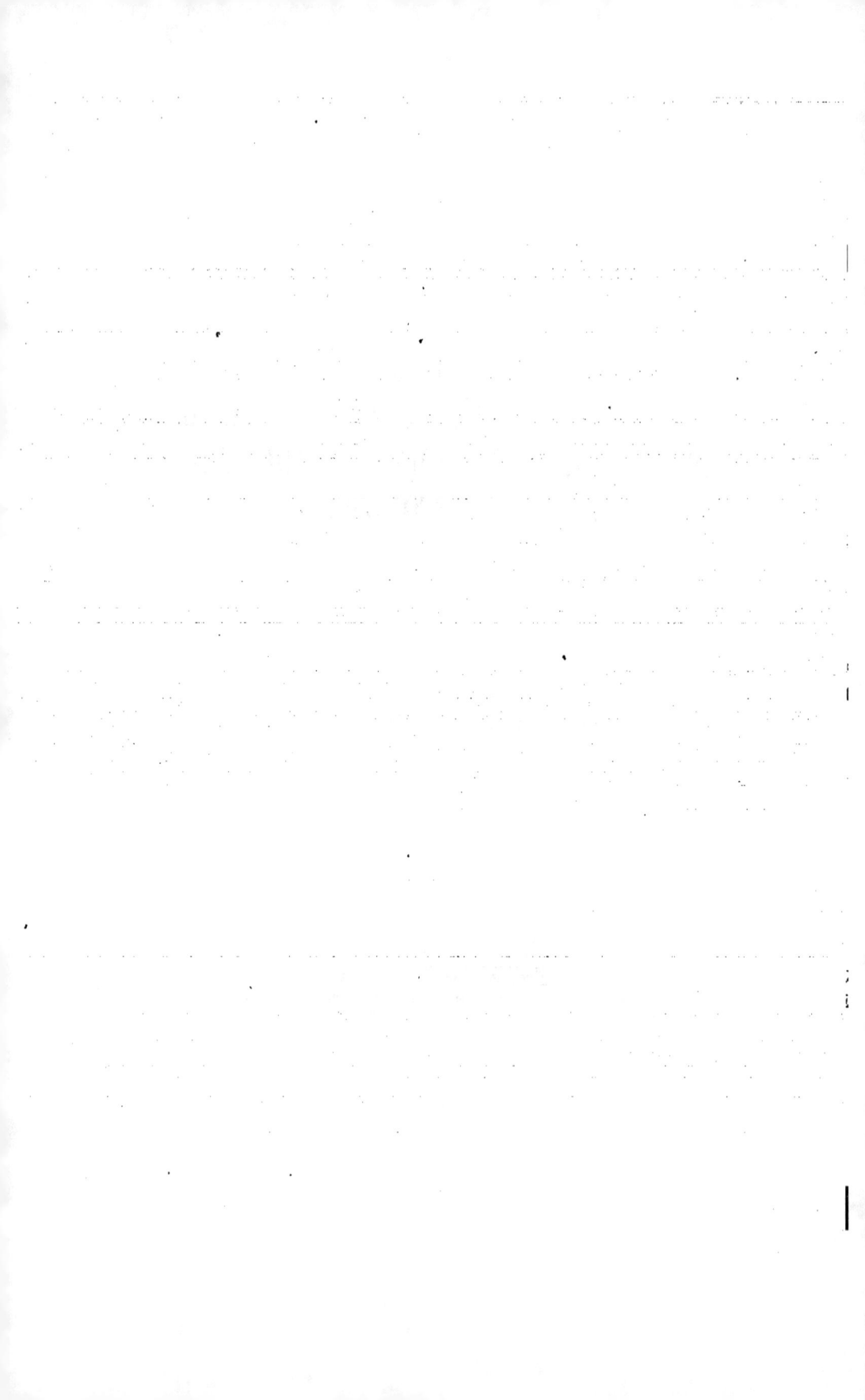

SULLA CONDIZIONE DI UGUAGLIANZA DI DUE RADICI DELL'EQUAZIONE CUBICA, DALLA QUALE DIPENDONO GLI ASSI PRINCIPALI DI UNA SUPERFICIE DEL SECOND'ORDINE.

I.

La ricerca degli assi principali di una superficie del second'ordine, riviene al problema di passare da tre coordinate rettangolari x, y, z a tre nuove coordinate rettangolari p, p', p'', in guisa che l'espressione

$$Axx+Byy+Czz+2Dyz+2Ezx+2Fxy$$

sia trasformata in questa più semplice

$$Gpp+G'p'p'+G''p''p''.$$

Il sig. Kummer è giunto a rappresentare il valore che ha il quadrato del prodotto delle differenze delle tre quantità G, G', G'' per la somma di sette quadrati, i quali possono mettersi sotto la forma seguente

$$(1)\quad \begin{cases} 15(EF'-FE')^2+[BD'-DB'+CD'-DC'-2(AD'-DA')]^2 \\ +15(FD'-DF')^2+[CE'-EC'+AE'-EA'-2(BE'-EB')]^2 \\ +15(DE'-ED')^2+[AF'-FA'+BF'-FB'-2(CF'-FC')]^2 \\ \qquad +[BC'-CB'+CA'-AC'+AB'-BA']^2 \\ \qquad = (G'-G'')^2(G''-G)^2(G-G')^2, \end{cases}$$

ove

$$(2)\quad \begin{cases} A'=BC-DD, & D'=EF-AD, \\ B'=CA-EE, & E'=FD-BE, \\ C'=AB-FF, & F'=DE-CF. \end{cases}$$

Per meglio far conoscere la natura di questo bel risultato, esprimerò la radice di ciascuno de' sette quadrati in funzione delle quantità G, G', G'' e de'coefficienti della sostituzione

$$(3)\quad \begin{cases} p\ \ =\alpha x\ +\beta y\ +\gamma z, \\ p'\ =\alpha' x\ +\beta' y\ +\gamma' z, \\ p''=\alpha'' x+\beta'' y+\gamma'' z, \end{cases}$$

la quale determina le nuove coordinate p, p', p'' per le coordinate x, y, z.

Le formule algebriche alle quali sono pervenuto in questa ricerca, forniscono una nuova dimostrazione della formula del sig. Kummer, e possono anche esser utili in altre occasioni.

II.

Fra i *nove* coefficienti dell'equazioni (3), si hanno le *ventidue* relazioni conosciute

$$(4)\quad \begin{cases} \alpha\alpha+\alpha'\alpha'+\alpha''\alpha''=1, & \alpha\alpha+\beta\beta+\gamma\gamma=1, \\ \beta\beta+\beta'\beta'+\beta''\beta''=1, & \alpha'\alpha'+\beta'\beta'+\gamma'\gamma'=1, \\ \gamma\gamma+\gamma'\gamma'+\gamma''\gamma''=1, & \alpha''\alpha''+\beta''\beta''+\gamma''\gamma''=1; \\ \beta\gamma+\beta'\gamma'+\beta''\gamma''=0, & \alpha'\alpha''+\beta'\beta''+\gamma'\gamma''=0, \\ \gamma\alpha+\gamma'\alpha'+\gamma''\alpha''=0, & \alpha''\alpha+\beta''\beta+\gamma''\gamma=0, \\ \alpha\beta+\alpha'\beta'+\alpha''\beta''=0, & \alpha\alpha'+\beta\beta'+\gamma\gamma'=0; \\ \beta'\gamma''-\beta''\gamma'=\alpha,\quad \beta''\gamma-\beta\gamma''=\alpha', & \beta\gamma'-\beta'\gamma=\alpha'', \\ \gamma'\alpha''-\gamma''\alpha'=\beta,\quad \gamma''\alpha-\gamma\alpha''=\beta', & \gamma\alpha'-\gamma'\alpha=\beta'', \\ \alpha'\beta''-\alpha''\beta'=\gamma,\quad \alpha''\beta-\alpha\beta''=\gamma', & \alpha\beta'-\alpha'\beta=\gamma''; \\ \alpha\beta'\gamma''+\alpha'\beta''\gamma+\alpha''\beta\gamma'-\alpha\beta''\gamma'-\alpha'\beta\gamma''-\alpha''\beta'\gamma=1. \end{cases}$$

Ma, per l'uopo nostro, un'altra bisogna aggiungerne un po'più nascosta, la quale si può dedurre dalle formule precedenti nel modo che segue.

Si ha

$$\begin{aligned} \alpha^2\alpha'^2\alpha''^2 &= \alpha'\alpha''(\beta''\beta+\gamma''\gamma)(\beta\beta'+\gamma\gamma') \\ &= \alpha'\alpha''\beta'\beta''.\beta^2+\alpha'\alpha''\gamma'\gamma''.\gamma^2+\alpha'\beta''\gamma.\alpha''\beta\gamma'+\alpha'\beta\gamma''.\alpha''\beta'\gamma. \end{aligned}$$

Da questa formula se ne ricavano due altre, alternando tra loro le lettere α e β, e le lettere α e γ. Sommiamo le tre formule così ottenute; poi facciamo uso della formula

$$\alpha^2\alpha'\alpha''(\beta'\beta''+\gamma'\gamma'')=-\alpha^2\alpha'^2\alpha''^2,$$

e delle due simili: otterremo finalmente

$$(5)\quad \begin{cases} 2[\alpha^2\alpha'^2\alpha''^2+\beta^2\beta'^2\beta''^2+\gamma^2\gamma'^2\gamma''^2] \\ =\alpha'\beta''\gamma.\alpha''\beta\gamma'+\alpha''\beta\gamma'.\alpha\beta'\gamma''+\alpha\beta'\gamma''.\alpha'\beta''\gamma \\ +\alpha'\beta\gamma''.\alpha''\beta'\gamma+\alpha''\beta'\gamma.\alpha\beta''\gamma'+\alpha\beta''\gamma'.\alpha'\beta\gamma''. \end{cases}$$

Designerò questa quantità ne'calcoli seguenti colla lettera Γ. La quantità Γ non cangiando di valore, allorchè si alternano simultaneamente tra loro le quantità

$$\alpha' \text{ e } \beta,\quad \alpha'' \text{ e } \gamma,\quad \beta'' \text{ e } \gamma',$$

si deduce dalla formula (5) quest'altra notabile

$$\alpha^2\alpha'^2\alpha''^2+\beta^2\beta'^2\beta''^2+\gamma^2\gamma'^2\gamma''^2=\alpha^2\beta^2\gamma^2+\alpha'^2\beta'^2\gamma'^2+\alpha''^2\beta''^2\gamma''^2.$$

III.

Sostituendo le formule (3) nell'equazione

$$Gpp+G'p'p'+G''p''p''=Axx+Byy+Czz+2Dyz+2Ezx+2Fxy, \tag{6}$$

trovasi

$$\left\{\begin{aligned} A&=G\alpha\alpha+G'\alpha'\alpha'+G''\alpha''\alpha'',\\ B&=G\beta\beta+G'\beta'\beta'+G''\beta''\beta'',\\ C&=G\gamma\gamma+G'\gamma'\gamma'+G''\gamma''\gamma'',\\ D&=G\beta\gamma+G'\beta'\gamma'+G''\beta''\gamma'',\\ E&=G\gamma\alpha+G'\gamma'\alpha'+G''\gamma''\alpha'',\\ F&=G\alpha\beta+G'\alpha'\beta'+G''\alpha''\beta''.\end{aligned}\right. \tag{7}$$

Questi valori, sostituiti nelle formule (2), forniscono le seguenti

$$\left\{\begin{aligned} A'&=G'G''\alpha\alpha+G''G\alpha'\alpha'+GG'\alpha''\alpha'',\\ B'&=G'G''\beta\beta+G''G\beta'\beta'+GG'\beta''\beta'',\\ C'&=G'G''\gamma\gamma+G''G\gamma'\gamma'+GG'\gamma''\gamma'',\\ D'&=G'G''\beta\gamma+G''G\beta'\gamma'+GG'\beta''\gamma'',\\ E'&=G'G''\gamma\alpha+G''G\gamma'\alpha'+GG'\gamma''\alpha'',\\ F'&=G'G''\alpha\beta+G''G\alpha'\beta'+GG'\alpha''\beta''.\end{aligned}\right. \tag{8}$$

Combinando i due sistemi di formule (7) e (8), e ponendo, per maggior brevità,

$$\left\{\begin{aligned} &G(G'^2-G''^2)=m,\quad G'(G''^2-G^2)=m',\quad G''(G^2-G'^2)=m'',\\ &\qquad(G'-G'')(G''-G)(G-G')=m+m'+m''=M,\end{aligned}\right. \tag{9}$$

trovansi le nuove formule seguenti

$$\left\{\begin{aligned} FE'-EF'&=M\alpha\alpha'\alpha'';\\ AD'-DA'&=m(\alpha'\gamma''\gamma-\alpha''\beta\beta')+m'(\alpha''\gamma\gamma'-\alpha\beta'\beta'')+m''(\alpha\gamma'\gamma''-\alpha'\beta''\beta),\\ BD'-DB'&=m.\alpha\beta'\beta''+m'.\alpha'\beta''\beta+m''.\alpha''\beta\beta',\\ DC'-CD'&=m.\alpha\gamma'\gamma''+m'.\alpha'\gamma''\gamma+m''.\alpha''\gamma\gamma',\\ BC'-CB'&=m\alpha(\beta'\gamma''+\beta''\gamma')+m'\alpha'(\beta''\gamma+\beta\gamma'')+m''\alpha''(\beta\gamma'+\beta'\gamma).\end{aligned}\right. \tag{10}$$

Per ottenere la seconda di queste cinque formule, bisogna operare qualche riduzione mercè della formula

$$\alpha'^2\beta''\gamma''-\alpha''^2\beta'\gamma'=\alpha'\gamma''(\alpha'\beta''-\alpha''\beta')-\alpha''\beta'(\alpha''\gamma'-\alpha'\gamma'')=\alpha'\gamma''\gamma-\alpha''\beta\beta',$$

e delle sue simili.

Dalla seconda, la terza e la quarta delle formule (10) può dedursi il valore della quantità

$$BD'-DB'+CD'-DC'-2(AD'-DA').$$

In questo valore, i termini moltiplicati per m, sono

$$\alpha\beta'\beta''+2\alpha''\beta\beta'-\alpha\gamma'\gamma''-2\alpha'\gamma''\gamma,$$

i quali, aggiungendo la quantità evanescente

$$\alpha'\beta''\beta-\alpha''\beta\beta'+\alpha'\gamma''\gamma-\alpha''\gamma\gamma'=\beta\gamma-\gamma\beta,$$

diventano i seguenti

$$\alpha\beta'\beta''+\alpha'\beta''\beta+\alpha''\beta\beta'-(\alpha\gamma'\gamma''+\alpha'\gamma''\gamma+\alpha''\gamma\gamma').$$

Questo coefficiente di m, restando inalterato se gli accenti 0, 1, 2, si mutano rispettivamente negli accenti 1, 2, 0*), si vede che le quantità m' ed m'' avranno il medesimo coefficiente. Da qui la formula rimarchevole

$$(11)\quad \begin{cases} BD'-DB'+CD'-DC'-2(AD'-DA') \\ =M[\alpha\beta'\beta''+\alpha'\beta''\beta+\alpha''\beta\beta'-\alpha\gamma'\gamma''-\alpha'\gamma''\gamma-\alpha''\gamma\gamma']. \end{cases}$$

Se coll'ultima delle formule (10) sommiamo le due altre che da essa si derivano per analogia, si troverà che ciascuna delle tre quantità m, m', m'', è moltiplicata pel medesimo coefficiente, e che però si ha quest'altra formula rimarchevole

$$\begin{aligned} &BC'-CB'+CA'-AC'+AB'-BA' \\ &=M[\alpha\beta'\gamma''+\alpha'\beta''\gamma+\alpha''\beta\gamma'+\alpha\beta''\gamma'+\alpha'\beta\gamma''+\alpha''\beta'\gamma]. \end{aligned}$$

Formate le formule analoghe alla prima delle formule (10) e le tre altre analoghe alla formula (11), ecco i valori delle radici de'sette quadrati, riportati di sopra:

$$(12)\quad \begin{cases} M_1=FE'-EF'=M.\alpha\alpha'\alpha'', \\ M_2=DF'-FD'=M.\beta\beta'\beta'', \\ M_3=ED'-DE'=M.\gamma\gamma'\gamma'', \\ M_4=BD'-DB'+CD'-DC'-2(AD'-DA') \\ \quad =M(\alpha\beta'\beta''+\alpha'\beta''\beta+\alpha''\beta\beta'-\alpha\gamma'\gamma''-\alpha'\gamma''\gamma-\alpha''\gamma\gamma'), \\ M_5=CE'-EC'+AE'-EA'-2(BE'-EB') \\ \quad =M(\beta\gamma'\gamma''+\beta'\gamma''\gamma+\beta''\gamma\gamma'-\beta\alpha'\alpha''-\beta'\alpha''\alpha-\beta''\alpha\alpha'), \\ M_6=AF'-FA'+BF'-FB'-2(CF'-FC') \\ \quad =M(\gamma\alpha'\alpha''+\gamma'\alpha''\alpha+\gamma''\alpha\alpha'-\gamma\beta'\beta''-\gamma'\beta''\beta-\gamma''\beta\beta'), \\ M_7=BC'-CB'+CA'-AC'+AB'-BA' \\ \quad =M(\alpha\beta'\gamma''+\alpha'\beta''\gamma+\alpha''\beta\gamma'+\alpha\beta''\gamma'+\alpha'\beta\gamma''+\alpha''\beta'\gamma). \end{cases}$$

Si vede che il valore di ciascuna delle sette quantità è uguale al prodotto della quantità

$$M=(G'-G'')(G''-G)(G-G')$$

e di una funzione de'nove coefficienti della sostituzione, ossia di una funzione degli angoli onde i tre assi primitivi declinano da' tre assi principali.

*) Le lettere senza accento ovvero cogli accenti ', '' si dicono avere gli accenti 0, 1, 2.

IV.

Formiamo il quadrato della quantità M_4. Essendo

$$\alpha\beta'\beta''+\alpha'\beta''\beta+\alpha''\beta\beta'+\alpha\gamma'\gamma''+\alpha'\gamma''\gamma+\alpha''\gamma\gamma'=-3\alpha\alpha'\alpha'',$$

si avrà

$$M_4^2=9M^2\alpha^2\alpha'^2\alpha''^2-4M^2[\alpha\beta'\beta''+\alpha'\beta''\beta+\alpha''\beta\beta'][\alpha\gamma'\gamma''+\alpha'\gamma''\gamma+\alpha''\gamma\gamma'].$$

Sviluppando il prodotto, troviamo prima le tre quantità

$$\alpha^2\beta'\beta''\gamma'\gamma''+\alpha'^2\beta''\beta\gamma''\gamma+\alpha''^2\beta\beta'\gamma\gamma',$$

e poi la somma di sei altre designata, nel n°. II., per Γ. Dunque

$$M_4^2=M^2(9\alpha^2\alpha'^2\alpha''^2-4\Gamma)-4M^2(\alpha^2\beta'\beta''\gamma'\gamma''+\alpha'^2\beta''\beta\gamma''\gamma+\alpha''^2\beta\beta'\gamma\gamma').$$

Similmente trovasi

$$M_5^2=M^2(9\beta^2\beta'^2\beta''^2-4\Gamma)-4M^2(\beta^2\gamma'\gamma''\alpha'\alpha''+\beta'^2\gamma''\gamma\alpha''\alpha+\beta''^2\gamma\gamma'\alpha\alpha'),$$

$$M_6^2=M^2(9\gamma^2\gamma'^2\gamma''^2-4\Gamma)-4M^2(\gamma^2\alpha'\alpha''\beta'\beta''+\gamma'^2\alpha''\alpha\beta''\beta+\gamma''^2\alpha\alpha'\beta\beta').$$

Sommando i tre quadrati M_4^2, M_5^2, M_6^2, rammentiamo la formula (5)

$$\Gamma=2(\alpha^2\alpha'^2\alpha''^2+\beta^2\beta'^2\beta''^2+\gamma^2\gamma'^2\gamma''^2),$$

ed osserviamo che la somma de'nove termini moltiplicati per $-4M^2$ è uguale al prodotto

$$-4M^2(\alpha\beta'\gamma''+\alpha'\beta''\gamma+\alpha''\beta\gamma')(\alpha\beta''\gamma'+\alpha'\beta\gamma''+\alpha''\beta'\gamma),$$

e però alla quantità

$$M^2-M_7^2;$$

otterremo

$$M_4^2+M_5^2+M_6^2=-15(M_1^2+M_2^2+M_3^2)+M^2-M_7^2;$$

e quindi finalmente la formula

$$M^2=15(M_1^2+M_2^2+M_3^2)+M_4^2+M_5^2+M_6^2+M_7^2,$$

la quale è la medesima che quella (1) proposta di sopra.

Roma, 7 marzo 1844.

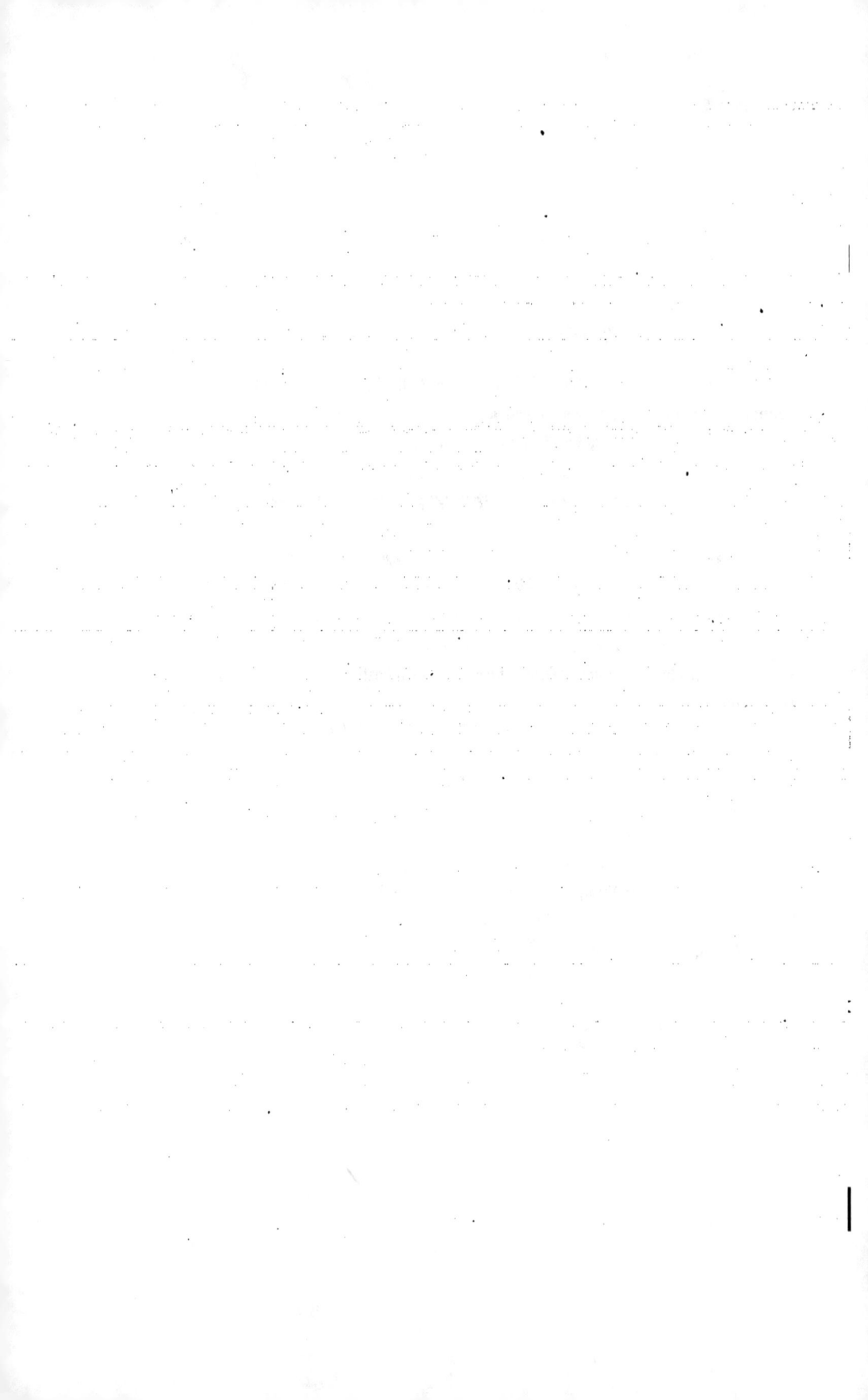

ÜBER EINE NEUE AUFLÖSUNGSART DER BEI DER METHODE DER KLEINSTEN QUADRATE VORKOMMENDEN LINEAREN GLEICHUNGEN.

VON

DR. C. G. J. JACOBI.

Schuhmacher Astronomische Nachrichten, Bd. 22, No. 523.

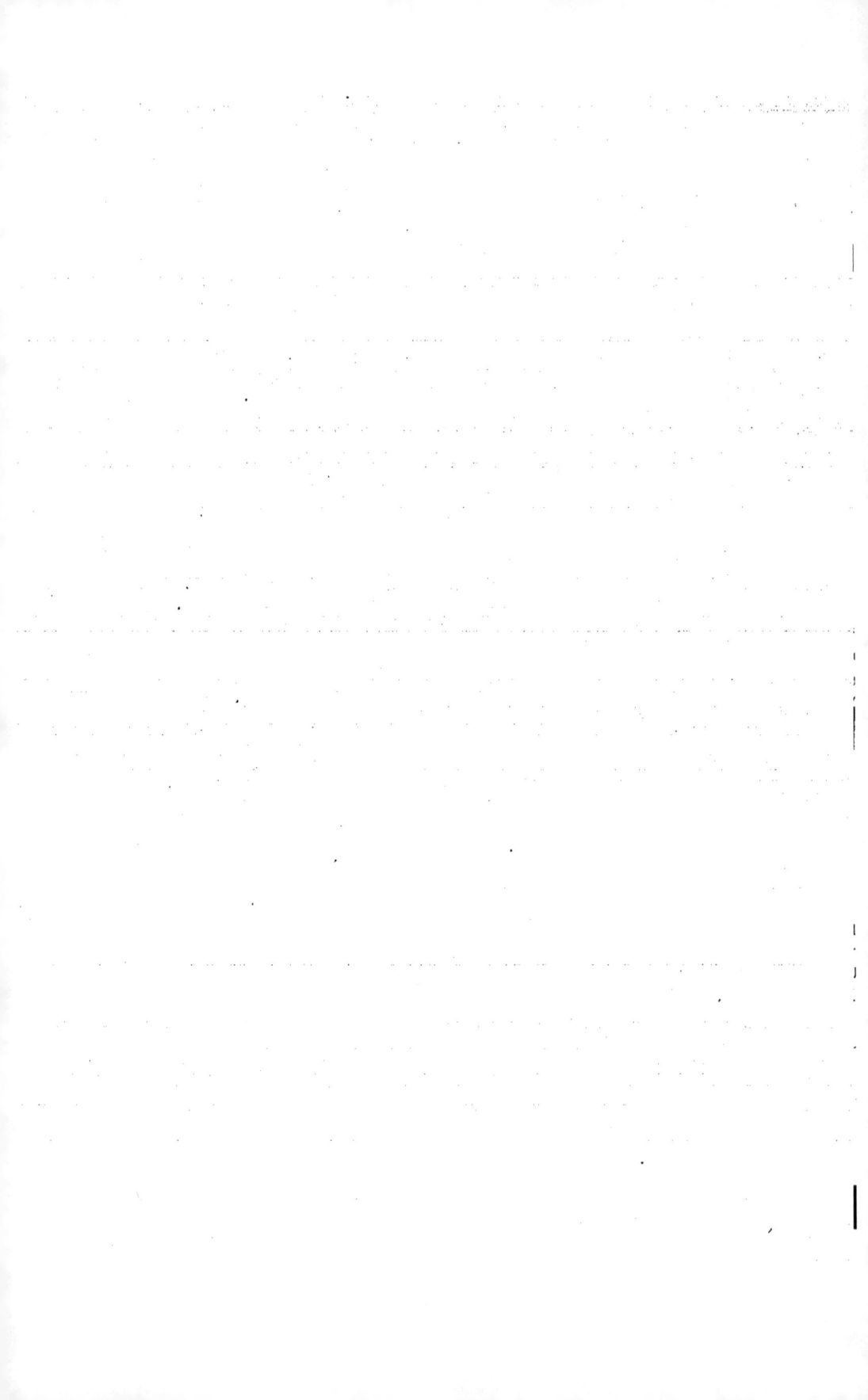

ÜBER EINE NEUE AUFLÖSUNGSART DER BEI DER METHODE DER KLEINSTEN QUADRATE VORKOMMENDEN LINEAREN GLEICHUNGEN.

Die Beschwerlichkeit der strengen Auflösung einer gröfseren Zahl linearer Gleichungen, auf welche in vielen Fällen die Methode der kleinsten Quadrate führt, hat an die Anwendung von Näherungsmethoden denken lassen. Eine solche bietet sich von selber dar, wenn in den verschiedenen Gleichungen immer eine andere Variable mit einem vorzugsweise grofsen Coëfficienten multiplicirt ist. Es seien nämlich die Gleichungen:

$$\begin{aligned}(00)x+(01)x_1+(02)x_2+\cdots &= (0m),\\ (10)x+(11)x_1+(12)x_2+\cdots &= (1m),\\ (20)x+(21)x_1+(22)x_2+\cdots &= (2m),\\ \text{etc.}\qquad \text{etc.}\qquad & \text{etc.},\end{aligned}$$

und alle Coëfficienten (ik) gegen die in der Diagonale befindlichen (ii) sehr klein, so wird man einen Näherungswerth der Unbekannten x, x_1, x_2 etc. aus den Gleichungen:

$$(00)x = (0m),\quad (11)x_1 = (1m),\quad (22)x_2 = (2m),\ \text{etc.}$$

erhalten. Bezeichnet man diese Werthe respective mit a, α_1, a_2 etc., so erhält man ihre ersten Correctionen, die ich mit Δ, Δ_1, Δ_2 etc. bezeichnen will, aus den Gleichungen:

$$\begin{aligned}(00)\Delta &= -\{(01)a_1+(02)a_2+\cdots\},\\ (11)\Delta_1 &= -\{(10)a+(12)a_2+\cdots\},\\ \text{etc.}\qquad & \qquad \text{etc.}\end{aligned}$$

Und allgemein, wenn man

$$\begin{aligned}x &= a+\Delta+\Delta^2+\Delta^3+\cdots,\\ x_1 &= a_1+\Delta_1+\Delta_1^2+\Delta_1^3+\cdots,\\ x_2 &= a_2+\Delta_2+\Delta_2^2+\Delta_2^3+\cdots,\\ \text{etc.}\qquad & \qquad \text{etc.}\end{aligned}$$

setzt, wo die oberen Indices die auf einander folgenden, immer kleiner werdenden Correctionen bedeuten, wird man die Δ^{i+1} aus den Δ^i durch die folgenden Gleichungen erhalten:

$$(00)\Delta^{i+1} = -\{(01)\Delta_1^i+(02)\Delta_2^i+\cdots\},$$
$$(11)\Delta_1^{i+1} = -\{(10)\Delta^i+(12)\Delta_2^i+\cdots\},$$
$$(22)\Delta_2^{i+1} = -\{(20)\Delta^i+(21)\Delta_1^i+(23)\Delta_3^i+\cdots\},$$
$$\text{etc.} \qquad \text{etc.}$$

Bei den Gleichungen, auf welche die Methode der kleinsten Quadrate führt, sind zwar die Coëfficienten in der Diagonale im Ganzen vorwiegend, weil sie Aggregate von Quadraten sind, während die übrigen Coëfficienten durch Addition positiver und negativer Zahlen entstanden sind, welche sich theilweise zerstören. Es werden aber in der Regel doch mehrere der außerhalb der Diagonale befindlichen Coëfficienten so bedeutende Werthe annehmen, daſs der Erfolg der so eben angegebenen Näherungsmethode dadurch vereitelt wird. Man kann aber, wie ich im Folgenden zeigen will, durch Wiederholung einer leichten Rechnung die Gleichungen in andere umformen, in welchen der erwähnte Uebelstand immer weniger hervortritt, so daſs zuletzt die Gleichungen eine Form erhalten, welche die Anwendung der obigen Näherungsmethode verstattet.

Ich setze voraus, wie es bei den Gleichungen, auf welche die Methode der kleinsten Quadrate führt, immer der Fall ist, daſs je zwei Coëfficienten außerhalb der Diagonale, (ik) und (ki), einander gleich sind, und will annehmen, daſs der Coëfficient (01) einen bedeutenden Werth hat, dessen Einfluſs die Anwendung der Näherungsmethode hindert. Um diesen Coëfficienten zu zerstören, setze ich

$$x = \cos\alpha.\eta+\sin\alpha.\eta_1,$$
$$x_1 = \sin\alpha.\eta-\cos\alpha.\eta_1,$$

wodurch

$$(00)x+(01)x_1 = \{(00)\cos\alpha+(01)\sin\alpha\}\eta+\{(00)\sin\alpha-(01)\cos\alpha\}\eta_1,$$
$$(10)x+(11)x_1 = \{(10)\cos\alpha+(11)\sin\alpha\}\eta+\{(10)\sin\alpha-(11)\cos\alpha\}\eta_1,$$

und ersetze die beiden Gleichungen:

$$u = (00)x+(01)x_1+(02)x_2+\cdots-(0m) = 0,$$
$$u_1 = (10)x+(11)x_1+(12)x_2+\cdots-(1m) = 0$$

durch die beiden anderen:

$$v = \cos\alpha.u+\sin\alpha.u_1 = 0,$$
$$v_1 = \sin\alpha.u-\cos\alpha.u_1 = 0.$$

Bestimmt man nun den Winkel α so, daſs

$$\{(00)-(11)\}\cos\alpha\sin\alpha = (01)\{\cos^2\alpha-\sin^2\alpha\},$$

oder

$$\tfrac{1}{2}\operatorname{tang} 2\alpha = \frac{(01)}{(00)-(11)}$$

wird, so werden die beiden neuen Gleichungen:

$$\begin{aligned}&\{(00)\cos^2\alpha+2(01)\cos\alpha\sin\alpha+(11)\sin^2\alpha\}\eta\\&+\{(02)\cos\alpha+(12)\sin\alpha\}x_2+\cdots &&=(0m)\cos\alpha+(1m)\sin\alpha,\\&\{(00)\sin^2\alpha-2(01)\sin\alpha\cos\alpha+(11)\cos^2\alpha\}\eta_1\\&+\{(02)\sin\alpha-(12)\cos\alpha\}x_2+\cdots &&=(0m)\sin\alpha-(1m)\cos\alpha.\end{aligned}$$

Die Coëfficienten von x_2, x_3 etc. berechnet man leicht trigonometrisch durch Hülfswinkel, deren Tangente gleich $\frac{(12)}{(02)}$, $\frac{(13)}{(03)}$, etc. gesetzt wird, wobei man besondere Aufmerksamkeit auf die Richtigkeit der Zeichen der Coëfficienten zu wenden hat. Eine in dieser Hinsicht zweckmäßige Controlle erhält man, wenn man in u und u_1, v und v_1 die Annahme

$$x=\cos\alpha+\sin\alpha,\quad x_1=\sin\alpha-\cos\alpha,$$
$$\eta=\eta_1=x_2=x_3 \text{ etc.}=1$$

macht, und die Gleichheit der Werthe

$$\begin{aligned}v&=\cos\alpha.u+\sin\alpha.u_1,\\v_1&=\sin\alpha.u-\cos\alpha.u_1\end{aligned}$$

prüft. Die Coëfficienten von η und η_1 kann man auch so darstellen:

$$\frac{(00)+(11)}{2}+\sqrt{R},$$
$$\frac{(00)+(11)}{2}-\sqrt{R},$$

wo

$$R=\left\{\frac{(00)-(11)}{2}\right\}^2+(01)^2$$

und das Zeichen von $\sqrt{R}$ von dem Quadranten, in welchem 2α genommen wird, vermittelst der doppelten Formel

$$\sqrt{R}=\frac{(00)-(11)}{2\cos 2\alpha}=\frac{(01)}{\sin 2\alpha}$$

abhängt, welche zugleich eine Controlle darbietet. Jede der übrigen Gleichungen, wie

$$(20)x+(21)x_1+(22)x_2+\cdots=(2m)$$

verwandelt sich dadurch, daſs man η und η_1 für x und x_1 einführt, in folgende:

$$\{(20)\cos\alpha+(21)\sin\alpha\}\eta+\{(20)\sin\alpha-(21)\cos\alpha\}\eta_1+(22)x_2+(23)x_3+\cdots=(2m).$$

Da hier die Coëfficienten von η und η_1 dieselben sind, wie die Coëfficienten von x_2 in den ersten beiden transformirten Gleichungen, so sieht man, dafs die transformirten Gleichungen die Symmetrie in Bezug auf die Diagonale beibehalten, und dafs man daher nur die Coëfficienten von x_2, x_3 etc. in den beiden transformirten Gleichungen zu berechnen hat, um auch die Coëfficienten von η und η_1 in den übrigen Gleichungen zu haben, in welchen aufserdem die Coëfficienten von x_2, x_3 etc., sowie das ganz constante Glied unverändert bleiben.

Der dem (01) entsprechende Coëfficient ist in den transformirten Gleichungen $= 0$; die Summe der in der Diagonale befindlichen Coëfficienten bleibt dieselbe $(00)+(11)$; dagegen vermehrt sich die Summe ihrer Quadrate um $2.(01)^2$; woraus folgt, dafs diese Coëfficienten weiter auseinander gehen, der gröfsere gröfser, der kleinere kleiner wird. Dieser kleinere kann aber nie verschwinden, wenn die Coëfficienten der vorgelegten Gleichungen so zusammengesetzt sind, wie dies bei den Anwendungen der Methode der kleinsten Quadrate der Fall ist. Das Product beider Coëfficienten wird nämlich:

$$\left\{\frac{(00)+(11)}{2}\right\}^2 - R = (00)(11)-(01)^2,$$

mithin, wenn man

$$\begin{aligned}(00) &= \alpha\,\alpha + \beta\,\beta + \gamma\,\gamma + \delta\,\delta + \cdots,\\ (11) &= \alpha_1\alpha_1 + \beta_1\beta_1 + \gamma_1\gamma_1 + \delta_1\delta_1 + \cdots;\\ (01) &= \alpha\,\alpha_1 + \beta\,\beta_1 + \gamma\,\gamma_1 + \delta\,\delta_1 + \cdots\end{aligned}$$

setzt, immer eine positive Gröfse

$$(00)(11)-(01)^2 = \Sigma(\alpha\beta_1 - \beta\alpha_1)^2,$$

wo das Aggregat sämmtliche durch Combination je zweier von den Elementen α, β, γ, δ etc. gebildeten Quadrate umfafst und nie verschwinden kann, wenn nicht sämmtliche Gröfsen α, β, γ, δ etc. den Gröfsen α_1, β_1, γ_1, δ_1 etc. proportional sind. Die Summen der Quadrate der Coëfficienten von x_2, von x_3, etc. bleiben ebenfalls in den beiden transformirten Gleichungen unverändert, $(02)^2+(12)^2$, $(03)^2+(13)^2$, etc. Ebenso werden in jeder der übrigen Gleichungen die Summe der Quadrate der Coëfficienten von η und η_1 dieselben wie von x und x_1 im ursprünglichen System. Die Summe der Quadrate der aufserhalb der Diagonale befindlichen Coëfficienten vermindert sich also um $2.(01)^2$, welches dieselbe Gröfse ist, um welche die Summe der Quadrate der beiden Coëfficienten in der Diagonale sich vermehrt hat, so dafs die Summe der Quadrate sämmtlicher Coëfficienten der Gleichungen unverändert bleibt, was auch von der Summe der Quadrate der ganz constanten Glieder gilt. Hieraus folgt, dafs, wenn man das transformirte System auf ähnliche Art wieder transformirt, und so die angegebene Transformation mehrere Male hintereinander anwendet, indem man immer den einflufsreichsten von den aufserhalb der Diagonale befindlichen Coëfficienten fortschafft, in dem zuletzt erhaltenen Systeme von Gleichungen

1) die Summe der Coëfficienten in der Diagonale, die Summe der Quadrate aller Coëfficienten und die Summe der Quadrate der ganz constanten Glieder dieselbe wie in dem ursprünglichen System ist;
2) die Summe der Quadrate der in der Diagonale befindlichen Coëfficienten vermehrt, die Summe der Quadrate der aufserhalb der Diagonale befindlichen Coëfficienten um dieselbe Gröfse vermindert ist, nämlich um die doppelte Summe der Quadrate der in den einzelnen Transformationen zerstörten Coëfficienten.

Man kann auf dem angegebenen Wege die in den Anwendungen der Methode der kleinsten Quadrate aufzulösenden Gleichungen in andere transformiren, auf welche sich die im Anfange angegebene Näherungsmethode anwenden läfst; ja man zeigt leicht, dafs, wenn man, indem man immer den gröfsten Coëfficienten aufserhalb der Diagonale zerstört, die Transformation unbestimmt fortsetzt, man die Coëfficienten aufserhalb der Diagonale kleiner als irgend eine gegebene Gröfse machen kann. Jedoch wird es vortheilhaft sein, von einem gewissen Punkte an, welcher am besten der Beurtheilung des Rechners überlassen bleibt, die Näherungsmethode eintreten zu lassen. Geschieht dies zu früh, so wird man durch die Näherungsmethode selber auf die Coëfficienten aufmerksam gemacht, welche ihren Erfolg unsicher machen, und welche man daher durch neue Transformationen zu zerstören hat.

Da $\eta\eta+\eta_1\eta_1 = xx+x_1x_1$ und die übrigen Unbekannten x_2, x_3 etc. in der angegebenen Transformation ungeändert bleiben, so behält in den verschiedenen Transformationen die Summe der Quadrate sämmtlicher Unbekannten denselben Werth. Nennt man daher s, s_1, s_2, etc. die Unbekannten des Systems der Gleichungen, auf welches man zuletzt nach mehrmals hintereinander angewandter Transformation gekommen ist, so wird:

$$(1) \qquad xx+x_1x_1+x_2x_2+\cdots = ss+s_1s_1+s_2s_2+\cdots$$

Vereinigt man sämmtliche nach einander angewandte Substitutionen in eine einzige, so dafs man die ursprünglichen Unbekannten x, x_1, x_2, etc. durch die in den letzten Gleichungen eingeführten s, s_1, s_2, etc. ausdrückt, so geben dieselben Formeln auch unmittelbar die Werthe von s, s_1, s_2, etc. durch x, x_1, x_2, etc. ausgedrückt. Hat man nämlich:

$$(2)\qquad \begin{cases} x = as+bs_1+cs_2+\cdots, \\ x_1 = a_1s+b_1s_1+c_1s_2+\cdots, \\ x_2 = a_2s+b_2s_1+c_2s_2+\cdots, \\ \quad\text{etc.} \qquad \text{etc.} \end{cases}$$

so folgt aus der Gleichung (1), welche nach dieser Substitution identisch werden mufs,

$$\begin{aligned} &s(ax+a_1x_1+a_2x_2+\cdots) \\ &+s_1(bx+b_1x_1+b_2x_2+\cdots) \\ &+s_2(cx+c_1x_1+c_2x_2+\cdots) \\ &+\cdots\cdots\cdots = ss+s_1s_1+s_2s_2+\cdots \end{aligned}$$

und hieraus:

$$\begin{aligned} s &= ax+a_1x_1+a_2x_2+\cdots, \\ s_1 &= bx+b_1x_1+b_2x_2+\cdots, \\ s_2 &= cx+c_1x_1+c_2x_2+\cdots \\ &\text{etc.} \qquad \text{etc.} \end{aligned}$$

Um eine Controlle zu haben, kann man durch die eine Substitution (2) das zuletzt erhaltene System von Gleichungen aus dem gegebenen auf einmal ableiten. Bezeichnet man nämlich die gegebenen Gleichungen, wie oben, durch

$$u = 0, \quad u_1 = 0, \quad u_2 = 0, \text{ etc.},$$

so hat man in dieselben für x, x_1, x_2, etc. vermittelst (2) die Gröfsen s, s_1, s_2, etc. einzuführen und dann die Gleichungen:

$$(3)\qquad \begin{cases} au+a_1u_1+a_2u_2+\cdots = 0, \\ bu+b_1u_1+b_2u_2+\cdots = 0, \\ cu+c_1u_1+c_2u_2+\cdots = 0, \\ \quad\text{etc.} \qquad \text{etc.} \end{cases}$$

zu bilden, welche die durch die aufeinanderfolgenden Transformationen schliefslich erhaltenen Gleichungen sind. Auch kann man zuerst aus den ursprünglich gegebenen Gleichungen die Gleichungen (3) bilden und dann in diese vermittelst (2) die Gröfsen s, s_1, s_2, etc. als Unbekannte einführen. Die zwischen den Coëfficienten stattfindenden Relationen, wie

$$\begin{aligned} &aa+a_1a_1+a_2a_2+\cdots = 1, \\ &ab+a_1b_1+a_2b_2+\cdots = 0, \\ &\cdots\cdots\cdots\cdots \\ &aa+bb+cc+\cdots = 1, \\ &aa_1+bb_1+cc_1+\cdots = 0, \\ &\cdots\cdots\cdots\cdots \end{aligned}$$

können ebenfalls zu Controllen dienen, welche hier überall auf die mannichfachste Weise angestellt werden können. Jedenfalls wird man wohl thun, nicht eher zur Anwendung der Näherungsmethode zu schreiten, ehe man sich von der Uebereinstimmung der letzten Gleichungen mit den gegebenen überzeugt hat; auch wird man gern die zur Umformung der Gleichungen nöthigen Rechnungen mit gröfserer Schärfe führen. Wenn, wie dies bei grofsen Dreiecksnetzen der Fall ist, die Gleichungen sich in mehrere Gruppen theilen, welche nur durch wenige Unbekannte mit einander verbunden sind, so wird auch die Substitution (3) sich in entsprechende Gruppen theilen.

Ich will noch kurz andeuten, wie man die hier befolgte Methode auch auf lineare Gleichungen ausdehnen kann, welche nicht in Bezug auf die Diagonale symmetrisch sind, oder für welche man nicht $(ik) = (ki)$ hat. Jedoch wird es für das Gelingen der Methode wesentlich sein, dafs je zwei Coëfficienten (ik) und (ki) nicht zu sehr von einander verschieden sind, oder doch, wenn sie bedeutendere Werthe annehmen, wenigstens gleiche Zeichen haben. Ich begnüge mich die Resultate hinzuschreiben.

Ist das System der Gleichungen wieder:

$$\begin{aligned} u &= (00)x+(01)x_1+(02)x_2+\cdots-(0m) = 0,\\ u_1 &= (10)x+(11)x_1+(12)x_2+\cdots-(1m) = 0,\\ u_2 &= (20)x+(21)x_1+(22)x_2+\cdots-(2m) = 0,\\ &\text{etc.} \qquad\qquad\qquad\qquad \text{etc.,}\end{aligned}$$

so setze ich, wenn die Coëfficienten (01) und (10) bedeutende Werthe haben:

$$\begin{aligned} \cos 2\Delta . x &= \cos(\alpha+\Delta).\eta+\sin(\alpha-\Delta).\eta_1,\\ \cos 2\Delta . x_1 &= \sin(\alpha+\Delta).\eta-\cos(\alpha-\Delta).\eta_1,\end{aligned}$$

wo die Winkel α und Δ durch die Gleichungen:

$$\begin{aligned} \varrho\cos 2\alpha &= (00)-(11),\\ \varrho\sin 2\alpha &= (01)+(10),\\ \varrho\sin 2\Delta &= (10)-(01)\end{aligned}$$

bestimmt werden. Setzt man

$$\begin{aligned} v &= \cos(\alpha-\Delta).u+\sin(\alpha-\Delta).u_1,\\ v_1 &= \sin(\alpha+\Delta).u-\cos(\alpha+\Delta).u_1,\end{aligned}$$

so nehme ich ferner für die beiden ersten Gleichungen $v = 0$, $v_1 = 0$, so dafs das transformirte System das folgende wird:

$$v = 0,\quad v_1 = 0,\quad u_2 = 0,\quad u_3 = 0, \text{ etc.}$$

In der Gleichung $v = 0$ verschwindet der Coëfficient von η_1, in der Gleichung

$v_1 = 0$ verschwindet der Coëfficient von η. Setzt man:

$$\begin{aligned} v &= [00]\eta \quad * \quad +[02]x_2+[03]x_3+\cdots, \\ v_1 &= \quad * \quad +[11]\eta_1+[12]x_2+[13]x_3+\cdots, \\ u_2 &= [20]\eta+[21]\eta_1+[22]x_2+[23]x_3+\cdots, \\ &\quad \text{etc.} \qquad\qquad \text{etc.} \end{aligned}$$

so erhält man:

$$\begin{aligned} [00] &= \frac{(00)+(11)}{2}+\frac{\varrho}{2}\cos 2\Delta, \\ [11] &= \frac{(00)+(11)}{2}-\frac{\varrho}{2}\cos 2\Delta, \\ [02] &= (02)\cos(\alpha-\Delta)+(12)\sin(\alpha-\Delta), \\ [12] &= (02)\sin(\alpha+\Delta)-(12)\cos(\alpha+\Delta), \\ [20]\cos 2\Delta &= (20)\cos(\alpha+\Delta)+(21)\sin(\alpha+\Delta), \\ [21]\cos 2\Delta &= (20)\sin(\alpha-\Delta)-(21)\cos(\alpha-\Delta). \end{aligned}$$

Aus diesen Formeln folgt:

$$\begin{aligned} [00]+[11] &= (00)+(11), \\ [00]^2+[11]^2 &= (00)^2+(11)^2+2(01)(10), \\ [02][20]+[12][21] &= (02)(20)+(12)(21). \end{aligned}$$

Diese Gleichungen zeigen, daſs, wie oft man auch die Transformation hintereinander anwendet, die Summen

$$\Sigma[ii], \quad \Sigma\{(ii)(ii)+2(ik)(ki)\}$$

unverändert bleiben, und zwar letztere so, daſs $\Sigma.(ii)^2$ immer gröſser, $2\Sigma(ik)(ki)$ immer kleiner wird, und zwar um die doppelte Summe der Producte der beiden in den einzelnen Transformationen zerstörten Coëfficienten. Hat man durch Wiederholung der Transformation die Coëfficienten auſserhalb der Diagonale hinlänglich verkleinert, so wendet man dasselbe Näherungsverfahren an, welches ich im Anfange auseinandergesetzt habe.

Die hier gegebene Methode findet mit noch gröſserem Vortheil ihre Anwendung, wenn Gleichungen von folgender Form:

$$\begin{aligned} \{(00)-G\}x+(01)x_1+(02)x_2+\cdots &= 0, \\ (10)x+\{(11)-G\}x_1+(12)x_2+\cdots &= 0, \\ (20)x+(21)x_1+\{(22)-G\}x_2+\cdots &= 0, \\ \text{etc.} \qquad\qquad \text{etc.} & \end{aligned}$$

aufzulösen sind. Durch Elimination der Unbekannten x, x_1, x_2, etc. erhält man bekanntlich eine höhere Gleichung, deren Wurzeln die verschiedenen Werthe von G geben, und für jeden dieser Werthe hat man die Verhältnisse von x,

x_1, x_2, etc. zu bestimmen. Die vorbereitenden Transformationen werden hier für alle den verschiedenen Werthen von G entsprechende Systeme dieselben, und sie geben zugleich mit großer Annäherung diese Werthe selbst, ohne daſs man die höhere Gleichung zu bilden nöthig hat. Ein ähnliches Verfahren, wie das zu Anfang mitgetheilte, giebt dann die kleinen Correctionen der Werthe von G und die diesen Werthen entsprechenden Verhältnisse der Unbekannten. Ich begnüge mich hier mit diesen Andeutungen, weil ich die Methode in ihrer Anwendung auf die Säcularstörungen der sieben Hauptplaneten in einer andern Abhandlung auseinandersetzen werde. Man wird dort aus den von einem meiner gelehrten Freunde, Herrn Dr. Seidel in München, mit großer Sorgfalt geführten Rechnungen ersehen, daſs die Methode durch die Geschwindigkeit und Sicherheit, mit welcher man zur scharfen Bestimmung der Endresultate gelangt, vor der von Herrn Leverrier gebrauchten namhafte Vorzüge besitzt.

Als ein Beispiel möge hier die Anwendung der Methode auf die in der Theoria motus p. 219 gegebenen Gleichungen dienen. Die ursprünglichen Gleichungen sind

$$\begin{aligned} 27p + 6q + * - 88 &= 0, \\ 6p + 15q + r - 70 &= 0, \\ * + q + 54r - 107 &= 0. \end{aligned}$$

Schafft man den Coëfficienten 6 bei q in der ersten Gleichung fort, so wird $\alpha = 22^0\,30'$,

$$\begin{aligned} p &= 0{,}92390y + 0{,}38268y', \\ q &= 0{,}38268y - 0{,}92390y'; \end{aligned}$$

und die neuen Gleichungen werden

$$\begin{aligned} 29{,}4853y + * + 0{,}38268r - 108{,}0901 &= 0, \\ * + 12{,}5147y' - 0{,}92390r + 30{,}9967 &= 0, \\ 0{,}38268y - 0{,}92390y' + 54r - 107 &= 0. \end{aligned}$$

Die erste Näherung giebt aus ihnen

$$\begin{aligned} \log y &= 0{,}56419, \\ \log y' &= 0{,}39389n, \\ \log r &= 0{,}29699. \end{aligned}$$

Die zweite Näherung giebt

$$\begin{aligned} \log y &= 0{,}56114, \\ \log y' &= 0{,}36746n, \\ \log r &= 0{,}28174. \end{aligned}$$

Nach noch zwei leichten Correctionen erhält man die strengen Werthe

$$\log y = 0,56125,$$
$$\log y' = 0,36836n,$$
$$\log r = 0,28233,$$

woraus die Werthe folgen

$$\log p = 0,39276,$$
$$\log q = 0,55036.$$

Die Gewichte von y, y' und r sind sehr nahe die Coëfficienten in der Diagonalreihe. In der That findet man daraus den Log. der Gewichte von

$$p \ldots 1,39092,$$
$$q \ldots 1,13565,$$
$$r \ldots 1,73239,$$

welches sehr nahe die wahren Gewichte sind.

Berlin, 17 Nov. 1844.

ÜBER DIE DARSTELLUNG EINER REIHE GEGEBENER WERTHE DURCH EINE GEBROCHENE RATIONALE FUNCTION.

VON

C. G. J. JACOBI,
PROFESSOR ZU BERLIN.

Crelle Journal für die reine und angewandte Mathematik, Bd. 30. p. 127—156.

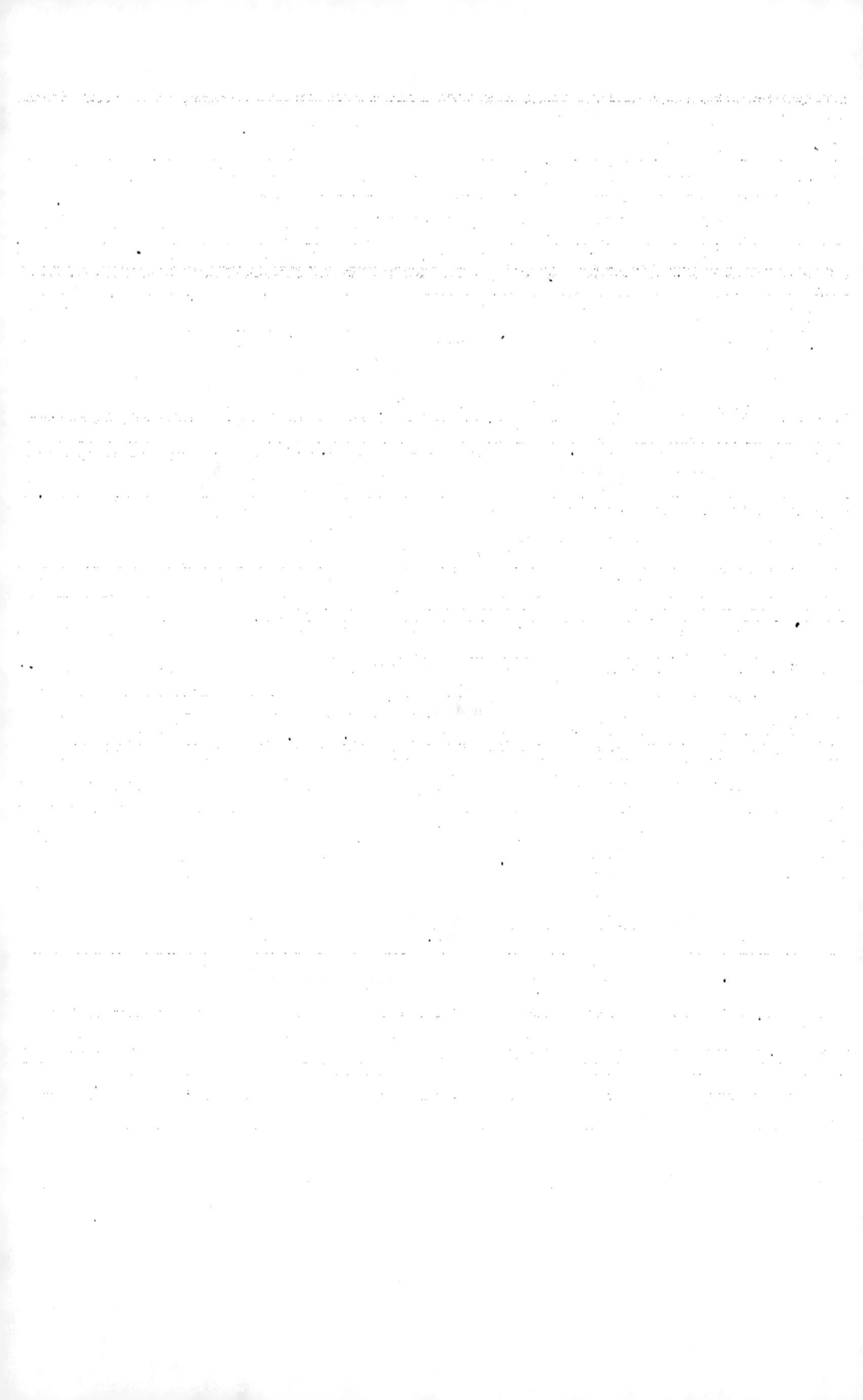

ÜBER DIE DARSTELLUNG EINER REIHE GEGEBENER WERTHE DURCH EINE GEBROCHENE RATIONALE FUNCTION.

1.

Die Lagrangesche Interpolationsformel, welche dazu dient, eine Reihe von n Werthen durch eine *ganze* Function $(n-1)^{\text{ten}}$ Grades darzustellen, ist von Cauchy durch eine Formel verallgemeinert worden, welche eine Reihe von $n+m$ Werthen durch eine *gebrochene* Function darstellt, deren Zähler und Nenner respective vom $(n-1)^{\text{ten}}$ und m^{ten} Grade sind, und welche sich für $m=0$ auf die Lagrangesche Function selber reducirt. Sind u_0, u_1, etc. die Werthe, welche die gebrochene Function u annehmen soll, wenn x die Werthe x_0, x_1, etc. erhält, so ist der von Cauchy für u gegebene Ausdruck (*Analyse algébr.* S. 528):

$$u = \frac{u_0 u_1 \ldots u_m \cdot \dfrac{(x-x_{m+1})(x-x_{m+2})\ldots(x-x_{m+n-1})}{(x_0-x_{m+1})\ldots(x_0-x_{m+n-1})\times\cdots\times(x_m-x_{m+1})\ldots(x_m-x_{m+n-1})}+\cdots}{u_0 u_1 \ldots u_{m-1} \cdot \dfrac{(x_0-x)(x_1-x)(x_{m-1}-x)}{(x_0-x_m)\ldots(x_0-x_{m+n-1})\times\cdots\times(x_{m-1}-x_m)\ldots(x_{m-1}-x_{m+n-1})}+\cdots}.$$

Aus dem hingeschriebenen Term des Zählers und Nenners bildet man leicht alle übrigen, indem man im Zähler statt $0, 1, \ldots, m$ beliebige $m+1$ und im Nenner statt $0, 1, \ldots, m-1$ beliebige m von den Indices $0, 1, 2, \ldots, m+n-1$ setzt. Man kann diese Formel dadurch deduciren, daſs man die linearen Gleichungen, von welchen die Aufgabe abhängt, auflöst, und die Determinanten, welche man für den Zähler und Nenner von u findet, entwickelt. Aber die unentwickelten Determinanten, durch welche man auf mannigfache Art den Zähler und Nenner von u darstellen kann, werden bisweilen mit gröſserem Vortheil angewandt werden, und ich will diese verschiedenen Darstellungsweisen um so eher mittheilen, als die Darstellung gegebener Werthe durch gebrochene rationale Functionen in der Theorie der Abelschen Transcendenten von so groſser Wichtigkeit ist.

Es sei die gesuchte Function $u = \frac{N(x)}{D(x)}$, wo $N(x)$ und $D(x)$ die ganzen Functionen vom $(n-1)^{\text{ten}}$ und m^{ten} Grade bedeuten, welche ihren Zähler und Nenner bilden sollen, so hat man aus den $m+n$ linearen Gleichungen

$$N(x_0) = u_0 D(x_0), \quad N(x_1) = u_1 D(x_1), \quad \text{etc.}$$

die Verhältnisse der $m+n+1$ Coëfficienten von $N(x)$ und $D(x)$ zu bestimmen, wodurch man diese Functionen selbst, abgesehen von einem gemeinschaftlichen constanten Factor, erhält. Man kann aber auch aus diesen Gleichungen zuerst die n Coëfficienten von $N(x)$ eliminiren und dann die Verhältnisse der $m+1$ Coëfficienten von $D(x)$ aus den nach der Elimination erhaltenen Gleichungen bestimmen. Hiezu setze man

$$f(x) = (x-x_0)(x-x_1)\ldots(x-x_{m+n-1}), \quad f'(x) = \frac{df(x)}{dx},$$

und bilde für die ganzen positiven Werthe von p, welche $\leqq m-1$ sind, die Gleichungen

$$\Sigma \frac{x_i^p N(x_i)}{f'(x_i)} = \Sigma \frac{u_i x_i^p D(x_i)}{f'(x_i)}.$$

Dehnt man für jeden der Werthe von p diese Summen über alle $m+n$ Werthe von x_i aus, so verschwinden nach der bekannten Theorie der Partialbrüche die Summen linker Hand vom Gleichheitszeichen, und man erhält die m Gleichungen

$$(1) \qquad \Sigma \frac{u_i D(x_i)}{f'(x_i)} = 0, \quad \Sigma \frac{x_i u_i D(x_i)}{f'(x_i)} = 0, \quad \ldots, \quad \Sigma \frac{x_i^{m-1} u_i D(x_i)}{f'(x_i)} = 0.$$

Diese m Gleichungen enthalten jetzt nur noch die $m+1$ Coëfficienten der Function $D(x)$ als Unbekannte, deren Verhältnisse aus ihnen zu bestimmen sind.

Setzt man

$$\frac{x_0^p \cdot u_0}{f'(x_0)} + \frac{x_1^p \cdot u_1}{f'(x_1)} + \cdots + \frac{x_{m+n-1}^p \cdot u_{m+n-1}}{f'(x_{m+n-1})} = v_p$$

und den Nenner

$$D(x) = a + a_1 x + a_2 x^2 + \cdots + a_m x^m,$$

so werden die m Gleichungen (1):

$$(2) \qquad \begin{cases} v_0 \cdot a + v_1 \cdot a_1 + v_2 \cdot a_2 + \cdots + v_m \cdot a_m = 0, \\ v_1 \cdot a + v_2 \cdot a_1 + v_3 \cdot a_2 + \cdots + v_{m+1} \cdot a_m = 0, \\ \cdot \quad \cdot \quad \cdot \quad \cdot \quad \cdot \quad \cdot \quad \cdot \quad \cdot \quad \cdot \\ v_{m-1} \cdot a + v_m \cdot a_1 + v_{m+1} \cdot a_2 + \cdots + v_{2m-1} \cdot a_m = 0, \end{cases}$$

in welchen die Coëfficienten v gegebene Gröfsen sind. Substituirt man die aus diesen Gleichungen sich ergebenden Verhältnisse der Unbekannten $\alpha, \alpha_1, \ldots, \alpha_m$ in den Ausdruck $\alpha+\alpha_1 x+\cdots+\alpha_m x^m$, *so erhält man, abgesehen von einem constanten Factor,* $D(x)$ *gleich der Determinante der Gröfsen*

$$(3) \qquad \begin{cases} 1 & x & x^2 & \ldots & x^m \\ v_0 & v_1 & v_2 & \ldots & v_m \\ v_1 & v_2 & v_3 & \ldots & v_{m+1} \\ \cdot & \cdot & \cdot & \cdot & \cdot \\ v_{m-1} & v_m & v_{m+1} & \ldots & v_{2m-1}. \end{cases}$$

Setzt man den constanten Factor gleich 1, so erhält man für $m=1$

$$D(x)=v_1-v_0 x,$$

für $m=2$

$$D(x)=v_1 v_3-v_2^2+(v_1 v_2-v_0 v_3)x+(v_0 v_2-v_1^2)x^2,$$

für $m=3$

$$\begin{aligned} D(x)= \; & v_1 v_3 v_5+2v_2 v_3 v_4-v_1 v_4^2-v_2^2 v_5-v_3^3 \\ & +(v_1 v_2 v_5+v_0 v_4^2+v_2 v_3^2-v_0 v_3 v_5-v_1 v_3 v_4-v_2^2 v_4)x \\ & +(v_0 v_2 v_5+v_1 v_2 v_4+v_1 v_3^2-v_0 v_3 v_4-v_1^2 v_5-v_2^2 v_3)x^2 \\ & +(v_0 v_3^2+v_1^2 v_4+v_2^3-v_0 v_2 v_4-2v_1 v_2 v_3)x^3, \end{aligned}$$

u. s. w.

Der constante Term wird aus dem Coëfficienten der höchsten Potenz x^m erhalten, wenn man sämmtliche Indices um 1 erhöht und, wenn m ungerade ist, alle Zeichen ändert. Allgemeiner erhält man den Coëfficienten von x^k aus dem Coëfficienten von x^{m-k}, wenn man sämmtliche Indices von $2m-1$ abzieht und, wenn m ungerade ist, alle Zeichen ändert.

Man kann für die Function $D(x)$ durch folgende Betrachtungen eine einfachere Form finden. Wenn in dem Schema der Gröfsen, aus welchen eine Determinante gebildet wird, $a_k^{(i)}$ die in der $(i+1)^{\text{ten}}$ Horizontalreihe und $(k+1)^{\text{ten}}$ Verticalreihe befindliche Gröfse bedeutet, so ändert sich nach einem bekannten Satze die Determinante nicht, wenn man für jedes $a_1^{(i)}$ setzt $a_1^{(i)}-\lambda a_0^{(i)}$, für jedes $a_2^{(i)}$ setzt $a_2^{(i)}-\lambda_1 a_1^{(i)}-\mu_1 a_0^{(i)}$, u. s. w., wo λ, λ_1, μ_1, etc. beliebige, von i unabhängige, Constanten bedeuten; oder, wie ich der Kürze wegen sagen will, die aus einem Systeme von Gröfsen gebildete Determinante ändert sich nicht, wenn man von jeder Verticalreihe die vorhergehenden, mit beliebigen Constanten multiplicirt, abzieht. Das Gleiche gilt in Bezug auf die Horizontalreihen des Schemas der Gröfsen, aus denen man die Determinante bildet. Wenn man von jeder Verticalreihe bloſs die unmittelbar vorhergehende, mit derselben Gröſse x multiplicirt, abzieht, so erhält man hieraus den allgemeinen Satz, *daſs die Determinante der Gröſsen*

$$\begin{matrix} 1 & x & x^2 & \dots & x^n \\ a^{(0)} & a' & a'' & \dots & a^{(p)} \\ a_1^{(0)} & a_1' & a_1'' & \dots & a_1^{(p)} \\ \dots & \dots & \dots & \dots & \dots \\ a_{p-1}^{(0)} & a_{p-1}' & a_{p-1}'' & \dots & a_{p-1}^{(p)} \end{matrix}$$

und die der Gröſsen

$$\begin{matrix} a'-a^{(0)}x & a''-a'x & \dots & a^{(p)}-a^{(p-1)}x \\ a_1'-a_1^{(0)}x & a_1''-a_1'x & \dots & a_1^{(p)}-a_1^{(p-1)}x \\ \dots & \dots & \dots & \dots \\ a_{p-1}'-a_{p-1}^{(0)}x & a_{p-1}''-a_{p-1}'x & \dots & a_{p-1}^{(p)}-a_{p-1}^{(p-1)}x \end{matrix}$$

einander gleich sind. Transformirt man auf diese Weise die Gröſsen (3), so erhält man, wenn

$$w_p = v_{p+1} - xv_p$$

gesetzt wird, folgenden Satz:

„*Es sei*

$$\frac{x_0^p(x_0-x)u_0}{f'(x_0)} + \frac{x_1^p(x_1-x)u_1}{f'(x_1)} + \dots + \frac{x_{m+n-1}^p(x_{m+n-1}-x)u_{m+n-1}}{f'(x_{m+n-1})} = w_p,$$

so wird $D(x)$, abgesehen von einem constanten Factor, gleich der Determinante der Gröſsen

$$(4) \qquad \begin{cases} w_0 & w_1 & \dots & w_{m-1} \\ w_1 & w_2 & \dots & w_m \\ \dots & \dots & \dots & \dots \\ w_{m-1} & w_m & \dots & w_{2m-2}\text{.“} \end{cases}$$

Man erhält nach diesem Satze, wenn man wieder den constanten Factor gleich 1 setzt, für $m = 1$

$$D(x) = w_0,$$

für $m = 2$

$$D(x) = w_0 w_2 - w_1^2,$$

für $m = 3$

$$D(x) = w_0 w_2 w_4 + 2w_1 w_2 w_3 - w_0 w_3^2 - w_1^2 w_4 - w_2^3,$$

u. s. w.

Die Cauchysche Formel giebt für den Nenner einen Ausdruck, welcher aus

$\frac{(n+m)(n+m-1)\dots(n+1)}{1.2\dots m}$ Gliedern besteht. Nehmen wir an, was bei dieser Untersuchung verstattet ist, dafs der Nenner nicht von höherem Grade als der Zähler ist, so wird $n \geqq m+1$, und daher die Zahl der Terme der Cauchyschen Formel gröfser oder so grofs als die Zahl $\frac{(2m+1)2m(2m-1)\dots(m+2)}{1.2\dots m}$, welche, so lange $m \leqq 7$, die Zahl der Terme der oben aus den Gröfsen w gebildeten Determinante, durch welche $D(x)$ dargestellt worden ist, übertrifft.

Wenn die Symmetrie der Formeln in Bezug auf die $m+n$ Werthe von x und u nicht berücksichtigt wird, so kann man die Gröfsen, aus denen die Determinante gebildet wird, durch eine neue Transformation vereinfachen. Man setze nämlich in (4) statt der zweiten Verticalreihe die Gröfsen

$$w_1 - x_0 w_0, \quad w_2 - x_0 w_1, \quad \dots, \quad w_m - x_0 w_{m-1},$$

statt der dritten Verticalreihe die Gröfsen

$$w_2 - (x_0 + x_1) w_1 + x_0 x_1 w_0, \quad w_3 - (x_0 + x_1) w_2 + x_0 x_1 w_1, \quad \text{u. s. w.},$$

statt der vierten Verticalreihe die Grössen

$$w_3 - (x_0 + x_1 + x_2) w_2 + (x_1 x_2 + x_2 x_0 + x_0 x_1) w_1 - x_0 x_1 x_2 w_0, \quad \text{u. s. w., u. s. w.},$$

so erhält man folgenden Satz:

„*Es sei*

$$f_i(x) = (x - x_i)(x - x_{i+1}) \dots (x - x_{m+n-1}),$$

ferner

$$\frac{x_i^p (x_i - x).u_i}{f_i'(x_i)} + \frac{x_{i+1}^p (x_{i+1} - x).u_{i+1}}{f_i'(x_{i+1})} + \dots + \frac{x_{m+n-1}^p (x_{m+n-1} - x).u_{m+n-1}}{f_i'(x_{m+n-1})} = U_p^{(i)},$$

so wird $D(x)$, abgesehen von einem constanten Factor, die Determinante der Gröfsen

$$(5) \qquad \begin{cases} U_0^{(0)} & U_0' & \dots & U_0^{(m-1)} \\ U_1^{(0)} & U_1' & \dots & U_1^{(m-1)} \\ \dots & \dots & \dots & \dots \\ U_{m-1}^{(0)} & U_{m-1}' & \dots & U_{m-1}^{(m-1)} \end{cases}\text{“}$$

In diesem Theorem sind $U_0^{(0)}, U_1^{(0)}, \dots, U_{m-1}^{(0)}$ dieselben Gröfsen wie w_0, $w_1, \dots, w_{m-1}$.

Man erhält noch eine weitere Vereinfachung, wenn man auf ähnliche Art die Horizontalreihen der Gröfsen (5) transformirt. Man setze nämlich statt der zweiten Horizontalreihe dieser Gröſsen die folgende:

$$U_1^{(0)} - x_{m-1} U_0^{(0)}, \quad U_1' - x_{m-1} U_0', \quad \ldots, \quad U_1^{(m-1)} - x_{m-1} U_0^{(m-1)},$$

statt der dritten die folgende:

$$U_2^{(0)} - (x_{m-1} + x_m) U_1^{(0)} + x_{m-1} x_m U_0^{(0)}, \quad U_2' - (x_{m-1} + x_m) U_1' + x_{m-1} x_m U_0', \quad \text{etc.,}$$

u. s. f.; so bleibt wieder der Werth der Determinante unverändert, und man erhält jetzt folgendes Theorem:

„*Es sei*

$$f_{i,k}(x) = (x - x_i)(x - x_{i+1}) \ldots (x - x_{m-2})(x - x_{m-1+k})(x - x_{m+k}) \ldots (x - x_{m+n-1}),$$

ferner

$$\frac{(x_i - x) u_i}{f_{i,k}'(x_i)} + \frac{(x_{i+1} - x) u_{i+1}}{f_{i,k}'(x_{i+1})} + \cdots + \frac{(x_{m-2} - x) u_{m-2}}{f_{i,k}'(x_{m-2})}$$
$$+ \frac{(x_{m-1+k} - x) u_{m-1+k}}{f_{i,k}'(x_{m-1+k})} + \frac{(x_{m+k} - x) u_{m+k}}{f_{i,k}'(x_{m+k})} + \cdots + \frac{(x_{m+n-1} - x) u_{m+n-1}}{f_{i,k}'(x_{m+n-1})}$$
$$= V_k^{(i)},$$

so wird $D(x)$, *abgesehen von einem constanten Factor, gleich der Determinante der Gröſsen*

$$(6) \quad \begin{cases} V_0^{(0)} & V_0' & \cdots & V_0^{(m-1)} \\ V_1^{(0)} & V_1' & \cdots & V_1^{(m-1)} \\ \cdot & \cdot & \cdot & \cdot \\ V_{m-1}^{(0)} & V_{m-1}' & \cdots & V_{m-1}^{(m-1)} \end{cases}$$

Hier sind $V_0^{(0)}, V_0', \ldots, V_0^{(m-1)}$ dieselben Gröſsen wie $U_0^{(0)}, U_0', \ldots, U_0^{(m-1)}$, und daher $V_0^{(0)} = w_0$, welche Gröſse allein unverändert geblieben ist.

Transformirt man auf ähnliche Art die letzten m Horizontalreihen der Gröſsen (3), so erhält man folgenden Satz:

„*Es sei*

$$\frac{x_i^p u_i}{f_i'(x_i)} + \frac{x_{i+1}^p u_{i+1}}{f_i'(x_{i+1})} + \cdots + \frac{x_{m+n-1}^p u_{m+n-1}}{f_i'(x_{m+n-1})} = W_p^{(i)},$$

wo wieder

$$f_i(x) = (x - x_i)(x - x_{i+1}) \ldots (x - x_{m+n-1}),$$

so wird $D(x)$, *abgesehen von einem constanten Factor, die Determinante der Gröſsen*

$$(7)\qquad \begin{cases} 1 & x & \dots & x^m \\ W_0^{(0)} & W_1^{(0)} & \dots & W_m^{(0)} \\ W_0' & W_1' & \dots & W_m' \\ \dots & \dots & \dots & \dots \\ W_0^{(m-1)} & W_1^{(m-1)} & \dots & W_m^{(m-1)}. \end{cases}$$

Transformirt man aber auf ähnliche Art die Verticalreihen der Gröfsen (3), so erhält man den Satz, *dafs* $D(x)$, *abgesehen von einem constanten Factor, gleich wird der Determinante der Gröfsen*

$$(8)\qquad \begin{cases} 1 & x-x_0 & (x-x_0)(x-x_1) & \dots & (x-x_0)(x-x_1)\dots(x-x_{m-1}) \\ W_0^{(0)} & W_0' & W_0'' & \dots & W_0^{(m)} \\ W_1^{(0)} & W_1' & W_1'' & \dots & W_1^{(m)} \\ \dots & \dots & \dots & \dots & \dots \\ W_{m-1}^{(0)} & W_{m-1}' & W_{m-1}'' & \dots & W_{m-1}^{(m)}. \end{cases}$$

Endlich kann man wieder die m letzten Horizontalreihen dieser Gröfsen transformiren, und erhält dann den folgenden Satz:

„*Setzt man*

$$X_k^{(i)} = \frac{u_i}{F'_{i,k}(x_i)} + \frac{u_{i+1}}{F'_{i,k}(x_{i+1})} + \dots + \frac{u_{m-1}}{F'_{i,k}(x_{m-1})} + \frac{u_{m+k}}{F'_{i,k}(x_{m+k})} + \frac{u_{m+k+1}}{F'_{i,k}(x_{m+k+1})} + \dots + \frac{u_{m+n-1}}{F'_{i,k}(x_{m+n-1})},$$

wo wieder

$$F_{i,k}(x) = (x-x_i)(x-x_{i+1})\dots(x-x_{m-1})(x-x_{m+k})(x-x_{m+k+1})\dots(x-x_{m+n-1}),$$

so wird $D(x)$, *abgesehen von einem constanten Factor, gleich der Determinante der Gröfsen*

$$(9)\qquad \begin{cases} 1 & x-x_0 & (x-x_0)(x-x_1) & \dots & (x-x_0)(x-x_1)\dots(x-x_{m-1}) \\ X_0^{(0)} & X_0' & X_0'' & \dots & X_0^{(m)} \\ X_1^{(0)} & X_1' & X_1'' & \dots & X_1^{(m)} \\ \dots & \dots & \dots & \dots & \dots \\ X_{m-1}^{(0)} & X_{m-1}' & X_{m-1}'' & \dots & X_{m-1}^{(m)}. \end{cases}$$ “

Aus diesen beiden letzten Theoremen erhält man eine nach den Gröfsen $x-x_0$, $(x-x_0)(x-x_1)$, etc. geordnete Darstellung der Function $D(x)$.

2.

Man kann auch sogleich dem System der m Gleichungen (1) selber solche verschiedene Formen geben, die unmittelbar auf die verschiedenen für $D(x)$ gefundenen Determinanten führen. Man erhält nämlich verschiedene Formen des Systems der m Gleichungen (1) durch die Betrachtung, dafs die Gleichung

$$\Sigma\frac{x_i^p u_i D(x_i)}{f'(x_i)} = \Sigma\frac{x_i^p N(x_i)}{f'(x_i)} = 0$$

nur erfordert, dafs $f(x)$ den Grad $n+p$ übersteige. Es ist daher nicht nöthig, für $f(x)$ das Product von allen $m+n$ Factoren $x-x_i$ anzunehmen, sondern man wird immer Gleichungen von der vorstehenden Form erhalten können, wofern nur die Zahl dieser Factoren die Zahl n übertrifft, wobei aber jedesmal, wenn $n+k+1$ die Zahl der Factoren von $f(x)$ ist, der Exponent p nur einen der Werthe $0, 1, 2, \ldots, k$ annehmen darf. Die Summation mufs in allen diesen Fällen nur auf solche Werthe von x_i ausgedehnt werden, welche in den linearen Factoren $x-x_i$ vorkommen, die man zur Bildung der Function $f(x)$ ausgewählt hat, oder solche, für welche $f(x_i) = 0$ wird, was man überall im Folgenden zum richtigen Verständnifs der Summenzeichen festzuhalten hat. Die verschiedenen Annahmen, die man hiernach für $f(x)$ machen kann, ergeben eine sehr grofse Menge von Gleichungen von der Form

$$\Sigma\frac{x_i^p u_i D(x_i)}{f'(x_i)} = 0, \tag{10}$$

welche sämmtlich in Bezug auf die Coëfficienten von $D(x)$ linear sind, und von denen m von einander unabhängige die Verhältnisse dieser Coëfficienten und mithin die Function $D(x)$ selbst, abgesehen von einem constanten Factor, bestimmen. Alle diese Gleichungen lassen sich aus den m Gleichungen (1) ableiten, und es werden daher alle Systeme von m von einander unabhängigen Gleichungen (10) nur verschiedene Formen desselben Systems (1) sein, welchen wiederum verschiedene Formen der Gröfsen, aus welchen man die der Function $D(x)$ proportionale Determinante zu bilden hat, entsprechen werden. Ich will jetzt die zwei hauptsächlichsten dieser Formen näher angeben.

1. Man bilde m Gleichungen (10), indem man für $f(x)$ immer nur das Product aus $n+1$ Factoren und daher $p = 0$ setzt, von den $n+1$ Factoren ferner n unverändert läfst, während man für die $(n+1)^{\text{ten}}$ immer einen andern aus den m übrigen Factoren nimmt. Es sei

$$\Psi(x) = (x-x_m)(x-x_{m+1})\dots(x-x_{m+n-1}), \quad \frac{u_k}{\Psi'(x_k)} = s_k,$$

$$\frac{s_m x_m^p}{x_m - x_i} + \frac{s_{m+1} x_{m+1}^p}{x_{m+1} - x_i} + \dots + \frac{s_{m+n-1} x_{m+n+1}^p}{x_{m+n-1} - x_i} + \frac{u_i x_i^p}{\Psi(x_i)} = t_p^{(i)},$$

so erhält man auf diese Weise, wenn man $f(x) = \Psi(x)(x-x_i)$ und für i nach und nach die Indices 0, 1, ..., $m-1$ setzt, die Gleichungen

$$\begin{aligned} \alpha + x.\alpha_1 + \dots + x^m.\alpha_m &= D(x), \\ t_0^{(0)}.\alpha + t_1^{(0)}.\alpha_1 + \dots + t_m^{(0)}.\alpha_m &= 0, \\ t_0'.\alpha + t_1'.\alpha_1 + \dots + t_m'.\alpha_m &= 0, \\ \dots\dots\dots\dots & \\ t_0^{(m-1)}.\alpha + t_1^{(m-1)}.\alpha_1 + \dots + t_m^{(m-1)}.\alpha_m &= 0, \end{aligned}$$

und daher

$$\frac{1}{\alpha}(\Sigma \pm t_1^{(0)} t_2' \dots t_m^{(m-1)}).D(x)$$

gleich der Determinante der Gröſsen

$$(11) \quad \begin{cases} 1 & x & x^2 & \dots & x^m, \\ t_0^{(0)} & t_1^{(0)} & t_2^{(0)} & \dots & t_m^{(0)}, \\ t_0' & t_1' & t_2' & \dots & t_m', \\ \dots & \dots & \dots & \dots & \dots \\ t_0^{(m-1)} & t_1^{(m-1)} & t_2^{(m-1)} & \dots & t_m^{(m-1)}. \end{cases}$$

2. Setzt man für $f(x)$ nach und nach

$$\begin{aligned} &\Psi(x).(x-x_{m-1}), \\ &\Psi(x).(x-x_{m-1})(x-x_{m-2}), \\ &\dots\dots\dots \\ &\Psi(x).(x-x_{m-1})(x-x_{m-2})\dots(x-x_0), \end{aligned}$$

und immer $p = 0$, so erhält man aus (10) m Gleichungen, welche für $D(x)$ die aus den Gröſsen (7) gebildete Determinante ergeben.

Andere Formen der linearen Gleichungen, durch welche die Function $D(x)$, abgesehen von einem constanten Factor, bestimmt wird, und daher auch andere Formen der Elemente der dieser Function proportionalen Determinante erhält man, wenn man $D(x)$ auf andere Arten als nach den Potenzen von x entwickelt.

Es sei z. B.

$$(12) \quad D(x) = \delta_0 + \delta_1(x-x_0) + \delta_2(x-x_0)(x-x_1) + \dots + \delta_m(x-x_0)(x-x_1)\dots(x-x_{m-1}),$$

wo δ_0, δ_1, etc. constante Coëfficienten bedeuten, so findet man,

3. wenn man den Ausdruck (12) in die m Gleichungen (1) substituirt, in

welchen $f(x)$ das aus allen $m+n$ Factoren gebildete Product bedeutet, $D(x)$, abgesehen von einem constanten Factor, gleich der Determinante der Gröfsen (8).

4. Wenn man aus der Gleichung (10) m Gleichungen bildet, indem man immer $p=0$ und für $f(x)$ zuerst das vollständige Product aus allen $m+n$ Factoren setzt, dann aber nach und nach die Factoren

$$x-x_m, \quad (x-x_m)(x-x_{m+1}), \quad \ldots, \quad (x-x_m)(x-x_{m+1})\ldots(x-x_{2m-2})$$

fortläfst, und wenn man in diesen m Gleichungen für $D(x)$ seinen Ausdruck (12) substituirt, so erhält man $D(x)$ der Determinante der Gröfsen (9) proportional.

Wenn man $D(x)$ durch den Ausdruck (12) darstellt, so wird man im Allgemeinen für die Coëfficienten der Unbekannten δ_0, δ_1, etc. in den m Gleichungen vereinfachte Ausdrücke dadurch erhalten, dafs man für $f(x)$ das Product aus den m Factoren $x-x_0$, $x-x_1$, ..., $x-x_{m-1}$ und aus $n-m+1$ oder einer gröfseren Zahl anderer setzt, welche man beliebig aus den n übrigen Factoren $x-x_m$, $x-x_{m+1}$, ..., $x-x_{m+n-1}$ auswählen kann. Es werden nämlich in dem Aggregate, welches den Coëfficient von δ_i bildet, immer die in u_0, u_1, ..., u_{i-1} multiplicirten Terme verschwinden, und in jedem anderen, in u_k multiplicirten, Term wird sich der Factor

$$(x_k-x_0)(x_k-x_1)\ldots(x_k-x_{i-1})$$

fortheben.

Man kann aber auch statt der constanten Coëfficienten von $D(x)$ Functionen von x als die Unbekannten der linearen Gleichungen, durch welche man $D(x)$ bestimmen will, einführen, wie die folgenden Beispiele zeigen.

5. Es sei

$$\begin{aligned} D &= a+a_1x+a_2x^2+a_3x^3+\cdots+a_mx^m, \\ D_1 &= a_1+a_2x+a_3x^2+\cdots+a_mx^{m-1}, \\ D_2 &= a_2+a_3x+\cdots+a_mx^{m-2}, \\ &\ldots\ldots\ldots\ldots\ldots\ldots \\ D_{m-1} &= a_{m-1}+a_mx, \\ D_m &= a_m, \end{aligned}$$

woraus

$$a=D-xD_1, \quad a_1=D_1-xD_2, \quad \ldots, \quad a_{m-1}=D_{m-1}-xD_m, \quad a_m=D_m$$

und daher

$$(13) \qquad D(x_i)=D+(x_i-x)D_1+x_i(x_i-x)D_2+\cdots+x_i^{m-1}(x_i-x)D_m$$

folgt. Setzt man

$$\Sigma\frac{x_i^p(x_i-x)u_i}{f'(x_i)}=w_p, \quad \Sigma\frac{x_i^pu_i}{f'(x_i)}=v_p,$$

so erhält man durch Substitution des Ausdrucks (13) in (10), wenn $f(x)$ vom $(n+1+p)^{\text{ten}}$ oder einem höheren Grade angenommen wird,

$$(14) \qquad 0 = v_p D + w_p D_1 + w_{p+1} D_2 + \cdots + w_{p+m-1} D_m.$$

Nimmt man beliebige m von einander unabhängige Gleichungen (14), so hat man m lineare Gleichungen zwischen den Unbekannten $D, D_1, \ldots, D_m$, aus denen man ihre Verhältnisse bestimmen kann. Die $m+1$ partiellen Determinanten*), welche auf diese Weise den Functionen $D, D_1, D_2, \ldots, D_m$ proportional gefunden werden, müssen mit ihnen respective von demselben Grade sein. Denn da alle Gröſsen w in den Gleichungen (14) lineare Functionen von x, und nur die Gröſsen v constant sind, so sind die den Unbekannten D und D_1 proportionalen Determinanten ebenso wie diese selbst Functionen von x vom m^{ten} und $(m-1)^{\text{ten}}$ Grade. Da ferner in unserer Untersuchung α einen beliebigen Werth annehmen kann, so werden im Allgemeinen D und D_1 keinen gemeinschaftlichen Factor haben. Wenn aber zwei ganze Functionen D und D_1, die keinen gemeinschaftlichen Factor haben, zweien anderen ganzen Functionen E und E_1 proportional und D und E von demselben Grade sind, so muſs $\frac{D}{E} = \frac{D_1}{E_1}$ eine Constante sein**). Es werden daher die Functionen D, $D_1, D_2, \ldots, D_m$ aus den partiellen Determinanten, denen sie vermöge der m Gleichungen (14) proportional gefunden werden, durch Multiplication mit einer Constante erhalten und daher mit ihnen von demselben Grade sein. Es folgt hieraus, daſs sich in den Determinanten, welche den Functionen D_2, $D_3, \ldots, D_m$ proportional sind, und deren einzelne Terme alle auf den $(m-1)^{\text{ten}}$ Grad steigen, respective die höchste, die beiden höchsten, etc. oder endlich alle Potenzen von x fortheben müssen.

Nimmt man für $f(x)$ die vollständige Function vom $(m+n)^{\text{ten}}$ Grade und giebt, wie es für diesen Fall verstattet ist, dem Exponenten p die Werthe $0, 1, 2, \ldots, m-1$, so ergiebt sich aus den so erhaltenen m Gleichungen das Resultat, daſs $D(x)$, abgesehen von einem constanten Factor, der aus den Gröſsen (4) gebildeten Determinante gleich ist. Nimmt man zu den Gröſsen (4) noch

*) Wenn man mehr Verticalreihen als Horizontalreihen oder mehr Horizontalreihen als Verticalreihen hat, so nenne ich die Determinanten, welche dadurch, daſs man eine gleiche Zahl Horizontal- und Verticalreihen mit einander combinirt, erhalten werden, *partielle Determinanten.*

**) Wenn nämlich $DE_1 - D_1 E = 0$, so muſs für alle Werthe von x, für welche D verschwindet, auch E verschwinden, weil D und D_1 keinen gemeinschaftlichen Factor haben; sind daher D und E von demselben Grade, so können sie nur durch einen constanten Factor verschieden sein.

aus (3) die Gröfsen $v_0, v_1, \ldots, v_{m-1}$ als $(m+1)^{te}$ Verticalreihe hinzu, so sieht man, dafs die übrigen partiellen Determinanten den Functionen niederen Grades $D_1, D_2, \ldots, D_m$ proportional werden.

6. Ich will jetzt als Unbekannte die ganzen Functionen von x annehmen, welche man, wenn man $D(x)$ hintereinander durch $x-x_0$, $x-x_1$, $x-x_2, \ldots, x-x_{m-1}$ dividirt, successive als Quotienten erhält. Man findet die hierauf bezüglichen Formeln durch folgende Betrachtungen.

Das 5te Lemma des 3ten Buchs der Newtonschen *Principia* enthält bekanntlich folgenden Satz: „*Wenn y_0, y_1, y_2, etc. die Werthe einer Function y sind, welche den Werthen x_0, x_1, x_2, etc. der Variablen x entsprechen, und man*

$$\frac{y_1-y_0}{x_1-x_0}=y'_0,\quad \frac{y_2-y_1}{x_2-x_1}=y'_1,\quad \frac{y_3-y_2}{x_3-x_2}=y'_2,\quad \text{etc.},$$
$$\frac{y'_1-y'_0}{x_2-x_0}=y''_0,\quad \frac{y'_2-y'_1}{x_3-x_1}=y''_1,\quad \frac{y'_3-y'_2}{x_4-x_2}=y''_2,\quad \text{etc.},$$
$$\frac{y''_1-y''_0}{x_3-x_0}=y'''_0,\quad \frac{y''_2-y''_1}{x_4-x_1}=y'''_1,\quad \frac{y''_3-y''_2}{x_5-x_2}=y'''_2,\quad \text{etc.}$$

setzt, so wird

$$y=y_0+y'_0(x-x_0)+y''_0(x-x_0)(x-x_1)+y'''_0(x-x_0)(x-x_1)(x-x_2)+etc.\text{“}$$

Ist y eine ganze rationale Function der p^{ten} Ordnung, so erhält man den vollständigen Ausdruck dieser Function, wenn man ihre $p+1$ Werthe $y_0, y_1, \ldots, y_p$ kennt und die vorstehende Reihe bis zu dem Term

$$y_0^{(p)}(x-x_0)(x-x_1)\ldots(x-x_{p+1})$$

fortsetzt. Allgemein kann die Formel, wie Newton will, zur Interpolation benutzt werden. Die Ausdrücke von y'_0, y''_0, etc. durch die gegebenen Werthe sind

$$(15)\quad \begin{cases} y'_0=\dfrac{y_0}{x_0-x_1}+\dfrac{y_1}{x_1-x_0}, \\ y''_0=\dfrac{y_0}{(x_0-x_1)(x_0-x_2)}+\dfrac{y_1}{(x_1-x_0)(x_1-x_2)}+\dfrac{y_2}{(x_2-x_0)(x_2-x_1)}, \\ \text{etc.} \end{cases}$$

Setzt man in diese Formeln $y=D(x)$, betrachtet ferner $D(x)$ selbst als den ersten der gegebenen Werthe, dagegen $D(x_i)$ als den gesuchten Werth, so erhält man

$$(16)\quad \begin{cases} D(x_i)=D+D'(x_i-x)+D''(x_i-x)(x_i-x_0)+D'''(x_i-x)(x_i-x_0)(x_i-x_1)+\cdots \\ \qquad\cdots+D^{(m)}(x_i-x)(x_i-x_0)\ldots(x_i-x_{m-2}), \end{cases}$$

wo $D', D'', \ldots, D^{(m)}$ zufolge (15) durch die folgenden Gleichungen bestimmt werden:

$$D = D(x),$$
$$D' = \frac{D(x)}{x-x_0} + \frac{D(x_0)}{x_0-x},$$
$$D'' = \frac{D(x)}{(x-x_0)(x-x_1)} + \frac{D(x_0)}{(x_0-x)(x_0-x_1)} + \frac{D(x_1)}{(x_1-x)(x_1-x_0)},$$
etc.

Diese Ausdrücke sind sämmtlich ganze Functionen von x, und man sieht aus ihrer Zusammensetzung leicht, dafs man sie als Quotienten erhält, wenn man die erste von ihnen $D(x)$ durch die Gröfsen $x-x_0$, $(x-x_0)(x-x_1)$, etc. dividirt. Man kann dieselben auch successive bilden, indem D'' der Quotient der Division von D' durch $x-x_1$, D''' der Quotient der Division von D'' durch $x-x_2$ wird, etc. Substituirt man den Ausdruck (16) in m von einander unabhängige Gleichungen (10), und betrachtet darin die $m+1$ Gröfsen $D, D', \ldots, D^{(m)}$ als Unbekannte, so kann man wieder, wie oben bei den Functionen D, D_1, D_2, etc., zeigen, dafs sie von den aus ihren Coëfficienten gebildeten partiellen Determinanten nur durch einen constanten Factor unterschieden sein können, und sich deshalb in den Determinanten, welche den $m-1$ Functionen $D'', D''', \ldots, D^{(m)}$ proportional sind, die höchste Potenz von x, die beiden höchsten u. s. w. oder endlich alle Potenzen von x fortheben müssen.

Die Coëfficienten von D, D', etc. in den m aus (10) erhaltenen Gleichungen vereinfachen sich, wenn $f(x)$ in (10) den Factor $(x-x_0)(x-x_1)\ldots(x-x_{m-2})$ enthält. Setzt man wieder $f_i(x) = \frac{f(x)}{(x-x_0)(x-x_1)\ldots(x-x_{i-1})}$, so erhält man aus (10) die Gleichung

$$(17) \qquad SD + S_1 D' + S_2 D'' + \cdots + S_m D^{(m)} = 0,$$

wo

$$(18) \qquad \begin{cases} S = \Sigma \dfrac{u_i x_i^p}{f'(x_i)}, \quad S_1 = \Sigma \dfrac{u_i x_i^p (x_i - x)}{f'(x_i)}, \quad S_2 = \Sigma \dfrac{u_i x_i^p (x_i - x)}{f_1'(x_i)}, \quad \ldots \\ \qquad \ldots, \quad S_m = \Sigma \dfrac{u_i x_i^p (x_i - x)}{f_{m-1}'(x_i)}. \end{cases}$$

Nimmt man für $f(x)$ den vollständigen Ausdruck vom $(m+n)^{\text{ten}}$ Grade an und bildet die m Gleichungen, indem man nach und nach in (18) für p seine Werthe $0, 1, 2, \ldots, m-1$ setzt, so erhält man aus denselben $D(x)$, abgesehen von einem constanten Factor, gleich der Determinante der Gröfsen (5). Bildet man aber die m Gleichungen, indem man in (18) $p = 0$ und für $f(x)$ nach und nach die Functionen

$$f(x),\quad \frac{f(x)}{x-x_{m-1}},\quad \frac{f(x)}{(x-x_{m-1})(x-x_m)},\quad \ldots,\quad \frac{f(x)}{(x-x_{m-1})(x-x_m)\ldots(x-x_{2m-3})}$$

setzt, deren erste wieder die vollständige Function $(m+n)^{\text{ten}}$ Grades ist, so erhält man $D(x)$, abgesehen von einem constanten Factor, der Determinante der Gröſsen (6) gleich. Durch ganz ähnliche Determinanten erhält man aber auch, zufolge der vorstehenden Betrachtungen, die ganzen Functionen, welche sich als die Quotienten der Division von $D(x)$ durch $x-x_0$, $(x-x_0)(x-x_1)$, u. s. w. ergeben.

3.

Den Zähler $N(x)$ kann man, abgesehen von einem constanten Factor, unmittelbar aus dem Nenner $D(x)$ erhalten, wenn man nur für die Gröſsen u_0, u_1, etc. ihre reciproken Werthe $\frac{1}{u_0}$, $\frac{1}{u_1}$, etc. setzt, und gleichzeitig m und n in $n-1$ und $m+1$ ändert, so daſs umgekehrt der Nenner von der Ordnung $n-1$, der Zähler von der Ordnung m wird. Denn die Aufgabe, die Gröſsen u_0, u_1, etc. durch den Bruch $\frac{N(x)}{D(x)}$ darzustellen ist dieselbe wie die Aufgabe, die Gröſsen $\frac{1}{u_0}$, $\frac{1}{u_1}$, etc. durch den Bruch $\frac{D(x)}{N(x)}$ darzustellen. Es bleibt dann noch übrig, den constanten Factor, mit welchem der Quotient der beiden so gefundenen Determinanten multiplicirt werden muſs, zu bestimmen, wozu einer der gegebenen Werthe des Bruches hinreicht.

Da der Nenner als eine Determinante vom m^{ten} Grade gefunden wurde, (wenn man den *Grad der Determinante* nach der Zahl der Horizontal- oder Verticalreihen der Gröſsen, aus denen sie gebildet ist, bestimmt), so wird auf die angegebene Weise der Zähler als eine Determinante vom $(n-1)^{\text{ten}}$ Grade erhalten werden. Wenn daher der Grad des Zählers und Nenners sehr verschieden ist, so wird die eine Determinante von einem hohen Grade werden, während die andere von einem niederen Grade sein kann. Man wird aber aus dem Folgenden ersehen, daſs man auch immer den Zähler durch eine Determinante vom $(m+1)^{\text{ten}}$ Grade darstellen kann. Diese Darstellung wird einfacher als die obige, wenn die Grade des Zählers und Nenners um zwei oder mehr Einheiten verschieden sind und man, wie es nach der oben gemachten

Bemerkung verstattet ist, die Aufgabe so stellt, daſs der Nenner von niedrigerem Grade als der Zähler wird. Auch wird man bei dieser Darstellung der Bestimmung des hinzuzufügenden constanten Factors überhoben.

Es sei $\varphi(x)$ eine Function von x vom n^{ten} oder einem höheren Grade und das Product von einer entsprechenden Anzahl der linearen Factoren $x-x_0$, $x-x_1$, etc. Man hat dann durch die bekannten Formeln der Theorie der Partialbrüche

$$-\frac{N(x)}{\varphi(x)} = \Sigma\frac{N(x_r)}{(x_r-x)\varphi'(x_r)} = \Sigma\frac{u_r D(x_r)}{(x_r-x)\varphi'(x_r)},$$

wo man unter dem Summenzeichen für r alle diejenigen Indices $0, 1, 2, \ldots, m+n-1$ zu setzen hat, für welche $\varphi(x_r)=0$ wird. Setzt man für $D(x)$ wieder $\alpha+\alpha_1 x+\cdots+\alpha_m x^m$ und

$$\Sigma\frac{x_r^p u_r}{(x_r-x)\varphi'(x_r)} = T_p,$$

so giebt die vorstehende Formel:

$$-\frac{N(x)}{\varphi(x)} = \alpha T_0+\alpha_1 T_1+\cdots+\alpha_m T_m.$$

Wenn man daher die Gröſsen α, α_1, etc. den partiellen Determinanten der Gleichungen (2) §. 1 *gleich* setzt, oder der constante Factor, mit welchem die Determinanten multiplicirt werden müssen, überall $=1$ angenommen wird, *so wird* $-\frac{N(x)}{\varphi(x)}$ *gleich der Determinante der Gröſsen*

$$(19)\qquad \begin{cases} T_0 & T_1 & \ldots & T_m \\ v_0 & v_1 & \ldots & v_m \\ v_1 & v_2 & \ldots & v_{m+1} \\ \cdot & \cdot & \cdot & \cdot \\ v_{m-1} & v_m & \ldots & v_{2m-1}, \end{cases}$$

wo die Gröſsen v dieselben sind wie in (3).

Transformirt man auf dieselbe Art wie zu Ende des §. 1 die m letzten Horizontalreihen, so erhält man $-\frac{N(x)}{\varphi(x)}$ gleich der Determinante der Gröſsen

$$(20)\qquad \begin{cases} T_0 & T_1 & \ldots & T_m \\ W_0^{(0)} & W_1^{(0)} & \ldots & W_m^{(0)}, \\ W_0' & W_1' & \ldots & W_m' \\ \cdot & \cdot & \cdot & \cdot \\ W_0^{(m-1)} & W_1^{(m-1)} & \ldots & W_m^{(m-1)}, \end{cases}$$

wo die Gröſsen W dieselben wie in (7) sind.

Multiplicirt man in (19) jede Verticalreihe mit x und zieht sie von der folgenden ab, *so ergiebt sich, wenn*

$$\Sigma \frac{u_r x_r^p}{\varphi'(x_r)} = S_p$$

gesetzt wird, die Function $-\frac{N(x)}{\varphi(x)}$ *gleich der Determinante der Gröfsen*

$$(21)\qquad \begin{cases} T_0 & S_0 & S_1 & \dots & S_{m-1} \\ v_0 & w_0 & w_1 & \dots & w_{m-1} \\ v_1 & w_1 & w_2 & \dots & w_m \\ \cdot & \cdot & \cdot & \cdot & \cdot \\ v_{m-1} & w_{m-1} & w_m & \dots & w_{2m-2}, \end{cases}$$

wo die Gröfsen w dieselben wie in (4) sind. Der in dieser Determinante in T_0 multiplicirte Ausdruck ist der Nenner $D(x)$.

Um die Gröfsen (21) noch weiter zu reduciren, will ich annehmen, dafs die Function $\varphi(x)$ dem Producte

$$(x-x_{m-1})(x-x_m)\dots(x-x_{m+n-2})$$

entweder gleich sei oder dieses Product als Factor enthalte. Ferner sei

$$\varphi_k(x) = \frac{\varphi(x)}{(x-x_{m-1})(x-x_m)\dots(x-x_{m+k-2})}, \quad S_p^{(k)} = \Sigma \frac{x_r^p u_r}{\varphi_k'(x_r)},$$

wenn die Summe nur auf diejenigen Indices r erstreckt wird, für welche $\varphi_k(x_r) = 0$ wird. Wenn man jetzt auf die in §. 1 angewandte Art sowohl die m letzten Horizontalreihen als die m letzten Verticalreihen der Gröfsen (21) transformirt, *so erhält man* $-\frac{N(x)}{\varphi(x)}$ *gleich der Determinante der Gröfsen*

$$(22)\qquad \begin{cases} T_0 & S_0^{(0)} & S_0' & \dots & S_0^{(m-1)} \\ W_0^{(0)} & V_0^{(0)} & V_1^{(0)} & \dots & V_{m-1}^{(0)} \\ W_0' & V_0' & V_1' & \dots & V_{m-1}' \\ \cdot & \cdot & \cdot & \cdot & \cdot \\ W_0^{(m-1)} & V_0^{(m-1)} & V_1^{(m-1)} & \dots & V_{m-1}^{(m-1)}, \end{cases}$$

wo die Grössen V dieselben wie in (6) sind.

Es sei jetzt

$$T_p^{(k)} = \Sigma \frac{x_r^p u_r}{(x_r - x)\varphi_k'(x_r)},$$

wo immer wieder die Summation nur auf diejenigen Indices r sich erstreckt, für welche $\varphi_k(x_r) = 0$ wird. Man hat dann die Formeln:

$$(x-x_{m-1})T_p+S_p^{(0)} = T'_p,$$
$$(x-x_m)T'_p \;+S'_p \;= T''_p,$$
u. s. w.

Ferner ist, wenn die Gröfsen $X_k^{(i)}$ dieselbe Bedeutung wie in (9) haben,

$$(x-x_{m-1})\,W_0^{(i)}+V_0^{(i)} = X_1^{(i)},$$
$$(x-x_m)X_1^{(i)} \;+V_1^{(i)} = X_2^{(i)},$$
u. s. w.

Wenn man die Gröfsen der ersten Verticalreihe in (22) sämmtlich mit $x-x_{m-1}$ multiplicirt, so wird der Werth der ganzen Determinante mit derselben Gröfse multiplicirt und daher $= -\dfrac{N(x)}{\varphi_1(x)}$. Addirt man nach der Multiplication zu den Gröfsen der ersten Verticalreihe respective die unveränderten Gröfsen der zweiten Verticalreihe, so wird die erste Verticalreihe

$$T'_0,\; X_1^{(0)},\; X'_1,\; \ldots,\; X_1^{(m-1)},$$

während sich der Werth der Determinante $-\dfrac{N(x)}{\varphi_1(x)}$ nicht ändert. Multiplicirt man die letzteren Gröfsen mit $x-x_m$ und addirt dann respective die Gröfsen der dritten Verticalreihe, so wird die erste Verticalreihe

$$T''_0,\; X_2^{(0)},\; X'_2,\; \ldots,\; X_2^{(m-1)},$$

während die Determinante $-\dfrac{N(x)}{\varphi_2(x)}$ wird. Fährt man so fort, so erhält man den Satz, *dafs* $-\dfrac{N(x)}{\varphi_m(x)}$ *gleich ist der Determinante der Gröfsen*

$$(23)\qquad \begin{cases} T_0^{(m)} & S_0^{(0)} & S'_0 & \ldots & S_0^{(m-1)} \\ X_m^{(0)} & V_0^{(0)} & V_1^{(0)} & \ldots & V_{m-1}^{(0)} \\ X'_m & V'_0 & V'_1 & \ldots & V'_{m-1} \\ X''_m & V''_0 & V''_1 & \ldots & V''_{m-1} \\ \cdot & \cdot & \cdot & \cdot & \cdot \\ X_m^{(m-1)} & V_0^{(m-1)} & V_1^{(m-1)} & \ldots & V_{m-1}^{(m-1)}. \end{cases}$$

Transformirt man die m letzten Verticalreihen in (20) auf dieselbe Art, wie in §. 1 die Gröfsen (8) in (9) transformirt wurden, *so erhält man* $-\dfrac{N(x)}{\varphi(x)}$

gleich der Determinante der Gröfsen

$$(24)\quad \begin{cases} T_0 & T_0' & T_0'' & \dots & T_0^{(m)} \\ X_0^{(0)} & X_1^{(0)} & X_2^{(0)} & \dots & X_m^{(0)} \\ X_0' & X_1' & X_2' & \dots & X_m' \\ X_0'' & X_1'' & X_2'' & \dots & X_m'' \\ \dots & \dots & \dots & \dots & \dots \\ X_0^{(m-1)} & X_1^{(m-1)} & X_2^{(m-1)} & \dots & X_m^{(m-1)}, \end{cases}$$

wo nur die erste Horizontalreihe die Variable x enthält.

Setzt man für $\varphi(x) = f(x)$ die vollständige Function $(n+m)^{\text{ten}}$ Grades und

$$R_p = \Sigma \frac{x_r^p u_r}{(x_r - x) f'(x_r)},$$

so verwandeln sich in der ersten Horizontalreihe von (19) die Gröfsen T_p in die Gröfsen R_p. Man hat zwischen diesen und den Gröfsen

$$v_p = \Sigma \frac{x_r^p u_r}{f'(x_r)},$$

welche die übrigen Horizontalreihen in (19) bilden, die Gleichungen

$$x R_p + v_p = R_{p+1}.$$

Wenn man daher in (19) für die Gröfsen T_p in der ersten Horizontalreihe die Gröfsen R_p setzt und dann zu der zweiten Horizontalreihe die erste, mit x multiplicirt, addirt, so verwandelt sich die zweite Horizontalreihe in R_1, $R_2, \dots, R_{m+1}$; addirt man diese, mit x multiplicirt, zur dritten Horizontalreihe, so verwandelt sich die dritte Horizontalreihe in $R_2, R_3, \dots, R_{m+2}$. Fährt man auf diese Weise fort, wobei der Werth der Determinante nicht geändert wird, und wählt für den Nenner $D(x)$ die Bestimmung durch die Determinante der Gröfsen (4), so erhält man folgenden Satz:

Theorem I.

„*Es sei*

$$f(x) = (x - x_0)(x - x_1)\dots(x - x_{m+n-1}),$$

$$R_p = \frac{x_0^p u_0}{(x_0 - x) f'(x_0)} + \frac{x_1^p u_1}{(x_1 - x) f'(x_1)} + \dots + \frac{x_{m+n-1}^p u_{m+n-1}}{(x_{m+n-1} - x) f'(x_{m+n-1})},$$

$$w_p = \frac{x_0^p (x_0 - x) u_0}{f'(x_0)} + \frac{x_1^p (x_1 - x) u_1}{f'(x_1)} + \dots + \frac{x_{m+n-1}^p (x_{m+n-1} - x) u_{m+n-1}}{f'(x_{m+n-1})},$$

so wird

$$(25)\qquad -\frac{1}{f(x)}\cdot\frac{N(x)}{D(x)} = \frac{\Sigma\pm R_0^{(0)} R_1' \dots R_m^{(m)}}{\Sigma\pm w_0^{(0)} w_1' \dots w_{m-1}^{(m-1)}},$$

wenn man nach Bildung der beiden Determinanten in jedem ihrer Terme respective $R_{\alpha+\beta}$ und $w_{\alpha+\beta}$ für $R_\alpha^{(\beta)}$ und $w_\alpha^{(\beta)}$ setzt.“

Aus dem Ausdrucke, welchen in der Lagrangeschen Interpolationsformel der Coëfficient der höchsten Potenz der Variablen erhält, bildet man nach einer einfachen Regel die gesuchte Function selbst. Sind nämlich $x_0, x_1, \dots, x_p$ die Werthe von x, für welche eine ganze Function p^{ten} Grades die Werthe $u_0, u_1, \dots, u_p$ annehmen soll, und ist $F(x) = (x-x_0)(x-x_1)\dots(x-x_p)$, so wird der Coëfficient von x^p in der gesuchten Function

$$\frac{u_0}{F'(x_0)} + \frac{u_1}{F'(x_1)} + \dots + \frac{u_p}{F'(x_p)},$$

und man erhält aus diesem Ausdrucke die gesuchte Function selbst, wenn man darin für $u_0, u_1, \dots, u_p$ respective $\frac{u_0}{x-x_0}, \frac{u_1}{x-x_1}, \dots, \frac{u_p}{x-x_p}$ setzt und mit $F(x)$ multiplicirt. Ganz dieselbe Regel gilt, wie man aus dem Theorem I. sieht, bei der Darstellung gegebener Werthe durch eine gebrochene rationale Function für die Bildung des Zählers. Aber auch für den Nenner $D(x)$ gilt eine ähnliche noch einfachere Bildungsweise, indem man nur nöthig hat, um diese Function zu erhalten, in dem algebraischen Ausdrucke des Coëfficienten ihres höchsten, mit x^m multiplicirten, Terms statt u_0, u_1, etc. respective $u_0(x-x_0)$, $u_1(x-x_1)$, etc. zu setzen. Man hat daher folgendes Theorem:

Theorem II.

„Wenn man eine rationale gebrochene Function von x, deren Nenner auf den m^{ten} Grad steigt, durch die Werthe u_0, u_1, u_2, etc. bestimmt, welche dieselbe für die Werthe x_0, x_1, x_2, etc. der Variablen x annimmt, so werden die algebraischen Ausdrücke der Coëfficienten der höchsten Potenz von x im Zähler und Nenner ganze homogene Functionen von u_0, u_1, u_2, etc. vom $(m+1)^{\text{ten}}$ und m^{ten} Grade, und man erhält aus ihnen den Zähler und Nenner selbst, wenn man respective für u_0, u_1, u_2, etc. in dem einen Ausdrucke die Gröſsen

$$\frac{u_0}{x-x_0},\quad \frac{u_1}{x-x_1},\quad \frac{u_2}{x-x_2},\quad \text{etc.}$$

und in dem anderen Ausdrucke die Gröfsen

$$u_0(x-x_0),\quad u_1(x-x_1),\quad u_2(x-x_2),\quad etc.$$

setzt, und hierauf den ersten Ausdruck noch mit dem Product sämmtlicher Factoren $(x-x_0)(x-x_1)(x-x_2)$ *etc. multiplicirt.«*

Das Theorem I. zeigt auch noch, dafs die Coëfficienten der höchsten Potenz der Variablen im Zähler und im Nenner beide einem ähnlichen Bildungsgesetz unterworfen sind, in der Art, dafs dieser Coëfficient im Zähler so gebildet wird, wie der Coëfficient der höchsten Potenz von x in einem Nenner, welcher auf den $(m+1)^{\text{ten}}$ Grad steigt. Man erkennt dies, so wie das Theorem II., auch mit grofser Leichtigkeit aus der von Cauchy gegebenen Formel.

Auf dieselbe Art wie in §. 1 die Gröfsen w in die Gröfsen V transformirt wurden, kann man auch die Gröfsen R transformiren. Setzt man wieder

$$f_{i,k}(x)=(x-x_i)(x-x_{i+1})\ldots(x-x_{m-2})\times(x-x_{m-1+k})(x-x_{m+k})\ldots(x-x_{m+n-1}),$$

ferner

$$Q_k^{(i)}=\Sigma\frac{(x_r-x)u_r}{f'_{i,k}(x_r)},$$

wo man die Summation nur auf diejenigen Indices r ausdehnt, für welche $f_{i,k}(x_r)=0$ wird, *so erhält man*

$$(26)\qquad -\frac{1}{f(x)}\cdot\frac{N(x)}{D(x)}=\frac{\Sigma\pm Q_0^{(0)}Q'_1\ldots Q_m^{(m)}}{\Sigma\pm V_0^{(0)}V'_1\ldots V_{m-1}^{(m-1)}}.$$

Man kann in den Ausdrücken der Gröfsen R und w oder der Gröfsen Q und V überall $x-x_r$ für x_r-x setzen, wenn man gleichzeitig in den Formeln (25) und (26) das Minuszeichen links vom Gleichheitszeichen fortläfst, da für jene Aenderungen der Bruch den entgegengesetzten Werth annimmt.

4.

Man kann aus dem Theorem I. die von Cauchy angegebene Form des Bruches u auf folgende Weise ableiten. Setzt man

$$q_r=\frac{u_r(x_r-x)}{f'(x_r)}=\frac{u_r(x_r-x)}{(x_r-x_0)(x_r-x_1)\ldots(x_r-x_{m+n-1})},$$

wo im Nenner der Factor x_r-x_r fortzulassen ist, so wird

$$w_p=q_0x_0^p+q_1x_1^p+\cdots+q_{m+n-1}x_{m+n-1}^p.$$

Führt man statt $w_{\alpha+\beta}$ den allgemeinen Ausdruck

$$w_\alpha^{(\beta)}=q_0x_0^\alpha y_0^\beta+q_1x_1^\alpha y_1^\beta+\cdots+q_{m+n-1}x_{m+n-1}^\alpha y_{m+n-1}^\beta$$

ein, so wird zufolge des Theorems I.

$$D(x) = \Sigma \pm w_0^{(0)} w_1' \dots w_{m-1}^{(m-1)},$$

wenn man nach Bildung der Determinante überall $y_r = x_r$ setzt. Aber zufolge eines von Cauchy und auch von mir später bewiesenen Satzes (s. Crelles Journal Bd. XXII p. 308 folg. — p. 381 ff. dieses Bandes) wird die vorstehende Determinante gleich der Summe aller Gröfsen, welche sich bilden lassen, wenn man in dem Producte

$$q_0 q_1 \dots q_{m-1} \Sigma \pm x_0^0 x_1^1 \dots x_{m-1}^{m-1} \Sigma \pm y_0^0 y_1^1 \dots y_{m-1}^{m-1}$$

für die unteren Indices auf alle möglichen Arten je m verschiedene Indices aus der Zahl der Indices $0, 1, 2, \dots, m+n-1$ setzt. Man hat aber ferner für jede solche Combination nach einer bekannten, zuerst von Vandermonde bemerkten Formel

$$\Sigma \pm x_0^0 x_1^1 \dots x_{m-1}^{m-1} = (x_1 - x_0)(x_2 - x_0)(x_2 - x_1) \dots (x_{m-1} - x_0)(x_{m-1} - x_1) \dots (x_{m-1} - x_{m-2}),$$

und es wird daher, wenn man $y_r = x_r$ setzt, in $D(x)$ jeder mit $q_0 q_1 \dots q_{m-1}$ multiplicirte Term

$$q_0 q_1 \dots q_{m-1} \{(x_1 - x_0)(x_2 - x_0)(x_2 - x_1) \dots (x_{m-1} - x_0)(x_{m-1} - x_1) \dots (x_{m-1} - x_{m-2})\}^2$$

$$= \frac{(-1)^{\frac{1}{2}m(m-1)} u_0 u_1 \dots u_{m-1} (x_0 - x)(x_1 - x) \dots (x_{m-1} - x)}{(x_0 - x_m)(x_0 - x_{m+1}) \dots (x_0 - x_{m+n-1}) \dots (x_{m-1} - x_m)(x_{m-1} - x_{m+1}) \dots (x_{m-1} - x_{m+n-1})}.$$

Der Complexus dieser Terme ist der Nenner der Cauchyschen Formel, mit $(-1)^{\frac{1}{2}m(m-1)}$ multiplicirt. Ganz auf dieselbe Art wird aus dem im Theorem I. gegebenen Zähler der gebrochenen Function der Zähler der Cauchyschen Formel gefunden.

Man findet auch auf einmal den Zähler und Nenner der Cauchyschen Formel durch folgende Betrachtung: Es sei

$$D = \alpha + \alpha_1 x + \alpha_2 x^2 + \dots + \alpha_m x^m, \quad N = a + a_1 x + a_2 x^2 + \dots + a_{n-1} x^{n-1},$$

so hat man $n+m+1$ Gleichungen:

$$\begin{aligned}
D\{a + x a_1 + \dots + x^{n-1} a_{n-1}\} &= N\{\alpha + x \alpha_1 + \dots + x^m \alpha_m\}, \\
a + x_0 a_1 + \dots + x_0^{n-1} a_{n-1} &= u_0 \{\alpha + x_0 \alpha_1 + \dots + x_0^m \alpha_m\}, \\
a + x_1 a_1 + \dots + x_1^{n-1} a_{n-1} &= u_1 \{\alpha + x_1 \alpha_1 + \dots + x_1^m \alpha_m\}, \\
&\dots\dots\dots\dots \\
a + x_{m+n-1} a_1 + \dots + x_{n+m-1}^{n-1} a_{n-1} &= u_{n+m-1} \{\alpha + x_{n+m-1} \alpha_1 + \dots + x_{n+m-1}^m \alpha_m\},
\end{aligned}$$

aus welchen man die $n+m+1$ Unbekannten a, a_1, etc., α, α_1, etc. eliminiren kann, und dann eine Bedingungsgleichung $\nabla = 0$ erhält, in welcher ∇ die aus den $n+m+1$ Horizontal- und Verticalreihen der Coëfficienten der Unbekannten gebildete Determinante ist. Nach einer von Laplace gemachten Bemerkung kann jede Determinante als ein Aggregat von Producten einfacherer Determinanten dargestellt werden, wenn man die Verticalreihen in zwei Gruppen theilt und auf alle mögliche Arten immer zwei partielle Determinanten der beiden Gruppen, welche sich auf verschiedene Horizontalreihen beziehen, mit einander multiplicirt. Bei der Determinante ∇ sondern sich die Verticalreihen von selbst in die beiden Gruppen der n ersten und $m+1$ letzten Verticalreihen. Sondert man ferner die Terme von ∇, je nachdem sie mit D oder N multiplicirt sind, in zwei verschiedene Aggregate, so erhält man die Bedingungsgleichung in folgender Form:

$$\begin{aligned} 0 &= \nabla \\ &= D.S(\Sigma \pm x^0 x_0^1 x_1^2 \ldots x_{n-2}^{n-1} \times u_{n-1} u_n \ldots u_{n+m-1} \Sigma \pm x_{n-1}^0 x_n^1 \ldots x_{n+m-1}^m) \\ &\quad + N.S(\Sigma \pm x_0^0 x_1^1 x_2^2 \ldots x_{n-1}^{n-1} \times u_n u_{n+1} \ldots u_{n+m-1} \Sigma \pm x^0 \; x_n^1 \ldots x_{n+m-1}^m). \end{aligned}$$

Man wird hier die einzelnen Terme jeder mit Σ bezeichneten Determinante durch Vertauschung der Exponenten erhalten, und dann die beiden Summen S bilden, indem man für die Indices $0, 1, \ldots, n-2$ oder $0, 1, \ldots, n-1$ je $n-1$ oder n aus den Indices $0, 1, 2, \ldots, n+m-1$ und für die Indices $n-1, n, \ldots, n+m-1$ oder $n, n+1, \ldots, n+m-1$ die $m+1$ oder m übrigen nimmt. Bezeichnet man mit $P(a, b, c, \ldots)$ das Product aus den Differenzen der Gröfsen $a, b, c, \ldots$, so wird die gefundene Gleichung, wenn man nach der oben angeführten Formel die Determinanten durch die Producte der Differenzen ersetzt,

$$\begin{aligned} 0 = D.S(&u_{n-1} u_n \ldots u_{n+m-1} P(x, x_0, x_1, \ldots, x_{n-2}) P(x_{n-1}, x_n, \ldots, x_{n+m-1})) \\ + N.S(&u_n u_{n+1} \ldots u_{n+m-1} P(x_0, x_1, \ldots, x_{n-1}) P(x, x_n, x_{n+1}, \ldots, x_{n+m-1})). \end{aligned}$$

Die verschiedenen Zeichen, mit welchen die Producte P genommen werden können, müssen nach der Natur der Determinante ∇ so bestimmt werden, dafs, wenn man die Gröfsen D und N und die Gröfsen $u_0, u_1, \ldots, u_{n+m-1}$ einander gleich setzt und zwei beliebige von den $m+n+1$ Gröfsen $x, x_0, x_1, \ldots, x_{m+n-1}$ mit einander vertauscht, der ganze Ausdruck rechts vom Gleichheitszeichen den entgegengesetzten Werth annimmt. Wenn man daher diesen Ausdruck mit dem Product $P(x, x_0, x_1, \ldots, x_{m+n-1})$ dividirt, so mufs derselbe in Bezug auf die $m+n+1$ Gröfsen symmetrisch werden, und es werden umgekehrt, wenn dieser Quotient in Bezug auf alle Gröfsen $x, x_0, x_1, \ldots, x_{m+n-1}$ symmetrisch wird, alle Zeichen so, wie es die Bedingungen der Determinantenbildung fordern, bestimmt sein. Bezeichnet man mit

$$\{(A, B, C, \ldots)(A', B', C', \ldots)\}$$

das Product aus allen Differenzen der Grössen A, B, C, ... von den Grössen A', B', C', ..., indem man immer die zweiten von den ersten abzieht,

$$\{(A, B, C, \ldots)(A', B', C', \ldots)\} = (A-A')(A-B')(A-C')\ldots(B-A')(B-B')\ldots(C-A')\ldots,$$

so erhält man auf die angegebene Art die Gleichung

$$0 = D.S\frac{u_{n-1}u_n\ldots u_{n+m-1}}{\{(x, x_0, x_1, \ldots, x_{n-2})(x_{n-1}, x_n, \ldots, x_{n+m-1})\}}$$
$$+N.S\frac{u_n u_{n+1}\ldots u_{n+m-1}}{\{(x_0, x_1, x_2, \ldots, x_{n-1})(x_n, x_{n+1}, \ldots, x_{n+m-1}, x)\}},$$

wo der Ausdruck rechts, wie verlangt wurde, wenn $D = N$ und $u_0 = u_1 = \cdots$ $\cdots = u_{n+m-1}$, in Bezug auf alle Grössen x, x_0, x_1, ..., x_{n+m-1} symmetrisch ist, wenngleich sich das Summenzeichen nur auf die $m+n$ Grössen x_0, x_1, ..., x_{m+n-1} bezieht. Entnimmt man aus dieser Gleichung den Werth von $\frac{N}{D}$ und multiplicirt Zähler und Nenner mit $(x-x_0)(x-x_1)\ldots(x-x_{m+n-1})$, so erhält man die Cauchysche Formel.

5.

Die im Theorem I. dem Zähler und Nenner der gebrochenen Function gegebene Form kann mit besonderem Vortheil in dem Falle angewandt werden, wenn alle oder mehrere der Grössen x_0, x_1, ..., x_{m+n-1} untereinander gleich werden. Ist

$$f(x) = (x-x_0)(x-x_1)\ldots(x-x_r)F(x)$$

und bedeutet $\Psi(x)$ eine beliebige Function von x, so verwandelt sich bekanntlich, wenn

$$x_0 = x_1 = \cdots = x_r = a$$

wird, das Aggregat

$$\frac{\Psi(x_0)}{f'(x_0)} + \frac{\Psi(x_1)}{f'(x_1)} + \cdots + \frac{\Psi(x_r)}{f'(x_r)}$$

in den Differentialausdruck

$$\frac{d^r[\Psi(a)\{F(a)\}^{-1}]}{\Pi(r).da^r},$$

wo $\Pi(r) = 1.2\ldots r$. Man kann hiernach sogleich die Grössen angeben, in welche sich in den oben aufgestellten Sätzen die verschiedenen Systeme von Elementen, aus denen die Determinanten zu bilden sind, verwandeln, wenn

$r+1$ von den Gröfsen x_0, x_1, etc. denselben Werth a erhalten, für welchen dann die entsprechenden Werthe von u und seinen r ersten Differentialquotienten gegeben sein müssen.

Man nehme insbesondere an, dafs *alle* Gröfsen $x_0, x_1, x_2, \ldots, x_{n+m-1}$ derselben Gröfse a gleich seien, und dafs für diesen Werth von x sowohl der Werth des gesuchten Bruches als auch die Werthe seiner $n+m-1$ ersten Differentialquotienten gegeben seien. Bezeichnet man den gesuchten Bruch mit

$$\chi(x) = u,$$

so werden die verschiedenen in §. 1 eingeführten Gröfsen:

$$v_p = \frac{d^{m+n-1}[a^p\chi(a)]}{\Pi(m+n-1).da^{m+n-1}},$$

$$w_p = \frac{d^{m+n-1}[a^p(a-x)\chi(a)]}{\Pi(m+n-1).da^{m+n-1}},$$

$$U_p^{(i)} = \frac{d^{m+n-i-1}[a^p(a-x)\chi(a)]}{\Pi(m+n-i-1).da^{m+n-i-1}},$$

$$V_k^{(i)} = \frac{d^{m+n-i-k-1}[(a-x)\chi(a)]}{\Pi(m+n-i-k-1).da^{m+n-i-k-1}},$$

$$W_p^{(i)} = \frac{d^{m+n-i-1}[a^p\chi(a)]}{\Pi(m+n-i-1).da^{m+n-i-1}},$$

$$X_k^{(i)} = \frac{d^{m+n-i-k-1}\chi(a)}{\Pi(m+n-i-k-1).da^{m+n-i-k-1}}.$$

Durch Substitution dieser Werthe erhält man aus §. 1 für den Fall, dafs die $m+n$ Werthe x_0, x_1, etc. einander gleich sind, *sechs* verschiedene Darstellungen des Nenners $D(x)$ durch eine Determinante.

Die in §. 3 eingeführten Gröfsen werden, wenn man dort $\varphi(x)$ vom n^{ten} Grade annimmt,

$$\varphi(x) = (x-a)^n, \quad \varphi_k(x) = (x-a)^{n-k},$$

$$S_0^{(k)} = \frac{d^{n-k-1}\chi(a)}{\Pi(n-k-1).da^{n-k-1}},$$

$$T_0^{(k)} = \frac{d^{n-k-1}[(a-x)^{-1}\chi(a)]}{\Pi(n-k-1).da^{n-k-1}},$$

$$R_p = \frac{d^{n+m}[a^p(a-x)^{-1}\chi(a)]}{\Pi(n+m).da^{n+m}},$$

$$Q_k^{(i)} = \frac{d^{n+m-i-k-1}[(a-x)^{-1}\chi(a)]}{\Pi(n+m-i-k-1).da^{n+m-i-k-1}}.$$

Substituirt man diese Werthe in (19)—(25), so erhält man den Zähler $N(x)$ auf *sieben* verschiedene Arten durch eine Determinante ausgedrückt.

Es wird zweckmäfsig sein, bei Anordnung der Gröfsen, aus welchen man die Determinanten zu bilden hat, von den niedrigsten Differentialquotienten zu beginnen, weshalb man in den betreffenden Schemas von dem entgegengesetzten Ende der Diagonale ausgehen mufs. Ich werde zugleich der Kürze halber durch χ_0 und χ_p die Ausdrücke

$$\chi(a) = \chi_0, \quad \frac{d^p \chi(a)}{\Pi(p).da^p} = \chi_p$$

bezeichnen.

Setzt man hiernach

$$D_0 = V_{m-1}^{(m-1)} = \frac{d^{n-m+1}[(a-x)\chi(a)]}{\Pi(n-m+1).da^{n-m+1}} = (a-x)\chi_{n-m+1} + \chi_{n-m},$$

$$D_i = \frac{d^{n-m+i+1}[(a-x)\chi(a)]}{\Pi(n-m+i+1).da^{n-m+i+1}} = (a-x)\chi_{n-m+i+1} + \chi_{n-m+i},$$

so ergiebt die Darstellung von $D(x)$ durch die Gröfsen (6):

(27) $$D(x) = \Sigma \pm D_0^{(0)} D_1' D_2'' \ldots D_{m-1}^{(m-1)},$$

wenn man nach Bildung der Determinante überall $D_{\alpha+\beta}$ für $D_\alpha^{(\beta)}$ schreibt.

Braucht man das Schema (9), *so erhält man $D(x)$ gleich der Determinante der Gröfsen*

(28) $$\begin{cases} \chi_{n-m} & \chi_{n-m+1} & \ldots & \chi_{n-1} & \chi_n \\ \chi_{n-m+1} & \chi_{n-m+2} & \ldots & \chi_n & \chi_{n+1} \\ \ldots & \ldots & \ldots & \ldots & \ldots \\ \chi_{n-1} & \chi_n & \ldots & \chi_{m+n-2} & \chi_{m+n-1} \\ (x-a)^m & (x-a)^{m-1} & \ldots & x-a & 1. \end{cases}$$

Wählt man zur Bestimmung des Zählers die Gröfsen (22), (23) oder (24), *so wird für den Fall der Gleichheit aller x_i der Ausdruck* $-\dfrac{N(x)}{(x-a)^n}$ *gleich der Determinante der Gröfsen*

(29) $$\begin{cases} D_0 & D_1 & \ldots & D_{m-1} & \chi_n \\ D_1 & D_2 & \ldots & D_m & \chi_{n+1} \\ \ldots & \ldots & \ldots & \ldots & \ldots \\ D_{m-1} & D_m & \ldots & D_{2m-2} & \chi_{n+m-1} \\ \chi_{n-m} & \chi_{n-m+1} & \ldots & \chi_{n-1} & \dfrac{d^{n-1}[(a-x)^{-1}\chi(a)]}{\Pi(n-1).da^{n-1}}; \end{cases}$$

oder $-\frac{N(x)}{(x-a)^{n-m}}$ *gleich der Determinante der Gröfsen*

$$
(30)\qquad \begin{cases}
D_0 & D_1 & \dots & D_{m-1} & \chi_{n-m} \\
D_1 & D_2 & \dots & D_m & \chi_{n-m+1} \\
\cdot & \cdot & \cdot & \cdot & \cdot \\
D_{m-1} & D_m & \dots & D_{2m-2} & \chi_{n-1} \\
\chi_{n-m} & \chi_{n-m+1} & \dots & \chi_{n-1} & \frac{d^{n-m-1}[(a-x)^{-1}\chi(a)]}{\Pi(n-m-1).da^{n-m-1}};
\end{cases}
$$

oder wieder $-\frac{N(a)}{(x-a)^n}$ *gleich der Determinante der Gröfsen*

$$
(31)\qquad \begin{cases}
\chi_{n-m} & \chi_{n-m+1} & \dots & \chi_n \\
\chi_{n-m+1} & \chi_{n-m+2} & \dots & \chi_{n+1} \\
\cdot & \cdot & \cdot & \cdot \\
\chi_{n-1} & \chi_n & \dots & \chi_{n+m-1} \\
\frac{d^{n-m-1}[(a-x)^{-1}\chi(a)]}{\Pi(n-m-1).da^{n-m-1}} & \frac{d^{n-m}[(a-x)^{-1}\chi(a)]}{\Pi(n-m).da^{n-m}} & \dots & \frac{d^{n-1}[(a-x)^{-1}\chi(a)]}{\Pi(n-1).da^{n-1}}.
\end{cases}
$$

Endlich erhält man aus (26)

$$
(32)\qquad -\frac{1}{(x-a)^{n+m}}\cdot\frac{N(x)}{D(x)} = \frac{\Sigma \pm N_0^{(0)} N_1' \dots N_m^{(m)}}{\Sigma \pm D_0^{(0)} D_1' \dots D_{m-1}^{(m-1)}},
$$

wenn man nach Bildung der beiden Determinanten überall $N_{\alpha+\beta}$ *und* $D_{\alpha+\beta}$ *für* $N_\alpha^{(\beta)}$ *und* $D_\alpha^{(\beta)}$ *schreibt und*

$$
-N_i = \frac{d^{n-m+i-1}[(x-a)^{-1}\chi(a)]}{\Pi(n-m+i-1).da^{n-m+i-1}}
$$

$$
= \frac{1}{(x-a)^{n-m+i}}\{\chi_0+\chi_1(x-a)+\chi_2(x-a)^2+\dots+\chi_{n-m+i-1}(x-a)^{n-m+i-1}\},
$$

$$
-D_i = \frac{d^{n-m+i+1}[(x-a)\chi(a)]}{\Pi(n-m+i+1).da^{n-m+i+1}} = (x-a)\chi_{n-m+i+1} - \chi_{n-m+i}
$$

setzt. Man kann in diesen Formeln gleichzeitig N, N_i, D_i für $-N$, $-N_i$, $-D_i$ schreiben.

In der aus den Gröfsen (30) gebildeten Determinante ist das Aggregat der Terme, welche mit $\frac{d^{n-1}[(a-x)^{-1}\chi(a)]}{\Pi(n-1).da^{n-1}}$ multiplicirt werden, dem Nenner $D(x)$ gleich. Dieser Theil der Determinante ist der einzige, welcher entwickelt negative Potenzen von $x-a$ darbietet. Da nun aber der Bruch $-\frac{N(x)}{(x-a)^n}$, welchem die Determinante gleich ist, *nur* negative Potenzen von $x-a$ enthält, wenn man den Zähler $N(x)$ nach Potenzen von $x-a$ entwickelt, so wird man aus diesem Theile den Werth der ganzen Determinante oder den Bruch $\frac{N(x)}{(x-a)^n}$ selbst erhalten, wenn man nach geschehener Entwickelung alle positiven Potenzen von $x-a$ fortwirft. Multiplicirt man mit $(x-a)^n$, so folgt hieraus, *dafs man den Zähler $N(x)$ erhält, wenn man den Nenner $D(x)$ nach den Potenzen von $x-a$ entwickelt, ihn mit*

$$(x-a)^n \frac{d^{n-1}[(x-a)^{-1}\chi(a)]}{1.2\ldots(n-1).da^{n-1}} = \chi_0+\chi_1(x-a)+\chi_2(x-a)^2+\cdots+\chi_{n-1}(x-a)^{n-1}$$

multiplicirt und nur diejenigen Potenzen von $x-a$ beibehält, welche die $(n-1)^{te}$ nicht übersteigen.

6.

Man findet die im Vorigen aus den allgemeinen Formeln abgeleiteten Resultate auch unmittelbar durch folgende Betrachtungen.

Entwickelt man eine Function $\chi(x)$ nach den aufsteigenden Potenzen von $x-a$, so erhält man nach dem Taylorschen Satze, wenn man die im vorigen Paragraphen angewandte Bezeichnung benutzt,

$$\chi(x) = \chi_0+\chi_1(x-a)+\chi_2(x-a)^2+\cdots+\chi_{n+m-1}(x-a)^{n+m-1}+\text{etc.}$$

Ist $\chi(x) = \frac{N(x)}{D(x)}$, wo $N(x)$ und $D(x)$ ganze Functionen von x respective vom $(n-1)^{ten}$ und m^{ten} Grade sind, und setzt man

$$D(x) = \beta+\beta_1(x-a)+\beta_2(x-a)^2+\cdots+\beta_m(x-a)^m,$$

so wird das Product dieses Ausdrucks mit der vorstehenden Entwickelung von $\chi(x)$ der Zähler $N(x)$. Es müssen daher alle die $(n-1)^{te}$ übersteigenden Potenzen von $x-a$ verschwinden, welches der zu Ende des vorigen Paragraphen gefundene Satz ist. Man erhält auf diese Weise die folgenden Gleichungen:

$$(33)\qquad \begin{cases} 0 = \beta_m\chi_{n-m} \;\;+\beta_{m-1}\chi_{n-m+1}+\cdots+\beta\chi_n, \\ 0 = \beta_m\chi_{n-m+1}+\beta_{m-1}\chi_{n-m+2}+\cdots+\beta\chi_{n+1}, \\ 0 = \beta_m\chi_{n-m+2}+\beta_{m-1}\chi_{n-m+3}+\cdots+\beta\chi_{n+2}, \\ \qquad\quad \text{etc.} \qquad\qquad \text{etc.} \end{cases}$$

Aus m von diesen Gleichungen findet man die Werthe, welche den $m+1$ Coëfficienten $\beta, \beta_1, \ldots, \beta_m$ proportional sind, und wenn man dieselben in den für

$D(x)$ angenommenen Ausdruck substituirt, so ergiebt sich für $D(x)$ die aus den Gröfsen (28) gebildete Determinante.

Man kann noch bemerken, *dafs man, wenn man die $m+1$ Gröfsen β, β_1, etc. aus beliebigen $m+1$ von den Gleichungen (33) eliminirt, Bedingungen zwischen den Differentialquotienten der Function $\chi(x)$ erhält, die stattfinden müssen, so oft $\chi(x)$ ein rationaler Bruch ist, dessen Zähler und Nenner respective auf den $(n-1)^{ten}$ und m^{ten} Grad steigen.* Nimmt man die $m+1$ ersten von den Gleichungen (33), so wird die Bedingung

(34) $$\Sigma \pm \vartheta_0^{(0)} \vartheta_1' \vartheta_2'' \ldots \vartheta_m^{(m)} = 0,$$

wenn man nach Bildung der Determinante $\vartheta_\alpha^{(\beta)} = \chi_{n-m+\alpha+\beta}$ setzt. Da a eine ganz allgemeine Gröfse ist, so kann man in den Functionen χ_i auch x für a setzen.

Es werde $N(x)$, nach den Potenzen von $x-a$ entwickelt,

$$N(x) = \gamma + \gamma_1(x-a) + \gamma_2(x-a)^2 + \cdots + \gamma_{n-1}(x-a)^{n-1}.$$

Diesen Ausdruck mufs man nach dem Vorigen erhalten, wenn man die Entwickelung von $\chi(x)$ mit dem Nenner $D(x) = \beta + \beta_1(x-a) + \beta_2(x-a)^2 + \cdots + \beta_m(x-a)^m$ multiplicirt. Man braucht hiebei nur die n ersten Terme der Entwickelung von $\chi(x)$ beizubehalten, weil aus den folgenden nur höhere Potenzen von $x-a$ als die $(n-1)^{te}$ hervorgehen, *so dafs $N(x)$ gleich wird dem Producte*

$$\{\beta + \beta_1(x-a) + \beta_2(x-a)^2 + \cdots + \beta_m(x-a)^m\}$$
$$\times \{\chi_0 + \chi_1 \cdot (x-a) + \chi_2 \cdot (x-a)^2 + \cdots + \chi_{n-1} \cdot (x-a)^{n-1}\},$$

wenn man nach geschehener Multiplication die Potenzen von $x-a$, welche die $(n-1)^{te}$ übersteigen, fortwirft. Man erhält auf diese Weise

$$\frac{N(x)}{(x-a)^n} = \beta_m \frac{d^{n-m-1}[(x-a)^{-1}\chi(a)]}{\Pi(n-m-1).da^{n-m-1}} + \beta_{m-1} \frac{d^{n-m}[(x-a)^{-1}\chi(a)]}{\Pi(n-m).da^{n-m}} + \cdots$$
$$\cdots + \beta \frac{d^{n-1}[(x-a)^{-1}\chi(a)]}{\Pi(n-1).da^{n-1}}.$$

Substituirt man in diese Formel die Gröfsen, denen zufolge (33) die Coëfficienten β_m, β_{m-1}, ..., β proportional sind, so erhält man die im vorigen Paragraphen für $\frac{N(x)}{(x-a)^n}$ gefundene, aus den Gröfsen (31) gebildete Determinante.

Man kann die Functionen $D(x)$ und $N(x)$ für den hier betrachteten Fall auf ähnliche Art wie in §. 2 durch Gleichungen von verschiedener Form bestimmen. Es ist nämlich

(35) $$\frac{d^r[x^p\chi(x)D(x)]}{dx^r} = 0,$$

wenn $r \geqq n+p$, da $x^p D(x)\chi(x) = x^p N(x)$ eine ganze Function von x vom $(n+p-1)^{\text{ten}}$ Grade ist. Man hat daher, wenn man mit $\Pi(r)$ dividirt und nach geschehener Differentiation den Werth $x = a$ substituirt, ferner

$$\chi_i^{(p)} = \frac{d^i[a^p\chi(a)]}{\Pi(i).da^i}$$

setzt, die allgemeine Gleichung

$$(36) \quad \chi_r^{(p)}.D(a)+\chi_{r-1}^{(p)}\cdot\frac{dD(a)}{da}+\chi_{r-2}^{(p)}\cdot\frac{d^2D(a)}{\Pi(2).da^2}+\cdots+\chi_{r-m}^{(p)}\cdot\frac{d^mD(a)}{\Pi(m).da^m}=0,$$

oder auch, wenn $r \geqq n+i+k$,

$$(37) \quad \chi_r^{(i)}.a^kD(a)+\chi_{r-1}^{(i)}\cdot\frac{d[a^kD(a)]}{da}+\chi_{r-2}^{(i)}\cdot\frac{d^2[a^kD(a)]}{\Pi(2).da^2}+\cdots+\chi_{r-m-k}^{(i)}\cdot\frac{d^{m+k}[a^kD(a)]}{\Pi(m+k).da^{m+k}}=0.$$

Substituirt man in (35) für $D(x)$ den Ausdruck $\alpha+\alpha_1x+\cdots+\alpha_mx^m$, so erhält man:

$$(38) \quad \alpha\cdot\frac{d^r[a^p\chi(a)]}{da^r}+\alpha_1\cdot\frac{d^r[a^{p+1}\chi(a)]}{da^r}+\alpha_2\cdot\frac{d^r[a^{p+2}\chi(a)]}{da^r}+\cdots+\alpha_m\cdot\frac{d^r[a^{p+m}\chi(a)]}{da^r}=0.$$

Wenn man in dieser Formel dem Exponenten p die Werthe $0, 1, 2, \ldots, m-1$ giebt und immer $r \geqq n+p$ und zu gleicher Zeit $r \leqq n+m-1$ annimmt, so werden in den auf diese Art erhaltenen Gleichungen die Coëfficienten von α, α_1, etc. gegebene Gröfsen, da die Differentialquotienten von $\chi(a)$ bis zum $(n+m-1)^{\text{ten}}$ als gegeben angesehen werden. Wählt man daher aus der Zahl dieser Gleichungen beliebige m von einander unabhängige, so kann man daraus die Verhältnisse von α, α_1, etc. und daher $D(x)$ selber, abgesehen von einem constanten Factor, bestimmen. Man erhält dann $D(x)$ nach den Potenzen von x geordnet. Ebenso würde man aus m von einander unabhängigen Gleichungen (36), wenn in ihnen immer $n+p \leqq r \leqq n+m-1$ angenommen wird, die Verhältnisse von $D(a)$ und seinen m ersten Differentialquotienten finden, und hierdurch die Entwickelung von $D(x)$ nach den Potenzen von $x-a$ erhalten. Solche Systeme von m von einander unabhängigen Gleichungen erhält man zum Beispiel, wenn man $p=0$ und für r nach und nach $n, n+1, \ldots, n+m-1$, oder $r = m+n-1$ und für p nach einander die Werthe $0, 1, 2, \ldots, m-1$ setzt.

Führt man wie in §. 2 statt der Coëfficienten α, α_1, etc. die Functionen $D_0 = D(x)$, $D_1 = \frac{D-\alpha}{x}$, $D_2 = \frac{D_1-\alpha_1}{x}$, etc. ein, so erhält man aus (13), indem man $x_i = a$ setzt,

$$(39) \quad D(a) = D_0+(a-x)D_1+a(a-x)D_2+\cdots+a^{m-1}(a-x)D_m.$$

Substituirt man diesen Ausdruck in (35), nachdem man darin $x=a$ gesetzt hat, so erhält man die Gleichung

$$(40)\quad \begin{cases} \dfrac{d^r[a^p\chi(a)]}{da^r}\cdot D_0+\dfrac{d^r[a^p(a-x)\chi(a)]}{da^r}\cdot D_1+\dfrac{d^r[a^{p+1}(a-x)\chi(a)]}{da^r}\cdot D_2+\cdots \\ \qquad\cdots+\dfrac{d^r[a^{p+m-1}(a-x)\chi(a)]}{da^r}\cdot D_m=0. \end{cases}$$

Führt man in die Gleichung

$$\frac{d^r[a^p\chi(a)D(a)]}{da^r}=0$$

für $D(a)$ den Ausdruck

$$D(x)+\frac{dD(x)}{dx}(a-x)+\frac{d^2D(x)}{\Pi(2).dx^2}(a-x)^2+\cdots+\frac{d^mD(x)}{\Pi(m).dx^m}(a-x)^m=D(a)$$

ein, so erhält man zwischen den Unbekannten $D(x)$, $\frac{dD(x)}{dx}$, etc. folgende lineare Gleichung:

$$(41)\quad \begin{cases} \dfrac{d^r[a^p\chi(a)]}{da^r}\cdot D(x)+\dfrac{d^r[a^p(a-x)\chi(a)]}{da^r}\cdot\dfrac{dD(x)}{dx}+\dfrac{d^r[a^p(a-x)^2\chi(a)]}{da^r}\cdot\dfrac{d^2D(x)}{\Pi(2).dx^2}+\cdots \\ \qquad\cdots+\dfrac{d^r[a^p(a-x)^m\chi(a)]}{da^r}\cdot\dfrac{d^mD(x)}{\Pi(m).dx^m}=0. \end{cases}$$

Die Größen $D^{(i)}$ und S_i in §. 2 verwandeln sich, wenn die Function $f(x)$ vom $(r+1)^{\text{ten}}$ Grade angenommen und $x_0=x_1=x_2=\cdots=a$ wird, in folgende:

$$D^{(0)}=D(x);\quad D^{(i)}=\frac{D(x)}{(x-a)^p}-\frac{d^{p-1}\dfrac{D(a)}{x-a}}{\Pi(p-1).da^{p-1}}$$

$$=\frac{d^iD(a)}{\Pi(i).da^i}+\frac{d^{i+1}D(a)}{\Pi(i+1).da^{i+1}}(x-a)+\cdots+\frac{d^mD(a)}{\Pi(m).da^m}(x-a)^{m-i},$$

$$S=\frac{d^r[a^p\chi(a)]}{\Pi(r).da^r},\quad S_i=\frac{d^{r-i+1}[a^p(a-x)\chi(a)]}{\Pi(r-i+1).da^{r-i+1}}.$$

Substituirt man diese Werthe der Größen S_i, so ergiebt die Formel (17) §. 2 zwischen den Unbekannten $D^{(0)}$, D', D'', ..., $D^{(m)}$ die lineare Gleichung:

$$(42)\quad \begin{cases} \dfrac{d^r[a^p\chi(a)]}{\Pi(r).da^r}\cdot D^{(0)}+\dfrac{d^r[a^p(a-x)\chi(a)]}{\Pi(r).da^r}\cdot D'+\dfrac{d^{r-1}[a^p(a-x)\chi(a)]}{\Pi(r-1).da^{r-1}}\cdot D''+\cdots \\ \qquad\cdots+\dfrac{d^{r-m+1}[a^p(a-x)\chi(a)]}{\Pi(r-m+1).da^{r-m+1}}\cdot D^{(m)}=0. \end{cases}$$

Bildet man m von einander unabhängige Gleichungen (40), so werden D_0,

$D_1, \ldots, D_m$ den partiellen Determinanten ihrer Coëfficienten gleich, multiplicirt mit einem gemeinschaftlichen Factor. Ebenso erhält man $D(x), \frac{dD(x)}{dx}, \ldots, \frac{d^m D(x)}{\Pi(m).dx^m}$ aus m von einander unabhängigen Gleichungen (41) und $D^{(0)}, D', \ldots, D^{(m)}$ aus m von einander unabhängigen Gleichungen (42). In allen diesen Gleichungen ist immer

$$n+p \leqq r \leqq n+m-1$$

anzunehmen. Die Gröfse $D_m = D^{(m)}$ ist, wie in §. 2, der Coëfficient der höchsten Potenz von x in $D(x)$ oder $= \frac{d^m D(x)}{\Pi(m).dx^m}$.

Im August 1845.

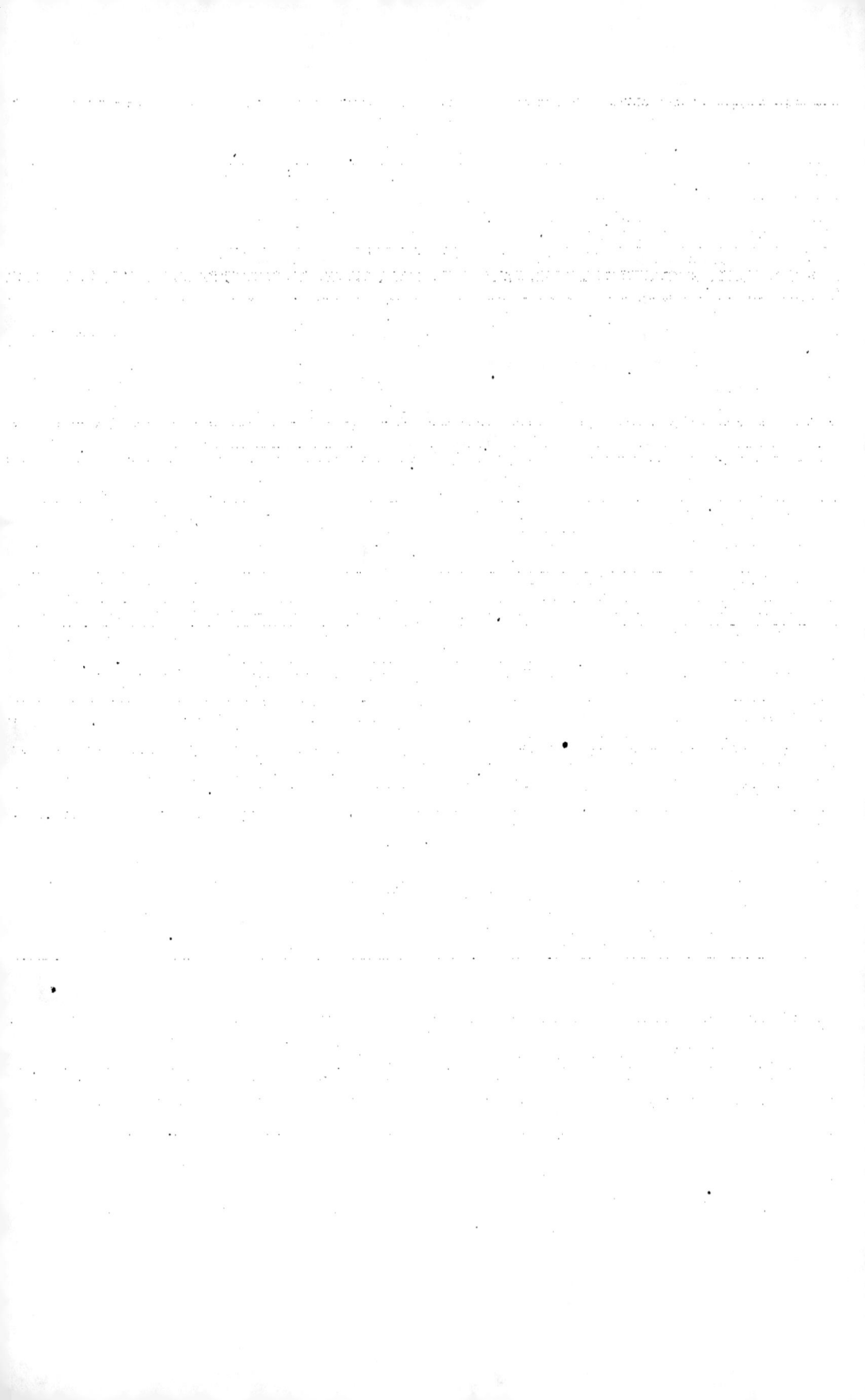

EXTRAIT D'UNE LETTRE ADRESSÉE A M. LIOUVILLE.

PAR

C. G. J. JACOBI.

Liouville Journal de Mathématiques pures et appliquées, Tome XI, p. 341—342.

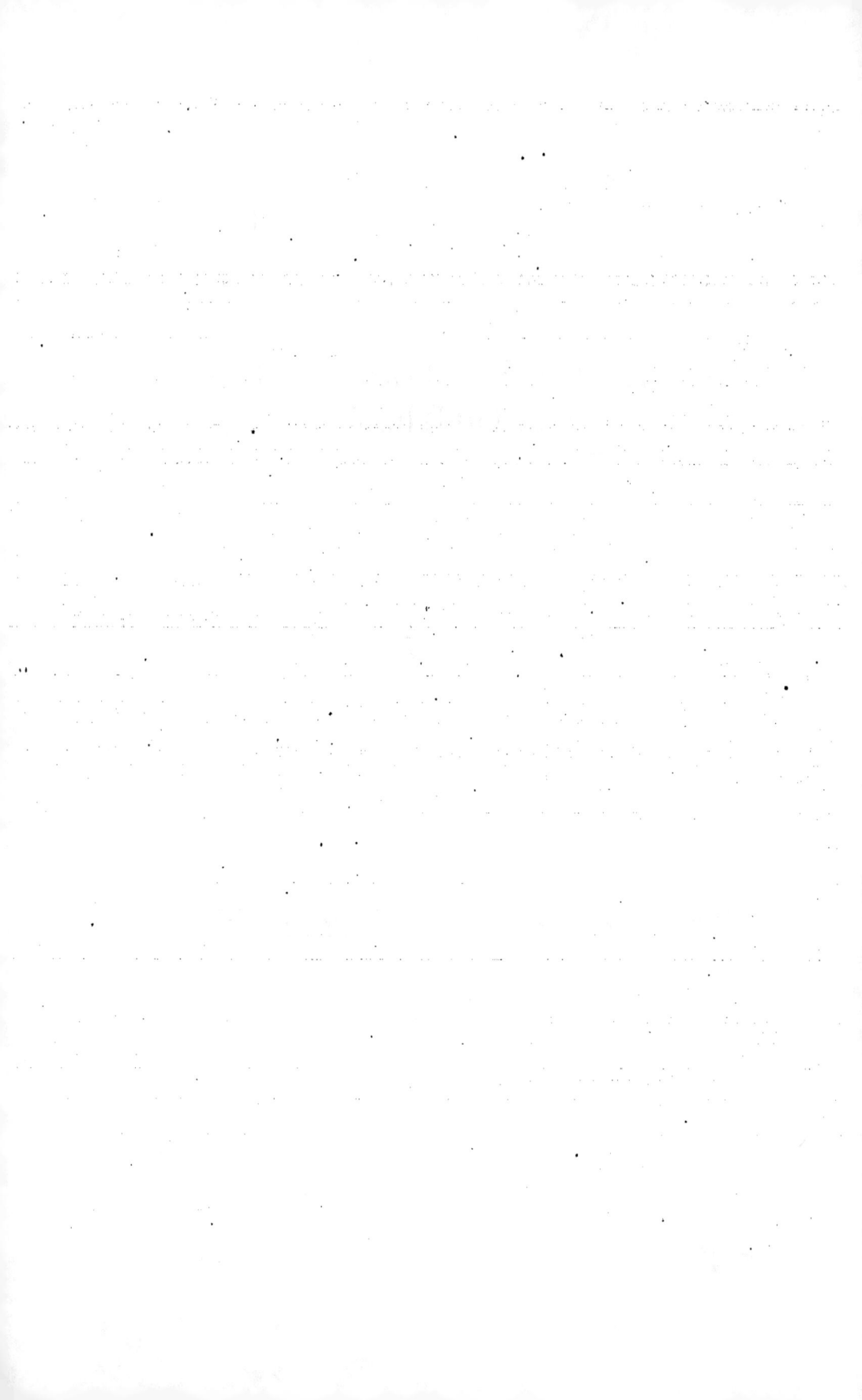

EXTRAIT D'UNE LETTRE ADRESSÉE A M. LIOUVILLE.

Berlin, 1er août 1846.

„.... Dans la traduction de mon ancienne Lettre à M. Steiner, que vous venez de publier (*voir* le cahier de juin), il s'est glissé une erreur de conséquence. Au lieu de *chaque courbe à double courbure de l'ellipsoïde,* il est dit dans l'original *chaque ligne de courbure de l'ellipsoïde.* Assurément il y a une infinité d'autres courbes à double courbure de l'ellipsoïde qui jouissent de la même propriété d'avoir cette sorte de foyers, mais on ne peut pas étendre cela à toutes les courbes de l'ellipsoïde.

„La phrase: Cette proposition *est loin de me paraître sans importance,* est remplacée dans l'original par: *ne me paraît pas,* etc. Mais c'est égal.

„Il y a quatorze ans, je me suis posé le problème de chercher l'attraction d'un ellipsoïde homogène, exercée sur un point extérieur quelconque, par une méthode analogue à celle employée par Maclaurin par rapport aux points situés dans les axes principaux. J'y suis parvenu par trois substitutions consécutives. La première est une transformation de coordonnées; par la seconde, le radical

$$\sqrt{1-m^2\sin^2\beta\cos^2\psi-n^2\sin^2\beta\sin^2\psi},$$

qui entre dans la double intégrale transformée, est rendu rationnel au moyen de la double substitution

$$m\sin\beta\cos\psi=\sin\eta\cos\theta,\quad n\sin\beta\sin\psi=\sin\eta\sin\theta;$$

la troisième est encore une transformation de coordonnées. La recherche du sens géométrique de ces trois substitutions m'a conduit à approfondir la théorie des surfaces confocales, par rapport auxquelles je découvris quantité de beaux théorèmes dont je communiquai quelques-uns des principaux à M. Steiner.

„Considérons l'ellipsoïde confocal mené par le point attiré P, et le point p, de l'ellipsoïde proposé, conjugué à P. Soient Q et q deux autres points conjugués quelconques situés respectivement sur l'ellipsoïde extérieur et intérieur. Menons de P un premier cône tangent à l'ellipsoïde intérieur, de p un second cône tangent à l'ellipsoïde extérieur. Ce dernier, tout imaginaire qu'il est, a ses trois axes réels (ainsi que ses deux droites focales). La première substitution ramène les axes de l'ellipsoïde à ceux du premieur cône (c'est la substitution employée par Poisson, mais que j'avais antérieurement traitée et même étendue à un nombre quelconque de variables dans le Mémoire *De binis Functionibus homogeneis* etc.*). Par la seconde substitution, les angles que la droite Pq forme avec les axes du premier cône sont angles que la droite ramenés aux pQ forme avec les axes du second. Par la dernière substitution, on retourne de ces axes aux axes de l'ellipsoïde. La seconde substitution répond à un théorème de géométrie remarquable, savoir que:

„Les cosinus des angles que la droite Pq forme avec deux des axes „du premier cône sont en raison constante avec les cosinus des angles „que la droite pQ forme avec deux des axes du second cône; ces deux „axes sont les tangents situés respectivement dans les sections de plus „grande et de moindre courbure de chaque ellipsoïde, le troisième axe „étant la normale à l'ellipsoïde.“

„Tout cela semble difficile à établir par la synthèse.

„Je viens de publier un petit Mémoire**) où je prouve que mon système d'équations différentielles, que je nomme *abéliennes*, est intégré complétement par des équations algébriques entre les combinaisons des variables (leur somme, la somme des produits des variables prises deux à deux, trois à trois, etc.) dont une seulement est du second, toutes les autres du premier ordre. Par exemple, les équations

$$\frac{dx}{\sqrt{X}}+\frac{dy}{\sqrt{Y}}+\frac{dz}{\sqrt{Z}},\quad \frac{xdx}{\sqrt{X}}+\frac{ydy}{\sqrt{Y}}+\frac{zdz}{\sqrt{Z}}=0,$$

où X, Y, Z sont respectivement les mêmes fonctions du sixième ordre de x, y, z, sont intégrées par une équation du second ordre entre les deux quantités $x+y+z$ et $yz+zx+xy$, et une autre équation de la forme

$$xyz=\alpha(yz+zx+xy)+\beta(x+y+z)+\gamma,$$

où α, β, γ sont des constantes. . . .“

*) p. 193 de ce Vol.

**) Vol. II, p. 137.

ÜBER DIE ANZAHL DER DOPPELTANGENTEN EBENER ALGEBRAISCHER CURVEN.

VON

PROFESSOR C. G. J. JACOBI
ZU BERLIN.

Crelle Journal für die reine und angewandte Mathematik, Bd. 40. p. 237—260.

BEWEIS DES SATZES DASS EINE CURVE n^{ten} GRADES IM ALLGEMEINEN $\frac{1}{2}n(n-2)(n^2-9)$ DOPPELTANGENTEN HAT.

Die Theorie der gegenseitigen Polarität zweier Curven bietet ein Paradoxon dar, dessen Aufklärung mit wichtigen Problemen der Theorie der algebraischen Curven zusammenhängt. Eine Curve (A) vom n^{ten} Grade hat im Allgemeinen eine Polarcurve (B) vom $(n^2-n)^{ten}$ Grade, die Polarcurve dieser ist aber immer nur wieder vom n^{ten} Grade, nämlich die ursprüngliche Curve (A) selbst, während im Allgemeinen die Polarcurve einer Curve vom $(n^2-n)^{ten}$ Grade auf den Grad $(n^2-n)^2-(n^2-n)$ steigt. Es müssen also die Curven vom $(n^2-n)^{ten}$ Grade, welche Polarcurven einer Curve vom n^{ten} Grade sind, von so besonderer Natur sein, daſs sich der Grad ihrer Polarcurve immer um

$$(n^2-n)^2-(n^2-n)-n = n^2(n-2)$$

verringert.

Herr Poncelet erkannte die Quelle einer so groſsen Verringerung des Grades, welche die Polarcurve von (B) erfährt, in den *Doppeltangenten* und *Wendepunkten* der Curve (A). Jeder Doppeltangente von (A) entspricht ein *Doppelpunkt*, jedem Wendepunkt von (A) ein *Rückkehrpunkt* in (B). Jeder Doppelpunkt einer Curve bewirkt eine Reduction des Grades ihrer Polarcurve um *zwei* Einheiten, jeder Rückkehrpunkt einer Curve bewirkt eine Reduction des Grades ihrer Polarcurve um *drei* Einheiten. Wenn also die Curven n^{ter} Ordnung (A) im Allgemeinen α *Doppeltangenten* und β *Wendepunkte* haben, so werden auch ihre Polarcurven (B) im Allgemeinen α *Doppelpunkte* und β *Rückkehrpunkte* haben und daher die Polarcurven der Curven (B) im Allgemeinen eine Verringerung ihres Grades um $2\alpha+3\beta$ Einheiten erfahren. Es wird nun darauf ankommen, zu beweisen, daſs im Allgemeinen

$$2\alpha+3\beta = n^2(n-2),$$

welches, wie man gesehen hat, die Zahl ist, um welche sich im Allgemeinen der Grad der Polarcurve von (B) verringert.

Da mehrere particuläre Sätze auf die Vermuthung führten, daſs die

Curven n^{ten} Grades im Allgemeinen $3n(n-2)$ Wendepunkte haben, so hat Herr Professor Plücker im 12ten Bande des Crelleschen Journals die vorstehende Gleichung durch die Annahme der Werthe

$$\alpha = \tfrac{1}{2}n(n-2)(n^2-9),$$
$$\beta = 3n(n-2)$$

erfüllt, auch später die allgemeine Richtigkeit des für β angenommenen Werthes, so wie die Richtigkeit des Werthes von α für $n = 4$ bewiesen. Ich werde im Folgenden den noch fehlenden Beweis der allgemeinen Gültigkeit des Werthes von α hinzufügen oder zeigen, *dafs die Curven n^{ter} Ordnung im Allgemeinen $\frac{1}{2}n(n-2)(n^2-9)$ Doppeltangenten haben.*

Dieser Beweis, wie er hier geleistet werden soll, erfordert einige Hülfssätze, die sich theils auf die Grad-Erniedrigung beziehen, welche bisweilen eine rationale ganze Function mehrerer Variablen vermittelst einer zwischen denselben Gröfsen gegebenen Gleichung erleiden kann, theils auf die Natur der Bedingungsgleichung, die zwischen den Coëfficienten einer gegebenen Gleichung stattfinden mufs, damit dieselbe zwei gleiche Wurzeln habe. Obgleich diese Sätze bekannt sind, so werde ich deren Beweise hier nicht übergehen, damit man nirgends eine Dunkelheit findet und alle zu dieser Untersuchung gehörigen Betrachtungen desto leichter übersehen kann. Nach Vorausschickung dieser Sätze wird die vorgelegte Aufgabe, die Bestimmung der Anzahl der Doppeltangenten einer Curve n^{ten} Grades, durch eine einfache Transformation erledigt werden können.

Satz 1.

Wenn $f(x,y)$ und $\varphi(x,y)$ rationale ganze Functionen von x und y sind, und der Grad von $y^k\varphi(x,y)$ vermittelst der Gleichung $f(x,y)=0$ um ε Einheiten erniedrigt werden kann, so wird auch der Grad von $\varphi(x,y)$ selbst vermittelst der Gleichung $f(x,y)=0$ um ε Einheiten erniedrigt werden können, vorausgesetzt, dafs die Glieder der höchsten Dimension in $f(x,y)$ nicht sämmtlich durch y theilbar sind.

Beweis.

Eine rationale ganze Function von x und y, $\psi(x,y)$, kann vermittelst der Gleichung $f(x,y)=0$, wenn sie anders eine rationale ganze Function von x und y bleiben soll, keine andere Aenderung erleiden, als die durch Hinzufügung des Productes von $f(x, y)$ in eine beliebige rationale ganze Function von x und y entsteht. Es werden also alle rationalen ganzen Functionen von x und y, welche vermittelst der Gleichung $f(x, y) = 0$ der Function $\psi(x, y)$ äquivalent sind, in der Form

$$\psi(x, y) + \lambda f(x, y)$$

enthalten sein, wo λ eine beliebige rationale ganze Function von x und y bedeutet. Soll es möglich sein, daſs dieser transformirte Ausdruck einen niedrigeren Grad als $\psi(x, y)$ selber erhält, so müssen mehrere Bedingungen stattfinden, welche man folgendermaſsen erhält.

Zuvörderst bemerke ich, daſs der Grad von λ dadurch bestimmt ist, daſs λf genau von demselben Grade wie ψ sein muſs. Denn wäre λf von einem höheren Grade als ψ, so würde auch $\lambda f + \psi$ von einem höheren Grade als ψ sein, während es von einem niedrigeren Grade werden soll, und wenn λf von einem niedrigeren Grade als ψ ist, so wird $\psi + \lambda f$ von demselben Grade wie ψ, da alsdann die Glieder der höchsten Dimension in ψ durch das Hinzufügen von λf nicht zerstört werden können.

Bedeutet U eine rationale ganze Function zweier oder mehrerer Variabeln vom p^{ten} Grade, so will ich mit U_i das Aggregat derjenigen Glieder von U bezeichnen, welche in Bezug auf diese Variabeln homogen und von der $(p-i)^{\text{ten}}$ Dimension sind. Es wird demnach U, nach den abnehmenden Dimensionen seiner Glieder geordnet, gleich

$$U_0 + U_1 + U_2 + \text{etc.},$$

und wenn man die identische Gleichung $U = V$ hat, so wird man auch die identische Gleichung $U_i = V_i$ haben.

Man setze in dieser Weise

$$\begin{aligned} \psi &= \psi_0 + \psi_1 + \psi_2 + \text{etc.}, \\ f &= f_0 + f_1 + f_2 + \text{etc.}, \\ \lambda &= \lambda_0 + \lambda_1 + \lambda_2 + \text{etc.}, \end{aligned}$$

und wenn man $\psi + \lambda f$ mit v bezeichnet,

$$\begin{aligned} \psi + \lambda f = v &= v_0 + v_1 + v_2 + \text{etc.} \\ &= \psi_0 + \psi_1 + \psi_2 + \text{etc.} \\ &+ \{\lambda_0 + \lambda_1 + \lambda_2 + \text{etc.}\}\{f_0 + f_1 + f_2 + \text{etc.}\}. \end{aligned}$$

Wenn λf und ψ von demselben Grade sind, so erhält man durch Vergleichung der Glieder derselben Dimension:

$$v_0 = \psi_0 + \lambda_0 f_0,$$
$$v_1 = \psi_1 + \lambda_0 f_1 + \lambda_1 f_0,$$
$$v_2 = \psi_2 + \lambda_0 f_2 + \lambda_1 f_1 + \lambda_2 f_0,$$
etc. etc.

Wenn sich in $\psi + \lambda f$ oder v alle den ε höchsten Dimensionen angehörigen Glieder gegenseitig zerstören, so verschwinden $v_0, v_1, \ldots, v_{\varepsilon-1}$, oder es müssen die folgenden Gleichungen:

$$0 = \psi_0 \ + \lambda_0 f_0,$$
$$0 = \psi_1 \ + \lambda_0 f_1 \ + \lambda_1 f_0,$$
$$0 = \psi_2 \ + \lambda_0 f_2 \ + \lambda_1 f_1 + \lambda_2 f_0,$$
$$\cdots\cdots\cdots\cdots$$
$$0 = \psi_{\varepsilon-1} + \lambda_0 f_{\varepsilon-1} + \lambda_1 f_{\varepsilon-2} + \cdots + \lambda_{\varepsilon-1} f_0$$

identisch erfüllt werden. Die *erste* dieser Gleichungen zeigt, dafs ψ_0 durch f_0 theilbar sein mufs und man für $-\lambda_0$ den Quotienten der Division zu nehmen hat; die *zweite* Gleichung zeigt, dafs auch $\psi_1 + \lambda_0 f_1$ durch f_0 theilbar sein mufs und man für $-\lambda_1$ den Quotienten dieser Division zu nehmen hat; die *dritte* Gleichung zeigt, dafs auch $\psi_2 + \lambda_0 f_2 + \lambda_1 f_1$ durch f_0 theilbar sein und für $-\lambda_2$ der Quotient dieser Division genommen werden mufs, und so fort. Man erhält auf diese Weise nach und nach ε homogene Functionen, welche alle durch dieselbe homogene Function f_0 ohne Rest theilbar sein müssen, wenn es möglich sein soll, den Grad von ψ mittelst der Gleichung $f = 0$ um ε Einheiten zu erniedrigen, und es werden die Quotienten der verschiedenen Divisionen die Ausdrücke, welche man für $-\lambda_0, -\lambda_1, \ldots, -\lambda_{\varepsilon-1}$ zu nehmen hat. Umgekehrt sieht man, dafs, wenn die angegebenen Bedingungen erfüllt sind, man immer einen rationalen ganzen Factor λ von der Art finden kann, dafs in ψ durch Hinzufügung von λf die Glieder der ε höchsten Dimensionen zerstört werden. Es wird nämlich, wenn man auf die angegebene Art die homogenen Functionen $\lambda_0, \lambda_1, \ldots, \lambda_{\varepsilon-1}$ bestimmt hat,

$$\lambda = \lambda_0 + \lambda_1 + \cdots + \lambda_{\varepsilon-1} + \lambda_\varepsilon + \lambda_{\varepsilon+1} + \text{etc.},$$

wo für $\lambda_\varepsilon, \lambda_{\varepsilon+1}$, etc. *beliebige* rationale ganze homogene Functionen angenommen werden können, welche die ε höchsten Dimensionen in λ nicht erreichen.

Es sei jetzt die Function $\psi(x, y)$ durch y^k theilbar, so dafs, wenn man

$$\psi(x, y) = y^k \varphi(x, y)$$

setzt, $\varphi(x, y)$ ebenfalls eine rationale ganze Function von x und y wird. Es sei wieder $\varphi(x, y)$, nach den absteigenden Dimensionen seiner Glieder geordnet, gleich

$$\varphi_0+\varphi_1+\varphi_2+\text{etc.},$$

so wird

$$\psi_0=y^k\varphi_0,\quad \psi_1=y^k\varphi_1,\quad \psi_2=y^k\varphi_2,\quad \text{etc.}$$

Für diesen Fall, in welchem sämmtliche Functionen $\psi_0, \psi_1, \ldots, \psi_{\varepsilon-1}$, welche in die obigen Gleichungen eingehen, durch y^k theilbar sind, kann man beweisen, dafs, wenn f_0 nicht durch y theilbar ist, auch die sämmtlichen homogenen Functionen $\lambda_0, \lambda_1, \ldots, \lambda_{\varepsilon-1}$ durch y^k theilbar sein müssen.

Man braucht hierzu den Satz, dafs, wenn eine rationale ganze Function A das Product zweier anderen rationalen ganzen Functionen B und C ist, jede rationale ganze Function, welche A theilt und mit B keinen gemeinschaftlichen Theiler hat, den anderen Factor C theilen mufs. Dieser Satz ergiebt sich für den hier vorkommenden Fall homogener Functionen zweier Variablen, wenn man bedenkt, dafs sich dieselben immer nur auf *eine* Art in lineare Factoren zerfällen lassen, und ebenso auch für Functionen von beliebig vielen Variabeln, wenn man dieselben als Functionen von jeder der Variabeln besonders betrachtet. Wendet man denselben auf die Gleichungen:

$$\begin{aligned}
0&=y^k\varphi_0+\lambda_0 f_0,\\
0&=y^k\varphi_1+\lambda_0 f_1+\lambda_1 f_0,\\
0&=y^k\varphi_2+\lambda_0 f_2+\lambda_1 f_1+\lambda_2 f_0,\\
&\ldots\ldots\ldots\ldots\\
0&=y^k\varphi_{\varepsilon-1}+\lambda_0 f_{\varepsilon-1}+\lambda_1 f_{\varepsilon-2}+\cdots+\lambda_{\varepsilon-1} f_0
\end{aligned}$$

an, welche man aus den obigen durch die Substitution von $y^k\varphi_i$ für ψ_i erhält, so folgt, wenn f_0 nicht durch y theilbar ist, aus der ersten Gleichung, dafs λ_0 den Factor y^k hat, sodann aus der zweiten, dafs auch λ_1, hierauf aus der dritten, dafs λ_2, und schliefslich, dafs jede der Functionen $\lambda_0, \lambda_1, \ldots, \lambda_{\varepsilon-1}$ den Factor y^k hat. Man kann daher

$$\lambda_0=y^k\mu_0,\quad \lambda_1=y^k\mu_1,\quad \ldots,\quad \lambda_{\varepsilon-1}=y^k\mu_{\varepsilon-1}$$

setzen, wo $\mu_0, \mu_1, \ldots, \mu_{\varepsilon-1}$ rationale ganze Functionen von x und y sind. Die Substitution dieser Ausdrücke in die vorstehenden Gleichungen giebt nach Division mit y^k:

$$\begin{aligned}
0&=\varphi_0+\mu_0 f_0,\\
0&=\varphi_1+\mu_0 f_1+\mu_1 f_0,\\
0&=\varphi_2+\mu_0 f_2+\mu_1 f_1+\mu_2 f_0,\\
&\ldots\ldots\ldots\ldots\\
0&=\varphi_{\varepsilon-1}+\mu_0 f_{\varepsilon-1}+\mu_1 f_{\varepsilon-2}+\cdots+\mu_{\varepsilon-1} f_0.
\end{aligned}$$

Diese Gleichungen zeigen, dafs sich in dem Ausdrucke

$$\varphi_0+\varphi_1+\varphi_2+\text{etc.}$$
$$+\{\mu_0+\mu_1+\mu_2+\cdots+\mu_{\epsilon-1}\}\{f_0+f_1+f_2+\text{etc.}\}$$

sämmtliche Glieder der ϵ höchsten Dimensionen gegenseitig zerstören, oder dafs der Grad von

$$\varphi+(\mu_0+\mu_1+\cdots+\mu_{\epsilon-1})f$$

um ϵ Einheiten niedriger als der Grad von φ ist. Wenn daher der Grad von $y^k\varphi$ vermittelst einer Gleichung vom n^{ten} Grade $f=0$, in welcher das Glied x^n nicht fehlt, um ϵ Einheiten verringert werden kann, so kann auch der Grad von φ selbst vermittelst dieser Gleichung um ϵ Einheiten verringert werden.

Man sieht ohne Schwierigkeit, dafs man für y^k jede beliebige homogene Function nehmen kann, welche keinen Theiler mit f_0 gemein hat.

Satz 2.

Es sei h die Wurzel einer Gleichung m^{ten} Grades

$$0=a_0+a_1h+a_2h^2+\cdots+a_mh^m,$$

deren Coëfficienten rationale ganze Functionen von x und y sind, und B_0, B_1, B_2, ..., B_m respective der Grad dieser Functionen; wenn diese Zahlen eine arithmetische Reihe bilden, so steigt die Bedingungsgleichung, welche erforderlich ist, damit die vorgelegte Gleichung zwei gleiche Wurzeln habe, auf den Grad

$$(m-1)(B_0+B_m).$$

Beweis.

Es seien

$$h_1,\ h_2,\ \ldots,\ h_m$$

die Wurzeln der vorgelegten Gleichung, so mufs, damit zwei dieser Wurzeln gleich werden, die Bedingungsgleichung

$$\Pi(h_i-h_k)^2=0$$

stattfinden, wenn man mit $\Pi(h_i-h_k)^2$ das Quadrat des aus den Differenzen der Wurzeln gebildeten Productes bezeichnet. Diese rationale ganze symmetrische Function der Wurzeln kann durch eine rationale ganze Function der Gröfsen

$$\frac{a_{m-1}}{a_m},\ \frac{a_{m-2}}{a_m},\ \ldots,\ \frac{a_0}{a_m}$$

ausgedrückt werden. Bedeutet α_m^p die höchste Potenz von α_m, durch welche die Glieder dieses Ausdrucks dividirt werden, so erhält man durch Multiplication mit α_m^p eine rationale ganze homogene Function der Coëfficienten $\alpha_0, \alpha_1, \ldots, \alpha_m$ vom p^{ten} Grade, welche ich mit

$$\Delta(\alpha_0, \alpha_1, \ldots, \alpha_m) = \alpha_m^p \Pi(h_i - h_k)^2$$

bezeichnen will. Diese Function kann durch keine der Gröfsen $\alpha_0, \alpha_1, \ldots, \alpha_m$ theilbar sein, weil das Verschwinden keines der Coëfficienten der gegebenen Gleichung die Gleichheit zweier ihrer Wurzeln nothwendig mit sich führt. Es kommt nun vor allem darauf an, den Werth von p oder die Dimension dieser homogenen Function zu finden.

Zu diesem Zwecke betrachte man die reciproke Gleichung

$$\alpha_m + \alpha_{m-1} g + \alpha_{m-2} g^2 + \cdots + \alpha_0 g^m = 0,$$

welche man aus der gegebenen erhält, wenn man darin $h = \frac{1}{g}$ setzt und mit g^m multiplicirt. Setzt man

$$g_i = \frac{1}{h_i},$$

so werden $g_1, g_2, \ldots, g_m$ die Wurzeln dieser reciproken Gleichung, und daher wird

$$\Delta(\alpha_m, \alpha_{m-1}, \ldots, \alpha_0) = \alpha_0^p \Pi(g_i - g_k)^2 = \alpha_0^p \Pi \frac{(h_i - h_k)^2}{h_i^2 h_k^2}.$$

Da das Product Π unter dem Zeichen $\frac{1}{2}m(m-1)$ Factoren umfafst, so besteht der Nenner aus dem Product von $2m(m-1)$ Wurzeln h_i, und da derselbe eine symmetrische Function dieser Wurzeln ist, so mufs er der $(2m-2)^{\text{ten}}$ Potenz des Productes aus den m Wurzeln $h_1, h_2, \ldots, h_m$ und daher der Gröfse

$$\left(\frac{\alpha_0}{\alpha_m}\right)^{2m-2}$$

gleich sein. Man hat daher

$$\Delta(\alpha_m, \alpha_{m-1}, \ldots, \alpha_0) = \alpha_0^{p-2m+2} \alpha_m^{2m-2} \Pi(h_i - h_k)^2$$

oder

$$\Delta(\alpha_m, \alpha_{m-1}, \ldots, \alpha_0) = \frac{\alpha_0^{p-2m+2}}{\alpha_m^{p-2m+2}} \Delta(\alpha_0, \alpha_1, \ldots, \alpha_m).$$

Da beide Ausdrücke, $\Delta(\alpha_0, \alpha_1, \ldots, \alpha_m)$ und $\Delta(\alpha_m, \alpha_{m-1}, \ldots, \alpha_0)$, rationale ganze Functionen von $\alpha_0, \alpha_1, \ldots, \alpha_m$ sind und, wie oben bemerkt worden ist, keine dieser Gröfsen zum Factor haben können, so folgt aus der vorstehenden Gleichung, dafs die Zahl $p-2m+2$ weder positiv noch negativ sein kann, und also verschwinden mufs. Man hat demnach

$$p = 2m-2,$$

und also

(1) $$\Delta(a_0, a_1, \ldots, a_m) = a_m^{2m-2}\Pi(h_i - h_k)^2.$$

Wenn man daher die Bedingung, dafs eine Gleichung

$$0 = a_0 + a_1 h + a_2 h^2 + \cdots + a_m h^m$$

zwei gleiche Wurzeln habe, mit

$$\Delta(a_0, a_1, \ldots, a_m) = 0$$

bezeichnet, wo Δ *eine, von allen überflüssigen Factoren freie, rationale ganze Function von* $a_0, a_1, \ldots, a_m$ *sein soll, so ist diese Function in Bezug auf diese Gröfsen homogen und von der* $(2m-2)^{ten}$ *Dimension.*

Wenn im Folgenden für eine gegebene Gleichung m^{ten} Grades $F(h) = 0$, die Bedingungsgleichung $\Delta = 0$, aufgestellt werden soll, welche zwischen ihren Coëfficienten stattfinden mufs, damit zwei ihrer Wurzeln gleich werden, so wird man unter Δ immer die durch die Formel (1) definirte Function verstehen, nämlich *eine rationale ganze Function der Coëfficienten von* $F(h)$ *von der* $(2m-2)^{ten}$ *Dimension, welche gleich ist der* $(2m-2)^{ten}$ *Potenz des Coëfficienten von* h^m *in* $F(h)$ *mal dem Quadrate des Productes aus den Differenzen der Wurzeln der Gleichung* $F(h) = 0$. Aus dem Vorhergehenden erhellt, dafs diese Function unverändert bleibt, wenn man ihre Argumente in umgekehrter Ordnung schreibt, da sich die oben gefundene Gleichung, wenn man für p seinen Werth $2m-2$ setzt, in

$$\Delta(a_0, a_1, \ldots, a_m) = \Delta(a_m, a_{m-1}, \ldots, a_0)$$

verwandelt.

Es seien jetzt $a_0, a_1, \ldots, a_m$ Functionen von einer oder mehreren Variabeln, z. B. von den Variabeln x und y, und respective

$$B_0, B_1, \ldots, B_m$$

die Zahlen, welche ihren Grad bezeichnen, so wird im Allgemeinen der Grad, auf welchen die Bedingungsgleichung $\Delta = 0$ in Bezug auf x und y steigt, gleich dem Grade, auf welchen der Ausdruck

$$\Delta(a_0 t^{B_0}, a_1 t^{B_1}, \ldots, a_m t^{B_m})$$

in Bezug auf t steigt.

Wenn die Zahlen B_0, B_1, etc. eine arithmetische Reihe mit der Differenz C bilden, so dafs

$$B_i = B_0 + iC,$$

so hat man, da Δ eine homogene Function von $\alpha_0, \alpha_1, \ldots, \alpha_m$ von der $(2m-2)^{\text{ten}}$ Dimension ist,

$$\Delta(\alpha_0 t^{B_0}, \alpha_1 t^{B_1}, \ldots, \alpha_m t^{B_m}) = t^{(2m-2)B_0}\Delta(\alpha_0, \alpha_1 t^C, \alpha_2 t^{2C}, \ldots, \alpha_m t^{mC}).$$

Da $h_1, h_2, \ldots, h_m$ die Wurzeln der Gleichung

$$0 = \alpha_0 + \alpha_1 h + \alpha_2 h^2 + \cdots + \alpha_m h^m$$

sind, so werden

$$h_1 t^{-C},\quad h_2 t^{-C},\quad \ldots,\quad h_m t^{-C}$$

die Wurzeln der Gleichung

$$0 = \alpha_0 + \alpha_1 t^C h + \alpha_2 t^{2C} h^2 + \cdots + \alpha_m t^{mC} h^m,$$

und es ist daher zufolge (1.)

$$\Delta(\alpha_0, \alpha_1 t^C, \alpha_2 t^{2C}, \ldots, \alpha_m t^{mC}) = \alpha_m^{2m-2} t^{m(2m-2)C}\Pi(h_i t^{-C} - h_k t^{-C})^2,$$

woraus

$$\Delta(\alpha_0, \alpha_1 t^C, \alpha_2 t^{2C}, \ldots, \alpha_m t^{mC}) = t^{m(m-1)C}\Delta(\alpha_0, \alpha_1, \ldots, \alpha_m),$$

$$\Delta(\alpha_0 t^{B_0}, \alpha_1 t^{B_1}, \ldots, \alpha_m t^{B_m}) = t^{(m-1)(2B_0+mC)}\Delta(\alpha_0, \alpha_1, \ldots, \alpha_m)$$

folgt, oder, da $2B_0 + mC = B_0 + B_m$ ist,

$$\text{(2)} \qquad \Delta(\alpha_0 t^{B_0}, \alpha_1 t^{B_1}, \ldots, \alpha_m t^{B_m}) = t^{(m-1)(B_0+B_m)}\Delta(\alpha_0, \alpha_1, \ldots, \alpha_m).$$

Da $\Delta(\alpha_0, \alpha_1, \ldots, \alpha_m)$ die Gröfse t gar nicht enthält, so wird dieser Ausdruck in Bezug auf t von der Ordnung $(m-1)(B_0+B_m)$, und daher auch $(m-1)(B_0+B_m)$ der Grad der Bedingungsleichung $\Delta = 0$ in Bezug auf x und y, w. z. b. w.

Da $\frac{1}{2}(m+1)(B_0+B_m)$ die Summe der Zahlen $B_0, B_1, \ldots, B_m$ ist, so kann man auch sagen, dafs der Grad der Bedingungsgleichung $\Delta = 0$ das $\frac{2m-2}{m+1}$-fache des Grades ist, auf welchen das Product aus allen Coëfficienten steigt.

Satz 3.

Wenn man eine gegebene Gleichung m^{ten} Grades

$$0 = F(h) = \alpha_0 + \alpha_1 h + \alpha_2 h^2 + \cdots + \alpha_m h^m$$

durch die Substitution $h = \dfrac{\gamma' + \delta' g}{\gamma + \delta g}$ *in die Gleichung*

$$0 = (\gamma + \delta g)^m F\left(\frac{\gamma' + \delta' g}{\gamma + \delta g}\right) = \beta_0 + \beta_1 g + \beta_2 g^2 + \cdots + \beta_m g^m$$

transformirt, so erleidet hierdurch die Bedingungsgleichung $\Delta = 0$, welche zwischen den Coëfficienten der gegebenen Gleichung stattfinden mufs, damit zwei ihrer Wurzeln gleich werden, keine weitere Veränderung, als dafs der Ausdruck Δ links vom Gleichheitszeichen mit $(\gamma\delta'-\gamma'\delta)^{m^2-m}$ multiplicirt wird, oder es wird

$$\Delta(\beta_0, \beta_1, \ldots, \beta_m) = (\gamma\delta'-\gamma'\delta)^{m^2-m}\Delta(\alpha_0, \alpha_1, \ldots, \alpha_m).$$

Beweis.

Es sei

$$h_i = \frac{\gamma'+\delta' g_i}{\gamma+\delta g_i} \quad \text{oder} \quad g_i = \frac{\gamma'-\gamma h_i}{\delta h_i-\delta'},$$

so werden die Grössen $g_1, g_2, \ldots, g_m$ die Wurzeln der transformirten Gleichung

$$\begin{aligned} 0 &= (\gamma+\delta g)^m F\left(\frac{\gamma'+\delta' g}{\gamma+\delta g}\right) \\ &= \beta_0+\beta_1 g+\beta_2 g^2+\cdots+\beta_m g^m, \end{aligned}$$

und daher wird zufolge der Formel (1)

$$\Delta(\beta_0, \beta_1, \ldots, \beta_m) = \beta_m^{2m-2}\Pi(g_i-g_k)^2.$$

Der Werth von β_m ist hier

$$\delta^m F\left(\frac{\delta'}{\delta}\right) = \beta_m,$$

wie man sogleich sieht, wenn man in der Formel, welche die transformirte Gleichung gab, $g = \infty$ setzt.

Es ist ferner

$$\begin{aligned} g_i-g_k &= \frac{\gamma'-\gamma h_i}{\delta h_i-\delta'} - \frac{\gamma'-\gamma h_k}{\delta h_k-\delta'} \\ &= \frac{(\gamma\delta'-\gamma'\delta)(h_i-h_k)}{(\delta'-\delta h_i)(\delta'-\delta h_k)}. \end{aligned}$$

Substituirt man diesen Ausdruck in das Product $\Pi(g_i-g_k)^2$, welches aus $m(m-1)$ Factoren g_i-g_k besteht, so erhält man im Nenner ein Product aus $2m(m-1)$ Factoren $\delta'-\delta h_i$, und da dasselbe eine symmetrische Function der m Wurzeln h_i sein mufs, so wird dieser Nenner

$$\{(\delta'-\delta h_1)(\delta'-\delta h_2)\ldots(\delta'-\delta h_m)\}^{2m-2}.$$

Es ist aber

$$F(h) = \alpha_m(h-h_1)(h-h_2)\ldots(h-h_m)$$

und daher

$$(\delta'-\delta h_1)(\delta'-\delta h_2)\dots(\delta'-\delta h_m)$$
$$=\delta^m\left(\frac{\delta'}{\delta}-h_1\right)\left(\frac{\delta'}{\delta}-h_2\right)\cdots\left(\frac{\delta'}{\delta}-h_m\right)=\frac{\delta^m}{\alpha_m}F\left(\frac{\delta'}{\delta}\right)=\frac{\beta_m}{\alpha_m}.$$

Man erhält demnach

$$\Pi(g_i-g_k)^2=(\gamma\delta'-\gamma'\delta)^{m(m-1)}\Pi\frac{(h_i-h_k)^2}{(\delta'-\delta h_i)^2(\delta'-\delta h_k)^2}$$
$$=(\gamma\delta'-\gamma'\delta)^{m(m-1)}\left(\frac{\alpha_m}{\beta_m}\right)^{2m-2}\Pi(h_i-h_k)^2,$$

und daher

$$\Delta(\beta_0,\beta_1,\dots,\beta_m)=\beta_m^{2m-2}\Pi(g_i-g_k)^2$$
$$=(\gamma\delta'-\gamma'\delta)^{m^2-m}\alpha_m^{2m-2}\Pi(h_i-h_k)^2=(\gamma\delta'-\gamma'\delta)^{m^2-m}\Delta(\alpha_0,\alpha_1,\dots,\alpha_m),$$

was zu beweisen war.

Aus dem im Vorhergehenden bewiesenen Satze folgt das Corollar, dafs, wenn die Determinante der beiden linearen Ausdrücke $\gamma+\delta g$, $\gamma'+\delta' g$, oder die Gröfse $\gamma\delta'-\gamma'\delta$, der Einheit gleich ist, die Function $\Delta(\alpha_0,\alpha_1,\dots,\alpha_m)$ dadurch, dafs man darin $\beta_0,\beta_1,\dots,\beta_m$ für $\alpha_0,\alpha_1,\dots,\alpha_m$ setzt, unverändert bleibt.

Nach diesen Vorbereitungen komme ich jetzt zu der vorgelegten Aufgabe selbst.

Aufgabe.

Die Anzahl der Doppeltangenten einer Curve n^{ter} Ordnung zu finden.

Auflösung.

Es sei $f(x,y)=0$ die Gleichung einer gegebenen Curve n^{ter} Ordnung. Man multiplicire die Glieder des Ausdrucks $f(x,y)$, welche nicht auf den n^{ten} Grad steigen, mit einer solchen Potenz von z, dafs sie alle in Bezug auf x, y, z von der n^{ten} Dimension werden, und bezeichne die homogene Function von x, y, z von der n^{ten} Dimension, welche man auf diese Weise erhält, mit $f(x,y,z)$. Es wird demnach, wenn man auf die in dem Satze (1) angegebene Art die Function f, nach fallenden Dimensionen geordnet, mit

$$f_0+f_1+f_2+\dots+f_n=f$$

bezeichnet, der Ausdruck

$$f(x,y,z)=f_0+f_1z+f_2z^2+\dots+f_nz^n$$

werden. Es soll im Folgenden der Gleichung der Curve die Form

$$f(x, y, z) = 0$$

gegeben werden, wobei man sich unter z eine beliebige Constante oder, wenn man will, die *Einheit* zu denken hat. Die Formeln der analytischen Geometrie haben durch diese Einführung der homogenen Function $f(x, y, z)$ von 3 Variabeln x, y, z statt der nicht homogenen Function $f(x, y)$ wesentlich an Einfachheit und Symmetrie gewonnen, und es würden ohne dieselbe mehrere der wichtigsten Untersuchungen nicht ohne die beschwerlichste Weitläuftigkeit zu führen sein. Die nachfolgenden Untersuchungen werden auf's neue den Nutzen dieses wichtigen Hülfsmittels darthun.

Es seien x und y die Coordinaten eines Punktes der gegebenen Curve, und es sei in diesem Punkte an die Curve eine Tangente gelegt.

Nennt man p und q die Coordinaten der Punkte dieser Tangente, so kann man vermöge der Gleichung derselben,

$$\frac{\partial f}{\partial x}(p-x)+\frac{\partial f}{\partial y}(q-y) = 0,$$

die beiden Coordinaten p und q durch eine einzige Gröfse h ausdrücken, indem man

$$p = x+\frac{\partial f}{\partial y}h,$$
$$q = y-\frac{\partial f}{\partial x}h$$

setzt. Giebt man in diesen Ausdrücken der Gröfse h alle Werthe von $-\infty$ bis $+\infty$, so erhält man die Coordinaten aller verschiedenen Punkte der Tangente. Da jede gerade Linie die gegebene Curve in n (reellen oder imaginären) Punkten schneidet, so wird die Tangente die gegebene Curve aufser den beiden im *Berührungspunkte* zusammenfallenden Punkten noch in $n-2$ andern Punkten *schneiden*. Für alle Punkte, welche die Tangente mit der Curve gemein hat, mufs die Gleichung

$$f(p, q, z) = f\left(x+\frac{\partial f}{\partial y}h,\ y-\frac{\partial f}{\partial x}h,\ z\right) = 0$$

stattfinden. Man setze der Kürze halber

$$\frac{\partial f}{\partial x} = a,\quad \frac{\partial f}{\partial y} = b,\quad \frac{\partial f}{\partial z} = c,$$

und

$$f(x+bh, y-ah, z) = u_2h^2+u_3h^3+\cdots+u_nh^n,$$

indem die ersten beiden Glieder wegen der Gleichungen

$$f(x, y, z) = 0, \quad b\frac{\partial f}{\partial x} - a\frac{\partial f}{\partial y} = 0$$

verschwinden. Die Gleichung, deren Wurzeln die $n-2$ Werthe von h sind, welche die $n-2$ *Schneidungspunkte* der Tangente mit der Curve geben, wird hiernach

$$(3) \quad \begin{cases} 0 = \frac{1}{h^2} f(x+bh, y-ah, z) \\ \quad = u_2+u_3h+u_4h^2+\cdots+u_nh^{n-2}, \end{cases}$$

indem man durch die Division mit h^2 die Gleichung von den beiden zusammenfallenden Wurzeln $h=0$, welche dem Berührungspunkte entsprechen, befreit hat.

Wenn zwei von diesen $n-2$ Wurzeln einander gleich werden, so fallen zwei von den $n-2$ Schneidungspunkten in einen einzigen zusammen, oder es hat in diesem Punkte die Tangente mit der Curve noch zum zweiten Male eine Berührung. Bezeichnet man daher die Bedingungsgleichung, welche zwischen den Coëfficienten $u_2, u_3, \ldots, u_n$ stattfinden mufs, damit die vorstehende Gleichung zwei gleiche Wurzeln habe, wieder, wie oben, mit

$$\Delta(u_2, u_3, \ldots, u_n) = 0,$$

so wird dies die Gleichung, welche zwischen den Gröfsen x und y noch aufser der Gleichung der gegebenen Curve, $f(x, y, z) = 0$, stattfinden mufs, damit die in dem Punkte, dessen Coordinaten x und y sind, an die gegebene Curve gelegte Tangente eine *Doppeltangente* werde.

Wenn man in dem zweiten Theile der Gleichung (3) yh für h setzt, so kann man den hiedurch erhaltenen Ausdruck auf eine merkwürdige Art umformen, was sogleich zur Erledigung der vorgelegten Aufgabe führt.

Vermöge einer bekannten Eigenschaft der homogenen Functionen hat man

$$xa+yb+zc = nf = 0.$$

Wenn man aus dieser Gleichung für yb seinen Werth $-xa-zc$ entnimmt, und zugleich der Kürze halber

$$1-ah = A$$

setzt, so erhält man nach und nach:

$$(4)\quad \begin{cases} y^2u_2+y^3u_3h+y^4u_4h^2+\cdots+y^nu_nh^{n-2} \\ =\frac{1}{h^2}f(x+ybh,\ y-yah,\ z) \\ =\frac{1}{h^2}f(x-xah-zch,\ y-yah,\ z) \\ =\frac{1}{h^2}f(xA-zch,\ yA,\ zA+zah) \\ =\frac{A^n}{h^2}f\left(x-\frac{zch}{A},\ y,\ z+\frac{zah}{A}\right). \end{cases}$$

Es sei

$$(5)\qquad f(x-ch,\ y,\ z+ah)=v_2h^2+v_3h^3+\cdots+v_nh^n,$$

so wird, wenn man $\frac{zh}{A}$ für h setzt,

$$f\left(x-\frac{zch}{A},\ y,\ z+\frac{zah}{A}\right)=\frac{z^2v_2h^2}{A^2}+\frac{z^3v_3h^3}{A^3}+\cdots+\frac{z^nv_nh^n}{A^n},$$

und daher zufolge (4):

$$(6)\quad \begin{cases} y^2u_2+y^3u_3h+y^4u_4h^2+\cdots+y^nu_nh^{n-2} \\ =z^2v_2A^{n-2}+z^3v_3A^{n-3}h+z^4v_4A^{n-4}h^2+\cdots+z^nv_nh^{n-2}. \end{cases}$$

Es sei der Ausdruck rechts vom Gleichheitszeichen, wenn man für A seinen Werth $1-ah$ setzt, und nach den Potenzen von h entwickelt,

$$(7)\quad \begin{cases} z^2\beta_2+z^2\beta_3h+z^2\beta_4h^2+\cdots+z^2\beta_nh^{n-2} \\ =z^2v_2A^{n-2}+z^3v_3A^{n-3}h+z^4v_4A^{n-4}h^2+\cdots+z^nv_nh^{n-2}, \end{cases}$$

so wird

$$(8)\quad \begin{cases} y^2u_2+y^3u_3h+y^4u_4h^2+\cdots+y^nu_nh^{n-2} \\ =z^2\beta_2+z^2\beta_3h+z^2\beta_4h^2+\cdots+z^2\beta_nh^{n-2}, \end{cases}$$

und daher

$$(9)\qquad y^2u_2=z^2\beta_2,\quad y^3u_3=z^2\beta_3,\quad \ldots,\quad y^nu_n=z^2\beta_n.$$

Diese Gleichungen geben zuvörderst eine vermittelst der Gleichung der Curve, $f=0$, bewerkstelligte Transformation der Coëfficienten y^iu_i.

Wenn man in der oben gebrauchten identischen Gleichung (2),

$$\Delta(\alpha_0t^{B_0},\ \alpha_1t^{B_1},\ \ldots,\ \alpha_mt^{B_m})=t^{(m-1)(B_0+B_m)}\Delta(\alpha_0,\ \alpha_1,\ \ldots,\ \alpha_m),$$

für die Gröfsen α_i, t, m, B_0, B_m respective u_{i+2}, y, $n-2$, 2, n schreibt, so erhält man die identische Gleichung

$$\Delta(y^2u_2,\ y^3u_3,\ \ldots,\ y^nu_n)=y^{(n-3)(n+2)}\Delta(u_2,\ u_3,\ \ldots,\ u_n).$$

Die Gleichungen (9) geben ferner

$$\Delta(y^2 u_2, y^3 u_3, \ldots, y^n u_n) = \Delta(z^2 \beta_2, z^2 \beta_3, \ldots, z^2 \beta_n),$$

woraus

$$y^{(n-3)(n+2)} \Delta(u_2, u_3, \ldots, u_n) = \Delta(z^2 \beta_2, z^2 \beta_3, \ldots, z^2 \beta_n)$$

folgt.

Bemerkt man, dafs die Determinante der beiden linearen Functionen von h, $A = 1 - ah$ und h, die *Einheit* ist, so folgt aus (7) nach dem Satze 3 die identische Gleichung

$$\Delta(z^2 \beta_2, z^2 \beta_3, \ldots, z^2 \beta_n) = \Delta(z^2 v_2, z^3 v_3, \ldots, z^n v_n),$$

und daher

$$y^{(n-3)(n+2)} \Delta(u_2, u_3, \ldots, u_n) = \Delta(z^2 v_2, z^3 v_3, \ldots, z^n v_n),$$

oder endlich, da man auch die identische Gleichung

$$\Delta(z^2 v_2, z^3 v_3, \ldots, z^n v_n) = z^{(n-3)(n+2)} \Delta(v_2, v_3, \ldots, v_n)$$

hat,

$$(10) \qquad y^{(n-3)(n+2)} \Delta(u_2, u_3, \ldots, u_n) = z^{(n-3)(n+2)} \Delta(v_2, v_3, \ldots, v_n).$$

Da die Gröfsen a, b, c homogene Functionen von x, y, z von derselben, der $(n-1)^{\text{ten}}$, Ordnung sind, so werden die Coëfficienten von h^i in der Entwickelung der Ausdrücke

$$(11) \qquad \begin{cases} \frac{1}{h^2} f(x+bh,\ y-ah,\ z) = u_2 + u_3 h + u_4 h^2 + \cdots + u_n h^{n-2}, \\ \frac{1}{h^2} f(x-ch,\ y,\ z+ah) = v_2 + v_3 h + v_4 h^2 + \cdots + v_n h^{n-2}, \end{cases}$$

oder die Gröfsen u_{i+2} und v_{i+2}, und daher auch die beiden Seiten der Gleichung (10) homogene Functionen von x, y, z von derselben Ordnung. Denn sie werden aus homogenen Functionen derselben Ordnung auf ähnliche Art gebildet. Dies ergiebt sich auch daraus, dafs die Transformation, durch welche die Gleichungen (9) und die Gleichung (10) erhalten werden, darin besteht, dafs man für die homogene Function yb eine andere homogene Function derselben Ordnung, $-(xa+zc)$, setzt, wodurch eine homogene Function von x, y, z nicht aufhört homogen zu sein und von derselben Ordnung bleibt.

Wenn man $z = 1$ setzt, so ersieht man aus (10), dafs die Function

$$y^{(n-3)(n+2)} \Delta(u_2, u_3, \ldots, u_n)$$

mittelst der gegebenen Gleichung $f = 0$ in die Function $\Delta(v_2, v_3, \ldots, v_n)$ verwandelt werden kann. Es kann daher zufolge des Satzes 1 auch die Function

$\Delta(u_2, u_3, \ldots, u_n)$ selber in eine andere Δ' verwandelt werden, deren Grad um $(n-3)(n+2)$ Einheiten niedriger ist, als der Grad von $\Delta(v_2, v_3, \ldots, v_n)$.

Die Anwendung des Satzes 1 setzt voraus, dafs die Glieder der höchsten Dimension in f nicht sämmtlich durch y theilbar seien, oder dafs unter ihnen das Glied x^n nicht fehle. Dies kann aber immer durch eine blofse Aenderung der Coordinatenaxen bewirkt werden.

Bezeichnet man den Grad von v_{i+2} mit B_i, so zeigt die zweite der Gleichungen (11), dafs die Zahlen $B_0, B_1, \ldots, B_{n-2}$ eine arithmetische Reihe mit der Differenz $n-2$ bilden, deren erstes und letztes Glied

$$B_0 = n-2+2(n-1) = 3n-4, \quad B_{n-2} = n(n-1)$$

wird. Substituirt man diese Werthe in die Formel des Satzes 2, indem man zugleich $m = n-2$ setzt, so folgt aus diesem Satze, dafs der Ausdruck $\Delta(v_2, v_3, \ldots, v_n)$ vom Grade

$$(n-3)(B_0+B_{n-2}) = (n-3)(n^2+2n-4)$$

ist. Es wird daher Δ' vom Grade

$$\begin{aligned}(n-3)(n^2+2n-4)-(n-3)(n+2) &= (n-3)(n^2+n-6)\\ &= (n-3)(n+3)(n-2) = (n-2)(n^2-9),\end{aligned}$$

oder es kann die Function $\Delta(u_2, u_3, \ldots, u_n)$ mittelst der Gleichung $f = 0$ in eine andere Δ' verwandelt werden, welche nur auf den Grad $(n-2)(n^2-9)$ steigt. Es kann daher das System der beiden Gleichungen

$$f = 0, \quad \Delta(u_2, u_3, \ldots, u_n) = 0$$

durch das System der beiden Gleichungen $f = 0$, $\Delta' = 0$ ersetzt werden, von denen die erstere vom Grade n, die letztere vom Grade $(n-2)(n^2-9)$ ist, und jedes System Werthe von x und y, welches das eine System Gleichungen erfüllt, wird auch das andere erfüllen.

Den Gleichungen $f = 0$, $\Delta' = 0$ genügen im Allgemeinen $n(n-2)(n^2-9)$ Systeme Werthe von x und y. So viel Systeme von Werthen von x und y kann es daher auch nur geben, welche den Gleichungen $f = 0$ und $\Delta(u_2, u_3, \ldots, u_n) = 0$ genügen, oder der Gleichung $f = 0$ genügen und, in die Functionen $u_2, u_3, \ldots, u_n$ substituirt, denselben solche Werthe geben, dafs die Gleichung

$$0 = u_2+u_3h+u_4h^2+\cdots+u_nh^{n-2}$$

zwei gleiche Wurzeln erhält. Diese Werthe von x und y sind aber die Coordinaten derjenigen Punkte der gegebenen Curve n^{ten} Grades $(f = 0)$, welche die Eigenschaft besitzen, daſs die in ihnen an diese Curve gelegten Tangenten dieselbe noch in einem anderen Punkte berühren oder von ihr Doppeltangenten sind, d. h. es sind diese Werthe der Gröſsen x und y die Coordinaten der Berührungspunkte der Curve mit ihren Doppeltangenten. Es erhellt daher aus dem Vorstehenden, daſs diese Punkte die Durchschnittspunkte der gegebenen Curve n^{ten} Grades ($f=0$) mit einer anderen ($\Delta'=0$) sind, welche im Allgemeinen auf den Grad $(n-2)(n^2-9)$ steigt, und *daſs demnach im Allgemeinen die Anzahl der Berührungspunkte, welche eine Curve n^{ten} Grades mit ihren Doppeltangenten hat,* $n(n-2)(n^2-9)$ *beträgt.*

Von den sämmtlichen Berührungspunkten der Doppeltangenten gehören aber immer zwei der nämlichen Doppeltangente an, und es ist daher ihre halbe Anzahl die Anzahl der Doppeltangenten. Es haben also die Curven n^{ten} Grades im Allgemeinen

$$\tfrac{1}{2}n(n-2)(n^2-9)$$

Doppeltangenten; was zu beweisen war.

Der vorstehende Beweis beruht ganz auf der merkwürdigen Gleichung (10), welche ihrerseits wieder aus der Gleichung (4),

$$f(x+ybh,\ y-yah,\ z) = (1-ah)^n f\left(x-\frac{zch}{1-ah},\ y,\ z+\frac{zah}{1-ah}\right),$$

abgeleitet worden ist. Setzt man

$$\begin{aligned} A &= 1-ah, & B &= 1-bh, & C &= 1-ch,\\ A' &= 1+ah, & B' &= 1+bh, & C' &= 1+ch, \end{aligned}$$

ferner

$$\begin{aligned} f(x,\ y+ch,\ z-bh) &= \varphi(h),\\ f(x-ch,\ y,\ z+ah) &= \varphi_1(h),\\ f(x+bh,\ y-ah,\ z) &= \varphi_2(h), \end{aligned}$$

so erhält man auf ganz ähnliche Art, wie (4), die Gleichungen

$$(12)\qquad \begin{cases} \varphi_2(yh) = A^n\varphi_1\left(\dfrac{zh}{A}\right), & \varphi_1(zh) = A'^n\varphi_2\left(\dfrac{yh}{A'}\right),\\ \varphi(zh) = B^n\varphi_2\left(\dfrac{xh}{B}\right), & \varphi_2(xh) = B'^n\varphi\left(\dfrac{zh}{B'}\right),\\ \varphi_1(xh) = C^n\varphi\left(\dfrac{yh}{C}\right), & \varphi(yh) = C'^n\varphi_1\left(\dfrac{xh}{C'}\right). \end{cases}$$

Aus der ersten der beiden in der ersten Horizontalreihe befindlichen Formeln ist die Gleichung (10) hergeleitet worden; dieselbe hätte auch aus der zweiten Formel derselben Horizontalreihe gefunden werden können. Aus den in den beiden andern Horizontalreihen befindlichen Formeln leitet man zwei der Gleichung (10) ähnliche Gleichungen ab, wobei es wieder gleichgültig ist, welche von den beiden in derselben Horizontalreihe befindlichen Formeln man hierzu anwendet. Die so gefundenen Resultate will ich im folgenden Theorem zusammenstellen:

Es werde mit $\Delta(\alpha_0, \alpha_1, \ldots, \alpha_m)$ die rationale ganze und homogene Function der Gröfsen $\alpha_0, \alpha_1, \ldots, \alpha_m$ von der $(2m-2)^{\text{ten}}$ Ordnung bezeichnet, welche, $=0$ gesetzt, die Bedingung giebt, dafs eine Gleichung

$$0 = \alpha_0 + \alpha_1 h + \alpha_2 h^2 + \cdots + \alpha_m h^m$$

zwei gleiche Wurzeln habe; es sei ferner $f(x, y, z)$ eine rationale ganze und homogene Function der Gröfsen x, y, z von der n^{ten} Ordnung; endlich setze man

$$\varphi_2(h) = f\left(x + \frac{\partial f}{\partial y} h,\ y - \frac{\partial f}{\partial x} h,\ z\right) = u_2 h^2 + u_3 h^3 + \cdots + u_n h^n,$$

$$\varphi_1(h) = f\left(x - \frac{\partial f}{\partial z} h,\ y,\ z + \frac{\partial f}{\partial x} h\right) = v_2 h^2 + v_3 h^3 + \cdots + v_n h^n,$$

$$\varphi\ (h) = f\left(x,\ y + \frac{\partial f}{\partial z} h,\ z - \frac{\partial f}{\partial y} h\right) = w_2 h^2 + w_3 h^3 + \cdots + w_n h^n,$$

$$\Delta(u_2, u_3, \ldots, u_n) = \Delta,$$

$$\Delta(v_2, v_3, \ldots, v_n) = \Delta_1,$$

$$\Delta(w_2, w_3, \ldots, w_n) = \Delta_2,$$

wo Δ, Δ_1, Δ_2 homogene Functionen von x, y, z von der Ordnung $(n-3)(n^2+2n-4)$ sein werden, so folgen aus der Gleichung $f(x, y, z) = 0$ die Proportionen:

$$(13) \qquad \Delta : \Delta_1 : \Delta_2 = z^{(n-3)(n+2)} : y^{(n-3)(n+2)} : x^{(n-3)(n+2)}.$$

Ich will jetzt an den vorstehenden Beweis noch einige andere Betrachtungen knüpfen, welche dazu geeignet sind, auf die hier angewandte Methode gröfseres Licht zu werfen.

Ueber die Anzahl der Wendepunkte.

Die vorstehende Untersuchung giebt auch die Anzahl der *Wendepunkte* einer Curve n^{ten} Grades. Wenn nämlich die Gleichung

$$0 = f\left(x + \frac{\partial f}{\partial y} h,\ y - \frac{\partial f}{\partial x} h,\ z\right) = u_2 h^2 + u_3 h^3 + \cdots + u_n h^n,$$

welche zwei Wurzeln $h = 0$ hat, noch eine dritte Wurzel $= 0$ hat, welches die Bedingung $u_2 = 0$ erfordert, so entsprechen dieser dreifachen Wurzel *drei* zusammenfallende Durchschnittspunkte der Tangente und der Curve, oder es wird der Berührungspunkt ein *Wendepunkt*. Die Werthe von x und y, welche aufser der Gleichung $f=0$ noch die Gleichung $u_2=0$ erfüllen, sind daher die Coordinaten eines Wendepunktes der gegebenen Curve. *Der Grad der Function u_2 kann aber vermittelst der gegebenen Gleichung $f=0$ um zwei Einheiten verringert werden*, wie aus den obigen Formeln erhellt. Man erhält nämlich aus (6), wenn man darin $h=0$, $A=1$ setzt, die Gleichung

$$y^2u_2 = z^2v_2.$$

In dieser Gleichung sind u_2 und v_2 rationale ganze homogene Functionen der Gröfsen x, y, z von der Ordnung $n-2+2(n-1)=3n-4$. Es wird daher, wenn man $z=1$ setzt, die Function y^2u_2 einer Function v_2 gleich, welche in Bezug auf x und y von einem um 2 Einheiten niedrigeren Grade ist. Zufolge des Satzes 1 kann daher der Grad von u_2 ebenfalls um 2 Einheiten verringert oder u_2 auf eine Function u_2' vom Grade $3n-6$ gebracht werden. Die Wendepunkte der gegebenen Curve ($f=0$) sind daher ihre Durchschnittspunkte mit einer Curve ($u_2'=0$) vom Grade $3(n-2)$, und *es ist daher die Anzahl der Wendepunkte einer Curve n^{ten} Grades im Allgemeinen* $3n(n-2)$; welches die von Hrn. Plücker für diese Anzahl gefundene Formel ist.

Es zeigt aber die Formel (6),

$$y^2u_2+y^3u_3h+y^4u_4h^2+\cdots+y^nu_nh^{n-2} = z^2v_2A^{n-2}+z^3v_3A^{n-3}h+\cdots+z^nv_nh^{n-2},$$

dafs sich auch alle übrigen Functionen $u_3, u_4, \ldots, u_n$ mittelst der Gleichung $f=0$ auf andere reduciren lassen, deren Grad um 2 Einheiten geringer ist. Substituirt man nämlich in dieser Formel für A seinen Werth $1-ah$ und setzt die Coëfficienten der einzelnen Potenzen von h einander gleich, so erhält man allgemein y^mu_m gleich einer homogenen Function von x, y, z von derselben Ordnung, welche aber den Factor z^2 enthält. In Bezug auf x und y wird daher der Grad dieser Function um 2 Einheiten niedriger als der Grad von y^mu_m, und man kann daher, dem Satz 1 zufolge, auch u_m selber auf eine Function von einem um 2 Einheiten niedrigeren Grade reduciren.

Man erhält aus der vorstehenden Gleichung die folgenden, welche dazu dienen können, die Gröfsen u_m durch die Gröfsen v_m auszudrücken:

$$y^2u_2 = z^2v_2,$$
$$y^3u_3 = z^3v_3-(n-2)z^2av_2,$$
$$y^4u_4' = z^4v_4-(n-3)z^3av_3+\frac{(n-3)(n-2)}{1.2}z^2a^2v_2,$$

etc. etc.

und allgemein

$$(14)\quad \begin{cases} y^m u_m = z^m v_m - (n-m+1) z^{m-1} a v_{m-1} + \dfrac{(n-m+1)(n-m+2)}{1.2} z^{m-2} a^2 v_{m-2} \\ \qquad - \dfrac{(n-m+1)(n-m+2)(n-m+3)}{1.2.3} z^{m-3} a^3 v_{m-3} \\ \qquad + \cdot \cdot \cdot \cdot \cdot \cdot \cdot \cdot \cdot \cdot \cdot \cdot \cdot \cdot \cdot \cdot \cdot \\ \qquad \pm \dfrac{(n-m+1)(n-m+2)\ldots(n-2)}{1.2\ldots(m-2)} z^2 a^{m-2} v_2. \end{cases}$$

Die umgekehrten Formeln, mittelst welcher die Functionen v_m durch die Functionen u_m ausgedrückt werden, erhält man aus der Gleichung (12):

$$\varphi_1(zh) = A'^n \varphi_2\left(\frac{yh}{A'}\right).$$

Zufolge dieser Gleichung erhält man nämlich aus den aus der Gleichung

$$\varphi_2(yh) = A^n \varphi_1\left(\frac{zh}{A}\right)$$

zwischen den Functionen u und v abgeleiteten Relationen die umgekehrten, wenn man die Functionen u_i und v_i und die Gröſsen y und z, so weit sie in diesen Relationen explicite vorkommen, mit einander vertauscht und gleichzeitig $-a$ für a setzt. Man kann ferner in den so erhaltenen Formeln für

$$x,\ a,\ w;\quad y,\ b,\ v;\quad z,\ c,\ u$$

respective

$$y,\ b,\ v;\quad z,\ c,\ u;\quad x,\ a,\ w$$

oder

$$z,\ c,\ u;\quad x,\ a,\ w;\quad y,\ b,\ v$$

setzen, wodurch man alle bezüglich aus den 6 Formeln (12) folgenden Gleichungen erhält, welche die zu einem der Systeme der Coëfficienten u_m, v_m, w_m gehörenden Gröſsen durch die zu einem der beiden andern gehörenden Gröſsen ausdrücken. Man kann auf diese Weise aus (14), wenn man der Kürze halber

$$M_i = \frac{(n-m+1)(n-m+2)\ldots(n-m+i)}{1.2\ldots i}$$

setzt, die folgenden 6 Gleichungen ableiten:

$$(15)\quad \begin{cases} y^m u_m = z^m v_m - M_1 z^{m-1} a v_{m-1} + M_2 z^{m-2} a^2 v_{m-2} - \cdots \pm M_{m-2} z^2 a^{m-2} v_2, \\ z^m w_m = x^m u_m - M_1 x^{m-1} b u_{m-1} + M_2 x^{m-2} b^2 u_{m-2} - \cdots \pm M_{m-2} x^2 b^{m-2} u_2, \\ x^m v_m = y^m w_m - M_1 y^{m-1} c w_{m-1} + M_2 y^{m-2} c^2 w_{m-2} - \cdots \pm M_{m-2} y^2 c^{m-2} w_2, \\ z^m v_m = y^m u_m + M_1 y^{m-1} a u_{m-1} + M_2 y^{m-2} a^2 u_{m-2} + \cdots + M_{m-2} y^2 a^{m-2} u_2, \\ x^m u_m = z^m w_m + M_1 z^{m-1} b w_{m-1} + M_2 z^{m-2} b^2 w_{m-2} + \cdots + M_{m-2} z^2 b^{m-2} w_2, \\ y^m w_m = x^m v_m + M_1 x^{m-1} c v_{m-1} + M_2 x^{m-2} c^2 v_{m-2} + \cdots + M_{m-2} x^2 c^{m-2} v_2. \end{cases}$$

Für $m = 2$ ergeben diese Gleichungen:

(16) $$u_2 : v_2 : w_2 = z^2 : y^2 : x^2,$$

oder die beiden Gleichungen:

$$y^2 u_2 = z^2 v_2, \quad x^2 u_2 = z^2 w_2,$$

von denen die erste dazu gebraucht worden ist, die Anzahl der Wendepunkte zu bestimmen, wozu aber auf ganz gleiche Weise auch die andere hätte angewandt werden können.

Ueber die Anzahl der gemeinschaftlichen Tangenten zweier Curven.

Die zur Bestimmung der Anzahl der Doppeltangenten im Vorigen angewandte Methode kann auch dazu dienen, die Anzahl der gemeinschaftlichen Tangenten zu bestimmen, welche man an zwei gegebene algebraische Curven legen kann, ohne dafs man hierzu die Theorie der gegenseitigen Polarität zweier Curven zu Hülfe zu nehmen braucht.

Es seien $\varphi(x, y, z)$ und $f(x, y, z)$ homogene Functionen von x, y, z von der m^{ten} und n^{ten} Ordnung. Bedeuten x und y die Coordinaten eines Punktes und z eine Constante, z. B. die Einheit, so werden

$$\varphi(x, y, z) = 0, \quad f(x, y, z) = 0$$

die Gleichungen zweier Curven m^{ten} und n^{ten} Grades, welche ich der Kürze halber die Curven φ und f nennen will.

Es seien x und y die Coordinaten eines Punktes P der Curve f; setzt man wieder

$$\frac{\partial f}{\partial x} = a, \quad \frac{\partial f}{\partial y} = b, \quad \frac{\partial f}{\partial z} = c,$$

so kann man, wie im Vorhergenden, die Coordinaten p und q der verschiedenen Punkte der in P an die Curve f gelegten Tangente durch eine einzige Gröfse h mittelst der Formeln

$$p = x + bh, \quad q = y - ah$$

bestimmen. Die Werthe von h, welche den Schneidungspunkten dieser Tangente mit der Curve φ entsprechen, werden dann durch die Gleichung

$$\varphi(p, q, z) = \varphi(x + bh, y - ah, z) = 0$$

bestimmt. Die Bedingungsgleichung, welche zwischen den Gröfsen x, y stattfinden mufs, damit diese Gleichung zwei gleiche Wurzeln h habe, bestimmt diejenigen Punkte P der Curve f, welche die Eigenschaft besitzen, dafs die in ihnen an diese Curve gelegten Tangenten auch die Curve φ berühren. Die Anzahl der gemeinschaftlichen Tangenten, welche man an die Curven f und φ legen kann, wird der Anzahl dieser Punkte gleich.

Es sei

$$\varphi(x+bh,\ y-ah,\ z) = u_0+u_1h+u_2h^2+\cdots+u_mh^m,$$

und es werde wieder die Bedingungsgleichung, welche zwischen den Gröfsen $u_0,\ u_1,\ \ldots,\ u_m$ stattfinden mufs, damit diese Gleichung zwei gleiche Wurzeln habe, mit

$$\varDelta(u_0,\ u_1,\ u_2,\ \ldots,\ u_m) = 0$$

bezeichnet, wo $\varDelta$ eine homogene Function der Gröfsen $u_0,\ u_1,\ \ldots,\ u_m$ von der $(2m-2)^{\text{ten}}$ Ordnung ist. Diese Function kann vermittelst der zwischen den Gröfsen x und y stattfindenden Gleichung $f(x,\ y,\ z) = 0$ auf einen niedrigeren Grad gebracht werden, wie aus den folgenden Betrachtungen erhellt.

Da

$$xa+yb+cz = nf = 0,$$

so wird, wenn man wieder $A = 1-ah$ setzt,

$$\begin{aligned}&\varphi(x+ybh,\ y-yah,\ z)\\ &= \varphi(x-xah-zch,\ y-yah,\ z)\\ &= \varphi(xA-zch,\ yA,\ zA+zah)\\ &= A^m\varphi\left(x-\frac{zch}{A},\ y,\ z+\frac{zah}{A}\right).\end{aligned}$$

Setzt man daher

$$\varphi(x-ch,\ y,\ z+ah) = v_0+v_1h+v_2h^2+\cdots+v_mh^m,$$

so mufs dasselbe Resultat erhalten werden, wenn man hierin $\frac{zh}{A}$ für h setzt und mit A^m multiplicirt, oder, wenn man in dem Ausdrucke

$$\varphi(x+bh,\ y-ah,\ z) = u_0+u_1h+u_2h^2+\cdots+u_mh^m$$

yh für y setzt. Man erhält hieraus die Gleichung

$$\begin{aligned}&u_0+yu_1h+y^2u_2h^2+\cdots+y^mu_mh^m\\ &= v_0A^m+zv_1A^{m-1}h+z^2v_2A^{m-2}h^2+\cdots+z^mv_mh^m.\end{aligned}$$

Es werde der Ausdruck rechts vom Gleichheitszeichen, wenn man für A seinen Werth $1-ah$ substituirt und nach den Potenzen von h entwickelt,

$$(17)\quad \beta_0+\beta_1h+\beta_2h^2+\cdots+\beta_mh^m = v_0A^m+zv_1A^{m-1}h+z^2v_2A^{m-2}h^2+\cdots+z^mv_mh^m,$$

so hat man

(18) $$u_0 = \beta_0,\quad yu_1 = \beta_1,\quad y^2u_2 = \beta_2,\quad \ldots,\quad y^m u_m = \beta_m.$$

Zufolge des Satzes 3 erhält man ferner aus (17) die identische Gleichung

$$\Delta(\beta_0, \beta_1, \beta_2, \ldots, \beta_m) = \Delta(v_0, zv_1, z^2v_2, \ldots, z^m v_m),$$

und wegen (18)

$$\Delta(\beta_0, \beta_1, \beta_2, \ldots, \beta_m) = \Delta(u_0, yu_1, y^2u_2, \ldots, y^m u_m).$$

Aus dem Satze 3 folgen aber, wenn man darin für die beiden linearen Functionen von g die Ausdrücke 1 und zg oder 1 und yg, deren Determinanten respective z und y sind, annimmt, die identischen Gleichungen:

$$\Delta(v_0, zv_1, z^2v_2, \ldots, z^m v_m) = z^{m(m-1)}\Delta(v_0, v_1, v_2, \ldots, v_m)$$
$$\Delta(u_0, yu_1, y^2u_2, \ldots, y^m u_m) = y^{m(m-1)}\Delta(u_0, u_1, u_2, \ldots, u_m).$$

Es wird daher

(19) $$\begin{cases} \Delta(\beta_0, \beta_1, \beta_2, \ldots, \beta_m) \\ = z^{mm-m}\Delta(v_0, v_1, v_2, \ldots, v_m) \\ = y^{mm-m}\Delta(u_0, u_1, u_2, \ldots, u_m). \end{cases}$$

Die beiden Ausdrücke rechts sind homogene Functionen von x, y, z von derselben Ordnung. Setzt man daher $z = 1$, so zeigt die Formel (19), dafs man mittelst der Gleichung $f = 0$ die Function

$$y^{mm-m}\Delta(u_0, u_1, u_2, \ldots, u_m)$$

in die Function

$$\Delta(v_0, v_1, v_2, \ldots, v_m)$$

verwandeln kann. Man kann daher, dem Satz 1 zufolge, die Function

$$\Delta(u_0, u_1, u_2, \ldots, u_m)$$

selber mittelst der Gleichung $f = 0$ in eine andere rationale ganze Function Δ' verwandeln, deren Grad um $mm-m$ niedriger als der Grad von $\Delta(v_0, v_1, \ldots, v_m)$ ist.

Nennt man B_i den Grad von v_i, so bilden die Zahlen $B_0, B_1, B_2, \ldots, B_m$ eine arithmetische Reihe, und es wird

$$B_0 = m,\quad B_m = m(n-1).$$

Es wird daher zufolge des Satzes 2 die Function $\Delta(v_0, v_1, \ldots, v_m)$ auf den Grad

$$(m-1)(B_0+B_m) = mn(m-1)$$

steigen, und also die Function Δ', in welche man Δ mittelst der Gleichung $f = 0$ verwandeln kann, auf den Grad

$$mn(m-1)-m(m-1) = m(m-1)(n-1).$$

Die Punkte P der Curve f, welche die Eigenschaft besitzen, dafs die in ihnen an die Curve f gelegten Tangenten auch die Curve φ berühren, sind daher die Durchschnittspunkte der Curve f vom n^{ten} Grade mit einer Curve vom Grade $m(m-1)(n-1)$, deren Gleichung $\Delta' = 0$ ist, und es wird daher die Anzahl dieser Punkte oder die Anzahl der gemeinschaftlichen Tangenten, welche man an die beiden Curven f und φ legen kann, im Allgemeinen

$$mn(m-1)(n-1).$$

Dieses ist genau die Anzahl, welche sich durch die Betrachtung der Polarcurven ergiebt. Nennt man nämlich f' und φ' die Polarcurven von f und φ, so entspricht jeder gemeinschaftlichen Tangente von f und φ ein Durchschnittspunkt von f' und φ'. Diese Curven sind aber respective vom Grade $n(n-1)$ und $m(m-1)$, und es ist daher die Anzahl ihrer Durchschnittspunkte im Allgemeinen $m(m-1).n(n-1)$, welches daher auch die Anzahl der gemeinschaftlichen Tangenten der Curven f und φ sein mufs.

ZUR THEORIE DER DOPPELTANGENTEN UND WENDEPUNKTE ALGEBRAISCHER CURVEN.

AUSZUG DREIER SCHREIBEN VON HERRN PROF. HESSE UND EINES SCHREIBENS AN HERRN PROF. HESSE.

Crelle Journal für die reine und angewandte Mathematik, Bd. 40. p. 316—318 u. p. 260.

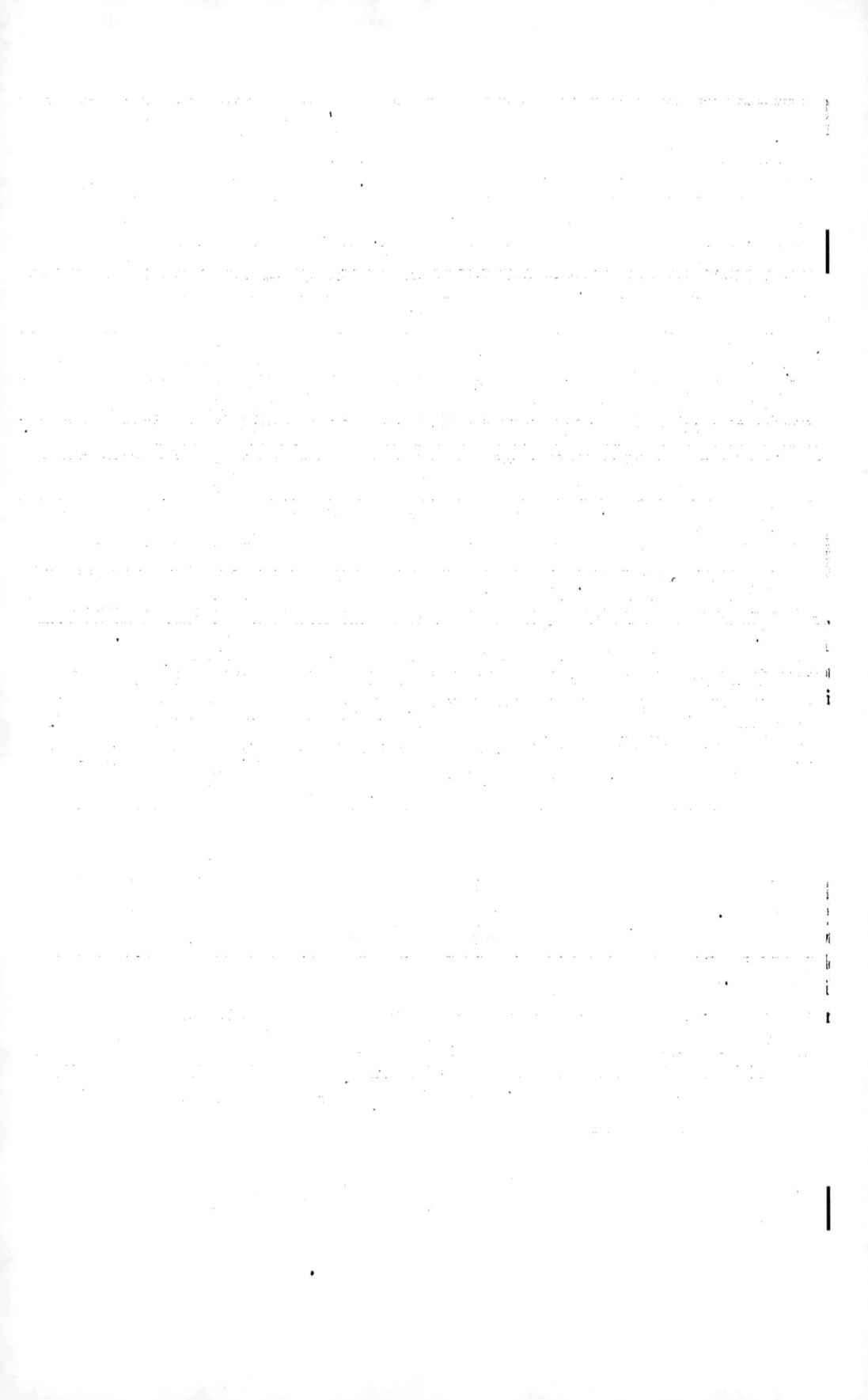

AUSZUG DREIER SCHREIBEN VON HERRN PROF. HESSE UND EINES SCHREIBENS AN HERRN PROF. HESSE.

Hesse an Jacobi.

1.

Königsberg, den 27. November 1849.

Ihr Brief ist mir von unschätzbarem Werthe, weil ich daraus Ihre alte Freundschaft entnehme, und er mir zugleich das bringt, wonach ich mich lange gesehnt habe. Sie schreiben von meiner Meisterschaft in gewissen mathematischen Dingen und beweisen gleich darauf, wie viel mir daran fehlt. Das lasse ich mir schon gerne gefallen, da dieser Beweis von unberechenbarem Nutzen für meine Bemühungen zu werden verspricht. Ich bedauere nichts mehr, als dafs 80 Meilen zwischen uns liegen, was mit einem halben Jahre gleichbedeutend ist. Im Sommer haben Sie den Beweis gemacht, der für mich vielleicht eine Lebensfrage ist, und im Winter erst kann ich ihn erfahren.

Reductionen der Art kommen in der Geometrie oft vor. *So läfst sich z. B. der Grad der Gleichung der Schmiegungs-Ebene einer Curve doppelter Krümmung, entstanden aus dem Schnitt zweier algebraischer Oberflächen, immer um 2 Einheiten in Rücksicht auf die Coordinaten des Berührungspunktes mit Hülfe der Gleichungen der beiden Oberflächen reduciren.* Die reducirten Gleichungen, zu weitläufig hier hinzuschreiben, werde ich alsbald an das Journal schicken.

Ich erlaube mir noch in Rücksicht auf die Wendepunkte eine Bemerkung hinzuzufügen, die ich eben jetzt gemacht habe, und die mir interessant scheint. Wenn u eine homogene Function von x, y, z, und wenn

$$\frac{\partial u}{\partial x}=0,\quad \frac{\partial u}{\partial y}=0,\quad \frac{\partial u}{\partial z}=0,$$

so ist

$$\frac{\partial^2 u}{\partial x^2}:\frac{\partial^2 u}{\partial y^2}:\cdots:\frac{\partial^2 u}{\partial y\,\partial z}:\cdots=\frac{\partial^2 v}{\partial x^2}:\frac{\partial^2 v}{\partial y^2}:\cdots:\frac{\partial^2 v}{\partial y\,\partial z}:\cdots,$$

wo v die aus den zweiten partiellen Differentialquotienten von u zusammengesetzte Determinante ist. Hieraus erklärt sich auch, warum in einen Doppelpunkt immer 6 Wendepunkte zusammenfallen.

Mit dem innigen Wunsche Ihres Wohlergehens

Ihr treu ergebener Schüler

Otto Hesse.

2.

Königsberg, den 7. December 1849.

— — — Sie haben durch Ihren Beweis von den Doppeltangenten zugleich dargethan, dafs auch der Grad jedes Gliedes der Reihe

$$f(x+bh,\ y-ah) = a_2h^2+a_3h^3+\cdots,$$

wo $b = \frac{\partial f}{\partial y}$, $a = \frac{\partial f}{\partial x}$, mit Hülfe der Gleichung $f(x, y) = 0$ sich um 2 Einheiten erniedrigen läfst. Wie sich aber durch diese Erniedrigung die Coëfficienten α_2, α_3, ... gestalten, läfst sich aus Ihren Andeutungen nicht schliefsen (Sie haben das ja auch gar nicht gewollt), und doch wäre gerade die wirkliche Darstellung der reducirten α in einer einfachen Form für mich von der höchsten Wichtigkeit.

Schliefslich erwähne ich noch einer Eliminationsmethode zur Anwendung auf Curven 3ter und 4ter Ordnung. Ich habe mir nämlich die Aufgabe gestellt, die Gleichungen dieser Curven durch Liniencoordinaten auszudrücken, wenn sie in Punktcoordinaten gegeben sind, d. h. die Variabeln aus den 4 Gleichungen zu eliminiren:

$$(1)\qquad \frac{\partial u}{\partial x_1} = \alpha_1,\quad \frac{\partial u}{\partial x_2} = \alpha_2,\quad \frac{\partial u}{\partial x_3} = \alpha_3,$$

$$(2)\qquad \alpha_1x_1+\alpha_2x_2+\alpha_3x_3 = 0,$$

wenn $u = 0$ die Gleichung der Curve ist. Zu diesem Zwecke bilde ich für die Curven 3ten Grades die Derminante v aus den Gröfsen

$$\begin{array}{cccc}
\frac{\partial^2 u}{\partial x_1^2} & \frac{\partial^2 u}{\partial x_1 \partial x_2} & \frac{\partial^2 u}{\partial x_1 \partial x_3} & \alpha_1 \\
\frac{\partial^2 u}{\partial x_2 \partial x_1} & \frac{\partial^2 u}{\partial x_2^2} & \frac{\partial^2 u}{\partial x_2 \partial x_3} & \alpha_2 \\
\frac{\partial^2 u}{\partial x_3 \partial x_1} & \frac{\partial^2 u}{\partial x_3 \partial x_2} & \frac{\partial^2 u}{\partial x_3^2} & \alpha_3 \\
\alpha_1 & \alpha_2 & \alpha_3 & 0,
\end{array}$$

und eliminire die Variabeln x_1, x_2, x_3, λ aus den linearen Gleichungen

$$(2) \qquad a_1 x_1 + a_2 x_2 + a_3 x_3 = 0,$$

$$(3) \qquad \frac{\partial v}{\partial x_1} + \lambda a_1 = 0, \quad \frac{\partial v}{\partial x_2} + \lambda a_2 = 0, \quad \frac{\partial v}{\partial x_3} + \lambda a_3 = 0.$$

Dieses Verfahren für die Curven 3ter Ordnung ist ein anderes als das, welches ich bereits bekannt gemacht habe und was auch Cayley bekannt gewesen sein soll.

In dem Falle, wenn $u = 0$ eine Curve 4ter Ordnung ist, bilde ich aus der Gleichung (2) 6 andere Gleichungen durch Multiplication mit x_1^2, $x_1 x_2$, $x_1 x_3$, x_2^2, $x_2 x_3$, x_3^2, und eliminire aus diesen 6 Gleichungen, den 3 Gleichungen (1) und den 3 Gleichungen (3), wie aus linearen Gleichungen, die 11 Unbekannten x_1^3, $x_1^2 x_2$, ... und λ.

Otto Hesse.

3.

Königsberg, den 30. December 1849.

Für Ihre Mittheilung des Beweises von den Doppeltangenten mufs ich Ihnen auch insofern dankbar sein, als ich mich dadurch aufgefordert fühlte, einen letzten Versuch zu machen, die Curve zu bestimmen, welche durch die Berührungspunkte der Doppeltangenten einer Curve 4ter Ordnung hindurchgeht, befreit von allen überflüssigen Termen. Dafs eine solche existirt, wufste ich vorher, denn ich kann 7 Kegelschnitte angeben, welche durch sämmtliche Berührungspunkte hindurchgehen, nicht auf die Weise, wie der unrichtige Plückersche Satz über die Kegelschnitte, welche die Curve in den Berührungspunkten schneiden sollen, vermuthen liefse, sondern auf eine ganz andere Art, die ich wegen ihrer Weitläufigkeit hier nicht angeben kann. Der Versuch gelang, und folgendes ist das Resultat: $u = 0$ sei die Gleichung der Curve 4ter Ordnung, Δ die Determinante der Function u, zusammengesetzt aus ihren 2ten Differentialquotienten u_{11}, u_{22}, ... Es seien ferner Δ_1, Δ_2, Δ_3, Δ_{11}, Δ_{22}, ... die ersten und zweiten partiellen Differentialquotienten von Δ. *Setzt man nun*

$$v_{11} = u_{22} u_{33} - u_{23}^2, \quad v_{23} = u_{13} u_{12} - u_{11} u_{23},$$
$$v_{22} = u_{33} u_{11} - u_{31}^2, \quad v_{31} = u_{21} u_{23} - u_{22} u_{31},$$
$$v_{33} = u_{11} u_{22} - u_{12}^2, \quad v_{12} = u_{32} u_{31} - u_{33} u_{12},$$

so ist die gesuchte Gleichung vom 14ten Grade folgende:

$$\{\Delta_1^2 v_{11} + \Delta_2^2 v_{22} + \Delta_3^2 v_{33} + 2\Delta_2\Delta_3 v_{23} + 2\Delta_3\Delta_1 v_{31} + 2\Delta_1\Delta_2 v_{12}\}$$
$$-3\Delta\{\Delta_{11}v_{11} + \Delta_{22}v_{22} + \Delta_{33}v_{33} + 2\Delta_{23}v_{23} \; + 2\Delta_{31}v_{31} \; + 2\Delta_{12}v_{12}\} = 0.$$

Die anliegenden Abhandlungen haben Sie wohl die Güte an Herrn G. R. Crelle zu befördern. Zum neuen Jahre den aufrichtigsten Glückwunsch Ihres ergebenen Schülers

Otto Hesse.

Jacobi an Hesse.

Von dem zweiten Satze Ihres gütigen Schreibens vom 27ten Nov. habe ich einen Beweis gesucht. Man hat die n identischen Gleichungen:

$$x_1 \frac{\partial^2 u}{\partial x_1 \partial x_i} + x_2 \frac{\partial^2 u}{\partial x_2 \partial x_i} + \cdots + x_n \frac{\partial^2 u}{\partial x_n \partial x_i} = (m-1)\frac{\partial u}{\partial x_i},$$

wenn u vom m^{ten} Grade ist. Durch ihre Auflösung erhalte man:

$$v x_i = (m-1)\left\{U_{1,i}\frac{\partial u}{\partial x_1} + U_{2,i}\frac{\partial u}{\partial x_2} + \cdots + U_{n,i}\frac{\partial u}{\partial x_n}\right\},$$

wo $U_{i,k} = U_{k,i}$. Differentiirt man diese Gleichung nach x_k, so wird

$$\frac{\partial v}{\partial x_k} x_i = (m-1)\left\{\frac{\partial U_{1,i}}{\partial x_k}\frac{\partial u}{\partial x_1} + \frac{\partial U_{2,i}}{\partial x_k}\frac{\partial u}{\partial x_2} + \cdots + \frac{\partial U_{n,i}}{\partial x_k}\frac{\partial u}{\partial x_n}\right\},$$

wo x_k von x_i verschieden. Differentiirt man nochmals nach x_l, so erhält man

$$\frac{\partial^2 v}{\partial x_k \partial x_l} x_i = (m-1)\left\{\frac{\partial^2 U_{1,i}}{\partial x_k \partial x_l}\frac{\partial u}{\partial x_1} + \frac{\partial^2 U_{2,i}}{\partial x_k \partial x_l}\frac{\partial u}{\partial x_2} + \cdots + \frac{\partial^2 U_{n,i}}{\partial x_k \partial x_l}\frac{\partial u}{\partial x_n}\right\}$$
$$-(m-1)\left\{U_{1,i}\frac{\partial^3 u}{\partial x_1 \partial x_k \partial x_l} + U_{2,i}\frac{\partial^3 u}{\partial x_2 \partial x_k \partial x_l} + \cdots + U_{n,i}\frac{\partial^3 u}{\partial x_n \partial x_k \partial x_l}\right\}.$$

Wenn $l = i$, kommt rechts noch $(m-2)\frac{\partial v}{\partial x_k}$ hinzu.

Es sei jetzt

$$\frac{\partial u}{\partial x_1} = 0, \quad \frac{\partial u}{\partial x_2} = 0, \quad \ldots, \quad \frac{\partial u}{\partial x_n} = 0,$$

so wird

$$v = 0, \quad \frac{\partial v}{\partial x_k} = 0, \quad U_{i,k} = N x_i x_k,$$

wo N für sämmtliche Combinationen von i und k dasselbe bleibt. Es folgt daher aus der zuletzt gefundenen identischen Gleichung:

$$\frac{\partial^2 v}{\partial x_k \partial x_l} = -(m-1)(m-2)N \cdot \frac{\partial^2 u}{\partial x_k \partial x_l},$$

was Ihren Satz giebt.

C. G. J. Jacobi.

NACHLASS.

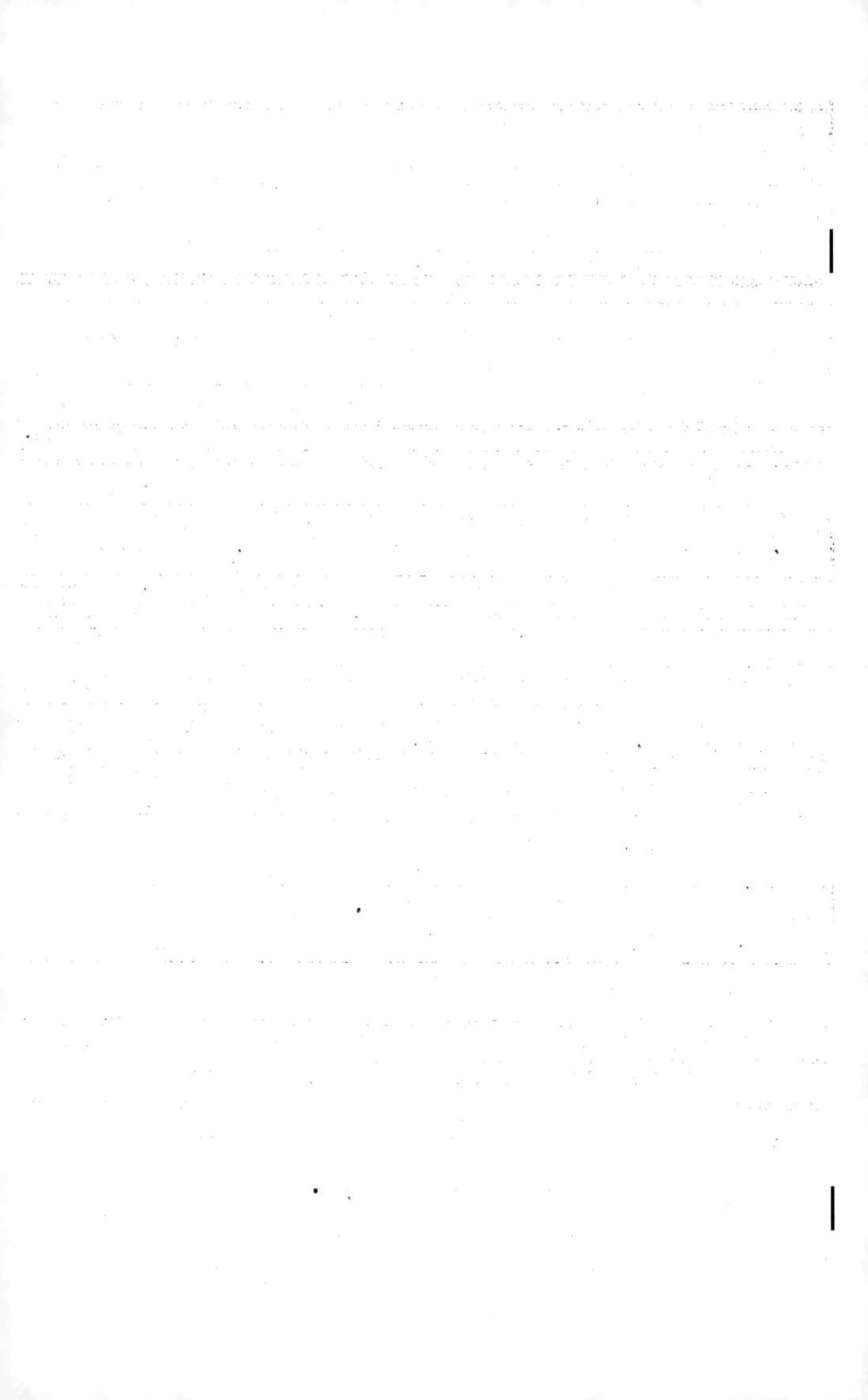

ADDITAMENTA AD COMMENTATIONEM QUAE INSCRIPTA EST:

DISQUISITIONES ANALYTICAE DE FRACTIONIBUS SIMPLICIBUS.

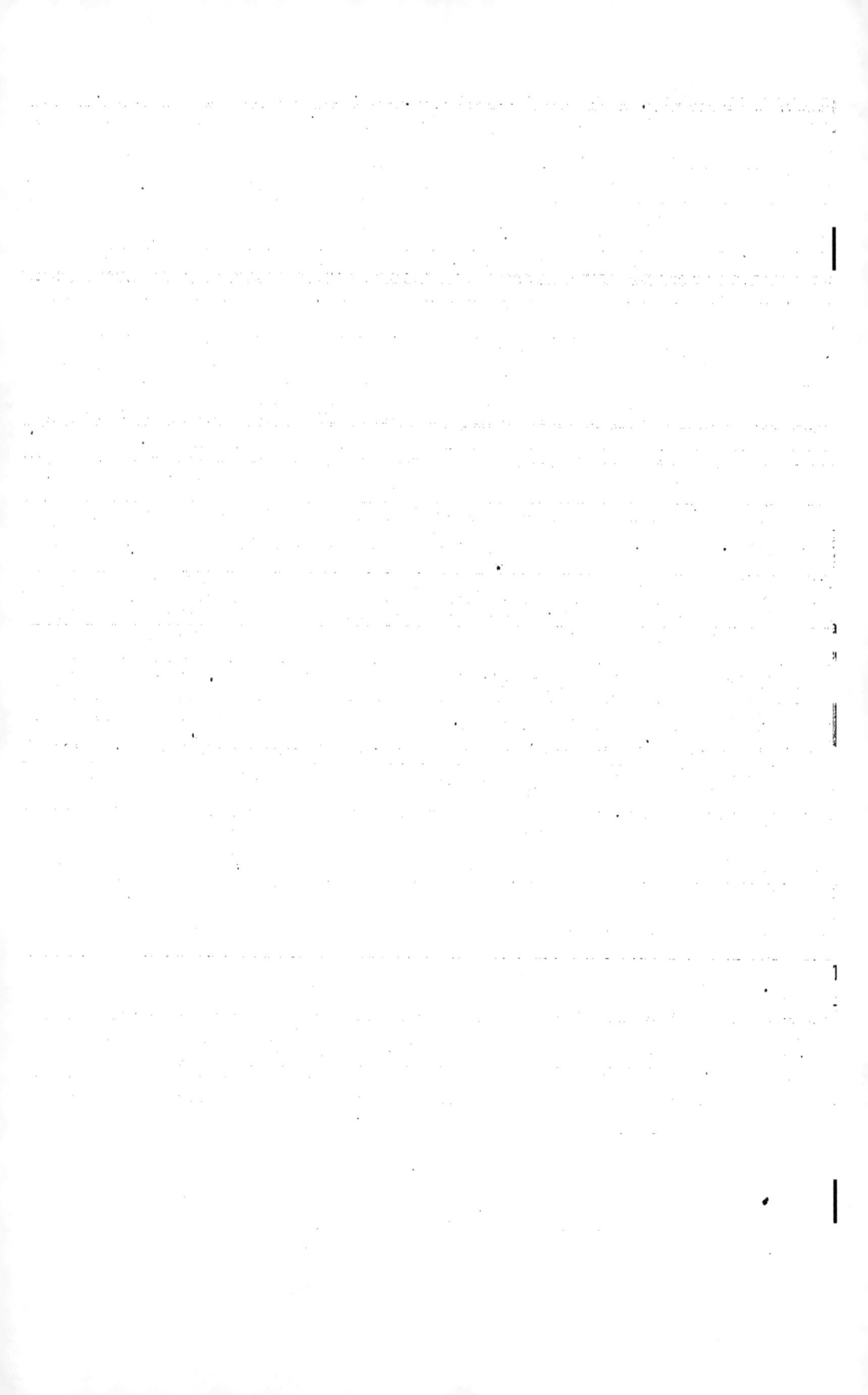

ADDITAMENTA AD COMMENTATIONEM QUAE INSCRIPTA EST:
DISQUISITIONES ANALYTICAE DE FRACTIONIBUS SIMPLICIBUS.

I.

Fractionum simplicium usus insignis est in divisione algebraica instituenda; scilicet et quotientem divisionis et residuum per formulas generales ac simplices exhibere licet, dummodo divisoris resolutio in factores lineares constat. Sit enim dividendus $f(x)$, cuius gradus divisoris $\varphi(x)$ gradum aut aequat aut superat, ponaturque

$$f(x) = Q\varphi(x)+R,$$

ubi $f(x)$, $\varphi(x)$, Q, R sunt functiones rationales integrae, $f(x)$ dividendus, $\varphi(x)$ divisor, Q quotiens, R residuum. Si statuitur

$$\varphi(x) = (x-\alpha_1)(x-\alpha_2)\ldots(x-\alpha_n),$$

cum sit functionis R gradus ipso n inferior, erit

$$\begin{aligned}\frac{R}{\varphi(x)} &= \frac{R(\alpha_1)}{\varphi'(\alpha_1)(x-\alpha_1)}+\frac{R(\alpha_2)}{\varphi'(\alpha_2)(x-\alpha_2)}+\cdots+\frac{R(\alpha_n)}{\varphi'(\alpha_n)(x-\alpha_n)}\\ &= \frac{f(\alpha_1)}{\varphi'(\alpha_1)(x-\alpha_1)}+\frac{f(\alpha_2)}{\varphi'(\alpha_2)(x-\alpha_2)}+\cdots+\frac{f(\alpha_n)}{\varphi'(\alpha_n)(x-\alpha_n)},\end{aligned}$$

quae per $\varphi(x)$ multiplicata residuum R suppeditat.

Quotientem Q statim quidem obtinemus formula

$$Q = \frac{f(x)-f(\alpha_1)}{\varphi'(\alpha_1)(x-\alpha_1)}+\frac{f(x)-f(\alpha_2)}{\varphi'(\alpha_2)(x-\alpha_2)}+\cdots+\frac{f(x)-f(\alpha_n)}{\varphi'(x_n)(x-\alpha_n)},$$

sed, ut ipso adspectu appareat, ejus gradum n unitatibus inferiorem esse dividendi $f(x)$ gradu, ita agere convenit.

Sit enim $\chi(x)$ dividendi $f(x)$ pars ea, quae $(n-1)^{\text{tum}}$ gradum non superet, ac statuatur

$$f(x) = \chi(x)+x^n\Pi(x),$$

substituendo hanc dividendi $f(x)$ expressionem in expressione antecedente quotientis Q, et observando fieri

$$\frac{\chi(x)-\chi(\alpha_1)}{\varphi'(\alpha_1)(x-\alpha_1)}+\frac{\chi(x)-\chi(\alpha_2)}{\varphi'(\alpha_2)(x-\alpha_2)}+\cdots+\frac{\chi(x)-\chi(\alpha_n)}{\varphi'(\alpha_n)(x-\alpha_n)}=0,$$

$$\frac{x^n-\alpha_1^n}{\varphi'(\alpha_1)(x-\alpha_1)}+\frac{x^n-\alpha_2^n}{\varphi'(\alpha_2)(x-\alpha_2)}+\cdots+\frac{x^n-\alpha_n^n}{\varphi'(\alpha_n)(x-\alpha_n)}=1,$$

obtinetur

$$Q=\Pi(x)+\frac{\alpha_1^n}{\varphi'(\alpha_1)}\frac{\Pi(x)-\Pi(\alpha_1)}{x-\alpha_1}+\frac{\alpha_2^n}{\varphi'(\alpha_2)}\frac{\Pi(x)-\Pi(\alpha_2)}{x-\alpha_2}+\cdots+\frac{\alpha_n^n}{\varphi'(\alpha_n)}\frac{\Pi(x)-\Pi(\alpha_n)}{x-\alpha_n},$$

cujus expressionis patet gradum eundem esse atque ipsius $\Pi(x)$, ideoque dividendi $f(x)$ gradum n unitatibus eum superare.

Si dividendus est variabilis x potestas

$$f(x)=x^p, \quad \text{unde} \quad \Pi(x)=x^{p-n},$$

facile patet *fieri quotientem Q summam combinationum cum repetitionibus e $(p-n)^{\text{tis}}$ elementorum* x, α_1, α_2, ..., α_n. Generaliter enim eruitur Q multiplicando seriem

$$\frac{1}{\varphi(x)}=\frac{1}{x^n}+\frac{\overset{1}{C}}{x^{n+1}}+\frac{\overset{2}{C}}{x^{n+2}}+\frac{\overset{3}{C}}{x^{n+3}}+\cdots$$

per dividendum $f(x)$ solasque retinendo dignitates ipsius x positivas cum constante. Hinc, ubi fit $f(x)=x^p$, erit

$$Q=x^{p-n}+x^{p-n-1}\overset{1}{C}+x^{p-n-2}\overset{2}{C}+\cdots+\overset{p-n}{C},$$

quod e theoria combinationum ipsi $\overset{p-n}{C}$ aequatur, si elementis α_1, α_2, ..., α_n, quorum combinationes formandae sunt, ipsa variabilis x adjicitur. E formulis §. 5 traditis ea combinationum summa evadit

$$\frac{x^p}{(x-\alpha_1)(x-\alpha_2)\dots(x-\alpha_n)}+\frac{\alpha_1^p}{(\alpha_1-\alpha_2)(\alpha_1-\alpha_3)\dots(\alpha_1-\alpha_n)(\alpha_1-x)}+\cdots$$
$$\cdots+\frac{\alpha_n^p}{(\alpha_n-\alpha_1)(\alpha_n-\alpha_2)\dots(\alpha_n-\alpha_{n-1})(\alpha_n-x)}.$$

Quae expressio substituendo residui R valorem supra traditum evadit

$$\frac{x^p}{\varphi(x)}-\frac{R}{\varphi(x)}=Q,$$

sicuti fieri debet.

Ex aequatione

$$\frac{f(x)}{\varphi(x)}-\frac{R}{\varphi(x)}=Q$$

sequitur, evoluta $\frac{f(x)}{\varphi(x)}$ secundum descendentes variabilis x potestates, reiectisque positivis, prodire fractionis $\frac{R}{\varphi(x)}$ evolutionem; scilicet in evolutione fractionis genuinae $\frac{R}{\varphi(x)}$ secundum descendentes ipsius x potestates non reperiuntur potestates positivae. Hinc *obtinetur residuum R, evolvendo fractionem $\frac{f(x)}{\varphi(x)}$ secundum variabilis x potestates descendentes, reiiciendo potestates positivas et multiplicando per divisorem $\varphi(x)$.* Ubi rursus $f(x) = x^p$, erit

$$\frac{R}{\varphi(x)} = \frac{\overset{p-n+1}{C}}{x} + \frac{\overset{p-n+2}{C}}{x^2} + \frac{\overset{p-n+3}{C}}{x^3} + \cdots,$$

ideoque posito

$$\varphi(x) = x^n - \overset{1}{A} x^{n-1} + \overset{2}{A} x^{n-2} - \cdots \pm \overset{n}{A}$$

erit

$$R = \begin{cases} \overset{p-n+1}{C} (x^{n-1} - \overset{1}{A} x^{n-2} + \overset{2}{A} x^{n-3} - \cdots \mp \overset{n-1}{A}) \\ + \overset{p-n+2}{C} (x^{n-2} - \overset{1}{A} x^{n-3} + \overset{2}{A} x^{n-4} - \cdots \pm \overset{n-2}{A}) \\ + \cdots\cdots\cdots\cdots\cdots\cdots\cdots\cdots \\ + \overset{p}{C}. \end{cases}$$

Idem secundum antecedentia fit

$$R = x^p - (x^n - \overset{1}{A} x^{n-1} + \overset{2}{A} x^{n-2} - \cdots \pm \overset{n}{A})(\overset{p-n}{C} + x \overset{p-n-1}{C} + x^2 \overset{p-n-2}{C} + \cdots + x^{p-n}),$$

unde, si secundum alteram ipsius R expressionem primos, secundum alteram postremos eius terminos exhibemus, fit

$$R = \begin{cases} \overset{p-n+1}{C} x^{n-1} + (\overset{p-n+2}{C} - \overset{1}{A} \overset{p-n+1}{C}) x^{n-2} + (\overset{p-n+3}{C} - \overset{1}{A} \overset{p-n+2}{C} + \overset{2}{A} \overset{p-n+1}{C}) x^{n-3} + \cdots \\ \cdots \pm [\overset{n}{A} \overset{p-n}{C} + (\overset{n}{A} \overset{p-n-1}{C} - \overset{n-1}{A} \overset{p-n}{C}) x + (\overset{n}{A} \overset{p-n-2}{C} - \overset{n-1}{A} \overset{p-n-1}{C} + \overset{n-2}{A} \overset{p-n}{C}) x^2 + \cdots]. \end{cases}$$

Si quantitates $\overset{i}{C}$ per ipsas $\overset{k}{A}$ exprimere placet, eius expressionis erit terminus generalis

$$(-1)^{i-s} \frac{\Pi(m_1 + m_2 + \cdots + m_n)}{\Pi(m_1)\Pi(m_2)\ldots\Pi(m_n)} \overset{1}{A}{}^{m_1} \overset{2}{A}{}^{m_2} \ldots \overset{n}{A}{}^{m_n},$$

ubi $s = m_1 + m_2 + \cdots + m_n$ atque $m_1, m_2, \ldots, m_n$ sunt numeri positivi incluso zero satisfacientes conditioni

$$m_1 + 2m_2 + 3m_3 + \cdots + nm_n = i.$$

Hinc si residui R coëfficientes per ipsas $\overset{k}{A}$ exhibentur, in expressione coëfficientis potestatis x^{n-h}

$$\overset{p-n+h}{C} - \overset{1}{A}\,\overset{p-n+h-1}{C} + \overset{2}{A}\,\overset{p-n+h-2}{C} - \cdots \pm \overset{h-1}{A}\,\overset{p-n+1}{C}$$

terminus generalis

$$(-1)^{p-n+h-s} c \overset{1}{A}{}^{m_1} \overset{2}{A}{}^{m_2} \ldots \overset{n}{A}{}^{m_n}$$

afficitur coëfficiente

$$c = \frac{\Pi(s)}{\Pi(m_1)\Pi(m_2)\ldots\Pi(m_n)}\left\{1 - \frac{m_1}{s} - \frac{m_2}{s} - \cdots - \frac{m_{h-1}}{s}\right\}$$
$$= \frac{(m_h + m_{h+1} + \cdots + m_n)\Pi(m_1 + m_2 + \cdots + m_n - 1)}{\Pi(m_1)\Pi(m_2)\ldots\Pi(m_n)},$$

ubi m_1, m_2, ..., m_n sunt numeri positivi incluso zero satisfacientes conditioni

$$m_1 + 2m_2 + 3m_3 + \cdots + nm_n = p - n + h,$$

quod obiter adnoto.

Secundum §. 11 erit

$$\frac{R}{\varphi(x)} = \left\{\frac{1}{x-h}\,\frac{f(h)}{\varphi(h)}\right\}_{h^{-1}},$$

siquidem fractio $\frac{1}{x-h}$ secundum ascendentes, fractio $\frac{f(h)}{\varphi(h)}$ secundum descendentes variabilis h potestates evolvi supponitur. Unde eruitur

$$R = \left\{\frac{\varphi(x)}{x-h}\cdot\frac{f(x)}{\varphi(h)}\right\}_{h^{-1}}.$$

Si fractio $\frac{1}{h-x}$ *secundum descendentes quantitatis* h *potestates evolvitur, atque* $F(x)$ *seriem designat potestatibus integris variabilis* x *constantem, aequetur*

$$\left\{\frac{F(h)}{h-x}\right\}_{h^{-1}}$$

ei seriei $F(x)$ *parti, quae positivis variabilis* x *potestatibus constat.* Ex eo principio, quod sponte patet, sequitur quotientis Q expressio

$$Q = \left\{\frac{f(h)}{(h-x)\varphi(h)}\right\}_{h^{-1}}.$$

Hinc scribendo denominatoris factorem binomialem aut $x-h$ aut $h-x$, prout fractio $\frac{1}{x-h}$ secundum ascendentes aut descendentes variabilis h potestates evolvi supponitur, habetur formula symbolica

$$f(x) = \left\{\frac{\varphi(x)f(h)}{\varphi(h)}\left(\frac{1}{h-x} + \frac{1}{x-h}\right)\right\}_{h^{-1}},$$

in qua etiam statuere licet $\varphi(x) = 1$, et quae facile patet, functionem integram $\varphi(x)$ secundum binominis $x-h$ potestates evolvendo.

II.

Ex iis, quae in §. 14 sunt inventa, haec sequitur propositio:

Propositio I.

Sint $f(x)$ et $\varphi(x)$ functiones variabilis x rationales integrae $(n-2)^{ti}$ et n^{ti} gradus,

$$f(x) = a_0 + a_1 x + a_2 x^2 + \cdots + a_{n-3} x^{n-3} + x^{n-2},$$
$$\varphi(x) = (x-\alpha_1)(x-\alpha_2)\ldots(x-\alpha_n),$$

sit porro $\varphi'(x) = \dfrac{d\varphi(x)}{dx}$, *erit*

$$\frac{f(x)}{\varphi(x)} = -\Sigma \frac{(\alpha_1-\alpha_2)^2 f(\alpha_1) f(\alpha_2)}{\varphi'(\alpha_1)\varphi'(\alpha_2)(x-\alpha_1)(x-\alpha_2)}.$$

Scilicet facile patet esse

$$-(\alpha_1-\alpha_2)^2 M_{1,2} = \varphi'(\alpha_1)\varphi'(\alpha_2).$$

Propositionem antecedentem hac alia confirmare licet demonstratione.

Fit

$$-\Sigma \frac{(\alpha_1-\alpha_2)^2 f(\alpha_1) f(\alpha_2)}{\varphi'(\alpha_1)\varphi'(\alpha_2)(x-\alpha_1)(x-\alpha_2)} = \Sigma \frac{f(\alpha_1) f(\alpha_2)}{\varphi'(\alpha_1)\varphi'(\alpha_2)} \left\{ \frac{\alpha_2-\alpha_1}{x-\alpha_1} + \frac{\alpha_1-\alpha_2}{x-\alpha_2} \right\}.$$

Si negligimus variabilis x functiones rationales integras ideoque etiam constantem, aggregato

$$\frac{\alpha_2-\alpha_1}{x-\alpha_1} + \frac{\alpha_1-\alpha_2}{x-\alpha_2}$$

substituere licet hoc

$$\frac{\alpha_2-x}{x-\alpha_1} + \frac{\alpha_1-x}{x-\alpha_2},$$

ideoque summae propositae productum

$$\left\{ \frac{f(\alpha_1)}{\varphi'(\alpha_1)(x-\alpha_1)} + \frac{f(\alpha_2)}{\varphi'(\alpha_2)(x-\alpha_2)} + \cdots + \frac{f(\alpha_n)}{\varphi'(\alpha_n)(x-\alpha_n)} \right\}$$
$$\times \left\{ \frac{f(\alpha_1)}{\varphi'(\alpha_1)}(\alpha_1-x) + \frac{f(\alpha_2)}{\varphi'(\alpha_2)}(\alpha_2-x) + \cdots + \frac{f(\alpha_n)}{\varphi'(\alpha_n)}(\alpha_n-x) \right\}.$$

Si functio $f(x)$ gradum $(n-2)$ *non assequitur*, factor secundus evanescit, eoque igitur casu ipsa evanescit summa proposita. Si functio $f(x)$ gradum $(n-2)$ assequitur sive fit

$$f(x) = a_0 + a_1 x + a_2 x^2 + \cdots + a_{n-2} x^{n-2},$$

factor secundus in quantitatem constantem a_{n-2} abit, factor primus fit $\frac{f(x)}{\varphi(x)}$, unde propositio demonstranda emergit.

At quicunque sit functionis $f(x)$ gradus, sequitur ex antecedentibus, *summam*

$$-\Sigma\frac{(\alpha_1-\alpha_2)^2 f(\alpha_1)f(\alpha_2)}{\varphi'(\alpha_1)\varphi'(\alpha_2)(x-\alpha_1)(x-\alpha_2)}$$

a producto

$$\frac{f(x)}{\varphi(x)}\left\{\frac{f(\alpha_1)}{\varphi'(\alpha_1)}(\alpha_1-x)+\frac{f(\alpha_2)}{\varphi'(\alpha_2)}(\alpha_2-x)+\cdots+\frac{f(\alpha_n)}{\varphi'(\alpha_n)}(\alpha_n-x)\right\}$$

tantum functione variabilis x rationali integra differre.

Aggregatum uncis inclusum aequatur coëfficienti termini $\frac{1}{y}$ obvenientis in evolutione fractionis

$$\frac{(y-x)f(y)}{\varphi(y)}$$

secundum variabilis y potestates descendentes instituta. Unde hanc nanciscimur propositionem:

Propositio II.

Sit $\varphi(x)=(x-\alpha_1)(x-\alpha_2)\ldots(x-\alpha_n)$ atque $f(x)$ functio variabilis x rationalis integra quaecunque: summa

$$\Sigma\frac{(\alpha_1-\alpha_2)^2 f(\alpha_1)f(\alpha_2)}{\varphi'(\alpha_1)\varphi'(\alpha_2)(x-\alpha_1)(x-\alpha_2)}$$

tantum functione variabilis x rationali integra differt a coëfficiente termini $\frac{1}{y}$ obvenientis in evolutione fractionis

$$\frac{(x-y)f(x)f(y)}{\varphi(x)\varphi(y)}$$

secundum descendentes variabilis y potestates instituta.

Designante $\chi(x)$ etiam variabilis x functionem rationalem integram quamcunque, prorsus eadem via invenitur, *summam*

$$-\Sigma\frac{(\alpha_1-\alpha_2)^2\{f(\alpha_1)\chi(\alpha_2)+f(\alpha_2)\chi(\alpha_1)\}}{\varphi'(\alpha_1)\varphi'(\alpha_2)(x-\alpha_1)(x-\alpha_2)}$$

tantum functione variabilis x rationali integra differe ab aggregato duorum productorum

$$\left\{\frac{f(\alpha_1)}{\varphi'(\alpha_1)(x-\alpha_1)}+\frac{f(\alpha_2)}{\varphi'(\alpha_2)(x-\alpha_2)}+\cdots+\frac{f(\alpha_n)}{\varphi'(\alpha_n)(x-\alpha_n)}\right\}$$
$$\left\{\frac{\chi(\alpha_1)}{\varphi'(\alpha_1)}(\alpha_1-x)+\frac{\chi(\alpha_2)}{\varphi'(\alpha_2)}(\alpha_2-x)+\cdots+\frac{\chi(\alpha_n)}{\varphi'(\alpha_n)}(\alpha_n-x)\right\}$$
$$+\left\{\frac{\chi(\alpha_1)}{\varphi'(\alpha_1)(x-\alpha_1)}+\frac{\chi(\alpha_2)}{\varphi'(\alpha_2)(x-\alpha_2)}+\cdots+\frac{\chi(\alpha_n)}{\varphi'(\alpha_n)(x-\alpha_n)}\right\}$$
$$\left\{\frac{f(\alpha_1)}{\varphi'(\alpha_1)}(\alpha_1-x)+\frac{f(\alpha_2)}{\varphi'(\alpha_2)}(\alpha_2-x)+\cdots+\frac{f(\alpha_n)}{\varphi'(\alpha_n)}(\alpha_n-x)\right\}.$$

Unde haec emergit propositio antecedente II. generalior:

Propositio III.

Sit $\varphi(x)=(x-\alpha_1)(x-\alpha_2)\dots(x-\alpha_n)$, *sintque* $f(x)$ *et* $\chi(x)$ *functiones variabilis* x *rationales integrae quaecunque: summa*

$$\Sigma\frac{(\alpha_1-\alpha_2)^2\{f(\alpha_1)\chi(\alpha_2)+f(\alpha_2)\chi(\alpha_1)\}}{\varphi'(\alpha_1)\varphi'(\alpha_2)(x-\alpha_1)(x-\alpha_2)}$$

tantum functione variabilis x *rationali integra differt a coëfficiente termini* $\frac{1}{y}$ *obvenientis in evolutione fractionis*

$$\frac{(x-y)\{f(x)\chi(y)+\chi(x)f(y)\}}{\varphi(x)\varphi(y)}$$

secundum variabilis y *potestates descendentes instituta.*

Functionibus fractis etiam secundum variabilis x dignitates descendentes evolutis, si terminos in x^{-2} ductos inter se conferimus, nanciscimur formulam

$$\Sigma\frac{(\alpha_1-\alpha_2)^2\{f(\alpha_1)\chi(\alpha_2)+\chi(\alpha_1)f(\alpha_2)\}}{\varphi'(\alpha_1)\varphi'(\alpha_2)}=\left\{\frac{(x-y)\{f(x)\chi(y)+\chi(x)f(y)\}}{\varphi(x)\varphi(y)}\right\}_{x^{-2}y^{-1}},$$

qua haec continetur propositio:

Propositio IV.

Designantibus $\varphi(x)$, $f(x)$, $\chi(x)$ *variabilis* x *functiones rationales integras quascunque, positoque* $\varphi'(x)=\frac{d\varphi(x)}{dx}$, *si quantitates* α_i *sunt radices aequationis* $\varphi(x)=0$, *summa*

$$\Sigma\frac{(\alpha_i-\alpha_k)^2\{f(\alpha_i)\chi(\alpha_k)+\chi(\alpha_i)f(\alpha_k)\}}{\varphi'(\alpha_i)\varphi'(\alpha_k)}$$

ad combinationes omnes duarum aequationis $\varphi(x)=0$ *radicum diversarum extensa aequabitur coëfficienti termini* $\frac{1}{x^2 y}$ *obvenientis in evolutione fractionis*

$$\frac{(x-y)\{f(x)\chi(y)+\chi(x)f(y)\}}{\varphi(x)\varphi(y)}$$

secundum utriusque variabilis x et y potestates descendentes instituta.

III.

Theoremata in sectione secunda proposita confirmare licet demonstratione eius simili, quam supra (Addit. II) tradidi. Fit enim, designantibus quantitatibus U indefinite functiones ipsius x rationales integras

$$\frac{(\alpha_2-\alpha_3)^2(\alpha_3-\alpha_1)^2(\alpha_1-\alpha_2)^2}{(x-\alpha_1)(x-\alpha_2)(x-\alpha_3)}+U$$

$$=\frac{(\alpha_2-\alpha_3)^2(\alpha_1-\alpha_2)(\alpha_1-\alpha_3)}{x-\alpha_1}+\frac{(\alpha_3-\alpha_1)^2(\alpha_2-\alpha_1)(\alpha_2-\alpha_3)}{x-\alpha_2}+\frac{(\alpha_1-\alpha_2)^2(\alpha_3-\alpha_1)(\alpha_3-\alpha_2)}{x-\alpha_3}+U$$

$$=\frac{(\alpha_2-\alpha_3)^2(x-\alpha_2)(x-\alpha_3)}{x-\alpha_1}+\frac{(\alpha_3-\alpha_1)^2(x-\alpha_3)(x-\alpha_1)}{x-\alpha_2}+\frac{(\alpha_1-\alpha_2)^2(x-\alpha_1)(x-\alpha_2)}{x-\alpha_3}.$$

Hinc, posito

$$\begin{aligned}\Pi(\alpha_1,\alpha_2,\alpha_3)= & \{\chi(\alpha_1)\psi(\alpha_2)+\chi(\alpha_2)\psi(\alpha_1)\}\,f(\alpha_3)\\ & +\{\psi(\alpha_1)\,f(\alpha_2)+\psi(\alpha_2)\,f(\alpha_1)\}\,\chi(\alpha_3)\\ & +\{f(\alpha_1)\,\chi(\alpha_2)+f(\alpha_2)\,\chi(\alpha_1)\}\,\psi(\alpha_3),\end{aligned}$$

statuere licet

$$\Sigma\frac{(\alpha_2-\alpha_3)^2(\alpha_3-\alpha_1)^2(\alpha_1-\alpha_2)^2\,\Pi(\alpha_1,\alpha_2,\alpha_3)}{\varphi'(\alpha_1)\varphi'(\alpha_2)\varphi'(\alpha_3)(x-\alpha_1)(x-\alpha_2)(x-\alpha_3)}+U$$

aequale aggregato trium productorum:

$$\left\{\frac{f(\alpha_1)}{\varphi'(\alpha_1)(x-\alpha_1)}+\frac{f(\alpha_2)}{\varphi'(\alpha_2)(x-\alpha_2)}+\cdots+\frac{f(\alpha_n)}{\varphi'(\alpha_n)(x-\alpha_n)}\right\}$$
$$\Sigma\frac{(\alpha_1-\alpha_2)^2\{\chi(\alpha_1)\psi(\alpha_2)+\chi(\alpha_2)\psi(\alpha_1)\}}{\varphi'(\alpha_1)\varphi'(\alpha_2)}(x-\alpha_1)(x-\alpha_2)$$

$$+\left\{\frac{\chi(\alpha_1)}{\varphi'(\alpha_1)(x-\alpha_1)}+\frac{\chi(\alpha_2)}{\varphi'(\alpha_2)(x-\alpha_2)}+\cdots+\frac{\chi(\alpha_n)}{\varphi'(\alpha_n)(x-\alpha_n)}\right\}$$
$$\Sigma\frac{(\alpha_1-\alpha_2)^2\{\psi(\alpha_1)f(\alpha_2)+\psi(\alpha_2)f(\alpha_1)\}}{\varphi'(\alpha_1)\varphi'(\alpha_2)}(x-\alpha_1)(x-\alpha_2)$$

$$+\left\{\frac{\psi(\alpha_1)}{\varphi'(\alpha_1)(x-\alpha_1)}+\frac{\psi(\alpha_2)}{\varphi'(\alpha_2)(x-\alpha_2)}+\cdots+\frac{\psi(\alpha_n)}{\varphi'(\alpha_n)(x-\alpha_n)}\right\}$$
$$\Sigma\frac{(\alpha_1-\alpha_2)^2\{f(\alpha_1)\chi(\alpha_2)+f(\alpha_2)\chi(\alpha_1)\}}{\varphi'(\alpha_1)\varphi'(\alpha_2)}(x-\alpha_1)(x-\alpha_2).$$

Horum trium productorum factores priores sunt

$$\frac{f(x)}{\varphi(x)},\ \frac{\chi(x)}{\varphi(x)},\ \frac{\psi(x)}{\varphi(x)}.$$

Porro si e Prop. IV additamenti secundi aliam deducimus loco x et y scribendo y et z, ipsis autem $f(\alpha)$ et $\chi(\alpha)$ substituendo $(x-\alpha)f(\alpha)$, $(x-\alpha)\chi(\alpha)$, patebit tertii producti factorem posteriorem aequari coëfficienti termini $\frac{1}{y^2z}$ in evolutione fractionis

$$\frac{(y-z)(x-y)(x-z)\{f(y)\chi(z)+f(z)\chi(y)\}}{\varphi(y)\varphi(z)}.$$

Simili ratione duorum quoque aliorum productorum factoribus posterioribus expressis sequitur:

I. *Posito* $\varphi(x)=(x-\alpha_1)(x-\alpha_2)\ldots(x-\alpha_n)$, *ac designantibus* $f(x)$, $\chi(x)$, $\psi(x)$ *alias quascunque variabilis* x *functiones rationales integras, nec non statuto* $\varphi'(x)=\frac{d\varphi(x)}{dx}$, *summam*

$$\Sigma\frac{(\alpha_1-\alpha_2)^2(\alpha_1-\alpha_3)^2(\alpha_2-\alpha_3)^2\Pi(\alpha_1,\ \alpha_2,\ \alpha_3)}{\varphi'(\alpha_1)\varphi'(\alpha_2)\varphi'(\alpha_3)(x-\alpha_1)(x-\alpha_2)(x-\alpha_3)}=-\Sigma\frac{\Pi(\alpha_1,\ \alpha_2,\ \alpha_3)}{M_{1,2,3}(x-\alpha_1)(x-\alpha_2)(x-\alpha_3)}$$

tantum functione variabilis x *rationali integra discrepare a coëfficiente termini* $\frac{1}{y^2z}$ *in evolutione fractionis*

$$\frac{(x-y)(x-z)(y-z)\Pi(x,\ y,\ z)}{\varphi(x)\varphi(y)\varphi(z)}.$$

Si statuitur $\chi(x)=x^{n-3}$, $\psi(x)=x^{n-3}$, atque $f(x)$ functio rationalis integra $(n-4)^{ti}$ gradus, in evolutione proposita fit termini $\frac{1}{y^2z}$ coëfficiens $-\frac{2f(x)}{\varphi(x)}$. Si etiam $f(x)=x^{n-3}$, eiusdem termini coëfficiens fit $-\frac{6x^{n-3}}{\varphi(x)}$. Porro iis casibus evanescit functio rationalis integra, qua in genere utraque expressio proposita inter se differre potest. Unde propositio I abit in I additamenti primi.

Fractionibus omnibus secundum descendentes variabilis x potestates evolutis atque termini $\frac{1}{x^3}$ coëfficientibus collatis, e propositione antecedente emergit formula

$$\text{II.}\qquad -\Sigma\frac{\Pi(\alpha_1,\ \alpha_2,\ \alpha_3)}{M_{1,2,3}}=\left\{\frac{(x-y)(x-z)(y-z)\Pi(x,\ y,\ z)}{\varphi(x)\varphi(y)\varphi(z)}\right\}_{\frac{1}{x^2y^2z}},$$

in qua uti placuit notatione Sect. I §. 8 proposita.

Antecedentibus erat $\Pi(x, y, z)$ functio trium variabilium x, y, z rationalis integra symmetrica, sed quae forma speciali gaudebat aggregati productorum, quorum factores singuli singulas variabiles involvunt. At plures eiusmodi functiones addendo procreari potest functio ipsarum x, y, z rationalis integra symmetrica quaecunque. Unde patet, *et propositionem I et formulam II antecedentem valere ad omnes functiones $\Pi(x, y, z)$ rationales integras symmetricas.* Nec non eadem via ad functiones plurium variabilium pergendo, obtinetur propositio sequens:

Propositio generalis III.

Sit $\varphi(x) = (x-\alpha_1)(x-\alpha_2)\dots(x-\alpha_n)$, sintque $f_1, f_2, \dots, f_n$ variabilis x functiones rationales integrae quaecunque, porro sit $\Pi(x_1, x_2, \dots, x_k)$ quantitatum $x_1, x_2, \dots, x_k$ functio rationalis integra symmetrica quaecunque: positis

$$M_{1,2,\dots,k} = \left\{\begin{matrix} (\alpha_1-\alpha_{k+1})(\alpha_1-\alpha_{k+2})\dots(\alpha_1-\alpha_n) \\ (\alpha_2-\alpha_{k+1})(\alpha_2-\alpha_{k+2})\dots(\alpha_2-\alpha_n) \\ \dots\dots\dots\dots \\ (\alpha_k-\alpha_{k+1})(\alpha_k-\alpha_{k+2})\dots(\alpha_k-\alpha_n) \end{matrix}\right\},$$

$$P(x, x_1, \dots, x_{k-1}) = \left\{\begin{matrix} (x-x_1)(x-x_2)\dots(x-x_{k-2})(x-x_{k-1}) \\ (x_1-x_2)\dots(x_1-x_{k-2})(x_1-x_{k-1}) \\ \dots\dots\dots \\ \dots\dots \\ (x_{k-2}-x_{k-1}) \end{matrix}\right\},$$

summa

$$\Sigma \frac{\Pi(\alpha_1, \alpha_2, \dots, \alpha_k)}{M_{1,2,\dots,k}(x-\alpha_1)(x-\alpha_2)\dots(x-\alpha_k)}$$

ad k quaelibet ex elementis $\alpha_1, \alpha_2, \dots, \alpha_n$ extensa aut aequat aut tantum functione variabilis x rationali integra differt a coëfficiente termini $\frac{1}{x_1^{k-1} x_2^{k-2} \dots x_{k-2}^2 x_{k-1}}$ in evolutione fractionis

$$(-1)^{\frac{1}{2}k(k-1)} \frac{P(x, x_1, \dots, x_{k-1})\Pi(x, x_1, \dots, x_{k-1})}{\varphi(x)\varphi(x_1)\dots\varphi(x_{k-1})}$$

secundum descendentes variabilium $x_1, x_2, \dots, x_{k-1}$ potestates instituta, summa

$$\Sigma \frac{\Pi(\alpha_1, \alpha_2, \dots, \alpha_k)}{M_{1,2,\dots,k}}$$

aequat coëfficientem termini $\frac{1}{x^k x_1^{k-1} \dots x_{k-2}^2 x_{k-1}}$ in evolutione eiusdem fractionis secundum omnium variabilium potestates descendentes facta.

Si in functione Π variabilium nullius potestas superior $(n-k)^{\text{tae}}$ reperitur, atque fractio proposita secundum descendentes potestates variabilium $x_1, x_2, \ldots, x_i$ evolvitur, termini $\frac{1}{x_1 x_2^2 \ldots x_i^i}$ eius evolutionis coëfficiens aequat coëfficientem termini $x_1^{n-k} x_2^{n-k} \ldots x_i^{n-k}$ in ipsa functione Π. Unde si ponitur $i = k-1$, propositio generalis §. 15 tradita emergit. Si ponitur $i = k$ atque $\Pi = x^{n-k} x_1^{n-k} \ldots x_{k-1}^{n-k}$, sequitur e propositione praecedente formula elegans

$$\Sigma \frac{\alpha_1^{n-k} \alpha_2^{n-k} \ldots \alpha_k^{n-k}}{M_{1,2,\ldots,k}} = 1.$$

Propositio generalis III ad ipsum quoque valorem $k = n$ valet. Pro quo ipsi $M_{1,2,\ldots,k}$ substituere debemus *unitatem*. Unde e propositione generali eruitur haec:

IV. *Designante* $\Pi(\alpha_1, \alpha_2, \ldots, \alpha_n)$ *functionem rationalem integram symmetricam quamcunque, fractionem*

$$\frac{\Pi(\alpha_1, \alpha_2, \ldots, \alpha_n)}{(x-\alpha_1)(x-\alpha_2)\ldots(x-\alpha_n)}$$

aut aequare aut tantum functione variabilis x *rationali integra differre a coëfficiente termini* $\frac{1}{x_1^{n-1} x_2^{n-2} \ldots x_{n-1}}$ *in evolutione fractionis*

$$(-1)^{\frac{1}{2}n(n-1)} \frac{P(x, x_1, x_2, \ldots, x_{n-1}) \Pi(x, x_1, x_2, \ldots, x_{n-1})}{\varphi(x)\varphi(x_1)\varphi(x_2)\ldots\varphi(x_{n-1})}$$

secundum quantitatum $x_1, x_2, \ldots, x_{n-1}$ *dignitates descendentes instituta; ipsam functionem*

$$\Pi(\alpha_1, \alpha_2, \ldots, \alpha_n)$$

aequare coëfficientem termini $\frac{1}{x^n x_1^{n-1} x_2^{n-2} \ldots x_{n-1}}$ *in evolutione eiusdem fractionis secundum omnium* $x, x_1, x_2, \ldots, x_{n-1}$ *potestates descendentes facta.*

Scilicet propositio antecedens de generali III, valori $k = n-1$ applicata, eadem ratione deduci potest, qua supra e propositione valori $k = 2$ respondente aliam ad valorem $k = 3$ pertinentem deduxi.

§. 2.

Designemus per $S[F(\alpha_1, \alpha_2, \ldots, \alpha_k)]$ summam $1.2\ldots k$ quantitatum, e functione $F(\alpha_1, \alpha_2, \ldots, \alpha_k)$ permutatione argumentorum $\alpha_1, \alpha_2, \ldots, \alpha_k$ provenientium; sitque $S[\pm F(\alpha_1, \alpha_2, \ldots, \alpha_k)]$ functio definita per formulam

$$P(\alpha_1, \alpha_2, \ldots, \alpha_k) S\left[\frac{F(\alpha_1, \alpha_2, \ldots, \alpha_k)}{P(\alpha_1, \alpha_2, \ldots, \alpha_k)}\right] = S[\pm F(\alpha_1, \alpha_2, \ldots, \alpha_k)],$$

qua indicatur, valori permutatione elementorum $\alpha_1, \alpha_2, \ldots, \alpha_k$ e functione $F(\alpha_1, \alpha_2, \ldots, \alpha_k)$ provenienti signum + aut − tribuendum esse, prout eadem permutatione productum ex elementorum differentiis conflatum $P(\alpha_1, \alpha_2, \ldots, \alpha_k)$ aut immutatum maneat, aut signum mutet. Constat, si $F(\alpha_1, \alpha_2, \ldots, \alpha_k)$ sit functio rationalis integra, fieri

$$\frac{S[\pm F(\alpha_1, \alpha_2, \ldots, \alpha_k)]}{P(\alpha_1, \alpha_2, \ldots, \alpha_k)}$$

functionem rationalem integram symmetricam. Quae si in propositione generali III §. pr. ipsi Π substituitur, sequitur:

I. *Designante F functionem rationalem integram quamcunque, summam*

$$\Sigma \frac{S[\pm F(\alpha_1, \alpha_2, \ldots, \alpha_k)]}{P(\alpha_1, \alpha_2, \ldots, \alpha_k) M_{1,2,\ldots,k} (x-\alpha_1)(x-\alpha_2)\ldots(x-\alpha_k)}$$

aut aequare aut tantum functione variabilis x rationali integra diversam esse a coëfficiente termini $\frac{1}{x_1^{k-1} x_2^{k-2} \ldots x_{k-1}}$ *in evolutione fractionis*

$$(-1)^{\frac{1}{2}k(k-1)} \frac{S[\pm F(x, x_1, x_2, \ldots, x_{k-1})]}{\varphi(x)\varphi(x_1)\varphi(x_2)\ldots\varphi(x_{k-1})}$$

secundum potestates descendentes variabilium $x_1, x_2, \ldots, x_{k-1}$ *instituta; summam*

$$\Sigma \frac{S[\pm F(\alpha_1, \alpha_2, \ldots, \alpha_k)]}{P(\alpha_1, \alpha_2, \ldots, \alpha_k) M_{1,2,\ldots,k}}$$

aequare coëfficientem termini $\frac{1}{x^k x_1^{k-1} x_2^{k-2} \ldots x_{k-1}}$ *in evolutione eiusdem fractionis secundum omnium* $x, x_1, x_2, \ldots, x_{k-1}$ *dignitates descendentes facta.*

Signo duplici ΣS semper innuo ex elementis $\alpha_1, \alpha_2, \ldots, \alpha_n$ omnimodis eligenda esse k diversa, haec omnimodis inter se permutanda atque omnium expressionum provenientium instituendam esse summationem.

Si rursus ponitur $k = n$, propositio antecedens in hanc abit:

II. *Quantitates*

$$\frac{S[\pm F(\alpha_1, \alpha_2, \ldots, \alpha_n)]}{P(\alpha_1, \alpha_2, \ldots, \alpha_n)(x-\alpha_1)(x-\alpha_2)\ldots(x-\alpha_n)}, \quad \frac{S[\pm F(\alpha_1, \alpha_2, \ldots, \alpha_n)]}{P(\alpha_1, \alpha_2, \ldots, \alpha_n)}$$

illam aut aequare aut tantum functione ipsius x rationali integra differre a coëfficiente termini $\frac{1}{x_1^{n-1}x_2^{n-2}\dots x_{n-1}}$ *in evolutione fractionis*

$$(-1)^{\frac{1}{2}n(n-1)}\frac{S[\pm F(x, x_1, x_2, \dots, x_{n-1})]}{\varphi(x)\varphi(x_1)\varphi(x_2)\dots\varphi(x_{n-1})}$$

secundum ipsarum $x_1, x_2, \dots, x_{n-1}$ *dignitates descendentes instituta, hanc aequare coëfficientem termini* $\frac{1}{x^n x_1^{n-1} x_2^{n-1}\dots x_{n-1}}$ *in evolutione eiusdem fractionis secundum omnium* $x, x_1, x_2, \dots, x_n$ *dignitates descendentes facta.*

§. 3

Si functio aliqua $\Phi(x, x_1, \dots, x_{k-1})$ secundum omnium variabilium potestates descendentes evoluta, permutatione variabilium in functionem $\Phi(x_{i_0}, x_{i_1}, \dots, x_{i_{k-1}})$ abit, huius evolutae terminus $\frac{1}{x^{a+1}x_1^{a_1+1}\dots x_{k-1}^{a_{k-1}+1}}$ eodem gaudet coëfficiente atque terminus $\frac{1}{xx_1\dots x_{k-1}}$ in evolutione functionis $x^a x_1^{a_1}\dots x_{k-1}^{a_{k-1}}\Phi(x_{i_0}, x_{i_1}, \dots, x_{i_{k-1}})$. Jam si in hac functione instituitur elementorum permutatio inversa, i. e. loco ipsorum $x_{i_0}, x_{i_1}, \dots, x_{i_{k-1}}$ restituuntur elementa $x, x_1, \dots, x_{k-1}$, terminus $\frac{1}{xx_1\dots x_{k-1}}$ non mutabitur, ideoque coëfficiens termini $\frac{1}{x^{a+1}x_1^{a_1+1}\dots x_{k-1}^{a_{k-1}+1}}$ in evolutione functionis $\Phi(x_{i_0}, x_{i_1}, \dots, x_{i_{k-1}})$ idem erit atque termini $\frac{1}{xx_1\dots x_{k-1}}$ in evolutione functionis $x^{a_{i_0}}x_1^{a_{i_1}}\dots x_{k-1}^{a_{i_{k-1}}}\Phi(x, x_1, \dots, x_{k-1})$.

Hinc, si coëfficientes illi, pro omnibus elementorum permutationibus eruti signisque $+$ aut $-$ pro ratione usitata affecti, inter se adduntur, sequitur, *coëfficientem termini*

$$\frac{1}{x^{a+1}x_1^{a_1+1}\dots x_{k-1}^{a_{k-1}+1}} \quad \textit{in evolutione functionis} \quad S[\pm\Phi(x, x_1, \dots, x_{k-1})]$$

eundem esse atque termini

$$\frac{1}{xx_1\dots x_{k-1}} \quad \textit{in evolutione functionis} \quad \Phi(x, x_1, \dots, x_{k-1})S[\pm(x^a x_1^{a_1}\dots x_{k-1}^{a_{k-1}})].$$

Ubi fit

$$a+1 = k, \quad a_1+1 = k-1, \quad \dots, \quad a_{k-1}+1 = 1,$$

erit

$$S[\pm(x^{k-1}x_1^{k-2}\dots x_{k-2}^1 x_{k-1}^0)] = P(x, x_1, \dots, x_{k-1}),$$

unde *coëfficiens termini*

$$\frac{1}{x^k x_1^{k-1}\dots x_{k-1}^1} \quad \textit{in evolutione functionis} \quad S[\pm\Phi(x, x_1, \dots, x_{k-1})]$$

idem fit atque termini

$$\frac{1}{xx_1\dots x_{k-1}} \quad \textit{in evolutione functionis} \quad P(x, x_1, \dots, x_{k-1})\Phi(x, x_1, \dots, x_{k-1}).$$

Cujus lemmatis ope e propositione I §. pr. eruitur haec:

I. *Summam*

$$\Sigma \frac{S[\pm F(\alpha_1, \alpha_2, \dots, \alpha_k)]}{P(\alpha_1, \alpha_2, \dots, \alpha_k)M_{1,2,\dots,k}} = \Sigma \frac{P(\alpha_1, \alpha_2, \dots, \alpha_k)S[\pm F(\alpha_1, \alpha_2, \dots, \alpha_k)]}{\varphi'(\alpha_1)\varphi'(\alpha_2)\dots\varphi'(\alpha_k)}$$

aequalem esse coëfficienti termini

$$\frac{1}{xx_1\dots x_{k-1}} \quad \textit{in evolutione fractionis} \quad \frac{P(x, x_1, \dots, x_{k-1})F(x, x_1, \dots, x_{k-1})}{\varphi(x)\varphi(x_1)\dots\varphi(x_{k-1})};$$

ideoque, posito $k=n$:

II. *Expressionem*

$$(-1)^{\frac{1}{2}n(n-1)}\frac{S[\pm F(\alpha_1, \alpha_2, \dots, \alpha_n)]}{P(\alpha_1, \alpha_2, \dots, \alpha_n)} = \frac{P(\alpha_1, \alpha_2, \dots, \alpha_n)S[\pm F(\alpha_1, \alpha_2, \dots, \alpha_n)]}{\varphi'(\alpha_1)\varphi'(\alpha_2)\dots\varphi'(\alpha_n)}$$

aequalem esse coëfficienti termini

$$\frac{1}{xx_1\dots x_{n-1}} \quad \textit{in evolutione fractionis} \quad \frac{P(x, x_1, \dots, x_{n-1})F(x, x_1, \dots, x_{n-1})}{\varphi(x)\varphi(x_1)\dots\varphi(x_{n-1})}.$$

Hae propositiones cum iis conveniunt, quas tradidi in Diario Crelliano (Vol. XXII) [Pag. 441 huius vol.] in commentatione: *de functionibus alternantibus earumque divisione per productum e differentiis elementorum conflatum.* Quas ibi deduco ex alia propositione, quae sic exhiberi potest:

Propositio III.

Functione

$$\frac{P(x, x_1, \dots, x_{k-1})F(x, x_1, \dots, x_{k-1})}{\varphi(x)\varphi(x_1)\dots\varphi(x_{k-1})}$$

secundum omnium $x, x_1, \dots, x_{k-1}$ dignitates descendentes evoluta, reiectisque terminis, qui non simul omnium $x, x_1, \dots, x_{k-1}$ dignitatibus afficiuntur *negativis, eadem remanet series atque proveniet de evolutione expressionis*

$$\Sigma S\left[\frac{P(\alpha_1, \alpha_2, \ldots, \alpha_k)F(\alpha_1, \alpha_2, \ldots, \alpha_k)}{\varphi'(\alpha_1)\varphi'(\alpha_2)\ldots\varphi'(\alpha_k)(x-\alpha_1)(x-\alpha_2)\ldots(x-\alpha_k)}\right]$$

$$=(-1)^{\frac{1}{2}k(k-1)}\Sigma S\left[\frac{F(\alpha_1, \alpha_2, \ldots, \alpha_k)}{P(\alpha_1, \alpha_2, \ldots, \alpha_k)M_{1,2,\ldots,k}(x-\alpha_1)(x-\alpha_2)\ldots(x-\alpha_k)}\right],$$

ubi summationes signis Σ et S indicatae amplectuntur expressiones, quae omnibus modis electis k diversis ex elementis $\alpha_1, \alpha_2, \ldots, \alpha_n$ iisque omnibus modis inter se permutatis proveniunt.

Demonstratio huius propositionis nititur lemmate, *designante $f(x, y)$ functionem rationalem integram, functionem $\frac{(x-y)f(x, y)}{(x-a)(y-a)}$ secundum utriusque x et y dignitates descendentes evolutam non gaudere terminis simul utriusque x et y dignitatibus negativis affectis.*

Quod facile sequitur ex aequatione

$$\frac{x-y}{(x-a)(y-a)}=\frac{1}{y-a}-\frac{1}{x-a}.$$

Unde statim etiam hoc sequitur, *fractionem*

$$\frac{P(x, x_1, \ldots, x_{k-1})}{(x-a)(x_1-b)\ldots(x_{k-1}-h)}$$

secundum omnium $x, x_1, \ldots, x_{k-1}$ dignitates descendentes evolutam, quoties binae quantitates $a, b, \ldots, h$ non omnes inter se diversae existant, nullis gaudere terminis simul omnium $x, x_1, \ldots, x_{k-1}$ dignitatibus negativis affectis.

Evolutionibus semper secundum omnium variabilium dignitates descendentes institutis, indefinite ipsis U designentur functiones, in quarum evolutione unius vel alterius variabilium dignitates positivae reperiuntur. Hinc singulas fractiones $\frac{1}{\varphi(x)}, \frac{1}{\varphi(x_1)}, \ldots, \frac{1}{\varphi(x_{k-1})}$ resolvendo in simplices, omniumque multiplicationem instituendo, designante F functionem rationalem integram quamcunque, sequitur

$$\frac{P(x, x_1, \ldots, x_{k-1})F(x, x_1, \ldots, x_{k-1})}{\varphi(x)\varphi(x_1)\ldots\varphi(x_{k-1})}$$

$$=\Sigma S\left[\frac{P(x, x_1, \ldots, x_{k-1})F(x, x_1, \ldots, x_{k-1})}{\varphi'(\alpha_1)\varphi'(\alpha_2)\ldots\varphi'(\alpha_k)(x-\alpha_1)(x_1-\alpha_2)\ldots(x_{k-1}-\alpha_k)}\right]+U.$$

Ubi singularum fractionum, quas summa antecedens amplectitur, numeratores secundum ipsorum $x_i-\alpha_i$, qui respective denominatorum factores sunt, potestates evolvuntur, ex omnibus praeter primum evolutionis terminis nascuntur functiones, quas ad ipsam U relegare licet. Unde summae praecedenti substituere licet sequentem

$$\Sigma S\left[\frac{P(a_1, a_2, \ldots, a_k)F(a_1, a_2, \ldots, a_k)}{\varphi'(a_1)\varphi'(a_2)\ldots\varphi'(a_k)(x-a_1)(x_1-a_2)\ldots(x_{k-1}-a_k)}\right],$$

quod propositionem demonstrandam suppeditat.

Ponendo $n = k$ e propositione III sequitur

$$(-1)^{\frac{1}{2}k(k-1)} S\left[\frac{F(a_1, a_2, \ldots, a_k)}{P(a_1, a_2, \ldots, a_k)(x-a_1)(x_1-a_2)\ldots(x_{k-1}-a_k)}\right]$$
$$= \frac{P(x, x_1, \ldots, x_{k-1})F(x, x_1, \ldots, x_{k-1})}{\Phi(a_1)\Phi(a_2)\ldots\Phi(a_k)},$$

siquidem statuitur

$$\Phi(a_i) = (x-a_i)(x_1-a_i)\ldots(x_{k-1}-a_i).$$

Hinc e propositione III eruitur sequens formula:

$$\text{IV.}\quad (-1)^{\frac{1}{2}k(k-1)}\Sigma S\left[\frac{F(a_1, a_2, \ldots, a_k)}{P(a_1, a_2, \ldots, a_k)M_{1,2,\ldots,k}(x-a_1)(x_1-a_2)\ldots(x_{k-1}-a_k)}\right]+U$$
$$= \Sigma\frac{P(x, x_1, \ldots, x_{k-1})F(x, x_1, \ldots, x_{k-1})}{M_{1,2,\ldots,k}\Phi(a_1)\Phi(a_2)\ldots\Phi(a_k)}+U$$
$$= \frac{P(x, x_1, \ldots, x_{k-1})F(x, x_1, \ldots, x_{k-1})}{\varphi(x)\varphi(x_1)\ldots\varphi(x_{k-1})},$$

ubi binae U non pro aequalibus habendae sunt.

Si in formula antecedente ponitur $F = 1$, fractiones ibi in considerationem vocatae evolutae nullos amplectuntur terminos nisi ex omnium variabilium dignitatibus negativis conflatos, unde binae U evanescunt. Eo igitur casu eruimus aequationem

$$\text{V.}\quad (-1)^{\frac{1}{2}k(k-1)}\Sigma S\left[\frac{1}{P(a_1, a_2, \ldots, a_k)M_{1,2,\ldots,k}(x-a_1)(x_1-a_2)\ldots(x_{k-1}-a_k)}\right]$$
$$= \Sigma\frac{P(x, x_1, \ldots, x_{k-1})}{M_{1,2,\ldots,k}\Phi(a_1)\Phi(a_2)\ldots\Phi(a_k)} = \frac{P(x, x_1, \ldots, x_{k-1})}{\varphi(x)\varphi(x_1)\ldots\varphi(x_{k-1})}.$$

Si ponitur $F = P(x, x_1, \ldots, x_{k-1})$, ex eadem formula IV sequitur

$$\text{VI.}\quad (-1)^{\frac{1}{2}k(k-1)}\Sigma\frac{1}{M_{1,2,\ldots,k}} S\left[\frac{1}{(x-a_1)(x_1-a_2)\ldots(x_{k-1}-a_k)}\right]+U$$
$$= \Sigma\frac{P^2(x, x_1, \ldots, x_{k-1})}{M_{1,2,\ldots,k}\Phi(a_1)\Phi(a_2)\ldots\Phi(a_k)}+U = \frac{P^2(x, x_1, \ldots, x_{k-1})}{\varphi(x)\varphi(x_1)\ldots\varphi(x_{k-1})}.$$

Si ponitur

$$F(x, x_1, \ldots, x_{k-1}) = \varphi'(x)\varphi'(x_1)\ldots\varphi'(x_{k-1}),$$

fit

$$F(\alpha_1, \alpha_2, \ldots, \alpha_k) = (-1)^{\frac{1}{2}k(k-1)} P^2(\alpha_1, \alpha_2, \ldots, \alpha_k) M_{1,2,\ldots,k},$$

ideoque

VII.
$$\Sigma S\left[\frac{P(\alpha_1, \alpha_2, \ldots, \alpha_k)}{(x-\alpha_1)(x_1-\alpha_2)\ldots(x_{k-1}-\alpha_k)}\right]+U$$

$$= \Sigma \frac{P(x, x_1, \ldots, x_{k-1})\varphi'(x)\varphi'(x_1)\ldots\varphi'(x_{k-1})}{\Phi(\alpha_1)\Phi(\alpha_2)\ldots\Phi(\alpha_k)}+U = \frac{P(x, x_1, \ldots, x_{k-1})\varphi'(x)\varphi'(x_1)\ldots\varphi'(x_{k-1})}{\varphi(x)\varphi(x_1)\ldots\varphi(x_{k-1})}.$$

In tribus formulis antecedentibus si ponitur $k = n$, fit

VIII.
$$S\left[\pm\frac{1}{(x-\alpha_1)(x_1-\alpha_2)\ldots(x_{n-1}-\alpha_n)}\right] = \frac{P(\alpha_1, \alpha_2, \ldots, \alpha_n)P(x, x_1, \ldots, x_{n-1})}{\varphi(x)\varphi(x_1)\ldots\varphi(x_{n-1})}$$

$$= \frac{P^2(x, x_1, \ldots, x_{n-1})}{\varphi(x)\varphi(x_1)\ldots\varphi(x_{n-1})}+U = \frac{P(x, x_1, \ldots, x_{n-1})\varphi'(x)\varphi'(x_1)\ldots\varphi'(x_{n-1})}{P(\alpha_1, \alpha_2, \ldots, \alpha_n)\varphi(x)\varphi(x_1)\ldots\varphi(x_{n-1})}+U.$$

§. 4.

Sequitur e propositione III §. praeced., designante U variabilis x functionem rationalem integram, statui posse

$$\left\{\frac{P(x, x_1, \ldots, x_{k-1})F(x, x_1, \ldots, x_{k-1})}{\varphi(x)\varphi(x_1)\ldots\varphi(x_{k-1})}\right\}_{\frac{1}{x_1^{k-1}x_2^{k-2}\ldots x_{k-1}}}$$

$$= (-1)^{\frac{1}{2}k(k-1)}\Sigma S\left[\frac{F(\alpha_1, \alpha_2, \ldots, \alpha_k)\alpha_2^{k-2}\alpha_3^{k-3}\ldots\alpha_{k-1}^1\alpha_k^0}{P(\alpha_1, \alpha_2, \ldots, \alpha_k)M_{1,2,\ldots,k}(x-\alpha_1)}\right]+U.$$

Statuamus esse $F(\alpha_1, \alpha_2, \ldots, \alpha_k)$ functionem ipsarum $\alpha_1, \alpha_2, \ldots, \alpha_k$ symmetricam $F(\alpha_1, \alpha_2, \ldots, \alpha_k) = \Pi(\alpha_1, \alpha_2, \ldots, \alpha_k)$, omnibus modis inter se permutando elementa $\alpha_2, \alpha_3, \ldots, \alpha_k$ et expressiones provenientes addendo, e functione

$$\frac{\alpha_2^{k-2}\alpha_3^{k-3}\ldots\alpha_{k-1}^1\alpha_k^0}{P(\alpha_1, \alpha_2, \ldots, \alpha_k)(x-\alpha_1)} = \frac{\alpha_2^{k-2}\alpha_3^{k-3}\ldots\alpha_{k-1}^1\alpha_k^0}{P(\alpha_2, \alpha_3, \ldots, \alpha_k)}\cdot\frac{1}{(\alpha_1-\alpha_2)(\alpha_1-\alpha_3)\ldots(\alpha_1-\alpha_k).(x-\alpha_1)}$$

nascitur

$$\frac{1}{(\alpha_1-\alpha_2)(\alpha_1-\alpha_3)\ldots(\alpha_1-\alpha_k).(x-\alpha_1)}.$$

Porro ipsum α_1 cum $\alpha_2, \alpha_3, \ldots, \alpha_k$ commutamus et summationem instituimus, unde iam summatio ad omnes ipsarum $\alpha_1, \alpha_2, \ldots, \alpha_k$ permutationes extensa est, ex expressione antecedente eruimus

$$\frac{1}{(x-\alpha_1)(x-\alpha_2)\ldots(x-\alpha_k)}.$$

Hinc substituendo simul $F = \Pi$, summa duplex in hanc abit

$$(-1)^{\frac{1}{2}k(k-1)} \Sigma \frac{\Pi(\alpha_1, \alpha_2, \ldots, \alpha_k)}{M_{1,2,\ldots,k}(x-\alpha_1)(x-\alpha_2)\ldots(x-\alpha_k)},$$

ideoque fit

$$\text{I.} \quad \left\{\frac{P(x, x_1, \ldots, x_{k-1})\Pi(x, x_1, \ldots, x_{k-1})}{\varphi(x)\varphi(x_1)\ldots\varphi(x_{k-1})}\right\}_{\frac{1}{x_1^{k-1} x_2^{k-2} \ldots x_{k-1}}}$$

$$= (-1)^{\frac{1}{2}k(k-1)} \Sigma \frac{\Pi(\alpha_1, \alpha_2, \ldots, \alpha_k)}{M_{1,2,\ldots,k}(x-\alpha_1)(x-\alpha_2)\ldots(x-\alpha_k)} + U,$$

quae est propositio generalis III §. 1 tradita.

Simili modo e prop. III §. pr. eruitur, designantibus $\alpha_1, \alpha_2, \ldots, \alpha_i$ quaecunque i diversa ex elementis $\alpha_1, \alpha_2, \ldots, \alpha_k$, fieri

$$\left\{\frac{P(x, x_1, \ldots, x_{k-1})\Pi(x, x_1, \ldots, x_{k-1})}{\varphi(x)\varphi(x_1)\ldots\varphi(x_{k-1})}\right\}_{\frac{1}{x_i^{k-i} x_{i+1}^{k-i-1} \ldots x_{k-1}}}$$

$$= (-1)^{\frac{1}{2}k(k-1)} \Sigma \frac{\Pi(\alpha_1, \alpha_2, \ldots, \alpha_k)}{M_{1,2,\ldots,k}} SS\left[\frac{\alpha_{i+1}^{k-i-1} \alpha_{i+2}^{k-i-2} \ldots \alpha_{k-1}^{1} \alpha_k^{0}}{P(\alpha_1, \alpha_2, \ldots, \alpha_k)(x-\alpha_1)(x_1-\alpha_2)\ldots(x_{i-1}-\alpha_i)}\right]$$

$$= (-1)^{\frac{1}{2}k(k-1)} \Sigma \frac{\Pi(\alpha_1, \alpha_2, \ldots, \alpha_k)}{M_{1,2,\ldots,k}} S\left[\frac{P(\alpha_{i+1}, \alpha_{i+2}, \ldots, \alpha_k)}{P(\alpha_1, \alpha_2, \ldots, \alpha_k)(x-\alpha_1)(x_1-\alpha_2)\ldots(x_{i-1}-\alpha_i)}\right],$$

ubi duplici S innuo, distributis omnimodis k elementis in duas classes i et $k-i$ elementorum, cum i tum $k-i$ elementa omnimodis rursus inter se permutanda esse; simplex autem S tantum terminos amplectitur permutatis i elementis provenientes, cum functio reliquorum $k-i$ respectu iam symmetrica facta sit.

In formula V §. 3

$$(-1)^{\frac{1}{2}k(k-1)} \Sigma S\left[\frac{1}{P(\alpha_1, \alpha_2, \ldots, \alpha_k)M_{1,2,\ldots,k}(x-\alpha_1)(x_1-\alpha_2)\ldots(x_{k-1}-\alpha_k)}\right]$$

$$= \frac{P(x, x_1, \ldots, x_{k-1})}{\varphi(x)\varphi(x_1)\ldots\varphi(x_{k-1})}$$

si ipsi n substituimus k, ipsi k autem i, atque observamus fieri

$$P(\alpha_1, \alpha_2, \ldots, \alpha_k)M_{1,2,\ldots,k} = \frac{P(\alpha_1, \alpha_2, \ldots, \alpha_n)}{P(\alpha_{k+1}, \alpha_{k+2}, \ldots, \alpha_n)},$$

eruitur

$$(-1)^{\frac{1}{2}i(i-1)} S\left[\frac{P(\alpha_{i+1}, \alpha_{i+2}, \ldots, \alpha_k)}{P(\alpha_1, \alpha_2, \ldots, \alpha_k)(x-\alpha_1)(x_1-\alpha_2)\ldots(x_{i-1}-\alpha_i)}\right] = \frac{P(x, x_1, \ldots, x_{i-1})}{\Psi(\alpha_1)\Psi(\alpha_2)\ldots\Psi(\alpha_k)},$$

siquidem signo S hic ut supra innuimus, ex k elementis omnimodis i eligenda atque haec omnimodis inter se permutanda esse, atque functione $\Psi(\alpha)$ designatur productum

$$\Psi(\alpha) = (x-\alpha)(x_1-\alpha)\dots(x_{i-1}-\alpha).$$

Formulam antecedentem substituendo nanciscimur hanc:

$$\text{II.} \qquad \left\{\frac{P(x, x_1, \dots, x_{k-1})\Pi(x, x_1, \dots, x_{k-1})}{\varphi(x)\varphi(x_1)\dots\varphi(x_{k-1})}\right\}_{\frac{1}{x_i^{k-i} x_{i+1}^{k-i-1} \dots x_{k-1}}}$$

$$= \Sigma \frac{\Pi(\alpha_1, \alpha_2, \dots, \alpha_k) P(x, x_1, \dots, x_{i-1})}{M_{1,2,\dots,k} \Psi(\alpha_1)\Psi(\alpha_2)\dots\Psi(\alpha_k)} + U,$$

ubi U est variabilium $x, x_1, \dots, x_i$ functio, quae secundum earum dignitates descendentes evoluta termino nullo gaudet omnium dignitatibus negativis affecto. Quae formula est propositionis III §. 1 amplificatio.

§. 5.

Evolutiones antecedentibus instituendas accuratius examinemus. E quadratis differentiarum elementorum $x, x_1, \dots, x_{k-1}$ facto producto $P^2(x, x_1, \dots, x_{k-1})$, statuamus eius terminum esse

$$c x^m x_1^{m_1} \dots x_{k-1}^{m_{k-1}};$$

evoluta fractione

$$\frac{P^2(x, x_1, \dots, x_{k-1})}{\varphi(x)\varphi(x_1)\dots\varphi(x_{k-1})},$$

positoque $n+p_i-m_i = q_i+1$, ex eo termino prodibunt evolutionis termini

$$\frac{c \overset{p}{C} \overset{p_1}{C} \dots \overset{p_{k-1}}{C}}{x^{q+1} x_1^{q_1+1} \dots x_{k-1}^{q_{k-1}+1}},$$

designantibus $\overset{p}{C}$ summas combinationum cum repetitionibus ex elementis $\alpha_1, \alpha_2, \dots, \alpha_n$, indice p exhibente numerum elementorum sive aequalium sive diversorum, e quibus singula producta conflantur. Constat enim, evolutae fractionis $\frac{1}{\varphi(x)}$ terminum generalem esse

$$\frac{\overset{p}{C}}{x^{n+p}}.$$

Hinc formula VI §. 3 suppeditat aequationem

$$\text{I.} \qquad (-1)^{\frac{1}{2}k(k-1)} \Sigma \frac{S[\alpha_1^q \alpha_2^{q_1} \dots \alpha_k^{q_{k-1}}]}{M_{1,2,\dots,k}} = \Sigma c \overset{q+m-n+1}{C} \overset{q_1+m_1-n+1}{C} \dots \overset{q_{k-1}+m_{k-1}-n+1}{C},$$

in cuius dextra parte ipsis c, m, m_1, $\ldots$, m_{k-1} valores omnes competunt, pro quibus $cx^m x_1^{m_1} \ldots x_{k-1}^{m_{k-1}}$ est terminus evolutionis producti $P^2(x, x_1, \ldots, x_{k-1})$ atque numeri $q+m$, q_1+m_1, $\ldots$, $q_{k-1}+m_{k-1}$ ipsum $n-1$ aut aequant aut superant.

Si $k=2$, fit $P^2(x, x_1) = x^2+x_1^2-2xx_1$, ideoque
aut $m=2$, $m_1=0$, $c=1$; aut $m=0$, $m_1=2$, $c=1$; aut $m=m_1=1$, $c=-2$. Hinc eruitur

$$-\Sigma \frac{\alpha_1^q \alpha_2^{q_1} + \alpha_1^{q_1} \alpha_2^q}{M_{1,2}} = \overset{q+3-n}{C} \overset{q_1+1-n}{C} + \overset{q_1+3-n}{C} \overset{q+1-n}{C} - 2 \overset{q+2-n}{C} \overset{q_1+2-n}{C}.$$

In qua formula sicuti in sequentibus, si index ipsius C negativus evadit, ipsum C evanescit, si index ipsius C evanescit, ipsum C unitati aequandum.

Si $q=q_1$, fit:

$$-\Sigma \frac{\alpha_1^q \alpha_2^q}{M_{1,2}} = \overset{q+1-n}{C} \overset{q+3-n}{C} - \overset{q+2-n}{C}{}^2;$$

si $q_1 = n-2$, fit:

$$-\Sigma \frac{\alpha_1^{n-2} \alpha_2^q + \alpha_2^{n-2} \alpha_1^q}{M_{1,2}} = \overset{1}{C} \overset{q+1-n}{C} - 2 \overset{q+2-n}{C};$$

si $q = q_1 = n-1$, eruitur:

$$\Sigma \frac{\alpha_1^{n-1} \alpha_2^{n-1}}{M_{1,2}} = \overset{1}{C}{}^2 - \overset{2}{C},$$

ideoque summae ambarum quantitatum α_1, α_2, $\ldots$, α_n aequale.

Ut formulae eruantur maioribus ipsius k valoribus respondentes, observo, generaliter obtineri evolutionem producti $(-1)^{\frac{1}{2}k(k-1)} P^2(x, x_1, \ldots, x_{k-1})$, *si primum formetur determinans potestatum*

$$\begin{matrix} x^{k-1} & x_1^{k-2} & \ldots & x_{k-1}^0 \\ x^k & x_1^{k-1} & \ldots & x_{k-1}^1 \\ \vdots & \vdots & & \vdots \\ x^{2k-2} & x_1^{2k-3} & \ldots & x_{k-1}^{k-1}, \end{matrix}$$

ac deinde in quoque eius termino elementa x, x_1, $\ldots$, x_{k-1} *omnimodis permutentur.* Ita potestatum

$$\begin{matrix} x^2 & x_1^1 & x_2^0 \\ x^3 & x_1^2 & x_2^1 \\ x^4 & x_1^3 & x_2^2 \end{matrix} \quad \text{fit determinans} \quad \left\{ \begin{matrix} x^2 x_1^2 x_2^2 + x^4 x_1 x_2 + x^3 x_1^3 \\ -x^2 x_1^3 x_2 - x^3 x_1 x_2^2 - x^4 x_1^2 \end{matrix} \right\},$$

ideoque, si functiones symmetricas uno eorum termino uncis incluso denotamus,

$$-P^2(x, x_1, x_2) = 6x^2 x_1^2 x_2^2 + 2(x^4 x_1 x_2) + 2(x^3 x_1^3) - 2(x x_1^2 x_2^3) - (x^2 x_1^4).$$

Hinc si terminorum generaliter diversorum, qui ipsos q, q_1, q_2 permutando obtinentur, tantum unus aliquis scribitur, eruitur haec formula:

$$
\begin{aligned}
-\Sigma\frac{\alpha_1^{q}\alpha_2^{q_1}\alpha_3^{q_2}+\cdots}{M_{1,2,3}} = {} & \overset{q+1-n}{C}\,\overset{q_1+3-n}{C}\,\overset{q_2+5-n}{C}+\cdots \\
& -2(\overset{q+1-n}{C}\,\overset{q_1+4-n}{C}\,\overset{q_2+4-n}{C}+\cdots) \\
& +2(\overset{q+2-n}{C}\,\overset{q_1+3-n}{C}\,\overset{q_2+4-n}{C}+\cdots) \\
& -2(\overset{q+5-n}{C}\,\overset{q_1+2-n}{C}\,\overset{q_2+2-n}{C}+\cdots) \\
& -6\,\overset{q+3-n}{C}\,\overset{q_1+3-n}{C}\,\overset{q_2+3-n}{C}.
\end{aligned}
$$

Si numerorum q, q_1, q_2 duo vel omnes tres inter se aequales existunt, aequalium inter se permutatione supersederi potest, modo factor numericus adiiciatur. Hinc si $q = q_1 = q_2$, fit

$$-\Sigma\frac{\alpha_1^{q}\alpha_2^{q}\alpha_3^{q}}{M_{1,2,3}} = \overset{q+1-n}{C}\,\overset{q+3-n}{C}\,\overset{q+5-n}{C} - \overset{q+1-n}{C}\,\overset{q+4-n}{C^2} + 2\,\overset{q+2-n}{C}\,\overset{q+3-n}{C}\,\overset{q+4-n}{C} - \overset{q+5-n}{C}\,\overset{q+2-n}{C^2} - \overset{q+3-n}{C^3}.$$

Si $q = q_1 = q_2 = n-2$, fit

$$\Sigma\frac{\alpha_1^{n-2}\alpha_2^{n-2}\alpha_3^{n-2}}{M_{1,2,3}} = \overset{1}{C^3} + \overset{3}{C} - 2\overset{1}{C}\overset{2}{C},$$

ideoque summae ternarum quantitatum α_1, α_2, ..., α_n aequale. Generaliter secundum antecedentibus probatur:

II. *Summa*

$$\Sigma\frac{S[\alpha_1^{q}\alpha_2^{q_1}\ldots\alpha_k^{q_{k-1}}]}{M_{1,2,\ldots,k}}$$

aequalis fit aggregato determinantium, quae permutando numeros $q, q_1, \ldots, q_{k-1}$ *proveniunt e determinante quantitatum*

$$
\begin{matrix}
\overset{q+k-n}{C} & \overset{q_1+k-1-n}{C} & \ldots & \overset{q_{k-1}+1-n}{C} \\
\overset{q+k+1-n}{C} & \overset{q_1+k-n}{C} & \ldots & \overset{q_{k-1}+2-n}{C} \\
\cdot & \cdot & \cdot & \cdot \\
\cdot & \cdot & \cdot & \cdot \\
\overset{q+2k-1-n}{C} & \overset{q_1+2k-2-n}{C} & \ldots & \overset{q_{k-1}+k-n}{C}
\end{matrix}.
$$

Si complures quantitatum q, q_1, ... inter se aequales fiunt, aequalium inter se permutatione instituenda cum in formanda summa $S[\alpha_1^{q}\alpha_2^{q_1}\ldots\alpha_k^{q_{k-1}}]$, tum in formandis determinantibus supersedere potest, quia summae inter se aequales per eundem numerum multiplicantur. Casu speciali, quo $q=q_1=\cdots=q_{k-1}=n-k+1$, summa

$$\Sigma\frac{\alpha_1^{n-k+1}\alpha_2^{n-k+1}\ldots\alpha_k^{n-k+1}}{M_{1,2,\ldots,k}}$$

aequatur determinanti quantitatum

$$\begin{array}{cccccc} \overset{1}{C} & 1 & 0 & \ldots & 0 \\ \overset{2}{C} & \overset{1}{C} & 1 & \ldots & 0 \\ \cdot & \cdot & \cdot & \cdot & \cdot \\ \cdot & \cdot & \cdot & \cdot & \cdot \\ \overset{k}{C} & \overset{k-1}{C} & \overset{k-2}{C} & \ldots & \overset{1}{C}. \end{array}$$

Hoc autem determinans generaliter aequale fit summae productorum $(k-n)$-arum diversarum e quantitatibus $\alpha_1, \alpha_2, \ldots, \alpha_n$; quod sic demonstro.

Ponendo

$$(x-\alpha_1)(x-\alpha_2)\ldots(x-\alpha_n)=\overset{0}{A}x^n-\overset{1}{A}x^{n-1}+\overset{2}{A}x^{n-2}-\cdots\pm\overset{n}{A},$$

fit

$$(\overset{0}{A}x^n-\overset{1}{A}x^{n-1}+\overset{2}{A}x^{n-2}-\cdots\pm\overset{n}{A})\left(\frac{1}{x^n}+\frac{\overset{1}{C}}{x^{n+1}}+\frac{\overset{2}{C}}{x^{n+2}}+\cdots\right)=1,$$

unde habetur systema aequationum

$$\begin{aligned} &\overset{0}{A}=1,\\ &\overset{1}{C}\overset{0}{A}-\overset{1}{A}=0,\\ &\overset{2}{C}\overset{0}{A}-\overset{1}{C}\overset{1}{A}+\overset{2}{A}=0,\\ &\cdot\;\cdot\;\cdot\;\cdot\;\cdot\;\cdot\;\cdot\;\cdot\;\cdot\\ &\overset{k}{C}\overset{0}{A}-\overset{k-1}{C}\overset{1}{A}+\overset{k-2}{C}\overset{2}{A}-\cdots+(-1)^k\overset{k}{A}=0. \end{aligned}$$

Quae sunt aequationes lineares, in quibus pro incognitis habentur quantitates $\overset{0}{A}, -\overset{1}{A}, \overset{2}{A}, \ldots, (-1)^k\overset{k}{A}$, pro datis quantitates $\overset{1}{C}, \overset{2}{C}, \ldots$. Unde per notas formulas generales resolutionis aequationum linearium invenitur $\overset{k}{A}$ aequalis functioni, cuius numerator est determinans supra propositus, denominator autem est unitas; q. e. d. Generaliter antecedentibus patet, *quomodo coëfficientes serierum divisione provenientium ad determinantium formam revocentur.*

§. 6.

Propositionem antecedentibus inventam, designantibus $\overset{1}{A}, \overset{2}{A}, \ldots, \overset{n}{A}$ *combinationes sine repetitionibus* ex elementis $\alpha_1, \alpha_2, \ldots, \alpha_n$, ita ut sit

$$(x-\alpha_1)(x-\alpha_2)\ldots(x-\alpha_n)=x^n-\overset{1}{A}x^{n-1}+\overset{2}{A}x^{n-2}-\cdots\pm\overset{n}{A},$$

designante porro $M_{1,2,\dots,k}$ productum e $k(n-k)$ factoribus, qui detrahendo $n-k$ quantitates $\alpha_{k+1}, \alpha_{k+2}, \dots, \alpha_n$ de k elementis $\alpha_1, \alpha_2, \dots, \alpha_k$ proveniunt,

$$M_{1,2,\dots,k} = \left\{\begin{matrix} (\alpha_1-\alpha_{k+1})(\alpha_1-\alpha_{k+2})\dots(\alpha_1-\alpha_n) \\ (\alpha_2-\alpha_{k+1})(\alpha_2-\alpha_{k+2})\dots(\alpha_2-\alpha_n) \\ \dots\dots\dots\dots \\ (\alpha_k-\alpha_{k+1})(\alpha_k-\alpha_{k+2})\dots(\alpha_k-\alpha_n) \end{matrix}\right\}$$

fieri

$$\text{I.} \qquad \overset{k}{A} = \Sigma \frac{\alpha_1^{n-k}\alpha_2^{n-k}\dots\alpha_k^{n-k}}{M_{1,2,\dots,k}},$$

etiam sequenti modo demonstratur. Scilicet e formula nota hic iam saepius in usum vocata, productum e differentiis quantitatum $x, \alpha_1, \alpha_2, \dots, \alpha_n$

$$P(x, \alpha_1, \alpha_2, \dots, \alpha_n) = P(\alpha_1, \alpha_2, \dots, \alpha_n)(x-\alpha_1)(x-\alpha_2)\dots(x-\alpha_n)$$

aequatur determinanti

$$\Sigma \pm x^n \alpha_1^{n-1} \alpha_2^{n-2} \dots \alpha_{n-1}^1 \alpha_n^0,$$

in quo igitur determinante si colligimus terminos per x^{n-k} multiplicatos, eorum aggregatum aequari debet quantitati

$$(-1)^k P(\alpha_1, \alpha_2, \dots, \alpha_n)\overset{k}{A},$$

unde fit

$$P(\alpha_1, \alpha_2, \dots, \alpha_n)\overset{k}{A} = \Sigma \pm \alpha_1^n \alpha_2^{n-1} \dots \alpha_k^{n-k+1} \alpha_{k+1}^{n-k-1} \alpha_{k+2}^{n-k-2} \dots \alpha_n^0$$

ideoque

$$\overset{k}{A} = \frac{\Sigma \pm \alpha_1^n \alpha_2^{n-1} \dots \alpha_k^{n-k+1} \alpha_{k+1}^{n-k-1} \alpha_{k+2}^{n-k-2} \dots \alpha_n^0}{P(\alpha_1, \alpha_2, \dots, \alpha_n)}.$$

Permutationes elementorum $\alpha_1, \alpha_2, \dots, \alpha_n$ ita adornemus, ut n elementa omnibus modis in duas classes k et $n-k$ elementorum distribuamus atque pro singulis distributionibus utriusque classis elementa seorsim inter se permutemus. Simul pro singulis distributionibus substituendo formulas huiusmodi:

$$P(\alpha_1, \alpha_2, \dots, \alpha_n) = P(\alpha_1, \alpha_2, \dots, \alpha_k)P(\alpha_{k+1}, \alpha_{k+2}, \dots, \alpha_n)M_{1,2,\dots,k},$$

determinans ad dextram sic exhiberi potest:

$$\Sigma \frac{\alpha_1^{n-k}\alpha_2^{n-k}\dots\alpha_k^{n-k}}{M_{1,2,\dots,k}} S\left[\frac{\alpha_1^{k-1}\alpha_2^{k-2}\dots\alpha_k^0}{P(\alpha_1, \alpha_2, \dots, \alpha_k)}\right] S\left[\frac{\alpha_{k+1}^{n-k-1}\alpha_{k+2}^{n-k-2}\dots\alpha_n^0}{P(\alpha_{k+1}, \alpha_{k+2}, \dots, \alpha_n)}\right].$$

At summae signis S denotatae *unitati* aequales sunt, unde fit

$$\overset{k}{A} = \Sigma \frac{\alpha_1^{n-k}\alpha_2^{n-k}\dots\alpha_k^{n-k}}{M_{1,2,\dots,k}};$$

q. d. e.

Eadem methodo ad formulas multo generaliores pervenitur, videlicet solvitur problema, *designantibus* $m_1, m_2, \ldots, m_n$ *exponentes diversos, quotientem*

$$\frac{\Sigma \pm \alpha_1^{m_1}\alpha_2^{m_2}\ldots\alpha_n^{m_n}}{P(\alpha_1, \alpha_2, \ldots, \alpha_n)}$$

per elementorum $\alpha_1, \alpha_2, \ldots, \alpha_n$ *combinationes sine repetitionibus* $\overset{i}{A}$ *exprimere.* Sit m_1 maximus numerorum $m_1, m_2, \ldots, m_n$ atque

$$r = m_1 - n + 1,$$

expressio illa evadit determinans r^{ti} gradus ex ipsis $\overset{i}{A}$ formatum. Sint $p_1, p_2, \ldots, p_r$ numeri integri positivi diversi, qui una cum numeris $m_1, m_2, \ldots, m_n$ seriem numerorum naturalium a 0 usque ad m_1 constituunt, positisque r quantitatibus $x_1, x_2, \ldots, x_r$, consideremus terminum $x_1^{p_1}x_2^{p_2}\ldots x_r^{p_r}$ in evolutione producti

$$P(x_1, x_2, \ldots, x_r, \alpha_1, \alpha_2, \ldots, \alpha_n).$$

E formula

$$P(x_1, x_2, \ldots, x_r, \alpha_1, \alpha_2, \ldots, \alpha_n) = \Sigma \pm x_1^{m_1} x_2^{m_1-1} \ldots x_r^{n} \alpha_1^{n-1} \alpha_2^{n-2} \ldots \alpha_n^{0},$$

in qua sub signo Σ exponentes $0, 1, 2, \ldots, m_1$ omnimodis inter se permutandi sunt, eruitur

$$\varepsilon \Sigma \pm \alpha_1^{m_1}\alpha_2^{m_2}\ldots\alpha_n^{m_n},$$

designante ε aut $+1$ aut -1, prout productum

$$P(p_1, p_2, \ldots, p_r, m_1, m_2, \ldots, m_n)$$

positivo aut negativo valore gaudet. At e formula

$$\begin{aligned} P(x_1, x_2, \ldots, x_r, \alpha_1, \alpha_2, \ldots, \alpha_n) &= P(\alpha_1, \alpha_2, \ldots, \alpha_n) P(x_1, x_2, \ldots, x_r) \varphi(x_1)\varphi(x_2)\ldots\varphi(x_r) \\ &= P(\alpha_1, \alpha_2, \ldots, \alpha_n) \Sigma \pm x_1^{r-1} x_2^{r-2} \ldots x_r^{0} . \varphi(x_1)\varphi(x_2)\ldots\varphi(x_r), \end{aligned}$$

cum sit

$$\varphi(x) = x^n - \overset{1}{A} x^{n-1} + \overset{2}{A} x^{n-2} - \cdots \pm \overset{n}{A},$$

eiusdem termini coëfficiens eruitur

$$(-1)^s P(\alpha_1, \alpha_2, \ldots, \alpha_n) \Sigma \pm \overset{m_1-p_1}{A} \overset{m_1-p_2-1}{A} \ldots \overset{m_1-p_r-r+1}{A},$$

designante s summam ipsorum

$$m_1 - p_1, \quad m_1 - p_2 - 1, \quad \ldots, \quad m_1 - p_r - r + 1,$$

quam observo esse

$$s = m_1 + m_2 + \cdots + m_n - \tfrac{1}{2} n(n-1).$$

Sub signo Σ numeri $p_1, p_2, \ldots, p_r$ omnimodis inter se permutandi sunt, et post factas permutationes quodlibet A indice aut negativo aut ipsi n superiore affectum ponendum est $=0$, indice 0 affectum $=1$. Utraque coëfficientis termini $x_1^{p_1}x_2^{p_2}\ldots x_r^{p_r}$ expressione inter se collata eruitur formula generalis:

$$\text{II.}\qquad \frac{\varepsilon\Sigma\pm\alpha_1^{m_1}\alpha_2^{m_2}\ldots\alpha_n^{m_n}}{P(\alpha_1,\alpha_2,\ldots,\alpha_n)} = (-1)^s\Sigma\pm\overset{m_1-p_1}{A}\;\overset{m_1-p_2-1}{A}\ldots\overset{m_1-p_r-r+1}{A}.$$

Si ponitur

$$m_1-p_i = h_i,$$

quantitates, e quibus determinans ad dextram formandum est, fiunt

$$\begin{matrix} \overset{h_1}{A} & \overset{h_2}{A} & \ldots & \overset{h_r}{A} \\ \overset{h_1-1}{A} & \overset{h_2-1}{A} & \ldots & \overset{h_r-1}{A} \\ \cdot & \cdot & \cdot & \cdot \\ \overset{h_1-r+1}{A} & \overset{h_2-r+1}{A} & \ldots & \overset{h_r-r+1}{A}. \end{matrix}$$

Statuamus ex. gr. n numeros $m_1, m_2, \ldots, m_n$ esse omnes inde a $n+r-1$ usque ad $n+r-k$ omnesque inde a $n-k-1$ usque ad 0, quo casu erit

$$\Sigma\frac{\alpha_1^{m_1}\alpha_2^{m_2}\ldots\alpha_n^{m_n}}{P(\alpha_1,\alpha_2,\ldots,\alpha_n)}$$

$$=\Sigma\left\{\frac{(\alpha_1\alpha_2\ldots\alpha_k)^{n+r-k}}{M_{1,2,\ldots,k}}S\left[\frac{\alpha_1^{k-1}\alpha_2^{k-2}\ldots\alpha_k^0}{P(\alpha_1,\alpha_2,\ldots,\alpha_k)}\right]S\left[\frac{\alpha_{k+1}^{n-k-1}\alpha_{k+2}^{n-k-2}\ldots\alpha_n^0}{P(\alpha_{k+1},\alpha_{k+2},\ldots,\alpha_n)}\right]\right\}$$

$$=\Sigma\frac{\alpha_1^{n+r-k}\alpha_2^{n+r-k}\ldots\alpha_k^{n+r-k}}{M_{1,2,\ldots,k}},$$

porro

$$\varepsilon=(-1)^s=(-1)^{kr};$$

sequitur propositio:

designatis $\overset{1}{A}, \overset{2}{A}, \ldots, \overset{n}{A}$ *elementorum* $\alpha_1, \alpha_2, \ldots, \alpha_n$ *combinationes sine repetitionibus, summam*

$$\Sigma\frac{\alpha_1^{n+r-k}\alpha_2^{n+r-k}\ldots\alpha_k^{n+r-k}}{M_{1,2,\ldots,k}}$$

aequalem fieri determinanti quantitatum

$$\begin{matrix} \overset{k}{A} & \overset{k+1}{A} & \ldots & \overset{k+r-1}{A} \\ \overset{k-1}{A} & \overset{k}{A} & \ldots & \overset{k+r-2}{A} \\ \cdot & \cdot & \cdot & \cdot \\ \overset{k-r+1}{A} & \overset{k-r+2}{A} & \ldots & \overset{k}{A}. \end{matrix}$$

Si r ipsum n seu elementorum numerum superat, fit schema indicum quantitatum A, quarum determinans est formandum,

$$\begin{array}{ccccccccccccc}
k & k+1 & \ldots & n & * & & \ldots & * & & \ldots & * \\
k-1 & k & \ldots & n-1 & n & * & \ldots & * & & \ldots & * \\
\cdot & \cdot & \cdot & \cdot & \cdot & \cdot & \cdot & \cdot & \cdot & \cdot & \cdot \\
0 & 1 & \ldots & n-k & n-k+1 & & \ldots & n & * & \ldots & * \\
* & 0 & \ldots & \ldots & \ldots & \ldots & \ldots & n-1 & n & * & * \\
\cdot & \cdot & \cdot & \cdot & \cdot & \cdot & \cdot & \cdot & \cdot & \cdot & \cdot \\
* & \ldots & * & 0 & 1 & \ldots & \ldots & \ldots & \ldots & \ldots & n \\
* & \ldots & \ldots & * & 0 & 1 & \ldots & \ldots & \ldots & \ldots & n-1 \\
\cdot & \cdot & \cdot & \cdot & \cdot & \cdot & \cdot & \cdot & \cdot & \cdot & \cdot \\
* & \ldots & \ldots & \ldots & \ldots & * & 0 & 1 & \ldots & \ldots & k,
\end{array}$$

ubi tot reperiuntur series completae $0, 1, \ldots, n$, quot unitatibus numerus n ab ipso r superatur. Si $k = 1$, determinantis valor quantitati $\overset{r}{C}$ aequalis fit; si $r = k$, in ipsum $\overset{k}{A}$ redit.

§. 7.

Revertor ad formulas generales §. 5 propositas, in quibus si ponitur $k = n$, nascitur propositio, qua quaecunque functio symmetrica per *combinationes cum repetitionibus* exprimitur. Etenim si functiones symmetricas uno earum termino uncis incluso denotamus, sequitur e II §. 5:

I. *fieri* $(\alpha_1^{q}\alpha_2^{q_1}\ldots\alpha_n^{q_{n-1}})$ *aequale summae determinantium, quae permutando numeros* $q, q_1, \ldots, q_{n-1}$ *e determinante nascuntur quantitatum*

$$\begin{array}{cccc}
\overset{q_{n-1}}{C} & \overset{q_{n-2}-1}{C} & \ldots & \overset{q+1-n}{C} \\
\overset{q_{n-1}+1}{C} & \overset{q_{n-2}}{C} & \ldots & \overset{q+2-n}{C} \\
\cdot & \cdot & \cdot & \cdot \\
\overset{q_{n-1}+n-1}{C} & \overset{q_{n-2}+n-2}{C} & \ldots & \overset{q}{C},
\end{array}$$

ubi permutatione aequalium supersedendum.

Exempli gratia examinemus, quaenam hac ratione pro summis potestatum eruatur formula. Pro his omnes quantitates $q, q_1, \ldots, q_{n-1}$ praeter unam evanescunt. Unde ut schemata quantitatum, e quibus determinantia formanda sunt, eruantur, in schemate quantitatum

$$\begin{array}{ccccc}
\overset{0}{C} & \overset{-1}{C} & \overset{-2}{C} & \ldots & \overset{1-n}{C} \\
\overset{1}{C} & \overset{0}{C} & \overset{-1}{C} & \ldots & \overset{2-n}{C} \\
\cdot & \cdot & \cdot & \cdot & \cdot \\
\overset{n-1}{C} & \overset{n-2}{C} & \overset{n-3}{C} & \ldots & \overset{0}{C}
\end{array}$$

successive in prima, secunda, ..., n^{ta} verticali indices ipsorum C eodem numero q augendi sunt, dum in reliquis verticalibus immutati manent, post quam augmentationem factam singulis casibus quantitates C indice negativo affectae nullitati aequandae sunt. Determinantia n systematum quantitatum sic provenientia inter se iuncta aequabuntur summae $\alpha_1^q+\alpha_2^q+\cdots+\alpha_n^q$. Quam determinantium summam hoc modo obtinere licet.

Formentur ad instar aequationum

$$\begin{aligned}
&y_i = \overset{q-i}{C},\\
&\overset{1}{C}\,y_i + \quad y_i' = \overset{q+1-i}{C},\\
&\overset{2}{C}\,y_i + \overset{1}{C}\,y_i' + \quad y_i'' = \overset{q+2-i}{C},\\
&\cdots\cdots\cdots\cdots\\
&\overset{n-1}{C}\,y_i + \overset{n-2}{C}\,y_i' + \overset{n-3}{C}\,y_i'' + \cdots + \overset{1}{C}y_i^{(n-2)} + y_i^{(n-1)} = \overset{q+n-1-i}{C}
\end{aligned}$$

n systemata aequationum linearium tribuendo successive indici i valores 0, 1, 2, ..., $n-1$.

E primo systemate eruatur valor ipsius y_0, e secundo valor ipsius y_1', e tertio ipsius y_2'' et ita porro, erit

$$\alpha_1^q+\alpha_2^q+\cdots+\alpha_n^q = y_0+y_1'+\cdots+y_{n-1}^{(n-1)}.$$

At generaliter si evolvimus productum

$$(y_i x^{n-1}+y_i' x^{n-2}+y_i'' x^{n-3}+\cdots+y_i^{(n-1)})\left(\frac{1}{x^n}+\frac{\overset{1}{C}}{x^{n+1}}+\frac{\overset{2}{C}}{x^{n+2}}+\cdots\right)$$

$$=\frac{y_i x^{n-1}+y_i' x^{n-2}+y_i'' x^{n-3}+\cdots+y_i^{(n-1)}}{x^n-\overset{1}{A}x^{n-1}+\overset{2}{A}x^{n-2}-\cdots\pm\overset{n}{A}},$$

secundum aequationes lineares propositas eruimus

$$\frac{\overset{q-i}{C}}{x}+\frac{\overset{q+1-i}{C}}{x^2}+\frac{\overset{q+2-i}{C}}{x^3}+\cdots+\frac{\overset{q+n-1-i}{C}}{x^n}+\cdots,$$

unde fit

$$y_i x^{n-1}+y_i' x^{n-2}+y_i'' x^{n-3}+\cdots+y_i^{(n-1)}$$

$$=(x^n-\overset{1}{A}x^{n-1}+\overset{2}{A}x^{n-2}-\cdots\pm\overset{n}{A})\left(\frac{\overset{q-i}{C}}{x}+\frac{\overset{q+1-i}{C}}{x^2}+\frac{\overset{q+2-i}{C}}{x^3}+\cdots\right).$$

Hinc aequatur $y_i^{(i)}$ constanti, qua afficitur evolutio producti

$$(x^n-\overset{1}{A}x^{n-1}+\overset{2}{A}x^{n-2}-\cdots\pm\overset{n}{A})\left(\frac{\overset{q-i}{C}}{x^{n-i}}+\frac{\overset{q+1-i}{C}}{x^{n-i+1}}+\cdots+\frac{\overset{q}{C}}{x^n}\right),$$

ideoque aequatur $y_0+y_1'+\cdots+y_{n-1}^{(n-1)}$ constanti, qua afficitur evolutio producti

$$(x^n-\overset{1}{A}x^{n-1}+\overset{2}{A}x^{n-2}-\cdots\pm\overset{n}{A})\left(\frac{n\overset{q}{C}}{x^n}+\frac{(n-1)\overset{q-1}{C}}{x^{n-1}}+\frac{(n-2)\overset{q-2}{C}}{x^{n-2}}+\cdots+\frac{\overset{q-n+1}{C}}{x}\right),$$

sive coëfficienti termini $\frac{1}{x}$ in evolutione producti

$$-(x^n-\overset{1}{A}x^{n-1}+\overset{2}{A}x^{n-2}-\cdots\pm\overset{n}{A})\frac{d}{dx}\{x^q(x^n-\overset{1}{A}x^{n-1}+\overset{2}{A}x^{n-2}-\cdots\pm\overset{n}{A})^{-1}\}.$$

Jam si reputamus functionis rationalis differentiale evolutum potestate variabilis $(-1)^{\text{ta}}$ vacare, ei coëfficienti substituere possumus coëfficientem termini $\frac{1}{x}$ in evoluta functione

$$x^q\frac{d}{dx}[\lg(x^n-\overset{1}{A}x^{n-1}+\overset{2}{A}x^{n-2}-\cdots\pm\overset{n}{A})]=x^q\left\{\frac{1}{x-\alpha_1}+\frac{1}{x-\alpha_2}+\cdots+\frac{1}{x-\alpha_n}\right\},$$

quem patet esse $\alpha_1^q+\alpha_2^q+\cdots+\alpha_n^q$. Quae est formulae generalis verificatio.

Ipsam propositionem generalem I per notas determinantium proprietates demonstrare licet. Ponamus enim

$$\frac{(x-\alpha_1)(x-\alpha_2)\dots(x-\alpha_n)}{x-\alpha_i}=x^{n-1}+\overset{1}{A}_i x^{n-2}+\overset{2}{A}_i x^{n-3}+\cdots+\overset{n-1}{A}_i,$$

erit

$$\frac{1}{x-\alpha_i}=(x^{n-1}+\overset{1}{A}_i x^{n-2}+\overset{2}{A}_i x^{n-2}+\cdots+\overset{n-1}{A}_i)\left(\frac{1}{x^n}+\frac{\overset{1}{C}}{x^{n+1}}+\frac{\overset{2}{C}}{x^{n+2}}+\cdots\right),$$

unde sequitur formula

$$\alpha_i^p=\overset{p}{C}+\overset{1}{A}_i\overset{p-1}{C}+\overset{2}{A}_i\overset{p-2}{C}+\cdots+\overset{n-1}{A}_i\overset{p-n+1}{C}.$$

Adhibendo notam propositionem, qua binorum determinantium productum rursus ut determinans exhibetur, e formula antecedente sequitur, productum determinantium e systematis quantitatum

$$\begin{matrix}\overset{q_{n-1}}{C} & \overset{q_{n-2}-1}{C} & \dots & \overset{q+1-n}{C}\\ \overset{q_{n-1}+1}{C} & \overset{q_{n-2}}{C} & \dots & \overset{q+2-n}{C}\\ \dots & \dots & \dots & \dots\\ \overset{q_{n-1}+n-1}{C} & \overset{q_{n-2}+n-2}{C} & \dots & \overset{q}{C}\end{matrix} \quad \text{et} \quad \begin{matrix}\overset{n-1}{A}_1 & \overset{n-1}{A}_2 & \dots & \overset{n-1}{A}_n\\ \overset{n-2}{A}_1 & \overset{n-2}{A}_2 & \dots & \overset{n-2}{A}_n\\ \dots & \dots & \dots & \dots\\ 1 & 1 & & 1\end{matrix}$$

aequari determinanti potestatum

$$\begin{matrix}\alpha_1^{q_{n-1}+n-1} & \alpha_1^{q_{n-2}+n-2} & \dots & \alpha_1^{q}\\ \alpha_2^{q_{n-1}+n-1} & \alpha_2^{q_{n-2}+n-2} & \dots & \alpha_2^{q}\\ \vdots & \vdots & & \vdots\\ \alpha_n^{q_{n-1}+n-1} & \alpha_n^{q_{n-2}+n-2} & \dots & \alpha_n^{q},\end{matrix}$$

quod, intelligendo sub signo Σ elementa $\alpha_1, \alpha_2, \ldots, \alpha_n$ permutari, denotemus formula

$$\Sigma \pm \alpha_1^{q_{n-1}+n-1} \alpha_2^{q_{n-2}+n-2} \ldots \alpha_n^{q} = P(\alpha_1, \alpha_2, \ldots, \alpha_n) \Sigma \frac{\alpha_1^{q_{n-1}} \alpha_2^{q_{n-2}} \ldots \alpha_n^{q} . \alpha_1^{n-1} \alpha_2^{n-2} \ldots \alpha_n^{0}}{P(\alpha_1, \alpha_2, \ldots, \alpha_n)}.$$

Hinc, si vocamus K summam illam determinantium e quantitatibus C formatorum, quae permutatione numerorum q e supra apposito prodeunt, porro B determinans e quantitatibus praecedentibus $\overset{k}{A}_l$ formatum, fit

$$KB = (\alpha_1^{q} \alpha_2^{q'} \ldots \alpha_n^{q_{n-1}}) P(\alpha_1, \alpha_2, \ldots, \alpha_n).$$

At per similem determinantium multiplicationem fit

$$B \Sigma \pm \alpha_1^0 \alpha_2^1 \ldots \alpha_n^{n-1} = (-1)^{\frac{1}{2}n(n-1)} B P(\alpha_1, \alpha_2, \ldots, \alpha_n)$$

aequale determinanti nn quantitatum, quae evanescunt omnes praeter in diagonali positas; hae autem fiunt

$$(\alpha_1-\alpha_2)(\alpha_1-\alpha_3)\ldots(\alpha_1-\alpha_n), \; (\alpha_2-\alpha_1)(\alpha_2-\alpha_3)\ldots(\alpha_2-\alpha_n), \; \ldots, \; (\alpha_n-\alpha_1)(\alpha_n-\alpha_2)\ldots(\alpha_n-\alpha_{n-1});$$

unde iam

$$(-1)^{\frac{1}{2}n(n-1)} P(\alpha_1, \alpha_2, \ldots, \alpha_n) B = (-1)^{\frac{1}{2}n(n-1)} P^2(\alpha_1, \alpha_2, \ldots, \alpha_n),$$

ideoque

$$B = P(\alpha_1, \alpha_2, \ldots, \alpha_n), \quad K = (\alpha_1^{q} \alpha_2^{q'} \ldots \alpha_n^{q_{n-1}}),$$

q. d. e.

Antecedentibus per solas determinantium proprietates demonstratur propositio, quae datur in commentatione *de functionibus alternantibus* supra citata:

II. *Designantibus* i *et* i' *numeros* $0, 1, \ldots, n-1$, *determinans e quantitatibus*

$$\overset{q_{n-i-1}-i+i'}{C}$$

formatum, multiplicatum per $P(\alpha_1, \alpha_2, \ldots, \alpha_n)$ *aequari determinanti*

$$\Sigma \pm \alpha_1^{q_{n-1}+n-1} \alpha_2^{q_{n-2}+n-2} \ldots \alpha_n^{q}.$$

Quae etiam fluit de formula VIII §. 3

$$(-1)^{\frac{1}{2}n(n-1)} S\left[\frac{\pm 1}{(x-\alpha_1)(x_1-\alpha_2)\ldots(x_{n-1}-\alpha_n)}\right] = \frac{P(\alpha_1, \alpha_2, \ldots, \alpha_n) P(x, x_1, \ldots, x_{n-1})}{\varphi(x)\varphi(x_1)\ldots\varphi(x_{n-1})}.$$

Si formulam VII §. 3

$$\frac{P(x, x_1, \ldots, x_{k-1}) \varphi'(x) \varphi'(x_1) \ldots \varphi'(x_{k-1})}{\varphi(x)\varphi(x_1)\ldots\varphi(x_{k-1})} = \Sigma S\left[\frac{P(\alpha_1, \alpha_2, \ldots, \alpha_k)}{(x-\alpha_1)(x_1-\alpha_2)\ldots(x_{k-1}-\alpha_k)}\right] + U$$

evolvimus atque evolutionum conferimus terminos in

$$\frac{1}{x^{q+1} x_1^{q_1+1} \dots x_{k-1}^{q_{k-1}+1}}$$

ductos, eruimus functionum alternantium expressiones per summas potestatum. Statuendo enim

$$s_i = \alpha_1^i + \alpha_2^i + \dots + \alpha_n^i,$$

fit

III. $$S[\pm s_{q+k-1} s_{q_1+k-2} \dots s_{q_{k-1}}] = \Sigma S[P(\alpha_1, \alpha_2, \dots, \alpha_k) \alpha_1^q \alpha_2^{q_1} \dots \alpha_k^{q_{k-1}}]$$
$$= \Sigma S[\pm \alpha_1^{q+k-1} \alpha_2^{q_1+k-2} \dots \alpha_k^{q_{k-1}}].$$

Unde si $k = n$, erit

$$S[\pm s_{q+n-1} s_{q_1+n-2} \dots s_{q_{n-1}}] = S[\pm \alpha_1^{q+n-1} \alpha_2^{q_1+n-2} \dots \alpha_n^{q_{n-1}}].$$

Quae formula sine negotio ex ipsa quoque formationis determinantium lege peti potest.

ÜBER EINE ELEMENTARE TRANSFORMATION EINES IN BEZUG AUF JEDES VON ZWEI VARIABLEN-SYSTEMEN LINEAREN UND HOMOGENEN AUSDRUCKS.

Borchardt Journal für die reine und angewandte Mathematik, Bd. 58. p. 265—270.

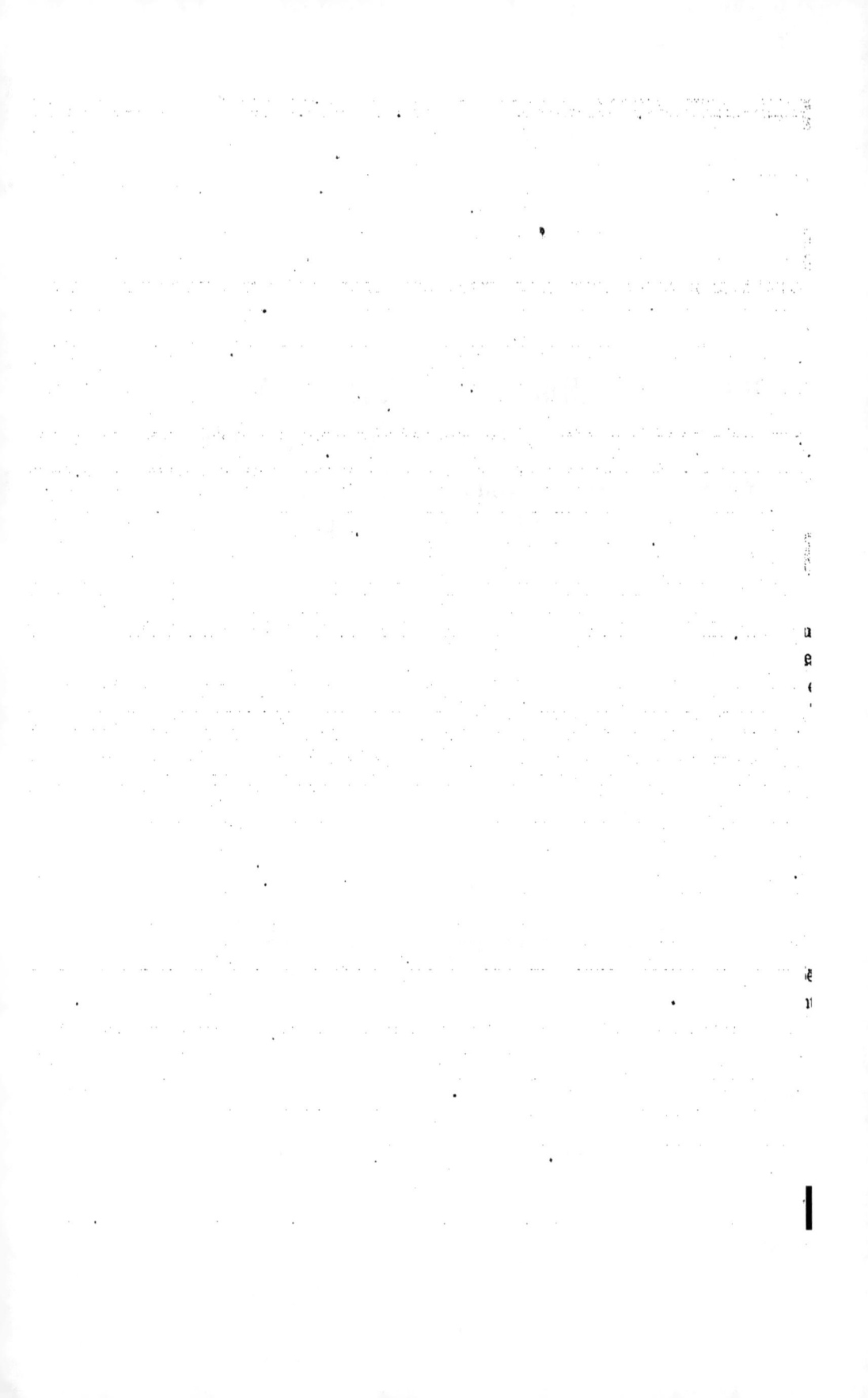

ÜBER EINE ELEMENTARE TRANSFORMATION EINES IN BEZUG AUF JEDES VON ZWEI VARIABLEN-SYSTEMEN LINEAREN UND HOMOGENEN AUSDRUCKS.

(Aus den hinterlassenen Papieren von C. G. J. Jacobi mitgetheilt durch C. W. Borchardt.)

Auf einen Ausdruck f, welcher sowohl von den Variablen $x, x_1, \ldots, x_n$ als auch von den Variablen $y, y_1, \ldots, y_n$ eine lineare homogene Function ist, und den man kurz eine zweifach lineare homogene Function nennen kann, läfst sich eine ähnliche Transformation anwenden, wie diejenige, vermittelst welcher man bekanntlich eine von $n+1$ Variablen $x, x_1, \ldots, x_n$ abhängige quadratische Form nur auf *eine* Weise als Quadratsumme $Az^2+A_1z_1^2+\cdots+A_mz_m^2+\cdots+A_nz_n^2$ so darstellt, dafs (für jedes m von $m=0$ bis $m=n$) z_m eine nur die Variablen $x_m, x_{m+1}, \ldots, x_n$ enthaltende lineare homogene Function ist. Die in Rede stehende Transformation besteht in Folgendem:

1. Es seien $u, u_1, \ldots, u_n$ lineare homogene Functionen von $x, x_1, \ldots, x_n$, nämlich:

$$(1)\qquad \begin{cases} u = a_{0,0}x+a_{0,1}x_1+\cdots+a_{0,n}x_n, \\ u_1 = a_{1,0}x+a_{1,1}x_1+\cdots+a_{1,n}x_n, \\ \cdot\ \cdot\ \cdot\ \cdot\ \cdot\ \cdot\ \cdot\ \cdot\ \cdot\ \cdot\ \cdot \\ u_n = a_{n,0}x+a_{n,1}x_1+\cdots+a_{n,n}x_n. \end{cases}$$

Bildet man aus denselben Coëfficienten, indem man ihre Horizontalreihen mit ihren Verticalreihen vertauscht, $n+1$ andere lineare homogene Functionen $v, v_1, \ldots, v_n$ der Variablen $y, y_1, \ldots, y_n$:

$$(2)\qquad \begin{cases} v = a_{0,0}y+a_{1,0}y_1+\cdots+a_{n,0}y_n, \\ v_1 = a_{0,1}y+a_{1,1}y_1+\cdots+a_{n,1}y_n, \\ \cdot\ \cdot\ \cdot\ \cdot\ \cdot\ \cdot\ \cdot\ \cdot\ \cdot\ \cdot\ \cdot \\ v_n = a_{0,n}y+a_{1,n}y_1+\cdots+a_{n,n}y_n, \end{cases}$$

so dafs $u, u_1, \ldots, u_n$ und $v, v_1, \ldots, v_n$ zwei solche Systeme linearer homogener Functionen resp. von $x, x_1, \ldots, x_n$ und $y, y_1, \ldots, y_n$ sind, welche man kurz zwei *conjugirte* Systeme nennt, alsdann hat man, wie unmittelbar erhellt, die identische Gleichung

(3) $$yu+y_1u_1+\cdots+y_nu_n = xv+x_1v_1+\cdots+x_nv_n.$$

Umgekehrt ist die Gleichung (3) die für zwei *conjugirte* Systeme von Variablen definirende Gleichung. Weifs man nämlich, dafs $u, u_1, \ldots, u_n$ und $v, v_1, \ldots, v_n$ zwei Systeme linearer homogener Functionen resp. von $x, x_1, \ldots, x_n$ und von $y, y_1, \ldots, y_n$ sind, so genügt die Gleichung (3), um zu beweisen, dafs beide Systeme conjugirt zu einander sind. Denn man substituire die Werthe von $u, u_1, \ldots, u_n$ aus (1) in (3), so ergeben sich die Gleichungen (2).

Definirt man nun f durch die Doppelgleichung

(4) $$f = yu+y_1u_1+\cdots+y_nu_n = xv+x_1v_1+\cdots+x_nv_n,$$

so ist f der allgemeinste sowohl in Bezug auf $x, x_1, \ldots, x_n$ als auf $y, y_1, \ldots, y_n$ lineare und homogene Ausdruck.

2. Es sei

(5) $$\begin{cases} u_1' = u_1 - \dfrac{\alpha_{1,0}}{\alpha_{0,0}}u, & v_1' = v_1 - \dfrac{\alpha_{0,1}}{\alpha_{0,0}}v, \\ u_2' = u_2 - \dfrac{\alpha_{2,0}}{\alpha_{0,0}}u, & v_2' = v_2 - \dfrac{\alpha_{0,2}}{\alpha_{0,0}}v, \\ \cdot\ \cdot\ \cdot\ \cdot\ \cdot\ \cdot\ \cdot & \cdot\ \cdot\ \cdot\ \cdot\ \cdot\ \cdot\ \cdot \\ u_n' = u_n - \dfrac{\alpha_{n,0}}{\alpha_{0,0}}u, & v_n' = v_n - \dfrac{\alpha_{0,n}}{\alpha_{0,0}}v, \end{cases}$$

so dafs in $u_1', u_2', \ldots, u_n'$ die Variable x fehlt, in $v_1', v_2', \ldots, v_n'$ die Variable y, dann verwandelt sich der Ausdruck (4) in den folgenden:

$$\begin{aligned} f &= u\left\{y+\frac{\alpha_{1,0}}{\alpha_{0,0}}y_1+\frac{\alpha_{2,0}}{\alpha_{0,0}}y_2+\cdots+\frac{\alpha_{n,0}}{\alpha_{0,0}}y_n\right\}+y_1u_1'+y_2u_2'+\cdots+y_nu_n' \\ &= v\left\{x+\frac{\alpha_{0,1}}{\alpha_{0,0}}x_1+\frac{\alpha_{0,2}}{\alpha_{0,0}}x_2+\cdots+\frac{\alpha_{0,n}}{\alpha_{0,0}}x_n\right\}+x_1v_1'+x_2v_2'+\cdots+x_nv_n', \end{aligned}$$

oder, was dasselbe ist, es wird

$$f = \frac{uv}{\alpha_{0,0}}+f_1,$$

wo

$$f_1 = y_1u_1'+y_2u_2'+\cdots+y_nu_n' = x_1v_1'+x_2v_2'+\cdots+x_nv_n'.$$

Diese Doppelgleichung zeigt, zufolge der früheren Erörterung, dafs die linearen homogenen Functionen $u_1', u_2', \ldots, u_n'$ von $x_1, x_2, \ldots, x_n$ und $v_1', v_2', \ldots, v_n'$ von $y_1, y_2, \ldots, y_n$ wiederum zwei *conjugirte* Systeme bilden, deren Coëfficienten durch α' mit zwei unteren Indices bezeichnet werden mögen.

3. Führt man in dieser Weise fort, so erhält man nach m-maliger Transformation

$$(6) \qquad f = \frac{uv}{a_{0,0}} + \frac{u_1' v_1'}{a_{1,1}'} + \frac{u_2'' v_2''}{a_{2,2}''} + \cdots + \frac{u_{m-1}^{(m-1)} v_{m-1}^{(m-1)}}{a_{m-1,m-1}^{(m-1)}} + f_m,$$

$$f_m = y_m u_m^{(m)} + y_{m+1} u_{m+1}^{(m)} + \cdots + y_n u_n^{(m)} = x_m v_m^{(m)} + x_{m+1} v_{m+1}^{(m)} + \cdots + x_n v_n^{(m)},$$

wo die linearen homogenen Functionen $u_m^{(m)}, u_{m+1}^{(m)}, \ldots, u_n^{(m)}$ von $x_m, x_{m+1}, \ldots, x_n$ und $v_m^{(m)}, v_{m+1}^{(m)}, \ldots, v_n^{(m)}$ von $y_m, y_{m+1}, \ldots, y_n$ ebenfalls zwei *conjugirte* Systeme bilden, deren Coëfficienten resp. durch

$$(7) \qquad \left\{ \begin{matrix} a_{m,m}^{(m)} & a_{m,m+1}^{(m)} & \ldots & a_{m,n}^{(m)} \\ a_{m+1,m}^{(m)} & a_{m+1,m+1}^{(m)} & \ldots & a_{m+1,n}^{(m)} \\ \cdot & \cdot & \cdot & \cdot \end{matrix} \right. \quad \text{und} \quad \begin{matrix} a_{m,m}^{(m)} & a_{m+1,m}^{(m)} & \ldots & a_{n,m}^{(m)} \\ a_{m,m+1}^{(m)} & a_{m+1,m+1}^{(m)} & \ldots & a_{n,m+1}^{(m)} \\ \cdot & \cdot & \cdot & \cdot \end{matrix}$$

bezeichnet werden mögen.

Für $k = 1, 2, \ldots, n$ ist u_k' eine lineare Verbindung von u und u_k.

Für $k = 2, 3, \ldots, n$ ist u_k'' eine lineare Verbindung von u_k' und u_1', daher auch von u, u_1 und u_k u. s. w.

Allgemein: für $k = m, m+1, \ldots, n$ ist $u_k^{(m)}$ eine lineare Verbindung von $u, u_1, \ldots, u_{m-1}$ und u_k, und zwar eine solche, in welcher $x, x_1, \ldots, x_{m-1}$ nicht vorkommen. Hierdurch allein wird $u_k^{(m)}$, abgesehen von einem constanten Factor, bestimmt, und zwar als die Determinante des Systems

$$(8) \qquad \left| \begin{matrix} a_{0,0} & a_{0,1} & \ldots & a_{0,m-1} & u \\ a_{1,0} & a_{1,1} & \ldots & a_{1,m-1} & u_1 \\ \cdot & \cdot & \cdot & \cdot & \cdot \\ a_{m-1,0} & a_{m-1,1} & \ldots & a_{m-1,m-1} & u_{m-1} \\ a_{k,0} & a_{k,1} & \ldots & a_{k,m-1} & u_k. \end{matrix} \right.$$

Aehnliches gilt für die Bestimmung von $v_k^{(m)}$.

4. Die übrig bleibende Ermittelung des constanten Factors geschieht einfach durch folgende Betrachtung. Man setze gleichzeitig

$$u = 0, \quad u_1 = 0, \quad u_2 = 0, \quad \ldots, \quad u_{m-1} = 0,$$

so folgt hieraus, wie leicht zu sehen,

$$u_1' = 0, \quad u_2' = 0, \quad \ldots \quad u_{m-1}' = 0$$

und hieraus auf dieselbe Weise

$$u_2'' = 0, \quad \ldots, \quad u_{m-1}'' = 0$$

u. s. w., bis man endlich zu der letzten Gleichung:

$$u_{m-1}^{(m-1)} = 0$$

gelangt.

Ist nun k eine der Zahlen $m, m+1, \ldots, n$, so ergiebt sich aus $u=0$ in Folge der Gleichungen (5):

$$u'_k = u_k,$$

ebenso aus $u'_1 = 0$:

$$u''_k = u'_k$$

u. s. w. und endlich aus $u^{(m-1)}_{m-1} = 0$:

$$u^{(m)}_k = u^{(m-1)}_k.$$

Als schliefsliches Resultat erhält man also, dafs, wenn gleichzeitig $u, u_1, \ldots, u_{m-1}$ verschwinden,

$$u^{(m)}_k = u_k$$

wird (wo $k = m, m+1, \ldots, n$ sein kann).

Hieraus geht hervor, dafs die Determinante des Systems (8) durch den Coëfficienten von u_k in derselben dividirt werden mufs, d. h. durch die aus den Elementen

$$\begin{matrix} a_{0,0} & a_{0,1} & \ldots & a_{0,m-1} \\ a_{1,0} & a_{1,1} & \ldots & a_{1,m-1} \\ \cdot & \cdot & \cdot & \cdot \\ a_{m-1,0} & a_{m-1,1} & \ldots & a_{m-1,m-1} \end{matrix}$$

gebildete Determinante, um $u^{(m)}_k$ zu geben.

Bezeichnet man mit Bezout die Determinante dadurch, dafs man ein positiv zu nehmendes Glied derselben in runde Klammern einschliefst, so erhält man nach Einsetzung der Ausdrücke (1) von $u, u_1, \ldots, u_{m-1}, u_k$:

$$(9)\quad \begin{cases} (a_{0,0}\; a_{1,1} \ldots a_{m-1,m-1})u^{(m)}_k = (a_{0,0}\; a_{1,1} \ldots a_{m-1,m-1}\; a_{k,m})x_m \\ \qquad + (a_{0,0}\; a_{1,1} \ldots a_{m-1,m-1}\; a_{k,m+1})x_{m+1} \\ \qquad + \cdots \\ \qquad + (a_{0,0}\; a_{1,1} \ldots a_{m-1,m-1}\; a_{k,n})x_n; \end{cases}$$

und hieraus endlich ergiebt sich für die Coëfficienten (7) die Gleichung:

$$(10)\qquad a^{(m)}_{k,i} = \frac{(a_{0,0}a_{1,1}\ldots a_{m-1,m-1}a_{k,i})}{(a_{0,0}a_{1,1}\ldots a_{m-1,m-1})},$$

(wo sowohl i als k die Werthe $m, m+1, \ldots, n$ haben kann).

5. Die Gleichungen (6), (9), (10), in deren erster man $m = n$ zu setzen hat, enthalten die Transformation, von der hier die Rede ist, und geben:

$$f = \frac{uv}{a_{0,0}} + \frac{a_{0,0}u'_1v'_1}{(a_{0,0}a_{1,1})} + \frac{(a_{0,0}a_{1,1})u''_2v''_2}{(a_{0,0}a_{1,1}a_{2,2})} + \cdots + \frac{(a_{0,0}a_{1,1}\ldots a_{n-1,n-1})u^{(n)}_n v^{(n)}_n}{(a_{0,0}a_{1,1}\ldots a_{n-1,n-1}a_{n,n})},$$

wo

$$(\alpha_{0,0} \; \alpha_{1,1} \; \cdots \; \alpha_{m-1,m-1}) u_m^{(m)} = \sum_{i=m}^{i=n} (\alpha_{0,0} \; \alpha_{1,1} \; \cdots \; \alpha_{m-1,m-1} \; \alpha_{m,i}) x_i,$$

$$(\alpha_{0,0} \; \alpha_{1,1} \; \cdots \; \alpha_{m-1,m-1}) v_m^{(m)} = \sum_{i=m}^{i=n} (\alpha_{0,0} \; \alpha_{1,1} \; \cdots \; \alpha_{m-1,m-1} \; \alpha_{i,m}) y_i.$$

Man kann dies Resultat in folgendes Theorem zusammenfassen:

Theorem.

Es sei

$$f = \sum_{i=0}^{i=n} \sum_{k=0}^{k=n} \alpha_{k,i} x_i y_k$$

eine lineare homogene Function sowohl von $x, x_1, \ldots, x_n$ als von $y,$ $y_1, \ldots, y_n$, so kann dieselbe, und zwar nur auf *eine* Weise, in der Form

$$f = A UV + A_1 U_1 V_1 + \cdots + A_m U_m V_m + \cdots + A_n U_n V_n$$

so dargestellt werden, dafs (für jedes m) U_m und V_m zwei resp. nur die Variablen $x_m, x_{m+1}, \ldots, x_n$ und $y_m, y_{m+1}, \ldots, y_n$ enthaltende lineare Functionen sind. Diese Darstellung ist:

$$f = \frac{UV}{p_0} + \frac{U_1 V_1}{p_0 p_1} + \cdots + \frac{U_m V_m}{p_{m-1} p_m} + \cdots + \frac{U_n V_n}{p_{n-1} p_n},$$

wo U_m und V_m die Determinanten der Systeme

$$
\begin{array}{cccc}
\alpha_{0,0} & \alpha_{0,1} & \cdots & \alpha_{0,m-1} & \dfrac{\partial f}{\partial y} \\
\alpha_{1,0} & \alpha_{1,1} & \cdots & \alpha_{1,m-1} & \dfrac{\partial f}{\partial y_1} \\
\cdot & \cdot & & \cdot \\
\alpha_{m,0} & \alpha_{m,1} & \cdots & \alpha_{m,m-1} & \dfrac{\partial f}{\partial y_m}
\end{array}
\qquad
\begin{array}{cccc}
\alpha_{0,0} & \alpha_{1,0} & \cdots & \alpha_{m-1,0} & \dfrac{\partial f}{\partial x} \\
\alpha_{0,1} & \alpha_{1,1} & \cdots & \alpha_{m-1,1} & \dfrac{\partial f}{\partial x_1} \\
\cdot & \cdot & & \cdot \\
\alpha_{0,m} & \alpha_{1,m} & \cdots & \alpha_{m-1,m} & \dfrac{\partial f}{\partial x_n}
\end{array}
$$

und p_m die Determinante des Systems

$$
\begin{array}{cccc}
\alpha_{0,0} & \alpha_{0,1} & \cdots & \alpha_{0,m} \\
\alpha_{1,0} & \alpha_{1,1} & \cdots & \alpha_{1,m} \\
\cdot & \cdot & & \cdot \\
\alpha_{m,0} & \alpha_{m,1} & \cdots & \alpha_{m,m}
\end{array}
$$

bedeuten.

Läfst man hierin die Variablen $x, x_1, \ldots, x_n$ und $y, y_1, \ldots, y_n$ mit einander zusammenfallen und unterwirft zugleich die Coëfficienten α der Bedingung, dafs sie ungeändert bleiben, wenn man Horizontal- und Verticalreihen mit einander vertauscht, so erhält man das bekannte

Theorem.

Eine quadratische Form

$$f = \sum_{i=0}^{i=n} \sum_{k=0}^{k=n} a_{k,i} x_i x_k$$

(wo $a_{k,i} = a_{i,k}$ ist) läfst sich, und zwar nur auf *eine* Weise, in der Form der Quadratsumme

$$f = A U^2 + A_1 U_1^2 + \cdots + A_m U_m^2 + \cdots + A_n U_n^2$$

so darstellen, dafs (für jedes m) U_m eine lineare homogene Function nur von den Variablen $x_m, x_{m+1}, \ldots, x_n$ ist. Diese Darstellung ist:

$$f = \frac{U^2}{p_0} + \frac{U_1^2}{p_0 p_1} + \cdots + \frac{U_m^2}{p_{m-1} p_m} + \cdots + \frac{U_n^2}{p_{n-1} p_n},$$

wo U_m die Determinante des Systems

$$\begin{matrix} a_{0,0} & a_{0,1} & \cdots & a_{0,m-1} & \frac{1}{2}\frac{\partial f}{\partial x} \\ a_{1,0} & a_{1,1} & \cdots & a_{1,m-1} & \frac{1}{2}\frac{\partial f}{\partial x_1} \\ \cdot & \cdot & \cdot & \cdot & \cdot \\ a_{m,0} & a_{m,1} & \cdots & a_{m,m-1} & \frac{1}{2}\frac{\partial f}{\partial x_m} \end{matrix}$$

und p_m die Determinante des Systems

$$\begin{matrix} a_{0,0} & a_{0,1} & \cdots & a_{0,m} \\ a_{1,0} & a_{1,1} & \cdots & a_{1,m} \\ \cdot & \cdot & \cdot & \cdot \\ a_{m,0} & a_{m,1} & \cdots & a_{m,m} \end{matrix}$$

bedeutet.

ÜBER EINEN ALGEBRAISCHEN FUNDAMENTALSATZ UND SEINE ANWENDUNGEN.

Borchardt Journal für die reine und angewandte Mathematik, Bd. 53. p. 275—280.

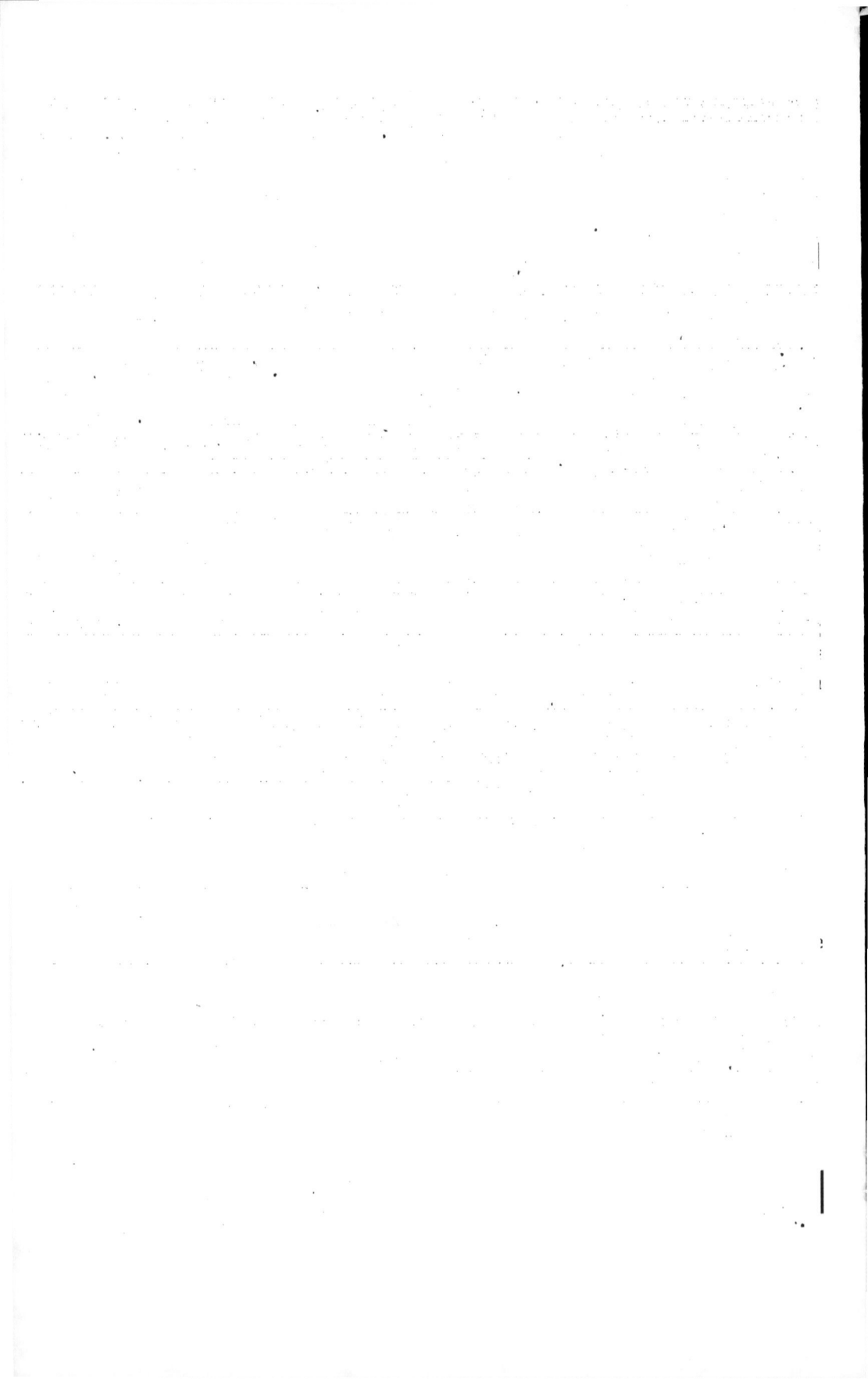

ÜBER EINEN ALGEBRAISCHEN FUNDAMENTALSATZ UND SEINE ANWENDUNGEN.

(Aus den hinterlassenen Papieren von C. G. J. Jacobi mitgetheilt durch C. W. Borchardt.)

1.

Man weifs, dafs jede reelle rationale ganze homogene Function zweiten Grades auf unendlich viele Arten als ein lineares Aggregat von Quadraten reeller linearer von einander unabhängiger Functionen dargestellt werden kann. Wie verschieden aber auch diese Darstellungen sein mögen, *so wird in allen die Anzahl der positiven, so wie die Anzahl der negativen Quadrate dieselbe bleiben.*

Man nennt in diesem Satze positive und negative Quadrate des Aggregates diejenigen, welche mit einem positiven oder negativen Coëfficienten behaftet sind. Man kann jeden dieser Coëfficienten, positiv genommen, in das Quadrat in welches er multiplicirt ist, einbegreifen, indem man für αu^2 oder $-\alpha u^2$, wo α einen constanten Coëfficienten und u eine reelle lineare homogene Function bedeutet, $(\sqrt{\alpha}.u)^2$ oder $-(\sqrt{\alpha}.u)^2$ schreibt, wodurch die lineare homogene Function, welche ins Quadrat erhoben wird, nicht aufhört, reell zu sein. Es kann daher der Allgemeinheit unbeschadet angenommen werden, dafs alle Quadrate nur mit dem Coëfficienten $+1$ oder -1 behaftet sind.

Unter dieser Annahme kann der obige Satz so ausgesprochen werden:

Fundamentalsatz.

Es seien $r_1, r_2, \ldots, r_i, s_1, s_2, \ldots, s_k$ und $u_1, u_2, \ldots, u_m, v_1, v_2, \ldots, v_n$ zwei Systeme reeller von einander unabhängiger*) linearer homogener Functionen, zwischen deren Quadraten die lineare Gleichung

$$r_1^2+r_2^2+\cdots+r_i^2-s_1^2-s_2^2-\cdots-s_k^2$$
$$=u_1^2+u_2^2+\cdots+u_m^2-v_1^2-v_2^2-\cdots-v_n^2$$

identisch stattfinde, so ist nothwendig

$$i=m, \quad k=n.$$

*) d. h. zwei Systeme, deren jedes aus Functionen besteht, die von einander unabhängig sind.

Der Beweis dieses Satzes ergiebt sich aus den folgenden elementaren Betrachtungen.

Wenn man, was immer verstattet ist, eine Anzahl von einander unabhängiger linearer homogener Functionen $B_1, B_2, \ldots, B_i$ an die Stelle einer gleichen Anzahl von Variablen $x_1, x_2, \ldots, x_i$ in eine lineare homogene Function A einführt, so wird diese wieder eine lineare homogene Function der Gröſsen $B_1, B_2, \ldots, B_i$ und der übrigen Variablen x_{i+1}, x_{i+2}, etc.

$$A = \lambda_1 B_1 + \lambda_2 B_2 + \cdots + \lambda_i B_i + \mu_1 x_{i+1} + \mu_2 x_{i+2} + \text{etc.}$$

Wenn die sämmtlichen Coëfficienten μ_1, μ_2, etc. verschwinden, wird A bloſs durch die Functionen $B_1, B_2, \ldots, B_i$ bestimmt, und dann muſs es auch immer zugleich mit ihnen verschwinden. Wenn dagegen auch nur einer der Coëfficienten μ_1, μ_2, etc. nicht verschwindet, ist A von den Functionen $B_1, B_2, \ldots, B_i$ unabhängig, indem es für alle Werthe, die man diesen Functionen beilegt, seinerseits noch wieder jeden beliebigen Werth annehmen kann, und es braucht daher in diesem Falle A auch nicht zugleich mit den Functionen $B_1, B_2, \ldots, B_i$ zu verschwinden. Hat man nun k von einander unabhängige lineare homogene Functionen $A_1, A_2, \ldots, A_k$ und ist $k > i$, so kann es niemals geschehen, daſs durch diese Einführung der Functionen $B_1, B_2, \ldots, B_i$ als Variablen an die Stelle der Variablen $x_1, x_2, \ldots, x_i$ in allen Functionen $A_1, A_2, \ldots, A_k$ zugleich alle übrigen Variablen x_{i+1}, x_{i+2} etc. von selbst herausgehen. Denn sonst wären $A_1, A_2, \ldots, A_k$ bloſs Functionen von $B_1, B_2, \ldots, B_i$, und niemals kann die Anzahl von einander unabhängiger Functionen wie $A_1, A_2, \ldots, A_k$ sein sollen, gröſser als die Anzahl der Variablen sein, wie es hier der Fall wäre, da man vorausgesetzt hat, daſs $k > i$. Es werden also die k Functionen $A_1, A_2, \ldots, A_k$ nicht nothwendig zugleich mit den i Functionen $B_1, B_2, \ldots, B_i$ verschwinden müssen. Hat man mehr als i lineare homogene Functionen $B_1, B_2, \ldots, B_m$, von denen aber nur $B_1, B_2, \ldots, B_i$ von einander unabhängig sind, während die übrigen $B_{i+1}, B_{i+2}, \ldots, B_m$ durch sie bestimmt sind, so werden alle Functionen $B_1, B_2, \ldots, B_m$ verschwinden, wenn $B_1, B_2, \ldots, B_i$ verschwinden. Ist nun $m < k$, also gewiſs $i < k$, so hat man das folgende Lemma:

Lemma.

Wenn eine Anzahl von einander unabhängiger homogener linearer Functionen die Anzahl anderer homogener linearer Functionen übertrifft, so kann man immer bewirken, dafs diese letzteren verschwinden, ohne dafs zugleich auch die ersteren alle verschwinden.

Dieses *Lemma,* welches vielleicht nicht einmal eines Beweises bedurft hätte, führt sogleich zu dem aufgestellten Fundamentalsatze.

Man nehme nämlich an, dafs in der identischen Gleichung

$$r_1^2+r_2^2+\cdots+r_i^2-s_1^2-s_2^2-\cdots-s_k^2$$
$$=u_1^2+u_2^2+\cdots+u_m^2-v_1^2-v_2^2-\cdots-v_n^2$$

die Zahlen i und m verschieden sein könnten, und dafs $m<i$, so wäre auch $m+k<i+k$, und es könnten die $m+k$ Functionen

$$u_1,\ u_2,\ \ldots,\ u_m,\quad s_1,\ s_2,\ \ldots,\ s_k$$

verschwinden, ohne dafs die $i+k$ von einander unabhängigen Functionen

$$r_1,\ r_2,\ \ldots,\ r_i,\quad s_1,\ s_2,\ \ldots,\ s_k$$

alle mit ihnen zugleich verschwinden. Man hätte dann die Gleichung

$$r_1^2+r_2^2+\cdots+r_i^2=-v_1^2-v_2^2-\cdots-v_n^2,$$

in der $r_1, r_2, \ldots, r_i, v_1, v_2, \ldots, v_n$ reelle Gröfsen sind, und $r_1, r_2, \ldots, r_i$ nicht alle verschwinden, welches absurd ist. Ganz ebenso beweist man, dafs auch n und k nicht von einander verschieden sein können, wozu man nur in der gegebenen identischen Gleichung alle Zeichen umzukehren und dieselben Betrachtungen zu wiederholen braucht.

Der vorstehende Beweis zeigt, dafs man die Bedingung, dafs $u_1, u_2, \ldots, u_m, v_1, v_2, \ldots, v_n$ von einander unabhängig seien, fortlassen, und dann den Satz etwas allgemeiner so aussprechen kann:

Wenn $r_1, r_2, \ldots, r_i, s_1, s_2, \ldots, s_k;\ u_1, u_2, \ldots, u_m, v_1, v_2, \ldots, v_n$ *reelle homogene lineare Functionen und*

$$r_1,\ r_2,\ \ldots,\ r_i,\quad s_1,\ s_2,\ \ldots,\ s_k$$

von einander unabhängig sind, so kann eine identische Gleichung

$$r_1^2+r_2^2+\cdots+r_i^2-s_1^2-s_2^2-\cdots-s_k^2$$
$$=u_1^2+u_2^2+\cdots+u_m^2-v_1^2-v_2^2-\cdots-v_n^2$$

niemals bestehen, wenn $m<i$ *oder* $n<k$.

Der aufgestellte Satz zeigt, dafs die reellen homogenen Functionen zweiten Grades sich specifisch von einander unterscheiden, je nach der Anzahl positiver und negativer Quadrate reeller linearer von einander unabhängiger Functionen, durch welche sie dargestellt werden können, indem diese Anzahl von der Wahl der linearen Functionen, die man sehr verschiedenartig treffen kann, gänzlich unabhängig ist.

Die Aufgabe, reelle lineare Substitutionen anzugeben, durch welche ein Ausdruck

$$r_1^2+r_2^2+\cdots+r_i^2-s_1^2-s_2^2-\cdots-s_k^2$$

wieder dieselbe Form

$$u_1^2+u_2^2+\cdots+u_i^2-v_1^2-v_2^2-\cdots-v_k^2$$

erhält, kann auf die ähnliche Aufgabe zurückgeführt werden, in welcher die Quadrate der beiden Aggregate sämmtlich positiv sind. Hat man nämlich $i+k$ lineare Functionen von $r_1, r_2, \ldots, r_i, v_1, v_2, \ldots, v_k$, welche mit $u_1, u_2, \ldots, u_i, s_1, s_2, \ldots, s_k$ bezeichnet werden sollen, von der Beschaffenheit, dafs die identische Gleichung stattfindet:

$$\begin{aligned} & u_1^2+u_2^2+\cdots+u_i^2+s_1^2+s_2^2+\cdots+s_k^2 \\ = & r_1^2+r_2^2+\cdots+r_i^2+v_1^2+v_2^2+\cdots+v_k^2, \end{aligned}$$

welche mit der vorgelegten übereinkommt, so kann man mittelst der $i+k$ linearen Gleichungen, welche das eine System Variablen durch das andere bestimmen, jede $i+k$ der $2(i+k)$ Variablen linear durch die übrigen $i+k$ ausdrücken, und daher auch die Gröfsen $r_1, r_2, \ldots, r_i, s_1, s_2, \ldots, s_k$ durch die Gröfsen $u_1, u_2, \ldots, u_i, v_1, v_2, \ldots, v_k$.

2.

Aus dem Fundamentalsatze ergiebt sich sogleich der bekannte Satz, dafs die Gleichung eines Kegelschnitts oder einer Fläche zweiten Grades immer eine Curve oder Fläche derselben Art darstellt, das Coordinatensystem mag ein rechtwinkliges oder ein beliebiges schiefwinkliges sein.

Werden nämlich für zwei verschiedene Coordinatensysteme, auf welche die gegebene Gleichung der Fläche bezogen wird, die auf die Richtung der Hauptaxen bezogenen Gleichungen

$$\begin{aligned} Ap^2+Bq^2+Cr^2+Dp+Eq+Fr+G &= 0, \\ A'p'^2+B'q'^2+C'r'^2+D'p'+E'q'+F'r'+G' &= 0, \end{aligned}$$

so werden die ersten Theile der beiden Gleichungen identisch, wenn man für p, q, r und für p', q', r' gewisse reelle lineare homogene von einander unabhängige Functionen der Coordinaten x, y, z substituirt. Damit aber diese

Identität stattfinden kann, mufs es nach dem Theorem unter den Coëfficienten A, B, C eben so viel positive, negative und verschwindende geben, als unter den Gröfsen A', B', C'. Die Art der Fläche hängt aber davon ab, wie viel von diesen Gröfsen positive, negative oder verschwindende sind, wodurch der Satz für die Flächen folgt, und ebenso auch für die Kegelschnitte erhellt.

Auf ähnliche Art und ebenso unmittelbar ergiebt sich aus dem Fundamentalsatze der bekannte Satz,

> dafs, wenn eine Fläche zweiter Ordnung durch eine auf ein System conjugirter Durchmesser bezogene Gleichung $Ap^2+Bq^2+Cr^2=1$ gegeben ist, immer gleich viel von den Coëfficienten A, B, C positiv und negativ werden, welches System conjugirter Durchmesser der Fläche man auch zu Coordinatenaxen genommen hat.

Wenn nämlich $Ap^2+Bq^2+Cr^2=1$ und $A'p'^2+B'q'^2+C'r'^2=1$ Gleichungen derselben Fläche, auf verschiedene Systeme conjugirter Durchmesser bezogen, bedeuten, so müssen wieder die beiden Ausdrücke $Ap^2+Bq^2+Cr^2$ und $A'p'^2+B'q'^2+C'r'^2$ identisch werden, wenn man für p, q, r und für p', q', r' gewisse reelle lineare homogene von einander unabhängige Functionen der Coordinaten x, y, z substituirt, und daher unter den Coëfficienten A, B, C und A', B', C' dieselbe Anzahl positiv und negativ sein.

Die allgemeinste Correlation zwischen räumlichen Figuren von der Beschaffenheit, dafs die entsprechenden Flächen immer denselben Grad haben, besteht darin, dafs man für die Coordinaten der Punkte der einen Figur Brüche setzt, die denselben Nenner haben, und deren Zähler, so wie der gemeinschaftliche Nenner, lineare Functionen der Coordinaten der Punkte der anderen Figur sind. Es seien die Gleichungen zweier zufolge solcher Correlation einander entsprechenden Flächen zweiten Grades, auf Systeme conjugirter Durchmesser bezogen,

$$Ax^2+By^2+Cz^2+Dw^2=0,$$
$$A'p^2+B'q^2+C'r^2+D's^2=0,$$

wo $\frac{x}{w}$, $\frac{y}{w}$, $\frac{z}{w}$ und $\frac{p}{s}$, $\frac{q}{s}$, $\frac{r}{s}$ die Coordinaten der Punkte der beiden Flächen bedeuten. Es mufs dann die identische Gleichung

$$A'p^2+B'q^2+C'r^2+D's^2=Ax^2+By^2+Cz^2+Dw^2$$

dadurch erhalten werden können, dafs man für p, q, r, s reelle lineare homogene von einander unabhängige Functionen von x, y, z, w setzt, und daher unter den Coëfficienten A, B, C, D und A', B', C', D' eine gleiche Anzahl positiv und negativ sein. Wenn drei dieser Coëfficienten positiv und einer negativ, oder drei negativ und einer positiv sind, so können diese Gleichungen sowohl Ellipsoide als elliptische (zweiflächige) Hyperboloide darstellen; wenn dagegen von diesen Coëfficienten zwei positiv und zwei negativ sind, nur das hyperbolische (einflächige) Hyperboloid. Man hat daher den Satz:

Nach der allgemeinsten Correlation, bei welcher je zwei einander entsprechende Flächen denselben Grad haben, können einander Ellipsoide und elliptische Hyperboloide, aber hyperbolischen Hyperboloiden nur wieder hyperbolische Hyperboloide entsprechen.

BEMERKUNGEN ZU EINER ABHANDLUNG EULERS UEBER DIE ORTHOGONALE SUBSTITUTION.

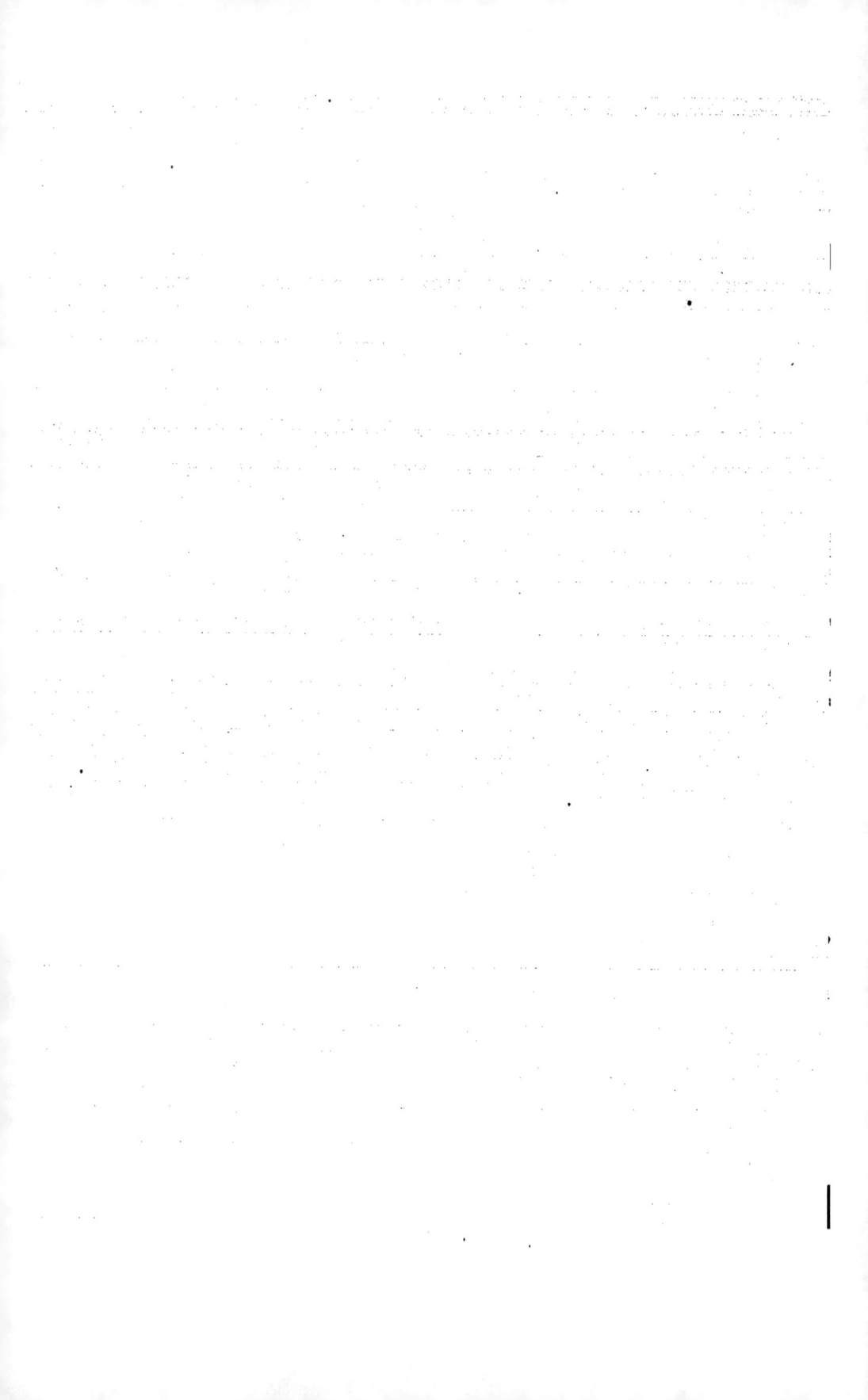

BEMERKUNGEN ZU EINER ABHANDLUNG EULER'S UEBER DIE ORTHOGONALE SUBSTITUTION.

(Aus den hinterlassenen Papieren von C. G. J. Jacobi mitgetheilt durch H. Kortum.)

1.

Die unter den Auspicien der Petersburger Akademie der Wissenschaften begonnene Herausgabe der Abhandlungen Euler's, eine der ruhmvollsten Unternehmungen, von welcher das Studium der mathematischen Wissenschaften nicht geringe Förderung erwartet, hat uns bereits in zwei grossen, schön ausgestatteten Quartbänden die 100 Abhandlungen geliefert, durch welche Euler die heutige höhere Zahlenlehre geschaffen hat*).

Es kann nicht fehlen, dafs durch diese Gesammtausgabe die Aufmerksamkeit der Mathematiker auf manche der Arbeiten Euler's gelenkt werden wird, welche bisher in Verborgenheit und Vergessenheit geblieben waren. Von einer derselben, der dreissigsten, Seite 427—443 des ersten Bandes, welche den Titel führt: „Problema algebraicum ob affectiones prorsus singulares memorabile", und für Algebra, analytische Geometrie und die höhere Zahlenlehre gleich wichtig ist, sei es mir verstattet, hier ausführlicher Erwähnung zu thun. Euler behandelt in dieser Abhandlung das Problem, *auf die allgemeinste Art n lineare Functionen von n Variablen anzugeben, deren Quadratsumme der Quadratsumme der Variablen selbst gleich wird.*

Damit die vorgelegte Bedingung erfüllt werde, müssen $\frac{1}{2}n(n+1)$ Bedingungen zwischen den n^2 Coëfficienten der linearen Functionen stattfinden. Wenn man nämlich in den verschiedenen linearen Functionen die Quadrate der Coëfficienten derselben Variablen summirt, so müssen diese Summen jede besonders gleich 1 werden, was n Bedingungen giebt. Wenn man ferner in den verschiedenen Functionen die Coëfficienten von denselben zwei Variablen mit

*) Leonhardi Euleri commentationes arithmeticae collectae. Auspiciis academiae imperialis scientiarum Petropolitanae ediderunt autoris pronepotes Dr. P. H. Fuss academiae Petropolitanae perpetuo a secretis et Nicolaus Fuss matheseos professor in gymnasio Petropolitano Larinensi. Insunt plura inedita, tractatus de numerorum doctrina capita XVI aliaque. Tomus I. II. Petropoli 1849.

einander multiplicirt, so mufs die Summe dieser Producte für jede Combination zweier Variablen besonders gleich 0 sein, wodurch man $\frac{1}{2}n(n-1)$ Bedingungen erhält. Man wird daher die sämmtlichen n^2 Coëfficienten durch $\frac{1}{2}n(n-1)$ unabhängige Grössen ausdrücken können. Diese Ausdrücke lehrt Euler für den allgemeinsten Fall durch dieselbe Methode finden, welche er im zweiten Bande seiner Introductio in Analysin infinitorum zur Transformation der rechtwinkligen Coordinaten im Raume angewendet hat, mit welcher die hier vorgelegte Aufgabe für $n=3$ übereinkommt, so wie die Aufgabe für $n=2$ auf die Transformation der rechtwinkligen Coordinaten in der Ebene zurückkommt.

Die Methode Euler's besteht darin, die Aufgabe durch successive Transformation von immer nur zwei Variablen zu lösen. Um auf die allgemeinste Art durch lineare Substitution für zwei Variable x und y zwei andere x' und y' einzuführen, so dass die Quadratsumme der Variabeln unverändert bleibt, oder

$$xx+yy = x'x'+y'y'$$

wird, hat man

$$x' = x\cos\alpha+y\sin\alpha,$$
$$y' = x\sin\alpha-y\cos\alpha$$

zu setzen, so dass durch jede solche partielle Transformation ein Winkel eingeführt wird. Indem man beständig, wie im Vorhergehenden, die transformirten Variablen durch Indices unterscheidet, während man die Buchstaben, durch welche sie bezeichnet werden, ungeändert lässt, und die Transformation nach und nach auf je zwei durch verschiedene Buchstaben bezeichnete Grössen ausdehnt, erhält man $\frac{1}{2}n(n-1)$ Winkel, aus deren Cosinus und Sinus die Coëfficienten der schliefslichen Formeln durch Multiplication zusammengesetzt werden, so dass die sämmtlichen n^2 Coëfficienten durch rationale ganze Functionen der Cosinus und Sinus von $\frac{1}{2}n(n-1)$ Winkeln ausgedrückt werden, welches die verlangten allgemeinsten Ausdrücke sind. Für $n=3$ erhält man auf diese Weise die bekannten Eulerschen Formeln für die Transformation rechtwinkliger Coordinaten, welche bisweilen irrthümlich Laplace zugeschrieben worden sind. Für $n=4$ setzt Euler, um auf die allgemeinste Art die linearen Functionen

$$X = Ax+By+Cz+Dv,$$
$$Y = Ex+Fy+Gz+Hv,$$
$$Z = Jx+Ky+Lz+Mv,$$
$$V = Nx+Oy+Pz+Qv$$

zu erhalten, welche der Gleichung

$$XX+YY+ZZ+VV = xx+yy+zz+vv$$

genügen,

$$\begin{aligned}
x' &= x\cos\alpha + y\sin\alpha, & x'' &= x'\cos\gamma + z'\sin\gamma, & X &= x''\cos\varepsilon + v''\sin\varepsilon,\\
y' &= x\sin\alpha - y\cos\alpha, & y'' &= y'\cos\delta + v'\sin\delta, & Y &= y''\cos\zeta + z''\sin\zeta,\\
z' &= z\cos\beta + v\sin\beta, & z'' &= x'\sin\gamma - z'\cos\gamma, & Z &= y''\sin\zeta - z''\cos\zeta,\\
v' &= z\sin\beta - v\cos\beta, & v'' &= y'\sin\delta - v'\cos\delta, & V &= x''\sin\varepsilon - v''\cos\varepsilon,
\end{aligned}$$

und erhält durch Zusammensetzung dieser Formeln die folgenden Werthe

$$A = \begin{Bmatrix} +\cos\alpha\cos\gamma\cos\varepsilon \\ +\sin\alpha\sin\delta\sin\varepsilon \end{Bmatrix}, \qquad B = \begin{Bmatrix} +\sin\alpha\cos\gamma\cos\varepsilon \\ -\cos\alpha\sin\delta\sin\varepsilon \end{Bmatrix},$$

$$C = \begin{Bmatrix} +\cos\beta\sin\gamma\cos\varepsilon \\ -\sin\beta\cos\delta\sin\varepsilon \end{Bmatrix}, \qquad D = \begin{Bmatrix} +\sin\beta\sin\gamma\cos\varepsilon \\ +\cos\beta\cos\delta\sin\varepsilon \end{Bmatrix},$$

$$E = \begin{Bmatrix} +\sin\alpha\cos\delta\cos\zeta \\ +\cos\alpha\sin\gamma\sin\zeta \end{Bmatrix}, \qquad F = \begin{Bmatrix} -\cos\alpha\cos\delta\cos\zeta \\ +\sin\alpha\sin\gamma\sin\zeta \end{Bmatrix},$$

$$G = \begin{Bmatrix} +\sin\beta\sin\delta\cos\zeta \\ -\cos\beta\cos\gamma\sin\zeta \end{Bmatrix}, \qquad H = \begin{Bmatrix} -\cos\beta\sin\delta\cos\zeta \\ -\sin\beta\cos\gamma\sin\zeta \end{Bmatrix},$$

$$J = \begin{Bmatrix} +\sin\alpha\cos\delta\sin\zeta \\ -\cos\alpha\sin\gamma\cos\zeta \end{Bmatrix}, \qquad K = \begin{Bmatrix} -\cos\alpha\cos\delta\sin\zeta \\ -\sin\alpha\sin\gamma\cos\zeta \end{Bmatrix},$$

$$L = \begin{Bmatrix} +\sin\beta\sin\delta\sin\zeta \\ +\cos\beta\cos\gamma\cos\zeta \end{Bmatrix}, \qquad M = \begin{Bmatrix} -\cos\beta\sin\delta\sin\zeta \\ +\sin\beta\cos\gamma\cos\zeta \end{Bmatrix},$$

$$N = \begin{Bmatrix} +\cos\alpha\cos\gamma\sin\varepsilon \\ -\sin\alpha\sin\delta\cos\varepsilon \end{Bmatrix}, \qquad O = \begin{Bmatrix} +\sin\alpha\cos\gamma\sin\varepsilon \\ +\cos\alpha\sin\delta\cos\varepsilon \end{Bmatrix},$$

$$P = \begin{Bmatrix} +\cos\beta\sin\gamma\sin\varepsilon \\ +\sin\beta\cos\delta\cos\varepsilon \end{Bmatrix}, \qquad Q = \begin{Bmatrix} +\sin\beta\sin\gamma\sin\varepsilon \\ -\cos\beta\cos\delta\cos\varepsilon \end{Bmatrix}$$

der 16 Coëfficienten, welche ihrer Einfachheit und Symmetrie wegen bemerkenswerth sind, da die analogen Formeln für drei Variable eine viel weniger symmetrische Form haben.

2.

Aus der Theorie der Transformation rechtwinkliger Coordinaten, welche den beiden einfachsten Fällen $n = 2$ und $n = 3$ entsprechen, war es bekannt, dass die Bedingungen, welche die Coëfficienten erfüllen müssen, noch andere ganz ähnliche mit sich führen, dass nämlich auch die Quadratsumme der Coëfficienten jeder linearen Function besonders gleich 1 wird, und wenn man in je zwei Functionen die Coëfficienten derselben Variablen mit einander multiplicirt, auch die Summe dieser Producte gleich 0 wird.

Lagrange hat in seiner Mécanique analytique bereits in der ersten Ausgabe (Seconde partie, section VI, *sur la rotation des corps*, S. 353 ff.) gezeigt, wie die einen Bedingungen aus den anderen auf die leichteste Art und ohne alle Rechnung folgen. Hat man nämlich

$$X_1 = \alpha_1 x_1 + \alpha_2 x_2 + \cdots + \alpha_n x_n,$$
$$X_2 = \beta_1 x_1 + \beta_2 x_2 + \cdots + \beta_n x_n,$$
$$\cdot \quad \cdot \quad \cdot \quad \cdot \quad \cdot \quad \cdot \quad \cdot \quad \cdot \quad \cdot \quad \cdot \quad \cdot$$
$$X_n = \lambda_1 x_1 + \lambda_2 x_2 + \cdots + \lambda_n x_n,$$

und erfüllen die Coëfficienten dieser Ausdrücke die Bedingungen

$$\alpha_i \alpha_i + \beta_i \beta_i + \cdots + \lambda_i \lambda_i = 1,$$
$$\alpha_i \alpha_k + \beta_i \beta_k + \cdots + \lambda_i \lambda_k = 0,$$

welche nöthig sind, damit die Gleichung

$$X_1 X_1 + X_2 X_2 + \cdots + X_n X_n = x_1 x_1 + x_2 x_2 + \cdots + x_n x_n$$

stattfinde, so folgt aus denselben Bedingungen:

$$\alpha_i X_1 + \beta_i X_2 + \cdots + \lambda_i X_n = x_i.$$

Man hat daher umgekehrt

$$x_1 = \alpha_1 X_1 + \beta_1 X_2 + \cdots + \lambda_1 X_n,$$
$$x_2 = \alpha_2 X_1 + \beta_2 X_2 + \cdots + \lambda_2 X_n,$$
$$\cdot \quad \cdot \quad \cdot \quad \cdot \quad \cdot \quad \cdot \quad \cdot \quad \cdot \quad \cdot \quad \cdot \quad \cdot$$
$$x_n = \alpha_n X_1 + \beta_n X_2 + \cdots + \lambda_n X_n,$$

oder es werden immer, wenn die Quadratsumme von n linearen Functionen von n Variablen der Quadratsumme der Variablen gleich ist, die inversen linearen Functionen durch das blosse Vertauschen der horizontalen und verticalen Coëfficienten erhalten. Substituirt man diese Werthe der Grössen x_i in die Gleichung $\Sigma x_i^2 = \Sigma X_i^2$, so erhält man durch Vergleichung der einzelnen Glieder die neuen Relationen zwischen den Coëfficienten, welche aus den obigen durch Vertauschung der Horizontal- und Vertical-Reihen der Coëfficienten hervorgehen,

$$\alpha_1 \alpha_1 + \alpha_2 \alpha_2 + \cdots + \alpha_n \alpha_n = 1,$$
$$\alpha_1 \beta_1 + \alpha_2 \beta_2 + \cdots + \alpha_n \beta_n = 0,$$
$$\text{etc.} \qquad \qquad \text{etc.}$$

Euler wandte ein anderes Mittel an, durch welches man selbst im allgemeinsten Falle die Richtigkeit des zweiten Systems von Bedingungsgleichungen einsehen kann. Er nimmt nämlich an, dass man bei der von ihm angegebenen successiven Bildung der linearen Functionen zu einem System von Functionen

$$x_1^{(m)}, \quad x_2^{(m)}, \quad \ldots, \quad x_n^{(m)}$$

gelangt sei, deren Coëfficienten der zweiten Klasse von Bedingungsgleichungen genügen, und zeigt, was ohne Schwierigkeit geschieht, dass, wenn man an die Stelle der Functionen $x_i^{(m)}$ und $x_k^{(m)}$ zwei neue

$$x_i^{(m+1)} = x_i^{(m)} \cos a + x_k^{(m)} \sin a,$$
$$x_k^{(m+1)} = x_i^{(m)} \sin a - x_k^{(m)} \cos a$$

einführt, während man die übrigen Functionen ungeändert lässt, auch die Coëfficienten des neuen Systems von Functionen denselben Bedingungen genügen. Da dies nun der Fall ist, wenn man zuerst für die Functionen die einzelnen Variablen selber nimmt, oder für die Gleichungen

$$x_1^{(0)} = x_1, \quad x_2^{(0)} = x_2, \quad \ldots, \quad x_n^{(0)} = x_n$$

setzt, so werden dieselben Bedingungsgleichungen auch bei allen Functionen, die man successive bildet, und daher auch für die schliesslichen Functionen $X_1, X_2, \ldots, X_n$, welche alle mögliche Allgemeinheit haben, stattfinden müssen. Auf dieselbe Art hätte sich auch der obige Satz beweisen lassen können, dass die Bildung der inversen Functionen durch die Vertauschung der horizontalen und verticalen Coëfficienten erhalten wird.

Für $n = 3$ oder für die Gleichungen

$$X = \alpha x + \beta y + \gamma z,$$
$$Y = \alpha' x + \beta' y + \gamma' z,$$
$$Z = \alpha'' x + \beta'' y + \gamma'' z$$

leitet Euler die zweite Klasse von Bedingungen aus der ersten durch directe Rechnung her, und gelangt hierbei zu den Gleichungen

$$\beta'\gamma'' - \beta''\gamma' = \alpha, \quad \beta''\gamma - \beta\gamma'' = \alpha', \quad \text{etc.},$$

welche vielleicht in dieser Abhandlung zuerst gegeben werden. Die Gleichung

$$\alpha(\beta'\gamma'' - \gamma'\beta'') + \alpha'(\beta''\gamma - \gamma''\beta) + \alpha''(\beta\gamma' - \gamma\beta') = 1,$$

welche Lagrange ebenfalls a. a. O. giebt, wird hier noch nicht von Euler bemerkt.

3.

Da sich der Cosinus und Sinus eines Winkels durch die Tangente des halben Winkels immer rational ausdrücken, so giebt die Eulersche successive Bildungsweise immer auch ein Mittel, die n^2 Coëfficienten durch $\frac{1}{2}n(n-1)$ Grössen rational auszudrücken. Aber für $n = 3$ und $n = 4$ giebt Euler hiefür noch besondere Formeln, ohne die Art, wie er zu denselben gekommen ist, näher anzudeuten.

Für $n=3$ findet er, nach der diophantischen Methode, indem er vier beliebige Grössen p, q, r, s annimmt, und ihre Quadratsumme

$$pp+qq+rr+ss=u$$

setzt, folgende Werthe der 9 Coëfficienten:

$$\alpha=\frac{pp+qq-rr-ss}{u},\quad \beta=\frac{2qr+2ps}{u},\quad \gamma=\frac{2qs-2pr}{u},$$
$$\alpha'=\frac{2qr-2ps}{u},\quad \beta'=\frac{pp-qq+rr-ss}{u},\quad \gamma'=\frac{2rs+2pq}{u},$$
$$\alpha''=\frac{2qs+2pr}{u},\quad \beta''=\frac{2rs-2pq}{u},\quad \gamma''=\frac{pp-qq-rr+ss}{u}.$$

Mit diesen Werthen kommen die Ausdrücke überein, welche vor einiger Zeit Herr Olinde Rodrigues im 5. Bande des Liouvilleschen Journals Seite 405 bekannt gemacht hat.

Die diophantische Methode, deren sich Euler bedient hat, dürfte ungefähr die folgende gewesen sein:

Es seien die 9 Coëfficienten

$$\alpha=\frac{a}{N},\quad \beta=\frac{b}{N},\quad \gamma=\frac{c}{N},$$
$$\alpha'=\frac{a'}{N},\quad \beta'=\frac{b'}{N},\quad \gamma'=\frac{c'}{N},$$
$$\alpha''=\frac{a''}{N},\quad \beta''=\frac{b''}{N},\quad \gamma''=\frac{c''}{N},$$

so wird das Product $N^2-a^2=(N+a)(N-a)$ auf zwei Arten die Summe zweier Quadrate

$$N^2-a^2=b^2+c^2=a'a'+a''a''.$$

Man wird demnach nach dem von Diophant häufig angewendeten Verfahren jeden Factor besonders der Summe zweier Quadrate gleich setzen

$$N+a=p^2+q^2,\quad N-a=r^2+s^2,$$

woraus

$$N^2-a^2=(pr+qs)^2+(qr-ps)^2=(qr+ps)^2+(qs-pr)^2,$$

folgt, so dass man

$$2N=p^2+q^2+r^2+s^2,\quad 2a=p^2+q^2-r^2-s^2,$$
$$a'=qr-ps,\qquad a''=qs+pr,$$
$$b=qr+ps,\qquad c=qs-pr$$

setzen kann. Die Grössen b', c', b'', c'' werden durch die Gleichungen

$$a'\,b'+a''b'' = -ba, \quad a'\,c'+a''c'' = -ca,$$
$$-a''b'+a'\,b'' = cN, \quad a''c'-a'\,c'' = bN,$$

bestimmt, woraus sich die Werthe

$$b' = -\frac{a''cN+a'ba}{a'a'+a''a''}, \quad c' = \frac{a''bN-a'ca}{a'a'+a''a''},$$
$$b'' = \frac{a'cN-a''ba}{a'a'+a''a''}, \quad c'' = -\frac{a'bN+a''ca}{a'a'+a''a''},$$

ergeben, welche man auch folgendermassen ausdrücken kann, indem man N^2-a^2 für $a'a'+a''a''$ setzt und statt der Grössen N und a ihre Summe und Differenz einführt:

$$2b' = -\frac{a''c+ba'}{N-a}-\frac{a''c-ba'}{N+a}, \quad 2c' = \frac{a''b-ca'}{N-a}+\frac{a''b+ca'}{N+a},$$
$$2b'' = -\frac{a''b-ca'}{N-a}+\frac{a''b+ca'}{N+a}, \quad 2c'' = -\frac{a''c+ba'}{N-a}+\frac{a''c-ba'}{N+a}.$$

Bemerkt man, dafs

$$2(a''b+ca') = (a''+c)(b+a')+(a''-c)(b-a'),$$
$$2(a''b-ca') = (a''+c)(b-a')+(a''-c)(b+a'),$$

und substituirt die Werthe

$$a''+c = 2qs, \quad b+a' = 2qr,$$
$$a''-c = 2pr, \quad b-a' = 2ps,$$
$$ba' = q^2r^2-p^2s^2; \quad a''c = q^2s^2-p^2r^2,$$
$$N-a = r^2+s^2, \quad N+a = p^2+q^2,$$

so erhält man

$$2b' = p^2-q^2+r^2-s^2, \quad 2c' = 2pq+2rs,$$
$$2b'' = -2pq+2rs, \quad 2c'' = p^2-q^2-r^2+s^2.$$

Dividirt man die im Vorigen für a, b, ..., c'' gefundenen Werthe durch

$$N = \tfrac{1}{2}(p^2+q^2+r^2+s^2),$$

so erhält man genau die von Euler für die 9 Coëfficienten angegebenen rationalen Ausdrücke.

Herr Rodrigues gelangt zu diesen Ausdrücken durch die Betrachtung, dass man ein rechtwinkliges Coordinatensystem immer durch Drehung um eine feste Axe in jede beliebige Lage bringen kann. Dieses wichtige Theorem ist zuerst von Euler in der Abhandlung „*Formulae generales pro translatione quacunque corporum rigidorum*“ im 20. Bande der Novi commentarii ac. Petrop.

v. J. 1775 bewiesen worden; später auch von Lagrange in der ersten Ausgabe seiner Mécanique analytique, welcher daraus (für den Fall einer unendlich kleinen Drehung) die Bestimmung der Lage der axe instantané ableitet*). Es seien λ, μ, ν die Winkel, welche die Drehungsaxe mit der x-, y-, z-Axe bildet, wenn man dieser Axe eine solche Richtung giebt, dafs diese Winkel entweder alle drei spitz werden oder nur einer von ihnen. Es sei ferner φ der Winkel, um welchen man das x-, y-, z-System drehen mufs, damit es in die Lage des X-, Y-, Z-Systems komme, wobei der Sinn, in dem die Drehung geschieht, dadurch bestimmt werden soll, dafs die durch die Drehungsaxe und die x-Axe gelegte Ebene um weniger als 180^0 gedreht zu werden braucht, um durch die y-Axe zu gehen. Man kann dann die 9 Coëfficienten durch die Winkel λ, μ, ν, φ mittelst folgender Formeln ausdrücken:

$$\alpha = \cos\varphi\sin^2\lambda+\cos^2\lambda = \tfrac{1}{2}(1+\cos\varphi)+\tfrac{1}{2}(1-\cos\varphi)(\cos^2\lambda-\cos^2\mu-\cos^2\nu),$$
$$\beta' = \cos\varphi\sin^2\mu+\cos^2\mu = \tfrac{1}{2}(1+\cos\varphi)+\tfrac{1}{2}(1-\cos\varphi)(\cos^2\mu-\cos^2\nu-\cos^2\lambda),$$
$$\gamma'' = \cos\varphi\sin^2\nu+\cos^2\nu = \tfrac{1}{2}(1+\cos\varphi)+\tfrac{1}{2}(1-\cos\varphi)(\cos^2\nu-\cos^2\lambda-\cos^2\mu),$$
$$\gamma'+\beta'' = 2(1-\cos\varphi)\cos\mu\cos\nu,\quad \gamma'-\beta'' = 2\sin\varphi\cos\lambda,$$
$$\alpha''+\gamma = 2(1-\cos\varphi)\cos\nu\cos\lambda,\quad \alpha''-\gamma = 2\sin\varphi\cos\mu,$$
$$\beta+\alpha' = 2(1-\cos\varphi)\cos\lambda\cos\mu,\quad \beta-\alpha' = 2\sin\varphi\cos\nu.$$

Der Beweis dieser Formeln findet sich in einer Abhandlung von Euler „*Nova methodus motum corporum rigidorum determinandi*“ und in einer Abhandlung von Lexell „*Theoremata nonnulla generalia de translatione corporum rigidorum*“ in demselben Bande der Novi comm. Da dieselben der Aufmerksamkeit der Mathematiker gänzlich entgangen waren, so habe ich sie im 2. Bande des Crelleschen Journals (*Euleri formulae de transformatione coordinatarum*, S. 188) mitgetheilt, und sie sind seit dieser Zeit Gegenstand mehrfacher Arbeiten geworden. Früher bereits hatte sie Herr Gergonne in seinen Annalen (*Formules nouvelles pour la transformation des coordonnées rectangulaires dans l'espace*, T. VII, p. 54) selbständig reproducirt.

Setzt man

$$\operatorname{tg}\tfrac{1}{2}\varphi = t,\quad t\cos\lambda = q,\quad t\cos\mu = r,\quad t\cos\nu = s,$$

woraus

$$(1+t^2)(1+\cos\varphi) = 2,$$
$$(1+t^2)(1-\cos\varphi) = 2t^2,$$
$$(1+t^2)\sin\varphi \quad = 2t$$

*) In der zweiten Ausgabe der Mécanique analytique hat Lagrange dieses Theorems keine Erwähnung mehr gethan und den Fall der unendlich kleinen Drehung nicht mehr aus dem allgemeinen abgeleitet, sondern für sich behandelt.

folgt, und substituirt diese Ausdrücke in die obigen Werthe der 9 Coëfficienten, so erhält man

$$(1+t^2)\alpha = 1+q^2-r^2-s^2,$$
$$(1+t^2)\beta' = 1+r^2-s^2-q^2,$$
$$(1+t^2)\gamma'' = 1+s^2-q^2-r^2,$$
$$(1+t^2)(\gamma'+\beta'') = 4rs, \quad (1+t^2)(\alpha''+\gamma) = 4sq, \quad (1+t^2)(\beta+\alpha') = 4qr,$$
$$(1+t^2)(\gamma'-\beta'') = 4q, \quad (1+t^2)(\alpha''-\gamma) = 4r, \quad (1+t^2)(\beta-\alpha') = 4s,$$

woraus die oben mitgetheilten rationalen Werthe der 9 Coëfficienten folgen, wenn man darin $p = 1$ und für $1+t^2$ seinen Werth

$$1+t^2 = 1+q^2+r^2+s^2$$

setzt. Dieser von Herrn Rodrigues gegebene Beweis hat den Vortheil, dass er die geometrische Bedeutung der Verhältnisse der Grössen p, q, r, s, durch welche Euler die 9 Coëfficienten rational ausdrückt, kennen lehrt*).

*) Es ist zu bemerken, dass die Abhandlung Euler's, in welcher er zuerst die Transformation der Coordinaten durch Rotation lehrt, mehrere Jahre später als diejenige verfasst ist, in welcher Euler die rationalen Werthe der 9 Coëfficienten giebt, so dass Euler zu diesen letzteren nicht auf dem von Herrn Rodrigues eingeschlagenen Wege durch die Betrachtung dieser Rotation gelangt ist.

ANMERKUNGEN.

DISQUISITIONES ANALYTICAE DE FRACTIONIBUS SIMPLICIBUS.

In Jacobi's hinterlassenen Papieren fand sich ein Exemplar dieser Abhandlung, in welchem von ihm an vielen Stellen stylistische Aenderungen, namentlich Kürzungen sowohl des Textes als der Formeln vorgenommen, zugleich aber auch mehrere Paragraphen mit handschriftlichen Zusätzen von erheblicher Ausdehnung versehen worden sind. Da aber die Abhandlung Jacobi's Inaugural-Dissertation ist, so schien es mir geboten zu sein, dieselbe ganz unverändert abdrucken zu lassen, jene Zusätze aber in den Nachlass aufzunehmen.

DE BINIS FUNCTIONIBUS HOMOGENEIS ETC.

S. 233 lautet im Anfange des §. 19 der ursprüngliche Text:

„de quibus respective ξ_{n-1}, v_{n-1} per (2) pendeant".

Diese Verweisung auf (2) schien nicht auszureichen, da dort nicht ausdrücklich gesagt worden ist, dass zwischen den $\xi_1, \xi_2, \ldots, \xi_{n-1}$ und den $v_1, v_2, \ldots, v_{n-1}$ die Gleichungen

$$\xi_1^2+\xi_2^2+\cdots+\xi_{n-1}^2 = 1,$$
$$v_1^2+v_2^2+\cdots+v_{n-1}^2 = 1$$

bestehen sollen.

S. 238, Z. 2. Damit diese Gleichung richtig sei, muss über das Vorzeichen der Determinante

$$\Sigma\pm\alpha\alpha_1'\ldots\alpha_{n-1}^{(n-1)}$$

so verfügt werden, dass dieselbe gleich $(-1)^{n-1}$ wird; worüber im Vorhergehenden nichts gesagt ist.

THEOREMATA NOVA ALGEBRAICA CIRCA SYSTEMA DUARUM AEQUATIONUM INTER DUAS VARIABILES PROPOSITARUM.

In den Monatsberichten der Berliner Akademie (Sitzung vom 21. December 1865) hat Herr Kronecker darauf aufmerksam gemacht, dass die Gültigkeit der in dieser Abhandlung entwickelten Theoreme einer beschränkenden Bedingung unterliegt: der Grad w der Gleichungen $X=0$, $Y=0$ muss dem Producte der Dimensionen μ, ν der Gleichungen $\psi=0$, $\varphi=0$ gleich werden, da sonst die Bestimmung des Grades der Multiplicatoren M, N, P, Q unrichtig wird.

Nun findet sich in dem Jacobi'schen Nachlasse unter dem Titel: *De producto complurium functionum rationalium totidem variabilium in series infinitas evolvendo secundum omnium variabilium positivas simulatque negativas potestates procedentes* ein (nicht druckfertiges) Manuscript, worin in Beziehung auf das in §. 3 dieser Abhandlung (p. 292) aufgestellte erste Theorem die folgende Stelle vorkommt, aus der erhellt, dass Jacobi selbst die Nothwendigkeit erkannt hat, das Theorem in der angegebenen Weise zu beschränken:

„Quod theorema nuper in commentatione: *Theoremata nova algebraica* etc. proposui. Sed observo, ea generalitate, qua loco citato enunciatum est, illud non valere, sed natura sua restringi ad casum, quem hic consideravimus, quo ordo aequationum finalium aequalis sit producto e dimensionibus aequationum propositarum, sive quo complexus terminorum, qui in aequationibus propositis altissimas dimensiones constituunt, factorem communem non habent. Quoties vero ordo aequationum finalium limite assignato inferior est, sive, quod idem est, quoties complexus terminorum, qui in aequationibus propositis altissimas dimensiones constituunt, factorem communem habent, ulteriore quaestione opus est, quinam valores exponentium α, β pro singulis casibus accipi possint."

DE FUNCTIONIBUS ALTERNANTIBUS ETC.

Im Anfange dieser Abhandlung hätte Cauchy statt Vandermonde citirt werden müssen; denn der erstere hat, wie Herr Baltzer (Determinanten §. 10, 1) bemerkt, in der von Jacobi p. 361 dieses Bandes angeführten Abhandlung das Differenzenproduct zuerst analysirt, wobei er erwähnt, dass das Differenzenproduct von drei Grössen in der algebraischen Abhandlung Vandermonde's (Hist. de l'Acad. de Paris, 1771) beiläufig vorkommt.

NEUE AUFLÖSUNGSART DER BEI DER METHODE DER KLEINSTEN QUADRATE VORKOMMENDEN LINEAREN GLEICHUNGEN.

S. 477, Z. 8. Die hier erwähnte Abhandlung ist die unter dem Titel: *Ueber ein leichtes Verfahren, die in der Theorie der Saecularstörungen vorkommenden Gleichungen numerisch zu lösen* im 30. Bande des Crelle'schen Journals erschienene. Dieselbe wird in dieser Ausgabe der Jacobi'schen Werke im 6. Bande unter den astronomischen Abhandlungen ihren Platz finden.

ÜBER DIE ANZAHL DER DOPPELTANGENTEN EBENER ALGEBRAISCHER CURVEN.

S. 520, Z. 7. Nach einer Bemerkung des Herrn Kortum, der diese Abhandlung revidirt hat, beruht die Angabe, dass Plücker die Richtigkeit des von ihm angenommenen Werthes der Zahl α für $n=4$ bewiesen habe, auf einem Irrthume.

S. 523. Jacobi benutzt, um zu zeigen, dass $\lambda_0, \lambda_1, \ldots, \lambda_{k-1}$ durch y^k theilbar sind, den Fundamentalsatz der Algebra. Im Manuscripte findet sich aber eine durchstrichene Stelle, in welcher er diese Thatsache unabhängig von jenem Satze folgendermassen bewiesen hatte:

„Es sei eine homogene Function $(n+p)^{\text{ten}}$ Grades von x, y

$$\beta_0 x^{n+p}+\beta_1 x^{n+p-1}y+\beta_2 x^{n+p-2}y^2+\cdots+\beta_{n+p}y^{n+p} = u_0$$

durch die homogene Function n^{ten} Grades

$$\alpha_0 x^n+\alpha_1 x^{n-1}y+\alpha_2 x^{n-2}y^2+\cdots+\alpha_n y^n = f_0$$

theilbar, so dass der Bruch $\frac{u_0}{f_0}$ einer ganzen homogenen Function p^{ten} Grades gleich wird, die ich durch

$$\gamma_0 x^p+\gamma_1 x^{p-1}y+\cdots+\gamma_p y^p = \frac{u_0}{f_0}$$

bezeichnen will, so hat man

$$\begin{aligned}\beta_0 &= \alpha_0\gamma_0,\\ \beta_1 &= \alpha_0\gamma_1+\alpha_1\gamma_0,\\ \beta_2 &= \alpha_0\gamma_2+\alpha_1\gamma_1+\alpha_2\gamma_0,\end{aligned}$$

u. s. w.

In Folge der gemachten Annahme soll in diesen Gleichungen die Constante α_0 nicht verschwinden, woraus folgt, dass, wenn die Constanten $\beta_0, \beta_1, \ldots, \beta_{k-1}$ verschwinden, auch $\gamma_0, \gamma_1, \ldots, \gamma_{k-1}$ verschwinden müssen, oder dass, wenn u_0 den Factor y^k hat und durch f_0 theilbar ist, auch der rationale ganze Quotient $\frac{u_0}{f_0}$ den Factor y^k haben muss.

Aus diesem Satze folgt, dass der Quotient

$$-\frac{\varphi_0}{f_0} = -\frac{y^k\varphi_0}{f_0} = \lambda_0$$

durch y^k theilbar ist. Setzt man $\lambda_0 = y^k u_0$, so folgt aus demselben Satze, dass auch der Quotient

$$-\frac{\varphi_1+\lambda_0 f_1}{f_0} = -\frac{y^k(\varphi_1+u_0 f_1)}{f_0} = \lambda_1$$

durch y^k theilbar ist, und es ergiebt sich auf dieselbe Weise, dass sämmtliche Quotienten $\lambda_0, \lambda_1, \ldots, \lambda_{\varepsilon-1}$ durch y^k theilbar sind."

S. 541, Z. 7, 8. Hier steht im ursprünglichen Drucke irrthümlich 2 statt 3 und h statt g.

ÜBER EINEN ALGEBRAISCHEN FUNDAMENTALSATZ.

Von dieser wahrscheinlich im Jahre 1847 geschriebenen Abhandlung ist der Schluss, welcher für weitere Anwendungen des Fundamentalsatzes bestimmt war, nicht vorhanden. Über eine dieser Anwendungen hat Borchardt im 53. Bande seines Journals (S. 281) nach einer mündlichen Mittheilung Jacobi's Nachricht gegeben.

NACHTRÄGLICHE BERICHTIGUNG EINER STELLE IM ZWEITEN BANDE.

Wenn auf S. 516 die Function X die dort angegebene Gestalt hat, so sind nicht x_1, x_2, sondern x_1^2, x_2^2 Wurzeln einer quadratischen Gleichung, welche eindeutige Functionen der Veränderlichen u, v zu Coëfficienten hat. Soll an dem mit den Worten: „Die von mir in die Analysis eingeführten hyperelliptischen Functionen" anhebenden Satze nichts geändert werden, so muss man bekanntlich

$$X = x(1-x)(1-\varkappa^2 x)(1-\lambda^2 x)(1-\mu^2 x)$$

setzen und zwischen den Grössen u, v, x_1, x_2 die Gleichungen

$$u = \int_0^{x_1} \frac{dx}{2\sqrt{X}} + \int_0^{x_2} \frac{dx}{2\sqrt{X}},$$

$$v = \int_0^{x_1} \frac{x\,dx}{2\sqrt{X}} + \int_0^{x_2} \frac{x\,dx}{2\sqrt{X}}$$

annehmen. Behält man die aufgestellten Gleichungen bei, so entsprechen, wie man weiss,

$$x_1 x_2,\quad \sqrt{(1-x_1^2)(1-x_2^2)},\quad \sqrt{(1-\varkappa^2 x_1^2)(1-\varkappa^2 x_2^2)},\quad \sqrt{(1-\lambda^2 x_1^2)(1-\lambda^2 x_2^2)},\quad \sqrt{(1-\mu^2 x_1^2)(1-\mu^2 x_2^2)},$$

als Functionen von u, v betrachtet, den elliptischen Functionen $\sin\text{am}\, u$, $\cos\text{am}\, u$, $\Delta\text{am}\, u$ insofern, als sie in der Form von Brüchen mit gemeinschaftlichem Nenner, in denen dieser Nenner und sämmtliche Zähler beständig convergirende Potenzreihen von u, v sind, dargestellt werden können.

Die in diesem Bande enthaltenen Abhandlungen sind vor dem Drucke von den Herren Baltzer (Nr. 13, 14, 15, 16 des Inhaltsverzeichnisses), Kortum (Nr. 2, 21, 22, 26), Mertens (Nr. 3, 5, 6, 7, 11, 20), Netto (Nr. 1, 4, 8, 9, 10, 12, 19, 23) und von mir (Nr. 17, 18, 24, 25) revidirt worden.

W.

Druckfehler des dritten Bandes.

S. 337 Z. 7 ist das Komma am Schluss zu tilgen.

S. 339 Z. 13 (erste Zeile nach Gleichung 10) lies tribuendo statt tributo.

S. 343 Z. 10 v. u. lies $\frac{x_2^\varepsilon X_2^{(\nu)} y_2^{(\nu+1)}}{R_2}$ statt $\frac{x_1^\varepsilon X_2^{(\nu)} y_2^{(\nu+1)}}{R_2}$.

S. 343 Z. 6 v. u.: vor suppeditat fehlt ein Komma.

S. 365 Z. 7 v. u. lies quo statt qua.

S. 368 Z. 3 v. o. lies qui statt quae.

S. 393 letzte Zeile lies: p. 319—359 statt p. 319—352.

S. 560 zwischen Z. 4 und 5 [nach III.] ist einzuschalten §. 1.

---

www.ingramcontent.com/pod-product-compliance
Lightning Source LLC
Chambersburg PA
CBHW060844220326
41599CB00017B/2383
9782013529600